SCHÄFFER
POESCHEL

Du-Pont-Schema

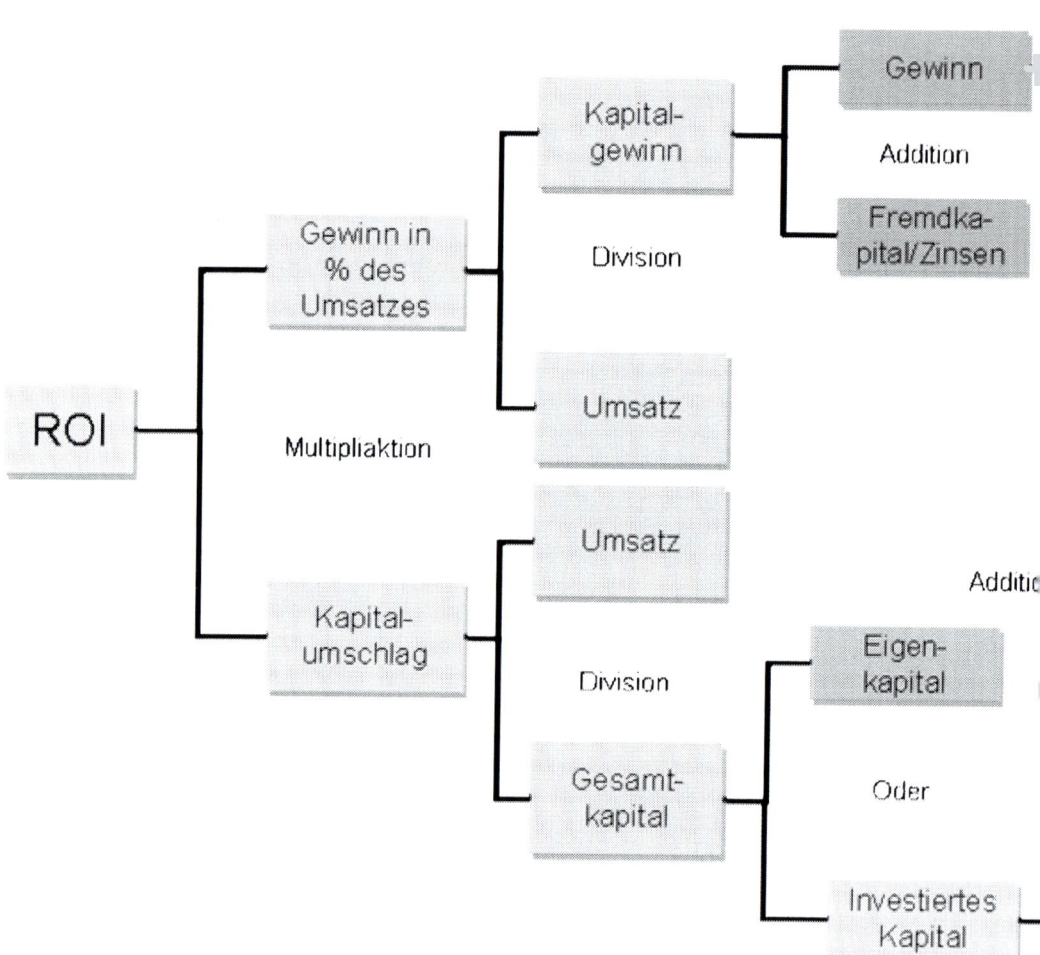

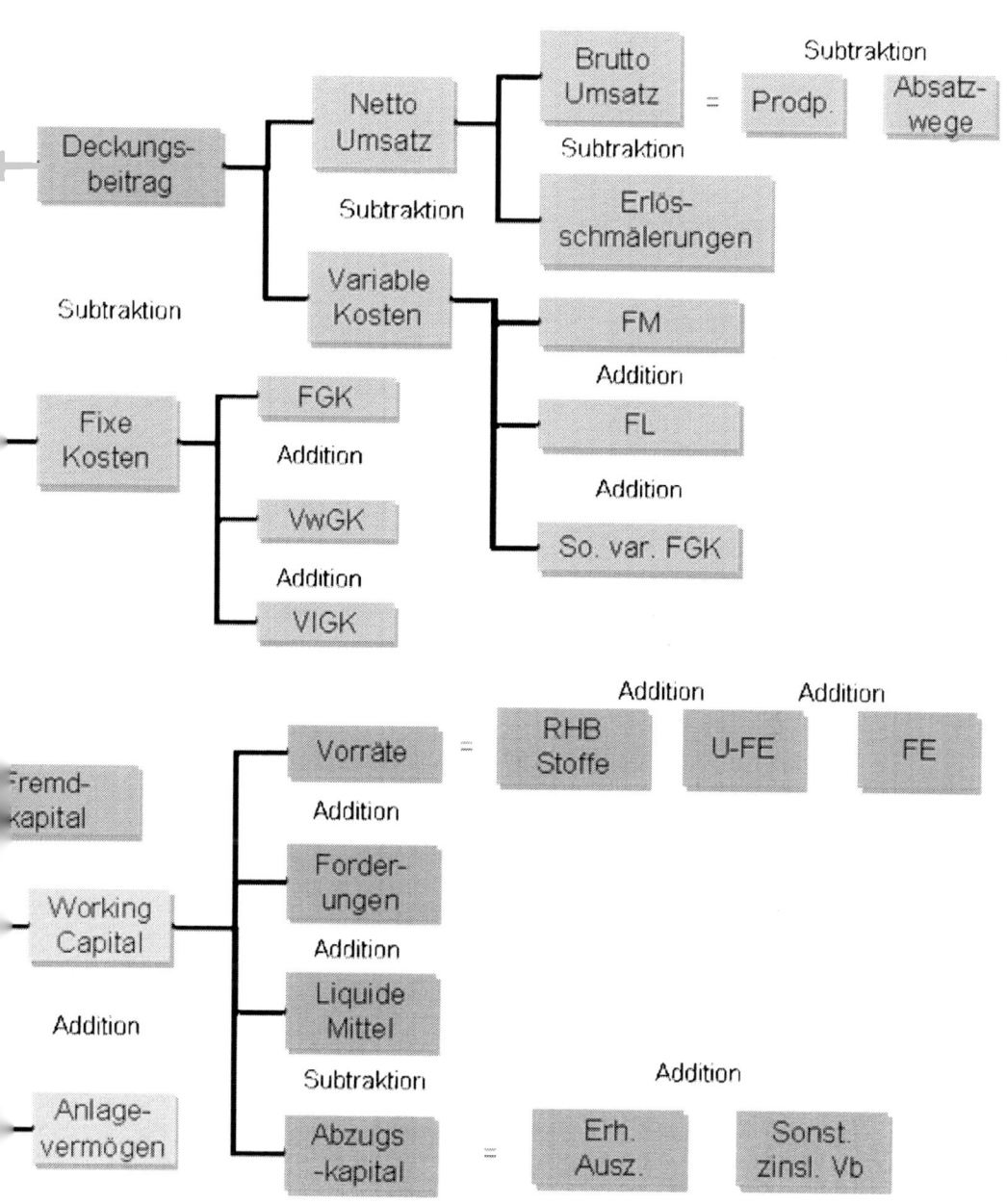

Adolf G. Coenenberg/Thomas M. Fischer/
Thomas Günther

Kostenrechnung und Kostenanalyse

6., überarbeitete und erweiterte Auflage

2007
Schäffer-Poeschel Verlag Stuttgart

Verfasser:

Prof. Dr. Dres. h.c. Adolf G. Coenenberg, Universität Augsburg

Prof. Dr. Thomas M. Fischer, Lehrstuhl für BWL, insbesondere Rechnungswesen und Controlling, Friedrich-Alexander-Universität, Erlangen-Nürnberg

Prof. Dr. Thomas Günther, Lehrstuhl für Betriebliches Rechnungswesen/ Controlling, Technische Universität Dresden

1.–2. Auflage unter Mitarbeit von
Dr. Christian Bridts, Prof. Dr. Thomas M. Fischer, Prof. Dr. Edeltraud Günther, Dr. Frank Henes

3.-4. Auflage unter Mitarbeit von
Dr. Jochen Cantner, Prof. Dr. Thomas M. Fischer, Dr. Stephan Jakoby, Dr. Georg Klein, Dr. Jochen Schmitz

5. Auflage unter Mitarbeit von
Dr. Jochen Cantner, Dr. Christian Fink, Gerhard Mattner

6. Auflage unter Mitarbeit von
Sabrina Becker, Lucia Bellora, Jan-Hendrik Berndt, Bettina Bischof, Benedikt Brauch, Heide Maria Breiter, Ines Diekmann, Michaela Müller, Dr. Karin Rödl, Jeannine Sterzel, Stefanie Trost

Unter www.sp-dozenten.de finden die Leser Übungsaufgaben und Fallbeispiele. Für Dozenten werden dort darüber hinaus Lösungshinweise sowie das vollständige Abbildungsset zur Verfügung gestellt (Registrierung erforderlich).

Bibliografische Information Der Deutschen Bibliothek
Die Deutsche Bibliothek verzeichnet diese Publikation in der Deutschen Nationalbibliografie; detaillierte bibliografische Daten sind im Internet über <http://dnb.ddb.de> abrufbar.

Gedruckt auf chlorfrei gebleichtem, säurefreiem und alterungsbeständigem Papier

ISBN 978-3-7910-2491-2

© 2007 Schäffer-Poeschel Verlag für Wirtschaft · Steuern · Recht GmbH
www.schaeffer-poeschel.de
info@schaeffer-poeschel.de
Einbandgestaltung: Willy Löffelhardt
Druck und Bindung: Ebner & Spiegel GmbH, Ulm
Printed in Germany
November 2007

Schäffer-Poeschel Verlag Stuttgart
Ein Tochterunternehmen der Verlagsgruppe Handelsblatt

Inhaltsübersicht

Inhaltsverzeichnis

Vorwort

Konzeption des Buches

Die Kostenrechnung gehört neben dem Jahresabschluss zu den Grundpfeilern betriebswirtschaftlichen Denkens und Handelns. Dieses Lehrbuch ist als Lerngrundlage zur Einarbeitung in das Gebiet der Kostenrechnung und ihrer Anwendungen gedacht. Es umfasst diejenigen Aspekte und Anwendungen der Kostenrechnung, die zum Pflichtbestandteil jeder betriebswirtschaftlichen Ausbildung im akademischen wie im außerakademischen Bereich gehören sollten. Dementsprechend wendet sich das Buch nicht nur an Studierende der Wirtschaftswissenschaften in Universität und Hochschule. Es richtet sich vielmehr auch an Studierende bzw. Absolventen anderer Disziplinen, insbesondere der Natur- und Ingenieurwissenschaften, die im Rahmen der akademischen oder außerakademischen Aus- bzw. Weiterbildung in das Gebiet der Kostenrechnung eindringen oder ihre Kenntnisse auf diesem Gebiet vertiefen wollen.

Der Titel „Kostenrechnung und Kostenanalyse" soll das Anliegen des Buches zum Ausdruck bringen, neben den Grundlagen der Kostenrechnung insbesondere die Auswertungsmöglichkeiten der Kostenrechnung für das Controlling, d. h. für Steuerung durch Schaffung von Transparenz, durch Planung und durch Kontrolle hervorzuheben. Die konzeptionellen Grundlagen der Kostenrechnung bilden den Kern des ersten Teils. Ohne eine Kenntnis der Aufgaben des betrieblichen Rechnungswesens (Kapitel 1) und der Verfahren von Kostenarten-, Kostenstellen- und Kostenträgerrechnung nach dem Vollkosten- und Grenzkostenprinzip (Kapitel 2 bis 5), ferner der Grundsystematik der Plankostenrechnung (Kapitel 6) und der Grundzüge der Funktionskostenrechnungen wie etwa Logistik-, Dienstleistungs- und Umweltkostensteuerung (Kapitel 7) fehlt es für die Auswertung von Kosteninformationen für Planung und Kontrolle am notwendigen Fundament. Für das Verständnis wichtig erscheint auch eine Einbettung der Aufgaben des betrieblichen Rechnungswesens in das Gesamtsystem des strategischen und operativen Controlling.

Die Auswertungsmöglichkeiten der Kostenrechnung für Planung und Kontrolle stehen im zweiten Teil im Vordergrund. Zunächst werden Modelle zur Unterstützung betrieblicher Entscheidungen über Produktion, Produktprogramm und Preise behandelt (Kapitel 8 bis 10). Sodann werden Verfahren der Analyse von Soll-Ist-Abweichungen für Bereiche und Projekte erläutert (Kapitel 11 und 12). Kostenrechnung für Zwecke der Kalkulation und Entscheidungsfindung muss zum einen stets zukunftsgerichtet, zum anderen auch wirtschaftlich realisierbar sein. Die dazu erforderlichen Verfahren der Kostenschätzung sind Gegenstand von Kapitel 13. Schließlich werden die Werkzeuge des Kostenmanagements vorgestellt und diskutiert, die als unverzichtbare Bestandteile des Controlling anzusehen sind (Kapitel 14 bis 17). Neben der Beeinflussung von Kostenniveau und Kostenstruktur geht es insbesondere um das Kostenmanagement nach den Kriterien Qualität und Zeit.

Der dritte Teil befasst sich mit der kostenorientierten Planung und Kontrolle bei divisionalisierter Organisationsstruktur, wie sie heute in Unternehmen ab einer gewissen Größe vorherrscht. Neben der Verrechnungspreisbildung für Zwecke der Entscheidungsunterstützung und der Steuerung (Kapitel 18) stehen insbesondere kosten- und ergebnisorientierte Systeme der Performancemessung für ganze Unternehmen und Unternehmensbereiche im Vordergrund (Kapitel 19 und 20), die Bestandteil integrierter Planungs- und Budgetierungssysteme sein können (Kapitel 21). Bei all diesen Fragestellungen des dritten Teils geht es vor allem darum, das Verhalten vieler einzelner Entscheidungsträger auf das Gesamtziel des Unternehmens hin durch anreizkompatible Systeme der Performancemessung und der Vergütung hin auszurichten.

Anmerkungen zur 6. Auflage

Mit der nunmehr vorgelegten 6. Auflage wurde das Lehrbuch in allen Kapiteln gründlich überarbeitet und an neue Entwicklungen in Wissenschaft und Praxis angepasst. Darüber hinaus waren erhebliche Erweiterungen und Ergänzungen notwendig, sodass in weiten Teilen ein neues Buch entstanden ist. Die wichtigsten Anpassungen und Erweiterungen sind:

- Für verschiedene betriebliche Funktionen, wie z. B. Logistik, Dienstleistungen und Umweltmanagement haben sich in den letzten Jahren spezielle Ausprägungsformen der Kostenrechnung entwickelt. Diesen funktionsspezifischen Kostenrechnungssystemen wird ein neu aufgenommenes eigenes Kapitel gewidmet (Kapitel 7).
- Die Diskussion der Transaktionskosten hat in ihrer praktischen Umsetzung in der Kostenrechnung zunehmend Bedeutung erlangt. Dem wird in Kapitel 9 „Entscheidungsorientierte Kostenrechnung" in einem eigenen Abschnitt Rechnung getragen.
- Für Zwecke der Kalkulation und der Entscheidungsunterstützung bedarf es im Rahmen der Kostenrechnung auch bei unsicherer Datenlage praktisch anwendbarer Verfahren zur Schätzung künftiger Kosten. Dieses Thema wird im neu aufgenommenen Kapitel „Verfahren der Kostenschätzung" (Kapitel 13) aufgegriffen.

- Die Berücksichtigung von Kosten- und Erlöswirkungen im gesamten Kundenlebenszyklus spielt unter verschärften Wettbewerbsbedingungen in der Praxis eine immer größere Rolle. Dem Thema Life Cycle Costing ist deshalb im Rahmen des Kostenmanagements ein eigenes Kapitel gewidmet (Kapitel 15).

- Neben Kosten sind Qualität und Zeit die entscheidenden Treiber der Performance eines Geschäfts. Die Kostenanalyse zur Steuerung der Qualität war schon in den Vorauflagen als eigenständiges Thema behandelt, das in der 6. Auflage noch methodisch erweitert wird. Nunmehr wird in einem eigenen Kapitel auch die „Kostenanalyse zur Steuerung der Zeit" (Kapitel 17) näher erläutert.

- Die Performancemessung von Geschäftsbereichen muss in enger Abstimmung mit den Anreizsystemen des Unternehmens konfiguriert werden. Deshalb wird im Kapitel „Wertorientierte Kennzahlen zur Performancemessung und -steuerung von Geschäftsbereichen" (Kapitel 20) den Anreizsystemen und ihre Verbindung mit der Performancemessung mehr Raum gewidmet.

- Schließlich ist der Integration von Planungs- und Budgetierungssystemen am Ende des Buches ein eigenständiges Kapitel gewidmet worden (Kapitel 21).

Mit der 6. Auflage haben die früheren Mitarbeiter des Lehrstuhls für „Wirtschaftsprüfung und Controlling" der Universität Augsburg und heutigen Kollegen Professor Dr. Thomas Fischer, Lehrstuhl für Rechnungswesen und Controlling an der Friedrich-Alexander-Universität Erlangen-Nürnberg, und Professor Dr. Thomas Günther, Lehrstuhl für betriebliches Rechnungswesen/Controlling an der Technischen Universität Dresden, Verantwortung als Mitautoren für die „Kostenrechnung und Kostenanalyse" übernommen. Sie und ihre Mitarbeiterinnen und Mitarbeiter haben wesentlich zur Entstehung der 6. Auflage beigetragen. Im Einzelnen gilt unser Dank den wissenschaftlichen Mitarbeiterinnen und Mitarbeitern Dipl.-Kffr. Sabrina Becker, Dipl.-Kffr. Lucia Bellora, Dipl.-Ök. Jan-Hendrik Berndt, Dipl.-Kffr. Bettina Bischof, Dipl.-Kfm. Benedikt Brauch, Mag. Heide Maria Breiter, Dipl.-Math. Oec. Ines Diekmann, Dipl.-Kffr. Michaela Müller, Dr. Karin Rödl, Dipl.-Kffr. Jeannine Sterzel und Dipl.-Kffr. Stefanie Trost für die Mitwirkung an der 6. Auflage. Für die sekretariatsmäßige und redaktionelle Unterstützung danken wir Frau Beate Haupt, Frau Monika Lutzenberger, Frau Jana Posselt und Frau Elfriede Wagner herzlich. Unser Dank gilt auch den studentischen Mitarbeiterinnen und Mitarbeitern für vielfältige Unterstützung: Florian Bühler, Catharine Châlons, Stephan Deussen, Sandra Eißmann, Markus Federau, Cyrosch Kalateh, Frank Layher, Plamena Lazarova, Bettina Schabert, Lukas Schäfer, Daniel Schulze und Gesa Wieckhorst.

Leser-/Dozentenservice

Für die Leser, die erworbenes Wissen überprüfen wollen, haben wir unter
der Webadresse (www.sp-dozenten.de) zu allen Kapiteln des Lehrbuchs
Übungsaufgaben und kleinere Fälle konzipiert, die in großen Teilen den
behandelten Stoff in diesem Lehrbuch abdecken und durch das im Lehrbuch vermittelte Wissen lösbar sind. Für Dozenten werden über den Verlag auf Anfrage entsprechende Lösungshinweise für die einzelnen Aufgaben sowie das vollständige Abbildungsset zur Verfügung gestellt.

Augsburg, Nürnberg, Dresden, September 2007

Adolf Coenenberg, Thomas Fischer, Thomas Günther

Erster Teil:
Systeme der Kostenrechnung

Kapitel 1
Aufgaben und Systeme
des Rechnungswesens

1   Einführung

Joachim Zimmermann hat ein Problem. Nach Abschluss seines Studiums und einigen Jahren bei einem mittelständischen Fahrradhersteller hat er sich selbständig gemacht und seine Leidenschaft, die Herstellung hochwertiger Rennräder, zum Beruf gemacht. Mittlerweile beschäftigt er in seiner Manufaktur elf Mitarbeiter und der Absatz läuft auch sehr gut. Sein Bauchgefühl sagt ihm, dass er auf dem richtigen Weg ist. Sein Gehirn rät ihm jedoch etwas mehr kaufmännischen Sachverstand in das Unternehmen einfließen zu lassen.

In den letzten beiden Jahren hat er einfach alle gesammelten Belege im Schuhkarton zu seinem Steuerberater gebracht und der hat dann hieraus irgendwie eine Bilanz und eine Gewinn- und Verlustrechnung erstellt. So ganz hat er dies jedoch nie verstanden. Da jedoch ein beträchtlicher Gewinn herauskam, hatte ihn das bisher nie gestört. Er zweifelt jedoch selbst daran, ob diese sehr pragmatische Vorgehensweise für ein junges Unternehmen, wie das seine, wegweisend sei.

Herr Zimmermann trifft sich daher mit einem Studienkollegen, der mittlerweile kaufmännischer Leiter bei einem Automobilzulieferer ist. Ihn interessiert vor allem, wieso und wie er sein Rechnungswesen aufbauen soll und ob er überhaupt ein Rechnungswesen braucht. Ihn interessiert auch, ob seine bisherigen Preise kostendeckend sind, was seine Produkte überhaupt kosten und letztlich, ob er einen Gewinn gemacht hat. Falls er weiter wachsen sollte, wäre er daran interessiert zu wissen, was zu einem „gutem" Finanz- und Rechnungswesen gehört.

Die Kosten- und Leistungsrechnung, fortan kurz als Kostenrechnung bezeichnet, ist ein wesentlicher Bestandteil des Rechnungswesens. Zu den anderen Teilsystemen des betriebswirtschaftlichen Rechnungswesens be-

Kosten- und Leistungsrechnung

stehen intensive Beziehungen im Hinblick auf die zugrunde liegenden Daten, die verwendeten Rechengrößen und Ziele. Daher sollen nachfolgend als grundlegender Einstieg zunächst die Aufgaben und die Systeme des Rechnungswesens erläutert werden.

2   Begriff und Zwecke des Rechnungswesens

2.1 Rechnungswesen als monetäre Abbildung wirtschaftlichen Geschehens

Begriff Rech-
nungswesen

Unter dem Begriff Rechnungswesen wird allgemein ein System zur quantitativen, vorwiegend mengen- und wertmäßigen Ermittlung, Aufbereitung und Darstellung von wirtschaftlichen Zuständen zu einem bestimmten Zeitpunkt (z. B. dem Stichtag einer Bilanz) und von wirtschaftlichen Abläufen während eines bestimmten (meist gleich langen) Zeitraums (z. B. dem Wirtschaftsjahr bei einer Gewinn- und Verlustrechnung) verstanden (vgl. Busse von Colbe [1998], S. 599 ff.).

Das Rechnungswesen kann unterteilt werden

- in das volkswirtschaftliche Rechnungswesen (insb. im Rahmen der volkswirtschaftlichen Gesamtrechnung und der Zahlungsbilanz), die das Wirtschaftsgeschehen einer aggregierten Volkswirtschaft betrachtet und
- in das betriebswirtschaftliche Rechnungswesen, das sich mit den wirtschaftlichen Vorgängen innerhalb einer einzelnen Organisation beschäftigt.

Erkenntnisobjekt des betriebswirtschaftlichen Rechnungswesens ist die Einzelwirtschaft, d. h. eine einzelne Organisation als abgeschlossene Einheit. Einzelwirtschaften sind Unternehmen als Einzelunternehmer, Personen- oder Kapitalgesellschaften, aber auch öffentliche Organisationen wie z. B. Kommunen, Eigenbetriebe oder öffentliche Unternehmen.

Die Einzelwirtschaft kann dabei in eine „unternehmerische" und eine „betriebliche" Sphäre gegliedert werden. Der unternehmerische Bereich umfasst das rechtlich selbständige oder wirtschaftlich einheitliche betriebswirtschaftliche Gesamtsystem und drückt sich im Rechnungswesen z. B. in dem nach §§ 140, 141 AO oder der nach § 238 HGB bestehenden Buchführungspflicht aus. Der betriebliche Bereich umfasst nur die Funktionen der Bereitstellung der Produktionsfaktoren (Beschaffung), der Leistungserstellung (Produktion) und der Leistungsverwertung (Absatz). Der betriebliche Bereich zeigt sich z. B. darin, dass die Kosten- und Leistungsrechnung häufig als Betriebsbuchhaltung bezeichnet wird, da sie sich auf den Leistungserstellungsprozess (Beschaffung – Produktion – Absatz) konzentriert und finanzielle Transaktionen (als Finanzergebnis) und aperiodische, betriebsfremde und außergewöhnliche Vorgänge (als sog. außerordentliches Ergebnis) außen vor lässt.

Im betrieblichen Bereich erfolgt die Umwandlung der von außen bezogenen Vorprodukte und Dienstleistungen in fertige Produkte und Dienstleistungen, die wieder an Dritte außerhalb des Betriebes veräußert werden. Diesem Strom von Realgütern und Dienstleistungen (Realgütersphäre) stehen Zahlungen gegenüber (Nomialgütersphäre). In der Beschaffung erhält das Unternehmen z. B. Vorprodukte im Gegenzug für die Bezahlung des Kaufpreises. Auf der Absatzseite werden analog Produkte und Dienstleistungen an den Kunden abgegeben und das Unternehmen erhält hierfür den Kaufpreis. Das Unternehmen ist folglich eingebettet in ein zirkuläres System von Real- und Nominalgüterströmen, wie dies Abbildung 1.1 darstellt (vgl. Eilenberger [1995]).

Rechnungswesen als Abbildung des Realgüterkreislaufes

Das Rechnungswesen bildet daher Mengen- und Wertbewegungen sowie zusätzlich wirtschaftlich relevante Daten (z. B. zum Personalbestand in der Lohnbuchhaltung oder zu Art und Alter des Anlagevermögens in der Anlagenbuchhaltung) ab.

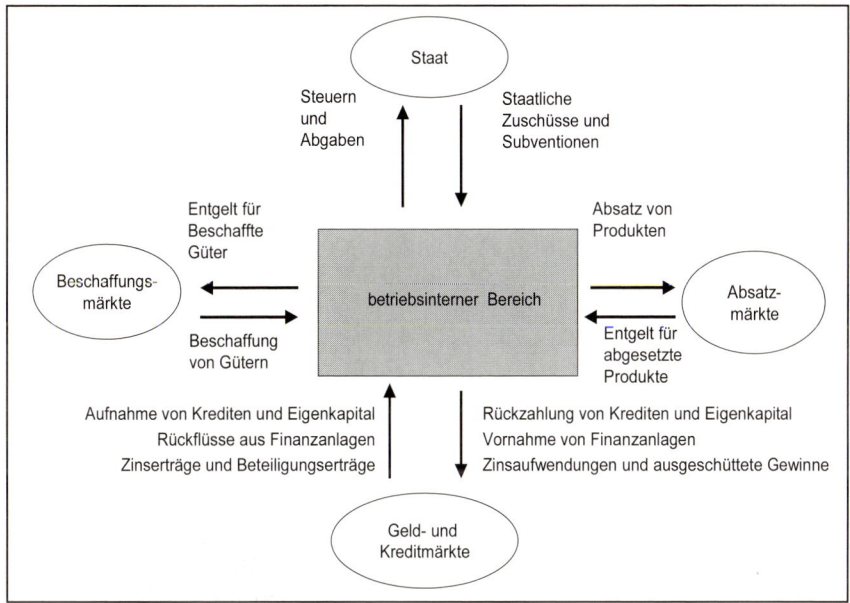

Abb. 1.1: Stellung des Unternehmens im zirkulären Real- und Nominalgütersystem

Im Rechnungswesen werden verschiedene Teilsysteme unterschieden, die nachfolgend erläutert und deren Unterschiede an Beispielen erklärt werden.

2.2   Zwecke des Rechnungswesen

Zwecke des
Rechnungswe-
sens
Betrachtet man die Zwecke des betriebswirtschaftlichen Rechnungswesens, so lassen sich drei grundlegende Rechnungsarten unterscheiden (vgl. Coenenberg [1976]), die prinzipiell in allen Teilsystemen des betriebswirtschaftlichen Rechnungswesens vorkommen:

Planungs-
rechnungen
- **Planungsrechnungen** dienen sowohl als Grundlage für die Entscheidungsfindung, indem die zukünftigen Auswirkungen von Handlungsalternativen auf unternehmerische Ziele gedanklich vorweggenommen werden (z. B. bei der Wirtschaftlichkeitsanalyse geplanter Investitionen), als auch zur Unterstützung des Entscheidungsvollzugs, indem Zielvorgaben und damit ein Handlungsrahmen für die Entscheidungsträger im Unternehmen festgelegt werden (z. B. im Rahmen von PlanIst- bzw. Soll-Ist-Vergleichen).

Kontroll-
rechnungen
- **Kontrollrechnungen** beziehen sich auf vergangene Geschehnisse. Sie dienen der Information über tatsächliche Abläufe und Zustände und unterstützen durch den Vergleich mit entsprechenden Planwerten (oder angepassten Planwerten, den sog. Sollwerten) der Abweichungsanalyse. Letztere ermöglicht damit einerseits die Gewährleistung einer Zielerreichung i. S. eines **Feedbacks** und andererseits das Lernen aus vergangenen Abweichungen und deren Analyse i. S. eines **Feedforward**. Damit sollen zukünftige Entscheidungen und Maßnahmen verbessert werden, um langfristige Ziele dennoch zu erreichen (**Double Loop Learning**).

Dokumentati-
onsrechnungen
- **Dokumentationsrechnungen** resultieren entweder aus gesetzlichen Verpflichtungen oder vertraglichen Vereinbarungen. **Gesetzliche Verpflichtungen** stellen z. B. nach § 242 HGB die handelsrechtliche Pflicht zur Erstellung einer Bilanz und Gewinn- und Verlustrechnung für alle Kaufleute und nach § 264 HGB die Pflicht zur Erstellung von Bilanz, Gewinn- und Verlustrechnung, Anhang und Lagebericht für alle Kapitalgesellschaften sowie nach §§ 140, 141 AO die steuerrechtliche Buchhaltungspflicht dar. Vertragliche Pflichten können sich z. B. aus Kredit-, Liefer- oder Lizenzverträgen ergeben, in dem Geschäftspläne, Finanzierungs- und Ergebnisrechnungen den Vertragspartnern vorzulegen sind. Die Dokumentationsrechnung dient damit der rechtlich gesicherten Ermittlung von Ergebnissen, an die sich Ansprüche (z. B. Gewinnausschüttungen oder Lizenzzahlungen) knüpfen können. Der Dokumentationsaufgabe sind in besonderem Maße die Finanzbuchhaltung und ihre Abschlussinstrumente Bilanz und Gewinn- und Verlustrechnung gewidmet. Aber auch die Kostenrechnung übernimmt Dokumentationsaufgaben, z. B. im Zusammenhang mit der bilanziellen Herstellungskostenermittlung für fertige und unfertige Erzeugnisse sowie für aktivierte Eigenleistungen, ferner im Zusammenhang mit der

Kalkulation öffentlicher Aufträge gemäß den Leitsätzen für die Preisermittlung aufgrund von Selbstkosten (LSP als Anlage der VO PR).

Beispiel 1.1

Herrn Zimmermann wird nun langsam Einiges klarer. Angesichts bestehender Gesundheits- und Umweltschutzauflagen steht er vor der Frage, ob sich eine eigene Lackierkammer lohnt. Eine entsprechende Wirtschaftlichkeits- oder Planungsrechnung hierzu würde ihm sicherlich weiter helfen.

Da sein Unternehmen in den letzten Jahren beträchtlich gewachsen ist, kann er Vieles selbst nicht mehr überblicken. Die Mitarbeiter haben Ziel- und Kostenvorgaben erhalten, deren Einhaltung er als Chef überwachen will. Diese Aufgabe zählt sicherlich zu den Kontrollrechnungen.

Und die Buchhaltung, die bisher sein Steuerberater erstellt, ist eine Dokumentationsrechnung. Schließlich möchte der Fiskus eine belastbare Grundlage zur Berechnung seiner Einkommen- und Gewerbesteuer erhalten.

Das **betriebswirtschaftliche Rechnungswesen** kann folglich als ein spezielles Informationssystem innerhalb eines Unternehmens charakterisiert werden, dessen Funktion in der vorwiegend mengen- und wertmäßigen Erfassung von ökonomisch relevanten Daten über vergangene, gegenwärtige und zukünftige wirtschaftliche Tatbestände und Vorgänge im Betrieb sowie über wirtschaftliche Beziehungen des Unternehmens zu seinem Umfeld besteht. Das Rechnungswesen übernimmt die Speicherung auf Datenträgern, die nachfolgende Transformation entsprechend den zugrunde liegenden Zwecken und die Weitergabe an interne und externe Informationsbenutzer. Das Rechnungswesen ist als Subsystem des übergeordneten Managementinformationssystems in die Gesamtorganisation Unternehmen integriert und dient der Unternehmensführung als Instrument zur Steuerung und Überwachung des jeweiligen unternehmerischen Zielerreichungsgrades.

Betriebswirtschaftliche Rechnungswesen

In Erweiterung der traditionellen Betrachtungsweise des Rechnungswesens als ein Abbildungs- und Steuerungsmodell des Gütersystems kann man ein umfassenderes Informationsinstrument, für das der Einbezug zusätzlicher Informationen im Rahmen sog. sach-, sozial- und strategiebezogener Rechnungen kennzeichnend ist, als „**Unternehmungsrechnung**" bezeichnen (vgl. Schweitzer/Küpper [2003], S. 1). Diese Erweiterung erscheint notwendig, da sich nicht alle unternehmerischen Ziele auf mengen- und wertmäßige Dimensionen und damit monetäre Größen abbilden lassen. Nicht oder nur partiell erfasst werden z. B. ökologische (Green accounting) oder soziale Sachverhalte (Social accounting), strategisch-relevante Informationen (z. B. sog. week signals im Rahmen der strategischen Frühaufklärung) oder immaterielle Ressourcen wie z. B. das

Unternehmungsrechnung

Human Capital (human resource accounting). Die Unternehmensrechnung soll folglich neben dem gesamten Ressourceninput auch den gesamten erwirtschafteten Output (vgl. ähnlich Bleicher [1987]) erfassen. Das System setzt sich aus einem institutionalisierten Teil, in dem, aufbauend auf die grundlegenden Zwecke des Rechnungswesens, laufend wiederkehrende Rechnungen **(Grundrechnungen)** durchgeführt werden (z. B. Buchhaltung und Kalkulation), sowie aus spezifischen **Sonderrechnungen**, die nur für bestimmte außergewöhnliche Zwecke durchgeführt werden (z. B. bei der Berechnung der Kosten einer Neuorganisation) zusammen.

Da sich viele dieser ökologischen, sozialen oder strategischen Sachverhalte monetär nur beschränkt messen lassen, bietet es sich an, die primär monetäre Unternehmensrechnung um ein **Performance Measurement System** wie z. B. die Balanced Scorecard (BSC) zu ergänzen (vgl. stellvertretend Kaplan/Norton [1996]).

Perfomance Measuremt-Systeme

3 Teilsysteme des Rechnungwesens

Drei Oberziele

Die konkrete Ausgestaltung des Rechnungswesens ist kein Selbstzweck, sondern hat sich an den im Unternehmen verfolgten obersten Zielsetzungen zu orientieren. In Bezug auf die zeitliche Reichweite und die zugrunde liegenden Maßgrößen lassen sich **drei wesentliche Oberziele** identifizieren (vgl. Gälweiler [1976]):

Oberziel: Liquidität

- Die Sicherung der Liquidität stellt ein grundlegendes unternehmerisches Ziel dar, da Zahlungsunfähigkeit und Überschuldung neben der drohenden Zahlungsunfähigkeit den Fortbestand des Unternehmens gefährdet. Allerdings reicht i. d. R. eine Unternehmenssteuerung nur über die Überwachung der Liquidität nicht aus. Insbesondere ist zu beachten, dass eine Zurechnung der Zahlungsströme auf einzelne Teilprojekte oder Teilbereiche im Unternehmen infolge bestehender Interdependenzen oder durch eine Zentralisierung der Liquiditätssteuerung (zentrales Cash Management und Treasuring) nicht exakt möglich ist. Zudem sind die Liquiditätswirkungen der einzelnen Projekte häufig nicht über deren gesamte Lebensdauer prognostizierbar.

Oberziel: Erfolg

- Als weitere Zielgröße ist der **Erfolg** zu betrachten, der als periodisierte, d. h. auf eine Zeitscheibe (z. B. den Monat, das Quartal oder das Jahr) bezogene Größe für das gesamte Unternehmen eine Vorsteuerungsfunktion für die Liquidität einnimmt. Die Aufgabe der Liquiditätssteuerung selbst kann die Erfolgsbetrachtung nicht übernehmen, da Aufwendungen und Erträge sich oftmals nur mit zeitlichen Differenzen auf die Liquiditätssituation des Unternehmens auswirken. Neben die reine Geldsteuerung (Liquidität) tritt die güterwirtschaftliche Steuerung (Erfolg).

■ Traditionell standen die monetär messbaren Ziele Liquidität und Erfolg im Mittelpunkt des Interesses der Unternehmenssteuerung durch das Management. Infolge einer zunehmenden Komplexität des Unternehmensumfeldes und der Unternehmen selbst und einer damit einhergehenden Erhöhung der Unsicherheit über das zukünftige unternehmerische Umfeld gewinnt jedoch eine dritte Zielgröße, das Erfolgspotenzial eines Unternehmens, immer mehr an Bedeutung. Im Anlehnung an Gälweiler kann Erfolgspotenzial als optimaler Deckungsgrad von unternehmerischen Stärken und umfeldlichen Chancen verstanden werden (vgl. Gälweiler [1974], S. 132). Aufgabe des Unternehmens ist es daher, bereits jetzt zukünftige Wettbewerbsvorteile aufzubauen und damit die Voraussetzungen für zukünftige Erfolge zu schaffen, indem es sich auf Chancen und Risiken im Umfeld einstellt. Das Erfolgspotenzial ist die Zielgröße für die strategische Planung und Kontrolle im Unternehmen.

Oberziel: Erfolgspotenzial

Monetär kann die an sich unkonkrete Zielgröße des Erfolgspotenzials als Unternehmenswert, d. h. als Barwert zukünftiger Erfolge oder Free Cashflows, interpretiert werden (vgl. Kapitel 20).

Unternehmenswert

Zwischen diesen drei Oberzielen besteht eine **wechselseitige Beziehung**. Zum einen führt ein vorhandenes und auch realisierbares Erfolgspotenzial bei effizienter Umsetzung der Strategien in den Folgejahren auch zu tatsächlichen Erfolgen und danach auch zeitverzögert zu einer guten Liquiditätsausstattung. Zum anderen ist eine gute Liquiditätsausstattung notwendig, um Güter und Dienstleistungen effizient erbringen zu können (Erfolgsebene) bzw. um langfristig Wettbewerbsvorteile (Erfolgspotenzial) aufbauen zu können.

Wechselseitige Beziehung zwischen den Oberzielen

Abbildung 1.2 systematisiert die verschiedenen Teilsysteme des Rechnungswesens nach ihrem Bezug zu den drei Zielgrößen Liquidität, Erfolg und Erfolgspotenzial.

Das Rechnungswesen ist mit seinen vier Teilsystemen unmittelbar auf die Abbildung der monetär messbaren Zielgrößen Liquidität und Erfolg gerichtet. Die strategieorientierte Zielgröße Erfolgspotenzial kann sich nicht ausschließlich auf die Daten des Rechnungswesens stützen. Sie bedarf vielmehr eines (nicht monetären) Informationssystems, das relative Stärken und Schwächen des Unternehmens als auch Chancen und Risiken im Unternehmensumfeld erfasst.

Die Messung, monetäre Bewertung und Steuerung des Erfolgspotenzials über den strategischen Planungsprozess erfolgt im Rahmen des **strategischen Controlling** und des **strategischen Managements** (vgl. z. B. Baum/Coenenberg/Günther [2007]).

Strategisches Controlling, strategisches Management

Da Erfolgspotenziale zu künftigen Erfolgs- und Liquiditätswirkungen führen sollen, kann das Erfolgspotenzialziel nicht losgelöst von den Plan- und Ist-Daten des Rechnungswesens geplant und gesteuert werden. Die Erfolgspotenzialzielsetzung stellt deshalb spezifische Anforderungen an

Strategieorientiertes Rechnungswesen

die Teilsysteme des Rechnungswesens. Soweit das Rechnungswesen sich bemüht, diesen Anforderungen gerecht zu werden, kann von einem **strategieorientierten Rechnungswesen** gesprochen werden (vgl. Abschnitt 8 dieses Kapitels).

Das strategische Controlling wird im Rahmen dieses Buches nur soweit betrachtet, als Schnittstellen zur Kosten- und Leistungsrechnung wie z. B. das **Target Costing** (vgl. Kapitel 14) oder die **Qualitätskostenrechnung** (vgl. Kapitel 16) mit Schnittstellen zur Steuerung von divisionalisierten Unternehmen wie z. B. die Kennzahlen eines wertorientierten Controlling (vgl. Kapitel 20) angesprochen werden. Diese stellen Elemente eines strategieorientierten Rechnungswesens dar (vgl. Abbildung 1.2).

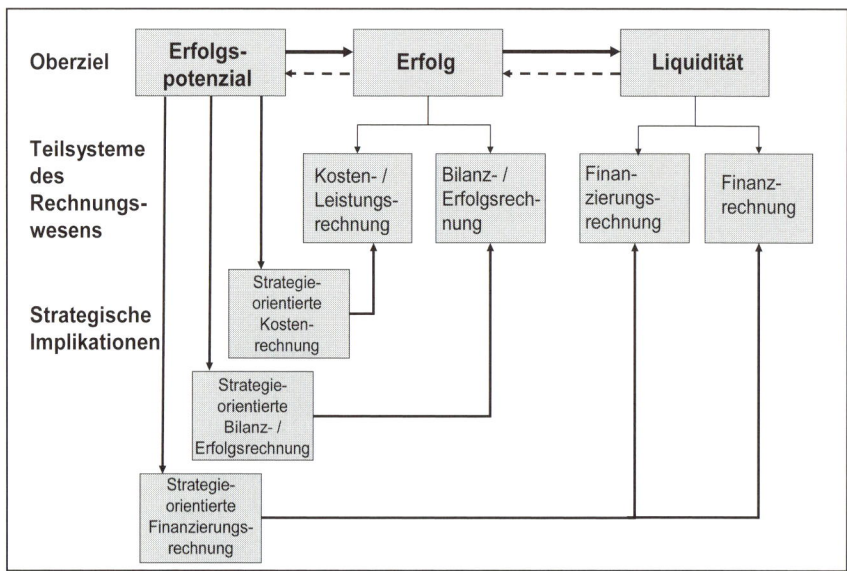

Abb. 1.2: Systematisierung des betriebswirtschaftlichen Rechnungswesens

Rechengrößen und Teilsysteme des Rechnungswesens

Betrachtet man die den monetär darstellbaren Zielen Liquidität und Erfolg zugrunde liegenden **Rechengrößen**, so lassen sich die vier Begriffspaare Einzahlungen und Auszahlungen, Einnahmen und Ausgaben, Erträge und Aufwendungen sowie Leistungen und Kosten voneinander abgrenzen. Die darauf aufbauenden **Teilsysteme des Rechnungswesens** sind Finanz- und Finanzierungsrechnungen sowie Bilanz und Erfolgsrechnung und Kosten- und Leistungsrechnung. Die Zuordnung von Rechengrößen (Stromgrößen), Bestandsgrößen und Teilsystemen des Rechnungswesens wird in Abbildung 1.3 verdeutlicht.

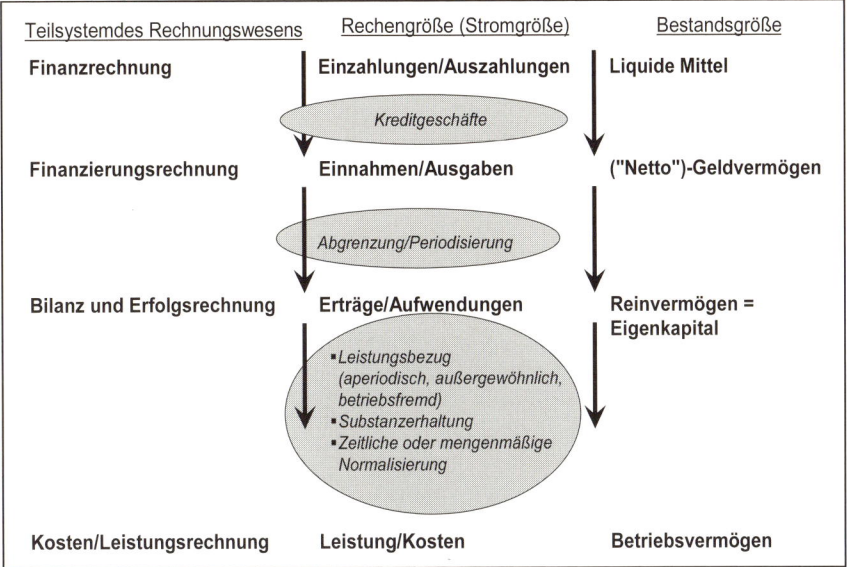

Teilsystem des Rechnungswesens	Rechengröße (Stromgröße)	Bestandsgröße
Finanzrechnung	Einzahlungen/Auszahlungen	Liquide Mittel
	Kreditgeschäfte	
Finanzierungsrechnung	Einnahmen/Ausgaben	("Netto")-Geldvermögen
	Abgrenzung/Periodisierung	
Bilanz und Erfolgsrechnung	Erträge/Aufwendungen	Reinvermögen = Eigenkapital
	▪ *Leistungsbezug (aperiodisch, außergewöhnlich, betriebsfremd)* ▪ *Substanzerhaltung* ▪ *Zeitliche oder mengenmäßige Normalisierung*	
Kosten/Leistungsrechnung	Leistung/Kosten	Betriebsvermögen

Abb. 1.3: Teilsysteme des Rechnungswesens

Nachfolgend werden die Unterschiede zwischen den vier verschiedenen Rechengrößen und zwischen den Teilsystemen des Rechnungswesens erläutert und anhand des nachfolgenden Beispiels vertieft.

> Herr Zimmermann plant für sein junges Unternehmen die Neuanschaffung einer Lackierkammer für die Rahmen seiner selbst designten Rennräder. Die Anschaffungskosten schätzt er auf 20 000 EUR. Aufgrund beschränkter eigener finanzieller Ressourcen plant er die Aufnahme eines sechsmonatigen Überbrückungskredits in Höhe von 15 000 EUR. Der Rest soll mit eigenen Mitteln des Unternehmens, d. h. aus Eigenkapital, finanziert werden. Herr Zimmermann stellt sich die Frage, wie sich dieser Geschäftsvorfall auf sein Unternehmen auswirken wird.

Beispiel 1.2
Teilsysteme des Rechnungswesens: Erste Daten

4 Finanzrechnung

4.1 Aufgaben der Finanzrechnung

Ein Unternehmen gilt dann als liquide, wenn es in der Lage ist, jederzeit den eingegangenen Zahlungsverpflichtungen nachzukommen. Der Liquiditätssteuerung kommt daher eine zentrale Bedeutung für das Fortbestehen eines Unternehmens zu, da insbesondere in ökonomischen Krisensituationen rechtliche Konsequenzen (Eröffnung des Insolvenzverfahrens nach §§ 17 ff. InsO) einer unzureichenden Liquiditätssituation des Unter-

Begriff der Liqudität

nehmens zu beachten sind. Es bedarf daher, abgeleitet aus den grundlegenden Zwecken des Rechnungswesens, einer **stromgrößenorientierten Finanzrechnung**, deren Hauptaufgaben die Sicherung der kurz-, mittel- und langfristigen Liquidität sowie die Ermittlung des jeweils korrespondierenden Kapitalbedarfs unter Beachtung von Rentabilitäts- und Risikoaspekten sind.

Finanzrechnung, Liquiditätsplanung, Cash Management

Ziel der **Finanzrechnung,** die der **Liquiditätsplanung** und dem **Cash Management** dient, muss es folglich sein, die Zahlungsströme so aufeinander abzustimmen, dass die Zahlungsfähigkeit des Unternehmens unter Beachtung der Unsicherheit zukünftiger Zahlungen zu jedem Zeitpunkt gewährleistet ist und gleichzeitig das übergeordnete Rentabilitätsziel berücksichtigt wird. Dies erfordert eine ausgebaute und in die Gesamtunternehmenssteuerung integrierte Finanzrechnung, die neben der Betrachtung der auch aus der Bilanz ersichtlichen Höhe der liquiden Mittel zusätzliche Aussagen über Mittelherkunft und Mittelverwendung und deren detaillierte Planung sowie über Ursachen des Unterschieds zwischen Periodenerfolg und Liquidität erlaubt.

Bestandsorientierte Liquidität vs. Stromgrößen-Betrachtung

Aus den bereits in den Grundrechnungen der Finanzbuchhaltung (Bilanz und GuV) vorhandenen Daten lassen sich die für die (zukünftige) dispositive Liquidität des Unternehmens relevanten Informationen nicht generieren. Einerseits lässt sich die genaue zeitliche Struktur der Fälligkeit der Bilanzpositionen nicht exakt abbilden (bilanziell wird z. B. zwischen den Restlaufzeiten bis ein Jahr, mehr als ein bis fünf Jahre und über fünf Jahre nach § 268 Abs. 4 und 5 und § 285 Nr. 1 HGB bzw. IAS 1.51 differenziert). Andererseits muss die Situation der Liquiditätsbestände am Bilanzstichtag nicht repräsentativ für Folgeperioden sein. Daher liefern **bestandsorientierte, bilanzielle Deckungsrechnungen** (z. B. das Verhältnis des Eigenkapitals zum langfristigen Anlagevermögen) nur unpräzise Informationen über die Liquiditätssituation des Unternehmens und lassen nur Aussagen über die Schuldendeckungsfähigkeit und damit die strukturelle Liquidität des Unternehmens zu. Daher erfordert die Finanzrechnung die Betrachtung von **unterjährigen Stromgrößen**, d. h. der Relation von Einzahlungen zu Auszahlungen.

Strukturelle Liquidität

Jedoch bedarf es zur Erhaltung der dispositiven Liquidität auch der Planung und Steuerung der **strukturellen bestandsorientierten Liquidität**, als Bestandteil des mittel- und langfristigen finanziellen Gleichgewichts des Unternehmens, und damit der Schaffung von Kapitalstrukturen (z. B. Eigenkapitalquoten, Verschuldungskapazitäten oder Credit Ratings), die eine reibungslose Abwicklung der betrieblichen Tätigkeiten gewährleisten. Es müssen ausreichende strukturelle Finanzierungsspielräume bestehen, die die Verwirklichung strategischer Pläne ermöglichen, da Finanzstrukturkennzahlen von externen Kapitalgebern oftmals als Richtlinien für die Beurteilung des Unternehmens herangezogen werden.

Finanzrechnungen können einerseits vergangenheitsbezogen zur Dokumentation und Rechenschaftslegung oder zur Kontrolle von Planrechnungen i. S. von Plan-Ist-Abweichungen sein. Von größerer praktischer Bedeutung sind jedoch andererseits Prognosen von Einzahlungen und Auszahlungen in Form von sog. **Finanz- oder Liquiditätsplänen**, die der permanenten Aufrechterhaltung des finanziellen Gleichgewichts dienen. Häufig werden diese unterjährig (z. B. monatlich oder wöchentlich, teilweise täglich) erstellt. Ergibt sich ein Überschuss der Auszahlungen über die Einzahlungen (Zahlungsunterdeckung) ist die Zahlungsfähigkeit des Unternehmens durch Inanspruchnahme von Krediten oder von zusätzlichem Eigenkapital zu gewährleisten. Übersteigen die Einzahlungen die Auszahlungen (Zahlungsüberschuss) können die überschüssigen liquiden Mittel angelegt werden.

Finanz- oder Liquiditätsplanung

4.2 Die Rechengrößen der Finanzrechnung: Einzahlungen und Auszahlungen

Was sind nun eigentlich Ein- und Auszahlungen? **Einzahlungen** sind alle Zuflüsse von liquiden Mitteln, die den Bestand an liquiden Mitteln auf der Aktivseite der Bilanz erhöhen, während **Auszahlungen** analog zu einer Minderung führen. **Liquide Mittel** werden dabei als Summe aus Barmitteln (Kasse, Schecks), jederzeit abrufbaren Sichteinlagen und kurzfristigen äußerst liquiden Geldanlagen (mit einer Restlaufzeit von maximal 3 Monaten) verstanden (vgl. in Anlehnung an DRS 2, IAS 7 und FAS 95 sowie Coenenberg [2005], S. 756 und 959). Diese Gesamtheit der liquiden Mittel bezeichnet man auch als „Fonds der liquiden Mittel". Während die Ein- und Auszahlungen in einer ganzen Periode (z. B. eines Wirtschaftsjahres) anfallende Stromgrößen darstellen, stellt der Bestand an liquiden Mitteln in der Bilanz die Bestandsgröße zu einem Stichtag (z. B. beim Kalenderjahr als genutztes Wirtschaftsjahr zum 31. Dezember) dar.

Einzahlungen, Auszahlungen, Bestand liquider Mittel

Die Finanzrechnung verfolgt damit eine eigene, auf die ermittelbare Barliquidität abgestellte Perspektive. In Abbildung 1.4 ist der Fonds der liquiden Mittel in der Bilanz farblich hervorgehoben.

Da Herr Zimmermann die Anschaffungskosten für die Maschine in Höhe von 20 000 EUR selbst nicht bezahlen kann, beschafft er sich einen Überbrückungskredit für sechs Monate in Höhe von 15 000 EUR. Die Auszahlungen (= Cashflow aus Investitionstätigkeit) belaufen sich damit auf 20 000 EUR, denen Einzahlungen (= Cashflow aus Finanzierung) von 15 000 EUR gegenüberstehen. Daraus ergibt sich eine Nettowirkung auf die Liquiden Mittel in Form eines Rückganges von 5 000 EUR.

Beispiel 1.2 Teilsysteme des Rechnungswesens: Finanzrechnung

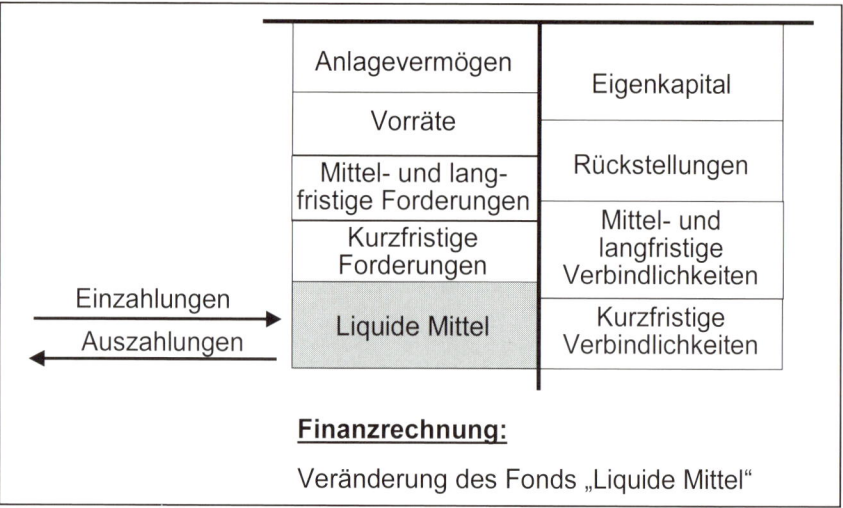

Abb. 1.4: Finanzrechnung und Bilanz

Neben der **direkten Ermittlung** der Veränderung des Zahlungsmittelbe-
stands durch Gegenüberstellung aller Ein- und Auszahlungen ist auch deren **indirekte** aus den Daten eines erstellten Jahresabschlusses möglich,
indem die darin enthaltenen periodisierten (d. h. auf das Jahr bezogenen)
erfolgswirksamen Größen in unperiodisierte liquiditätswirksame Zah-
lungsgrößen zurückentwickelt werden. Dies erfolg z. B. beim einfachen
Cashflow, indem zum Jahresüberschuss die Abschreibungen und die Zunahme der langfristigen Rückstellungen (beides gewinnmindernde aber
nicht auszahlungswirksame Aufwendungen) addiert werden. Diese Umformung kann entweder nur für den betrieblichen Leistungsbereich vorgenommen werden **(partielle Kapitalflussrechnung)**, indem etwa der
Cashflow als Maßgröße für den während einer Periode aus dem laufenden betrieblichen Prozess erwirtschafteten Zahlungsüberschuss ermittelt
wird. Alternativ kann eine gesamtunternehmensbezogene **vollständige
Kapitalflussrechnung** durchgeführt werden, indem eine Bewegungs-
rechnung erstellt wird, in der die Darstellung der Herkunft und Verwendung aller liquiden Mittel während einer Periode (meist zusammengefasst
in einem Fonds) erfolgt. Durch die Zusammenführung einer aus zwei Bilanzen ermittelten Veränderungsbilanz und der GuV können Periodisie-
rungsschritte (wie z. B. die Bildung von Abschreibungen oder Rückstellungen) und Bewertungsvorgänge (z. B. die außerplanmäßige Abschreibung einer Maschine) rückgängig gemacht werden, so dass prinzipiell nur
noch alle liquiditätswirksamen Vorgänge berücksichtigt werden und sich
alle nur erfolgswirksamen Vorgänge kompensieren. Gleichzeitig kann
aus Komponenten der GuV (z. B. der Jahresüberschuss und die Abschreibungen) und der Veränderungsbilanz (z. B. Veränderung der langfristigen Rückstellungen) der Cashflow der Periode (Vereinfachter Cash-

flow = Jahresüberschuss plus Abschreibungen plus Veränderung der langfristigen Rückstellungen) ermittelt werden. In Abbildung 1.5 ist die Bildung des Cashflows dunkel hervorgehoben (vgl. Chmielewicz/Caspari [1985]).

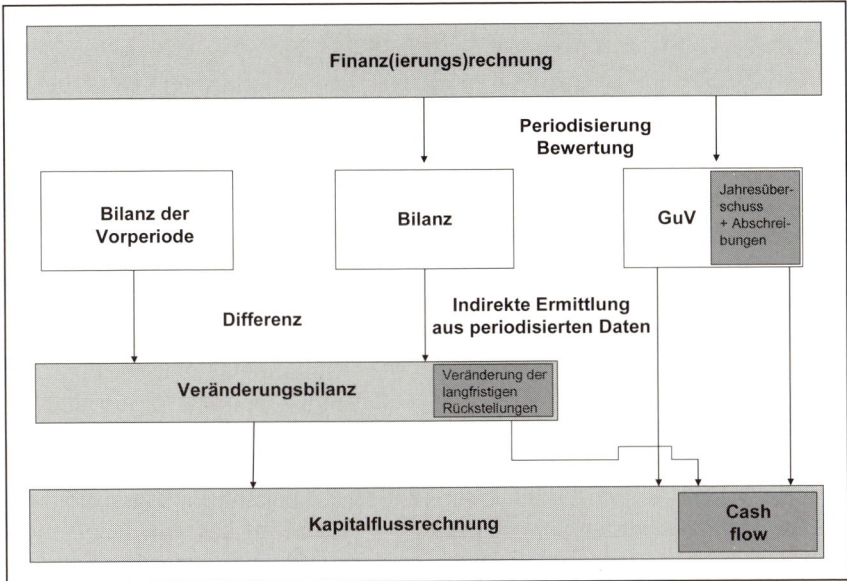

Abb. 1.5: Zusammenhang zwischen Finanzrechnung, Cashflow und Kapitalflussrechnung

5   Finanzierungsrechnung

5.1   Aufgaben der Finanzierungsrechnung

Unter- und Überdeckungen von Ein- und Auszahlungen können durch Kreditgeschäfte bzw. Anlagen von monetären Werten ausgeglichen werden. Daher ist i. S. einer effizienten und effektiven Unternehmenssteuerung ergänzend zur Finanzrechnung die sog. **Finanzierungsrechnung** zu betrachten. Diese bezieht nicht nur den Bestand an liquiden Mitteln i. S. der Barliquidität, sondern auch alle monetären, d. h. in Geldwerten bestehenden Vermögenswerte (Forderungen) und geldwerten Schulden (Verbindlichkeiten) mit ein.

Anstatt von Ein- und Auszahlungen werden nun die Rechnungsgrößen Einnahmen und Ausgaben zugrunde gelegt. Auf dieser Betrachtung aller Geldströme (und nicht nur der liquiden Mittel) beruhen eine Vielzahl von **Anwendungen**:

*Finanzierungs-
rechnung*

Investitions-
rechnung

Zur Beurteilung der Wirtschaftlichkeit von Investitionsvorhaben werden im Rahmen der **dynamischen Investitionsrechnung** dem Barwert der Ausgaben der Investition der Barwert der Einnahmen als mehrperiodige Planungsrechnungen gegenüber gestellt. Ist die Differenz (der sog. Kapitalwert) positiv, wird eine Investition aus monetärem Blickwinkel als wirtschaftlich betrachtet.

Simultanmodelle; Sensitivitäts-
und Risiko-
analyse

Werden zusätzlich bestehende Interdependenzen mit dem Finanzierungs- und Produktionsbereich in die Rechnung einbezogen, so geschieht dies mittels **Simultanmodellen**, während die Berücksichtigung unsicherer Erwartungen, die für Planungsrechnungen charakteristisch sind, mittels der Verfahren der **Sensitivitäts- oder Risikoanalyse** erfolgt.

Projektbewertung, Unternehmensbewertung

Eine Variante bzw. Anwendung dieser Einnahmeüberschussrechnung stellt die **Bewertung einzelner Projekte** (z. B. der Entwicklung eines Pharma-Produktes oder eines neuen Modells eines Automobils) sowie die **Bewertung von Unternehmen oder Unternehmenteilen** dar.

Kapitalbedarfsplanung

In der **Kapitalbedarfsplanung** prognostizieren Unternehmen ihren mittelfristigen Kapitalbedarf, in dem sie den Einnahmenüberschuss aus der betrieblichen Tätigkeit mit dem Ausgabenüberschuss aus der Investitionstätigkeit abgleichen. Entsprechende Unter- und Überdeckungen sind durch Kapitalaufnahme (Eigen- oder Fremdkapital) bzw. Anlage auszugleichen. Zudem können auch bereits bekannte Tilgungen und Zinszahlungen berücksichtigt werden.

Implizite Annahme dieser Betrachtungen ist häufig, dass Umsätze eines Jahres auch in diesem zufließen und daher nicht die Einzahlung (Barumsätze oder bezahlte Forderungen) sondern die Einnahme (der entstandene Umsatz) unabhängig vom Zahlungsverhalten betrachtet wird. Fallen Einnahmen/Ausgaben und Einzahlungen/Auszahlungen weit auseinander und resultieren hieraus Zinseffekte, wäre es an sich exakter in einer Investitions- oder Projektrechnung auf die Ebene der Finanzrechnung zurückzugehen. Dies führt jedoch durch die dann erforderliche Liquiditätsbetrachtung zu einem höheren Aufwand, der durch diese implizite Annahme vermieden werden soll.

5.2   Die Rechengrößen der Finanzierungsrechnung: Einnahmen und Ausgaben

Einnahmen,
Ausgaben,
Netto-Geldvermögen

Die Rechengrößen der Finanzierungsrechnung sind **Einnahmen** und **Ausgaben** als sog. Stromgrößen. Diese stellen Zunahmen bzw. Abnahmen des Netto-Geldvermögens als zugehörige Bestandsgröße dar. Das **Netto-Geldvermögen** ist die Summe der liquiden Mittel und kurzfristigen Forderungen abzüglich der kurzfristigen Verbindlichkeiten **(Fonds des Netto-Geldvermögens)** (vgl. Coenenberg [2005], S. 755). In Abbildung 1.6 ist das Netto-Geldvermögen als Bestandsgröße farblich gekennzeichnet. Die Finanzierungsrechnung kann nach Fristigkeit der einbezogenen Forderungen und Verbindlichkeiten zeitlich differenziert werden. I. d. R erfolgt jedoch eine mehrperiodige, über ein einzelnes Jahr hinausgehende Betrachtung.

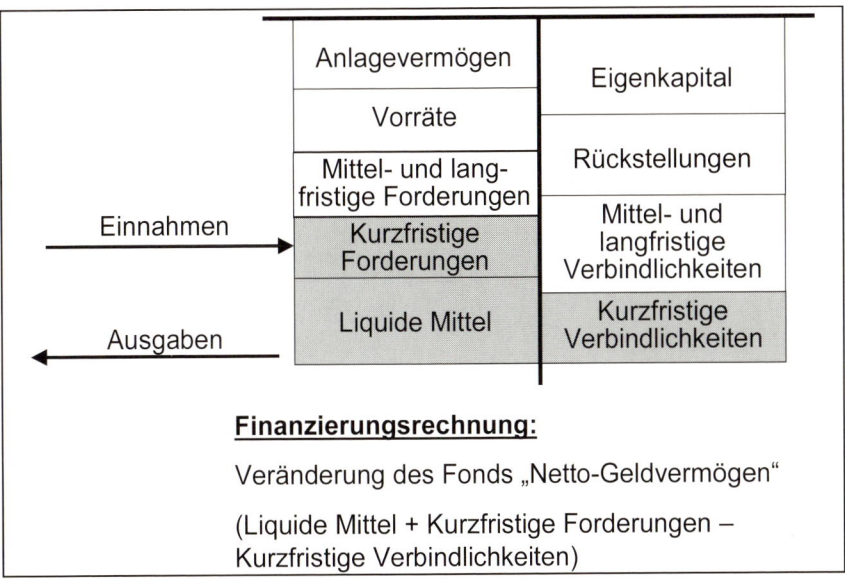

Abb. 1.6: Finanzierungsrechnung und Bilanz

Beispiel 1.2
Teilsysteme des Rechnungswesens: Finanzierungsrechnung

Der Kauf der Maschine und die Kreditaufnahme im Hause Zimmermann mindern, wie bereits erläutert, die liquiden Mittel um netto 5 000 EUR. Da zusätzlich eine Verbindlichkeit auf der Passivseite der Bilanz in Höhe von 15 000 EUR entsteht, verändert sich das Netto-Geldvermögen der Firma Zimmermann wie folgt:

	Veränderung Netto-Geldvermögen =	
	Veränderung der liquiden Mittel	– 5 000 EUR
+	Veränderung der Forderungen	0 EUR
–	Veränderung der Verbindlichkeiten	– (+ 15 000 EUR)
	Summe	– 20 000 EUR

Das Netto-Geldvermögen nimmt um 20 000 EUR ab.

6   Bilanz und Erfolgsrechnung

6.1   Aufgaben der Bilanz und der Erfolgsrechnung

Bilanz, Gewinn-
und Verlustrech-
nung
Funktionen des
Jahresab-
schlusses

Die aus der Finanzbuchhaltung abgeleiteten Rechenwerke **Bilanz** und **Gewinn- und Verlustrechnung** (kurz GuV) bilden nach deutschem Handelsrecht den Jahresabschluss von Kaufleuten (§ 242 Abs. 1 HGB), der für Kapitalgesellschaften noch um den Anhang ergänzt wird (§ 264 Abs. 1 HGB). Auch nach internationalen Rechnungslegungsvorschriften (z. B. den **International Financial Reporting Standards (IFRS)** oder den **Generally Accepted Accounting Principles** der USA (kurz **US-GAAP**) bilden Bilanz und GuV den Kern des Jahresabschlusses. Traditionell werden als Hauptaufgaben des Jahresabschlusses neben der Dokumentation der Geschäftsvorfälle die Rechnungslegung der Unternehmensleitung gegenüber den am Unternehmen interessierten Gruppen, den sog. Bilanzadressaten, als **Informationsfunktion** und die Ermittlung des ausschüttbaren Periodengewinns oder der zu zahlenden Steuern (**Zahlungsbemessungsfunktion**) angesehen (vgl. Coenenberg [2005], S. 14 f.).

Infolge der Interessenvielfalt und -gegensätze der am Unternehmen beteiligten Gruppen kann nur ein gesetzlich normiertes Instrument eine zufrieden stellende Abwägung der widerstreitenden Informationsbedürfnisse gewährleisten. Dementsprechend sollen die auf den an Objektivität und Vergleichbarkeit orientierten Bestimmungen des HGB und den Grundsätzen ordnungsmäßiger Buchführung und Bilanzierung (GoB) beruhenden handelsrechtlichen Jahresabschlüsse prinzipiell einen allen Interessenten genügenden **Einblick in die Vermögens-, Finanz- und Ertragslage** des Unternehmens gewähren. In der internationalen Rechnungslegung steht die Information vorhandener oder potenzieller Investoren im Vordergrund.

Betrachtet man wiederum die grundlegenden betriebswirtschaftlichen Ziele des Unternehmens, so bedarf der Einblick in die **Ertragslage** vor allem der Darstellung des Erfolgs und des Erfolgspotenzials des Unternehmens. Die **Finanzlage** stellt dagegen direkt auf das Liquiditätsziel ab. Die **Vermögenslage** stellt ein Bindeglied zwischen der Ertrags- und Finanzlage dar und kann als globale Abbildung aller drei betriebswirtschaftlichen Teilbereiche betrachtet werden.

Während die Darstellung der Finanzlage mit Hilfe der statischen, bestandsorientierten Deckungsanalyse nur Aussagen über die Finanzierungsstruktur des Unternehmens zulässt (**strukturelle Liquidität**), sind Angaben über die (künftige) **dynamische Liquidität** als zweite Komponente der Finanzlage mittels der Abschlussinstrumente Bilanz und GuV prinzipiell nicht zu treffen. Deshalb gehört nach den internationalen Rechnungslegungsstandards die Kapitalflussrechnung zum zwingenden Bestandteil des Jahresabschlusses. Bilanz, GuV und Anhang enthalten dagegen wesentliche Angaben über die aktuelle Vermögens- und Ertragslage des Unternehmens. Der für Kapitalgesellschaften verpflichtend zu erstellende Lagebericht (§ 289 HGB) enthält zusätzlich Angaben über die zukünftigen Erfolgsaussichten des Unternehmens.

6.2 Die Rechengrößen der Bilanz und der Erfolgsrechnung: Erträge und Aufwendungen

Da Unternehmen prinzipiell gegründet werden, um für eine unbegrenzte Dauer den Beteiligten zur Erfüllung ihrer Interessen zu dienen, genügt es nicht, erst am Ende der Betriebstätigkeit das kumulierte Endvermögen zu verteilen. Man spricht in diesem Falle von einer **Totalerfolgsrechnung** oder **Totalperiodenrechnung**, die auf allen Ein- und Auszahlungsvorgängen zwischen Unternehmen und Umfeld bis zur Auflösung fußt. Die dargestellten Zwecke bedingen vielmehr Rechnungen, die sich auf zeitlich begrenzte Teilperioden beziehen. Der **Jahresabschluss** ist eine derartige Rechnung für ein abgeschlossenes Wirtschaftsjahr. Darüber hinaus gibt es auch eine **Quartalsberichterstattung** (nach § 63 Börsenordnung Pflicht für Aktiengesellschaften im Prime oder General Standard der Frankfurter Wertpapierbörse) und einen Halbjahresfinanzbericht (nach § 37w WpHG) und eine halbjährliche Zwischenmitteilung (nach § 37x WpHG). *(Randnotiz: Totalperiodenrechnung)*

Die Finanzbuchhaltung ist daher generell als Zeitabschnittsrechnung konzipiert, die für eine bestimmte Abrechnungsperiode und das gesamte Unternehmen alle Zu- und Abgänge von Gütern mit deren zu ermittelnden Werten erfasst. **Erträge** und **Aufwendungen** lassen sich folglich als periodisierte, erfolgswirksame Zahlungen oder als gesamte Wertentstehung und gesamter Werteverzehr einer Periode definieren. Wertentstehung bzw. Werteverzehr können sich dabei auf **Nominalgüter** (liquide Mittel, Forderungen, Verbindlichkeiten) oder auf **Realgüter** (Sachvermögen) beziehen. *(Randnotiz: Erträge und Aufwendungen)*

Daraus wird deutlich, dass Erträge und Aufwendungen sich von Einnahmen und Ausgaben dadurch unterscheiden, dass auf die Veränderung eines Fonds abgestellt wird, der außer dem Netto-Geldvermögen zusätzlich das Sachvermögen (bestehend aus Vorräten von unfertigen und fertigen Erzeugnissen sowie Roh-, Hilfs- und Betriebsstoffen und Sachanlagevermögen wie Maschinen, Gebäuden, Grundstücken oder Finanzanlagen) sowie mittel- und langfristige Forderungen und Verbindlichkeiten sowie Rückstellungen mit erfasst. Die Erfolgsrechnung lässt sich deshalb als eine im Vergleich zur Finanzierungsrechnung umfassendere Fondsrechnung beschreiben, die auf die Veränderung des **Fonds „Reinvermögen"** abstellt. Abbildung 1.7 zeigt farblich abgehoben den Umfang des Fonds anhand der betroffenen Bilanzpositionen. Der Fonds entspricht betragsmäßig genau dem **Fonds „Eigenkapital"** in Abbildung 1.8. *(Randnotiz: Reinvermögen = Eigenkapital)*

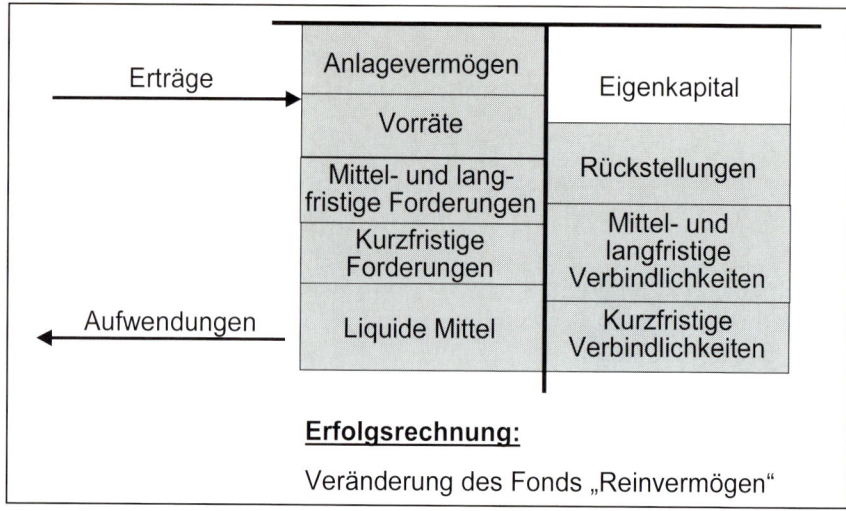

Abb. 1.7: Erfolgsrechnung und Bilanz: Betrachtung des Reinvermögens

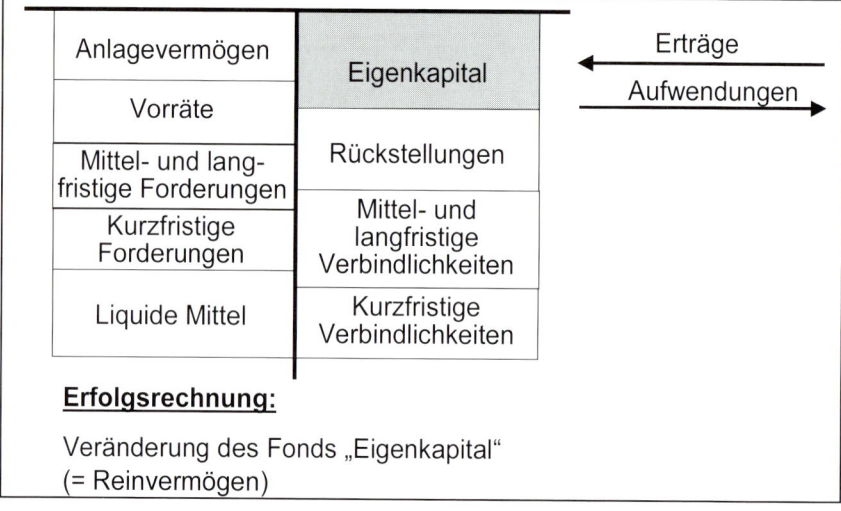

Abb. 1.8: Erfolgsrechnung und Bilanz: Betrachtung des Eigenkapitals

Periodenerfolg

Die Gegenüberstellung der strombezogenen Rechengrößen Ertrag und Aufwand erfolgt in der **zeitraumbezogenen Erfolgsrechnung (= GuV)**, die somit den anhand gesetzlicher Normierungen ermittelten Gewinn oder Verlust ausweist. In der **zeitpunktbezogenen Bilanz** werden die Vermögensbestände, die erst in nach gelagerten Perioden zu Aufwand (z. B. durch Verbrauch als Materialaufwand oder Abschreibungen) und Ertrag (z. B. als Umsatzerlöse) führen, sowie sämtliche Kapitalbestände aufgezeichnet. Der **Periodenerfolg** ergibt sich dabei nach der doppelten Buchhaltung sowohl aus der Gewinn- und Verlustrechnung (Erfolg = Erträge minus Aufwendungen) als auch durch Vergleich des Reinvermögens (= Eigenkapital) zwischen zwei Bilanzstichtagen (korrigiert um Eigenkapitaleinlagen und -entnahmen sowie gegebenenfalls um ergebnisneutrale Wertänderungen von Vermögensposten und Schulden). Da die Bilanz sowohl den Liquiditäts- als auch den Erfolgssaldo jeweils als absolute Beträge ausweist, fungiert sie als Bindeglied zwischen Finanz-(ierungs)rechnung und Erfolgsrechnung.

Wie wirkt sich für Joachim Zimmermann der Kauf der Maschine und die Kreditaufnahme auf den Jahresabschluss aus?

Dem schon berechneten Rückgang des Netto-Geldvermögens in Höhe von 20 000 EUR steht zunächst ein Anstieg des Sachanlagevermögens in gleicher Höhe gegenüber. Das Reinvermögen (= Eigenkapital) ändert sich damit durch den Anschaffungsvorgang nicht.

Die Kreditaufnahme selbst ist auch ergebnisneutral, da zwar einerseits liquide Mittel zufließen (Aktivseite steigt), andererseits jedoch die Verbindlichkeiten in gleicher Höhe ansteigen (Passivseite steigt).

Durch die Nutzung der Maschine und des Kredites entstehen jedoch während des betrachteten Wirtschaftsjahres ökonomische Wirkungen. Wenn die Maschine zum 1.1. angeschafft wurde und eine maximale Nutzungsdauer von 5 Jahren unterstellt wird, so findet während des Jahres ein Werteverzehr statt. Die Maschine wird älter, wird also anteilig verbraucht. Dies wird in der Finanzbuchhaltung durch Abschreibungen erfasst. Bei einer linearen Abschreibung ergäben sich damit jährliche Abschreibungen in Höhe von 20 000 EUR / 5 Jahre = 4 000 EUR pro Jahr.

Da gleichzeitig die Bank den Kredit nicht kostenlos zur Verfügung stellt, entstehen Zinsaufwendungen. Bei einem Fremdkapitalzins von 8 % ergeben sich für Joachim Zimmermann Zinsaufwendungen in Höhe von 8 % von 15 000 EUR = 1 200 EUR.

In der Summe mindert sich durch den Kauf der Maschine und den Kredit der Gewinn des Unternehmens um 5 200 EUR oder anders herum, Joachim Zimmermann muss mindestens 5 200 EUR durch den Einsatz der Maschine zusätzlich verdienen, um finanziell genauso da zu stehen wie vorher.

Beispiel 1.2
Teilsysteme des Rechnungswesens: Bilanz und Erfolgsrechnung

7 Kosten- und Leistungsrechnung

7.1 Aufgaben der Kosten- und Leistungsrechnung

Externes und internes Rechnungswesen

Die **Kosten- und Leistungsrechnung** dient der zieladäquaten Steuerung der innerbetrieblichen Leistungserstellungsprozesse. Während die Bilanz und Ergebnisrechnung durch die Informationsfunktion und Zahlungsbemessungsfunktion sich primär an externe Adressaten wendet (**externes Rechnungswesen**), ist die Kosten- und Leistungsrechnung primär auf den Betrieb als Ort der Leistungserstellung fokussiert (**betriebliches** oder **internes Rechnungswesen**).

Controlling

interne und externe Aufgaben

Die Kostenrechnung kann dementsprechend als ein Teilsystem des Controlling angesehen werden. **Controlling** ist ein kybernetisches, sich selbst steuerndes System zur Versorgung der Unternehmensleitung mit entscheidungsrelevanten Informationen (**entscheidungsorientierte Sicht**), der Koordination der mehr oder minder autonomen Planungs- und Steuerungseinheiten des Unternehmens (**koordinationsorientierte Sicht**) und der Sicherung der Rationalität der Unternehmensführung (**rationalitätsorientierte Sicht**) durch Informationsgewinnung, -verarbeitung und -aufbereitung. Controlling erfolgt durch die zielorientierte Steuerung mittels Planung und Kontrolle (vgl. Baum/Coenenberg/Günther [2007], S. 3 ff.). Man kann die Steuerungsaufgabe der Kostenrechnung deshalb etwas vereinfacht auf zwei Aspekte zurückführen: die informatorische Unterstützung von zu treffenden Entscheidungen (= dispositive Aufgabe oder Entscheidungsaufgabe) sowie die Verhaltenssteuerung durch Plan- und Istinformationen (= Kontrollaufgabe). Neben diesen **internen Aufgaben** übernimmt die Kostenrechnung auch **externe Aufgaben** i. S. einer Unterstützung des externen Rechnungswesens durch Ermittlung und Dokumentation kostenbezogener Werte.

Zwecke der Kostenrechnung

Als Teilsystem des Controlling verfolgt die Kostenrechnung damit folgende drei **Zwecke**:

Planungsrechnungen

- **Planungsrechnungen** dienen einerseits als **Grundlage für die Entscheidungsfindung**. Es geht hierbei vor allem um die Bestimmung der wirtschaftlichen Auswirkungen von Entscheidungen (z. B. die Anschaffung einer zusätzlichen Maschine) auf den finanziellen Zielerreichungsgrad des Unternehmens. Naturgemäß finden hier häufig Prognoseinformationen, beispielsweise über erwartete Preise und Absatzmengen, Auslastungsgrade, Produktionskoeffizienten etc., Eingang in die Kalküle. Andererseits dienen Planungsrechnungen aber gleichzeitig auch als Grundlage für den Entscheidungsvollzug im Rahmen der arbeitsteiligen Aufgabenerfüllung im Unternehmen. Auf Basis der Planungsrechnungen lassen sich mit den Entscheidungsträgern Zielvereinbarungen treffen, indem Kosten-, Erlös- und Ergebnisziele verbindlich festgelegt und entsprechende Commitments eingefordert werden.

Die Aufgaben von **situationsbezogenen Analysen** lassen sich funktional anhand der innerbetrieblichen Teilbereiche Beschaffung, Produktion, Absatz sowie deren integrativen Betrachtung untergliedern. Im Beschaffungsbereich sind insbesondere die Wahl zwischen verschiedenen Bezugsquellen und Beschaffungswegen sowie die Ermittlung optimaler Bestellmengen und von Preisobergrenzen für Vorprodukte durch die Bereitstellung relevanter Daten zu fundieren. Im Produktionsbereich sind Informationen über die effizientesten Produktionsverfahren sowie optimaler Los- bzw. Seriengrößen und Fertigungsreihenfolgen bereitzustellen. Im Absatzbereich sind Preisuntergrenzen für die hergestellten Produkte zu ermitteln und die Beurteilung bestimmter Absatzgebiete und -wege sowie Kunden(-gruppen) anhand relevanter Daten zu ermöglichen.

Zusätzlich existieren Aufgaben für die Kosten- und Leistungsrechnung, die die **integrative Betrachtung der Funktionsbereiche** erfordern. So gehen die für die Entscheidung zwischen Eigenfertigung und Fremdbezug (make or buy) und die Festlegung des gewinnoptimalen Produktprogramms im betrieblichen Bereich angefallenen Informationen in das Kalkül ein.

- **Kontrollrechnungen** dienen der Information über tatsächliche Ist-Abläufe und Zustände und der Überwachung und Lenkung der tatsächlichen Zielerreichung. Diese institutionalisierten Kontrollaufgaben der Kosten- und Leistungsrechnung, die häufig im Rahmen des **Berichtswesens (Reporting)** erstellt werden, sind vielfältig. Zum einen geht es um die Kontrolle der Wirtschaftlichkeit der Leistungsprozesse durch laufende Soll-/Ist-Vergleiche im Rahmen der Plankostenrechnung (vgl. en detail hierzu Kapitel 6). Zum anderen ist für Bezugsobjekte wie Produkte, Kunden, Absatzgebiete, aber auch Projekte und ganze Unternehmensbereiche der erzielte Erfolg mit den angestrebten Planwerten zu vergleichen (Ergebnisanalyse) (vgl. hierzu im einzelnen Kapitel 11), um rechtzeitig Gegensteuerungsmaßnahmen zur Zielerreichung einzuleiten und das Verhalten im Unternehmen auf die vereinbarten Ziele auszurichten. Gleichzeitig sollen Kontrollinformationen Grundlage für **ergebnisabhängige Vergütungssysteme** sein (vgl. Kapitel 19).

Kontrollrechnungen

- Extern vorgegebene **Dokumentationsaufgaben** der Kosten- und Leistungsrechnung resultieren aus handels- und steuerrechtlichen Vorschriften über die Ermittlung von Herstellungskosten (besser: -aufwendungen) zur Aktivierung von Eigenleistungen und Bestandsveränderungen sowie der Ermittlung von Konzernverrechnungspreisen, die aufgrund der Fiktion der rechtlichen Einheit des Konzerns keine unrealisierten Gewinne bzw. Verluste enthalten dürfen. Weiterhin sind bei der Kalkulation öffentlicher Aufträge die Vorschriften der Verordnung über die Preise bei öffentlichen Aufträgen (VO PR) und der Leitsätze über die Preisermittlung aufgrund von Selbstkosten (LSP) zu beachten,

Dokumentationsaufgaben

anhand derer (im Falle des Fehlens von Marktpreisen) ein Selbstkostenpreis zu ermitteln ist, der Grundlage der Abrechnung mit dem staatlichen Auftraggeber ist.

Abbildung 1.9 zeigt zusammenfassend die Aufgaben der Kosten- und Leistungsrechnung.

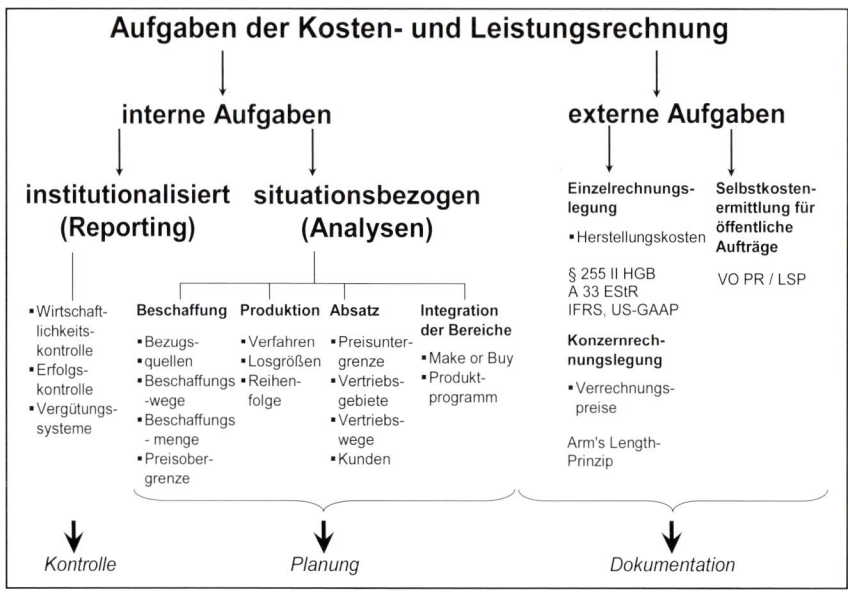

Abb. 1.9: Aufgaben der Kosten- und Leistungsrechnung

7.2 Die Rechengrößen der Kosten- und Leistungs-rechnung: Leistungen und Kosten

Begriff der Kosten

Leistungen und Kosten als der Kosten- und Leistungsrechnung zugrunde liegende Rechengrößen werden nach dem **wertmäßigen Kostenbegriff** nach Schmalenbach und Kosiol als bewertete(r) sachzielbezogene(r) Gütererstellung bzw. Güterverbrauch definiert (vgl. Schmalenbach [1963], S. 6). Dieses Kostenverständnis hat sich im Lauf der Jahrzehnte als herrschende Meinung gegen die **pagatorische Sicht** (nur zahlungswirksame leistungsorientierte Güterverbräuche sind Kosten, nicht jedoch Abschreibungen) (vgl. Koch [1958], S. 361; zur Übersicht Schweitzer/Küpper [2003], S. 15 f. Beim **entscheidungsorientierten Kostenbegriff** sind Kosten „die durch die Entscheidung über das betrachtete Objekt ausgelösten zusätzlichen … Auszahlungen und kreditorischen Ausgaben" (Riebel [1994], S. 15 und ähnlich Hummel [1993], S. 1204 ff.).

Aus der wertmäßigen Definition von Kosten ist bereits erkennbar, dass zwischen den Rechengrößen der Kostenrechnung (Leistungen/Kosten) und den Rechengrößen der Gewinn- und Verlustrechnung (Erträge/Aufwendungen) Gemeinsamkeiten, aber auch Unterschiede bestehen (vgl. auch Kapitel 2 sowie folgenden Abschnitt 7.3). Abbildung 1.10 veranschaulicht die Unterschiede der beiden Rechengrößen-Paare (vgl. Kloock u.a. [2005], S. 37 und 43). Anhand des Vergleichs von Kosten und Aufwand lassen sich folgende vier in Abbildung 1.10 durchnummerierten Unterschiede bzw. Gemeinsamkeiten feststellen:

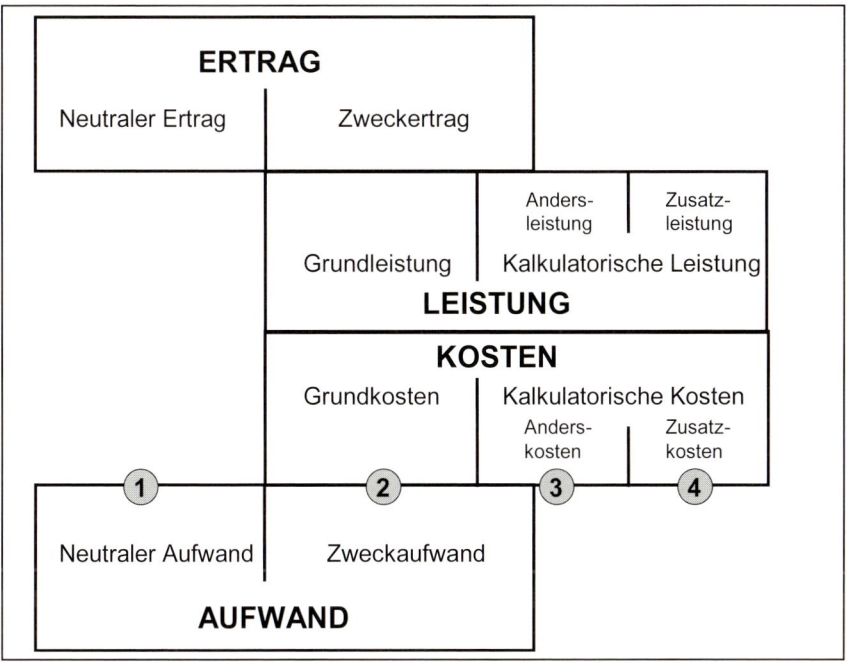

Abb. 1.10: Ertrag / Aufwand vs. Leistung / Kosten

Aufwand dem keine Kosten gegenüber stehen (neutraler Aufwand)
Im Gegensatz zur Kostenrechnung ist die Gewinn- und Verlustrechnung eine globale, umfassendere Rechnung, in der der Erfolg des gesamten Unternehmens ermittelt wird. Die Konsequenz ist, dass in der GuV neben den sachzielbezogenen Erträgen und Aufwendungen auch alle **außerordentlichen Erfolgskomponenten** erfasst werden, während sich die Kostenrechnung ausschließlich auf die leistungsbezogenen Wertentstehungen und Wertverzehre bezieht. Außerordentliche Erträge und Aufwendungen können folgende drei Ursachen haben:

Neutraler
Aufwand

Betriebsfremder,
periodenfremder,
außergewöhnli-
cher Aufwand

- **Betriebsfremde** nicht auf das Sachziel des Unternehmens (d. h. seinen Geschäftszweck) bezogene Vorgänge, wie z. B. eine Spende an den Karnevalsverein,
- **Periodenfremde** Vorgänge, wie z. B. die Nachzahlung von Gewerbesteuer für frühere Wirtschaftsjahre oder
- **Außergewöhnliche** Ereignisse, wie z. B. die Schäden durch eine Überschwemmung des Betriebsgeländes.

Alle drei Arten von Geschäftsvorfällen werden daher als neutrale Erträge und neutrale Aufwendungen in der Finanzbuchhaltung, nicht jedoch in der Kostenrechnung erfasst, da sie mit der kontinuierlichen Leistungserbringung für den Geschäftszweck des Unternehmens nichts zu tun haben.

Zweckaufwand
= Grundkosten

1) Aufwand, dem Kosten in gleicher Höhe gegenüber stehen (Zweckaufwand und Grundkosten)
In diesem zweiten Fall handelt es sich um Geschäftsvorfälle, die in der Kostenrechnung und der Gewinn- und Verlustrechnung aufgrund identischer Zielsetzungen gleich erfasst werden (z. B. Akkordlöhne, Versicherungsprämien, Energiekosten etc.).

Zweckaufwand
und Anders-
kosten

2) Aufwand, dem Kosten in anderer Höhe gegenüber stehen (Zweckaufwand und Anderskosten)
Da die Finanzbuchhaltung gesetzlich normiert ist, ist sie für die Bewertung von Ertrag und Aufwand an das Realisations- und Anschaffungswertprinzip gebunden. Die Kostenrechnung ist hingegen eine rechtlich nicht gebundene, alleine betriebswirtschaftlichen Grundsätzen folgende Rechnung. So können z. B. im Rahmen von Anderskosten Materialverbräuche bei steigenden Stahlpreisen mit höheren Wiederbeschaffungskosten angesetzt werden oder Abschreibungen nicht auf der Basis von Anschaffungskosten sondern auf der Basis höherer Wiederbeschaffungskosten vorgenommen werden. Hierdurch soll durch Integration von Preissteigerungen eine **Realkapitalerhaltung (Substanzerhaltung)** des Unternehmens gewährleistet werden, während die Finanzbuchhaltung nur

Real- und
Nominalkapital-
erhaltung

eine Erhaltung des nominal eingezahlten Eigenkapitals **(Nominalkapitalerhaltung)** erlaubt. Höhere Materialkosten oder kalkulatorischen Abschreibungen in der Kostenrechnung stehen niedrigere Aufwendungen in der Finanzbuchhaltung gegenüber (vgl. auch das Beispiel in Kapitel 2).

Zeitliche und
mengenmäßige
Normalisie-
rungen

Einen weiteren Grund für Anderskosten stellen zeitliche (z. B. konstante Kapitalkostensätze für Fremdkapital trotz permanent schwankender Istzinssätze) oder mengenmäßige (z. B. kalkulatorische Kosten für Schwund und Ausschuss) Normalisierungen dar, die in der Kostenrechnung vorgenommen werden können, während in der Finanzbuchhaltung nur ein Ausweis des tatsächlichen Aufwandes erfolgt.

3) Kosten, denen kein Aufwand gegenüber steht (Zusatzkosten)

Hierbei handelt es sich um kalkulatorische Zusatzkosten, die nur in der Kostenrechnung gebildet werden, jedoch in der Finanzbuchhaltung nicht ausweisbar sind. Beispiele sind kalkulatorische Eigenkapitalkosten, der kalkulatorische Unternehmerlohn bei Personengesellschaften oder kalkulatorische Miete für eigene Gebäude. Intention des Kostenausweises ist primär die **Verhaltenssteuerung** im Unternehmen, indem z. B. durch die Berücksichtigung von kalkulatorischen Eigenkapitalkosten von selbstfinanzierten Investments auch die Abdeckung der Eigenkapitalkosten verlangt wird, da der Eigentümer alternativ den investierten Betrag auch am Kapitalmarkt hätte anlegen können **(Opportunitätskosten-Kalkül)**.

Betrachtet man nun die Kosten, die Joachim Zimmermann entstehen, so ergeben sich wiederum, wie bei der Bilanz und der Erfolgsrechnung zwei Ansatzpunkte:

Durch die Nutzung der Lackieranlage findet ein sachzielbezogener (Herr Zimmermann will damit Fahrräder lackieren) bewerteter (in EUR ausgedrückt) Ressourcenverbrauch (die Lackieranlage wird durch Abnutzung verbraucht) statt. Da Joachim Zimmermann davon ausgeht, dass er in fünf Jahren die Anlage wesentlich teurer, nämlich zu geschätzten 25 500 EUR ersetzen muss, errechnen sich kalkulatorische Abschreibungen in Höhe von 25 500 EUR / 5 Jahre = 5 100 EUR p. a. Wie der Vergleich mit der bilanziellen Abschreibung in Höhe von 4 000 EUR p. a. zeigt, muss er zum Ausgleich der zu erwartenden Verteuerung der Anlage und damit zur Substanzerhaltung jährlich 1 100 EUR zusätzlich erwirtschaften.

Zusätzlich entstehen auch kalkulatorische Kapitalkosten, die sich im Falle der Lackieranlage zu 75 % aus Fremdkapital und zu 25 % aus Eigenkapital zusammensetzen. Damit ergibt sich (etwas vereinfacht) unter der Annahme eines Ertragssteuersatzes von 40 %, der zu einer Netto-Entlastung der Fremdkapitalzinsen führt, und einer geforderten Rendite des Herrn Zimmermann auf sein Eigenkapital in Höhe von 15 % ein Gesamtkapitalkostensatz für Joachim Zimmermanns Lackieranlage in der Höhe von (zu details vgl. Kapitel 2):

$$8\% \; x \; (1-0,4) \; x \; 0,75 + 15\% \; x \; 0,25 = 7,35\%$$

Damit ergeben sich zusätzlich zu den kalkulatorischen Abschreibungen **kalkulatorische Kapitalkosten** für die Lackieranlage in Höhe von 7,35 % v. 20 000 EUR = 1 470 EUR. In der Finanzbuchhaltung dürfen dagegen nur die Fremdkapitalkosten in der Höhe von 1 200 EUR erfasst werden. Damit stehen insgesamt 5 200 EUR Aufwand 6 570 EUR (Anders-)kosten gegenüber.

7.3   Differenzierung versus Harmonisierung von externem und internem Rechnungswesen

Der vorstehende Abschnitt hat deutlich gemacht, dass die Differenzierung zwischen Erträgen und Aufwendungen einerseits und Leistungen und Kosten andererseits aus den unterschiedlichen Aufgaben von externem und internem Rechnungswesen entstanden ist. Soweit die Zahlungsbemessungs- und Informationsfunktion für externe Kapitalgeber separat von der internen Steuerungsfunktion betrachtet wird, sind externes und internes Rechnungswesen auf differenzierten Rechengrößen aufgebaut. Die zunehmende Kapitalmarktorientierung der Unternehmen hat in den letzten Jahren dazu geführt, beide Zwecke immer stärker aneinander anzunähern. Externe Kapitalgeber sollen mit denselben Informationen versehen werden, die zur internen Steuerung dienen (**Management approach**). Umgekehrt sollen interne Steuerungsgrößen an den Zielen externer Kapitalgeber im Sinne einer **wertorientierten Steuerung** (vgl. Kapitel 20) orientiert werden. Der durch die unterschiedlichen Aufgaben von externem und internem Rechnungswesen entstandenen Differenzierung steht deshalb ein zunehmender Trend zur **Harmonisierung** entgegen (vgl. hierzu Coenenberg [1995]; Küting/Lorson [1999]).

Planungs- und Zahlungsbemessungsfunktion

Wegen der Zweckpluralität von externem Rechnungswesen und von internem Rechnungswesen kann sich die Forderung nach Konvergenz beider Systeme nur auf diejenigen Teile der externen Unternehmensrechnung und der internen Unternehmensrechnung beziehen, die im Wesentlichen zweckidentisch sind. Die auf die **Planungsfunktion** bezogenen speziellen kostenrechnerischen Entscheidungsrechnungen jedweder Art sowie die auf die **Zahlungsbemessungsfunktion** gerichtete Einzelbilanz und Steuerbilanz scheiden als Gegenstände einer Vereinheitlichung von externem und internem Rechnungswesen aus. Auf die Zahlungsbemessungsfunktion gerichtete Bilanzen sind auf Billigkeits- und Objektivierungsgrundsätze gerichtet und sind damit von vornherein für unternehmerische Steuerungszwecke untauglich. Andererseits sind kostenrechnerische Entscheidungsrechnungen auf detaillierte Objekte wie Produkte, Kunden, Prozesse gerichtet, fragen nach Ursache-Wirkungs-Relationen und wollen Entscheidungen für zeitlich und sachlich begrenzte Entscheidungsfelder fundieren. Hier bedarf es spezieller Instrumente wie der Deckungsbeitragsrechnung, der relativen Einzelkostenrechnung oder der Prozesskostenrechnung und wertorientierter Kostenansätze in Form von Opportunitätskosten, die sich mit der bilanziellen Erfolgsermittlungsfunktion nicht verbinden lassen. Entscheidungsobjekte und Ergebniswirkungen müssen letztlich fallweise bestimmt werden, um die Qualität der Entscheidungsrechnungen zu gewährleisten.

Harmonisierung von internem und externem Rechnungswesen

Kontrollfunktion

Die **Kontrollfunktion der Kosten- und Leistungsrechnung** scheint demgegenüber bessere Anknüpfungspunkte für eine Annäherung mit dem externen Rechnungswesen zu bieten. Im Rahmen der Kontrollfunktion

geht es zum einen um die Überprüfung der Planrealisation von Entscheidungen, die von der kontrollierenden Instanz selbst getroffen worden.
Zum anderen soll sie die Überwachung von Dispositionen untergeordneter Instanzen ermöglichen.

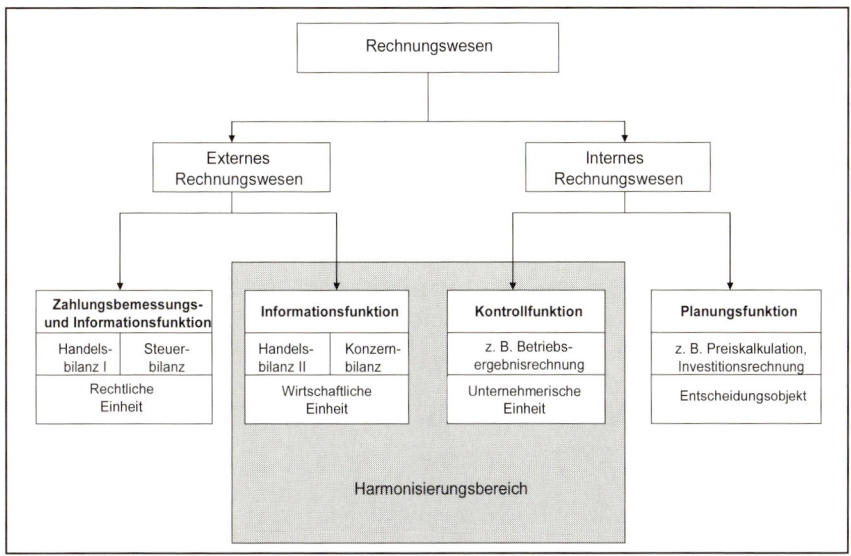

Abb. 1.11: Harmonisierung von externem und internem Rechnungswesen

Hierin zeigt sich die Analogie zur **Informationsfunktion im externen**
Rechnungswesen. Im Gegensatz zu den hauptsächlich auf die Erfüllung
der Zahlungsbemessungsfunktion gerichteten Einzel- (Handelsbilanz I)
und Steuerbilanzen versucht die Informationsfunktion allgemeinere Informationsinteressen über die wirtschaftliche Gesamtheit „Konzern" bzw.
seiner einzelnen wirtschaftlichen Einheiten zu befriedigen und damit
auch einer Kontrolle zugänglich zu machen. Über die Informationen zur
Ausschüttungs- und Steuerbemessung hinaus wünschen alle Adressaten
des externen Rechnungswesens möglichst verlässliche und aussagefähige
Beurteilungsmaßstäbe über die finanzielle und wirtschaftliche Situation
des Unternehmens, um Ausmaß und Sicherheitsgrad der zu erwartenden
Zielrealisation ihrer Beteiligung am Unternehmen abschätzen zu können.
Auf der Seite des externen Rechnungswesens wurde die Informations-
funktion vor allem in den Regelungen zum Konzernabschluss umgesetzt.
Insofern bietet sich der Konzernabschluss bzw. die auf einer einheitlichen
Grundlage erstellte Handelsbilanz II als Ausgangsbasis für eine Konver-
genz an. Da in der internationalen Rechnungslegung nach IFRS oder US-
GAAP der Informationsfunktion eine herausragende Stellung zukommt,
liegt es nahe, bei der Umstellung auf IFRS auch die Kontrollfunktion des
Controlling, das Berichtswesen entsprechend anzupassen (vgl. hierzu
Weissenberger [2007]). Die vorstehenden Ausführungen zur Differenzie-

Informations-
funktion

rung und Harmonisierung von internem und externem Rechnungswesen sind in Abbildung 1.11 zusammengefasst.

8   Strategieorientiertes Rechnungswesen

Strategie-
orientierung
des Rechnungs-
wesens

Die Planung und Überwachung des Erfolgspotenzials als wesentliche Zielgröße der strategischen Unternehmensführung dient der systematischen Vorsteuerung der operativen Zielgrößen Erfolg und Liquidität. Da die Umsetzung von strategischen Entscheidungen über konkrete Investitionsprojekte kurzfristig zu Lasten des Erfolgsziels geht und finanzielle Ressourcen verzehrt, sind die Erfolgs- und Liquiditätswirkungen bestimmter Geschäftsfeldstrategien zu untersuchen. Das stellt insbesondere, aus der strategischen Betrachtung resultierende Anforderungen an Finanzierungsrechnung, Bilanz und Erfolgsrechnung sowie Kostenrechnung, auf die – wenn auch nur in Kürze – zum Abschluss dieses Einführungskapitels hingewiesen werden soll. Bezogen auf die drei Teilsysteme des Rechnungswesens ergeben sich folgende **Ansatzpunkte eines strategischen Rechnungswesens**:

Strategieori-
entierte Finan-
zierungsrech-
nungen

1)   Strategieorientierte Finanzierungsrechnungen

Sie dienen der Untersuchung von Geschäfts- und Unternehmensstrategien im Hinblick auf die mit diesen verbundenen Finanzmittelbedarfe oder -überschüsse und deren Abstimmung mit dem über den Planungshorizont verfügbaren Finanzierungspotenzial des Unternehmens. Diese Abstimmung soll gewährleisten, dass der Aufbau und die Erhaltung langfristig verteidigbarer Wettbewerbspositionen nicht durch im Zeitablauf eintretende Finanzmittelunterdeckungen gefährdet wird. Für die konkrete Umsetzung ergeben sich mehrere Ansatzpunkte:

- Forderung nach einem hinsichtlich Mittelbeanspruchung und -freisetzung **ausgewogenen Geschäftsfeldportfolio** als Aufgabe des Portfolio-Managements.
- Ermittlung der aus der Durchführung bestimmter Wettbewerbsstrategien resultierenden finanziellen Auswirkungen anhand **geschäftsfeldbezogener strategischer Finanzierungsrechnungen (Business Plan).**
- Aggregation der geschäftsfeldbezogenen Finanzierungsrechnungen und zusätzlicher Einbezug sämtlicher nicht auf einzelne Geschäftsfelder zurechenbarer Zahlungsströme (z. B. zentrale F&E, Weiterbildung etc.) zu einer **gesamtunternehmensbezogenen Finanzierungsrechnung** als Maßgröße für das Innenfinanzierungspotenzial des Unternehmens (vgl. Mansch/Wysocki (Hrsg.) [1996]).
- Überprüfung des langfristigen finanziellen Gleichgewichts des Unternehmens bezüglich Risiko, Rentabilität und Wachstumsmöglichkeiten durch zusätzlichen Einbezug des Außenfinanzierungspotenzials an-

hand vorgegebener **Bilanzstrukturkennzahlen** (z. B. Mindest-Eigenkapitalquote, dynamischer Verschuldungsgrad, Anlagendeckung) als **Finanzleitlinien** des Unternehmens.

- Umgekehrt lässt sich aus den Finanzleitlinien der **Mindest-Gewinn und Mindest-Cashflow** bzw. maximale Investitionsbetrag ableiten, die notwendig sind, um die vorgegebenen Bilanzkennzahlen dennoch einhalten zu können (vgl. Kapitel 20).

2) Strategieorientierte Bilanz- und Erfolgsrechnung

Da Strategien i. d. R. hohe Vorlaufausgaben (z. B. eigene Forschungs- und Entwicklungsaufwendungen, Markterschließungsaufwendungen, Aufwendungen zur Verbesserung des Humankapitals) erfordern, ist eine strategieorientierte Bilanz und Erfolgsrechnung durch die rechtliche Kodifizierung von Bilanz und Erfolgsrechnung (z. B. fehlende Aktivierung als Vermögensgegenstand) nur als Ergänzungsrechnung möglich:

- Leistungsmessung für das Unternehmen und dessen Teile grundsätzlich anhand des Barwerts der zukünftigen Zahlungsströme als Maßgröße für die gegenwärtige Leistungsfähigkeit und den zukünftigen Wert der erreichten Wettbewerbsposition des Unternehmens **(Shareholder Value-Ansatz)** (vgl. Rappaport [1986] sowie Günther [1997] und Coenenberg/Salfeld [2007], vgl. auch Kapitel 20).
- Ermittlung eines Periodenerfolgs anhand des **Konzepts des ökonomischen Gewinns**, das ebenfalls auf vollkommener Zahlungsprognose und Diskontierung beruht (vgl. Coenenberg [2005], S. 1216 ff.), das jedoch aufgrund konzeptioneller Schwierigkeiten bei der Ermittlung der zukünftigen Zahlungen und die Notwendigkeit zur Objektivierung der Ergebnisermittlung untauglich für externe Rechnungen erscheint.
- Angaben auf freiwilliger Basis zu strategischen Vorhaben im Anhang und im Lagebericht bei der externen Berichterstattung **(Value Reporting)**.

3) Strategieorientierte Kostenrechnung

Die Tatsache, dass strategische Entscheidungen wesentlichen Einfluss auf den zukünftigen Erfolg von Unternehmen haben, jedoch mit der operativen Steuerung wenig verknüpft sind, führte zur Forderung einiger Autoren (vgl. Bromwich [1990]; Simmonds [1989]) nach einer strategieorientierten Kosten- und Leistungsrechnung. Die traditionelle „datengetriebene" Kostenrechnung, in der intern vorgegebene Daten unabhängig vom erzielbaren Nutzen standardisiert verarbeitet werden, sei durch ein „informationsorientiertes" **Strategic Management Accounting** zu ersetzen bzw. zu ergänzen, das bestimmte, für die Lösung von strategischen Entscheidungen relevante interne und externe Informationen gezielt erfasst und verarbeitet. Insbesondere sind von einer solchen strategieorientierten Kostenrechnung Informationen über relative Kosten und Preise, Absatzmengen, Marktanteile etc. der einzelnen Geschäftsfelder zu ermitteln und

Strategieorientierte Bilanz und Erfolgsrechnung

Shareholder Value-Ansatz

Ökonomischer Gewinn

Value Reporting

Strategieorientierte Kosten- und Leistungsrechnung

mit dem Wettbewerb zu vergleichen. In den 90er Jahren des letzten Jahrhunderts sind daher eine Reihe von Methoden zu einer stärkeren Strategieorientierung der Kostenrechnung entwickelt worden:

Target Costing
- Da viele Produkte und Dienstleistungen beträchtliche Vorlaufzeiten haben und in der Design- und Konstruktionsphase teilweise 70-80 % der späteren Selbstkosten festgelegt werden, sind bereits in der Entwicklung Methoden des Kostenmanagements wie z. B. das Target Costing zu nutzen (vgl. Kapitel 14). Das **Target Costing** geht von einem durch den Markt, die Wettbewerber oder durch das Unternehmen vorgegebenen Zielpreis und Zielmargen aus und richtet die sich dann ergebenden Zielkosten an den Präferenzen der Kunden aus. Dadurch erfolgt bereits in frühen Lebenszyklusphasen eine konsequente Wettbewerbs- und Kundenorientierung durch interdisziplinäre Zusammenarbeit von Marketing bzw. Marktforschung, Engineering, Produktion und Controlling.

Life Cycle Costing
- Durch das zeitliche Auseinanderfallen von Design, Entwicklung und Fertigung liefern traditionelle Systeme der Kostenrechnung keine entscheidungsrelevanten Informationen mehr (z. B. sind in den Selbstkosten gegenwärtiger Produkte die F&E-Kosten zukünftiger Produkte enthalten). Darauf aufbauende Kontrollrechnungen regen nicht diejenigen Mitarbeiter zu einem kostenoptimalen Verhalten an, die diese maßgeblich bestimmen, da diese primär durch die Entwicklung und Konstruktion bestimmt werden, jedoch in der Fertigung und im Vertrieb entstehen. Es bedarf daher bei langfristigen Projekten eines **Life Cycle Costing** (vgl. Kapitel 15), das zu einem zieladäquaten Verhalten motiviert und durch den Einbezug von erst beim Kunden anfallenden Kosten (Folgekosten) zu neuen Lösungen des Kundenproblems führt (z. B. geringere Betriebskosten teurer Energiesparlampen).

Prozesskostenrechnung
- Schließlich ist als Ergebnis der stärkeren Strategieorientierung der Kostenrechnung die Entwicklung der sog. **Prozesskostenrechnung** zu nennen (vgl. Kapitel 4). Die Schaffung und Verteidigung von nachhaltigen Wettbewerbsvorteilen erfordert die genaue Kenntnis der „richtigen" betrieblichen Kosten als Schlüsselfaktoren für die erfolgreiche Durchführung der Geschäftsstrategien. Im Zeitablauf eingetretene Veränderungen sowohl in der Wertschöpfungs- (höhere Variantenvielfalt und Fertigungsflexibilität) als auch in der Kostenstruktur (stark gestiegener Anteil der Gemeinkosten) in den Unternehmen bewirkten, dass nur auf volumenorientierten Bezugsgrößen aufbauende konventionelle Kostenrechnungssysteme durch die Fehlverrechnung von Gemeinkosten zu „falschen" Ergebnissen in der Produktkalkulation und damit zu Fehlsteuerungen führten. Ziel der Prozesskostenrechnung ist es, durch die verursachungsgerechte Ermittlung und Verrechnung der Kosten der zur Herstellung der betrieblichen Erzeugnisse notwendigen Prozesse Hinweise für eine strategieorientierte Produktgestaltung (z. B. die

Auswirkung von Logistik- oder Verpackungsänderungen, der Einfluss der Bestellmenge auf die Selbstkosten etc.) zu bekommen.

9 Kontrollfragen

1) Was sind wesentliche Zwecke des betriebswirtschaftlichen Rechnungswesens im Unternehmen?
2) Grenzen Sie die Finanzbuchhaltung von der Betriebsbuchhaltung im Hinblick auf Aufgaben und primäre Informationsempfänger ab!
3) Was wird unter einer „Unternehmensrechnung" verstanden?
4) Welches sind die grundlegenden betriebswirtschaftlichen Ziele eines Unternehmens und in welcher Beziehung stehen diese zueinander?
5) Welche Rolle kommt dem Unternehmenswert im Zielsystem zu?
6) Grenzen Sie die grundlegenden Rechengrößen Einzahlungen/Auszahlungen, Einnahmen/Ausgaben, Erträge/Aufwendungen und Leistungen/Kosten voneinander ab!
7) Nennen Sie die auf diesen Rechengrößen beruhenden Teilsysteme des betriebswirtschaftlichen Rechnungswesens!
8) Welche Bestandsgrößen sind diesen Rechengrößen zuzuordnen?
9) Welche Aufgaben sollen Finanz- und Finanzierungsrechnungen erfüllen?
10) Wodurch unterscheiden sich Finanz- und Finanzierungsrechnung?
11) Welche Aufgaben sollen Bilanz und GuV erfüllen?
12) Welche internen und externen Aufgaben soll die Kosten- und Leistungsrechnung erfüllen?
13) Wodurch können Kosten und Aufwand betragsmäßig differieren?
14) Wieso müssen Einnahmen und Ausgaben bzw. Einzahlungen und Auszahlungen periodisiert werden?
15) Was versteht man unter „Controlling"?
16) Welche Funktionen des Rechnungswesens eignen sich für eine Harmonisierung von internem und externem Rechnungswesen?
17) Wie kann die Kosten- und Leistungsrechnung strategieorientiert ausgestaltet werden?

10   Abkürzungsverzeichnis

AO	Abgabenordnung
DRS	Deutscher Rechnungslegungsstandard
EStR	Einkommensteuerrichtlinien
FAS	Financial Accounting Standard
GuV	Gewinn- und Verlustrechnung
HGB	Handelsgesetzbuch
IAS	International Accounting Standard
IFRS	International Financial Reporting Standards
LSP	Leitsätze für die Preisermittlung aufgrund von Selbstkosten 1953
US-GAAP	United States Generally Accepted Accounting Principles
VO PR	Verordnung PF 30/53 des Bundesministers für Wirtschaft über die Preise bei öffentlichen Aufträgen 1953 (VO PR)
WpHG	Wertpapierhandelsgesetz

11   Literaturhinweise

Baum, H.-G./Coenenberg, A. G./Günther, T. (2007): Strategisches Controlling, 4. Aufl., Stuttgart 2007.

Bleicher, K. (1987): Grenzen des Rechnungswesens für die Lenkung der Unternehmensentwicklung, in: Die Unternehmung 1987, S. 380-397.

Bromwich, M. (1990): The Case for Strategic Management Accounting: The Role of Accounting Information for Strategy in Competitive Markets, in: Accounting, Organizations and Society 1990, S. 27-46.

Busse von Colbe, W. (1998): Rechnungswesen, in: Busse von Colbe, W. (Hrsg.): Lexikon des Rechnungswesens, 4. Aufl., München 1998, S. 599-602.

Chmielewicz, K./Caspari, B. (1985): Zur Problematik von Finanzierungsrechnungen, in: Die Betriebswirtschaft 1985, S. 156-169.

Coenenberg, A. G. (1976): Ziele, Systeme und Hauptproblembereiche kosten- und leistungsorientierter Planungs- und Kontrollrechnungen, in: Coenenberg, A. G. (Hrsg.): Unternehmensrechnung – Betriebliche Planungs- und Kontrollrechnungen auf der Basis von Kosten und Leistungen, München 1976, S. 1-7.

Coenenberg, A. G. (1995): Einheitlichkeit oder Differenzierung von internem und externem Rechnungswesen: Die Anforderungen der internen Steuerung, in: Der Betrieb 1995, S. 2077-2083.

Coenenberg, A. G. (2005): Jahresabschluss und Jahresabschlussanalyse, 20. Aufl., Stuttgart 2005.

Coenenberg, A. G./Salfeld, R. (2007): Wertorientierte Unternehmensführung: Vom Strategieentwurf zur Implementierung, 2. Aufl., Stuttgart 2007.

Eilenberger, G. (1995): Betriebliches Rechnungswesen, 7. Aufl., München 1995.

Gälweiler, A. (1974): Unternehmensplanung, Grundlagen und Praxis, Frankfurt a. M./New York 1974.

Gälweiler, A. (1976): Unternehmenssicherung und strategische Planung, in: Zeitschrift für betriebswirtschaftliche Forschung 1976, S. 362-379.

Günther, T. (1997): Unternehmenswertorientiertes Controlling, München 1997.

Hummel, S. (1993): Entscheidungsorientierter Kostenbegriff, Identitätsprinzp und Kostenzurechnung, in: ZfB, 53. Jg., 1993, S. 1204-1209.

Kaplan, R. S./ Norton, D. P. (1996): The Balanced Scorecard: Translating Strategy into Action, Boston 1996.

Kloock, J./Sieben, G./Schildbach, T./Homburg, C. (2005): Kosten- und Leistungsrechnung, 9. Aufl., Stuttgart 2005.

Koch, H. (1958): Zur Diskussion über den Kostenbegriff, in: ZfhF 1958, S. 355-399.

Schweitzer, M./Küpper, H.-U. (2003): Systeme der Kosten- und Erlösrechnung, 8. Aufl., München 2003.

Küting, K. H./Lorson, P. (1999): Harmonisierung des Rechnungswesens aus Sicht der externen Rechnungslegung, in: Kostenrechnungspraxis 1999, S. 47-57.

Mansch, H./Wysocki, K. v. (Hrsg.) (1996): Finanzierungsrechnung im Konzern, Düsseldorf/Frankfurt 1996.

Rappaport, A. (1986): Creating Shareholder Value, The New Standard for Business Performance, New York/London 1986.

Schmalenbach, E. (1963): Kostenrechnung und Preispolitik, 8. Aufl., Köln/Opladen 1963.

Simmonds, K. (1989): Strategisches Management Accounting, in: Controlling 1989, S. 264-269.

Weissenberger, B. (2007): IFRS für Controller, Plannegg/München 2007.

Kapitel 2
Kostenartenrechnung

1 Einführung

Joachim Zimmermann ist nun ein bisschen schlauer geworden. Er ist auch überzeugt, dass er eigentlich jetzt schon eine einfache Kostenrechnung für sein Unternehmen braucht.

Gerade hat er wieder eine Anfrage eines französischen Sportartikelhändlers auf dem Tisch, der ihn um ein Angebot für einen Großauftrag von 1 000 Rennrädern bittet. Herr Zimmermann könnte nun eher erfahrungsgetrieben relativ schnell einen Preis nennen. Wenn er jedoch ehrlich zu sich ist, weiß er eigentlich nicht so richtig, was seine Rennräder kosten. Das lässt ihn manchmal nachts nicht mehr ruhig schlafen.

Er beschließt also, dass er eine Kostenrechnung aufbauen will. Nur wie? Er ruft also wieder seinen Studienkollegen an und bittet ihn um Rat. Er will wissen, wie eine Kostenrechnung eigentlich aufgebaut ist, welche Werte er hierzu braucht, was er aus der Finanzbuchhaltung übernehmen kann und was er anzupassen hat, damit es ihm für die anstehenden Entscheidungen hilft.

2 Aufbau und Systeme der Kosten- und Leistungsrechnung

2.1 Aufbau der Kosten- und Leistungsrechnung

Die Kosten- und Leistungsrechnung gliedert sich in die drei Teile Kostenarten-, Kostenstellen- und Kostenträgerrechnung. Mit jeder dieser drei **Teilrechnungen** ist eine spezifische Fragestellung verbunden (Abbildung 2.1):

Aufbau der Kosten- und Leistungsrechnung

1) Welche Kosten fallen an?

In der **Kostenartenrechnung** wird zunächst erfasst, welche Kosten überhaupt im Unternehmen angefallen sind. I. d. R. werden die Belege zunächst in der Finanzbuchhaltung erfasst und dort einer Kostenart und zusätzlich entweder einer Kostenstelle oder einem sog. Kostenträger zugeordnet. Da in der Finanzbuchhaltung nur Erträge und Aufwendungen erfasst werden, sind aus dieser Datenbasis heraus Leistungen und Kosten zu ermitteln. Hierbei sind die bereits in Kapitel 1 erläuterten Unterschiede zwischen den beiden Begriffspaaren (d. h. neutrale Erträge und Aufwendungen, Anderskosten und Zusatzkosten) zu berücksichtigen. Die Kosten werden nach **Kostenarten** gegliedert, da kostenartenspezifisch die weitere Behandlung der Kosten differieren kann und auch Planungs-, Kontroll- und Dokumentationsaufgaben von Kostenart zu Kostenart verschieden ausfallen können. Will man z. B. wissen, wie sich der Anstieg des Zinsniveaus oder ein neuer Tarifabschluss auf das Unternehmen auswirkt, muss man wissen, wie hoch die Zins- bzw. Personalkosten sind.

Da die Differenziertheit der Erfassung einerseits die Möglichkeiten der Weiterverarbeitung von Kosteninformationen weitgehend determiniert, andererseits aber auch mit erheblichem Aufwand verbunden ist, kann die Kostenartenrechnung als „Flaschenhals" der Kostenrechnung bezeichnet werden (vgl. Weber [1997], S. 141).

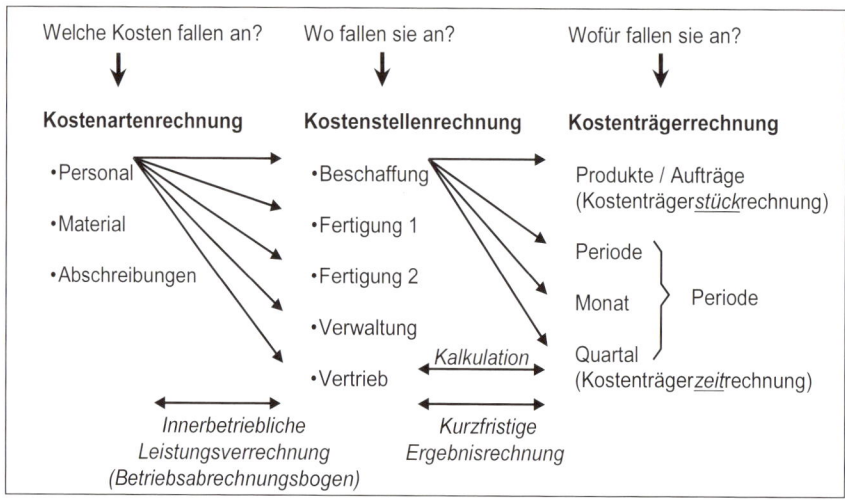

Abb. 2.1: Systematik der Kosten- und Leistungsrechnung

2) Wo fallen die Kosten an?

Dieser Frage geht die **Kostenstellenrechnung** nach, indem das gesamte Unternehmen in einzelne **Kostenstellen** (wie z. B. die Reparaturstelle, die innerbetriebliche Logistik oder die Vormontage) zerlegt wird. In der Finanzbuchhaltung wird jedem Beleg neben der Kostenart entweder eine Kostenstelle oder ein Kostenträger (d. h. ein Auftrag oder ein Produkt) mitgegeben. Kosten, die sich nicht direkt einem einzelnen Auftrag oder einem Produkt zuordnen lassen (**Gemeinkosten**), werden der Kostenstelle zugewiesen, in der sie verursacht wurden. Teilweise werden zum Ausweis aller Kosten auch die **Einzelkosten** den Kostenstellen zugewiesen und dann weiter auf Produkte und Aufträge verteilt. In den einzelnen Kostenstellen können auch Kontrollrechnungen i. S. einer Wirtschaftlichkeits- und Ergebnisanalyse durchgeführt werden, indem Ist-Kosten mit Soll- oder Plankosten verglichen werden (Abweichungsanalyse) (vgl. hierzu auch Kapitel 6 und 11). Die Verbindung zwischen Kostenarten- und Kostenstellenrechnung ist die innerbetriebliche Leistungsverrechnung mit Hilfe des Betriebsabrechnungsbogens (BAB).

3) Wofür fallen die Kosten an?

Diese Frage kann auf zweierlei Art mit Hilfe der **Kostenträgerrechnung** beantwortet werden. In der **Kostenträgerstückrechnung** geht es um die Frage, welche Herstell- oder Selbstkosten für ein Stück eines Produktes oder für einen Auftrag anfallen. Hierzu werden (Gemeinkosten-)Daten aus der Kostenstellenrechnung (z. B. Gemeinkosten-Zuschlagssätze oder Maschinenstundensätze) im Rahmen der **Kalkulation** zusammen mit Einzelkosten der einzelnen Produkte bzw. einzelner Aufträge weiterverarbeitet. In der **Kostenträgerzeitrechnung** ist der Kostenträger nicht ein Produkt oder ein Auftrag sondern eine einzelne Periode (Monat, Quartal oder Jahr). Im Rahmen der kurzfristigen Ergebnisrechnung oder Betriebsergebnisrechnung, die wie die Kalkulation eine Schnittstelle zur Kostenstellenrechnung darstellt, werden die Leistungen einer Periode den hierfür verursachten Kosten gegenübergestellt.

Kostenträger-rechnung

Die Kostenrechnung ist eine **Zweckrechnung**, d. h. es gibt grundsätzlich keine rechtliche vorgeschriebene Ausgestaltung der Kosten- und Leistungsrechnung (Ausnahmen sind z. B. das Krankenhaus mit der Krankenhausbuchführungsverordnung KHBV die Regelungen für die Gliederung von Kostenstellen und Kostenarten enthält). Dies bedeutet jedoch, dass es nicht die einzig richtige Kostenrechnung gibt, sondern diese darauf auszurichten ist, welche Planungs-, Kontroll- und Dokumentationsfragestellungen sich im Unternehmen stellen.

2.2 Zurechnungsprinzipien

In allen drei Teilrechnungen stellt sich die Frage nach der richtigen Zurechnung von Kosten zu einer Kostenart, einer Kostenstelle oder einem Kostenträger. Generell kann zwischen folgenden beiden **Zurechnungsprinzipien** unterschieden werden:

Zurechnungs-prinzipien

Verursachungs-
prinzip,
Kausalprinzip

1) Verursachungsprinzip oder Kausalprinzip
Die Kosten sollten, soweit möglich, der Kostenstelle, dem Produkt bzw. Auftrag und der Periode zugerechnet werden, die ursächlich für die Kostenentstehung sind. Die zentrale Bedeutung dieses Grundsatzes für die Kostenrechnung ist offensichtlich, dennoch ermöglicht das Verursachungsprinzip nur als **„Verursachungsprinzip i. e. S."** (Ursache-Wirkungs-Zusammenhang) operationale Zurechenbarkeiten. Letztlich sind alle Kosten schon per definitionem sachzielbezogen (Mittel-Zweck-Zusammenhang) und die Interdependenzen des betrieblichen Leistungserstellungsprozesses lassen sich nicht beliebig entflechten (**Verursachungsprinzip i. w. S.** oder **„Veranlassungsprinzip"**, vgl. Hummel/Männel [1986]).

Durchschnitts-
prinzip

2) Durchschnittsprinzip
Kosten, die nicht bzw. nur schwerlich unmittelbar einzelnen Kostenstellen (z. B. Vorstandsgehalt), Kostenträgern (z. B. Meistergehalt) oder Perioden (z. B. Abschreibungen) verursachungsgerecht zugerechnet werden können, weil sie für eine Gesamtheit von Stellen, Leistungen oder Perioden und nur indirekt abhängig von der betrieblichen Leistungserstellung anfallen, müssen hilfsweise nach dem **Durchschnittsprinzip** auf die jeweilige Kostensumme umgelegt werden. Kennzeichnend für dieses Verfahren ist die Proportionalisierung solcher Kosten anhand von Bezugsgrößen (z. B. der Abschreibungen über die Nutzungsdauer).

Weitere, in der Literatur verbreitete Zurechnungsprinzipien können auf diese beiden Grundsätze zurückgeführt werden. So basiert das Prinzip der Kosteneinwirkung und das Identitätsprinzip auf dem Verursachungsgedanken, das Tragfähigkeitsprinzip und allgemein die Zurechnung von Kosten anhand von Wertschlüsseln können als besondere Ausprägung der Durchschnittskostenbetrachtung verstanden werden.

Wirtschaftlich-
keitsprinzip

   Die Möglichkeiten einer verursachungsgerechten Zurechnung von Kosten werden in der Praxis nicht nur durch die dargestellten Zurechnungsprobleme beschnitten, sondern auch durch den **Grundsatz der Wirtschaftlichkeit**, wonach Kosten und Nutzen der Information in einem angemessenen Verhältnis stehen sollten. Hierdurch sind in vielen Teilschritten der Kostenerfassung und -verrechnung gewisse Abstriche bzgl. Genauigkeit und Aktualität der Kostenrechnung unerlässlich.

2.3 Systeme der Kosten- und Leistungsrechnung

Systeme der
Kosten- und
Leistungsrech-
nung

Der in Abbildung 2.1 dargestellte Grundaufbau der Kostenrechnung kann nun mit unterschiedlichen Arten von Kostenwerten „gefüttert" werden, woraus sich verschiedene **Systeme der Kosten- und Leistungsrechnung** ergeben.

Zum einen kann **nach dem Zeitbezug** der verwendeten Kosten wie folgt differenziert werden (linker Ast in Abbildung 2.2):

- Die **Ist-Kostenrechnung** rechnet mit vergangenen, bereits tatsächlich angefallenen Kosten. Wird z. B. durch Verarbeitungsfehler mehr Material verbraucht, so stellt der Mehrverbrauch ebenfalls Ist-Kosten dar. *Ist-Kostenrechnung*

- Die **Normalkostenrechnung** betrachtet Durchschnittskosten mehrerer vergangener Perioden, indem eine zeitliche Normalisierung von schwankenden Größen erfolgt. Wird z. B. der Ausfall von Forderungen als Wagniskosten aus dem durchschnittlichen tatsächlichen Forderungsausfall der letzten fünf Jahre ermittelt, liegen Normalkosten vor. *Normalkostenrechnung*

  Die **Normalisierung** bestimmter Kosten eliminiert störende Zufälligkeiten (Wartung, Werbung), strukturelle Unterschiede (z. B. die Altersstruktur der Mitarbeiter bei altersabhängiger Entlohnung) und saisonale Schwankungen (Urlaubskosten, Feiertagslöhne) und verbessert somit die Vergleichbarkeit der Kosteninformationen.

- Eine **Plankostenrechnung** liegt vor, wenn zukünftige Kostenpositionen betrachtet werden. Wurde z. B. ein neuer Tarifabschluss getätigt, so sind für die Plankalkulation der Produkte für das kommende Jahr diese höheren Personalkosten zugrunde zu legen. *Plankostenrechnung*

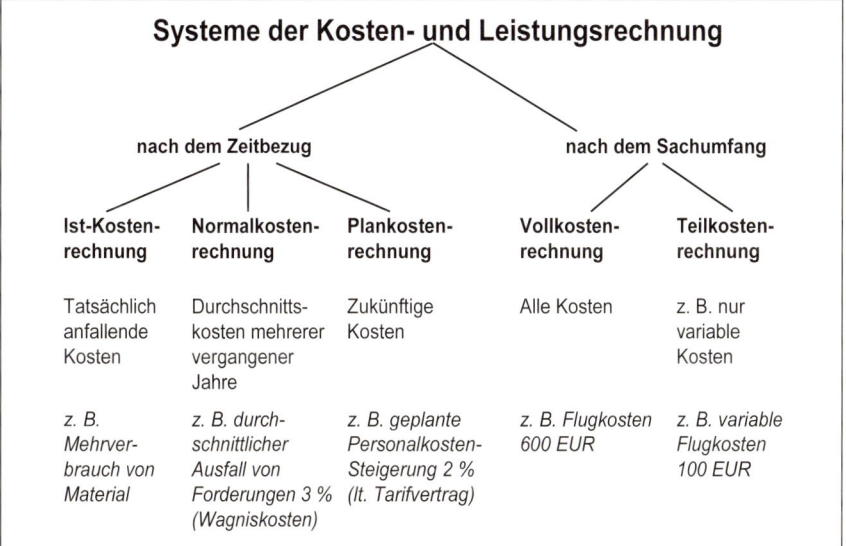

Abb. 2.2: Systeme der Kosten- und Leistungsrechnung

Zum anderen ergeben sich nach dem **Sachumfang** die folgenden beiden Kostenrechnungssysteme (rechter Ast in Abbildung 2.2):

Vollkosten-
rechnung

- Eine **Vollkostenrechnung** erfasst alle Kosten (= **Vollkosten**), unabhängig davon, wie sie weiter differenziert werden könnten. Letztlich müssen die Umsatzerlöse alle Kosten abdecken, um einen Erfolg erzielen zu können.

Teilkosten-
rechnung,
Grenzkosten-
rechnung

- Die **Teilkostenrechnung** rechnet, wie ihr Name schon ausdrückt, nur mit einem Teil der Kosten. I. d. R. werden nur **variable Kosten** betrachtet, wodurch die Teilkostenrechnung dann mit der **Grenzkostenrechnung** identisch ist. Aber auch die Relative Einzelkostenrechnung nach Riebel stellt z. B. eine Teilkostenrechnung dar, da sie in „relative" Einzel- und Gemeinkosten differenziert (vgl. Kapitel 5).

Diese Kostenrechnungssysteme unterscheiden sich insbesondere durch die jeweilige Gewichtung von Verursachungsprinzip und Durchschnittsprinzip und nutzen alle den Grundaufbau aus Kostenarten-, Kostenstellen- und Kostenträgerrechnung.

Beispiel 2.1
Kostenrech-
nungssysteme

Herrn Zimmermann raucht der Kopf. Er überlegt hin und her. Zunächst einmal will er sich mit einer Ist-Kostenrechnung auf Vollkosten-Basis begnügen. Es ist ihm zunächst wichtig zu wissen, was seine bisher hergestellten Rennräder wirklich gekostet haben und ob seine Preise kostendeckend sind. Vielleicht kann er in ein, zwei Jahren seine Kostenrechnung noch etwas differenzierter gestalten. Aber was er unbedingt will, ist eine verursachungsgerechte Kostenrechnung. Da ist er sich sicher.

3   Differenzierung von Kostenarten

Eine geeignete Klassifikation der Kosten gibt Einsicht in Natur und Struktur der Kosten und vermittelt somit über die Angabe der betragsmäßigen Höhe der Kosten hinaus wichtige zusätzliche Informationen. Die Definition von Kostenarten kann sich nach verschiedenen Kriterien richten. In größeren Unternehmen zeigt sich die Kostenartenstruktur im häufig unternehmensweit verbindlichen Kontenrahmen.

Kostenart

Eine **Kostenart** ist i. w. S. eine Kategorie von Kosten, die hinsichtlich des zugrunde gelegten Kriteriums die gleiche Merkmalsausprägung besitzt. Die Differenzierung kann sich nach unterschiedlichen Kriterien richten, von denen in der Folge die Wesentlichsten dargestellt werden.

3.1 Differenzierung nach der Art der verbrauchten Güter und Leistungen

Diese Differenzierung bildet üblicherweise das Grundgerüst und den Ausgangspunkt der Kostenerfassung. Unterschieden wird im Wesentlichen nach folgenden **Kostenartenhauptgruppen**:

Differenzierung nach der Art der verbrauchten Güter und Leistungen

1) Personalkosten und Sozialkosten („Arbeitskosten")
Fertigungslöhne, Hilfslöhne, Gehälter, Provisionen, gesetzliche und freiwillige soziale Abgaben, Erfolgsbeteiligungen, kalkulatorischer Unternehmerlohn,

2) Sachkosten („Stoffkosten" oder „Materialkosten")
- Betriebsmittel, Betriebs- und Geschäftsausstattung, Werkzeuge,
- Roh-, Hilfs- und Betriebsstoffe
  Rohstoffe: Einsatzmaterial, bezogene Vorprodukte als wesentliche Bestandteile des Endprodukts,
  Hilfsstoffe: unwesentliche Bestandteile des Endprodukts,
  Betriebsstoffe: Verbrauchsstoffe der Fertigung, die nicht in das Produkt eingehen,
- Energiekosten,
- Verpackungsmaterial,

3) Kapitalkosten
kalkulatorische Zinsen, kalkulatorische Abschreibungen,

4) Kosten für bezogene Dienstleistungen
Instandsetzung, Prüfung und Beratung, Post, Frachten usw.,

5) Kosten für Fremdrechte
Lizenzen, Patente, Konzessionen, Leasingraten usw.,

6) Öffentliche Abgaben und Steuern
- Kostensteuern: Besitz-, Verbrauchs-, Verkehrsteuern (VersSt, KfzSt, usw.),
- Abgaben, Gebühren und Beiträge,

7) Versicherungskosten und kalkulatorische Wagniskosten

3.2 Differenzierung nach der Zurechenbarkeit zu einer Verrechnungseinheit

Nach der Zurechenbarkeit auf einzelne Verrechnungseinheiten (Kostenstelle, Produkte, Projekte, Perioden etc.) differenziert die Kostenrechnung zwischen Einzelkosten und Gemeinkosten. Im allgemeinen Sprachgebrauch wird dabei primär auf die zu erbringende betriebliche Leistung (d. h. Produkte und Aufträge) als Verrechnungseinheit abgestellt. Danach ergeben sich folgende Unterscheidungen (Abbildung 2.3):

Differenzierung nach der Zurechenbarkeit

Einzelkosten

Einzelkosten (EK) sind alle jene Kosten, die sich direkt bzw. verursachungsgerecht diesen Leistungen zuordnen lassen (z. B. Einzelmaterial, fremdbezogene Produktkomponenten, Akkordlöhne).

Gemeinkosten

Als **Gemeinkosten (GmK)** werden demgegenüber solche Kosten bezeichnet, die sich nur bedingt einzelnen betrieblichen Leistungen zurechnen lassen (z. B. Gehalt des Geschäftsführers, die Kosten der Personalabteilung, das Gehalt des Meisters, der mehrere Verarbeitungszentren mit vielen verschiedenen Produkten überwacht). Letztendlich können zwar alle Kosten auf die betriebliche Leistungserstellung zurückgeführt werden, das Verursachungsprinzip im engeren Sinne kann für die Verrechnung dieser Kosten jedoch nicht in Anspruch genommen werden. Gemeinkosten müssen daher im Sinne des Durchschnittsprinzips indirekt anhand von Bezugsgrößen verrechnet werden.

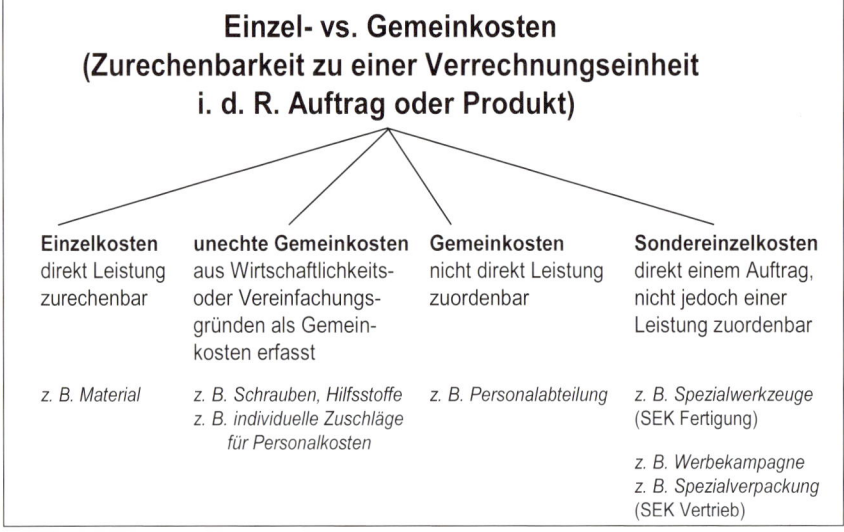

Abb. 2.3: Einzel- versus Gemeinkosten

Unechte
Gemeinkosten

Unechte Gemeinkosten sind Kosten, die einzelnen betrieblichen Leistungen eigentlich direkt, d. h. als Einzelkosten, zurechenbar wären, bei denen jedoch aus Wirtschaftlichkeits- und Vereinfachungsgründen auf eine gesonderte Erfassung und Zurechnung zugunsten einer Verrechnung als Gemeinkosten verzichtet wird. Üblich ist diese Verfahrensweise bei der Verrechnung von Hilfs- und Betriebsstoffen (z. B. Schrauben, Nägel, Nieten, Lacke, Leim, Lötzinn und sonstigen Hilfsstoffen).

Sondereinzel-
kosten

Kosten, die zwar einem einzelnen Auftrag, nicht jedoch einem einzelnen Produkt zugeordnet werden können, stellen **Sondereinzelkosten** dar. Ein Spezialwerkzeug (z. B. eine Abgussform für ein Gussteil), das mehrfach genutzt werden kann, stellt **Sondereinzelkosten der Fertigung** dar. Eine Werbekampagne oder eine Spezialverpackung für ein Produkt oder eine Produktgruppe ist zwar diesem zuordenbar, jedoch nicht von der einzelnen Stückzahl abhängig (**Sondereinzelkosten des Vertriebs**).

Neben dem Produkt oder Auftrag werden im weiteren Sinne auch andere Verrechnungseinheiten genutzt. Der Sprachgebrauch von Einzel- und Gemeinkosten hängt daher von der Wahl der Verrechnungseinheit ab und ist somit relativ (siehe relative Einzelkostenrechnung nach Riebel in Kapitel 5). Abbildung 2.4 veranschaulicht verschiedene Differenzierungsmöglichkeiten.

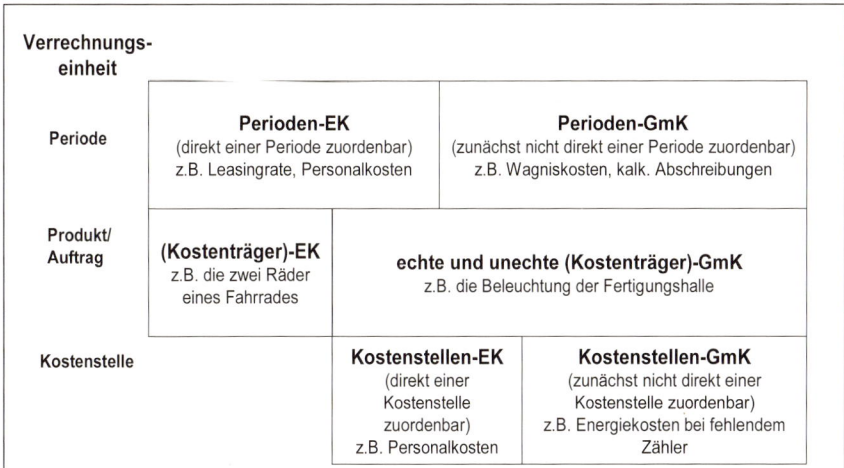

Abb. 2.4: Alternative Differenzierungen von Einzel- und Gemeinkosten

3.3 Differenzierung nach dem Verhalten bei der Variation eines Kosteneinflussfaktors

Es lassen sich eine Fülle von Kosteneinflussfaktoren oder Kostenbestimmungsfaktoren wie z. B. die Beschäftigung (Ausbringungsmenge in Stück, Stunden oder monetärem Produktionswert), die Los-, Serien- oder Auftragsgröße, die Preise und Qualität der Produktionsfaktoren, die Unternehmensgröße und die Produktionskapazitäten etc. bestimmen.

Die Einschätzung der Wirkung dieser Einflussgrößen auf die Kosten setzt die ungefähre Kenntnis der **Kostenfunktionen** des Betriebs voraus, wobei theoretisch alle Faktoren gleichzeitig zu beachten wären.

Differenzierung nach dem Verhalten bei der Variation eines Kosteneinflussfaktors

3.3.1 Begriffliche Abgrenzung

Im Rahmen der traditionellen Kostenrechnung werden Kosten vereinfachend nach der Abhängigkeit von Kapazität bzw. Unternehmensgröße sowie nach ihrem Verhalten bei einer Variation der Beschäftigung wie folgt differenziert (Abbildung 2.5):

Fixe Kosten sind solche, die unabhängig von der Beschäftigung bzw. Ausbringung in konstanter Höhe anfallen und lediglich kapazitätsabhängig oder zeitproportional sind und für die Aufrechterhaltung von Betriebs- und Leistungsbereitschaft entstehen (Kosten der Betriebsbereitschaft, Kapazitätskosten, Periodenkosten), wie z. B. Zeitabschreibungen, kalkulatorische Zinsen oder Gehälter.

Intervallfixe oder **sprungfixe Kosten** bleiben innerhalb bestimmter Beschäftigungsintervalle unverändert, steigen (fallen) jedoch an der Grenze dieser Intervalle sprunghaft auf das nächst höhere (niedrigere) Fixkostenniveau. Sie sind darauf zurückzuführen, dass Anlagen, Betriebsmittel, aber auch die menschliche Arbeitskraft nicht beliebig teilbar sind, sondern nur in ganzen Einheiten verändert werden können (z. B. die kalkulatorischen Abschreibungen beim Übergang auf eine zweite Fertigungsinsel).

Fixe Kosten

Intervallfixe, sprungfixe Kosten

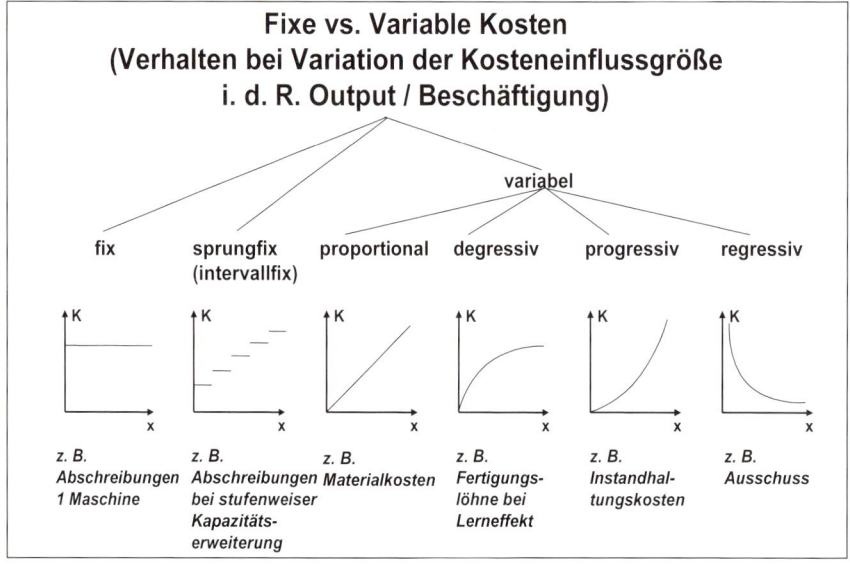

Abb. 2.5: Fixe versus variable Kosten

Variable Kosten

Variable Kosten sind grundsätzlich abhängig von der Beschäftigung, wobei Grad und Art der Abhängigkeit variieren können. Intensitätsänderungen, wie z. B. Veränderungen der Arbeitsgeschwindigkeit von Maschinen (Drehzahl, Schnittgeschwindigkeit usw.) bzw. die Beschleunigung oder Verlangsamung von Prozessabläufen, können dazu führen, dass die Ausbringungsmenge alleine als Maß der Beschäftigung unzureichend wird (z. B. **progressiv** oder **überproportional** bzw. **degressiv** oder **unterproportional** steigende Kosten). In Einzelfällen finden sich auch

regressive Kostenverläufe, wenn z. B. bei hoher Beschäftigung und entsprechender Anspannung in der Belegschaft die Ausschussquote sinkt, anstatt wie zu erwarten steigt. Die Kostenabhängigkeiten in der industriellen Fertigung werden in weiten Bereichen jedoch durch **proportionale**, d. h. **linear** von der Beschäftigung abhängige Kostenverläufe ausreichend gekennzeichnet (vgl. Kilger [1987], S. 39; Weber/ Weissenberger [2006], S. 343). Überproportionale und unterproportionale Kostenverläufe lassen sich weitgehend auf die Grundformen proportionaler und fixer Kosten reduzieren bzw. als Mischform dieser Varianten interpretieren („**Semivariable Kosten**", vgl. Schweitzer/Küpper [2003], S. 398). Für die Praxis ist daher die Kostenauflösung in proportionale und fixe Bestandteile ausreichend.

Einige Kostenarten lassen sich schlüssig weder als beschäftigungsfix noch als beschäftigungsvariabel einordnen. Insbesondere Kosten für Forschung und Entwicklung, Kosten für Werbung sowie Kosten für die Weiterbildung der Mitarbeiter sind nach Zeitpunkt und Höhe des Anfalls von der Politik der Unternehmensleitung abhängig. Aufgrund ihres Charakters als unerlässliche Kosten zur Erhaltung und Schaffung von Zukunftspotenzialen kann man sie als „strategische" Kosten bezeichnen. Kilger nennt sie „**Vorleistungskosten**" (vgl. Kilger [1987], S. 52f).

Typischerweise sind Kostenträger-Einzelkosten auch beschäftigungsvariabel. Gleichzeitig sind jedoch auch bestimmte Gemeinkosten durchaus von der Produktion abhängig und somit den variablen Kosten zuzurechnen (z. B. Kraftstoff- und Energiekosten für Maschinen und Anlagen), andere wiederum beschäftigungsunabhängige fixe Kosten (z. B. die kalkulatorischen Kapitalkosten einer Maschine). Sondereinzelkosten sind dagegen den fixen Kosten zuzurechnen. Die Begriffspaare fixe vs. variable und Einzel- vs. Gemeinkosten beziehen sich somit auf grundsätzlich unterschiedliche Kriterien (Abbildung 2.6).

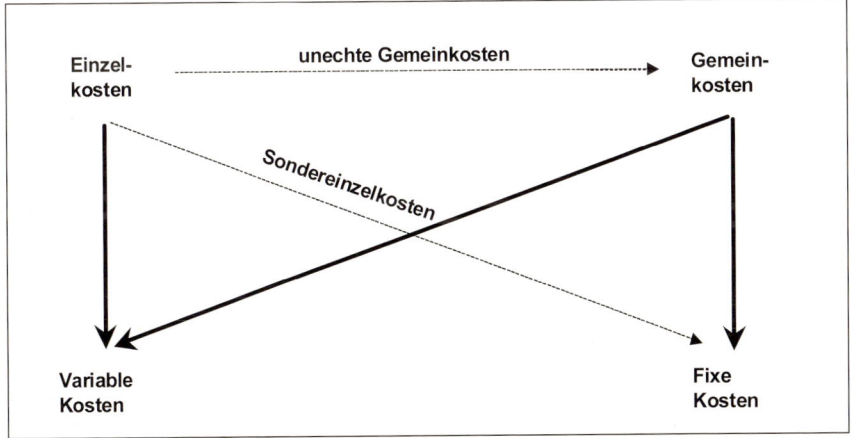

Abb. 2.6: Vergleich von Einzel- / Gemeinkosten vs. Variable / Fixe Kosten

Die **Differenzierung in variable und fixe Kosten** ist als relativ zu bezeichnen und auch in der praktischen Umsetzung weit weniger eindeutig als dies zunächst scheinen mag:

1) Sie hängt entscheidend von der Fristigkeit der Betrachtung ab. Bei langfristiger Betrachtung sind alle Kosten als variabel zu betrachten, da durch geeignete Dispositionen (z. B. Stilllegung einzelner Maschinen) auch die Kapazitäten an die Beschäftigung angepasst werden können. Umgekehrt sind bei sehr kurzfristiger Betrachtung auch Teile der Einzelkosten fix, da kostenrelevante Entscheidungen bei sehr kurzen Perioden die Kosten weitgehend unabhängig von der Beschäftigung determinieren (Intervallabhängigkeit, Abbaufähigkeit der Kosten, vgl. Seicht [2001]; Weber/Weissenberger [2006]). In der Praxis wird die Zerlegung in variable und fixe Bestandteile daher jeweils nur für eine bestimmte Periode, i. d. R. ein Jahr, vorgenommen.

2) Sie hängt zudem von der betrachteten Kosten verursachenden Einheit ab (Verrechnungsumfang). So können fertigungslosfixe, auftragsfixe, spartenfixe Kosten etc. unterschieden werden (vgl. Kapitel 5).

3) Unter Controllingaspekten ist die Differenzierung in variable und fixe Kosten auch von der Entscheidungskompetenz der betrachteten Einheit abhängig. Der Meister wird nicht ausgelastetes Personal nicht abbauen können, der Werksleiter dagegen schon. Für Ersteren ist das Personal fix, für Letzteren zumindest zum Teil variabel.

4) Ein und dieselbe Kostenart kann für die eine Kostenstelle variabel sein und für die andere fix. Aus der Sicht die Reparaturwerkstatt sind ihre Personalkosten variabel, da sie von der Anzahl der Aufträge und deren Umfang abhängen. Für den Empfänger dieser innerbetrieblichen Leistung sind sie dagegen fix, da sie nicht direkt mit der Ausbringungsmenge zusammenhängen, sondern z. B. durch sporadisch auftretende Schäden bedingt sind. Die Kostenauflösung muss also innerhalb der Kostenstellenrechnung für jede Kostenstelle gesondert vorgenommen werden.

5) Auch sogenannte variable Kosten sind nicht immer in beiden Richtungen einer Beschäftigungsänderung gleich variabel. So ist z. B. im Bereich der üblicherweise als variabel angesehenen Fertigungslöhne der Kostenabbau aufgrund vertraglicher Bindungen schwieriger als der Aufbau (Phänomen der Kostenremanenz) bzw. kann nur mit einiger Verzögerung realisiert werden (vgl. Weber/Weissenberger [2006], S. 436). Neben rechtlichen gibt es jedoch auch unternehmens- und personalpolitische Aspekte, die eine beschäftigungsvariable Kostenanpassung nach unten nicht opportun erscheinen lassen.

3.3.2 Kostenauflösung

Die im Rahmen einer Teilkostenrechnung notwendige Differenzierung nach fixen und variablen Kosten erfordert bei den Gemeinkosten eine Aufspaltung nach fixen und variablen Bestandteilen (**Kostenspaltung** oder **Kostenauflösung**). Die Zurechnung einer Gemeinkostenart zu den beiden Kategorien kann sich auch innerhalb eines Betriebs durchaus ändern und ist deshalb für jede Kostenstelle neu vorzunehmen.

Kostenauf-
lösung,
Kostenspaltung

Aufgrund von Kostenremanenzen wäre eigentlich eine zweifache Kostenauflösung vorzunehmen, nämlich einmal für den Fall steigender Beschäftigung und zum anderen für eine sinkende Beschäftigungsentwicklung. Auch hierauf wird in der Praxis häufig verzichtet.

Zum Zwecke der Ermittlung der Kostenfunktion für einzelne Kostenarten existieren im Wesentlichen folgende Methoden (vgl. Kilger/Pampel/Vikas [2007], S. 284 ff.; Schweitzer/Küpper [2003], S. 398 f.; Götze [2007], S. 157 ff.):

1) Buchtechnische Methode

Die fixen und variablen Kosten einzelner Kostenarten werden durch Beobachtung, d. h. auf der Basis vergangener Istwerte, gespalten, indem festgelegt wird, ob es sich um eindeutig variable (z. B. Fertigungsmaterial), eindeutig fixe Kosten (z. B. Zeitabschreibungen) oder um Mischkosten (z. B. Reparaturkosten, Transportkosten, Energiekosten) handelt.

Buchtechnische
Methode

Bei Mischkosten wird dann auf eine der nachfolgenden Verfahren zur Kostenspaltung zurückgegriffen. Teilweise werden auch Mischkosten zum Zwecke der Vereinfachung definitorisch gänzlich den fixen oder in voller Höhe den variablen Kosten zugeschlagen, wobei Zuordnungsunschärfen bewusst in Kauf genommen werden.

Diese Probleme ähneln den Schwierigkeiten, degressive bzw. progressive Kosten zuzuordnen. Auch in diesem Fall muss eine vereinfachte Verteilung in Kauf genommen werden, z. B. werden stark degressive Kosten als fix betrachtet, mäßig degressive sowie progressive Kosten als variabel.

2) Proportionaler Satz nach Schmalenbach oder Zweipunkt-Verfahren

Wird ein linearer oder proportionaler Kostenverlauf angenommen, der als Funktion wie folgt dargestellt werden kann

Zweipunkt-
Verfahren

$$K(x) = K_f + k_v \cdot x ,$$

so können die variablen Stückkosten k_v mit Hilfe von zwei Messpunkten ermittelt werden, d. h. es müssen für zwei unterschiedliche Beschäftigungsgrade x_1 und x_2 unterschiedliche absolute Kostenwerte K_1 und K_2 vorliegen:

$$k_v = \frac{K_2 - K_1}{x_2 - x_1}$$

Für einen beliebigen Beschäftigungsgrad x (z. B. eine Produktionsmenge) ergeben sich dann die absoluten fixen Kosten und variablen Kosten wie folgt:

$$K_f = K_2 - k_v \; x \; x_2 = K_1 - k_v \; x \; x_1$$
$$K_v = k_v \; x \; x$$

Hoch-Tiefpunkt-Verfahren

3) Hoch-Tiefpunkt-Verfahren
Bei diesem Verfahren werden aus mehreren Kostenwerten, die zu unterschiedlichen Beschäftigungen beobachtbar waren, die extremen Größenpaare (d. h. hohe versus niedrige Beschäftigung) ausgewählt und hierauf dann obiges Zweipunkt-Verfahren angewendet.

Statistische Methode

4) Statistische Methode
Die statistische Methode ist der mathematischen Zweipunktmethode, die relativ grobe und durch die Betrachtung nur zweier Kostenpunkte zufällige Ergebnisse erbringt, vorzuziehen. In ein **Streupunkt-Diagramm** aus einer Vielzahl von Kosten-/Beschäftigungskombinationen vergangener Perioden wird eine **Regressionsgerade** gelegt. Eine mathematische Bestimmung ist mit der Kleinste-Quadrate-Methode möglich. I. d. R. wird dabei ein linearer, proportionaler Kostenverlauf unterstellt, wobei mit etwas Abwandlungen auch andere Kostenverläufe geschätzt werden können.

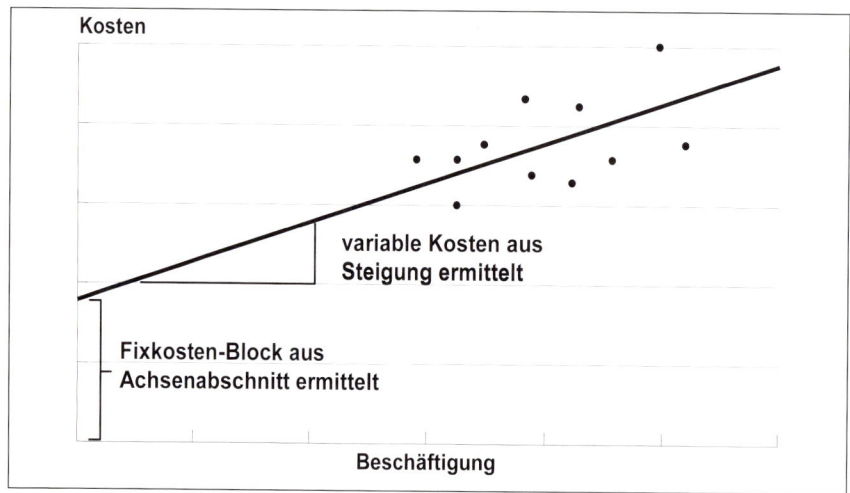

Abb. 2.7: Statistische Methode der Kostenspaltung

Selbst mit einfachen Tabellenkalkulationsprogrammen wie MS Excel (Funktion „Achsenabschnitt" für K_f und Funktion „Steigung" für k_v) kann dann eine Ermittlung von fixen und variablen absoluten Kosten bei i = 1, ..., n Messpunkten wie folgt erfolgen:

Variable Stückkosten:

$$k_v = \frac{\sum_{i=1}^{n}(x_i - \overline{x})(K_i - \overline{K})}{\sum_{i=1}^{n}(x_i - \overline{x})^2}$$

Variable absolute Kosten:

$$K_v = k_v \text{ x } x$$

Fixe absolute Kosten:

$$K_f = \overline{K} - k_v \text{ x } \overline{x}$$

Die **Güte der Schätzung** kann anhand des Bestimmtheitsmaßes R^2 abgelesen werden (z. B. über die Funktion „Bestimmtheitsmaß" in MS Excel). Die Anwendung des statistischen Verfahrens setzt voraus, dass der Beschäftigungsgrad in ausreichendem Maße variiert (was in vielen praktischen Fällen häufig nicht gegeben ist), da andernfalls durch die starke Ballung von Diagrammpunkten die statistische Güte des Verfahrens in Frage gestellt wird.

5) Planmäßige oder analytische Kostenauflösung

Sowohl das mathematische wie auch das statistische Verfahren führen letztlich zur Fortschreibung von Kostenstrukturen der Vergangenheit, weshalb die Ergebnisse im Rahmen einer Plankostenrechnung auf ihre Extrapolierfähigkeit geprüft werden müssen. Zudem gehen Fehler (Fehlkontierungen) sowie preis- und verbrauchsbedingte Kostenabweichungen (Faktorpreise, Unwirtschaftlichkeiten) in die Bestimmung der Kostenfunktion ein, ohne beschäftigungsabhängig zu sein.

Für Zwecke der Plankostenrechnung kann die **Kostenauflösung** auch planmäßig oder analytisch erfolgen. Wie Abbildung 2.8 darstellt, werden zunächst für jede Kostenstelle teilweise nach Kostenart differenziert für den geplanten Beschäftigungsgrad bzw. die Ausbringungsmenge die Kosten geplant und anschließend der eindeutig fixe Teil abgespalten (z. B. die Zählergebühr und Grundgebühr bei Energiekosten). Der Rest wird dann dem variablen Teil zugewiesen.

Im Rahmen der Plankostenrechnung wird dabei nicht so sehr darauf abgestellt, wie sich die Kosten in Fortschreibung der empirischen Kostenverläufe verhalten werden, als vielmehr, wie sie sich angesichts bestimmter unternehmerischer Dispositionen verhalten sollten (vgl. Kilger/Pampel/Vikas [2007], S. 286). Kilger u.a. weisen darauf hin, dass die

Planmäßige,
analytische
Kostenauflösung

Tendenz, Kosten als fix und damit als „vorgegeben" einzustufen, naturgemäß zunimmt, je kürzer der Planungszeitraum gewählt wird. Zu diesen
Kosten gehören insbesondere die Personalkosten sowie weitere Kosten,
die durch vertraglich vereinbarte Laufzeiten für gewisse Intervalle unver-
änderbar sind.

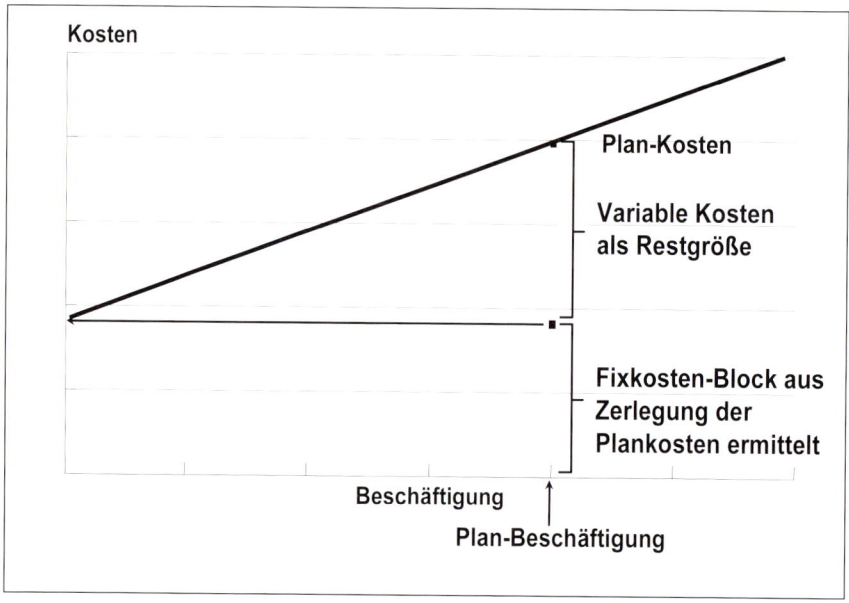

Abb. 2.8: Planmäßige oder analytische Methode der Kostenspaltung

3.3.3 Kostenfunktionen in Theorie und Praxis

Produktions-
funktion,
Kostenfunktion

Obige Diskussion zur Kostenspaltung zeigt, dass dem Verlauf von Kosten in Abhängigkeit von der Ausbringungsmenge **(Kostenfunktion)** eine
nennenswerte Bedeutung für die Kostenrechnung und alle kostenorientierten Entscheidungen zukommt. Daher hat sich seit vielen Jahrzehnten
die mikroökonomische Produktions- und Kostentheorie mit dieser Frage
beschäftigt. Basierend auf mikroökonomischen **Produktionsfunktionen**,
die die Ausbringungsmenge als Funktion von Produktionsfaktoren beschreiben (vgl. hierzu ausführlich Haberstock [2004], S. 106 ff.), lassen
sich zwei Typen von **Kostenfunktionen** beschreiben, die nachfolgend
näher an einem Beispiel untersucht werden sollen.

S-förmige, er-
tragsgesetzliche
Kostenfunktion

1) S-förmige oder ertragsgesetzliche Gesamtkostenfunktion
Diese Kostenfunktion beruht auf der Produktionsfunktion vom Typ A
(substitutionale Produktionsfunktion), die in der Volkswirtschaftslehre
als sog. **Gesetz vom abnehmenden Grenzertrag (Ertragsgesetz)** eine

lange Tradition hat. Bereits 1766 beschrieben Jacques Turgot und 1826 Johann Heinrich von Thünen am Beispiel der Landwirtschaft den ertragsgesetzlichen Verlauf von Kosten. Das Ertragsgesetz besagt, dass man durch zunehmenden Einsatz eines Produktionsfaktors bei Konstanz aller anderen Faktoren Erträge erzielt, die zunächst progressiv ansteigen, dann degressiv weitersteigen und schließlich absolut abnehmen, d. h. regressiv verlaufen.

Die Firma Lucky Goldstar GmbH beliefert Goldschmiede und Juweliere mit Feingold in Barrenform, das zu Goldlegierungen für Schmuckgegenstände weiterverarbeitet wird. Das Unternehmen betreibt hierzu eine kleine Goldschmelze. Da das Unternehmen vom Markt her angesichts sich ständig ändernder Preise erheblich unter Druck steht, ist die Kenntnis des Kostenverlaufs für Produktions- und Absatzentscheidungen von hoher Bedeutung. Aus den Kosten der Schmelzaufträge des letzten Quartals hat der Controller der Firma, Sharky Goldstein, mit Hilfe einer Statistiksoftware folgende Gesamtkostenfunktion $K_1(x)$ in Abhängigkeit von der Produktionsmenge in kg Gold geschätzt, für die er die maximale statistische Güte ermittelte:

$$K_1(x) = 30\,000 + 15\,000\,x - 300x^2 + 5x^3$$

Jetzt steht Sharky Goldstein vor der Frage, wie er dieses Ergebnis zu interpretieren habe.

Beispiel 2.2
Ertragsgesetzliche Kostenfunktion

Für die Kostenfunktion lassen sich nun verschiedene Kostenbetrachtungen mit deren dazu gehörenden betriebswirtschaftlichen Interpretationen durchführen.

Zunächst kann die Funktion in den fixen und variablen Teil zerlegt werden. Der fixe Teil ist der Teil der von der Produktionsmenge unabhängig ist, der variable Teil der entsprechend abhängige Teil:

$$K_1(x) = \underbrace{30\,000}_{\text{fixe Kosten}} + \underbrace{15\,000\,x - 300x^2 + 5x^3}_{\text{variable Kosten}}$$

Die **Stückkosten** oder **Durchschnittskosten** pro kg Gold ergeben sich wie folgt:

$$\frac{K_1(x)}{x} = \frac{30\,000}{x} + 15.000 - 300x + 5x^2$$

Beispiel 2.2
Stückkosten, Durchschnittskosten, Grenzkosten, variable Stückkosten

Es zeigt sich, dass die Stückkosten nicht konstant sind, sondern von der Produktionsmenge an Gold abhängen. Das erschwert die Kalkulation, bei der zuerst immer nach der momentanen Produktionsmenge zu fragen ist.

Die **Grenzkosten** ermitteln die Kosten, die bei der Produktion einer (mathematisch unendlich kleinen) zusätzlichen Menge zusätzlich entstehen. Mathematisch ist dies die erste Ableitung der Kostenfunktion.

$$K_1{}'(x) = 15\,000 - 600x + 15x^2$$

Auch die Grenzkosten sind nicht konstant, sondern von der Ausbringungsmenge abhängig.

Nun werden die **variablen Stückkosten** ermittelt. Diese sind z. B. dann relevant, wenn das Unternehmen wegen schlechter Auftragslage und dadurch freien Kapazitäten ökonomisch rational überlegt, ob es kurzfristig unter vollen Stückkosten anbieten will. Bei freien Kapazitäten fallen die fixen Kosten sowieso an und sind daher für einen zusätzlichen Auftrag nicht entscheidungsrelevant. Die variablen Stückkosten lassen sich aus dem variablen Teil der Gesamtkostenfunktion ermitteln.

$$\frac{K_{1,v}(x)}{x} = 15\,000 - 300x + 5x^2$$

Auch die variablen Stückkosten sind wiederum nicht konstant.

Da sowohl die Stückkosten als auch die variablen Stückkosten eine Funktion der Menge sind, lässt sich nun untersuchen, ob diese beiden Funktionen ein Minimum aufweisen, d. h. eine Produktionsmenge, bei der zu geringst möglichen Kosten produziert werden kann.

Beispiel 2.2
Betriebsoptium,
Betriebsmini-
mum

Das sog. **Betriebsoptimum** liegt dort, wo mit minimalen gesamten Stückkosten produziert wird. Mathematisch ist dies mit der Nullstelle der ersten Ableitung der Stückkostenfunktion identisch:

$$\left(\frac{K_1(x)}{x}\right)' = \frac{-30\,000}{x^2} - 300 + 10x = 0$$

Die Nullstelle der Funktion lässt sich über ein **Näherungsverfahren** bestimmen und ergibt $x_{opt} = 32,79$ kg Gold. Da die zweite Ableitung der Stückkostenkurve

$$\left(\frac{K_1(x)}{x}\right)'' = \frac{60\,000}{x^3} + 10 > 0 \ \text{ für alle x ist,}$$

liegt bei der Produktionsmenge von ca. 32,79 kg Gold das Betriebsoptimum. Die Stückkosten betragen dann 11 453,83 EUR/kg, kostengünstiger geht es nicht. Dies wird auch als **langfristige Preisuntergrenze** bezeichnet, da langfristig alle Kosten, d. h. die variablen und fixen Kosten abzudecken sind.

Für kurzfristige Entscheidungen, bei denen z. B. die fixen Kosten als gegeben und damit als nicht entscheidungsrelevant betrachtet werden, ist zu fragen, wo das Minimum der variablen Stückkosten, d. h. das **Betriebsminimum** liegt. Dies kann wiederum analog aus der ersten Ableitung der variablen Stückkostenfunktion ermittelt werden.

$$\left(\frac{K_{1,v}(x)}{x}\right)' = -300 + 10x = 0 \ , \text{d. h. } x_{min} = 30,00\,\text{kg}.$$

Die zweite Ableitung der Funktion mit +10 ist stets positiv. Bei einer Produktionsmenge von 30 kg liegt das Betriebsminimum, das vom Betriebsoptimum abweicht. Hier liegt auch die **kurzfristige Preisuntergrenze** von 10 500 EUR/kg. Dies stellt die minimalen variablen Stückkosten dar, fixe Kosten werden gar nicht betrachtet.

Daher ist es wichtig zu wissen, ob eine Entscheidungssituation unter langfristiger Perspektive (Stückkosten bzw. Betriebsoptimum relevant) oder unter kurzfristiger Perspektive (variable Stückkosten bzw. Betriebsminimum relevant) betrachtet wird.

2) Lineare Gesamtkostenfunktion

Die lineare Kostenfunktion beruht auf der Produktionsfunktion von Typ B nach Gutenberg, die von limitationalen Produktionsfunktionen bei konstanter Intensität der Betriebsmittel ausgeht (vgl. Haberstock [2004], S. 115 ff.).

Sharky Goldstein hat Schwierigkeiten mit der statistisch geschätzten Kostenfunktion. Seiner Meinung nach ist sie für ihn als Praktiker schwer handhabbar, da alle abgeleiteten Kostengrößen stets von der jeweiligen Produktionsmenge abhängen und nicht konstant sind.

Er schätzt daher vereinfachend mit den zur Verfügung stehenden Daten eine lineare Kostenfunktion:

$$K_2(x) = 30\,000 + 12\,000\,x$$

Beispiel 2.3
lineare Kostenfunktion

Schätzungen von Kostenfunktionen sind für die praktische Umsetzung schwierig, da zum einen eine gewisse Variationsbreite an Kosten/Mengen-Punkten notwendig ist und zum anderen eine Konstanz der Kostenstrukturen auch für die Zukunft angenommen wird. Im hier betrachteten Beispiel unterliegt das verarbeitete Golderz ebenfalls Marktschwankungen, so dass Kostenfunktionen nur für enge Zeitintervalle als valide schätzbar gelten können. Lineare Kostenfunktionen haben jedoch im Vergleich zu ertragsgesetzlichen Funktionen den Vorteil, dass sie auch mit der planmäßigen, analytischen Methode der Kostenauflösung gewonnen werden können. Hierdurch können auch in der Zukunft veränderte Inputgrößen berücksichtigt werden.

Beispiel 2.3
Stückkosten,
Durchschnitts-
kosten, Grenz-
kosten, variable
Stückkosten

Die Zerlegung der linearen Funktion ergibt die Konstante als **fixen Teil** und den zweiten Term als **variablen Teil**:

$$K_2(x) = \underbrace{30\,000}_{\text{fixe Kosten}} + \underbrace{12\,000\,x}_{\text{variable Kosten}}$$

Die **Stückkosten** oder **Durchschnittskosten** pro kg Gold ergeben sich wie folgt:

$$\frac{K_2(x)}{x} = \frac{30\,000}{x} + 12\,000$$

Es zeigt sich, dass die Stückkosten wiederum nicht konstant sind, sondern mit zunehmender Produktionsmenge sinken. Dies ist ökonomisch durch die Verteilung konstanter Fixkosten auf eine größere Menge zurückzuführen **(Fixkostendegression)**.
   Die **Grenzkosten** ermitteln sich nun wie folgt:

$$K_2{}'(x) = 12\,000$$

Die Grenzkosten sind konstant, d. h. jedes zusätzlich produzierte kg Gold kostet 12 000 EUR unabhängig von der momentanen Produktionsmenge.
   Die **variablen Stückkosten** sind bei linearen Kostenverläufen stets mit den Grenzkosten identisch und sind ebenfalls konstant.

$$\frac{K_{2,v}(x)}{x} = \frac{12\,000\,x}{x} = 12\,000$$

Beispiel 2.3
Betriebsopti-
mum, Betriebs-
minimum

Das **Betriebsoptimum**, d. h. das Minimum der Stückkostenfunktion liegt mathematisch im Unendlichen. Ökonomisch existieren jedoch Kapazitäten, die die Produktion begrenzen. Damit liegt ökonomisch bei linearen Kostenfunktionen das Betriebsoptimum bei der Kapazitätsgrenze. Dies erklärt, wieso Unternehmen nach maximaler Auslastung bestehender Personal- oder Maschinenkapazitäten streben. Nimmt man eine maximale Kapazität von 40 kg an, dann liegt die **langfristige Preisuntergrenze** bei 12 750 EUR/kg.

Das **Betriebsminimum** als Minimum der variablen Stückkosten ist mathematisch nicht existent. Betriebswirtschaftlich heißt dies jedoch, dass es bei jeder beliebigen Produktionsmenge liegt, da die variablen Stückkosten mengenunabhängig sind. Die **kurzfristige Preisuntergrenze** ist mit den konstanten variablen Stückkosten identisch und beträgt 12 000 EUR/kg und liegt stets unter der langfristigen Preisuntergrenze.

3.4   Weitere Kriterien zur Differenzierung von Kosten

In der Literatur finden sich über die angesprochenen Kategorien hinaus je nach Auswertungsziel weitere Unterscheidungsmöglichkeiten für Kostenarten:

- Nach der Herkunft der Kostendaten kann wie bereits in Kapitel 1 erläutert in **aufwandsgleiche Kosten (Grundkosten)** sowie **kalkulatorische Kosten (Anderskosten und Zusatzkosten)** differenziert werden.

  Grundkosten, Anderskosten, Zusatzkosten

- Die **Differenzierung** von Kostenarten **nach betrieblichen Funktionsbereichen** (Beschaffung, Fertigung, Verwaltung, Vertrieb) wird erst bei der Kostenstellenbildung in der Kostenstellenrechnung und der Kalkulation in der Kostenträgerstückrechnung relevant.

  Kostenarten nach Funktionsbereichen

- Eine Einteilung nach der Entstehung der Kosten in **primäre Kosten** (d. h. extern bezogene Güter und Leistungen) und **sekundäre Kosten** (aufgrund von innerbetrieblichen erzeugten Leistungen wie denen der eigenen Reparaturwerkstatt und deren Verbrauch).

  Primäre und sekundäre Kosten

- Die Einteilung nach dem Zeitbezug (**Ist-Kosten, Normalkosten, Plankosten**) und nach dem zugrunde liegenden Erhaltungskonzept (**pagatorische Kosten** i. S. einer nominalen Kapitalerhaltung und **wertmäßige Kosten** i. S. einer Substanzerhaltung, d. h. Kostenbewertung zu Wiederbeschaffungswerten) wurden bereits im zweiten Unterabschnitt dieses Kapitels erläutert.

  Ist-, Normal und Plankosten, pagatorische und wertmäßige Kosten

- Im Rahmen einer entscheidungsorientierten Kostenrechnung ist schließlich die Trennung in **entscheidungsrelevante und -irrelevante** Kosten ausschlaggebend.

  entscheidungsrelevante und irrelevante Kosten

Nachfolgend werden ausgewählte Kostenarten näher betrachtet, bei denen sich zum einen erhebliche Unterschiede zur Abbildung der Finanzbuchhaltung ergeben (kalkulatorische Kosten) und deren Mengenbestimmung und Bewertung andererseits erheblichen Aufwand mit sich bringt und daher den Einsatz spezieller Methoden erfordert (Materialkosten).

4   Kalkulatorische Kosten

Kalkulatorische Kosten

Kalkulatorische Kosten sind Kosten, die entweder in anderer Höhe (Anderskosten) oder gar nicht in der Finanzbuchhaltung berücksichtigt werden bzw. aufgrund rechtlicher Regelungen werden können (Zusatzkosten). Kalkulatorische Kosten resultieren aus dem wertmäßigen Kostenbegriff nach Schmalenbach und basieren auf einem **Nutzenkalkül**. Entscheidend für Ansatz und Bewertung sind entweder

Opportunitäts-kosten

Alternativkosten

- die Kosten der nächst günstigsten Verwendungsalternative oder der entgangene Nutzen (**Opportunitätskosten**) oder
- die Kosten, die für alternative Faktoren hätten aufgebracht werden müssen, wenn auf den Einsatz der gewählten Faktorart verzichtet worden wäre (**Alternativkosten**).

Abbildung 2.9 stellt die wesentlichen kalkulatorischen Kostenarten systematisiert nach Anders- und Zusatzkosten dar.

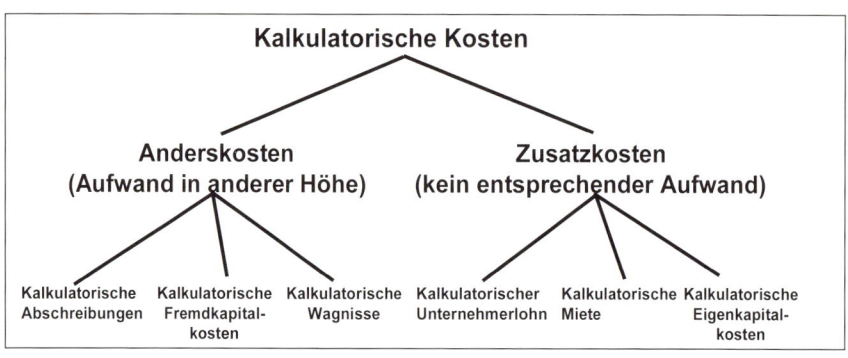

Abb. 2.9: Kalkulatorische Kostenarten

Beispiel 2.4
Kalkulatorische Kosten, Kalkulatorischer Unternehmerlohn

Joachim Zimmermann denkt nach. Er arbeitet seit vielen Jahren nun schon in dem Unternehmen mit. Sein Steuerberater sagte ihm, dass er in seiner jetzigen Rechtsform als Einzelunternehmen für sich in der Finanzbuchhaltung kein Gehalt ansetzen dürfe. Dies darf steuerlich den Gewinn nicht mindern.

Die Arbeitsleistung, die Joachim Zimmermann selbst in seine kleine, feine Manufaktur einbringt, und die viele, viele Stunden im Monat ausmacht, darf jedoch nicht unter den Tisch fallen. Daher wird ihm klar, dass er zumindest in der Kostenrechnung hierfür quasi fiktiv einen kalkulatorischen Unternehmerlohn ansetzen muss. Sonst kalkuliert er seine Rennräder zu günstig und ist am Ende nicht in der Lage, seinen Lebensunterhalt zu bestreiten. Bei seinem früheren Unternehmen könnte er sicherlich wieder anfangen und würde dort auch gut bezahlt werden. Die kalkulatorischen Lohnkosten stellen für ihn daher Opportunitätskosten dar, die für seine Kostenrechnung trotz des Verbots des Ansatzes in der Finanzbuchhaltung maßgeblich sind.

4.1 Kalkulatorische Abschreibungen

Der betriebsbedingte Verzehr an begrenzt nutzbaren betriebsnotwendigen Anlagewerten wird über die gesamte Nutzungsdauer durch planmäßige **kalkulatorische Abschreibungen** erfasst.

Die Bemessung der kalkulatorischen Abschreibung richtet sich im Gegensatz zur handelsbilanziellen oder steuerlichen Abschreibung ausschließlich nach internen Erfordernissen, d. h. nach den Informationsinteressen des Managements. Sonderabschreibungen z. B. nach § 7g EStG für kleinere und mittlere Unternehmen sind damit grundsätzlich kostenrechnerisch nicht relevant und zu überdenken. Bei der Bestimmung der kalkulatorische Kosten sind drei Fragestellungen von Bedeutung:

1) Festlegung der Wertebasis für kalkulatorische Abschreibungen
Aufgrund des wertmäßigen Kostenbegriffs wird eine Abschreibung auf der Basis der Anschaffungskosten (beim Erwerb von außerhalb des Unternehmens) oder auf der Basis der Herstellkosten (bei Schaffung des Anlagegutes im Unternehmen selbst) des abnutzbaren Vermögenswertes in Frage gestellt. Nachfolgendes Beispiel soll die Problematik verdeutlichen:

Auf einer After work-Party trifft Joachim Zimmermann seinen alten Studienkollegen Ronny Webberg. Ronny hat eine Firma, die Web-Seiten für kommerzielle Kunden erstellt. Gerade erst hat er sich eine neue Software zugelegt, mit der Spezialeffekte wie 3D-Effekte und Panorama-Bilder in Web-Seiten integriert werden können. Das gesamte System mit zehn Arbeitsplätzen ist mit 200 000 EUR sündhaft teuer, jedoch im Web-Design ein großer Renner. Ronny hat sofort zehn seiner freiberuflichen Mitarbeiter, alle Studenten, die 10,-- EUR brutto pro Stunde erhalten, an die PCs gesetzt.

Margin notes:

Kalkulatorische Abschreibungen

Wertebasis

Beispiel 2.5
Anschaffungskosten oder Wiederbeschaffungskosten

Da die Branche sehr umkämpft ist, will Ronny in diesem Bereich in den nächsten beiden Jahren allenfalls gerade seine Kosten abdecken, um sich ein Image in der Branche aufzubauen. Nach den beiden Jahren wird das System jedoch veraltet sein und er wird dann neu investieren.

Die beiden Freunde Ronny und Joachim skizzieren nun auf fünf Bierdeckeln die Situation und wollen errechnen, was eine Stunde Web-Design kostet und wie der (Mini)-Business Plan des Geschäftszweiges wohl aussehen wird.

Die Kosten des Web-Designs bestehen zum einen aus den Personalkosten von 10,-- EUR pro Stunde und zum anderen aus den Abschreibungen. Ronny rechnet mit 7 500 Nutzerstunden im ersten und 12 500 Nutzerstunden im zweiten Jahr. Wenn eine sog. Leistungsabschreibung gewählt wird, ergibt sich ein Gesamtleistungsvolumen des Web-Systems von 20 000 h und folglich ein stundenbezogener Abschreibungssatz von

$$200\,000\ \text{EUR} / 20\,000\ \text{h} = 10,00\ \text{EUR} / \text{h}\,.$$

Insgesamt ergeben sich damit Selbstkosten pro Stunde von 20,00 EUR. Da Ronny Webberg bewusst ohne Gewinnmarge kalkuliert, ergibt sich damit auch ein Preis für das Webdesign von 20,00 pro Stunde. Für die beiden Jahre kommen die beiden Freunde zu folgender Planung:

	Position	Jahr 1	Jahr 2	Summe
	Umsatz	150 000	250 000	400 000
-	zahlungswirksame Personalkosten	-75 000	-125 000	-200 000
=	Cashflow	+75 000	+125 000	+200 000
-	Abschreibungen	-75 000	-125 000	-200 000
=	Betriebsergebnis	0	0	0

Der Finanzplan zeigt zweierlei. Zum einen wird, von Ronny Webberg so geplant, in beiden Jahren gerade ein Betriebsergebnis von Null, d. h. weder Gewinn noch Verlust erzielt. Zum anderen stehen am Ende der beiden Jahre (ohne Zinsen und Zinseszinsen zu betrachten) genau 200 000 EUR in Höhe des Cashflows des Geschäftszweiges zur Verfügung. Folglich wurden gerade die Anschaffungskosten erwirtschaftet.

Ist das Webdesign-System jedoch mittlerweile teurer geworden, so ist Ronny Webberg nicht in der Lage, das neue System zu erwerben. Nimmt man z. B. 5 % Preissteigerung p. a. an, kostet das neue System am Ende der beiden Jahre $200\,000 \times 1,05^2$, d. h. 220 500 EUR.

Das Beispiel macht deutlich, dass den kalkulatorischen Abschreibungen i. S. einer Substanz- oder Realkapitalerhaltung die Wiederbeschaffungskosten zugrunde zu legen sind.

Werden zudem Zinsen und Zinseszinseffekte der über den Markt zugeflossenen und wieder angelegten Cashflows berücksichtigt, ergibt sich die sog. **ökonomische Abschreibung**.

Substanz-
erhaltung

Ökonomische
Abschreibung

> Werden Kapitalkosten in Höhe von 10 % berücksichtigt, kann Ronny Webberg den Cashflow nach dem ersten Jahr ein Jahr anlegen und braucht damit eigentlich weniger pro Web-Stunde an Abschreibungen (= Variable a) zurücklegen, um dennoch auf die Anschaffungskosten von 200.000 EUR zu kommen. Der Ansatz lautet dann:
>
> $$7\,500\,a \; x \; (1 + 0{,}1) + 12\,500\,a = 200\,000$$
>
> $$a = \frac{200\,000}{7\,500 \; x \; 1{,}1 + 12\,500} = 9{,}64 \; \text{EUR} / \text{h}$$

Beispiel 2.5
(Fortsetzung)

Soll jedes Jahr ein konstanter Abschreibungsbetrag einbehalten und verzinst werden, ergibt sich die ökonomische Abschreibung a bei einem kalkulatorischen Zinsfuß von i wie folgt:

$$\text{Ökonomische Abschreibung} = \frac{\text{AK bzw. WBK}}{(1 + i)^n - 1} \; x \; i$$

Zur Bestimmung der Wiederbeschaffungskosten gibt es drei mögliche Ansätze:

Wiederbeschaf-
fungskosten

- Die Schätzung der zukünftigen **Wiederbeschaffungskosten am Ende der Nutzungsdauer** ist zwar der methodisch richtige Ansatz jedoch praktisch wegen beschränkter Prognosemöglichkeiten mit großen Unsicherheiten behaftet.

> Im Beispiel ergeben sich dann **Wiederbeschaffungskosten** in Höhe von 220 500 EUR als Basis für die Abschreibungsberechnung.

Beispiel 2.5
(Fortsetzung)

- Alternativ kann für jedes Jahr, für das die Abschreibung errechnet wird, der jeweilige Zeitwert i. S. der Neuanschaffungskosten des jeweiligen Jahres gewählt werden (**Zeitwertabschreibung**). Die Zeitwertabschreibung stellt eine grobe Näherung dar. Der Vorteil ist, dass nur die Inflation für das jeweilige Jahr zu schätzen ist, was zeitnäher möglich ist, als die Wiederbeschaffungskosten für viele Jahre im voraus, der Nachteil ist die fehlende Substanzerhaltung.

Zeitwerte

Beispiel 2.5
(Fortsetzung)

> Im Beispiel ergeben sich dann für die beiden Jahre folgende **Zeit-wertabschreibungen**:
>
> $$\text{Jahr 1:} \quad \frac{200\,000 \times 1{,}05}{20\,000\,\text{h}} \times 7\,500 = 78\,750 \text{ EUR}$$
>
> $$\text{Jahr 2:} \quad \frac{200\,000 \times 1{,}05^{2}}{20\,000\,\text{h}} \times 12\,500 = 137\,812{,}50 \text{ EUR}$$
>
> In Summe stehen (wieder ohne Zinseffekte) nach beiden Jahren 216 562,50 EUR zur Verfügung, was jedoch nicht ausreicht, die höheren Wiederbeschaffungskosten von 220 500 EUR zu bestreiten.

Anschaffungs-oder Herstel-lungskosten

- Als letzte Alternative können vereinfacht die **Anschaffungs- und Herstellungskosten** gewählt werden (dominierender Ansatz in der Studie von Währisch [2000]). Dies entspricht dem bilanziellen Vorgehen. Substanzerhaltung kann zusätzlich durch die Einbehaltung von Gewinnen (Substanzerhaltungsrücklage) in Höhe der Inflation erfolgen.

Beispiel 2.5
(Fortsetzung)

> Im Beispiel ergibt sich dann eine Abschreibungsbasis in Höhe von 200 000 EUR, d. h. in Höhe der **Anschaffungskosten**.

Abschreibungs-verfahren

2) Festlegung der Abschreibungsmethode

Für Zwecke der Kostenrechnung ist das gewählte Verfahren der bilanziellen Abschreibung unbeachtlich. Die kalkulatorische Abschreibung ist grundsätzlich frei in der Auswahl des Verfahrens und sollte so gewählt werden, dass sie den Ressourcenverbrauch verursachungsgerecht wieder gibt. Häufig wird vereinfachend die lineare Abschreibung gewählt oder das steuermotivierte bilanzielle Abschreibungsverfahren beibehalten. Letzteres entspricht jedoch nicht der Grundphilosophie einer verursachungsgerechten Kostenrechnung. Prinzipiell können folgende **Abschreibungsverfahren** unterschieden werden:

Zeit-abschreibung

- **Zeitabschreibung**, bei der die Anschaffungs- oder Herstellungskosten bzw. Wiederbeschaffungskosten über eine vorab zu schätzende Nutzungsdauer ND nach verschiedenen Verfahren verteilt werden:

  - **Lineare Abschreibung** (straight-line method) (jährlich gleich bleibende Abschreibungsbeträge) (vorherrschendes Verfahren in der Studie von Währisch [2000]).
  - **Arithmetisch-degressive Abschreibung** (sum of the years-digits method) (von Jahr zu Jahr um einen gleich bleibenden sog. Degressionsbetrag D fallende Abschreibungsbeträge)

- **Geometrisch-degressive Abschreibung** (deminishing oder declining balance method) (Abschreibungsbetrag als konstanter Prozentsatz p vom kalkulatorischen Restbuchwert RBW, wobei zur Berechnung ein Restwert am Ende der Nutzungsdauer z. B. in Höhe des Erinnerungswertes von 1 EUR anzugeben ist)
- **Gemischte Abschreibung** (Übergang von geometrisch-degressiver zu linearer Abschreibung, wenn Letztere höhere Abschreibungsbeträge liefert)
- **Progressive Abschreibung** (von Jahr zu Jahr steigende Abschreibungsbeträge; jedoch selten anzufinden)

- **Leistungsabschreibung oder Abschreibung nach Maßgabe der Inanspruchnahme** (units of production oder activity method), bei der die Anschaffungs- oder Herstellungskosten bzw. Wiederbeschaffungskosten entsprechend der tatsächlichen jährlichen Leistungsinanspruchnahme L_t aufgrund eines vorab zu schätzenden Gesamtleistungsvolumens verteilt werden. Das Verfahren erfordert eine Messung der Leistungsabgabe (z. B. km-Zähler bei LKWs und PKWs, Abbauvolumen im Kiesabbau oder Bergbau).

Leistungsabschreibung

Joachim Zimmermann plant, wie bereits bekannt, die Anschaffung einer Lackieranlage für 20 000 EUR, die Wiederbeschaffungskosten schätze er auf 25 500 EUR. Herr Zimmermann will nun wissen, wie sich dies auf die Abschreibungen in den nächsten Jahren auswirkt.

Als Prozentsatz für die geometrisch-degressive Abschreibung wird abweichend vom rechnerisch notwendigen Prozentsatz von 86,85 % ein Satz von 40 % gewählt. Die Leistungsinanspruchnahme der Lackieranlage wird auf 300 Fahrradrahmen im ersten Jahr geschätzt, wobei diese von Jahr zu Jahr um 100 Rahmen steigen soll.

Abbildung 2.10 vergleicht die verschiedenen Abschreibungspläne miteinander. Man kann leicht berechnen, dass bei der geometrisch-degressiven Abschreibung ein rechnerischer Prozentsatz von 86,85 % notwendig wäre, um den Restbuchwert zum Ende des fünften Jahres von 1 EUR zu erreichen. Dies ist jedoch i. d. R. für die ersten Jahre ein nicht verursachungsgerechter Abschreibungssatz, weshalb hier 40 % gewählt wird. Eine Alternative hierzu ist daher die gemischte Abschreibung.

Beispiel 2.6
Festlegung der Abschreibungsmethode

Zeit	Linear	Arithmetisch-degressiv	Geometrisch-degressiv	Gemischt	Leistungs-Abschreibung
01.01.01	25.500	25.500	25.500 40%	25.500	25.500
	- 5.100	- 5 x 1.700 = 8.500	- 10.200	-10.200	-3.060
01.01.02	20.400	17.000	15.300 40%	15.300	22.440
	- 5.100	- 4 x 1.700 = 6.800	- 6.120	-6.120	-4.080
01.01.03	15.300	10.200	9.180 40%	9.180	18.360
	- 5.100	- 3 x 1.700 = 5.100	- 3.672	-3.672	-5.100
01.01.04	10.200	5.100	5.508 40%	5.508	13.260
	- 5.100	- 2 x 1.700 = 3.400	-2.203	-2.754	-6.120
01.01.05	5.100	1.700	3.305 40%	2.754	7.140
	- 5.100	- 1 x 1.700 = 1.700	-1.322	-2.754	-7.140
31.12.05	0	0	1.983 > 0	0	0

$$a = \frac{WBK}{ND}$$
$$a = \frac{25.500}{5\,Jahre} = 5.100$$

$$D = \frac{WBK}{\frac{ND(ND+1)}{2}} = \frac{25.500}{\frac{5\times6}{2}} = 1.700$$
$$a_t = D(ND+1-t)$$
$$a_1 = D(5+1-1) = 8.500$$

$$p = 100 \times \left(1 - \sqrt[ND]{\frac{Restwert}{WBK}}\right)$$
$$p = 100 \times \left(1 - \sqrt[5]{\frac{1}{25.500}}\right) = 86,85\%$$
$$hier\ jedoch\ p = 40\%$$
$$a_t = Restbuchwert_{t-1} \times p$$
$$a_1 = 25.500 \times 0,4 = 10.200$$

$$a_t = Max\left[\frac{RBW_{t-1} \times p}{\frac{RBW_{t-1}}{ND-t+1}}\right]$$

$$a_t = \frac{WBK}{\sum_{t=1} L_t} \times L_t$$
$$a_1 = \frac{25.500}{2.500} \times 300 = 3.060$$

Abb. 2.10:   Vergleich verschiedener Abschreibungsmethoden

Aufgrund der Dokumentationsfunktion der Kostenrechnung ist zu prüfen, inwieweit die Abschreibungsverfahren auch rechtlich zulässig sind. Nach Handelsrecht ist die Leistungsabschreibung, die lineare, geometrisch-degressive, die progressive und die gemischte Abschreibung zulässig. Steuerlich ist die Leistungsabschreibung unter Restriktionen, die lineare Abschreibung (§ 7 Abs. 1 EStG), die geometrisch-degressive und die gemischte Abschreibung zulässig (§ 7 Abs. 2 und 3 EStG, ab 2008 nach Unternehmenssteuerreform 2008 beide unzulässig). Nach IFRS und US-GAAP sind alle Abschreibungsmethoden zulässig, die den Ressourcenverbrauch auf rationaler Basis widerspiegeln (vgl. z. B. IAS 16.62).

Falsche Nutzungsdauer

3)   Vorgehen bei falsch geschätzter Nutzungsdauer bzw. Ressourcenverbrauch

Abbildung 2.10 macht deutlich, dass die geschätzte Nutzungsdauer bei allen Verfahren in die Berechnung der Abschreibungsbeträge eingeht. Bei der Leistungsabschreibung ergibt sich analog das Problem der Schätzung des Leistungsvolumens. Daher ist es für die praktische Anwendung von Bedeutung, wie eine falsch geschätzte Nutzungsdauer bzw. ein falsch geschätztes Leistungsvolumen behandelt wird (Abbildung 2.11).

Joachim Zimmermann hat mittlerweile die Lackieranlage gekauft und nutzt sie gerne. Als Abschreibungsverfahren hat er schließlich die lineare Methode gewählt. Nach zwei Jahren Nutzung schätzt Herr Zimmermann, dass er die Anlage wahrscheinlich noch drei Jahre länger als geplant, d. h. insgesamt acht Jahre nutzen kann, da sich aus den Messen, die er besucht hat, keine Anhaltspunkte für gravierende technologische Änderungen ergeben und die physische Abnutzung sich in Grenzen hält.

Beispiel 2.7
Falsch geschätze Nutzungsdauer

Herr Zimmermann überlegt. Er sieht folgende **Alternativen**:

1) **Weiterhin lineare Abschreibung** in Höhe von 5 100 EUR p. a., was jedoch am Ende der Nutzungsdauer (Ende Jahr 8) zu einem negativen kalkulatorischen Restbuchwert von −15 300 EUR führt.

2) **Verteilung des kalkulatorischen Restbuchwertes auf die Restnutzungsdauer**, wie dies dem Vorgehen in der Handels- und Steuerbilanz entspricht. Damit ergibt sich eine revidierte lineare Abschreibung von 15 300 EUR / 6 Jahre = 2 550 EUR. Der Restbuchwert am Ende des Jahres 8 ist damit automatisch Null.

3) **Ermittlung der Abschreibung, wie sie ursprünglich richtig gewesen wäre** in Höhe von 25 500 EUR / 8 Jahre = 3 187,50 EUR. Auch hier ergibt sich ein negativer kalkulatorischer Restbuchwert in der Höhe von

$$25\,500 - 2 \times 5\,100 - 6 \times 3\,187,50 = -3\,825 \text{EUR} \, .$$

Herr Zimmermann fragt sich, welche die richtige Alternative wäre.

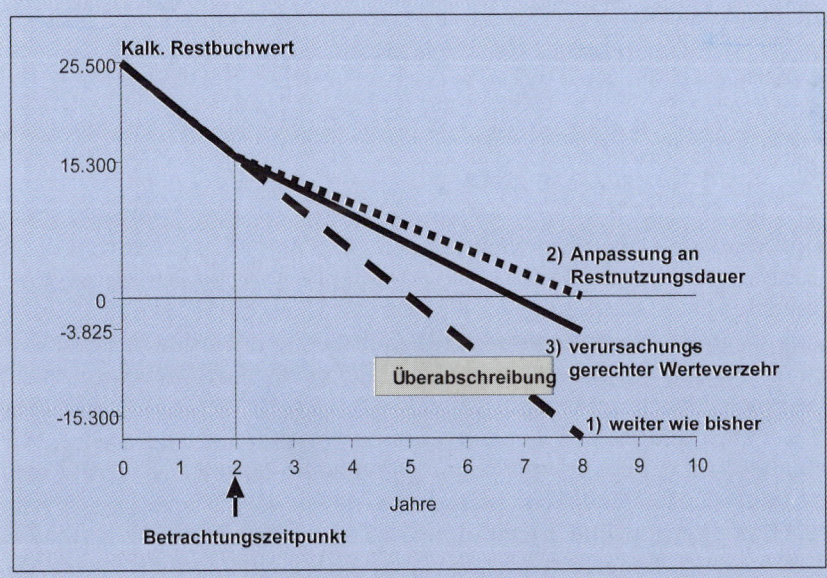

Abb. 2.11: Varianten bei falsch geschätzter Nutzungsdauer

Da bei der Kostenrechnung primär der Ausweis eines verursachungsgerechten, leistungsbezogenen Ressourcenverbrauchs einer Periode und
nicht der Vermögensausweis im Vordergrund steht, ist Alternative 3, d. h.
die Neuberechnung der kalkulatorischen Abschreibung so wie sie ursprünglich richtig gewesen wäre, die betriebswirtschaftlich richtige Alternative (vgl. Lücke [1959], S. 61 ff.). Diese ist jedoch abweichend von
der bilanziellen Handhabung, auch wenn dies zu einer **Abschreibung
„unter Null"** oder zu einer **Überabschreibung** führt. Da die Buchwerte
nicht relevant sind, kann dies vernachlässigt werden. Eine falsche Einschätzung der Nutzungsdauer bzw. eine Fehleinschätzung des Leistungs-
potenzials und damit eine zu hohe Abschreibungsbemessung in den Vorperioden soll sich nicht in einer unzureichenden Berücksichtigung der
eingesetzten Produktionsmittel für die betrachtete Periode niederschlagen. Mehr- bzw. Minderabschreibungen aufgrund einer Fehleinschätzung
der Nutzungsdauer bzw. Kapazität werden häufig jedoch auch im Rahmen des Anlagewagnisses als kalkulatorische Wagniskosten erfasst (vgl.
Kloock u.a. [2005], S. 113).

Für den Fall, dass sich auch die kalkulatorische Abschreibung am Anschaffungswertprinzip orientiert, bleiben reine Außenwertminderungen
von Vermögensgegenständen (z. B. sinkende Marktpreise) unberücksichtigt, da keine Einschränkung der Leistungsabgabe eintritt. Erzwungener
Werteverzehr durch Katastrophen wird üblicherweise über die kalkulatorischen Wagniskosten berücksichtigt.

Kalkulatorische Abschreibungen sind im Falle von Zeitabschreibungen
fixe Kosten, im Falle von Leistungsabschreibungen können diese auch als
variable Kosten ausgewiesen werden. Eine Aufschlüsselung auf beide
Komponenten dürfte in den meisten Fällen jedoch kaum sinnvoll durchführbar sein (vgl. Mayer/Liessmann/Mertens [1997], S. 130 ff.; Schoen-
feld/Möller [1995], S. 120).

4.2 Kalkulatorische Zinsen

Kapitalkosten als Opportunitätskosten

Kapitalkosten stellen den Gegenwert für den entgangenen Nutzen durch
die Bereitstellung des Kapitals für betriebliche Zwecke dar (**Opportunitätskosten**) (vgl. Mayer/Liessmann/Mertens [1997], S. 123).

Da die Kostenrechnung nur auf betriebsbedingte Kosten abstellt, werden Zinsen nur auf das durchschnittlich gebundene **betriebsnotwendige
Kapital** in Ansatz gebracht. Kapital, das in nicht betriebsnotwendigen
Teilen des Anlage- und Umlaufvermögens gebunden ist, wird deshalb
kalkulatorisch nicht verzinst. Im Gegensatz zur Finanzbuchhaltung werden in der Kostenrechnung unterschiedslos Zinsen für betriebsnotwendiges **Fremdkapital und Eigenkapital** verrechnet, da nicht die Herkunft,
sondern die Höhe des eingesetzten Kapitals kalkulationsrelevant ist. Da-

her weichen die kalkulatorischen Kapitalkosten in der Kostenrechnung von den Zinsaufwendungen in der Finanzbuchhaltung systematisch ab.

Die kalkulatorischen Zinsen werden nicht von den die Mittelherkunft anzeigenden Passiva, sondern von den das **investierte Kapital** repräsentierenden Aktiva her z. B. auf der Basis der Anlagenkartei (für das Anlagevermögen) und des Warenwirtschaftssystems (für die Vorräte) berechnet. Von diesem betriebsnotwendigen Vermögen werden sodann die unverzinslichen Verbindlichkeiten, die aus Lieferantenverbindlichkeiten und Kundenanzahlungen des laufenden Geschäfts resultieren, als Abzugskapital abgesetzt. Diese Vorgehensweise erleichtert somit auch die Zurechnung der kalkulatorischen Zinsen auf die Kostenstellen entsprechend ihrem Anteil am betriebsnotwendigen Kapital bzw. einer direkten Zuordnung des Anlage- und Umlaufvermögens zu den Kostenstellen.

In der Höhe der kalkulatorischen Zinsen auf das eigenfinanzierte Vermögen werden echte **Zusatzkosten** verrechnet, da hierfür in der GuV kein Aufwand erfasst werden kann. Diese kalkulatorischen Eigenkapitalzinsen stellen den Kapitalertrag dar, den der Eigenkapitalgeber bei einer anderweitigen Anlage seiner Mittel außerhalb des Betriebs erzielen könnte. Die kalkulatorischen Zinsen auf das fremdfinanzierte Vermögen stellen **Anderskosten** dar, da aus Vereinfachungsgründen mit häufig über mehrere Jahre konstanten, normalisierten Fremdkapitalkostensätzen gerechnet wird. Damit ergeben sich kalkulatorische Fremdkapitalkosten, die von den tatsächlichen Zinszahlungen abweichen.

Zusatzkosten, Anderskosten

Beispiel 2.7
Betriebsnotwendiges Vermögen/ Kapital

Joachim Zimmermann leckt nun Blut. Nach seinem Aha-Effekt mit den kalkulatorischen Abschreibungen möchte er nun alles über sein Unternehmen wissen. Wie hoch ist sein betriebsnotwendiges Vermögen und seine hierdurch bedingten Kapitalkosten?

Sein Steuerberater, Bernhard von Supergenau, stellt ihm hierzu zwei Bilanzen der beiden letzten Jahre zur Verfügung.

Bilanz	Vorjahr zum 31.12.		
Unbebaute Lagerfläche	50 000	Eigenkapital	212 000
Werkstatt- u. Lagergebäude	300 000	Hypothek (Wohnhaus)	275 000
Vermietetes Wohnhaus	400 000	Hypothek (Werkstatt)	150 000
Maschinen	72 000	langfristige Bankkredite	395 000
Spekulative Wertpapiere	52 000	Anzahlungen von Kunden	44 000
Vorräte / Material	148 000	Lieferantenverbindlichkeiten	48 000
Forderungen	90 000		
Liquide Mittel	12 000		
	1 124 000		**1 124 000**

Bilanz	Abgelaufenes Jahr zum 31.12.	
Unbebaute Lagerfläche	50 000	Eigenkapital	225 000
Werkstatt- u. Lagergebäude	248 000	Hypothek (Wohnhaus)	270 000
Vermietetes Wohnhaus	380 000	Hypothek (Werkstatt)	140 000
Maschinen	74 000	langfristige Bankkredite	332 000
Spekulative Wertpapiere	60 000	Anzahlungen von Kunden	42 000
Vorräte / Material	164 000	Lieferantenverbindlichkeiten	52 000
Forderungen	75 000		
Liquide Mittel	10 000		
	1 061 000		**1 061 000**

Folgende Zeitwerte werden für die Kostenrechnung angenommen:

	31.12. Vorjahr	31.12. lfd. Jahr
Unbebaute Lagerfläche	80 000	100 000
Werkstatt- und Lagergebäude	350 000	370 000

Das Material ist in der Finanzbuchhaltung aufgrund des Anstiegs der Rohstoffpreise nur zu 80 % der Wiederbeschaffungswerte bilanziert.

Die kalkulatorischen Zinsen lassen sich in **vier Schritten** ermitteln:

Betriebsnot-wendiges Vermögen

1)   Ermittlung des betriebsnotwendigen Vermögens

Die Errechnung erfolgt prinzipiell anhand der in der Bilanz enthaltenen Vermögenswerte der Aktivseite. **Nicht betriebsnotwendige Teile** des bilanzierten Vermögens sind z. B. Finanzanlagen (insbesondere nicht betriebsnotwendige Beteiligungen), ungenutzte bzw. fremdgenutzte Grundstücke, fremdgenutzte Bauten, vermietete und verpachtete Anlagen, Anlagen im Bau, stillgelegte Anlagen, unbrauchbare oder überhöhte Bestände, eigene Aktien oder Aktien von Obergesellschaften, nur zur Anlage gehaltene Wertpapiere des Umlaufvermögens oder überhöhte liquide Mittel. Hinzu zu rechnen sind jedoch betriebsnotwendige Vermögenswerte, die nicht der Bilanz zu entnehmen sind (z. B. bilanziell voll abgeschriebene, aber noch genutzte Vermögensgegenstände, zu denen auch die geringwertigen Wirtschaftsgüter (GWG) zählen).

Bewertung des betriebsnot-wendigen Ver-mögens

2)   Bewertung des betriebsnotwendigen Vermögens

Die Bewertung der betriebsnotwendigen Vermögensteile erfolgt wie folgt:

▪ **Nicht abnutzbares Anlagevermögen:** zu Zeitwerten bzw. Wiederbeschaffungskosten, ersatzweise zu Anschaffungs- oder Herstellungskosten.

- **Abnutzbares Anlagevermögen**:

  - **Restwertmethode** (fallende Wertansätze und damit fallende kalk. Zinsen): Restwertme-
thode, Durch-
schnittsmethode

    Wertansatz = Kalkulatorischer Restbuchwert zum Ende der Abrechnungsperiode

    Kalkulatorischer Restbuchwert = Wiederbeschaffungskosten – Summe der kalkulatorischen Abschreibungen der Vorperioden

  - **Durchschnittsmethode** (konstante Wertansätze und damit konstante kalkulatorische Zinsen):

    Wertansatz = Anschaffungskosten bzw. Herstellkosten / 2 bzw. Zeitwert oder Wiederbeschaffungskosten / 2

  - **Umlaufvermögen** (Durchschnittsbestand während der Abrechnungsperiode; Zeitwerte bzw. Wiederbeschaffungskosten häufig mit AK/HK wegen schnellem Umschlag identisch):

    Wertansatz = (AB + EB) / 2

Wie der Wertansatz des Umlaufvermögens schon zeigt, kann das **durchschnittlich gebundene betriebsnotwendige Vermögen** bei Schwankungen während der Abrechnungsperiode als Durchschnitt zwischen Anfangs- und Endbestand oder noch feiner als Durchschnitt der monatlichen Endbestände ermittelt werden.

In Joachim Zimmermann's Unternehmen ergibt sich das durchschnittlich gebundene betriebsnotwendige Vermögen wie folgt, wobei soweit als möglich bekannte Zeitwerte angesetzt werden:		**Beispiel 2.7** (Fortsetzung)

Unbebaute Lagerfläche	(80 000 + 100 000) / 2 =	90 000
Werkstatt- u. Lagergebäude	(350 000 + 370 000) / 2 =	360 000
Vermietetes Wohnhaus	Nicht betriebsnotwendig	
Maschinen	(72 000 + 74 000) / 2 =	73 000
Spekulative Wertpapiere	Nicht betriebsnotwendig	
Vorräte / Material	[(148 000 + 164 000) / 2] / 0,8 =	195 000
Forderungen	(90 000 + 75 000) / 2 =	82 500
Liquide Mittel	(12 000 + 10 000) / 2 =	11 000
Durchschnittliches betriebsnotwendiges Vermögen		**811 500**

3) Ermittlung des betriebsnotwendigen Kapitals

Da ein Teil des betriebsnotwendigen Vermögens durch zinslos zur Verfügung gestelltes Fremdkapital wie Kundenanzahlungen oder Lieferantenschulden finanziert wird, wird dieses als **Abzugskapital** sub- Betriebsnot-
wendiges
Kapital,
Abzugskapital trahiert, um zu dem durch das Unternehmen selbst zu finanzierenden **be-triebsnotwendigen Kapital** zu gelangen (vgl. Däumler/Grabe [2000], S. 181; Mayer/Liessmann/Mertens [1997], S. 123 ff.). Dieses wird auch als **Investment** oder **Capital Employed** bezeichnet. Eine Verzinsung des Abzugskapitals erfolgt i. d. R. verdeckt, z. B. indem die Zinsen in den jeweiligen Preiskalkulationen der Lieferanten ihren Niederschlag finden. Aus diesem Grunde wird die Qualifizierung dieser Finanzpositionen als „Abzugskapital" gelegentlich bemängelt (vgl. z. B. Seicht [2001], S. 116).

Beispiel 2.7
(Fortsetzung)

Für Joachim Zimmermann ergibt sich das durchschnittliche betriebs-notwendige Kapital wie folgt:

Durchschnittliches betriebsnotwendiges Vermögen		811 500
– Anzahlungen von Kunden	(44 000 + 42 000) / 2 =	– 43 000
– Lieferantenverbindlichkeiten	(48 000 + 52 000) / 2 =	– 50 000
Summe des Abzugskapitals		– 93 000

Kalkulatorischer
Zinssatz,
Gesamtkapital-
kosten

4) Ermittlung des kalkulatorischen Zinssatzes

In den letzten Jahren sind im Rahmen der unternehmenswertorientierten Steuerungsansätze in den Unternehmen auch die Ansätze für die Bestim-mung des **kalkulatorischen Zinssatzes** überarbeitet worden. Während in der Vergangenheit als Zinssatz aus Vereinfachungsgründen häufig der Zins für Staatsanleihen ggf. zuzüglich eines Risikoaufschlags oder der Zinssatz des teuersten Kredits als „Grenzzins" verwendet wurde, ist der Zinssatz jetzt anhand des über die Zeit normalisierter **Gesamtkapitalkos-tensatzes (WACC = Weighted Average Cost of Capital)** zu ermitteln (vgl. Baum/Coenenberg/Günther (2007), S. 288 f., vgl. auch Kapitel 20).

Wie Abbildung 2.12 zeigt, ergibt sich der Gesamtkapitalkostensatz aus dem mit dem Marktwerten von Eigen- und Fremdkapital gewichteten Ei-gen- bzw. Fremdkapitalkostensätzen. Dabei ist zu berücksichtigen, dass Fremdkapitalkosten steuerlich abzugsfähig sind. Daher mindert das sog. **Tax Shield**, im Beispiel in Höhe von 10 %, die effektiven Kapitalkosten. Die Eigenkapitalkosten ergeben sich i. d. R. nach dem **Capital Asset Pricing Model (CAPM)**, das das Risiko eines einzelnen Unternehmens über den sog. **ß-Faktor** erfasst:

$$\text{Eigenkapitalkostensatz} = \text{risikoloser Zins} + (\text{Marktrendite} - \text{risikoloser Zins}) * ß - \text{Faktor} =$$
$$\text{Eigenkapitalkostensatz} = \quad 8\% \quad + (\quad 14\% \quad - \quad 8\% \quad) * 1{,}33 = 16\%$$

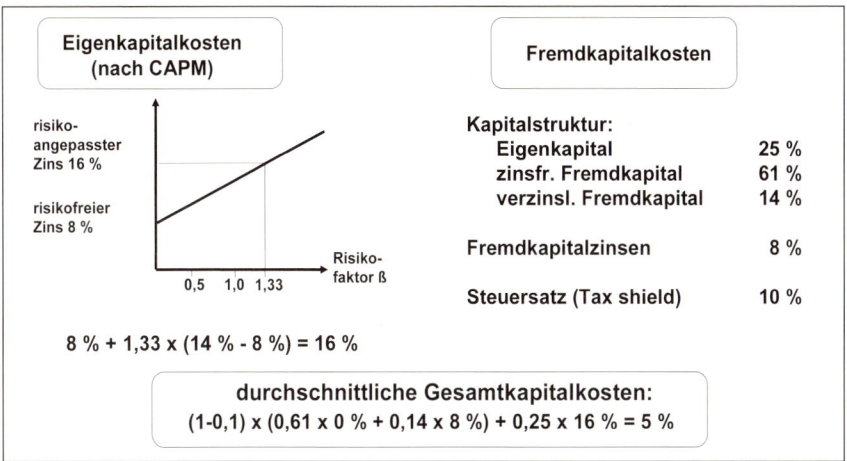

Abb. 2.12: Ermittlung des Gesamtkapitalkostensatzes

Im Beispiel der Abbildung 2.12 wird angenommen, dass das Unternehmen in nennenswertem Umfang über kapitalkostenfreies Fremdkapital (Abzugskapital) verfügt. Die Fremdkapitalkosten ergeben sich dann wiederum als gewichtetes Mittel von zinsfreiem und zinstragendem Fremdkapital. Schließlich ergeben sich im Beispiel gewichtete Gesamtkapitalkosten von 5 %.

Abzugskapital
Capital Asset
Pricing Model
(CAPM)

Eine weitere Frage ist, ob der Zinssatz in Höhe des **Nominalzinses** oder in Höhe des um einen Inflationsabschlag bereinigten **Realzinses** anzusetzen ist. Das ist davon abhängig zu machen, wie der Wertansatz des betriebsnotwendigen Kapitals erfolgt. Die Verzinsung eines mit Zeitwerten bewerteten betriebsnotwendigen Kapitals würde bei Verwendung eines Nominalzinssatzes zu einem doppelten Inflationsausgleich führen. Unter Substanzerhaltungsgesichtspunkten ist deshalb entweder die Kombination Nominalzinssatz i. V. m. historischen Anschaffungs-/Herstellungskosten des betriebsnotwendigen Kapitals oder die Kombination Realzins i. V. m. Zeitwerten des betriebsnotwendigen Kapitals zu empfehlen.

Nominalzins,
Realzins

5) Ermittlung der kalkulatorischen Zinsen

Nunmehr können die kalkulatorischen Zinsen anhand der folgenden Formel errechnet werden:

Kalkulatorische
Zinsen

Kalk. Zinskosten = Kalkulatorischer Zinssatz x betriebsnotwendiges Kapital

Die so ermittelten kalkulatorischen Zinsen (zur Ausgestaltung in der Industrie vgl. Währisch [2000], S. 684 ff.) werden i. d. R. als Gemeinkosten in der Kostenstellenrechnung auf die Kostenstellen entsprechend ihrem Anteil am betriebsnotwendigen Kapital aufgeteilt, z. B.:

- **Zinsen auf Anlagevermögen gem. Anlagenkartei:**
  - Gebäude nach qm,
  - Maschinen, Werkzeuge und Anlagen zur jeweiligen Fertigungskostenstelle im Herstellungsbereich,
- **Zinsen auf Konzessionen, Patente, Lizenzen** zum Forschungs- und Entwicklungsbereich,
- **Zinsen auf Marken und ähnliche Rechte** zum Vertriebsbereich,
- **Zinsen auf Materialien** (korrigiert um Lieferantenkredite) zum Materialbereich,
- **Zinsen auf Bestände an Halbfabrikaten** (korrigiert um Kundenanzahlungen) zum Fertigungsbereich,
- **Zinsen auf Bestände an Fertigfabrikaten** (korrigiert um Kundenanzahlungen) zum Vertriebsbereich,
- **Zinsen auf liquide Mittel** zum Verwaltungsbereich.

4.3 Kalkulatorische Wagnisse

Kalkulatorische
Wagnisse

Durch die Berücksichtigung **kalkulatorischer Wagnisse** soll im Sinne einer „Selbstversicherungsprämie" besonderen betrieblichen Einzelrisiken Rechnung getragen werden. Wagniskosten stellen letztlich eine Sammelposition für alle diejenigen Kosten dar, die sich im Zweckaufwand und in anderen kalkulatorischen Aufwandsarten nicht bzw. nicht in ausreichender Höhe berücksichtigen lassen, zum Zwecke einer vollständigen Erfassung des tatsächlichen Güterverzehrs jedoch in die Kalkulation einbezogen werden müssen.

Einzelwagnisse

Zu den **kalkulatorischen Einzelwagnissen**, für die kalkulatorische Kostenansätze in Betracht kommen, werden gerechnet:

- **Arbeitswagnisse** (Ausfallzeiten wegen Krankheit),
- **Beständewagnisse** (Schwund, Veralten, Verderben, Programmänderungen, Modeschwankungen usw.),
- **Anlagenwagnisse** (Störungen, technische und wirtschaftliche Veralterung, Katastrophen, Fehleinschätzung der Nutzungsdauer),
- **Entwicklungswagnisse** (erfolglose Anstrengungen im Bereich Forschung und Entwicklung),
- **Mehrkostenwagnisse** bzw. **Fertigungswagnisse** wegen Ausschuss und Nacharbeiten (Konstruktions-, Material- und Arbeitsfehler),
- **Gewährleistungswagnisse** (Kulanzen, Preisnachlässe, Haftung),
- **Debitorenwagnisse** und **Vertriebswagnisse** (Forderungsausfälle, Kursverluste, Konventionalstrafen).

Allgemeines
Unternehmer-
wagnis

Nicht zu den Wagniskosten zählt das **allgemeine Unternehmerwagnis**, also das Risiko, dass sich das vom Unternehmer eingesetzte Kapital nicht verzinst bzw. gar verloren geht. Zum allgemeinen Unternehmerwagnis rechnen auch Verlustgefahren aufgrund von evtl. Vertragsstrafen sowie aufgrund von Fixpreisverträgen bzw. Preisgleitlimitierungen. Diesen allgemeinen Verlustrisiken stehen entsprechende Gewinnchancen gegenüber, die über den kalkulatorischen Gewinnzuschlag abgegolten werden.

Ebenso wenig werden bereits versicherte Wagnisse durch kalkulatorische Wagniskosten berücksichtigt, wie z. B. versicherte Feuerrisiken, Wasserschäden, Diebstahl-, Unfall- und Transportrisiken. Die Versicherungsprämien gehen vielmehr direkt als Grundkosten in die Kostenrechnung ein.

Die Wagnisse werden entweder in Anlehnung an **Fremdversicherungsprämien** (notwendige Versicherungsprämie für das Wagnis) oder durch **Opportunitätskosten** bewertet. Letztere werden aus Erfahrungswerten bzw. nach durchschnittlichen Ergebnisbelastungen im Zeitablauf mittels eines geschätzten Wagnissatzes ermittelt. Bewertung der
Wagniskosten

Joachim Zimmermann hat festgestellt, dass manche seiner Firmenkunden nie zahlen, da sie insolvent gehen. Als er die Ausfälle der letzten drei Jahre mit seinen Umsätzen in diesem Zeitraum vergleicht, kommt er auf einen durchschnittlichen Ausfall (= Debitorenwagnis) von 3,2 %. Er beschließt daher bei Aufträgen von Firmenkunden diese Wagniskosten zusätzlich einzukalkulieren. **Beispiel 2.8**
Wagniskosten

Die kalkulatorischen Wagniskosten können je nach ihrem Charakter auf verschiedene Weise verrechnet werden:

- Als **Gemeinkosten** für die verursachenden Kostenstellen (z. B. das Anlagenwagnis gemäß Anlagenkartei),
- als **Sonder-Gemeinkosten** oder **Sonder-Einzelkosten** auf eine Kostenträgergruppe oder einen Einzelauftrag (z. B. höherer Vertriebswagnissatz für Exporte).

4.4 Kalkulatorischer Unternehmerlohn und kalkulatorische Mieten

Als reine Zusatzkostenart wird von Personengesellschaften **kalkulatorischer Unternehmerlohn** verrechnet. Im Gegensatz zu Kapitalgesellschaften können Personengesellschaften und Einzelunternehmen diese Kosten in der Finanzbuchhaltung nicht Gewinn mindernd als Aufwendungen verrechnen. Die Arbeitsentgelte der geschäftsführenden Gesellschafter sind gemäß handels- und steuerrechtlichen Vorschriften vielmehr aus dem Gewinn zu decken. Für Zwecke der Kalkulation müssen im Sinne eines Opportunitätskostenkalküls jedoch anteilige Beträge angesetzt Kalkulatorischer
Unter-
nehmerlohn werden. Durch den Ansatz kalkulatorischer Unternehmerlöhne wird die Kalkulation somit auch rechtsformneutral.

Als Richtwerte für die Bemessung sollten die Gehälter (Brutto zuzüglich evtl. Arbeitgeberanteile an der Sozialversicherung) angesetzt werden, die in der jeweiligen Branche und Region für vergleichbare Tätigkeiten im Angestelltenverhältnis gezahlt würden (vgl. Haberstock [2002], S. 99 f.).

Kalkulatorische Miete

Ebenfalls aus Opportunitätskostenerwägungen können Personengesellschaften, die in Geschäftsräumen eines Gesellschafters arbeiten, **kalkulatorische Mieten** als Zusatzkosten in Höhe derjenigen Mietaufwendungen ansetzen, die für vergleichbare Räumlichkeiten ortsüblich anfallen würden, wenn die Gebäude angemietet worden wären (vgl. Mayer/ Liessmann/Mertens [1997], S. 13). Kalkulatorische Mieten bzw. Raumkosten im Sinne von Anderskosten fallen dann an, wenn die tatsächlich anfallenden Kosten für betriebliche Räumlichkeiten in der Kostenrechnung durch ortsübliche Raumkosten substituiert werden. Zudem werden häufig kalkulatorische Mietkosten zwischen verschiedenen Betrieben verrechnet, um entstehende Abschreibungen, Kapitalkosten und Nebenkosten auf nutzende Einheiten umzulegen (Mieter-Vermieter-Modell).

5   Besonderheiten bei der Erfassung von Materialkosten

Materialkosten

Materialkosten stellen den Ressourcenverbrauch an von außen bezogenen Roh-, Hilfs- oder Betriebsstoffen oder im Betrieb selbst erstellen Halbfabrikaten dar. Für die Kostenrechnung ergeben sich vor allem zwei Fragestellungen:

Erfassung der Mengen

1) Erfassung der Mengen an verbrauchten Materialien
Zur Erfassung der Mengen bieten sich drei Verfahren an, die auch nebeneinander genutzt werden können und häufig in Warenwirtschaftssystemen implementiert sind:

Inventurmethode

- **Inventurmethode:** Die Methode erfordert eine körperliche Bestandsaufnahme der Endbestände der vorhandenen Mengen (Inventur) in jeder Abrechnungsperiode und ist daher aufwendig.

$$\text{Verbrauchsmenge} = \text{AB} + \text{Zugänge} - \text{EB}$$

Fortschreibungsmethode, Skontrationsmethode

- **Fortschreibungsmethode oder Skontrationsmethode:** Der Verbrauch wird auf der Basis der Abgänge aus dem Lager (Materialentnahmeschein) oder aufgrund von Lieferscheinen (z. B. bei Just in Time-Lieferung) ermittelt.

Verbrauchsmenge = Material-Abgänge aus den Lagern

- **Rückrechnungsmethode:** Der Materialverbrauch wird aus den produzierten Mengen anhand der Stückliste oder der Rezeptur zurückgerechnet.

Verbrauchsmenge = Materialbedarf lt. Stückliste x Produktionsmenge

2) Bewertung der erfassten Mengen

Die Kostenrechnung greift hierbei auf verschiedene Methoden der Finanzbuchhaltung zurück, die rechtlich nur für Letztere geregelt sind (vgl. zu Details Coenenberg [2005], S. 199 ff.):

- **Einzelbewertung:** Prinzipiell gilt der Grundsatz, dass jeder Verbrauch und damit auch jeder Zugang und Abgang einzeln mit monetären Werten hinterlegt ist, sofern dies möglich ist.

- **Festbewertung:** Bei Roh-, Hilfs- und Betriebsstoffen sowie Gegenständen des Sachanlagevermögens, deren Gesamtwert für das Unternehmen von nachrangiger Bedeutung ist und deren Bestand in seiner Größe, seinem Wert und seiner Zusammensetzung nur geringen Schwankungen unterliegt, können die Materialkosten in Höhe des Zugangs (und nicht in Höhe des Verbrauchs) angesetzt werden. Weitere Voraussetzungen sind der regelmäßige Ersatz von Bestandsabgängen und eine Inventur, die i. d. R. alle drei Jahre durchgeführt wird (§ 240 Abs. 3 HGB). Es ist umstritten, ob eine Festbewertung nach US-GAAP und IFRS zulässig ist (vgl. pro Jacobs [2002], S. 27 und Born [2002], S. 546, 586 und contra Achleitner/Behr [2003], S. 167).

- **Gruppenbewertung:** Bei gleichartigen Vermögensgegenständen des Vorratsvermögens und sonstigen gleichartigen oder annähernd gleichwertigen beweglichen Gegenständen können die Materialkosten zu Durchschnittspreisen der Warengattung bewertet werden. Gleichartigkeit wird dabei als Zugehörigkeit zur gleichen Warengattung oder Funktionsgleichheit und zusätzlich in beiden Fällen annähernde Preisgleichheit (Preisabweichung $\leq 20\,\%$) definiert. Dies entspricht methodisch der Durchschnittspreismethode der Sammelbewertungsverfahren (§ 240 Abs. 4 HGB; nach IFRS und US-GAAP jedoch nicht zulässig).

- **Sammelbewertungs- oder Verbrauchsfolgeverfahren:** Für gleichartige Vermögensgegenstände des Vorratsvermögens kann zur Ermittlung der Materialkosten eine bestimmt Verbrauchsfolge unterstellt werden (§ 256 HGB). Die nachfolgend aufgelisteten Verfahren können dabei sowohl in der periodischen Variante (gesamte Abrechnungsperiode wird als Ganzes betrachtet) als auch in der permanenten Variante (Verbrauchsfolgeverfahren wird bei jedem Abgang neu angewendet) genutzt werden:

- **Durchschnittsmethode** (Bewertung mit dem mengengewichteten durchschnittlichen Preis aller Zugänge inklusive des Anfangsbestandes),
- **Fifo (First-In-First-Out)-Methode** (zuerst zugegangene Materialien werden als zuerst verbraucht angenommen),
- **Lifo (Last-In-First-Out)-Methode** (zuletzt zugegangene Materialien werden als zuerst verbraucht angenommen),
- **Hifo (Higest-In-First-Out)-Methode** (die teuersten Zugänge werden werden als zuerst verbraucht angenommen),
- **Lofo (Lowest-In-First-Out)-Methode** (die günstigsten Zugänge werden als zuerst verbraucht angenommen).

Da insbesondere bei der Vorratsbewertung die Kostenrechnung einer Dokumentationsfunktion für die Bilanz und Erfolgsrechnung übernimmt, ist hier insbesondere die bilanzielle Zulässigkeit der Methoden zu beachten (vgl. Coenenberg [2005], S. 207 ff.). Handelsrechtlich werden nach GoB die Durchschnittsmethode, Fifo-, Lifo- und Hifo-Methode als zulässig betrachtet. Steuerrechtlich zulässig sind die Durchschnittsmethode und die Lifo-Methode (speziell zu Lifo § 6 Abs. 1 Nr. 2a EStG). In den IFRS ist die Durchschnittsmethode und Fifo (IAS 2.25) und nach US-GAAP die Durchschnittsmethode, der Spezialfall der Dollar-Value-Lifo-Methode und wenn dies der tatsächlichen Verbrauchsfolge entspricht auch Hifo und Lofo (ARB 43 ch. 4.6.) zulässig.

6 Kostenartenplan – Kontenrahmen

6.1 Allgemeine Kriterien

Kostenartenplan, Kontenrahmen

Ein strukturierter Katalog aller im Unternehmen auftretender Kostenarten wird als **Kostenartenplan** oder **Kontenrahmen** bezeichnet. Die Zusammenstellung dieses Katalogs kann weitgehend an unternehmensindividuellen Erfordernissen ausgerichtet werden, hat jedoch neben dem bereits mehrfach erwähnten Grundsatz der Wirtschaftlichkeit bestimmten **Grundprinzipien** zu gehorchen.

Grundprinzipien des Kontenrahmens

Zunächst muss er eine geordnete und vollständige Erfassung der entstehenden Kosten erlauben **(Kriterium der Vollständigkeit)**. Darüber hinaus sind die einzelnen Kostenarten eindeutig zu definieren **(Kriterium der Eindeutigkeit)**. Nur so kann gewährleistet werden, dass jeder betriebliche Güterverzehr überschneidungsfrei erfasst wird und eindeutig einer Kostenart zugeordnet wird. Aus dem Kriterium der Eindeutigkeit leitet sich auch das **Verbot der Doppelverrechnung** von Kosten ab, wonach gleiche Kosten nicht gleichzeitig in verschiedenen Perioden bzw. unter verschiedenen Kostenarten berücksichtigt werden dürfen. Dies geschähe z. B., wenn auch sekundäre Kosten in der Kostenartenrechnung erfasst und mit den primären Kosten vermengt werden würden.

Eine Grundanforderung an jedes Informationssystem ist ferner das **Kriterium der Stetigkeit**, d. h. eine im Zeitablauf stetige Erfassung und Bewertung des Güter- und Leistungsverzehrs. Schließlich sollte sich die Erfassungsmethode einigermaßen flexibel an neue organisatorische und verfahrenstechnische Entwicklungen anpassen lassen **(Kriterium der Flexibilität)**.

6.2 Industriekontenrahmen (IKR)

Der 1971 veröffentlichte **Industriekontenrahmen (IKR)** ist wie der **Gemeinschaftskontenrahmen (GKR)** von 1951 lediglich als Rahmenwerk anzusehen, das keineswegs im Einzelnen verbindlich ist. Der IKR stellt eine Fortentwicklung des GKR dar.

Während im **Einkreissystem** des Gemeinschaftskontenrahmens Finanzbuchhaltung und Kostenrechnung als Rechnungskreise integriert und dabei Produktionsprozess- und Abschlussgliederungsprinzip als Gliederungsprinzipien vermengt werden, folgt der IKR in beiden Rechnungskreisen jeweils konsequent einem Prinzip: für die Finanzbuchhaltung dem Abschlussgliederungsprinzip der handelsrechtlichen Bilanz und GuV (Rechnungskreis I), für die Kostenrechnung dem Prozessgliederungsprinzip (Rechnungskreis II) **(Zweikreis-System)**.

Industriekontenrahmen (IKR), Gemeinschaftskontenrahmen (GKR)

Rechnungskreis I			Rechnungskreis II	
Kontenklassen 0 – 8 Finanzbuchhaltung Dokumentation			Kontenklasse 9 Betriebsbuchhaltung Kosten- und Leistungsrechnung	
Abschlussgliederungsprinzip			**Produktionsprozessgliederungsprinzip**	
Bestandsrechnung Kontenklasse 0 – 4	Erfolgsrechnung Kontenkl. 5 – 7	Eröffnung Abschluss Kontenkl. 8	Abgrenzungsrechnung Kontengruppen 90 – 92	Kosten- und Leistungsrechnung Kontengruppen 93 – 99
Bilanz	**GuV**		**Abgrenzungsergebnis**	**Betriebsergebnis**
Gesamtergebnis			**Gesamtergebnis**	
Abstimmung				

Abb. 2.13: Aufbau des Industriekontenrahmens (IKR)
(Quelle: in Anlehnung an Mayer/Liessmann/Mertens [1997], S. 101)

Die **Strukturierung des IKR** (vgl. Abbildung 2.13) ist aus folgenden Gründen der des GKR vorzuziehen:

- Der IKR stellt aufgrund internationaler Gepflogenheiten eine bessere Grundlage für die Harmonisierung des Rechnungswesens dar.
- Es wird deutlich zwischen Bestandskonten (0 – 4) und Erfolgskonten (5 – 7) getrennt. Die Eröffnungs- und Abschlusskonten finden sich in Kontenklasse 8.
- Gleichzeitig werden Kosten- und Leistungsrechnung (Klasse 9) einerseits und Finanzbuchhaltung (Klasse 0 – 8) andererseits klarer als im GKR voneinander getrennt. Beide Bereiche stehen gleichberechtigt nebeneinander, während die Verknüpfung beider Rechnungskreise im GKR letztlich zu einer überwiegenden Ausrichtung an der Finanzbuchhaltung führt.

Die beiden letztgenannten Aspekte bewirken gleichzeitig eine größere Übersichtlichkeit und eine konzeptionelle Vereinfachung des betrieblichen Rechnungswesens. Die Kostenrechnung wird im IKR auch gliederungsmäßig aus der Klammer der Finanzbuchhaltung befreit und kann unternehmensindividuell und entscheidungsbezogen ausgestaltet werden. Der IKR lässt für diesen Zweck mehr Spielraum als das System des GKR. Andererseits steigt der Kontierungsaufwand durch die Herauslösung der Kostenrechnung aus der Finanzbuchhaltung (vgl. BDI [1986]; Mayer/ Liessmann/Mertens [1997], S. 95 ff.; Wilkens [2004], S. 152 ff).

Die Kostenrechnung wird gemäß den Vorschlägen des BDI in der Kontenklasse 9 für gewöhnlich in tabellarischer Form durchgeführt und gliedert sich wie Abbildung 2.14 zeigt (vgl. BDI [1986]).

Abgrenzungs-   Die Abstimmung der Kostenrechnung mit der Finanzbuchhaltung errechnung   folgt im IKR in der Abgrenzungsrechnung (90 – 92) in vier Schritten:
1) **Ausgangspunkt** ist das Gesamtergebnis laut Finanzbuchhaltung, d. h. die Aufwendungen und Erträge der Kontenklassen 5 – 7 des IKR.
2) In Kontenklasse 90 wird dieses Ergebnis um die sog. unternehmensbezogenen Abgrenzungen korrigiert. Die Aufwendungen und Erträge der GuV werden also um alle betriebsfremden, außerordentlichen und periodenfremden Erfolge bereinigt (**„qualitative Abgrenzung" des neutralen Ergebnisses**).
3) In Kontenklasse 91 werden in mehreren Schritten **rein kostenrechnerische Korrekturen** durchgeführt:
   - In Kontenklasse 911 werden diejenigen **außerordentlichen Aufwendungen und Erträge**, die zugleich betriebsbezogen sind, in die Kostenrechnung übernommen.
   - Kontenklasse 912 erfasst solche Korrekturen, die ihre Ursache in unterschiedlichen Mengen- und Wertansätzen in Finanzbuchhaltung und Kostenrechnung haben. Hierzu zählen typische **kalkula-**

torische Kosten, aber auch z. B. die Umbewertung von Kosten auf Wiederbeschaffungswerte (**„quantitative Abgrenzung"**).

- In der Kontenklasse 913 werden spezielle Korrekturen aufgrund einer unterschiedlichen Periodenabgrenzung in Kostenrechnung und Finanzbuchhaltung vorgenommen (z. B. aufgrund unterschiedlicher Periodenlängen der GuV (Jahr) und der kurzfristigen Erfolgsrechnung (z. B. Monat) begründet (**„quantitative Abgrenzung"**).

4) Die Kontenklasse 92 fasst als **Ergebnis der Abgrenzungsrechnung** alle Kosten- und Leistungsarten zusammen.

Vollkostenrechnung	Teilkostenrechnung
9 Kosten- und Leistungsrechnung	9 Kosten- und Leistungsrechnung
90 Unternehmensbezogene Abgrenzen (betriebsfremde Aufwendungen und Erträge)	90 Unternehmensbezogene Abgrenzen (betriebsfremde Aufwendungen und Erträge)
91 Kostenrechnerische Korrekturen	91 Kostenrechnerische Korrekturen
92 Kostenarten und Leistungsarten	92 Kostenarten und Leistungsarten
93 Kostenstellen	93 Verrechnete Kostenstellenfixkosten
94 Kostenträger	94 Verrechnete Erzeugniseinzelkosten
95 Fertige Erzeugnisse	95 Fertige Erzeugnisse
96 Interne Lieferungen und Leistungen sowie deren Kosten	96 Eigenleistungen
97 Umsatzkosten	97 Deckungsbeiträge der Erzeugnisse
98 Umsatzleistungen	98 Deckungsbeiträge der Stellen
99 Ergebnisausweise	99 Ergebnisausweise

Abb. 2.14: Kontenklasse 9 im Industriekontenrahmen

Über die Kontengruppen 93 – 99 wird – wie aus Abbildung 2.13 und Abbildung 2.14 ersichtlich – die Betriebsabrechnung durchgeführt.

7   Kontrollfragen

1) Welche Teilsysteme der Kostenrechnung können differenziert werden?
2) Erläutern Sie die beiden elementaren Kostenzurechnungsprinzipien im Rahmen eines Kostenrechnungssystems!
3) Nennen Sie weitere, auf diesen beiden zentralen Prinzipien aufbauende Zurechnungsprinzipien!
4) Welche Kostenkategorien ergeben sich bei einer Differenzierung nach
    – der Art der verbrauchten Güter,
    – der Zurechenbarkeit zu einer Bezugsgröße,
    – dem Verhalten bei der Variation eines Kosteneinflussfaktors,
    – der Herkunft der Kostendaten?
5) Grenzen Sie die Begriffspaare Einzel- und Gemeinkosten sowie fixe und variable Kosten voneinander ab!
6) Charakterisieren Sie die wesentlichen Methoden der Kostenauflösung nach fixen und variablen Bestandteilen!
7) Nennen Sie kalkulatorische Kostenarten im Sinne von Anderskosten sowie solche im Sinne von Zusatzkosten!
8) Welche Schritte sind bei der Ermittlung der kalkulatorischen Zinsen durchzuführen?
9) Wodurch unterscheiden sich die verschiedenen Abschreibungsverfahren?
10) Wodurch entstehen „Überabschreibungen"?
11) Nennen Sie Beispiele für kalkulatorische Einzelwagnisse!
12) Auf welchem Wege wird das allgemeine Unternehmerwagnis im Rahmen der Kostenrechnung erfasst?
13) Welche besonderen kalkulatorischen Kostenarten sind nur für Personengesellschaften und Einzelunternehmen relevant?
14) Welche Anforderungen sind an einen Kostenartenplan zu stellen?
15) Welchen prinzipiellen Aufbau hat der Industriekontenrahmen (IKR)?
16) Auf welche Weise erfolgt im IKR die Abstimmung der Kostenrechnung mit der Finanzbuchhaltung?

8   Abkürzungsverzeichnis

AB   Anfangsbestand
AK   Anschaffungskosten
BAB   Betriebsabrechnungsbogen
BDI   Bundesvereinigung der deutschen Industrie
CAPM   Capital Asset Pricing Model
EB   Endbestand
EK   Einzelkosten
EStG   Einkommensteuergesetz

GKR	Gemeinschaftskontenrahmen
GmK	Gemeinkosten
GuV	Gewinn- und Verlustrechnung
GWG	Geringwertige Wirtschaftsgüter
HK	Herstellungskosten
IAS	International Accounting Standard
IFRS	International Financial Reporting Standards
IKR	Industriekontenrahmen
K	Kosten
k	Stückkosten
K_f	fixe Kosten
KfzSt	Kraftfahrzeugsteuer
KHBV	Krankenhausbuchführungsverordnung
k_v	variable (proportionale) Stückkosten
K_v	variable Kosten
LSP	Leitsätze für die Preisermittlung aufgrund von Selbstkosten
L_t	Leistungsabgabe bzw. Leistungsvorlumen in Periode t
RBW	Restbuchwert
US-GAAP	US Generally accepted accounting principles
VersSt	Versicherungssteuer
WACC	Weighted Average Cost of Capital (durchschnittliche Gesamtkapitalkosten)
WBK	Wiederbeschaffungskosten
x	Beschäftigung bzw. Menge

9 Literaturhinweise

Achleitner, A.-K./Behr, G. (2003): International Accounting Standards: Ein Lehrbuch zur internationalen Rechnungslegung, 3. Aufl., München 2003.

Born, K. (2002): Rechnungslegung international – Konzernabschlüsse nach IAS, US-GAAP, HGB und der EG-Richtlinie, 3. Aufl., Stuttgart 2002.

Bundesverband der Deutschen Industrie (BDI) e.V. (1986): Industrie-Kontenrahmen – IKR, 2. Aufl., Köln 1986.

Coenenberg, A. G. (2005): Jahresabschluss und Jahresabschlussanalyse, 20. Aufl., Stuttgart 2005.

Däumler, K. D./Grabe J. (2000): Kostenrechnung 1 – Grundlagen, 8. Aufl., Herne/Berlin 2000.

Götze, U. (2007): Kostenrechnung und Kostenmanagement, 4. Aufl., Berlin u.a. 2007.

Haberstock, L. (2002): Kostenrechnung I, Einführung, 11. Aufl., Hamburg 2002.

Haberstock, L. (2004): Kostenrechnung II, (Grenz-)Plankostenrechnung, 9. Aufl., Hamburg 2004.

Hummel, S./Männel, W. (1986): Kostenrechnung 1, 4. Aufl., Wiesbaden 1986.

Jacobs, O. H. (2002): Vorräte (Inventories), in: Baetge, J./Fischer, T.R. (Hrsg.): Rechnungslegung nach International Accounting Standards (IAS), 2. Aufl., Stuttgart 2002.

Kilger, W. (1987): Einführung in die Kostenrechnung, 3. Aufl., Wiesbaden 1987.

Kilger, W./Pampel, J./Vikas, K. (2007): Flexible Plankostenrechnung und Deckungsbeitragsrechnung, 12. Aufl., Wiesbaden 2007.

Kloock, J./Sieben, G./Schildbach, T./Homburg, C. (2005): Kosten- und Leistungsrechnung, 9. Aufl., Stuttgart 2005.

Lücke, W. (1959): Fehleinschätzung der Nutzungsdauer in der kalkulatorischen Abschreibung, in: Kostenrechnungspraxis, 3. Jg., 1959, S. 61-66.

Mayer, E./Liessmann, K./Mertens, H. W. (1997): Kostenrechnung – Grundwissen für den Controllerdienst, 7. Aufl., Stuttgart 1997.

Schoenfeld, H. M./Möller, H. P. (1995): Kostenrechnung, 8. Aufl., Stuttgart 1995.

Schweitzer, M./Küpper, H.-U. (2003): Systeme der Kosten- und Erlösrechnung, 8. Aufl., München 2003.

Seicht, G. (2001): Moderne Kosten- und Leistungsrechnung – Grundlagen und praktische Gestaltung, 11. Aufl., Wien 2001.

Währisch, M. (2000]: Der Ansatz kalkulatorischer Kostenarten in der industriellen Praxis, in: ZfbF, 52. Jg., Heft 11, 2000, S. 678-694.

Weber, J. (1997): Einführung in das Rechnungswesen II – Kostenrechnung, 5. Aufl., Stuttgart 1997.

Weber. J./Weissenberger, B. (2006): Einführung in das Rechnungswesen, 7. Aufl., Stuttgart 2006

Wilkens, K. (2004): Kosten- und Leistungsrechnung, 9. Aufl., München 2004.

Kapitel 3
Kostenstellenrechnung im System der Vollkostenrechnung

1   Einführung

Joachim Zimmermann ist skeptisch. Er hält eigentlich nicht viel von Bürokratie und will einfach nur tolle Rennräder herstellen. Ein wenig mehr seine Kostenstruktur zu kennen, schien ihm plausibel. Nur hat ihm sein Freund vom Automobilzulieferer gesagt, dass sie in ihrem Unternehmen 600 Kostenstellen zu verwalten hätten und monatlich Ist- mit Soll- und Planzahlen vergleichen und Budgetdurchsprachen durchführen. Er hätte zwei Mitarbeiter, die nur damit beschäftigt seien.

Herr Zimmermann ist entsetzt. Das will er nun gar nicht. Wieso sollte er überhaupt Kostenstellen einrichten? Geht es nicht auch ohne Kostenstellen? So ganz versteht er den Nutzen nicht und scheut sich vor dem hohen Aufwand.

2   Aufgaben der Kostenstellenrechnung

Im Durchlauf durch das Kostenrechnungssystem sind bisher in der Kostenartenrechnung die Kosten auf der Basis der Finanzbuchhaltung erfasst und nach verschiedenen Kostenarten gegliedert worden (linke Seite in Abbildung 3.1). Im nun folgenden nächsten Schritt übernimmt die Kostenstellenrechnung folgende Aufgaben:

Aufgaben der Kostenstellenrechnung

- Die Kostenstellenrechnung schafft bei Mehrproduktunternehmen die Voraussetzung für eine Weiterverrechnung der erfassten Gemeinkosten, die für alle Produkte gemeinsam anfallen, auf die hergestellten Kostenträger. Sie stellt insofern das notwendige **Bindeglied zwischen der Kostenarten- und Kostenträgerrechnung** dar (vgl. mittlerer Teil

Bindeglied zur Kostenträgerrechnung

in Abbildung 3.1). Die Gemeinkosten werden zunächst auf die einzelnen Kostenstellen verteilt **(Primärkostenverrechnung)**. Kostenstellen, die nicht direkt an der Leistungserstellung beteiligt sind, geben ihre Gemeinkosten über die **innerbetriebliche Leistungsverrechnung** an die wertschöpfenden Kostenstellen weiter **(Sekundärkostenverrechnung)**, für die dann kostenstellenspezifische **Kalkulationssätze** für die Kalkulation der Leistungen gebildet werden.

Ort der Kostenentstehung

- Des Weiteren zeigt die Kostenstellenrechnung, an welchen Stellen im Unternehmen die Kosten entstanden sind **(Ort der Kostenentstehung)**, da verschiedene Produkte die betrieblichen Ressourcen i. d. R. auch in unterschiedlichem Maße beanspruchen. Dadurch werden zum einen Leistungsbeziehungen im Unternehmen deutlich und zum anderen ergeben sich Kosteninformationen für Planungszwecke (z. B. zu den Kosten innerbetrieblicher Serviceeinheiten bei Make or Buy-Entscheidungen).

Wirtschaftlichkeitskontrolle

- Der Kostenstellenrechnung kommt jedoch auch eine eigenständige – von der Kostenträgerrechnung unabhängige – Bedeutung zu. Durch die Verrechnung der Kostenarten auf die Kostenstellen werden die Grundlagen geschaffen für eine **Wirtschaftlichkeitskontrolle** einzelner Verantwortungsbereiche anhand des Vergleichs der entstandenen Ist-Kosten mit Vergangenheits-, Planwerten oder angepassten Planwerten, den sog. Sollwerten (zur Abweichungsanalyse vgl. Kapitel 6).

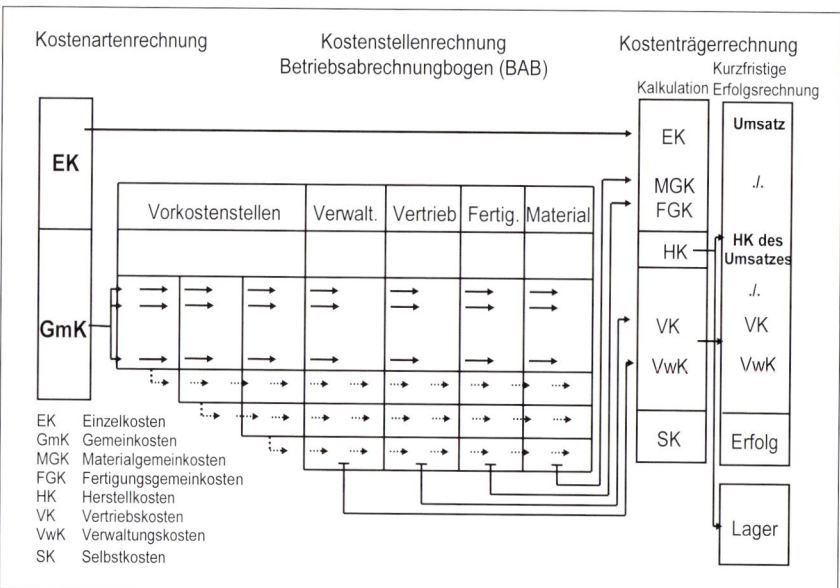

Abb. 3.1: System der Kostenrechnung als Vollkostenrechnung

Auf die Kostenstellenrechnung als Voraussetzung für eine Nachkalkulation kann verzichtet werden, wenn der betrachtete Betrieb lediglich ein Produkt herstellt (z. B. ein Stromkraftwerk). Die Stückkosten ergeben sich in diesem Fall, indem im Wege einer Divisionskalkulation die gesamten Kosten der Periode durch die Zahl der hergestellten Produkte dividiert werden (vgl. Kapitel 4).

3 Festlegung von Kostenstellen

Die Durchführung der Kostenstellenrechnung setzt voraus, dass das gesamte Unternehmen in geeignete Abrechnungseinheiten untergliedert wird. Jede Abrechnungseinheit, für die Kosten selbständig geplant, erfasst und kontrolliert werden, wird als **Kostenstelle** bezeichnet (vgl. Kilger [1969], S. 870). Art und Tiefe der Aufgliederung richten sich insbesondere nach dem Produktionsprogramm und der Aufbau- bzw. Ablauforganisation.

Kostenstelle

3.1 Bildung von Kostenstellen

Folgende **Kriterien** können **für die Kostenstellenbildung** herangezogen werden (vgl. Haberstock [2002], S. 105 f.):

Kriterien der Kostenstellenbildung

1. Zum Zwecke der Vorbereitung der Kalkulation sind die Kostenstellen am betrieblichen Leistungserstellungsprozess auszurichten, d. h. **genaue, verursachungsgerechte Maßgrößen** müssen bestimmbar sein.
2. Zu Kontrollzwecken sind aber auch einzelne **Verantwortungsbereiche** (z. B. eine Abteilung) oder räumliche Einheiten (z. B. eine Vertriebsregion) darzustellen, die für die Kostenverursachung verantwortlich gemacht werden können.
3. Unabhängig davon ist es notwendig, klare Abgrenzungen zu schaffen, um Doppelverrechnungen oder Zurechnungsunschärfen durch die Ungleichbehandlung bestimmter Kosten im Zeitablauf bei der **Kostenzuordnung** (**Kontierung**) zu vermeiden.
4. Aus **Wirtschaftlichkeitsgründen** können Kostenstellen tiefer oder gröber als nach den Kriterien 1) bis 3) erforderlich gegliedert werden. So bilden manche Unternehmen i. S. einer Normalisierung von Kostengrößen sog. **Pool-Kostenstellen**, in denen z. B. Personalkosten von Mitarbeitern unterschiedlichen Alters oder Familienstandes als Ist-Kosten gesammelt werden, um sie anschließend über einen Kopfschlüssel normiert an die Kostenstellen weiterzuleiten, für die die Mitarbeiter tätig sind. Zudem gibt es sog. Briefkasten-Kostenstellen, in denen Kosten zunächst aus Vorsystemen wie der Materialwirtschaft oder der Personalabrechnung gesammelt werden, um sie dann auf Kostenstellen weiter zu verteilen.

Pool-Kostenstellen, Briefkasten-Kostenstellen

Zielkonflikte
zwischen
Kriterien

Zielkonflikte zwischen den Kriterien zeigen sich z. B. im Verwaltungs-
oder Vertriebsbereich, in dem nach dem Kriterium der Verantwortungsbereiche für jede einzelne Abteilung oder Filiale eigene Kostenstellen angelegt werden, obwohl nach den anderen Kriterien stets die gleichen
Leistungserstellungsprozesse und damit Maßgrößen betroffen sind. Ein
weiterer Konflikt wird deutlich, wenn für größere Maschinen oder Ma-
schinengruppen sog. **Platzkostenstellen** gebildet werden, obwohl diese
in ein und derselben Abteilung stehen. Hier überwiegt die genaue Kontierung bzw. Zuordnung von Maßgrößen das Kriterium der Verwantwor-
tungsbereiche. Die Kontrolle wird dann über den Kostenstellenbereich
(bestehend aus allen Maschinen), die Kalkulation jedoch über die einzelnen Platzkostenstellen durchgeführt. In Dienstleistungsunternehmen besteht zudem ein fließender Übergang zwischen Kostenstellen und Kostenträgern, da komplexe Dienstleistungen sich häufig aus vorgelagerten
Dienstleistungen von Spezialisten zusammensetzen (vgl. zur Dienstleistungskostenrechnung auch Kapitel 7). Hier wird dann häufig generalisie-
rend von **Kostenobjekten** gesprochen.

3.2 Differenzierung von Kostenstellen

Für Zwecke der Kostenstellenrechnung werden die nach den obigen Kriterien gebildeten Kostenstellen nach unterschiedlichen Gesichtspunkten
differenziert.

Differenzie-
rung von Kos-
tenstellen

1) Differenzierung nach betrieblichen Funktionen

- **Fertigungsstellen:** Stellen, in denen unmittelbar an den Produkten gearbeitet wird, z. B. Dreherei, Montage, Lackiererei usw.
- **Fertigungshilfsstellen:** Stellen, die nicht unmittelbar an den Produkten arbeiten, sondern andere Leistungen erbringen, diese Leistungen
aber ausschließlich an die Fertigung abgeben, z. B. Instandhaltung,
Fertigungsplanung und -steuerung, Werkzeugmacherei, Arbeitsvorbereitung, NC-Programmierung etc.
- **Materialstellen:** Stellen, die mit der Beschaffung, Annahme, Kontrolle, Lagerung und Verwaltung von Roh-, Hilfs- und Betriebsstoffen
befasst sind, z. B. Einkauf, Materialeingangsprüfung, Materialausgabe
etc.
- **Verwaltungsstellen:** Stellen, die alle administrativen Funktionen umfassen, z. B. Unternehmensleitung, allgemeine Verwaltung, Unternehmensplanung, Rechnungswesen, Personal, Kalkulation etc.
- **Vertriebsstellen:** Stellen, die mit dem Absatz der erzeugten Produkte
und damit zusammenhängenden Funktionen befasst sind, z. B. Fer-
tigwarenlager, Verkauf, Versand, Kundendienst, Werbung, Marktforschung, Auftragsabteilung etc.

- **Allgemeine (Hilfs-)Stellen:** Betriebsabteilungen, deren Leistungen von allen oder fast allen anderen Kostenstellen in Anspruch genommen werden, z. B. Energieversorgung, Kantine, soziale Dienste, Grundstücke und Gebäude, Druckerei, Transport, Instandhaltung, allgemeine Sicherheitsdienste etc.
- **Forschungs- und Entwicklungs-Stellen:** Zu diesem Bereich zählen neben den Forschungs- und Entwicklungsabteilungen im engeren Sinne auch Konstruktion, Musterbau, Erprobung u. a.
- **Entsorgung/Recycling-Stellen:** Hierzu gehören alle Einrichtungen zur Entsorgung von Abfall, Abwasser und Abluft sowie zur Bereitstellung von Sekundärrohstoffen. Die Bildung eigener Kostenstellen für Entsorgung und Recycling entspricht der zunehmenden Bedeutung ökologieorientierter Zielsetzungen für die Unternehmenssteuerung.

2) Differenzierung nach produktionstechnischen Gesichtspunkten

Haupt-, Neben- und Hilfskostenstellen

- **Hauptkostenstellen:** In diesen Kostenstellen werden die Hauptprodukte bearbeitet. Hauptkostenstellen sind daher ausschließlich Fertigungsstellen.
- **Nebenkostenstellen:** Diese erfassen die Bearbeitung von absatzfähigen Nebenprodukten (Kuppelprodukten) oder die Verwertung von Sekundärrohstoffen (Recyclingprodukte).
- **Hilfskostenstellen:** Als Hilfskostenstellen werden all jene Kostenstellen bezeichnet, die nicht bzw. nur indirekt zur Produktion beitragen und eher unterstützende Funktionen ausüben. Zu den Hilfskostenstellen gehört somit die Mehrzahl der Kostenstellen eines Unternehmens.

3) Differenzierung nach rechentechnischen Gesichtspunkten

Vor- und Endkostenstellen

- **Vorkostenstellen (sekundäre Kostenstellen):** sind solche, die nicht direkt an Endprodukten arbeiten, sondern für die übrigen Kostenstellen Leistungen erbringen und deren Kosten auf andere Vorkostenstellen und auf Endkostenstellen umgelegt werden, sich also im Betriebsabrechnungsbogen auflösen.
- **Endkostenstellen (primäre Kostenstellen):** sind solche, deren Kosten direkt auf die Kostenträger in der Kalkulation umgelegt werden. Üblicherweise zählen hierzu die Kostenstellen Material, Fertigung, Verwaltung und Vertrieb.

4   Verrechnung innerbetrieblicher Leistungen (Betriebsabrechnung)

Primärkosten-
und Sekundär-
kostenverrech-
nung

Die Bildung geeigneter Kostenstellen stellt die Voraussetzung für die Verrechnung der Kostenarten auf die Orte der Entstehung dar. Diese Verrechnung kann in tabellarischer und in kontenmäßiger Form vorgenommen werden. Im sog. Betriebsabrechnungsbogen (BAB) wird die Kostenstellenrechnung tabellarisch und in zwei Stufen abgewickelt:

1. Zurechnung bzw. Aufgliederung der (primären) Gemeinkosten auf alle Kostenstellen (Primärkostenverrechnung),
2. Verrechnung der innerbetrieblichen Leistungen von Vor- auf Endkostenstellen (Sekundärkostenverrechnung).

Nach Abschluss der beiden Schritte erfolgen als zusätzliche Aufgaben der Kostenstellenrechnung die **Bildung von Kalkulationssätzen** als Vorbereitung der Kostenträgerstückrechnung oder Kalkulation (vgl. Kapitel 4 und 5) sowie die **Kontrolle der ausgewiesenen Kostenstellenkosten** (vgl. Kapitel 6).

Betriebsab-
rechnungsbogen

    Der **Betriebsabrechnungsbogen (BAB)** fungiert als Tabelle, in dem die zeilenweise aufgelisteten Kostenarten den spaltenweise eingetragenen Kostenstellen belastet werden. Aus Gründen der Übersichtlichkeit der Darstellung ist es erforderlich, den BAB auf die wesentlichen Kostenstellen und Kostenarten zu beschränken. Um gleichwohl eine ausreichend tief gegliederte Zurechnung vornehmen zu können, werden neben dem BAB meist sog. **Kostenstellen-Grundblätter** geführt. In diesen Grundblättern werden die einzelnen Kostenarten und Kostenstellen für Zwecke der Verrechnung weiter untergliedert, um sodann zusammengefasst in den BAB übernommen zu werden. Der BAB ermöglicht auch eine formale Richtigkeitskontrolle dergestalt, dass erstens die Summe aller in der Kostenartenrechnung erfassten primären Gemeinkosten der Summe der auf die Endkostenstellen verrechneten Gemeinkosten entsprechen muss und zweitens die Summe aller be- und entlasteten Kosten von Vorkostenstellen identisch sein muss.

    Wenngleich die Einzelkosten aus der Kostenartenrechnung direkt in die Kostenträgerrechnung übernommen werden könnten, werden zum Zwecke der Vollständigkeit der Darstellung in den ersten Zeilen des BAB vielfach auch die Einzelkosten aus der Kostenartenrechnung aufgeführt.

4.1   Primärkostenverrechnung

Verursa-
chungsprinzip,
Kostenstellen-
Einzelkosten

Die Aufgliederung der in der Kostenartenrechnung erfassten primären oder originären Kostenarten auf die Kostenstellen sollte sich soweit möglich nach dem **Verursachungsprinzip** richten. Auch in der Kostenstellenrechnung erlangt deshalb die Unterscheidung zwischen Einzelkosten und Gemeinkosten besondere Bedeutung. Die Differenzierung der Kosten nach Einzelkosten und Gemeinkosten richtet sich in der Kostenartenrechnung nach der Zurechenbarkeit zu einzelnen Produkteinheiten. So verstandene (Kostenträger-)Gemeinkosten können jedoch aus Sicht der Kostenstelle Einzelkosten für die Kostenstelle darstellen, da sie direkt einer einzelnen Kostenstelle zuordenbar sind. Den Kostenstellen sind zunächst nur diese **Kostenstellen-Einzelkosten** direkt zu zurechnen, z. B. Personalkosten anhand von Gehaltslisten und Lohnzetteln, Fremdreparaturen anhand von Rechnungen, Energiekosten anhand der Zählerstände usw.

Kostenstellen-Gemeinkosten, also Kosten, die sinnvoll nur mehreren Kostenstellen zugerechnet werden können, müssen hingegen über geeignete Schlüssel (z. B. Mengenschlüssel wie qm oder Stunden bzw. Wertschlüssel wie z. B. die prozentuale Aufteilung der kalk. Zinsen entsprechend des investierten Kapitals der Kostenstellen) auf die einzelnen Kostenstellen verteilt werden. Durch spaltenweise Addition über alle Kostenarten ergeben sich die sog. **primären Kosten** der Kostenstellen.

Kostenstellen-Gemeinkosten

4.2   Sekundärkostenverrechnung

Im Rahmen der **Sekundärkostenverrechnung** werden die Kosten für innerbetriebliche Leistungen verrechnet. Im Gegensatz zur Verteilung der primären Kosten auf die Kostenstellen geht es hier um die Überwälzung der Kosten sog. sekundärer oder derivativer Güter und Leistungen, also materieller und immaterieller Güter, die im Unternehmen selbst erstellt wurden. Die Verrechnung innerbetrieblicher Leistungen in diesem Sinne wird z. B. erforderlich bei:

Sekundärkosten-verrechnung

- Fertigung von Werkzeugen für den Eigengebrauch,
- Selbstverbrauch von fertigen und unfertigen Erzeugnissen,
- Selbsterzeugung von Energie (z. B. Wasserdampf, Strom),
- Instandhaltungs-, Transport-, Sozialleistungen.

Innerbetriebliche Leistungen können wie folgt unterteilt werden:

Arten von innerbetrieblichen Leistungen

- **Aktivierungspflichtige innerbetriebliche Leistungen** (z. B. selbsterstellte Anlagen oder Werkzeuge) sind wie andere Kostenträger zu Herstellkosten zu kalkulieren und belasten in der Folge in Höhe ihrer kalk. Abschreibungen und kalk. Zinsen das Betriebsergebnis.
- Typische innerbetriebliche Leistungen (**Gemeinkostenleistungen**) wie z. B. Reparaturdienste, Transportdienste, soziale Dienste (Kantine) werden in der Kostenstellenrechnung als nicht aktivierbare Faktorverbräuche unmittelbar auf die Endkostenstellen verrechnet. Zu diesem Zweck werden üblicherweise jeweils für bestimmte Gruppen in-

nerbetrieblicher Gemeinkostenleistungen Vorkostenstellen im BAB eingerichtet.

Innerbetriebliche Leistungen können aber auch ausnahmsweise in End-kostenstellen erzeugt werden (z. B. Erstellung von Werkzeugen durch die Fertigung). Eine gänzlich überschneidungsfreie Differenzierung in Vor-kosten- und Endkostenstellen ist in der Praxis kaum möglich, die Ab-grenzung folgt daher auch immer bestimmten Konventionen.

Die Verrechnung sekundärer Kosten richtet sich grundsätzlich nach Art und Umfang der innerbetrieblichen Leistungsverflechtung. Sofern in-nerbetriebliche Leistungen ausschließlich von Vorkostenstellen erbracht worden sind, wie allgemeine Stellen und Fertigungshilfsstellen, entspricht die Sekundärkostenverrechnung im Wesentlichen der Umlage der Kosten der Vorkostenstellen auf die Endkostenstellen. Die primären Kosten der Vorkostenstellen werden dann zu sekundären Kosten der empfangenden Stellen.

Neben Art und Umfang der innerbetrieblichen Leistungsverflechtung sind auch Wirtschaftlichkeitserwägungen entscheidend für den Umfang der Sekundärkostenverrechnung. Verursachungsgerechtigkeit und Wirt-schaftlichkeit der Kostenzurechnung sind konkurrierende Zielgrößen, weshalb beide Teilziele den Präferenzen entsprechend gegeneinander ab-zuwägen sind.

4.2.1 Anbauverfahren

Aus Gründen der Vereinfachung beschränkt sich die Verrechnung inner-betrieblicher Leistungen häufig auf die Leistungen der Vorkostenstellen. Innerbetriebliche Leistungen von Endkostenstellen werden in diesem Fall nicht gesondert erfasst und verrechnet.

Anbauverfahren, Blockverfahren

Zudem wird bisweilen darauf verzichtet, Leistungen, die von Vorkos-tenstellen für andere Vorkostenstellen erbracht wurden, durch geeignete Kostenumlagen den empfangenden Vorkostenstellen zu belasten, d. h. die Kosten der Vorkostenstellen werden nur auf die Endkostenstellen ver-rechnet. Diese vereinfachte Form der Sekundärkostenverrechnung wird als **Anbauverfahren** oder **Blockverfahren** bezeichnet (Abbildung 3.2).

Die Effekte aus gegenseitigen Leistungsverflechtungen einzelner Vor-kostenstellen, von Leistungen von Endkostenstellen an andere Kosten-stellen sowie der Leistungsaustausch zwischen Vorkostenstellen gehen somit aufgrund der bewusst in Kauf genommenen Rechnungsunschärfen nicht in die Kostenstellenrechnung ein.

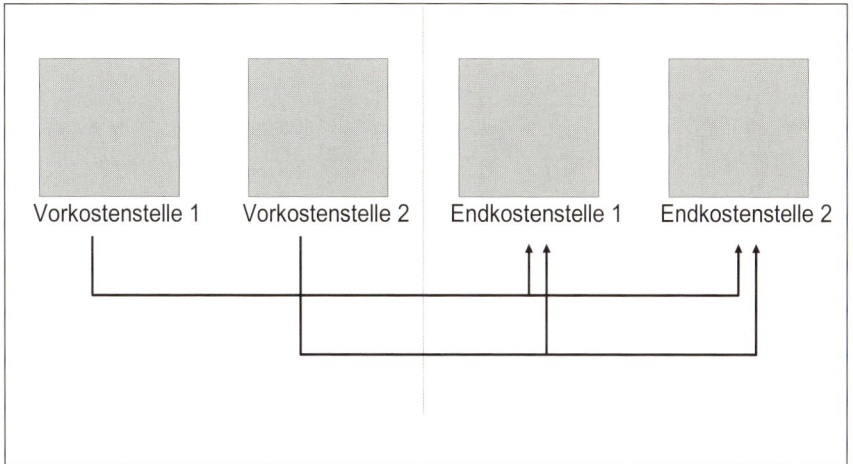

Abb. 3.2: Verrechnung im Anbauverfahren

Joachims Zimmermann's Unternehmen wächst und wächst. Dieses Jahr wurde eine neue Fertigungshalle eingeweiht und auch das Projekt „Kostenrechnung" macht Fortschritte. Joachim Zimmermann hat einen Controller, Herrn Uli Müller, eingestellt, der neben verschiedenen anderen administrativen Aufgaben auch die Kostenrechnung weiter entwickeln soll. Auf einfacher Basis wurden Kostenstellen definiert und eingerichtet. Uli Müller hat zunächst acht Kostenstellen, davon drei Vor- und fünf Nachkostenstellen eingerichtet und macht sich nun daran einen BAB einzurichten.

Nach bereits erfolgter Primärkostenverrechnung ergibt sich nun der in Abbildugn 3.3 dargestellte BAB für das vergangene Jahr.

Beispiel 3.1
Anbauverfahren

	Summe Kosten- arten	Vorkostenstellen			Endkostenstellen				
		Kantine	Repa- ratur	Transport	Material	Fertigung 1	Fertigung 2	Ver- waltung	Vertrieb
Gehälter	159 000	13 000	6 000	7 000	40 000	10 000	30 000	37 000	16 000
Betriebsstoffe	71 000	7 000	5 000	10 000	21 400	5 000	20 000	600	2 000
kalk. Abschrei- bungen	125 000	10 000	4 000	8 000	30 000	40 000	10 000	3 000	20 000
kalk. Zinsen	80 500	6 000	500	3 000	10 000	45 000	10 000	1 000	5 000
diverse GmK	127 000	10 000	3 000	5 000	20 000	40 000	30 000	16 000	3 000
Summe primäre GmK	562 500	46 000	18 500	33 000	121 400	140 000	100 000	57 600	46 000

Abb. 3.3: Betriebsabrechnungsbogen nach Primärkostenverrechnung

Die drei Vorkostenstellen übernehmen Serviceaufgaben für die Kostenstellen, die an der Fertigung beteiligt sind. Die Kantine, die von einem Caterer betrieben wird, versorgt alle Mitarbeiter des Unternehmens mit Frühstück, Mittagessen und Brotzeiten. Die Reparaturabteilung übernimmt verschiedene hausinterne Instandhaltungs-aufgaben. Die Transportkostenstelle besteht aus einem LKW, mit dem das Unternehmen Zimmermann Vorprodukte bei Lieferanten abholt und Fertigprodukte und Teile an Händler ausliefert. Die Leiter dieser Vorkostenstellen müssen eine Leistungserfassung durchführen, was die betroffenen Mitarbeiter überhaupt nicht mögen und als „Bürokratieaufwand" bezeichnen. Uli Müller hat dies jedoch durchgedrückt, um überhaupt die internen Leistungsverflechtungen für das vergangene Jahr erfassen zu können (Abbildung 3.4).

Empfangende Kostenstelle / Abgebende Kostenstelle	Summe Leistungs-abgabe	Vorkostenstellen			Endkostenstellen				
		Kantine	Repa-ratur	Transport	Material	Fertigung 1	Fertigung 2	Ver-waltung	Vertrieb
Kantine (Anzahl Essen)	16 765	---	165	100	1 200	4 300	5 500	3 000	2 500
Reparatur (Anzahl Stunden)	900	400	---	170	---	250	80	---	---
Transport (gefahrene km)	26 600	5 000	2 200	---	9 100	3 800	---	---	6 500

Abb. 3.4: Innerbetriebliche Leistungsbeziehungen

Uli Müller ermittelt zunächst die Verrechnungssätze, d. h. die Kosten pro Leistungseinheit, für die innerbetrieblichen Leistungen. Dabei werden nach dem Anbauverfahren als Bezugsmengen nur die an die Endkostenstellen abgegebenen Leistungen berücksichtigt:

$$\text{Kantine: Kosten pro Essen} = \frac{46\,000\ \text{EUR}}{16\,500\ \text{Essen}} = 2{,}788\ \text{EUR / Essen}$$

$$\text{Reparatur: Kosten pro Reparatur-h} = \frac{18\,500\ \text{EUR}}{330\ \text{h}} = 56{,}061\ \text{EUR / h}$$

$$\text{Transport: Kosten pro km} = \frac{33\,000\ \text{EUR}}{19\,400\ \text{km}} = 1{,}701\ \text{EUR / km}$$

Für die Reparatur-Vorkostenstelle zeigt sich z. B., dass im Anbauverfahren von 900 erbrachten Reparaturstunden nur 330 h weiterverrechnet werden. Die Verrechnungssätze sind dadurch größer als bei Einbezug aller Reparaturstunden.

Auf dieser Basis ermittelt Herr Müller nun den BAB für das Unternehmen und erhält folgende Ergebnisse:

	Summe Kostenarten	Vorkostenstellen			Endkostenstellen				
		Kantine	Reparatur	Transport	Material	Fertigung 1	Fertigung 2	Verwaltung	Vertrieb
Summe primäre GmK	562 500	46 000	18 500	33 000	121 400	140 000	100 000	57 600	46 000
Verrechnung Kantine	0	- 46 000			+ 3 345*	+ 11 988	+ 15 333	+ 8 364	+ 6 970
Verrechnung Reparatur	0		- 18 500			+ 14 015	+ 4 485		
Verrechnung Transport	0			- 33 000	+ 15 480	+ 6 464			+ 11 056
Summe primäre + sekundäre GmK	562 500	0	0	0	140 225	172 467	119 818	65 964	64 026

*   Verrechnungspreis von 2,788 EUR pro Essen x 1.200 bezogene Essen ergibt eine Kostenbelastung mit sekundären Kosten in Höhe von 3 345 EUR.

Abb. 3.5: BAB nach Anbauverfahren

In den grau markierten Feldern zeigt sich jeweils, ob die Sekundärkostenverrechnung rechentechnisch richtig vollzogen wurde, da sie stets Null ergeben sollte.

4.2.2 Stufenleiterverfahren

Auch im sog. **Stufenleiterverfahren oder Treppenverfahren (Step-Ladder-Verfahren)** der Kostenstellenrechnung werden nur einseitige Leistungsbeziehungen der Kostenstellen erfasst, in dem von Vorkostenstellen nur auf alle nachgelagerten Vor- und Endkostenstellen verrechnet wird. Darüber hinaus existierende gegenseitige Leistungsverflechtungen werden bewusst außer acht gelassen. Leistungsbeziehungen zwischen Vorkostenstellen können jedoch im Gegensatz zum Anbauverfahren im durch die Verrechnungslogik beschränktem Umfang berücksichtigt werden.

Stufenleiterverfahren

Um den damit in Kauf genommenen Rechenfehler so gering wie möglich zu halten, wird versucht, die Sekundärkostenverrechnung in einer Reihenfolge vorzunehmen, die gewährleistet, dass bei sukzessiver Umlage der Kosten der Vorkostenstellen auf die nachfolgenden Stellen der Umfang der nicht erfassten gegenläufigen Leistungsströme so gering wie möglich ist. Die **Reihenfolge der Sekundärkostenverrechnung** bestimmt daher beim Stufenleiterverfahren deren Ergebnis.

Reihenfolge der Verrechnung

Begonnen wird daher mit den Vorkostenstellen, die nur Leistungen an andere Stellen abgegeben haben, selbst jedoch keine Leistungen empfangen haben. Danach werden in der Reihenfolge fortschreitend die primären und sekundären Kosten derjenigen Vorkostenstellen auf die Endkostenstellen umgelegt, die Leistungen von anderen Vorkostenstellen erhalten haben.

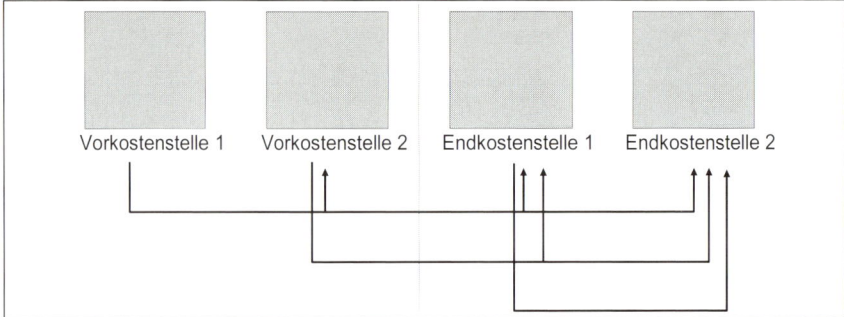

Abb. 3.6: Verrechnung im Stufenleiterverfahren

Beispiel 3.2
Stufenleiter-
verfahren

Im Stufenleiterverfahren können Gemeinkosten an alle nachfolgenden, jedoch nie an vor gelagerte Vor- und Endkostenstellen weiterverrechnet werden. Uli Müller ermittelt folgende Verrechnungssätze:

$$\text{Kantine: Kosten pro Essen} = \frac{46\,000 \text{ EUR}}{16\,765 \text{ Essen}} = 2{,}744 \text{ EUR / Essen}$$

$$\text{Reparatur: Kosten pro Stunde} = \frac{18\,500 + 453 \text{ EUR}}{500 \text{ h}} = 37{,}906 \text{ EUR / h}$$

Transport: Kosten pro km =

$$\frac{33\,000 \text{ EUR} + 274 \text{ EUR} + 6\,444 \text{ EUR}}{19\,400 \text{ km}} = 2{,}047 \text{ EUR / km}$$

Wiederum müssen wie beim Anbauverfahren alle primären Gemeinkosten umverteilt werden. Hinzu kommen der Kostenstelle zugewie-
sene sekundäre Gemeinkosten. Unterschiedlich sind jedoch jetzt die
Bezugsgrößen im Nenner durch den Einbezug aller nachfolgenden
Kostenstellen. Auf dieser Basis erhält Herr Müller folgenden BAB:

	Summe Kosten-arten	Vorkostenstellen			Endkostenstellen				
		Kantine	Repa-ratur	Transport	Material	Fertigung 1	Fertigung 2	Ver-waltung	Vertrieb
Summe primäre GmK	562 500	46 000	18 500	33 000	121 400	140 000	100 000	57 600	46 000
Verrechnung Kantine	0	- 46 000	+ 453	+ 274	**+ 3 293***	+ 11 798	+ 15 091	+ 8 231	+ 6 860
Verrechnung Re-paratur	0		- 18 953	+ 6 444		+ 9 477	+ 3 032		
Verrechnung Transport	0			- 39 718	+ 18 631	+ 7 780			+ 13 307
Summe primäre + sekundäre GmK	562 500	0	0	0	143 324	169 055	118 123	65 831	66 167

*   2,744 EUR pro Essen x 1.200 bezogene Essen = 3 293 EUR.

Abb. 3.7: BAB nach Stufenleiterverfahren

4.2.3 Gleichungsverfahren

Wenn die durch das Stufenleiterverfahren erforderliche Reihung der Kostenstellen aufgrund erheblicher gegenseitiger Leistungsverflechtungen nicht sinnvoll durchführbar ist oder die Nichtberücksichtigung gegenläufiger Leistungsbeziehungen zu große Unschärfen erwarten lässt, so kann durch Verwendung eines linearen Gleichungssystems auf simultanem Wege auch eine exakte Kostenverrechnung der Kostenstellen untereinander vorgenommen werden (**Gleichungs-, Kostenstellenausgleichs-** oder **Matrixverfahren**). Damit können auch Eigenverbräuche von Kostenstellen (z. B. der Eigenverbrauch in einer Kantine oder im Kraftwerk) adäquat berücksichtigt werden (vgl. Götze [2007], S. 89 f.; Kloock u. a. [2005], S. 129 ff.). Dellmann stellt fest, dass die gesamte Kostenrechnung in Matrixform abgebildet werden kann, da z. B. auch die Kalkulation eine Abbildung von Kostenstellenkosten auf Produkte und Aufträge vornimmt, die über Kostenintensitäten dargestellt werden kann (vgl. Dellmann [1999], S. 632 ff.).

Gleichungs-
verfahren

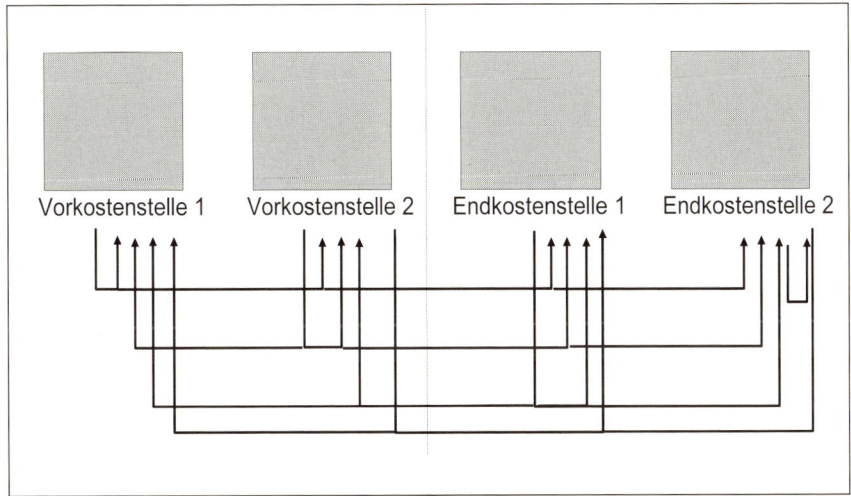

Abb. 3.8: Verrechnung im Gleichungsverfahren

Die Gleichungen für jede Vorkostenstelle ergeben sich wie folgt:

$$\frac{\text{Kostenentlastung der}}{\text{leistenden Kostenstelle}} = \frac{\text{Kostenbelastung der}}{\text{empfangenden Kostenstellen}}$$

$$\text{Primäre GmK plus empfangene sekundäre GmK der Kostenstelle} = \sum \frac{\text{Abgegebene sekundäre GmK}}{\text{an andere Kostenstellen}}$$

Beispiel 3.3
Gleichungs-
verfahren

Für das Unternehmen Zimmermann kommt Uli Müller daher zu folgenden Gleichungen:

	primäre GmK	+ Σ empfangene GmK	= Σ abgegebene GmK
I: Kantine	46 000	+ 400 q_2 + 5 000 q_3	= 16 765 q_1
II: Repartur	18 500	+ 165 q_1 + 2 200 q_3	= 900 q_2
III: Transport	33 000	+ 100 q_1 + 170 q_2	= 26 600 q_3

Nach Umformung ergibt sich:

I': Kantine	+ 16 765 q_1	− 400 q_2 − 5 000 q_3	= 46 000
II': Repartur	− 165 q_1	+ 900 q_2 − 2 200 q_3	= 18 500
III': Transport	− 100 q_1	− 170 q_2 + 26 600 q_3	= 33 000

In Matrix-Schreibweise kann das Gleichungsverfahren wie folgt dargestellt werden:

$$A \bullet q = b$$

$$\begin{pmatrix} +16\,765 & -400 & -5\,000 \\ -165 & +900 & -2\,200 \\ -100 & -170 & +26\,600 \end{pmatrix} \cdot \begin{pmatrix} q_1 \\ q_2 \\ q_3 \end{pmatrix} = \begin{pmatrix} 46\,000 \\ 18\,500 \\ 33\,000 \end{pmatrix}$$

A stellt dabei die Matrix des Leistungsaustauschens zwischen den Kostenstellen, q den Vektor der Verrechnungpreise und b den Vektor der primären Gemeinkosten dar.

Die simultanen Verrechnungspreise können nun durch Inversion der Matrix ermittelt werden:

$$q = A^{-1} \bullet b$$

Durch Multiplikation des Vektors der primären Gemeinkosten mit der inversen Matrix, die über verschiedene direkte oder iterative Verfahren (z. B. die Cramer-Regel und das Gaußsche Eliminationsverfahren oder pragmatisch die MINV-Funktion in MS-Excel für einfache Probleme, oder das vorkonditionierte Krylow-Unterraum-Verfahren für komplexere Probleme) ermittelt werden kann, ergeben sich die Verrechnungspreise wie folgt:

$$q = \begin{pmatrix} 6{,}0018 \cdot 10^{-5} & 2{,}9263 \cdot 10^{-5} & 1{,}3702 \cdot 10^{-5} \\ 1{,}1738 \cdot 10^{-5} & 0{,}00113447 & 9{,}6035 \cdot 10^{-5} \\ 3{,}0065 \cdot 10^{-7} & 7{,}3604 \cdot 10^{-6} & 3{,}8259 \cdot 10^{-5} \end{pmatrix} \begin{pmatrix} 46\,000 \\ 18\,500 \\ 33\,000 \end{pmatrix} = \begin{pmatrix} 3{,}754 \\ 24{,}697 \\ 1{,}413 \end{pmatrix}$$

Die Verrechnungspreise, die alle Leistungsbeziehungen zwischen den Kostenstellen verursachungsgerecht berücksichtigen, lauten dann:

Kantine: Kosten pro Essen = $3,754\ EUR / Essen$
Reparatur: Kosten pro Stunde = $24,697\ EUR / h$
Transport: Kosten pro km = $1,413\ EUR / km$

Nutzt man diese Verrechnungspreise für die Ermittlung des BAB überrascht zuerst, dass die Kostenentlastungen (Minus-Vorzeichen) die primären Gemeinkosten übersteigen. Dies ist jedoch darauf zurückzuführen, dass bereits sämtliche sekundäre Gemeinkostenbelastungen auf der Kostenstelle simultan berücksichtigt sind. Der BAB ergibt sich dann wie folgt:

	Summe Kosten-arten	Vorkostenstellen			Endkostenstellen				
		Kantine	Repara-tur	Trans-port	Material	Fertigung 1	Fertigung 2	Ver-waltung	Vertrieb
Summe primäre GmK	562 500	46 000	18 500	33 000	121 400	140 000	100 000	57 600	46 000
Verrechnung Kantine	0	– 62 942	+ 619	+ 375	**4 505***	16 144	20 649	11 263	9 386
Verrechnung Reparatur	0	+ 9 879	– 22 227	+ 4 199	0	6 174	1 976	0	0
Verrechnung Transport	0	+ 7 063	+ 3 108	– 37 574	12 854	5 368	0	0	9 182
Summe primäre + sekundäre GmK	562 500	0	0	0	138 759	167 686	122 625	68 863	64 568

*   3,754 EUR pro Essen x 1.200 bezogene Essen = 4 505 EUR.

Abb. 3.9: BAB nach Gleichungsverfahren

Das Gleichungsverfahren ist komplex und trotz der heutzutage relativ einfachen Lösbarkeit über entsprechende Software (für einfachere Probleme z. B. MS Excel) mit erheblichem Aufwand verbunden, da die für die rechnerische Umlage erforderlichen Informationen zum Charakter und Umfang der Leistungsverflechtung zu erheben sind (vgl. Kloock u. a. [2005], S. 131; Schweitzer/Küpper [2003], S. 137 ff.). Dennoch besteht ihr erheblicher Vorteil darin, dass es als einziges Verfahren Leistungsbeziehungen verursachungsgerecht abzubilden vermag.

4.2.4 Kostenverrechnung anhand von Standardsätzen

Die Verrechnung der Leistungen von Vorkostenstellen kann dadurch vereinfacht werden, dass standardisierte Verrechnungssätze (**Gutschrift-Lastschrift-Verfahren**) für innerbetriebliche Gemeinkostenleistungen

Gutschrift-Lastschrift-Verfahren

verwendet werden. Die Gesamtentlastung einer Vorkostenstelle ergibt sich dann als Produkt der Summe der Leistungseinheiten und des standardisierten Verrechnungssatzes (z. B. aus Verrechnungssätzen von Vorjahren). Die aus Abweichungen der tatsächlichen von den verrechneten Kosten entstehenden Über- oder Unterdeckungen werden in diesem Fall ohne weitere Zurechnung in die Periodenerfolgsrechnung übernommen (vgl. Seicht [2001], S. 152 und Schweitzer/Küpper [2003], S. 144 f.).

Kostenarten-, Kostenträgerverfahren, iteratives Verfahren

Weitere Verfahren, die teilweise nur für „Sonderleistungen" neben normalen Vorleistungen empfohlen werden, sind das **Kostenartenverfahren** (Verrechnung nur von Einzelkosten), das **iterative Verfahren** (mehrfache Vor- und Rückverteilung von Umlagen) und das **Kostenträgerverfahren** (separate Kalkulation innerbetrieblicher Leistungen z. B. bei aktivierten Eigenleistungen) (vgl. Wilkens [2004], S. 210 ff.; Schweitzer/Küpper [2003], S. 132 ff.; Weber/Weissenberger [2006], S. 474 ff.).

Die spaltenweise Addition der primären und sekundären Gemeinkosten ergibt nach Durchführung der Kostenstellenrechnung die gesamten Kosten jeder Endkostenstelle, die zum einen in der Abweichungsanalyse mit Plan- oder Sollwerten verglichen (vgl. Kapitel 6) und anderseits im Rahmen der Kalkulation weiter verarbeitet werden (vgl. Kapitel 4).

5   Kostenschlüssel

Kostenschlüsselung

Sowohl im Rahmen der Primär- als auch der Sekundärkostenverrechnung sind Gemeinkosten mittels geeigneter Bezugsgrößen möglichst verursachungsgerecht auf die Kostenstellen zu verrechnen. Da es sich bei dieser Verrechnung um ein Näherungsverfahren handelt, sollte aus Vereinfachungsgründen hierbei möglichst nur ein **Schlüssel** für jede Kostenart verwendet werden. Dabei wird allerdings eine unterschiedliche Kostenintensität für verschiedene innerbetriebliche Leistungen einer Kostenstelle ignoriert. Für den Fall, dass mit der Wahl nur einer Bezugsgröße aufgrund der Heterogenität der Leistungsabgabe einer Kostenstelle zu große Unschärfen in der Kostenverrechnung zu erwarten sind, empfiehlt es sich, die Kostenstelle in Kostenplätze zu unterteilen und jedem Kostenplatz eine gesonderte Bezugsgröße zuzuweisen.

Die gebräuchlichen Kostenschlüssel lassen sich grob nach Mengen- und Wertschlüsseln differenzieren (vgl. Schweitzer/Küpper [2003], S. 127 ff.; Wilkens [2004], S. 183 ff.):

1) Mengenschlüssel
- Zählgrößen (Stückzahl, Kopfzahl),
- Zeitgrößen (min, h, Tage, Maschinenstunden usw.),
- Längenmaße, Flächenmaße, Raumgrößen,
- Gewichtsgrößen,
- Leistungsgrößen, andere technische Größen.

2) Wertschlüssel
- Kostengrößen (pagatorische Kosten wie Lohn, Gehalt, Material oder kalkulatorische Kosten wie Fertigungs- oder Herstellkosten)
- Umsatz,
- Einsatzwerte, Durchsatzwerte, Produktionswerte,
- Vermögenswerte.

Mengenschlüssel weisen grundsätzlich den Vorteil auf, dass sie eine technisch messbare Proportionalität wiedergeben und als Verrechnungsgrundlage unabhängig von Preisentwicklungen sind. Bei proportionalen Kostenfunktionen kann z. B. die Kostenumlage einer Vorkostenstelle anhand einer Bezugsgröße durch einfache Divisionsrechnung erfolgen: *Mengenschlüssel*

$$\frac{\text{Kostensatz pro Einheit}}{\text{einer innerbetrieblichen Leistung}} = \frac{\text{Gesamtkosten}}{\text{Mengenschlüssel (Leistungseinheiten)}}$$

Beispiele für Mengenschlüssel:

Kosten der Kantine:	Anzahl der Beschäftigten je Kostenstelle in Vollzeitäquivalenten
Heizkosten:	m^3 der beheizten Räume
Kosten für Grundstücke u. Gebäude:	m^2 der beanspruchten Fläche
Transportkosten:	Gewicht / Volumen / Entfernung
Reparaturleistungen:	Arbeitsstunden

Während Mengenschlüssel insbesondere im Fertigungsbereich nahe liegen, können für Vertrieb, Verwaltung und Materialbereich i. d. R. kaum sinnvolle Mengenschlüssel als Bezugsgröße gefunden werden (vgl. dagegen die Möglichkeiten der Prozesskostenrechnung in Kapitel 4). Aus diesem Grund muss gerade in diesen Bereichen behelfsmäßig auf **Wertschlüssel** zurückgegriffen werden.   *Wertschlüssel*

Beispiele für Wertschlüssel:

Kostenart	Bezugsbasis
Materialgemeinkosten	Materialeinzelkosten
Fertigungsgemeinkosten	Fertigungslöhne
Verwaltungskosten	Herstellkosten der erzeugten Produkte
Vertriebskosten	Herstellkosten der abgesetzten Produkte

Da Wertschlüssel dem Verursachungsprinzip regelmäßig nicht gerecht werden, sollten sie nur mangels geeigneter Alternativen zur Anwendung kommen. Zu beachten ist außerdem, dass Wertschlüssel inflationsempfindlich sind. Preisänderungen erzwingen daher eine Anpassung der Schlüssel, sofern nicht innerhalb einer Rechnungsperiode aus Vereinfachungsgründen ohnehin mit Standardwerten gerechnet wird.

6   Abkürzungsverzeichnis

BAB   Betriebsabrechnungsbogen
EK   Einzelkosten
FGK   Fertigungsgemeinkosten
GmK   Gemeinkosten
HK   Herstellkosten
KSt   Kostenstelle
MGK   Materialgemeinkosten
NC   Numeric control
SK   Selbstkosten
VK   Vertriebskosten
VwK   Verwaltungskosten

7   Kontrollfragen

1) Nehmen Sie Stellung zu der Aussage: Die Kostenstellenrechnung bildet das Bindeglied zwischen Kostenarten- und Kostenträgerrechnung!
2) Welche Aufgaben kommen der Kostenstellenrechnung zu?
3) Nach welchen Kriterien sollte die Einteilung eines Unternehmens in einzelne Kostenstellen erfolgen?
4) Welche prinzipiellen Differenzierungsmöglichkeiten für Kostenstellen sind im Rahmen der Kostenstellenrechnung anwendbar?
5) Grenzen Sie Hilfskostenstellen von Hauptkostenstellen sowie Vorkostenstellen von Endkostenstellen ab!
6) Charakterisieren Sie Aufbau und Funktionen eines BAB!
7) Auf welche Weise lassen sich Kostenstellen-Einzelkosten und Kostenstellen-Gemeinkosten auf die einzelnen Kostenstellen zurechnen?
8) Welche Unterschiede bestehen zwischen der Primär- und der Sekundärkostenverrechnung in der Kostenstellenrechnung?
9) Grenzen Sie das Anbauverfahren, das Stufenleiterverfahren und das Gleichungsverfahren bezüglich Anwendungsbereich und Vorgehensweise voneinander ab!
10) Welche Kategorien von Kostenschlüsseln werden üblicherweise unterschieden? Nennen Sie für jede Kategorie einige Beispiele!
11) Welche spezifischen Vor- und Nachteile weisen Mengen- und Wertschlüssel zur Kostenverrechnung auf?

8 Literaturhinweise

Dellmann, K. (1999): Ein Allgemeines Modell einer entscheidungsorientierten Kostenrechnung, in: ZfB, 69. Jg., Heft 5/6, 1999, S. 617-642.

Götze, U. (2007]: Kostenrechnung und Kostenmanagement, 4. Aufl., Berlin/ Heidelberg 2007.

Haberstock, L. (2002): Kostenrechnung I, Einführung, 11. Aufl., Hamburg 2002.

Kilger, W. (1969): Betriebliches Rechnungswesen, in: Jacob, H. (Hrsg.): Allgemeine Betriebswirtschaftslehre in programmierter Form, Wiesbaden 1969, S. 833-946.

Kloock, J./Sieben, G./Schildbach, T./Homburg, C. (2005): Kosten- und Leistungsrechnung, 9. Aufl., Stuttgart 2005.

Schweitzer, M./Küpper, H.-U. (2003): Systeme der Kosten- und Erlösrechnung, 8. Aufl., München 2003.

Seicht, G. (2001): Moderne Kosten- und Leistungsrechnung – Grundlagen und praktische Gestaltung, 11. Aufl., Wien 2001.

Weber, J./Weissenberger, B. (2006): Einführung in das Rechnungswesen, Stuttgart 2006.

Wilkens, K. (2004): Kosten- und Leistungsrechnung, 9. Aufl., München 2004.

Kapitel 4
Kostenträgerrechnung im System
der Vollkostenrechnung

1 Einführung

Wieder hat Joachim Zimmermann eine Anfrage eines französischen Sportartikelhändlers erhalten. Sie wollen unbedingt seine Rennräder in ihrem Produktprogramm listen. Jedoch müsste er sich hierzu verpflichten größere Stückzahlen, mindestens 1 000 Räder pro Jahr, zu einem Festpreis zu liefern. Bisher hat er quasi in Einzelfertigung nur an ausgewählte Händler geliefert. Die Anfrage ehrt ihn als Unternehmer, stellt ihn jedoch vor neue Herausforderungen. Eine der Herausforderungen ist eine solide, zuverlässige Kalkulation, die ihm Informationen über die verursachungsgerechten Kosten pro Stück liefert. Mit Hilfe seines Kostenrechners, Uli Müller, setzt er sich nun daran, ein Konzept für eine tragfähige Kalkulation zu erstellen.

Uli Müller will aber Nägel mit Köpfen machen. Wenn das Unternehmen nun schon wesentliche Eckpfeiler der Kostenrechnung aufgebaut hat, sollte es die Kostenrechnung auch mit einer kurzfristigen Ergebnisrechnung abschließen. Uli Müller, der sehr um den ruhigen Schlaf seines Chefs bemüht ist, denkt, dass Joachim Zimmermann damit monatsweise sieht, was er verdient hat und ob er als Unternehmer bei unerwarteten Ergebnissen gegensteuern sollte.

Aufbauend auf Kostenartenrechnung und Kostenstellenrechnung kann die Kostenträgerrechnung durchgeführt werden, wobei zwei Auswertungsformen zu unterscheiden sind:

Kostenträgerstückrechnung, Kostenträgerzeitrechnung

1. die Kostenträgerstückrechnung (Kalkulation der Herstellkosten und Selbstkosten) und
2. die Kostenträgerzeitrechnung (kurzfristige Betriebsergebnisrechnung).

Arten von
Kostenträgern

Kostenträger i. w. S. können damit sowohl einzelne Produkte oder Leistungen als auch eine Periode (z. B. der Monat oder das Quartal) sein. I. d. R. wird jedoch unter **Kostenträger i. e. S.** ganz allgemein jede selbständige Leistungs bzw. Produkteinhcit cincr Organisation verstanden. Abbildung 4.1 veranschaulicht die verschiedenen Arten von Kostenträgern und deren Behandlung in der Kostenrechnung.

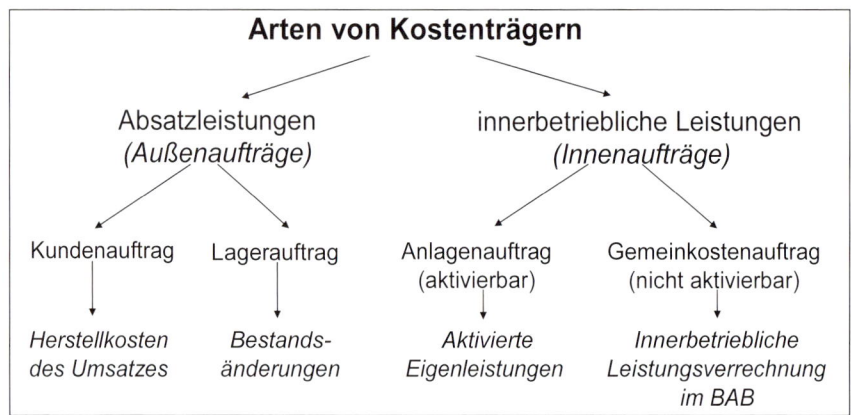

Abb. 4.1: Arten von Kostenträgern i. e. S.
(Quelle: in Erweiterung von Haberstock [2002], S. 144)

In Kapitel 3 wurde bereits darauf verwiesen, dass in bestimmten Branchen, wie z. B. dem Dienstleistungssektor, eine Trennung zwischen Kostenstellen und Kostenträgern häufig nicht so einfach möglich ist. Daher wird zwischen Prozessen oder Kostenträger unterschiedlichen Grades unterschieden (vgl. Abschnitt 4.2 in Kapitel 7) bzw. generell nur von Kostenobjekten gesprochen.

2   Kostenträgerstückrechnung (Kalkulation)

In der **Kostenträgerstückrechnung** bzw. **Kalkulation** wird ermittelt, welche Kosten für die Herstellung einer Produkteinheit oder Leistungseinheit angefallen sind. Im Rahmen der Vollkostenrechnung interessieren dabei nur die vollen Herstell bzw. Selbstkosten jeder Einheit. Während (Kostenträger)Einzelkosten ohne Probleme einem einzelnen Produkt oder Auftrag zurechenbar sind, besteht die Problematik in der Kalkulation vor allem in der verursachungsgerechten Zurechnung von Gemeinkosten, die jedoch bereits mit einer verursachungsgerechten Primär und Sekundärkostenverrechnung in der Kostenstellenrechnung beginnt.

Aufgaben der
Kalkulation

Die **Aufgaben der Kalkulation** können in folgenden Punkten gesehen werden (vgl. Kilger [1969], S. 882 ff.):

- **Ermittlung von Herstellkosten oder Selbstkosten** zur Unterstützung von Managemententscheidungen (z. B. Eigenerstellung durch das Unternehmen oder Fremdbezug durch Zukauf von Lieferanten, Unterstützung der Preissetzung, Vergleich von Vor- und Nachkalkulation),
- **Vorbereitung der kurzfristigen Ergebnisrechnung** (Kostenträgerzeitrechnung) durch Ermittlung der Selbst- und Herstellkosten von Produkten oder Aufträgen sowie der Ergebnisbeiträge von Produkten, Aufträgen, Produktgruppen oder Sparten,
- **Bewertung von Beständen** an unfertigen und fertigen Erzeugnissen zu Herstellungskosten für die Handels- und Steuerbilanz bzw. zur Ermittlung von steuerlichen oder Konzernverrechnungspreisen (vgl. Kapitel 18).

In der Kostenrechnung wird dabei i. d. R von **„Herstellkosten"** gesprochen, während im Handels- und Steuerrecht (z. B. § 255 Abs. 2 HGB und § 6 Abs. 1 EStG) der Begriff **„Herstellungskosten"** gewählt wird. Herstellkosten vs. Herstellungskosten

Nach dem Zeitpunkt der Kalkulation werden verschiedene **Kalkulationsarten** unterschieden (vgl. Haberstock [2002], S. 148): Kalkulationsarten

- Die **Vorkalkulation** wird vor der Leistungserstellung durchgeführt und greift i. d. R. auf Kostenschätzmethoden (vgl. Kapitel 13) zurück, die auf der Basis noch unsicherer Informationen zu überschlägig geschätzten Kosten führen. **Plankalkulationen** als Teil der Plankostenrechnung basieren dagegen auf dem vollen Datenkranz (Stückliste und Arbeitspläne) wie bei einer Nachkalkulation. In manchen Branchen wie z. B. der Bauindustrie oder dem Anlagenbau wird zwischen einer **Angebotskalkulation** zur Unterstützung der Preissetzung bei der Angebotsabgabe und einer **Auftragskalkulation** unterschieden. Letztere erfolgt nach Erteilung des Auftrages, aber vor Leistungserbringung und dient der Verfeinerung der Auftragskalkulation im Interesse einer Projektsteuerung.
- **Zwischenkalkulationen** oder **mitlaufende Kalkulationen** dienen bei Kostenträgern mit langer Produktionsdauer (z. B. Schwermaschinenbau, Anlagenbau, Luftfahrt- oder Bauindustrie) zur Unterstützung bilanzieller Zwecke (z. B. Bewertung von Anlagen im Bau bzw. Umsatzrealisierung bei langfristiger Fertigung) oder von Planungszwecken (z. B. Kosteneinhaltung bei Projekten, vgl. Kapitel 12).
- **Nachkalkulationen** oder **Istkalkulationen** zeigen nach der Leistungserstellung auf, welche Kosten tatsächlich für ein Produkt oder einen Auftrag entstanden sind.

Abbildung 4.2 gibt einen Überblick über die gängigsten **Kalkulationsverfahren**. Kalkulationsverfahren

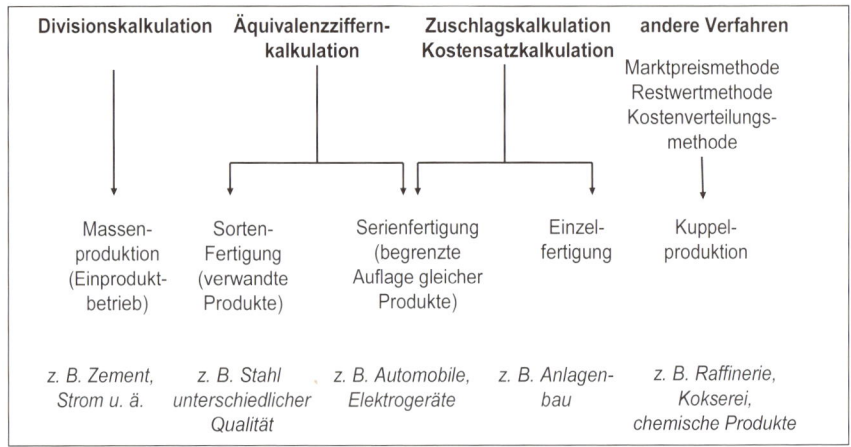

Abb. 4.2: Arten und Anwendungsbedingungen von Kalkulationsverfahren

Zwei grundle-
gende Verfahren

Dabei zeigt sich, dass letztendlich alle genannten Kalkulationsverfahren auf die **beiden grundlegende Verfahren** der Divisionskalkulation und der Zuschlagskalkulation (Kostensatzkalkulation) zurückzuführen sind, die nachfolgend dargestellt werden.

Die Divisionskalkulation ist methodisch die Grundlage sowohl für die Zuschlagskalkulation als auch für die Äquivalenzziffernkalkulation. Gegebenenfalls lassen sich auch andere Methoden, wie z. B. die Äquivalenzziffernkalkulation sinnvoll in die Zuschlagskalkulation mit einbeziehen, wenn z. B. die Kosten einzelner Zwischenprodukte in einem festen Verhältnis zueinander stehen.

2.1   Divisionskalkulation

Während die reine Divisionskalkulation auf einen relativ engen Anwendungsbereich zugeschnitten ist, tritt das Grundprinzip dieser Methode auch in anderen Verfahren hervor und soll daher näher erläutert werden.

Einstufige Divi-
sionskalkulation

Der Divisionskalkulation liegt eine Durchschnittsbetrachtung zugrunde. In der einfachsten Form, der **einstufigen Divisionskalkulation**, werden die gesamten angefallenen primären Einzel- und Gemeinkosten durch die Menge der hergestellten Produkte bzw. Leistungen dividiert, um den Stückkostensatz zu ermitteln:

$$\text{Selbstkosten pro Stück} = \frac{\text{Gesamtkosten}}{\text{Produktionsmenge}}$$

Dieses Verfahren führt dann zur Kostenverteilung nach dem Verursachungsprinzip, wenn folgende **Bedingungen** erfüllt sind:

Anwendungsbedingungen

1. Das Unternehmen ist ein Einprodukt-Unternehmen mit einem homogenen Massenprodukt wie z. B. Strom, Stahl, Zement, Elektronische Massenspeicher (DRAMs) etc.
2. Es erfolgt keine Lagerhaltung bei Halbfabrikaten, d. h. die Fertigung ist praktisch einstufig.
3. Es erfolgt keine Lagerhaltung bei Fertigfabrikaten, d. h. Absatzmenge und Produktionsmenge sind identisch.

In diesem Fall kann die Kalkulation unmittelbar an die Kostenartenrechnung angehängt werden. Der gesamte Betrieb wird in diesem Fall als eine Kostenstelle angesehen. Eine Kostenstellenrechnung und damit ein BAB ist für Kalkulationszwecke nicht erforderlich (evtl. jedoch für Zwecke der Kostenkontrolle).

Wird die Bedingung 3) aufgehoben liegt eine **zweistufige Divisionskalkulation** vor. Wird zusätzlich die Bedingung 2) vernachlässigt, ergibt sich eine **mehrstufige Divisionskalkulation**. Selbstkosten nach der zweistufige Divisionskalkulation können wie folgt bestimmt werden:

Zwei- und mehrstufige Divisionskalkulation

$$\text{Selbstkosten pro Stück} = \frac{\text{Herstellkosten}}{\text{Produktionsmenge}} + \frac{\text{Verwaltungs - und Vertriebskosten}}{\text{Absatzmenge}}$$

Die Bestimmung der Selbstkosten für eine mehrstufige Divisionskalkulation wird im nachfolgenden Beispiel dargestellt.

Beispiel 4.1
Mehrstufige Divisionskalkulation: Durchwälzmethode

Joachim Zimmermann erhält eine Einladung der Wirtschaftsjunioren zu einer Abendveranstaltung zum Thema „Erfolg durch Turbomindung – Wie Sie Ihr Unternehmen noch erfolgreicher machen" mit Bestseller-Autor Dr. Nicolaus Hueck. Er ist zwar skeptisch, aber neugierig und geht hin. Der Vortrag oder besser die Show von Dr. Hueck ist für ihn wenig ergiebig. Er trifft jedoch Franz-Xaver Einsle. Sie unterhalten sich über Kostenrechnung und Herr Einsle erzählt ihm beim anschließenden Buffet von seinem Unternehmen. Dabei kommen die beiden auch auf die Kostenrechnung zu sprechen, wie sollte es anders sein.

Herr Einsle erzählt ihm von seinem Zement produzierenden Unternehmen und wie einfach er für alle Produktionsstufen die Kosten ermitteln kann. Da beide nach einigen weiteren Bieren mittlerweile per Du sind, erhält Joachim Zimmermann am nächsten Tag per e-mail, vertraulich versteht sich, die Kalkulation für den letzten Monat. Das

Unternehmen wendet bei der Vorratsbewertung die sog. Lifo-Methode an.

Daten aus der Kostenartenrechnung:

Fertigungs-stufen	Prozessdaten
1. Stufe:	24 500 t Rohmaterial (Kalkstein, Ton, Sand und Eisenerz) werden gefördert und aufbereitet; Gesamtkosten: 49 000 EUR.
2. Stufe:	aus den 24 500 t Rohmaterial entstehen 24 000 t Rohmehl; Mengen-schwund: 500 t; Gesamtkosten auf dieser Stufe: 50 120 EUR.
3. Stufe:	aus 18 000 t Rohmehl werden 12 000 t Klinker gebrannt; 6 000 t Rohmehl gehen auf Lager; Gesamtkosten dieser Stufe: 162 060 EUR.
4. Stufe:	14 000 t Klinker und 1 000 t Gips werden zu 15 000 t Zement verar-beitet; 2 000 t Klinker aus Beständen der Vorperioden bewertet zu 21,00 EUR / t werden aus dem Lager entnommem; Gesamtkosten dieser Stufe in diesem Monat incl. Materialkosten für Gips: 102 200 EUR.
5. Stufe:	14 000 t Zement werden abgepackt und verkauft; Verwaltungs- und Vertriebskosten 28 000 EUR.

Mehrstufige Divisionskalkulation (nach Durchwälzmethode):

1. Stufe:	Herstellkosten je t Rohmaterial: $\dfrac{49\ 000\ \text{EUR}}{24.500\ \text{t}} = 2,00\ \text{EUR / t}$
2. Stufe:	Herstellkosten je t Rohmehl: $\dfrac{\left(24\ 500\ \text{t} \times 2,00\ \text{EUR / t}\right) + 50\ 120\ \text{EUR}}{24\ 000\ \text{t}} = 4,13\ \text{EUR / t}$
3. Stufe:	Herstellkosten je t Klinker: $\dfrac{\left(18\ \ \ 000\ \text{t} \times 4,13\ \text{EUR / t}\right) + 162\ 060\ \text{EUR}}{12\ 000\ \text{t}} = 19,70\ \text{EUR / t}$
4. Stufe:	Herstellkosten je t Zement: $\dfrac{\left(12\ 000\text{t} \times 19,70\text{EUR / t} + 2\ 000\text{t} \times 21,00\text{EUR / t}\right) + 99\ 600\ \text{EUR}}{15\ 000\ \text{t}} = 25,20\ \text{EUR / t}$
5. Stufe:	Selbstkosten je t Zement: $\dfrac{\left(14\ 000\ \text{t} \times 25,20\ \text{EUR / t}\right) + 28\ 000\ \text{EUR}}{14\ 000\ \text{t}} = 27,20\ \text{EUR / t}$

Das Beispiel zeigt, dass sich für diesen vierstufigen Fertigungsprozess auf jeder Stufe Herstellkosten für die Halbfabrikate ergeben, die eventuell auch an Dritte verkauft werden oder mit diesen Herstellkosten auf Lager gehen.

Im Beispiel wurden die Herstellkosten von einer Stufe zur nächsten Stufe weitergegeben **(Durchwälzmethode)**. Alternativ hierzu können auch direkt die Selbstkosten mit der **Additionsmethode** ermittelt werden, indem die Input/Output-Relationen als sog. **Einsatzfaktoren** berücksichtigt werden. Diese werden dadurch notwendig, dass die Herstellkosten pro Mengeneinheit ansteigen, wenn im Rahmen eines Produktionsprozesses die Outputmenge unter der Inputmenge liegt (z. B. bei Verdunsten, Schrumpfen, Ausschuss etc.) und umgekehrt.

Durchwälz- und Additions-methode

Beispiel 4.2
Mehrstufige Divisionskalkulation: Additionsmethode

Für die Additionsmethode ergibt sich auf der Basis des gleichen Datengerüstes folgender Ansatz:

Herstellkosten pro Einheit in Stufe i $k_{\text{Stufe } i} =$

$$= \underbrace{\frac{\text{Gesamtkosten}_{\text{Stufe } i}}{\text{Outputmenge}_{\text{Stufe } i}}}_{\text{Herstellkosten Stufe } i} + \underbrace{\left(\text{Einsatzfaktor}_{\text{Stufe } i} - 1\right) \times \text{Herstellkosten}_{\text{Stufe } i-1}}_{\text{Korrekturterm für Einsatzfaktor}}$$

Herstellkosten pro Einheit kumuliert bis zur Stufe $i = \sum_{j=1}^{i} k_{\text{Stufe } j}$

Die **Einsatzfaktoren** für die fünf Stufen ergeben sich wie folgt:

$$\text{Einsatzfaktor} = \frac{\text{Inputmenge}}{\text{Outputmenge}}$$

1. Stufe: (24 500 t / 24 500 t) = 1,00
2. Stufe: (24 500 t / 24 000 t) = 1,020833
3. Stufe: (18 000 t / 12 000 t) = 1,50
4. Stufe: (14 000 t / 15 000 t) = 0,93333
5. Stufe: (14 000 t / 14 000 t) = 1,00

Mehrstufige Divisionskalkulation (nach Additionsmethode):

Fertigungs-stufen	Herstellkosten pro Einheit in Stufe i (in EUR / t)	Korrekturterm für Einsatzfaktor (Formel siehe oben)	Herstellkosten kumu-liert
1. Stufe:	$\dfrac{49\,000}{24\,500} = 2,0000$	Nicht notwendig	2,0000
2. Stufe:	$\dfrac{50\,120}{24\,000} = 2,0883$	$(1,020833 - 1)\, x\, 2,00 =$ $= 0,04166$	$2,00 + 2,083 + 0,0416 =$ $= 4,1300$
3. Stufe:	$\dfrac{162\,060}{12\,000} = 13,505$	$(1,50 - 1)\, x\, 4,13 =$ $= 2,06500$	$4,13 + 13,505 + 2,0650 =$ $= 19,7000$
4. Stufe:	$\dfrac{102\,200\,*}{15\,000} = 6,8133$		$19,70 + 6,8133 - 1,3133 =$ $= 25,2000$
5. Stufe:	$\dfrac{28\,000}{14\,000} = 2,0000$	$(1,00 - 1)\, x\, 25,20 =$ $= 0,00000$	$25,20 + 2,00 + 0,00 =$ $= 27,20$

Die Herstellkosten in Stufe 4 in Höhe von 99 600 für die in Stufe 3 produzierten 12 000 t erhöhen sich um für die zusätzlich vom Lager genommenen 2 000 t um (21,00 EUR/t – 19,7 EUR/t) x 2 000 t = 2 600 EUR/t, da um diesen Betrag die Entnahme vom Lager teurer ist als die Menge aus der Produktion. Insgesamt ergeben sich damit Kosten in Höhe von 102 200 EUR.

Sowohl die Durchwälz- als auch die Additionsmethode führen zum gleichen Ergebnis. Die Durchwälzmethode ist einfacher kommunizierbar, die Additionsmethodik zeigt Kostensteigerungen bzw. –reduktionen, die durch die Einsatzfaktoren bedingt sind, direkt über den Korrekturfaktor auf.

Bei der Divisionskalkulation sind die Gesamtkosten bei Bestandserhöhungen auf die fertigen Erzeugnisse und die unfertigen Erzeugnisse (z. B. Bestanderhöhung am Ende der Stufe 2 in Höhe von 6 000 t Rohmehl à 4,13 EUR / t) aufzuteilen. Im Falle von Bestandsverminderungen bei unfertigen Erzeugnissen sind den Kosten der Periode die Kosten der verbrauchten Bestände aus Vorperioden, evtl. unter Berücksichtigung von Sammelbewertungsverfahren (vgl. hierzu Kapitel 2), hinzuzurechnen (z. B. die Lagerentnahme von 2 000 t Klinker in Stufe 4 zu 21,00 EUR pro t), um zu den richtigen Stückkosten für die Endprodukte zu gelangen.

Kennzeichnend für die Divisionskalkulation ist der grundsätzliche Verzicht auf eine weitere Differenzierung der Kostenzurechnung nach der Art der verbrauchten Güter (z. B. in Material- oder Personalkosten) und der Art der Zurechenbarkeit (z. B. in Einzel- und Gemeinkosten).

2.2 Zuschlagskalkulation

Für Unternehmen mit Serienfertigung oder auftragsbezogener Einzelfertigung kann die Divisionskalkulation aufgrund der relativ groben Durchschnittsbetrachtung nicht mehr zu befriedigenden Ergebnissen führen, da die Produkte zu heterogen sind und gleichzeitig die Komplexität des Produktionsprozesses eine Untergliederung in wenige Stufen nicht mehr zulässt (Voraussetzung 1 für Divisionskalkulation nicht erfüllt).

Die Stückkostenermittlung sollte bei diesen Anwendungsbedingungen deshalb durch die **Zuschlagskalkulation** erfolgen. Kennzeichnend für dieses Verfahren ist eine Differenzierung nach Einzel-, Sondereinzel- und Gemeinkosten. Gleichzeitig wird im Gegensatz zur einstufigen Divisionskalkulation eine Kostenstellenrechnung erforderlich. Die Einzel- und Sondereinzelkosten können den Produkten und Aufträgen direkt und verursachungsgerecht zugerechnet werden.

Anwendungsbedingungen der Zuschlagskalkulation

Die Gemeinkosten werden bei einer differenzierten Zuschlagskalkulation zunächst nach Art und Herkunft getrennt, im BAB auf die Kostenstellen verrechnet und sodann über Zuschläge zu den Einzelkosten möglichst verursachungsgerecht auf die Kostenträger umgelegt. Diese aufwendigere Vorgehensweise wird erforderlich, weil heterogene Produkte/ Leistungen eines Mehrproduktunternehmens dem Betrieb nicht nur unterschiedliche Einzelkosten, sondern auch in unterschiedlichem Maße Gemeinkosten verursachen.

Im Allgemeinen werden folgende Proportionalitäten zwischen Einzel- und Gemeinkosten unterstellt:

Proportionalität von Einzel- und Gemeinkosten

1. Materialgemeinkosten-Zuschlag auf Fertigungsmaterial,
2. Fertigungsgemeinkosten-Zuschlag auf Fertigungslöhne (evtl. mit mehreren Fertigungsstellen),
3. Verwaltungsgemeinkosten-Zuschlag auf Herstellkosten der Fertigung (der produzierten Produkte) oder Herstellkosten des Umsatzes (der abgesetzten Produkte),
4. Vertriebsgemeinkosten-Zuschlag auf Herstellkosten des Umsatzes.

Abbildung 4.3 veranschaulicht das Schema einer mehrstufigen Zuschlagskalkulation. In der Praxis wird häufig in mehrere Fertigungskostenstellen mit unterschiedlichen Zuschlagssätzen auf die jeweiligen Fertigungslöhne differenziert. Die *kursiv* markierten Größen stellen Einzelkosten dar, die über Stücklisten oder Rezepturen (für das Fertigungsmaterial) oder über Arbeitspläne (für die Fertigungslöhne) direkt dem einzelnen Produkt oder Auftrag zugeordnet werden können. Sie dienen gleichzeitig als Zuschlagsbasis für die differenzierten Gemeinkostenzuschläge.

Fertigungsmaterial (EK)
+ **Material-GmK-Zuschlag**
= **Materialkosten**
+ *Fertigungslöhne (EK)*
+ **Fertigungs-GmK-Zuschlag**
= **Fertigungskosten**
+ **Sonder - Einzelkosten der Fertigung**
= **Herstellkosten**
   + **Zuschlag für GmK der Forschung und Entwicklung (auf HK)**
   + **Verwaltungs-GmK-Zuschlag (auf HK der Fertigung o. des Umsatzes)**
   + **Vertriebs-GmK-Zuschlag (auf HK des Umsatzes)**
   + **Sonder - EK des Vertriebes**
   = **Selbstkosten**

Abb. 4.3: Schema der mehrstufigen Zuschlagskalkulation

Kalkulations-schema

Nach diesem in der Praxis weit verbreiteten Verfahren werden ausschließlich Wertschlüssel (zu Schlüsseln vgl. Abschnitt 5 in Kapitel 3) für die Berechnung der Zuschlagssätze verwendet. Der Zuschlagssatz errechnet sich dabei wie folgt:

$$\text{Gemeinkostenzuschlag} = \frac{\text{Gemeinkosten zuordenbar zur Schlüsselgröße}}{\text{Anzahl der Schlüsseleinheiten}} \times 100$$

Bei einem Gemeinkostenzuschlag für die Materialwirtschaft werden z. B. die Gemeinkosten für die die Materialwirtschaft durch die in der Periode verbrauchten Materialien (= Materialeinzelkosten MEK) dividiert.

Die Gemeinkosten je Kostenträger ergeben sich dann als prozentuale Zuschläge auf bestimmte Einzelkosten (Materialeinzelkosten oder Fertigungslöhne) oder Kostensummen (Herstellkosten).

Varianten der Zuschlagskalkulation

Das in Abbildung 4.3 lediglich nach sekundären Gemeinkostenarten gegliederte Kalkulationsschema kann beliebig verfeinert werden, indem z. B. innerhalb des Materialbereichs verschiedene Gemeinkosten-Zuschläge auf Rohstoffe, Hilfsstoffe, fremdbezogene Teile usw. verrechnet werden und innerhalb des Fertigungsbereichs auf eine kostenstellenweise bzw. kostenplatzweise Gliederung übergegangen wird **(differenzierte Zuschlagskalkulation, Kostenstellenzuschlagskalkulation)**. Die dargestellten Rechenschritte sind in diesem Fall für jede Kostenstelle des Fertigungsbereichs durchzuführen. Abbildung 4.4 zeigt verschiedene Varianten einer Zuschlagskalkulation. Bei der Bezugsgrößenkalkulation, die auch andere statt lohnbezogene Wertschlüssel nutzt, ist der Übergang zur Maschinenstundensatzkalkulation oder zur Prozesskostenrechnung fließend.

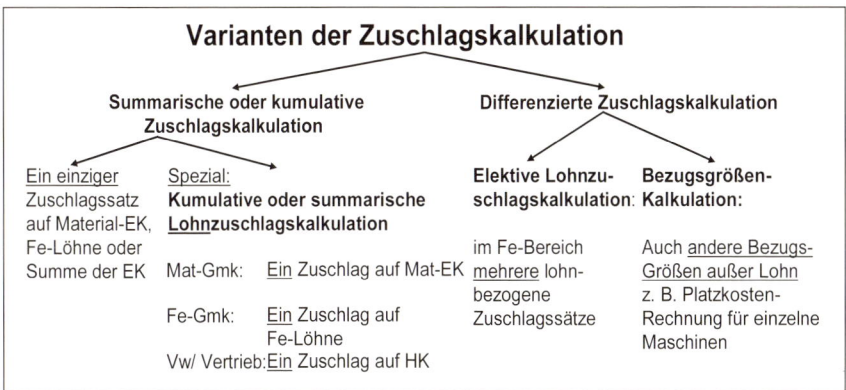

Abb. 4.4: Varianten der Zuschlagskalkulation

Joachim Zimmermann versteht zwar die von Franz-Xaver Einsle vorgestellte Divisionskalkulation. Nach Rücksprache mit seinem Controller Uli Müller sind sich beide einig, dass ihr Produktprogramm viel zu heterogen ist und sie kein Standardprodukt im Unternehmen haben, auf das sie die Kostenrechnung beziehen könnten. Es bleibt ihnen nichts anderes übrig als den aufwendigen Weg über die Zuschlagskalkulation zu gehen.

Uli Müller hat für den letzten Monat den BAB ermittelt. Es ergibt sich das in Abbildung 4.5 dargestellte Ergebnis.

Beispiel 4.3
Zuschlagskalkulation: Daten

	Summe	Vorkostenstellen			Endkostenstellen				
	Kosten- arten	Kantine	Repa- ratur	Transport	Material- wirt- schaft	Fertigung 1: Teile- fertigung	Fertigung 2: Mon- tage	Ver- waltung	Vertrieb
Einzelkosten	208 000				118 000	40 000	50 000		
Summe primäre + sekundäre GmK	270 000	0	0	0	35 400	60 000	96 600	48 000	30 000

Abb. 4.5: BAB und Zuschlagskalkulation

Das Beispiel macht deutlich, dass die Daten aus der Kostenstellen- in der Kostenträgerstückrechnung weiter verarbeitet werden. Nach erfolgter Primär- und Sekundärkostenverrechnung sind für die Zuschlagskalkulation nur die Spaltensummen aus Einzelkosten und Gemeinkosten relevant.

Aus dem BAB lassen sich nun die **Gemeinkostenzuschlagssätze** als Wertschlüssel gewinnen:

Materialgemeinkostenzuschlag: $\dfrac{35\,400}{118\,000} = 30\,\%$

Beispiel 4.3
Zuschlagskalkulation: Zuschlagssätze

Gemeinkostenzuschlag Fertigung I: $\dfrac{60\,000}{40\,000} = 150\,\%$

Gemeinkostenzuschlag Fertigung II: $\dfrac{96\,600}{50\,000} = 193{,}2\,\%$

Für die Kostenstellen Verwaltung und Vertrieb ist die Zuschlagsbasis, die Herstellkosten des Umsatzes, erst zu berechnen. In diesem Fall wurden alle produzierten Fahrräder auch verkauft, so dass die Herstellkosten des Umsatzes und der Produktion identisch sind. Die Herstellkosten des Umsatzes ergeben sich in Höhe von 400 000 EUR als Summe der Einzel- und Gemeinkosten der wertschöpfenden Kostenstellen Materialwirtschaft, Fertigung I und Fertigung II, die in Abbildung 4.5 grau markiert sind.

Verwaltungsgemeinkostenzuschlag: $\dfrac{48\,000}{400\,000} = 12\,\%$

Vertriebsgemeinkostenzuschlag: $\dfrac{30\,000}{400\,000} = 7{,}5\,\%$

Beispiel 4.3
Zuschlags-
kalkulation:
Ermittlung der
Selbstkoten

Das Unternehmen Zimmermann produzierte im letzten Monat zwei verschiedene Rennradmodelle: Modell Standard und Modell Luxus. Von beiden Modellen werden jeweils 500 Stück produziert.
   Die Materialeinzelkosten für das Modell Standard betragen 44 000 EUR, für das Modell Luxus 74 000 EUR. An Löhnen fallen in der Teilefertigung für beide Modelle jeweils 20 000 EUR an. In der Montage entstehen für Modell Standard 20 000 EUR, für Modell Luxus 30 000 EUR Lohnkosten. Hieraus kann folgende **differenzierte Zuschlagskalkulation auf Vollkostenbasis** ermittelt werden:

Kostenart	Standard	Luxus
1. Materialeinzelkosten	88,00	148,00
+ 2. Materialgemeinkosten (30 % auf 1.)	26,40	44,40
= 3. Materialkosten	114,40	192,40
4. Fertigungslohn Teilefertigung	40,00	40,00
+ 5. Fertigungsgemeinkosten Teilefertigung (150 % auf 4.)	60,00	60,00

	6. Fertigungslohn Montage	40,00	60,00
+	7. Fertigungsgemeinkosten Montage (193,2 % auf 6.)	77,28	115,92
=	8. Fertigungskosten	217,28	275,92
=	9. Herstellkosten	331,68	468,32
+	10. Verwaltungsgemeinkosten (12 % auf 9.)	39,80	56,20
+	11. Vertriebsgemeinkosten (7,5 % auf 9.)	24,88	35,12
=	12. Selbstkosten	396,36	559,64

Joachim Zimmermann weiß nun, was seine Rennräder ihn als Unternehmer kosten und ist nun in der Lage, hiervon abhängige unternehmerische Entscheidungen (z. B. zur Preissetzung für das aufgeforderte Angebot des französischen Sportartikelhändlers) zu treffen.

Es bleibt festzuhalten, dass die vorgestellte Form der Zuschlagskalkulation über Wertschlüssel i. d. R. dem Grundsatz der verursachungsgerechten Kostenzurechnung nicht gerecht werden kann. Es kann z. B. weder schlüssig begründet werden, warum für teurere Materialien grundsätzlich auch höhere Bestell-, Prüf- und Lagerungsgemeinkosten anfallen, noch warum die Gemeinkosten im Fertigungsbereich – man denke z. B. an kalkulatorische Abschreibungen auf Maschinen und kalkulatorische Zinsen – grundsätzlich proportional zu den Fertigungslöhnen entstehen, was durch die Lohnzuschlagskalkulation letztlich vorausgesetzt wird. Ebenso wenig plausibel ist die grundsätzliche Unterstellung, dass die für ein Produkt anfallenden Verwaltungskosten (Rechnungswesen, Unternehmensleitung etc.) von der Höhe der Herstellkosten abhängig sein sollen.

Angesichts der unter Verursachungsaspekten unbefriedigenden Kalkulation auf der Basis von Wertschlüsseln und der Tatsache, dass die potenziellen „Zurechnungsfehler" dieser Methode um so gewichtiger werden, je geringer der Anteil der Einzelkosten und je höher der Anteil der umzulegenden Gemeinkosten ausfällt, ist das klassische Verfahren der Zuschlagskalkulation verbesserungsbedürftig.

Verantwortlich für diese Scherenwirkung sind insbesondere der steigende Anteil von Gemeinkostenlöhnen und Gehältern, die zunehmende Anlagenintensität und der beträchtliche Anteil fertigungsfremder Gemeinkosten, wie Verwaltungskosten, Logistikkosten etc. in vielen Branchen. Daher wird im Abschnitt 2.4 dieses Kapitels die Prozesskostenrechnung als Ansatz zu einer verursachungsgerechteren Kalkulation vorgestellt.

2.3 Abgeleitete Kalkulationsverfahren

Nachfolgend werden einige Kalkulationsverfahren dargestellt, die aus den beiden grundlegenden Verfahren der Divisions- und Zuschlagskalkulation abgeleitet oder mit diesen kombiniert werden können.

2.3.1 Äquivalenzziffernkalkulation

Äquivalenzzi-
fernkalkulation

Die **Äquivalenzziffernkalkulation** setzt an der ersten Bedingung der Divisionskalkulation an, die ein Einprodukt-Unternehmen mit einem Massengut voraussetzt (vgl. Bretzke [1981]). Die Äquivalenzziffernkalkulation stellt diese Bedingung her, in dem verwandte, ähnliche Produkte **(Sortenfertigung)** über Äquivalenzziffern gleichnamig gemacht werden, indem sie in ein einheitliches, homogenes „**Einheitsprodukt**" umgerechnet werden. Äquivalent in diesem Sinne sind verwandte Produkte, die nach vergleichbaren Verfahren, aber mit unterschiedlichen Kosten hergestellt werden. Die Äquivalenzziffernkalkulation kann daher auch im Bereich der Serienfertigung zum Einsatz kommen, sofern die Kostenverhältnisse einzelner Ausführungstypen hinreichend klar bestimmbar und stabil sind. In der Praxis (z. B. in der Halbleiter- und Elektroindustrie) werden anstatt von Äquivalenzziffern **Komplexitätsfaktoren** eingesetzt, die bei komplizierten Prozessen (z. B. 400-600 Prozessschritte bei der Beschichtung von Halbleitern) eine aufwendige prozessweise Kalkulation vermeiden, jedoch trotzdem eine verursachungsgerechte Kalkulation erreichen sollen (vgl. Kaufmann, L. [1996], S. 212 ff.).

In der Kosten- und Leistungsrechnung von Krankenhäusern werden die Preise von über 600 medizinischen Leistungen über sog. Diagnosis Related Groups mit einem Punktewert (= Äquivalenzziffer) versehen. So können sehr unterschiedliche Krankenhausleistungen wie der Kaiserschnitt bei der Geburt eines Kindes, eine Hernienoperation oder ein Herzkatheter gleichnamig gemacht und abgerechnet werden. Hinter diesen Preisen stehen Musterkalkulationen nach der Äquivalenzziffernmethode für eine Stichprobe von Krankenhäusern.

Beispiel 4.4
Äquivalenzzif-
fernkalkulation

Franz Schultheiss betreibt eine kleine Hausbrauerei. Für seine Gaststätte „Der goldene Schwan" braut er selbst nach Bayerischem Reinheitsgebot vier Biersorten. Die Brauprozesse für die vier Biere sind leicht unterschiedlich, aber auch nicht so unterschiedlich, dass sich eine eigene Erfassung der Prozesse über Rezepturen und Arbeitspläne, wie für die Zuschlagskalkulation notwendig, lohnen würde.

Herr Schultheiss pflegt daher eine vereinfachte Äquivalenzziffernkalkulation, die durch folgende vier Schritte beschrieben werden kann.

Die Selbstkosten für die Hausbrauerei beliefen sich im letzten Jahr auf 528 000 EUR.

Schritt 1: Bestimmung der Äquivalenzziffern

Die Äquivalenzziffern hat er selbst aufgrund der Komplexität der Brauprozesse und deren Dauer geschätzt. Als Bewertungsbasis (Einheitsprodukt) wählt er das Weizenbier „Die Weiße", die die Äquivalenzziffer 1,0 erhält. Das Vollbier Hell „Blondi" erhält die Ziffer 0,6, das Vollbier Dunkel „Uralt" die Ziffer 0,9 und das Bockbier „Eliminator" die Ziffer 1,5.

Schritt 2: Umrechnung der Outputmengen auf Einheitsmengen

Biersorte	Nr. i	Äquivalenzziffer $\ddot{A}Z_i$	Produzierte Flaschen x_i	Umgerechnete Einheitsmengen $\ddot{A}Z_i \times x_i$
Vollbier Hell „Blondi"	1	0,6	400 000	0,6 x 400 000=240 000
Vollbier Dunkel „Uralt"	2	0,9	200 000	0,9 x 200 000=180 000
Weizenbier „Die Weiße"	3	1,0	280 000	1,0 x 280 000=280 000
Bockbier „Eliminator"	4	1,5	120 000	1,5 x 120 000=180 000
Summe			**1 000 000**	**880 000**

Die sog. Einheitsmenge über alle Biersorten beträgt 880 000 Einheiten.

Schritt 3: Ermittlung der Stückkosten des Einheitsproduktes

Da nun alle vier Biersorten auf ein einheitliches Produkt umgerechnet sind, kann nun die Divisionskalkulation analog angewendet werden:

$$\text{Herstellkosten pro Recheneinheit} = \frac{528\,000\ \text{EUR}}{880\,000\ \text{RE}} = 0,60\ \text{EUR / RE.}$$

Selbstkosten des Einheitsprodukts = 0,6 EUR / RE x 1,0 RE = 0,60 EUR.

Damit kostet das Einheitsprodukt, das Weizenbier „Die Weiße", pro Flasche 0,60 EUR.

Schritt 4: Ermittlung der Stückkosten der äquivalenten Produkte

Die Selbstkosten für die drei anderen Biere lassen sich nun durch Multiplikation mit den Äquivalenzziffern aus den Selbstkosten des Einheitsproduktes ermitteln.

Vollbier Hell „Blondi": 0,6 RE x 0,60 EUR / RE = 0,36 EUR.
Vollbier Dunkel „Uralt": 0,9 RE x 0,60 EUR / RE = 0,54 EUR.
Bockbier „Eliminator": 1,5 RE x 0,60 EUR / RE = 0,90 EUR.

Mehrstufige Äquivalenzzif- fernkalkualtion

Auch die Äquivalenzziffernkalkulation kann in differenzierter Form durchgeführt werden, indem für verschiedene Kostenbereiche (Herstell- kosten, Verwaltungskosten, Vertriebskosten) jeweils gesonderte Äquiva- lenzziffern bestimmt werden **(mehrstufige Äquivalenzziffernkalkula- tion)**, um einer evtl. unterschiedlichen Kostenintensität der Produkte auf jeder dieser Stufen Rechnung zu tragen (vgl. BDI (Hrsg.) [1991], S. 68 f.).

2.3.2 Kombinierte Äquivalenzziffernkalkulation

Kombinierte Äquivalenzzif- fernkalkulation

Die Äquivalenzziffernkalkulation kann modifiziert werden, indem nicht nur ein Kostenbestimmungsfaktor sondern mehrere zugrunde gelegt wer- den, um die Äquivalenzziffern zu bestimmen. Die Methodik der **kombi- nierten Äquivalenzziffernkalkulation** wird an nachfolgendem Beispiel dargestellt.

Beispiel 4.5 Kombinierte Äquivalenzzif- fernkalkulation

Die Wohnungsbaugesellschaft Nordwest GmbH vermietet Wohnun- gen in Dresden. Die Gesamtkosten für die Wohnungen (Kalkulatori- sche Abschreibung, kalkulatorische Zinsen, nicht umlagefähige sons- tige Kosten usw.) betragen 181 500 EUR pro Monat. Außerdem kommen Verwaltungskosten in Höhe von 29 250 EUR hinzu, von denen jede Wohnung den gleichen Anteil trägt. Die Nebenkosten werden separat verrechnet und sollen für das Beispiel nicht näher be- trachtet werden.
    Die Wohnungen haben verschiedene Grundflächen und Höhen. Die Kosten sollen danach schlüsselmäßig verteilt werden. Die ein- zelnen Schritte der Äquivalenzziffernkalkulation können analog auch auf die kombinierte Äquivalenzziffernkalkulation übertragen werden:

Grundfläche:	55 - 65 qm	Mittelwert　　60 qm (= Äquivalenzziffer 1)
	65 - 80 qm	Mittelwert　72 qm
	80 - 100 qm	Mittelwert　90 qm
	100 - 140 qm	Mittelwert　120 qm
Höhe:	bis 3 m	Äquivalenzziffer 1
	3 m bis 3,5 m	Äquivalenzziffer 1,2
	3,5 m bis 4 m	Äquivalenzziffer 1,5

Die Nordwest GmbH verfügt über insgesamt 300 Wohnungen in folgender Struktur (jeweils in Wohnungseinheiten):

	bis 3 m	3 m bis 3,5 m	3,5 m bis 4 m
60 qm	25	15	---
72 qm	20	50	---
90 qm	40	10	20
120 qm	60	20	40

Schritt 1: Bestimmung der kombinierten Äquivalenzziffern

Die kombinierten Äquivalenzziffern ergeben sich durch die Multiplikation der einzelnen Äquivalenzziffern, bei Nordwest also durch Multiplikation der Äquivalenzziffern für Grundfläche und Höhe:

		Höhe		
Grundfläche		bis 3 m	3 m bis 3,5 m	3,5 m bis 4 m
	ÄZ	1,0	1,2	1,5
60 qm	1,0	1,0 x 1,0 = *1,0*	1,0 x 1,2 = *1,2*	1,0 x 1,5 = *1,5*
72 qm	1,2	1,2 x 1,0 = *1,2*	1,2 x 1,2 = *1,44*	1,2 x 1,5 = *1,8*
90 qm	1,5	1,5 x 1,0 = *1,5*	1,5 x 1,2 = *1,8*	1,5 x 1,5 = *2,25*
120 qm	2,0	2,0 x 1,0 = *2,0*	2,0 x 1,2 = *2,4*	2,0 x 1,5 = *3,0*

Die **fett** markierten Werte sind die einzelnen Äquivalenzziffern, während die kombinierten Äquivalenzziffern *kursiv* angegeben sind.

Schritt 2: Umrechnung der Outputmengen auf Einheitsmengen

Grundfläche		Höhe		
		bis 3 m	3 m bis 3,5 m	3,5 m bis 4 m
	ÄZ	1,0	1,2	1,5
60 qm	1,0	$1,0$ x 25 = 25	$1,2$ x 15 = 18	$1,5$ x 0 = 0
72 qm	1,2	$1,2$ x 20 = 24	$1,44$ x 50 = 72	$1,8$ x 0 = 0
90 qm	1,5	$1,5$ x 40 = 60	$1,8$ x 10 = 18	$2,25$ x 20 = 45
120 qm	2,0	$2,0$ x 60 = 120	$2,4$ x 20 = 48	$3,0$ x 40 = 120

Die Einheitsmengen ergeben sich wiederum durch Multiplikation der kombinierten Äquivalenzziffern mit der Anzahl der Wohnungseinheiten. Die Summe der Einheitsmengen aller Fläche-Höhe-Kombinationen in obiger Tabelle beträgt 550 (= Einheitsmenge).

Schritt 3: Ermittlung der Stückkosten des Einheitsproduktes

Da nun alle Wohnungstypen auf ein einheitliches Produkt umgerechnet sind, kann nun die Divisionskalkulation analog angewendet werden:

$$\text{Wohnungskosten pro Recheneinheit} = \frac{181\,500\,\text{EUR}}{550\,\text{RE}} = 330\,\text{EUR} / \text{RE}$$

$$\text{Verwaltungskosten pro Wohneinheit} = \frac{29\,250\,\text{EUR}}{300} = 97,50\,\text{EUR}$$

Damit kostet das Einheitsprodukt, die 60 qm-Wohnung mit bis zu 3 m Geschosshöhe 330 EUR zuzüglich 97,50 EUR Verwaltungskosten, d. h. insgesamt 427,50 EUR.

Schritt 4: Ermittlung der Stückkosten der äquivalenten Produkte

Die Selbstkosten für die anderen Wohnungstypen ergeben sich dann durch Multiplikation mit den kombinierten Äquivalenzziffern (in *kursiv*):

Grundflä-che	Höhe		
	bis 3 m	3 m bis 3,5 m	3,5 m bis 4 m
60 qm	427,50	$1,2 \times 330 + 97,50 = 493,50$	---
72 qm	$1,2 \times 330 + 97,50 = 493,50$	$1,44 \times 330 + 97,50 = 572,70$	---
90 qm	$1,5 \times 330 + 97,50 = 592,50$	$1,8 \times 330 + 97,50 = 691,50$	$2,25 \times 330 + 97,50 = 840,00$
120 qm	$2,0 \times 330 + 97,50 = 757,50$	$2,4 \times 330 + 97,50 = 889,50$	$3,0 \times 330 + 97,50 = 1\ 087,50$

Durch die kombinierte Äquivalenzziffernkalkulation können damit mehrere Kostenbestimmungsfaktoren gleichzeitig genutzt werden. Die einzelnen Faktoren müssen jedoch in einem proportionalem Verhältnis zu den Kosten stehen.

2.3.3 Maschinenstundensatzkalkulation

Insbesondere im Bereich der Fertigung haben sich die Kostenstrukturen erheblich verändert. Durch Automatisierung und flexible Verarbeitungszentren sind die Fertigungslöhne stark zurück gegangen und die Fertigungsgemeinkosten im Gegenzug kräftig gestiegen. Daraus resultieren hohe häufig mehrere Hundert Prozent betragende Zuschlagssätze. Die Zuschlagskalkulation führt vor allem dann zu einer nicht verursachungsgerechten Kostenzurechnung, wenn mehrere Produkte die Anlagen einer Kostenstelle in unterschiedlichem Maße in Anspruch nehmen, ohne dabei zum Maschineneinsatz proportionale Lohneinzelkosten zu verursachen.

Maschinen-stundensatz-kalkulation

Bei kapitalintensiver Leistungserstellung kann alternativ die **Maschinenstundensatzkalkulation (Verrechnungssatzkalkulation)** genutzt werden (vgl. Vormbaum [1977]; Hummel/Männel [1986]; S. 302 ff.; Schmidt/Wenzel [1989], S. 147 ff.; Schweitzer/Küpper [2003], S. 174 f.; Kloock u. a. [2005], S. 162 ff.)

Zu diesem Zweck werden nach dem Muster der Divisionskalkulation die gesamten einer Maschine zurechenbaren Kosten (kalkulatorische Abschreibungen, kalkulatorische Zinsen, Instandhaltung, Werkzeugkosten, Energiekosten, Wagniskosten bzw. Versicherungen, Raumkosten usw.)

durch die tatsächliche Maschinenlaufzeit dividiert. Als Ergebnis errechnet sich ein Kostensatz pro Maschinenstunde.

Die nicht maschinenabhängigen Gemeinkosten einer Kostenstelle („**Restgemeinkosten**") werden auch bei diesem Verfahren unverändert als Zuschlag auf die Einzelkosten verrechnet. Es ergibt sich damit i. d. R ein Nebeneinander von konventioneller Zuschlagskalkulation und Maschinensatzkalkulation. Angesichts der zunehmenden Anlagenintensität, d. h. der zunehmenden Ersetzung von menschlicher Arbeitsleistung durch Maschineneinsatz in der eigentlichen Fertigung, kommt dieser Kalkulationstechnik immer mehr Bedeutung zu.

Das Verfahren setzt allerdings eine sehr detaillierte Kostenstellengliederung (Maschine = Kostenplatz) und Gemeinkostenerfassung voraus. Die Zuordnung von Kostenarten zu den maschinenabhängigen Gemeinkosten einerseits und den Restgemeinkosten andererseits kann nicht immer trennscharf erfolgen. Üblicherweise werden zu den Restgemeinkosten vor allem die Umlage der Fertigungssteuerung, Hilfslöhne, Gehälter und davon abhängige Sozialkosten gerechnet.

Restgemein-
kosten

Beispiel 4.6
Maschinenstun-
densatzkalkula-
tion: Stunden-
sätze

Joachim Zimmermann betrachtet eines schönen Sonntags sein geschafftes Werk. Er ist ganz zufrieden: mit seinem Unternehmen, seinen tollen Rennrädern und auch seinem Management.

Doch etwas gefällt ihm noch nicht so ganz. Er verrechnet in der Fertigungskostenstelle 2, der Montage, 193,2 % Gemeinkosten über die Fertigungslöhne also fast das Zweifache der Löhne seiner Montage-Mitarbeiter. Ein großer Teil davon ist durch die beiden Lackierkammern (eine zweite kam mittlerweile durch das stürmische Wachstum hinzu), sowie durch einen automatischen Schweiß- und Lötstand für die Rahmenbearbeitung bedingt.

Er schickt Uli Müller, seinen bewährten Controller, in die Spur. Dieser berechnet die Maschinenkosten der beiden Lackierkammern und des Schweiß- und Lötstandes. Die Lackierkammern wurden 875 h genutzt, der Schweiß- und Lötstand 750 h. Die Fertigungslöhne belaufen sich, wie bisher, auf 50 000 EUR. Damit können die Fertigungsgemeinkosten in Höhe von 96 600 EUR wie folgt zerlegt werden:

Maschinenkosten Lackierkammer 1	5 570 EUR
Maschinenkosten Lackierkammer 2	5 630 EUR
Maschinenkosten Schweiß- und Lötstand	28 500 EUR
Rest-Gemeinkosten	56 900 EUR
Gemeinkosten Fertigung 2	96 600 EUR

Anstatt eines einzigen Gemeinkostenzuschlagssatzes in der Fertigungskostenstelle 2 ergeben sich nun drei Zuschlagssätze:

Maschinenstundensatz Lackieren:

$$\frac{5\,570\ \text{EUR} + 5\,630\ \text{EUR}}{875\ \text{h}} = 12{,}80\ \text{EUR} / \text{h}$$

Maschinenstundensatz Schweißen / Löten:

$$\frac{28\,500\ \text{EUR}}{750\ \text{h}} = 38{,}00\ \text{EUR} / \text{h}$$

Rest-Gemeinkostenzuschlag Fertigung 2: $\dfrac{56\,900\ \text{EUR}}{50\,000\ \text{EUR}} = 113{,}8\ \%$

Damit stellt sich das **Kalkulationsschema der Maschinenstundensatz-kalkulation** im Bereich der Fertigungskosten wie folgt dar:

Kalkulations-schema Maschi-nenstundensatz-kalkulation

    Fertigungseinzelkosten (Fertigungslöhne)
\+   Maschinenabhängige Fertigungsgemeinkosten
    (Maschinenstundensatz x Maschinenlaufzeit / Produkt)
\+   Restfertigungs-Gemeinkosten (in % der Fertigungslöhne)

\=   Fertigungskosten

Für die Kalkulation ist jetzt zusätzlich noch die zeitliche Beanspruchung der Maschinenplätze durch die Produkte vonnöten. Das Standard-Rennrad benötigt 0,75 h Lackierarbeiten und das Luxus-Rennrad 1 h. Auf dem Schweiß- / Lötstand ist Standard und Luxus für je 0,75 h gebunden. Damit ergibt sich eine kombinierte Zuschlags- und Maschinenstundensatzkalkulation:

Beispiel 4.6
Maschinenstun-densatzkalkula-tion: Selbst-kosten

	Kostenart	Standard	Luxus
	1. Materialeinzelkosten	88,00	148,00
	2. Materialgemeinkosten (30 % auf 1.)	26,40	44,40
=	3. Materialkosten	114,40	192,40
	4. Fertigungslohn Teilefertigung	40,00	40,00
+	5. Fertigungsgemeinkosten Teilefertigung (150 % auf 4.)	60,00	60,00
	6. Fertigungslohn Montage	40,00	60,00

+ 7a. Maschinenkosten Lackieren (12,80 EUR/h)	9,60	12,80
+ 7b. Maschinenkosten Schweißen und Löten (38,00 EUR/h)	28,50	28,50
+ 7c. Rest-Fertigungsgemeinkosten Montage (113,8 % auf 6.)	45,52	68,28
= 8. Fertigungskosten	223,62	269,58
= 9. Herstellkosten	338,02	461,98
+ 10. Verwaltungsgemeinkosten (12 % auf 9.)	40,56	55,44
+ 11. Vertriebsgemeinkosten (7,5 % auf 9.)	25,35	34,65
= **12. Selbstkosten**	**403,93**	**552,07**

Zum Vergleich:

= **12. Selbstkosten (reine Zuschlags- kalkulation)**	**396,36**	**559,64**

Vergleicht man mit den Selbstkosten bei reiner Zuschlagskalkulation ergeben sich Abweichungen, die bereits einige Euros ausmachen. Entscheidend ist, welche der beiden Kalkulationen die tatsächliche Kostenentstehung am ehesten wieder spiegelt.

2.3.4 Kuppelkalkulation

Verbundene Produktion, Kuppelproduktion

Bei **verbundener Produktion oder Kuppelproduktion** entstehen bei der Erstellung von primär beabsichtigten Hauptprodukten zwangsläufig eines oder mehrere Nebenprodukte. Derartige Kuppelproduktionsprozesse sind z. B. in der chemischen Industrie bei der Synthese von Produkten häufig anzutreffen. In der Mälzerei entsteht bei der Erzeugung von Malz als Vorprodukt für die Bierherstellung auch Treber, der an Tierzüchter als Futter verkauft wird. Aber auch in Hochschulen sind derartige Kuppelproduktionen anzutreffen, da dort z. B. Forschung und Lehre häufig simultan betrieben wird (vgl. Steffen/Kuntz [1997]).

Verfahren der Kuppelkalkulation

Daher sind die Gesamtkosten des Kuppelprozesses in die Kosten der Haupt- und Nebenprodukte zu zerlegen. Die Kostenzerlegung ist daher auf der Suche nach schlüssigen Kriterien, die jedoch häufig schwer zu finden sind. Die **Kalkulation von Kuppelprodukten** greift deshalb auf schon bekannte Methoden zurück und stellt eigentlich keine eigenständige Kalkulationsform dar. Üblich sind folgende Verfahren (vgl. BDI (Hrsg.) [1991]; Kloock u. a. [2005], S. 152 ff.; Schweitzer/Küpper [2003], S. 175 ff.):

- **Marktwertrechnung und Verteilungsmethode**: Dieses Verfahren verwendet die Marktpreise als Grundlage für eine Äquivalenzziffernkalkulation, die als Methode bereits erläutert wurde. Die Kosten werden nach dem **Prinzip der Kostentragfähigkeit** proportional zum Marktpreis der Produkte aufgeteilt, die letztendlich dafür ausschlaggebend sind, wie viele Kosten sie „tragen" können.
- **Proportionale Kostenverrechnung auf der Grundlage technischer Merkmale**: An der Stelle des Marktpreises kann auch eine gemeinsame technische Eigenschaft (z. B. der Heizwert von Sekundärrohstoffen) als Grundlage für eine Äquivalenzziffernkalkulation der Kuppelprodukte herangezogen werden.
- **Restwertmethode** (auch **Marktwertgutschrifts-, Subtraktionsmethode** oder **Restwerterechnung**): Diese Methode setzt voraus, dass zunächst nur ein Hauptprodukt vorliegt und klar zwischen Haupt- und Nebenprodukten differenziert werden kann. In diesem Fall werden von den Kosten des Kuppelprozesses die Erlöse aus der Verwertung der Nebenprodukte abgezogen und eventuelle Aufbereitungskosten der Nebenprodukte addiert. Die verbleibende Differenz wird als Kosten des Hauptprodukts interpretiert. Existieren mehrere Hauptprodukte, so ist zur Verteilung der Restkosten ein weiteres Verfahren zu nutzen.
- **Durchschnittskostenmethode**: Existiert kein Marktpreis, so werden die Kosten des gesamten Fertigungsprozesses in Ermangelung anderer Zurechnungskriterien nach dem **Durchschnittskostenprinzip** auf Haupt- und Nebenprodukte verteilt.

2.3.5 Kalkulation öffentlicher Aufträge und Leistungen

Da sowohl bei Aufträgen der öffentlichen Hand an private Unternehmen (z. B. Beschaffungen der Bundeswehr) als auch bei Leistungen der öffentlichen Hand an Private (z. B. kommunale Entsorgungsleistungen) häufig keine vollständig funktionierenden Märkte vorliegen, gibt es hierfür spezielle Vorschriften für die Kalkulation öffentlicher Aufträge und Leistungen. Die Verordnung PR des Bundesministers für Wirtschaft über die Preise bei öffentlichen Aufträgen 1953 (**VO PR**) regelt zusammen mit ihrem Anhang, den Leitsätzen für die Preisermittlung aufgrund von Selbstkosten (**LSP**) incl. verschiedener weiterer Verordnungen und Richtlinien die Preisfindung bei öffentlichen Aufträgen von Bund, Ländern und Gemeinden und juristischen Personen des öffentlichen Rechts. Wenngleich prinzipiell alle bisher genannten Kalkulationsverfahren zulässig sind, beziehen sich die LSP insbesondere auf die Zuschlagskalku-

Kalkulation für öffentliche Aufträge bzw. von öffentlichen Leistungen

lation. Die LSP beschäftigen sich insbesondere mit der Wertebasis der Kalkulation (z. B. die Höhe des adäquaten Gewinnaufschlags, Berücksichtigung von Lizenzgebühren, Umsatzssteuer, kalkulatorischen Zinsen etc.). Entsprechende Regelungen für öffentliche Einrichtungen als Lieferant von Leistungen sind in den jeweiligen landesrechtlichen **Kommunalabgabegesetzen (KAG)** bzw. entsprechenden Gebührengesetzen und Entgeltordnungen enthalten (vgl. zu Details z. B. Däumler/Grabe [1984]; v. Zwehl [1989], Cantner [1997], Michaelis/Rhösa [2001]).

2.4   Prozessorientierte Kostenrechnung

In den letzten Jahrzehnten hat sich in vielen Unternehmen der Prozess der betrieblichen Leistungserstellung und Wertschöpfung deutlich verändert. Viele Betriebe sind heute aufgrund der sich beschleunigenden technologischen Entwicklung durch einen hohen Automatisierungsgrad und intensive wettbewerbliche Beziehungen zu den Beschaffungs- und Absatzmärkten gekennzeichnet (vgl. Coenenberg/Fischer [1991], S. 21 ff.). Die vorbereitenden, planenden, steuernden und überwachenden Tätigkeiten in Forschung und Entwicklung, Beschaffung und Logistik, Produktionsplanung und -steuerung, Qualitätssicherung und -prüfung sowie Auftragsabwicklung, Vertrieb und Service haben stark zugenommen. Die Kosten in diesen Bereichen sind vor allem vom Variantenreichtum und von der Produktkomplexität abhängig.

Diese Veränderungen zogen eine **Verschiebung in den Kostenstrukturen** nach sich. Die bislang stark genutzten Verfahren der Kostenrechnung insbesondere der Zuschlagskalkulation werden diesen Zusammenhängen und Abhängigkeiten mit ihren überwiegend wertabhängigen Bezugsgrößen nicht im erforderlichen Ausmaß gerecht. Durch nicht verursachungsgerechte Kostenumlagen können Fehler in der Kalkulation entstehen, die sich hierauf stützende operative und strategische Entscheidungen wie z. B. der Produkt- und Preispolitik verzerren können.

Zur Lösung dieser Probleme wurde in den 90er Jahren ein neuer Ansatz entwickelt, der in der Literatur breiten Niederschlag gefunden hat (vgl. z. B. Cooper/Kaplan [1988]; Horváth/Mayer [1989]; Coenenberg/Fischer [1991]; Pfohl/Stölzle [1991]; Fischer [1993], S. 190 ff.; Horváth&Partner [1998] und Stoi [1998]). Dieser Ansatz wird in der anglo-amerikanischen Literatur als „**Activity Based Costing (ABC)**" bezeichnet. In der deutschsprachigen Literatur werden überwiegend die Begriffe „**Prozesskostenrechnung**" oder „**prozessorientierte Kostenrechnung**" verwendet. Während im deutschsprachigen Raum die Prozesskostenrechnung die Grenzkostenrechnung im Fertigungsbereich ergänzt, betrachtet sich im anglo-amerikanischen Raum das Activity Based Costing als eigenständiges Kostenrechnungssystem speziell für indirekte

Prozesskosten-
rechnung und
Activity Based
Costing

Bereiche der verarbeitenden Industrie, für Dienstleistungsunternehmen und den NPO-Bereich.

Im Folgenden werden Aufbau und Wirkungsweise der Prozesskostenrechnung ausführlich dargestellt. Dabei sollen neben einem kritischen Vergleich mit der Zuschlagskalkulation (vgl. Abschnitt 2.2 dieses Kapitels) auch die Möglichkeiten einer systematischen Verknüpfung zwischen der Unternehmensstrategie und der Prozesskostenrechnung vorgestellt werden. Zunächst werden jedoch die Ursachen für das Entstehen der Prozesskostenrechnung aufgezeigt.

2.4.1 Entstehungsursachen der Prozesskostenrechnung

Die Entwicklung der Prozesskostenrechnung ist durch Veränderungen in der Wertschöpfungsstruktur bedingt, die Veränderungen der Kostenstruktur nach sich ziehen und letztlich potenziell zu strategischen Fehlsteuerungen führen können:

Entstehungsursachen

1) Veränderungen der Wertschöpfungsstruktur
Die Leistungserstellung hat sich in den letzten beiden Jahrzehnten in praktisch allen Stufen der betrieblichen Wertschöpfung stark verändert:

Veränderung der Wertschöpfungsstruktur

- Die rasch voranschreitende Computertechnologie führte bei vielen Unternehmen zur Installation von computerintegrierten Produktionssystemen (CIM-Systemen) und flexiblen, mehrfach-nutzbaren Verarbeitungsmaschinen, die eine wesentlich **flexiblere Fertigung** der Produkte ermöglichen. So kann heute eine **Vielzahl verschiedener Produkte** mit den installierten Produktionsanlagen sowohl kostengünstig als auch qualitativ anspruchsvoll hergestellt und angeboten werden (Outpacing-Strategie), während früher nur durch die großvolumige Herstellung von standardisierten Produkten eine wirtschaftliche Auslastung der Fertigungskapazitäten möglich schien (Economies of Scale).
- Die größere Variantenvielfalt und Flexibilität in der Fertigung stellen auch höhere Anforderungen an die Steuerung des Materialflusses in einem Unternehmen. Um eine bestmögliche Synchronisation der betrieblichen Prozesse zu erreichen, wurden sog. **Just-in-time-Systeme** entwickelt, die zu einer Minimierung der Bestände und der durch sie verursachten Kosten (Disponieren, Lagern, Rüsten) beitragen sollen.
- Die erfolgreiche Umsetzung dieser Ziele ist letztendlich nur zu erreichen, wenn ein umfangreiches **betriebliches Qualitätsmanagement** durchgeführt wird, denn jedes defekte Teil bewirkt eine Störung des Produktionsflusses, falls alle Prozesse mit minimierten Zwischenbeständen ablaufen (Anspruch des Zero Defect; Six-Sigma-Ansatz).

Mit den genannten Neuerungen in den Produktionsbereichen sind Verschiebungen in den betrieblichen Kostenstrukturen einhergegangen, so dass sich nicht nur die Fertigungsmerkmale, sondern gleichzeitig auch die benötigten Kostcninformationen verändert haben, die nachfolgend diskutiert werden sollen.

Veränderung der
Kostenstruktur

2) Veränderungen der Kostenstruktur

Veränderte Kostenstrukturen haben die vorhandenen Kostenrechnungssysteme an die Grenzen ihrer Anwendungsmöglichkeiten und Verursachungsgerechtigkeit geführt. Dies machen einige empirische Belege sichtbar:

- In einer 1985 veröffentlichten Untersuchung volkswirtschaftlicher Daten wurde gezeigt, dass die Gemeinkosten in der amerikanischen Industrie, bezogen auf die Nettowertschöpfung und die Fertigungskosten, seit mehr als 100 Jahren stetig angestiegen sind, während der Anteil der Lohneinzelkosten stark zurückgegangen ist (vgl. Miller/Vollman [1985]). Bereits seit dem Ende des zweiten Weltkrieges (gestrichelte Linie in Abbildung 4.6) wird diese Entwicklung sichtbar.

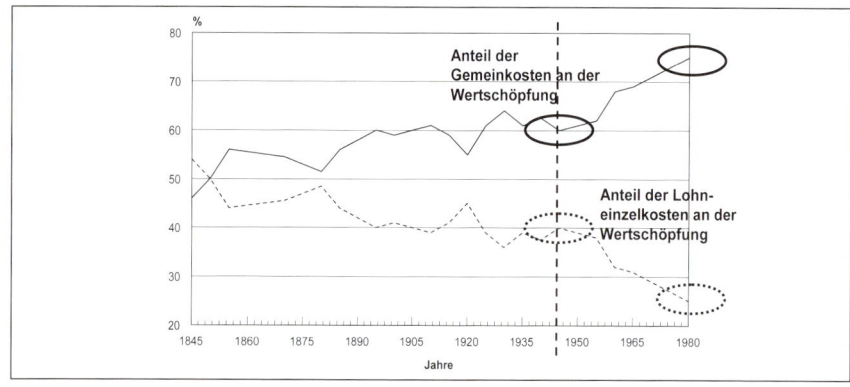

Abb. 4.6: Veränderte Kostenstrukturen in der US-Industrie
(Quelle: Miller/Vollman [2002], S. 143)

- Die Studie von Emore/Ness zeigt, dass bei 86 % der Unternehmen die Materialeinzelkosten mehr als 25 % der Produktkosten ausmachen, während sich die Lohneinzelkosten bei 55 % der Unternehmen auf weniger als 10 % und die Gemcinkostcn bci 50 % der Unternehmen auf mehr als 25 % der Produktkosten belaufen (Abbildung 4.7).

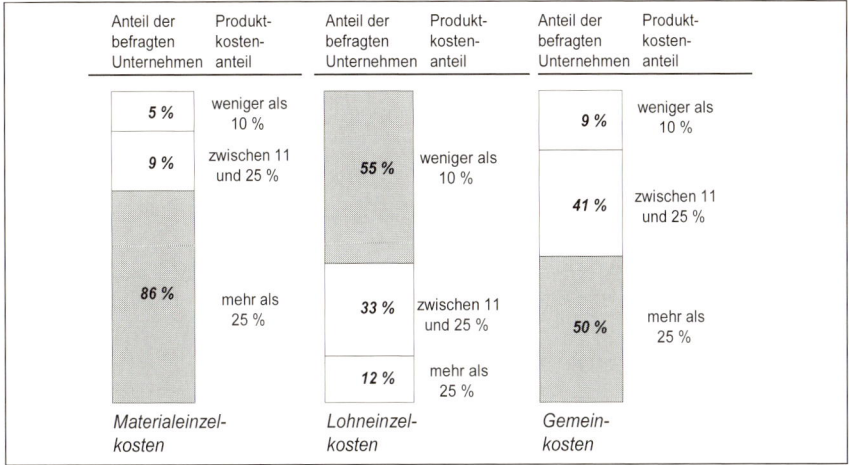

Abb. 4.7: Produktkostenanteile nach Kostenarten
           (Quelle: Emore/Ness [1991], S. 37)

- Küting/Lorson analysieren für die weite Zeitspanne 1960 bis 1990 die Kostenstruktur in einem Werk der Elektroindustrie und zeigen auf, dass der Rückgang der Lohnkosten bei gleichzeitigem Anstieg der Gemeinkosten zu einer fast Verzehnfachung des resultierenden Lohnzuschlagssatzes führt (Abbildung 4.8).

Jahre Kostenarten	1960	1967	1977	1987	1990
Gemeinkosten	34 %	50 %	62 %	68 %	70 %
Lohnkosten	28 %	16 %	14 %	10 %	6 %
Materialkosten	38 %	34 %	24 %	22 %	24 %
Gemeinkosten in % der Wertschöpfung	55 %	76 %	82 %	87 %	92 %
Lohnkosten in % der Wertschöpfung	45 %	24 %	18 %	13 %	8 %
Zuschlagssatz	120 %	300 %	450 %	670 %	1150 %

Abb. 4.8: Veränderung der Kostenstruktur in einem Werk der Elektroindustrie
          (Quelle: in Erweiterung von Küting/Lorson [1991], S. 1421)

Der hohe Anteil der Gemeinkosten an der Wertschöpfung beruht vor allem auf dem gestiegenen Umfang an vorbereitenden, planenden, steuernden und überwachenden Tätigkeiten in den Bereichen For-

schung und Entwicklung, Beschaffung und Logistik, Produktionsplanung und -steuerung, Qualitätssicherung und -prüfung sowie Auftragsabwicklung, Vertrieb und Service.

Die Fertigungslöhnc sind in erster Linie aufgrund der starken technologischen Weiterentwicklung und der damit verbundenen Ratio-
nalisierung und Automatisierung zurückgegangen. Direkt als Einzelkosten einem Produkt oder Auftrag zuordenbare Fertigungslöhne
werden durch sog. Technologiekosten (für Abschreibungen, Zinsen,
Energie, Wartung und Instandhaltung) substituiert, die bei flexiblen
Maschinen dann zu Gemeinkosten werden. Damit ergeben sich Lohn-
zuschlagssätze von mehreren Hundert Prozent, während früher Zuschlagssätze von 50-60 % ausreichend waren.

Ökonomische
Fehlsteuerungen

Die mit den drei obigen Belegen veranschaulichten Veränderungen der
Kostenstruktur können ökonomische Fehlsteuerungen nach sich ziehen,
die um so gravierender sind, je höher die Zuschlagssätze sind:

- Treten bei der Herstellung eines Produkts positive **Lohnabweichungen** von z. B. 1 EUR auf, so bewirkt dies bei einem Zuschlagssatz von
  600 % automatisch eine unzutreffende zusätzliche Verrechnung von
  Gemeinkosten in Höhe von 6 EUR. Umgekehrt werden Unterschreitungen bei den Fertigungslöhnen durch die Proportionalitätsannahme
  gleichzeitig fälschlicherweise als Einsparungen bei den Gemeinkosten
  ausgewiesen.
- Auf Produkte, die mit **neuen Fertigungstechnologien** (und niedrigen
  Fertigungslöhnen) hergestellt werden, werden zu wenig Gemeinkosten
  verrechnet, während Produkte, deren Fertigung auf konventionellen
  Maschinen und Anlagen erfolgt, mit zu hohen Gemein- und damit auch
  Gesamtkosten belastet werden. Eine unzutreffende Verrechnung der
  Gemeinkosten führt dazu, dass Produktlinien mit positivem Ergebnis
  in Wirklichkeit nicht kostendeckend arbeiten und umgekehrt vermeintlich verlustbringende Fertigungslinien in Wirklichkeit positive Ergebnisbeiträge erwirtschaften.

Aus den geänderten Kostenstrukturen ergeben sich neue Anforderungen
an die Gestaltung der Kostenrechnung (vgl. zum Zusammenhang von
Kostentendenzen und Controllinginstrumenten z. B. Günther [1997],
S. 97 ff.). Die Controllingschwerpunkte der bislang eingesetzten Systeme
decken sich nicht mehr mit der aktuellen Zusammensetzung betrieblicher
Kosten. Die klassische Voll- oder Grenzkostenrechnung ist um Instrumente wie eine Prozesskostenrechnung und, ein Gemeinkosten- und Fix-
kostenmanagement zu ergänzen. Nur wenn das Kostenrechnungssystem
eine hohe Informationsqualität bietet, können die strategischen Fehlsteuerungen vermieden werden, auf die der nächste Abschnitt detailliert eingeht.

3) Potenzielle strategische Fehlsteuerungen

Wie bereits einführend erläutert, soll die Kosten- und Leistungsrechnung weiter entwickelt zu einem **Strategic Management Accounting** auch strategische Entscheidungen unterstützten helfen (vgl. Abschnitt 7 in Kapitel 1).

Viele Unternehmen sind jedoch durch die Öffnung der Ostmärkte und die stürmische Wirtschaftsentwicklung in Asien unter erheblichen Kostendruck aus Ländern mit weitaus niedrigeren Lohn- und anderen Kosten (z. B. Energiekosten) gekommen. Dies betrifft nicht nur Unternehmen, die sich nach den klassischen **generischen Wettbewerbsstrategien** nach Porter als „Kostenführer" (Strategie: niedrige Kosten und Preise in einem breiten Segment) verstehen, sondern auch Unternehmen, die wie im europäischen Raum stark verbreitet als „Differenzierer" (Strategie: hoher Kundennutzen in einem breiten Segment) oder „Spezialist" (Strategie: niedrige Kosten und/oder hoher Kundennutzen in einem eng definierten Segment) fungieren (zu den generischen Wettbewerbstrategien vgl. Porter [1980], S. 36 ff.). Denn auch in der Differenzierung und in der Spezialisierung geht es letztendlich darum, ein überlegenes Preis- / Leistungsverhältnis gegen Wettbewerber nachhaltig zu verteidigen, unabhängig davon, ob der Preis unterdurchschnittlich oder die Leistung (= Kundennutzen) überdurchschnittlich ist. Diese Argumentation entstammt der Betrachtung des **strategischen Dreiecks**, bestehend aus dem eigenen Unternehmen, den Wettbewerbsunternehmen und den Kunden. Ein nachhaltiger Wettbewerbsvorteil gegenüber dem Wettbewerber ist demnach auf ein überlegenes Preis-Leistungs-Verhältnis gegenüber dem Kunden zurückzuführen (vgl. Ohmae [1982], S. 72 ff.).

Die strategische Bedeutung der Kostenposition wird verschärft durch die Einführung flexibler Fertigungstechnologien, die letztlich dazu führen, dass im Gegensatz zu Porter Kostenführerschaft und Differenzierung bzw. Spezialisierung simultan als sog. **Outpacing-Strategien** erzielt werden können (vgl. Gilbert/Strebel [1987]). Flexible Systeme erlauben quasi eine Losgröße eins und damit eine kundenindividuelle Produktpolitik trotz der Wahrung von Kostensenkungspotenzialen durch Automatisierung und hoher Stückzahlen.

Die **genaue Kenntnis der betrieblichen Kosten** ist der Schlüsselfaktor sowohl für das Verteidigen eines Kostenvorsprungs gegenüber den Konkurrenten als auch für die erfolgreiche Durchführung einer Differenzierungs- bzw. Spezialisierungsstrategie. Der Kostenführer, der über Diversifizierung zusätzliche Volumenvorteile anstrebt, wird solange erfolgreich sein, wie seine Einsparungen aus volumenabhängigen Kostendegressionen (Economies of Scale) größer sind als die Kosten, die bei einer stärkeren Diversifizierung des Produktspektrums zusätzlich entstehen würden (Economies of Scope). Wenn das Kostenrechnungssystem die Kosten einer Ausweitung des Produktspektrums nicht verursachungsgerecht auf die Produkte verrechnet, besteht die Gefahr, dass die Kosten der

Potenzielle
Fehlsteuerungen

Kosten und
Outpacing-
Strategien

Kosten-
transparenz

Diversifizierung unbemerkt größer werden als die früher erzielten volumenabhängigen Kostendegressionen. Damit würde das Unternehmen seinen Kostenvorsprung als Wettbewerbsvorteil gegenüber seinen Konkurrenten verlieren. In ähnlicher Weise kann ein Differenzierer spezielle Kundenwünsche solange erfüllen, wie die erzielbaren Preise über den zusätzlichen Kosten der Differenzierung liegen. Nur wenn das Kostenrechnungssystem diese zusätzlichen Kosten entsprechend der produktspezifischen Inanspruchnahme ausweist, wird das Unternehmen seinen infolge der Differenzierung erreichten Wettbewerbsvorteil gegenüber seinen Konkurrenten verteidigen können. Dies spricht auch für eine stärkere Beschäftigung mit speziellen Kostenrechnungssystemen wie der Qualitätskostenrechnung (vgl. Kapitel 16) oder Zeitkostenrechnung (vgl. Kapitel 17), die gerade die Kosten- und Erlöswirkungen der Wettbewerbsvorteile Qualität und Zeit zu messen versuchen. Die höhere Genauigkeit in der Kostenverrechnung führt zu fundierten Preis- und Produktentscheidungen und bewirkt damit letztendlich höhere Erträge bei den verfolgten Strategien.

Die Wettbewerbsvorteile eines Unternehmens ergeben sich aus vielen einzelnen Tätigkeiten, die in den Bereichen Entwicklung, Fertigung, Marketing und Distribution für ein Produkt erbracht werden. Jede dieser Tätigkeiten kann einen Beitrag zur Veränderung der relativen Kostenposition eines Unternehmens leisten und eine Differenzierungsbasis schaffen. Aus der Gesamtheit der betrieblichen Tätigkeiten sind diejenigen in erster Linie bedeutsam, die den vom Kunden gewünschten Nutzen schaffen (**"value activities"**). Diese Aktivitäten sind für ein Unternehmen die sog. "kritischen Aktivitäten", da sie mit entscheidend für die Höhe der Gesamtkosten sind und damit den zu verteidigenden Wettbewerbsvorteil am stärksten beeinflussen. Um auf Dauer wettbewerbsfähig bleiben zu können, sind Informationen erforderlich, die einerseits die Kosten der vom Kunden gewünschten "value activities" (z. B. Qualitätsprüfung) zeigen und andererseits auch das Ausmaß von "non-value activities" im Unternehmen (z. B. Nacharbeiten) erkennen lassen.

Daher muss es Zielsetzung einer aussagefähigen Kostenrechnung sein, die Kosten der betrieblichen Aktivitäten zu ermitteln und für die Kalkulation der Produkte nutzbar zu machen. Diesen Weg geht die Prozesskostenrechnung.

2.4.2 Vorgehensweise der Prozesskostenrechnung

Die Vorgehensweise der Prozesskostenrechnung soll in zwei Hauptschritten dargestellt werden. Ausgangspunkt ist zunächst die Bestimmung der betrieblichen Prozesse und ihrer Prozessgrößen, die später als Bezugsgrößen in die Prozesskostenkalkulation eingehen.

2.4.2.1 Bestimmung der Prozesse und Prozessgrößen

Prozesse oder „**Activities**" sind repetitive Tätigkeiten, die in den verschiedenen Kostenstellen oder Abteilungen eines Unternehmens bei der Ausführung der übertragenen Aufgaben anfallen. Aus Gründen der Praktikabilität und Wirtschaftlichkeit ist die Prozesskostenrechnung vor allem für gut strukturierte, repetitive Tätigkeiten in Gemeinkostenbereichen mit nennenswerter Häufigkeit geeignet, die gleichzeitig einen vergleichsweise geringen Entscheidungsspielraum aufweisen (z. B. Disposition über Vorprodukte, Materialwirtschaft und Logistik, Fertigungsvorbereitung, Auftragsabwicklung, Ersatzteillogistik etc.). Weniger geeignet sind z. B. Aufgaben des Top Management, kreative Forschungs- und Entwicklungstätigkeiten oder Marketingaktivitäten. Eine Abgrenzung möglicher Einsatzbereiche für die Prozesskostenrechnung zeigt Abbildung 4.9.

Begriff Prozess, Activities

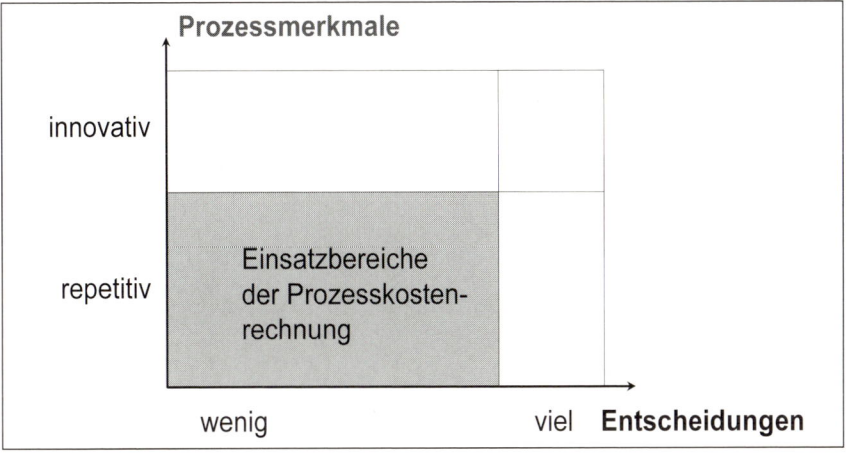

Abb. 4.9: Einsatzbereiche der Prozesskostenrechnung
(Quelle: in Anlehnung an Striening [1988], S. 62)

Nach der Klärung des Prozessverständnisses werden nachfolgend die einzelnen Schritte der **Bestimmung von Prozessen und Prozessgrößen** an einem Beispiel erläutert:

Bestimmung von Prozessen und Prozessgrößen

Beispiel 4.7
Prozesskostenrechnung: Problemstellung

Das Elektronikunternehmen Schuster Electronics GmbH stellt Elektromotoren sehr unterschiedlicher Auslegung her. Das Unternehmen musste in den letzten Jahren feststellen, dass es immer mehr zum Hersteller von Spezialitäten wird und der Massenmarkt zunehmend in den asiatischen Raum abwandert.

Der zum Jahresbeginn neu eingestellte Controller, Timon Elias, erhält von der Geschäftsleitung den Auftrag, die Produktkosten unter die Lupe zu nehmen. Er stellt fest, dass seit vielen Jahren mit einer relativ einfachen Lohnzuschlagskalkulation gearbeitet wurde. Der Zuschlagssatz für die Materialgemeinkosten beträgt 189 % und der einheitliche Zuschlagssatz für die Fertigungsgemeinkosten 628 %. Dies macht Herrn Elias stutzig und er beginnt sich die einzelnen Prozesse, die hinter den Gemeinkosten stehen genauer anzusehen. Er wendet sich daher zunächst dem Bereich der Beschaffung, der sog. Disposition zu.

1) Ermittlung der Prozesse je Kostenstelle

Ermittlung der Prozesse

Die in den einzelnen Bereichen ablaufenden Prozesse werden anhand von Interviews mit den betreffenden Kostenstellenleitern oder weiteren Mitarbeitern erhoben. Jede Kostenstelle muss die dort ablaufenden Prozesse (Output) und den hierzu erforderlichen Einsatz an Personal- und Sachmitteln (Input) angeben, der die Höhe der Kosten bei den einzelnen Prozessen bestimmt.

Beispiel 4.7
Prozesskostenrechnung: Prozessübersicht

Zusammen mit einem Werkstudenten, der die aufwendige Erhebungsarbeit bewerkstelligt, erhebt Herr Elias die Teilprozesse in den mit der Beschaffung verbundenen Kostenstellen Einkauf, Warenannahme, Qualitätssicherung und Lager. Als Ergebnis ergibt sich die in Abbildung 4.10 links des Trennstriches angegebene **Prozessübersicht**.

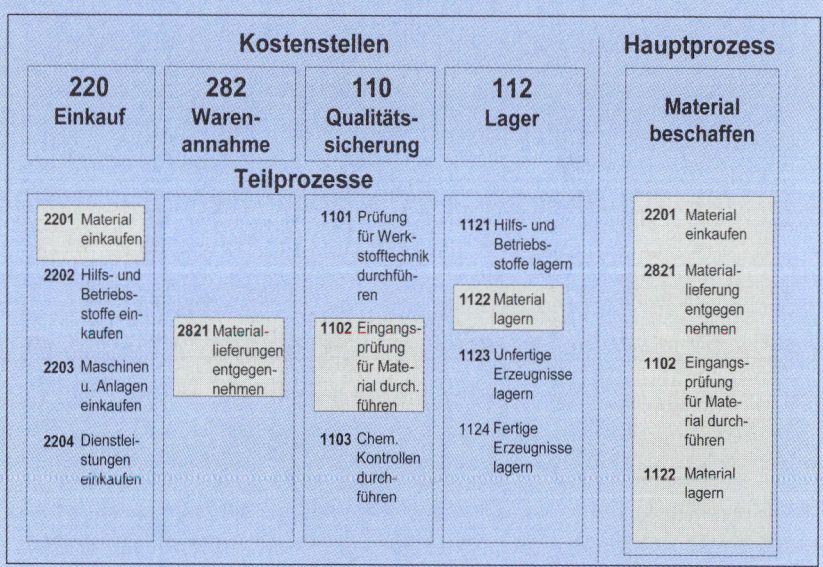

Abb. 4.10: Prozessanalyse zusammenhängender Kostenstellen
(Quelle: in Erweiterung von Coenenberg/Fischer [1991], S. 27)

Die ermittelten Transaktionen bzw. Prozesse können auch in Form einer „**Prozessliste**" zusammengefasst werden, wie sie beispielhaft Abbildung 4.11 zeigt.

Prozess	Prozessgröße
Angebote bearbeiten	Angebotsposition
Kundenaufträge bestätigen	Auftragsposition
Material bestellen	Bestellposition
Material lagern	m^3-Lagerraum
Fertigungsplätze rüsten	Rüstzeit
Fertigungsplätze bedienen	Fertigungszeit
Fertigerzeugnisse lagern	m^3-Lagerraum

Abb. 4.11: Auszug aus einer Prozessliste

2) Zusammenfassung zu Hauptprozessen mit einheitlichen Kostentreibern

Durch die kostenstellenübergreifende Zusammenfassung von mehreren sachlich zusammenhängenden (Teil-)Prozessen können sog. „**Hauptprozesse**" gebildet werden, die eine Verdichtung der häufig großen Zahl von Teilprozessen vornehmen und die Grundlage einer prozessorientierten Kalkulation darstellen (vgl. bereits bei Siemens [1985], S. 19). Häufig wird jedoch in der Prozessanalyse gleich direkt auf Hauptprozesse abgestellt. Abbildung 4.10 zeigt zum einen, dass am Hauptprozess „Material beschaffen" vier Kostenstellen gleichzeitig beteiligt sind. Zum anderen wird deutlich, dass die Prozesssicht eventuell auch Handlungsbedarf in der organisatorischen Gestaltung nach sich zieht, da das Unternehmen anstatt funktional auch prozessual strukturiert werden könnte und damit anstatt der funktionalen Kostenstellen auch Prozesskostenstellen gebildet werden könnten. Durch die Zusammenfassung sachlich zusammengehöriger Teilprozesse wird zudem die Identifikation der hinter den Prozessen stehenden „Kostenantriebskräfte" erleichtert.

Zusammenfassung zu Hauptprozessen

3) Ermittlung der Kostentreiber (Prozessgrößen)

Diese „**Kostenantriebskräfte**", auch **Kostentreiber** oder im englischen **cost driver** genannt, stellen die eigentlichen Bezugsgrößen für die Verrechnung der angefallenen Gemeinkosten dar. Die Höhe, z. B. der Materialgemeinkosten, ist nur zum Teil vom Wert der beschafften Materialien (z. B. bzgl. der kalkulatorischen Zinsen auf die Lagerbestände), sondern z. B. von der Anzahl der getätigten Bestellungen, Lagerbewegungen, Dispositionsvorgänge etc. abhängig. Die Begriffe „Kostentreiber" bzw. „cost driver" werden häufig verwendet, da dadurch betont wird, dass die Anzahl der zur Herstellung der Produkte erforderlichen Prozesse das Volumen der entstehenden Gemeinkosten „vorantreibt" und nicht etwa die wertmäßige Höhe der zur Verrechnung verwendeten Zuschlagsbasen. Die

Ermittlung der Kostentreiber, Prozessgrößen

Kostentreiber übernehmen gleichzeitig als „**Prozessgrößen**" die Funktion der Maßgrößen zur Quantifizierung des Outputs eines Prozesses. Die Prozessgrößen sollten folgende Anforderungen erfüllen:

- einfache Ableitbarkeit aus den verfügbaren Informationsquellen,
- Proportionalität zur Beanspruchung der Ressourcen und damit Kosten,
- Proportionalität zur Outputmenge an Produkten,
- Durchschaubarkeit und Verständlichkeit.

Diese Kriterien unterstreichen, dass die Identifikation von Prozessgrößen die schwierigste und kreativste Phase während der Implementierung einer Prozesskostenrechnung darstellt. Beispiele für Prozessgrößen in den verschiedenen Stufen der betrieblichen Wertschöpfung zeigt Abbildung 4.12.

Logistik	Produktion	Vertrieb
• Ein- / Auslagerungspositionen	• Bauplanpositionen	• Kundenaufträge
• m³-Lagerraum	• Vorfertigungspositionen	• Zollsendungen
• Lieferscheinpositionen	• Qualitätsprüfungen	• Rechnungen
• Materialbestellungen	• Montagepositionen	• Anzahl der Bestellpositionen
• Anzahl der Bestellpositionen	• Rüstvorgänge	• Retourenausgänge
• Eingangsprüfungen	• Anzahl der Fügestellen	• Frachtbriefe

Abb. 4.12:   Beispiele für Prozessgrößen in verschiedenen Wertschöpfungsstufen

Selbstverständlich können auch Prozessgrößen für andere Bereiche der betrieblichen Wertschöpfung gefunden werden. Bei bestimmten Aufgaben im Unternehmen (z. B. Personal, Kasino, Planung, Betriebsleitung) scheint allerdings eine prozessorientierte Verrechnung der entstandenen Kosten auf die Produkte nicht mehr möglich, da eine proportionale Beziehung zum Produkt nicht gegeben ist.

Kategorien von
Prozessgrößen

Die beispielhafte Zusammenstellung in Abbildung 4.12 hat bereits angedeutet, dass es verschiedene **Kategorien von Prozessgrößen** gibt:

- Als eines der ersten Unternehmen in Deutschland experimentierte die Siemens AG mit der Prozesskostenrechnung. Dabei wurde zwischen **mengen-** (= Anzahl) **und wertabhängigen** (= EUR) **Prozessgrößen** unterschieden (vgl. Siemens [1985]). Bei mengenabhängigen Prozessgrößen besteht eine direkte Beziehung zwischen dem physischen Leistungsvolumen (Output) und den beschäftigungsabhängigen Kosten eines Prozesses. Bei wertabhängigen Prozessen, z. B. „Vorräte verzinsen", wären der Bestandswert oder die Reichweite relevante Prozessgrößen für eine verursachungsgerechte Zuordnung der Prozesskosten auf die Produkte.

- Foster/Gupta differenzieren die Prozessgrößen nach drei unterschiedlichen Kategorien: **Volumenabhängige Prozessgrößen** beziehen sich unmittelbar auf die Abwicklung verschiedener Ausbringungsmengen, z. B. Fertigungslose oder Kundenaufträge. Daneben treten in Abhängigkeit vom Umfang des Produktspektrums sog. **komplexitätsabhängige Prozessgrößen**, z. B. Bauplanpositionen, Prüfpositionen und Lieferpositionen, in den verschiedenen Stufen der betrieblichen Wertschöpfung auf. Schließlich können noch **effizienzabhängige Prozessgrößen** angeführt werden. Diese bestimmen zum einen die Durchlaufzeit der Produkte und zum anderen den Anteil nicht direkt wertschöpfungsbezogener (non-value-added) Prozesse, wie z. B. Ausbeutegrade, Rüst-, Lager- und Wartezeiten (vgl. Foster/Gupta [1990]).
- Schließlich differenzieren Cooper/Kaplan in einer hierarchischen Prozesskostenrechnung zwischen **stückzahlabhängigen** („unit related costs"), **losgrößenabhängigen** („lot related costs"), **variantenabhängigen** („product-sustaining costs") und **werksabhängigen Kosten** („facility-sustaining costs"). Dadurch ergeben sich auf den vier unterschiedlichen Ebenen auch unterschiedliche Bezugsgrößen (vgl. Cooper/Kaplan [1991], S. 134).

Die Festlegung geeigneter Prozessgrößen ist stark von den unternehmensspezifischen Gegebenheiten abhängig. Insofern ist es schwierig, eindeutige Kriterien für die Auswahl der passenden Prozessgrößen vorzugeben. In jedem Fall ist die Auswahl notwendige Voraussetzung für den Aufbau und die Durchführung

- einer aussagefähigen Kennzahlenbildung und somit einer wirkungsvollen Wirtschaftlichkeitskontrolle,
- einer verursachungsgerechteren Kostenträgerzeit- und Kostenträgerstückrechnung (Kalkulation),
- einer verbesserten Gemeinkostenplanung.

Herr Elias stellt vielfältige Analysen an, welche Prozessgröße für den Hauptprozess „Material beschaffen" die geeignetste wäre. In die engere Auswahl wurde die Anzahl der Beschaffungen, die Anzahl der Bestellpositionen (d. h. der einzelnen Zeilen auf dem elektronischen Bestellformular), der Wert der beschafften Materialien sowie die Anzahl der Ein- und Auslagerungsvorgänge genommen. Schließlich ist Herr Elias überzeugt, dass die Anzahl der Bestellpositionen die verursachungsgerechteste Größe ist, da jede einzelne Bestellposition von der Disposition einzugeben ist, schließlich beim Wareneingang auf den Lieferscheinen zu überprüfen, in das Warenwirtschaftssystem einzubuchen und schließlich einzulagern ist.	**Beispiel 4.7** Prozesskostenrechnung: Prozessgrößen

4) Bestimmung der Prozessmengen

Letztlich sind noch die Prozessgrößen zu erheben, d. h. zu messen. Dies klingt einfacher als es ist, da zuerst einmal entsprechende Meßsysteme oder Zähler geschaffen werden müssen. Das klassische ERP-System hat sie häufig nicht vorrätig, auch wenn sie als statistische Kennzahlen wie im SAP R/3 angelegt werden können.

Herr Elias beschließt zunächst einmal für die nächsten drei Monate die Anzahl der Bestellpositionen, gemessen als Zeilen im elektronischen Bestellsystem, mit einem Zähler zu versehen und die benötigten Daten zu sammeln. Am Ende des Quartals kommt er auf 8 000 Bestellpositionen (= Prozessmenge). Hochgerechnet auf das Geschäftsjahr sind dies dann 32 000 Bestellpositionen p. a.

Mit den ermittelten Prozessen, Prozessgrößen und Prozessmengen liegen jetzt alle Schlüsselgrößen für eine verursachungsgerechtere Zuordnung der entstandenen Kosten mit Hilfe der Prozesskostenkalkulation vor.

Die geschilderte Vorgehensweise zur Erhebung der benötigten Daten erfordert natürlich den Einsatz entsprechender betrieblicher Ressourcen. Göpfert/Rummel ([1988]) bezifferten den Zeitbedarf für die **Implementierung einer Prozesskostenrechnung** auf ca. drei Mannjahre. Dies scheint relativ hoch, da Anfang der 90er Jahre die Prozesskostenrechnungssysteme noch relativ viele einzelne Prozesse beinhalteten. Neuere Erfahrungen gehen von einem Aufwand von 3 bis 6 Mannmonaten auf der Basis weniger, aber entscheidungsrelevanter Prozesse aus. Bezüglich des Aufwandes ist zwischen der einmaligen Erhebung von Strukturdaten (Welche Prozesse? Welche Prozessgrößen?) und dem laufend anfallenden Aufwand der Erhebung von Prozess- und Produktdaten (Wie viele Prozesse? Welche Prozesskosten? Wie viel Prozesse pro Produkt?) zu unterscheiden. Um den Aspekt der Wirtschaftlichkeit nicht völlig aus den Augen zu verlieren, sollten folgende Kriterien bei der Einführung einer Prozesskostenrechnung berücksichtigt werden:

- Konzentration auf betriebliche Kostenschwerpunkte,
- Konzentration auf betriebliche Ressourcen, die von verschiedenen Produkttypen unterschiedlich beansprucht werden (z. B. Fertigungszeit, Rüstzeit etc.),
- Konzentration auf Ressourcen, deren Kosten im bestehenden Kostenrechnungssystem am wenigsten verursachungsgerecht verrechnet werden (z. B. Aufwendungen für Beschaffung, Fertigungssteuerung etc.).

2.4.2.2 Prozesskostenkalkulation

Die Kalkulation auf der Basis der Prozesskostenrechnung vollzieht sich in vier Schritten, die nachfolgend dargestellt werden.

1) Erhebung der Prozesskosten

Zunächst sind für jeden der identifizierten (Haupt-)Prozesse die **Prozesskosten** zu erheben. Diese umfassen alle Ressourcenverbräuche **(Kostenpools)**, die verursachungsgerecht mit diesem Prozess verbunden sind, d. h. Personalkosten, Raumkosten, Energiekosten, kalkulatorische Abschreibungen und kalkulatorische Zinsen von genutzten Anlagen etc.

Erhebung der Prozesskosten

Für alle vier Hauptprozesse in der Disposition hat Herr Elias alle Personal- und Sachkosten in Abbildung 4.13 zusammengestellt. Der vorab betrachtete Hauptprozess „Material beschaffen" verbraucht davon 800 000 EUR p. a. Darüber hinaus fallen auch Kosten für Allgemeine Verwaltung in Höhe von 207 000 EUR an, die sich nur schwer den einzelnen Hauptprozessen zuordnen lassen. Selbstverständlich muss die Summe der Kosten aller Hauptprozesse (zuzüglich Allgemeine Verwaltung) der Summe der primären und sekundären Gemeinkosten der vier Kostenstellen Einkauf, Warenannahme, Qualitätssicherung und Lager entsprechen.

Beispiel 4.7
Prozesskostenrechnung: Prozesskosten

Hauptprozesse: Disposition		
Prozesse	Mitarbeiter	Personal- und Sachkosten (Euro)
1. Bestellungen abwickeln für Material (= Material beschaffen)	7,4	800 000
2. Bestellungen abwickeln für Hilfs- und Betriebsstoffe	1,7	180 000
3. Bestellungen abwickeln für Maschinen und Anlagen	2,8	295 000
4. Bestellungen abwickeln für Dienstleistungen	1,1	105 000
Σ **Outputbezogene Prozesse**	**13,0**	**1 380 000**
Sonst. Verwaltung	1,5	207 000
Datum:	Unterschrift:	

15 %

Abb. 4.13: Hauptprozesse der Disposition und deren Prozesskosten
(Quelle: in Abwandlung von Coenenberg/Fischer [1991], S. 26)

2) Ermittlung der Prozesskostensätze

Ermittlung der Prozesskosten- sätze

Durch Gegenüberstellung von Prozesskosten und Prozessmengen ergeben sich nun die sog. **Prozesskostensätze**:

$$\text{Prozesskostensatz} = \frac{\text{Prozesskosten}}{\text{Prozessmenge}}$$

Damit zeigt sich, dass die Prozesskostenrechnung methodisch auf die Divisionskalkulation zurückgreift und damit auch weder eine Trennung in (Prozess-)Einzel- und -Gemeinkosten als auch in fixe und variable Kosten vornimmt, sondern dem **Durchschnittsprinzip** folgt.

Beispiel 4.7
Prozesskosten- rechnung: Pro- zesskostensatz

> Für den Hauptprozess 1 „Material beschaffen" ergibt sich nun folgender Prozesskostensatz:
>
> $$\text{Prozesskostensatz} = \frac{800\,000\ \text{EUR}}{32\,000\ \text{Bestellpositionen}} = 25\ \text{EUR}/\text{Bestellpositionen}$$

Aufgaben der Prozesskosten- sätze

Die Prozesskostensätze übernehmen eine zentrale Aufgabe in der Prozesskostenrechnung (Abbildung 4.14):

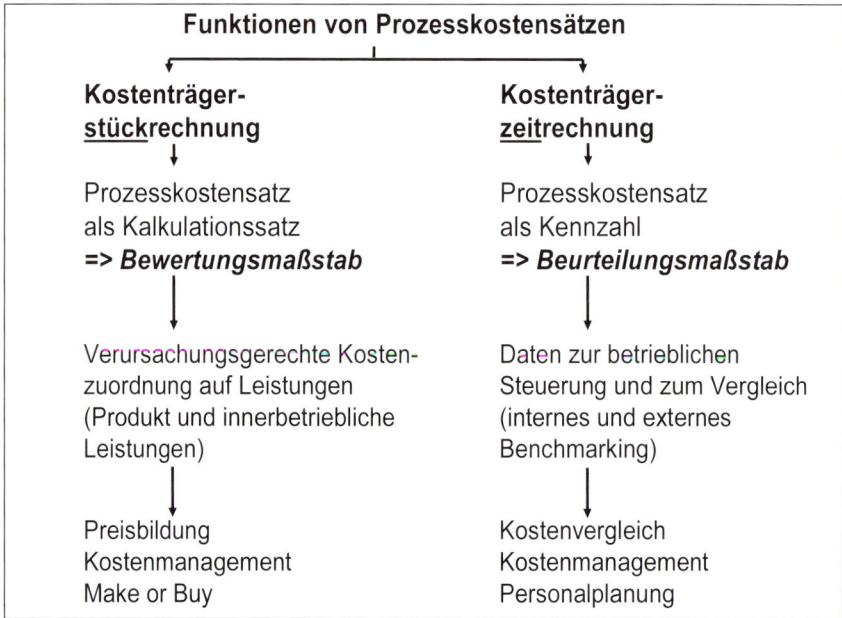

Abb. 4.14: Funktionen von Prozesskostensätzen
        (Quelle: in Anlehnung von Coenenberg/Fischer [1991], S. 29)

- Zum einen ermöglichen die Prozesskostensätze eine **verursachungs-gerechtere Kalkulation** in der **Kostenträgerstückrechnung** als die Zuschlagskalkulation, bei der die Gemeinkosten häufig nur in Abhängigkeit von der Höhe einer wertmäßigen Zuschlagsbasis über proportionale Prozentzuschläge verrechnet werden (vgl. Abschnitt 2.2).

- Für die **Kostenträgerzeitrechnung** ergeben sich durch die Verwendung von Prozesskostensätzen verbesserte Informationen für die betriebliche Steuerung. Über die Prozesskostensätze kann eine **Produktivitäts- und Wirtschaftlichkeitsanalyse** bei innerbetrieblichen Vorgängen durchgeführt werden:

$$\text{Prozesskostensatz} = \frac{\text{Prozesskosten}}{\text{Prozessmenge}} = \frac{\text{Input}}{\text{Output}} = \frac{1}{\text{Produktivität}}$$

Mit Hilfe der Produktivitätsbetrachtung ist eine wirkungsvolle Unterstützung des Funktionscontrolling in den verschiedenen Wertschöpfungsstufen möglich. Zum einen sind Ansatzpunkte zur kostenstellenübergreifenden Optimierung der betrieblichen Prozessstruktur erkennbar. Andererseits werden durch Zeitreihen von Produktivitätskennzahlen Hinweise auf Rationalisierungspotenziale bzw. Informationen über bereits erreichte Verbesserungen in der Abwicklung von Vorgängen dokumentiert. Darüber hinaus lässt sich im zeitlichen Vergleich auch feststellen, wie schnell produktivitätssteigernde Maßnahmen umgesetzt werden konnten. Des weiteren sind Prozesskostensätze Ansatzpunkte für **internes und externes Benchmarking**. Eine weitere Anwendung ist die **Planung von Personalkapazitäten** bei dienstleistungsnahen Prozessen, in dem die einzelnen Prozesse mit dem Zeitbedarf verknüpft werden.

3) Verrechnung leistungsmengenneutraler Kosten
Für Tätigkeiten, deren Kosten unabhängig von den Prozessmengen entstehen und damit als „fix" anzusehen sind (z. B. Abteilung leiten, Mitarbeiter beurteilen, Abläufe organisieren), gibt es keine direkten produktbezogenen Maßgrößen der Kostenverursachung. Während die sog. leistungsmengeninduzierten Kosten (z. B. Angebote bearbeiten, Material prüfen) mit Prozesskostensätzen verrechnet werden, verursachen diese prozessmengenunabhängigen oder leistungsmengenneutralen Kosten Probleme in der Weiterverrechnung auf Produkte und Aufträge.

Horvath/Mayer schlagen vor, dass die **Umlage der leistungsmengenneutralen Prozesskosten** proportional zur Höhe der leistungsmengeninduzierten Prozesskostensätze vorgenommen werden sollte (vgl. Horváth/Mayer [1989], S. 217).

Leistungsmengeninduzierte und -neutrale Kosten

Umlage leistungsmengenneutraler Kosten

Beispiel 4.7
Prozesskosten-
rechnung: Leis-
tungsmengen-
neutrale Kosten

Für die vier betrachteten Kostenstellen ergeben sich vier Hauptprozesse, die als leistungsmengeninduziert (lmi) betrachtet werden können, und mit „Abteilung leiten" ein Prozess, der leistungsmengenneutral (lmn) ist. Hierfür fallen Kosten in Höhe von 207 000 EUR an. Damit ergibt sich folgender Zuschlagssatz für leistungsmengenneutrale Prozesse:

$$\text{lmn} \quad \text{Zuschlagssatz} = \frac{207\,000\ \text{EUR}}{1\,380\,000\ \text{EUR}} = 15\,\%$$

Wie Abbildung 4.15 zeigt, verteuern sich damit alle Prozesskostensätze um 15 %. Für den Prozess „Material beschaffen" erhöht sich der Prozesskostensatz von 25,00 EUR / Bestellposition um 3,75 EUR auf 28,75 EUR / Bestellposition.

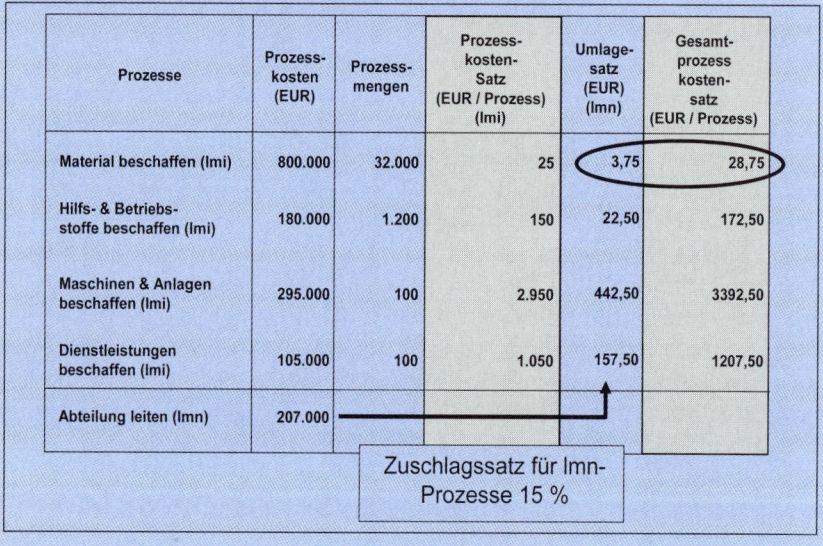

Prozesse	Prozess-kosten (EUR)	Prozess-mengen	Prozess-kosten-Satz (EUR / Prozess) (lmi)	Umlage-satz (EUR) (lmn)	Gesamt-prozess kosten-satz (EUR / Prozess)
Material beschaffen (lmi)	800.000	32.000	25	3,75	28,75
Hilfs- & Betriebs-stoffe beschaffen (lmi)	180.000	1.200	150	22,50	172,50
Maschinen & Anlagen beschaffen (lmi)	295.000	100	2.950	442,50	3392,50
Dienstleistungen beschaffen (lmi)	105.000	100	1.050	157,50	1207,50
Abteilung leiten (lmn)	207.000				

Zuschlagssatz für lmn-Prozesse 15 %

Abb. 4.15: Umlage von leistungsmengenneutralen Prozessen
(Quelle: in Abwandlung von Coenenberg/Fischer [1991], S. 30)

Der Vorteil der proportionalen Verrechnung von lmn-Kosten liegt in der leichten Anwendbarkeit. Die Informationen, die sich aus der Prozesskostenrechnung ergeben, sind nicht nur in der Produktkalkulation anwendbar. Auch zum Benchmarking oder zur Entscheidung über Eigenfertigung und Fremdbezug (Make-or-buy-Entscheidung) sind Prozesskostensätze notwendig. Die lmn-Prozesse haben jedoch Fixkosten-Charakter und fallen unabhängig von den einzelnen Prozessen und Prozessmengen an. Ein Prozesskostensatz von 28,75 EUR pro Bestellposition wäre dann zur Entscheidungsunterstützung die falsche Information.

Exakter wäre es, analog zur Fixkostendeckungsrechnung nur von den rein leistungsmengeninduzierten Prozesskostensätzen auszugehen und die Kosten für „Abteilung leiten" quasi als **Fixkosten-Block** in Höhe von 207 000 EUR stehen zu lassen (vgl. Coenenberg/Fischer [1991], S. 29 f.). Alternativ können die Kosten für lmn-Prozesse auch kostenstellenübergreifend in einer **Sammelposition**, z. B. „Kosten für allgemeine Aufgaben" oder „Sonstige Kosten", zusammengefasst werden. Diese Vorgehensweise bietet den Vorteil, dass sämtliche im Betrieb erhobenen prozessorientierten Kostendaten in der Kostenträgerstück- bzw. -zeitrechnung unverfälscht gezeigt werden. Die prozessmengenunabhängigen Kosten der Sammelposition würden dann mit prozentualen Zuschlägen auf die Gesamtsumme der bereits produktspezifisch vorliegenden Einzel- und Prozesskosten verteilt werden.

Leistungsmengenneutrale Kosten als Sammelposition

4) Zurechnung zum Kostenträger

Im letzten Schritt sind die Prozesskostensätze mit der Kalkulation zu verbinden. Hierzu ist für jedes Produkt zu untersuchen, welcher der Prozesse und deren Prozesskostensätze in Anspruch genommen werden.

Zurechnung zum Kostenträger

Beispiel 4.7
Prozesskostenrechnung: Produktkalkulation

Bei der Schuster Electronics GmbH erfolgt die Verrechnung der Gemeinkosten auf die Produkte entsprechend der Anzahl der in der Stückliste vorgesehenen Bauplanpositionen (= potenzielle Bestellposition) und der durchschnittlichen Dispositionsmenge. Lmn-Prozesse werden dabei nicht als Zuschlagssatz auf die lmi-Prozesse verrechnet.

Betrachtet man den Hauptprozess „Material beschaffen", so ergeben sich bei dem Produkt Gardinenmotor Gardia XL 20 bei 35 Einzelteilen laut Stückliste und einem üblichen Lieferumfang von 100 Stück folgende Prozesskosten für „Material beschaffen" als Teil der Materialgemeinkosten:

$$\text{Prozesskosten "Material beschaffen"} =$$

$$= \frac{35 \text{ Bestellpositionen}}{100 \text{ Stück}} \times 25{,}00 \text{ EUR / Bestellposition} =$$

$$= 8{,}75 \text{ EUR / Stück}$$

Auf ein Produkt, für dessen Herstellung mehr (weniger) Materialien zu beschaffen sind, werden auch entsprechend mehr (weniger) Gemeinkosten und diese unabhängig vom Materialwert verrechnet. Wird zudem für einen Großauftrag die durchschnittliche Bestellmenge vervierfacht, reduzieren sich die Prozesskosten entsprechend auf ein Viertel. Dadurch wird im Gegensatz zur Zuschlagskalkulation auch die Wirkung unterschiedlicher Auftragsgrößen verursachungsgerecht sichtbar.

Time-Driven
Activity Based
Costing

Eine Abwandlung der „traditionellen" Prozesskostenrechnung stellt das sog. **Time-Driven Activity Based Costing** dar, das insbesondere für komplexe, vielfältige Prozessstrukturen empfohlen wird (vgl. Kaplan/ Anderson [2004], Bruggeman/Moreels [2004], Grob/Mensberg/Coners [2004] und Coners/von der Hardt [2004]). Die Unterschiede bestehen in folgenden Punkten:

- Verzicht auf die Modellierung vielfältiger Prozessvarianten als eigene Prozesse (z. B. vielfältige Varianten eines Prozesses „Kreditbeantragung" bei einer Bank,
- Abbildung der Prozesskomplexität über Merkmale und Merkmalsausprägungen (z. B. Umfang des Kreditantrages oder Bestandskunde ja/nein),
- Anstatt einer prozentualen Aufteilung des Ressourcenverbrauches der Kostenstellen auf die Prozesse (Prozesskosten), wie in Abbildung 4.13 dargestellt, Vergabe von Sollvorgaben für den Prozess in Zeiteinheiten (min oder h) als sog. Ressourcenverbrauchsfunktion (z. B. durchschnittliche Kreditbearbeitungszeit 50 Minuten),
- Abbildung der Komplexität in der Verbrauchsfunktion über merkmalsabhängige Zu- und Abschläge zum Standardprozess (z. B. Bestandkunde minus 5 Minuten Bearbeitungszeit),
- Bestimmung des Prozesskostensatzes pro Zeiteinheit durch Division der Prozesskosten durch die Summe der Prozesszeiten.
- Bestimmung der Kosten einzelner Prozesse durch Multiplikation der Prozessdauer mit dem Prozesskostensatz pro Zeiteinheit
- Aggregation der Kosten einzelner Prozesse zu Produktkosten
- Drill down auf die Prozesskosten einzelner Bezugsobjekte (z. B. Kosten einzelner Kunden oder spezieller Produkte).

Das Time-Driven Activity Based Costing stellt u. E. eine Kombination der Prozesskostenrechnung mit der Maschinenstundensatzkalkulation dar, da Prozessgrößen nicht mehr allgemein offen definiert werden, sondern generell durch den Zeitverbrauch ersetzt werden. Die Ressourcenverbrauchsfunktion erlaubt die gleichzeitige Berücksichtigung mehrerer Kosteneinflussgrößen und nicht nur wie bei der Prozesskostenrechnung einer Prozessgröße. Damit scheint bei komplexen, vielfältigen Prozessen wie in dienstleistungsnahen Bereichen eine verursachungsgerechtere Kalkulation möglich. Nicht empfohlen werden kann, der von Kaplan/Anderson geforderte Einsatz eines Data Warehouse zur Verwaltung und Pflege der Prozessmerkmale und -ausprägungen.

2.4.3 Informationsvorteile der Prozesskostenrechnung

Die bisherigen Ausführungen haben gezeigt, dass die Prozesskostenrechnung eine Fülle an zusätzlichen Informationen zur Verfügung stellt. Diese lassen sich vor allem im Hinblick auf eine operative und strategische Gestaltung der Leistungsgestaltung und des Produkt-Mixes nutzen. Im einzelnen sind hier drei Effekte zu unterscheiden: Allokationseffekt, Komplexitätseffekt und Degressionseffekt.

2.4.3.1 Allokationseffekt

Bei Anwendung einer Prozesskostenrechnung erfolgt die Zuordnung (Allokation) der Gemeinkosten auf die Produkte unabhängig von der Höhe traditionell wertorientierter Zuschlagsbasen (z. B. Material- oder Lohneinzelkosten). Statt dessen werden die Gemeinkosten nach der Inanspruchnahme betrieblicher Ressourcen auf die einzelnen Produkte verteilt. Der Aufwand, der z. B. für die Beschaffung und Lagerung von Fertigungsmaterial erforderlich ist, wird ja nicht durch die wertmäßige Höhe der Stückpreise bestimmt, sondern durch die Kosten der zur Abwicklung erforderlichen Prozesse.

Allokationseffekt

Herr Elias analysiert für die Schuster Electronics GmbH die Kosten dreier Motorenvarianten des Gardinenmotors Gardia XL 20, die sich nur durch die Art und Weise der Ansteuerung der Motoren unterscheiden. Version A hat eine konventionelle Steuerung über einen Taster, Version B eine Steuerung über eine Funkverbindung und Version C eine Steuerung über eine Mobilfunkschnittstelle.

Abbildung 4.16 zeigt, dass sich aufgrund der unterschiedlichen Materialeinzelkosten nach der Zuschlagskalkulation auch unterschiedliche absolute Zuschläge für Materialgemeinkosten ergeben. Bei Verwendung der Prozesskostenrechnung ist jedoch der Aufwand für die Materialbeschaffung identisch, da diese nur von der Zahl der Bestellpositionen abhängt, nicht jedoch davon, welche Art der Motorsteuerung beschafft wird.

Der Motor A wird nach der Zuschlagskalkulation um 1,57 EUR zu niedrig kalkuliert, während die komplexeste Lösung, der Motor C, um 13,93 EUR zu teuer kalkuliert wird. Über den Produkt-Mix gleicht sich dies zunächst aus, problematisch wird die Situation jedoch dann, wenn die „Unternehmenssphäre" verlassen wird und z. B. Preise für Dritte aufgrund der Kosten gebildet werden. Dann besteht z. B. die Gefahr, dass die technisch anspruchsvollere Lösung mit der Steuerung der Gartengardine per Handy bei der Zuschlagskalkulation zu teuer angeboten wird und sich das Unternehmen damit aus dem Markt herauskalkuliert.

Beispiel 4.7
Prozesskostenrechnung: Allokationseffekt

	Material-einzelkosten (in EUR)	Materialgemeinkosten (in EUR)		
		Zuschlags-kalkulation Zuschlags-satz 189 %	Prozesskosten-rechnung Prozesskosten-satz 8,75 EUR / Stück	Allokations-effekt (in EUR)
Motor A	3,80	7,18	8,75	- 1,57
Motor B	5,00	9,45	8,75	+ 0,70
Motor C	12,00	22,68	8,75	+13,93

Abb. 4.16: Allokationseffekt

2.4.3.2   Komplexitätseffekt

Komplexitäts-effekt

Die Prozesskostenrechnung ermöglicht auch, die Komplexität und den Variantenreichtum der Produkte als kostenbestimmenden Faktor in der Kalkulation verursachungsgerecht nachzubilden.

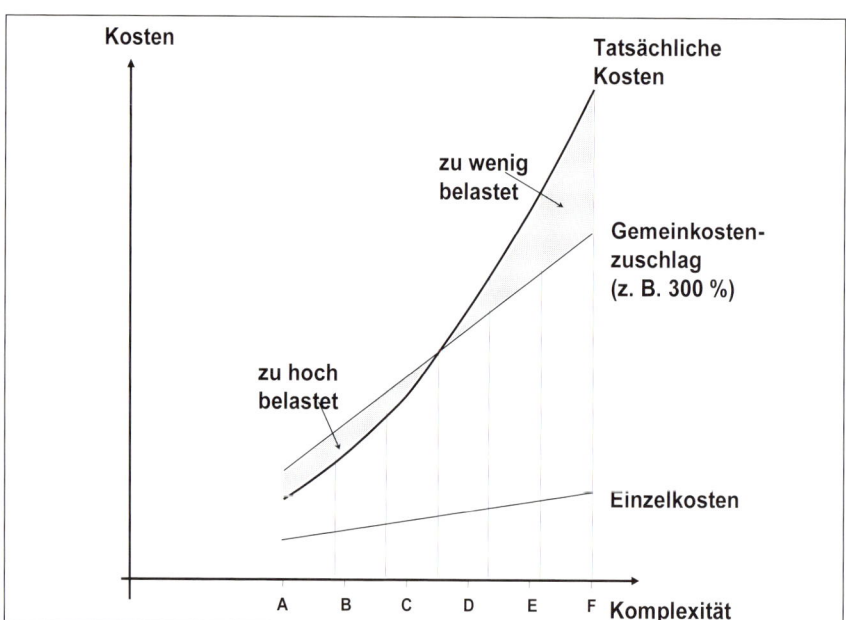

Abb. 4.17: Komplexitätseffekt
        (Quelle: in Abwandlung von Coenenberg/Fischer [1991], S. 33)

Diese Forderung nach einer verursachungsgerechten Verrechnung der Komplexitätskosten ist darin begründet, dass bei der Herstellung von komplexeren Produktvarianten gegenüber einfachen Produktvarianten ein deutlich höherer Bedarf an Gemeinkosten verursachenden Aktivitäten, z. B. für Materialdisposition, Fertigungssteuerung und Qualitätsprüfung, erforderlich sein kann. Die Zuschlagskalkulation verrechnet die Komplexitätskosten proportional in Abhängigkeit von der Höhe der jeweiligen Zuschlagsbasis. Wie Abbildung 4.17 zeigt, werden Produkte mit niedriger (hoher) Komplexität folglich zu teuer (zu billig) am Markt angeboten, so dass sich gravierende Fehlsteuerungen im Produkt-Mix ergeben können. Während die Produkte mit niedriger Komplexität aufgrund ihres hohen Preises kaum nachgefragt werden, steigt der Absatz von Produkten mit höherer Komplexität und vermeintlich größeren Gewinnspannen.

Diese zusätzlichen Informationen tragen dazu bei, verlustträchtige Strategien (z. B. Nischenstrategie) zu vermeiden. Produkte sollten nur bis zu dem Komplexitätsgrad angeboten werden, bei dem die Inanspruchnahme betrieblicher Ressourcen durch den Marktpreis zumindest noch abgedeckt werden kann.

2.4.3.3 Degressionseffekt

Bei der Zuschlagskalkulation wird aufgrund der proportionalen Gemeinkostenzuordnung jeweils ein konstanter Gemeinkostenprozentsatz pro Stück verrechnet. Die Prozesskosten pro Stück für die interne Abwicklung von Materialbestellungen, Fertigungslosen, Kundenaufträgen etc. verringern sich jedoch mit steigenden Stückzahlen.

Degressionseffekt

Betrachtet man wiederum Variante B des Gardinenmotors, den Herr Elias analysierte, zeigt sich, dass die Prozesskosten für die Materialbeschaffung mit 8,75 EUR pro Stück ermittelt wurden. Dies gilt jedoch nur, wenn bei der Prozesskostenkalkulation von einem durchschnittlichen Beschaffungsvolumen von jeweils 100 Stück ausgegangen wird. Variiert man die Stückzahl, wie in Abbildung 4.18 dargestellt, zeigt sich eine ganz erhebliche Spreizung der Prozesskosten pro Stück, die mit zunehmender Stückzahl stark fallen.

Dieser Degressionseffekt ist wesentlich z. B. für die Kalkulation von Rabattstaffeln oder Mindermengenzuschlägen, für verursachungsgerechte Kundendeckungsbeitrags- oder Kundenwertberechnungen, ABC-Analysen von Kunden oder für die strategische Positionierung (Kleinkundengeschäft vs. Key Account-Kunden).

Ebenso zeigt sich, dass hinter der Zuschlagskalkulation ein Mix unterschiedlicher Bestellgrößen steht. Durch Gleichsetzen des absoluten Zuschlages (auf der Basis der Zuschlagskalkulation) und der Prozesskosten pro Stück kann eine „**kritische Menge**" für Bestell-

Beispiel 4.7
Prozesskostenrechnung: Degressionseffekt

vorgänge oder Aufträge bestimmt werden:

$$\text{Zuschlagssatz x Einzelkosten} = \frac{\text{Prozesskostensatz x durchschn. Bestellmenge}}{\text{kritische Menge}}$$

$$\text{kritische Menge} = \frac{\text{Prozesskostensatz x durchschn. Bestellmenge}}{\text{Zuschlagssatz x Einzelkosten}} =$$

$$= \frac{8{,}75 \text{ EUR / Stück x } 100 \text{ Stück}}{189\% \text{ x } 5 \text{ EUR / Stück}} = 92{,}5 \text{ Stück}$$

D. h. wenn die Bestellmengen kleiner als durchschnittlich 92,5 Stück sind, dann werden zu wenig Gemeinkosten auf Produkte weiterverrechnet und umgekehrt. Der Materialgemeinkostenzuschlagssatz von 189 % ist daher nur zu „halten", wenn die kritische Bestellmenge durchschnittlich mindestens 92,5 Stück beträgt.

Kosten-rechnungs-system	TRADITIONELLE ZUSCHLAGSKALKULATION (Zuschlagssatz = 189 %)			PROZESSORIENTIERTE KALKULATION (Konstante Abwicklungskosten je Bestellposition 25 EUR / Bestellposition x x 35 Bestellpositionen pro Produkt = 875 EUR)		
Stückzahl	Material-einzel-kosten (in Euro)	Material-gemein-kosten (in Euro)	Material-kosten (in Euro pro Stück)	Material-einzel-kosten (in Euro)	Material-gemein-kosten (in Euro)	Material-kosten (in Euro pro Stück)
1	5	9,45	14,45	5	875	880,00
10	50	94,50	14,45	50	875	92,50
50	250	472,50	14,45	250	875	22,50
100	500	945,00	14,45	500	875	13,75
150	750	1.417,50	14,45	750	875	10,83
500	2.500	4.725,00	14,45	2.500	875	6,75
1000	5.000	9.450,00	14,45	5.000	875	5,88

Abb. 4.18: Degressionseffekt

2.4.4 Alternativen zur Prozesskostenrechnung

Verbesserung der Gemeinkostenverrechnung

Eine verursachungsgerechte Kostenzurechnung zu schaffen, ist seit jeher ein Anliegen der Kostenrechnung. Insofern werden bereits seit längerem in der Literatur verschiedene **Ansätze zur Verbesserung einer zu grobschlächtigen Zuschlagskalkulation** diskutiert:

- Für die fertigungsnahen Kostenstellen kann die Verrechnung der entstandenen Kosten mit **Maschinenstundensätzen** statt mit wertbasierten Zuschlägen erfolgen (vgl. Abschnitt 2.3.3).

- Zusätzliche Verfeinerungen ergeben sich aus **Platzkostenrechnungen**, bei denen die Fertigungskostenstellen weiter in verschiedene Kostenplätze untergliedert werden (vgl. Berger [1981] und Kapitel 3). Im Vergleich zur Prozesskostenrechnung wird jedoch weiterhin konsequent an einer Kostenstelleneinteilung als Kalkulationsgrundlage festgehalten. Kostenstellenübergreifende Tätigkeiten und ihre Kosten treibenden Bezugsgrößen werden nicht betrachtet.

- Dies gilt auch für die Bemühungen von Kilger, der in der flexiblen Plankostenrechnung für primäre Kostenstellen außerhalb der fertigungsnahen Bereiche zusätzliche, differenzierte Bezugsgrößen forderte **(differenzierte Bezugsgrößenkalkulation)** (vgl. Kilger u. a. [2007]).

- In einer Weiterentwicklung der Grenzplankostenrechnung speziell für den Dienstleistungsbereich stellt Vikas eine **Vorgangskalkulation** vor, die über die rein kostenstellenbezogene Leistungskontrolle hinausgeht und bereits starke Parallelen zur Prozesskostenrechnung aufweist (vgl. Vikas [1988]).

- Auch die **relative Einzelkostenrechnung** von Riebel folgt der Intention, Kosten verursachungsgerecht auszuweisen. Der Ansatz beruht auf der Idee, nur die direkt und ohne Schlüsselung zurechenbaren Einzelkosten auf die Produkte zu verrechnen, während die fixen und variablen Gemeinkosten nicht auf die Leistungseinheiten verteilt werden. „Man verleugnet die Produktionsverbundenheit in den Betrieben, wenn man echte Gemeinkosten aufschlüsselt, und man verleugnet den Charakter der fixen Kosten, wenn man sie künstlich proportionalisiert" (Riebel [1994], S. 35). Da jede betriebliche Entscheidung in unterschiedlichem Ausmaß die einzelnen Kostenarten direkt beeinflusst, kann eine Differenzierung nach Einzel- und Gemeinkosten nicht mehr absolut, sondern nur noch relativ vorgenommen werden.

  Durch die Festlegung einer eindeutigen Bezugsgröße werden alle Kosten eines Unternehmens letztendlich als relative, d. h. bezugsgrößenabhängige Einzelkosten erfasst. Diese Vorgehensweise beinhaltet jedoch gewisse Einschränkungen für die Aussagefähigkeit der Kalkulation, da Gemeinkosten nicht mehr dem einzelnen Produkt zugeordnet werden. Die Preisermittlungsfunktion im Rahmen der Produktkalkulation kann damit nicht erreicht werden (vgl. ausführlich Kapitel 5).

- Neben den genannten, eher industriell geprägten Kalkulationsverfahren wurde im Konsumgüter- und Handelsbereich mit dem Ansatz der sog. **„Direkten Produkt-Rentabilität (DPR)"** eine sehr differenzierte, spezielle Prozesskostenrechnung getrieben von großen Konsumgüterunternehmen und Handelshäusern entwickelt (vgl. ausführlich Günther [1993a] und Günther [1993b]). Der Ansatz ist in der Lage, zahlreiche operative und strategische Entscheidungsrechnungen (z. B. zur

Marginal notes:
Maschinenstundensatzkalkulation

Platzkostenrechnung

Differenzierte Bezugsgrößenkalkulation

Vorgangskalkulation

Relative Einzelkostenrechnung

Direkte Produktrentabilität

Wahl der Verpackung oder des Transportträgers, zur Auswirkung von Änderungen der Produktausmaße, zur Regalplatzoptimierung etc.) zu unterstützen.

Alle bisherigen Bemühungen, die sich wesentlich auf die Verfeinerung der kostenstellenbezogenen Zuschläge in den fertigungsnahen Bereichen beziehen, werden durch die Entwicklung der Prozesskostenrechnung nicht notwendigerweise obsolet. Franz untersucht ausführlich die Leistungsfähigkeit der Grenzplankosten- und Deckungsbeitragsrechnung im Vergleich zur Prozesskostenrechnung (vgl. Franz [1990]). Die verursachungsgerechte Zurechnung der direkten Fertigungsgemeinkosten ist demnach durch die beschriebenen Verfeinerungen der traditionellen Zuschlagsrechnung bereits hinreichend präzise realisiert. In der Praxis eignen sich daher insbesondere die Materialgemeinkosten, allgemeine Fertigungsgemeinkosten und Vertriebsgemeinkosten für eine prozessorientierte Kalkulation. Bei zentralen, fertigungsferneren Verwaltungsgemeinkosten fehlt es häufig an den erforderlichen Voraussetzungen für die Anwendbarkeit der Prozesskostenrechnung, dem repetitiven Charakter (d. h. Prozesse sind kaum bestimmbar) und einer guten Strukturier- und damit Messbarkeit (d. h. Prozessmengen sind schwierig erhebbar) (vgl. die Ausführungen in Abschnitt 2.4.2.1 dieses Kapitels).

2.4.5 Beurteilung der Prozesskostenrechnung

Präferenz der Gemeinkostenverrechnung

Für eine verursachungsgerechte Verrechnung der Gemeinkosten auf die Produkte kann grundsätzlich folgende **Präferenzfolge** zugrunde gelegt werden:

1. Direkte Zurechnung zu den Produkten,
2. Verrechnung über verursachungsgerechte Prozessgrößen („cost driver") oder anderer Bezugsgrößen,
3. Proportionale Schlüssel auf der Basis von Wertgrößen.

Prozessanaloge Kalkulation

Da die erste Priorität einer direkten Zuordnung von Gemeinkosten nur in einzelnen Fällen möglich sein wird, käme als nächste Priorität eine vollständige Umstellung der Produktkalkulation auf eine Prozesskostenrechnung als sog. **prozessanaloge Kalkulation** in Frage. Eine prozessanaloge Kalkulation muss jedoch als theoretischer Modellfall angesehen werden, da durch die vollständige Bestimmung vielzahliger Prozesse und zugehöriger Prozessgrößen und -mengen sowie Prozesskostensätze das Unternehmen überfordert würde. Zudem kann für fertigungsnahe Gemeinkostenbereiche über kostenstellennahe Bezugsgrößen **(Bezugsgrößenkalkulation)** oder über die **Maschinenstundensatzkalkulation** eine hinreichend genaue Kostenzurechnung auf die Produkte erreicht werden. Für bestimmte betriebliche Prozesse (z. B. kaufmännische Leitung, Organisation, Personal- und Sozialwesen) ist eine direkte produktspezifische Zuordnung der Kosten dagegen entweder nur sehr schwer oder überhaupt nicht möglich.

Somit verbleibt als praktikable Alternative die sog. **prozessorientierte Produktkalkulation**, bei der die Kosten von einzelnen, gewichtigen und entscheidungsrelevanten Prozessen über Prozesskostensätze direkt auf die Produkte zugerechnet werden und die übrigen Kosten mit prozentualen Zuschlägen auf eine Wertbasis abgedeckt werden.

Prozessorientierte Kalkulation

Die Entscheidung über den erforderlichen Grad der Prozessorientierung in der Produktkalkulation wird wesentlich bestimmt durch die Struktur des Produktspektrums eines Unternehmens. Solange sehr homogene Produktgruppen in relativ gleich bleibenden Stückzahlen (geringe Degressionseffekte) und ähnlicher Struktur der Leistungserstellung (geringe Komplexitätseffekte) gefertigt werden, kann die Zuschlagskalkulation noch als weitgehend verursachungsgerecht angesehen werden.

Allerdings sind diese Produktionsbedingungen heute nur noch in sehr geringem Umfang zutreffend. Die meisten Unternehmen verfügen heute aufgrund der differenzierten Kundenwünsche über ein stark diversifiziertes Produktspektrum, bei dessen Produktion die betrieblichen Ressourcen durch die einzelnen Produkte teilweise in sehr unterschiedlichem Ausmaß beansprucht werden. In diesem Fall ermöglicht ein prozessorientiertes Kostenrechnungssystem die genauere und verursachungsgerechtere Zuordnung der Aufwendungen, die durch die einzelnen Produkte in den indirekten Leistungsbereichen bzw. unterstützenden Funktionen verursacht werden.

Neben einer verursachungsgerechteren Produktkalkulation liefert die Prozesskostenrechnung zudem wertvolle Hinweise und Anregungen für eine **strategieorientierte Gestaltung** der betrieblichen Wertschöpfung, die an einigen Beispielen erläutert werden soll (vgl. Horváth u.a. [1993]):

Strategieorientierte Gestaltung mit der Prozesskostenrechnung

- Die Prozesskostenrechnung kann die Entwicklung montagefreundlicher Produkte fördern. Produkte mit einfachem modularen Aufbau senken nicht nur die Beschaffungskosten, sondern tragen auch zu geringeren Aufwendungen für Montage und Bestückung bei.
- Die Kosten derjenigen betrieblichen Aktivitäten (non-value activities), die nicht zu einer Erhöhung des Kundennutzens beitragen wie z. B. Reklamationen, Reparaturen und Nacharbeiten, können durch die Prozesskostenrechnung aufgezeigt werden. Damit werden Ansatzpunkte für die Erhöhung der betrieblichen Effizienz durch eine verbesserte Gestaltung der bestehenden Abläufe aufgezeigt.
- Gleichzeitig werden die Abhängigkeiten zwischen den einzelnen betrieblichen Funktionsbereichen aufgezeigt. Die Kostenantriebskräfte (z. B. Teileanzahl im Beschaffungsbereich) bei den definierten Haupt- und Teilprozessen verdeutlichen, dass z. B. nachhaltige Einsparungen der Kosten im Beschaffungsbereich nur durch die kostenstellenüber-

greifende Zusammenarbeit von Entwicklungsingenieuren und Einkäufern erreicht werden können.

Responsibility Accounting, Process Owner

Weil die Prozesskostenrechnung die Produktkosten nicht nach dem „Gießkannenprinzip" durch prozentuale Beaufschlagung von Wertbasen ermittelt, sondern – soweit als möglich – eine verursachungsgerechte Kalkulation anhand der beanspruchten betrieblichen Ressourcen durchführt, wächst in den einzelnen Sparten auch das Verantwortungsgefühl für die dort entstandenen Kosten. Das Konzept der Prozesskostenrechnung unterstützt damit auch die Idee des **„Responsibility Accounting"**, wo aktuelle und geplante Werte der verbrauchten Ressourcen (Input) und erzeugten Produkte bzw. Dienstleistungen (Output) einander gegenübergestellt werden. Ein Manager muss demnach nur die Abweichungen verantworten, deren Ursache unmittelbar in seinem Verantwortungsbereich liegt, und nicht solche, die z. B. durch Verrechnungen zentraler Kostendeckungen entstanden sind. Da viele Prozesse kostenstellenübergreifende Aufgabenstellungen beinhalten, können evtl. aufgetretene Abweichungen nicht nur im direkten Verantwortungsbereich eines Kostenstellenleiters liegen, sondern bereits in vorgelagerten Aufgabenstellungen entstanden sein. Um dennoch eine wirksame Kontrolle des Betriebsgeschehens durchführen zu können, sollten ergänzend sog. **Prozessverantwortliche (Process Owner)** zur Betreuung von kostenstellenübergreifenden Aufgabenstellungen neben der bestehenden Stabs- und Linienorganisation institutionalisiert werden.

Vollkostenansatz

Ein wesentlicher Nachteil der Prozesskostenrechnung ist jedoch, dass sie nicht zwischen fixen und variablen Kosten unterscheidet und damit eine **Vollkostenrechnung** darstellt. Werden z. B. Bestellmengen gebündelt, um eine geringere Zahl von Prozessmengen zu erreichen, sinken damit nicht zeitgleich die Kosten, da die entsprechenden betrieblichen Ressourcen nach wie vor vorhanden sind und auch verbraucht werden. Die Prozesskostenrechnung kann daher allenfalls das mittel- und langfristige Kostengestaltungspotenzial aufzeigen und Änderungen in der Leistungserstellung feiner als die Zuschlagskalkulation simulieren („strategische Kostenrechnung"). Es wäre jedoch gefährlich sie kurzfristig zur Entscheidungsunterstützung einzusetzen (vgl. zur Kritik der kurzfristigen Entscheidungsrelevanz Glaser [1992], S. 287 f.).

3   Kostenträgerzeitrechnung (Kurzfristige Ergebnisrechnung)

3.1   Aufgaben der kurzfristigen Ergebnisrechnung

Die Kostenträgerzeitrechnung stellt im Gegensatz zur Kostenträgerstückrechnung nicht auf die Kosten der produzierten Einheit, sondern auf die

Kosten der Abrechnungsperiode (i. d. R. der Monat) ab. Gleichzeitig geht sie über die Kostenrechnung im engeren Sinne hinaus und verknüpft als **kurzfristige Ergebnisrechnung** Kosten- und Leistungsrechnung (Abbildung 4.19).

Wesentliche **Aufgaben der Kostenträgerzeitrechnung** sind

- die **Ermittlung des Ergebnisses** einer Abrechnungsperiode und damit die Überprüfung der Wirtschaftlichkeit des gesamten Unternehmens (Erlöse > Kosten = positives Betriebsergebnis)
- die **Analyse der Kostenstrukturen** und – in Zusammenhang mit den Erlösen der Periode – die **Analyse der Erfolgsquellen**.

Aufgaben der
Kostenträger-
zeitrechnung

Die kurzfristige Erfolgsrechnung wird über das Betriebsergebniskonto durchgeführt. Die Sollseite dieses Kontos erfasst alle Kosten, während die Habenseite diesen Kosten die Leistungen der Periode gegenüberstellt.

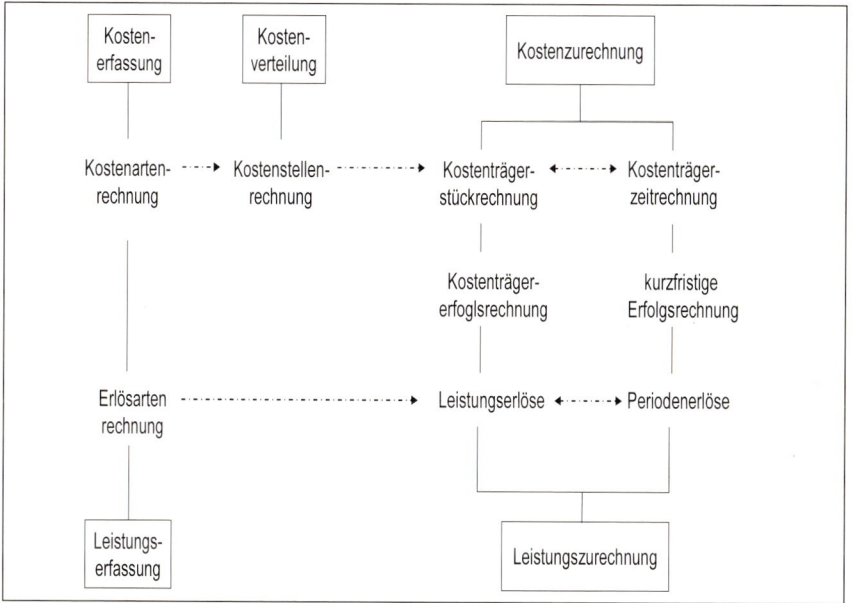

Abb. 4.19: Kostenträgerzeitrechnung im System der Kosten- und Leistungsrechnung

Die Unterschiede der kurzfristigen Erfolgsrechnung zur **handels- bzw. steuerrechtlichen GuV** sind vor allem im kürzeren Abrechnungszeitraum – i. d. R. ein Monat – und in der Beschränkung auf den betrieblichen Erfolg zu sehen (Abgrenzung neutraler Aufwendungen und Erträge). Schließlich verwendet die kurzfristige Erfolgsrechnung Größen nach dem wertmäßigen Kostenbegriff, die sich z. T. erheblich von den pagatorischen betrieblichen Aufwendungen der GuV unterscheiden (z. B. kalkulatorische Eigenkapitalzinsen).

Unterschiede
zur GuV

Bedingt durch den unterjährigen Abrechnungszeitraum weisen kurzfristige Betriebsergebnisse in vielen Branchen typische saisonale Schwankungen hinsichtlich Umsatz, Leistung und Kosten auf. Gleichzeitig nimmt der ergebnismäßige Einfluss unregelmäßig anfallender Kostenkomponenten potenziell mit abnehmender Periodenlänge zu. Um die kurzfristige Ergebnisrechnung von derartigen temporären Einflüssen freizuhalten, werden in der Praxis in unterschiedlichem Umfang **Normalisierungen** vorgenommen, d. h. saisonal anfallende Kosten werden geglättet (z. B. Urlaubskosten) und unregelmäßige Kostenkomponenten werden über das gesamte Geschäftsjahr verteilt (z. B. kalkulatorische Wagnisse).

Um ferner die Auswirkungen externer Faktorkostenänderungen (z. B. höhere Zinssätze oder Tarifabschlüsse) von dispositionsabhängigen Kostenentwicklungen zu trennen, kann unterjährig mit standardisierten Werten gearbeitet werden. Die Verwendung von standardisierten Kosten, Preisen, Verrechnungssätzen und Verbrauchsmengen ermöglicht gleichzeitig eine beschleunigte Abrechnung (vgl. Schweitzer/Küpper [2003]). Da die kurzfristige Ergebnisrechnung gerade für die Steuerung von besonderer Bedeutung ist, wird der schnellen Verfügbarkeit der Informationen (sog. Fast Close) im Einzelfall häufig der Vorzug vor einer genauen, aber zeitaufwendigeren Ermittlung gegeben.

Die Verwendung normalisierter bzw. standardisierter Werte in der Kostenrechnung führt aber auch regelmäßig zu Abweichungen gegenüber den tatsächlichen Ist-Kosten. Auch dieses Abweichungsergebnis muss im Rahmen der Ergebnisabgrenzung berücksichtigt werden.

Beispiel 4.8
Kurzfristige Ergebnisrechnung

Joachim Zimmermann hat zusammen mit seinem Controller Uli Müller bei einer ihrer „konspirativen" Arbeitssitzungen beschlossen, für die Kalkulation seiner Rennräder die etwas genauere Zuschlagskalkulation mit integrierter Maschinenstundensatzkalkulation zu wählen.

Diese lieferte, wie schon dargestellt (vgl. Beispiel 4.6), folgende Herstell- und Selbstkosten für die beiden Rennmaschinen:

Kostenart	Standard	Luxus
= 9. Herstellkosten	338,02	461,98
= 12. Selbstkosten	403,93	552,07

Joachim Zimmermann möchte nun endlich wissen, wie hoch der Gewinn oder der Verlust im letzten Monat war. Sein Unternehmen stellte von beiden Typen jeweils 500 Räder her, die auch alle im gleichen Monat verkauft wurden (Produktion = Absatz). Lagerbestände lagen nicht vor. Der Preis für das Modell „Standard" beträgt 440 EUR, der Preis für das Modell „Luxus" beträgt 550 EUR. Damit kann Uli Müller folgende kurzfristige Ergebnisrechnung erstellen:

Position	Standard	Luxus
1. Preis pro Stück	440,00	550,00
− 2. Selbstkosten pro Stück	− 403,93	− 552,07
= 3. Ergebnis pro Stück	+ 36,07	− 2,07
x 4. Stückzahl	x 500	x 500
= 5. Ergebnis pro Produkt	+ 18 035,00	− 1 035,00
= 6. Betriebsergebnis	+ 17 000,00	

Obwohl sich insgesamt ein Gewinn von immerhin 17 000 EUR ergibt, ist Joachim Zimmermann beunruhigt, da das Rennrad Typ „Luxus" Verluste schreibt und daher nicht in der Lage ist, die anfallenden Kosten zu decken.

3.2 Berücksichtigung von Bestandsveränderungen

Für die Kostenträgerzeitrechnung ergeben sich Besonderheiten, wenn
Produktion und Absatz der Periode auseinander fallen und somit die
Auswirkungen von **aktivierten Eigenleistungen** und/oder **Bestandsver-
änderungen** unfertiger und fertiger Produkte zu berücksichtigen sind.
Werden aktivierte Eigenleistungen aus der Betrachtung ausgeklammert,
so ergibt sich folgende Beziehung:

> Aktivierte Ei-
> genleistungen
> und Bestands-
> veränderungen

$$\text{Absatz} > \text{Produktion} \Rightarrow \text{Bestandsminderung}$$
$$\text{Absatz} < \text{Produktion} \Rightarrow \text{Bestandserhöhung}$$

Zur Berücksichtigung von Bestandsänderungen existieren zwei alternative Vorgehensweisen: das Umsatz- und das Gesamtkostenverfahren.

3.2.1 Umsatzkostenverfahren (UKV)

Das **Umsatzkostenverfahren (cost of goods sold method)** ermittelt den
Betriebserfolg, indem den Umsatzerlösen der Periode die Herstellkosten
der abgesetzten Produkte und Leistungen zuzüglich der nicht zu den Herstellkosten zählenden Gemeinkosten (Forschung und Entwicklung, Verwaltung und Vertrieb) gegenübergestellt werden (vgl. Kloock u. a.
[2005], S. 186 ff.). Bei Verwendung des Umsatzkostenverfahrens müssen
daher zunächst für alle abgesetzten Güter und Leistungen die Herstellkosten des Umsatzes durch eine Kostenträgerstückrechnung ermittelt werden.

> Umsatzkosten-
> verfahren

Behandlung von
Bestands-
veränderungen

Bei Bestandserhöhungen wird von den gesamten Herstellkosten nur der Teil erfolgswirksam, der auf den Umsatz entfällt. Die auf Lagerzugänge entfallenden Kosten werden aus der Ergebnisrechnung ferngehalten. Umgekehrt sind bei Bestandsminderungen den Herstellkosten der Periode auch die Herstellkosten der abgesetzten Produkte früherer Fertigungsperioden hinzuzurechnen.

Das Betriebsergebnis kann sowohl in der Kontoform (Abbildung 4.20) als auch in der tabellarischen oder in der Staffelform (Abbildung 4.21) dargestellt werden und folgt der Grundstruktur:

Betriebsergebnis = Umsatzerlöse – umsatzbezogene Kosten

Betriebsergebniskonto	
Herstellkosten des Umsatzes (nach Produktarten) Forschungs- / Entwicklungs-kosten Verwaltungskosten der Periode Vertriebskosten der Periode	Umsatzerlöse der Periode (nach Produktarten)
Betriebsgewinn	Betriebsverlust

Abb. 4.20: Betriebsergebnisrechnung nach dem UKV in Kontoform

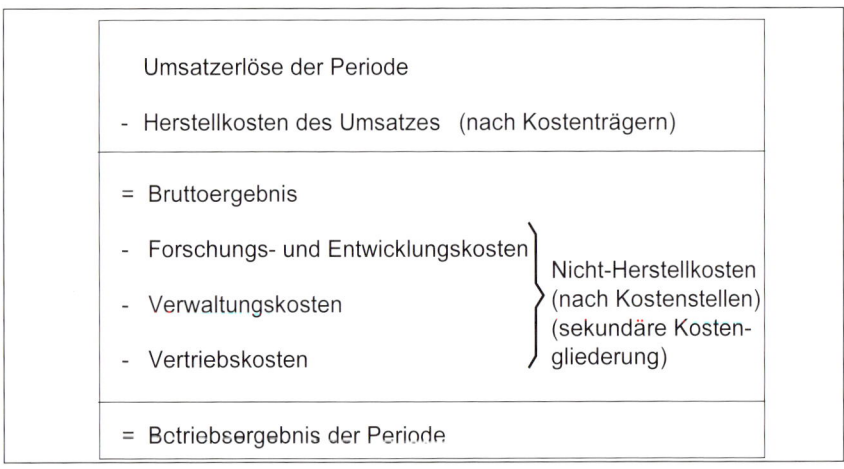

Abb. 4.21: Betriebsergebnisrechnung nach dem UKV in Staffelform

Beide Darstellungsformen führen zu einem reinen „Verkaufsergebnis" und lassen sich deshalb horizontal in geeigneter Weise (z. B. nach Produkten – Produktgruppen, Handelswaren – Erzeugnissen, Branchen – Kundengruppen – Kunden, Regionen) beliebig untergliedern. Nur zum Zwecke einer vereinfachten Darstellung wurde auch auf eine weitere vertikale Differenzierung der Ergebnisrechnung (z. B. im Bereich der Herstellkosten) verzichtet. Dadurch könnten z. B. die Auswirkungen von Änderungen bestimmter Kostengruppen (Löhne, Material usw.) auf das Ergebnis der einzelnen Produktgruppen relativ schnell abgeschätzt werden.

3.2.2 Gesamtkostenverfahren (GKV)

Bei Verwendung des **Gesamtkostenverfahrens** ist die Ermittlung der Kosten der Periode insoweit vereinfacht, als zum Zwecke der Ergebnisermittlung die gesamten primären Kosten der Periode dem Umsatz gegenübergestellt werden.

Gesamtkosten-
verfahren

Weichen Umsatz und Produktion der Periode voneinander ab, so stellt das GKV nicht mehr ausschließlich auf den Umsatz ab, sondern ermittelt die Gesamtleistung der Periode, um Kosten und Leistung der Periode vergleichbar zu halten. Liegt die Produktion einer Periode über dem Absatz, so sind die Umsatzerlöse um die zu Herstellkosten bewerteten Bestandserhöhungen und evtl. aktivierte Eigenleistungen zu ergänzen. Umgekehrt sind aus dem gleichen Grunde die Kosten der Periode um zu Herstellkosten bewertete Bestandsminderungen zu erhöhen, wenn mehr Mengeneinheiten abgesetzt, als in der Periode produziert wurden. Auch das GKV setzt zur Ermittlung der Herstellkosten der Bestände folglich eine Kostenträgerstückrechnung voraus. Die Betriebsergebnis kann wiederum sowohl in der Kontoform (Abbildung 4.22) als auch in der tabellarische oder Staffelform (Abbildung 4.23) dargestellt werden und folgt nun der Grundstruktur:

Behandlung von
Bestandsverän-
derungen

$$\text{Erfolg} = \text{Gesamtleistung} - \text{Gesamtkosten}$$

Die Ergebnisrechnung nach dem GKV erlaubt aufgrund der primären Gliederung der Kostenarten – ähnlich wie die GuV – eine unkomplizierte Kostenstrukturanalyse und ermöglicht es, relativ schnell abzuschätzen, wie sich die absolute und relative Entwicklung einzelner Kostenarten auf das Gesamtergebnis auswirkt.

Betriebsergebniskonto (GKV)	
Gesamtkosten der Periode (nach Kostenarten)	Umsatzerlöse der Periode (nach Produktarten)
Bestandsminderungen (nach Produktarten)	Bestandserhöhungen (nach Produktarten)
	Aktivierte Eigenleistungen
Betriebsgewinn	Betriebsverlust

Abb. 4.22: Betriebsergebnisrechnung nach dem GKV in Kontoform

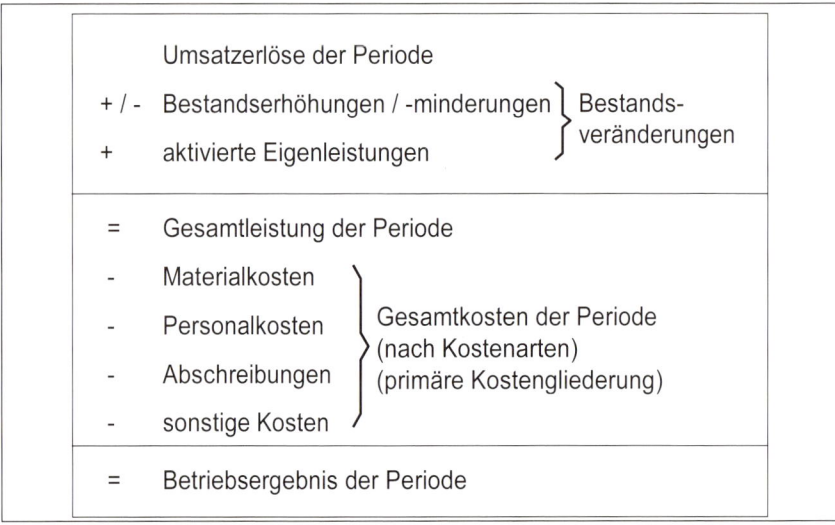

Abb. 4.23: Betriebsergebnisrechnung nach dem GKV in Staffelform

3.2.3 Kritische Würdigung

Sowohl das Umsatzkostenverfahren als auch das Gesamtkostenverfahren kommen zum gleichen Betriebsergebnis, folgen dabei jedoch unterschiedlichen Wegen, wie Abbildung 4.24 deutlich macht.

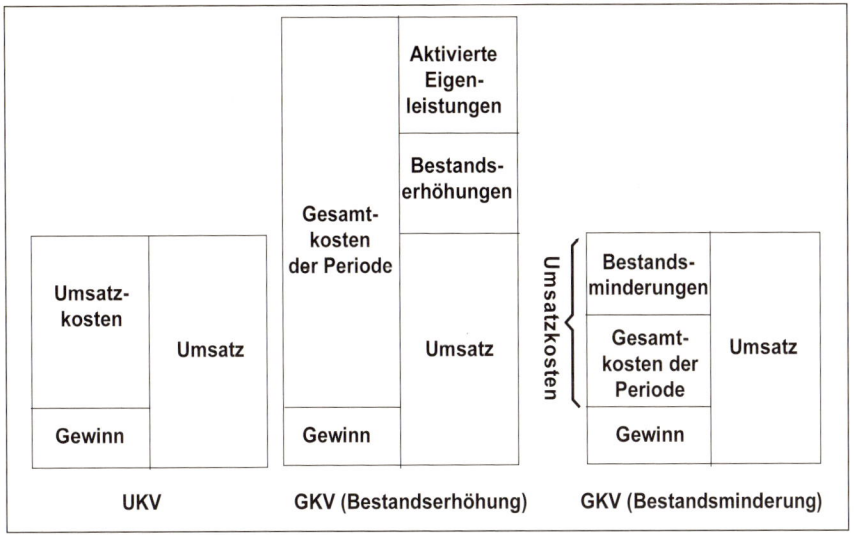

Abb. 4.24: Vergleich von UKV und GKV

Kombinierter
Ausweis von
GKV und UKV

Wie der Vergleich zeigt, besteht der Unterschied in erster Linie im formalen Ausweis der Bestandserhöhungen und Bestandsminderungen bei fertigen und unfertigen Erzeugnissen (sowie aktivierten Eigenleistungen), durch die das Mengengerüst des Umsatzes und das Mengengerüst der Kosten aufeinander abgestimmt werden. UKV und GKV können, wie Abbildung 4.25 zeigt, auch **kombiniert** ausgewiesen werden, wie dies in der Praxis der amerikanischen Berichterstattung häufig anzutreffen ist (vgl. Horngren/Datar/Foster [2005]).

Andererseits sind mit dem GKV und mit dem UKV auch Unterschiede in der Darstellung der Kosten verbunden. Das GKV gliedert die Kosten typischerweise nach primären Kostenarten, während nach dem UKV die Kosten i. A. in sekundärer Gliederung erscheinen. Beide Gliederungstypen sind mit unterschiedlichen Einblicksmöglichkeiten für die Kostenanalyse verbunden:

Unterschiede in
der Darstellung

- Die **Primärkostengliederung** nach Kostenarten hat den Vorteil, dass sie den Einfluss externer Datenänderungen (z. B. Tarif- oder Rohstoffpreisänderungen) und den Anteil einzelner Produktionsfaktoren an der Gesamtleistung unmittelbar erkennen lässt. Auf diese Weise werden Kostenstruktur- und Produktivitätsanalysen ermöglicht.
- Die **Sekundärkostengliederung** nach Kostenstellenbereichen hat andererseits den Vorteil, dass sie die Kostenintensität einzelner betrieblicher Funktionsbereiche (z. B. Fertigung, Verwaltung, Vertrieb) erkennen lässt.

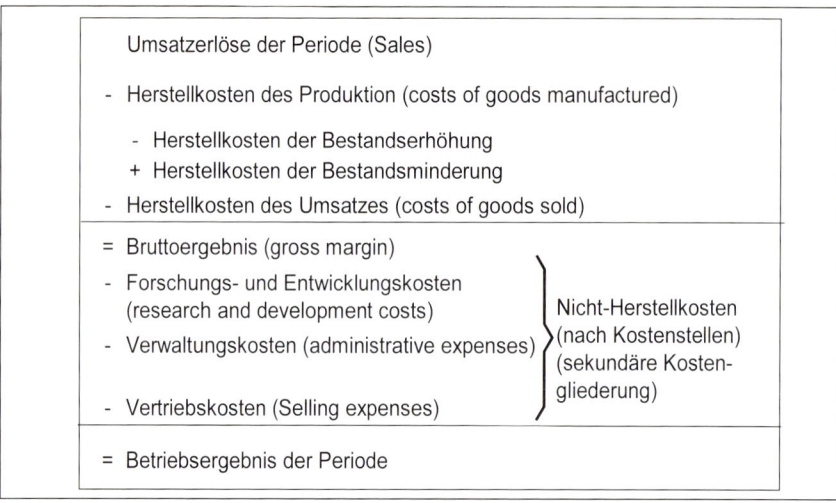

Abb. 4.25: Kombinierter Ausweis von UKV und GKV

Allerdings ist die Gliederungssystematik nach primären bzw. sekundären Kosten nicht zwingend mit der Gestaltung der Ergebnisrechnung nach dem GKV bzw. nach dem UKV verbunden. So ist durchaus denkbar, dass auch in einer Gesamtkostenrechnung die Kosten der Periode sekundär, d. h. nach Kostenstellen, gegliedert werden. Umgekehrt lässt sich auch in der Umsatzkostenrechnung eine Kostenartengliederung nach primären Kostenkategorien durchführen. Eine derartige Primärkostengliederung in Kalkulation und Ergebnisrechnung ist in vielen Unternehmen üblich.

Ein gewisser Vorteil des UKV wird vielfach im Ausweis des Bruttogewinns gesehen, der als Indikator der operativen Profitabilität gilt. Im Hinblick auf die Wahl zwischen GKV und UKV mag für viele Unternehmen insbesondere auch die Einheitlichkeit von externer und interner Rechnungslegung bedeutsam sein, da in der internationalen Rechnungslegung das UKV dominiert, obwohl nach IFRS und auch prinzipiell nach US-GAAP beide Verfahren zulässig sind. Im Handelsrecht besteht nach § 275 Abs. 1 HGB ein Wahlrecht zwischen UKV und GKV.

Überführung von GKV in UKV Die Überführung einer Ergebnisrechnung nach dem GKV in eine Umsatzkostenrechnung veranschaulicht abschließend Abbildung 4.26.

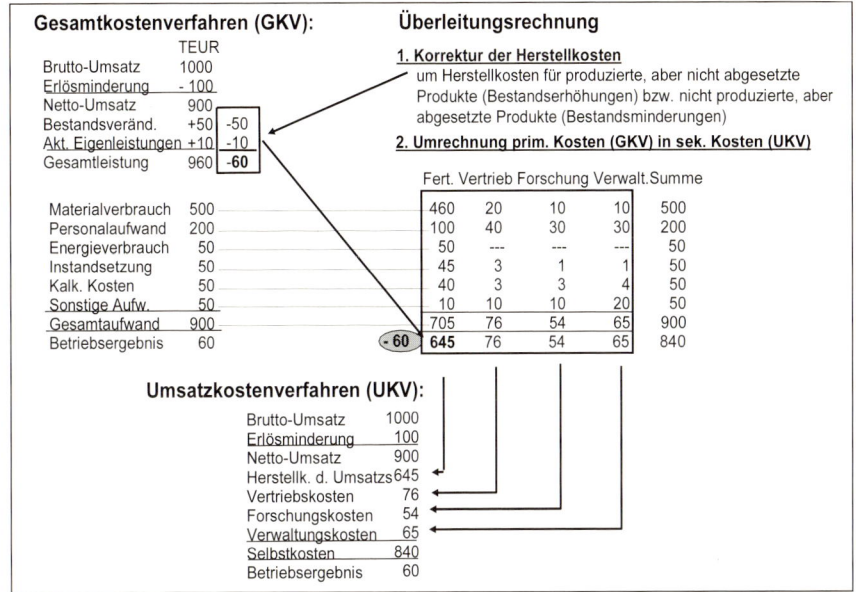

Abb. 4.26: Überführung eines Ergebnisses vom GKV in das UKV
         (Quelle: nach VCI [1979])

4   Abkürzungsverzeichnis

ÄZ	Äquivalenzziffer
BAB	Betriebsabrechnungsbogen
CIM	Computer Integrated Manufacturing
DPR	Direkte Produkt-Rentabilität
EK	Einzelkosten
ERP	Enterprise Resource Planning
FGK	Fertigungsgemeinkosten
GKV	Gesamtkostenverfahren
GmK	Gemeinkosten
GuV	Gewinn- und Verlustrechnung
HK	Herstellkosten
IFRS	International Financial Reporting Standards
Imi	leistungsmengeninduziert
Imn	leistungsmengenneutral
KAG	Kommunalabgabengesetz
$k_{Stufe\ i}$	Herstellkosten pro Stück in der Fertigungstufe i
LSP	Leitsätze für die Preisermittlung aufgrund von Selbstkosten 1953
MEK	Materialeinzelkosten
NPO	Non Profit Organization
RE	Recheneinheit

SK   Selbstkosten
UKV   Umsatzkostenverfahren
US-GAAP   United States Generally Accepted Accounting Principles
VO PR   Verordnung PF 30/53 des Bundesministers für Wirtschaft über die Preise bei öffentlichen Aufträgen 1953 (VO PR)

5 Kontrollfragen

1) Charakterisieren Sie die Stellung und die Aufgaben der Kostenträgerrechnung innerhalb der Kostenrechnung!

2) Systematisieren Sie die verschiedenen Arten von Kostenträgern!

3) Nennen Sie die wesentlichen Kalkulationsverfahren und deren spezifischen Anwendungsbereiche!

4) Welche Modifikationen sind bei der einstufigen Divisionskalkulation im Falle von Bestandsänderungen bei Halb- und Fertigfabrikaten vorzunehmen?

5) Welche Vorgehensweise liegt der mehrstufigen Zuschlagskalkulation zugrunde?

6) Welche Bezugsgrößen finden innerhalb der Zuschlagskalkulation Anwendung?

7) Nehmen Sie kritisch zur Aussagefähigkeit der mehrstufigen Zuschlagskalkulation anhand von Wertschlüsseln Stellung!

8) Was versteht man unter einer Maschinensatzkalkulation?

9) Welche Kosten werden im Rahmen der Maschinensatzkalkulation mit dem Begriff „Restgemeinkosten" belegt?

10) Was sind Anwendungsbedingungen für die Äquivalenzziffernkalkulation?

11) Was versteht man unter Kuppelprodukten und welche Kalkulationsverfahren existieren prinzipiell für Kuppelprodukte?

12) Beschreiben Sie einige der wesentlichen Gründe, die zur Entwicklung der Prozesskostenrechnung geführt haben!

13) Wie können in den einzelnen Bereichen die dort ablaufenden Prozesse erhoben werden?

14) Welche grundsätzliche Bedeutung haben die Prozessgrößen oder „cost driver"?

15) Nennen Sie Beispiele für Prozessgrößen in den verschiedenen Wertschöpfungsstufen des Unternehmens!

16) Wie werden Prozesskostensätze gebildet?

17) Welche Funktionen besitzen die Prozesskostensätze?

18) Wie können prozessmengenneutrale Kosten in der Prozesskostenrechnung behandelt werden?

19) Skizzieren Sie kurz wesentliche Gemeinsamkeiten und Unterschiede der Prozesskostenrechnung im Vergleich mit der Grenzplankostenrechnung

und der relativen Einzelkosten- und Deckungsbeitragsrechnung!

20) Inwiefern trägt die Prozesskostenrechnung zur Vermeidung des Allokationseffekts bei?

21) Welche Bedeutung hat der Komplexitätseffekt in der Produktkalkulation?

22) Welche Zusatzinformationen können mit Hilfe des Degressionseffekts in der Produktkalkulation gewonnen werden?

23) Erläutern Sie die Unterschiede zwischen dem Umsatzkosten- und dem Gesamtkostenverfahren innerhalb der kurzfristigen Ergebnisrechnung!

24) Welche Vor- und Nachteile sind mit den beiden Ausweisalternativen (UKV und GKV) verbunden?

6 Literaturhinweise

Berger, K.-H. (1981): Kostenplatzrechnung, in: Kosiol, E./Chmielewicz, K./ Schweitzer, M. (Hrsg.) (1981): Handwörterbuch des Rechnungswesens, 2. Aufl., Stuttgart 1981, Sp. 1061-1067.

Bretzke, W.-R. (1981): Äquivalenzziffernkalkulation, in: Kosiol, E./ Chmielewicz, K./Schweitzer, M. (Hrsg.) (1981): Handwörterbuch des Rechnungswesens, 2. Aufl., Stuttgart 1981, Sp. 43-50.

Bruggeman, W./Moreels, K. (2004): Activity-Based Costing in Complex and Dynamic Environments, The Emergence of Time-Driven ABC, in: Controlling, Heft 11, 2004, S. 597-602.

Bundesverband der Deutschen Industrie (BDI) e. V. (Hrsg.) (1991): Empfehlungen zur Kosten- und Leistungsrechnung, Band 1, 3. Aufl., Bergisch-Gladbach 1991.

Cantner, J. (1997): Die Kostenrechnung als Instrument der Preisregulierung, Diss., Augsburg 1997.

Coenenberg, A. G./Fischer, T. M. (1991): Prozesskostenrechnung – Strategische Neuorientierung, in: Die Betriebswirtschaft 1991, S. 21-38.

Coners, A./von der Hardt, G. (2004): Time-Driven Activity-Based Costing, Motivation und Anwendungsperspektiven, in: ZfCM, 48. Jg., Heft 2, 2004, S. 108-118.

Cooper, R./Kaplan, R. S. (1988): Measure Costs Right: Make the Right Decisions, in: Harvard Business Review 1988, Heft 5, S .96-103.

Cooper, R./Kaplan, R. S. (1991): Profit Priorities from Activity-Based Costing, in: Harvard Business Review, 69. Jg., Heft 3, 1991, S. 130-135.

Däumler, K. D./Grabe, J. (1984): Kalkulationsvorschriften bei öffentlichen Aufträgen, Herne 1984.

Emore, J. R./Ness, J. A. (1991): The Slow Pace of Meaningful Change in Cost Systems, in: Journal of Cost Management, 4. Jg., Heft 4, 1991, S. 36-45.

Fischer, T. M. (1993): Kostenmanagement strategischer Erfolgsfaktoren, Diss., München 1993.

Foster, G./Gupta, M. (1990): Manufacturing Overhead Cost Driver Analysis, in: Journal of Accounting and Economics 1990, 12. Jg. S. 309-337.

Franz, K.-P. (1990): Die Prozesskostenrechnung im Vergleich mit der Grenzplankosten- und Deckungsbeitragsrechnung, in: Horvàth, P. (Hrsg.) (1990): Strategieunterstützung durch das Controlling, Stuttgart 1990, S. 195-210.

Gilbert, X./Strebel, P. J. (1987): Outpacing-Strategies, in: Journal of Business Strategy, Sommer 1987, S. 28-36.

Glaser, H. (1992): Prozesskostenrechnung, Darstellung und Kritik, in: ZfbF, 44. Jg., Heft 3, 1992, S. 275-288.

Göpfert, R./Rummel, K. D. (1988): An Example of How to Implement Activity Accounting. Siemens AG, June 1988.

Grob, H. L./Bensberg, F./Coners, A. (2004): Analytisches Time-Driven Activity-Based Costing, in: Controlling, Heft 11, 2004, S. 603-611.

Günther, T. (1993a): Direkter Produkt-Profit, in: Zeitschrift für betriebswirtschaftliche Forschung 1993, S. 460-482.

Günther, T. (1993b): Operative und strategische Entscheidungsunterstützung im Konsumgüterbereich durch „Direkte Produkt-Rentabilität". In: Controlling, 5. Jg., Heft 2, 1993, S. 64-72.

Günther, T. (1997): Neuentwicklungen der Kostenrechnung, eine Antwort auf geänderte Fragestellungen. In: Freidank, C.-C./ Götze, U./Huch, B./ Weber, J. (Hrsg.): Kostenmanagement, Berlin/Heidelberg/New York 1997, S. 97-120.

Haberstock, L. (2002): Kostenrechnung I, Einführung, 11. Aufl., Hamburg 2002.

Horngren, C. T./Datar, S. M./Foster G. (2005): Cost Accounting – A Managerial Emphasis, 12. Aufl., Englewood Cliffs, New Jersey 2002.

Horvàth & Partner GmbH (1998): Prozesskostenmanagement, München 1998.

Horvàth, P./Kieninger, M./Mayer, R./Schimank, C. (1993): Prozesskostenrechnung – oder wie die Praxis die Theorie überholt, in: DBW, 53. Jg., Heft 5, 1993, S. 609-628.

Horvàth, P./Mayer, R. (1989): Prozesskostenrechnung – Der neue Weg zu mehr Kostentransparenz und wirkungsvolleren Unternehmensstrategien, in: Controlling 1989, S. 214-219.

Hummel, S./Männel W. (1986): Kostenrechnung I, 4. Aufl., Wiesbaden 1986.

Kaplan, R. S./Anderson, S. R. (2004): Time-Driven Actitivity-Based Costing, in: Harvard Business Review, Vol. 82, Heft 11, 2004, S. 131-138.

Kaufmann, L. (1996): Komplexitäts-Index-Analyse von Prozessen, eine Methode zur Ermittlung von Ressourcenbeanspruchungen im Rahmen des Prozess(kosten)managements, in: Controlling, 8. Jg., 1996, S. 212-221.

Kilger, W. (1969): Betriebliches Rechnungswesen, in: Jacob, H. (Hrsg.): Allgemeine Betriebswirtschaftslehre in programmierter Form, Wiesbaden 1969, S. 833-946.

Kilger, W./Pampel, J./Vikas, K. (2007): Flexible Plankostenrechnung und Deckungsbeitragsrechnung, 12. Aufl., Wiesbaden 2007.

Kloock, J./Sieben, G./Schildbach, T./Homburg, C. (2005): Kosten- und Leistungsrechnung, 9. Aufl., Stuttgart 2005.

Küting, K./Lorson, P. (1991): Grenzplankostenrechnung versus Prozesskostenrechnung, in: Betriebs-Berater 1991, S. 1421-1433.

Michaelis, H./Rhösa, C.-A. (2001): Preisbildung bei öffentlichen Aufträgen, Heidelberg 1954, Loseblattsammlung, Stand August 2001.

Miller, J. G./Vollman, T. E. (1985): The Hidden Factory, in: Harvard Business Review 1985, Heft 5, S. 142-150.

Ohmae, K. (1982): The Mind of the Strategist, New York 1982.

Pfohl, H.-C./Stölze, W. (1991): Anwendungsbedingungen, Verfahren und Beurteilung der Prozesskostenrechnung in industriellen Unternehmen, in: Zeitschrift für Betriebswirtschaft 1991, S. 1281-1305.

Porter, M. E. (1980): Competitive Strategy – Techniques for Analyzing Industries and Competitors, New York 1980.

Riebel, P. (1994): Einzelkosten- und Deckungsbeitragsrechnung, 7. Aufl., Wiesbaden 1994

Schmidt, H./Wenzel, H. H. (1989): Maschinenstundensatzrechnung als Alternative zur herkömmlichen Zuschlagskostenrechnung, in: Kostenrechnungspraxis 1989, S. 147-158.

Schweitzer, M./Küpper, H.-U. (2003): Systeme der Kosten- und Erlösrechnung, 8. Aufl., München 2003.

Siemens AG (1985): Prozessorientierte Kostenrechnung im KWS Augsburg, München 1985.

Steffen, A./Kuntz, L. (1997): Universitätsklinika im Spannungsfeld von wissenschaftlichem Auftrag und Sparzwängen: ein Vorschlag zur sachgerechten Abgrenzung der Kosten für Forschung und Lehre, in: BFuP, Heft 2, 1997, S. 101-122.

Stoi, R. (1998): Prozessorientiertes Kostenmanagement in der deutschen Unternehmenspraxis, Diss., München 1998.

Striening, H.-D. (1988): Prozess-Management, Frankfurt am Main 1988.

Verband der Chemischen Industrie (VCI) e. V. (1979): Kurzfristige Ergebnisrechnung, Frankfurt am Main 1979.

Vikas, K. (1988): Controlling im Dienstleistungsbereich mit Grenzplankostenrechnung, Wiesbaden 1988.

Vormbaum, H. (1977): Kalkulationsarten und Kalkulationsverfahren, 4. Aufl., Stuttgart 1977.

Zwehl, W. v. (1989): Betriebswirtschaftliche Grundsätze zur Konkretisierung der durch Benutzungsgebühren zu deckenden Kosten, in: Der Betrieb, 42. Jg., 1989, H. 27/28, S. 1345-1354.

Kapitel 5
Kostenstellenrechnung und Kostenträgerrechnung im System der Teilkostenrechnung

1 Einführung

Joachim Zimmermann schläft in letzter Zeit sehr unruhig. Er hat im vergangenen Jahr stark investiert und auch neue Mitarbeiter eingestellt. Momentan läuft der Absatz aber nicht so zufrieden stellend. Er macht sich Sorgen. Mit dem französischen Sportartikelhändler Le Monde Sportif hat er nun erste Aufträge abgewickelt. Jean Lepain, der Einkäufer des französischen Unternehmens, war sehr zufrieden und will nun mehr. Er bittet Joachim Zimmermann um die Lieferung von zusätzlich je 400 Rädern pro Jahr der beiden Modelle „Standard" und „Luxus". Das würde Herrn Zimmermann in der derzeitigen Auftragsflaute sehr helfen. Jean Lepain weiß jedoch auch, dass bei einigen Rennradproduzenten der Absatz nicht so läuft. Daher will er ein äußerst günstiges Angebot. Er stellt sich einen Preis von unter 300 EUR für die Standard-Rennmaschine und 400 EUR für die Luxusversion vor.

Joachim Zimmermann ist außer sich. Das ist unter Selbstkosten und auch unter Herstellkosten und das noch für Räder dieser Qualität. Was soll er machen? Soll er auf das Angebot eingehen? Wie ist die derzeitig schlechte Auslastung von 62 % bei der Kalkulation zu berücksichtigen?

Die **Teilkostenrechnung** unterscheidet sich von der Vollkostenrechnung durch den Umfang der Kostenzurechnung, da jeweils nur bestimmte Teile der Gesamtkosten auf die Kostenträger verrechnet werden. Genauer gesagt werden die Teilkosten in der Kostenartenrechnung bereits abgespalten und dann, wenn sie Gemeinkosten darstellen, nach den in Kapitel 3 dargestellten Verfahren in der Kostenstellenrechnung auf Vor- und Endkostenstellen verteilt werden (Primär- und Sekundärkostenverrech-

Teilkosten-rechnung

nung). Der wesentliche Unterschied besteht dann in der Kostenträgerstückrechnung, da dort pro Kostenträger nur die Teilkosten ausgewiesen werden. In der Kostenträgerzeitrechnung werden dann ebenfalls die Teilkosten separat ausgewiesen und dann die restlichen Kosten ergänzend berücksichtigt, um zum gleichen Ergebnis wie in der Vollkostenrechnung zu gelangen.

Systeme der Teilkosten-rechnung

Als **Systeme einer Teilkostenrechnung** werden in der Literatur im Wesentlichen folgende Ansätze diskutiert:

- Die Grenz(plan)kostenrechnung, auch Direct Costing genannt,
- die stufenweise Fixkostendeckungsrechnung und
- die relative Einzelkosten- und Deckungsbeitragsrechnung,

die alle in diesem Kapitel vorgestellt und diskutiert werden sollen.

Teil- vs. Grenz-kostenrechnung, Definition Grenzkosten

Die **Grenzkostenrechnung** stellt eine Variante der Teilkostenrechnung dar, in dem als Teilkosten die variablen Kosten betrachtet und in der Kostenspaltung von den fixen Kosten getrennt werden (vgl. Abschnitt 3.1.2 in Kapitel 2). Der Begriff der **Grenzkosten** leitet sich gedanklich aus einer Infinitesimal-(Grenz-)Betrachtung ab und bezeichnet diejenigen Kosten, die zusätzlich entstehen (entfallen), wenn die Ausbringungsmenge um eine Einheit erhöht (vermindert) wird. In der Grenzkostenbetrachtung findet das Verursachungsprinzip somit seinen besonderen Ausdruck. Grenzkosten sind eigentlich nur bei der Annahme von linearen Kostenverläufen und gleichzeitig gegebenen, d. h. konstanten Kapazitäten mit dem der **variablen Stückkosten** identisch (Abschnitt 3.1.3 in Kapitel 2). Dennoch wird i. d. R. diese Identität unterstellt. Unterschiede zwischen Grenzkosten und variablen Stückkosten treten daher bei progressiven oder degressiven Kostenfunktionen oder dem Vorhandensein intervallfixer Kosten auf.

Entschei-dungsrelevanz

Wenn kurzfristig Kapazitäten nicht verändert werden können und damit fixe Kosten als gegeben betrachtet werden müssen, sind nur die variablen Kosten (Grenzkosten oder direct costs) je Produkteinheit **entscheidungsrelevant** und die fixen Kosten müssen als konstante Periodenkosten betrachtet werden (vgl. z. B. Schneider [1985]).

Die Ausführungen in diesem Kapitel beziehen sich weitgehend auf die Grenzkostenrechnung in der Form einer Ist-Kostenrechnung, sie sollen die Grundgedanken einer Teilkostenrechnung veranschaulichen. Häufig werden daher die Begriffe Teil- und Grenzkostenrechnung als Synonym gebraucht, wenngleich genau genommen die Teilkostenrechnung den Obergriff darstellt. Die Grenzplankostenrechnung wird anschließend in Kapitel 6 thematisiert.

Die Teilkostenrechnung auf der Basis variabler Kosten (= Grenzkostenrechnung) verzichtet damit auf die Proportionalisierung fixer Kosten, nicht aber auf die Schlüsselung von Gemeinkosten, soweit sie variabel sind. Speziell für kurzfristig orientierte Entscheidungen weist eine so konzipierte Kostenrechnung wesentliche Vorteile auf und ist in vielen Situationen eher als die Vollkostenrechnung geeignet, die relevanten Informationen zu liefern.

Betrachtet man den **Aufbau der Grenzkostenrechnung** analog zum Durchlaufschema der Vollkostenrechnung in Abbildung 3.1, ergibt sich ein differenziertes Durchlaufschema (Abbildung 5.1), das Änderungen in fünf Punkten aufweist:

Aufbau der
Grenzkosten-
rechnung

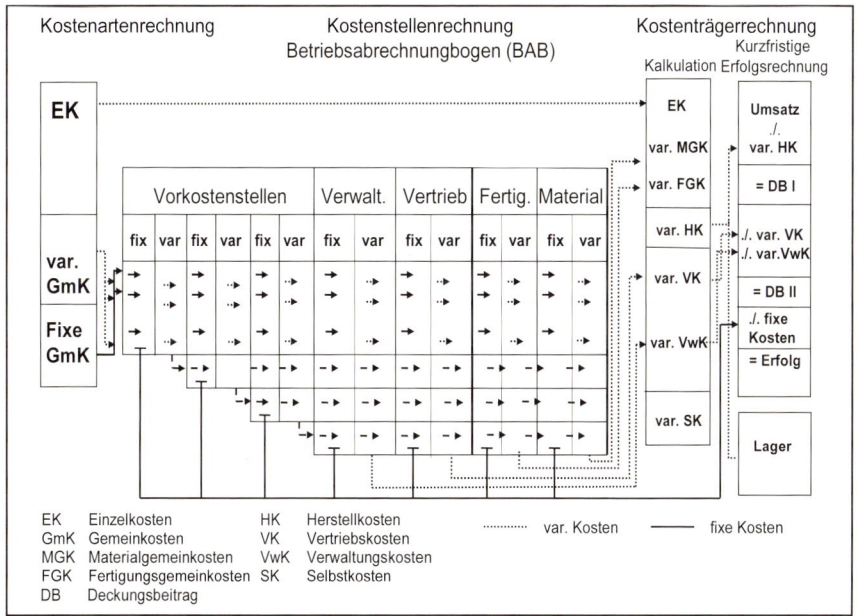

Abb. 5.1: System der Kostenrechnung als Grenzkostenrechnung

- In der **Kostenartenrechnung** werden die Gemeinkosten zusätzlich in fixe und variable Gemeinkosten zerlegt. Daher ist auch der Kontenrahmen entsprechend anzupassen. Da Einzelkosten mit wenigen Ausnahmen (Sondereinzelkosten der Fertigung und des Vertriebs) immer variabel sind, ergeben sich hier keine Unterschiede zwischen einer Voll- und Grenzkostenrechnung.
- In der **Kostenstellenrechnung** sind in jeder Kostenstelle die Gemeinkosten in fixe und variable Bestandteile zu zerlegen (**Primärkostenverrechnung**).
- Bei der **Sekundärkostenverrechnung** werden nur variable Gemeinkosten an andere Kostenstellen nach der Logik der bereits vorgestellten Verfahren weiter verrechnet. Dabei ist zu beachten, dass Gemeinkosten die beim Ersteller variable Kosten, ebenen sein Output darstellen, beim Empfänger sowohl fixe als auch variable Kosten sein können. So sind die Rohstoffkosten eines betrieblichen Kraftwerks aus der Sicht des Kraftwerks variable Kosten, aus der Sicht der empfangenden Ferti-

gungskostenstelle können sie fixe Kosten (Strom für die Beleuchtung der Werkshalle) oder variable Kosten (Strom für die Fräsmaschine) sein. Die fixen Kosten werden nicht weiter verrechnet und en bloc an die Kostenträgerzeitrechnung weiter gereicht.

- In der **Kalkulation** (Kostenträgerstückrechnung) werden nur variable Kosten ausgewiesen. Fixe Kosten werden gar nicht auf Produkte oder Aufträge verrechnet.

- Schließlich wird die **kurzfristige Ergebnisrechnung** (Kostenträgerzeitreichnung) gegenüber der Vollkostenrechnung differenziert ausgewiesen. Zunächst werden von den Umsatzerlösen nur die variablen Herstellkosten bzw. Verwaltungs- und Vertriebskosten abgesetzt. Als Zwischenergebnis erhält man den Deckungsbeitrag. Dieser muss die nun en bloc ausgewiesenen fixen Kosten, die aus der Kostenstellenrechnung übernommen wurden, abdecken. Ein dann noch verbleibender Überschuss stellt das Betriebsergebnis dar.

2 Kostenstellenrechnung im System der Grenzkostenrechnung

Kostenstellen-
rechnung auf
Grenzkosten-
basis

Die **Kostenstellenrechnung auf Grenzkostenbasis** erfüllt im Wesentlichen die selben Funktionen, wie sie bereits für die Kostenstellenrechnung im Rahmen einer Vollkostenrechnung dargestellt wurden. Auch als Grenzkostenrechnung wird die Kostenstellenrechnung im System des Industriekontenrahmens (IKR) in der Kontengruppe 93 zusammengefasst (vgl. Kapitel 2). Die bereits einleitend dargestellten Grundprinzipien der Primär- und Sekundärkostenverrechnung in der Grenzkostenrechnung werden nachfolgend an einem Beispiel erläutert.

Beispiel 5.1
Kostenstellen-
rechnung bei
Grenzkosten-
rechnung (Fort-
setzung Beispiel
4.3)

Das vorhandene Angebot des Sportartikelhändlers Le Monde Sportif lässt Joachim Zimmermann nicht in Ruhe. Er setzt sich mit seinem Controller, Uli Müller, zusammen. Uli Müller empfiehlt eine Grenzkostenrechnung ergänzend zur bisherigen Vollkostenrechnung einzuführen, zunächst einmal versuchsweise, um auch dieses Angebot genau rechnen zu können. Er erklärt Joachim Zimmermann, dass ja einige Kosten, die fixen Kosten, bei der derzeitigen Unterauslastung sowieso anfallen. Also wäre es auch logischerweise richtig, für diesen Auftrag nur die variablen Kosten als entscheidungsrelevant zu berücksichtigen. Aber diese kennen beide nicht.

Also setzt sich Uli Müller an seinen Rechner und baut eine Grenzkostenrechnung auf. Hierzu spaltet er alle auf den Kostenstellen gesammelten (Voll-)Kosten möglichst verursachungsgerecht in fixe und variable Kosten auf. Er geht hierzu auf die Kostenartenebene herunter, da dies dort leichter geht. Wie der erstellte BAB in Abbildung 5.3 zeigt, können z. B. die Gehälter, die Versicherungen und die Abschreibungen als 100 % fix betrachtet werden, während alle Einzelkosten 100 % variabel sind. Die restlichen Kostenarten muss er separat betrachten.

In der Sekundärkostenverrechnung, d. h. in der Verrechnung der Gemeinkosten der Vor- auf die Endkostenstellen, berücksichtigt Uli Müller nur die variablen Gemeinkosten. Die fixen Gemeinkosten aller Kostenstellen bleiben stehen und werden später in der Ergebnisrechnung dem Deckungsbeitrag gegenüber gestellt. Grundlage der innerbetrieblichen Leistungsverrechnung sind die erfassten Leistungen zwischen den Kostenstellen, die aus der Sicht der empfangenden Kostenstellen in fix und variabel zerlegt werden (Abbildung 5.2).

| Empfangende Kostenstelle | | Vorkostenstelle | | | | Endkostenstellen | | | | | | | | | |
| Leistende Kostenstelle | | Reparatur | | Transport | | Material-wirtschaft | | Fertigung 1: Teilefertigung | | Fertigung 2: Montage | | Verwaltung | | Vertrieb | |
	Summe	f	v	f	v	f	v	f	v	f	v	f	v	f	v
Reparaturwerkstatt in Std.	280	---	---	---	10	5	15	17,5	57,5	25	65	7,5	27,5	-	50
Transportstelle in m³	1 600					100	200	50	400	220	480	10	40	20	80

Abb. 5.2: Leistungaustausch zwischen Kostenstellen der Grenzkostenrechnung

Für die Sekundärkostenverrechnung sind dabei die Verrechnungssätze der Leistungen der Vorkostenstellen zu ermitteln:

$$\text{Verrechnungssatz Reparatur} = \frac{11\,200\;\text{EUR}}{280\;\text{h}} = 40\;\text{EUR / h}$$

$$\text{Verrechnungssatz Transport} = \frac{4\,000\;\text{EUR}}{1600\;\text{m}^3} = 2,50\;\text{EUR / m}^3$$

Schließlich erhält Uli Müller den in Abbildung 5.3 dargestellten Betriebsabrechnungsbogen. Die hellgrau markierten Felder stellen die fixen Kosten der Kostenstellen dar, die en bloc an die kurzfristige Ergebnisrechnung abgegeben werden. Der BAB auf der Basis der Grenzkostenrechnung ist jedoch nur die Vorarbeit für die Frage, die Uli Müller und Joachim Zimmermann wirklich interessiert: was sind die variablen Stückkosten ihrer Rennräder?

Kostenstelle Kostenarten	Summe Kosten-arten	Vorkostenstelle Reparatur		Transport		Endkostenstellen Material-wirtschaft		Fertigung 1: Teilefertigung		Fertigung 2: Montage		Verwaltung		Vertrieb	
Kostenarten		f	v	f	v	f	v	f	v	f	v	f	v	f	v
Einzelkosten: 1. Fertigungsmaterial	118 000					118 000									
2. Fertigungslöhne	90 000							40 000		50 000					
Gemeinkosten: 3. Gehälter	70 000	3 000	---	2 000	---	7 000	---	3 000	---	7 000	---	28 000	---	20 000	---
4. Energie	20 000	100	900	---	1 000	800	100	1 000	4 000	1 000	9 600	800	200	200	300
5. Versicherungen	10 000	500	---	1 000	---	1 000	---	2 500	---	2 500	---	2 000	---	500	---
6. Abschreibungen	100 000	8 000	---	5 000	---	7 000	---	25 000	---	46 000	---	8 000	---	1 000	---
7. andere GmK	70 000	5 200	10 300	3 400	2 600	3 900	10 600	7 600	4 900	9 900	4 600	400	4 600	1 500	500
Summe primäre Gemeinkosten	270 000	16 800	11 200	11 400	3 600	19 700	10 700	39 100	8 900	66 400	14 200	39 200	4 800	23 200	800
Verrechnung Reparatur	0		−11 200	---	400	200	600	700	2 300	1 000	2 600	300	1 100	---	2 000
Verrechnung Transport	0				−4 000	250	500	125	1 000	550	1 200	25	100	50	200
Summe primäre + sekundäre Gemeinkosten	270 000	16 800	0	11 400	0	20 150	11 800	39 925	12 200	67 950	18 000	39 525	6 000	23 250	3 000

Abb. 5.3: Betriebsabrechnungsbogen in der Grenzkostenrechnung

Zuschlagssätze in der Grenzkostenrechnung

Die durchgängige Kostenauflösung führt nach Fertigstellung der Betriebsabrechnung dazu, dass die **Zuschlagssätze** der jeweiligen Endkostenstellen nur auf der Basis variabler Gemeinkosten gebildet werden:

$$\text{Zuschlagsatz} = \frac{\text{variable Gemeinkosten}}{\text{Anzahl der Bezugsgrößeneinheiten}} \times 100$$

Behandlung der fixen Kosten

Die aus dem BAB ausgesonderten **fixen Kosten** werden als Block in die Ergebnisrechnung übernommen. Durch die Differenzierung der Kostenstellenkosten in fixe und variable Kosten sollen gleichermaßen die Kostenplanung und Kostenkontrolle für die Kostenstellen verbessert werden, wie auch eine verursachungsgerechtere Gemeinkostenzuweisung auf Produkteinheiten sowie auf Halb- und Fertigbestände erreicht werden.

3 Kostenträgerrechnung im System der Grenzkostenrechnung

3.1 Kostenträgerstückrechnung (Kalkulation)

Für unternehmenspolitische Entscheidungen im Rahmen feststehender Kapazitäten und damit feststehender Fixkostenlasten muss die Vollkostenkalkulation durch eine Kalkulation auf Grenzkostenbasis ergänzt werden, da Grenzkosten als Kosten einer zusätzlich produzierten Einheit in diesen Situationen die entscheidungsrelevanten Kosten wiedergeben. Erst die Kalkulation mit Grenzkosten lässt im Rahmen der Preispolitik eine Aussage darüber zu, ob ein Produkt Gewinn abwirft, lediglich einen Beitrag zur Deckung der fixen Kosten leistet oder nicht einmal seine variablen Kosten decken kann, und erlaubt somit eine differenziertere Beurteilung der jeweiligen Erfolgsbeiträge.

Insbesondere folgende **Entscheidungen** werden durch die Grenzkostenbetrachtung ermöglicht: *Typische Entscheidungssituationen*

- Produktprogrammentscheidungen im Rahmen gegebener Kapazitäten (vgl. Kapitel 9),
- Aussonderung unprofitabler Produkte,
- Preispolitik im Mehrproduktunternehmen,
- Ermittlung kurzfristiger Preisuntergrenzen (vgl. Kapitel 10),
- Bestimmung von Verrechnungspreisen (vgl. Kapitel 18),
- Vergleiche alternativer Fertigungsverfahren, Logistikwege, Transportträger etc.,
- „Make or buy"-Entscheidungen: Eigenfertigung bzw. -leistung vs. Fremdbezug,
- Break-even-Analysen und kostenorientierte Sensitivitätsanalysen (vgl. Kapitel 8),
- Differenzierte stufenweise Deckungsbeitragsanalysen (vgl. Abschnitt 4 dieses Kapitels).

Die Logik und der formale Aufbau der verschiedenen Kalkulationsverfahren ändert sich durch die Rechnung mit variablen Kosten nicht, es werden nur andere Kostenwerte betrachtet. Inhaltlich unterscheidet sich die Grenzkostenkalkulation von der Vollkostenkalkulation durch den Verzicht auf die Proportionalisierung der Fixkosten (vgl. Schweitzer/Küpper [2003], S. 443 ff.).

Bei der **Divisionskalkulation** werden die Gesamtkosten in variable und fixe Teile aufgespalten und lediglich die variablen Kosten durch die Menge der hergestellten Produkte dividiert: *Divisionskalkulation bei Grenzkostenrechnung*

$$\text{Variable Selbstkosten pro Stück} = \frac{\text{Variable Gesamtkosten}}{\text{Produktions - bzw. Absatzmenge}}$$

	Fertigungsmaterial (EK)
+	Grenz-Material-GmK-Zuschlag
=	Grenz-Materialkosten
+	Fertigungslöhne (EK)
+	Grenz-Fertigungs-GmK-Zuschlag
=	Grenz-Fertigungskosten
+	Sonder-Einzelkosten der Fertigung (i. d. R. GK = 0)
=	Grenz-Herstellkosten
+	Grenz-Zuschlag für GmK der FuE (auf HK) (i. d. R. GK = 0)
+	Grenz-Verwaltungs-GmK-Zuschlag (auf HK)
+	Grenz-Vertriebs-GmK-Zuschlag (auf HK)
+	Sonder-EK des Vertriebes (i. d. R. GK = 0)
=	Grenz-Selbstkosten

Abb. 5.4: Zuschlagskalkulation in der Grenzkostenrechnung

Zuschlagskal-
kulation bei
Grenzkosten-
rechnung

Bei der **Zuschlagskalkulation** ergibt sich das in Abbildung 5.4 dargestellte Kalkulationsschema (zum Schema bei Vollkostenrechnung vgl.
Abbildung 4.3).

Beispiel 5.2
Zuschlags- und
Maschinenstun-
densatzkal-
kulation bei
Grenzkosten-
rechnung
(Fortsetzung
Beispiel 4.6)

Aus dem in Abbildung 5.3 dargestellten BAB auf Grenzkosten-Basis
lassen sich nun die Zuschlagssätze für die Firma Zimmermann ermitteln. Dabei ist zu berücksichtigen, dass das Unternehmen eine gemischte Zuschlags- und Maschinenstundensatzkalkulation eingeführt
hat. Mit Hilfe des BAB ermittelt Uli Müller folgende **Gemeinkosten-
zuschlagssätze**:

Materialgemeinkostenzuschlag: $\dfrac{11\,800}{118\,000} = 10\,\%$

Gemeinkostenzuschlag Fertigung I: $\dfrac{12\,200}{40\,000} = 30{,}5\,\%$

Für die Fertigungskostenstelle 2 wurden in der Vollkostenkalkulation
zwei Maschinenstundensätze und ein Restgemeinkostenzuschlagssatz
ermittelt. Daher sind nun auch die variablen Kosten der Fertigungskostenstelle 2 in Höhe von 18.000 EUR auf die Platzkostenstellen
aufzuspalten. Uli Müller kommt durch Anwendung einer analysti-
schen Kostenspaltung auf folgende Zahlen:

	Vollkosten	Var. Kosten
Maschinenkosten Lackierkammer 1	5 570 EUR	1 850 EUR
Maschinenkosten Lackierkammer 2	5 630 EUR	2 000 EUR
Maschinenkosten Schweiß- und Lötstand	28 500 EUR	6 300 EUR
Rest-Gemeinkosten	56 900 EUR	7 850 EUR
Gemeinkosten Fertigung 2	96 600 EUR	18 000 EUR

Anstatt eines einzigen Gemeinkostenzuschlagssatzes in der Fertigungskostenstelle 2 ergeben sich nun drei Zuschlagssätze, wobei die Lackierkammern 875 h und der Schweiß- und Lötstand 750 h genutzt wurden:

Maschinenstundensatz Lackieren:

$$\frac{1\,850\text{ EUR} + 2\,000\text{ EUR}}{875\text{ h}} = 4{,}40\text{ EUR} / \text{h}$$

Maschinenstundensatz Schweißen / Löten: $\frac{6\,300\text{ EUR}}{750\text{ h}} = 8{,}40\text{ EUR} / \text{h}$

Rest-Gemeinkostenzuschlag Fertigung 2: $\frac{7\,850\text{ EUR}}{50\,000\text{ EUR}} = 15{,}7\,\%$

Für die Kostenstellen Verwaltung und Vertrieb ist die Zuschlagsbasis, die variablen Herstellkosten des Umsatzes, erst zu berechnen. In diesem Fall wurden alle produzierten Fahrräder auch verkauft, so dass die Herstellkosten des Umsatzes und der Produktion identisch sind. Die Herstellkosten des Umsatzes ergeben sich in Höhe von 250 000 EUR als Summe der Einzel- und der variablen Gemeinkosten der wertschöpfenden Kostenstellen Materialwirtschaft, Fertigung I und Fertigung II, die in Abbildung 5.3 dunkelgrau markiert sind.

Verwaltungsgemeinkostenzuschlag: $\frac{6\,000}{250\,000} = 2{,}4\,\%$

Vertriebsgemeinkostenzuschlag: $\frac{3\,000}{250\,000} = 1{,}2\,\%$

Wird wiederum berücksichtigt, dass das Standard-Rennrad 0,75 h Lackierarbeiten und das Luxus-Rennrad 1 h benötigt, sowie auf dem Schweiß- / Lötstand Standard und Luxus für je 0,75 h gebunden sind, ergibt sich folgende kombinierte Zuschlags- und Maschinenstundensatzkalkulation auf Basis der Grenzkostenrechnung:

Kostenart	Standard	Luxus
1. Materialeinzelkosten	88,00	148,00
2. Var. Materialgemeinkosten (10 % auf 1.)	8,80	14,80
= 3. Var. Materialkosten	96,80	162,80

	4. Fertigungslohn Teilefertigung	40,00	40,00
+	5. Var. Fertigungsgemeinkosten Teileferti- gung (30,5 % auf 4.)	12,20	12,20
	6. Fertigungslohn Montage	40,00	60,00
+	7a. Var. Maschinenkosten Lackieren (4,40 EUR/h)	3,30	4,40
+	7b. Var. Maschinenkosten Schweißen und Lö- ten (8,40 EUR/h)	6,30	6,30
+	7c. Var. Rest-Fertigungsgemeinkosten Mon- tage (15,7 % auf 6.)	6,28	9,42
=	8. Variable Fertigungskosten	108,08	132,32
=	9. Variable Herstellkosten	204,88	295,12
+	10. Var. Verwaltungsgemeinkosten (2,4 % auf 9.)	4,92	7,08
+	11. Var. Vertriebsgemeinkosten (1,2 % auf 9.)	2,46	3,54
=	12. Variable Selbstkosten	212,26	305,74

Vergleicht man nun mit den Selbstkosten nach Vollkostenrechnung zeigt sich, dass die variablen Selbstkosten fast bei der Hälfte der Vollkosten liegen.

=	12. Selbstkosten (Vollkostenrechnung)	403,93	552,07

Vergleicht man ferner mit den avisierten Preisen von Le Monde Sportif ergeben sich folgende Produkt-Deckungsbeiträge:

	Avisierte Preise in EUR	300,00	400,00
−	Variable Selbstkosten	−212,26	−305,74
=	Deckungsbeitrag pro Stück	+87,74	+94,26

Unter kurzfristiger Perspektive könnte das Unternehmen Zimmermann damit gute zusätzliche Deckungsbeiträge erzielen, um die sowieso entstehenden Fixkosten abzudecken. Das Ergebnis würde insgesamt besser werden.

3.2 Kostenträgerzeitrechnung (Ergebnisrechnung)

3.2.1 Ergebnisermittlung in der Grenzkostenrechnung

Die **Fixkosten** werden im Rahmen der einstufigen Kostenträgerzeitrechnung auf Grenzkostenbasis als ein Block gesondert erfasst und der Summe der Deckungsbeiträge gegenübergestellt. Üblicherweise wird die kurzfristige Ergebnisrechnung auf Grenzkostenbasis aufgrund des höheren Informationswerts nach dem **Umsatzkostenverfahren (UKV)** durchgeführt (zum Vergleich von UKV und GKV vgl. Kapitel 4).

> **Ausweis der Fixkosten**

   Die **kurzfristige Erfolgsrechnung auf Grenzkostenbasis nach dem Umsatzkostenverfahren (UKV)** folgt dem nachstehenden Schema (in Kontoform Abbildung 5.5 und in Staffel- oder tabellarischer Form Abbildung 5.6):

> **Umsatzkostenverfahren in der Grenzkostenrechnung**

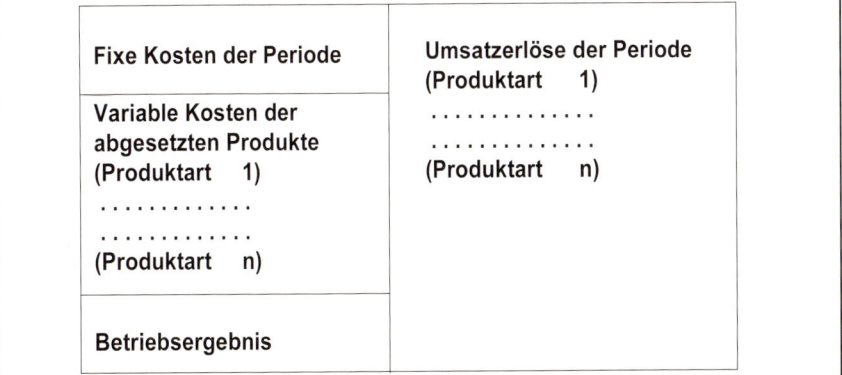

Abb. 5.5: Umsatzkostenverfahren nach Grenzkostenrechnung in Kontoform

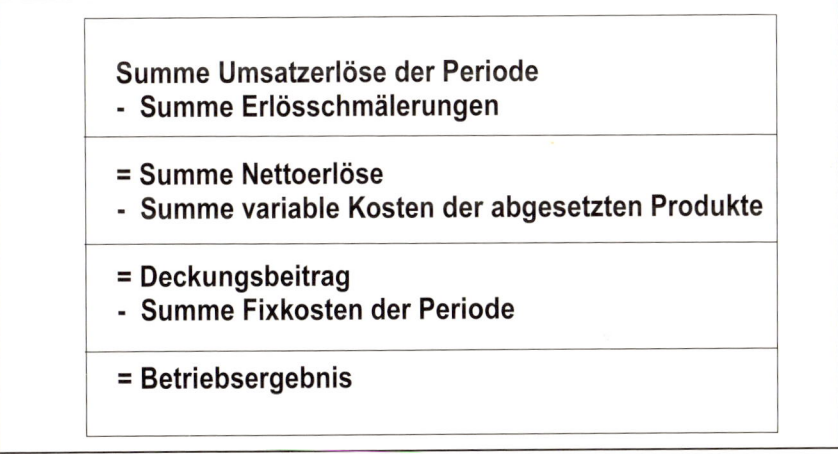

Abb. 5.6: Umsatzkostenverfahren nach Grenzkostenrechnung in Staffelform

Gesamtkosten-
verfahren in der
Grenzkos-
tenrechnung

Die kurzfristige Erfolgsrechnung auf Grenzkostenbasis kann auch nach dem **Gesamtkostenverfahren (GKV)** wie folgt dargestellt werden (in Kontoform Abbildung 5.7 und in Staffelform oder tabellarischer Form Abbildung 5.8):

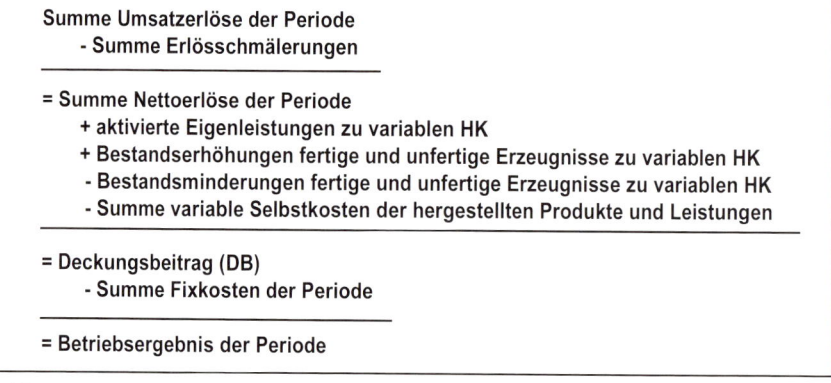

Abb. 5.7: Gesamtkostenverfahren nach Grenzkostenrechnung in Kontoform

Summe Umsatzerlöse der Periode
- Summe Erlösschmälerungen

= Summe Nettoerlöse der Periode
+ aktivierte Eigenleistungen zu variablen HK
+ Bestandserhöhungen fertige und unfertige Erzeugnisse zu variablen HK
- Bestandsminderungen fertige und unfertige Erzeugnisse zu variablen HK
- Summe variable Selbstkosten der hergestellten Produkte und Leistungen

= Deckungsbeitrag (DB)
- Summe Fixkosten der Periode

= Betriebsergebnis der Periode

Abb. 5.8: Gesamtkostenverfahren nach Grenzkostenrechnung in Staffelform

Beispiel 5.3
Kurzfristige Er-
gebnisrechnung
auf Grenzkosten-
Basis
(Fortsetzung
Beispiel 4.8)

Uli Müller erstellt für seinen Chef, Joachim Zimmermann, nun auch die kurzfristige Ergebnisrechnung auf der Basis der Grenzkostenrechnung, wobei zunächst der Auftrag von Le Monde Sportif noch nicht berücksichtigt ist, da sich Joachim Zimmermann immer noch unklar ist, ob er ihn zu diesen Preisen akzeptieren soll:

Position		Standard	Luxus
	1. Preis pro Stück	440,00	550,00
–	2. variable Selbstkosten pro Stück	– 212,26	– 305,74
=	3. Deckungsbeitrag pro Stück	+ 227,74	+ 244,26
x	4. Stückzahl	x 500	x 500
=	5. Deckungsbeitrag pro Produkt	+113 870,00	+122 130,00
=	6. Deckungsbeitrag Gesamt	+ 236 000,00	
–	7. Fixkosten Reparatur	– 16 800,00	
–	8. Fixkosten Transport	– 11 400,00	
–	9. Fixkosten Materialwirtschaft	– 20 150,00	
–	10. Fixkosten Fertigung 1: Teilefertigung	– 39 925,00	
–	11. Fixkosten Fertigung 2: Montage	– 67 950,00	
–	12. Fixkosten Verwaltung	– 39 525,00	
–	13. Fixkosten Vertrieb	– 23 250,00	
=	14. Betriebsergebnis	+ 17 000,00	

Zum einen zeigt sich, dass das Betriebsergebnis nach Grenzkosten-rechnung mit dem in der Vollkostenrechnung im Beispiel identisch ist, da die Produktionsmenge der Absatzmenge entspricht. Das Ergebnis wird nur über die Zwischenstufe des Deckungsbeitrages differenzierter ausgewiesen. Joachim Zimmermann erkennt jedoch an den Deckungsbeiträgen, dass auch sein Luxus-Rennrad einen positiven Deckungsbeitrag erwirtschaftet. Es wäre also kontraproduktiv, das Modell „Luxus" einzustellen. Das Signal eines negativen Ergebnisses beim Luxus-Rennrad kann nun verschiedene Maßnahmen auslösen. Dies kann die Überprüfung der Verursachungsgerechtigkeit der Fixkostenverteilung zwischen beiden Rennrädern, die Erhöhung des Preises bzw. die Sekung der fixen und variablen Kosten, aber auch ein Incentivierung des Absatzes des Luxusfahrrades sein. Das Beispiel macht deutlich, dass eine allzu schnelle Reaktion auf negative Gewinnbeiträge gefährlich sein kann, da das Luxusrennrad immerhin pro Stück einen höheren Deckungsbeitrag als das Standard-Rennrad liefert. Würde Joachim Zimmermann das Luxus-Rennrad komplett aus dem Sortiment nehmen, würde der positive Deckungsbeitrag wegfallen, die fixen Kosten jedoch zumindest kurzfristig verbleiben. Das Unternehmen würde sein Ergebnis in Höhe des Deckungsbeitrages des Produktes von 122 130 EUR verschlechtern. Aus einem bisherigen Gewinn von + 17 000 EUR würde ein massiver Verlust von –105 130 EUR.

Die Grenzkostenrechnung erlaubt auch **Variantenrechnungen** wie sich
Mengenveränderungen auf das Betriebsergebnis auswirken.

Joachim Zimmermann hat nun ein ganz gutes Gefühl und Verständnis für die Grenzkostenrechnung entwickelt. Er kennt nun seine Voll-
und Grenzkosten je Rennradtyp. Doch was bringt ihm der Zusatzauftrag mit Le Monde Sportif, wenn er deren Konditionen akzeptiert?
Uli Müller hilft ihm weiter. Er rechnet ihm folgendes vor:

	Position	Standard	Luxus
	1. Preis pro Stück Le Monde Sportif	300,00	400,00
−	2. variable Selbstkosten pro Stück	− 212,26	− 305,74
=	3. Deckungsbeitrag pro Stück	+ 87,74	+ 94,26
x	4. Stückzahl	x 400	x 400
=	5. Zusätzlicher Deckungsbeitrag pro Produkt	+ 35 096,00	+ 37 704,00
=	6. Zusätzlicher Deckungsbeitrag gesamt	+ 72 800,00	

Jetzt versteht Joachim Zimmermann. Der Zusatzauftrag würde seinem Unternehmen einen zusätzlichen Deckungsbeitrag von 72 800
EUR liefern, da die fixen Kosten für die Bereitstellung der Kapazität
auf jeden Fall entstehen. Trotz der relativ niedrigen Preise könnte das
Unternehmen seinen Gewinn erheblich verbessern. Er müsste nur irgendwie dafür sorgen, dass seine vielzähligen Stammkunden möglichst wenig von dem Geschäft mit den Franzosen erfahren. Andernfalls sieht er die Gefahr, dass die Preise in seinem Stammgeschäft
verfallen.

3.2.2 Einfluss des Rechnungssystems auf das Betriebs-
ergebnis

Die Ergebnisrechnung auf Vollkostenbasis führt nur dann zum selben Ergebnis wie die Ergebnisrechnung auf Grenzkostenbasis, wenn keine **Bestandsveränderungen** auftreten (bisherige Annahme im Rechenbeispiel).
Abbildung 5.9 stellt auf der Basis des Gesamtkostenverfahrens die drei
möglichen Fälle dar, bei denen der Absatz und damit die Umsatzerlöse
stets gleich bleiben und nur die Produktionsmenge variiert:

- **Fall 1: keine Bestandsänderungen (Produktionsmenge = Absatzmenge)**

Diese Konstellation wurde bereits in obigem Beispiel dargestellt, in dem die Umsatzerlöse den variablen Kosten des Umsatzes (= variable Kosten der Produktion) und den fixen Kosten gegenüber gestellt wurden. Als Differenz ergibt sich das Betriebsergebnis, das nach Voll- und Grenzkostenrechnung identisch ist.

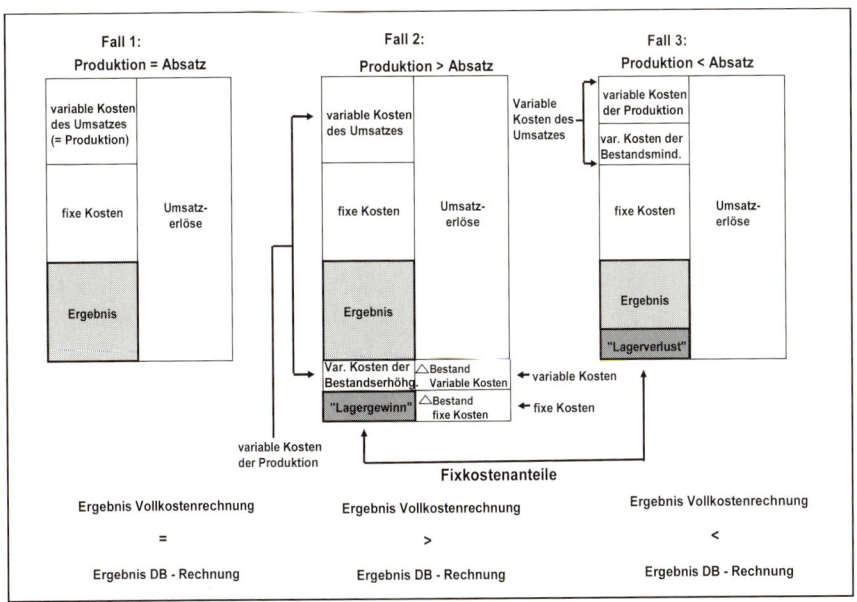

Abb. 5.9: Vergleich des Ergebnisses nach Voll- und Grenzkostenrechnung

- **Fall 2: Bestandsaufbau (Produktionsmenge > Absatzmenge)**

Im Vergleich zum Fall 1 werden beim GKV zusätzlich zu den Umsatzerlösen Bestandserhöhungen (oder aktivierte Eigenleistungen) für die zusätzlich produzierten, aber nicht abgesetzten Produkte berücksichtigt, denen auf der anderen Seite der GuV nur die zusätzlichen variablen Kosten gegenüber stehen. Der Unterschied zwischen Voll- und Grenzkostenrechnung besteht darin, dass bei ersterer die Bestände mit den vollen Herstellkosten (inklusive proportionalisierter Fixkosten), bei Letzterem jedoch nur mit den variablen Herstellkosten angesetzt werden. Da jedoch bei der Vollkostenrechnung dem Bestandaufbau zu Vollkosten tatsächlich nur die zusätzlichen variablen Kosten gegenüber stehen, entsteht ein sog. **Lagergewinn** in Höhe der aktivierten Fixkostenanteile der Herstellkosten des Bestandsaufbaus. Bei der Grenzkostenrechnung entsprechen sich jedoch Bestandserhöhungen auf der Erlös- und zusätzliche variable Kosten auf der Kostenseite. Das Ergebnis ändert sich damit im Gegensatz zur Vollkostenrechnung bei

Änderung der Produktionsmenge nicht und wird nur durch die Absatzmenge bestimmt. Folglich ist das Betriebsergebnis in der Vollkostenrechnung höher als das Betriebsergebnis nach Grenzkostenrechnung. Die Differenz besteht in der Höhe der aktivierten Fixkosten des Bestandsaufbaus.

- **Fall 3: Bestandsabbau (Produktionsmenge < Absatzmenge)**
  Jetzt dreht sich der Fall 2 entsprechend um. Beim GKV werden Bestandsminderungen angesetzt, die bei der Vollkostenrechnung zu vollen Herstellkosten und bei der Grenzkostenrechnung nur zu variablen Herstellkosten angesetzt werden. Die Differenz besteht wiederum aus den Fixkostenanteilen der Herstellkosten, die bei der Vollkostenrechnung zusätzlich zu den variablen Herstellkosten des Bestandabbaus angesetzt werden. Es entsteht ein „**Lagerverlust**" und das Betriebsergebnis nach Vollkostenrechnung ist kleiner als das nach Grenzkostenrechnung.

Im Falle des **Umsatzkostenverfahrens (UKV)** werden in der Vollkostenrechnung beim Bestandsaufbau (Fall 2) die fixen Kosten um die aktivierten Fixkostenanteile gemindert und beim Bestandsabbau (Fall 3) die Fixkostenanteile der Lagerbestandsminderungen zusätzlich als Kosten angesetzt.

Der Vergleich macht deutlich, dass es bei der Vollkostenrechnung zu einer Art Gewinnglättung kommt, da bei Absatzflaute durch die Lagergewinne das Betriebsergebnis im Vergleich zur Grenzkostenrechnung erhöht wird und vice versa. Der Grenzkostenrechnung lässt sich damit ein besserer Informationsgehalt im Vergleich zur Vollkostenrechnung zuschreiben, da die Relation von Absatz, Umsatz, Umsatzkosten und Betriebsergebnis besser abgebildet wird. Die Differenzen sind um so höher, je stärker Produktion und Absatz über das Jahr auseinander fallen (z. B. Saisonzyklen oder Modellanläufe in der Automobilindustrie) und je höher der Fixkostenanteil der Herstellkosten ist.

Aufgrund handelsrechtlicher Vorschriften ist jedoch eine Betriebsergebnisrechnung nach Grenzkosten allenfalls nach HGB, nicht jedoch nach deutschem Steuerrecht, nach IFRS oder US-GAAP möglich. Dies ist bedeutsam, da sich Unternehmen i. S. einer Harmonisierung des Rechnungswesens im internen Rechnungswesen stark am externen Rechnungswesen ausrichten.

Vergleich von Voll- und Grenzkostenrechnung

Behandlung im Handels- und Steuerrecht

Beispiel 5.5
Ergebniswirkung von Absatzänderungen (Fortsetzung Beispiel 5.3)

Der Abschluss mit Le Monde Sportif ist immer noch nicht zustande ge kommen. Joachim Zimmermann wird langsam nervös und möchte nun wissen, wie sein Ergebnis aussehen würde, wenn das Unternehmen statt aller 500 produzierter Räder sowohl für „Standard" als auch für „Luxus" nur jeweils 400 Stück verkauft hätte und der Rest auf Lager ginge. Am Freitag muss er zu seiner Hausbank. Was soll er dieser zu seiner Ertragslage sagen?

Uli Müller spitzt seinen Bleistift und schaltet seinen PC ein. Nach einigen Minuten erhält er folgendes Ergebnis (dargestellt nach GKV):

	Variante I : Absatz je 500 Stück		Variante II: Absatz je 400 Stück	
	Voll- kosten- rechnung	Grenz- kosten- rechnung	Voll- kosten- rechnung	Grenz- kosten- rechnung
Umsatz	495 000	495 000	396 000	396 000
Bestandserhöhung zu HK				
o Standard	---	---	+ 33 802	+ 20 488
o Luxus	---	---	+ 46 198	+ 29 512
o gesamt	---	---	+ 80.000	+ 50 000
Gesamtleistung	495 000	---	476 000	446 000
HK	–400 000	–250 000	–400 000	–250 000
DB 1		245 000		196 000
Verwaltung	–48 000	–6 000	–48 000	–6 000
Vertrieb	–30 000	–3 000	–30 000	–3 000
DB 2		236 000		187 000
Summe Fixkosten		–219 000		–219 000
Ergebnis	+ 17 000	+ 17 000	– 2 000	– 32 000

Die Bestandszugänge von je 100 Fahrrädern der Modelle „Standard" und „Luxus" werden wie folgt bewertet:

	Modell „Standard"	Modell „Luxus"
Vollkostenrechnung:		
Herstellkosten pro Stück	338,02 EUR	461,98 EUR
Bestandserhöhung (je 100 Stück)	33.802 EUR	46.198 EUR
Grenzkostenrechnung:		
Variable Herstellkosten pro Stück	204,88 EUR	295,12 EUR
Bestandserhöhung (je 100 Stück)	20 488 EUR	29 512EUR

Wie der Ergebnisvergleich zeigt, sinkt zum einen das Betriebsergebnis durch den geringeren Absatz. Zum anderen unterscheiden sich die Betriebsergebnisse nach Vollkosten- bzw. Grenzkostenrechnung beträchtlich. Durch die Nicht-Überwälzung von fixen Kosten durch die unterbleibende Aktivierung auf nachfolgende Perioden entspricht das

Betriebsergebnis in Höhe von −32 000 EUR eher der tatsächlichen Ertragslage des Unternehmens als das Betriebsergebnis in Höhe von −2 000 EUR.

Einstufige Deckungsbeitragsrechnung

Die Grenzkostenkalkulation führt, weitergedacht, zur produktbezogenen Ergebnisrechnung und wird auch regelmäßig dahingehend ausgebaut. Die Kostenträgerzeitrechnung auf Grenzkostenbasis kann durch die Einbeziehung der Erlösseite bereits als **einstufige Deckungsbeitragsrechnung** bezeichnet werden, da nur ein Deckungsbeitrag ermittelt wird, der den Überschuss der gesamten Umsatzerlöse über die gesamten variablen Kosten angibt. Dieser Deckungsbeitrag kann horizontal nach Produktgruppen gegliedert werden.

Differenzierung der Fixkosten

Eine einstufige Deckungsbeitragsrechnung kann auch vertikal gegliedert werden, wenn als Deckungsbeitrag 1 der Überschuss der Umsatzerlöse über die variablen Herstellkosten ermittelt wird, von dem zur Ermittlung des Deckungsbeitrags 2 schließlich noch die variablen Verwaltungs- und Vertriebskosten abgezogen werden. Kennzeichnend für diese Form der Kostenträgerzeitrechnung ist, dass die Fixkosten in einer rein periodenbezogenen Sichtweise noch undifferenziert in einem Block zusammengefasst werden. Durch diese vereinfachende Differenzierung nach der Abhängigkeit der Kosten von der Beschäftigung wird die einfache Deckungsbeitragsrechnung bzw. die einfache Grenz- oder Direktkostenrechnung dem höchst unterschiedlichen Charakter verschiedener Fixkostenbestandteile jedoch nicht gerecht. Der Übergang zu einer differenzierten Fixkostenbetrachtung, z. B. in Form der **stufenweisen Fixkostendeckungsrechnung (mehrstufige Deckungsbeitragsrechnung)** ist insbesondere bei einer produktbezogenen Betrachtung fließend (siehe Abschnitt 4.1).

3.3 Vollkostenrechnung und Grenzkostenrechnung als sich ergänzende Systeme

Einstufige Deckungsbeitragsrechnung

Vollkostenrechnung und Grenzkostenrechnung weisen jeweils spezifische **Vorteile**, aber auch **Nachteile** auf:

- Die Kenntnis der Vollkosten ist für einige Zwecke (z. B. langfristige Preisuntergrenzen oder Vorratsbewertung) unabdingbar, die verursachungsgerechte Schlüsselung von Fixkosten jedoch nur begrenzt möglich, weshalb die Rechnung mit Vollkosten zu Fehlentscheidungen führen kann.
- Die Grenzkostenrechnung bringt neue Informationen für bestimmte Entscheidungen im Rahmen vorgegebener Kapazitäten. Sie birgt jedoch die Gefahr in sich, zum „Denken in Deckungsbeiträgen" zu ver-

leiten, also Deckungsbeiträge mit Gewinnen gleichzusetzen. Grenzkosteninformationen können aber nicht losgelöst von ihrem Kontext (z. B. Beschäftigungslage des Unternehmens) verwendet werden. Sie werden unter einengenden Voraussetzungen bzw. für eine bestimmte Entscheidungssituation (Unterauslastung bei gegebenen Kapazitäten) erhoben und besitzen auch nur für diese Gültigkeit.

Beide Grundtypen eines Kostenrechnungssystems schließen sich letztlich nicht gegenseitig aus, sondern ergänzen sich vielmehr insofern, als sie Informationen für unterschiedliche Informationsbedürfnisse bereitstellen. Die Wahl des Kostenrechnungssystems kann daher nicht auf eine Entweder-oder-Entscheidung reduziert werden, sondern ist eine Frage der Prioritätensetzung. Jedes Unternehmen muss entscheiden, welches System als Grundrechnung installiert werden sollte und welches System in Form von fallweisen entscheidungsorientierten Sonderrechnungen mitzuführen ist. Denkbar ist auch, dass beide Systeme durchgängig nebeneinander geführt werden.

In der Praxis hat das Bestreben, die Vorzüge beider Systeme miteinander zu verbinden, darüber hinaus vielfach zu **Mischsystemen** geführt. Z. B. kann eine Vollkostenrechnung dergestalt modifiziert werden, dass durch geeignete Kostenerfassung aus ihr auch die notwendigen Basisinformationen für eine Grenzkostenrechnung zu entnehmen sind (z. B. nur Materialeinzelkosten als Grenzkosten betrachtet).

Schließlich ist anzumerken, dass auch die Grenzkostenrechnung auf der Basis von variablen Kosten gegen das Verursachungsprinzip verstoßen kann. Je nachdem, in welchem Umfang variable Gemeinkosten durch Schlüsselung anhand von Bezugsgrößen auf die Kostenträger umgelegt werden, ist mit Unschärfen zu rechnen. Variable Gemeinkosten sind zwar beschäftigungsabhängig und insoweit durch die Produktion der Periode verursacht, sie bleiben aber doch Gemeinkosten und sind deshalb schlüssig nur mehreren Kostenträgern gemeinsam als Gruppe zuzurechnen. Bei konsequenter Ausrichtung am Verursachungsprinzip müsste die Kostenrechnung für Entscheidungszwecke daher auf Einzelkosten abstellen. Dieser Gedanke ist in der Literatur insbesondere von Riebel mit der **relativen Einzelkosten- und Deckungsbeitragsrechnung** verfolgt worden. (vgl. Riebel [1994], sowie ausführlich Abschnitt 4.2 dieses Kapitels).

Mischsysteme

Verursachungsgerechtigkeit

4 Varianten der Ergebnisrechnung in der Teilkostenrechnung

Zur Analyse der Ergebnisrechnung sind mehrere unterschiedliche **Varianten der kurzfristigen Erfolgsrechnung** vorgeschlagen worden (Abbildung 5.10). Die einstufige Deckungsbeitragsrechnung wurde bereits in

Varianten der kurzfristigen Erfolgsrechnung

Abschnitt 3.2.1 vorgestellt. Nachfolgend werden daher die mehrstufige Deckungsbeitragsrechnung und die relative Einzelkostenrechnung nach Riebel dargestellt und diskutiert.

4.1 Stufenweise Fixkostendeckungsrechnung

4.1.1 Zielsetzung und Abgrenzung

Mehrstufige Deckungsbei-tragsrechnung Das Bestreben, unternehmerische Entscheidungen durch möglichst relevante Kosteninformationen zu untermauern, führt in einer Weiterentwicklung der einstufigen Deckungsbeitragsrechnung zur mehrstufigen Deckungsbeitragsrechnung. Die **mehrstufige Deckungsbeitragsrechnung** wird aufgrund ihres Aufbaus auch **stufenweise Fixkostendeckungsrechnung** oder **Schichtkostenrechnung** genannt (vgl. Agthe [1959]; Mellerowicz [1974]).

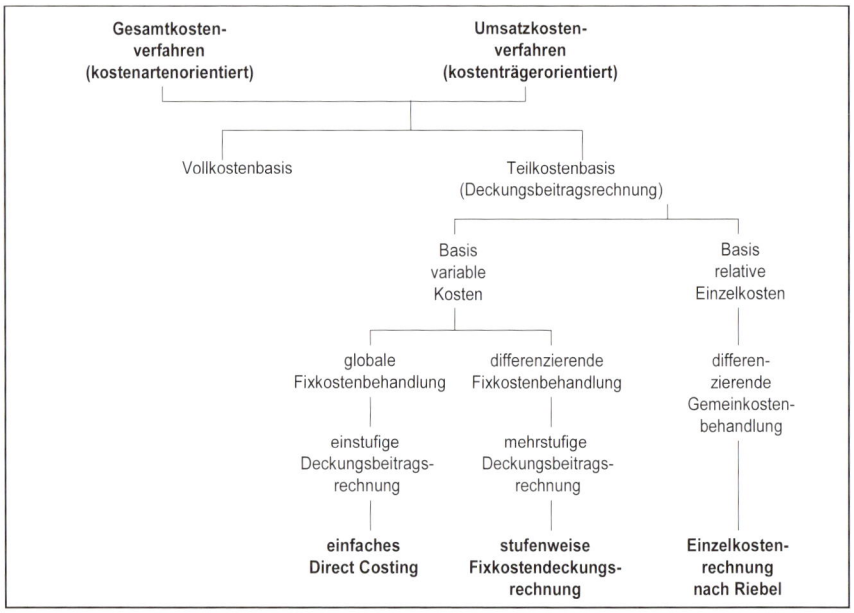

Abb. 5.10: Varianten der kurzfristigen Erfolgsrechnung
            (Quelle: in Abwandlung von Wahle [1989], S. 181)

Kennzeichnend für beide Formen, einstufige und mehrstufige Deckungsbeitragsrechnung, ist die gesonderte Erfassung von beschäftigungsvariablen und -fixen Kosten und damit der Verzicht auf eine Schlüsselung fixer Kosten. Ausschließlich im Rahmen der mehrstufigen Deckungsbeitragsrechnung tritt daneben der Grundsatz einer gestaffelten oder hierarchischen Erfassung und Zuordnung fixer Kosten auf, während die fixen Kosten bei der einstufigen Deckungsbeitragsrechnung nur summarisch abgesetzt werden (**summarische Fixkostendeckungsrechnung**).

Auch fixe Gemeinkosten werden grundsätzlich als „Einzelkosten" einer bestimmten Teileinheit interpretiert. Auf jede **Schlüsselung** fixer Gemeinkosten kann diesem Verständnis zufolge verzichtet werden. In der stufenweisen Fixkostendeckungsrechnung kommt das von Riebel vorgeschlagene Prinzip des Rechnens mit relativen Einzelkosten in Grundzügen zum Ausdruck (vgl. Riebel [1994] sowie Abschnitt 4.2 dieses Kapitels). *Schlüsselung fixer Gemeinkosten*

Die im Rahmen der einstufigen Deckungsbeitragsrechnung oder des Direct Costing undifferenziert bzw. summarisch erfassten Fixkosten stellen i. d. R. keine homogene Masse dar, sondern unterscheiden sich hinsichtlich ihrer Natur und dem Grad ihrer **Zurechenbarkeit** zu betrieblichen Aktivitäten. So ist unmittelbar einsichtig, dass sich z. B. Fixkosten für den Betriebsschutz hinsichtlich der Produktnähe erheblich von den fixen Kosten einer Anlage aus dem Fertigungsbereich unterscheiden. Desgleichen macht es für die Kostenträgerzeitrechnung und Kalkulation einen Unterschied, ob bestimmte Teile der fixen Kosten nur für ein Produkt, eine Produktgruppe oder für eine Vielzahl von Produkten und Leistungen anfallen. Eine **stärkere Zerlegung der fixen Kosten** ist auch deshalb sinnvoll, da sie in der verarbeitenden Industrie häufig 60 bis 80 % der Kostensumme ausmachen. Bei derart niedrigen variablen Kosten sind einstufige Deckungsbeiträge stets hohe Prozentsätze des Umsatzes und damit isoliert wenig aussagefähig.

Kosten, die bezogen auf die einzelne Produkteinheit als fix bezeichnet werden müssen, können bspw. der Produktgruppe (Kosten der Fertigungsanlagen) bzw. der Sparte (Kosten der Spartensteuerung) direkt zurechenbar und somit als Einzelkosten des jeweiligen Bereichs durchaus entscheidungsrelevant sein. Neben dieser **sachlichen Relativität** des Fixkostencharakters ist auch die **zeitliche Relativität** zu berücksichtigen. Die Relevanz fixer Kosten ist unter diesem Aspekt davon abhängig, innerhalb welchen Zeitraums sie abgebaut werden können (z. B. Aufgabe einer Produktlinie oder eines ganzen Werkes). *Sachliche und zeitliche Relativität der Fixkosten*

Eine nach diesen Aspekten differenzierte Betrachtung und Auswertung der Fixkosten kann den Informationsgehalt der Kostenrechnung für unternehmerische Entscheidungen erheblich erhöhen.

4.1.2 Vorgehensweise

Für die Durchführung der stufenweisen Fixkostendeckungsrechnung sind grundsätzlich folgende fünf **Arbeitsschritte** erforderlich: *Vorgehensweise*

1) Festlegung der Rechnungsperiode,
2) kostenrechnerische Gliederung des Unternehmens in eine zweckmäßige Hierarchie,
3) Gliederung des Fixkostenblocks nach der Zurechenbarkeit zu einzelnen „Ästen" in der Hierarchiestruktur,
4) Erfassung, d. h. Kontierung der Fixkosten als Block so weit „unten"
   in der Hierarchie wie möglich, d. h. dort, wo sie sich gerade noch als
   direkte Kosten gemäß dem Verursachungsprinzip zurechnen lassen,
5) Ermittlung von Deckungsbeiträgen auf jeder Hierarchiestufe und in
   jedem „Ast", wobei sich hierarchisch nachfolgende Deckungsbeiträge
   immer als Rest-Deckungsbeitrag des vorhergehenden ergeben.

Zu 1: Festlegung der Rechnungsperiode

Festlegung der Rechnungspe-riode

Aufgrund der zeitlichen Relativität fixer Kosten ist die Fristigkeit der Betrachtung von entscheidender Bedeutung für die Abgrenzung der Kosten
in der Kostenartenrechnung. Üblicherweise wird ein Zeitraum von einem
Monat gewählt.

Zu 2 bis 4: Hierarchiebildung und Gliederung des Fixkostenblocks

Gliederung des Fixkostenblocks

Eine Hierarchisierung kann in einem divisionalisierten Unternehmen
z. B. in folgender Form vorgenommen werden (vgl. Agthe [1963]; Mellerowicz [1974]):

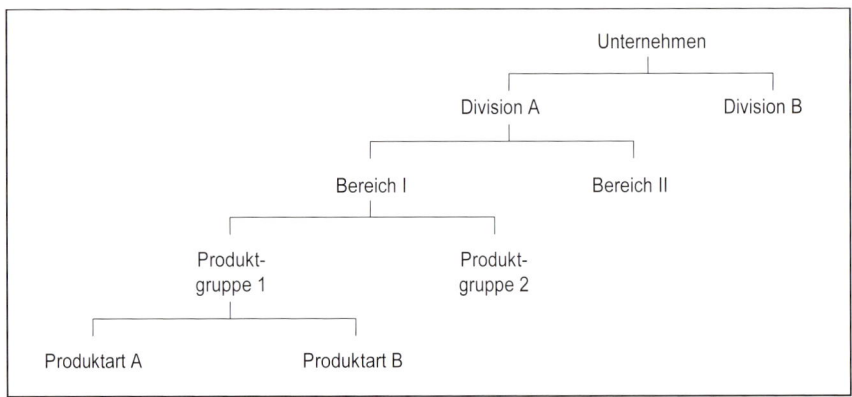

Abb. 5.11: Beispiel einer spartenorientierten Schichtung der Fixkosten

Neben der dargestellten Orientierung an Sparten bzw. Geschäftsbereichen
kann sich die Differenzierung auch auf **Regionen** (z. B. einzelne Filia-
len), **Kundengruppen** (z. B. Key Account-Kunden und Kleinkunden)
oder **Absatzsegmente** (z. B. stationärer Handels vs. Online-Geschäft)
stützen.

Die einzelnen Stufen bei einer **spartenbezogenen Gliederung** der fixen Kosten können wie folgt abgegrenzt werden (vgl. Wahle [1989]):

Spartenbezogene Gliederung

- **Produktfixkosten:** Das sind fixe Sondereinzelkosten eines Produkts und damit Kosten, die ausschließlich für dieses Produkt, aber unabhängig von der Ausbringungsmenge anfallen. Beispiele hierfür sind Patentkosten, Kosten für Spezialmaschinen, Spezialwerkzeuge, aber auch Kosten für auf das Produkt beschränkte Werbekampagnen usw.
- **Produktgruppenfixkosten:** Fixe Einzelkosten der Produktgruppe fallen dementsprechend für die einzelnen Produkte einer Produktgruppe gemeinsam an, bleiben aber auf die Produktgruppe beschränkt, z. B. Patentkosten, Kosten für gemeinsam genutzte Gebäude, Anlagen oder Personal, Werbekampagnen der Produktgruppe usw.
- **Kostenstellenfixkosten:** Sofern innerhalb einer Kostenstelle mehrere Produktgruppen bearbeitet werden, sind stellenspezifische fixe Einzelkosten wie z. B. Meisterlöhne, Raumkosten usw. gesondert zu erfassen.
- **Bereichsfixkosten, Spartenfixkosten:** Fixe Einzelkosten des Bereichs bzw. der Sparte sind analog abzugrenzen. In diese Ebene fallen typischerweise Kosten für gemeinsamen Entwicklungs-, Verwaltungs- und Vertriebs-Overhead der einem Bereich bzw. einer Sparte zugeordneten Produktgruppen.
- **Unternehmensfixkosten:** Als fixe Einzelkosten des Unternehmens wird das Residuum der gesamten Fixkosten bezeichnet, also diejenigen Bestandteile, die sich nicht als Einzelkosten unterer Hierarchieebenen interpretieren lassen. Grundsätzlich sind hierzu Beiträge und Gebühren, die Kosten der Unternehmensleitung sowie je nach Organisation z. B. auch Kosten der Personalverwaltung, der Sozialstellen etc. zu rechnen.

Die gleichzeitige Berücksichtigung von Kostenstellenfixkosten und Produktgruppenfixkosten nach dem Vorschlag von Agthe und Mellerowicz führt zu **Abgrenzungsproblemen.** Sofern in einer Kostenstelle mehrere Produktgruppen bearbeitet werden, sollten die dort anfallenden Fixkosten der Grundidee dieses Verfahrens zufolge jeweils der betroffenen Produktgruppe zugerechnet werden. Befindet sich in der Kostenstelle hingegen nur eine Produktgruppe in Bearbeitung, so ist die gesonderte Hierarchieebene „Kostenstelle" in der stufenweisen Schichtung ohnehin überflüssig (vgl. Seicht [2001]).

Abgrenzungsprobleme

Ganz allgemein ergibt sich die anzustrebende Gliederungstiefe bei diesem Verfahren weitgehend aus Organisation, Produktionsprogramm oder Marktbeziehungen des Unternehmens. Auch für die stufenweise Fixkostendeckungsrechnung ist dabei der Grundsatz der **Wirtschaftlichkeit** zu beachten, d. h. die Erfassungsgenauigkeit sollte in einem sinnvollen Verhältnis zum damit verbundenen Informationsgewinn stehen.

Wirtschaftlichkeit

Legt man die Dreiteilung der Kostenrechnung in Kostenarten-, Kostenstellen- und Kostenträgerrechnung zugrunde, so bleibt beim Übergang von einem einfachen Direct Costing zur stufenweisen Fixkostendeckungsrechnung nur die Kostenartenrechnung unverändert.

Die gewählte Schichtung wirkt sich bereits in der Kostenstellenrechnung aus, da die fixen Kosten im BAB den jeweiligen hierarchischen Bezugsgrößen zugewiesen werden müssen. Kostenstellenrechnung und Kostenträgerzeitrechnung fließen daher ineinander.

Gliederung der Kostenstellenrechnung

Die **Kostenstellenrechnung** im System der stufenweisen Fixkostendeckungsrechnung folgt unter Annahme einer Spartengliederung nach dem in Abbildung 5.12 dargestellten Schema.

Nur die variablen Kosten werden innerhalb des BAB nach Kostenarten gesondert auf die Endkostenstellen und weiter auf einzelne Kostenträger verrechnet. Die Fixkosten werden in sinnvollen Kategorien und ungeschlüsselt so verursachungsnah wie möglich zusammengefasst. Eine Weiterwälzung findet nicht statt, vielmehr wird nur mit **primären fixen Kosten** gerechnet. **Sekundäre Fixkosten** können nur aus weiter verrechneten variablen Kosten von Vorkostenstellen entstehen.

	Vorkostenstellen				Endkostenstellen										Produkt-fix-kosten	Produkt-gruppen-fix-kosten
	Ge-schäfts-leitung	Fertigungs-hilfsstellen			Sparte I					Sparte II						
		1	2	...	Fert. 1	Fert. 2	Fert. 3	Ver-walt.	Ver-trieb	Fert. 1	Fert. 2	Fert. 3	Ver-walt.	Ver-trieb	A B C	X Y
Kosten-arten	g f v	g f v	g f v	...	g f v	g f v	g f v	g f v	g f v	g f v	g f v	g f v	g f v	g f v		

Legende: g = gesamt   f = fix   v = variabel

Abb. 5.12:   Schema des BAB bei stufenweiser Fixkostendeckungsrechnung

Die stufenweise Fixkostendeckungsrechnung kann wie dargestellt als Sonderrechnung an eine konventionelle Grenzkostenrechnung angehängt werden. Für jede Kostenstelle des zugrundeliegenden BAB sind dabei in gesonderten Spalten die Produktfixkosten von den Produktgruppenfixkosten zu trennen. Die verbleibenden Fixkosten, insbesondere die Kosten der allgemeinen Vorkostenstellen und der Verwaltung, werden den höheren Fixkostenschichten zugewiesen.

Zu 5: Stufenweise Ermittlung von Deckungsbeiträgen

In Abbildung 5.13 ist das **Grundschema einer stufenweisen Fixkostendeckungsrechnung** dargestellt. Die Deckungsbeiträge ab DB 3 leiten sich ausschließlich aus der bezugsgrößenorientierten gestuften Erfassung von Fixkostenbestandteilen ab. Bis zum DB 2 ist der Aufbau mit dem einer einfachen Deckungsbeitragsrechnung identisch.

Die stufenweise Zuordnung fixer Kosten führt in der Regel zu Ergebnissen zur Förderwürdigkeit von Produkten oder Produktgruppen, die deutlich von denen abweichen, die sich aufgrund einer Proportionalisierung fixer Kosten in der Vollkostenrechnung ergeben (Schlüsselung „von unten", nicht „von oben"; vgl. Seicht [2001], S. 189).

Die geschichtete Aufbereitung der Kosteninformationen erlaubt eine **Deckungsbeitragstiefenanalyse** (in Abbildung 5.13 DB 1 bis DB 5 plus Betriebsergebnis) (vgl. Wahle [1989], S. 211). Die Deckungsbeiträge einzelner Produkte bzw. Produktgruppen können daher im Einzelnen auf ihre „Reichweite" zur Deckung der geschichten Fixkosten hin untersucht und mögliche Verlustbringer leicht identifiziert werden. Gleichzeitig bleibt aufgrund der geschlossenen Darstellung jederzeit erkennbar, wie hoch die insgesamt zu deckenden fixen Kosten sind. Für jede hierarchische Teileinheit lassen sich daher auch **Soll-Deckungsbeiträge** vorgeben.

Grundschema der stufenweisen Fixkostende-ckungsrechnung

Deckungsbei-tragstiefen-analyse

	Preis pro Produkteinheit
–	Grenzkosten je Produkteinheit (z. B. Material, Fertigung, Vertrieb)
=	DB 1 (Stück-Deckungsbeitrag)
x	Absatzmenge
=	DB 2 (Gesamt-Deckungsbeitrag)
–	Fixkosten der Produktart
=	DB 3 (Deckungsbeitrags des Produkts)
–	Fixkosten der Produktgruppe
=	DB 4 (Deckungsbeitrag der Produktgruppe)
–	Fixkosten des Bereichs
=	DB 5 (Deckungsbeitrags des Bereichs)
–	Unternehmensfixe Kosten
=	Betriebsergebnis (= DB 6)

Abb. 5.13: Ergebnisrechnung bei stufenweiser Fixkostendeckungsrechnung

Beispiel 5.6
Stufenweise
Fixkostende-
ckungsrechnung

Wieder ist ein Jahr ins Land gegangen. Joachim Zimmermann hat mittlerweile sein Unternehmen in eine GmbH umgewandelt. Neben seinen begehrten Rennrädern verkauft das Unternehmen jetzt auch Einzelteile, die von anderen Rennradherstellern in ihre Spezialprodukte eingebaut werden oder aber als Verschleißteile von Radrennfahrern als Ersatzbedarf gekauft werden. Das Unternehmen ist etwas unübersichtlich geworden. Durch Automatisierung sind die Fixkosten beträchtlich angestiegen und selbst das Bauchgefühl fehlt jetzt Joachim Zimmermann. Er muss Struktur und Transparenz in seine Geschäfte bringen.

Unternehmen	Joachim Zimmermann GmbH						Gesamt
Bereich	Rennräder		Zubehör				
Produktgruppe			Verschleißteile		Ausstattung		
Produkt	Standard	Luxus	Carbonräder	Kranzsätze	Sättel	Lenker	
Umsatz	**224 000**	**195 000**	**140 000**	**80 000**	**66 000**	**35 000**	**740 000**
– Rabatte, Skonti	6 000	5 000	4 000	1 000	1 000	1 000	18 000
– *Vertriebseinzelkosten*	*3 000*	*2 000*	*1 000*	*1 000*	*1 000*	*1 000*	*9 000*
= Nettoerlös	215 000	188 000	135 000	78 000	64 000	33 000	713 000
– *Materialgrenzkosten*	*51 000*	*59 000*	*24 000*	*30 000*	*21 000*	*22 000*	*207 000*
– *Fertigungsgrenzkosten*	*70 000*	*48 000*	*22 000*	*15 000*	*12 000*	*10 000*	*177 000*
= **Deckungsbeitrag I absolut**	**94 000**	**81 000**	**89 000**	**33 000**	**31 000**	**1 000**	**329 000**
in % von Nettoerlös	43,7 %	43,1 %	65,9 %	42,3 %	48,4 %	3,0 %	46,1 %
– Produktfixe Kosten	35 000	40 000	17 000	25 000	15 000	19 000	151 000
in % von DB I	37,2 %	49,4 %	19,1 %	75,8 %	48,4 %	1 900 %	45,9 %
= **Deckungsbeitrag II**	**59 000**	**41 000**	**72 000**	**8 000**	**16 000**	**– 18 000**	**178 000**
Σ **DB II**	**100 000**		**80 000**		**– 2 000**		
– Produktgruppen-fixkosten			12 000		11 000		23 000
in % von DB II			15,0 %				12,9 %
= **Deckungsbeitrag III**	**100 000**		**68 000**		**– 13 000**		**155 000**
Σ DB III	100 000		55 000				
– Bereichsfixe Kosten	40 000		15 000				55 000
in % von DB III	40,0 %		27,3 %				35,5 %
= **Deckungsbeitrag IV**	**60 000**		**40 000**				**100 000**
Σ DB IV			100 000				
– Unternehmensfixe Kosten			70 000				70 000
in % von DB IV			70,0 %				70,0 %
= **Deckungsbeitrag V (Periodenergebnis)**			**30 000**				**30 000**

Abb. 5.14: Stufenweiser Fixkostendeckungsrechnung (Beispielfall)

Controller Uli Müller hat eine Idee. Er baut eine spartenbezogene mehrstufige Deckungsbeitragsrechnung auf, die wieder Klarheit und Transparenz in die Ergebnisanalyse bringen soll. Als Ergebnis legt er Joachim Zimmermann die in Abbildung 5.14 dargestellte Fixkostendeckungsrechnung vor.

Die stufenweise Fixkostendeckungsrechnung zeigt zum einen, dass alle Deckungsbeiträge I positiv sind, d. h. dass eine Mengenausweitung in den Sparten überhaupt sinnvoll ist, da die Preise die variablen Stückkosten abdecken. Zum anderen zeigt die Rechnung, dass der DB III der Sparte Ausstattung mit 13 000 EUR negativ ist und damit die eigenen produktfixen und produktgruppenfixen Kosten nicht abdeckt. Die DB-Tiefenanalyse lässt auch die Ursache erkennen, nämlich einen tiefroten negativen DB II des Produkt Lenkers. Hier sollte zunächst versucht werden, entweder den Absatz so zu erhöhen, dass der DB I die produktfixen Kosten abdeckt oder andernfalls die Strukturen verändert werden (Erhöhung der Preise, Senkung der variablen und fixen Kosten). Sollte dies nicht gelingen, wäre das Produkt aus dem Sortiment zu nehmen. Die Entscheidung ist jedoch davon abhängig, ob bzw. wie schnell die betreffenden Fixkosten abbaufähig sind und ob Verbundeffekte zu anderen Produkten des Sortiments zu beachten sind.

Beispiel 5.6
Stufenweise Fixkostendeckungsrechnung (Fortsetzung)

4.1.3 Kalkulation anhand der stufenweisen Fixkostendeckungsrechnung

Da die weitgehende Fixkostendifferenzierung umgekehrt auch als Grundlage für eine Zuschlagskalkulation genutzt werden kann, lassen sich z. B. für Zwecke der bilanziellen Herstellungskostenermittlung aus einer stufenweisen Fixkostendeckungsrechnung relativ problemlos auch Vollkosten einzelner Produkteinheiten ermitteln (**progressive Kalkulation;** von den Einzelkosten zum Preis). In anderer Richtung (vom Preis zum Nettoergebnis) kann der Ergebnisbeitrag einzelner Produkte auch durch eine **retrograde Kalkulation** bestimmt werden.

Kalkulation auf der Basis einer stufenweisen Fixkostendeckungsrechnung

Damit wird zwar der Grundsatz verletzt, grundsätzlich keine Fixkosten zu proportionalisieren, andererseits aber können auf diese Weise Vorzüge der Grenzkostenrechnung mit denen der Vollkostenrechnung vereint werden (vgl. Ebert [2004]). Eine fallweise Kalkulation von Vollkosten z. B. für Bilanzierungszwecke bedingt jedenfalls keine undifferenzierte Erfassung der zu proportionalisierenden Fixkosten für Kostenrechnungszwecke.

Ein wesentlicher Unterschied zur Zuschlagskalkulation in der Vollkostenrechnung ist jedoch in den Zuschlagsbasen zu sehen, da die stufenweise Fixkostendeckungsrechnung die Zuschlagssätze auf der Basis

der Einzelkosten bzw. der Deckungsbeiträge vornimmt, während die traditionelle Zuschlagskalkulation von einer proportionalen Beziehung der Gemeinkosten zu Einzelkosten (Materialeinzelkosten und Fertigungslöhne) bzw. Herstellkosten ausgeht. Jede Proportionalisierung fixer Kosten bringt notwendigerweise Unschärfen und Fehler in die Kalkulation. Nach Ansicht von Mellerowicz kann die Ungenauigkeit jedoch in vertretbaren Grenzen gehalten werden (vgl. Mellerowicz [1974]).

Progressive Kalkulation

Die **progressive Kalkulation** ermittelt die Selbstkosten und darauf aufbauend den Angebotspreis und ist eine echte Stückkostenrechnung. Die prozentualen Zuschlagssätze ergeben sich aus einer progressiven Betriebsergebnisrechnung, in der ausgehend von den Einzelkosten über mehrere Fixkostenzuschläge die Vollkosten sowie in einem weiteren Schritt der Selbstkostenpreis errechnet werden können (vgl. Schweitzer/Küpper [2003], S. 567 f.; Ebert [2004]).

Im Gegensatz zur retrograden Kalkulation werden die Stückkosten explizit errechnet. Die stufenweise Fixkostendeckungsrechnung ist jedoch nicht ohne weiteres geeignet, steuerrechtlich zulässige bilanzielle Wertansätze für Halb- und Fertigfabrikate zu liefern (vgl. bereits früh Mellerowicz [1974]). Material- und Fertigungsgemeinkosten müssten in diesem Fall gesondert ermittelt werden.

Beispiel 5.7
Progressive Kalkulation

Auf der Basis der stufenweise Fixkostendeckungsrechnung in Abbildung 5.14 will Uli Müller ein Kalkulationsverfahren entwickeln, das den stufenweisen Ausweis der Fixkosten berücksichtigt. Hierzu hat er die sechs Sparten näher analysiert und erhält folgenden Datenkranz:

Produkt	Preis	Absatz	Rabatte	Vertriebs-EK	Mat.-EK	Fert.-EK
Rennrad „Standard"	400,00	560	10,71	5,36	91,07	125,00
Rennrad „Luxus"	520,00	375	13,33	5,33	157,33	128,00
Carbonräder	70,00	2.000	2,00	0,50	12,00	11,00
Kranzsätze	64,00	1.250	0,80	0,80	24,00	12,00
Sättel	30,00	2.200	0,45	0,45	9,55	5,45
Lenker	35,00	1.000	1,00	1,00	22,00	10,00

Beispielhaft kalkuliert Uli Müller für den Produkte „Rennrad Luxus" und „Carbonrad". Hierzu ermittelt er die Zuschlagssätze auf der Basis der variablen Kosten. Dabei werden in der jeweiligen Stufe (z. B. Bereich „Zubehör") alle variablen Kosten, die der jeweiligen Stufe zuordenbar sind (d. h. die Summe aus Vertriebseinzelkosten, Materialgrenzkosten und Fertigungsgrenzkosten aller vier Produkte des Bereichs „Zubehör"), als Bezugsgröße gewählt.

Zuschlagssatz Produktfixkosten Produkt „Rennrad Luxus" =

$$= \frac{40\,000}{\left(2\,000 + 59\,000 + 48\,000\right)} = 36,7\,\%$$

Zuschlagssatz Produktfixkosten Produkt „Carbonräder" =

$$= \frac{17\,000}{\left(1\,000 + 24\,000 + 22\,000\right)} = 36,2\,\%$$

Zuschlagssatz Fixkosten der Produktgruppe „Verschleißteile" =

$$= \frac{12\,000}{\left(1\,000 + 1\,000 + 24\,000 + 30\,000 + 22\,000 + 15\,000\right)} = 12,9\,\%$$

Zuschlagssatz Fixkosten des Bereichs „Rennräder" =

$$= \frac{40\,000}{\left(3\,000 + 2\,000 + 51\,000 + 59\,000 + 70\,000 + 48\,000\right)} = 17,17\,\%$$

Zuschlagssatz Fixkosten des Bereichs „Zubehör" =

$$= \frac{15\,000}{160\,000} = 9,38\,\%$$

$$\text{Zuschlagssatz Unternehmensfixkosten} = \frac{70\,000}{393\,000} = 17,81\,\%$$

Damit ergibt sich für die beiden Produkte folgende progressive Kalkulation:

Produkt	Rennrad „Luxus"		Carbonräder	
	%	EUR	%	EUR
Vertriebseinzelkosten		5,33		0,50
+ Materialeinzelkosten		157,33		12,00
+ Fertigungseinzelkosten		128,00		11,00
= Einzelkosten		**290,66**		**23,50**
+ Produktfixkosten in % der Einzelkosten	36,7	106,67	36,2	8,51
Σ 1		397,33		32,01
+ Produktgruppenfixkosten in % der Einzelkosten			12,9	3,03
Σ 2				35,04
+ Bereichsfixkosten in % der Einzelkosten	17,17	49,91	9,38	2,20
Σ 3		447,24		37,24
+ Unternehmensfixkosten in % der Einzelkosten	17,81	51,77	17,81	4,19
Σ 4		**499,01**		**41,43**
+ Gewinnzuschlag (brutto)		**20,99**		**28,57**
= Preis		**520,00**		**70,00**

> Durch die auf die Einzelkosten bezogenen Zuschlagssätze lassen sich die Fixkosten der einzelnen Stufen dem einzelnen Produkt zuordnen.

Retrograde
Kalkulation

Die **retrograde Kalkulation** ermittelt demgegenüber ausgehend von den Erlösen in mehreren Stufen den Erfolg pro Leistungseinheit und ist eher als Stückerfolgsrechnung denn als Kalkulationsform zu verstehen (vgl. Schweitzer/Küpper [2003], S. 564 ff.; Ebert [2004]).

Entsprechend dem Tragfähigkeitsprinzip, nicht etwa nach dem Verursachungsprinzip, werden die Fixkosten jeder Stufe auf den unmittelbar vorausgehenden Deckungsbeitrag bezogen. Die erforderlichen prozentualen Zuschlagssätze können für jede Schicht aus der Gesamterfolgsrechnung entnommen werden (Abbildung 5.14).

Da die retrograde Kalkulation einen bekannten Marktpreis voraussetzt, eignet sie sich bevorzugt für die **Nachkalkulation** (vgl. Ebert [2004]). Die errechneten Stückerfolge sind aufgrund der nicht verursachungsgerechten Fixkostenverrechnung mit Vorsicht zu interpretieren und haben nur Gültigkeit für die jeweils zugrunde gelegte Absatzmenge (vgl. Kilger [1987], S. 355).

Beispiel 5.8
Retrograde
Kalkulation

Uli Müller erstellt nun die retrograde Kalkulation für die beiden Produkte Rennrad „Luxus" und das Carbonrad. Dabei greift er nicht auf die einzelkostenbezogenen Zuschlagssätze aus der progressiven Kalkulation zurück, sondern wählt die auf die jeweiligen Deckungsbeiträge bezogenen Fixkostenprozentsätze.

Produkt	Rennrad „Luxus"		Carbonräder	
	%	EUR	%	EUR
Preis		520,00		70,00
− Rabatte, Skonti		−13,33		−2,00
= Nettopreis		506,67		68,00
− Einzelkosten		−290,66		−23,50
= Deckungsbeitrag I		+216,01		+44,50
− Produktfixkosten				
in % von DB I	49,4 %	−106,71	19,1 %	−8,50
= Deckungsbeitrag II		+109,30		+36,00
− Produktgruppenfixkosten				
in % von DB II	---	---	15,0 %	−5,40
= Deckungsbeitrag III		+109,30		+30,60
− Bereichsfixkosten				
in % von DB III	40,0 %	−43,72	27,3 %	−8,35
= Deckungsbeitrag IV		+65,58		+22,25
− Unternehmensfixkosten				
in % von DB IV	70,0 %	−45,91	70,0 %	−15,58
= **Nettoergebnis**		**+19,67**		**+6,67**

Das Beispiel „Luxus-Rennräder" zeigt den grundsätzlichen Unterschied zwischen progressiver und retrograder Kalkulation. Nach progressiver Berechnung bleibt ein Nettogewinn nach Rabattabzug von 20,99 − 13,33 = 7,66 EUR übrig, während die retrograde Berechnung bei unveränderter Datenlage zu einem Nettogewinn von 19,67 EUR führt. Dieser Unterschied ist auf die verschiedenen Zuschlagsbasen (Einzelkosten vs. Deckungsbeiträge I bis IV) zurückzuführen. Das heißt auf der Grundlage der Einzelkosten wird das Produkt Rennrad „Luxus" mit relativ höheren Fixkostenanteilen belastet als auf Grundlage der Deckungsbeiträge.

4.1.4 Zusätzliche Differenzierungsmöglichkeiten im Rahmen der stufenweisen Fixkostendeckungsrechnung

In einem zusätzlichen Auswertungsschritt wird bisweilen nach den Kriterien der zeitlichen Beeinflussbarkeit (Abbaufähigkeit) bzw. der Ausgabewirksamkeit der Fixkosten unterschieden. Diese weitergehende Differenzierung wirkt sich bereits innerhalb der Kostenartenrechnung aus.

Dabei werden insbesondere die **ausgabewirksamen fixen Kosten** als entscheidungsrelevant erachtet. Unterschieden werden nach diesem Kriterium üblicherweise folgende Kategorien:

Differenzierung nach der Ausgabewirksamkeit

- **kurzfristig ausgabewirksam**: Frist l Monat (z. B. Löhne),
- **mittelfristig ausgabewirksam**: Frist 1 bis 3 Monate (z. B. Mieten, Zinsen),
- **langfristig ausgabewirksam**: Frist über 3 Monate (z. B. Jahresinspektion, Wirtschaftsprüfung etc.),
- **nicht ausgabewirksam**: z. B. kalkulatorische Abschreibungen.

In konsequenter Fortführung dieses Gedankens wird vermehrt eine Differenzierung nach der **Abbaufähigkeit** vorgeschlagen (vgl. Kilger [1987]; Reichmann u.a. [1990]; Seicht [2001]). Dabei wird i. d. R. wie folgt unterschieden:

Differenzierung nach der Abbaufähigkeit

- **kurzfristig abbaufähig**: innerhalb von 3 Monaten (z. B. Leiharbeiter),
- **mittelfristig abbaufähig**: innerhalb eines Jahres (vertragliche Kündigungsfrist für viele Kostengruppen),
- **langfristig abbaufähig**: überschreitet ein Jahr (z. B. Kapazitätskosten),
- **nicht abbaufähig**: z. B. Unkündbare Mitarbeiter, Abgaben, Wirtschaftsprüferhonorar, Rechnungslegung.

Ausgabewirksamkeit und Abbaubarkeit decken sich nur teilweise, da durchaus Fixkosten existieren, die zwar kurzfristig mit Ausgaben verbunden, jedoch innerhalb absehbarer Zeit nicht mehr disponibel sind, wie

z. B. Fixkosten aufgrund vertraglicher Verpflichtungen (Mieten, Leasingraten usw.). Das Kriterium der Abbaufähigkeit ist deshalb eher geeignet, die richtigen Informationen zu erbringen.

Die Betrachtung verengt sich unter diesem Aspekt auf die bei bestimmten Dispositionen wegfallenden Deckungsbeiträge einerseits und die wegfallenden fixen Kosten andererseits („Stilllegungsbetrachtung", vgl. Seicht [2001], S. 207). Teileinheiten bzw. Aktivitäten sollten demgemäß dann aufrechterhalten werden, wenn zumindest die jeweils abbaufähigen fixen Kosten von den Deckungsbeiträgen gedeckt werden. Umgekehrt kann der Vorteilsvergleich bei Entscheidungsrechnungen wie Stillegung versus Weiterführung kostenmäßig nur dadurch umfassend vorgenommen werden, dass auch evtl. Sonderkosten der Entscheidung (Stillegungs- oder Abfindungskosten) im Kalkül berücksichtigt werden.

Mit der Differenzierung der Fixkosten nach der Abbaufähigkeit wird angestrebt, typische Fehler der klassischen Kostenrechnungssysteme zu vermeiden. Die Vollkostenrechnung berücksichtigt üblicherweise nicht, dass bestimmte Fixkosten nicht mehr disponibel sind (sog. versunkende Kosten oder „sunk costs"), beschränkt sich also nicht auf entscheidungsrelevante Kosten. Die einstufige Grenzkostenrechnung ignoriert hingegen die zeitlich gestaffelte Beeinflussbarkeit der Fixkosten.

4.1.5 Voraussetzungen und Anwendungsbereiche

Anwendungs-voraussetzung der stufenweisen Fixkosten-deckungsrechnung

Aus Zielsetzung und Vorgehensweise der stufenweisen Fixkostendeckungsrechnung werden gleichzeitig auch bestimmte **Voraussetzungen** ersichtlich, die für ihre sinnvolle Anwendung erfüllt sein müssen:

- Die Fixkosten sollten einen hohen Anteil an den Gesamtkosten ausmachen, so dass eine gezielte Betrachtung des hohen Fixkostenblocks lohnend erscheint.
- Der Anspruch der stufenweisen Fixkostendeckungsrechnung lässt sich um so eher erfüllen, je höher der Anteil derjenigen fixen Kosten ist, der den Produkten oder Produktgruppen direkt zugerechnet werden kann.
- Die Genauigkeit der Kostenzurechnung in den produktnahen Fixkostenschichten hängt ganz entscheidend davon ab, dass die Kostenstellenbildung den betrieblichen Fertigungsfluss wiederspiegelt. In jeder Kostenstelle sollte nur ein Produkt bzw. eine Produktgruppe bearbeitet werden. Nur dann lassen sich einzelne Kostenstellen auch problemlos einzelnen Produkten oder Produktgruppen zuordnen. Umgekehrt wird die Anwendung der Fixkostendeckungsrechnung fragwürdig, wenn auf mehreren Kostenstellen unterschiedliche bzw. wechselnde Produktgruppen bearbeitet werden, da in diesem Fall doch wieder willkürliche Schlüsselungen vorgenommen werden müssten (z. B.

Fixkostenzuteilung anhand von Verrechnungssätzen, vgl. Mellerowicz [1974], S. 180).

Aufgrund dieser Voraussetzungen kann festgestellt werden, dass die stufenweise Fixkostendeckungsrechnung eher für Unternehmen mit Serienfertigung als mit Einzelfertigung geeignet ist (vgl. Ebisch/Gottschalk [2000]).

Schwächen dieses Verfahrens liegen, ähnlich wie bei der Grenzkostenrechnung, grundsätzlich bereits in der praktisch bisweilen unklaren und demzufolge unscharfen Trennung zwischen variablen und fixen Kosten **(Kostenspaltung)** begründet (vgl. Riebel [1994]; Weber/Weissenberger [2006]). Z. B. werden Fertigungslöhne häufig als variable Kosten betrachtet, obwohl sie in vielen Unternehmen durch den bestehenden Kündigungsschutz gar nicht disponibel sind und quasi fixe Kosten darstellen.

Trennung in fixe und variable Kosten

Richtige Entscheidungen können nur auf der Basis der für die jeweilige Problemstellung entscheidungsrelevanten Kosten getroffen werden. Diese relevanten Einzelkosten sind nur ausnahmsweise mit den variablen Kosten identisch und können daneben gegebenenfalls auch fixe Kosten oder Opportunitätskosten beinhalten. Allerdings lassen sich aus einer stufenweisen Fixkostendeckungsrechnung die entscheidungsrelevanten disponiblen Fixkosten relativ schnell gewinnen.

Grundsätzlich ist darauf hinzuweisen, dass für Steuerungszwecke, z. B. für die Planung des Produktprogramms, absolute Deckungsbeiträge evtl. zu falschen Schlüssen verleiten. In diesem Fall ist auf **relative Deckungsbeiträge** (DB pro Engpasseinheit, z. B. Maschinen- oder Mitarbeiterstunde) abzustellen, um die Vorteilhaftigkeit einzelner Alternativen zu beurteilen (vgl. Kapitel 9).

Absolute vs. relative Deckungsbeiträge

Auch mögliche **Verbundeffekte** zwischen einzelnen Produkten oder Produktlinien stehen einer unreflektierten Betrachtung einzelner Informationen aus der stufenweisen Fixkostendeckungsrechnung entgegen.

Verbundeffekte

Schließlich kann auch eine **Spartenbeurteilung und -steuerung** auf der Grundlage der stufenweisen Fixkostendeckungsrechnung nur unvollkommen vorgenommen werden. Neben den Periodenkosten sind hierfür sowohl sog. „sunk costs" der Profit Center, also Kosten früherer Perioden, als auch die Zukunftsaussichten (z. B. als monetärer Wertbeitrag) zu berücksichtigen, um das jeweils gebundene Kapital (Forschung, Anlagen, Personal usw.) adäquat zu erfassen (vgl. Kapitel 20).

Spartensteuerung

Die Eignung der stufenweisen Fixkostendeckungsrechnung für Vorteilsvergleiche wird durch die Beschränkung auf die aktuelle Rechnungsperiode entscheidend beeinträchtigt. Für Investitions- und Desinvestitionsentscheidungen sind einperiodische, statische Vorteilsvergleiche grundsätzlich unzulänglich. Derartige Entscheidungen können durch die Informationen der stufenweisen Fixkostendeckungsrechnung zwar nahegelegt werden, sie sind jedoch durch dynamische, d. h. **mehrperiodige Sonderrechnungen** (z. B. als Wertbeitrag) abzustützen, die den tat-

Mehrperiodige Betrachtung

sächlichen Zahlungsfluss im Vorteilsvergleich berücksichtigen. Gerade bei grundsätzlicheren Entscheidungen sind ergänzend zudem auch **strategische Aspekte** (Erfolgspotenziale, Verbundeffekte, Lebenszyklen, Marktverhältnisse) zu beachten.

Die stufenweise Fixkostendeckungsrechnung kann vor diesem Hintergrund also lediglich Anhaltspunkte dafür geben, für welche Produkte oder Sparten Entscheidungsbedarf vorliegt und Sonderrechnungen (Stilllegung vs. Weiterführung einer verlustbringenden Division) erforderlich werden. Die Differenzierung nach der Abbaufähigkeit ändert nichts am statischen Charakter des Rechenverfahrens.

4.2 Relative Einzelkosten- und Deckungsbeitragsrechnung

Entscheidungsrelevante Kosten und Identitätsprinzip

Riebel zieht die Konsequenz aus der Relativität des Einzelkostenbegriffs (Kostenträger-Einzelkosten, Kostenstellen-Einzelkosten etc.) und schlägt eine äußerst differenzierte hierarchische Kostenerfassung vor, die gewährleisten soll, dass für jede Entscheidungssituation die **entscheidungsrelevanten Kosten** durch das System bereit gestellt werden. Auf jede Schlüsselung von Gemeinkosten bzw. Proportionalisierung fixer Kosten wird verzichtet. Das sog. **„Identitätsprinzip"** tritt als Grundsatz der Kostenzuweisung an die Stelle des von ihm als ungenau und irreführend kritisierten Verursachungsprinzips. Demnach werden Kosten nicht durch betriebliche Leistungen „verursacht", sondern sind wie diese auf eine vorgelagerte unternehmerische Entscheidung zurückzuführen. Die Kostenerfassung muss nach Ansicht Riebels daher diese Dispositionsabhängigkeit transparent machen. Riebels System der relativen Einzelkostenrechnung ordnet andere Kriterien der Kostenverrechnung vollständig diesem Ziel unter (vgl. ausführlich Riebel [1994]).

4.2.1 Konzeption der relativen Einzelkostenrechnung

Entscheidungsorientierte Kostenrechnung

Die Kostenrechnung hat nicht nur die Aufgabe, Informationen für die betrieblichen Planungs-, Steuerungs- und Kontrollaufgaben bereitzustellen, sondern soll darüber hinaus auch einen wichtigen Beitrag bei der Fundierung betrieblicher Entscheidungen (**entscheidungsorientierte Kostenrechnung**) leisten. Eine konsequente Interpretation und Weiterentwicklung des entscheidungsorientierten Kostenbegriffs stammt von Riebel.

Einzelkosten-Begriff

Kosten, die durch eine bestimmte Entscheidung ausgelöst werden, sind nur auf diejenigen Bezugsobjekte zu verrechnen, die durch die betreffende Entscheidung unmittelbar beeinflusst werden. Der Begriff **„Einzelkosten"**, der sich in der Vollkostenrechnung auf alle einem Kostenträger direkt zurechenbaren Kosten bezieht, wird von Riebel im Hinblick auf verschiedene Entscheidungsobjekte relativiert. Einzelkosten sind demnach „Kosten (Ausgaben), die einem – sachlich und zeitlich genau abzugrenzenden – Bezugsobjekt eindeutig zurechenbar sind, weil sowohl die Kosten (Ausgaben) als auch das Bezugsobjekt auf einen gemeinsamen dispositiven Ursprung zurückgehen. ... Dieser Begriff ist **relativ** (Hervorhebung durch den Verf.), so dass er bei der Anwendung auf konkrete Fälle näher gekennzeichnet werden muss, und zwar durch die Angabe des Bezugsobjekts und/oder der Bezugsperiode, z. B. als Auftrags-Einzelkosten, Produktgruppen-Einzelkosten im Monat X" (Riebel [1994], S. 762).

Aus dieser Definition können folgende **Schlussfolgerungen** gezogen werden:

> Merkmale der relativen Einzelkostenrechnung

1) Im Gegensatz zur „klassischen" Grenzkostenrechnung (einstufiges und mehrstufiges Direct Costing) verzichtet die relative Einzelkostenrechnung auf die Ermittlung von Grenzkosten mit Hilfe einer Kostenspaltung (keine Kostenspaltung).
2) Jegliche Schlüsselung von Grenzkosten wird als Verstoß gegen das Verursachungsprinzip abgelehnt. Durch den Verzicht auf eine Schlüsselung können die erfassten Kostenwerte gleichzeitig für verschiedene Bezugsobjekte und alternative Rechnungszwecke ausgewertet werden (zweckneutrale Kostenerfassung und -speicherung).
3) Die relative Einzelkostenrechnung erfasst nur ausgabenwirksame (pagatorische) Kosten. Kalkulatorische Wertansätze, z. B. Zinsen auf das gebundene Kapital, werden nicht berücksichtigt.
4) Die relative Einzelkostenrechnung basiert auf einem entscheidungsorientierten Kostenbegriff: „Kosten sind die durch die Entscheidung über das betrachtete Objekt ausgelösten zusätzlichen ... Ausgaben (Auszahlungen)" (Riebel [1994], S. 427).
5) Damit eine fortlaufende Erfassung und Auswertung der Kosten trotz der Heterogenität der betrieblichen Entscheidungen wirtschaftlich durchgeführt werden kann, muss zur Realisierung der relativen Einzelkostenrechnung aus Gründen der Praktikabilität ein Rechenwerk geschaffen werden, das zunächst sämtliche Kosten und Erlöse unabhängig vom Kontext einer bestimmten Entscheidungssituation erfasst. Eine solche sog. „Grundrechnung" (vgl. ausführlich Riebel [1994], S. 149 ff.) muss zweckneutral sein und sich darauf beschränken, alle Kosten- und Leistungsdaten so zu erfassen, dass diese im Hinblick auf die Vielzahl möglicher betrieblicher Entscheidungen flexibel in sog. „Auswertungsrechnungen" (vgl. Riebel [1994], S. 170 ff.) analysiert werden können.

Spaltengliederung:

- **Kostenstellen** — Produktionsstellen: I P_A, II P_B, III P_C; Vertriebsstellen: IV V_A, V V_B; VI Sonstige U; VII Σ
- **Kostenträger** — Erzeugnisgruppe a: VIII a_1, IX a_2, X a_3, XI a_4, XIII a_5, XIV Gr. a; XV Erzeugnisgr. b insg.; XVI eigene Erzeugnisse Σ; Handelsware Artikelgruppe: XVII ah, XVIII bh; XIX Kostenträger insgesamt
- XX Gesamtsumme

Kostenkategorien (linke Randspalte): variable Kosten (absatzbedingte / erzeugnisbedingt), nichtvariable Kosten (kurzfristige (+automatische) Gemeinkosten), kurzfristige nichtvariable Gemeinkosten, ferne Periodengemeinkosten, Periodeneinzelkosten, ausgabennahe Kosten.

Zurechnungsobjekte (Bezugsgrößen) / Kostenarten	I P_A	II P_B	III P_C	IV V_A	V V_B	VI U	VII Σ	VIII a_1	IX a_2	X a_3	XI a_4	XIII a_5	XIV Gr. a	XV Erz.gr. b insg.	XVI eig. Erz. Σ	XVII ah	XVIII bh	XIX KT insg.	XX Ges.-summe
1 Provisionen								22	25	8	71	30		261	417	57	73	547	547
2 Umsatzsteuer								28	32	11	92	39		410	612	18	22	652	652
3 umsatzabhängige Kosten (Σ)								50	57	19	163	69		671	1029	75	95	1199	1199
4 Ausgangsfrachten				286			288												288
5 K. d. Auftragsabwickl.				29	41		70												70
6 v. mehr Fakt. abhäng. absatzbed. variable K. (Σ)				317	41		358												358
7 Rohstoffe (Wareneinsatz*)								304	440	66	1471	737		3725	6743	1297	1508	9548	9548
8 Packstoffe								22	17		54	31		396	520			520	520
9 Σ (Wareneinsatz)								326	457	66	1525	768		4121	7263			10068	10068
10																			
11 Σ (variable Kosten)							358	376	514	85	1688	837		4792	8292	1372	1603	11267	11625
12 Energie, Betriebsstoffe	19	169	42	44	73	40	387												387
13 Büromaterial				41	52	36	129												129
14 Reisespesen				59	86	37	182												182
15 Porti, Telefongebühren				92	132	64	288												288
16 Löhne, einschl. Sozialabgaben	431	1167	526	28	34	46	2232												2232
17 Gehälter, einschl. Sozialabgaben	56	137	38	197	202	201	831												831
18 Steuern, Beitr., Gebühren						241	241												241
19 Σ	506	1473	606	461	579	665	4290												4290
20 Σ	506	1473	606	778	620	665	4648	376	514	85	1688	837		4792	8292	1372	1603	11267	15915
21 Fremdreparaturen	62	169	64	8	12	20	335						101	75	176			176	511
22 Werbekosten				40	55	30	125												125
23 Beratungs- und Prüfungskosten		22			17	42	81						33		33			33	114
24 Σ	62	191	64	48	84	92	541						134	75	209			209	750
25 Σ	568	1664	670	826	704	757	5189	376	514	85	1688	837	134	4867	8501	1372	1603	11476	16665
26 Abschreibungen	118	111	34	57	70	52	442												442
27 Rückstellungen						20	20												20
28 Σ	118	111	34	57	70	72	462												462
29 Gesamtkosten	686	1775	704	883	774	829	5651	376	514	85	1688	837	134	4867	8501	1372	1603	11476	17127
30 I Periodengemeinkosten	180	302	98	105	154	164	1003						134	75	209			209	1212
31 I ausgabennahe, kurzfristig nicht variable Periodeneinzel- und -gemeinkosten	568	1664	670	509	663	757	4831						134	75	209			209	5040

* bei Handelsware

Abb. 5.15: Beispiel einer Grundrechnung der relativen Einzelkostenrechnung (Quelle: Riebel [1994], S. 167)

4.2.2 Aufbau der Grundrechnung

Die **Grundrechnung** ist als kombinierte Kostenarten-, Kostenstellen- und Kostenträgerrechnung ähnlich wie ein Betriebsabrechnungsbogen (BAB) aufgebaut. Sie weist die Kosten entsprechend ihrer Zugehörigkeit zu vorab festgelegten Zurechnungsobjekten **(Bezugsgrößen)** aus. Dabei werden die einzelnen Kostenarten nach verschiedenen **Kostenkategorien** differenziert.

Grundrechnung, Bezugsgrößen und Kostenkategorien

Grundrechnungen lassen sich für beliebig lange Abrechnungsperioden erstellen. Den möglichen Aufbau und Inhalt einer Grundrechnung verdeutlicht beispielhaft Abbildung 5.15, in der als Spalten die Bezugsgrößen und als Zeilen die Kostenkategorien dargestellt sind.

Analog zu der in Abbildung 5.15 dargestellten Vorgehensweise für die Kosten wären in einer **Grundrechnung der Erlöse** alle Umsätze und in einer **Grundrechnung der Potenziale** alle verfügbaren Nutzungspotenziale (d. h. Anlagevermögen) und Bestände systematisch zu erfassen (vgl. ausführlich Riebel [1994], S. 395 f.). Die Grundrechnung dient somit der zweckneutralen Zusammenstellung von allen erforderlichen Basisdaten für später getrennt durchzuführende Standard- oder Sonderauswertungen. In einem modernen IT-Verständnis entspricht dies der Idee eines **Data Warehouse**.

Grundrechnung der Erlöse und Potenziale

Technisch lässt sich eine Grundrechnung am zweckmäßigsten in Form einer relationalen oder objektorientierten **Datenbank** aufbauen. Diese Form der Datenspeicherung erlaubt später den wahlfreien Zugriff auf die Attribute der eingegebenen Datensätze mit unterschiedlichsten Selektionskriterien.

Abbildung als Datenbank

Die gesammelten und gespeicherten Kostendaten werden zur Beurteilung verschiedener Entscheidungen herangezogen. Für jede Entscheidung sind diejenigen (Einzel-) Kosten bzw. Erlöse auszuweisen, die durch die betrachtete Entscheidung jeweils direkt ausgelöst wurden. Die Kosten bzw. Erlöse sind immer so zuzurechnen, dass „der Werteverzehr auf dieselbe Disposition zurückgeführt werden kann wie die Existenz des jeweiligen Kalkulationsobjektes" (= Identitätsprinzip) (Riebel [1994], S. 286). Dies erfordert den Aufbau entsprechender Bezugsgrößenhierarchien.

4.2.2.1 Aufbau von Bezugsgrößenhierarchien

Die relative Einzelkostenrechnung lässt, wie bereits erwähnt wurde, eine Schlüsselung von Kosten auf die Kostenträger nicht zu. Um alle Kosten des Unternehmens als Einzelkosten erfassen und damit die angestrebte direkte Zurechnung von (relativen) Einzelkosten für verschiedene Kalkulationsobjekte, z. B. Produkte, Aufträge, Lieferanten und Vertriebswege, verwirklichen zu können, sind geeignete **Bezugsgrößen** erforderlich. Zur Erreichung einer möglichst hohen Genauigkeit sind alle Kos-

Bezugsgrößenhierarchien

tenarten, soweit es wirtschaftlich vertretbar ist, auf der jeweils untersten Ebene auszuweisen, „an der man sie gerade noch als Einzelkosten erfassen kann" (Riebel [1994], S. 239).

Differenzierung
der Einzelkosten Bei der Darstellung der Vollkostenrechnung (vgl. Kapitel 3 und 4) wurde bereits deutlich, dass sich für verschiedene Ausbringungseinheiten (z. B. Stück, Liter, Meter, Tonne) die Rohstoffkosten als **Einzelkosten der Produkteinheit** jeweils direkt zurechnen lassen.

Kosten, die bezogen auf die einzelne Produkteinheit Gemeinkosten darstellen, z. B. die Kosten einer Werbekampagne, sind für ein anderes, hierarchisch weiter gefasstes Bezugsobjekt durchaus wieder direkt zurechenbar und stellen damit (relative) Einzelkosten bezüglich dieses Bezugsobjektes dar. Die Kosten der Markteinführung oder einer Werbekampagne können somit als **Einzelkosten der Produktgruppe** aufgefasst werden.

Kosten eines Bereichsleiters werden sich einer einzelnen Produktgruppe nicht mehr als Einzelkosten, sondern nur noch als Gemeinkosten zurechnen lassen. Erweitert man jedoch die Hierarchie der Bezugsgrößen, so können die Kosten eines Bereichsleiters gleichwohl als **Einzelkosten des Produktbereichs** ausgewiesen werden.

Zuletzt erhält man, über weitere zusätzlich mögliche Zusammenfassungen produktbezogener Einzelkosten, die **Einzelkosten des Produktionsprogramms**. Hierunter würden die Kosten des Vorstands und zentraler Dienststellen, z. B. Personalabteilung, Betriebsarzt und Kasino, erfasst werden.

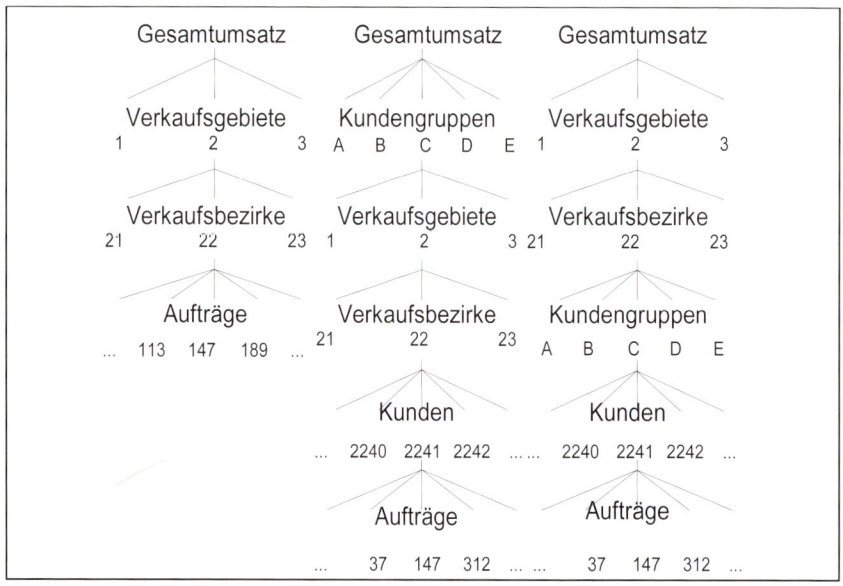

Abb. 5.16: Beispiele sachbezogener Bezugsgrößenhierarchien
(Quelle: Riebel [1994], S. 179)

Die gezeigte **produktbezogene Hierarchisierung** der relativen Einzelkosten wird im Prinzip auch bei der stufenweisen Fixkostendeckungsrechnung angewendet (vgl. Abschnitt 4.1 dieses Kapitels). Die relative Einzelkostenrechnung unterscheidet sich von dieser jedoch dadurch, dass die Strukturierung der Kosten nicht nur auf eine (produktbezogene) Dimension beschränkt bleibt, sondern parallel auf unterschiedliche Arten von Bezugsobjekten ausgedehnt bzw. angewendet werden kann.

Produktbezogene Bezugsgrößenhierarchien

Beispielsweise wäre eine Systematisierung verschiedener Bezugsgrößen anhand des **Realgüterstroms** in einem Unternehmen von der Beschaffung der Produktionsfaktoren bis zur Lieferung an die jeweiligen Kunden denkbar. Eine beispielhafte Darstellung möglicher sog. **sachbezogenen Bezugsgrößen** zeigt Abbildung 5.16.

Zur Vermeidung von Schlüsselungen sind nicht nur sachbezogene, sondern auch zeitliche Bezugsgrößenhierarchien erforderlich. Die Zielsetzung der relativen Einzelkostenrechnung, auf eine Schlüsselung von Kosten völlig zu verzichten, bezieht sich auch auf Kosten, die nicht mehr einer einzigen Periode, sondern nur noch mehreren Perioden gemeinsam zugerechnet werden können. Damit Kosten auch in zeitlicher Hinsicht ungeschlüsselt erfassbar und ausweisbar sind, gilt es, neben den bereits dargestellten sachbezogenen Bezugsgrößenhierarchien zusätzlich die Zuordnung der Kosten anhand einer „zeitbezogenen" Bezugsgrößenhierarchie vorzunehmen. Eine **zeitbezogene Bezugsgrößenhierarchie** könnte z. B. folgendes Aussehen haben (vgl. Riebel [1994], S. 94):

Zeitbezogene Bezugsgrößenhierarchien

- Als kleinste Bezugsgröße werden **Tageseinzelkosten** angeführt, z. B. Stromkosten in den einzelnen Abteilungen, die per Zähler tagesweise abgerechnet werden können.
- Auf der nächsten Stufe werden **Monatseinzelkosten** ausgewiesen. Hierunter fallen zum einen alle Tageseinzelkosten und zum anderen diejenigen Kosten, die sich nicht mehr den einzelnen Tagen, jedoch noch einem einzelnen Monat exakt zuordnen lassen, z. B. die Kosten einer mit zwei Wochen zum Monatsende kündbaren Aushilfe.
- Neben den **Quartalseinzelkosten**, z. B. Kosten eines sechs Wochen zum Quartalsende kündbaren Angestellten, sind schließlich noch **Jahreseinzelkosten**, z. B. Tantiemen des Vorstands, darstellbar.
- Eine Zusammenfassung von Einzelkosten über die Jahresperiode hinaus ist in der relativen Einzelkostenrechnung nicht vorgesehen. Kosten, die infolge mehrjähriger Bindungsdauern entstehen, z. B. Zahlungen für mehrjährige Lizenzverträge, werden in einer „überjährigen Zeitablaufrechnung" (Riebel [1994], S. 97) gesammelt und mit Beginn und Ende ihrer Bindungsdauer in der Grundrechnung als **„Gemeinkosten geschlossener Perioden"** (Riebel [1994], S. 96) erfasst.

Gemeinkosten geschlossener Perioden

- Bei Gütern, die im Unternehmen über mehrere Perioden hinweg genutzt werden können, z. B. Maschinen, Gebäude, ist im Allgemeinen nur der Beginn, jedoch nicht das genaue Ende der Nutzungsdauer be-

Gemeinkosten offener Perioden

kannt. In diesen Fällen bleibt das Ende der Bindungsdauer offen, und die zugehörigen Kosten werden als **„Gemeinkosten offener Perioden"** (Riebel [1994], S. 92) ausgewiesen.

4.2.2.2 Klassifizierung der Kostenarten nach Kostenkategorien

Kostenkategorien

Es wurde bereits angedeutet, dass mit Hilfe der relativen Einzelkostenrechnung eine Auswertung der erfassten Kostenwerte für verschiedene Bezugsobjekte und alternative Rechnungszwecke erreicht werden soll.

Damit bei dieser Form der Deckungsbeitragsrechnung die Kosten in unterschiedlichen Zusammenfassungen den Erlösen gegenübergestellt werden können, klassifiziert man die erfassten Kostenarten nach verschiedenen **Kostenkategorien**.

Bezüglich ihres Verhaltens gegenüber den Hauptbestimmungsfaktoren (Produktmengen, Sortenwechsel, Kundenaufträge) unterscheidet man Leistungskosten und Bereitschaftskosten. Die Leistungskosten werden anhand von produktions- und/oder absatzbezogenen Bezugsgrößen verrechnet, die Bereitschaftskosten entsprechend ihrer zeitraumbezogenen Zurechenbarkeit.

Leistungskosten

Die **Leistungskosten** umfassen alle Kosten, die sich unmittelbar bei kurzfristigen Veränderungen von Art, Menge und Erlös der tatsächlich erzeugten und abgesetzten Leistungen ändern. Dazu gehören das Fertigungsmaterial, der erzeugungsabhängige Teil der Energiekosten, die eindeutig zurechenbaren Sondereinzelkosten der Fertigung und des Vertriebs sowie evtl. in Kostenstellen erfasste unechte Gemeinkosten.

Bereitschaftskosten

Alle übrigen Kostenarten stellen **Bereitschaftskosten** dar. Diese werden nach ihrer Zurechenbarkeit auf die betrachteten Abrechnungsperioden unterteilt. Man unterscheidet hierbei:

- **Periodeneinzelkosten**, die wieder in Tages-, Monats-, Quartals- oder Jahreseinzelkosten zerlegt werden können,
- **Gemeinkosten „geschlossener" Perioden** und
- **Gemeinkosten „offener" Perioden**, die beide schon erläutert wurden.

Lohneinzelkosten, die in den „klassischen" Verfahren des einstufigen und mehrstufigen Direct Costing als Kostenträgereinzelkosten und (beschäftigungs-)proportionale oder variable Kosten verrechnet werden, gelten kurzfristig nicht als variabel, da die rechtlichen Verhältnisse am Arbeitsmarkt „eine Anpassung im Personalbereich an kurzfristige Schwankungen verbieten oder unwirtschaftlich erscheinen lassen" (Riebel [1994], S. 169). Lohneinzelkosten zählen in der relativen Einzelkostenrechnung also nicht zu den Leistungskosten (variable Kostenträgereinzelkosten), sondern werden als Bereitschaftskosten ausgewiesen.

Die einzelnen Kostenkategorien sind im Überblick in Abbildung 5.17 zusammengefasst.

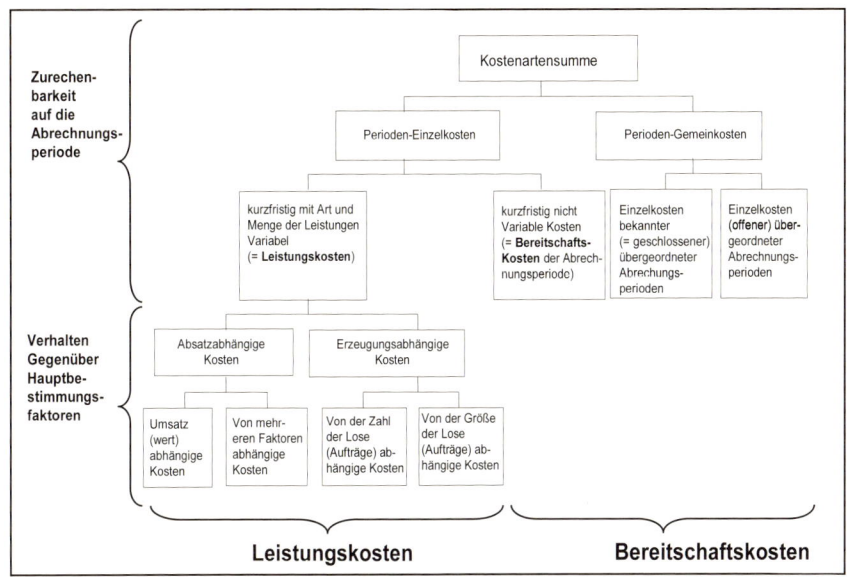

Abb. 5.17: Gliederung der Kostenarten in Kostenkategorien

(Quelle: Riebel [1994], S. 151)

4.2.3 Durchführung der Erfolgsrechnung (Deckungsbeitragsrechnung)

Die **Erfolgsrechnung** der relativen Einzelkostenrechnung vollzieht sich in der Weise, dass von den Erlösen ausgehend sukzessiv die auf den einzelnen Stufen jeweils direkt zurechenbaren relativen Einzelkosten zum Abzug gebracht werden. Der formale Aufbau der Erfolgsrechnung auf Basis relativer Einzelkosten entspricht damit weitgehend dem retrograden Kalkulationsschema der mehrstufigen Deckungsbeitragsrechnung auf Grenzkostenbasis (mehrstufiges Direct Costing oder Fixkostendeckungsrechnung, vgl. Abschnitt 4.1 dieses Kapitels).

Erfolgsrechnung

Die Bedeutung der Deckungsbeiträge kommt auch in der Definition von Riebel zum Ausdruck: Der **Deckungsbeitrag** ist eine „durch eine bestimmte Maßnahme ausgelöste Erfolgsänderung. Rechnerisch ermittelt als Überschuss der Einzelerlöse über die Einzelkosten eines sachlich und zeitlich abzugrenzenden Kalkulationsobjekts, mit dem dieses zur Deckung variabler und fixer Gemeinkosten und zum (Total-)Gewinn beiträgt" (Riebel [1994], S. 759 f.).

Deckungsbeitrag

Für eine Vielzahl von laufend durchzuführenden und/oder fallweise zu treffenden betrieblichen Entscheidungen stellt die Ermittlung von Deckungsbeiträgen wichtige Ausgangsinformationen für die betriebswirtschaftliche Analyse zur Verfügung. Ist der Deckungsbeitrag für ein Entscheidungsobjekt positiv, so führt die Realisierung der betrachteten Handlungsalternative ceteris paribus zu einer Erhöhung des Unternehmenserfolgs. Folglich ist die betrachtete Alternative durchzuführen. Den Grundaufbau einer Deckungsbeitragsrechnung zeigt schematisch Abbildung 5.18.

(1)		Bruttoerlöse
(2)	-	Mehrwertsteuer
(3)	-	Rabatte, Boni
(4)	-	Preisabhängige Vertriebseinzelkosten der Erzeugnisse (Vertreterprovisionen, Kundenskonti, Lizenzen)
(5)	**=**	**Nettoerlöse I**
(6)	-	Mengen- und wertabhängige Vertriebseinzelkosten der Erzeugnisse (Zölle, Ausgangsfrachten,Transportversicherung)
(7)	**=**	**Nettoerlöse II**
(8)	-	Stoffkosten (soweit Erzeugniseinzelkosten) (beschäftigungsabhängige Materialkosten, z. B. Rohstoffe, Verpackung; Sondereinzelkosten der Fertigung, z. B. Werkzeuge, Modelle, Entwicklungs- und Versuchskosten)
(9)	**=**	**Deckungsbeitrag I**
(10)	-	Variable Löhne (soweit Erzeugniseinzelkosten) (Fertigungs- und Hilfslöhne incl. Nebenkosten)
(11)	**=**	**Deckungsbeitrag II (über die variablen Einzelkosten)**
(12)	-	Summe der Deckungsbeiträge II aller Erzeugnisse der Erzeugnisgruppe (oder einer Abteilung)
(13)	-	Direkte Kosten der Erzeugnisgruppe und/oder der Abteilung
(14)	**=**	**Deckungsbeitrag III über die direkten Erzeugnisgruppen- und/oder Abteilungseinzelkosten**

Abb. 5.18: Mehrfach gestufte Erfolgsrechnung mit relativen Einzelkosten (Quelle: in Anlehnung an Riebel [1994], S. 189)

Mit der Zeile (9) enden die beschäftigungsabhängigen **Leistungskosten**. Diese enthalten in der Riebelschen Systematik nur die kurzfristig variablen Periodeneinzelkosten. Durch den Verzicht auf die Schlüsselung der Grenzgemeinkosten ist der „absolute Deckungsbeitrag" in der relativen Einzelkostenrechnung stets größer als in der traditionellen Teilkostenrechnung mit einer Kostenauflösung, wie sie auch bei der oben dargestellten stufenweisen Fixkostendeckungsrechnung angewendet wird. Gleichwohl sind die Parallelen und die Ähnlichkeit der relativen Einzelkostenrechnung mit der stufenweisen Fixkostendeckungsrechnung offensichtlich: Beide verwenden ein retrogrades Kalkulationsschema. Während in der mehrstufigen Deckungsbeitragsrechnung eine Schichtung des Fixkostenblocks vorgenommen wird, erfolgt in der Riebelschen Einzelkostenrechnung eine Gliederung und Zurechnung der relativen Einzelkosten. Die von Riebel vorgeschlagene Methode ist jedoch insofern konsequenter, als auf jegliche Schlüsselung von Kosten verzichtet wird, so dass auch variable Gemeinkosten nicht auf einzelne Leistungseinheiten verteilt werden.

Bis zur Zeile (11) (Deckungsbeitrag II) kann das retrograde Kalkulationsschema wahlweise auf einen Artikel, einen Kundenauftrag, eine Fertigungskostenstelle oder eine Abrechnungsperiode bezogen werden. Ab Zeile (12) ist die retrograde Kalkulation für einen Artikel oder Kundenauftrag nicht mehr sinnvoll. Der Deckungsbeitrag III über die direkten Produktgruppen- und/oder Abteilungseinzelkosten (Zeile (14)) zeigt, wieviel das Kalkulationsobjekt (Kostenträger bzw. Kostenbereich) insgesamt an Einzelkosten verursacht hat und ob noch ein positiver Deckungsbeitrag zur Abdeckung der Perioden-Gemeinkosten vorhanden ist.

Die Zeilen (1) bis (14) in Abbildung 5.18 enthalten die gesamten **Perioden-Einzelkosten**. Alle Kosten, die sich nicht mehr im Rahmen der Perioden-Einzelkosten direkt zurechnen lassen, werden als Periodengemeinkosten (**„Einzelkosten offener Perioden"** bzw. **„Einzelkosten geschlossener Perioden"**) ausgewiesen. Die weitere Fortführung der relativen Einzelkosten- bzw. Deckungsbeitragsrechnung hängt von den jeweiligen betrieblichen Gegebenheiten und den sich daraus ergebenden Fragestellungen ab. Einheitliche, allgemein verbindliche Mustergliederungen können nicht erstellt werden. Im Unternehmen muss das dargestellte Schema im Hinblick auf die jeweils zu lösenden Problemstellungen entsprechend angepasst werden (vgl. Eisele [2002], S. 764; Mayer/Liessmann/Mertens [1997], S. 239).

Periodeneinzelkosten und Kosten offener und geschlossener Perioden

4.2.4 Anwendungsprobleme der Riebel'schen relativen Einzelkostenrechnung

4.2.4.1 Konzeptionelle Schwächen

Durch die Zurechnung der Kosten auf Zeitabschnitte erhält man „ein Gefüge von **ineinander geschachtelten Periodenrechnungen** unterschiedlicher Länge (Monats-, Quartals-, Jahresrechnungen usw.)" (Ewert/Wagenhofer [2005], S. 712; Wahle [1989], S. 218).

Geschachtelte Periodenrechnungen

Für die einzelnen Abrechnungsperioden können daher keine spezifischen Betriebserfolge, sondern nur sog. **„Periodenbeiträge"** ermittelt werden. Der Betriebserfolg ist in der Riebelschen Systematik genau genommen nur für die Gesamtlebensdauer des Unternehmens (Totalperiode) darstellbar (vgl. Kilger [1988]). Aufgrund der fehlenden Schlüsselung von Perioden-Gemeinkosten auf Perioden ergeben sich Periodenbeiträge, die systematisch über den Betriebsergebnissen einer Voll- oder Grenzkostenrechnung liegen.

Periodenbeitrag/ Betriebsergebnis

Es erscheint problematisch, ob die aus theoretischer Sicht zu Recht erhobene Forderung nach Anwendung des **Identitätsprinzips** auch allgemein praktikabel ist. Die zutreffende Bestimmung der relevanten Bezugsgrößen dürfte sicher nicht immer möglich sein.

Identitätsprinzip

Langfristige
Aspekte und
Unsicherheit

Ewert/Wagenhofer kritisieren, dass zur von Riebel beabsichtigten Entscheidungsrechnung auch **langfristige Aspekte** wie z. B. Lern- oder Verschleißeffekte berücksichtigt werden müssten, obwohl dies in der Einzelkostenrechnung nicht erfolgt. Ebenso würden sichere Erwartungen postuliert und die **Unsicherheit** der Entscheidungssituation vernachlässigt (vgl. Ewert/Wagenhofer [2005], S. 712).

Kalkulation und
Preisbildung

Da sowohl eine eindeutige Periodisierung aller Bereitschaftskosten in der relativen Einzelkostenrechnung fehlt, als auch eine geschlossene, vertikalisierte Zurechnung der Kosten auf das einzelne Produkt nicht vorgenommen wird, ist eine **produktbezogene Kalkulation und Preisbildung** nicht möglich (vgl. Ebert [2004]; Eisele [2002], S. 764 f.).

Behandlung von
Abschreibungen
und Vorleis-
tungskosten

Abschreibungen auf das betriebliche Investment und Vorleistungskosten, z. B. für Forschung und Entwicklung, Mitarbeiterqualifikation, Restrukturierung, erreichen heute in vielen Unternehmen ein erhebliches Volumen. Die relative Einzelkostenrechnung weist diese Kosten als „**Gemeinkosten offener Perioden**" ohne fest definierte Bezugsgröße aus, da es nicht möglich sei, die Nutzungsdauer vorab zu ermitteln (vgl. Riebel [1994], S. 92). Durch dieses Vorgehen ist die Bereitschaft zur Übernahme von Verantwortung für eventuelle Abweichungen bei den verursachenden Bereichen eher als gering einzuschätzen.

4.2.4.2 Beurteilung der technischen Realisierungsmöglichkeiten

Aufwand der
Implementierung

Ein gravierender Kritikpunkt an der relativen Einzelkostenrechnung lautet, dass das Konzept aufgrund seiner Mehrdimensionalität und seiner differenzierten Kostenzuordnung mit vertretbarem **Aufwand** nicht zu realisieren sei. Kilger u. a. ist sogar der Auffassung, dass die relative Einzelkostenrechnung für die praktische Anwendung nicht geeignet sei (vgl. Kilger u. a. [2007], S. 85).

IT-Realisierung

Bezüglich dieser Aussage ist Folgendes anzumerken: Die Realisierung flexibler Auswertungsmöglichkeiten für eine „zweckneutral" aufgebaute Grundrechnung erfordert den Einsatz relationaler oder objektorientierter Datenbanken. Der bisher kritisierte erhebliche Speicherbedarf oder Zeitaufwand bei Abfragen in der IT-gestützten Anwendung dürfte durch die stürmische Entwicklung von Hard- und Software überholt sein.

Datengrundlage

Die **Daten der Grundrechnung** (Kostenerfassungsdatei) können ohne hohe zusätzliche Kosten aus den vorhandenen Systemen der Betriebsdatenerfassung (BDE) durch die Schaffung entsprechender Schnittstellen aufgebaut werden. Um Beziehungen zwischen verschiedenen Bezugsgrößenhierarchien herzustellen, können über entsprechende Zuordnungsattribute auch Verknüpfungen zwischen den Datensätzen in der Kostenerfassungsdatei (Grundrechnung) und anderen Systemdateien (z. B. Stücklistendatei, Montagedatei, Vertragsdatei) durchgeführt werden. Unter diesen Aspekten sind die Anwendungsmöglichkeiten der relativen Einzelkostenrechnung positiver einzuschätzen.

5 Abkürzungsverzeichnis

BAB	Betriebsabrechnungsbogen
DB	Deckungsbeitrag
EK	Einzelkosten
f	fix
FGK	Fertigungsgemeinkosten
g	gesamt
GmK	Gemeinkosten
GKV	Gesamtkostenverfahren
GuB	Gewinn- und Verlustrechnung
HK	Herstellkosten
IKR	Industriekontenrahmen
MEK	Materialeinzelkosten
MGK	Materialgemeinkosten
SK	Selbstkosten
UKV	Umsatzkostenverfahren
v	variabel
VK	Vertriebskosten
VwK	Verwaltungskosten

6 Kontrollfragen

1) Nennen Sie wesentliche Teilkostenrechnungssysteme!

2) Was versteht man innerhalb der Kostenrechnung unter dem Begriff „Grenzkosten"? Unter welchen Bedingungen unterscheiden sich Grenzkosten von proportionalen Kosten?

3) Was ist das Charakteristikum der Grenzkostenrechnung im Vergleich zur Vollkostenrechnung?

4) Inwieweit unterscheidet sich die Vorgehensweise bei der Divisions- und Zuschlagskalkulation in der Grenzkostenrechnung und in der Vollkostenrechnung?

5) Wie werden die Fixkosten in der kurzfristigen (einstufigen) Erfolgsrechnung im Rahmen einer Grenzkostenrechnung behandelt?

6) Welchen Einfluss hat die Wahl des Ausweisverfahrens (UKV vs. GKV) auf das Betriebsergebnis, wenn Bestandveränderungen vorliegen?

7) Nehmen Sie kritisch zu den Vor- und Nachteilen eines Grenzkostenrechnungssystems im Vergleich zur Vollkostenrechnung Stellung!

8) Warum kann die stufenweise Fixkostendeckungsrechnung gleichzeitig als mehrstufige Deckungsbeitragsrechnung bezeichnet werden?

9) Skizzieren Sie kurz die zur Durchführung einer stufenweisen Fixkostendeckungsrechnung erforderlichen Arbeitsschritte!

10) Nennen Sie Beispiele für Produkt-Fixkosten, Produktgruppen-Fixkosten, Bereichs-Fixkosten und Unternehmens-Fixkosten!

11) Liegt in der Fixkostendeckungsrechnung eine verursachungsgemäße Kostenzurechnung vor?

12) Was versteht man unter einer Deckungsbeitragstiefenanalyse?

13) Welchen Aufbau besitzt die retrograde Kostenträgerzeitrechnung im Rahmen der Fixkostendeckungsrechnung?

14) Eignet sich die in der Fixkostendeckungsrechnung als progressive Rechnung konzipierte Stückkostenrechnung für die Preiskalkulation?

15) Inwiefern können Fixkosten nach ihrer zeitlichen Beeinflussbarkeit bzw. ihrer Ausgabewirksamkeit untersucht werden?

16) Beurteilen Sie die Eignung der stufenweisen Fixkostendeckungsrechnung zur Steuerung verschiedener Produktbereiche im Unternehmen.

17) Welches Kostenrechnungssystem verzichtet grundsätzlich auf die Schlüsselung von Gemeinkosten? Welches Prinzip liegt diesem Kostenrechnungssystem zugrunde und wie ist die prinzipielle Vorgehensweise?

18) Erläutern Sie den Begriff „relative Einzelkosten"!

19) Werden kalkulatorische Kosten in der relativen Einzelkostenrechnung berücksichtigt?

20) Beschreiben Sie die wesentlichen Merkmale der Grundrechnung!

21) Welche Aufgabe besitzen Bezugsgrößenhierarchien im System der relativen Einzelkosten- und Deckungsbeitragsrechnung?

22) Wodurch lassen sich sachbezogene und zeitbezogene Bezugsgrößenhierarchien voneinander unterscheiden?

23) Nennen Sie Beispiele für Tageseinzelkosten, Monatseinzelkosten, Quartalseinzelkosten und für Jahreseinzelkosten!

24) Wodurch unterscheiden sich nach Riebel „Gemeinkosten geschlossener Perioden" von „Gemeinkosten offener Perioden"?

25) Vergleichen Sie die Einteilung in Leistungs- und Bereitschaftskosten bei Riebel mit der in beschäftigungsvariable und -fixe Kosten!

26) Erläutern Sie den Aufbau einer gestuften Erfolgsrechnung nach Riebel!

27) Vergleichen Sie den Aufbau der Deckungsbeitragsrechnung nach Riebel mit der einer Grenzkostenrechnung!

28) Ist eine produktbezogene Kalkulation mit der relativen Einzelkosten- und Deckungsbeitragsrechnung möglich?

29) Wie beurteilen Sie die praktischen Realisierungsmöglichkeiten der relativen Einzelkosten- und Deckungsbeitragsrechnung?

7   Literaturhinweise

Agthe, K. (1959): Stufenweise Fixkostendeckung im System des Direct Costing, in: Zeitschrift für Betriebswirtschaft 1959, S. 404-418.

Agthe, K. (1963): Kostenplanung und Kostenkontrolle im Industriebetrieb, Baden-Baden 1963.

Ewert, R./Wagenhofer, A. (2005): Interne Unternehmensrechnung, 6. Aufl., Berlin u. a. 2005.

Ebert, G. (2004): Kosten- und Leistungsrechnung – Mit einem ausführlichen Fallbeispiel, 10. Aufl., Wiesbaden 2004.

Ebisch, H./Gottschalk, J. (2000): Preise und Preisprüfungen bei öffentlichen Aufträgen einschließlich Bauaufträgen, 7. Aufl., München 2000.

Eisele, W. (2002): Technik des betrieblichen Rechnungswesens, 7. Aufl., München 2002.

Kilger, W. (1987): Einführung in die Kostenrechnung, 3. Aufl., Wiesbaden 1987.

Kilger, W. (1988): Offene Probleme der Plankosten- und Deckungsbeitragsrechnung, in: Scheer, A.-W. (Hrsg.) (1988): Grenzplankostenrechnung – Stand und aktuelle Probleme, Hans Georg Plaut zum 70. Geburtstag, Wiesbaden 1988, S. 83-104.

Kilger, W./Pampel, J./Vikas, K. (2007): Flexible Plankostenrechnung und Deckungsbeitragsrechnung, 12. Aufl., Wiesbaden 2007.

Mayer, E./Liessmann, K./Mertens, H. W. (1997): Kostenrechnung – Grundwissen für den Controllerdienst, 7. Aufl., Stuttgart 1997.

Mellerowicz, K. (1974): Kosten und Kostenrechnung, Band II, Verfahren, 5. Aufl., Berlin 1974.

Reichmann, T./Schwellnuß, A. G./Fröhling, O. (1990): Fixkostenmanagement-orientierte Plankostenrechnung, in: Controlling, 2. Jg., 1990, S. 60-67.

Riebel, P. (1994): Einzelkosten- und Deckungsbeitragsrechnung, 7. Aufl., Wiesbaden 1994

Schneider, D. (1985): Vollkostenrechnung oder Teilkostenrechnung? in: Der Betrieb 1985, S.2159-2162.

Schweitzer, M./Küpper, H.-U. (2003): Systeme der Kosten- und Erlösrechnung, 8. Aufl., München 2003.

Seicht, G. (2001): Moderne Kosten- und Leistungsrechnung – Grundlagen und praktische Gestaltung, 11. Aufl., Wien 2001.

Wahle, O. (1989): Kostenrechung II für Studium und Praxis – Ist- und Normalkostenrechnung, 3. Aufl., Bad Homburg vor der Höhe 1989.

Weber. J./Weissenberger, B. (2006): Einführung in das Rechnungswesen, 7. Aufl., Stuttgart 2006.

Kapitel 6
Systeme der Plankostenrechnung

1 Einführung

Der Kopf von Joachim Zimmermann raucht. Vieles hat sich in den letzten Jahren verändert. Sein Unternehmen prosperiert und er ist auch ein klein wenig stolz auf das Geschaffte. Doch sein Controller, Uli Müller, holt ihn nüchtern auf den Boden der Tatsachen zurück.

Er meint, dass das Unternehmen Acht geben müsste, dass es nicht aus dem Ruder läuft. Viele Entscheidungen stehen an, die zu treffen sind. Aber das betriebliche Kostenrechnungssystem ist ihm zu sehr vergangenheitsorientiert. Die Energiepreise sind gestiegen, Lohnerhöhungen „drohen", die betrieblichen Strukturen haben sich wachstumsbedingt stark verändert. Uli Müller denkt, dass die „alten" Istkosten nur noch beschränkt aussagefähig sind. Es sei auch nicht abzusehen, dass die Zukunft weniger turbulent als die Vergangenheit würde. Wie kann sich das Unternehmen darauf einstellen? Woher sollen zuverlässige Grundlagen für Entscheidungen kommen? Wie können die Kosten sauber geplant und deren Einhaltung überwacht werden?

Das sind viele Fragen, denen sich das Unternehmen nun stellen sollte.

Wird die Kostenrechnung kostenarten-, kostenstellen- und kostenträgerbezogen für eine oder mehrere künftige Geschäftsperioden durchgeführt, spricht man von einer **Plankostenrechnung**, teilweise wird auch von einer Standard-, Richt-, Norm-, Vorgabe oder Budgetkostenrechnung gesprochen (vgl. Kilger u. a. [2007], S. 51). Die Systeme der Plankostenrechnung können zum einen danach differenziert werden, ob die geplanten Kosten an die tatsächliche Beschäftigung angepasst werden (flexible Plankostenrechnung) oder nicht **(starre Plankostenrechnung)**. Bei der **flexiblen Plankostenrechnung** kann wiederum danach unterschieden werden, ob in der Kostenträgerrechnung Vollkosten betrachtet werden **(flexible Plankostenrechnung auf Vollkosten-Basis)** oder zwischen fixen und variablen Kosten unterschieden wird **(flexible Plankostenrech-**

Systeme der Plankosten-rechnung

nung auf Grenzkosten-Basis) (vgl. im Folgenden Haberstock [2004], S. 9ff. und Kilger u. a. [2007], S. 51ff.). Die drei Plankostenrechnungssysteme sollen nachfolgend anhand eines Beispiels dargestellt werden.

Beispiel 6.1
Systeme der Plankosten-rechnung: Ausgangsdaten

> Joachim Zimmermann hat wieder investiert. Aufgrund der stürmischen Nachfrage und bedingt durch einen Großauftrag der französischen Sportartikelhändlers Le Monde Sportif schaffte er sich ein größeres Schweiß- und Lötzentrum mit CNC-Steuerung an.
>
> Uli Müller, sein unbezahlbarer Controller, macht sich nun daran, das nächste Jahr zu planen. Das neue Schweiß- und Lötzentrum wird zu einer eigenen Platzkostenstelle mit einem Maschinenstundensatz. Für das kommende Jahr plant Uli Müller aufgrund des großen Absatzes mit der Vollauslastung des Zentrums, d. h. mit 2.000 h Maschinenlaufzeit und daraus abgeleitet mit 180.000 EUR **Plankosten**.
>
> Nach Ablauf des Geschäftsjahres liegt Uli Müller die Kostenabrechnung mit **Istkosten** in Höhe von 175.000 EUR vor. Obwohl das zunächst nach einer Kosteneinsparung gegenüber Plan aussieht, ist Uli Müller berufsbedingt skeptisch und lässt sich die Maschinenlaufzeiten geben. Sie betragen 1.500 h.

2 Starre Plankostenrechnung

Starre Plankostenrechnung

Bei der starren Plankostenrechnung werden zunächst für jede Kostenstelle die **Plankosten** nur für einen einzigen Beschäftigungsgrad, nämlich den sog. Planbeschäftigungsgrad (Planausbringung, -leistung) ermittelt. Diese Plankosten werden im Zeitverlauf nicht an die Istbeschäftigung angepasst, obwohl dies Voraussetzung für eine sinnvolle Kostenkontrolle wäre. Auch andere Variablen, die auf die geplante Kostenhöhe Einfluss haben, z. B. das geplante Produktionsverfahren, die geplanten Seriengrößen etc., bleiben unverändert (starr), daher die Bezeichnung als **starre Plankostenrechnung**. Zudem erfolgt keine Trennung der Plankosten in fixe und variable Kosten (Vollkosten-Ansatz). Die fixen Kosten werden bei der starren Plankostenrechnung implizit als zur Ausbringungsmenge proportional betrachtet. Anhand des Beispiels wird gezeigt, welche Kostenrechnungsgrößen ermittelt werden können und wie die Kostenkontrolle durchgeführt werden kann (vgl. auch Abbildung 6.1).

Beispiel 6.1
Starre Plankostenrechnung

> Für die Kostenstelle „Schweiß- und Lötzentrum" lassen sich folgende **Kostengrößen** im System der starren Plankostenrechnung ermitteln:
>
> **Istkosten** $K^i =$ 175.000 EUR
> **Plankosten** $K^p =$ 180.000 EUR

Plankostenverrechnungssatz

$$k^p = \frac{K^p}{x^p} = \frac{180.000\ EUR}{2.000\ h} = 90\ EUR\ /\ h$$

Verrechnete Plankosten

$$K^{ver} = k^p \times x^i = 90\ EUR\ /\ h \times 1.500\ h = 135.000\ EUR$$

Der Plankostenverrechnungssatz entspricht in diesem Falle einem Plan-Maschinenstundensatz auf der Basis der Vollkosten. Wird eine Zuschlagskalkulation genutzt, ergäbe sich ein Plan-Zuschlagssatz als Prozentwert. Uli Müller rechnete für das vergangene Jahr mit Maschinenkosten auf der Kostenstelle von 90 EUR pro Stunde. Da das Zentrum tatsächlich nur 1.500 h genutzt wurde, wurden nur 135.000 EUR, die verrechneten Plankosten, auf die Kostenträger weiterverrechnet. Der Vergleich mit den Plankosten zeigt, dass über die Bildung des Plankostenverrechnungssatzes implizit eine Proportionalisierung der Fixkosten vorgenommen wird.

Im Rahmen der **Kostenkontrolle** lassen sich bei der starren Plankostenrechnung folgende Abweichungen ermitteln:

Gesamtabweichung:

$$GA = K^i - K^p = 175.000\ EUR - 180.000\ EUR = -5.000\ EUR$$

Budgetabweichung:

$$BuA = K^{ver} - K^p = 135.000\ EUR - 180.000\ EUR = -45.000\ EUR$$

Die Gesamtabweichung zeigt optisch eine Kostenunterschreitung, die jedoch nur richtig wäre, wenn die Istkosten und Plankosten bei der gleichen Beschäftigung angefallen wären oder alle Kosten fix sind (z. B. bei Verwaltungskostenstellen mit nur schwierig oder nicht messbarem Output). Die Budgetabweichung deutet zunächst darauf hin, dass die Kostenstelle 45.000 EUR Kostenunterschreitung im Vergleich zur Planung hat. Sie ist jedoch darauf zurückzuführen, dass beim Plankostenverrechnungssatz von 90 EUR / h viel zu wenig Fixkosten auf Produkte und Aufträge weiterverrechnet wurden. Diese Abweichung ist nur dann verursachungsgerecht, wenn alle Kosten variabel wären.

Da beide impliziten Prämissen nicht gleichzeitig gelten können, wird deutlich, dass die Kostenkontrolle in der starren Plankostenrechnung zu unzureichenden Informationen führt. Es kann nicht identifiziert werden, ob die Gesamtabweichung auf die geringere Beschäfigungsmenge (Mengenabweichung) oder eventuell auf Preis- und Verbrauchsabweichungen zurückzuführen ist.

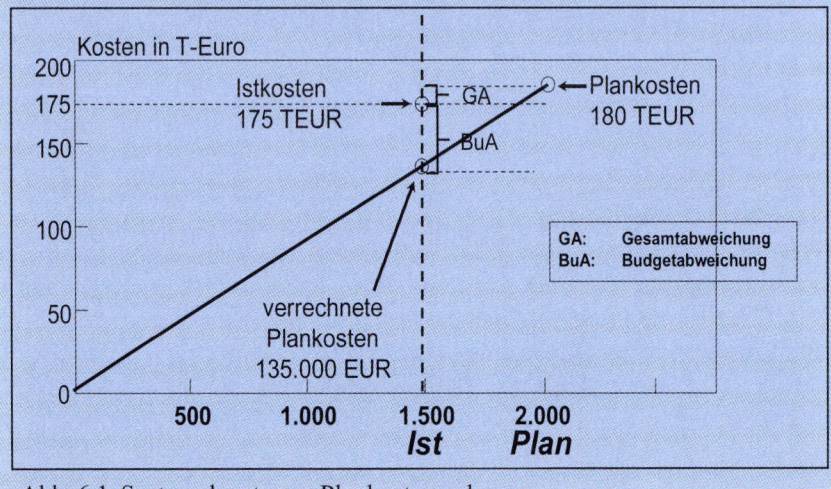

Abb. 6.1: System der starren Plankostenrechnung

Um solche Kostenabweichungen zu ermitteln, müssten die Plankosten unter Berücksichtigung ihrer tatsächlichen Abhängigkeit vom Beschäftigungsgrad auf die Istbeschäftigung umgerechnet werden. Dies erfolgt in der flexiblen Plankostenrechnung.

Bewertung der
starren Plan-
kostenrechnung

Die **Vor- und Nachteile** der starren Plankostenrechnung lassen sich wie folgt zusammenfassen (vgl. Haberstock [2004], S. 12f.):

Einerseits ist das System einfach zu handhaben und ermöglicht eine schnelle laufende Abrechnung. Andererseits ist es jedoch für eine Kostenkontrolle nahezu unbrauchbar, da Kostenabweichungen, wie im Beispiel gezeigt wurde, nicht sinnvoll interpretiert werden können. Außerdem verstößt die Proportionalisierung der Fixkosten in der Kostenstellen- und der Kostenträgerrechnung gegen das Verursachungsprinzip der Kostenrechnung. Die Kalkulationsergebnisse sind daher für kurzfristige Entscheidungen aufgrund des Vollkosten-Ansatzes nur eingeschränkt verwendbar. Die Methode ist jedoch anwendbar für Kostenstellen ohne nennenswerte Beschäftigungsschwankungen (z. B. für die Zentralverwaltung).

3 Flexible Plankostenrechnung

Die **flexible Plankostenrechnung** trennt fixe und variable Kosten. Dadurch ermöglicht sie es, Kostenvorgaben nicht nur für die – vorab festgelegte – Planbeschäftigung, sondern auch für jeden anderen Beschäftigungsgrad zu ermitteln **(Soll-Kosten)**. Die Soll-Kosten entsprechen den Kosten, die unter der Annahme eines wie in der Planung unterstellten wirtschaftlichen Umgangs mit den Ressourcen bei der jeweiligen Istbeschäftigung anfallen „sollten". Anstatt der Plankosten bei der starren Plankostenrechnung, die wegen der variablen Kosten nur für einen Punkt, d. h. die Planungbeschäftigung, richtig sind, wird nun eine **Soll-Kosten-Kurve** ermittelt. Dies erlaubt für jede beliebige Istbeschäftigung aufgrund der Kostenspaltung Soll-Kosten anzugeben.

Flexible Plankostenrechnung

Werden Soll-Kosten nur für einen einzigen Kostenbestimmungsfaktor, z. B. den Beschäftigungsgrad, ermittelt, liegt eine **einfach-flexible Plankostenrechnung** vor. Eine genauere Kostenplanung und -kontrolle ist möglich, wenn die Soll-Kosten auch in Abhängigkeit von anderen Kostenbestimmungsfaktoren (z. B. Seriengröße, Produktmix oder Ausbeutegrad) errechnet werden können, d. h. als Funktion mehrerer Kostenbestimmungsfaktoren. In diesem Fall spricht man von einer **voll-flexiblen** bzw. **mehrfach-flexiblen Plankostenrechnung**. Die folgenden Ausführungen in Abschnitt 3 gelten prinzipiell für die mehrfach-flexible Plankostenrechnung. Aus Gründen der Anschaulichkeit wurde jedoch bei den Beispielen nur ein einziger Kostenbestimmungsfaktor, der Beschäftigungsgrad, berücksichtigt. Abweichungsanalysen auf der Basis einer mehrfach-flexiblem Plankostenrechnung werden in Abschnitt 4 dieses Kapitels und in Kapitel 11 behandelt.

Einfache und mehrfache flexible Plankostenrechnung

3.1 Flexible Plankostenrechnung auf Vollkosten-Basis

Bei diesem System wird eine Kostenspaltung in fixe und variable Kosten nur in der Kostenstellenrechnung als Maßstab der Kostenkontrolle durchgeführt, indem den Istkosten die Soll-Kosten gegenüber gestellt werden. In der Kostenträgerrechnung hingegen finden für Zwecke der Kalkulation keine Kostenspaltung statt. Der Plankostenverrechnungssatz ist nach wie vor ein Vollkostensatz wie bei der starren Plankostenrechnung.

Flexible Plankostenrechnung auf Vollkosten-Basis

Nun sind die Plankosten des Schweiß- und Lötzentrums einer Kostenspaltung zu unterziehen. Im betrachteten Fall ermittelt Uli Müller für die Planbeschäftigung von 2.000 h Plan-Fixkosten in Höhe von 120.000 EUR und geplante variable Kosten von 60.000 EUR.

Für die Kostenstelle „Schweiß- und Lötzentrum" lassen sich nun folgende **Kostengrößen** im System der flexiblen Plankostenrech-

Beispiel 6.1
Flexible Plankostenrechnung auf Vollkosten-Basis

nung auf Vollkosten-Basis ermitteln. Die bereits in der starren Plankostenrechnung vorhandenen Kostengrößen sind *kursiv* markiert:

Istkosten $K^i =$ 175.000 EUR
Plankosten $K^p =$ 180.000 EUR
Plankostenverrechnungssatz

$$k^p = \frac{K^p}{x^p} = \frac{180.000 \text{ EUR}}{2.000 \text{ h}} = 90 \text{ EUR / h}$$

Verrechnete Plankosten

$$K^{ver} = k^p \times x^i = 90 \text{ EUR / h} \times 1.500 \text{ h} = 135.000 \text{ EUR}$$

Soll-Kosten:

$$K^S = K^p_f + \frac{K^p_v}{x^p} \times x^i = 120.000 \text{ EUR} + \frac{60.000 \text{ EUR}}{2.000 \text{ h}} \times 1.500 \text{ h} =$$

$$= 120.000 \text{ EUR} + 45.000 \text{ EUR} = 165.000 \text{ EUR}$$

Genauer gesagt kann eine Soll-Kosten-Kurve für jede beliebige Ma-
schinennutzung ermittelt werden:

$$K^S = K^p_f + k^p_v \times x^i = 120.000 \text{ EUR} + 30 \text{ EUR / h} \times x^i$$

Variator:

$$V = \frac{K^p_v}{K^p} \times 10 = \frac{60.000 \text{ EUR}}{180.000 \text{ EUR}} \times 10 = 3,33$$

Der Variator ist eine Kennzahl zur Kostenstruktur und gibt, stets auf
den Wert 10 normiert, an, wie hoch der Anteil der variablen Plankosten an den gesamten Plankosten ist. Danach ist der Variator einer voll
variablen Kostenart stets 10, und der Variator fixer Kosten beträgt 0.
Im Beispiel liegt mit einem Variator von 3,33 eher eine fixkostenin-
tensive Kostenstruktur vor. Die Soll-Kosten lassen sich auch auf der
Basis des Variators wie folgt bestimmen:

$$K^S = K^p_f + \frac{V}{10} \times K^p \times \frac{x^i}{x^p} =$$

$$= 120.000 \text{ EUR} + \frac{3,33}{10} \times 180.000 \text{ EUR} \times \frac{1.500 \text{ h}}{2.000 \text{ h}} = 165.000 \text{ EUR}$$

Nutzkosten:

$$K^n = K_f^p \times \frac{x^i}{x^p} = 120.000 \text{ EUR} \times \frac{1.500 \text{ h}}{2.000 \text{ h}} = 90.000 \text{ EUR}$$

Leerkosten:

$$K^l = K_f^p \quad K^n = 120.000 \text{ EUR} \quad 90.000 \text{ EUR} = 30.000 \text{ EUR}$$

Die Nutzkosten zeigen, wie viel Fixkosten bei der erreichten Auslastung von 75 % tatsächlich genutzt werden, wenn von einer zumindest stufenweisen Abbaubarkeit von Fixkosten ausgegangen wird. Die Leerkosten stellen quasi verschwendete Kapazitäten dar, die jedoch trotzdem vorgehalten werden. Sollte die Auslasung stets so niedrig bleiben, könnten die Leerkosten langfristig eingespart werden, falls die Kapazität an die Istbeschäftigung angepasst wird.

Im Rahmen der **Kostenkontrolle** lassen sich bei der flexiblen Plankostenrechnung auf Vollkosten-Basis folgende Abweichungen ermitteln (vgl. auch Abbildung 6.2):

Gesamtabweichung:

$$GA = K^i \quad K^p = 175.000 \text{ EUR} \quad 180.000 \text{ EUR} = \quad 5.000 \text{ EUR}$$

Globale Verbrauchs- oder Preisabweichung:

$$VA = K^i \quad K^s = 175.000 \text{ EUR} \quad 165.000 \text{ EUR} = +10.000 \text{ EUR}$$

Beschäftigungsabweichung:

$$BA = K^s \quad K^{ver} = 165.000 \text{ EUR} \quad 135.000 \text{ EUR} = +30.000 \text{ EUR}$$

Dadurch, dass die Soll-Kosten die Kosten darstellen, die bei Istbeschäftigung anfallen sollten, werden nicht mehr „Äpfel" mit „Birnen" verglichen. Sowohl Ist- als auch Soll-Kosten werden nun für die gleiche Menge, eben die Istbeschäftigung, ermittelt. Ihre Differenz, die **globale Verbrauchs- oder Preisabweichung**, in Höhe von +10.000 EUR stellt eine Kostenüberschreitung dar und kann auf ungeplanten Ausschuss, Mehr- oder Nacharbeiten als auch auf externe, nicht eingeplante Preissteigerungen zurückzuführen sein (zur weiteren Bestimmung von Abweichungsursachen vgl. Abschnitt 4).

Die Differenz zwischen Soll-Kosten und verrechneten Plankosten stellt die sog. **Beschäftigungsabweichung** dar. Sie ist auf nicht abgedeckte proportionalisierte, fixe Kosten zurückzuführen, die bei der geringeren Auslastung von 75 % (statt 100 %) durch die Weiterverrechnung mit dem Plankostenverrechnungssatz entstehen. Da hier eine Kapazitätsplanung gewählt wurde (d. h. Planbeschäftigung = Maximalkapazität), ist die Beschäftigungsabweichung mit den Leerkosten identisch. Daher kann sie auch als nicht genutzte, aber Kosten produzierende „verschwendete" Kapazität interpretiert werden.

Zusammenfassend kann festgehalten werden, dass das Unternehmen simultan zwei Probleme hat: die Ausbringungsmenge ist erheblich unter Plan und die geringere Menge wird auch noch teurer als geplant gefertigt. Beide negativen Effekte führen zusammen dazu, dass „optisch" eine Kosteneinsparung gegenüber Plan, d. h. ein scheinbar positives Ergebnis ausgewiesen wird.

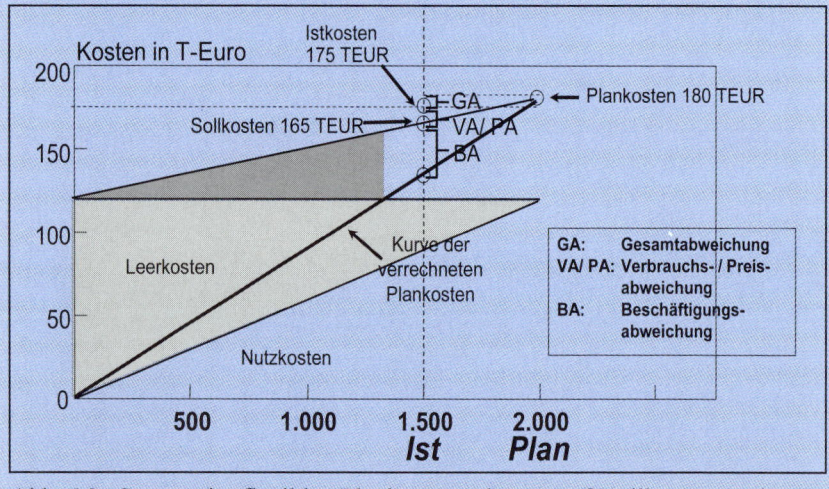

Abb. 6.2: System der flexiblen Plankostenrechnung auf Vollkosten-Basis

Bewertung der flexiblen Plankostenrechnung auf Vollkosten-Basis

Der Vorteil der flexiblen Plankostenrechnung auf Vollkostenbasis gegenüber der starren Plankostenrechnung ist, dass sie über die Ermittlung der Soll-Kosten eine aussagefähige Kostenkontrolle ermöglicht, die Mengen- und Verbrauchseffekte trennen kann.

Mit der starren Plankostenrechnung hat sie den Nachteil gemeinsam, dass in der Kostenträgerrechnung die Fixkosten über den Plankostenverrechnungsatz auf Vollkosten-Basis proportionalisiert werden. Das heißt, es werden keine Grenzkosteninformationen auf Kostenträgerebene ermittelt, die für kurzfristige Entscheidungen hilfreich sind.

3.2 Flexible Plankostenrechnung auf Grenzkosten-Basis (Grenzplankostenrechnung)

Bei der Grenzplankostenrechnung, die im deutschen Raum von Plaut und Kilger entwickelt wurde und im anglo-amerikanischen Raum in einer einfacheren Variante als **Direct Costing** bezeichnet wird, werden sowohl in der Kostenstellen- als auch in der Kostenträgerrechnung fixe und variable Kosten getrennt (vgl. Plaut [1953], S. 402ff. sowie nachfolgend Haberstock [2004], S. 21ff.; Kilger u. a. [2007], S. 70ff.). Die innerbetriebliche Leistungsverrechnung und die Kostenträgerstückrechnung erfolgen ausschließlich auf der Grundlage von variablen Kosten (vgl. Kapitel 5). Die Fixkosten werden von den Kostenstellen direkt in die Kostenträgerzeitrechnung übernommen. Folglich entsprechen die verrechneten Plankosten in der flexiblen Plankostenrechnung auf Grenzkostenbasis den variablen Soll-Kosten (vgl. Kilger u. a. [2007], S. 71f.). Einige Autoren setzen die verrechneten Plankosten auch identisch mit den Soll-Kosten an (vgl. Haberstock [2004], S. 21). Eine Beschäftigungsabweichung ist in diesem System damit definitorisch stets nicht existent.

Wendet man die flexible Plankostenrechnung auf Grenzkosten-Basis für die Kostenstelle „Schweiß- und Lötzentrum" an, so lassen sich die Istkosten, Plankosten, der Variator, die Soll-Kosten, die Nutz- und Leerkosten wie bei der flexiblen Plankostenrechnung auf Vollkosten-Basis ermitteln. Durch die Grenzkosten-Basis ändern sich jedoch zwei Kostengrößen wesentlich:

Plankostenverrechnungssatz:

$$k_v^p = \frac{K_v^p}{x^p} = \frac{60.000 \text{ EUR}}{2.000 \text{ h}} = 30 \text{ EUR / h}$$

Verrechnete Plankosten:
Nach Kilger: $K^{ver} = k_v^p \times x^i = 30 \text{ EUR / h} \times 1.500 \text{ h} = 45.000 \text{ EUR}$
Nach Haberstock: $K^{ver} = K_f^p + k_v^p \times x^i = K^s = 165.000 \text{ EUR}$

Der Plankostenrechnungssatz wird, wie in der Grenzkostenrechnung üblich, nur auf der Basis der variablen Plankosten berechnet. Die Fixkosten werden in der Kostenträgerstückrechnung nicht erfasst und werden in der Kostenträgerzeitrechnung en bloc ausgewiesen. Für die verrechneten Plankosten ergeben sich die beiden möglichen Lösungen, je nachdem, ob die Fixkosten den verrechneten Plankosten zugewiesen werden oder nicht.
   Da eine wirksame **Kostenkontrolle** bereits in der flexiblen Plankostenrechnung auf Vollkosten-Basis durch die Einführung der Soll-Kosten erreicht wurde, ergeben sich auf der Basis der Grenzkosten keine wesentlichen Änderungen. Gesamtabweichung und globale Verbrauchs-/Preisabweichung können identisch ausgewiesen werden. Häufig werden jedoch die fixen und variablen Kosten getrennt betrachtet. Der einzige Unterschiede zur flexiblen Plankostenrechnung auf Vollkosten-Basis besteht darin, dass die Beschäftigungsabweichung nicht näher betrachtet wird. Sie wäre, nach Haberstock, auch

Beispiel 6.1
Flexible Plankostenrechnung auf Grenzkosten-Basis

definitorisch gleich Null, da er verrechnete Plankosten mit Soll-Kosten identisch setzt. Dies sollte jedoch nicht darüber hinweg täuschen, dass im betrachteten Fall nach wie vor Leerkosten vorliegen, auch wenn eine Beschäftigungsabweichung nicht ausgewiesen wird.

Wird davon ausgegangen, dass die Ist-Fixkosten 123.000 EUR betragen (Plan-Fixkosten 120.000 EUR) und folglich die variablen Istkosten 175.000 EUR – 123.000 EUR = 52.000 EUR ausmachen, ergeben sich folgende Abweichungen (vgl. auch Abbildung 6.3):

Gesamtabweichung:

$$GA = K^i \quad K^p = 175.000\,EUR \quad 180.000\,EUR = \quad 5.000\,EUR$$

Die Gesamtabweichung gliedert sich auf in einen variablen und fixen Anteil:

$$GA_v = K_v^i \quad K_v^p = 52.000\,EUR \quad 60.000\,EUR = \quad 8.000\,EUR$$

$$GA_f = K_f^i \quad K_f^p = 123.000\,EUR \quad 120.000\,EUR = +3.000\,EUR$$

Globale Verbrauchs- oder Preisabweichung:

$$VA_v = K_v^i \quad K_v^s = 52.000\,EUR \quad 45.000\,EUR = +7.000\,EUR$$

$$VA_f = K_f^i \quad K_f^s = 123.000\,EUR \quad 120.000\,EUR = +3.000\,EUR\,,$$

wobei $K_f^s = K_f^p = 120.000\,EUR$.

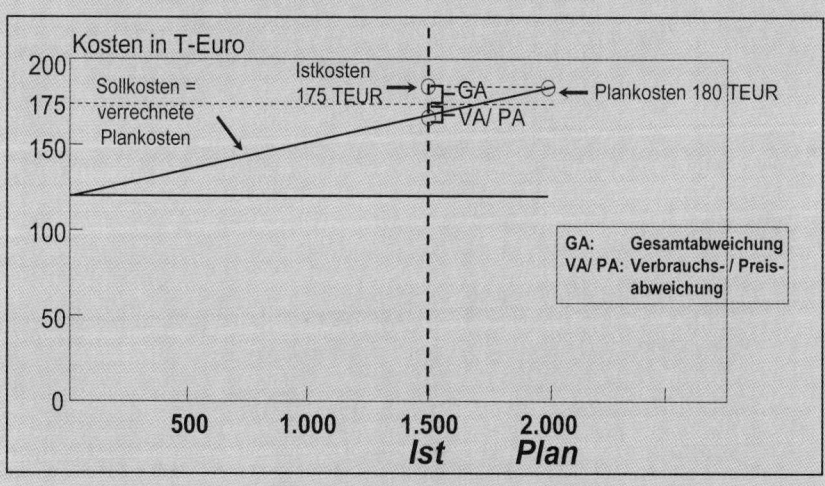

Abb. 6.3:　System der flexiblen Plankostenrechnung auf Grenzkosten-Basis

Bewertung der Grenzplan-kostenrechnung

Wie die flexible Plankostenrechnung auf Vollkosten-Basis ermöglicht die Grenzplankostenrechnung eine aussagefähige Kostenkontrolle. Im Gegensatz zu ihr liefert sie keine verrechneten Vollkosten auf der Ebene der

Kostenträgerstückrechnung, bietet aber die für kurzfristige Entscheidungen relevanten Grenzkosten je Kostenträger (vgl. Kapitel 8 bis 11).

Abbildung 6.4 stellt abschließend die wichtigsten Gemeinsamkeiten und Unterschiede der verschiedenen Systeme der Plankostenrechnung dar:

Vergleich der Plankosten-rechnungssysteme

Kriterium	Starre Plankostenrechnung	Flexible Plankostenrechnung	
		auf Vollkosten-Basis	auf Grenzkosten-Basis
Trennung in fixe und Variable Kosten:			
▪ zur Kontrolle, d. h. in der Kostenstelle	nein	ja	ja
▪ zur Kalkulation, d. h. pro Kostenträger (Produkt)	nein	nein	ja
Plankostenverrech-nungssatz:	auf Vollkosten-Basis	auf Vollkosten-Basis	auf Grenzkosten-Basis
Kostenkontrolle:			
▪ Verbrauchsabweichung (Effizienz)	nein	ja	ja
▪ Beschäftigungsabweichung (Leistung)	nein	ja	(=0)
▪ Leerkosten / Nutzkosten (Auslastung)	nein	ja	ja
Entscheidungsunter-stützung:			
▪ Variable Kostensätze für kurzfristige Entscheidungen (z. B. DB-Rechnung)	unbekannt / nur Vollkosten	unbekannt / nur Vollkosten	bekannt / auch var. Kosten

Abb. 6.4: Vergleich der Plankostenrechnungssysteme

4 Abweichungsanalyse

Die typische Vorgehensweise bei der Abweichungsanalyse lässt sich in zwei Schritte gliedern:

Vorgehensweise bei der Abwei-chungsanalyse

▪ Errechnung von Abweichungen durch Gegenüberstellung der absoluten Beträge von Ist- und Soll-Kosten in der betreffenden Kontrollperiode. Dies erfolgt in den einzelnen Kostenstellen möglichst differenziert nach Kostenarten je Kostenträger.

▪ Auswertung der festgestellten Abweichungen bezüglich ihrer Ursachen und Verantwortlichkeit, um künftig möglichst eine Wiederholung von Kostenüberschreitungen vermeiden zu können.

Sowohl die Errechnung als auch die Auswertung der ermittelten Abweichungen beinhalten aber in der betrieblichen Praxis Probleme.

Einflussgrößen
Abweichungs-
überschnei-
dungen

Zum einen ist es erforderlich, die **verschiedenen Einflussgrößen**, die eine Abweichung gegenüber den Planwerten bewirkt haben (Preise, Mengen, Produktmix etc.), durch getrennte Errechnung abzuspalten und zu quantifizieren. Nur so wird es später möglich sein, im Anschluss an die Abweichungsanalyse auch geeignete Maßnahmen zur Verbesserung der Wirtschaftlichkeit bzw. zur Absicherung erreichter Vorteile treffen zu können. Zum anderen kommt es bei der ursachengerechten Auswertung der festgestellten Abweichungen in der Praxis vor, dass mehrere Abweichungen gleichzeitig nebeneinander auftreten. In diesem Fall können **Abweichungsüberschneidungen**, sog. Abweichungen zweiten, dritten etc. Grades, entstehen, denen nicht mehr eindeutig eine Abweichungsursache zugewiesen werden kann.

Ehe die Errechnung und Auswertung verschiedener **Spezialabweichungen** im Einzelnen dargestellt und erläutert wird (vgl. auch Kapitel 11), sollen eine grundsätzliche Einteilung zur Systematisierung von Abweichungen vorgestellt und die Behandlung von Abweichungsüberschneidungen aufgrund ihrer Schlüsselrolle für eine verursachungsgerechte Abweichungsanalyse verdeutlicht werden.

Ausgangspunkt
Grenz-
plankosten-
rechnung

Dabei wird im Prinzip von einer flexiblen Plankostenrechnung auf Grenzkosten-Basis ausgegangen. Eine flexible Plankostenrechnung auf Vollkosten-Basis liefert bzgl. zu berechnender Abweichungen die gleichen Ergebnisse mit dem Unterschied, dass auf dem Analyseweg dorthin die Fixkosten jeweils in den einzelnen Kostengrößen mit enthalten sind.

4.1 Systematik der Abweichungen

Zur Aufdeckung von Unwirtschaftlichkeiten im Prozess der betrieblichen Leistungserstellung werden für eine bestimmte Abrechnungsperiode die tatsächlich entstandenen Kosten (Istkosten) mit den Kosten verglichen, die bei wirtschaftlichem Verhalten hätten entstehen sollen (Plan- bzw. Soll-Kosten).

Plan- vs.
Istkosten

In den **Plankosten** sind bestimmte Vorstellungen und Annahmen bezüglich der Planpreise, Planmengen, Plankapazitäten, Planbeschäftigung mit den geplanten Prozessbedingungen etc. verarbeitet worden. Demgegenüber spiegeln sich in den **Istkosten** die tatsächlichen betrieblichen Gegebenheiten wider, also Ist-Preise, Ist-Mengen, Ist-Kapazitäten, Istbeschäftigung mit den Ist-Prozessbedingungen (wie z. B. Ist-Seriengrößen, Ist-Fertigungszeit oder die sog. Ist-Intensität, d. h. der Output pro Zeiteinheit).

Istkosten und Plankosten stimmen nur dann überein, wenn sämtliche Istdaten mit den entsprechenden Plandaten übereinstimmen. Falls sich in der Kontrollperiode Veränderungen gegenüber den Plandaten ergeben haben (z. B. bei der Auslastung), resultieren daraus unmittelbar Abweichungen zwischen Ist- und Plankosten.

Eine erfolgreiche Wirtschaftlichkeitskontrolle setzt im Grunde voraus, dass die Gesamtdifferenz zwischen Ist- und Plankosten, die **Gesamtabweichung**, in solche Teilabweichungen zerlegt wird, die nur noch auf jeweils einen Kostenbestimmungsfaktor zurückzuführen sind.

Gesamtabweichung

Durch die Aufspaltung der Gesamtabweichung in einzelne **Teilabweichungen** werden zum einen Kompensationseffekte zwischen Über- und Unterschreitung einzelner Plandaten vermieden. Zum anderen kann dadurch untersucht werden, ob die einzelnen Teilabweichungen durch unwirtschaftliches Verhalten hervorgerufen wurden oder ob sie Konsequenzen von unternehmensexternen Datenänderungen sind.

Teilabweichungen

Im ersten Falle indizieren die Abweichungen die Notwendigkeit von Maßnahmen zur Steigerung der operativen Effizienz in den Kostenstellen. Im zweiten Fall sind strategische Maßnahmen, z. B. bezüglich Technologie, Kapazität oder Standort, erforderlich, um sich an veränderte Umfeldbedingungen (z. B. höhere Energiepreise) anzupassen. Es geht dann nicht um die operative Effizienz der Kostenstellen (die Dinge richtig tun) sondern um die Effektivität des Betriebs (die richtigen Dinge tun). Man kann deshalb im ersten Fall auch von **Effizienzabweichungen**, im zweiten Fall von **Effektivitätsabweichungen** sprechen.

Effizienz- und Effektivitätsabweichungen

Die kostenstellenorientierte Abweichungsanalyse zielt insbesondere auf die Erfassung der sog. **Effizienzabweichungen** ab. Deshalb werden vor der eigentlichen Abweichungsanalyse i. A. diejenigen Teilabweichungen abgespalten, die nicht auf „innerbetrieblichen Unwirtschaftlichkeiten" beruhen und folglich auch nicht von den jeweiligen Kostenstellenleitern zu verantworten sind. Es handelt sich insbesondere um die Beeinflussung der Vorgabewerte durch Beschäftigungsschwankungen, die vorweg von der Gesamtabweichung abgespalten wird. Die Plankosten gelten für eine bestimmte Planbeschäftigung, während sich die Istkosten aus der effektiven (höheren oder niedrigeren) Istbeschäftigung ergeben haben. Daher müssen die geplanten Gesamtkosten bei Planbeschäftigung auf die Gesamtkosten, die sich bei effektiver Istbeschäftigung ergeben würden, umgerechnet werden. Hierdurch erhält man die bereits bekannten **Soll-Kosten**. Da diese, wie die Plankosten, nur bei wirtschaftlichem Verhalten erreichbar sind, ist die Differenz zwischen Plan- und Soll-Kosten nicht auf „innerbetriebliche Unwirtschaftlichkeiten" zurückzuführen, sondern beinhaltet lediglich eine **Veränderung der variablen (Plan)-Kosten** aufgrund der notwendigen Anpassung der Vorgabewerte an die eingetretenen Beschäftigungsschwankungen.

Effizienzabweichungen, Soll-Kosten

Die aus der Gesamtabweichung abgespalteten Teilabweichungen lassen sich zum einen in die (Einsatz-)**Preisabweichung** und zum anderen in die **globale Verbrauchsabweichung** differenzieren. Die globale Verbrauchsabweichung setzt sich ihrerseits wiederum aus einer Reihe von sog. **Spezialabweichungen** zusammen (vgl. z. B. Haberstock [2004], S. 320ff.; Kilger u. a. [2007], S. 360 ff.; Vormbaum/Rautenberg [1985], S. 232 ff.). Hierbei sind z. B. die Ausbeute-, Mix-, Intensitätsabweichung

Preis-, Mengen- und Spezialabweichungen

etc. zu nennen, die in den folgenden Ausführungen und Beispielen benutzt werden. Die Veränderung der variablen Plankosten, d. h. die Differenz von Plan- und Soll-Kosten, ist ein Bestandteil der **Mengenabweichung**.

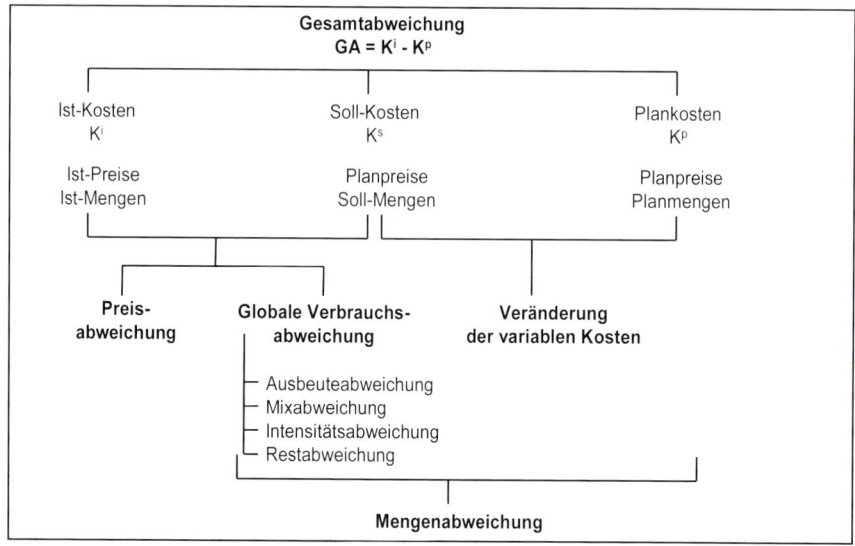

Abb. 6.5: Systematisierung der Teilabweichungen

Restabweichung Da aus Gründen der Praktikabilität und Wirtschaftlichkeit eine Abspaltung von Spezialabweichungen nicht für alle denkbaren Kostenbestimmungsfaktoren vorgenommen werden kann, werden hier als sog. **Restabweichung** die verbliebenen, nicht mehr näher analysierten Bestandteile der Mengenabweichung zusammengefasst. Abbildung 6.5 verdeutlicht die Vorgehensweise bei der Aufspaltung der Gesamtabweichung in die einzelnen Teilabweichungen.

4.2 Behandlung von Abweichungsüberschneidungen

4.2.1 Entstehung von Abweichungsüberschneidungen

Abweichungsüberschneidungen Ein spezielles Problem bei der Durchführung von Abweichungsanalysen ergibt sich aus der Tatsache, dass Kosten das Produkt aus Faktormengen und Faktorpreisen sind und demzufolge eine multiplikative Verknüpfung zwischen den untersuchten Kostenbestimmungsfaktoren besteht (vgl. Kilger u. a. [2007], S. 144). Hieraus resultieren **Abweichungsüberschneidungen** oder Abweichungen höheren (zweiten, dritten, ..., n-ten) Grades, je nach der Anzahl der multiplikativ miteinander verknüpften Kostenbestimmungsfaktoren, denen nicht mehr eindeutig eine bestimmte Abweichungsursache zugewiesen werden kann.

Für den Fall, dass mehrere Abweichungen nebeneinander auftreten, die additiv verbunden sind, entstehen bezüglich der Auswertung keine besonderen Probleme, da sich keine Abweichungsüberschneidungen ergeben. Hierbei handelt es sich z. B. um Abweichungen der Fixkosten, die grundsätzlich additiv mit Abweichungen der variablen Kosten verknüpft werden. Diese Art von Verknüpfung führt nicht zu Abweichungsüberschneidungen, wenn eine Fixkostenabweichung keine Auswirkungen auf die Abweichung der variablen Kosten hat (vgl. Haberstock [2004], S. 270). Eine weitere Möglichkeit der additiven Verknüpfung ergibt sich bei voneinander unabhängigen Kostenarten innerhalb einer Kostenstelle (vgl. Ewert/Wagenhofer [2005], S. 332).

Ein Beispiel soll das Problem der Abweichungsüberschneidung verdeutlichen. Dabei wird von dem einfachen Fall ausgegangen, dass zwei Kostenbestimmungsfaktoren das Ergebnis beeinflussen, die beide mit ihrem tatsächlichen den geplanten Wert übersteigen. Natürlich sind auch alle weiteren Kombinationen von Über- und Unterschreitungen der Planwerte der Kostenbestimmungsfaktoren (z. B. beide effektiven Werte liegen unterhalb der geplanten Werte) denkbar (vgl. Jakoby/Schmitz [1996], S. 4 ff.).

Zwei-Faktoren-Fall

Beispiel 6.2
Ermittlung der Gesamtabweichung

Das Unternehmen von Joachim Zimmermann hat für seine Rennradfertigung im vergangenen Monat spezielle Rennsättel eingekauft. Die Sättel kosten laut Planung von Uli Müller, dem Controller, 20 EUR pro Stück. Für 100 produzierte Rennräder der Marke Luxus wurden tatsächlich jedoch 110 Sättel zu einem Ist-Preis von 25 EUR verbraucht.

Aus diesen Daten lässt sich folgende **Gesamtabweichung (GA)** als Differenz zwischen Ist- und Plankosten ermitteln:

$$GA = K^i - K^p = p^i \times x^i - p^p \times x^p$$

$$= 25 \times 110 - 20 \times 100 = 2\,750 - 2\,000 = 750\,EUR$$

Die Firma Zimmermann hat damit alleine für die Materialposition Sättel 750 EUR mehr als geplant ausgegeben.

Da die Gesamtabweichung allein noch keinen Aufschluss über die Ursachen gibt, die zur Überschreitung des geplanten Budgets geführt haben, wird diese üblicherweise in eine Mengen- und eine Preisabweichung weiter aufgespalten. Hierbei gilt wie bisher:

$$K^i = p^i \times x^i \text{ und } K^p = p^p \times x^p$$

Für die Ist-Mengen und Ist-Preise sollen die beiden folgenden Gleichungen verwendet werden:

$$p^i = p^p + \Delta p \text{ und } x^i = x^p + \Delta x$$

Daraus lässt sich die Gesamtabweichung ermitteln:

$$
\begin{aligned}
GA = K^i - K^p &= p^i \times x^i - p^p \times x^p = \\
&= \left(p^p + \Delta p\right) \times \left(x^p + \Delta x\right) - p^p \times x^p = \\
&= \underbrace{p^p \times \Delta x}_{\text{Mengenabweichung}} + \underbrace{x^p \times \Delta p}_{\text{Preisabweichung}} + \underbrace{\Delta p \times \Delta x}_{\text{Sekundärabweichung}}
\end{aligned}
$$

Primärabweichung, Sekundärabweichung — Die Gesamtabweichung setzt sich aus den beiden **Primärabweichungen**, der Mengenabweichung und Preisabweichung, und der durch die multiplikative Verknüpfung von Mengen- und Preisänderungen entstandenen **Abweichung zweiten Grades** oder **Sekundärabweichung** zusammen. Abbildung 6.6 soll die vorstehenden Ausführungen graphisch veranschaulichen. Der hier dargestellte einzelne Ausweis der Teilabweichungen exklusive der Sekundärabweichung wird als **differenzierte Abweichungsverrechnung** bezeichnet.

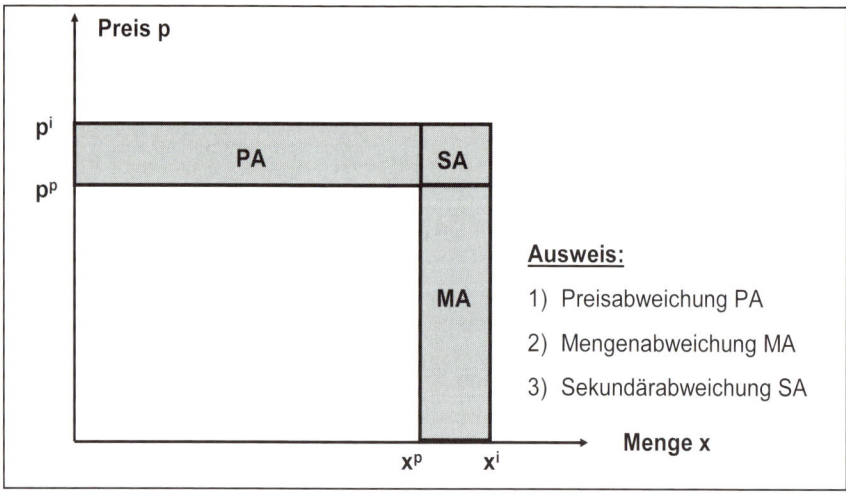

Abb. 6.6: Differenzierte Abweichungsverrechnung

Beispiel 6.2
Teilabweichungen und Gesamtabweichung

Die Gesamtabweichung in Höhe von 750 EUR verteilt sich folgendermaßen auf die drei voneinander isolierten Abweichungen:

$$GA = p^p \times \Delta x + x^p \times \Delta p + \Delta p \times \Delta x$$
$$= 20 \times 10 + 100 \times 5 + 5 \times 10$$
$$= \quad 200 \quad + \quad 500 \quad + \quad 50$$

Die Mengenabweichung beträgt demnach 200 EUR und die Preisabweichung beläuft sich auf 500 EUR. Lediglich die Sekundärabweichung in Höhe von 50 EUR kann keiner bestimmten Abweichungsursache zugeordnet werden.

Im Folgenden sollen verschiedenen Ansätze für eine systematische Einbeziehung der Sekundärabweichungen in die Abweichungsanalyse näher untersucht und erläutert werden (vgl. Kloock/Bommes [1982]; Kloock [1988]; Glaser [1999]; Glaser [2002]; Ewert/Wagenhofer [2005], S. 336ff.; Kilger u. a. [2007], S. 143ff.).

4.2.2 Proportionale und symmetrische Abweichungsverrechnung

Das Konzept der **proportionalen Abweichungsverrechnung** sieht vor, die Sekundärabweichung proportional zur Höhe der Teilabweichungen auf die Primärabweichungen zu verteilen. Die von der Mengenabweichung (MA) und Preisabweichung (PA) jeweils zu tragenden Anteile der Sekundärabweichung (SA) können wie folgt ermittelt werden:

$$MA_{prop} = MA \times \left(1 + \frac{SA}{MA + PA} \right) \quad \text{und}$$

$$PA_{prop} = PA \times \left(1 + \frac{SA}{MA + PA} \right)$$

Dabei gilt: $MA = p^p \times \Delta x$ und $PA = x^p \times \Delta p$

Für das oben erwähnte Beispiel ergibt sich folgende Aufteilung der Sekundärabweichung auf die Mengen- bzw. Preisabweichung:

$$MA_{prop} = 200 \times \left(1 + \frac{50}{200 + 500} \right) = 214{,}29 \text{ EUR} \quad \text{und}$$

$$PA_{prop} = 500 \times \left(1 + \frac{50}{200 + 500} \right) = 535{,}71 \text{ EUR}$$

Addiert man die beiden Ergebnisse, so ergibt sich wieder die Gesamtabweichung in Höhe von 750 EUR.

Beispiel 6.2
Proportionale Abweichungsverrechnung

Symmetrische
Abweichungs-
verrechnung

Die **symmetrische Abweichungsverrechnung** verteilt die Sekundärabweichung zu gleichen Teilen auf die Preis- bzw. Mengenabweichung
(vgl. Link [1987]).

Beispiel 6.2
Symmetrische
Abwei-
chungsver-
rechnung

Für die symmetrische Abweichungsverrechnung ergibt sich folgende
Mengen- bzw. Preisabweichung:

$$MA_{symm} = 200 + \frac{50}{2} = 225 \text{ EUR} \text{ und}$$

$$PA_{symm} = 500 + \frac{50}{2} = 525 \text{ EUR}$$

Addiert man die beiden Ergebnisse, so ergibt sich ebenfalls die Gesamtabweichung in Höhe von 750 EUR.

Die proportionale und die symmetrische Aufteilung der Sekundärabweichung kann nicht als verursachungsgerecht angesehen werden, sondern
beruht auf einer willkürlichen Zuordnung der Sekundärabweichung. Beide Methoden gelten deshalb nicht als empfehlenswert.

4.2.3 Alternative Abweichungsverrechnung

Alternative Ab-
weichungs-
verrechnung

Die Verfahren einer **alternativen Abweichungsverrechnung** der Sekundärabweichung gehen von der Annahme aus, dass nur bei jeweils einem
Kostenbestimmungsfaktor, also beispielsweise entweder bei der Menge
oder bei den Preisen, eine Abweichung zwischen geplanten und tatsächlich angefallenen Werten auftritt. Für alle übrigen Kostenbestimmungsfaktoren werden entweder die tatsächlich eingetretenen Ist-Werte (**alternative Abweichungsverrechnung auf Ist-Bezugsbasis**) bzw. die geplanten Werte (**alternative Abweichungsverrechnung auf Plan-
Bezugsbasis**) berücksichtigt (vgl. z. B. Kilger u. a. [2007], S. 146f.; Möller [1985], S. 81f.). Jede ermittelte Teilabweichung (z. B. Mengenabweichung) gibt an, welche Mehr- oder Minderkosten ceteris paribus dadurch
entstanden sind, dass der betreffende Kostenbestimmungsfaktor (hier:
Verbrauchsmenge) tatsächlich anders als nach der Vorgabe gewirkt hat.

Alternative Ab-
weichungs-
verrechnung auf
Ist-Bezugsbasis

Wird zunächst die **Ist-Bezugsbasis** gewählt, ergibt sich die Mengenabweichung (Planmenge und Istmenge jeweils bewertet zu **Ist**-Preisen,
d. h., Menge variiert) wie folgt:

$$MA_{alt,Ist} = p^i \times \left(x^i \quad x^p\right) = \left(p^p + \Delta p\right) \times \left(x^i \quad x^p\right) =$$
$$= \left(p^p + \Delta p\right) \times \Delta x = p^p \times \Delta x + \Delta p \times \Delta x$$

Die Preisabweichung (**Ist**-Mengen zu Planpreisen und Ist-Preisen, d. h., Preis variiert) wird analog ermittelt:

$$PA_{alt,Ist} = \left(p^i \quad p^p\right) \times x^i = \left(p^i \quad p^p\right) \times \left(x^p + \Delta x\right) =$$
$$= \Delta p \times \left(x^p + \Delta x\right) = \Delta p \times x^p + \Delta p \times \Delta x$$

Aus den beiden Formeln ist unmittelbar zu erkennen, dass die Sekundärabweichung ($SA = \Delta p \times \Delta x$) sowohl in der Mengenabweichung als auch in der Preisabweichung enthalten ist und damit doppelt verrechnet wird. Damit ist die Sekundärabweichung einmal zuviel in der Gesamtabweichung als Summe von Mengen- und Preisabweichung enthalten. Graphisch wird dies durch die Überlappung der beiden grau markierten Flächen in Abbildung 6.7 dargestellt.

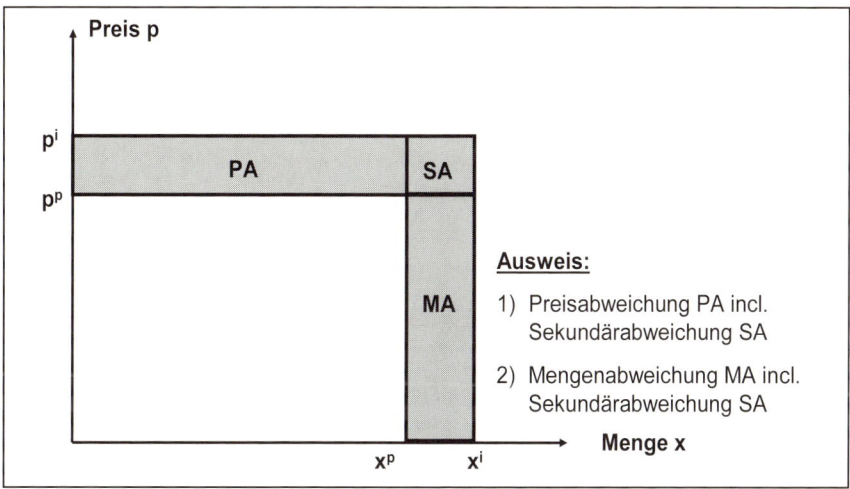

Abb. 6.7: Alternative Abweichungsverrechnung auf Ist-Bezugsbasis

Beispiel 6.2
Alternative Abweichungsverrechnung auf Ist-Bezugsbasis

Dies zeigt auch die Fortführung des obigen Beispiels:

$$MA_{alt,Ist} = p^i \times x^i \quad p^i \times x^p = 25 \times 110 \quad 25 \times 100 = 250$$

$$PA_{alt,Ist} = p^i \times x^i \quad p^p \times x^i = 25 \times 110 \quad 20 \times 110 = 550$$

Die Summe der Mengenabweichung und der Preisabweichung beträgt jetzt 800 EUR und wird um 50 EUR (= Sekundärabweichung) höher als die Gesamtabweichung in Höhe von 750 EUR ausgewiesen. Dieser Betrag resultiert aus der bereits erwähnten Doppelverrechnung der Sekundärabweichung.

Für die alternative Abweichungsverrechnung auf Ist-Bezugsbasis gilt:

$$MA_{alt,Ist} + PA_{alt,Ist} > GA \quad und \quad MA_{alt,Ist} + PA_{alt,Ist} = GA + SA$$

Alternative
Abweichungs-
verrechnung auf
Plan-Bezugs-
basis

Nach der **alternativen Abweichungsverrechnung auf Plan-Bezugsbasis** ergeben sich für die Mengenabweichung und die Preisabweichung analog:

Mengenabweichung (Planmenge und Istmenge bewertet zu **Plan**-Preisen, d. h., Menge variiert):

$$MA_{alt,Plan} = p^p \times \left(x^i \quad x^p\right) = p^p \times \Delta x$$

Preisabweichung (**Plan**-Mengen zu Planpreisen und Istpreisen, d. h., Preis variiert):

$$PA_{alt,Plan} = \left(p^i \quad p^p\right) \times x^p = \Delta p \times x^p$$

Aus den beiden Formeln ist unmittelbar zu erkennen, dass die Sekundärabweichung weder in der Mengenabweichung noch in der Preisabweichung enthalten ist und damit nicht verrechnet wird (Abbildung 6.8).

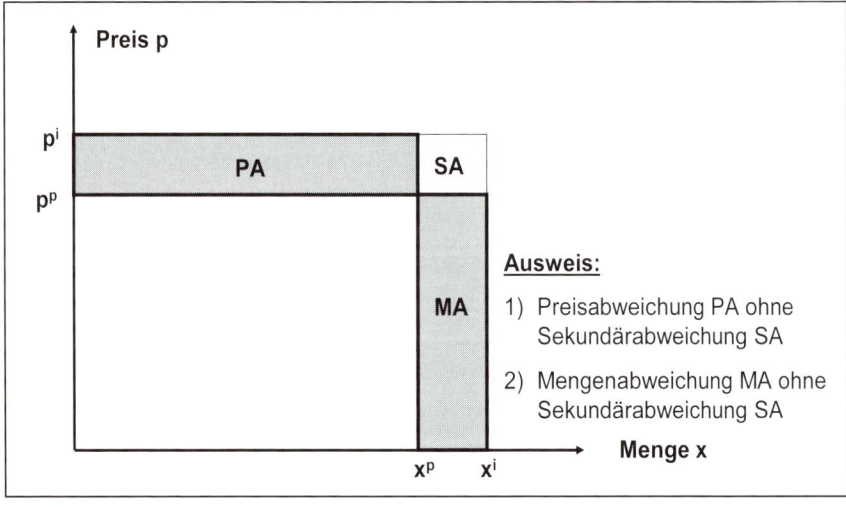

Abb. 6.8: Alternative Abweichungsverrechnung auf Plan-Bezugsbasis

Beispiel 6.2
Alternative Ab-
weichungsver-
rechnung auf
Plan-Bezugs-
basis

Für die alternative Abweichungsverrechnung auf Plan-Bezugsbasis ergibt sich bei der Firma Zimmermann:

$$MA_{alt,Plan} = p^p \times x^i \quad p^p \times x^p = 20 \times 110 \quad 20 \times 100 = 200$$

$$PA_{alt,Plan} = p^i \times x^p \quad p^p \times x^p = 25 \times 100 \quad 20 \times 100 = 500$$

Die Summe der beiden Abweichungen ergibt 700 EUR und wird um 50 EUR (= Sekundärabweichung) zu niedrig ausgewiesen. Dieser Betrag resultiert aus der bereits erwähnten Nichtverrechnung der Sekundärabweichung.

Für die alternative Abweichungsverrechnung auf Plan-Bezugsbasis gilt also in diesem Beispiel:

$$MA_{alt,Plan} + PA_{alt,Plan} < GA \text{ und } MA_{alt,Plan} + PA_{alt,Plan} = GA \quad SA$$

Das Verfahren der alternativen Abweichungsverrechnung auf Ist-Bezugsbasis beinhaltet bereits in seinen Grundannahmen einen Widerspruch, da es zum einen unterstellt, dass für den jeweils nicht betrachteten Kostenbestimmungsfaktor nur die tatsächlichen Daten vorliegen bzw. die tatsächlichen Daten mit den geplanten Daten übereinstimmen, zum anderen jedoch bei der Betrachtung dieses Kostenbestimmungsfaktors Abweichungen zwischen Plan- und Ist-Werten zulässt. Darüber hinaus ist die alternative Abweichungsverrechnung auf Ist-Bezugsbasis aufgrund der dargestellten Doppelerfassung der Sekundärabweichung und den damit verbundenen Abstimmungsschwierigkeiten für die Kostenkontrolle in der Praxis nicht als Grundlage zu empfehlen. Das Verfahren der alternativen Abweichungsverrechnung auf Plan-Bezugsbasis hat demgegenüber den Vorteil, dass keine willkürliche Verrechnung der Sekundärabweichung vorgenommen wird, da jeweils der nicht betrachtete Kostenbestimmungsfaktor mit seinem Planwert berücksichtigt wird. Es wird also nicht die Ineffizienz eines Kostenbestimmungsfaktors mit der eines anderen vermischt. Man erhält also jeweils Teilabweichungen, die frei von einer Sekundärabweichung sind. Dies löst nicht das Zuordnungs- und das damit verbundene Verantwortungsproblem für die Sekundärabweichung, ist jedoch als Grundform zur Berechnung einer Teilabweichung, als reine Primärabweichung, zu bezeichnen.

Bewertung der alternativen Abweichungsverrechnung

4.2.4 Kumulative Abweichungsverrechnung

Die Besonderheit der **kumulativen Abweichungsverrechnung** ist im Gegensatz zur alternativen Vorgehensweise die jeweilige Beibehaltung eines einmal von Ist auf Plan umgestellten Kostenbestimmungsfaktors. Die sukzessive Umstellung der Kostenbestimmungsfaktoren von Ist auf Plan wird in Anlehnung an Kilger als kumulatives Vorgehen bezeichnet (vgl. Kilger u. a. [2007], S. 148).

Für den in der Reihenfolge ersten Kostenbestimmungsfaktor wird, falls erforderlich, eine Abweichung zwischen Ist- und Planwerten errechnet, während alle anderen Kostenbestimmungsfaktoren mit ihren Ist-Werten ausgewiesen werden. Zur Ermittlung der in der Reihenfolge nächsten Abweichung wird die planmäßige Wirkung der ersten Einflussgröße nicht wieder ausgeschaltet, sondern es erfolgt vielmehr eine Beibehaltung (Kumulierung) der Planwerte von bereits analysierten Kostenbestimmungsfaktoren. Nur für den jeweils aktuell untersuchten Faktor werden Abweichungen zwischen Ist- und Planwerten ermittelt.

Reihenfolge der Abweichungs-analyse

Um die Folgen der Abweichungsinterdependenzen im Rahmen der kumulativen Abweichungsanalysemethode rechentechnisch sinnvoll zu berücksichtigen, erscheint es zweckmäßig, die Teilabweichungen nacheinander in einer genau definierten **Reihenfolge** abzuspalten. Die Reihenfolge ist dabei so festzulegen, dass eine unter dem Aspekt der Kostenkontrolle weniger aussagefähige, da z. B. extern bestimmte Abweichung, wie z. B. die Preisabweichung, zuerst errechnet und abgespalten wird, da hier der Anteil sekundärer bzw. höhergradiger Abweichungen am größten ist (vgl. Vormbaum/Rautenberg [1985], S. 214).

4.2.4.1   Berechnung der Abweichungen

Falls in der Abweichungsanalyse nur zwei Kostenbestimmungsfaktoren untersucht werden, wird die Sekundärabweichung in voller Höhe bei dem jeweils zuerst untersuchten Faktor erfasst. Handelt es sich bei den betrachteten Kostenbestimmungsfaktoren z. B. um Preis und Menge einer bestimmten Kostenart, so wird abhängig von der Reihenfolge die Sekundärabweichung (SA) entweder ganz der Mengenabweichung oder ganz der Preisabweichung zugerechnet (vgl. Günther [1994], S. 828ff.).

Preis- und Mengenabweichung

Die Preisabweichung beruht bei der Betrachtung der beiden Kosteneinflussgrößen Preis und Menge auf den Ist- und Planwerten für die Preise sowie den Istwerten für die Menge.

$$PA_{kum} = \left(p^i \quad p^p\right) \times x^i = \Delta p \times \left(x^p + \Delta x\right) =$$
$$= \Delta p \times x^p + \Delta p \times \Delta x = \Delta p \times x^p + SA$$

Wie leicht zu erkennen ist, entspricht der erste Schritt im Rahmen der kumulativen Abweichungsanalyse der alternativen Abweichungsanalyse auf Ist-Bezugsbasis. Die Mengenabweichung enthält die Ist- und Planwerte für die Verbrauchsmengen bewertet zu Planpreise, da die Preise im ersten Schritt bereits als Kostenbestimmungsfaktoren analysiert wurden.

$$MA_{kum} = p^p \times \left(x^i \quad x^p\right) = p^p \times \Delta x$$

Es ist auch hier sofort ersichtlich, dass der letzte Schritt der kumulativen Abweichungsanalyse (hier die Abspaltung der Mengenabweichung) mit der alternativen Abweichungsanalyse auf Plan-Bezugsbasis identisch ist.

Addiert man die Preisabweichung und die Mengenabweichung, so ergibt sich, nachdem die Sekundärabweichung nur einmal (hier: in der Preisabweichung) verrechnet wird, exakt die Gesamtabweichung:

$$PA_{kum} + MA_{kum} = (\Delta p \times x^p + \Delta p \times \Delta x) + p^p \times \Delta x =$$
$$= \Delta p \times x^p + p^p \times \Delta x + SA = GA$$

Im Beispiel der Firma Zimmermann ergeben sich für den Fall, dass die Preisabweichung vor der Mengenabweichung abgespalten wird, folgende Werte:

$$PA_{kum} = \Delta p \times x^p + \Delta p \times \Delta x = 5 \times 100 + 5 \times 10 = 550$$
$$MA_{kum} = p^p \times \Delta x = 20 \times 10 = 200$$

Ausgehend von den reinen primären Abweichungen (MA = 200 EUR, PA = 500 EUR) zeigt sich, dass die Preisabweichung als zuerst abgespaltene Einzelabweichung bei der kumulativen Abweichungsverrechnung in voller Höhe die Sekundärabweichung von 50 EUR enthält. Abbildung 6.9 verdeutlicht dieses Ergebnis graphisch.

Beispiel 6.2
Kumulative Abweichungsverrechnung (Preisabweichung zuerst)

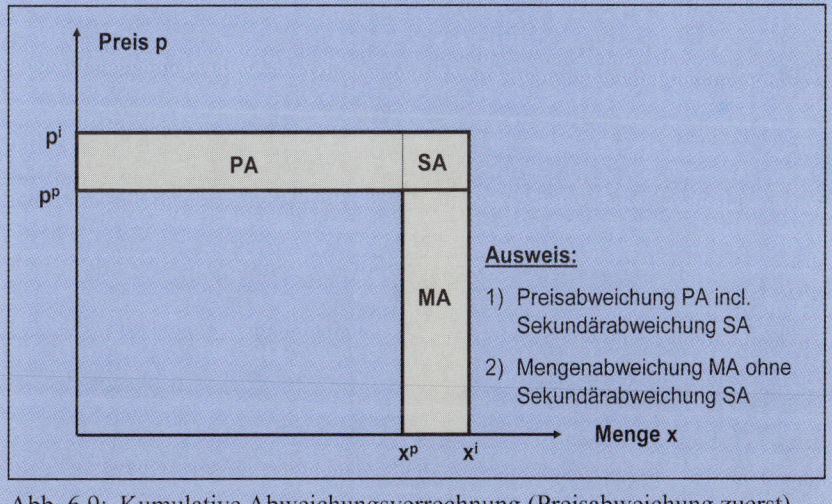

Abb. 6.9: Kumulative Abweichungsverrechnung (Preisabweichung zuerst)

Wird die Reihenfolge der Abspaltung umgedreht (Mengenabweichung nun zuerst abgespalten), zeigt sich, dass immer der zuerst abgespaltenen Teilabweichung die Sekundärabweichung in voller Höhe zugerechnet

Geänderte Reihenfolge

wird, da dieser Schritt mit der Vorgehensweise der alternativen Abweichungsanalyse auf Ist-Bezugsbasis identisch ist. Nunmehr enthält die Mengenabweichung die Ist- und Planwerte für die Verbrauchsmengen sowie die Preise zu Istwerten.

$$MA_{kum} = p^i \times \left(x^i \quad x^p \right) = \left(p^p + \Delta p \right) \times \Delta x =$$
$$= p^p \times \Delta x + \Delta p \times \Delta x = p^p \times \Delta x + SA$$

Die Preisabweichung enthält die Ist- und Planwerte für die Preise sowie die Planmengen, nachdem die Verbrauchsmengen im ersten Schritt bereits als Kostenbestimmungsfaktor analysiert wurden.

$$PA_{kum} = \left(p^i \quad p^p \right) \times x^p = \Delta p \times x^p$$

Beispiel 6.2
Kumulative Abweichungsverrechnung (Mengenabweichung zuerst)

Im Beispiel ergeben sich dann folgende Werte:

$$MA_{kum} = p^p \times \Delta x + \Delta p \times \Delta x = 20 \times 10 + 5 \times 10 = 250$$

$$PA_{kum} = \Delta p \times x^p = 5 \times 100 = 500$$

Ausgehend von den reinen primären Abweichungen (MA = 200 EUR, PA = 500 EUR) zeigt sich, dass die Mengenabweichung als zuerst abgespaltene Einzelabweichung bei der kumulativen Abweichungsverrechnung in voller Höhe die Sekundärabweichung von 50 EUR enthält. Abbildung 6.10 verdeutlicht dieses Ergebnis.

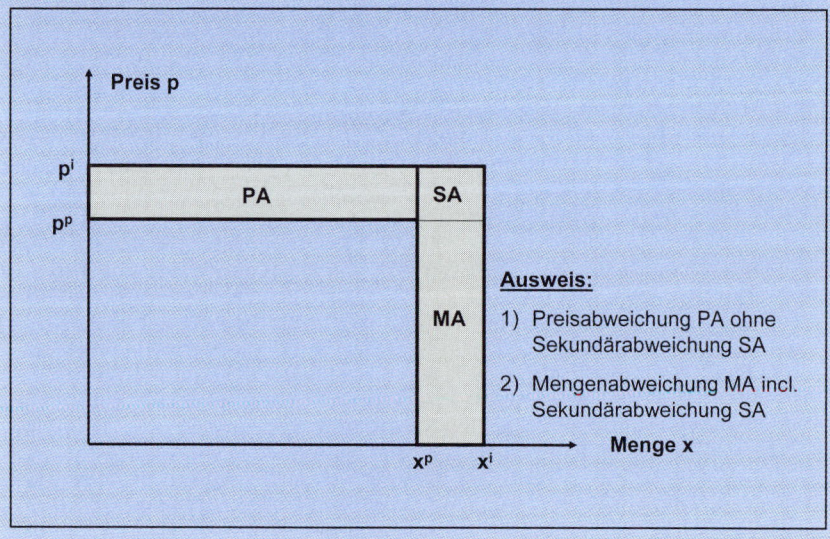

Abb. 6.10: Kumulative Abweichungsverrechnung (Preisabweichung zuerst)

4.2.4.2 Praktische Vorgehensweise bei der kumulativen Abweichungsanalyse

Das Ziel der Abweichungsanalyse ist das Aufdecken von Unwirtschaftlichkeiten im Rahmen des betrieblichen Wertschöpfungsprozesses. Bei Anwendung der kumulativen Abweichungsanalyse zur Ermittlung von Teilabweichungen enthalten die jeweils zuerst abgespaltenen Teilabweichungen den Großteil der Abweichungen höheren Grades. Eine Vorgehensweise, bei der die Restabweichung, die die Differenz zwischen Soll- und Istmengen des Ressourcenverbrauchs und alle anderen nicht betrachteten Kostenbestimmungsfaktoren enthält, im Rahmen der stufenweisen Ermittlung von Teilabweichungen zuletzt abgespalten wird, ist in Abbildung 6.11 dargestellt. Die zuerst abgespaltene Preisabweichung, die zum Teil auf externe und vom Management nicht zu vertretende Marktpreisänderungen zurückgeführt werden kann, enthält dann auch die Sekundärabweichung und anderen Abweichungen höheren Grades.

Analyseschema für Grenzkostenrechnung

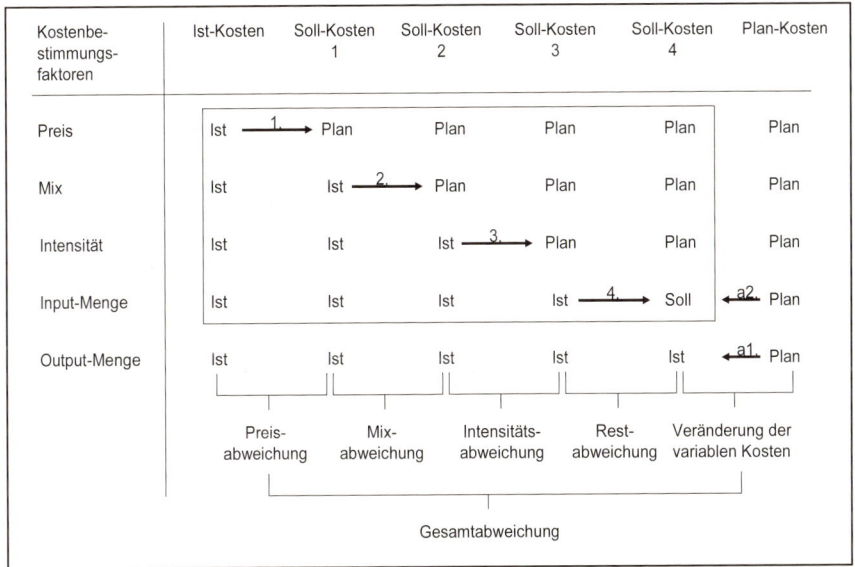

Abb. 6.11: Kumulative Abweichungsverrechnung mit mehreren Kostenbestimmungsfaktoren auf der Basis einer Grenzkostenrechnung

Eine gesonderte Behandlung verdient die Veränderung der variablen Kosten, die sich aus der gegenüber der Planung veränderten Output-Menge und der damit verbundenen Änderung der Input-Menge ergibt. Da diese Veränderung i. d. R. extern bedingt ist und daher von keiner betrieblichen Kostenstelle beeinflusst werden kann, wird sie im Allgemeinen separat abgespalten.

Wie Abbildung 6.11 zeigt, wird im ersten Schritt der kumulativen Abweichungsanalysemethode die **Preisabweichung** (1.) abgespalten. Als zweite Teilabweichung wird im hier gewählten Beispiel die **Mixabweichung** ermittelt (2.). Die dritte Teilabweichung ist die **Intensitätsabweichung** (3.), d. h. die Abweichung der Produktivität (z. B. produzierte Stück pro h Arbeit oder h Maschinenlaufzeit). Als vierte Abweichung wird die **Restabweichung** von der Gesamtabweichung abgespalten (4.). In Abbildung 6.11 werden bei der Inputmenge der verbrauchten Ressourcen nicht nur Ist- und Planwerte, sondern auch Sollwerte betrachtet. Diese drücken aus, wie viel Ressourcen bei der tatsächlichen Ist-Outputmenge laut Planung verbraucht hätten werden sollen. Dies kann sich vom tatsächlichen Ressourcenverbrauch (Istmenge) unterscheiden. Die Restabweichung kann als echte Verbrauchsabweichung bzw. als Input-Mengenabweichung interpretiert werden, wenn keine weiteren, wesentlichen Kostenbestimmungsfaktoren zu erkennen sind.

Die Zuordnung der Abweichungen höheren Grades zu den einzelnen Teilabweichungen ergibt sich folgendermaßen: Für die zweite (hier die Mixabweichung) und alle weiteren Abweichungen, die abgespalten werden, reduzieren sich die höhergradigen Abweichungen entsprechend der Logik der Kombinatorik (sog. Ziehen ohne Reihenfolge und ohne Zurücklegen). Dabei fallen alle Abweichungen höheren Grades heraus, die mit dem zuvor abgespaltenen Kostenbestimmungsfaktor in Zusammenhang stehen. Es verbleiben in der jetzt abgespalteten Abweichung diejenigen Abweichungen höheren Grades, die zwischen dem jetzt abgespaltenen und allen weiteren noch abzuspaltenden Kostenbestimmungsfaktoren bestehen.

Bei zwei Kostenbestimmungsfaktoren tritt die Abweichung höheren Grades in Form einer sog. **Sekundärabweichung** auf. Bei drei (vier etc.) zu untersuchenden Kostenbestimmungsfaktoren treten entsprechend noch zusätzliche **Tertiärabweichungen** (**Quartärabweichungen** etc.) auf. In Abhängigkeit von der Anzahl der Kostenbestimmungsfaktoren erhöht sich die der ersten Teilabweichung zugerechnete Anzahl der Sekundär-, Tertiär- und höherwertigeren Abweichungen gemäß Abbildung 6.12.

Die Abweichungen höheren Grades werden den Teilabweichungen entsprechend der Reihenfolge ihrer Ermittlung zugeordnet. Die Anzahl der Kostenbestimmungsfaktoren, die noch mit ihren Ist-Werten in die Berechnung einer Abweichung eingehen, determinieren den Betrag der Abweichungen höheren Grades. Dies bedeutet, dass alle Abweichungen höheren Grades, die durch den im Augenblick untersuchten Kostenbestimmungsfaktor und den noch mit ihren Ist-Werten eingehenden Kostenbestimmungsfaktoren tangiert werden, nur der jetzt zu untersuchenden Abweichung zugerechnet werden. Eine nachfolgend abzuspaltende Abweichung enthält keine der zuvor schon zugerechneten Abweichungen höheren Grades, da der Kostenbestimmungsfaktor für die zuvor abgespaltene Abweichung mit seinem Planwert beibehalten wird. Folglich sind diejenigen Abweichungen mit einem größeren Betrag an Abweichungen höheren Grades belastet, bei denen mehrere Kostenbestimmungsfaktoren mit Ist-Werten einfließen. Die zuletzt ermittelte Abweichung ist am wenigsten von Abweichungen höheren Grades beeinflusst, so dass dieser Abweichungsbetrag weitestgehend der betreffenden Kostenstelle zugerechnet werden kann, z. B. die Restabweichung im Schema nach Abbildung 6.11.

Anzahl der Kosten-Bestimmungsfaktoren n	Sekundär-abweichung k = 2	Tertiär-Abweichung k = 3	Quartär-Abweichung k = 4	Quintär-Abweichung k = 5	etc. k
2	1	–	–	–	–
3	3	1	–	–	–
4	6	4	1	–	–
5	10	10	5	1	–
...	...	...	...	...	...
n	$\binom{n}{2}$	$\binom{n}{3}$	$\binom{n}{4}$	$\binom{n}{5}$	$\binom{n}{k}$

Abb. 6.12: Anzahl der Abweichungen höherer Ordnung

Die **Reihenfolge bei der Abspaltung** der zu den einzelnen Kostenbestimmungsfaktoren gehörenden Teilabweichungen ist nicht fest vorgegeben. Es kann betriebs-, bereichs- bzw. abteilungsspezifisch entschieden werden, welche Teilabweichung am unverfälschtesten, d. h. weitgehend ohne Sekundärabweichung bzw. Abweichungen höheren Grades, ausgewiesen werden soll. Würden in der linken Spalte von Abbildung 6.11 z. B. die Kostenbestimmungsfaktoren Intensität und Mix vertauscht, so würde folglich auch die Intensitäts- vor der Mixabweichung aus der Gesamtabweichung abgespalten werden.

Die in Abbildung 6.11 vorgestellte Vorgehensweise der kumulativen Aufspaltung der Gesamtabweichung für die Grenzplankostenrechnung kann um die Analyse der Fixkosten einer Vollplankostenrechnung erweitert werden. Dabei kann zwischen den letzten Soll-Kosten (hier: Soll-Kosten 4) und den Plankosten eine weitere Spalte für die verrechneten Plankosten eingefügt werden. Abbildung 6.13 zeigt die durch die zusätzliche Aufnahme der Proportionalisierung der Fixkosten gewonnene Aufspaltung der Veränderung der variablen Kosten in die Beschäftigungs- und die Budgetabweichung (siehe auch Abschnitt 2 und 3.1 dieses Kapitels). Im Weiteren lassen sich andere Teilabweichungen sinnvoll zusammenfassen. So können im hier dargestellten Beispiel die Mix-, die Intensitäts- und die Restabweichung zur globalen Verbrauchsabweichung aufsummiert werden.

Analyseschema
bei Vollkosten-
rechnung

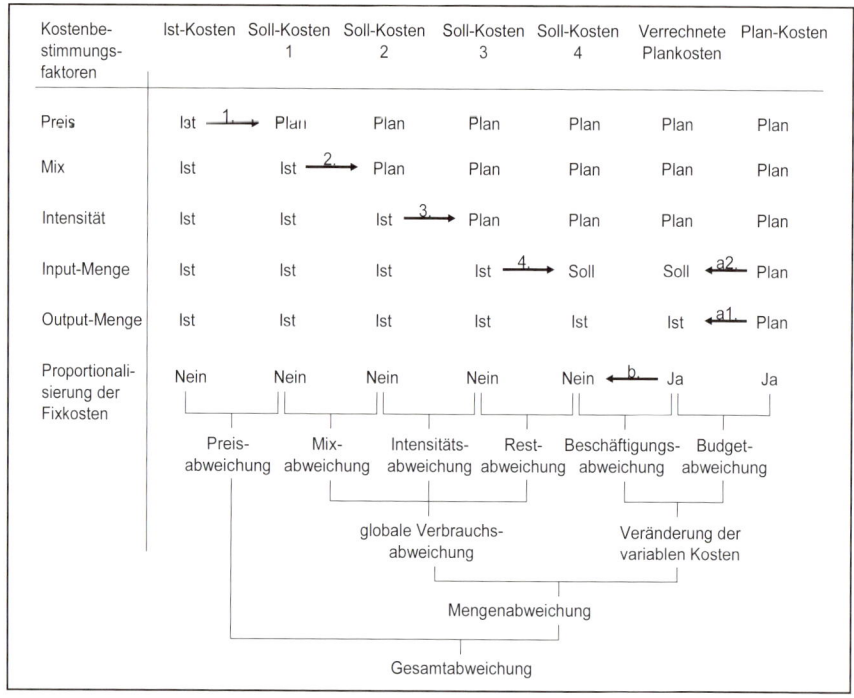

Abb. 6.13: Kumulative Abweichungsverrechnung mit mehreren Kostenbestimmungsfaktoren auf der Basis einer Vollkostenrechnung

Schritte der Ab-
weichungs-
analyse

Die drei wesentlichen Schritte für die Aufstellung des Schemas bei kumulativer Abweichungsverrechnung lauten nochmals kurz zusammengefasst:

- Der aktuell betrachtete Kostenbestimmungsfaktor variiert (Ist-vs. Planwerte),
- bereits analysierte Kostenbestimmungsfaktoren werden mit Planwerten
angesetzt,
- noch zu untersuchende Kostenbestimmungsfaktoren werden mit Ist-
Werten ausgewiesen.

Ein Beispiel nicht nur für die kumulative Kostenabweichungsanalyse
sondern auch für die kumulative Umsatzabweichungsanalyse wird in Kapitel 11 ausführlich dargestellt.

Bewertung der
kumulativen
Abweichungs-
verrechnung

Auch die kumulative Abweichungsverrechnung ist noch keine verursachungsgerechte Lösung. Sie lässt sich aber nach Zweckmäßigkeitsüberle-
gungen so gestalten, dass die jeweils für Kontrollzwecke am meisten inte-
ressierende Abweichung zuletzt abgespalten wird, da diese dann weitgehend frei von Einflüssen der Abweichungsüberschneidungen ist. Falls nur
zwei Kostenbestimmungsfaktoren (z. B. Preise und Verbrauchsmengen

einer bestimmten Kostenart) betrachtet werden, kann man das Reihenfolgeproblem in der Weise lösen, dass zunächst die Preisabweichung ermittelt und ihr damit automatisch die Sekundärabweichung zugerechnet wird. Dieser Reihenfolge der Verrechnung der Sekundärabweichung liegt der Gedanke zugrunde, dass die zu kontrollierenden Kostenstellen nur für die Verbrauchsmenge eines Einsatzfaktors verantwortlich gemacht werden können. Preisschwankungen gehen als weitgehend exogen bedingter Kosteneinflussfaktor häufig nicht zu Lasten des betreffenden Kostenstellenleiters. Bei der Anwendung der kumulativen Abweichungsverrechnung ist für den Fall, dass die Preisabweichung zuerst abgespalten wird, allerdings zu beachten, dass Mengenüberschreitungen im Betrieb de facto nicht mit Planpreisen sondern zu Ist-Preisen bewertet werden. Eine Mengenabweichung, z. B. ein Materialmehrverbrauch, kann damit in Form von Nacharbeitungskosten oder Überstundenzuschlägen auch eine Preisabweichung verursachen, so dass letztere nicht automatisch als exogener Kosteneinflussfaktor angesehen werden darf.

4.2.5 Differenziert-alternative Abweichungsverrechnung

Anhand von Abbildung 6.11 lässt sich zunächst auch die Vorgehensweise der **differenziert-alternativen Abweichungsanalysemethode** beschreiben (vgl. im Folgenden Jakoby/Schmitz [1996], S. 13 ff.). Die Restabweichung (4.) wird ermittelt, indem nur ein Kostenbestimmungsfaktor, die (Input-)Menge, von Plan (bzw. Soll) auf Ist umgestellt wird, während alle anderen (bis auf die exogen bestimmte Ist-Output-Menge) Einflussfaktoren mit **Plan-Werten** in die Rechnung eingehen. Abweichungen höheren Grades treten dabei nicht auf. Nun können alternativ nacheinander statt der Rest- auch die Mix- oder die Intensitätsabweichung als Differenz zwischen Soll-Kosten 3 und Soll-Kosten 4 berechnet werden, ohne dass Abweichungen höheren Grades in diesen Teilabweichungen vorhanden sind, weil alle anderen Kostenbestimmungsfaktoren weiterhin mit Planwerten angesetzt werden.

Um die jeweiligen einem Kostenbestimmungsfaktor zugerechneten Abweichungen höheren Grades separat ausweisen zu können, wird nun für jeden zu untersuchenden Kostenbestimmungsfaktor, vergleichbar dem ersten Schritt der kumulativen Abweichungsanalysemethode, ausgehend von den **Ist-Werten** durch Veränderung nur dieses Kostenbestimmungsfaktors eine alternative Abweichungsverrechnung (Ist-Soll-Vergleich auf Ist-Bezugsbasis) durchgeführt. Diese Abweichung enthält die Primärabweichung zuzüglich der zugerechneten Abweichungen höheren Grades. Aus der Differenz der beiden alternativen Abweichungen (einmal als Plan-Ist-Vergleich auf Plan-Bezugsbasis und einmal auf Ist-Bezugsbasis) werden dann die einem Kostenbestimmungsfaktor zugerechneten Abweichungen höheren Grades separat ausgewiesen. Abbildung 6.14 verdeut

Differenziertalternative Abweichungsverrechnung

licht am Beispiel der Mixabweichung die beschriebene Vorgehensweise für mehrere Kostenbestimmungsfaktoren.

Vorgehensweise
der differenziert-
alternativen
Abweichungs-
verrechnung

Wie Abbildung 6.14 zeigt, wird durch das Umstellen der Output-Menge von Plan auf Ist und korrespondierend der Umstellung der Input-Menge von Plan auf Soll zunächst die Veränderung der variablen Kosten (a1. bzw. a2.) errechnet. In einem zweiten Schritt wird die Mixabweichung ermittelt. Zuerst wird dabei die von Abweichungen höheren Grades freie Mixabweichung ausgehend von den Planwerten, also von rechts nach links im Schema, bestimmt (1a.). Danach wird die Mixabweichung ausgehend von den Ist-Werten (im Schema von links nach rechts) abgespalten (1b.). Die Differenz aus den beiden Abweichungen (1b. minus 1a.) zeigt die durch die Veränderung des Planmixes hervorgerufene Abweichungen höheren Grades. Für jeden weiteren Kostenbestimmungsfaktor, z. B. die Intensität, lassen sich die selben Schritte wiederholen.

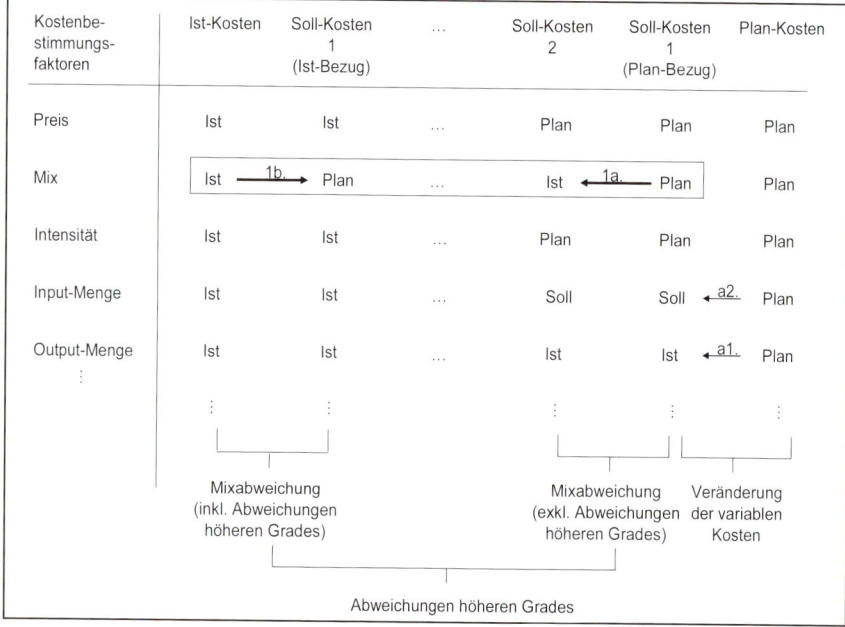

Abb. 6.14: Differenziert-alternative Abweichungsverrechnung am Beispiel der
            Mixabweichung

Im Folgenden soll anhand der Mixabweichung der Zusammenhang von Primärabweichung und Abweichungen höheren Grades im Einproduktfall näher beleuchtet werden. Es werden folgende Abkürzungen verwendet:

ma^i_k =   Ist-Mixanteil des Einsatzfaktors k an einer Einheit des Produkts,
ma^p_k =   Plan-Mixanteil des Einsatzfaktors k an einer Einheit des Produkts,
Δma_k = $ma^i_k - ma^p_k$ = Abweichung zwischen Ist- und Plan-Mixanteil des
                  Produktionsfaktors k,

x^i = Ist-Input-Menge der Einsatzfaktoren,

x^s = Soll-Input-Menge der Einsatzfaktoren,

x^p = Plan-Input-Menge der Einsatzfaktoren,

Δx = $x^i - x^s$ = Abweichung zwischen Ist- und Soll-Input-Menge der Einsatzfaktoren,

p^i_k = Ist-Preis des Einsatzfaktors k,

p^p_k = Planpreis des Einsatzfaktors k,

Δp_k = $p^i_k - p^p_k$ = Abweichung zwischen Ist- und Planpreis des Einsatzfaktors k,

für die Einsatzfaktoren k = 1, ..., m.

Die **Mixabweichung** inklusive aller Abweichungen höheren Grades (1b.) lässt sich gemäß Abbildung 6.14 berechnen, indem der Mix von Ist auf Plan umgestellt wird und alle anderen Kostenbestimmungsfaktoren auf Ist beibehalten werden. Bei drei Kostenbestimmungsfaktoren (Preis, Input-Menge, Mix) ergibt sich folgende Formel:

$$\sum_{k=1}^{m} p^i_k \times ma^i_k \times x^i - \sum_{k=1}^{m} p^i_k \times ma^p_k \times x^i$$

Durch Auflösung in die ihr zugrunde liegenden **Abweichungskomponenten** erhält man:

$$= \sum_{k=1}^{m} p^i_k \times \left(ma^i_k \quad ma^p_k \right) \times x^i$$

$$= \sum_{k=1}^{m} \left(p^p_k + \Delta p_k \right) \times \Delta ma_k \times \left(x^s + \Delta x \right)$$

$$= \sum_{k=1}^{m} \Delta ma_k \times \left(p^p_k \times x^s + \Delta p_k \times x^s + p^p_k \times \Delta x + \Delta p_k \times \Delta x \right)$$

$$= \sum_{k=1}^{m} \Delta ma_k \times p^p_k \times x^s \qquad \left(\text{Primärabweichung} \right)$$

$$+ \sum_{k=1}^{m} \Delta ma_k \times \Delta p_k \times x^s \qquad \text{Sekundärabweichung zwischen Preis und Mix}$$

$$+ \sum_{k=1}^{m} \Delta ma_k \times p^p_k \times \Delta x \qquad \text{Sekundärabweichung zwischen Inputmenge und Mix}$$

$$+ \sum_{k=1}^{m} \Delta ma_k \times \Delta p_k \times \Delta x \qquad \text{Tertiärabweichung zwischen allen Kostenbestimmungsfaktoren}$$

Werden die primäre Mixabweichung und alle Abweichungen höheren Grades zusammengefasst, erhält man die Mixabweichung, die sich aus Schritt 1b. in Abbildung 6.14 ergibt.

Wenn nun in Schritt 1 a. die **Mixabweichung ohne Abweichungen höheren Grades** ausgewiesen wird,

$$\sum_{k=1}^{m} p_k^p \times ma_k^i \times x^s \qquad \sum_{k=1}^{m} p_k^p \times ma_k^p \times x^s$$

$$= \sum_{k=1}^{m} p_k^p \times \Delta ma_k \times x^s \qquad \left(\text{Primärabweichung} \right)$$

lässt sich aus der Differenz der beiden abgespaltenen Abweichungen die Summe der diesen Kostenbestimmungsfaktor betreffenden Abweichungen höheren Grades separieren. Folglich sind so alle Daten vorhanden, die zur differenziert-alternativen Abweichungsanalysemethode notwendig sind, ohne dass alle Sekundär- und höhergradigen Abweichungen einzeln berechnet werden müssen. Zum besseren Verständnis der Vorgehensweise soll das folgende Beispiel dienen.

Beispiel 6.3
Differenziert-alternative Abweichungsverrechnung

Joachim Zimmermann bezieht Grundlackierungen von der Farbenfabrik Colorix GmbH. Die Colorix GmbH plante im letzten Monat die Herstellung von 1000 kg (Plan-Outputmenge x^p) des Speziallacks Turbocolor, stellt jedoch tatsächlich nur 650 kg (Ist-Outputmenge) her. Der Lack wird aus den drei Farbkomponenten A, B und C in einer Zentrifuge gemischt. Dazu wurden 650 kg (Ist-Inputmenge x^i) anstatt wie geplant 1000 kg (Plan-Inputmenge x^p) für alle drei Farbkomponenten A, B und C zusammen benötigt, wobei allerdings die Input-Menge der drei Komponenten laut Planung nur 640 Stück betragen sollte (Soll-Inputmenge x^s). Der Ist-Mix von A, B und C beträgt 25 % : 40 % : 35 % gegenüber einem Planmix von 30 % : 40 % : 30 %. Die Einkaufspreise veränderten sich gegenüber dem Plan von 2,00 / 3,00 / 4,00 EUR auf 3,00 / 2,00 / 4,00 EUR für die Inputfaktoren A, B und C.

Die **Veränderung der variablen Kosten** aufgrund des niedrigeren Outputs und der damit verbundenen Änderung der Inputmenge von 640 kg (x^s) gegenüber 1.000 kg (x^p) soll unter Beibehaltung der sonstigen Plandaten (vgl. Abbildung 6.14) als erstes abgespalten werden:

Veränderung der variablen Kosten =
= Soll-Kosten 1 (Plan-Bezugsbasis) – Plankosten =

$$= \sum_{k=1}^{m} p_k^p \times ma_k^p \times x^s \qquad \sum_{k=1}^{m} p_k^p \times ma_k^p \times x^p =$$

$$= \left(2 \times 0,3 + 3 \times 0,4 + 4 \times 0,3 \right) \times 640 \qquad \left(2 \times 0,3 + 3 \times 0,4 + 4 \times 0,3 \right) \times 1.000 =$$

$$= 3 \times 640 \qquad 3 \times 1.000 = 1.920 \qquad 3.000 = \qquad 1.080 \, \text{EUR}$$

Die Veränderung der variablen Kosten ist allein auf Veränderungen gegenüber der geplanten Output-Menge zurückzuführen. Sie ist daher vor einer eingehenden Kostenabweichungsanalyse von der Gesamtabweichung abzuspalten. Mit den Zahlenangaben lässt sich die **Mixabweichung** inklusive aller Abweichungen höheren Grades (Pfeil 1b. in Abbildung 6.14) wie folgt berechnen:

$$3 \times (0{,}25 \quad 0{,}3) \times 650 + 2 \times (0{,}4 \quad 0{,}4) \times 650 + 4 \times (0{,}35 \quad 0{,}3) \times 650$$

$$= \qquad 97{,}5 \qquad + \qquad 0 \qquad + \qquad 130$$

$$= \quad 32{,}50 \text{ EUR}$$

Die **Mixabweichung** ohne Abweichungen höheren Grades (Pfeil 1 a. in Abbildung 6.14) ergibt sich wie folgt:

$$2 \times (0{,}25 - 0{,}3) \times 640 + 3 \times (0{,}4 - 0{,}4) \times 640 + 4 \times (0{,}35 - 0{,}3) \times 640$$

$$= \qquad -64 \qquad + \qquad 0 \qquad + \qquad 128$$

$$= \quad 64{,}- \text{ } EUR$$

Folglich ergibt sich für die Höhe der Abweichungen höheren Grades ein Wert von 32,5 – 64 = –31,50 EUR, d. h. eine Kostenminderung. Entsprechend lassen sich auch die anderen Teilabweichungen und die dazugehörigen höhergradigen Abweichungen ermitteln, die in Abbildung 6.15 dargestellt sind.

(in EUR)	Preis	Mix	Input-Menge
Teilabweichung incl. Abweichungen höheren Grades (1b.)	-97,5	32,5	29,5
− Teilabweichung excl. Abweichungen höheren Grades (1a.)	-64	64	30
= Abweichungen höheren Grades des Kostenbestimmungsfaktors	-33,5	-31,5	-0,5

Abb. 6.15: Ergebnisse der differenziert-alternativen Abweichungsverrechnung

Die gleichzeitige Berechnung der Abweichungen sowohl inklusive als auch exklusive der Abweichungen höheren Grades bietet die Möglichkeit für einen zusätzlichen Lerneffekt, weil sie den Kostenverantwortlichen demonstriert, wie nur durch die von ihnen verursachte Abweichung Ab-

weichungen höheren Grades ausgelöst werden. Nur durch die Abweichung von ihren Planvorgaben konnte der korrespondierende Effekt mit
anderen Abweichungen entstehen. Diese zusätzliche Information fördert
sicherlich die Transparenz bezüglich des Wirkungszusammenhangs des
jeweils untersuchten Kostenbestimmungsfaktors mit den anderen Kostenbestimmungsfaktoren und stärkt somit das Bewusstsein für strukturelle
Interdependenzen im Unternehmen. Dieser Erkenntnisgewinn kann nunmehr zur besseren Steuerung der Verantwortlichen bzw. deren Verhalten
beitragen.

Die Summe der Teilabweichungen fällt mit der Gesamtabweichung
auseinander unabhängig davon, ob die Teilabweichungen inklusive oder
exklusive der Abweichungen höheren Grades ausgewiesen werden. Denn
innerhalb des jeweils ausgewiesenen Kostenabweichungsblocks werden
Abweichungen höheren Grades mehrfach oder gar nicht erfasst, da hier
eine alternative Vorgehensweise gewählt wird. Diese Vollständigkeit ist
jedoch für die Aussage der Methode nicht notwendig. Eine Änderung der
Reihenfolge bei der Abspaltung einzelner Teilabweichungen hat keine
Auswirkung auf deren Höhe, da immer die gleiche (alternative) Vorgehensweise gewählt wird. Folglich verstößt die differenziert-alternative
Vorgehensweise nur im engeren Sinne gegen das Prinzip der Vollständigkeit, das in der Literatur als wichtiges Kriterium für die Akzeptanz einer Abweichungsanalysemethode angesehen wird.

4.2.6 Differenzierte Abweichungsverrechnung

Differenzierte
Abweichungs-
verrechnung

Der differenzierte Ausweis nicht nur von Primärabweichungen, sondern
auch von Abweichungen höheren Grades wird schon seit längerem unter
dem Ansatz der **differenzierten bzw. differenziert-kumulativen Abweichungsanalysemethode** diskutiert (vgl. u. a. Blume [1981], S. 135f.;
Kloock [1988]; Kloock/Bommes [1982]; Wilms [1988]). Dabei lassen
sich bezüglich der Ausgestaltung bzw. des Grades der Differenzierung im
Grunde zwei Extremfälle unterscheiden:

Vollständig dif-
ferenzierte Ana-
lyse

- Zum einen kann jede Primär-, Sekundär-, Tertiär- und höherwertigere
  Abweichung separat ausgewiesen werden (**vollständig differenzierte
  Abweichungsanalyse**; vgl. Abbildung 6.16).

Teilweise dif-
ferenzierte Ana-
lyse

- Zum anderen wird auf die explizite Aufgliederung der Abweichungen
  höheren Grades verzichtet, d. h. die Abweichungen höheren Grades aller Kostenbestimmungsfaktoren werden „en bloc" neben den differenziert ausgewiesenen Primärabweichungen angegeben (**teilweise differenzierte Abweichungsanalyse**).

In beiden Fällen wird jede Teilabweichung durch eine alternative Abweichungsanalyse auf Plan-Bezugsbasis ermittelt. Dabei ist davon auszuge-

hen, dass in Abhängigkeit von der Bezugsbasis alle Teilabweichungen im Gegensatz zur kumulativen Abweichungsanalysemethode als **Primärabweichungen**, d. h. ohne Abweichungen höheren Grades, ausgewiesen werden. Im vollständig differenzierten Fall werden alle Abweichungen höheren Grades explizit ausgerechnet. Im teilweise differenzierten Fall ermitteln sich die Abweichungen höheren Grades „en bloc", indem die Summe der Primärabweichungen von der Gesamtabweichung subtrahiert wird. Im nachfolgenden Beispiel wird die vollständig differenzierte Methode dargestellt.

Im Fall der Farbenfabrik Colorix GmbH bleibt nach der Berechnung aller benötigten, von Abweichungen höheren Grades freien Abweichungen ein Kostenabweichungsblock übrig, der sich aus allen nicht verursachungsgerecht zurechenbaren Sekundär- und höherwertigen Abweichungen zusammensetzt. Für den betrachteten Fall lässt sich z. B. die Tertiärabweichung folgendermaßen berechnen:	**Beispiel 6.3** Differenzierte Abweichungs-verrechnung

$$\text{Tertiärabweichung} = \sum_{k=1}^{m} \Delta ma_k \times \Delta p_k \times \Delta x$$

$$= \left[(-0,05) \times 1 + 0 \times (-1) + 0,05 \times 0\right] \times 10 = -0,50 \text{ EUR}$$

Nach der **vollständig differenzierten Methode** ergeben sich die in Abbildung 6.16 dargestellten Abweichungen. In Abbildung 6.16 sind in der Diagonale alle Primärabweichungen (**fett** markiert) angegeben. Daneben stehen alle Sekundärabweichungen. Z. B. beträgt die Summe aller Sekundärabweichungen aus Änderungen von Mix und Preis −32 EUR. Die Summe aller Abweichungen höheren Grades ergibt sich z. B. für die Preisabweichung aus der Summe der Sekundärabweichungen von Preis und Mix (−32 EUR), aus der Summe der Sekundärabweichungen von Preis und Inputmenge (−1 EUR) und der Tertiärabweichung (−0,5 EUR) und ergibt damit insgesamt −33,5 EUR (Summe der dick umrandeten Felder in Abbildung 6.16). Damit ergibt sich derselbe Wert wie Abbildung 6.15 ausgewiesen.

Bei einem Ausweis nach der **teilweise differenzierten Methode** ergibt sich für alle Abweichungen höheren Grades zusammen (en bloc als grau markierte Felder in Abbildung 6.16) ein Betrag von −32,50 EUR (= −32 +(−1)+1+ (−0,50)).

Zur Vervollständigung des Beispiels und Dokumentation der Plausibilität der Vorgehensweisen kann die Gesamtabweichung durch die Primär- und höhergradigen Abweichungen dargestellt werden:

GA   = Ist-Kosten − Plankosten

         = drei Primärabweichungen (Preis, Mix, Input-Menge)

         + drei Sekundärabweichungen (Preis / Mix, Preis / Input-Menge,

Mix / Input-Menge)

+   einer Tertiärabweichung (Preis / Mix / Input-Menge)

+   Veränderung der variablen Kosten

GA = Istkosten   Plankosten =

$$= 3 \times 0,25 \times 650 + 2 \times 0,4 \times 650 + 4 \times 0,35 \times 650$$

$$(2 \times 0,3 \times 1.000 + 3 \times 0,4 \times 1.000 + 4 \times 0,3 \times 1.000) =$$

$$= 1.917,50 \quad 3.000,00 = \quad 1.082,50 \text{ EUR}$$

GA = $\sum$ Abweichungen =

$$= \underbrace{(\quad 64) + 64 + 30}_{\text{Primärabweichungen}} + \underbrace{(\quad 32) + (\quad 1) + 1}_{\text{Sekundärabweichungen}} +$$

$$+ \quad \underbrace{(\quad 0,50)}_{\text{Tertiärabweichung}} + \quad \underbrace{(\quad 1\,080)}_{\text{Veränderung der variablen Kosten}} \quad =$$

$$= \quad 1\,082,50 \text{ EUR}$$

(in EUR)	Preis	Mix	Input-Menge
Preis	**−64**	−32	−1
Mix	−32	**64**	1
Input-Menge	−1	1	**30**
Tertiärabweichung	−0,5		

Abb. 6.16: Differenziert-kumulative Abweichungsverrechnung

Bewertung differenzierte Abweichungsverrechnung

Die hier angesprochene differenzierte Methode ist grundsätzlich positiv zu beurteilen, da sie die Gesamtabweichung detailliert und vollständig darstellt. Dennoch lassen sich einige kritische Anmerkungen machen, die die Vorteile der differenziert-alternativen Methode gegenüber den anderen Methoden zu Tage treten lassen.

Ein vollständig differenzierter Ausweis aller Abweichungen höheren Grades trägt nicht unbedingt zur Überschaubarkeit bei, da diese eventuell große Anzahl an einzelnen Abweichungen höheren Grades aufgrund kompensatorischer Effekte kaum zu interpretieren ist und eine zu große Anzahl an Informationen auch unter Nutzen-Kosten-Gesichtspunkten nicht unbedingt sinnvoll erscheint. Darüber hinaus ist es bei der vollständig wie bei der teilweise differenzierten Methode nicht möglich, Wirkungszusammenhänge des jeweils untersuchten Kostenbestimmungsfaktors mit den anderen Kostenbestimmungsfaktoren deutlich zu machen, da eine Zuordnung der Abweichungen höheren Grades zur jeweiligen Primärabweichung nicht problematisiert wird.

4.3 Würdigung der Methoden zur Kostenabweichungsanalyse

In der Literatur wird die **Verursachungsgerechtigkeit** der verschiedenen Methoden zur Kostenabweichungsanalyse kontrovers diskutiert:

Link ([1987]) bewertet die symmetrische Methode, d. h. die Verteilung der Sekundärabweichung zu gleichen Teilen auf die Preis- bzw. Mengenabweichung, als überlegene Vorgehensweise in der Abweichungsanalyse. Im Gegensatz dazu bevorzugt Kloock ([1988]) die differenziert-kumulative Abweichungsanalyse.

Eine weitere Form der differenzierten Abweichungsanalyse, die sog. **Min-Form**, entwickelte Wilms (vgl. Wilms [1988], S. 96 ff.; Kloock [1994], S. 629). Diese Methode versucht die Problematik der kompensatorischen Wirkung von Abweichungsüberschneidungen innerhalb einer von Abweichungen höheren Grades freien Teilabweichung zu umgehen, indem nur „eindeutig" interpretierbare Abweichungen berechnet werden. Dies geschieht dadurch, dass nur faktisch existente Abweichungen höheren Grades bei der Analyse berücksichtigt werden, d. h. nur solche Bestandteile in die Abweichungsanalyse einbezogen werden, die Teilmenge der realisierten und/oder der geplanten Kosten sind (Wilms [1988], S. 97). Eine Abweichung höheren Grades wird nur berechnet, wenn mindestens zwei Einflussfaktoren in die gleiche Richtung wirken. Die bei mehreren Kostenbestimmungsfaktoren schnell sehr komplex werdende Methode wird überwiegend abgelehnt, da sie sich z. B. auch an gegenüber dem Plan nicht effizienten Ist-Werten orientiert (vgl. zu einer ähnlichen Kritik Brühl [1993], S. 338; Jakoby/Schmitz [1996], S. 22 f.; Kloock [1994], S. 637).

Als Fazit bleibt festzuhalten, dass die grundsätzliche Vorteilhaftigkeit differenzierter Methoden zur Ermittlung von Abweichungen sicherlich nicht zu bestreiten ist. Die von der Praxis präferierte Methode ist jedoch die **kumulative Abweichungsverrechnung**, die keine streng verursachungsgerechte Lösung für die Verrechnung von Abweichungen höheren Grades beinhaltet. Dieser Einwand scheint allerdings, nicht zuletzt aus Praktikabilitätsgründen, dadurch entkräftet werden zu können, dass die für das Controlling einer Kostenstelle weniger aussagefähige Teilabweichung (i. d. R. die Preisabweichung) zuerst abgespalten wird und somit die für Kontrollzwecke jeweils am meisten bedeutsame Abweichung am geringsten von Verzerrungen durch Abweichungsüberschneidungen beeinflusst wird. Daher wird bei der Ergebnisanalyse in Kapitel 11 die kumulative Abweichungsanalysemethode zugrunde gelegt.

Verursachungsgerechtigkeit

Min-Form der Abweichungsanalyse

Kumulative Abweichungsanalyse

Feedback vs.
Feedforward

Generell sei abschließend angemerkt, dass die Kostenkontrolle i. S. eines **Feedbacks** und einer strikten Sanktionierung von Kostenabweichungen zugunsten eines **Feedforward** i. S. einer Gegensteuerung, um die Plankosten und Planergebnisse trotz Abweichung dennoch zu erreichen, an Bedeutung verliert.

5 Abkürzungsverzeichnis

Δma_k	Abweichung zwischen Ist- und Plan-Mixanteil des Einsatzfaktors k
Δp	Abweichung zwischen Ist- und Planpreis der Einsatzfaktoren
Δp_k	Abweichung zwischen Ist- und Planpreis des Einsatzfaktors k
Δx	Abweichung zwischen Ist- und Plan-Input-Menge
BA	Beschäftigungsabweichung
BuA	Budgetabweichung
GA	Gesamtabweichung
GA_f	Fixe Gesamtabweichung
GA_v	Variable Gesamtabweichung
K_f^i	Fixe Istkosten
K_f^p	Fixe Plankosten
K^i	Ist-Kosten
K^p	Plankosten
k^p	Plankostenverrechnungssatz
K^s	Soll-Kosten
K^{ver}	Verrechnete Plankosten
K_v^i	Variable Ist-Kosten
K_v^p	Variable Plankosten
k_v^p	Variabler Plankostenverrechnungssatz
K_v^s	Variable Soll-Kosten
m	Gesamtanzahl der betrachteten Einsatzfaktoren
MA	Mengenabweichung
ma_k^i	Ist-Mixanteil des Einsatzfaktors k
ma_k^p	Plan-Mixanteil des Einsatzfaktors k
p	Preis
PA	Preisabweichung
p^i	Ist-Preis der Einsatzfaktoren
p_k^i	Ist-Preis des Einsatzfaktors k
p^p	Planpreis der Einsatzfaktoren
p_k^p	Planpreis des Einsatzfaktors k
SA	Sekundärabweichung
VA	Globale Preis- / Verbrauchsabweichung
VA_f	Fixe Preis- / Verbrauchsabweichung
VA_v	Variable Preis- / Verbrauchsabweichung
x	Menge
x^i	Ist-Gesamt-Input-Menge der Einsatzfaktoren

x^p Plan-Gesamt-Input-Menge der Einsatzfaktoren

x^s Soll-Gesamt-Input-Menge der Einsatzfaktoren

6 Kontrollfragen

1) Welche Formen der Plankostenrechnung lassen sich voneinander unterscheiden?
2) Verdeutlichen Sie kurz die Vorgehensweise im Rahmen einer starren Plankostenrechnung!
3) Welche Vor- und Nachteile kennzeichnen die starre Plankostenrechnung?
4) Erläutern Sie die grundsätzliche Wirkungsweise einer flexiblen Plankostenrechnung!
5) Welche Informationen beinhaltet der sog. Variator?
6) Vergleichen Sie eine flexible Plankostenrechnung auf Vollkostenbasis mit der flexiblen Plankostenrechnung auf Grenzkostenbasis!
7) Gibt es in der flexiblen Plankostenrechnung auf Grenzkostenbasis eine Beschäftigungsabweichung?
8) Welche Informationen bietet die Abweichungsanalyse im Unternehmen?
9) Kennzeichnen Sie die Teilabweichungen, die vor dem Beginn der betrieblichen Abweichungsanalyse von der Gesamtabweichung abgespalten werden sollen, da sie nicht von den jeweiligen Kostenstellenleitern zu verantworten sind!
10) Was versteht man unter einer „Spezialabweichung"?
11) Wie ist im Rahmen der betrieblichen Abweichungsanalyse die Restabweichung zu interpretieren?
12) Wie können Sekundärabweichungen entstehen?
13) Welche Möglichkeiten gibt es, aufgetretene Sekundärabweichungen im Rahmen der betrieblichen Abweichungsanalyse zu verrechnen?
14) Wie ist die proportionale Aufteilung von aufgetretenen Sekundärabweichungen auf die ermittelten Primärabweichungen zu beurteilen?
15) Welche Nachteile kennzeichnen die alternative Verrechnung der Sekundärabweichung?
16) Welche alternativen Vorgehensweisen kennen Sie bei der kumulativen Verrechnung der Sekundärabweichung?
17) Gibt es eine verbindliche Reihenfolge für die Abspaltung der einzelnen untersuchten Teilabweichungen aus der Gesamtabweichung?
18) Wodurch zeichnen sich differenzierte Ansätze der Abweichungsanalyse aus?
19) Welche anderen Erkenntnisse liefert die differenziert-alternative Abweichungsanalysemethode?
20) Wie sind die praktischen Einsatzmöglichkeiten der verschiedenen Konzepte für die Verrechnung von Sekundärabweichungen zu beurteilen?

7　Literaturhinweise

Blume, E. (1981): Kostenkontrollrechnung unter Berücksichtigung mehrstufiger Fertigungsprozesse, Thun/Frankfurt am Main 1981.

Brühl, R. (1993): Methoden der Kostenkontrollrechnung unter Berücksichtigung von Abweichungen höherer Ordnung, in: Kostenrechnungspraxis, 1993, S. 336-339.

Ewert, R./Wagenhofer, A. (2005): Interne Unternehmensrechnung, 6. Aufl., Berlin u. a. 2005.

Glaser, H. (1999): Zur Relativität von Kostenabweichungen, in: BFuP 1999, S. 21-32.

Glaser, H. (2002): Kostenkontrolle, in: Küpper, H.-U. / Wagenhofer, A. (Hrsg.): Handwörterbuch Unternehmensrechnung und Controlling, 4. Aufl., Stuttgart 2002, Sp. 1079-1089.

Günther, T. (1994): Ergebnisanalyse auf Basis einer flexiblen Plankostenrechnung. In: Das Wirtschaftsstudium, Heft 10, 1994, S. 828-840 und S. 880.

Haberstock, L. (2004): Kostenrechung II, (Grenz-)Plankostenrechnung, 9. Aufl., Hamburg 2004.

Jakoby, S./Schmitz, J. (1996): Die differenziert-alternative Abweichungsanalysemethode – ein Vorschlag für eine verhaltensorientierte Abweichungsanalyse, in: Zeitschrift für Planung 1996, S. 1-25.

Kilger, W./Pampel, J./Vikas, K. (2007): Flexible Plankostenrechnung und Deckungsbeitragsrechnung, 12. Aufl., Wiesbaden 2007.

Kloock, J. (1988): Erfolgskontrolle mit der differenziert-kumultativen Abweichungsanalyse, in: Zeitschrift für Betriebswirtschaft, 1988, S. 423-434.

Kloock, J. (1994): Neuere Entwicklungen des Kostenkontrollmanagements, in: Dellmann, K./Franz, K. P. (Hrsg.) (1994): Neuere Entwicklungen im Kostenmanagement, Bern u. a. 1994, S. 607-644.

Kloock, J./Bommes, W. (1982): Methoden der Kostenabweichungsanalyse, in: Kostenrechnungspraxis, 1982, S. 225-237.

Link, J. (1987): Schwachpunkte der kumulativen Abweichungsanalyse, in: Zeitschrift für Betriebswirtschaft, 1987, S. 780-792.

Möller, H. P. (1985): Erfolgsabweichungsanalyse mit Erfolgsfunktionen (Teil I und II), in: Das Wirtschaftstudium 1985, S. 30-32 und S. 81-87.

Plaut, H.-G. (1953): Die Grenz-Plankostenrechnung, in: ZfB, 23. Jg., 1953, S. 347-363 und S. 402-413.

Vormbaum, H./Rautenberg, H. G. (1985): Kostenrechung III für Studium und Praxis – Plankostenrechnung, Baden-Baden/Bad Homburg vor der Höhe 1985.

Wilms, S. (1988): Abweichungsanalysemethoden der Kostenkontrolle, Bergisch-Gladbach/Köln 1988.

Kapitel 7
Anpassungen des Kosten-
rechnungssystems
an spezifische Funktionen

1 Einführung

Uli Müller, der Controller der Firma Joachim Zimmermann leitet nun schon seit einigen Jahren den Controllingbereich des Unternehmens. In den letzten Jahren stellte er mehr und mehr fest, dass die Anforderungen an das Controlling immer vielfältiger und spezifischer werden. Die traditionelle Voll- oder Teilkostenrechnung scheint ihm nicht mehr auszureichen. So fordern die verschiedenen Unternehmensbereiche unter anderem Auswertungen zu ökologischen Kosten, Logistikkosten und Qualität. Daher stellt er sich die Frage, wie er diese speziellen Informationsbedürfnisse in das bereits komplexe Kostenrechnungssystem des Unternehmens integrieren kann. Er überlegt, ob sich die neuen Fragen mit der traditionellen Kosten- und Leistungsrechnung beantworten lassen, oder ob andere Entwicklungen den gestiegenen Informationsbedürfnissen der Manager besser gerecht werden können und somit eine sinnvolle Ergänzung zur bestehenden Kostenrechnung wären.

Die traditionellen Kostenrechnungssysteme wurden in der Regel für die besonderen Fragestellungen und Problemstellungen von Unternehmen der Industrie entwickelt. Dies ist nicht verwunderlich, da zum Zeitpunkt ihrer Entstehung die industrielle Produktion der bedeutendste Wirtschaftssektor war.

Die wirtschaftlichen Strukturen haben in den letzten zwanzig Jahren einen enormen Wandel vollzogen. Zwar spielt die industrielle Produktion nach wie vor eine wichtige Rolle, daneben aber ist der Dienstleistungssektor (Banken, Versicherungen, Beratungen, Gesundheitsleistungen etc.) sehr stark gewachsen und hat den Industriesektor vielerorts bereits in der gesamtwirtschaftlichen Bedeutung überholt. Diese Entwicklung lässt sich auch an dem häufig postulierten Wandel der Industriegesellschaft zur Dienstleistungs- und Informationsgesellschaft festmachen.

Darüber hinaus gewinnen Logistikfragestellungen durch den Anstieg des Welthandels zunehmend an Bedeutung. Auch bei der Optimierung der Supply Chain werden Informationen zur Kostenentwicklung benötigt um wettbewerbsfähig zu bleiben.

Die globale Erwärmung ist nur eine von vielen ökologischen Fragen, die Betriebe vor die Herausforderung stellt, wie Kostenwahrheit bei internen und externen Effekten gewährleistet werden kann.

Diese Entwicklungen machen eine verstärkte Berücksichtigung von Dienstleistungen, Logistik und Umwelt in der Kostenrechnung notwendig. Daher werden in diesem Kapitel die Anpassungen des Kostenrechnungssystems an diese spezifischen Funktionen näher erläutert.

2   Logistikkostenrechnung

2.1 Motivation

Wettbewerbs-
faktor Logistik

Einer der entscheidenden Wettbewerbsfaktoren für Unternehmen und Unternehmensnetzwerke, dem eine hohe Bedeutung für die Gesamtleistung zukommt, ist die Logistik (vgl. Göpfert [2001], S. 347.). Durch den freien Warenverkehr in ganz Europa, aber auch den Welthandel ist die zielgerichtete Steuerung der Kosten von logistischen Prozessen wie Lagerung, Transporte etc. notwendig, um inner- und außerbetriebliche Verbesserungspotenziale identifizieren und umsetzen zu können.

Vor diesem Hintergrund müssen die Kostenrechnungssysteme an die speziellen Anforderungen dieser Fragestellung angepasst werden, um ein möglichst hohes Maß an Kostenwahrheit zu erreichen und damit zur Rationalitätssicherung von Entscheidungen in Unternehmen beizutragen.

2.2 Ausgewählte Möglichkeiten der Gestaltung der Logistikkostenrechnung

Definition Logistikkosten

Bevor auf die Möglichkeiten der Gestaltung der Logistikkostenrechnung eingegangen wird, ist festzulegen was unter **„Logistikkosten"** verstanden wird. Logistikkosten umfassen den in Geldeinheiten bewerteten, periodisierten, betriebsbedingten Ressourcenverbrauch (= negative Veränderung des Nutzenpotenzials des Unternehmens), der durch die Durchführung logistischer Prozesse bedingt ist (vgl. Lorenz [1998], S. 86.).

Unter dem Gesichtspunkt der unterschiedlichen Ausprägungsformen der Logistik (vgl. Weber [2002], S. 4 ff.), der vorhandenen Kostenrechnungssysteme und der technischen Möglichkeiten in Unternehmen erscheint eine „one-size-fits-it-all" Lösung zur Logistikkostenrechnung unzweckmäßig (vgl. Lorenz [1998], S. 176 und Weber [2002], 71 ff.). Im Folgenden wird auf zwei Möglichkeiten der Integration von Logistikkosten in die Kostenrechnung eingegangen (vgl. Weber [2002]).

2.2.1 Integration von Logistikkosten in die klassische Kostenrechnung

Eine Möglichkeit der Berücksichtigung von Logistikkosten ist deren Integration in die klassische Kostenrechnung bestehend aus Kostenarten-, Kostenstellen- und Kostenträgerrechnung. Abbildung 7.1 illustriert die Einbindung der Logistik in den typischen Ablauf der Kostenrechnung:

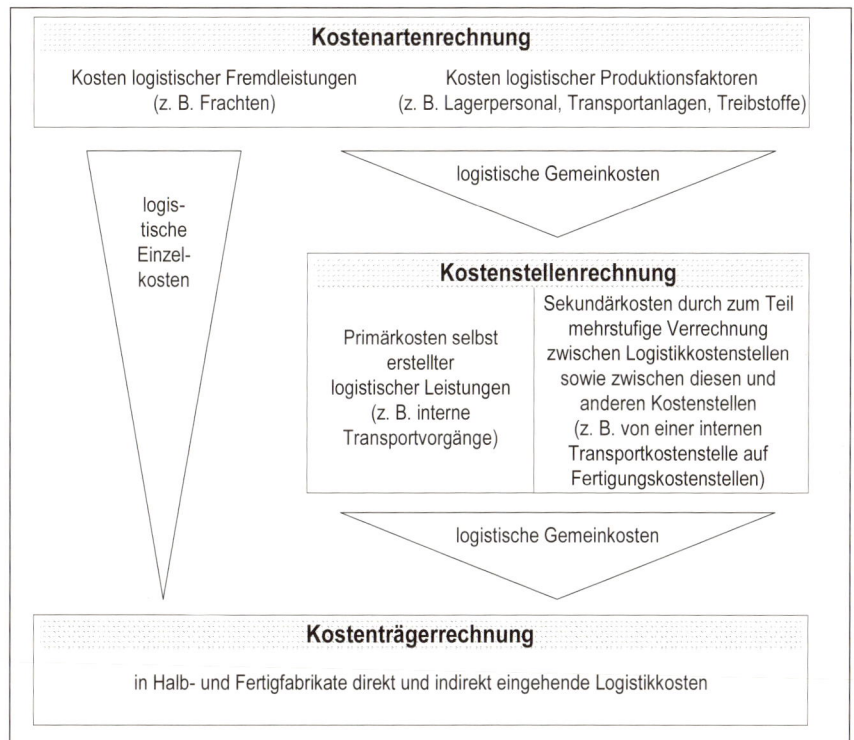

Abb. 7.1: Logistikkosten in der klassischen Kostenrechnung
(Quelle: Weber [2002], S. 169)

Beginnend mit der Kostenartenrechnung werden die Kosten erstmals erfasst, wobei im Hinblick auf die Kostenstellen- und Kostenträgerrechnung zwischen logistischen Einzel- und Gemeinkosten unterschieden

Kostenarten-rechnung

wird. Bei **logistischen Einzelkosten** handelt es sich um Fremdleistungen, die den Kostenträgern direkt zugeordnet und verrechnet werden können. Beispiele dafür sind Frachten, Zölle und Versicherungskosten. **Logistische Gemeinkosten** sind sowohl Fremdleistungskosten als auch Eigenleistungskosten, die über die jeweiligen Kostenstellen weiterverrechnet werden, da sie den Produkten nicht direkt zugeordnet werden können. Dazu zählen beispielsweise Gemeinkostenlöhne und Gehälter des Lagerpersonals sowie Entsorgungskosten.

Zur Veranschaulichung zeigt Abbildung 7.2 die Kostenartenstruktur der damaligen Siemens VDO Automotive, einem Unternehmen aus der Automobilindustrie mit hohem Entwicklungsstand des Logistikcontrolings.

Basisgliederung	Kostenartengruppen	Separate logistische Kostenarten
Einzelkosten	1. Materialeinzelkosten	- Annullierungskosten bei Lieferanten - Eingangsfrachten und Verpackung (Sonderfahrten und –kosten für die Materialwirtschaft) - Eingangsfracht und Verpackung
	2. Lohn- / Gehaltskosten	*keine separaten Logistikkostenarten*
	3. Sondereinzelkosten Fertigung / Vertrieb	- Zölle - Ausgangsfracht und Transportversicherung - Verpackungskosten - Sonderfahrten - Entsorgung
Gemeinkosten	4. Gemeinkostenlöhne und Gehälter	*keine separaten Logistikkostenarten*
	5. Sozialkosten	*keine separaten Logistikkostenarten*
	6. Verschließwerkzeuge / Gemeinkostenmaterial	*keine separaten Logistikkostenarten*
	7. Kosten für Maschinen / Anlagen / Produktionsmittel	*keine separaten Logistikkostenarten*
	8. Andere Sachkosten	- Entsorgung, Sondermüll, Containerdienst - Entsorgung sonstiges

Abb. 7.2: Logistische Kostenarten der Siemens VDO Automotive
(Quelle: Weber [2002], S. 186)

Kostenstellen-
rechnung

In der Kostenstellenrechnung werden Logistikkosten entweder eigenen **Logistikkostenstellen** oder anderen Kostenstellen zugeordnet und dort weiterverrechnet (vgl. Weber [2002], S. 170 ff.). Dabei wird in jeder Kostenstelle zwischen den verschiedenen Kostenarten unterschieden. AlsBeispiel für die Bildung möglicher Logistikkostenstellen werden jene der Siemens VDO Automotive in Abbildung 7.3 dargestellt.

Bereiche	Logistikkostenstellen
Einkauf und Material (Beschaffungslogistik)	Materialplanung / Disposition
	Beschaffung
	Wareneingangsprüfung
	Transport im Materialbereich
	Materiallager
Produktion (Fertigungslogistik)	Produktionssteuerung
	Transport im Produktionsbereich
Vertrieb (Vertriebslogistik)	Liefersteuerung
	Vertriebslogistik

Abb. 7.3: Logistikkostenstellen der Siemens VDO Automotive
(Quelle: Weber [2002], S. 196)

In der Kostenträgerrechnung werden die logistischen Einzelkosten und Gemeinkosten den Produkten zugeordnet. Um auch für die **logistischen Gemeinkosten** eine möglichst verursachungsgerechte Verrechnung auf den Kostenträger zu ermöglichen, müssen Bezugsgrößen identifiziert werden, wie beispielsweise das Lagervolumen, die Anzahl der Transporte, die Euro-Paletten etc. (vgl. Lorenz [1998], S. 172 f.).

In der Siemens VDO Automotive fließen die Kosten der Beschaffungslogistik in Form des Materialgemeinkostensatzes auf Basis der Materialeinzelkosten und die Kosten der Fertigungslogistik über Stundensätze (Umlage an die Fertigungskostenstellen) in die Herstellkosten ein. Schließlich werden zur Selbstkostenberechnung die Kosten der Vertriebslogistik über den Verwaltungs- und Vertriebsgemeinkostensatz auf Basis der Herstellkosten verrechnet (vgl. Weber [2002], S. 267).

Kostenträger-rechnung

2.2.2 Integration von Logistikkosten in die Prozess-kostenrechnung

Eine weitere Möglichkeit zur Berücksichtung von Logistikkosten stellt die **Prozesskostenrechnung** dar. Diese Weiterentwicklung der Kostenrechnung versucht das Problem der verursachungsgerechten Zuordnung von Gemeinkosten in der klassischen Kostenrechnung zu lösen. Um diese Problematik zu illustrieren wird folgendes Beispiel in Abbildung 7.4 angeführt:

Kalkulationsbeispiel „Technisches Kaufhaus"

Klassische Zuschlagskalkulation:

	Waschmaschine	Kamera
Einkaufspreis (Warenwert) pro Stück	500 Euro	500 Euro
Materialgemeinkosten	50 Euro	50 Euro
Gesamtkosten je Stück	550 Euro	550 Euro

Die Gemeinkosten entstehen für die Prozesse: Wareneingangsbearbeitung, Einlagern, Lagern, Auslagern, Kommissionieren und Lagerverwaltung.

Unter der Annahme, dass durch jedes Produkt gleich hohe Gemeinkosten verursacht werden, wäre der Gemeinkostenverrechnungssatz von 50 Euro zutreffend.

Kalkulation mit Hilfe der Prozesskostenrechnung:

	Waschmaschine	Kamera
Einkaufspreis	500 Euro	500 Euro
Kosten der Inanspruchnahme unterschiedlicher Prozesse:		
Wareneingangsbearbeitung	5 Euro	4 Euro
Einlagern	20 Euro	2 Euro
Lagern	13 Euro	1 Euro
Auslagern	20 Euro	2 Euro
Kommissionieren	25 Euro	4 Euro
Lagerverwaltung	2 Euro	2 Euro
Gesamtkosten je Stück	**585 Euro**	**515 Euro**

Die Prozesskostenrechnung berücksichtigt, dass die beiden sehr verschiedenen Produkte unterschiedliche Prozesse in Anspruch nehmen, die aufgrund ihres unterschiedlichen Ressourcenverzehrs mit unterschiedlichen Kosten zu bewerten sind.

Abb. 7.4: Zuschlagskalkulation im Vergleich zur Prozesskostenrechnung
(Quelle: in Anlehnung an Lorenz [1998], S. 137)

Wie sich an dem Beispiel erkennen lässt, wird der Ressourcenverzehr in der Lagerung nicht von allen Produkten gleichermaßen verursacht. Mit Hilfe der Unterteilung in einzelne Teilprozesse, kann die unterschiedliche Inanspruchnahme durch die einzelnen Produkte bei der Kostenzuordnung

berücksichtigt werden. Dies spiegelt sich schließlich in den unterschiedlichen Gesamtkosten der Produkte Waschmaschine und Kamera im Vergleich zu der klassischen Zuschlagskalkulation wider.

Der Bedarf für die Prozesskostenrechnung ist vor allem bei der Schaffung von verbesserter Transparenz in indirekten Leistungsbereichen wie
Einkauf, Materialwirtschaft und innerbetrieblicher Logistik zu verzeichnen (vgl. Lorenz [1998], S. 138 f.).

Die Vorgehensweise der Prozesskostenrechnung in der Logistik folgt
der klassischen Prozesskostenrechnung (vgl. dazu Kapitel 4).

Vorgehensweise

3 Umweltkostenrechnung

3.1 Motivation

Die Debatte um den Klimawandel sowie der jüngst erschiene UN-Klima-
bericht rücken das Thema Umwelt erneut ins Zentrum des Interesses.
Daraus ergeben sind auch aus betrieblicher Sicht vielschichtige Herausforderungen. Durch die sich abzeichnenden Änderungen umweltpoliti-
scher Rahmenbedingungen wird der betriebliche Handlungsbedarf unter
anderem hinsichtlich der CO_2-Emissionen, aber auch bezüglich anderer
Abfallprodukte des Produktionsprozesses steigen. Vor diesem Hintergrund wird die Berücksichtigung umweltrelevanter Fragestellungen in
den betrieblichen Kostenrechnungssystemen immer wichtiger.

Klimawandel

„Pull the costs of pollution controls, permit fees, and waste disposal
out of corporate overhead, and business will see how expensive products
and processes....really are. Calculate all the benefits of cleaner technolo-
gies and business will realize that a capital outlay for source reduction
can be recouped in months, not years. And incorporate the costs of pollution controls and societal impact into the price of the product and con-
sumers will do what is best for the environment because it will often be
best for their wallets." (zitiert nach: Kirschner [1994], S. 25). Dieses Zitat
des Dow Chemical CEO Frank Popoff zeigt, dass mit der Berücksichtung
umweltrelevanter Kosten für die Unternehmen durchaus auch positive
Konsequenzen verbunden sind.

*Kosteneinspa-
rungspotenzial*

In den siebziger Jahren entstanden die ersten Konzepte zur Umweltkostenrechnung. Wie der Zeitstrahl in Abbildung 7.5 zeigt, entwickelten
sich in den letzten dreißig Jahren unterschiedliche **Umweltkostenrechnungssysteme**. Standen in den ersten Jahren traditionelle Kostenrechnungssysteme wie die Vollkostenrechnung und Teilkostenrechnung im
Vordergrund, entstanden mit Beginn der neunziger Jahre alternative Ansätze wie Flusskostenrechnungssysteme, Prozesskostenrechnungssysteme
sowie Ansätze zur Berücksichtigung externer Kosten.

*Ansätze der
Umweltkosten-
rechnung*

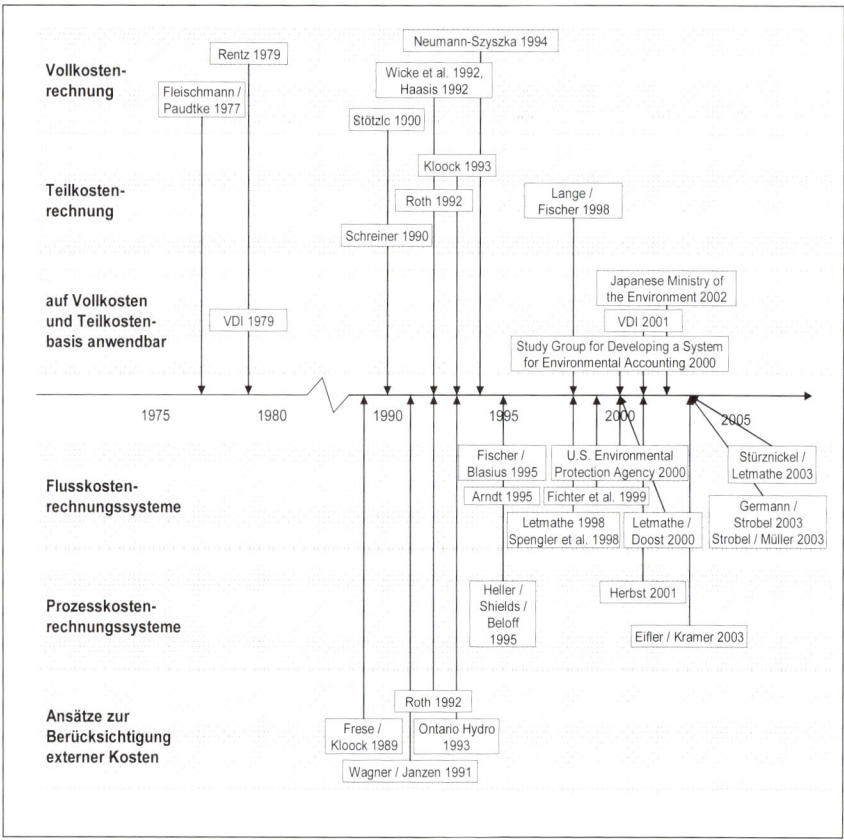

Abb. 7.5: Entwicklung der Umweltkostenrechnungssysteme
           (Quelle: Mahlendorf [2005], S. 23)

Im Folgenden werden wesentliche Umweltkostenrechungsansätze aus unterschiedlichen Kostenrechnungssystemen näher dargestellt.

3.2 Umweltbezogene Vollkostenrechnung

Umweltschutz-
kosten

Auf der Basis der traditionellen Vollkostenrechnung werden umweltbezogene Kosten in das Kostenrechnungssystem integriert. Bei betrieblichen Umweltschutzkosten handelt es sich um Kosten, die durch betriebliche Umweltschutzmaßnahmen verursacht werden. Dazu zählen Maßnahmen zur Vermeidung, Verminderung und Überwachung von Emissionen und Immissionen (vgl. VDI [1979]). Externe Umweltschutzkosten, die vom Betrieb verursacht werden, aber von diesem nicht zu tragen sind, werden dabei nicht berücksichtigt (externe Kosten). Hingegen werden internalisierte Kosten der Umweltbeanspruchung sehr wohl eingebunden, wie zum Beispiel Abwassergebühren oder Kosten für CO2-Emissions-rechte. In Abbildung 7.6 wird dargestellt, wie die internalisierten Kosten in der Kostenarten- und Kostenstellenrechnung sowie der Kostenträgerstück- und Kostenträgerzeitrechnung verrechnet werden.

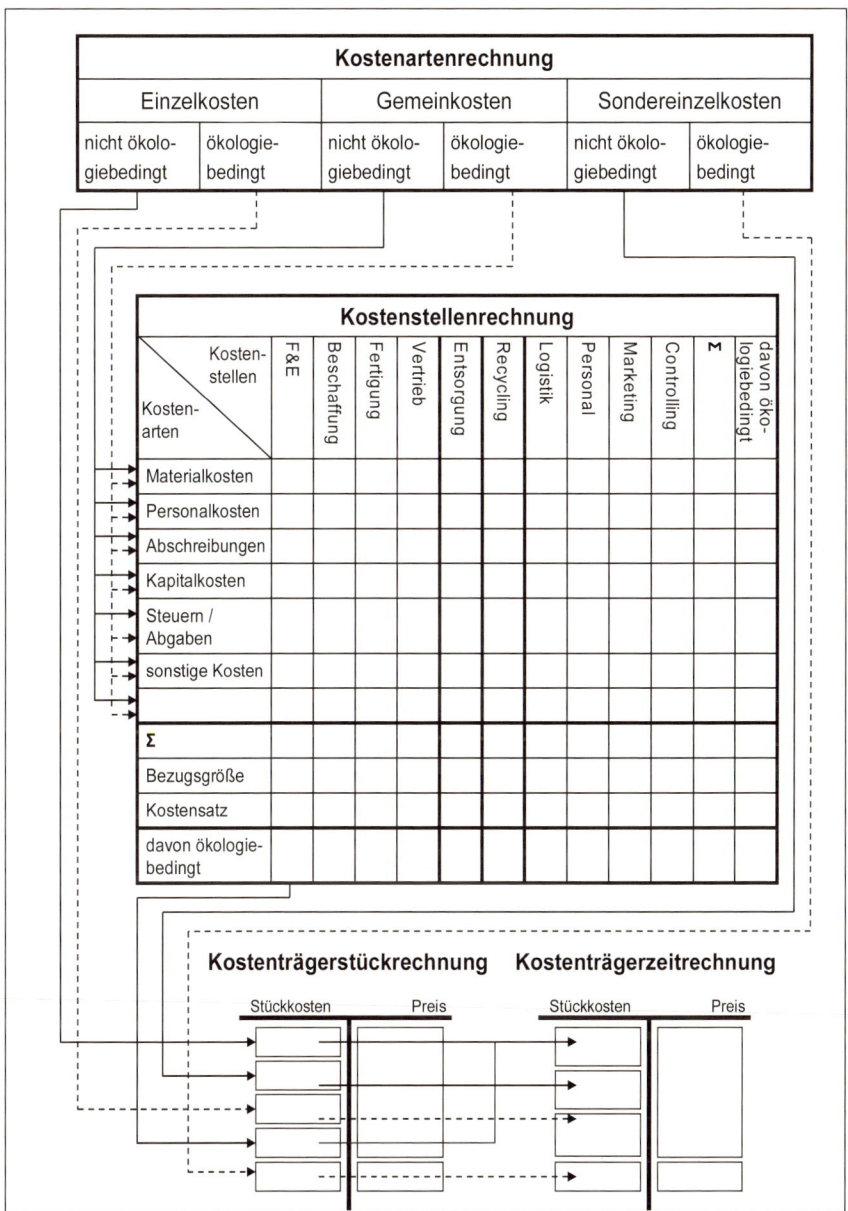

Abb. 7.6: Ökologieorientierte Kostenrechnung
(Quelle: Günther [1994], S. 226)

Wie in der Vollkostenrechnung vorgesehen, werden zuerst die verschiedenen Kostenarten sowie Einzel- und Gemeinkosten erfasst. Sofern eine eindeutige Abgrenzung möglich ist, können die traditionellen Kostenarten wie Personalkosten etc. um **Umweltschutzkostenarten** ergänzt werden. Dafür ist eine Aufspaltung der bisherigen Kostenarten und -stellen in **umweltschutzbezogene** und **umweltschutzunabhängige Kosten** notwendig. In der Regel zählen zu ersteren Abschreibungen und kalkulatorische Zinsen von Umweltschutzanlagen sowie Personalkosten für den Betrieb von Umweltschutzanlagen (vgl. Haasis [1992], S. 118 f.).

Diese Zuordnung ist notwendig, da in der primären Kostenstellenrechnung umweltschutzbedingte Kosten erkennbar sein müssen, unabhängig davon, ob die jeweiligen Kostenstellen Umweltfunktionen erfüllen (vgl. Schreiner, [1988], S. 265.). Wie das Beispiel in Abbildung 7.7 zeigt, fallen für die Umweltschutzberatung in der Kostenart „Dienstleistungen Dritter" Umweltschutzkosten in Höhe von 100 TEUR in der Kostenstelle Verwaltung an. Die Kostenstelle Verwaltung erfüllt jedoch keine Umweltfunktion. Dies zeigt, dass auch in umweltfremden Kostenstellen Umweltschutzkosten anfallen können. Will man Kostenwahrheit im Umweltbereich erreichen, müssen alle Positionen berücksichtigt werden.

Bei der Kostenaufteilung können jedoch Probleme der Abgrenzung entstehen, wenn beispielsweise einzelne Maßnahmen der Produktion aber auch der Emissionsminderung zugeordnet werden können. Der VDI schlägt folgende Kriterien zur gezielten Erfassung und Abspaltung von Umweltschutzkosten aus den Gesamtkosten vor (vgl. VDI [1979]):

- Rohstoffkosten sind gesondert zu erfassen, wenn diese zusätzlich für den Umweltschutz, wie beispielsweise Kalk für eine Rauchgaswäsche, geleistet werden.
- Für die Erfassung der Kosten der Hilfs- und Betriebsstoffe sollte der tatsächliche Verbrauch der Umweltschutzanlage zugeordnet werden.
- Bezüglich der Energiekosten kann der rechnerisch ermittelte Mehrverbrauch der Produktionsanlage ermittelt werden, wenn keine getrennte empirische Messung durchgeführt werden kann (theoretischer Verbrauch).
- Die Personalkosten können auf Basis des Zeitaufwands oder der Soll-Beschäftigung erhoben werden.
- Die Reparaturkosten sollten als zeitlicher Mittelwert auf der Basis des tatsächlichen Reparaturanfalls ermittelt werden.
- Die Verwaltungs- sowie andere Gemeinkosten müssen je nach Grad der Inanspruchnahme durch die Umweltschutzmaßnahmen in der primären Kostenrechnung aufgeteilt werden und als umweltschutzrelevante oder nicht umweltschutzrelevante Kostenarten ausgewiesen werden, um in der Kostenträgerstück- und Kostenträgerzeitrechnung Kostenwahrheit bezüglich der Umweltschutzkosten zu gewährleisten. Bei-

spiele für die Umweltschutzgemeinkosten sind Umweltschutzbeauftragte wie Immissionsschutzbeauftragte etc.

In der Kostenstellenrechnung werden die nicht direkt den Kostenträgern zuordenbaren Gemeinkosten und somit auch umweltbezogene Gemeinkosten auf die Kostenstellen verteilt (primäre Kostenrechnung), wie im Betriebsabrechnungsbogen in der Abbildung 7.7 deutlich wird.

Kostenstellenrechnung

Kostenstellen / Kostenarten	Summe	Allgemeine Kostenstelle		Fertigungsstellen					Material-kostenstelle	Ver-waltung	Vertrieb
		Grundstücke und Gebäude	Kraftanlage	Fertigungs-vorkostenstelle (Reparaturen)	Fertigungs-vorkostenstelle (Reststoff-Entsorgung)	Fertigungs-endkostenstellen I	II	III			
1. Hilfslöhne	5800	200	300	200	100	1700	1500	350	300	150	800
2. Gehälter	9000	120	250	300	350	600	1380	100	700	2000	3200
3. Sozialkosten	2500	80	100	150	50	450	500	100	170	400	500
4. Dienstleistung Dritter	1100	-	150	250	-	70	120	-	-	200 (100)	310
5. Betriebsstoffe	2000	-	300	80	50	100	300	-	180	500	490
6. Abschreibungen	4200	400	200	-	20	680	500	100	-	1700	600
7. Zinsen	2400	200	100	20	30	400	700	150	50	650	100
8. Summe Gemeinkosten	27000	1000	1400	1000	600	4000	5000	1000	1400	5600	6000
9. Umlage Grundst. und Gebäude			100	20	15	255	200	150	80	130	50
10. Umlage Kraftanlage				450	30	220	275	210	110	175	30
11. Umlage Reparaturen						470	500	500			
12. Umlage Reststoffentsorg.						175	250	220			
13. Summe Gemeinkosten	27000					5120	6225	2080	1590	5905	6080
14. Einzelkosten Löhne (Zuschlagsbasis für Fertigungshauptstellen)						9000	8500	4000			
15. Einzelkosten Material (Zuschlagsbasis für Materialstelle)									38500		
16. Herstellkosten (Zuschlagsbasis für Verwaltung und Vertrieb)										75015	75015
17. Kalkulationssätze						56,9 %	73,24 %	52 %	4,1 %	7,9 %	8,1 %
18. hieraus durch Umweltschutz						175 1,9 %	250 2,9 %	220 5,5 %	0 %	100 0,13 %	0 %

Abb. 7.7: Umweltschutzkosten im Betriebsabrechnungsbogen
(Quelle: Haasis [1992], S. 119)

Dafür ist die Definition der Kostenstellen erforderlich (Endkostenstellen sowie Vorkostenstellen). In der umweltbezogenen Vollkostenrechnung kommen zu den traditionellen Kostenstellen wie der Fertigung auch Umweltschutzkostenstellen hinzu, die sich an Umweltbereichen orientieren können, wie beispielsweise die Kostenstelle Reststoff-Entsorgung. Dabei lassen sich umweltrelevante Kostenarten sowohl in Kostenstellen ohne Umweltfunktion (z. B. Verwaltung), als auch in Kostenstellen mit Umweltfunktion (z. B. Reststoff-Entsorgung) identifizieren.

Es ist wichtig, Kostenstellen, die zur Gänze dem Umweltschutz dienen, von solchen, die nur teilweise dem Umweltschutz zuordenbar sind, zu unterscheiden. Üblicherweise werden die Kosten der Umweltkostenstelle je nach Inanspruchnahme durch andere Teilbereiche auf diese weiterverrechnet. Als Verteilungsschlüssel der Inanspruchnahme durch andere Kostenstellen eignen sich Abwasserfrachten, Rauchgasvolumenströme und Ähnliches.

Wie die umweltbedingte Leistungsverrechnung abläuft, wird in Abbildung 7.7 deutlich (sekundäre Kostenrechnung). Die allgemeinen Kostenstellen bzw. Vorkostenstellen Grundstücke und Gebäude, Kraftanlagen sowie Reparaturen erbringen unter anderem Leistungen an die Reststoff-Entsorgung und werden auf die dahinterliegenden Kostenstellen weiterverrechnet. Da die Reststoff-Entsorgung eine Fertigungsvorkostenstelle ist, werden die dort anfallenden Gemeinkosten auf die Fertigungsendkostenstellen I bis III umgelegt. Auf die Fertigungsendkostenstelle I entfallen 175 TEUR, auf die Fertigungsendkostenstelle II 250 TEUR und auf die Fertigungsendkostenstelle III 220 TEUR umweltinduzierte Kosten, die unter der sekundären Kostenartenposition 12 ausgewiesen werden. In der letzten Position wird der umweltinduzierte Kostenanteil im Verhältnis zu den Einzelkosten ausgewiesen.

Kostenträgerrechnung

In der Kostenträgerrechnung werden die Einzelkosten sowie die Gemeinkosten über die im Betriebsabrechnungsbogen ermittelten Kalkulationssätze an die Kostenträger weiterverrechnet. Mit der Ergänzung der traditionellen Vollkostenrechnung um Umweltschutzkostenarten sowie -kostenstellen wird die Ermittlung der umweltschutzinduzierten Kostenanteile an den Gesamtkosten der erstellten Produkte (Kostenträgerstückrechnung für einzelnes Produkt und Kostenträgerzeitrechnung für die Summe der Produkte) ermöglicht. Bei der Angebotspreiskalkulation lassen sich Umweltschutzkosten pro Leistungseinheit getrennt ausweisen (vgl. Haasis [1992], S.118 ff.). Auf diese Weise lässt sich erkennen, dass sich Umweltschutzkosten auf die Kosten mancher Produkte stärker auswirken als auf andere.

Umweltbezogene Teilkostenrechnung

Neben der umweltbezogenen Vollkostenrechnung existieren auch Ansätze, die der Systematik der Teilkosten- bzw. Deckungsbeitragsrechnung folgen. Im Gegensatz zur Vollkostenrechnung wird bei der Teilkostenrechnung zwischen beschäftigungsabhängigen und beschäftigungsunabhängigen Kosten unterschieden.

Unter Berücksichtigung der These, dass Umweltschutzkosten zum Großteil fixer Natur sind (vgl. Roth [1992], S. 155), eignet sich die einstufige Deckungsbeitragsrechnung auf Grund der mangelnden Fixkostendifferenzierung für die umweltorientierte Steuerung wenig. Bei der stufenweisen Deckungsbeitragsrechnung wird der Fixkostenblock produktgruppenspezifisch verrechnet. Auf diese Weise wird zumindest das Ausmaß der umweltschutzbezogenen Produktgruppenfixkosten für die einzelnen Produktgruppen identifiziert. Als Beispiel seien hier die Transportkühlanlagen einer Molkerei mit den Produktgruppen Frischmilch und Haltbarmilch genannt. Durch die produktspezifische Verrechnung der Umweltfixkosten sinken die Deckungsbeiträge von umweltschädigenden

Produkten, die damit an Attraktivität bei Sortimentsentscheidungen verlieren.

Eine weitere Möglichkeit der Berücksichtigung von umweltbedingten Kosten ist die Prozesskostenrechnung. Diese eignet sich insbesondere für die Verrechnung von Aktivitäten der indirekten Leistungserstellung, wozu auch der Umweltschutz zählt (vgl. Günther [1994], S. 229). „Im Rahmen der umweltorientierten Prozesskostenrechnung wird der bewertete Ressourcenverbrauch je Produkteinheit ermittelt. Dies führt zu einer besseren Kostentransparenz und sensibilisiert die Kostenverantwortlichen für umweltbezogene Fragestellungen." (Herbst [2001], S. 198.). Nähere Informationen zur Prozesskostenrechnung finden sich in Kapitel 4.

Umweltbezogene Prozesskostenrechnung

3.3 Flusskostenrechnung

Eine weitere Möglichkeit der Berücksichtigung von Umweltkosten ist die **Flusskostenrechnung**. Nachfolgend wird beispielhaft der Ansatz von Letmathe/Doost dargestellt.

In der Flusskostenrechnung werden nicht nur Umweltschutzkosten, sondern auch die Kosten von umweltbezogenen Material- und Energieflüssen berücksichtigt. Um dies zu ermöglichen basiert die Flusskostenrechnung auf einer systematischen Ursache-Wirkungsanalyse. Kosten durch Emissionen, Abwasser und Müllbeseitigung werden jenen Inputfaktoren zugeordnet, durch die sie verursacht werden. Während in der traditionellen Voll- und Teilkostenrechnung Abwasserkosten etc. auf die einzelnen Kostenstellen unabhängig von ihrer ursprünglichen Verursachung umgelegt werden, garantieren die internen Verrechnungspreise der Flusskostenrechnung, dass Inputs, Prozesse und Produkte mit ihren „wahren" Kosten bewertet werden. Da die Verrechnungspreise auch Umweltkosten enthalten, werden in den einzelnen Kostenverantwortungsbereichen Anreize geschaffen, Umweltkosten zu reduzieren. In diesem Zusammenhang ist es wichtig zu beachten, dass die Reduzierung von Umweltkosten auch positive Effekte auf die traditionellen Unternehmensziele wie Gewinnmaximierung oder Erhöhung des Marktanteils haben kann.

Kosten von umweltbezogenen Material- und Energieflüsen

Dies ist auf den engen Zusammenhang von negativen Umweltwirkungen und ineffizienten Produktionsprozessen zurückzuführen. Beispielsweise können Fehler in der Produktion nicht nur zu höheren Kosten der Müllentsorgung, sondern auch zu höheren Produktionskosten durch höhere Materialbearbeitungskosten sowie Verwaltungskosten führen (vgl. Letmathe/Doost [2000], S. 424 ff.).

Effizientere Produktionsprozesse

3.3.1 Aufbau einer Flusskostenrechnung

Um Umweltkosten identifizieren und auf ihre Verursacher richtig zuordnen zu können, müssen die komplexen Ursache- und Wirkungszusammenhänge von Umweltwirkungen analysiert werden. In Abbildung 7.8
wird der Aufbau der Flusskostenrechnung dargestellt.

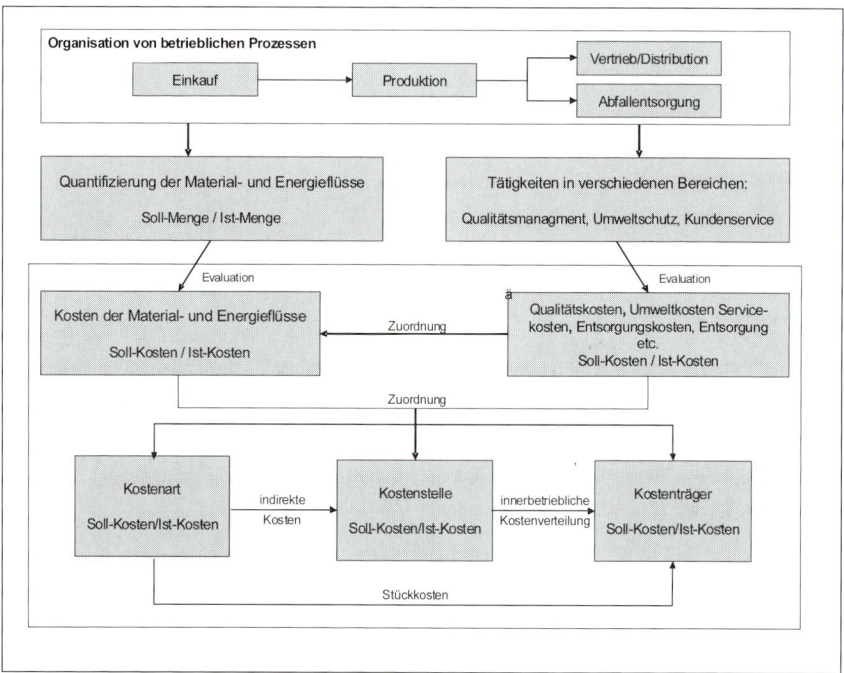

Abb. 7.8: Konzept der Flusskostenrechnung
　　　　　(Quelle: Letmathe/Doost [2000], S. 426)

Den Material- und Energieflüssen können nur dann ihre „wahren" Kosten
zugeordnet werden, wenn die vorhandenen Flüsse erhoben und dokumentiert werden. Um dies zu erreichen, sind folgende fünf Schritte notwendig
(vgl. Letmathe/Doost [2000], S. 426 f.):

1) Zu Beginn sollten umweltbezogene Wirkungen identifiziert werden.
   Dies ist auch eine der Voraussetzungen für das Umweltmanagement
   nach ISO 14001. Dabei sollte die Ursache für die Wirkungen dokumentiert werden.
2) Im nächsten Schritt sollten jene Material- und Energieflüsse identifiziert werden, die signifikante Umweltauswirkungen verursachen.
3) Im dritten Schritt sollten die Material- und Energieflüsse quantifiziert
   werden. Dafür eignen sich sogenannte umweltbezogene Material-
   und Energierechnungen, die den einzelnen Inputs, Prozessen und

Produkten zuzuordnen sind. Zur Steuerung der Material- und Energieflüsse können diese intern und extern verglichen werden. Auf diese Weise können nicht nur Umweltauswirkungen sondern auch Ineffizienzen, die zu höheren Kosten und Qualitätsproblemen führen, reduziert werden.

4) Nach der Quantifizierung der Material- und Energieflüsse müssen die mit den Flüssen verbundenen Kosten festgesetzt werden. Eine realistische Kostenzuordnung ist von entscheidender Bedeutung, damit Umweltkosten nicht systematisch unterschätzt werden. Bei der Kostenzuordnung gilt es nicht nur Beschaffungskosten, sondern auch Kosten der Bearbeitung, Kosten der Logistik, Kosten der Rücknahme von Waren für Recycling und Entsorgung, Kosten von Umweltrisiken (Haftungsrisiken), Dokumentations- und Aufsichtskosten sowie sonstige Kontrollkosten zu berücksichtigen.

5) Abschließend müssen die Umweltkosten ihren Verursachern - dazu gehören Inputs, Prozesse und Produkte - zugeordnet werden. Dies erfolgt anhand der im Schritt drei erwähnten Material- und Energieflussrechnungen. Summiert man alle Kostenkomponenten der einzelnen Material- und Energiequellen, erhält man die internen Verrechnungspreise der Material- und Energieflüsse. Diese können für die Planung und Steuerung von Inputs, Prozessen, Produkten sowie Umweltauswirkungen eingesetzt werden.

Die in der Flusskostenrechnung gewonnenen Informationen können für die Planung, Steuerung und Kontrolle eingesetzt werden, auf deren Basis wichtige Entscheidungen unter anderem für Investitionen und Neuprodukteinführungen getroffen werden können. Zum Beispiel könnte sich bei Ineffizienzen im Produktionsprozess der Einsatz einer alternativen und umweltfreundlichen Anlage rentieren oder der Wärmeausstoß könnte in ein Fernwärmenetz eingespeist werden.

3.3.2 Arten der Umweltfolgen

Um Umweltfolgen ihren Verursachern korrekt zuordnen zu können, ist es sinnvoll drei verschiedene Arten von Umweltfolgen zu unterscheiden (vgl. Letmathe/Doost [2000], S. 427.):

Unterscheidung verschiedener Umweltfolgen

- inputbezogene Umweltfolgen, die direkt durch die Nutzung eines Inputs verursacht werden, wie beispielsweise CO_2 Emissionen (Umweltfolge) auf Grund der Verbrennung fossiler Energiequellen (Input),
- Umweltfolgen, die durch Kombination von verschiedenen Inputs in einem Prozess verursacht werden und schließlich

- produktbezogene Umweltfolgen, die nicht durch einzelne Inputs und Prozesse verursacht werden, wie beispielsweise der Energieverbrauch von Stand-by-Geräten auch nach dem Gebrauch.

3.3.3 Informationsquellen

Informations-
quellen zur Er-
fassung der Ma-
terial- und Ener-
gieflüsse

Zur Erfassung der Material- und Energieflüsse sind folgende Informationsquellen von Interesse (vgl. Letmathe/Doost [2000], S. 427.):

- Hersteller der Maschinen (notwendige Material- und Energiequellen, technologische Effizienz, Ausschussrate etc.),
- Qualitätsmanager (statistische Qualitätskontrolle),
- wissenschaftliche Literatur zur Produktivität etc.,
- Umweltmanagement sowie
- Stakeholder (Wissen zur umweltfreundlicheren und kosteneffizienteren Produktion).

Auf Basis dieser Informationen werden Material- und Energieflussrechnungen erstellt. Mit Hilfe dieser können Soll und Ist von Umweltfolgen verglichen werden und darauf aufbauend etwaige Gegenmaßnahmen getroffen werden.

Abschließend lässt sich feststellen, dass eine Flusskostenrechnung den Gedanken einer verursachungsgerechten Kostenzuweisung besser erfüllen kann als eine angepasste Vollkostenrechnung, da dabei die komplexen Ursache-Wirkungszusammenhänge von Umweltwirkungen analysiert werden. Die Entscheidung zum Einsatz einer Umweltkostenrechnungsmethode auf Betriebsebene ist jedoch auch von der Leistungsfähigkeit der bestehenden Kosten- und Informationssysteme im Unternehmen abhängig. So deckt eine angepasste Vollkostenrechnung zwar nicht die Ursachen von umweltbezogenen Kosten auf, stellt jedoch eine einfache Möglichkeit der Berechnung von umweltbezogenen Kosten dar. Hier müssen die Vor- und Nachteile mit dem verbundenen Aufwand abgewogen werden.

4 Kostenrechnung von Dienstleistungen

Industrieunternehmen spielen in der heutigen Wirtschaftsstruktur nicht mehr eine so zentrale Rolle wie noch vor zwanzig Jahren. Es lässt sich beobachten, dass Dienstleistungsunternehmen wie Banken, Transportunternehmen oder Beratungsberufe wie Anwälte etc. für das Wirtschaftsleben eine immer bedeutendere Rolle spielen. Aus Sicht der Kostenrechnung ist damit jedoch eine Reihe von Problemfeldern verbunden, da sich die traditionellen Kostenrechnungssysteme sehr stark mit den Gegebenheiten der Industrie beschäftigen, für die sie entwickelt wurden. Im Anschluss werden die Problemfelder der Kostenrechnung bei Dienstleistungsunternehmen kurz angerissen.

4.1 Problemfelder der Kostenrechnung von Dienstleistungen im Vergleich zur Industrie

Zum einen unterscheidet sich die Kostenstruktur von Dienstleistungsunternehmen von der von Industriebetrieben (vgl. Reckenfelderbäumer [1994], S. 42 ff.) in folgenden Punkten:

Kostenstruktur

- höherer Anteil der Personalkosten,
- erhebliche Fixkostenbelastung sowie
- größerer Gemeinkostenanteil, da Leistungen häufig für mehrere Kunden gleichzeitig angeboten werden, wie beispielsweise bei einer Kinovorstellung.

Des Weiteren hat der externe Faktor als Kosteneinflussgröße eine hohe Bedeutung für Dienstleistungen. So kann der Kunde die Kostensituation der Leistungserstellung erheblich z. B. durch Kostenreduktionen bei Beratungsprojekten durch die Bereitstellung von Marktinformationen seitens des Kunden oder durch Kostenerhöhungen aufgrund von Nach- oder Doppelarbeiten sowie durch die Durchführung von Dienstleistungen vor Ort beim Kunden beeinflussen (vgl. Reckenfelderbäumer [1994], S. 42 ff.).

Externe Faktor

Hinzu kommt, dass bei Dienstleistungsbetrieben auf Grund der Integration der betrieblichen Funktionen die typischen industriellen Kostenstellenstrukturen fehlen (vgl. Altenburger [1980], S. 66).

Keine industriellen Kostenstellenstrukturen

Ebenso erweist sich die Bestimmung geeigneter Kostenträger als problematisch. So ist die Individualität (vgl. Buttle [1986], S. 10 f.) und Heterogenität (auch innerhalb einer Leistungsart) (vgl. Witt [1991], S. 298.) ein charakteristisches Merkmal von Dienstleistungen. Daraus ergeben sich Schwierigkeiten bei der Vergleichbarkeit und Messbarkeit von Kostenträgern (vgl. Vikas [1988], S. 60.).

Problem der Kostenträgerbestimmung

Aus diesen Gründen ist eine unmodifizierte Anwendung ursprünglich für die Industrie entwickelter Methoden der Kostenrechnung unzweckmäßig.

4.2 Anpassungen der Prozesskostenrechnung auf den Dienstleistungsbereich

Gründe für die
Prozesskosten-
rechnung für
Dienstleistungen

Die Prozesskostenrechnung wurde ursprünglich für die indirekten Bereiche von Industrieunternehmen entwickelt. Vergleicht man die Rahmenbedingungen sowie die Prozessstrukturen dieser indirekten Bereiche mit
jenen von Dienstleistungsunternehmen, lässt sich eine starke Ähnlichkeit
erkennen, wie beispielsweise die Fix- und Gemeinkostendominanz, die
Automatisierung, das veränderte Informationsbedürfnis des Managements
etc. (Vgl. Reckenfelderbäumer [1994], S. 81 ff). Diese Argumente sprechen für eine Anwendung der Prozesskostenrechnung in Dienstleistungsbetrieben in angepasster Form.

Aufbau der
Prozesskosten-
rechnung

In Abbildung 7.9 wird der Aufbau der Prozesskostenrechnung für
Dienstleistungen dargestellt:

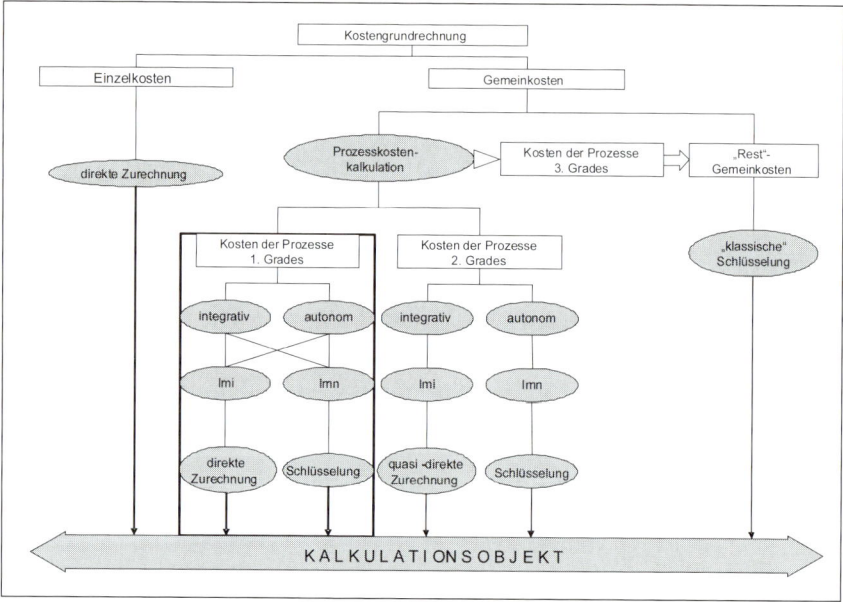

Abb. 7.9: Aufbau der Prozesskostenkalkulation im Dienstleistungsbereich
(Quelle: Reckenfelderbäumer [1994], S. 125)

Wie in der Abbildung 7.9 zu erkennen ist, wird zu Beginn zwischen Ein-
zel- und Gemeinkosten für die verschiedenen Kalkulationsobjekte unterschieden. Die jeweiligen Einzelkosten werden dem Kalkulationsobjekt
direkt ohne Umweg über die Prozesskostenrechnung zugerechnet, wobei
der Einzelkostenanteil bei typischen Dienstleistungen in der Regel relativ
gering ist.

Jene Gemeinkosten, die einen direkten oder zumindest indirekten Bezug zum Kalkulationsobjekt aufweisen, sind Gegenstand der Prozesskalkulation. Alle übrigen Gemeinkosten (Kosten der Prozesse dritten Grades sowie Restgemeinkosten) müssen mit einem traditionellen Schlüssel verrechnet werden. Jene Kosten mit direktem Bezug werden als Kosten der Prozesse ersten Grades und jene mit indirektem Bezug als Kosten zweiten Grades bezeichnet (vgl. Reckenfelderbäumer [1994], S. 124 ff.).

Prozesse ersten und zweiten Grades

Zur Illustration werden die Prozesse ersten und zweiten Grades am Beispiel einer Spedition erklärt. Feste Bestandteile der Durchführung einer Transportdienstleistung sind die Durchführung der Fahrt sowie die Be- und Entladung des Fahrzeugs (Kosten der Prozesse ersten Grades). Einen indirekten Bezug zum Kalkulationsobjekt Transportdienstleistung weisen Tätigkeiten wie die Wartung des Fahrzeugs, das Auftanken des Fahrzeugs oder die Abrechnung der Aufträge auf (Kosten der Prozesse zweiten Grades). Dem gegenüber stehen Prozesse ohne Bezug zum Kalkulationsobjekt wie die Rechtsberatung oder die Speisenzubereitung der Kantine (Kosten der Prozesse dritten Grades), welche über die klassische Schlüsselung verrechnet werden (vgl. Reckenfelderbäumer [1994], S. 126.).

Die Prozesskostenkalkulation wird für die Prozesse ersten und zweiten Grades getrennt durchgeführt.

Innerhalb beider Prozesstypen wird darüber hinaus unterschieden, ob die Kosten für integrative oder autonome Prozesse anfallen. **Integrative Prozesse** unterliegen den Einflüssen des Kunden, während **autonome Prozesse** unabhängig vom Kunden gesteuert werden können. Diese Unterscheidung ist wichtig, da integrative Prozesse der Mitwirkung des Kunden bedürfen und daher mit diesen abzustimmen sind. Weiter muss auf der Ebene der Teilprozesse zwischen **leistungsmengeninduzierten (lmi)** und **leistungsmengenneutralen (lmn) Prozessen** differenziert werden. Während erstere direkt von der Leistungsmenge des Kalkulationsobjekts abhängen, fallen letztere unabhängig von der Leistungserbringung im Prozess z. B. für Leitungstätigkeiten an und sind über Verrechnungsschlüssel weiterzuverrechnen.

Integrative und autonome Prozesse

Die Rechenmethodik für die Prozesse ersten und zweiten Grades folgt der Vorgehensweise der Prozesskostenrechnung (vgl. Kapitel 4). Die Kosten leistungsmengeninduzierter Teilprozesse zweiter Ordnung können jedoch nur quasi-direkt auf das Kalkulationsobjekt angerechnet werden, da deren Maßgrößen (Anzahl der Wartungen, Tankvorgänge etc.) nur mehr einen indirekten Bezug zum Kalkulationsobjekt Transportdienstleistung (km-abhängig) aufweisen. Die Genauigkeit ist in diesem Fall niedriger jedoch immer noch höher als bei der traditionellen Vollkostenrechnung (vgl. Reckenfelderbäumer [1994], S. 126).

Die Abbildung 7.10 beinhaltet die wichtigsten Informationen zur Kostenrechnung von Dienstleistungen am Beispiel einer Spedition.

Rechenbeispiel

In der Spalte 1a wird zwischen Prozessen ersten, zweiten und dritten Grades unterschieden und welche Kostenstellen diesen zuzuordnen sind. In der Spalte 1b werden die verschiedenen Teilprozesse aufgelistet. In der Spalte 1c werden die Teilprozesse als integrativ oder autonom eingeteilt. In der Spalte 1d wird zwischen leistungsmengeninduzierten (lmi) oder leistungsmengenneutralen (lmn) Teilprozessen differenziert.

Teilprozesse				Maßgrößen		Kosten-zurech-nungs-basis	Prozesskosten (Euro)			Prozesskostensatz (Euro)	
				Art	Menge		lmi	lmn	gesamt	lmi	gesamt
1a	1b	1c	1d	2a	2b	3	4a	4b	4c	5a	5b
Prozesse 1. Grades	Fahrten durchführen	integ.	lmi	gefahrene km	200.000	10 MJ	600.000	-	600.000	3	3
Kostenstelle: Fahrtbetrieb	Fahrzeug beladen	auton.	lmi	Bela-dungen	400	1 MJ	60.000	-	60.000	150	150
	Fahrzeug entladen	integ.	lmi	Entla-dungen	400	1MJ	60.000	-	60.000	150	150
						Σ 12 MJ			Σ 720.000		
Prozesse 2. Grades	Fahrzeug warten	auton.	lmi	War-tungen	50	2 MJ	120.000	20.000	140.000	2.400	2.800
Kostenstelle: Fuhrpark-betrieb	Fahrzeug auftanken	auton.	lmi	Tankvor-gänge	300	1MJ	60.000	9.000	69.000	200	230
	Routenpläne erstellen	integ.	lmi	Routen-pläne	400	3 MJ	180.000	30.000	210.000	450	525
	Fuhrpark leiten	auton.	lmn	-	-	1 MJ		Σ 59.000			
						Σ 7 MJ			Σ 419.000		
Prozesse 3. Grades											
Kostenstellen: Kantine	Mahlzeiten zubereiten	auton.	lmi	Mahl-zeiten	3.000	-	150.000	-	150.000	50	50
Rechts-abteilung	Juristische Projekte durchführen	auton.	lmi	Projekte	20	-	100.000	-	100.000	5.000	5.000

Abb. 7.10: Bestimmung der Prozesskostensätze
(Quelle: Reckenfelderbäumer [1994], S. 128)

In der Spalte 2a werden die jeweiligen Maßgrößen der einzelnen Teil-prozesse und in der Spalte 2b die dazugehörigen Teilprozessmengen der leistungsmengeninduzierten Prozesse definiert. Als Basis der Verteilung der Kostenstellenkosten auf die Teilprozesse werden die pro Prozess be-nötigten Mitarbeiterjahre (MJ) herangezogen (Spalte 3).

In den Spalten 4a bis 4c werden den Teilprozessen je nach bean-spruchten Mitarbeiterjahren die entsprechenden Kosten zugeordnet. So werden die Gesamtkosten der Kostenstelle Fahrtbetrieb von 720 000 Euro durch die insgesamt beanspruchten zwölf Mitarbeiterjahre der Kostenstel-le dividiert. Dies ergibt 60 000 Euro Kosten pro Mitarbeiterjahr. Je nach eingesetzten Mitarbeiterjahren der Teilprozesse ergeben sich daraus die

Prozesskosten der Teilprozesse, wie beispielsweise 600 000 Euro für den Teilprozess Fahrten durchführen (60 000*10 = 600 000).

In der Kostenstelle Fuhrparkbetrieb fallen neben den Kosten für die leistungsmengeninduzierten Teilprozesse auch Kosten für den leistungsmengenneutralen Prozess „Fuhrpark leiten" an. Diese Kosten in Höhe von 59 000 Euro werden auf die leistungsmengeninduzierten Teilprozesse proportional zu den dort anfallenden Kosten umgelegt. Die Summe aus leistungsmengeninduzierten und leistungsmengenneutralen Kosten ergibt die Gesamtkosten pro Teilprozess. Alternativ könnten sie auch en bloc ausgewiesen werden.

In den Spalten 5a und 5b werden die Prozesskostensätze (lmi und Gesamtkosten) berechnet, indem die Prozesskosten durch die Prozessmengen der einzelnen Teilprozesse dividiert werden.

Nach der Kalkulation der Prozesskostensätze muss nun die Inanspruchnahme einzelner Teilprozesse für die gefragte Dienstleistung bzw. das Kalkulationsobjekt ermittelt werden. Im Beispiel wird das Kalkulationsobjekt Transport von Nürnberg nach Wien kalkuliert. Die Fahrtstrecke (Hin- und Rückfahrt) umfasst 1 000 km und wird im Betrachtungszeitraum achtzigmal durchgeführt. In Abbildung 7.11 wird definiert, welche Teilprozesse die zu kalkulierende Dienstleistung in Anspruch nimmt:

Teilprozess		durch die Dienstleistung beanspruchte Prozessmengen	Prozesskostensatz (gesamt)	Prozesskosten
1. Grades	Fahrten durchführen	80.000	3	240.000
	Fahrzeug beladen	80	150	12.000
	Fahrzeug entladen	80	150	12.000
2. Grades	Fahrzeug warten	20	2800	56.000
	Fahrzeug auftanken	150	230	34.500
	Routenpläne erstellen	80	525	42.000
Gesamtkosten				396.500

Abb. 7.11: Prozessorientierte Dienstleistungskalkulation
(Quelle: Reckenfelderbäumer [1994], S. 131)

Aus obigen Abbildungen ergeben sich 80 000 gefahrene Kilometer (80*1 000). Des Weiteren werden 80 Ladungen und Entladungen durchgeführt. Darüber hinaus wird das Fahrzeug 20-mal gewartet, 150-mal aufgetankt und es werden 80 Routenpläne erstellt. Durch Multiplikation mit den Prozesskostensätzen erhält man die Prozesskosten der jeweiligen Teilprozesse in Bezug auf die betrachtete Dienstleistung. Werden die Gesamtkosten von 396 500 Euro durch die 80 durchgeführten Fahrten (Ausbringungsmenge) dividiert, erhält man die Stückprozesskosten von 4 956,25 Euro pro Fahrt. Dabei sind die Einzelkosten sowie die Gemeinkosten dritten Grades und die Gemeinkosten anderer Bereiche, die außerhalb der Prozesskostenrechnung liegen, nicht mit einkalkuliert.

Neben den Stückprozesskosten lässt sich auch der Kostenanteil der integrativen Prozesse, über den nicht autonom disponiert werden kann, berechnen. Auf diese Weise erhält man Anhaltspunkte, wo es zu erheblichen Kostenabweichungen kommen kann, falls sich der Kunde anders verhält als erwartet (vgl. Reckenfelderbäumer [1994], S. 128 ff.).

Fazit

Abschließend soll hier deutlich gemacht werden, dass eine Prozesskostenrechnung für Dienstleistungen die Selbstkosten zwar nicht ohne jegliche Schlüsselung oder Verzerrung ermitteln kann, jedoch bezüglich einer verursachungsgerechten Kalkulation entscheidende Verbesserungen gegenüber der Zuschlagskalkulation aufweist. Ebenso wird durch die Differenzierung der Prozesse nach ihrem Kalkulationsobjekt eine größere Transparenz bezüglich der Zusammenhänge zwischen Prozessen und Kalkulationsobjekten geschaffen. Insgesamt eignet sich demnach die Prozesskostenrechnung für Dienstleistungsbetriebe besser als andere Verfahren der traditionellen Kostenrechnung (vgl. Reckenfelderbäumer [1994], S. 127).

5   Gestaltung weiterer spezieller Kosten-rechnungssysteme

Wie die drei Beispiele der Logistik-, der Umwelt- und der Dienstleistungskostenrechnung zeigen, gibt es Bedarf, die Kosten- und Leistungsrechnung aus einzelnen speziellen Blickwinkeln zu betrachten.

Weitere zusätzlich diskutierte Perspektiven sind z. B.

- die **Qualitätskostenrechnung** (vgl. z. B. Wildemann [1992], Fröhling [1993]; Kandaouroff [1994], Fischer [2000], sowie Kapitel 16),
- die **Zeitkostenrechnung** (vgl. Günther [1998] und Günther/Fischer [2000], sowie Kapitel 17),
- das **Human Resource Cost and Value Accounting** (vgl. zuerst Flamholtz [1974], später z. B. Grojer/Johanson [1996]),

Die speziellen Kostenrechnungen folgen dabei der nachfolgenden grundsätzlichen **Vorgehensweise**:

1) Zerlegung des Kostenblocks in **themenrelevante bzw. nicht themenrelevante Kosten** (z. B. umwelt- vs. nicht umweltrelevante Kosten).

2) Zusätzliche **Differenzierung der Kostenartenrechnung** durch Aufnahme zusätzlicher Kostenartengruppen in den Kontenrahmen.

3) Zusätzliche **Differenzierung der Kostenstellenrechnung** durch Bildung spezieller themenbezogener Kostenstellen und die Weiterverrechnung mit anderen Vor- und Endkostenstellen.

4) **Ausweis themenspezifischer Gemeinkostenarten** in traditionellen Kostenstellen, um bei der Weiterverrechnung die Höhe dieser bezüglichen Gemeinkosten ausweisen zu können.

5) Bei Problemen mit einem verursachungsgerechten Kostenausweis alternativer **Einsatz der Prozesskostenrechnung**.

6) Ausweis themenspezifischer Kosten über **spezielle Zuschläge oder Prozesskostensätze in der Kalkulation** (z. B. Zuschlagssatz für Entsorgung).

7) Ausweis von **themenspezifischen Bestandteilen von traditionellen Zuschlägen oder Prozesskostensätzen** in der Kalkulation (z. B. 25 % Zuschlagssatz für Materialgemeinkosten, davon umweltrelevant 3,8 %).

8) Differenzierter Ausweis themenspezifischer Kosten in der **Kostenträgerzeitrechnung**.

Abschließend sei jedoch darauf verwiesen, dass das Grundproblem spezieller Kostenrechnungen in der Datenerfassung liegt. In der Buchhaltung werden die Belege i. d. R. bereits mit Kostenart und Kostenstelle (bei Gemeinkosten) oder Kostenträgern (bei Einzelkosten) versehen.

Kosten, die in der Buchhaltung nicht differenziert erfasst werden, (z. B. Ausschuss nur als Materialverbrauch erfasst) können später in der Analyse nur mit hohem Aufwand wieder als themenspezifische Kosten erfasst werden (d. h. im Beispiel als Ausschusskosten für eine Umwelt- oder Qualitätskostenrechnung). Das Beispiel macht gleichzeitig deutlich, dass häufig mehrdimensionale Auswertbarkeiten i. S. einer Auswertungsrechnung nach Riebel wünschenswert wären (vgl. Riebel [1994]). Die Datenbasis gibt dies häufig jedoch nicht her.

6 Kontrollfragen

1) Warum sind Anpassungen der Kostenrechnungssysteme an die verschiedenen Funktionen wie Logistik, Umweltmanagement und Dienstleistungen notwendig?

2) Wie können Sekundärabweichungen entstehen?

3) Welche Möglichkeiten der Logistikkostenrechnung kennen Sie?

4) Beschreiben Sie die Berücksichtigung der Logistikkosten in der Voll-kostenrechnung!
5) Erklären Sie, wie die prozessorientierte Logistikkostenrechnung erfolgt!
6) Welche Systeme der Umweltkostenrechnung haben sich seit ihrer Ent-stehung entwickelt?
7) Wie erfolgt die Verrechnung von Umweltschutzkosten in der Vollkos-tenrechnung?
8) Erklären Sie die Methodik der Material- und Energieflussrechnung!
9) Auf Grund welcher Besonderheiten von Dienstleistungen ist die Anwen-dung traditioneller Kostenrechnungsmethoden problematisch?
10) Beschreiben Sie die Methode der Prozesskostenrechnung für Dienstleis-tungsunternehmen!

7   Abkürzungsverzeichnis

BAB	Betriebsabrechnungsbogen
CO_2	Kohlenstoffdioxid
GPKS	Gesamtkostenprozesssatz
lmi	leistungsmengeninduziert
lmn	leistungsmengenneutral
MJ	Mannjahre
PK	Prozesskosten
PKS	Prozesskostensatz
PPM	Planprozessmenge
US	Umlagesatz
VDI	Verein Deutscher Ingenieure

8   Literaturhinweise

Altenburger, O. (1980): Ansätze zu einer Produktions- und Kostentheorie der Dienstleistungen, Berlin 1980.

Buttle, F. (1986): Unserviceable Concepts in Service Marketing, in: The Quar-terly Review of Marketing, Vol. 11, spring, S. 8-14.

Fischer, H./Blasius, R. (1995): Umweltkostenrechnung, in: Umweltbundesmi-nisterium/Umweltbundesamt (Hrsg.): Handbuch Umweltcontrolling, S. 439-457.

Fischer, T. M. (2000): Qualitätskosten, in: Fischer, T. M. (Hrsg.): Kostencont-rolling, Neue Methoden und Inhalte, Stuttgart 2000, S. 555-589.

Flamholtz, E. G. (1974): Human Resource Accounting, Encino 1974.

Fröhling, O. (1993): Zur Ermittlung von Folgekosten aufgrund von Qualitäts-mängeln, in: ZfB, Heft 6, 1993, S. 543-568.

Göpfert, I. (2001): Logistik-Controlling der Zukunft, in: Controlling, Heft 7. S. 347-355.

Gröjer, J.-E./Johanson, U. (1996): Human Resource Costing and Accounting, 2nd ed., Stockholm 1996.

Günther, E. (1994): Ökologieorientiertes Controlling, Diss., München.

Günther, T. (1998): Konzeption einer Zeitkostenrechnung als Schnittstelle von Kostenrechnung und Wettbewerbsstrategie, in: Möller, H. P./Schmidt, F. (Hrsg.): Rechnungswesen als Instrument für Führungsentscheidungen, Stuttgart 1998, S. 171-202.

Günther, T./Fischer, J. (2000): Zeitkosten, in: Fischer, T. (Hrsg.): Kosten-Controlling, Neue Methoden und Inhalte, Schäffer-Poeschel, Stuttgart 2000, S. 591-624.

Haasis, H.-D. (1992): Umweltschutzkosten in der betrieblichen Vollkostenrechnung, in: WiSt., Heft 3, S. 118-122.

Herbst, S. (2001): Umweltorientiertes Kostenmanagement durch Target Costing und Prozesskostenrechnung in der Automobilindustrie, Lohmar.

Kandaouroff, A. (1994): Qualitätskosten, Eine theoretische-empirische Analyse, in: ZfB, 64. Jg., Heft 6, S. 765-786.

Kirschner, E. (1994): Full Cost Accounting fort he Environment – Goldmine or minefield? in: Chemical Week, 154. Jg., Heft 9, S. 25-26.

Lange, C./Fischer, R. (1998): Umweltschutzbezogene Kosten auf Basis der Einzelkosten- und Deckungsbeitragsrechnung als Instrument des Controlling, in: ZfB-Ergänzungsheft, 1998, S. 107-123.

Letmathe, P./Doost, R. K. (2000): Environmental cost accounting and auditing, in: Managerial Auditing Journal, Vol. 15, No. 8, S. 424-430.

Lorenz, K. D. (1998): Logistik-Kostenrechnung – Die vergessene Grundlage eines effektiven Logistik-Managements, München 1998.

Mahlendorf, M. (2005): Entwicklung eines Entscheidungsmodells zur Anwendung von Umweltkostenrechnungssystemen: Aktuelle Entwicklungen und Anwendungsbereiche, in: Günther, T. / Günther, E. / Hoppe, H. (Hrsg.): Schriftenreihe Lehre, Dresden 2005.

Reckenfelderbäumer, M. (1994): Marketing-Accounting im Dienstleistungsbereich, Wiesbaden 1994.

Riebel, P. (1994): Einzelkosten- und Deckungsbeitragsrechnung, 7. Aufl., Wiesbaden 1994

Roth, U.(1992): Umweltkostenrechnung: Grundlagen und Konzeption aus betriebswirtschaftlicher Sicht, Wiesbaden.

Schreiner, M. (1988): Umweltmanagement in 22 Lektionen, Wiesbaden 1988.

Spengler, T./Hähre, S./Sieverdingbeck, A./Rentz, O. (1998): Stoffflussbasierte Umweltkostenrechnung zur Bewertung industrieller Kreislaufwirtschaftskonzepte, in: ZfB, Heft 2, S. 147-174.

Verein Deutscher Ingenieure (VDI) (1979): Richtlinie 3800, Kostenermittlung für Anlagen und Maßnahmen zur Emissionsverminderung, Düsseldorf 1979.

Vikas, K. (1988): Controlling im Dienstleistungsbereich mit Grenzplankosten-
    rechnung, Wiesbaden 1998.
Weber, J. (2002): Logistikkostenrechnung. Kosten-, Leistungs- und Erlösinfor-
    mationen zur erfolgsorientierten Steuerung der Logistik, Berlin 2002.
Weber, J./Dehler, M. (2002): Erfolgsfaktor Logistik, in: Logistik Heute. 21. Jg.,
    Heft 12, S. 34-41.
Wildemann, H. (1992): Kosten- und Leistungsbeurteilung von Qualitätssiche-
    rungssystemen, in: ZfB, Heft 7, 1992, S. 761-782.

Zweiter Teil:
Kostenanalyse

Kapitel 8
Break-even-Analyse

1   Einführung

Die Brettl GmbH ist ein Traditionsunternehmen im Bereich Wintersportaus-
rüstungen. Der Geschäftsführer der Brettl GmbH betraut die Leiterin der
Controllingabteilung, Frau Haserl, mit der Aufgabe, die strukturellen Rentabilitätszusammenhänge des Unternehmens und seiner wichtigsten Produkte
einer näheren Analyse zu unterziehen. Das Ziel soll in der Festlegung von
Maßnahmen liegen, mit denen das Unternehmensergebnis nachhaltig gesteigert werden kann.

Frau Haserl weiß, dass neben den produktspezifischen Erlös- und Kostenpositionen vor allem die Kapazitätsauslastung einen entscheidenden Stell-
hebel für die Verbesserung der Rentabilität der Produkte darstellt. Sie stellt
daher grundsätzliche Überlegungen an, inwieweit das Produktionsprogramm
anzupassen ist, ohne die Wettbewerbsposition zu gefährden. Auf Basis dieser Analysen möchte Sie diejenige Produktmengenkombination identifizieren,
welche den Periodenerfolg maximiert.

Nicht nur in Zeiten konjunkturell bedingter Beschäftigungsschwankungen ist es für die Unternehmensleitung besonders wichtig, einen aussagefähigen Überblick über die strukturellen Rentabilitätszusammenhänge des
Unternehmens und seiner wichtigsten Produkte zu bekommen. Folgende
Fragen sind beispielsweise zu klären:

Relevanz der Break-even-Analyse

- Welche Auswirkungen haben Absatzschwankungen auf den Erfolg der
  Produkte?
- Bei welcher Kapazitätsauslastung geraten die einzelnen Produkte des
  Unternehmens in die roten Zahlen?
- Wo beginnt die Gefahr von Kassenverlusten, d. h. bei welchem Be-
  schäftigungsgrad werden z. B. die Abschreibungen nicht mehr ver-
  dient?

Fragestellungen

- Welche Ergebnischancen sind bei einer erstrebenswerten Vollauslastung der Produktionskapazitäten zu erwarten?
- Wo liegen bei den einzelnen Produkten die wichtigsten Ansatzpunkte für rentabilitätssteigerndc Maßnahmen?

Dies ist eine Auswahl an möglichen Fragestellungen, auf die sich mit Hilfe von Break-even-Analysen (Gewinnschwellenanalysen, Ermittlung der Verlustgrenze) sowohl für die aktuelle Berichtsperiode als auch für zukünftige Planungszeiträume eine schnelle Antwort geben lässt. Break-even-Analysen geben einen Überblick über Umsätze, Kosten, Gewinne und Verluste für alternative Beschäftigungsgrade. Sie sind ein besonders anschauliches Hilfsmittel für die Steuerung und Überwachung des Unternehmens und seiner Produkte.

Kapitelstruktur und -inhalte

In diesem Kapitel wird nachfolgend in Abschnitt 2 zunächst die Methodik der Break-even-Analyse ausgehend von der Perspektive eines Einproduktbetriebes vorgestellt. Auf dieser Basis erfolgt weiterhin eine Analyse der Auswirkungen von Änderungen der Einflussgrößen auf den Erfolg bzw. die Rentabilität der Produkte. Ferner werden konkrete Ansatzpunkte für einzuleitende Maßnahmen in Hinblick auf den Erhalt bzw. die Steigerung der produktbezogenen Rentabilität diskutiert. Eine fundierte betriebswirtschaftliche Unternehmenssteuerung sollte stets um den Einbezug möglicher Risiken ergänzt werden. Die stochastische Break-Even-Analyse gibt unter der Annahme risikobehafteter Absatzmengen Antwort auf die Frage, mit welcher Wahrscheinlichkeit ein bestimmtes Erfolgsniveau mindestens realisiert werden kann.

In Abschnitt 3 wird das Modell der Break-even-Analyse auf den Mehrproduktfall projiziert. Da bei Vorliegen heterogener Produktvarianten die Ermittlung einer Break-even-Absatzmenge für das Gesamtsortiment nicht möglich ist, wird im Falle der Mehrproduktbetrachtung auf die Ermittlung eines Break-even-Umsatzes zurückgegriffen. In diesem Zusammenhang wird zwischen einer globalen oder differenzierten Behandlung der Fixkosten unterschieden. Der Einbezug von Unsicherheitskomponenten hinsichtlich des Produktmixes erfolgt durch eine optimistische und eine pessimistische Variante des Break-even-Modells, die eine Streubreite des zu erwartenden Ergebnisses anzeigt. In Abschnitt 4 wird der Frage nachgegangen, inwiefern das Modell der Break-even-Analyse im Rahmen der externen Unternehmensanalyse Anwendung finden kann. Das Kapitel schließt in Abschnitt 5 mit einer kritischen Würdigung des Break-even-Konzepts.

2 Break-even-Analyse für die Einprodukt-betrachtung

Um für ein Produkt oder eine Produktgruppe eine Break-even-Analyse erarbeiten zu können, müssen folgende Ausgangsdaten bekannt sein:

Ausgangsdaten

1) Der Preis (p) pro verkaufte Einheit (Stück, l, kg, t, km usw.). Dabei sollten vom Bruttoverkaufspreis die Erlösminderungen, wie Rabatte und Boni, sowie Erlösschmälerungen, wie Frachten zum Kunden und Vertreterprovisionen, abgezogen werden.
2) Die variablen Kosten (k_v) pro produzierte Einheit (Stück, l, kg, t usw.). Hierzu gehören alle Kosten, die sich an die Schwankungen des Produktionsvolumens relativ kurzfristig anpassen bzw. anpassen lassen (z. B. die Kosten der Roh-, Hilfs- und Betriebsstoffe sowie des Energieverbrauchs in den Produktionsabteilungen).
3) Die fixen Kosten (K_f) pro Periode (Monat, Quartal, Jahr). Hierzu gehören alle Kosten, deren Höhe nicht von kurzfristigen Veränderungen des Produktionsvolumens beeinflusst wird (z. B. Gehälter, zeitabhängige Abschreibungen, Versicherungsprämien, Mieten, Pacht).
4) Die Menge (x) der verkauften Einheiten (Stück usw.) pro Periode (Monat, Quartal, Jahr). Diese Größe wird bei der Break-even-Analyse nicht konstant gehalten, sondern sie kann bis zur Gesamtkapazität als obere Grenze variieren.

Wenn diese Ausgangsdaten für ein Produkt bekannt sind, lassen sich Umsatz, Gesamtkosten und Gewinn bzw. Verlust für verschiedene Absatzmengen formelmäßig wie folgt darstellen:

Ausgangs-gleichungen

$$\text{Umsatz (U)} = (p \times x)$$
$$\text{Kosten (K)} = (k_v \times x) + K_f$$
$$\text{Gewinn } (= U - K) = (p \times x) - (k_v \times x) - K_f$$

Von diesen Grundlagen und Formeln ausgehend werden nachfolgend die Wirkungsweise der Break-even-Analyse und ihre Anwendungsmöglichkeiten an einem einheitlichen Zahlenbeispiel demonstriert.

Ausgehend von der Gewinngleichung

$$\text{Gewinn} = \text{Umsatz} - \text{Kosten}$$
$$(p \times x) - (k_v \times x) - K_f$$

lassen sich zwei grundsätzliche Analyseformen unterscheiden, das Umsatz-Gesamtkosten-Modell und das Deckungsbeitrags-Modell.

2.1 Umsatz-Gesamtkosten-Modell

Break-even-
Punkt

Der Schnittpunkt der Umsatzlinie mit der Gesamtkostenlinie ist der so genannte Break-even-Punkt oder Gewinnschwellenpunkt. Der Break-even-Punkt bezeichnet den Punkt, an dem die Umsätze die Gesamtkosten decken, also weder ein Gewinn erzielt wird noch ein Verlust entsteht.

Beispiel 8.1

Die Rentabilitätsaussichten eines Produkts bei unterschiedlichen Beschäftigungsgraden werden zunächst einmal zahlenmäßig in Tabellenform dargestellt. Es werden folgende Ausgangsdaten angenommen:

Preis pro verkaufte Einheit (p)   =   5 000,– EUR
Variable Kosten pro produzierte Einheit (k_v)   =   3 000,– EUR
Fixkosten pro Jahr (K_f)   =   15 Mio. EUR
Menge der verkauften Einheiten (x) pro Jahr   ≤   10 000 St.

Bei sinkendem Absatz ist also mit einem schnellen Rückgang des Gewinns zu rechnen. Bei einem Absatzvolumen zwischen 8 000 und 6 000 Stück pro Jahr ist ein Unterschreiten der Gewinnschwelle zu erwarten (vgl. Tab. 8.1).

Absatz (x) [Tsd. Stück]	Umsatz (p × x) [Mio. EUR]	Gesamtkosten			Ergebnis [Mio. EUR]
		(k_v × x) [Mio. EUR]	K_f [Mio. EUR]	(k_v × x) + K_f [Mio. EUR]	
10	50	30	15	45	+ 5
8	40	24	15	39	+ 1
6	30	18	15	33	– 3
4	20	12	15	27	– 7
2	10	6	15	21	–11
0	0	0	15	15	–15

Tab. 8.1: Umsatz-Gesamtkosten-Modell

Aus diesem einfachen Beispiel lassen sich auf einen Blick mehrere betriebswirtschaftliche Zusammenhänge ableiten (vgl. Abb. 8.1):

Aussagen

■ Die Umsatzlinie erreicht erst bei einem relativ hohen Beschäftigungsgrad die Gesamtkostenlinie und damit den Break-even-Punkt. In unserem Beispiel ist einfach abzulesen, dass bei einer Absatzmenge von

7 500 Stück kein Gewinn erwirtschaftet wird und auch kein Verlust entsteht.

- Sobald das Absatzvolumen links vom Break-even-Punkt liegt, sind die Gesamtkosten höher als der Umsatz, es entsteht also ein Verlust. Das Diagramm zeigt übersichtlich, wie empfindlich Produktergebnisse auf rückläufige Umsätze und Absatzmengen reagieren.

- Erst dann, wenn das Absatzvolumen rechts vom Break-even-Punkt liegt, ist ein positives Produktergebnis, d. h. ein Gewinn, zu erwarten.

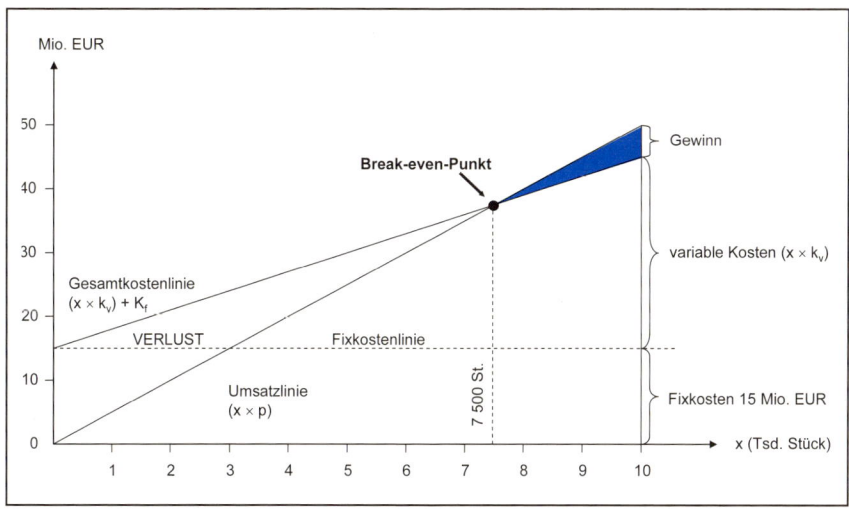

Abb. 8.1: Umsatz-Gesamtkosten-Modell

2.2 Deckungsbeitrags-Modell

Deckungs-
beitrags-Modell

Die eingangs erwähnte Gewinngleichung

$$\text{Gewinn} = (p \times x) - (k_v \times x) - K_f$$

lässt sich umformen zu

$$\text{Gewinn} = (p - kv) \times x - K_f$$
$$= \text{Deckungsbeitrag} - \text{Fixkosten}$$

Da für die Gewinnschwelle definitionsgemäß gilt Gewinn = 0, ergibt sich unmittelbar die Beziehung

$$\text{Deckungsbeitrag} = \text{Fixkosten}$$

Beispiel 8.2

Wenn man mit Deckungsbeiträgen rechnet, kann die Gewinn- bzw. Verlustkalkulation bei unterschiedlichen Beschäftigungsgraden weiter vereinfacht werden (vgl. Tab. 8.2).

Absatz (x) [Tsd. Stück]	Deckungs- beitrag $(p - k_v) \times x$ [Mio. EUR]	Fixkosten K_f [Mio. EUR]	Ergebnis [Mio. EUR]
10	20	15	+ 5
8	16	15	+ 1
6	12	15	− 3
4	8	15	− 7
2	4	15	−11
0	0	15	−15

Tab. 8.2: Deckungsbeitrags-Modell

Mit diesen Daten können die Rentabilitätszusammenhänge eines Produkts wie in Abbildung 8.2 dargestellt analysiert werden.

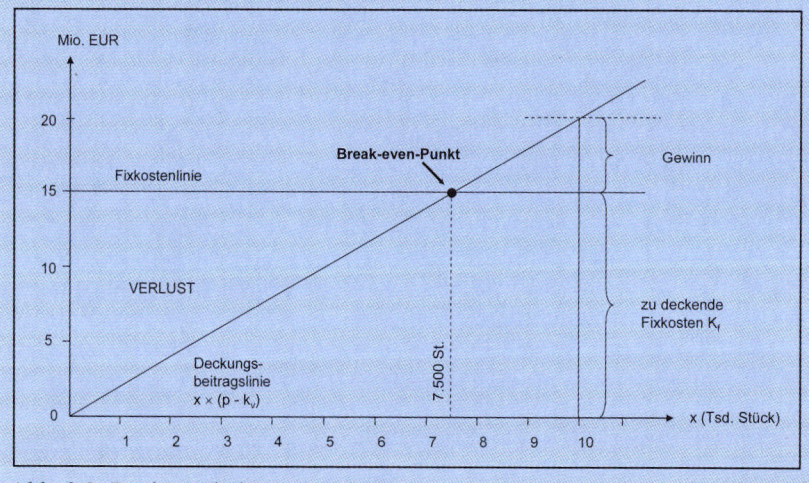

Abb. 8.2: Deckungsbeitrags-Modell

Folgende Aussagen können anhand des in Abbildung 8.2 dargestellten Deckungsbeitrags-Modells getroffen werden:

Aussagen

- Die Fixkostenlinie liegt bei allen Absatzmengen auf der Höhe von 15 Mio. EUR.
- Die Deckungsbeitragslinie beginnt im Nullpunkt und erreicht bei einer Absatzmenge von 10 000 Stück den Wert von 20 Mio. EUR.

• Der Break-even-Punkt wird also erreicht, wenn die Deckungsbeitragslinie die Fixkostenlinie (bei 7 500 Stück) schneidet.

Durch diese, auf zwei Parameter – Deckungsbeitrag und Fixkosten – verdichtete Darstellung werden zwei Vorteile erzielt: Vorteile

1) Das Diagramm lässt sich noch leichter lesen und ist in seiner Struktur
    einprägsamer als das Umsatz-Gesamtkosten-Modell, und
2) die Anwendungsmöglichkeiten für die Praxis lassen sich wesentlich
    erweitern, insbesondere im Hinblick auf die Untersuchung von Men-
    gen-, Kosten- und Preisänderungen.

Das erläuterte Break-even-Diagramm gibt in Kombination mit den dort
erläuterten Formeln eine Vielzahl von Informationsmöglichkeiten. Zur
Veranschaulichung der Anwendungsmöglichkeiten sollen auf den folgenden Seiten einige praxisorientierte Fragestellungen mit Hilfe der Formeln
und des Break-even-Diagramms erläutert und beantwortet werden (vgl.
dazu auch Schirmeister [2000], S. 213 ff.).

2.3 Analyse von Mengenänderungen

1) Kostendeckung
Kostendeckung

Welche Mengen müssen mindestens verkauft werden, um alle Kosten zu
decken? Um alle Kosten eines Produkts zu decken, muss der Deckungsbeitrag so hoch sein, dass daraus alle Fixkosten gedeckt werden können.
  Mit Hilfe der Formeln lässt sich folgende Lösung finden:

$$x \times (p - k_v) = K_f$$

$$x = \frac{K_f}{(p - k_v)} = \frac{15\,000\,000}{2\,000} = 7\,500 \text{ Stück } (= x_{BEP})$$

In nachfolgender Abbildung 8.3 lässt sich die rechnerisch ermittelte Lösung einfach ablesen, wenn man vom Schnittpunkt der Deckungsbeitragslinie mit der Fixkostenlinie (Break-even-Punkt) ein Lot auf die
Mengenskala fällt. Bei einem Absatz von mindestens 7 500 Stück können
betriebliche Verluste vermieden werden.

2) Ausgabendeckung
Ausgaben-
deckung

Welche Mengen müssen mindestens verkauft werden, um alle Ausgaben
zu decken (dabei wird vereinfachend angenommen, dass der Cashflow
nur Gewinne und Abschreibungen enthält)?

Da Abschreibungen für das Unternehmen Kosten darstellen, aber keine Ausgaben sind, muss der Deckungsbeitrag so hoch sein, dass daraus alle Fixkosten abzüglich der darin enthaltenen Abschreibungen (A) gedeckt werden. Bei einer Abschreibungshöhe von 5 Mio. EUR lässt sich mit Hilfe der Formel folgende Lösung finden:

$$x \times (p - k_v) = K_f - A$$

$$x = \frac{K_f - A}{(p - k_v)} = \frac{10\,000\,000}{2\,000} = 5\,000 \text{ Stück}$$

In der nachfolgenden Abbildung 8.3 lässt sich die Antwort einfach auf der Mengenskala ablesen. Es ist nur erforderlich, unterhalb der Fixkostenlinie im Abstand von 5 Mio. EUR eine Hilfslinie einzuzeichnen. Vom Schnittpunkt dieser Fixkosten-Ausgabenlinie mit der Deckungsbeitragslinie (Cash-Punkt) ist ein Lot auf die Mengenskala zu fällen. Bei einem Absatz von 5 000 Stück sind alle laufenden Ausgaben gedeckt, wenn man von Investitionen und Lagerbestandsveränderungen absieht.

Zielvorgaben **3) Zielvorgaben**
Welche Absatzmenge muss mindestens erreicht werden, um einen Periodengewinn von 8 Mio. EUR zu erreichen?
Der Deckungsbeitrag muss so hoch sein, dass damit die Fixkosten gedeckt und der vorgegebene Mindestgewinn erzielt werden können.
Ausgehend von der Gleichung

$$x = \frac{K_f + G}{(p - k_v)}$$

ergibt sich mit den Daten des Beispiels folgende Rechnung:

$$x = \frac{15\,000\,000 + 8\,000\,000}{(5\,000 - 3\,000)}$$

$$x = 11\,500 \text{ Stück}$$

Dieses Mengenvolumen kann in der nachfolgenden Abbildung 8.3 in Höhe des angestrebten Periodengewinns von 8 Mio. EUR auf der Abszisse (Mengenskala) abgelesen werden.

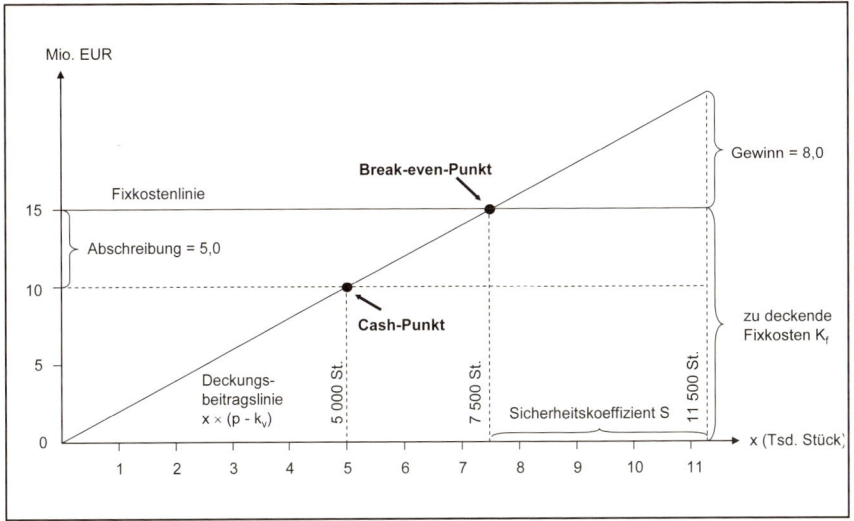

Abb. 8.3: Mengenänderungen im Break-even-Diagramm

4) Sicherheitskoeffizient

Um wie viel Prozent darf die Kapazitätsauslastung höchstens sinken, wenn ein Verlust vermieden werden soll?

Sicherheits-
koeffizient

Bei einer Absatzmenge x_{Ist} von 11 500 Stück sollen die Kapazitäten im Folgenden voll ausgelastet sein. Der Break-even-Punkt und damit die Verlustgrenze liegt bei 7 500 Stück.

Damit ergibt sich der Sicherheitskoeffizient S wie folgt:

$$S = \frac{x_{Ist} - x_{BEP}}{x_{Ist}} \times 100$$

$$= \frac{11\,500 - 7\,500}{11\,500} \times 100 = 34,8\,\%$$

Die Absatzmenge bei Vollauslastung von 11 500 Stück kann um 34,8 % unterschritten werden, ehe die Verlustgrenze für das betreffende Produkt erreicht wird.

Grundsätzlich gilt: Je größer der Sicherheitskoeffizient S, um so besser ist das Unternehmen gegen die Möglichkeit eines Verlusts abgesichert.

Insofern kommt dem Sicherheitskoeffizienten die Eigenschaft eines Risikomaßes zu.

Kapazitätsgrad **5) Kapazitätsgrad**

Teilt man den bei einer bestimmten Absatzmenge erzielten Gesamt-Deckungsbeitrag durch die fixen Kosten, so erhält man den Kapazitätsgrad KG:

$$KG = \frac{\text{Deckungsbeitrag}}{\text{fixe Kosten}}$$

Für eine Absatzmenge von 11 500 Stück ergibt sich beispielhaft folgender Kapazitätsgrad:

$$KG = \frac{11\,500 \times (5\,000 - 3\,000)}{15\,000\,000} = 1,53$$

Der Kapazitätsgrad drückt die Angemessenheit der vorhandenen Kapazität im Verhältnis zur vorhandenen Marktsituation aus. Im angeführten Beispiel bedeutet dies, dass aufgrund der herrschenden Marktsituation mit der vorhandenen Kapazität die Erzeugnisse kostenmäßig so produziert werden können, dass die anfallenden Fixkosten 1,53fach gedeckt werden. Ergibt sich ein Kapazitätsgrad von KG = 1, so heißt dies, dass die entstandenen Fixkosten bezüglich der Marktsituation gerade noch zu vertreten sind, der Break-even-Punkt also noch erreicht wird. Der Kapazitätsgrad ist somit eine wichtige Messzahl, die relativ einfach die Angemessenheit der Fixkosten bezüglich der Marktsituation ausweist. Veränderungen sind der Ursache nach zu analysieren, damit entsprechende Anpassungsmaßnahmen rechtzeitig eingeleitet werden können.

2.4   Analyse von Kostenänderungen

Neben den dargestellten Mengenänderungen können auch durch Abweichungen gegenüber den geplanten Kosten neue Ansatzpunkte für rentabilitätsverbessernde Maßnahmen erforderlich werden.

Analyse der
Fixkosten **1) Analyse der Fixkosten**

Bei der Analyse des Fixkostenblocks sollte sowohl das „Verantwortungsprinzip" als auch die mehr oder weniger exakte Möglichkeit einer produktspezifischen Zuordnung der Fixkosten berücksichtigt werden.

Beispielhaft soll für die Fixkosten in Höhe von 15 Mio. EUR folgende Aufteilung angenommen werden:

1a) Produktfixkosten

Personalkosten Produktionsabteilungen	2,5 Mio. EUR
Instandhaltungskosten Produktionsabteilungen	0,5 Mio. EUR
Abschreibungen Produktionsabteilungen	5,0 Mio. EUR
Forschungskosten für Produkt	1,0 Mio. EUR
Werbekosten für Produkt	1,0 Mio. EUR
Insgesamt vom Produkt verursachte und damit echt zurechenbare Fixkosten	10,0 Mio. EUR

1b) Anteilige Fixkosten

Kosten des Vertriebs	1,5 Mio. EUR
Verwaltungskosten der Bereiche	1,0 Mio. EUR
Verwaltungskosten des Unternehmens	2,5 Mio. EUR
Insgesamt dem Produkt nur über Schlüssel zurechenbare anteilige Fixkosten	5,0 Mio. EUR

1c) Gesamtfixkosten 15,0 Mio. EUR

Die Eintragung dieser Planzahlen in ein Break-even-Diagramm sollte zumindest diese Zweiteilung des Fixkostenblocks berücksichtigen (vgl. Abb. 8.4). Eine weitere Unterteilung nach Verantwortungsgesichtspunkten kann bei der Anwendung des Break-even-Diagramms als Diskussionsgrundlage von Vorteil sein.

Unter Berücksichtigung der bereits bekannten Ausgangsdaten können für das Beispiel verschiedene Aussagen getroffen werden:

Ausgangsdaten:

x	Absatzplan	10 000 Stück
p	Nettoerlös	5 000,– EUR/Stück
k_v	Variable Produktionskosten	3 000,– EUR/Stück
$p - k_v$	Deckungsbeitrag	2 000,– EUR/Stück
$x \times (p - k_v)$	Deckungsbeitrag bei 10 000 St.	20,0 Mio. EUR

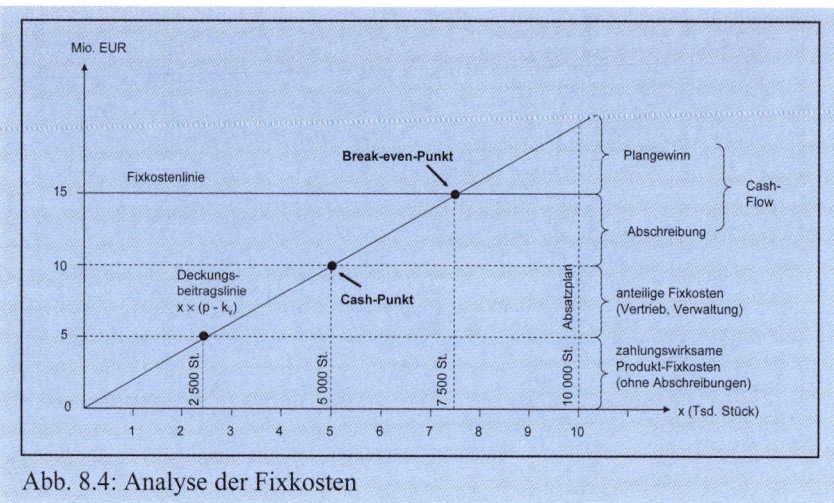

Abb. 8.4: Analyse der Fixkosten

Ergebnisse:

Aussagen

- 2 500 St. Absatz decken alle durch das Produkt direkt verursachten Ausgaben (ohne Investitionen und Veränderungen des Umlaufvermögens). Die Deckungsbeitragslinie schneidet die zu den direkt zurechenbaren Fixkosten (ohne Abschreibungen) gehörende Linie bei einem Absatz von 2 500 Stück.

$$\text{Kontrolle:} \frac{5\,000\,000}{2\,000} = 2\,500 \text{ Stück}$$

- 5 000 St. Absatz decken alle Ausgaben (Cash-Punkt). Im Diagramm sind zu dem Block der Fixkosten in den Produktionsabteilungen die übrigen Fixkosten für Verkauf, Werbung, Forschung sowie Verwaltung (ohne Abschreibungen) aufaddiert worden. Damit lässt sich der notwendige Absatz zur Deckung aller laufenden Ausgaben mit 5 000 Stück angeben. Alle Deckungsbeiträge oberhalb dieser Linie sorgen demnach für einen positiven Kassenbestand.

$$\text{Kontrolle:} \frac{10\,000\,000}{2\,000} = 5\,000 \text{ Stück}$$

- 7 500 St. Absatz decken alle Kosten (Break-even-Punkt). Bei einem Absatz von 7 500 Stück erreicht die Deckungsbeitragsdiagonale die Horizontale der Gesamtfixkosten von 15 Mio. EUR und damit den Break-even-Punkt.

$$\text{Kontrolle:}\ \frac{15\,000\,000}{2\,000} = 7\,500\ \text{Stück}$$

2) Prognose der Verteuerung

Welche Absatzmengen müssen z. B. in 3 Jahren verkauft werden, um trotz Verteuerungen keine Verluste ausweisen zu müssen?

Die Antwort auf diese Frage soll – modellmäßig vereinfacht – in zwei Alternativen gesucht werden:

Alternative A:
In 3 Jahren insgesamt 30 % Lohnerhöhung, keine Preisveränderungen.

Alternative B:
In 3 Jahren insgesamt 30 % Lohnerhöhung, 20 % Erhöhung der Rohstoffpreise und 20 % Erhöhung der Verkaufspreise.

Es wird zunächst folgender Anteil der Personalkosten angenommen:

bei den Fixkosten (K_f)   60 % Personalkosten
bei den variablen Kosten (k_v)   33 % Personalkosten

Demnach werden sich die Deckungsbeiträge pro Stück ($p - k_v$) und die Fixkosten K_f pro Jahr wie folgt entwickeln (vgl. Tab. 8.3).

			Ausgangs-jahr	nach 3 Jahren A	B
			TEUR	TEUR	TEUR
p	= Preis pro verkauftes Stück		5,0	5,0	6,0
k_v	= Variable Kosten pro Stück				
	- Personalkosten	33 %	1,0	1,3	1,3
	- Materialkosten	67 %	2,0	2,0	2,4
	- k_v Gesamt	100 %	3,0	3,3	3,7
($p-k_v$)	= Deckungsbeitrag pro Stück		2,0	1,7	2,3
K_f	= Fixkosten pro Jahr				
	- Personalkosten	60 %	9 000	11 700	11 700
	- Sonstige Kosten	40 %	6 000	6 000	6 000
	- K_f Gesamt	100 %	15 000	17 700	17 700

Tab. 8.3: Deckungsbeiträge und Fixkosten bei Verteuerung

Zusätzlich zu der Fixkosten- und Deckungsbeitragslinie des Ausgangsjahres sind die beiden Alternativen A und B (nach 3 Jahren) im Break-even-Diagramm eingezeichnet (vgl. Abb. 8.5).

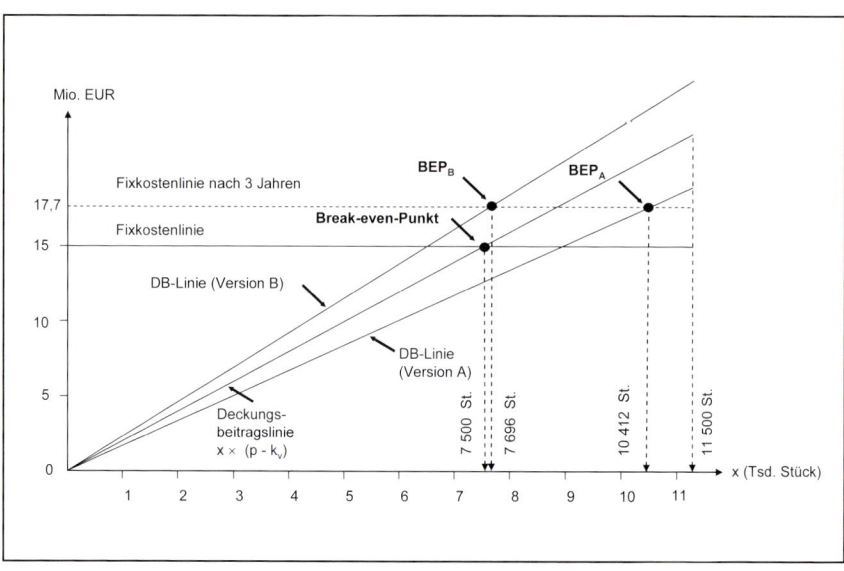

Abb. 8.5: Prognose der Verteuerung

Aussagen

Anhand der Darstellung in Abbildung 8.5 lassen sich u. a. folgende Aussagen ableiten:

Alternative A (nur Lohnerhöhung):
Der Break-even-Punkt verschiebt sich nach rechts. Während im Ausgangsjahr der Break-even-Punkt noch bei einer Absatzmenge von 7 500 Stück lag, müssten drei Jahre später (verursacht durch die Lohnerhöhungen) bereits 10 412 Stück (ca. 40 % mehr) verkauft werden, um alle Kosten zu decken.

Alternative B (Lohn- und Preiserhöhung):
Bei der angenommenen 30 %igen Lohnverteuerung reicht eine 20 %ige Erhöhung der Verkaufspreise bei gleicher Verteuerung der Rohstoffpreise knapp aus, um den Break-even-Punkt in etwa auf der Höhe des Absatzvolumens im Ausgangsjahr zu halten (7 696 Stück anstatt früher 7 500 Stück).

2.5   Analyse von Preisänderungen

Verkaufs-
preissenkung

1) Verkaufspreissenkung und -erhöhung
Wie weit muss der Absatz mindestens gesteigert werden, um z. B. nach einer 10 %igen **Senkung des Verkaufspreises** keine Gewinneinbuße zu erleiden?

Um dieses „Mindestziel" zu erreichen, müsste der Deckungsbeitrag nach der Senkung des Verkaufspreises mindestens so hoch sein wie vorher. Bei einem Absatzplan von 10 000 Stück vor der Preissenkung ergibt sich folgende Lösung:

$$\text{Deckungsbeitrag}_{neu} = \text{Deckungsbeitrag}_{alt}$$

$$x \times (5\,000 \times 0{,}9 - 3\,000) = 10\,000 \times (5\,000 - 3\,000)$$

$$x = \frac{10\,000 \times 2\,000}{4\,500 - 3\,000}$$

$$= \frac{20\,000\,000}{1\,500} \approx 13\,334 \text{ Stück}$$

Der Absatz müsste nach der Preissenkung also um mindestens 33,3 % auf 13 334 Stück gesteigert werden, um einen Gewinnrückgang zu verhindern. Da die Kapazitätsgrenze der Produktion gegenwärtig bei 11 500 Stück liegt, müsste eine Investition zur Kapazitätserweiterung durchgeführt werden (mit der Folge weiter steigender Fixkosten, die dann wiederum eine Ausweitung der Absatzmenge erfordern, um einen Gewinnrückgang zu vermeiden).

Wie weit darf der Absatz höchstens zurückgehen, um nach einer 10 %igen Verkaufspreiserhöhung keine Gewinneinbuße zu erleiden? In Anlehnung an obiges Beispiel ergibt sich folgende Rechnung:

Verkaufspreiserhöhung

$$\text{Deckungsbeitrag}_{neu} = \text{Deckungsbeitrag}_{alt}$$

$$x \times (5\,000 \times 1{,}1 - 3\,000) = 10\,000 \times (5\,000 - 3\,000)$$

$$x = \frac{10\,000 \times 2\,000}{5\,500 - 3\,000}$$

$$= \frac{20\,000\,000}{2\,500} = 8\,000 \text{ Stück}$$

Der Absatz darf also gegenüber der ursprünglichen Verkaufsmenge in Höhe von 10 000 Stück um höchstens 20 % zurückgehen, wenn kein Gewinnrückgang eintreten soll.

Prognose der
Verkaufspreise

2) Prognose der Verkaufspreise

Welche Absatzmengen sind erforderlich, um bei Marktpreisen zwischen 4 000,– EUR und 6 000,– EUR jeweils einen konstanten Gewinn in Höhe von 5 Mio. EUR ausweisen zu können?

Zur Beantwortung dieser Frage ist es nur erforderlich, für verschiedene Verkaufspreise die Deckungsbeiträge bei einer Absatzmenge von x = 10 000 Stück zu errechnen und, ausgehend von diesen Hilfspunkten, verschiedene Deckungsbeitragslinien im Diagramm einzutragen.

Beispiel 8.4

Preisänderung	p	k_v	$(p - k_v)$	$x \times (p - k_v)$
– 20 %	4 000	3 000	1 000	10 Mio.
– 10 %	4 500	3 000	1 500	15 Mio.
0	5 000	3 000	2 000	20 Mio.
+ 10 %	5 500	3 000	2 500	25 Mio.
+ 20 %	6 000	3 000	3 000	30 Mio.

Tab. 8.4: Berechnung preispolitischer Optionen

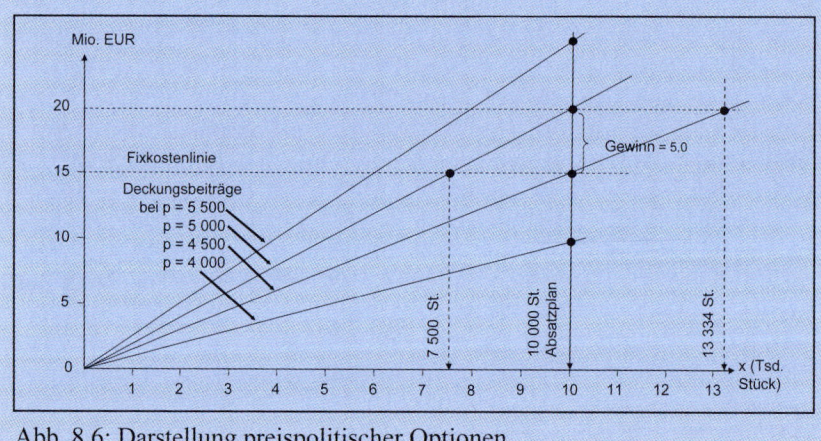

Abb. 8.6: Darstellung preispolitischer Optionen

„Deckungsbeitrags-Spinne"

Für die preispolitischen Überlegungen eines Unternehmens dürfte ein modifiziertes Break-even-Diagramm mit der durch die Veränderung der Verkaufspreise entstandenen Deckungsbeitrags-Spinne sicherlich eine wertvolle Hilfe bzw. Ergänzung sein.

Deckungsbeitragsisoquanten

Für den allgemeineren Fall einer gleichzeitigen Variation von Verkaufspreisen p und Absatzmengen x erhält man sog. Deckungsbeitragsisoquanten. Während die in Abbildung 8.6 eingezeichneten Deckungsbeitragslinien jeweils feste Stück-Deckungsbeiträge enthalten, stellen die

Deckungsbeitragsisoquanten den geometrischen Ort aller Preis-Mengen-Kombinationen dar, die zu einem bestimmten Gesamt-Deckungsbeitragsniveau führen (siehe Abb. 8.7).

Bisher gilt folgender grundlegender Zusammenhang:

$$d = p - k_v$$

$$p = d + k_v$$

Dies lässt sich umformen zu:

$$p = \frac{DB}{x} + k_v \Leftrightarrow x = \frac{DB}{p - k_v} = \frac{DB}{d}$$

Mit dieser Gleichung lassen sich für wechselnde Stückdeckungsbeiträge (d) die jeweiligen erforderlichen Absatzmengen (x) bestimmen, die zu einem vorgegebenen Deckungsbeitragsniveau (DB) führen.

Ausgangsdaten:

Variable Stückkosten (k_v)	3 000 EUR		
Mindestpreis (p)	4 000 EUR	Höchstpreis (p)	6 000 EUR
Mindest-Stückdeckungsbeitrag (d)	1 000 EUR	Höchst-Stückdeckungsbeitrag (d)	3 000 EUR
Höchstmenge (x)	20 000 St.	Mindestmenge (x)	3 000 St.
Mindest-Deckungsbeitragsniveau (DB)	10 000 EUR	Angestrebtes Plan-Deckungsbeitragsniveau (DB)	20 000 EUR

Tab. 8.5: Ausgangsdaten zum Kalkulationsbeispiel

p	4 000	4 500	5 000	5 500	6 000
x bei DB = 20 Mio	20 000	13 333	10 000	8 000	6 667
x bei DB = 15 Mio.	15 000	10 000	7 500	6 000	5 000
x bei DB = 10 Mio	10 000	6 667	5 000	4 000	3 333

Tab. 8.6: Berechnung der Auswirkungen von Preisänderungen

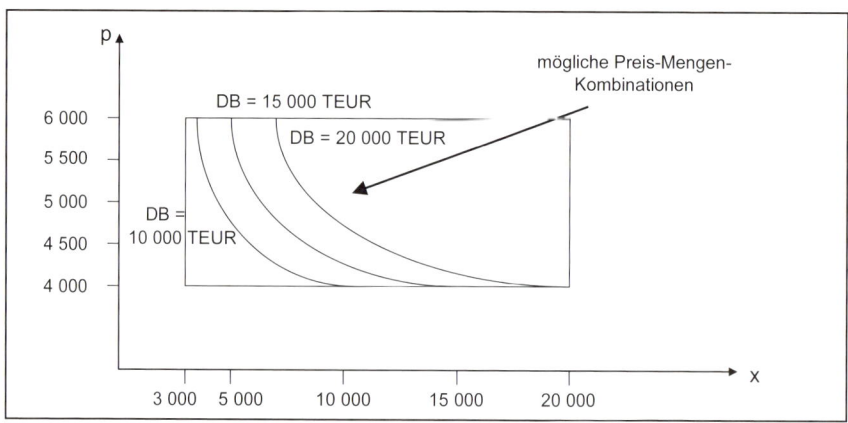

Abb. 8.7: Deckungsbeitragsisoquanten

Plan-Ist-
Kontrolle

3) Plan-Ist-Kontrolle

Ob die tatsächlichen Preise über oder unter dem Plan liegen, sollte monatlich und kumulativ systematisch überprüft werden. Hierbei sollten jeweils folgende Fragen beantwortet werden:

- Wie groß sind die Abweichungen gegenüber dem Plan?
- Wo liegen deren Ursachen?
- Welche Maßnahmen sind zweckmäßig, um auch bei negativen Plan-Ist-Abweichungen den Jahresplan noch realisieren zu können?

Beispiel 8.5

Für die vom Vertrieb zu verantwortende Preisstellung soll beispielsweise für die ersten drei Quartale des Planjahres folgende Entwicklung angenommen werden:

Quartal	Absatzmenge [St.]		Ist-Deckungsbeitrag [EUR pro Stück]			Deckungsbeitrag [Mio. EUR]	
	Plan	Ist	p	k_v	$(p - k_v)$	Plan[a]	Ist
I	3 000	3 500	4 750	3 000	1 750	6,00	6,125
II	1 500	2 000	4 500	3 000	1 500	3,00	3,000
III	2 500	3 500	4 500	3 100	1 400	5,00	4,900
Summe	7 000	9 000				14,00	14,025

zu [a]: Der Plan-Deckungsbeitrag beträgt wie oben 2 000,– EUR.

Tab. 8.7: Plan-Ist-Kontrolle

Dem Vertrieb ist es im angegebenen Beispiel offensichtlich gelungen, mit Preiszugeständnissen sowohl den Absatzplan um 2 000 Stück bzw. 28 % zu überschreiten als auch eine Verbesserung der Deckungsbeiträge um 25 000,– EUR zu erreichen.

Eine interessante Information ergibt sich, wenn man in das Break-even-Diagramm neben den Plan-Deckungsbeiträgen noch eine Ist-Deckungsbeitragslinie einzeichnet.

Aus diesem Plan-Ist-orientierten Break-even-Diagramm lassen sich folgende Aussagen erkennen (vgl. Abb. 8.8):

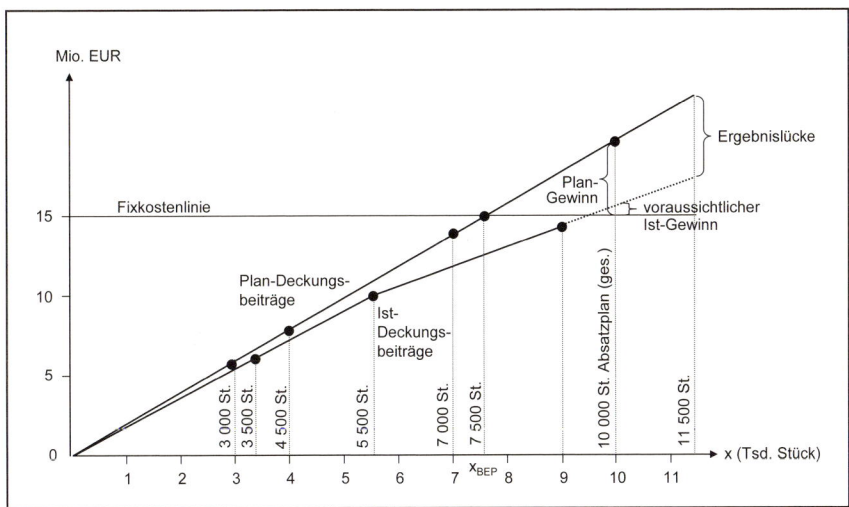

Abb. 8.8: Plan-Ist-Kontrolle

- Die Ist-Deckungsbeitragslinie verläuft unterhalb der Plan-Deckungsbeitragslinie. Also sind die Deckungsbeiträge pro Stück ($p - k_v$) niedriger als geplant, wahrscheinlich infolge Verkaufspreisreduzierung.
- Die kleinen „Hilfskreise" liegen im Ist rechts vom Plan. Also ist mengenmäßig mehr verkauft worden als geplant. Die Größenordnung lässt sich an der Abszisse ablesen.
- Die kleinen „Hilfskreise" liegen im Ist etwas höher als geplant. Also ist der Ist-Deckungsbeitrag höher als geplant. Die Größenordnung lässt sich an der Ordinate ablesen.
- Eine Verlängerung der Ist-Deckungsbeitragslinie bis zur Kapazitätsgrenze lässt erwarten, dass bei der in den letzten Monaten erreichten Preis-Kosten-Relation ($p - k_v$) selbst bei voller Kapazitätsauslastung die Fixkosten nur knapp überschritten werden können.
- Die positive Aussage der Zahlentabelle war gefährlich. Die Rentabilität des Produkts gerät bereits in Gefahr. Maßnahmen zu einer Verbesserung der weiteren Entwicklung sind dringend erforderlich!

Darüber hinaus kann auch das Risiko von Schwankungen der Absatzmengen oder Absatzpreise in die Break-even-Analyse integriert werden (vgl. hierzu Dierkes [2005], S. 718 ff.). Dabei sind ein unspezifiziertes und ein spezifiziertes Risiko voneinander zu unterscheiden.

Berücksichtigung des Risikos

Zunächst wird davon ausgegangen, dass der Gewinn insgesamt einem Risiko und somit dem Einfluss einer Zufallsvariablen unterliegt. Dies wird auch als unspezifiziertes Risiko bezeichnet. In der formalen Analyse nach Dierkes ([2005], S. 722 ff.) wird deutlich, dass als Indikator für das inhärente Risiko der erwartete Gewinn herangezogen werden kann. Der risikoangepasste Kapitalkostensatz, der zur Berücksichtigung des Risikos in die Analyse integriert wird (vgl. dazu ausführlich Kapitel 20), sinkt mit zunehmendem erwarteten Gewinn. Im Gewinn- bzw. Marktwertmaximum erreicht der Kapitalkostensatz sein Minimum.

Soll hingegen das Risiko nicht nur unspezifisch innerhalb der Gewinnfunktion Berücksichtigung finden, sondern einzelnen Einflussgrößen zugerechnet werden, so kann eine Analyse des spezifischen Risikos anhand der Preis-Absatz-Funktion erfolgen. Diese gilt deshalb als besonders risikobehaftet, da hier in hohem Maße Planungen einzubeziehen sind. Kosten sind aufgrund bisheriger Erfahrungen demgegenüber einfacher und sicherer zu prognostizieren. Aus der formalen Analyse nach Dierkes ([2005], S. 725 ff.) lässt sich schließen, dass zunächst zwischen Absatzpreis und Absatzmenge als Entscheidungsvariablen zu unterscheiden ist. Für den Absatzpreis kann als Risikoindikator die Differenz zwischen erwarteter Absatzmenge und Break-even-Menge herangezogen werden. Dies ist möglich, da der risikoangepasste Kapitalkostensatz mit der Erhöhung der positiven Differenz zwischen erwarteter Absatzmenge und Break-even-Absatzmenge sinkt. Der risikoangepasste Kapitalkostensatz erreicht sein Minimum beim Maximum des Risikoindikators.

Art der Risikoberücksichtigung	Unspezifiziertes Risiko in der Gewinnfunktion		Spezifiziertes Risiko in der Preis-Absatz-Funktion	
Entscheidungsvariable	Absatzpreis	Absatzmenge	Absatzpreis	Absatzmenge
Risikoindikator	Erwarteter Gewinn		Differenz zwischen erwarteter Absatzmenge und Break-even-Menge	Erwarteter Stückgewinn bzw. Differenz zwischen erwartetem Absatzpreis und Break-even-Absatzpreis

Tab. 8.8: Berücksichtigung des Risikos in der Break-even-Analyse
(Quelle: Dierkes [2005], S. 733)

Für die Absatzmenge hingegen sind der erwartete Stückgewinn bzw. die Differenz aus erwartetem Absatzpreis und Break-even-Absatzpreis als sinnvolle Risikoindikatoren zu wählen. Demzufolge führen höhere Stückgewinne zu einer Verminderung des Risikos und damit auch zu einer Senkung des risikoangepassten Kapitalkostensatzes. Auch hier erreicht der risikoangepasste Kapitalkostensatz sein Minimum im

Maximum des Risikoindikators. Diese Sachverhalte sind in Tabelle 8.8 nochmals zusammenfassend dargestellt.

2.6   Ansatzpunkte notwendiger Maßnahmen

In welcher Richtung sollten in den nächsten Jahren gezielte Maßnahmen durchgeführt werden, um die Rentabilität der Produkte weiterhin erhalten bzw. verbessern zu können? Grundsätzlich können die Ansatzpunkte für rentabilitätserhaltende bzw. -steigernde Maßnahmen in vier Richtungen liegen:

1) Absatzsteigerung (x)
Eine Absatzsteigerung wird zu einer Erhöhung der gesamten Deckungsbeiträge führen. Die Auswirkungen auf den Gewinn sind auch bei verschiedenen Annahmen über die Entwicklung der Verkaufspreise in Break-even-Diagrammen leicht abzulesen. Zu berücksichtigen ist nur, von welcher Menge an eine Kapazitätserweiterung erforderlich wird, die dann zu einer Erhöhung des Fixkostenblocks führt (Fixkostensprung).

Absatzsteige-rung

2) Verbesserung der Deckungsbeiträge pro Stück (p – k$_v$)
Der zweite Ansatzpunkt zur Rentabilitätssicherung und -verbesserung liegt im Bereich der Deckungsbeiträge pro Stück. Zu prüfende Möglichkeiten wären im Einzelnen:

Deckungs-beiträge pro Stück

- Verkaufspreisverbesserung durch Anhebung der Verkaufspreise bspw. durch Verbesserung der Qualität der Erzeugnisse, die Einführung von Innovationen usw.
- Senkung der variablen Kosten durch Rationalisierungsmaßnahmen beim Rohstoff- und Energieverbrauch, durch technologische arbeitssparende Verbesserungen usw.

Die Verbesserung der Deckungsbeiträge pro Stück wird dazu führen, dass die Deckungsbeitragslinie steiler wird. Maßnahmen in dieser Richtung sind von um so größerer Bedeutung für die Sicherung der Produktrentabilität, je geringer die Chancen für eine Ausweitung der Absatzmengen einzuschätzen sind.

3) Fixkostensenkung (K$_f$)
Die Fixkosten beruhen in vielen Unternehmen auf einem hohen Personalkostenanteil. Unter dem Einfluss steigender Lohn- und Gehaltstarife haben die Fixkosten ausgesprochen starke Wachstumsraten. Dadurch wird der Break-even-Punkt vergleichsweise schnell und konsequent nach rechts in Richtung immer größerer Absatzmengen gedrängt.

Fixkosten-senkung

Maßnahmen gegen das wachsende Fixkostenniveau sind also insbesondere bei Produkten ohne große Wachstumschancen und mit geringen Möglichkeiten zur Steigerung der Deckungsbeiträge pro Stück unvermeidlich. Häufige Ansatzpunkte sind hier Maßnahmen zur Verringerung der Fertigungstiefe, d. h. Verzicht auf Eigenfertigung und Übergang auf verstärkten Zukauf (Make-or-buy-Entscheidung).

Defensiv-strategien

4) Kapazitätseinschränkung – Desinvestition

Wenn trotz aller Maßnahmenüberlegungen in Richtung der drei vorgenannten Ansatzpunkte kein positives Produktergebnis zu erwarten ist, müssen Defensivstrategien in Erwägung gezogen werden.

Wie das Break-even-Diagramm deutlich macht, müssen dabei zwei Aspekte gesondert berücksichtigt werden:

- Eine rasche und kurzfristige Stilllegung führt zu einer Verringerung der Deckungsbeiträge und damit zu einer Vergrößerung der Verluste.
- Ein „Rückzug" aus einem Produktengagement sollte möglichst mit einem konsequenten Fixkostenabbau (bei konstant gehaltenen Deckungsbeiträgen) beginnen, um eine übermäßige Ergebnisbelastung vermeiden zu können.

Überblick

Einen modellmäßigen Überblick über die vier skizzierten Ansatzpunkte zur Einleitung schwerpunktmäßiger Maßnahmen gibt folgende vereinfachte Break-even-Darstellung (siehe Abbildung 8.9).

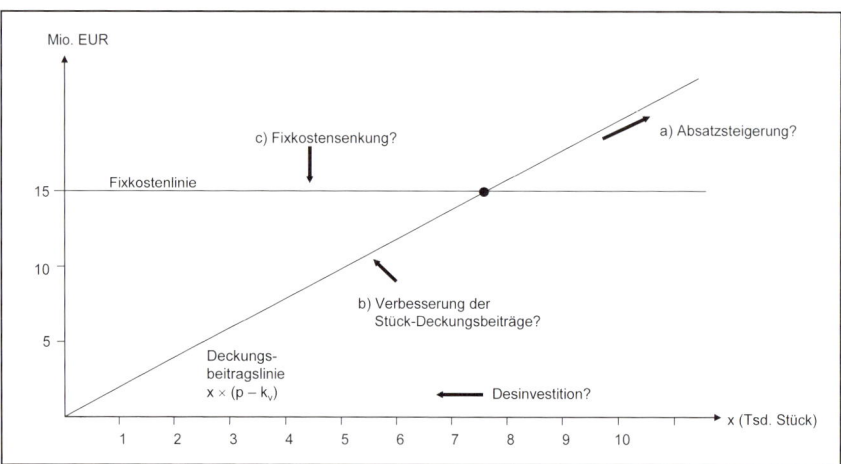

Abb. 8.9: Ansatzpunkte von Schwerpunktmaßnahmen

Bei jedem Produkt und bei jeder Produktgruppe werden sich voneinander abweichende Ausgangs- und Entwicklungsdaten auch unterschiedlich

- auf die Break-even-Struktur auswirken, und damit auch
- individuelle Schwerpunkte bei den zur Rentabilitätssicherung notwendigen Maßnahmen erfordern.

So gesehen kann die Anwendung der Break-even-Technik ganz besonders bei mittel- und langfristigen Steuerungsüberlegungen ein wertvolles Hilfsmittel für die Unternehmensleitung werden, um

Anwendungs-bereiche

- Engpässe und Schwächen der Produkte klar zu erkennen,
- die Notwendigkeit und die Größenordnung rentabilitätssteigernder Maßnahmen überzeugend darzustellen und
- mit Hilfe der Break-even-Diagramme die verantwortlichen Führungskräfte des Unternehmens bezüglich produktivitätssteigernder Aktivitäten zu motivieren.

2.7 Stochastische Break-even-Analyse

Für Aussagen über das Erfolgsrisiko sind die Verteilungsfunktionen der einzelnen Bestimmungsfaktoren (Mengen, Preise, Kosten) zu berücksichtigen (vgl. Coenenberg [1967], S. 943 ff.; Schirmeister [2000], S. 228 ff.; Ewert/Wagenhofer [2005], S. 205 ff.)

Dazu wird vereinfachend von der Annahme „Absatzmenge X sei risikobehaftet" sowie „d, K_f = konst." ausgegangen.

Auf dieser Basis ergibt sich ein erwarteter Gewinn von

$$E[G] = E[X] \times d - K_f$$

Gesucht wird dabei die Wahrscheinlichkeit dafür, dass ein bestimmtes Erfolgsniveau mindestens erreicht wird. Die Formel lässt sich dann ausdrücken als:

$$P(G \geq G_{min})$$

Für $G_{min} = 0$ lässt sich die Break-even-Wahrscheinlichkeit angeben durch

$$P(G \geq 0) \Leftrightarrow P(X \geq x_{BEP})$$

Somit gilt: $\qquad P(X \geq x_{BEP}) = 1 - P(X \leq x_{BEP}) = 1 - F(x_{BEP})$

Um die Break-even-Wahrscheinlichkeit zu bestimmen, muss die Wahrscheinlichkeitsverteilung der Absatzmengen bekannt sein.

Als Annahme soll dabei die Gleichverteilung der Absatzmengen im Intervall $x \in [x_{unten}; x_{oben}]$ getroffen werden. Daraus lässt sich folgende Verteilungsfunktion der möglichen Absatzmengen ableiten:

$$F(x) = \frac{x - x_{unten}}{x_{oben} - x_{unten}}$$

$$\text{bzw.} \quad F(x_{BEP}) = \frac{x_{BEP} - x_{unten}}{x_{oben} - x_{unten}}$$

Die Break-even-Menge muss nicht zwingend im Intervall der möglichen Absatzmengen enthalten sein. Für die Break-even-Wahrscheinlichkeit gilt dann:

$$P(\tilde{G} \geq 0) = \begin{cases} 0 & \text{falls } x_{BEP} \geq x_{oben} \\ \dfrac{x_{oben} - x_{BEP}}{x_{oben} - x_{unten}} & \text{falls } x_{unten} < x_{BEP} < x_{oben} \\ 1 & \text{falls } x_{BEP} \leq x_{unten} \end{cases}$$

Beispiel 8.6

Die aufgezeigte Vorgehensweise soll nun anhand eines Beispiels erläutert werden (vgl. ähnlich Ewert/Wagenhofer [2005], S. 207). Folgende Daten sind hierzu bekannt:

Stück-Deckungsbeitrag d = 40 EUR;
Fixkosten K_f = 100 000 EUR;
x_{BEP} = 2 500 Stück;
Absatzmengen sind gleich verteilt $x \in [0; 20\,000]$.

Wie hoch ist die Break-even-Wahrscheinlichkeit?

$$F(x_{BEP}) = \frac{x_{BEP} - x_{unten}}{x_{oben} - x_{unten}} = \frac{2\,500 - 0}{20\,000 - 0} = 0{,}125$$

$$P(\tilde{G} \geq 0) = 1 - F(x_{BEP}) = 0{,}875$$

d. h. man kann zu 87,5 % davon ausgehen, einen positiven Gewinn zu erzielen.

Wie hoch ist die Wahrscheinlichkeit, einen Gewinn von $G_{min} =$ 100 000 EUR zu erzielen?

$x_{Gmin} \times 40 \text{ EUR} = K_f + G_{min} \Rightarrow x_{Gmin} = 5\,000$

$P\,(G \geq G_{min} = 100\,000) = 1 - F\,(x_{Gmin}) = 0{,}75$

Allgemein lassen sich die Wahrscheinlichkeiten für das Erreichen verschiedener Erfolgsniveaus G_{min} wie folgt ermitteln:

$$1 - F(x_{G\,min}) = \frac{x_{oben} - x_{G\,min}}{x_{oben} - x_{unten}} = \frac{20\,000 - 2\,500 - 0{,}025 \times G_{min}}{20\,000 - 0} =$$

$$= 0{,}875 - 0{,}00000125 \times G_{min}$$

$$x_{Gmin} = \frac{G_{min} + K_f}{d}$$

$$\text{Im Beispiel}: x_{Gmin} = \frac{100\,000 + G_{min}}{40} = 2\,500 + 0{,}025 \times G_{min}$$

$$\text{Es gilt}: P(X \leq x_{Gmin}) = 1 \quad F(x_{Gmin})$$

Daraus folgt:

$$P(\tilde{G} \geq G_{min}) = \begin{cases} 0 & \text{falls } G_{min} \geq 700\,000 \\\\ 0{,}875 - 0{,}00000125 \times G_{min} & \text{falls } -100\,000 < G_{min} < 700\,000 \\\\ 1 & \text{falls } G_{min} \leq -100\,000 \end{cases}$$

3 Break-even-Analyse für die Mehrprodukt-betrachtung

3.1 Grundmodell und Anwendungsbeispiel

Die Darstellungsformen und die Interpretation von Gewinnschwellendia-grammen sind für ein Mehrproduktunternehmen in der Durchführung etwas aufwendiger als die Analyse im Einproduktfall. Anhand eines Bei-spiels sollen die verschiedenen Anwendungsmöglichkeiten demonstriert werden.

Beispiel 8.7

Ein Unternehmen plant Absatz, Umsatz und Kosten von vier Pro-dukten A, B, C und D (vgl. Tab. 8.9).

Produkt	1 Absatz-menge	2 Preis	3 Umsatz	4 Variable Kosten pro Stück	5 Variable Kosten insges.	6 DB pro Stück	7 DB insges.	8 DB U
A	100 000	1,20	120 000	1,00	100 000	0,20	20 000	17 %
B	20 000	7,00	140 000	3,00	60 000	4,00	80 000	57 %
C	30 000	3,00	90 000	1,00	30 000	2,00	60 000	67 %
D	50 000	1,00	50 000	0,20	10 000	0,80	40 000	80 %
	200 000	2,00	400 000	1,00	200 000	1,00	200 000	50 %
				- Fixkosten	=	-160 000		
				Gewinn		40 000		

Tab. 8.9: Break-even-Analyse im Mehrproduktfall

Heterogene Produktvarianten

Da es sich um heterogene Produktvarianten handelt, ist es nicht möglich, eine Break-even-Absatzmenge für das Gesamtsortiment zu ermitteln. Auf der Abszisse eines Gewinnschwellendiagramms kann daher nur der Um-satz abgetragen werden.

Die einfachste Darstellung einer Break-even-Analyse erhält man, in-dem man von den Spaltensummen des Zahlenbeispiels in Tabelle 8.9 ausgeht und diese in eine Graphik überträgt (vgl. Abb. 8.10).

Die Umsatzkurve ergibt sich dabei als Winkelhalbierende. Der Anstieg der Gesamtkostenkurve bestimmt sich durch den Quotienten aus Spalten-summe 5 und Spaltensumme 3, der die durchschnittlichen variablen Stückkosten des Gesamtunternehmens bezogen auf den Umsatz wieder-gibt. Diese belaufen sich im Beispiel auf 0,50 EUR.

Der Break-even-Umsatz (U_{BEP}) kann nun im Schnittpunkt von Umsatz- und Gesamtkostenkurve auf der Abszisse abgelesen werden (U_{BEP} = 320 000,– EUR).

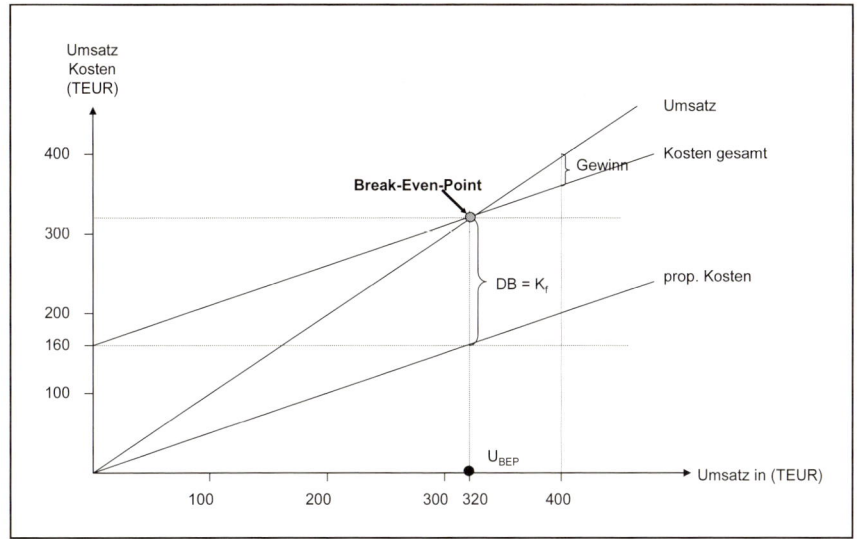

Abb. 8.10: Gewinnschwellendiagramm im Mehrproduktfall

Die Herleitung des Break-even-Umsatzes U_{BEP} lässt sich wie folgt erklären:

Für den Einproduktfall ergibt sich der Break-even-Umsatz aus der Multiplikation der Bestimmungsgleichung für die Break-even-Menge x_{BEP} mit dem Preis:

$$x_{BEP} = \frac{K_f}{p - k_v}$$

$$U_{BEP} = p \times x_{BEP} = p \times \frac{K_f}{p - k_v}$$

zwei Umformungsmöglichkeiten

$$U_{BEP} = \frac{K_f}{1 - \dfrac{k_v}{p}}$$

$$U_{BEP} = \frac{K_f}{\dfrac{d}{p}}$$

Bei mehreren Produkten müssen die stückbezogenen Größen (Stückpreise, Stück-Deckungsbeiträge und variable Stückkosten) jeweils mit den Mengen x_i (i = 1, ..., n) der einzelnen Produkte im Sortiment gewichtet werden. Entsprechend ergibt sich der Break-even-Umsatz U_{BEP} je nach gewählter Umformungsmöglichkeit zu

$$U_{BEP} = \cfrac{K_f}{1 - \cfrac{\sum_{i=1}^{n} k_{vi} \times x_i}{\sum_{i=1}^{n} p_i \times x_i}} = \cfrac{K_f}{1 - \cfrac{K_v}{U}} = \cfrac{K_f}{1 - \cfrac{\text{Ø}k_v}{\text{Ø}p}}$$

oder

$$U_{BEP} = \cfrac{K_f}{1 - \cfrac{\sum_{i=1}^{n} d_i \times x_i}{\sum_{i=1}^{n} p_i \times x_i}} = \cfrac{K_f}{\cfrac{DB}{U}} = \cfrac{K_f}{\cfrac{\text{Ø}d}{\text{Ø}p}}$$

Im Beispiel berechnet sich der Break-even-Umsatz wie folgt:

$$U_{BEP} = \cfrac{K_f}{\cfrac{\text{Ø}d}{\text{Ø}p}} = \cfrac{160\,000}{\cfrac{1}{2}} = 320\,000{,}-\text{EUR}$$

Durchschnittliche Deckungsbeitragsintensität

Die Kennzahl Ød/Øp bezeichnet man als die durchschnittliche Deckungsbeitragsintensität.

Der Ausweis eines Gewinns von 40 000,– EUR im vorstehenden Beispiel (siehe Tab. 8.9) kann nun leicht zu dem Schluss führen, die Produktion aller vier Erzeugnisse aufzunehmen.

Der Aussagewert dieser Schlussfolgerung muss jedoch zunächst noch zurückhaltend beurteilt werden, weil im Mehrproduktunternehmen neben dem Problem der zeitlichen Verteilung der Fixkosten noch zusätzlich das der sachlichen Verteilung auftritt. Hierzu benötigt man zusätzlich die Unterscheidung von Produktfixkosten und Unternehmensfixkosten.

3.2   Globale und differenzierte Fixkostenbehandlung

Um eine solche Differenzierung zu erreichen, ist es notwendig, die Umsätze und Kosten getrennt nach Produkten in der Analyse zu berücksichtigen.

Globale Fixkostenbehandlung

Unter Verzicht auf eine Unterteilung der Fixkosten in produkt- und unternehmensspezifische Komponenten (= **globale Fixkostenbehandlung**) kann eine Break-even-Analyse für Mehrproduktunternehmen erstellt werden (vgl. Tab. 8.10).

Produkt	Umsatz (EUR)	Nettoergebnis (EUR)	
		Fixkosten	- 160 000,-
D	+ 50 000,-	+ DB_D	+ 50 000,-
	+ 50 000,-		- 120 000,-
C	+ 90 000,-	+ DB_C	+ 60 000,-
	+ 140 000,-		- 60 000,-
B	+ 140 000,-	+ DB_B	+ 80 000,-
	+ 280 000,-		+ 20 000,-
A	+ 120 000,-	+ DB_A	+ 20 000,-
	+ 400 000,-		+ 40 000,-

Tab. 8.10: Globale Fixkostenbehandlung

Das Diagramm zu dieser Rechnung (vgl. Tab. 8.10) zeigt die nachstehende Abbildung 8.11.

In Abbildung 8.11 werden auf der Ordinate im negativen Bereich zunächst die gesamten Fixkosten in Höhe von 160 000,– EUR abgetragen, so dass bei einem Umsatz von Null in dieser Höhe ein Nettoverlust ausgewiesen wird.

Hiervon werden nun in bestimmter Reihenfolge die Deckungsbeiträge (Umsatz minus variable Kosten) der Produkte unter Berücksichtigung der jeweiligen Umsatzhöhe verrechnet. Es entsteht eine Nettogewinn- (bzw. Nettoverlust-) kurve, die entsprechend zu den unterschiedlichen erwarteten Umsätzen der einzelnen Produkte einen gebrochenen Verlauf aufweist.

Als Reihenfolgekriterium für die Verrechnung der produktspezifischen Deckungsbeiträge mit den Fixkosten wird i. d. R. die jeweilige Höhe des Verhältnisses von Deckungsbeitrag zu Umsatz (= Deckungsbeitragsintensität; siehe Spalte 8 von Tab. 8.9) gewählt (die Begründung hierfür ist, dass die Nettogewinnkurve dann einen degressiven Verlauf erhält und somit die Abszisse am weitesten links geschnitten wird. Andere Reihenfolgen können sich z. B. bei Kapazitätsengpässen ergeben; vgl. die Ausführungen in den folgenden Kapiteln 9 und 10).

Deckungs-beitrags-intensität

Wie aus Abbildung 8.11 ersichtlich ist, ergeben sich zwei Break-even-Punkte:

1) Durch die Produkte D, C und B mit der höchsten Deckungs-beitragsintensität wird der Break-even bei einem Umsatz von 245 000,– EUR erreicht. Dieser Break-even-Umsatz beruht auf der einschränkenden Annahme, dass Absatzeinbußen nur bei den Produkten mit dem geringsten Deckungsbeitragsniveau (hier: Produkt A) vorkommen.

2) Der durchschnittliche Break-even-Umsatz von UBEP = 320 000,–
   EUR ergibt sich durch die Verbindungslinie von Anfangs- und Endpunkt des Deckungsbeitragslinienzugs. Diesem Break-even-Umsatz
   liegt die Annahme zugrunde, dass alle Produkte mengenproportional
   durch evtl. Absatzeinbußen betroffen werden. Der durchschnittliche
   Break-even-Umsatz basiert folglich auf dem vorgegebenen Produkt-
   Mix.

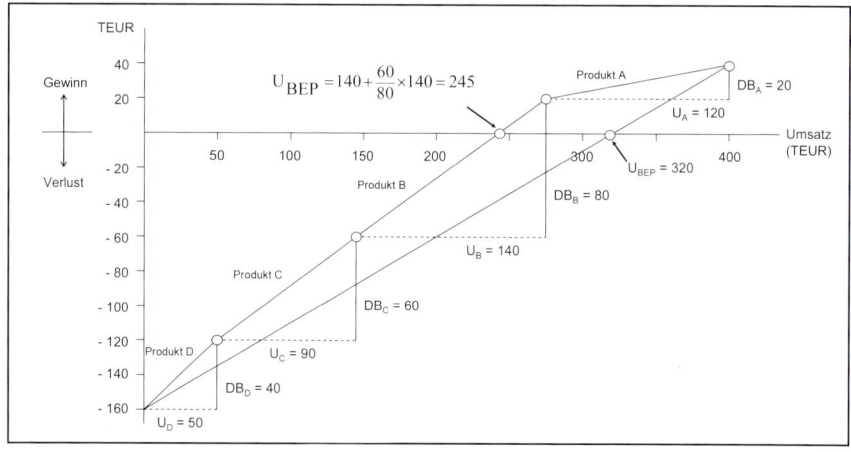

Abb. 8.11: Globale Fixkostenbehandlung

Differenzierte
Fixkosten-
behandlung

Anstelle einer globalen Fixkostenbehandlung kann die Break-even-Analyse nun wie folgt abgeändert werden:

Statt der gesamten Fixkosten werden auf der Ordinate zunächst nur die
Unternehmensfixkosten (z. B. Kantine, Unternehmensleitung etc.) abgetragen. Bevor nun die Deckungsbeiträge (Umsatz minus variable Kosten)
der einzelnen Produkte hiervon verrechnet werden, werden für jedes Produkt die produktfixen Kosten (z. B. Patentkosten, Spezialwerkzeuge etc.)
vorher auf der Ordinate abgetragen.

Zur Erläuterung soll in Ergänzung zu dem obigen Zahlenbeispiel folgende Fixkostenaufteilung angenommen werden:

Fixkosten (gesamt):	160 000,– EUR
produktfixe Kosten:	
Produkt A:	30 000,– EUR
Produkt B:	40 000,– EUR
Produkt C:	20 000,– EUR
Produkt D:	10 000,– EUR
	100 000,– EUR
Unternehmensfixkosten:	60 000,– EUR

Die Gewinnschwellenanalyse kann nun wie in Tabelle 8.11 gezeigt vorgenommen werden.

Produkt	Umsatz (GE)		Nettoergebnis
D	50 000,-	Unternehmensfixkosten	- 60 000,-
	50 000,-	Produktfixkosten	- 10 000,-
		DB_D	+ 40 000,-
			- 30 000,-
C	90 000,-		
	140 000,-	Produktfixkosten	- 20 000,-
		DB_C	+ 60 000,-
			10 000,-
B	140 000,-		
	280 000,-	Produktfixkosten	- 40 000,-
		DB_B	+ 80 000,-
			50 000,-
A	120 000,-		
		Produktfixkosten	- 30 000,-
		DB_A	+ 20 000,-
	400 000,-		40 000,-

Tab. 8.11: Differenzierte Fixkostenbehandlung

Diese sog. differenzierte Fixkostenbehandlung führt zu einer Gewinnkurve, die im Gegensatz zur Gewinnkurve bei der globalen Fixkostenbehandlung einen zickzackförmigen Verlauf aufweist (vgl. Abb. 8.12).

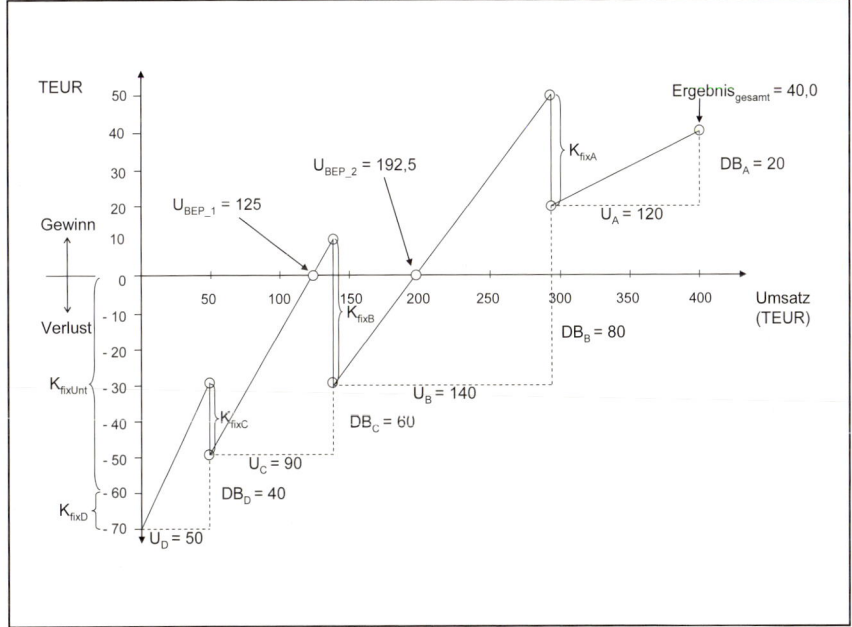

Abb. 8.12: Differenzierte Fixkostenbehandlung

Das Verfahren der differenzierten Fixkostenbehandlung kann als Ergebnis, wie im Beispiel, auch mehrere Break-even-Umsätze liefern. Die relevanten Umsätze errechnen sich wie folgt:

$$U_{BEP\_1} = 50\,000 + \frac{50\,000}{60\,000} \times 90\,000 = 125\,000,- \text{EUR}$$

$$U_{BEP\_2} = 50\,000 + 90\,000 + \frac{30\,000}{80\,000} \times 140\,000 = 192\,500,- \text{EUR}$$

Die Darstellung macht weiter deutlich, dass der Nettogewinn auf 50 000,– EUR ansteigen würde, falls Produkt A aus dem Produktspektrum gestrichen werden würde. Wegen seiner relativ hohen produktindividuellen Fixkosten von 30 000,– EUR entsteht für Produkt A beim erwarteten Umsatz insgesamt ein negatives Produktergebnis von 10 000,– EUR (Umsatz minus variable Kosten minus produktfixe Kosten), was Anlass sein könnte, das Produkt nicht mehr weiter im Programm zu halten.

3.3 Break-even-Analyse bei variabler Produktmischung

Variabler Produkt-Mix

Wie im letzten Abschnitt gezeigt wurde, beruht die Ermittlung eines Break-even-Umsatzes U_{BEP} üblicherweise auf der Annahme eines konstanten Produkt-Mixes. Jede Änderung in der Zusammensetzung des Produktspektrums führt folglich auch zu einer Änderung des Break-even-Umsatzes. Verzichtet man auf Annahme des konstanten Produkt-Mixes und lässt statt dessen eine variable Produktmischung zu, so entwickelt sich aus der Break-even-Analyse eine allgemeinere Form der Entscheidungsrechnung (vgl. im Folgenden Schirmeister [2000], S. 220 ff.).

Beispiel 8.8

Folgendes einfache Zahlenbeispiel für zwei Produkte A und B soll dies veranschaulichen:

	Produkt A	Produkt B
Deckungsbeitrag/St.	50,– EUR	80,– EUR
Fixkosten 2 000,– EUR		

Falls nur **eines** der beiden Produkte hergestellt und verkauft wird, so ergeben sich jeweils folgende Break-even-Punkte:

$$x_{BEP\_A} = \frac{K_f}{d_A} = \frac{2000}{50} = 40 \text{ Stück } (x_B = 0)$$

$$x_{BEP\_B} = \frac{K_f}{d_B} = \frac{2000}{80} = 25 \text{ Stück } (x_A = 0)$$

Die Fixkosten können jedoch auch durch eine Mischung der Produktions-bzw. Absatzmengen von beiden Produkten gedeckt werden. Anstelle eines Break-even-Punkts ergibt sich dann eine Break-even-Linie, deren Endpunkte gerade die eben berechneten Werte für x_{BEP_A} und x_{BEP_B} sind. Diese Überlegungen verdeutlicht die folgende Abbildung 8.13.

Die Break-even-Linie bzw. die Gewinnschwellenlinie lässt sich als Menge aller Punkte auf der Verbindungsstrecke zwischen x_{BEP_A} und x_{BEP_B} beschreiben.

α sei ein Parameter, der nur Werte zwischen 0 und 1 annimmt. Damit lassen sich alle Punkte auf der Break-even-Linie durch die Linearkombination L

$$L = \alpha \times x_{BEP\ A} + (1 - \alpha) \times x_{BEP\ B}$$

darstellen.

Die Menge M aller zulässigen Lösungspunkte ergibt sich unter Verwendung der oben ermittelten Endpunkte für die Break-even-Linie als:

$$M = \{(\alpha \times 40; (1 - \alpha) \times 25)| \ \alpha \in [0, 1]\}$$

Zum Beispiel ergibt sich für $\alpha = 0{,}2$ die Produktmengenkombination $x_{BEP\_A} = 8$ und $x_{BEP\_B} = 20$. Für $\alpha = 0{,}6$ erhält man $x_{BEP\_A} = 24$ und $x_{BEP\_B} = 10$ (vgl. Abb. 8.13).

Für alle Werte des Parameters $\alpha \in [0, 1]$ ergibt sich eine Mischung aus den beiden Produkten A und B, die gerade die angefallenen Fixkosten von $K_f = 2\,000{,}-$ EUR deckt. Die Break-even-Linie ist also eine ökonomische Nebenbedingung, oberhalb derer die gewinnbringenden Produktmengenkombinationen liegen.

Break-even-Linie

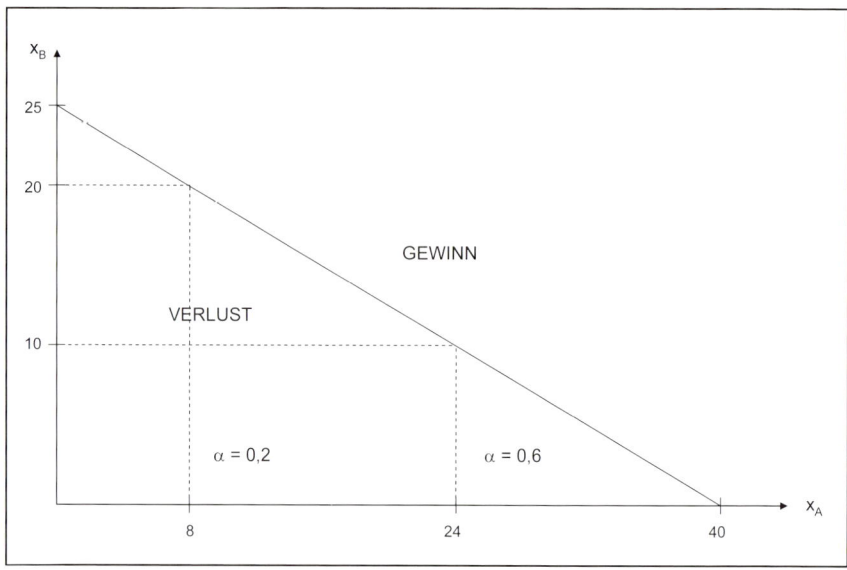

Abb. 8.13: Break-even-Analyse bei variabler Produktmischung

Eine betrieblich vielfach relevante Fragestellung lautet: Welche Produktmengenkombination führt zum maximal möglichen Gewinn?

Optimale
Produktmengen-
kombination

Dieser Fragestellung soll unter Fortführung des obigen Beispiels nachgegangen werden. Zusätzlich sei angenommen, dass für die Herstellung von Produkt A und Produkt B noch 500 Minuten freie Maschinenlaufzeit in der Fabrik verfügbar sind. Die Kapazitätsbeanspruchung geht aus folgender Übersicht hervor:

	Produkt A	Produkt B
Deckungsbeitrag/St. Maschinenbelegung/St.	50,– EUR 5 min	80,– EUR 10 min

Auf den ersten Blick scheint die Herstellung von Produkt B am lohnendsten zu sein, da dieses mit 80,– EUR den höheren Deckungsbeitrag pro Stück aufweist.

Es könnten insgesamt 50 Stück von Produkt B hergestellt werden, so dass sich ein Gesamtdeckungsbeitrag von

$$(500 \text{ min} : 10 \text{ min/St.}) \times 80,– \text{ EUR/St.} = 4\,000,– \text{ EUR}$$

bei ausschließlicher Fertigung von Produkt B ergeben würde.

Die Herstellung von Produkt A beansprucht die Maschinenkapazität jedoch nur mit 5 min/St., so dass insgesamt 100 Stück von Produkt A hergestellt werden könnten. Dies würde einen Gesamtdeckungsbeitrag von

$$(500 \text{ min} : 5 \text{ min/St.}) \times 50,- \text{ EUR/St.} = 5\,000,- \text{ EUR}$$

erbringen.

Es ist also für das Unternehmen vorteilhafter, Produkt A herzustellen, da hier pro Minute Maschinenlaufzeit 10,– EUR Deckungsbeitrag erwirtschaftet werden, während die Fertigung von Produkt B aufgrund des höheren Kapazitätsbedarfs nur zu einem Deckungsbeitrag von 8,– EUR pro Minute Maschinenlaufzeit führt.

Die Break-even-Menge im Mehrproduktfall kann alternativ auch anhand einer Vektordarstellung berechnet werden. Dies beruht auf der Überlegung, dass in einem Mehrproduktunternehmen Ausgleichseffekte zwischen den Produktarten auftreten können (vgl. hierzu und im Folgenden Ewert/Wagenhofer [2005], S. 211). Damit kann keine eindeutige Break-even-Menge, sondern lediglich eine Vielzahl an Mengenkombinationen ermittelt werden, die anhand eines Mengenvektors dargestellt werden können. X bezeichnet dann die Kombinationen von Absatzmengen der Produkt j = 1, …, n mit den spezifischen Absatzmengenvektoren x = $(x_1, x_2, …, x_n) \in$ X. Bei Fixkosten in Höhe von K_f, einem zu realisierenden Zielgewinn von G und einem Stückdeckungsbeitrag pro Produktart von d_j gilt für die Mengenkombination (vgl. Ewert/Wagenhofer [2005], S. 212):

Mengenvektoren

$$X = \left\{ x \geq 0 \,\middle|\, \sum_{j=1}^{n} x_j \times d_j = K_f + G \right\}$$

Bei zwei Produkten lässt sich die Lösung dieses Problems einfach anhand einer Geradengleichung lösen. Dabei wird die Break-even-Menge von Produkt 2 folgendermaßen durch die Break-even-Menge des Produkts 1 ausgedrückt (vgl. ähnlich Schirmeister [2000], S. 219):

Zwei Produkte

$$x_{BEP2} = \frac{K_f + G}{d_2} - \frac{d_1}{d_2} \times x_{BEP1}$$

Bei mehr als zwei Produkten kann die Lösung des Gleichungssystems (allerdings nur für den Fall positiver Stückdeckungsbeiträge) wie folgt vorgenommen werden: Für jedes Produkt wird separat eine Break-even-Menge berechnet, wobei angenommen wird, dass kein weiteres Produkt hergestellt wird und somit K_f + G allein durch das betrachtete Produkt gedeckt werden soll. Diese berechneten Break-even-Mengen geben somit auch die Produktionsobergrenze der einzelnen Produkte an und stellen

Mehr als zwei Produkte

gleichzeitig Vektoren der Lösungsmenge X dar. Da für jeden dieser Vektoren jeweils ein positiver Wert für das betrachtete Produkt sowie der Wert „Null" für die weiteren Produkte vorliegt, sind die Vektoren der einzelnen Produkte als linear unabhängig zu betrachten. Jeder Break-even-Vektor der Menge X kann folglich als Konvexkombination der Vektoren der einzelnen Produkte bestimmt werden (vgl. Ewert/ Wagenhofer [2005], S. 212). Diese Kombination kann durch Multiplikation der produktspezifischen Vektoren mit dem (nichtnegativen) Anteil α_j des Produktes j am Gesamtabsatz errechnet werden, wobei die Summe über alle α_j den Wert 1 ergibt. Daraus lässt sich der Break-even-Vektor über alle Produkte ableiten:

$$x = \alpha_1 \times x_{BEP1} + \alpha_2 \times x_{BEP2} + \ldots + \alpha_n \times x_{BEPn}$$

mit $\alpha_j \geq 0$; $\sum\limits_{j=1}^{n} \alpha_j = 1$

Beispiel 8.9

Ein Beispiel soll diese Vorgehensweise nochmals verdeutlichen (vgl. dazu Ewert/Wagenhofer [2005], S. 214 f.):

Ein Unternehmen fertigt vier Produkte mit den Stückdeckungsbeiträgen

$d_1 = 80$; $d_2 = 60$; $d_3 = 20$ und $d_4 = 40$.

Die Unternehmensfixkosten betragen 120 000 EUR. Ein Gewinn soll nicht realisiert werden.

Für die einzelnen Produkte sind zunächst die jeweiligen isolierten Break-even-Mengen zu ermitteln, die sich bei Annahme einer alleinigen Produktion dieses Produkts ergeben würden. Bei Anwendung der einfachen Break-even-Formel aus Abschnitt 2 resultieren für die vier Produkte folgende Break-even-Mengen:

$x_{BEP1} = 1\ 500$; $x_{BEP2} = 2\ 000$; $x_{BEP3} = 6\ 000$; $x_{BEP4} = 3\ 000$

Der Break-even-Vektor stellt sich somit wie folgt dar:

$$\begin{bmatrix} x_{BEP1} \\ x_{BEP2} \\ x_{BEP3} \\ x_{BEP4} \end{bmatrix} = \alpha_1 \times \begin{bmatrix} 1\ 500 \\ 0 \\ 0 \\ 0 \end{bmatrix} + \alpha_2 \times \begin{bmatrix} 0 \\ 2\ 000 \\ 0 \\ 0 \end{bmatrix} + \alpha_3 \times \begin{bmatrix} 0 \\ 0 \\ 6\ 000 \\ 0 \end{bmatrix} + \alpha_4 \times \begin{bmatrix} 0 \\ 0 \\ 0 \\ 3\ 000 \end{bmatrix} = \begin{bmatrix} \alpha_1 \times 1\ 500 \\ \alpha_2 \times 2\ 000 \\ \alpha_3 \times 6\ 000 \\ \alpha_4 \times 3\ 000 \end{bmatrix}$$

Für zu wählende α_j kann damit die Break-even-Menge jedes Produkts bestimmt werden. Für gleiche Anteile der Produkte, d. h. $\alpha_i = 0{,}25$ ergibt sich bspw. für den Break-even-Vektor die Ausprägung:

$x_{BEP1} = 375$; $x_{BEP2} = 500$; $x_{BEP3} = 1\,500$; $x_{BEP4} = 750$.

Auf dieselbe Weise lassen sich auch die Anteilskoeffizienten bei gegebenem Break-even-Vektor bestimmen.
So sollte bei gleichen Daten und einem Break-even-Vektor mit

$x_{BEP1} = 300$; $x_{BEP2} = 400$; $x_{BEP3} = 3\,000$; $x_{BEP4} = 300$

folgende Produktaufteilung gewählt werden:

$$\alpha_1 = \frac{300}{1\,500} = 0{,}2; \quad \alpha_2 = \frac{400}{2\,000} = 0{,}2; \quad \alpha_3 = \frac{3\,000}{6\,000} = 0{,}5; \quad \alpha_4 = \frac{300}{3\,000} = 0{,}1$$

Die bisher dargestellte Vorgehensweise basiert auf der Annahme eines sicheren Produktmixes. Dieser kann jedoch auch einer Unsicherheit unterliegen. Um bei **unsicherem** Produktmix eine Streubreite des zu erwartenden Ergebnisses erhalten zu können, wird oftmals eine **pessimistische** und eine **optimistische** Variante der Break-even-Analyse verwendet (vgl. Ewert/Wagenhofer [2005], S. 215 ff.).

Unsicherer Produktmix

In der pessimistischen Variante werden die Produkte in aufsteigender Reihenfolge nach den individuellen Deckungsbeitrags-Umsatz-Relationen DB_j/U_j sortiert. Diese Kennzahl entspricht der Deckungsbeitragsintensität pro Einheit (d/p) (vgl. Abschnitte 3.1 und 3.2). Dabei wird davon ausgegangen, dass die Umsätze dieser Reihenfolge entsprechend erzielt werden.

Pessimistische Variante

Die ersten Umsätze werden somit ausschließlich durch das Produkt mit der niedrigsten Relation DB_j/U_j generiert. Dies wird so lange durchgeführt, bis dessen Absatzobergrenze oder Planmenge erreicht ist. Die über den Umsatz mit dem schlechtesten Produkt hinausgehenden Umsätze werden schließlich durch das zweitschlechteste Produkt erzielt, usw. Somit werden im Rahmen des Gesamtumsatzes lediglich die ungünstigsten Produkte abgesetzt. Falls keine (Absatzober-)Grenze angenommen wird, wird der Gesamtumsatz lediglich durch das „schlechteste" Produkt bestimmt.

In der optimistischen Variante werden die Produkte hingegen in umgekehrter, d. h. absteigender Reihenfolge entsprechend den individuellen Deckungsbeitrags-Umsatz-Relationen DB_j/U_j geordnet. Die ersten Umsätze werden daher durch das Produkt mit der höchsten Relation DB_j/U_j generiert. Auch hier wird erst nach Erreichen der Absatzobergrenze zum zweitbesten Produkt übergegangen.

Optimistische Variante

Diese Vorgehensweise ist in Abbildung 8.14 für den Fall dreier Produkte grafisch aufgezeigt. Die Produkte sind nach steigenden Deckungsbeitrags-Umsatz-Relationen geordnet, d. h. Produkt 1 verfügt über die niedrigste Deckungsbeitrags-Umsatz-Relation, Produkt 3 über die höchste. Es wird deutlich, dass der Break-even-Umsatz der pessimistischen Variante höher liegt als im optimistischen Fall.

Das Ergebnis der Umsatzrelation mit konstantem Produktmix liegt zwischen den Ergebnissen der pessimistischen und der optimistischen Variante.

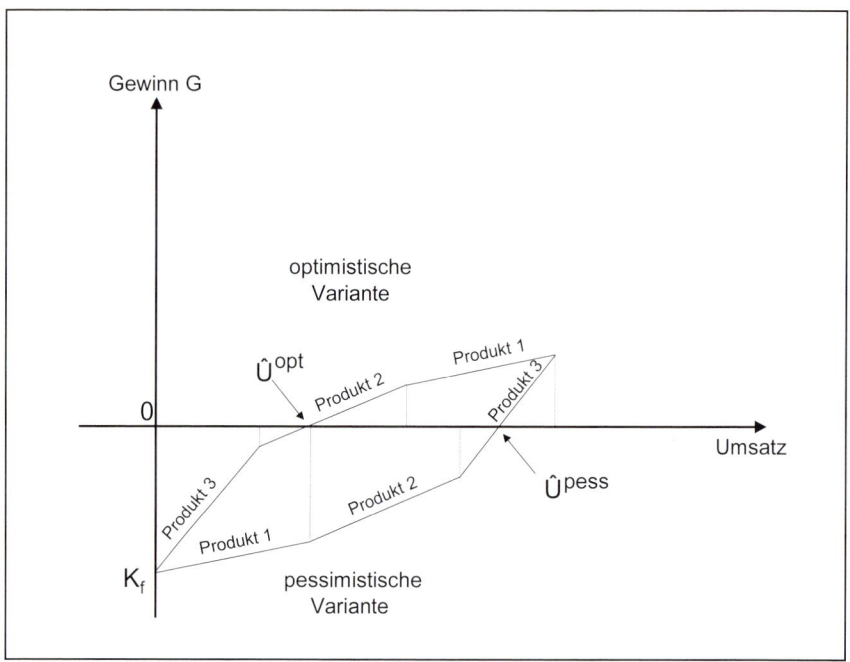

Abb. 8.14: Break-even-Umsatz bei drei Produkten und unsicherem Produktmix (vgl. Ewert/Wagenhofer [2005], S. 216)

4   Break-even-Analyse in der externen Unternehmensanalyse

Das Break-even-Modell kann auch in der externen Unternehmensanalyse nützliche Informationen liefern. Da es sich in den seltensten Fällen um ein Einproduktunternehmen handeln wird, muss das Break-even-Modell für den Mehrproduktfall Ausgangspunkt der Analyse sein. Es gilt (vgl. ähnlich Coenenberg [2005], S. 1120 f.; zur Herleitung siehe Abschnitt 3.1):

$$U_{BEP} = \frac{K_f}{1 - \dfrac{K_v}{U}}$$

Eine Schwierigkeit bei der Anwendung der Break-even-Analyse im Rahmen externer Unternehmensanalysen besteht in der Notwendigkeit einer Trennung von variablen und fixen Kostenbestandteilen (vgl. Coenenberg [2005], S. 1121 f.). Ohne Abgrenzungsprobleme und damit eindeutig kann lediglich der Materialaufwand (Position 5a der GuV nach dem Gesamtkostenverfahren in: „Aufwendungen für Roh-, Hilfs- und Betriebsstoffe und für bezogene Waren" und Position 5b der GuV nach dem Gesamtkostenverfahren: „Aufwendungen für bezogene Leistungen") als variabel klassifiziert werden, soweit dieser nicht (zu kürzende) Abschreibungen auf Vorräte enthält (vgl. hierzu § 275 II HGB). Mangels näherer Anhaltspunkte sind alle anderen betriebsbedingten Aufwendungen als fix zu betrachten. Dazu zählen die Personalaufwendungen (Position 6a und 6b der GuV nach dem Gesamtkostenverfahren), die betriebsbedingten Abschreibungen auf immaterielle Anlagewerte und Sachanlagen einschließlich der außerplanmäßigen Abschreibungen (Position 7a und 7c der GuV nach dem Gesamtkostenverfahren), die sonstigen betrieblichen Aufwendungen (ohne die Liquidations- und Bewertungsverluste, Position 8 der GuV nach dem Gesamtkostenverfahren) und die sonstigen Steuern (Position 19 der GuV nach dem Gesamtkostenverfahren). Nach IAS/IFRS ist das Gesamtkostenverfahren zwar zulässig, aber von untergeordneter Bedeutung (vgl. Coenenberg [2005], S. 1122 f.). Im Gliederungsvorschlag nach IAS 1.IG Part A erfolgt nach dem Gesamtkostenverfahren eine Ergebnisspaltung entsprechend dem HGB üblichen Konzept.

Probleme

Für den eindeutig als variablen Kostenbestandteil zu klassifizierenden Materialkostenanteil M

$$M = \frac{\text{Materialaufwand}}{\text{Umsatz}}$$

ergibt sich dann die Gewinnschwellengleichung (F enthält alle als nicht variabel klassifizierten Aufwendungen):

$$U_{BEP} = \frac{F}{1 - M}$$

Diese Gewinnschwelle lässt sich auch bei Anwendung des Umsatzkostenverfahrens in vergleichbarer Weise ermitteln, da einerseits die Material- und Personalaufwendungen gem. § 285 Nr. 8 HGB dem Anhang zu entnehmen sind, andererseits die allein auf steuerlichen Vorschriften beruhenden Abschreibungen in Anlage- und Umlaufvermögen unabhängig von der Wahl des GuV-Gliederungsschemas angabepflichtig sind. Die Break-even-Analyse wäre unmittelbar aus der Umsatzkostenrechnung ableitbar, wenn diese nach dem Grenzkostenprinzip durchgeführt würde. Dies gilt auch nach IAS/IFRS, da gem. IAS 1.93 eine Angabe z. B. des

Umsatzkostenverfahren

Personalaufwands oder der Abschreibungen im Anhang vorgeschrieben ist.

Infolge der erwähnten Voraussetzungen des Modells und der bei externen Analysen zusätzlichen Ungenauigkeiten kann die Benutzung dieser Break-even-Gleichung allerdings nur zu einer näherungsweisen Schätzung der Gewinnschwelle führen. Die Anwendung einer solchen Gewinnschwellenanalyse erscheint im Rahmen der Bilanzanalyse insbesondere dann relevant, wenn während des Jahres monatliche Umsatzzahlen bekanntgegeben werden. Mittels der aus der letzten GuV entnommenen Größen F und M kann dann ergänzend die Risikoentwicklung unter Zugrundelegung des Sicherheitskoeffizienten

$$S = \frac{U_{(Monat)} - \dfrac{U_{BEP}}{12}}{U_{(Monat)}}$$

näherungsweise abgeschätzt werden.

5 Kritische Beurteilung der Break-even-Analyse

Folgende methodische Einwände und Probleme sind bei der Anwendung der Break-even-Analyse zu berücksichtigen:

1) Die Komponenten der Break-even-Analyse sind durch die Kosten und die Erlöse gegeben. Für beide Komponenten gelten implizit folgende Prämissen:

Beide Größen lassen sich auf eine einzige, identische Einflussgröße zurückführen:

Diese Einflussgröße ist die Beschäftigung (d. h. die Ausbringungsmenge). Andere mögliche Einflussfaktoren, wie produktionstechnische Größen, Beschaffungs- und Verkaufspreise, Lagerbestandsänderungen, werden damit nicht berücksichtigt. Ihr Einfluss wird als konstant, als vernachlässigbar oder als bereits indirekt (über die Beschäftigung) erfasst unterstellt.

Die Kosten lassen sich in einen variablen (beschäftigungsabhängigen) und einen fixen (beschäftigungsunabhängigen) Teil zerlegen. Die Fixkosten sind voll mengenunabhängig, d. h. Sprünge (intervallfixe Kosten), z. B. bei Einführung von Zusatzschichten, werden in der Break-even-Analyse nicht erfasst. Für die variablen Kosten sowie für die Erlöse gilt eine proportionale Abhängigkeit von der Einflussgröße. Es ergeben sich somit **lineare** Funktionen für Kosten und Erlöse.

2) Gewinnstreben bildet ein vorrangiges Ziel im Zielsystem des Unternehmens, so dass eine Gewinnschwellenanalyse zweckmäßig ist.

3) Alle Daten und Funktionen des Modells haben statischen Charakter. Veränderungen innerhalb einer Betrachtungsperiode oder mehrperiodige Entwicklungen werden nicht berücksichtigt. Ein weiteres Problem ist darin zu sehen, dass die Fixkosten (sowohl produktspezifische Fixkosten als auch Unternehmensfixkosten) in der Praxis nicht immer eindeutig dem Betrachtungszeitraum zugerechnet werden können. *Einzelperiode*

4) Für die Mehrproduktbetrachtung ergeben sich noch zwei zusätzliche Einschränkungen: *Mehrprodukt-betrachtung*

   Die Analyse geht von der Voraussetzung aus, dass das einmal festgelegte Verhältnis der Absatzmengen über den gesamten Umsatzverlauf hinweg gleich bleibt. Eine andere Verteilung der Absatzmengen führt zu einer Veränderung des durchschnittlichen Verkaufspreises und der durchschnittlichen variablen Kosten pro Stück und damit zu einer Verschiebung des Break-even-Punkts.

5) Die Wahl des Verhältnisses Deckungsbeitrag/Umsatz (= Deckungsbeitragsintensität) als Reihenfolgekriterium kann zu der Annahme führen, dass die Produkte in der dargestellten Reihenfolge auch produziert werden sollen. Diese Überlegung kann vielleicht zweckmäßig sein, wenn im Betrieb als Fertigungsverfahren eine Sukzessivproduktion vorgesehen ist, jedoch nicht, wenn die Produktionsverhältnisse auch eine Parallel-, Simultan- oder Alternativproduktion zulassen. *Produktions-verhältnisse*

   Eine Entscheidung über die Produktionsmenge der Erzeugnisse kann sinnvoll nur nach Maßgabe der absoluten Produktdeckungsbeiträge erfolgen oder – bei vorhandenen Engpässen – anhand von engpassbezogenen Deckungsbeiträgen festgelegt werden (siehe hierzu das folgende Kapitel 9).

6   Kontrollfragen

1) Welche Ausgangsdaten müssen bekannt sein, damit im Unternehmen eine Break-even-Analyse durchgeführt werden kann?
2) Wie lautet die Gleichung zur Bestimmung der Break-even-Menge?
3) Wie ist der Sicherheitskoeffizient zu interpretieren?
4) Beurteilen Sie den Aussagegehalt des betrieblichen Kapazitätsgrades!
5) Wie kann der Fixkostenblock eines Unternehmens mit Hilfe des Break-even-Modells detaillierter untersucht werden?
6) Welche Ansatzpunkte bietet das Break-even-Modell, um die Auswirkungen von Verteuerungen der betrieblichen Kosten zu analysieren?
7) Welche Ansatzpunkte bietet das Break-even-Modell, um die Auswirkungen von Änderungen der Verkaufspreise zu untersuchen?
8) Welche grundsätzlichen Maßnahmen empfiehlt das Break-even-Modell, um die Rentabilität der hergestellten Produkte zu erhalten bzw. weiter zu verbessern?
9) Was ist unter der durchschnittlichen Deckungsbeitragsintensität zu verstehen?
10) Erläutern Sie das Grundprinzip der stochastischen Break-even-Analyse!
11) Stellen Sie die Vorgehensweise der globalen Fixkostenbehandlung im Rahmen der Break-even-Analyse von Mehrproduktunternehmen dar!
12) Wodurch unterscheiden sich globale und differenzierte Fixkostenbehandlung bei der Break-even-Analyse im Mehrproduktunternehmen?
13) Welche Informationen bietet eine Break-even-Analyse bei variabler Produktmischung?
14) Wie können anhand einer Vektordarstellung die Break-even-Mengen im Mehrproduktfall berechnet werden?
15) Beschreiben Sie kurz die wichtigsten Anwendungsgebiete des Break-even-Modells in der externen Unternehmensanalyse!
16) Stellen Sie kurz einige der methodischen Einwände und Probleme dar, die bei Anwendung der Break-even-Analyse zu berücksichtigen sind!

7   Abkürzungsverzeichnis

$\varnothing d$	durchschnittlicher Deckungsbeitrag
$\varnothing k_v$	durchschnittliche variable Kosten
$\varnothing p$	durchschnittlicher Preis
α_j	Anteil des Produktes j am Gesamtabsatz
A	Abschreibungen
a_{ij}	Belegungskoeffizienten
b_i	verfügbare Kapazität
d	Deckungsbeitrag/Stück
DB	Deckungsbeitrag

d_j	Produktstückdeckungsbeiträge
$E[G]$	Erwarteter Gewinn
$E[X]$	Erwartete Absatzmenge
$F(x)$	Verteilungsfunktion
G	Gewinn
G_{min}	Mindestgewinn
$g(x)$	Zielfunktion
K	Kosten
K_f	fixe Kosten
KG	Kapazitätsgrad
K_v	gesamte variable Kosten
k_v	variable Stückkosten
L	Linearkombination
M	Materialkostenanteil, Materialaufwand in der GuV
$P(x)$	Wahrscheinlichkeitsfunktion
p	Preis pro Erzeugniseinheit
S	Sicherheitskoeffizient
U	Umsatz
U_{BEP}	Break-even-Umsatz
x_{BEP}	Absatzmenge im Break-even-Point
x_i, x_j	Menge der verkauften Einheiten von Produkt i bzw. j
x_{Ist}	Absatzmenge bei Ist-Kapazitätsauslastung
x_{unten}	Untere Grenze einer Gleichverteilung
x_{oben}	Obere Grenze einer Gleichverteilung

8 Literaturhinweise

Coenenberg, A. G. (1967): Die Berücksichtigung des Absatzrisikos im Break-even-Modell, in: Betriebswirtschaftliche Forschung und Praxis 1967, S. 343-355.

Coenenberg, A. G. (2005): Jahresabschluss und Jahresabschlussanalyse, 20. Aufl., Stuttgart 2005.

Dierkes, S. (2005): Break-Even-Analyse und Risiko: Eine kapitalmarktorientierte Analyse, in: Zeitschrift für Betriebswirtschaft 2005, S. 717-739.

Ewert, R./Wagenhofer, A. (2005): Interne Unternehmensrechnung, 6. Aufl., Berlin 2005.

Kleinebeckel, H. (1976a): Break-Even-Analysen, in: Zeitschrift für betriebswirtschaftliche Forschung – Kontaktstudium 1976, S. 51-58.

Kleinebeckel, H. (1976b): Break-Even-Analysen für Planung und Plan-Ist-Berichterstattung, in: Zeitschrift für betriebswirtschaftliche Forschung – Kontaktstudium 1976, S. 117-124.

Schirmeister, R. (2000): Break-Even-Analyse, in: Fischer, T. M. (Hrsg.): Kosten-Controlling, Stuttgart 2000, S. 207-234.

Schweitzer, M./Trossmann, E. (1986): Break-Even-Analysen: Grundmodell, Varianten, Erweiterungen, Stuttgart 1986.

Kapitel 9
Entscheidungsorientierte Kostenbewertung und Programmplanung

1 Einführung

Der Vorstand eines Automobilunternehmens möchte im kommenden Geschäftsjahr die Absatzmenge deutlich steigern.

Die Leiterin der Controllingabteilung, Frau K. Osten, soll herausfinden, ob für die geplante Absatzmenge a) freie Produktionskapazitäten verfügbar sind oder b) hierzu aus dem bisherigen Produktionsprogramm bestimmte Fahrzeugtypen eliminiert werden müssten. Der Vorstand möchte die hieraus resultierenden Ergebniseinbußen so klein wie möglich halten. Frau K. Osten weiß, dass als erstes die sogenannten relevanten Kosten des geplanten Produktionsprogramms ermittelt werden müssen, also diejenigen Kosten, die von einer Entscheidung über eine betriebliche Maßnahme zusätzlich ausgelöst werden.

Die Schwierigkeit einer zutreffenden Ermittlung der relevanten Kosten ist darin begründet, dass zwischen den betrieblichen Entscheidungsvariablen einseitige oder wechselseitige Abhängigkeiten bestehen (können), deren Auswirkungen auf den Betriebserfolg untersucht und berücksichtigt werden müssen. Liegt z. B. eine in der Kapazität begrenzte Anlage vor, auf der mehrere Produkte gefertigt werden können, so führt der Einsatz des Aggregats für die Produktion eines Produkts zwangsläufig dazu, dass auf die Produktion anderer Produkte zumindest in gewissem Umfang verzichtet werden muss.

Um diesen Nutzenentgang messen zu können, müssen Opportunitätskosten ermittelt werden, die je nach Zielvariablen unterschiedlich ausgestaltet sein können. So ist es möglich, dass der Nutzen als entgangener Gewinn, Deckungsbeitrag, Umsatz oder auch als entgangene Rentabilität interpretiert wird.

Die Bestimmung der Opportunitätskosten erfolgt unter Berücksichtigung von im Unternehmen vorhandenen Kapazitätsengpässen. Dabei unterscheidet man zwischen inputbezogenen und outputbezogenen Opportunitätskosten, sofern nur eine Restriktion vorliegt. Sind mehrere Engpässe vorhanden, so wird auf ein Simultanmodell zurückgegriffen.

In den nachfolgenden Ausführungen werden Antworten auf folgende Fragen gegeben:

- Wie erfolgt die Kostenbewertung bei Interdependenzen zwischen den Einsatzfaktoren?
- Was versteht man unter dem Begriff der Opportunitätskosten?
- Mit Hilfe welcher Methoden lassen sich die erfolgsmaximierenden Produktionsmengen der vom Unternehmen angebotenen Produkte bestimmen?
- Welche Leistungstiefe sollte ein Unternehmen haben und welche Faktoren spielen bei deren Festlegung eine Rolle?
- Welche Aufgaben sollten innerhalb der Organisation eines Unternehmens zentral oder dezentral verankert werden?

2 Kostenbewertung bei Interdependenzen

Sachliche Interdependenzen

Betriebliche Entscheidungen können durch vielfältige (sachliche) Interdependenzen beeinflusst werden:

- Maßnahmen in den Bereichen Beschaffung, Produktion und Absatz sind voneinander abhängig und beeinflussen sich gegenseitig.
- Geplante Investitionsvorhaben konkurrieren um (knappe) betriebliche Finanzmittel.
- Verschiedene Produkte des gleichen Unternehmens stehen am Markt in Konkurrenz.
- Verschiedene Produkte werden auf denselben Produktionsanlagen bzw. Maschinen gefertigt, und die Gesamtnachfrage ist größer als die verfügbare Kapazität.

In allen genannten Beispielen muss bei isolierter Betrachtung eines (Teil-)Bereichs berücksichtigt werden, dass sich für knappe Produktionsfaktoren konkurrierende Verwendungsmöglichkeiten anbieten. Insofern kommt bei Vorliegen von Interdependenzen zwischen den Einsatzfaktoren der Kostenbewertung eine entscheidende Bedeutung für die Steuerung des Unternehmens zu.

2.1 Begriff der Opportunitätskosten

Bei der Entscheidungsfindung sollte immer angegeben werden können, wie groß bei Verdrängung einer Alternative zugunsten einer anderen Alternative der zwangsläufig resultierende Nutzenentgang ist. Dies geschieht mittels sog. **Opportunitätskosten**. Wenn die Opportunitätskosten der gewählten Alternative an dem Nutzen der besten nicht gewählten Verwendung gemessen werden, sind sie je nach der Zielfunktion unterschiedlich zu erklären. Im Fall der Gewinn- oder Deckungsbeitragsmaximierung ist der Nutzen als entgangener Gewinn bzw. Deckungsbeitrag, im Fall der Umsatzmaximierung als entgangener Umsatz, im Fall der Rentabilitätsmaximierung als entgangene Rentabilität zu deuten. Das Bewertungskalkül der Opportunitätskosten hängt somit von der Zielvariablen ab.

Opportunitäts-
kosten

Die folgenden Ausführungen beschränken sich modellhaft auf den Fall der Gewinn- bzw. Deckungsbeitragsmaximierung. Dabei geht es um die grundsätzlichen Fragen der Bestimmung von Opportunitätskosten bei Vorliegen von einem oder mehreren Kapazitätsengpässen. Spezielle Anwendungen werden später in den Kapiteln zur Bestimmung von Preisuntergrenzen (vgl. Kapitel 10) sowie zur Ermittlung von Verrechnungspreisen (vgl. Kapitel 18) gegeben.

Gewinn- bzw.
Deckungsbei-
tragsmaximie-
rung

Beispiel 9.1

Anhand eines einfachen Zahlenbeispiels sollen drei Produkte P_i ($i = 1, 2, 3$) analysiert werden.

P_i	1	2	3
Preis (p_i)	21	17	12
- var. Kosten (k_{vi})	13	10	8
= Deckungsbeitrag (d_i)	8	7	4
fixe Kosten (K_f)	4 000		

Für den Fall, dass die Produktions- bzw. Absatzmengen der Produkte x_i nicht beschränkt sind, ist das Produkt zu bevorzugen, das den höchsten Deckungsbeitrag erbringt. Im Beispiel ergibt sich damit folgende Rangordnung der Stückdeckungsbeiträge:

Stückdeckungs-
beiträge

$$d_1 > d_2 > d_3$$

Im Folgenden wird untersucht, wie sich eine Beschränkung in den Produktions- bzw. Absatzkapazitäten auf die Rangfolge der angebotenen Produkte auswirken würde.

2.2   Kalkulation bei Vorliegen einer Restriktion

Beispiel 9.2
Restriktion im
Produktionsbe-
reich

In Ergänzung zu den Daten aus obigem Beispiel sei angenommen, dass zur Herstellung der drei Produkte eine Maschine erforderlich sei, deren Kapazität (B_1) auf 2 000 Stunden begrenzt ist. Die Kapazitätsbeanspruchung durch die einzelnen Produkte (b_{1i}) und die maximal zulässigen Produktionsmengen der drei Produkte (x_i) können der folgenden Aufstellung entnommen werden:

P_i	1	2	3	B_1
b_{1i}	2	1	0,5	2 000 Std.
$\max\ x_i = \dfrac{B_1}{b_{1i}}$	1 000	2 000	4 000	

Welche Produktionsmengen sollten von den drei Produkten hergestellt werden, um das Betriebsergebnis zu optimieren?

2.2.1   Kalkulation mit Stückgewinnen

Stückgewinne

Ein nahe liegender Ansatz zur Lösung des vorstehenden Engpassproblems wäre, die Produkte in der Reihenfolge ihrer Stückgewinne (g_i), d. h. Deckungsbeiträge pro Stück abzüglich stückbezogener Fixkosten (k_{fi}), zu produzieren.

Beispiel 9.3

Für den Fall, dass sich die gesamten Fixkosten weiterhin auf $K_f = 4 000,-$ EUR belaufen, ergibt sich folgende Rechnung:

P_i	1	2	3
d_i	8	7	4
$-k_{fi} = \dfrac{K_f}{\max\ x_i}$	$\dfrac{4\ 000}{1\ 000} = 4$	$\dfrac{4\ 000}{2\ 000} = 2$	$\dfrac{4\ 000}{4\ 000} = 1$
$= g_i$	4	5	3

Daraus resultiert folgende Präferenzordnung der Stückgewinne der drei Produkte:

$$g_2 > g_1 > g_3$$

Problematisch ist, dass im hier vorliegenden Fall einer Kapazitätsrestriktion weder die alleinige Betrachtung der Stückdeckungsbeiträge noch die Betrachtung der Stückgewinne zu einer richtigen Entscheidung führen würde, da durch sie das Gewinnmaximum nicht erreicht wird. Der Gewinn pro Produkt (G_i) ergibt sich im vorliegenden Beispiel vielmehr erst durch die Berücksichtigung der produktspezifischen Belegung des Kapazitätsengpasses B_1 und der dadurch begrenzten Outputmengen (B_1/b_{1i}) der einzelnen Produkte:

$$G_i = d_i \times \frac{B_1}{b_{1i}} - K_f$$

$$\text{für } i = 1, 2, 3$$

Für die drei betrachteten Produkte ergeben sich folgende Gewinne G_i

Beispiel 9.4

P_i	1	2	3
$d_i \times \dfrac{B_1}{b_{1i}}$	$8 \times \dfrac{2\,000}{2} = 8\,000$	$7 \times \dfrac{2\,000}{1} = 14\,000$	$4 \times \dfrac{2\,000}{0,5} = 16\,000$
$- K_f$	4 000	4 000	4 000
$= G_i$	4 000	10 000	12 000

Damit erhält man folgende Präferenzordnung, die gleichzeitig auch zum betrieblichen Gewinnmaximum führt:

$$G_3 > G_2 > G_1$$

2.2.2 Kalkulation mit Opportunitätskosten

Damit für kapazitätsbezogene Entscheidungsrechnungen nicht immer der Umweg über das Gewinnkalkül nötig ist, gilt es, allgemeine Kennzahlen der Förderungswürdigkeit zu entwickeln. Dies geschieht über sog. Opportunitätskosten, die man auf den betrieblichen Input (Einheit des Engpassfaktors) bzw. den Output (Produkteinheit) beziehen kann, wie Abbildung 9.1 verdeutlicht:

Systematisierung

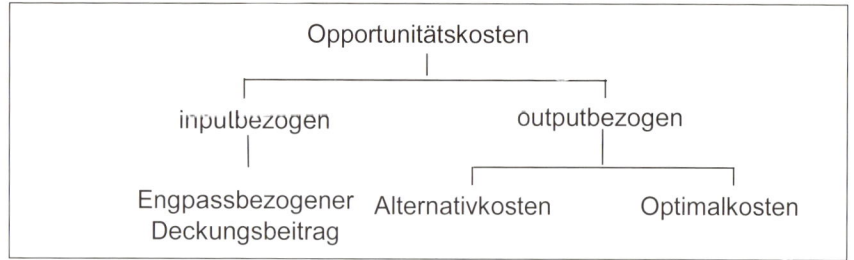

Abb. 9.1: Systematisierung der Opportunitätskosten

Die vorstehende Systematisierung wird im Folgenden näher erläutert.

2.2.2.1 Inputbezogene Opportunitätskosten

Inputbezogene
Opportunitäts-
kosten

Wenn verschiedene Verwendungsmöglichkeiten (Produkte) um den Einsatz eines knappen Produktionsfaktors konkurrieren, geht es darum, den betreffenden Faktor j für diejenige Verwendungsmöglichkeit i einzusetzen, die je Einheit des Engpassfaktors das beste Ergebnis erbringt. Es geht hier also darum, die Deckungsbeiträge der verschiedenen Produktalternativen auf die Einheit der Engpassbelastung zu beziehen. Da nach der Ergiebigkeit des Inputs (Engpassfaktors) gefragt wird, soll aus Gründen der Klarheit hier von inputbezogenen Opportunitätskosten (= Deckungsbeiträge je Einheit der Engpassbelastung) gesprochen werden.

Aus der oben bereits eingeführten Gleichung zur Bestimmung des produktbezogenen Gewinns G_i kann man die inputbezogenen Opportunitätskosten w_{ji} auch dadurch bestimmen, dass man alle konstanten Größen, die sich zwischen den einzelnen Produktalternativen nicht unterscheiden (die keinen Index i haben), eliminiert.

Die Gleichung zur Bestimmung des produktbezogenen Gewinns lautet:

$$G_i = d_i \times x_i - K_f$$

$$= d_i \times \frac{B_j}{b_{ji}} - K_f$$

Damit ergeben sich die inputbezogenen Opportunitätskosten zu

$$w_{ji} = \frac{d_i}{b_{ji}}$$

Da im Beispiel bislang nur eine Kapazitätsrestriktion untersucht wurde, gilt folglich j = 1. Für die drei betrachteten Produkte folgt:

Beispiel 9.5

P_i	1	2	3
$w_{1i} = \dfrac{d_i}{b_{1i}}$	$\dfrac{8}{2} = 4$	$\dfrac{7}{1} = 7$	$\dfrac{4}{0{,}5} = 8$

Damit ergibt sich als Rangfolge der inputbezogenen Opportunitätskosten

$$w_{13} > w_{12} > w_{11}$$

Die Rangfolge entspricht der oben durchgeführten produktbezogenen Gewinnbetrachtung. Allerdings ist letztere in ihrer praktischen Durchführung aufwendiger als die Bestimmung von inputbezogenen Opportunitätskosten.

Das Produktionsprogramm lautet: Produziere bis zur Kapazitätsgrenze das gewinnbeste Produkt (hier: P_3), d. h.

$$x_3 = \frac{B_1}{b_{13}} = \frac{2\,000}{0{,}5} = 4\,000 \text{ St.}$$

Falls eine Absatzbeschränkung $X_3 < (B_1 / b_{13})$ vorliegt, so ist die freiwerdende Überschusskapazität mit dem nächstbesten Produkt (hier: P_2) auszulasten usw..

Absatz-
beschränkung

Für beispielhaft angenommene Absatzbeschränkungen $X_3 \leq 3\,000$ Stück und $X_2 \leq 1\,000$ Stück würde sich das in Abbildung 9.2 dargestellte Produktionsmengendiagramm ergeben.

Beispiel 9.6

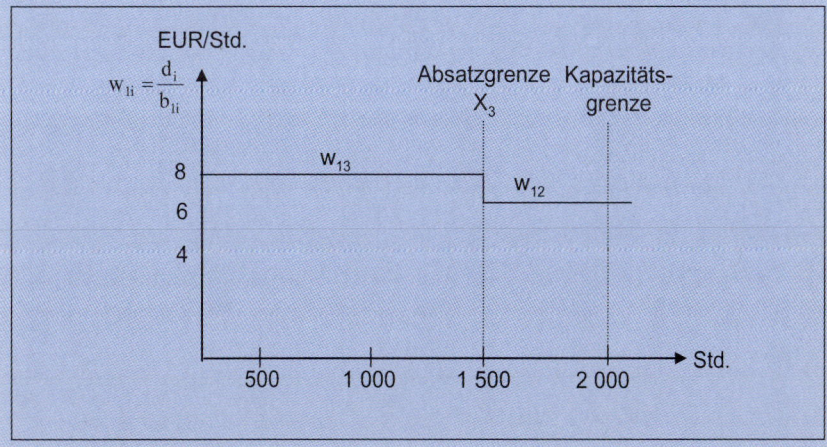

Abb. 9.2: Produktionsmengendiagramm bei Absatzbeschränkungen

"Schattenpreise"

> Die ersten 1 500 Kapazitätseinheiten wurden mit P_3 bis zu dessen Absatzgrenze ausgelastet ($b_{13} \times X_3 = 0,5$ Std./St. $\times$ 3 000 St. = 1 500 Std.).
> Die verbleibenden 500 Kapazitätseinheiten werden dann mit der Produktion von 500 Einheiten P_2 ausgelastet.
> Die Opportunitätskostenkurve gibt die zusätzlichen Deckungsbeiträge an, die bei einer Kapazitätserweiterung entstehen würden (Schattenpreise), solange nicht die Absatzgrenzen, z. B. $X_3 \leq 3\,000$ Stück, den Wechsel auf ein anderes Produkt bedingen.
> Die Bewertung der Produktionsrestriktion an ihrer Kapazitätsgrenze (hier: $B_1 = 2\,000$ Std.) leitet sich aus den Opportunitätskosten der zuletzt produzierten Produkteinheit (hier: P_2) ab.

2.2.2.2 Outputbezogene Opportunitätskosten

Outputbezogene Opportunitätskosten

Outputbezogene Opportunitätskosten liegen vor, wenn der relevante Zielbeitrag (hier: Deckungsbeitrag) nicht auf die Einheit des Engpassfaktors (z. B. Maschinenstunden), sondern auf die Outputeinheit (Produkteinheit, im folgenden Beispiel: Stück) bezogen wird.

Je nach Bestimmung des relevanten Zielbeitrags sind zwei Fälle zu unterscheiden:

1) Alternativkosten
2) Optimalkosten

1) Gewinnentgang der besten verdrängten Produktalternative als Opportunitätskosten (Alternativkosten η_i)

Beispiel 9.7

Alternativkosten

> Zunächst soll von der Annahme unbeschränkter Absatzmöglichkeiten der Produkte 1 bis 3 ausgegangen werden. Für diesen Fall ist die knappe Kapazität, wie gezeigt wurde, ausschließlich mit P_3 zu belegen, weil auf diese Weise je Einheit des Inputfaktors der größte Ertrag erzielt werden kann. Zum gleichen Ergebnis gelangt man mit einer Ertragsanalyse der produktspezifischen Outputeinheiten.
> Wenn ausschließlich P_3 gefertigt wird, so bedeutet dies infolge des Bestehens einer Engpasskapazität, dass auf die Produktion von P_1 und P_2 verzichtet werden muss und somit ein Gewinnentgang entsteht. Der maximal je Einheit des produzierten Produkts entstehende Gewinnentgang entspricht den Opportunitätskosten des produzierten Produkts. Wird eine Einheit P_3 weniger gefertigt, so bedeutet dies eine Freisetzung von verfügbarer Kapazität in Höhe von $b_{13} = 0,5$ Std. Diese freigesetzte Kapazität kann wegen $b_{12} = 1$ Std.

zur Herstellung einer halben Einheit des (bezüglich des engpassbezogenen Deckungsbeitrags zweitbesten) Produkts P_2 eingesetzt werden. Damit würde zusätzlich ein Deckungsbeitrag in Höhe von $d_2 = 0,5$ Std. $\times$ 7,– EUR/Std. = 3,50 EUR erzielt. Die Opportunitätskosten in Bezug auf eine Einheit des Produkts P_3 betragen also 3,50 EUR. Allgemein ergeben sich die produktbezogenen Opportunitätskosten des Produkts i wie folgt:

$$\eta_i = \max_k \left\{ \frac{d_k}{b_{jk}} \right\} \times b_{1i}$$

$$= \max_k \left\{ w_{jk} \right\} \times b_{ji}$$

$$\text{für } i, k = 1, ..., n; i \neq k$$

Beim Rechnen mit Alternativkosten (η_i), die auf sich gegenseitig ausschließenden Alternativen – im Beispiel sind das wegen fehlender Absatzbeschränkungen die Produkte P_1, P_2 und P_3 – basieren, sind die outputbezogenen Opportunitätskosten η_i aus dem Zielbeitrag der besten, nicht mehr zum Zuge gekommenen Verwendungsmöglichkeit abzuleiten.

$$\eta_1 = \max \left\{ w_{12}; w_{13} \right\} \times b_{1j}$$

$$= \max \left\{ \frac{7}{1}; \frac{4}{0,5} \right\} \times 2 = 16,- \text{EUR}$$

$$\eta_2 = \max \left\{ w_{11}; w_{13} \right\} \times b_{12}$$

$$= \max \left\{ \frac{8}{2}; \frac{4}{0,5} \right\} \times 1 = 8,- \text{EUR}$$

$$\eta_3 = \max \left\{ w_{11}; w_{12} \right\} \times b_{13}$$

$$= \max \left\{ \frac{8}{2}; \frac{7}{1} \right\} \times 0,5 = 3,50 \text{ EUR}$$

P_i	1	2	3
d_i	8	7	4
$- \eta_i$	16	8	3,5
= Opportunitätsverlust	–8	–1	0,5

P_3 erwirtschaftet als bestes Produkt gegenüber dem nächstbesten Produkt P_2 einen Überschuss je Einheit in Höhe von 0,50 EUR. Würde P_2 produziert werden, so würde sich infolge des Verzichts auf die Deckungsbeiträge pro Stunde von P_3 (1 Std. × (2 × 4,– EUR/Std.) = 8,– EUR) ein Opportunitätsverlust in Höhe von 1,– EUR je Einheit von P_2 ergeben.

Falls P_1 anstelle von P_3 hergestellt werden würde, so würde sich infolge des Verzichts auf die während der Produktion von P_1 erzielbaren Deckungsbeiträge von P_3 (2 Std. × (2 × 4,– EUR/Std.) = 16,– EUR) ein Opportunitätsverlust in Höhe von 8,– EUR je Einheit von P_1 ergeben.

Bei diesen produktbezogenen Opportunitätskosten wird dem jeweils zu kalkulierenden Produkt zusätzlich zu den Grenzkosten derjenige Gewinnentgang angelastet, der entstehen würde, wenn das zu kalkulierende Produkt realisiert wird und dadurch infolge knapper Kapazität auf das beste Produkt zu verzichten ist. Aus diesem Grunde können diese Opportunitätskostensätze auch als Alternativopportunitätskosten oder kurz Alternativkosten bezeichnet werden.

2) Gewinnentgang der Optimallösung als Opportunitätskosten (Optimal-Opportunitätskosten $\in_i$)

Optimal-Opportunitätskosten

Es wird jeweils von einer optimalen Lösung ausgehend gerechnet. Bezeichnet man den Opportunitätskostensatz des Faktors j der optimalen Lösung des Produktionsplanungsproblems mit $w_j{}^*$, so ergibt sich der produktbezogene Opportunitätskostensatz $\in_i$ des Produkts i auf Basis der input- bzw. faktorbezogenen Optimal-Opportunitätskosten.

$$\in_i = \max_k \{w_{jk}\} \times b_{ji}$$
$$= w_j{}^* \times b_{ji}$$
$$\text{für } i, k = 1, ..., n$$

$\in_i$ zeigt den Deckungsbeitrag, der pro Einheit des Produkts Pi erwirtschaftet werden müsste, um das Gesamtergebnis bei Verzicht auf die Produktion des verdrängten Produkts mit dem höchsten engpassbezogenen Deckungsbeitrag nicht zu verschlechtern.

Opportunitätsverlust

Die Differenz der Optimalkosten $\in_i$ zum Deckungsbeitrag d_i ergibt den Opportunitätsverlust oder -schaden t_i, der im Vergleich zur optimalen Lösung bei Realisierung des Produkts i entsteht:

$$t_i = d_i - \in_i$$

Dieses Konzept sei nun auf das Beispiel angewendet.

2a) Optimalkosten ohne Absatzrestriktion

Der Optimal-Opportunitätskostensatz $w_i^* = w_1^*$ entspricht hier dem Opportunitätskostensatz der dritten Produktalternative w_{13}. Damit gilt:

$$w_1^* = w_{13} = 8,- \text{ EUR/Std.}$$

P_i	1	2	3
d_i $-\epsilon_i = w_1^* \times b_{1i}$	8 $8 \times 2 = 16$	7 $8 \times 1 = 8$	4 $8 \times 0,5 = 4$
$= t_i$	-8	-1	0

Nichtoptimale Lösungen zeigen einen Opportunitätsverlust (hier: P_1 und P_2). Die Opportunitätsverluste t_i zeigen, welche Verluste sich pro Einheit P_i ergeben, wenn vom Optimum P_3 abgewichen wird. Optimale Lösungen (hier: P_3) haben keinen Opportunitätsverlust (= Optimalitätskriterium der Simplexmethode).

Die drei Produktalternativen werden mit folgenden Absatzmengen produziert: $x_3 = 4\,000$ Stück, x_2, $x_1 = 0$ Stück.

2b) Optimalkosten mit Absatzrestriktionen

Die Produktionskapazität sei weiterhin auf 2 000 Std. beschränkt. Zusätzlich sollen folgende Absatzrestriktionen gelten: $X_2 \leq 1\,000$ Stück und $X_3 \leq 3\,000$ Stück.

Der Optimal-Opportunitätskostensatz w_1^* entspricht hier dem Opportunitätskostensatz der zweiten Produktalternative w_{12}. Damit gilt:
$$w_1^* = w_{12} = 7,- \text{ EUR/Std.}$$

P_i	1	2	3
d_i $-\epsilon_i = w_1^* \times b_{1i}$	8 $7 \times 2 = 14$	7 $7 \times 1 = 7$	4 $7 \times 0,5 = 3,5$
$= t_i$	-6	0	0,5

Das Produkt mit dem geringsten Opportunitätsverlust t_i wird bis zu seiner Absatzgrenze produziert (hier: P_3).

Falls Kapazitäten ungenutzt bleiben, sollte zusätzlich das Produkt mit dem zweit-niedrigsten Opportunitätsverlust (hier: P_2) produziert werden. Entsprechend ergeben sich die Produktionsmengen zu $x_3 = 3\,000$ Stück, $x_2 = 500$ Stück, $x_1 = 0$ Stück.

2.3 Kalkulation bei Vorliegen mehrerer Restriktionen

Bisher wurde in den Beispielen nur ein Engpass betrachtet:

$$B_j, j = 1$$

Nunmehr sind Entscheidungen bei gleichzeitigem Vorliegen mehrerer Engpässe zu betrachten:

$$B_j, j = 1, ..., m$$

Beispiel 9.10

Dies soll an einem Beispiel mit zwei Kapazitätsengpässen B_1 und B_2 verdeutlicht werden:

Bezüglich Engpass B_1 ist die Herstellung von P_3, bezüglich Engpass B_2 ist die Herstellung von P_2 vorteilhafter. Eine einfache Rangordnung der drei betrachteten Produkte, wie sie bei Vorliegen eines Engpasses noch möglich war, kann damit nicht mehr gebildet werden.

P_i	1	2	3	B_j
b_{1i}	2	1	0,5	2 000
b_{2i}	4	1	2	3 200
d_i	8	7	4	
w_{1i}	4	7	8	
w_{2i}	2	7	2	

Bei mehreren, gleichzeitig wirksamen Engpässen müssen die Beziehungen zwischen Engpassbelastungen, Deckungsbeiträgen, Kapazitäten etc. in einem simultanen Modell gleichzeitig betrachtet werden.

Aus Konventionsgründen wird der Opportunitätsverlust dabei positiv definiert. Dann gilt:

$$t_i = \in_i - d_i$$

Die Formel zur Bestimmung des Opportunitätsverlusts t_i muss entsprechend verallgemeinert werden:

bei 1 Engpass B_j, $j = 1$, gilt: $t_i = -d_i + w_j^* \times b_{ji}$

bei m Engpässen B_j, $j = 1, ..., m$, gilt: $t_i = -d_i + \sum_{j=1}^{m} w_j^* \times b_{ji}$

2.3.1 Aufstellen des Simultanmodells

Für die Aufstellung des Simultanmodells gibt es zwei Ansätze, die in Abbildung 9.3 zusammengefasst sind.

primal	dual
Zielfunktion: $\sum_{i=1}^{n} d_i \times x_i = G \to \max$	$\sum_{j=1}^{m} B_j \times w_j = K \to \min$
Nebenbedingungen: $\sum_{i=1}^{n} b_{ji} \times x_i \leq B_j$	$\sum_{j=1}^{m} b_{ji} \times w_j \geq d_j$
Durch Einführung von Schlupfvariablen lauten die Restriktionen:	Durch Einführung von Schlupfvariablen lauten die Restriktionen:
$\sum_{i=1}^{n} b_{ji} \times x_i + s_j = B_j$ $j = 1,...,m$ $x_i \geq 0, s_j \geq 0$	$\sum_{j=1}^{m} b_{ji} \times w_j - t_i = d_i$ $i = 1,...,n$ $w_j \geq 0, t_i \geq 0$

Abb. 9.3: Primaler und dualer Ansatz in der linearen Programmierung

Die Problemstellungen der beiden Ansätze zur Lösung eines linearen Planungsproblems lassen sich wie folgt charakterisieren:

1) Primal

Primaler Ansatz

In welchen Mengen (x_i) sollen die Produkte hergestellt werden, damit sich ein Maximum an Gewinn ergibt, wenn die dafür benötigten Produktionsfaktoren nur beschränkt in Höhe von B_j Einheiten vorhanden sind?

2) Dual

Dualer Ansatz

Wie sollen die Produktionsfaktoren je Faktoreinheit bewertet werden, damit der Einsatzwert der insgesamt eingesetzten Produktionsfaktoren ein Minimum ergibt, wenn die Produktionsfaktoren nur beschränkt verfügbar sind und ein bestimmter Deckungsbeitrag je Produkteinheit erzielbar ist? Der Formulierung des Duals ist anzusehen, dass über das Dual den Engpasskapazitäten (B_j) Werte (w_j) zugerechnet werden. Zielsetzung ist, diese zugerechneten Werte w_j, die als Knappheitspreise (Opportunitätskosten) der zugehörigen Produktionsfaktoren interpretiert werden können, zu minimieren. Die Lösung des Duals stimmt stets mit dem Ergebnis des primalen Problems überein. Hinzu kommt, dass mit der Lösung des Primals zugleich die optimalen Dualwerte angegeben werden (et vice versa). Die Werte der Dualvariablen (w_j^*) der optimalen Lösung werden auch als Schattenpreise bezeichnet. Es handelt sich um die Opportunitätskosten auf der Grundlage der optimalen Lösung. Die aus den Nebenbedingungen der optimalen Lösung des Duals errechneten Schlupfvariablen (t_i^*) sind die Opportunitätsverluste.

Beispiel 9.11

Anhand des um eine dritte Kapazitätsrestriktion (B_3) erweiterten Beispiels soll die Zielsetzung der beiden Ansätze verdeutlicht werden:

Ausgangsdaten der Kapazitätsrestriktionen:

P_i	1	2	3	B_j
b_{1i}	2	1	0,5	2 000
b_{2i}	4	1	2	3 200
b_{3i}	1	1	1	8 000

Aufstellen des primalen und dualen Programms:

primal	dual
$8 x_1 + 7 x_2 + 4 x_3 \rightarrow$ max	$2\,000\,w_1 + 3\,200\,w_2$
	$+ 8\,000\,w_3 \rightarrow$ min
$2 x_1 + 1 x_2 + \tfrac{1}{2} x_3 + s_1 = 2\,000$	$2 w_1 + 4 w_2 + 1 w_3 - t_1 = 8$
$4 x_1 + 1 x_2 + 2 x_3 + s_2 = 3\,200$	$1 w_1 + 1 w_2 + 1 w_3 - t_2 = 7$
$1 x_1 + 1 x_2 + 1 x_3 + s_3 = 8\,000$	$\tfrac{1}{2} w_1 + 2 w_2 + 1 w_3 - t_3 = 4$

Die einzelnen Schritte zur Lösung des primalen Problems mit Hilfe der Simplexmethode zeigt die folgende Abbildung 9.4:

	x_1	x_2	x_3	s_1	s_2	s_3	Lösung
s_1	2	1	$\tfrac{1}{2}$	1	0	0	2 000
s_2	4*	1	2	0	1	0	3 200
s_3	1	1	1	0	0	1	8 000
G	-8	-7	-4	0	0	0	0
s_1	0	$\tfrac{1}{2}$*	$-\tfrac{1}{2}$	1	$-\tfrac{1}{2}$	0	400
x_1	1	$\tfrac{1}{4}$	$\tfrac{1}{2}$	0	$\tfrac{1}{4}$	0	800
s_3	0	$\tfrac{3}{4}$	$\tfrac{1}{2}$	0	$-\tfrac{1}{4}$	1	7 200
G	0	-5	0	0	2	0	6 400

x_2	0	1	-1	2	-1	0	800
x_1	1	0	$\frac{3}{4}$*	-$\frac{1}{2}$	$\frac{1}{2}$	0	600
s_3	0	0	$\frac{5}{4}$	-$\frac{6}{4}$	$\frac{1}{2}$	1	6 600
G	0	0	-5	10	-3	0	10 400

	Substitutions-koeffizienten			Faktorkoeffizienten			
x_2	$\frac{4}{3}$	1	0	$\frac{4}{3}$	-$\frac{1}{3}$	0	1 600
x_3	$\frac{4}{3}$	0	1	-$\frac{2}{3}$	$\frac{2}{3}$	0	800
s_3	-$\frac{5}{3}$	0	0	-$\frac{2}{3}$	-$\frac{1}{3}$	1	5 600
G	$\frac{20}{3}$	0	0	$\frac{20}{3}$	$\frac{1}{3}$	0	14 400

Opportunitäts-verluste t_i*   faktorbezogene Opportunitätskosten w_j*

Abb. 9.4: Lösung des primalen Problems

2.3.2 Interpretation des optimalen Simplextableaus

In der optimalen Lösung des primalen Problems werden 1 600 Einheiten von P_2, 800 Einheiten von P_3 und keine Einheit von P_1 hergestellt. Die Kapazitäten B_1 und B_2 werden dabei vollständig ausgeschöpft, von B_3 bleiben 5 600 Einheiten übrig. Es sind folglich nur 2 400 Einheiten von B_3 für die Produktion notwendig, d. h. es besteht ein Einsparungspotenzial in Höhe von 5 600 Einheiten von B_3.

Die Interpretation des ermittelten Optimaltableaus umfasst darüber hinaus mehrere Auswertungsmöglichkeiten.

1) Interpretation der Faktorkoeffizienten

Faktor-koeffizienten

Die Faktorkoeffizienten können als Konkurrenzzahlen interpretiert werden. Sie geben an, um wie viel die optimalen Produktionsmengen von P_2 und P_3 verändert werden müssten, damit jeweils eine Einheit der hier voll ausgelasteten Kapazitäten B_1 und B_2 freigesetzt wird. Hierzu sind folgende Überlegungen durchzuführen:

Zur Freisetzung von einer Einheit P_1 müssen 4/3 Einheiten von P_2 aufgegeben werden. Dadurch werden zunächst bei der ersten Kapazitätsrestriktion B_1 4/3 Std. (4/3 × 1 Std. Fertigungszeit von P_2) frei. Gleichzeitig werden bei der zweiten voll ausgelasteten Kapazitätsrestriktion B_2 ebenfalls 4/3 Std. frei, da die Weiterverarbeitung der aufgegebenen 4/3 Einheiten von P_2 entfällt. Die freigewordenen 4/3 Std. bei der Kapazitätsrestriktion B_2 werden zur Herstellung von 2/3 Einheiten P_3 verwendet, so dass die Kapazität von B_2 wieder voll ausgenutzt ist (die Herstellung von 1 Einheit P_3 würde bei der Kapazitätsrestriktion B_2 2 Std. erfordern). Die Mehrproduktion der 2/3 Einheiten von P_3 beansprucht bei der Kapazitätsrestriktion B_1 2/3 Std. × 1/2 Std./St. = 1/3 Std. Da ursprünglich 4/3 Std. von B_1 freigesetzt wurden, verbleibt damit eine freie Kapazität von 1 Std. bei Kapazitätsrestriktion B_1.

Zusammenfassend lässt sich festhalten: Bei einer Erweiterung (Verringerung) der Kapazität von B_1 um eine Einheit steigt (sinkt) beim optimalen Produktionsprogramm die Ausbringung von P_2 um 4/3 Einheiten, die von P_3 sinkt (steigt) dagegen um 2/3 Einheiten (an). Der optimale Deckungsbeitrag würde in diesem Fall um 20/3 EUR (= 6,67 EUR) auf 14 406,67 EUR steigen (auf 14 393,33 EUR sinken).

Bei einer Erweiterung (Verringerung) der voll ausgelasteten Kapazitäten von B_2 um eine Einheit sinkt (steigt) beim optimalen Produktionsprogramm die Ausbringung von P_2 um 1/3 Einheit, die von P_3 steigt (sinkt) um 2/3 Einheiten. Der optimale Deckungsbeitrag würde in diesem Fall um 1/3 EUR (= 0,33 EUR) auf 14 400,33 EUR steigen (auf 14 399,67 EUR sinken).

Beim Senken der Kapazität von B_3 um eine Einheit bleiben die Ausbringungsmengen von P_2 und von P_3 unverändert, da von den 8 000 verfügbaren Einheiten erst 2 400 Einheiten ausgelastet sind. Der optimale Deckungsbeitrag würde in diesem Fall weiterhin 14 400,– EUR betragen.

2) Interpretation der faktorbezogenen Opportunitätskosten w_j^*

Die unter 1) ausgeführten Überlegungen lassen sich auf den durch jede Fertigungsstunde zusätzlich erzielbaren (oder entfallenden) Deckungsbeitrag erweitern.

Würde bei Kapazitätsrestriktion B_1 eine Fertigungsstunde für eine beliebige, noch unbestimmte Verwendung freigegeben, so müssten, wie unter 1) gezeigt wurde, 4/3 Einheiten von P_2 aufgegeben werden. Dies würde einen entgangenen Deckungsbeitrag von 4/3 St. × 7,– EUR/St. = 9,33 EUR bedeuten. Um die volle Kapazitätsauslastung bei der Kapazitätsrestriktion B_2 aufrechtzuerhalten, werden 2/3 Einheiten von P_3 zusätzlich gefertigt. Dies erbringt einen zusätzlichen Deckungsbeitrag von 2/3 St. × 4,– EUR/St. = 2,67 EUR. Insgesamt ergibt sich ein Nettoverlust von 6,67 EUR (= w_1^*).

Die gleiche Überlegung kann für eine Fertigungsstunde der Kapazitätsrestriktion B_2 angestellt werden. Die Freisetzung einer Fertigungsstunde würde hier bedeuten, dass 2/3 Einheiten der Produktion von P_3 aufgegeben werden. Dies würde einen entgangenen Deckungsbeitrag von 2/3 St. × 4,– EUR/St. = 2,67 EUR bedeuten. Um die volle Kapazitätsauslastung bei der Kapazitätsrestriktion B_1 aufrechtzuerhalten, werden 1/3 Einheiten von P_2 zusätzlich gefertigt. Dies erbringt einen zusätzlichen

Deckungsbeitrag von 1/3 St. × 7,– EUR/St. = 2,33 EUR. Insgesamt ergibt sich ein Nettoverlust von 0,33 EUR (= $w_2{}^*$).

Der in Höhe von $w_j{}^*$ entstehende Nettoverlust bei Wegfall einer Einheit der betreffenden Kapazitätsrestriktion B_j muss bei Neubelegung der freien Kapazitäten, z. B. durch einen Zusatzauftrag, neben den zusätzlich entstehenden variablen Kosten mindestens gedeckt werden, um eine Ergebnisverschlechterung zu vermeiden. Deshalb werden die faktorbezogenen Opportunitätskosten auch als „Schattenpreise" bezeichnet.

Die Ermittlung der faktorbezogenen Opportunitätskosten $w_j{}^*$ lässt sich noch vereinfachen: Die **Grenzopportunitätskosten (Faktorkosten)** $\mathbf{w_j{}^*}$ ergeben sich aus der Summe der mit den Faktorkoeffizienten multiplizierten Stückdeckungsbeiträge der Optimalprodukte P_2 und P_3.

Grenzopportunitätskosten

Im Einzelnen sind folgende Rechnungen durchzuführen:

$$w_1{}^* = \frac{4}{3} \times 7 - \frac{2}{3} \times 4 = 6{,}67 \text{ EUR / Std.}$$

Interpretation von $w_1{}^*$:

Bei einer Erweiterung der Kapazität des ersten Produktionsfaktors B1 um eine Stunde dürften höchstens zusätzliche Kosten von 6,67 EUR entstehen, damit sich gegenüber der ermittelten Optimallösung der gleiche Deckungsbeitrag ergibt und eine Ergebnisverschlechterung vermieden werden kann.

$$w_2{}^* = -\frac{1}{3} \times 7 + \frac{2}{3} \times 4 = 0{,}33 \text{ EUR / Std.}$$

Interpretation von $w_2{}^*$:

Bei einer Erweiterung der Kapazität des zweiten Produktionsfaktors B_2 um eine Stunde dürften höchstens zusätzliche Kosten von 0,33 EUR entstehen, damit sich gegenüber der ermittelten Optimallösung der gleiche Deckungsbeitrag ergibt und eine Ergebnisverschlechterung vermieden werden kann.

$$w_3{}^* = 0 \times 0{,}7 + 0 \times 4 = 0{,}– \text{ EUR/Std.}$$

Interpretation von $w_3{}^*$:

Die dritte Kapazitätsrestriktion ist mit dem optimalen Produktionsprogramm noch nicht voll ausgelastet. Von der insgesamt vorhandenen Kapazität B_3 = 8 000 Std. sind noch 5 600 Std. verfügbar. Die Opportunitätskosten von im Überfluss vorhandenen Produktionsfaktoren sind Null.

3) Interpretation der outputbezogenen Opportunitätskosten $\in_i$

Die outputbezogenen Opportunitätskosten $\in_i$ (Optimalkosten) geben an, welcher Deckungsbeitrag erwirtschaftet werden müsste, um das Gesamtergebnis nicht zu verschlechtern, wenn zu Lasten des optimalen Produktionsprogramms eine Einheit von P_i zusätzlich hergestellt wird.

$$\in_i = \sum_{j=1}^{m} b_{ji} \times w_j{}^*$$

Es werden die entgangenen Deckungsbeiträge beim Wegfall der Nutzung einer Kapazitätseinheit w_j^* mit der Beanspruchungszeit (Belegungskoeffizient) b_{ji} des jeweiligen P_i multipliziert und über alle m betrachteten Faktoren aufsummiert.

Im Einzelnen erhält man folgende Werte:

$$\in_1 = 2 \times \frac{20}{3} + 4 \times \frac{1}{3} + 1 \times 0 = 14{,}67 \text{ EUR / Std}$$

Interpretation von $\in_1$:

Bei zusätzlicher Fertigung einer Einheit von P_1 zu Lasten des optimalen Produktionsprogramms entstehen Opportunitätskosten in Höhe von 14,67 EUR/Stück.

$$\in_2 = 1 \times \frac{20}{3} + 1 \times \frac{1}{3} + 1 \times 0 = 7{,}- \text{ EUR / Std.}$$

Interpretation von $\in_2$:

Bei zusätzlicher Fertigung einer Einheit von P_2 zu Lasten des optimalen Produktionsprogramms entstehen Opportunitätskosten in Höhe von 7,– EUR/Stück.

$$\in_3 = 0{,}5 \times \frac{20}{3} + 2 \times \frac{1}{3} + 1 \times 0 = 4{,}- \text{ EUR / Std.}$$

Interpretation von $\in_3$:

Bei zusätzlicher Fertigung einer Einheit von P_3 zu Lasten des optimalen Produktionsprogramms entstehen Opportunitätskosten in Höhe von 4,– EUR/Stück.

Die outputbezogenen Opportunitätskosten $\in_i$ können auch über die Substitutionskoeffizienten erklärt werden. Sie sind dann zu interpretieren als die Summe der mit den Substitutionskoeffizienten des Optimaltableaus gewichteten Stückdeckungsbeiträge d_k, die durch die Fertigung einer zusätzlichen Einheit von P_i verdrängt werden.

Die Werte der ϵ_i ergeben sich aus folgender alternativ durchzuführenden Rechnung:

$$\epsilon_1 = \frac{4}{3} \times 7 + \frac{4}{3} \times 4 = 14{,}67 \text{ EUR}$$

$$\epsilon_2 = 1 \times 7 + 0 \times 4 = 7{,}- \text{ EUR}$$

$$\epsilon_3 = 0 \times 7 + 1 \times 4 = 4{,}- \text{ EUR}$$

Aus der Differenz der outputbezogenen Opportunitätskosten ϵ_i und der Deckungsbeiträge d_i ergeben sich die Opportunitätsverluste t_i. Unter Beachtung der oben zu Beginn des Abschnittes 2.3 dieses Kapitels erwähnten Vorzeichenkonvention erhält man:

Opportunitätsverluste

P_i	1	2	3
ϵ_i	14,67	7	4
$- d_i$	8	7	4
$= t_i$	6,67	0	0

Wie oben in Abschnitt 2.2.2 dieses Kapitels bereits ausgeführt, zeigen nicht optimale Lösungen (hier: P_1) einen Opportunitätsverlust. Im Gegensatz dazu weisen optimale Lösungen (hier: P_2 und P_3) keine Opportunitätsverluste auf. Mit anderen Worten: Ist bei einem P_i die Summe der mit den Schattenpreisen w_j^* gewichteten Faktorbelegungen b_{ji} größer als sein Deckungsbeitrag, dann gehört dieses Produkt nicht zum optimalen Produktionsprogramm (hier: P_1). Falls der Deckungsbeitrag eines P_i mit der Summe seiner mit den Schattenpreisen gewichteten Faktorbelegungen übereinstimmt, so ist das betreffende Produkt Element der optimalen Lösung (hier: P_2 und P_3).

2.3.3 Preistheorem der linearen Programmierung

Die vorstehend dargestellte Interpretation der Opportunitätskosten und -verluste ergibt sich auch aus **dem Preistheorem der linearen Programmierung**, das die Zusammenhänge zwischen primaler und dualer Lösung zeigt.

Das Theorem besteht aus folgenden zwei Sätzen:

Preistheorem der linearen Programmierung

1) Falls Primal und Dual eine optimale Lösung haben, ist diese identisch

$$G^* \text{ (primal)} \,^- K^* \text{ (dual)}$$

Beispiel 9.12

Im Beispiel erhält man:

$$G^* = \underbrace{1\,600 \times 7}_{\text{Deckungsbeitrag } P_2} + \underbrace{800 \times 4}_{\text{Deckungsbeitrag } P_3} = 14\,400,- \text{ EUR}$$

$$K^* = \underbrace{2\,000 \times \frac{20}{3}}_{\text{Engpass } B_1} + \underbrace{3\,200 \times \frac{1}{3}}_{\text{Engpass } B_2} + \underbrace{8\,000 \times 0}_{\text{Engpass } B_3} = 14\,400,- \text{ EUR}$$

2) Falls Primal und Dual eine optimale Lösung haben, erfüllt diese die folgenden Bedingungen 2a) und 2b)

2a) $x_i^* \times t_i^* = 0;\ i = l, ..., n$

Zwei Fälle erfüllen die Gleichung 2a):

1) $x_i^* \geq 0$ und $t_i^* = 0$, d. h. P_i hat keinen Opportunitätsverlust t_i^*. Es lohnt sich, P_i herzustellen, wenn dessen (absoluter) Deckungsbeitrag d_i genauso groß ist wie die Summe der mit den faktorbezogenen Opportunitätskosten (= Knappheitspreise) w_j^* aus dem Optimaltableau gewichteten Belegungskoeffizienten b_{ji}.

Beispiel 9.13

Im Beispiel erfüllen P_2 und P_3 diese Bedingung. Die optimalen Produktionsmengen belaufen sich auf $x_2^* = 1\,600$ Stück und $x_3^* = 800$ Stück. Die zugehörigen Opportunitätsverluste t_i^* als Differenz der outputbezogenen Opportunitätskosten $\in_i$ und der jeweiligen Stückdeckungsbeiträge d_i ergeben sich zu $t_2^* = \in_2 - d_2 = 7 - 7 = 0$ und $t_3^* = \in_3 - d_3 = 4 - 4 = 0$.

2) $x_i^* = 0$ und $t_i^* > 0$, d. h. P_i hat einen Opportunitätsverlust t_i^*. Es lohnt sich nicht, P_i herzustellen, wenn die Summe der mit den faktorbezogenen Opportunitätskosten (= Knappheitspreise) w_j^* aus dem Optimaltableau gewichteten Belegungskoeffizienten b_{ji} des betreffenden Produkts größer ist als dessen (absoluter) Deckungsbeitrag d_i. Im Beispiel gilt dies für P_1.

Die optimale Produktionsmenge beläuft sich auf $x_1^* = 0$. Der zugehörige Opportunitätsverlust t_1^* als Differenz des Stückdeckungsbeitrags d_1 und der outputbezogenen Opportunitätskosten $\in_1$ ergibt sich zu $t_1^* = \in_1 - d_1 = 14{,}67 - 8 = 6{,}67$.

2b) $s_j^* \times w_j^* = 0; j = l, ..., m$

Zwei Fälle erfüllen die Gleichung 2b):

1) $w_j^* \geq 0$ und $s_j^* = 0$, d. h. Faktor j ist voll ausgelastet. Die faktorbezogenen Opportunitätskosten w_j^* (= Knappheitspreise) weisen einen positiven Wert auf. Dies macht deutlich, dass der Wegfall einer Kapazitätseinheit zu Opportunitätsverlusten in Höhe von w_j^* führen würde.

Im Beispiel trifft dies für die Kapazitätsbeschränkungen B_1 und B_2 zu. Die insgesamt verfügbaren Kapazitäten werden mit dem optimalen Produktionsprogramm voll ausgelastet. Entsprechend würden sich beim Wegfall von Kapazitätseinheiten in den beiden Faktorrestriktionen auch Opportunitätsverluste von $w_1^* = 20/3$ und $w_2^* = 1/3$ ergeben.

2) $w_j^* = 0$ und $s_j^* > 0$, d. h. Faktor j ist nicht voll ausgelastet. Die faktorbezogenen Opportunitätskosten w_j^* (= Knappheitspreise) besitzen in diesem Fall den Wert Null. Dies verdeutlicht, dass der Wegfall einer Kapazitätseinheit keine Nachteile erbringen würde.

Im Beispiel gilt dies für die Kapazitätsbeschränkung B_3. Die insgesamt verfügbare Kapazität von $B_3 = 8\ 000$ Std. ist mit dem optimalen Produktionsprogramm noch nicht voll ausgelastet. Es sind noch $s_3 = 5\ 600$ Std. verfügbar. Entsprechend ergibt sich $w_3^* = 0$.

Die Aussagen des Preistheorems werden noch einmal zusammengefasst:

1) Ein P_i darf nur dann in der optimalen Lösung sein, d. h. hergestellt werden, wenn sein Deckungsbeitrag mit der Summe seiner mit den Schattenpreisen gewichteten Faktorbelegungen übereinstimmt.
2) Ist die Summe der mit den Schattenpreisen gewogenen Faktorbelegungen größer als der Deckungsbeitrag pro Produkteinheit, d. h. es liegt ein Opportunitätsverlust vor, so gehört das betreffende Produkt nicht zum optimalen Produktionsprogramm.

3) Ist die Kapazität eines Produktionsfaktors voll ausgelastet, dann wird ihm ein positiver Knappheitspreis (Opportunitätskostensatz) zugeordnet.

4) Ist dagegen die Kapazität eines Produktionsfaktors nicht ausgelastet, so ist der Knappheitspreis (Opportunitätskostensatz) dieses Faktors $w_j^* = 0$. Der Faktor begrenzt nicht die Produktion, sondern ist noch bis zu seiner Maximalkapazität frei verfügbar.

Mittels der linearen Programmierung werden den knappen Faktoren inputbezogene Opportunitätskosten w_j^* zugeordnet. In der optimalen Lösung führen diese zum Ausweis von Opportunitätsverlusten oder -schäden t_j.

Die Anwendbarkeit der Opportunitätskosten bei mehreren Restriktionen lässt sich wie folgt zusammenfassen:

1) Opportunitätskosten ergeben sich gemäß Dualitätssatz mit der optimalen Lösung. Ihre Kenntnis setzt also die Lösung des Problems schon voraus.

2) Gleichwohl kann das Konzept der Opportunitätskosten nützlich sein, wenn es um nachträgliche Änderungen optimaler Programme geht. Anwendungsbereiche sind hier insbesondere die Bestimmung von Preisgrenzen (Preisunter- und Preisobergrenzen).

Auf die damit zusammenhängenden Aufgaben und Probleme wird im nächsten Kapitel 10 ausführlich eingegangen.

3   Analyse von Transaktionskosten

Bei der heute in vielen Branchen vorliegenden arbeitsteiligen Leistungserstellung innerhalb des Wertschöpfungssystems ist für die Erstellung von vom Kunden gewünschten Leistungen zu einem wettbewerbsfähigen Preis und mit wirtschaftlichen Kosten vor allem die Effizienz des Leistungstauschs zwischen einem Anbieter und den vor- bzw. nachgelagerten Wertschöpfungsstufen ausschlaggebend. Daher ist zunächst die Alternative zu betrachten, ob Maßnahmen zur Erfüllung von Leistungsanforderungen im Unternehmen oder von externen Zulieferunternehmen durchgeführt werden sollen. In einem weiteren Schritt wird dann geprüft, in welcher Form die unternehmensinterne Leistungserbringung in die Unternehmensorganisation eingebunden werden sollte. Zur Bewertung der jeweils wirtschaftlichsten Koordinationsform stehen dabei sog. Transaktionskostenanalysen in der Diskussion. Informationen über Transaktionskosten sind damit ein wichtiger Bestimmungsfaktor in der entscheidungsorientierten Kostenbewertung.

Jede Übertragung von Gütern, Dienstleistungen, Verfügungs- oder Nutzungsrechten (Property Rights), die sich zwischen natürlichen oder juristischen Personen vollzieht, wird als Transaktion bezeichnet (vgl. Picot [1991b], S. 147). Erfolgt der Leistungstausch innerhalb eines Unternehmens, z.B. zwischen zwei Geschäftsbereichen, so liegt eine interne Transaktion vor. Als externe Transaktion bezeichnet man Tauschvorgänge auf dem Beschaffungs- oder Absatzmarkt, z. B. mit Zulieferern oder Kunden. Unter Transaktionskosten versteht man die spezifischen Kosten bei der Anbahnung und Durchführung derartiger Tauschvereinbarungen. Die Höhe der Transaktionskosten hängt von der Art der zu erbringenden Leistung und der jeweils gewählten Koordinationsform ab. Das traditionelle Rechnungswesen stellt gegenwärtig keine aussagefähigen Informationen zur Verfügung, um die Frage zu beantworten, ob und unter welchen Voraussetzungen die Einsparung von Transaktionskosten am Markt sinnvoll ist, weil die zusätzlichen Kosten für die Erbringung einer Leistung im Unternehmen niedriger sind. Deshalb werden im Folgenden die notwendigen Überlegungen skizziert, um optimale Koordinationsformen von Leistungen zu bestimmen. Hierzu gehören im Einzelnen:

- Identifikation alternativer Abwicklungsformen,
- Ermittlung der Höhe der Transaktionskosten für jede Alternative.

Im Folgenden werden dieser Aufzählung entsprechend die Ermittlung und Analyse der Transaktionskosten im Rahmen der entscheidungsorientierten Kostenbewertung dargelegt.

Charakterisierung von Transaktionen

3.1 Identifikation alternativer Abwicklungsformen

Bei der Ausrichtung des Wertschöpfungssystems sind zwei grundlegende Entscheidungsfelder zu beachten, die sich unter Anwendung von Aussagen der Transaktionskostentheorie untersuchen lassen (vgl. hierzu Frese [1990], S. 14 ff.).

Die **Externalitätsentscheidung** beantwortet die Frage nach der Leistungstiefe durch den Vergleich der Transaktionskosten, die bei unternehmensinterner oder -externer Ausführung von Aufgaben entstehen.

Anhand der **Dekompositionsentscheidung** wird untersucht, ob die unternehmensintern wahrzunehmenden Aufgaben mit zentralen, dualen oder hybriden Strukturen am effizientesten zu realisieren sind.

Bei der Externalitätsentscheidung wird allgemein überprüft, bei welchen Leistungen Kostenersparnisse zu erreichen sind, falls man sie entweder auf externen Märkten bezieht oder in der Unternehmenshierarchie erstellt. Übersteigt die Summe der Produktions- und Transaktionskosten bei interner Leistungserstellung den Preis inkl. Transaktionskosten bei externer Leistungsvergabe, so sollte ein **Outsourcing** erwogen werden

Identifikation alternativer Abwicklungsformen

(Ebers/Gotsch [2002], S. 233 ff.). Die Externalitätsentscheidung lässt sich somit auf die Entscheidung zwischen Markt (externe Leistungserbringung) und Hierarchie (interne Leistungserbringung) verdichten.

Die Unterscheidung in Markt und Hierarchie beruht auf dem Grundgedanken relationaler Vertragsbeziehungen. Diese sind durch eine relativ langfristige und enge Bindung der Transaktionspartner gekennzeichnet. Dies betrifft vor allem unbefristete Arbeitsverhältnisse aber auch Partnerschaften zwischen Unternehmen. Die Langfristigkeit der Vertragsbeziehung scheint damit auch zwischen Unternehmen wünschenswert, um eine kostenminimale Leistungserbringung sicherzustellen.

Markt

Der **Markt** als Koordinationsform umfasst das vertragliche Verhältnis von Transaktionspartnern, die auf Basis von Marktmechanismen miteinander interagieren. Merkmale dieses institutionellen Arrangements sind eine hohe Anreizintensität sowie eine hohe autonome Anpassungsfähigkeit. Die ausgeprägte Anreizintensität resultiert aus der hohen Transparenz der Leistungen sowie der damit verbundenen Preise. Die autonome Anpassungsfähigkeit, die auch eine einseitige, kurzfristige Allokationsentscheidung zwischen den Transaktionspartnern unterstützt, kann der Effizienz der Leistungserstellung Rechnung tragen. Allerdings kann bei Koordination durch den Markt das Ausmaß der Kontrolle seitens des Unternehmens leiden, was – zusammen mit den erhöhten Kosten der Anbahnung der Transaktion – zu einer geringeren Effizienz führt (Williamson [1991], S. 281; Ebers/Gotsch [2002], S. 232 ff.).

Hierarchie

Die Koordination der betrieblichen Leistungen kann auch innerhalb der **Organisation** erfolgen, was als hierarchische Koordinationsform bezeichnet wird. Entgegen dem Markt ist die Anreizintensität hier geringer, da aufgrund von Mess- und Zuordnungsproblemen eine Intransparenz der Leistungserstellung auftreten kann, die – zusammen mit dem fehlenden Marktdruck – zu einer Faktorentlohnung unterhalb der Grenzproduktivität und damit zu einer Ineffizienz im Leistungsprozess führt. Auch eine einseitige Anpassungsfähigkeit wird zugunsten einer bilateralen Koordination aufgegeben. Vorteile gegenüber dem Markt ergeben sich jedoch hinsichtlich der Möglichkeit zur Steuerung und Kontrolle der Leistungserstellung. Zudem bestehen niedrigere Kosten zur Etablierung der Transaktionsbeziehung (Williamson [1991], S. 281; Ebers/Gotsch [2002], S. 232 ff.).

Hybride Koordinationsform

Neben marktlichen und organisatorischen Transaktionsarrangements können zudem hybride Formen zur Abwicklung von Transaktionen auftreten. Beispiele für diese Zwischenformen sind sehr langfristige Verträge zwischen Unternehmen oder Center-Konzepte mit explizit marktlicher Ausrichtung.

Strategische Relevanz der Transaktion

Für die Entscheidungsfindung zwischen Markt und Hierarchie ist zunächst zu untersuchen, ob eine bestimmte Leistung durch strategische Relevanz gekennzeichnet ist. Dies ist dann der Fall, wenn die Auslagerung der betreffenden Leistung zum Verlust wettbewerbsrelevanten

Know-hows führen würde. Solche Leistungen, die auch als Kernkompetenzen oder Kernfähigkeiten bezeichnet werden (vgl. grundlegend Prahalad/Hamel [1990], S. 79 ff.; Stalk et al. [1992], S. 57 ff.), bedürfen grundsätzlich der unternehmensinternen Koordination. Die externe Leistungserbringung würde hohe Transaktionskosten, z.B. für Überwachung und Maßnahmen zum Schutz des strategisch relevanten Know-hows, verursachen (vgl. Picot [1991a], S. 346 f.).

Bei Aufgaben, die im Grundsatz für eine unternehmensexterne oder -interne Durchführung geeignet sind, richten sich die weiteren Handlungsempfehlungen nach den Ausprägungen der sog. Haupteinflussgrößen Spezifität, Unsicherheit und Häufigkeit (vgl. im Überblick Ebers/Gotsch [2002], S. 228). *Haupteinfluss-größen der Transaktions-kosten*

Über die Ausprägung der Einflussgröße Spezifität wird die Möglichkeit eines Vertragspartners beschrieben, durch seine im Rahmen bestimmter Transaktionen durchgeführten Investitionen auch Erträge in anderen Tauschbeziehungen realisieren zu können (vgl. Williamson [1990], S. 62 und S. 108 f.). Mit zunehmendem Spezifitätsgrad sollte die betreffende Leistung stärker in das Unternehmen integriert werden. Allerdings gibt es auch Ausnahmen: Eine für das einzelne Unternehmen spezifische Leistung kann aus Sicht anderer Marktteilnehmer eine wenig spezifische oder sogar standardisierte Leistung darstellen. Hierzu stelle man sich z. B. die Anwendung eines bestimmten Verfahrens vor, das neu im Unternehmen einzuführen ist und deshalb spezifische Investitionen (z. B. Mitarbeiterschulungen) erfordert. Falls ein gleichwertiges Verfahren aber bereits in anderen Unternehmen erfolgreiche Anwendung findet und von diesen zu erwerben ist, wäre ein Fremdbezug im Vergleich zur Eigenentwicklung vorzuziehen. *- Spezifität*

Technologischer Wandel kann dazu führen, dass sich spezifische Leistungen in kürzester Zeit zu Standardleistungen entwickeln, die dann einen günstigeren Bezug vom Markt ermöglichen. Fremdbezug stellt auch dann die einzige Alternative dar, wenn sich das Unternehmen nicht rechtzeitig an den technologischen Wandel angepasst hat und kurzfristig spezifische Qualitätsleistungen nachweisen muss. Beispielsweise könnte eine Firma im Zusammenhang mit der Umsetzung einer neuen Verordnung nicht in der Lage sein, das benötigte Wissen im Unternehmen kurzfristig neu aufzubauen. *- Unsicherheit*

Je stärker der Grad der Unsicherheit bei Fremderstellung von Leistungen ist, desto höhere Transaktionskosten entstehen. Diese resultieren aus umfangreichen Vertragsvereinbarungen, damit das Maß an Unsicherheit reduziert und Vertrauen zwischen den Vertragspartnern geschaffen wird (vgl. Williamson [1990], S. 68). Das bedeutet, dass hohe Unsicherheit bei fremdbezogenen Qualitätsleistungen zu einem entsprechend ausgeprägten vertikalen Integrationsgrad führen sollte.

Die Häufigkeit, mit der bestimmte Leistungen benötigt werden, verstärkt die Kostenwirkungen der bislang beschriebenen Einflussgrößen *- Häufigkeit* von Transaktionen. Die durchschnittlichen Kosten von (Vor-)Leistungen, die hohe fixe Kosten verursachen, verringern sich mit zunehmender Wiederholungshäufigkeit, z. B. aufgrund von Größendegressions- und Lernkurveneffekten sowie durch größeres Vertrauen zwischen den Transaktionspartnern (vgl. Picot [1993], Sp. 4201). Bei geringer (großer) Wiederholungshäufigkeit und entsprechend höheren (niedrigeren) durchschnittlichen Kosten im eigenen Unternehmen würde deshalb die interne Koordination im Vergleich zum Bezug am externen Markt höhere (niedrigere) Kosten verursachen. Bei der Entscheidung über die interne oder externe Durchführung von Leistungen erscheint das Ausmaß der Wiederholungshäufigkeit gleichwohl nur dann ausschlaggebend, falls die für die Dimensionen Spezifität und Unsicherheit vorliegenden Ausprägungen keine eindeutige Präferenz zwischen Markt und Hierarchie anzeigen (vgl. Wildemann [1996], S. 1396).

Weitere Einflussgrößen der Transaktionskosten

Alle bislang analysierten Dimensionen tragen wesentlich dazu bei, die Rahmenbedingungen zu beschreiben, unter denen Austauschbeziehungen stattfinden. Darüber hinaus sind ggf. noch ergänzende Einflussgrößen zu berücksichtigen, die als Ansatzpunkte für die Integration oder Desintegration von Leistungen fungieren können (vgl. Picot [1991a], S. 347 f.). Hierzu zählen vor allem technologische, rechtliche und sozio-kulturelle Rahmenbedingungen.

Nach der Abgrenzung von Aufgaben, die nicht an externe Partner vergeben werden, sondern intern zu realisieren sind, bestimmt man anhand der Dekompositionsentscheidung die effiziente Aufgabenverteilung innerhalb der Primär- und Sekundärorganisation des Unternehmens.

Die Dekompositionsentscheidung im Unternehmen kann nicht einheitlich getroffen werden, sondern wird durch die Anzahl der Hierarchiestufen im Unternehmen beeinflusst. So können zentrale Abteilungen mit Richtlinienkompetenz auf Gesamtunternehmens-, Bereichs- oder Werksebene vorhanden sein. Aus Sicht einer in der Aufbauorganisation übergeordneten Instanz (z. B. Qualitätsabteilung des Gesamtunternehmens) lassen sich durch die Aufgabendelegation zu nachgeordneten Organisationseinheiten (z. B. Qualitätsabteilung eines Bereiches) bereits die oben beschriebenen Dezentralisierungsvorteile nutzen. In mehrstufigen Unternehmensstrukturen können Transaktionskostenwirkungen aus Zentralisation und Dezentralisation in den einzelnen Ebenen bezüglich der jeweils nach- bzw. vorgelagerten Organisationseinheiten gleichzeitig auftreten. Hier wäre durch entsprechende Maßnahmen, z. B. den Aufbau effizienter Informations- und Kommunikationssysteme, zu gewährleisten, dass die Transaktionskostenvorteile möglichst vollständig ausgeschöpft werden. Vor diesem Hintergrund kommt der Analyse und Bewertung von Transaktionskostenarten, auf die im Kapitel 3.2 eingegangen wird, hohe Bedeutung zu.

3.2 Erfassung der Transaktionskosten

Als grundlegende Vorgehensweise zur Erfassung der entstehenden Transaktionskosten setzt man vor allem indirekte Messmethoden ein.

Durch die empirische Erfassung der jeweils zugrunde liegenden Einflussgrößen für unterschiedliche Abwicklungsformen von bestimmten Leistungen lassen sich Differenzen in der relativen Höhe der Transaktionskosten schätzen.

Auch wenn dadurch die Effizienzunterschiede nicht stringent miteinander vergleichbar sind, gelten die ermittelten Tendenzaussagen als ausreichend trennscharfes Beurteilungskriterium.

Als direkte Messmethode für die monetäre Bewertung der einzelnen Transaktionen steht die sog. Prozesskostenrechnung in der Diskussion.

Die Bewertung von Transaktionen mit der Prozesskostenrechnung erscheint vor allem dann vorteilhaft, wenn die ablaufenden Prozesse ein hohes Maß an Repetitivität und einen vergleichsweise geringen Entscheidungsspielraum aufweisen, z. B. das „Prüfen von Wareneingängen" oder das „Bearbeiten von Reklamationen".

Mit der Prozesskostenrechnung lassen sich bei Beschaffungstransaktionen die meisten Anteile der sog. **„Cost of Ownership"** quantifizieren. Diese enthalten alle Kosten für „acquisition, use, maintenance, and follow-up of a purchased good or service, ... that occur before, during, and after a purchase" (Ellram [1995], S. 23), die bei externem Bezug zusätzlich entstehen würden oder bei interner Erstellung entfallen könnten.

Um die Anwendungsfelder zur prozesskostengestützten Quantifizierung der jeweiligen Transaktionen zu identifizieren, lassen sich Austauschbeziehungen anhand von drei Merkmalen idealtypisch beschreiben (vgl. Reckenfelderbäumer [1995], S. 245 ff.).

- Geschäftsbeziehung oder Einzeltransaktion: Austauschprozesse, die innerhalb einer Geschäftsbeziehung stattfinden, sind aus Sicht des Anbieters dadurch geprägt, dass er den Kunden bereits kennt. Bei solchen „alten" Kunden verfügt der Anbieter über spezifisches know-how aus früheren Transaktionen, so dass im Zeitablauf standardisierte und repetitive Prozesse entstehen. Die Anwendungsmöglichkeiten der Prozesskostenrechnung zur Quantifizierung der Transaktionskosten erhöhen sich also mit zunehmender Dauer und Kauffrequenz in einer Geschäftsbeziehung. Anders verhält es sich bei Einzeltransaktionen. Dort hat es der Anbieter jeweils mit „neuen" Kunden zu tun, auf die er die Prozesse jeweils gesondert ausrichten muss. Deshalb erscheinen hier die Standardisierung und Repetitivität der Austauschprozesse und damit die Anwendbarkeit der Prozesskostenrechnung deutlich geringer ausgeprägt als in schon länger bestehenden Geschäftsbeziehungen.

Wiederholungs-
geschäft oder
Erstgeschäft

- Wiederholungsgeschäft oder Erstgeschäft: Dieses Kriterium erfasst, ob die Transaktion eine „alte" oder „neue" Leistung beinhaltet. Die wiederholte Erbringung einer „alten" Leistung führt zu immer gleichförmigeren Transaktionsabläufen und zu Standardisierungsprozessen, die - anders als beim eben behandelten ersten Kriterium - diesmal allerdings nicht kunden-, sondern leistungsspezifisch sind. Im Fall einer „neuen" Leistung ist beim Anbieter bezüglich der anfallenden Transaktionsprozesse deutlich weniger know-how vorhanden. Eine prozessorientierte Quantifizierung der Transaktionskosten erweist sich somit bei Wiederholungsgeschäften mit „alten" Leistungen als tendenziell besser möglich als bei Erstgeschäften mit „neuen" Leistungen.

Austauschgut
oder Kontraktgut

- Austauschgut oder Kontraktgut: Die Unsicherheit bezüglich der Transaktionsabläufe ist bei Kontraktgütern deutlich stärker ausgeprägt als bei Austauschgütern. Kontraktgüter verfügen in der Regel über einen größeren Anteil nicht-repetitiver Leistungsbestandteile, auch wenn sich bestimmte Austauschprozesse (z. B. Fakturierung) beim Anbieter mit hohem Ähnlichkeitsgrad wiederholen. Eine Standardisierung der Prozesse erscheint bei Austauschgütern eher möglich. Folglich lassen sich die zugehörigen Transaktionskosten auch besser mit der Prozesskostenrechnung quantifizieren als bei Transaktionen von Kontraktgütern. Allerdings erscheint die Zurechnung der Transaktionskosten bei Kontraktgütern im Normalfall unproblematischer, da dort eine kundenspezifische Auftragsfertigung überwiegt.

Fasst man die beschriebenen Kriterien zusammen, so ergeben sich verschiedene Anwendungsbereiche, die sich besser oder schlechter für eine prozesskostenorientierte Quantifizierung von Transaktionskosten eignen (vgl. Abbildung 9.5).

	Wiederholungsgeschäft (\„alte" Leistung)		Erstgeschäft (\„neue" Leistung)	
	Austausch-gut	Kontrakt-gut	Austausch-gut	Kontrakt-gut
Geschäfts-beziehung	günstiger Anwendungsbereich			
	I	II	III	IV
Einzel-transaktion	V	VI	VII	VIII
	ungünstiger Anwendungsbereich			

Abb. 9.5: Anwendungsbereiche einer prozessorientierten Transaktionskostenrechnung

Die Transaktionskosten in Geschäftsbeziehungen mit „alten" Kunden (Matrixfelder I - IV) sind mit der Prozesskostenrechnung meist am effizientesten zu bewerten (vgl. Reckenfelderbäumer [1995], S. 248 f.). Dies gilt insbesondere, wenn „alte", d. h. gleichbleibende Leistungen wiederholt nachgefragt werden (Matrixfelder I - II). Aber auch bei der Lieferung von „neuen" Leistungen kann die Prozesskostenrechnung in vorhandenen Geschäftsbeziehungen wirtschaftlich eingesetzt werden, z. B. zur Bewertung von Such-, Verhandlungs- und Absicherungskosten anhand der bereits vorliegenden Daten über die „alten" Kunden (Matrixfelder III - IV).

Bei der Bewertung von Einzeltransaktionen ergeben sich eingeschränkte Möglichkeiten für eine laufende kundenspezifische Anwendung der Prozesskostenrechnung (Matrixfelder V - VIII). Allerdings können Prozesskosteninformationen durchaus Ansatzpunkte liefern, wie die Wirtschaftlichkeit z. B. von Such-, Verhandlungs- und Absicherungsaktivitäten generell, d. h. kundenübergreifend, verbessert werden kann.

Die Positionierung der einzelnen Austauschprozesse ist im Zeitablauf zu überprüfen: Aus der Einzeltransaktion mit einem zunächst „neuen" Kunden kann eine dauerhafte Geschäftsbeziehung mit einem dann „alten" Kunden entstehen. In gleicher Weise vermag sich eine zunächst „neue" Leistung mit steigender kumulierter Absatzmenge zu einer „alten" Leistung entwickeln (vgl. Reckenfelderbäumer [1995], S. 249).

Kritisch ist zu beurteilen, dass die entstandenen Kosten nicht immer eindeutig als Produktions- oder Transaktionskosten identifiziert werden können. Zur ersten Kategorie gehören alle Aktivitäten, die während der Herstellung im Unternehmen anfallen um zu verhindern, dass z.B. fehlerhafte Produkte an den Kunden geliefert werden. In der zweiten Kategorie wären diejenigen Aktivitäten zu erfassen, die vorrangig dazu dienen, z. B. den Abnehmer trotz einer nach Auslieferung eingetretenen Fehlleistung zufrieden zu stellen (vgl. ähnlich Beck [1997], S. 93).

Trotz dieser Einschränkungen ist die Bewertung von Transaktionskosten und die damit einhergehende Entscheidung für eine Koordinationsform eine wichtige, dauerhafte Aufgabe in der Organisationsgestaltung. Die Kostenrechnung stellt dabei die Basis dar, die Transaktionskosten adäquat zu bewerten und damit zu einer effizienten Gestaltungsentscheidung zu gelangen.

4 Kontrollfragen

1) Welche grundlegende Zielsetzung kennzeichnet die entscheidungsorientierte Kostenbewertung?
2) Kennzeichnen Sie die wichtigsten kurzfristigen Entscheidungsprobleme von Unternehmen!
3) Was versteht man allgemein unter Opportunitätskosten?
4) Warum führt bei Vorliegen eines Kapazitätsengpasses weder die Betrachtung von Stückgewinnen noch die Analyse der Stückdeckungsbeiträge zum Gewinnmaximum?
5) Erläutern Sie den Begriff „relativer Deckungsbeitrag"!
6) Was versteht man allgemein unter „Schattenpreisen"?
7) Was versteht man allgemein unter „Alternativkosten"?
8) Wie ist ein „Opportunitätsverlust" definiert?
9) Welche Elemente enthält ein simultanes Entscheidungsmodell zur Bestimmung des optimalen Produktions- und Absatzprogramms?
10) Bei welchen Anwendungsbedingungen sind die Zielfunktion und die Nebenbedingungen des Modells zur Bestimmung des optimalen Produktions- und Absatzprogramms linear?
11) Wie lassen sich die Dualwerte ökonomisch interpretieren?
12) Wie können die Faktorkoeffizienten des optimalen Simplextableaus interpretiert werden?
13) Wie können die faktorbezogenen Opportunitätskosten des optimalen Simplextableaus interpretiert werden?
14) Erläutern Sie das Preistheorem der linearen Programmierung!
15) Wie ist die Anwendbarkeit von Opportunitätskosten bei Vorliegen mehrerer Kapazitätsrestriktionen zu beurteilen?
16) Wie lassen sich Transaktionskosten grundlegend definieren?
17) Welche Einflussgrößen der Transaktionskostentheorie werden bei Externalitätsentscheidungen unterschieden und wie wirken diese?
18) Was versteht man unter einer Dekompositionsentscheidung?
19) Wie lassen sich Transaktionskosten bewerten und welche Methoden werden dabei unterschieden?

5 Abkürzungsverzeichnis

η_i	Alternativkosten des Produkts i
$\in_i$	outputbezogene Opportunitätskosten des Produkts i (Optimal-Opportunitätskosten)
B_j	Kapazitätsgrenze der j-ten Restriktion
b_{ji}, b_{jk}	Belegungskoeffizient der j-ten Restriktion des Produkts i bzw. des verdrängten Produkts k
DB	Deckungsbeitrag

d_i, d_k	Stück-Deckungsbeitrag des i-ten Produkts bzw. des verdrängten Produkts k
G	Gewinn (Zielfunktionswert primales Problem)
G_i	Gewinn des i-ten Produkts
g_i	Stückgewinn des i-ten Produkts
K	Kosten (Zielfunktionswert duales Problem)
K_f	fixe Kosten
k_{fi}	stückbezogene Fixkosten des i-ten Produkts
k_{vi}	variable Stückkosten des Produkts i
p_i	Preis des i-ten Produkts
P_i	Produkt i
s_j	Schlupfvariable (primales Problem)
t_i	Opportunitätsverlust von Produkt i bzw. Schlupfvariable (duales Problem)
w_j	auf den Faktor j bezogene Opportunitätskosten (Schattenpreis)
w_{ji}, w_{jk}	inputbezogene Opportunitätskosten bzgl. des Faktors j für das Produkt i bzw. das verdrängte Produkt k
X_i	Absatzbeschränkung des Produkts i
x_i	Produktionsmenge des i-ten Produkts

6   Literaturhinweise

Beck, P. (1997): Qualitätsmanagement und Transaktionskostenansatz – Instrumente zur Optimierung vertraglicher Vertriebssysteme, Wiesbaden 1997.

Ebers, M./Gotsch, W. (2002): Institutionenökonomische Theorien der Organisation, in: Kieser, A. (Hrsg.) (2002): Organisationstheorien, 5. Aufl., Stuttgart 2002, S. 199-251.

Ellram, L. M. (1995): Activity-Based Costing and Total Cost of Ownership, in: Journal of Cost Management 1995, S. 22-30.

Frese, E. (1990): Organisationstheorie – Stand und Aussagen aus betriebswirtschaftlicher Sicht, Wiesbaden 1990.

Hax, H. (1979): Kostenbewertung mit Hilfe der mathematischen Programmierung, in: Coenenberg, A. G. (Hrsg.) (1976): Unternehmensrechnung – Betriebliche Planungs- und Kontrollrechnungen auf der Basis von Kosten und Leistungen, München 1976, S. 97-112.

Kilger, W./Pampel, J. R./Vikas, K. (2002): Flexible Plankostenrechnung und Deckungsbeitragsrechnung, 11. Aufl., Wiesbaden 2002.

Münstermann, H. (1976): Der Opportunitätskostenkalkül als Entscheidungsmodell und seine Bedeutung für die Planungsrechnung, in: Coenenberg, A. G. (Hrsg.) (1976): Unternehmensrechnung – Betriebliche Planungs- und Kontrollrechnungen auf der Basis von Kosten und Leistungen, München 1976, S. 93-97.

Ossadnik, W. (2003): Controlling, 3. Aufl., München/Wien 2003.

Picot, A. (1991a): Ein neuer Ansatz zur Gestaltung der Leistungstiefe, in: Zeitschrift für betriebswirtschaftliche Forschung 1991, S. 336-357.

Picot, A. (1991b): Ökonomische Theorien der Organisation – Ein Überblick über neuere Ansätze und deren betriebswirtschaftliches Anwendungspotential, in: Ordelheide, D./Rudolph, B./Büsselmann, E. (Hrsg.) (1991): Betriebswirtschaftslehre und ökonomische Theorie, Stuttgart 1991, S. 143-170.

Picot, A. (1993): Transaktionskostenansatz, in: Wittmann, W. et al. (Hrsg.) (1993): Handwörterbuch der Betriebswirtschaft, Band 3, 5. Aufl., Stuttgart 1991, Sp. 4194-4204.

Prahalad, C. K./Hamel, G. (1990): The Core Competence of the Corporation, in: Harvard Business Review 1990, S. 79-91.

Reckenfelderbäumer, M. (1995): Marketing-Accounting im Dienstleistungsbereich – Konzeption eines prozesskostengestützten Instrumentariums, Wiesbaden 1995.

Stalk, G./Evans, P./Shulman, L. E. (1992): Competing on Capabilities – The New Rules of Corporate Strategy, in: Harvard Business Review 1992, S. 57-69.

Wildemann, H. (1996): Qualitätsorganisation neu gestalten – Die Transaktionskostentheorie hilft, Qualitätsaufgaben optimal zu organisieren, in: Zeitschrift für Qualität und Zuverlässigkeit 1996, S. 1393-1400.

Williamson, O. E. (1990): Die ökonomischen Institutionen des Kapitalismus, Tübingen 1990.

Williamson, O. E. (1991): Comparative Economic Organization: The Analysis of Discrete Structural Alternatives, in: Administrative Science Quarterly 1991, S. 269-296.

Kapitel 10
Bestimmung von Preisgrenzen

1 Einführung

Aufgrund von steigendem Wettbewerbsdruck wird der Vertriebsleiter P. Reis des Süßwarenherstellers „Schoko AG" aufgefordert, für das gesamte Produktspektrum die Untergrenzen der Verkaufspreise zu überprüfen. P. Reis weiß, dass das Überschreiten der Preisuntergrenzen für Absatzgüter einen zusätzlichen Deckungsbeitrag für das Unternehmen bewirken würde. Unsicher ist er noch bei der Beantwortung der Frage, wie Engpässe in der Produktionskapazität bei den Preisgrenzen zu berücksichtigen sind.

Ferner möchte Herr P. Reis den Zusammenhang zwischen den kumulierten Produktionsmengen und den Möglichkeiten zur Senkung der wertschöpfungsbezogenen Stückkosten bei den bislang produzierten Süßwaren monetär bewerten.

Preisgrenzen sind kritische Werte, deren Überschreitung oder Unterschreitung ein ganz bestimmtes Handeln im Unternehmen veranlassen. Sie sind in diesem Sinne entscheidungsregelnd. Dabei handelt es sich um relative Größen, die nur für eine bestimmte Entscheidungssituation ihre Gültigkeit haben. Es sind zum einen Preisuntergrenzen festzulegen, unterhalb derer sich eine Produktion nicht lohnt oder die Annahme eines Zusatzauftrages nicht rentabel ist. Darüber hinaus verfolgt die Kostenrechnung den Zweck, Preisobergrenzen für die zu beschaffenden Vorprodukte zu ermitteln. Es geht dabei um die Frage, zu welchem Beschaffungspreis ein bestimmter Einsatzstoff höchstens von einem externen Zulieferer bezogen werden soll. Das vorliegende Kapitel untersucht folgende Problemstellungen:

- Wie verändert sich die Preisuntergrenze bei Unterbeschäftigung oder bei Vorliegen eines oder mehrerer Engpässe unter der Voraussetzung unveränderter Kapazitäten?

- Wie sieht die langfristige Preisuntergrenze im Einprodukt- oder im Mehrproduktunternehmen aus?
- Wie verhält sich die Preisuntergrenze bei veränderten Kapazitäten unter Berücksichtigung sich verändernder Absatzmengen?
- Wie erfolgt die Bestimmung von Preisobergrenzen bei Unterbeschäftigung oder bei Vorliegen von Engpässen?

Ferner beschäftigt sich das vorliegende Kapitel mit dem Konzept der Erfahrungskurve. Dieses kann zur dynamischen Anpassung von Preisgrenzen verwendet werden. Es stellt einen Zusammenhang zwischen den im Zeitablauf produzierten Mengen eines Produktes und dem Reduktionspotenzial für deren Stückkosten dar. Vor diesem Hintergrund sind folgende Fragen zu betrachten:

- Wie werden Erfahrungskurveneffekte dargestellt und welches sind ihre Ursachen?
- Wie lässt sich die Erfahrungskurve analytisch bestimmen?
- Welches sind die praktischen Anwendungsmöglichkeiten der Erfahrungskurve?
- Welchen Begrenzungen unterliegt die praktische Anwendbarkeit des Erfahrungskurvenkonzepts?

Schließlich erfolgt eine strategische Fundierung von Preisgrenzen mit Hilfe der Prozesskostenrechnung, wobei auf die drei Effekte Allokationseffekt, Komplexitätseffekt und Degressionseffekt eingegangen wird.

2 Bedeutung und Einflussfaktoren von Preisgrenzen

Systematisierung   Hinsichtlich der Güter, für die Preisgrenzen ermittelt werden, lassen sich Preisuntergrenzen für Absatzgüter und Preisobergrenzen für Einsatzgüter unterscheiden. Abbildung 10.1 verdeutlicht die Systematik der Preisgrenzen.

Preisgrenzen sind kritische Werte im Sinne von Entscheidungswerten. Daraus folgt, dass Preisgrenzen keine absoluten Größen sein können, sondern, wie jeder Entscheidungswert, relative Größen sind, die nur in Bezug auf eine gegebene Zielfunktion und ein jeweils gegebenes Entscheidungsfeld Gültigkeit haben können.

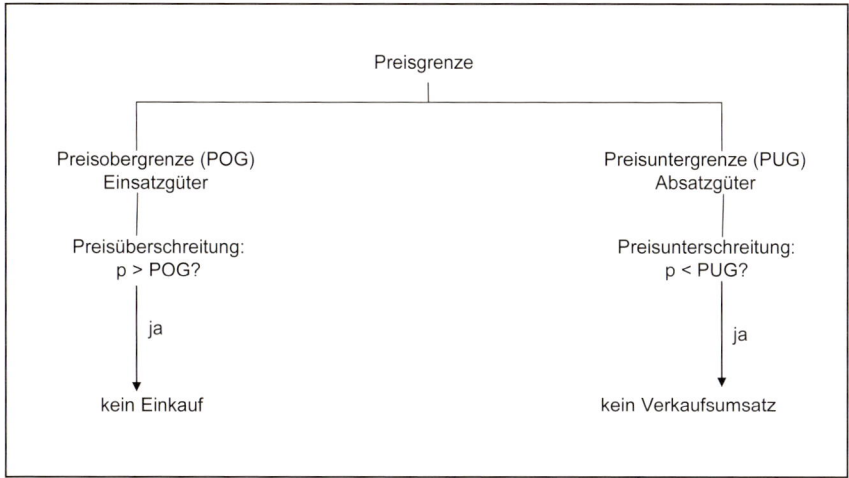

Abb. 10.1: Systematik der Preisgrenzen

1) Zielfunktion

Entsprechend zu den drei unternehmerischen Ziel- und Steuergrößen   Einteilung
Erfolgspotenzial, Erfolg und Liquidität (vgl. Kap. 1) kann man

- strategische,
- erfolgswirtschaftliche und
- liquiditätsorientierte Preisgrenzen

unterscheiden.

Strategische Preisgrenzen sind eng mit der Marktposition und den wettbewerblichen Zielen eines Unternehmens verknüpft.

Erfolgswirtschaftliche Preisgrenzen sind Grenzwerte der Verkaufspreise, bei denen die zugehörigen Absatzmengen den Gewinn eines Unternehmens nicht verändern.

Unter liquiditätsorientierten Preisgrenzen versteht man dagegen kritische Preise, die den Bestand an liquiden Mitteln eines Unternehmens nicht verändern.

2) Entscheidungsfeld

Hier ist insbesondere danach zu unterschciden, ob Kapazitäten fest gegeben sind oder als veränderlich angenommen werden. Ferner ist die zutreffende Ermittlung von Preisgrenzen davon abhängig, ob Engpässe vorliegen oder nicht.

Abbildung 10.2 gibt zugleich eine Systematik der weiteren Ausführungen zu Preisuntergrenzen.

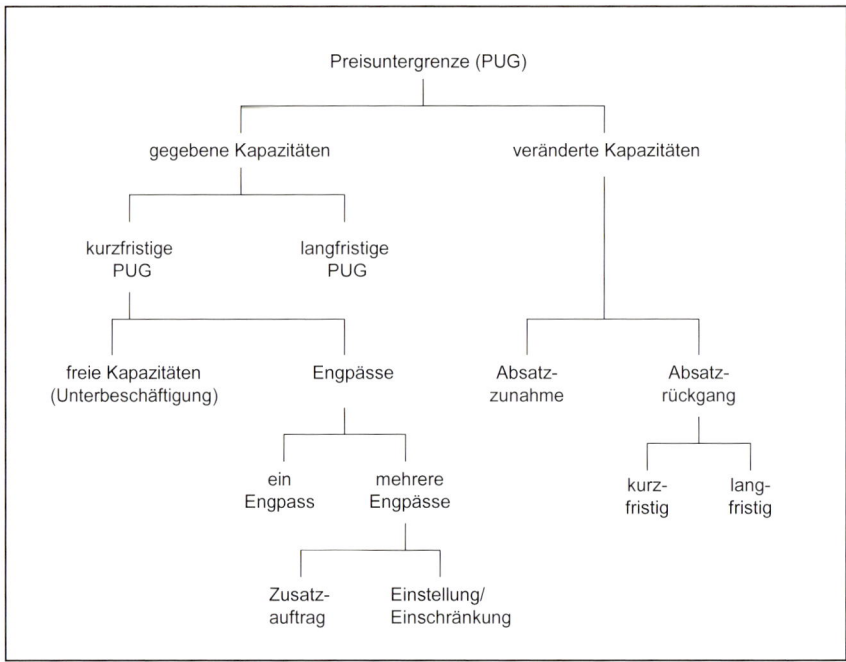

Abb. 10.2: Einteilung der Preisuntergrenzen

3   Preisuntergrenzen bei unveränderten Kapazitäten

Fragestellung

Die Problemstellung lautet: Wie hoch ist der kritische Verkaufspreis, unterhalb dessen sich die Weiterproduktion nicht lohnt oder unterhalb dessen sich die Annahme eines Zusatzauftrags nicht lohnt?

Für eine Beantwortung dieser Frage sind vier Fälle näher zu betrachten:

- Unterbeschäftigung,
- ein Engpass,
- mehrere Engpässe,
- langfristige Unternehmenssituation.

3.1   Preisuntergrenze bei Unterbeschäftigung

PUG = Grenzkosten

Die Preisuntergrenze entspricht hier den Grenzkosten k_v (oder variablen Kosten):

$$PUG = k_v$$

Im Fall freier Kapazitäten wird jede Produktart produziert und abgesetzt, deren Preis nicht unter den variablen Kosten (Grenzkosten) liegt.

Für den Fall, dass über die Hereinnahme von Zusatzaufträgen entschieden werden soll, ist in der Praxis häufig eine Preisinterdependenz zwischen dem Zusatzauftrag und den anderen Produkten zu berücksichtigen. Führt also z. B. ein Zusatzauftrag der Produktart i zu Preiseinbrüchen bei den Produktarten k = 1, ..., n, so muss die Preisuntergrenze um diese durch den Zusatzauftrag verursachten Erlösschmälerungen bei den anderen Produkten erhöht werden:

Preisinter-
dependenzen

$$\Delta PUG_i = \frac{\sum_{k=1}^{n} x_k \times \Delta p_k}{x_z}$$

$$\text{bzw. } PUG_z = k_{vi} + \Delta PUG_i$$

mit:
Δp_k = Preissenkung des k-ten Produkts
x_z = Produktionsmenge des Zusatzauftrags z

Die Ermittlung grenzkostenorientierter Preisuntergrenzen wirft einige spezifische Fragen auf, z. B.:

1) Wie sollen variable Kosten gemessen werden (zu Anschaffungspreisen oder zu Tagespreisen)?
2) Welche Kosten sind variabel? Ist die Klassifizierung kostenartenweise möglich?
3) Was geschieht, wenn Zusatzaufträge bestimmte Wiederanlaufkosten verursachen oder Stilllegungskosten vermeiden helfen?

Die Beantwortung derartiger Fragen fällt leichter, wenn man die Formeln zur Ermittlung der Preisuntergrenzen verallgemeinert. Prinzipiell wird die Summe aller entscheidungsrelevanten Kosten eines Auftrags als dessen zutreffende Preisuntergrenze angesehen.

Drei Beispiele sollen die erforderlichen Überlegungen erläutern.

Beispiel 10.1

Ein Unternehmen erhält Ende Januar eine Anfrage, zu welchem Preis es bereit wäre, ein genau spezifiziertes Einzelteil in einer Menge von 100 Einheiten zu fertigen. Die Anfrage kommt von einem Unternehmen, mit dem das Unternehmen keine Geschäftsverbindungen unterhält und ist offensichtlich nur darauf zurückzuführen, dass der entsprechende Lieferant des Unternehmens wegen einer Streiksituation in Lieferschwierigkeiten geraten ist. Auch von einem besonders günstigen Preis werden keine weiteren Aufträge in der Zukunft erwartet, außer in ähnlichen Notsituationen.

Das angefragte Unternehmen ist sowohl in personeller als auch in maschineller Hinsicht unterbeschäftigt, der Zusatzauftrag könnte im nächsten Monat gefertigt werden. Die Kündigungsfrist für Arbeiter beträgt einen Monat, Kündigungen seitens der Arbeitnehmer oder Pensionierungen werden für den Monat Februar nicht erwartet. Die Lohnkosten sind also aufgrund der Gegebenheiten kurzfristig nicht abbaubar.

Die Fertigung der ersten 10 Einheiten des Zusatzauftrags (inklusive Gemeinkostenlöhne und soziale Abgaben) würde 30 Arbeitsstunden à 6,– EUR erfordern, jede weitere Einheit würde infolge des Lernprozesses nur mehr einen Arbeitsaufwand von 2 Stunden erfordern. Für die Fertigung der ersten 10 Einheiten wären 15 Maschinenstunden, für die Fertigung weiterer Einheiten ist jeweils eine Maschinenstunde pro Einheit nötig. Die variablen Kosten je Maschinenstunde betragen 12,– EUR.

Für die Fertigung des Zusatzauftrags würden 300 kg einer speziellen Legierung als Rohmaterial benötigt werden. Es stellt sich heraus, dass 400 kg dieser Legierung als Restposten eines vor 3 Jahren gefertigten Auftrags für ein anderes Unternehmen noch auf Lager liegen. Es war schon erwogen worden, diesen Restposten zum Preis von 4,– EUR je kg zu verkaufen. Der damalige Anschaffungspreis des Rohmaterials war 5,– EUR/kg, der gegenwärtige Anschaffungspreis wäre 5,50 EUR/kg. Falls man den Zusatzauftrag nicht annimmt, würde man sich entschließen, das Material zu veräußern, da die Wahrscheinlichkeit einer weiteren Verwendung zu gering wäre.

Die Verwaltungs- und Vertriebskosten sind als völlig fix anzunehmen.

Wie hoch ist der Mindestpreis für den Auftrag?

Lohnkosten		-
Fertigungskosten	105 Std. × 12,- EUR/Std.	1 260
Materialkosten	300 kg × 4,- EUR/kg	1 200
PUG		2 460

Die Lohnkosten kommen nicht in Ansatz, da sie auch bei Nichtannahme des Zusatzauftrags anfallen. Die Materialkosten sind zum Liquidationspreis von 4,– EUR/kg anzusetzen, da die Liquidation der Materialbestände die relevante Alternative bei Ablehnung des Auftrags ist.

Die Annahmen zu Beispiel 10.1 werden folgendermaßen geändert:

Für die Fertigung des Zusatzauftrags wird kein spezielles Rohmaterial, sondern ein auch für andere Produkte des Unternehmens benötigtes Material verwendet. Dieses Material liegt in für die Februar- und März-Produktion ausreichendem Umfang auf Lager. Das auf Lager liegende Material wurde zum Preis von 5,– EUR angeschafft, der Tagesbeschaffungspreis ist, wie oben angeführt, 5,50 EUR.

Welches ist der für eine Produkteinheit zu fordernde Mindestpreis?

Fertigungskosten		1 260
Materialkosten	300 kg × 5,50 EUR/kg	1 650
PUG		2 910

Nunmehr sind die Materialkosten zum Wiederbeschaffungspreis von 5,50 EUR/kg zu bewerten, da bei Ablehnung des Auftrags in entsprechender Höhe Wiederbeschaffungskosten gespart werden.

Die Angaben von Beispiel 10.1 werden unter Fortführung der Angaben von Beispiel 10.2 in folgenden Punkten geändert oder erweitert:

Der Zusatzauftrag umfasst nun nicht mehr 100, sondern 1 000 Einheiten. Diese 1 000 Einheiten könnten nach Maßgabe der freien personellen Kapazität in 3 Monaten, nach Maßgabe der freien maschinellen Kapazität in 4 Monaten gefertigt werden. Das anfragende Unternehmen wäre mit einer Lieferung während der nächsten 4 Monate (Februar bis Mai) einverstanden. Falls das Unternehmen den Zusatzauftrag nicht annehmen würde, würde es einer entsprechenden Anzahl von Arbeitnehmern per 1. März kündigen. Weitere Zusatzaufträge bis Mai werden nicht erwartet (falls dies der Fall wäre, würden Engpässe entstehen).

Per 1. April wird eine Lohnerhöhung von 10 % in Kraft treten. Der Materialpreis wird sich per 1. März um 5 % erhöhen. Ein Vorkauf des Materials ist wegen beschränktem Lagerraum nicht möglich.

Welches ist in dieser Situation der Mindestpreis pro Produkteinheit, bei dem die Annahme des Auftrags vorteilhaft zu werden beginnt?

Die Fertigungszeit beträgt 4 Monate (Februar bis Mai). Die Arbeitsstunden in diesem Zeitraum betragen insgesamt 2 010 Stunden. Davon entfallen auf den Februar 510 Stunden. Entscheidungsrelevant sind damit noch 1 500 Stunden.

Lohnkosten		
März	500 Std. × 6,– EUR/Std. = 3 000	
April/Mai	1 000 Std. × 6,60 EUR/Std. = 6 600	9 600
Fertigungskosten	1 005 Std. × 12,– EUR/Std.	12 060
Materialkosten	3 000 kg × 5,50 EUR/kg × 1,05 [a)]	17 325
PUG		38 985

zu [a)]: Da das Material wiederverwendbar ist, muss die Preissteigerung von
5 % mit berücksichtigt werden.

3.2 Preisuntergrenze bei einem Engpass

Die Fragen, ob ein im Programm befindliches Produkt eliminiert oder ein
Produkt zusätzlich ins Programm aufgenommen oder ein im Programm
befindliches Produkt forciert werden soll, können bei Vorliegen eines für
mehrere Produkte gleichzeitig wirksamen Engpasses nur unter Berücksichtigung von **Opportunitätskosten** zutreffend gelöst werden. Zu den
Grenzkosten muss dann noch der auf eine Einheit des Zusatzauftrags
entfallene Gewinnentgang gerechnet werden, der dadurch entsteht, dass
in einer Engpasssituation ein Zusatzauftrag stets andere Produkte verdrängt.

Bei Vorliegen eines Engpasses ist die Preisuntergrenze für das Produkt i in Abhängigkeit von dem verdrängten Produkt k wie folgt zu
bestimmen:

$$PUG_i = k_{vi} + b_{ji} \times w_{jk}$$

mit:

$w_{jk} = \dfrac{d_k}{b_{jk}}$	Opportunitätskostensatz (bezogen auf eine Einheit der Eng- passbelastung des verdrängten Produkts k)
$b_{ji} =$	Belegungskoeffizient des Zusatzauftrags i auf Maschine j

Welches Produkt k zu wählen ist, welches Produkt also aus dem Programm verdrängt wird, hängt von der Problemstellung ab. Geht es um die
Preisuntergrenze für einen Zusatzauftrag, dann wählt man als zu verdrän-
gendes Produkt dasjenige, das den niedrigsten Bruttogewinn (oder Deckungsbeitrag) pro Einheit der Engpassbelastung erzielt.

Geht es um die Frage, ob ein derzeit hergestelltes Produkt eingestellt
oder eingeschränkt werden soll, so wählt man als neu herzustellende Erzeugnisse die Produkte mit dem höchsten Bruttogewinn pro Einheit der
Engpassbelastung innerhalb oder außerhalb des Programms, die an die
Stelle des voll zu eliminierenden Produkts treten.

Sind die Zusatz- oder Mindermengen so groß, dass Produktmengen mehrerer Erzeugnisse verdrängt werden, so ist der Opportunitätskostensatz als gewogener Mittelwert zu berechnen, wobei als Gewichtungsfaktoren die freigesetzten Kapazitäten der verdrängten Produkte genommen werden.

Beispiel 10.4

In einer Textilfabrik stellt die Weberei den einzigen potenziellen Engpass ($j = 1$) dar. Folgendes vorläufiges Produktionsprogramm der Produkte P_i ($i = 1, 2, 3$) wurde bereits festgelegt:

P_i	1	2	3
Produktionsmenge x_i	3 000	1 000	2 000
variable Kosten k_{vi}	40	30	50
Nettoverkaufspreis p_i	80	60	100
Engpassbelastung b_{1i}	2	2	3
Engpassbelastung insgesamt $b_{1i} \times x_i$	6 000	2 000	6 000

Die Kapazität des Engpasses beträgt insgesamt 14 000 Stunden. Nun wird dem Unternehmen die Fertigung eines Zusatzauftrags angeboten. Die variablen Kosten je Einheit (hier: P_4) wären $k_{v4} = 50,-$ EUR, die Engpassbelastung $b_{14} = 2,5$ Stunden je Einheit.

Welches wäre der zu fordernde Mindestpreis, falls von P_4 in der nächsten Periode **(1)** 500 Einheiten, **(2)** 1 000 Einheiten, **(3)** 4 000 Einheiten zu fertigen wären und wenn man von potenziell langfristigen Absatznachteilen aus einer Verminderung der bisher angebotenen P_i absieht?

P_i	1	2	3
d_i	40	30	50
b_{1i}	2	2	3
$w_{1i} = \dfrac{d_i}{b_{1i}}$	20	15*	16,67
$t_i = d_i - w_1{}^* \times b_{1i}$	10	0	5

Das zu verdrängende Grenzprodukt ist P_2, da dieses den niedrigsten engpassbezogenen Deckungsbeitrag aufweist. Also ist $w_1{}^* = 15,-$ EUR.

Das Entscheidungskalkül über die Annahme des Zusatzauftrags lässt sich graphisch wie in Abb. 10.3 veranschaulichen.

Das zu verdrängende Produkt (hier: P_2) belegt 2 000 Kapazitätseinheiten. Die Preisuntergrenzen der Weberei bei Annahme der alternativen Zusatzaufträge von P_4 ergeben sich zu:

1) Zusatzauftrag über 500 Stück P_4

Kapazitätsbedarf = 2,5 × 500 = 1 250 Std. ≤ 2 000 Std. ⇒ Kapazität für Zusatzauftrag von P_4 bei alleiniger Verdrängung von P_2 ausreichend!

Bestimmung der PUG pro Stück P_4:

variable Kosten k_{v4}:	500 × 50	25 000
Gewinnentgang P_2:	1 250 × 15	18 750
		43 750
PUG pro Stück P_4:	43 750 : 500	87,50

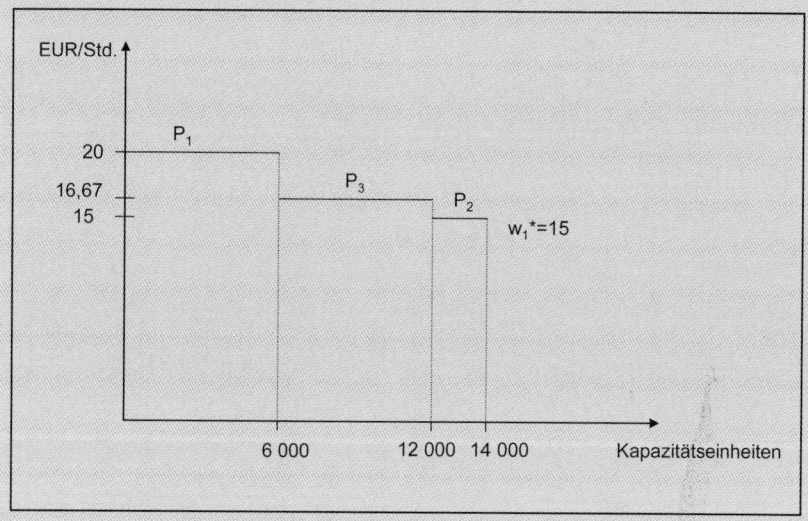

Abb. 10.3: Entscheidungskalkül bei einem Engpass

2) Zusatzauftrag über 1 000 Stück P_4

Kapazitätsbedarf = 2,5 × 1 000 = 2 500 Std. > 2 000 Std. ⇒ freigesetzte Kapazität bei Verdrängung von P_2 noch nicht ausreichend; Verdrängung des zweitbesten Produkts P_3 erforderlich!

Bestimmung der PUG pro Stück P_4:

variable Kosten k_{v4}:	1 000 × 50		50 000
Gewinnentgang P_2:	2 000 × 15	30 000	
P_3:	500 × 16,67	8 335	38 335
			88 335
PUG pro Stück P_4:	88 335 : 1 000		88,34

3) Zusatzauftrag über 4 000 Stück P4

Kapazitätsbedarf = 2,5 × 4 000 = 10 000 Std. > 8 000 Std. ⇒ Kapazität bei Verdrängung von P_2 und P_3 noch nicht ausreichend; Verdrängung von P_1 mit dem bislang höchsten engpassbezogenen Deckungsbeitrag erforderlich!

Bestimmung der PUG pro Stück P_4:

variable Kosten k_{v4}:	4 000 × 50		200 000
Gewinnentgang P_2:	2 000 × 15	30 000	
P_3:	6 000 × 16,67	100 000	
P_1:	2 000 × 20	40 000	170 000
			370 000
PUG pro Stück P_4:	370 000 : 4 000		92,50

Allgemein lässt sich für ein beliebiges Produkt i die Preisuntergrenze bei Vorliegen eines Engpasses j und Verdrängung von k Produkten mit Hilfe der folgenden Formel ermitteln:

PUG bei einem Engpass

$$PUG_i = k_{vi} \times b_{ji} \times \frac{\sum_k b_{jk} \times x_k \times w_{jk}}{\sum_k b_{jk} \times x_k}$$

3.3 Preisuntergrenze bei mehreren Engpässen

Die Formel zur Bestimmung der Preisuntergrenzen lässt sich nun ohne weiteres theoretisch auf den Fall mehrerer Engpässe erweitern. Wie in Kapitel 9 bereits gezeigt wurde, lassen sich Opportunitätskosten bei mehreren Engpässen nur simultan aus der optimalen Lösung des Produktionsplanungsproblems mit Hilfe der linearen Programmierung ermitteln. Dabei entsprechen die Lösungswerte der Dualvariablen den Opportunitätskosten je Einheit der Engpassbelastung.

Der Vollständigkeit halber sei nochmals wiederholt:

1) Primal

Zielfunktion (Maximierung der Gewinne)

Primales Programm

$$G = \sum_{i=1}^{n} d_i \times x_i \rightarrow \max$$

Nebenbedingungen

$$\sum_{i=1}^{n} b_{ji} \times x_i \times s_j = B_j \text{ für } j = 1,...,m$$

$$x_i \geq 0; s_j \geq 0$$

Duales Programm

2) Dual

Zielfunktion (Minimierung der Kosten)

$$K = \sum_{j=1}^{m} B_j \times w_j \rightarrow \min$$

Nebenbedingungen

$$\sum_{j=1}^{m} b_{ji} \times w_j - t_i = d_i \text{ für } i = 1,...,m$$

$$w_j \geq 0; t_i \geq 0$$

PUG bei mehreren Engpässen

Aus der letzten Gleichung des dualen Problems folgt wegen $d_i = p_i - k_{vi}$ und $t_i = 0$ (bei zutreffend gewählter PUG entstehen keine Opportunitätsverluste!) die Formel zur Bestimmung der Preisuntergrenze:

$$PUG_i = k_{vi} + \sum_{j=1}^{m} b_{ji} \times w_j \text{ *}$$

Die Ermittlung zutreffender Preisuntergrenzen bei Vorliegen mehrerer gleichzeitig wirksamer Kapazitätsrestriktionen veranschaulicht das folgende Beispiel 10.5.

Beispiel 10.5

Für ein Unternehmen gilt folgende Situation: Die zwei potenziellen Engpassabteilungen 1 und 2 haben eine Kapazität von 200 bzw. 300 Stunden. Gegenwärtig umfasst das Produktionsprogramm die Produkte P_1 und P_2, die einen Deckungsbeitrag von $d_1 = 300,-$ EUR bzw. $d_2 = 280,-$ EUR aufweisen und die Kapazitäten in folgendem Ausmaß beanspruchen:

P_i	1	2
b_{1i}	2	1
b_{2i}	2	3

Die Ausgangsdaten führen zum Ansatz des folgenden linearen Programms:

$$300\,x_1 + 280x_2 \rightarrow \max$$

$$2\,x_1 + \ 1\,x_2 \ \leq 200$$

$$2\,x_1 + \ 3x_2 \ \leq 300$$

$$x_1, x_2 \ \geq \ 0$$

Eine grafische Lösung des vorstehenden Optimierungsproblems zeigt Abbildung 10.4.

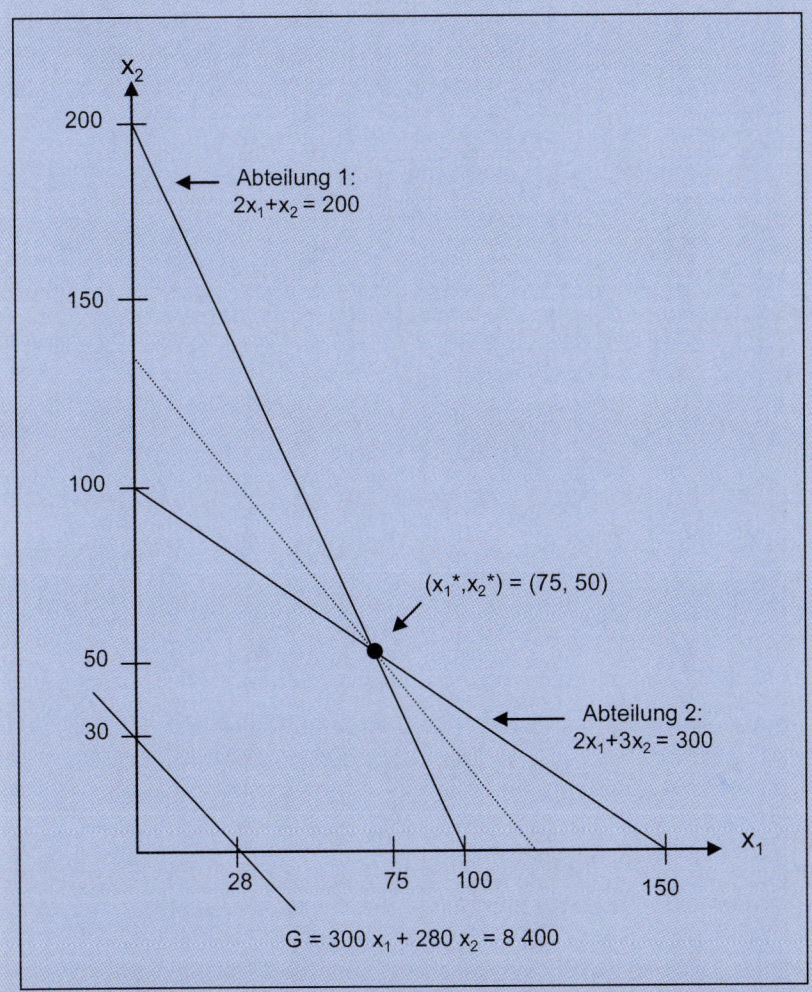

Abb. 10.4: Grafische Lösung zu Beispiel 10.5

Für G = 8 400 ist die Hilfslinie der Zielfunktion z. B. durch folgende Punkte bestimmt:

$$x_2 = 0 \rightarrow x_1 = \frac{8\,400}{300} = 28$$

$$x_1 = 0 \rightarrow x_2 = \frac{8\,400}{280} = 30$$

Numerische Lösung zu Beispiel 10.5

	x_1	x_2	s_1	s_2	Lösung
s_1	2*	1	1	0	200
s_2	2	3	0	1	300
G	-300	-280	0	0	0
x_1	1	½	½	0	100
s_2	0	2*	-1	1	100
G	0	-130	150	0	30 000
x_1	1	0	¾	-¼	75
x_2	0	1	-½	½	50
G	0	0	85	65	36 500

Opportunitäts-
verluste t_i*

faktorbezogene
Opportunitäts-
kosten w_j*

Die Daten aus dem Beispiel 10.5 werden bei den folgenden Erörterungen weitergeführt. Es ist zu unterscheiden zwischen der Preisuntergrenze für einen Zusatzauftrag und der Preisuntergrenze, jenseits derer ein gefertigtes Produkt aus dem Programm genommen werden sollte.

3.3.1 Annahme eines Zusatzauftrags

Problemstellung Für den zuerst betrachteten Fall der Ermittlung einer Preisuntergrenze für einen Zusatzauftrag sind zwei Teilaspekte gesondert zu untersuchen:
Was passiert, wenn durch einen Zusatzauftrag

1) die vorhandenen betrieblichen Kapazitäten proportional, d. h. in gleichem Ausmaß, beansprucht werden

oder

2) die vorhandenen betrieblichen Kapazitäten nicht proportional, d. h. in unterschiedlichem Ausmaß beansprucht werden.

3.3.1.1 Proportionale Kapazitätsbeanspruchung durch den Zusatzauftrag

Bei proportionaler Beanspruchung der vorhandenen betrieblichen Kapazitäten durch einen Zusatzauftrag wird die Struktur des Produktionsprogramms, d. h. das Mischungsverhältnis der hergestellten Produkte, nicht verändert. Es findet kein Basiswechsel in der optimalen Lösung des Produktionsprogramms statt, d. h. die Opportunitätskostensätze bleiben unverändert und können somit zur Ermittlung der Preisuntergrenze herangezogen werden.

Proportionale Kapazitätsbeanspruchung

Zusatzauftrag/proportional

Beispiel 10.5 (Fortführung)

variable Kosten k_v des Zusatzauftrags	=	3 000,– EUR
Belegungskoeffizient b_1	=	20 Std.
Belegungskoeffizient b_2	=	30 Std.

Da der Zusatzauftrag die vorhandenen Kapazitäten (B_1 = 200 Std. und B_2 = 300 Std.) mit jeweils 10 % proportional beansprucht, kann die Preisuntergrenze mit der nachstehenden Formel bestimmt werden:

$$PUG = k_v + \sum_{j=1}^{m} b_j \times w_j *$$

Mit den Werten aus dem vorliegenden Optimaltableau ergibt sich

$$PUG = 3\,000 + 20 \times 85 + 30 \times 65 = 6\,650,\text{– EUR}$$

Kontrollrechnung

Durch den Zusatzauftrag werden die verfügbaren Kapazitäten proportional gemindert:

Kontrollrechnung

B_1	=	200 – 20	=	180 Std.	(– 10 %)
B_2	=	300 – 30	=	270 Std.	(– 10 %)

Die Produktionsstruktur bleibt erhalten, das Niveau sinkt um 10 %. Damit ergibt sich folgendes Opportunitätskostenkalkül für das Zusatzprodukt:

Umsatz (PUG)	6 650
- variable Kosten	-3 000
= Deckungsbeitrag	3 650
- Opportunitätskosten	
Gewinnentgang x_1 (7,5 × 300)	-2 250
(x_1* = 75 sinkt um 10 %)	
Gewinnentgang x_2 (5 × 280)	-1 400
(x_2* = 50 sinkt um 10 %)	
= Opportunitätskosten	0

Die Annahme des Zusatzauftrags ist also lohnend, wenn hierfür wenigstens Kapazitätsbelegungen des Zusatzauftrags und der Optimal-Opportunitätskosten w_j* durchgeführt werden:

P $- k_v$	6 650 3 000
= d	3 650
$- \sum\limits_{j=1}^{m} b_j \times w_j$*	1 700 (= 20 × 85) 1 950 (= 30 × 65)
= t	0

Ergebnis

Ergebnis

Die Preisuntergrenze eines Zusatzauftrags kann mittels der Opportunitätskostensätze aus dem Optimaltableau w_j* ermittelt werden, falls durch den Zusatzauftrag die vorhandenen Produktionskapazitäten proportional beansprucht werden. Die bisherige Lösung des Produktionsproblems bleibt in diesem Fall weiter gültig (Parallelverschiebung der Restriktionsgeraden in der graphischen Lösung), so dass keine neuen Opportunitätskosten oder Dualwerte w_j* bestimmt werden müssen.

Die Auswirkungen einer nichtproportionalen Beanspruchung der betrieblichen Kapazitäten werden im Nachfolgenden näher untersucht.

3.3.1.2 Nichtproportionale Kapazitätsbeanspruchung durch den Zusatzauftrag

Zusatzauftrag/nicht proportional

variable Kosten k_v des Zusatzauftrags	=	3 000,– EUR
Belegungskoeffizient b_1	=	0 Std.
Belegungskoeffizient b_2	=	120 Std.

Mit der obigen Formel würde sich bei Anwendung der ermittelten Opportunitätskosten w_i* die Preisuntergrenze ergeben zu

$$PUG = k_v + \sum_{j=1}^{m} b_j \times w_j * = 3\,000 + 0 \times 85 + 120 \times 65$$

$$= 10\,800,\text{– EUR}$$

Dieses Ergebnis ist nicht zutreffend, weil bei Annahme des Zusatzauftrags infolge der nichtproportionalen Kapazitätsbeanspruchung (Drehung der Restriktionsgeraden) ein Basiswechsel in der optimalen Lösung stattfindet. Die Opportunitätskosten w_i* der ursprünglichen Optimallösung sind nicht mehr gültig und können folglich nicht mehr zur Bestimmung der Preisuntergrenze herangezogen werden.

Für eine zutreffende Festlegung der Preisuntergrenze ist eine neue Optimierungsrechnung durchzuführen.

3.3.1.2.1 Neue Optimierung

Die freie Kapazität in den beiden Abteilungen ändert sich bei Annahme des Zusatzauftrags wie folgt:

B_1	=	200 – 0	=	200 Std.
B_2	=	300 – 120	=	180 Std.

Eine neue Optimierung mit diesen Daten ergibt folgende Lösung:

	x_1	x_2	s_1	s_2	Lösung
s_1	2	1	1	0	200
s_2	2*	3	0	1	180
G	-300	-280	0	0	0
x_1	0	-2	1	-1	20
s_2	1	3/2	0	½	90
G	0	170	0	150	27 000

Opportunitäts-
verluste t_i*

faktorbezogene
Opportunitäts-
kosten w_j*

Zur Interpretation des Optimaltableaus
Die neue Optimallösung führt zu folgendem Ergebnis:

$$x_1^* = 90, x_2^* = 0, G^* = 27\ 000$$

Die bisherige Lösung lautete

$$x_1^* = 75, x_2^* = 50, G^* = 36\ 500$$

Die Hereinnahme von einer Einheit P_2 anstelle einer Einheit von P_1 würde zu einem Opportunitätsverlust von $t_2 = 170$,– EUR führen:

+ 280 (zusätzlicher Deckungsbeitrag von P_2)
– 450 (3/2 × 300 entgangener Deckungsbeitrag von P_1)
= -170 (Opportunitätsverlust t_2)

Die Preisuntergrenze für den Zusatzauftrag ergibt sich nun wie folgt:

variable Kosten k_v 3 000
+ Opportunitätskosten
a) Entgangener Deckungsbeitrag x_2
   Die entgehenden Deckungsbeiträge aus der Minderproduktion von
   x_2 erhöhen die Preisuntergrenze:
   50 Stück × 280 EUR/Stück =   14 000
   (gegenüber dem ursprünglichen
   Optimaltableau verändert sich x_2^*
   um 0 – 50 = -50 Einheiten)

b) Zusätzlicher Deckungsbeitrag x_1
Die zusätzlichen Deckungsbeiträge aus der Mehrproduktion von x_1 verringern die Preisuntergrenze:
15 Stück × 300 EUR/Stück =   -4 500
(gegenüber dem ursprünglichen Optimaltableau steigt x_1^* um
90 – 75 = 15 Einheiten)

c) Summe der Opportunitätskosten	9 500
= PUG des Zusatzauftrags	12 500

Bei dieser Preisuntergrenze wäre die Ergebniseinbuße (Preisuntergrenze – variable Kosten = 12 500 – 3 000 = 9 500 EUR) gerade kompensiert, wie ein Vergleich der Gesamtgewinne im ursprünglichen und neu ermittelten optimalen Programm zeigt (36 500 – 27 000 = 9 500 EUR).

Wie die vorstehende Rechnung verdeutlicht, setzt sich die Preisuntergrenze für den Zusatzauftrag aus den variablen Kosten und dem entgangenen Deckungsbeitrag (Minderproduktion) abzüglich des zusätzlichen Deckungsbeitrags (Mehrproduktion) zusammen. Für den hier betrachteten Fall der Bestimmung von Preisuntergrenzen bei nicht proportionaler Kapazitätsbeanspruchung kann für maximal n verschiedene zu verdrängende Produkte k allgemein formuliert werden:

$$PUG = k_v + \sum_{k=1}^{n} d_k \times (x_k^*{}_{(alt)} - x_k^*{}_{(neu)})$$

Mit den Werten des vorliegenden Beispiels erhält man

$$PUG = 3\,000 + 300 \times (75 - 90) + 280 \times (50 - 0) = 12\,500,- \text{ EUR}$$

Diese Preisuntergrenze konnte jedoch, da sich die Basislösung infolge der nicht proportionalen Kapazitätsbeanspruchung durch den Zusatzauftrag geändert hat, nicht mehr über die ursprünglichen Opportunitätskostensätze oder Dualwerte ermittelt werden.

3.3.1.2.2   Sensitivitätsanalyse

Bei der Kalkulation von Preisuntergrenzen für Zusatzaufträge ergibt sich grundsätzlich die Frage: Wie weit darf die Belegung der vorhandenen

Kapazitäten durch den Zusatzauftrag geändert werden, bevor sich eine neue Basislösung und damit neue Opportunitätskostensätze ergeben?

Parametrische
Programmierung

Diese Frage kann mit Hilfe der parametrischen Programmierung beantwortet werden.

Beispiel 10.6

Eine Beschränkung z. B. für die zweite Kapazitätsrestriktion B_2 lautet in parametrischer Darstellung:

$$2 x_1 + 3 x_2 + 0 s_1 + 1 s_2 = 300 + 1 \lambda$$

Das ursprüngliche Optimaltableau ist damit wie folgt zu modifizieren:

x_1	1	0	¾	-¼	$75 - ¼ \lambda$
x_2	0	1	-½	½	$50 + ½ \lambda$
G	0	0	85	65	$36\,500 + 65 \lambda$

Die Koeffizienten vor λ stimmen jeweils mit den Koeffizienten aus der Spalte überein, die im ursprünglichen Optimaltableau zu der Schlupfvariablen s_i der betrachteten Kapazitätsrestriktion B_i gehört. Im vorliegenden Beispiel wird die zweite Kapazitätsrestriktion B_2 untersucht. Die Koeffizienten der zugehörigen Schlupfvariablen s_2, die mit den Koeffizienten vor λ übereinstimmen, sind der 4. Spalte aus dem ursprünglichen Optimaltableau zu entnehmen.

Die Basislösung im (modifizierten) Optimaltableau gilt, solange

$$x_i \geq 0; i = 1, ..., n$$

Damit ergeben sich die zulässigen Grenzwerte für λ zu

$$75 - 1/4 \, \lambda \geq 0 \Rightarrow \lambda \leq 300 \text{ und}$$
$$50 + 1/2 \, \lambda \geq 0 \Rightarrow \lambda \geq -100.$$

Zusammengefasst erhält man: $-100 \leq \lambda \leq 300$.

Im zuletzt betrachteten Beispiel ist λ gleich der maximalen Kapazitätsbeanspruchung durch das Zusatzprodukt, d. h. $\lambda = -120$ Std. Da dieser Wert unterhalb des zulässigen Grenzwerts von $\lambda \geq -100$ liegt, können die Dualwerte aus dem ursprünglichen Optimaltableau nicht mehr zur Kalkulation der Preisuntergrenze verwendet werden.

Falls die Kapazitätsbeanspruchung durch den Zusatzauftrag innerhalb der ermittelten Grenzen von λ liegt, kann die Preisuntergrenze dagegen mit den bereits vorliegenden Dualwerten kalkuliert werden.

$\lambda = -100$ (d. h. Beanspruchung von Kapazitätsrestriktion B_2 durch Zusatzprodukt = 100 Std.)

$$
\begin{array}{lllll}
x_1 &=& 75 - 1/4\,\lambda &=& 75 - 1/4 \times (-100) &=& 100 \\
x_2 &=& 50 + 1/2\,\lambda &=& 50 + 1/2 \times (-100) &=& 0 \\
G &=& 36\,500 + 65\,\lambda &=& 36\,500 + 65 \times (-100) &=& 30\,000,\text{- EUR}
\end{array}
$$

Parallelrechnung über entgangene Deckungsbeiträge:

$\Delta x_1 \times d_1 + \Delta x_2 \times d_2 = 25 \times 300 - 50 \times 280 = -6\,500,-$ EUR weniger Gewinn als im ursprünglichen Optimaltableau mit $G^* = 36\,500,-$ EUR

PUG = $3\,000 + 100 \times 65 = 9\,500,-$ EUR

$\lambda = -80$ (d. h. Beanspruchung von Kapazitätsrestriktion B_2 durch Zusatzprodukt = 80 Std.)

$$
\begin{array}{lllll}
x_1 &=& 75 - 1/4\,\lambda &=& 75 - 1/4 \times (-80) &=& 95 \\
x_2 &=& 50 + 1/2\,\lambda &=& 50 + 1/2 \times (-80) &=& 10 \\
G &=& 36\,500 + 65\,\lambda &=& 36\,500 + 65 \times (-80) &=& 31\,300,\text{- EUR}
\end{array}
$$

Parallelrechnung über entgangene Deckungsbeiträge:

$\Delta x_1 \times d_1 + \Delta x_2 \times d_2 = 20 \times 300 - 40 \times 280 = -5\,200,-$ EUR weniger Gewinn als im ursprünglichen Optimaltableau mit $G^* = 36\,500,-$ EUR

PUG = $3\,000 + 80 \times 65 = 8\,200,-$ EUR

Wenn diese Grenzen überschritten werden, dann können die Dualwerte nicht verwendet werden. Der Zusatzauftrag muss dann in das Ausgangsmodell der linearen Optimierung mit einbezogen werden.

3.3.2　Produkteinschränkung oder -einstellung bei Preiseinbruch

Problemstellung

Die Problemstellung lautet:
　Es existiert ein optimales Produktionsprogramm, das auch realisiert wird. Bei einem oder mehreren der Produkte ist vorübergehend oder dauerhaft mit einem Preiseinbruch zu rechnen. Ab welchem Preisniveau sollten diese Produkte aus dem Programm eliminiert bzw. ihre Produktion eingeschränkt werden?

Sinkt der Preis eines Produkts i auch nur geringfügig, so sind die Bedingungen des Dualitätssatzes nicht mehr erfüllt (vgl. ausführlich die Ausführungen in Kapitel 9).

$$\sum_{j=1}^{m} b_{ji} \times w_j{}^* - t_i = d_i$$

Für Produkte mit Produktionsmengen $x_i \geq 0$ (diese sind Bestandteile des optimalen Produktionsprogramms) ist $t_i = 0$, d. h. die Gleichung kann umgeformt werden zu

$$d_i = p_i - k_{vi} = \sum_{j=1}^{m} b_{ji} \times w_j{}^*$$

Parametrische Programmierung

Aus der Tatsache, dass die Bedingungen des Dualitätssatzes nicht mehr erfüllt sind, kann noch nicht zwingend gefolgert werden, dass ein Produkt, bei dem mit Preiseinbrüchen gerechnet werden muss, nun aus dem Programm zu eliminieren ist. Wird das Planungsprogramm unter Berücksichtigung des veränderten Preises erneut durchgerechnet, dann kann sich unter Umständen zeigen, dass der Gewinn aufgrund des Preiseinbruchs zwar kleiner geworden ist, die optimale Lösung des Programms aber nicht verändert wurde. Dementsprechend sind dann auch die Opportunitätskostensätze gesunken, und die Bedingungen des Dualitätssatzes sind wieder erfüllt. Es zeigt sich, dass die Dualwerte im Sinne von Opportunitätskosten für diese Problemstellung so gut wie keinen Aussagewert haben. Es geht hier vielmehr darum, jeweils diejenigen Variationsbereiche für den Verkaufspreis des betreffenden Produkts zu berechnen, für die sich die Lösung des Programms nicht ändert. Das ist ein Problem der **parametrischen Programmierung.**

Beispiel 10.9

Fortführung zu Beispiel 10.5

$$
\begin{array}{rcrcl}
300\,x_1 & + & 280\,x_2 & \rightarrow & \max \\
2\,x_1 & + & x_2 & \leq & 200 \\
2\,x_1 & + & 3\,x_2 & \leq & 300 \\
& & x_1, x_2 & \geq & 0
\end{array}
$$

Annahme
Der Stückdeckungsbeitrag d_2 von Produkt P_2 setzt sich wie folgt zusammen:

$$d_2 = p_2 - k_{v2} = 750 - 470 = 280{,}-\text{ EUR}$$

Das Optimaltableau in dem oben berechneten Beispiel 10.5 ergab sich zu:

x_1	1	0	¾	-¼	75
x_2	0	1	-½	½	50
G	0	0	85	65	36 500

Die Frage nach der Preisuntergrenze für P_2 im Rahmen der bestehenden Programmstruktur lautet:

In welchen Grenzen für den Deckungsbeitrag d_2 bleibt die ursprüngliche Lösung der optimalen Produktionsmengen $x_1^* = 75$ und $x_2^* = 50$ erhalten?

Zur Beantwortung dieser Frage ist der Koeffizient für den Deckungsbeitrag von x_2 in der Zielzeile des **Ausgangstableaus** um den Parameter λ zu ergänzen.
Zielfunktionszeile im Ausgangstableau:

G	-300	$-(280 + \lambda)$	0	0	0

Das **Abschlusstableau** ergibt sich damit zu:

x_1	1	0	¾	-¼	75
x_2	0	1	-½	½	50
G	0	$-\lambda$	85	65	36 500

Um Schlüsse über den zulässigen Bereich von λ ziehen zu können, bei dem eine Veränderung der ermittelten Lösung nicht erforderlich ist, muss man einen Wert von 0 für den Koeffizienten von x_2 in der 2. Spalte der Zielfunktionszeile der optimalen Lösung erreichen. Das geschieht, indem das λ -fache der 2. Zeile des Lösungstableaus zur neuen Zielfunktionszeile addiert wird:

G	0	0	$85 - ½\lambda$	$65 + ½\lambda$	$36\,500 + 50\lambda$

Die Bedingung, dass die Zielzeile keine negativen Zahlen aufweisen darf, ist erfüllt für

$85 - 1/2\,\lambda \geq 0$, d. h. $\lambda \leq 170$, und für $65 + 1/2\,\lambda \geq 0$, d. h. $\lambda \geq -130$

Zusammengefasst erhält man: $-130 \leq \lambda \leq 170$

Der Deckungsbeitrag d_2 kann somit im Intervall

$$d_2 = [280 - 130, 280 + 170] = [150, 450]$$

liegen, ohne dass die optimale Lösung verändert wird.

Die Ausgangsfrage lautete, ab welchem (niedrigeren) Preisniveau die betreffenden Produkte aus dem Programm eliminiert oder eingeschränkt werden sollten.

Für das hier betrachtete Produkt P_2 ergibt sich bei einem Basispreis von 750,– EUR unter Berücksichtigung der obigen Intervallgrenzen eine Preisuntergrenze von $PUG_2 = 750 - 130 = 620$,– EUR. Falls dieser Preis unterschritten wird, wird eine andere Produktmischung optimal. Hier im Beispiel wäre x_2 dann ganz einzustellen.

Diesen letzten Gedanken verdeutlicht die ausführliche Lösung des modifizierten Beispiels 10.5 zur parametrischen Programmierung:

$$
\begin{array}{rcccl}
300\,x_1 & + & (280 + \lambda)\,x_2 & \to & \max \\
2\,x_1 & + & x_2 & \leq & 200 \\
2\,x_1 & + & 3\,x_2 & \leq & 300 \\
& & x_1, x_2 & \geq & 0
\end{array}
$$

Starttableau

s_1	2*	1	1	0	200
s_2	2	3	0	1	300
G	-300	$-280 - \lambda$	0	65	0

Vorläufiges Endtableau (1)

x_1	1	½	½	0	100
s_2	0	2*	-1	1	100
G	0	$-130 - \lambda$	150	0	30 000

Zur Bestimmung einer zulässigen, optimalen Lösung ist in der 2. Spalte für den Zielfunktionskoeffizienten $-130 - \lambda$ (muss ≥ 0 sein) eine Fallunterscheidung durchzuführen.

1. Fall

$$-130 - \lambda \geq 0, \text{ d. h. } \lambda \leq -130$$

In diesem Fall kann unmittelbar eine optimale Lösung aus dem vorläufigen Endtableau abgelesen werden:

$$x_1 = 100$$
$$x_2 = 0$$
$$G = 30\,000$$

Falls der Preis um weniger als 130,– EUR sinkt, wäre der folgende Fall 2 zu untersuchen.

2. Fall

$$-130 - \lambda < 0, \text{ d. h. } \lambda > -130$$

Das vorläufige Endtableau (1) bekäme für $\lambda > -130$ einen negativen Zielfunktionskoeffizienten und würde damit das Optimalitätskriterium nicht mehr erfüllen.

Durch erneute Umformung ergibt sich das nachstehende Tableau.

Vorläufiges Endtableau (2)

x_1	1	0	$\frac{3}{4}$*	$-\frac{1}{4}$	75
x_2	0	1	$-\frac{1}{2}$	$\frac{1}{2}$	50
G	0	0	$85 - \frac{1}{2}\lambda$	$65 + \frac{1}{2}\lambda$	$36\,500 + 50\,\lambda$

Der Zielfunktionskoeffizient $65 + 1/2\,\lambda$ nimmt einen positiven Wert an, wenn die zuvor gestellte Bedingung $\lambda \geq -130$ erfüllt ist.

Die Bestimmung einer zulässigen Lösung ist damit von dem zweiten parametrischen Zielfunktionskoeffizienten $85 - 1/2\,\lambda$ abhängig:

$$85 - 1/2\,\lambda \geq 0, \text{ d. h. } \lambda \leq 170$$

Es ergibt sich

$$-130 \leq \lambda \leq 170$$

Falls der Preis um nicht mehr als 130,– EUR sinkt und auch nicht um mehr als 170,– EUR steigt, ergibt sich aus dem vorläufigen Endtableau (2) folgende Optimallösung:

$$x_1 = 75$$
$$x_2 = 50$$
$$G = 36\,500 + 50\,\lambda$$

Falls der Preis um mehr als 170,– EUR steigt, müsste abschließend noch der folgende 3. Fall untersucht werden.

3. Fall

$$85 - 1/2\,\lambda < 0, \text{ d. h. } \lambda > 170$$

Durch erneute Umformung des vorläufigen Endtableaus (2) erhält man folgendes Endtableau:

Endtableau:

s_1	1	0	1	$-\frac{1}{3}$	100
x_2	0	1	0	$\frac{1}{3}$	100
G	$\frac{4}{3}\left(\frac{1}{2}\lambda - 85\right)$	0	0	$\frac{110}{3} + \frac{1}{3}\lambda$	$28\,000 + 100\,\lambda$

Beide parametrischen Zielfunktionskoeffizienten nehmen zulässige bzw. positive Werte an, solange die zuvor geforderte Bedingung $\lambda \geq 170$ eingehalten wird.

Damit ergibt sich aus dem zuletzt ermittelten Endtableau folgende optimale Lösung:

$$x_1 = \quad 0$$
$$x_2 = 100$$
$$G = 28\,000 + 100\,\lambda$$

Die grafische Lösung der vorstehend betrachteten Fallunterscheidungen ist in Abbildung 10.5 zusammengefasst.

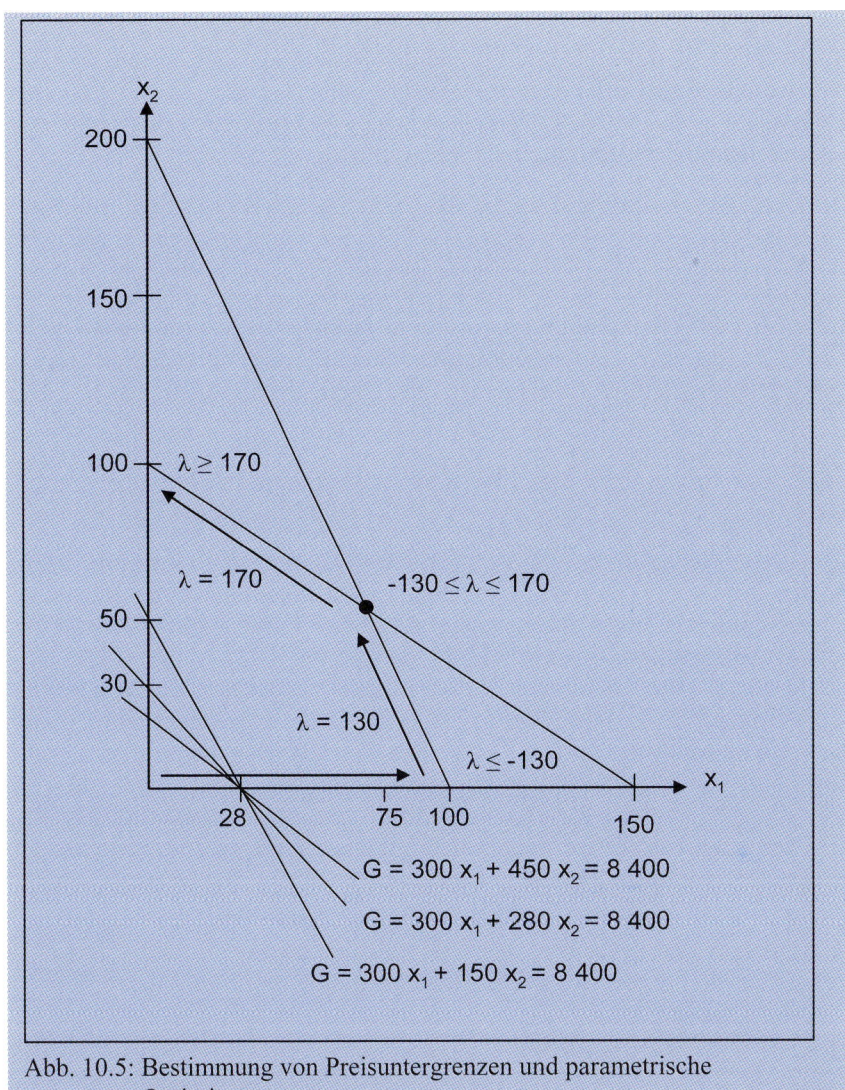

Abb. 10.5: Bestimmung von Preisuntergrenzen und parametrische Optimierung

3.4 Langfristige Preisuntergrenze

Langfristig muss ein Unternehmen alle Kosten decken. Für das Einproduktunternehmen kann man daraus den Schluss ziehen, dass langfristig die gesamten Vollkosten die Preisuntergrenze darstellen. Diese Bedingung lässt sich in Form der Break-even-Gleichung wie folgt darstellen (vgl. Kapitel 8):

Break-even-Gleichung

$$x \times (p - k_v) - K_f = 0$$

Langfristige
PUG

Im Break-even-Modell für das Einproduktunternehmen ist die Ausbringungsmenge x einzige Einflussgröße der Kosten und Erlöse und folglich auch des Gewinns. Bei gegebener Ausbringungsmenge x und in Kenntnis der Fixkosten K_f und variablen Stückkosten k_v ergibt sich die langfristig zu erreichende Preisuntergrenze zu

$$PUG = k_v + \frac{K_f}{x}$$

Modifizierte
Break-even-
Gleichung

Im Mehrproduktunternehmen wäre eine solche Regel unpraktikabel, da nicht alle Fixkosten auf einzelne Produktarten zurechenbar sind. Langfristig gilt allgemein nur die modifizierte Break-even-Gleichung:

$$\sum_{i=1}^{n} x_i \times (p_i - k_{vi}) - K_f = 0$$

Differenzierte
Fixkosten-
behandlung

Die Gesamtheit aller produktspezifischen Deckungsbeiträge muss mindestens die fixen Kosten des Unternehmens decken. Gegebenenfalls kann diese Bedingung noch durch eine stufenweise Fixkostendeckung weiter differenziert werden.

Die Break-even-Gleichung ist, wie bereits ausgeführt, als Mindestnebenbedingung in die Modelle einzuführen. Dabei ist es unerheblich, wie die Deckungsbeiträge auf die einzelnen Produktarten verteilt sind. Entscheidend ist nur die Einhaltung der Bedingung insgesamt.

Bei gegebenen variablen Kosten und Fixkosten lassen sich mittels dieser Gleichung Kombinationen von Produktionsmengen angeben, bei denen die Gesamtkosten gerade gedeckt sind.

Dies soll anhand eines Beispiels verdeutlicht werden.

Beispiel 10.10

In Ergänzung zum vorhergehenden Beispiel betragen die fixen Kosten $K_f = 16\,800,-$ EUR

$$G = 300\,x_1 + 280\,x_2 - 16\,800 \geq 0$$

Durch Einsetzen in die Gewinngleichung erhält man bei Herstellung von jeweils nur einem der beiden Produkte folgende Mindestproduktionsmengen, bei denen die Gesamtkosten gerade gedeckt sind (E = Ergebnis):

$$E_1 : x_1 \quad = \quad 56; \qquad x_2 \quad = \quad 0$$
$$E_2 : x_1 \quad = \quad 0; \qquad x_2 \quad = \quad 60$$

Beliebige Produktmengenkombinationen, die ebenfalls zu einer Vollkostendeckung führen, ergeben sich durch Linearkombination der eben ermittelten Werte von E_1 und E_2:

$$E = \alpha \times E_1 + (1 - \alpha) \times E_2; \, \alpha \in [0, 1]$$

Erweitert man in der Zielfunktion den Koeffizienten von x_2 um einen Parameter λ, so können mit der Break-even-Gleichung die zulässigen Kombinationen von kostendeckenden Produktionsmengen wie folgt bestimmt werden:

$$G = 300 \, x_1 + (280 + \lambda) \, x_2 - 16\,800 \geq 0$$

Wegen des oben abgeleiteten Zulässigkeitsbereichs $-130 \leq \lambda \leq 170$ ergibt sich

1) $\lambda = -130$
   $300 \, x_1 + 150 \, x_2 = 16\,800$
   $x_1 = 56$ oder $x_2 = 112$

2) $\lambda = 170$
   $300 \, x_1 + 450 \, x_2 = 16\,800$
   $x_1 = 56$ oder $x_2 \approx 37$

Die Zusammenhänge verdeutlicht nochmals Abbildung 10.6.

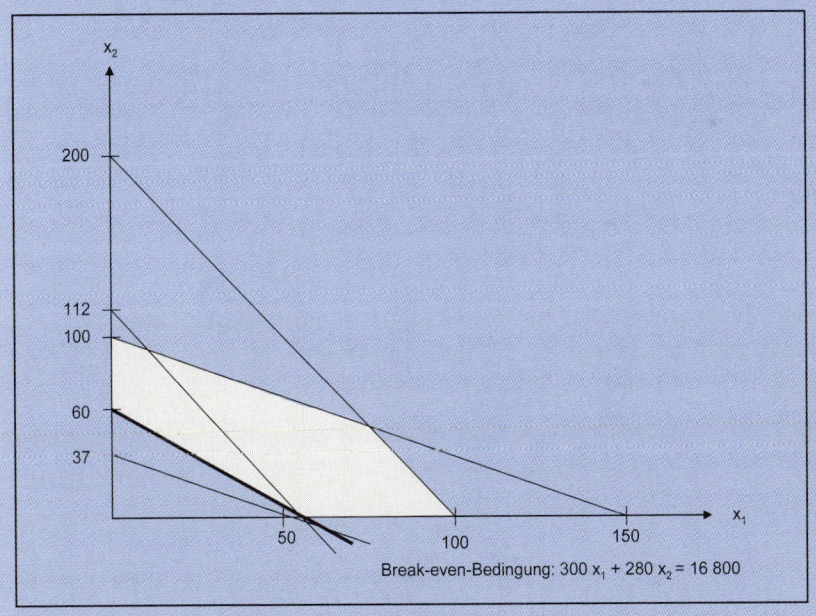

Abb. 10.6: Kostendeckende Produktionsmengenkombinationen

4 Preisuntergrenzen bei veränderten Kapazitäten

4.1 Kurzfristiger Absatzrückgang

Falls die Absatzmengen von Produkten kurzfristig zugunsten anderer Produkte zurückgenommen werden sollen, wäre eine vorübergehende Stilllegung der in den einzelnen Teilbereichen nicht ausgelasteten Kapazitäten erforderlich. Je nachdem, ob durch den Absatzrückgang nur ein Produkt oder mehrere Produkte betroffen sind, gelten für die Bestimmung der Preisuntergrenze alternative Entscheidungsregeln, auf die im Folgenden näher eingegangen werden soll.

4.1.1 Vorübergehende Stilllegung eines Bereichs, in dem nur ein Produkt gefertigt wird

Problemstellung   Der Problemstellung entsprechend sind die abbaufähigen Fixkosten sowie die möglichen Wiederanlaufkosten in die Überlegungen mit einzubeziehen:

ΔF = einsparbare Fixkosten bei vorübergehender Stilllegung pro Monat (im Allgemeinen intervallfixe Personal- und Wartungskosten)

K_w = fixe Wiederanlaufkosten (z. B. Mieten eines Lagerraums)

k_w = zeitabhängige Wiederanlaufkosten (z. B. Einarbeitung neuen Personals, Durchführung von Reparaturen)

z = Stilllegungsdauer (in Monaten)

Entscheidungs-
regel   Es gilt folgende Entscheidungsregel:
    Produziere weiter, falls der monatliche, bei Weiterproduktion entstehende Deckungsbeitrag $x \times (PUG - k_v)$ wenigstens die monatlich einsparbaren Fixkosten bei Stilllegung ΔF abzüglich der auf den Monat bezogenen Wiederanlaufkosten hereinbringt:

$$\underbrace{x \times (PUG - k_v)}_{\text{Weiterführung}} \geq \underbrace{\Delta F - \frac{K_w + k_w \times z}{z}}_{\text{Stilllegung}}$$

PUG   Die zugehörige Preisuntergrenze PUG kann durch einfaches Umformen direkt bestimmt werden:

$$PUG = k_v + \frac{\Delta F}{x} - \frac{K_w + k_w \times z}{x \times z}$$

Bei gegebenem Preis p kann man nach z auflösen und die kritische Still-
standsdauer z′ errechnen:

$$z' = \frac{K_w}{-(p - k_v) \times x + \Delta F - k_w}$$

Überschreitet die erwartete Rezession den Zeitraum z′, so ist die Stilllegung einer Aufrechterhaltung der Produktion vorzuziehen.

4.1.2 Vorübergehende Stilllegung eines Bereichs, in dem mehrere Produkte gefertigt werden

Analog der Break-even-Bedingung lässt sich hier nur eine Gesamtde-
ckungsbeitragsgleichung (Erlösuntergrenze) angeben, die für zahlreiche
Preiskombinationen der relevanten Erzeugnisse möglich ist:

$$\sum_{i=1}^{n} x_i \times (p_i - k_{vi}) \geq \Delta F - \frac{K_w + k_w \times z}{z}$$

Die Entscheidungsregel lautet:
   Produziere weiter, falls die Summe der monatlichen Deckungsbeiträge
bei Weiterproduktion der n stillzulegenden Produkte wenigstens die monatlich einsparbaren Fixkosten bei Stilllegung abzüglich der auf den Monat bezogenen Wiederanlaufkosten erbringt.

4.1.3 Zusatzauftrag und Stilllegung eines Produkts bei einer Kapazitätsrestriktion

Wird ein Engpass wirksam, so können die Absatzmengen eines Produkts
nur ausgeweitet werden (Zusatzauftrag), wenn die Produktionsmengen
anderer Produkte entsprechend reduziert werden.
   Hierbei wird man nach Möglichkeit dasjenige Produkt stilllegen, dessen Deckungsbeitrag pro Engpassbelastung am niedrigsten ist. Die entgangenen Deckungsbeiträge des verdrängten Produkts k sind bei der Bestimmung der Preisuntergrenze für den Zusatzauftrag als Opportunitätskosten zusätzlich zu berücksichtigen:

$$PUG_z = k_{vz} - \frac{\Delta F}{x_z} + \frac{K_w + k_w \times z}{x_z \times z} + \underbrace{\frac{p_k - k_{vk}}{b_{1k}} \times b_{1z}}_{\text{Opportunitätskosten}}$$

mit:

x_z	=	Menge des Zusatzauftrags
p_k	=	Preis des verdrängten Produkts k
k_{vk}	=	variable Stückkosten des verdrängten Produkts k
b_{1k}	=	Kapazitätsbelastung/Stück des verdrängten Produkts k
b_{1z}	=	Kapazitätsbelastung/Stück des zusätzlich hergestellten Produkts

Da jetzt die Preisuntergrenze für den Zusatzauftrag und nicht – wie vorher – für das stillzulegende Produkt kalkuliert wird, ändern sich die Vorzeichen bei Fixkostenersparnis sowie Stilllegungs- und Anlaufkosten.

Ein Beispiel soll die relevanten Überlegungen für diesen Fall der vorübergehenden Stilllegung eines Produkts verdeutlichen.

Beispiel 10.11

P_i	1	2	3
x_i	3 000	1 000	2 000
p_i	80	60	100
k_{vi}	40	30	50
b_{1i}	2	2	3

Gesamtkapazität B_1 = 14 000 Std./Monat

Folgender Fall ist zu untersuchen:

Die Absatzmenge von P_1 kann für z = 2 Monate vorübergehend um 1 000 Stück ausgedehnt werden. Dann sollte P_2 aufgrund des niedrigsten Deckungsbeitrags pro Einheit des Engpassfaktors vorübergehend stillgelegt werden. Die Stilllegungs- und Wiederingangsetzungskosten belaufen sich auf K_w = 1 000,– EUR.

Die erzielbare Fixkosteneinsparung bei Stilllegung von P_2 beträgt monatlich ΔF = 2 000,– EUR.

1) Rechnung für 2 Monate bei Stilllegung von P_2 und Annahme des Zusatzauftrags für Produkt P_1:

Variable Kosten	= $2 \times \Delta x_1 \times k_{v1}$	(= $2 \times 1\,000 \times 40$)	80 000
+ Gewinnentgang P_2	= $2 \times \Delta x_2 \times d_2$	(= $2 \times 1\,000 \times 30$)	60 000
- Fixkostenersparnis	= $2 \times \Delta F$	(= $2 \times 2\,000$)	4 000
- Stilllegungs- u. Anlaufkosten			1 000
			137 000

$$PUG_1 = \frac{137\,000}{2\,000} = 68{,}50\ EUR$$

2) Aus der Formel folgt direkt

$$PUG_1 = k_{v1} - \frac{\Delta F}{x_1} + \frac{K_w + k_w \times z}{x_1 \times z} + \frac{p_2 - k_{v2}}{b_{12}} \times b_{11}$$

$$= 40 - \frac{2\,000}{1\,000} + \frac{1\,000 + 0 \times 2}{1\,000 \times 2} + \frac{60 - 30}{2} \times 2$$

$$= 40 - 2 + 0{,}50 + 15 \times 2 = 68{,}50\ EUR$$

In abgeänderter Form könnte man berechnen, ab welcher Preisuntergrenze die Weiterproduktion des stillgelegten Produkts P2 dennoch sinnvoll wäre (Vorzeichen beachten!):

$$PUG_2 = k_{v2} + \frac{\Delta F}{x_2} - \frac{K_w + k_w \times z}{x_2 \times z} + \frac{p_1 - k_{v1}}{b_{11}} \times b_{12}$$

$$= 30 + \frac{2\,000}{1\,000} - \frac{1\,000 + 0 \times 2}{1\,000 \times 2} + \frac{80 - 40}{2} \times 2$$

$$= 30 + 2 - 0{,}50 + 20 \times 2 = 71{,}50\ EUR$$

Nur wenn für P_2 künftig ein Preis von $PUG_2 \geq 71{,}50$ EUR erzielt werden könnte (Stückpreis für P_2 bisher $p_2 = 60{,}-$ EUR), wäre es lohnend, auf den Zusatzauftrag von P_1 und auf die damit verbundene Stilllegung von P_2 zu verzichten (beachte: ΔF bezeichnet hier die entgangene Fixkostenersparnis).

Die zu treffende Bestimmung der Preisuntergrenze PUG, bei der die Stilllegung mehrerer Produkte zugunsten der Annahme eines Zusatzauftrags vorteilhaft ist, hängt davon ab, ob die Mengenabnahmen der verdrängten Produkte proportional verlaufen oder sich stark unterschiedlich auswirken.

Werden insgesamt maximal n verschiedene Produkte verdrängt, so ist die Bestimmungsgleichung für die Preisuntergrenze des Zusatzauftrags folgendermaßen zu erweitern:

$$PUG_z = k_{vz} - \frac{\Delta F}{x_z} + \frac{K_w + k_w \times z}{x_z \times z} + \frac{\sum_{k=1}^{n}(p_k - k_{vk}) \times x_k}{\sum_{k=1}^{n} b_{1k} \times x_k} \times b_{1z}$$

mit:

x_k = Mengenabnahme des verdrängten Produkts k

Der letzte Quotient in obiger Formel gibt den gewogenen engpassbezogenen Deckungsbeitrag der verdrängten Erzeugnisse an. In der
Praxis sind aber Fälle selten, in denen mehr als zwei Produkte verdrängt werden (vgl. Kilger [1982]).

4.2 Langfristiger Absatzrückgang

Problemstellung

In diesem Abschnitt wird die Situation näher betrachtet, bei der über eine
endgültige Stilllegung der betroffenen betrieblichen Teilbereiche zu entscheiden ist. Bei endgültiger Stilllegung kann den stillzulegenden Be-
triebsmitteln (Faktoren) nur noch der Opportunitätswert in einer u. U.
möglichen Alternativverwendung zugeordnet werden. Die Restbuchwerte
der Finanzbuchhaltung sind, wenn man von Steuerwirkungen oder Kapi-
talstrukturwirkungen absieht, bedeutungslos. Im Folgenden wird verein-
fachungshalber angenommen, dass die einzige Alternativverwendung in
der Liquidation der Potenzialfaktoren besteht. Die Weiterproduktion bedeutet dann Verzicht auf sofortigen Liquidationserlös bzw. Verzicht auf
die Differenz zwischen jetzigem Liquidationserlös und niedrigerem späteren Liquidationserlös. Die Bedingung, unter der Weiterproduktion und
Stilllegung ökonomisch gleichwertig sind, lässt sich unter der vereinfa-
chenden Annahme, dass die proportionalen Kosten gleich Ausgaben sind,
und unter Verwendung der folgenden Symbole

L_n	=	Summe der Liquidationserlöse nach n Perioden
L_0	=	Summe der Liquidationserlöse im Kalkulationszeitpunkt
t	=	Zeitindex
n	=	Restnutzungsdauer des Teilbereichs
ΔF	=	abbaufähige fixe Kosten pro Jahr ohne Berücksichtigung von
	=	kalkulatorischen Abschreibungen und kalkulatorischen Zinsen
i	=	Kalkulationszinsfuß
q	=	(1 + i) = Diskontierungsfaktor
x	=	Produktionsmenge pro Jahr

wie folgt formulieren:

$$L_0 = \sum_{t=1}^{n} \underbrace{\frac{(p_t - k_{vt}) \times x_t - \Delta f'F_t}{(1+i)^t}} + \underbrace{\frac{L_n}{(1+i)^n}}$$

Summe der Barwerte   Liquida-
aus der Differenz von   tionserlös
Deckungsbeiträgen und   nach
abbaufähigen Fixkosten   n Perioden

Für p_t, x_t, k_{vt}, ΔF_t = konstant für t = 1, ..., n kann die Formel nach p aufge-löst und damit die Preisuntergrenze PUG angegeben werden, oberhalb derer die Weiterproduktion und der Verzicht auf die Liquidation der Betriebsmittel vorteilhaft wären.

Die Herleitung der langfristigen Preisuntergrenze kann folgendermaßen geschehen:

$$L_0 = \sum_{t=1}^{n} \frac{(p_t - k_{vt}) \times x_t - \Delta F_t}{(1+i)^t} + \frac{L_n}{(1+i)^n}$$

$$L_0 = [(p - k_v) \times x - \Delta F] \times \frac{q^n - 1}{q^{n+1} - q^n} + \frac{L_n}{q^n}$$

$$\left(L_0 - \frac{L_n}{q^n}\right) \times \frac{q^{n+1} - q^n}{q^n - 1} = [(p - k_v) \times x - \Delta F]$$

daraus folgt:

$$PUG = k_v + \frac{\Delta F + \left(L_0 - \frac{L_n}{q^n}\right) \times \frac{q^{n+1} - q^n}{q^n - 1}}{x}$$

$$= k_v + \frac{\Delta F + L_0 \times \frac{q^n \times (q-1)}{q^n - 1} - L_n \times \frac{q^n \times (q-1)}{q^n \times (q^n - 1)}}{x}$$

$$= k_v + \frac{\Delta F + L_0 \times \frac{q^n \times i}{q^n - 1} - L_n \times \frac{i}{q^n - 1}}{x}$$

$$= k_v + \frac{\Delta F + L_0 \times \dfrac{q^n \times i}{q^n - 1} + L_n \times \dfrac{\left[- i + \left(q^n \times i\right)\right] - \left(q^n \times i\right)}{q^n - 1}}{x}$$

$$= k_v + \frac{\Delta F + L_0 \times \dfrac{q^n \times i}{q^n - 1} + L_n \times \dfrac{\left[i \times \left(q^n - 1\right)\right] - \left(q^n \times i\right)}{q^n - 1}}{x}$$

$$= k_v + \frac{\Delta F + L_0 \times \dfrac{q^n \times i}{q^n - 1} - L_n \times \dfrac{q^n \times i}{q^n - 1} + L_n \times i}{x}$$

$$= k_v + \frac{\Delta F + (L_0 - L_n) \times k(i, n) + L_n \times i}{x}$$

Der in der Gleichung enthaltene Ausdruck $k(i, n)$ gibt den Annuitäten-faktor oder Wiedergewinnungsfaktor an:

$$k(i, n) = \frac{(1 + i)^n \times i}{(1 + i)^n - 1} = \frac{q^{n+1} - q^n}{q^n - 1}$$

Eine Stilllegung kommt also nur in Frage, wenn der erzielbare Preis nicht mehr zur Deckung folgender Größen ausreicht:

- Grenzkosten,
- abbaufähige Fixkosten,
- aus den Liquidationserlösen errechneter produktbezogener Kapital-dienst $(L_0 - L_n) \times k(i, n)$,
- Zinsen auf den Liquidationserlös $L_n \times i$ pro Produkt.

Für den Fall, dass in dem endgültig stillzulegenden Bereich mehrere Pro-dukte gefertigt werden, lassen sich in Analogie zu dem Fall einer nur vorübergehenden Stilllegung die Erlösgleichung und die aus ihr ableitba-ren Kombinationen kritischer Preise angeben:

$$\sum_{i=1}^{n} (p_i - k_{vi}) \times x_i \geq \Delta F + (L_0 - L_n) \times k(i, n) + L_n \times i$$

4.3 Preisuntergrenzen bei steigender Absatzmenge

Falls es nicht, wie eben beschrieben, zu einem Absatzrückgang kommt, sondern mit einer **kurz- oder mittelfristigen** Absatzzunahme gerechnet werden kann, wird es nicht zu Erweiterungsinvestitionen der Gesamtkapazität kommen, sondern man wird sich mit der Ausweitung personeller Teilkapazitäten begnügen. Neben den Grenzkosten sind in diesem Falle diese zusätzlichen intervallfixen Kosten je Planperiode zu berücksichtigen.

Bei **langfristiger** Absatzzunahme ist über eine Erweiterungsinvestition zu entscheiden. Sie ist nur dann durchzuführen, wenn der betriebliche Nutzen der Erweiterungsinvestition (Bruttokapitalwert) größer ist als der erforderliche Investitionsbetrag. Unter Verwendung folgender zusätzlicher Symbole

A_0 = Investitionsausgabe
ΔF = zusätzliche ausgabewirksame Fixkosten pro Jahr
n = Nutzungsdauer der Investition

kann diese Bedingung wie folgt formuliert werden:

$$A_0 \leq \sum_{t=1}^{n} \frac{(p_t - k_{vt}) \times x_t - \Delta F_t}{(1+i)^t} + \frac{L_n}{(1+i)^n}$$

Für k_{vt}, ΔF_t, p_t, x_t = konstant für t = 1, ..., n lässt sich aus dieser Bedingung der kritische Preis, die Preisuntergrenze je Einheit der neu zu fertigenden Produkte PUG ableiten:

$$PUG = k_v + \frac{\left(A_0 - \dfrac{L_n}{(1+i)^n}\right) \times k(i, n) + \Delta F}{x}$$

Bei mehreren Produktarten lässt sich analog der Break-even-Gleichung wieder nur eine Deckungsgleichung angeben, aus der zulässige Preiskombinationen errechnet werden können:

$$\sum_{i=1}^{n}(p_i - k_{vi}) \times x_i = \left(A_0 - \frac{L_n}{(1+i)^n}\right) \times k(i, n) + \Delta F$$

5 Bestimmung von Preisobergrenzen

Zu diesem Problem genügen einige wenige Ausführungen, da die Bestimmung von Preisobergrenzen im Wesentlichen analog der Bestimmung von Preisuntergrenzen erfolgt. Die Problemstellung lautet wie folgt:

Problemstellung   Bis zu welchem Beschaffungspreis eines bestimmten Vorprodukts (Rohstoff, Halbfabrikat) kann die Fertigung des aus diesem Vorprodukt zu fertigenden Endprodukts aufrechterhalten bleiben?

5.1 Preisobergrenzen bei Unterbeschäftigung

1) Ohne vorübergehende Stilllegung des zugehörigen Endprodukts

$$POG = \frac{p - (k_v - a)}{b}$$

mit:

p   =   Absatzpreis des Produkts, das aus dem Rohstoff gefertigt wird

b   =   Rohstoffverbrauch je Einheit des Absatzprodukts

a   =   Rohstoffkosten auf Basis des alten Preises

k_v =   Grenzkosten einschl. Rohstoffkosten auf Basis des alten Preises

2) Mit vorübergehender Stilllegung des Endprodukts

$$POG = \frac{1}{b} \times \left[p - (k_v - a) - \frac{\Delta F}{x} + \frac{K_w + k_w \times z}{x \times z} \right]$$

3) Mehrere Weiterverarbeitungsprodukte

Falls das Vorprodukt, für dessen Beschaffung die Preisobergrenze gesucht wird, in mehrere absatzreife Endprodukte eingeht, ist die Preisobergrenze wie folgt zu bestimmen:

$$POG = \frac{\sum_{k=1}^{n} \left[p_k - (k_{vk} - a_k) \right] \times x_k}{\sum_{k=1}^{n} x_k \times b_k}$$

5.2 Preisobergrenzen bei Vorliegen von Engpässen

Die Preisobergrenze verringert sich hier um den Deckungsbeitrag, den die Belegung der frei gemachten Engpasskapazität j durch ein anderes Produkt erbringen könnte.

Folgende Symbole sollen gelten:

i   =   Vorprodukt
k   =   Endprodukt auf der Basis des Vorprodukts i
r   =   um die knappe Kapazität konkurrierendes Endprodukt
j   =   Engpasskapazität
b_{ki} =   Rohstoffeinheiten des Endprodukts k von Vorprodukt i
b_{jk} =   Kapazitätskoeffizient des Endprodukts k in Bezug auf Kapazität j

Damit ergibt sich die Preisobergrenze für das Vorprodukt i zu:

$$POG_i = \frac{p_k - (k_{vk} - a_k)}{b_{ki}} - \underbrace{\frac{p_r - k_{vr}}{b_{jr}}}_{=w_{jr}} \times \frac{b_{jk}}{b_{ki}}$$

$$= \frac{p_k - (k_{vk} - a_k) - w_{jr} \times b_{jk}}{b_{ki}}$$

Das folgende Beispiel 10.12 dient nochmals zur Veranschaulichung der Zusammenhänge.

Verkaufspreis des Endprodukts p_k	300	**Beispiel 10.12**
variable Stückkosten des Endprodukts k_{vk}	200	
Kapazitätskoeffizient des Endprodukts b_{jk}	0,5	
Rohstoffkosten des Endprodukts a_k	100	
Rohstoffeinheiten des Endprodukts b_{ki}	2	
Deckungsbeitrag des konkurrierenden Produkts d_r ($d_r = p_r - k_{vr}$)	400	
Kapazitätskoeffizient des konkurrierenden Produkts b_{jr}	4	

$$POG = \frac{p_k - (k_{vk} - a_k) - w_{jr} \times b_{jk}}{b_{ki}}$$

$$= \frac{300 - (200 - 100) - (400 : 4) \times 0,5}{2}$$

$$= 75,- \text{ EUR}$$

Das Vorprodukt darf folglich höchstens 75,– EUR kosten. Liegen mehrere Engpässe vor, so kann die Bestimmung der Preisobergrenzen im linearen Planungsmodell wieder mit Hilfe der parametrischen Programmierung vorgenommen werden. Die hierzu dargestellten Ausführungen für die Bestimmung von Preisuntergrenzen bei Vorliegen mehrerer Engpässe sind analog anwendbar (vgl. oben Abschnitt 3.3).

6 Beeinflussung der Kosten durch Erfahrungseffekte

In der Regel ändern sich die Stückkosten eines Unternehmens im Zeitablauf. Die Erfahrungskurve beschreibt den Zusammenhang zwischen der insgesamt produzierten Menge eines Produkts (kumulierte Produktionsmenge) und den realen Stückkosten. Durch die fortlaufende Produktion bestimmter Erzeugnisse erwerben Unternehmen zunehmend „Erfahrung", die ihnen umfangreiche Möglichkeiten zur Kostensenkung eröffnet. Die Erfahrungskurve stellt somit einen wichtigen Ansatzpunkt zur Senkung der Kosten und damit zur Anpassung von Preisgrenzen dar.

Im Folgenden soll daher das Konzept der Erfahrungskurve dargestellt und seine Anwendungsmöglichkeiten in der Kostenkalkulation aufgezeigt werden. Daneben wird das Konzept auch einer kritischen Analyse unterzogen.

6.1 Darstellung und Ursachen von Erfahrungskurveneffekten

Die grundlegende Aussage der Erfahrungskurve lautet: „Mit jeder Verdoppelung der kumulierten Produktionsmenge sinken die auf die Wertschöpfung bezogenen, inflationsbereinigten (realen) Stückkosten potenziell um einen konstanten Prozentsatz, z. B. 20 % bis 30 %" (vgl. Henderson [1984], S. 19).

Auf welchen Ursachen beruht diese empirisch feststellbare Regelmäßigkeit einer kontinuierlichen Kostenabnahme mit steigendem Produktionsvolumen?

Die zahlreich dokumentierten Einzelursachen der Kostenreduktion können in dynamische und statische Skaleneffekte zusammengefasst werden.

6.1.1 Dynamische Skaleneffekte

1) Übungsgewinn durch wiederholte Arbeitsverrichtung (Lernkurve)

Im Jahr 1925 wurde in den Montagehallen der Wright-Patterson Airforce Base zum ersten Mal ein sinkender Montageaufwand pro Flugzeug bei steigendem Fertigungsvolumen beobachtet. Dieses Phänomen beruht auf der Hypothese, dass mit jedem Stück, das in einem Betrieb über die Zeit gesehen zusätzlich produziert wird, die Arbeiter, Angestellten und Manager lernen, ihre jeweilige Tätigkeit effizienter auszuführen. Durch die gesunkenen Fertigungsstunden bzw. Lohnstückkosten werden von den

Unternehmen sog. Übungsgewinne realisiert, deren Verlauf als „Lernkurve" in Abbildung 10.7 dargestellt ist. In Abhängigkeit von den jeweils gegebenen Arbeitsbedingungen muss allerdings situationsspezifisch festgelegt werden, ob überhaupt derartige „Übungsgewinne" auftreten und welcher Kurvenverlauf im Einzelfall vorliegt.

2) Technischer Fortschritt

Die Entwicklung neuer Technologien ermöglicht in Unternehmen u. a. die Einführung kapitalintensiver Produktionsanlagen und -prozesse (z. B CIM-Konzepte). Die Produkte können – bei gleicher Funktionserfüllung – durch Standardisierung und modularen Aufbau in größeren Stückzahlen und schneller hergestellt werden. Durch die Veränderung der Produktions- und Kostenfunktionen können ab einer bestimmten Produktionsmenge geringere durchschnittliche Stückkosten erzielt werden.

3) Rationalisierung

Rationalisierungsmaßnahmen

Kostensenkungen aufgrund von Rationalisierungserfolgen im Unternehmen sind eng verknüpft mit den bisher diskutierten Einflussgrößen. Rationalisierungsmaßnahmen sollen die Produktivität der betrieblichen Strukturen und Prozesse erhöhen. Hierzu werden vor allem Methoden zur Ablaufgestaltung und Prozessoptimierung eingesetzt (Wertanalyse, neue Informations- und Koordinationssysteme), um eine Freisetzung vorhandener Kostensenkungspotenziale zu erreichen.

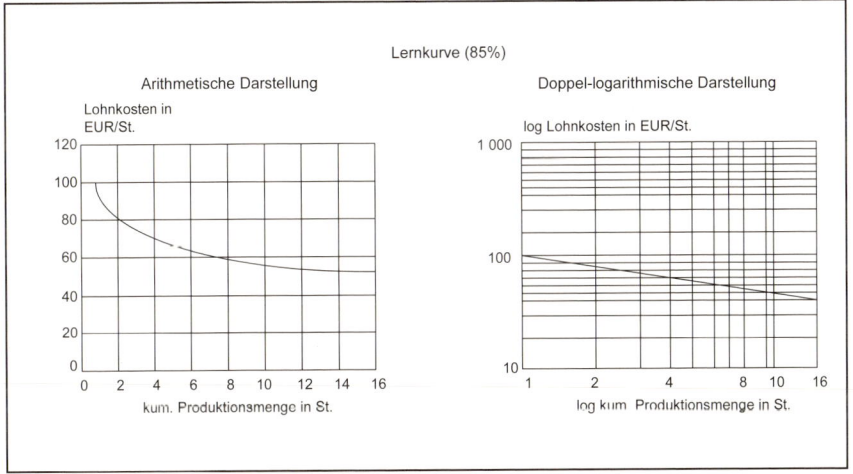

Abb. 10.7: Verlauf einer 85 % - Lernkurve
(Quelle: Dunst [1983], S. 68)

6.1.2　Statische Skaleneffekte

Kostensenkungen aufgrund statischer Skaleneffekte entstehen, wenn die **jährliche** Ausbringungsmenge steigt. Da diese Effekte nicht durch den Bezug auf die über den Zeitablauf kumulierte Produktionsmenge entstehen, sondern durch den Bezug auf die Ausbringungsmenge pro Jahr erklärt werden, spricht man von statischen Skaleneffekten.

1)　Fixkostendegression

Die Fixkostendegression oder Beschäftigungsdegression entsteht, wenn bei gegebener (und konstanter) Kapazität die Auslastung zunimmt. Dann kommt es, unter der Annahme eines degressiv steigenden oder linearen Gesamtkostenverlaufs, zu einer Verringerung des von einer Ausbringungseinheit (z. B. Stück) zu tragenden Fixkostenanteils.

2)　Betriebsgrößeneffekt

Kostensenkungen können sich nicht nur aus einer verbesserten Auslastung, sondern auch aus einer entsprechenden Betriebsgröße ergeben: Der Betriebsgrößeneffekt resultiert aus Vorteilen im Einkauf (Ausnutzen der Marktmacht), in Forschung und Entwicklung (Know-how-Pool) etc.

Die nachfolgende Abbildung 10.8 fasst nochmals die dargestellten Ursachen für Kostenreduktionen im Unternehmen aufgrund von Erfahrungseffekten zusammen:

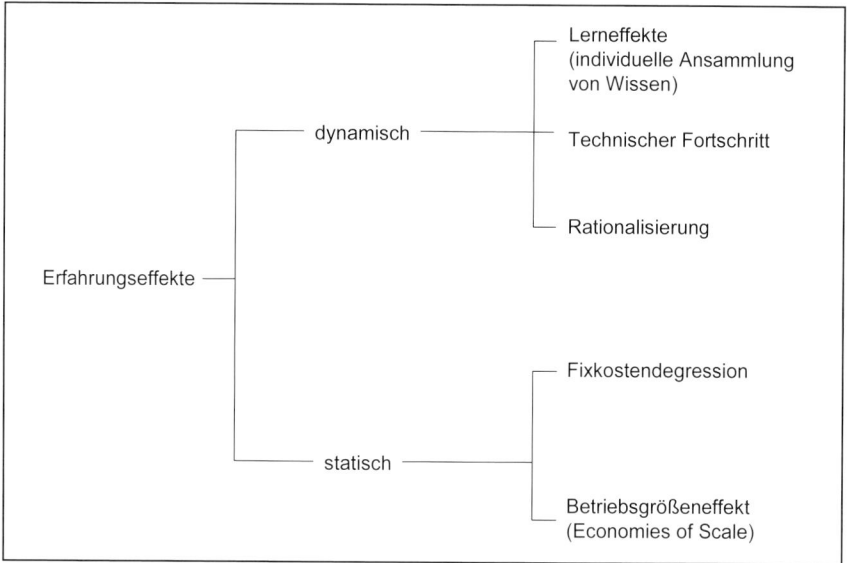

Abb. 10.8: Dynamische und statische Ursachen von Erfahrungseffekten

6.2   Analytische Bestimmung der Erfahrungskurve

Wie oben bereits erwähnt, sinken die realen, wertschöpfungsbezogenen Stückkosten mit jeder Verdoppelung der kumulierten Produktionsmenge (potenziell) um einen bestimmten Prozentsatz. Die analytische Bestimmung der Erfahrungskurve soll an einem einfachen Beispiel demonstriert werden.

6.2.1   Berechnung der Grenzkosten

Die Lernrate L sei 80 %, d. h. die Stückkosten reduzieren sich pro Verdoppelung auf 80 % des vorausgegangenen Niveaus. Die Auflagenhöhe der Nullserie X_0 beträgt „1". Die Kosten der Nullserie belaufen sich auf $K_0 = 100$. Damit ergibt sich mit fortschreitender Verdoppelung der kumulierten Produktionsmenge X folgende Entwicklung für die Kosten der letzten produzierten Einheit (= Grenzkosten):

Grenzkosten

Kumulierter Output	Kosten der letzten produzierten Einheit		
$1 = 2^0$	$100 \times 0{,}8^0$	$=$	100
$2 = 2^1$	$100 \times 0{,}8^1$	$=$	80
$4 = 2^2$	$100 \times 0{,}8^2$	$=$	64
$8 = 2^3$	$100 \times 0{,}8^3$	$=$	$51{,}2$
.	.		
.	.		
.	.		
$X_i = 2^i \times X_0$	$K_0 \times L^i$	$=$	K_i

In der Praxis werden die kumulierten Produktionsmengen nicht unbedingt der dargestellten idealtypischen Entwicklung folgen. Um die Aussagen der Erfahrungskurve trotzdem nutzen zu können, muss daher für zwei beliebige Produktionsmengen X_α und X_β die zwischen diesen beiden Größen liegende Anzahl der Verdoppelungen angegeben werden.
Es gilt (für $X_\beta > X_\alpha$):

$$X_\beta = 2^i \times X_\alpha$$

Zur Bestimmung der Anzahl der Verdoppelungen „i" sind folgende Umformungen durchzuführen:

$$\frac{X_\beta}{X_\alpha} = 2^i$$

Für das Auflösen der Gleichung nach „i" sind beide Seiten der Gleichung zu logarithmieren:

$$\ln \frac{X_\beta}{X_\alpha} = i \times \ln 2$$

$$i = \frac{\ln(X_\beta/X_\alpha)}{\ln 2} = \frac{\ln X_\beta - \ln X_\alpha}{\ln 2}$$

Beispiel 10.13 soll die Zusammenhänge verdeutlichen:

Beispiel 10.13

Sei $X_\alpha = 100$ und $X_\beta = 500$,
es gilt: $\qquad 500 = 100 \times 2^i$
daraus folgt:

$$i = \frac{\ln 500 - \ln 100}{\ln 2} = 2{,}322$$

Die erreichte Anzahl der Verdoppelungen in der kumulierten Produktionsmenge ist nun entscheidend für die Kosten der jeweils zuletzt produzierten Einheit:

Es gilt: $\qquad K_\beta = K_\alpha \times L^i$

Sei $L = 80\%$ und $K_\alpha = 100$, dann ergeben sich im Beispiel die Stückkosten für die 500ste produzierte Einheit in folgender Höhe:

$$K_{500} = 100 \times 0{,}8^{2,322} = 59{,}56$$

Abbildung 10.9 veranschaulicht nochmals die Entwicklung der Stückkosten bei einer 70%- und 80%-Erfahrungskurve.
Durch Umformen der beiden Ausgangsgleichungen

1) $X_i = X_0 \times 2^i$ und

2) $K_i = K_0 \times L^i$

kann der sog. Degressionsfaktor b ermittelt werden, der durch die Lernrate L bestimmt wird.
Aus Gleichung 1) ergibt sich – wie schon gezeigt – durch beidseitiges Logarithmieren für die Anzahl der Verdoppelungen n:

$$i = \frac{\ln(X_i/X_0)}{\ln 2} = \frac{\ln X_i - \ln X_0}{\ln 2}$$

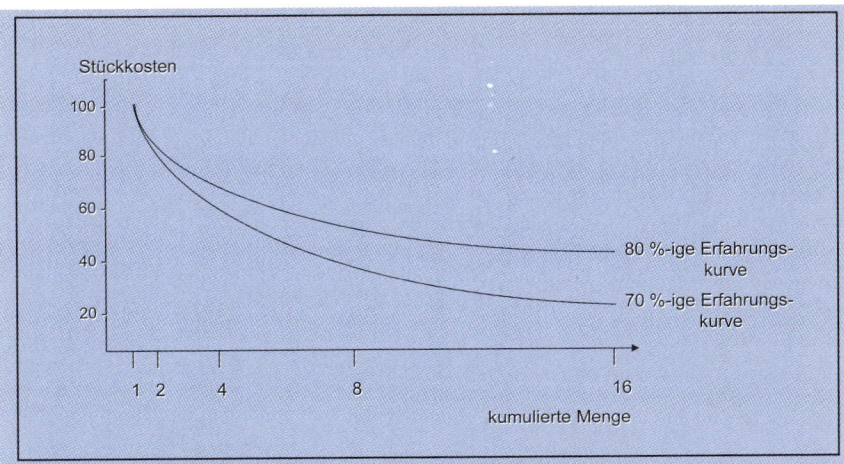

Abb. 10.9: Verlauf einer 70 % - und 80 % - Erfahrungskurve
(Quelle: Baum/Coenenberg/Günther [2007], S. 90)

Für $X_0 = 1$, d. h. eine Nullserie am Produktionsbeginn von 1 Einheit, kann Gleichung 1) weiter vereinfacht werden zu

$$i = \frac{\ln X_i}{\ln 2}$$

Aus Gleichung 2) ergibt sich durch beidseitiges Logarithmieren

$$\ln K_i = \ln K_0 + i \times \ln L$$

Setzt man die vereinfachte Gleichung 1) in die Gleichung 2) ein, so erhält man

$$\ln K_i = \ln K_0 + \frac{\ln X_i}{\ln 2} \times \ln L = \ln K_0 + \ln X_i \times \frac{\ln L}{\ln 2}$$

Da für die Lernrate L die Beschränkung $0 < L < 1$ gilt, wird $\ln L$ und damit auch der Quotient ($\ln L / \ln 2$) negativ.

Der mathematische Zusammenhang der Erfahrungskurve kann nun in Abhängigkeit von einem Degressionsfaktor dargestellt werden. Damit der Degressionsfaktor b ein positives Vorzeichen erhält, wird die letzte Gleichung noch weiter umgeformt zu

$$\ln K_i = \ln K_0 - \ln X_i \times \underbrace{\left(-\frac{\ln L}{\ln 2} \right)}_{b}$$

Für den Degressionsfaktor b gilt damit die Beziehung

$$b = -\frac{\ln L}{\ln 2}$$

Bei einer Lernrate L = 80 % ergibt sich ein Degressionsfaktor von

$$b = -\frac{\ln 0,8}{\ln 2} = 0,322$$

Je betragsmäßig kleiner die Lernrate L ist, um so größer werden die betrieblichen Kostensenkungspotenziale (1 − L) und um so höhere Werte ergeben sich für den Degressionsfaktor b:

Lernrate L	Degressionsfaktor b
90 %	0,152
80 %	0,322
70 %	0,515
60 %	0,737

Die Bestimmungsgleichung für die Stückkosten der jeweils zuletzt produzierten Einheit K_i lässt sich nach den gezeigten Umformungsschritten folgendermaßen darstellen:

$$\ln K_i = \ln K_0 - b \times \ln X_i$$

oder, in nicht-logarithmischer Darstellung,

$$K_i = K_0 \times X_i^{-b}$$

In der doppel-logarithmischen Darstellung zeigt die Erfahrungskurve den Verlauf einer fallenden Geraden. Der Degressionsfaktor b entspricht der Geradenneigung, wie Abbildung 10.10 verdeutlicht.

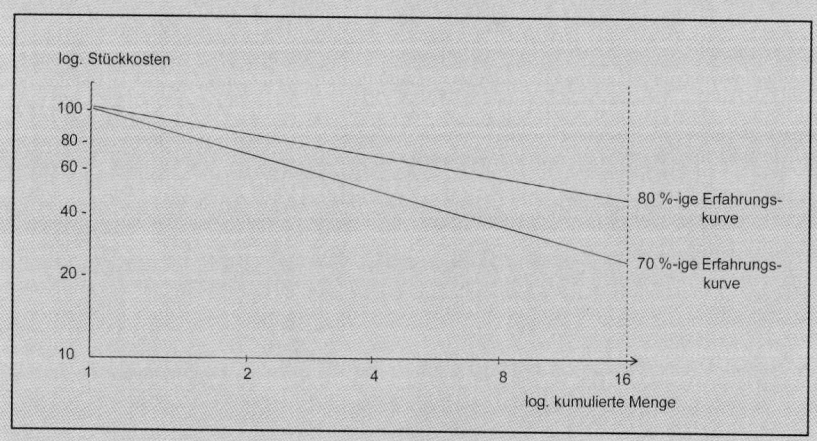

Abb. 10.10: Erfahrungskurven in doppel-logarithmischer Darstellung

6.2.2 Ermittlung der Gesamtkosten

Neben den Stückkosten der jeweils letzten Produkteinheit K_i (= Grenzkosten) werden in der betrieblichen Kostenrechnung häufig auch die Gesamtkosten K, die bis zu einem bestimmten Zeitpunkt seit Produktionsbeginn angefallen sind, benötigt.

Durch Summierung der Grenzkosten aller X_i Einheiten können die Gesamtkosten K für diese Einheiten, die bis zu einem bestimmten Zeitpunkt unter Ausnutzung der Erfahrungseffekte entstanden sind, ermittelt werden:

$$K = \sum_{x=X_0}^{X_i} K_0 \times x^{-b}$$

Der Wert dieser Summe kann durch Integration näherungsweise berechnet werden:

$$K = \int_{X_0}^{X_i} K_0 \times x^{-b} dx$$

Daraus ergibt sich für den Fall $X_0 = 0$ folgende Formel zur Berechnung der Gesamtkosten K:

$$K = \frac{K_0 \times X_i^{1-b}}{1-b}$$

Diese Formel enthält implizit zwei Prämissen: Zum einen wird unterstellt, dass die Entwicklung der Gesamtkosten eine stetige Funktion darstellt. Dies ist jedoch nicht zutreffend, da die kumulierte Produktionsmenge X nur positive ganzzahlige Werte annehmen kann. Zum anderen wird bei der Berechnung des Integrals für die Untergrenze vereinfachend der Wert $X_0 = 0$ angenommen. Die Nullserie beläuft sich in der Praxis jedoch mindestens auf den Wert „1". Damit müsste das Integral zur Bestimmung der Gesamtkosten K eigentlich in der folgenden Weise berechnet werden:

$$K = \frac{K_0 \times X_i^{1-b}}{1-b} - \frac{K_0}{1-b}$$

Für große kumulierte Produktionsmengen X_i kann der Ausdruck $[K_0 / (1 - b)]$ bei der Berechnung der Gesamtkosten jedoch vernachlässigt werden.

6.2.3   Ermittlung der Durchschnittskosten

Aus den Gesamtkosten K lassen sich recht einfach die Durchschnittskosten $K_\emptyset$ der produzierten Einheiten ermitteln:

$$K_\emptyset = \frac{K}{X_i}$$

Unter Verwendung der obigen Gleichung für die Bestimmung der Gesamtkosten erhält man für die Durchschnittskosten seit Beginn der Produktion K (d. h. für $X_0 = 0$ unter Gültigkeit der obigen Prämissen):

$$K_\emptyset = \frac{\int_{X_0}^{X_i} K_0 \times x^{-b} dx}{X_i} = \frac{K_0 \times X_i^{1-b}}{X_i \times (1-b)} = \frac{K_0 \times X_i^{-b}}{1-b}$$

Falls man die Durchschnittskosten zwischen zwei beliebigen kumulierten Produktionsmengen X_β und X_α ($X_\beta > X_\alpha$) bestimmen möchte, so wird die letzte Gleichung modifiziert zu

$$K_\emptyset' = \frac{\int_{X_\alpha}^{X_\beta} K_\alpha \times x^{-b} dx}{X_\beta - X_\alpha} = \frac{K_\alpha \times \left(X_\beta^{1-b} - X_\alpha^{1-b}\right)}{\left(X_\beta - X_\alpha\right) \times (1-b)}$$

Anmerkung:
Für $X_\alpha = 0$ sind beide Gleichungen identisch. Es gilt dann: $K_\emptyset' = K_\emptyset$.

6.3   Praktische Anwendungsmöglichkeiten der Erfahrungskurve

6.3.1   Marktwachstum und Erfahrungskurve

Marktwachstum und Erfahrungseffekte

Bei hohem (realen) Marktwachstum steigen die kumulierten Mengen rasch, und die zugehörigen Erfahrungseffekte werden deutlich erkennbar. Bei hohem Marktwachstum können die Produktionsmengen auch bei einem konstanten Marktanteil kontinuierlich gesteigert werden.

Den Zusammenhang zwischen der jährlichen Mengenwachstumsrate und der erforderlichen Zeit für eine Verdoppelung der kumulierten Produktionsmenge zeigt Abbildung 10.11.

Mengenwachstumsrate	Verdoppelungszeit t (ca.) in Jahren für kumulierte Produktionsmenge
3 %	23,4 Jahre
4 %	17,7 Jahre
5 %	14,2 Jahre
6 %	11,9 Jahre
7 %	10,2 Jahre
8 %	9,0 Jahre
9 %	8,0 Jahre
10 %	7,3 Jahre
15 %	5,0 Jahre
30 %	2,6 Jahre

Abb. 10.11: Mengenwachstumsrate und Verdoppelungszeit

Beispiel 10.14

Eine Beispielrechnung soll die Ermittlung der Werte verdeutlichen.

Die kumulierte Produktionsmenge soll 1 Einheit betragen. Zur Verdoppelung dieser Produktionsmenge auf 2 Einheiten ergibt sich, je nach Höhe der Mengenwachstumsrate MWR, die Verdoppelungszeit t in Jahren aus folgender Gleichung:

$$(1+MWR)^t = 2$$

Durch beidseitiges Logarithmieren und anschließende einfache Umformung ergibt sich die Verdoppelungszeit t in Jahren zu

$$t = \frac{\ln 2}{\ln(1 + MWR)}$$

Bei einer jährlichen Wachstumsrate von MWR = 10 % ergibt sich folglich eine Verdoppelungszeit t von

$$t = \frac{\ln 2}{\ln 1{,}1} = 7{,}27 \text{ Jahre}$$

Fazit

Es wird deutlich, dass sich in schwach wachsenden Märkten der Zeitraum, in dem sich die kumulierte Menge verdoppelt, ganz erheblich erhöht. Umgekehrt können bei hohem Marktwachstum die kumulierten Mengen schnell verdoppelt werden. Dementsprechend sind spürbare Kostenreduktionen in kurzer Zeit realisierbar.

Erfahrungseffekte bei konstant wachsender Absatzmenge

Der dargestellte grundsätzliche Zusammenhang zwischen Marktwachstum und Verdoppelungszeit kann auch für den Fall dargestellt werden, dass bereits ein bestimmtes kumuliertes Ausgangsvolumen X_{kum} vorliegt und nur über eine jährliche Absatzmenge X, deren Veränderung einer variablen Mengenwachstumsrate MWR unterliegt, verdoppelt werden kann. Die mengenmäßige Entwicklung der aufkumulierten jährlichen Absatzmenge X folgt dem Bildungsgesetz einer geometrischen Reihe. Folglich ist die Verdoppelung des kumulierten Ausgangsvolumens X_{kum} genau dann erreicht, wenn die Gleichung

$$X_{kum} = X + X \times (1 + MWR)^1 + X \times (1 + MWR)^2 + \ldots + X \times (1 + MWR)^{t-1}$$

erfüllt ist. Der Parameter t gibt hierbei wieder die Verdoppelungszeit an. Durch die Definition der Summe einer geometrischen Reihe lässt sich die letzte Gleichung umformen zu.

$$X_{kum} = X \times \frac{(1 + MWR)^t - 1}{MWR}$$

Löst man diese Gleichung nach der Verdoppelungszeit t auf, so erhält man

$$t = \frac{\ln\left(\frac{X_{kum} \times MWR}{X} + 1\right)}{\ln(1 + MWR)}$$

Ein Beispiel soll die Anwendung dieser Formel verdeutlichen:

Beispiel 10.15

Das kumulierte Ausgangsvolumen X_{kum} soll 100 Einheiten betragen. Für die nächste Periode wird eine Absatzmenge X = 10 erwartet, die mit einer jährlichen Wachstumsrate von MWR = 15 % gesteigert werden soll. Wie viele Jahre t benötigt man bis zu einer Verdoppelung des kumulierten Ausgangsvolumens, die zur Freisetzung von an die Lernrate gekoppelten Kostensenkungspotenzialen führen würde?

$$t = \frac{\ln\left(\frac{100 \times 0,15}{10} + 1\right)}{\ln(1 + 0,15)} = \frac{\ln 2,5}{\ln 1,15} = 6,56 \text{ Jahre}$$

In Abbildung 10.12 sind die Werte für die Verdoppelungszeit t beialternativen Mengenwachstumsraten MWR zusammengefasst. Es wird jeweils ein kumuliertes Ausgangsvolumen X_{kum} =100 und eine Absatzmenge X = 10 für die nächste Periode zugrunde gelegt.

Mengenwachstumsrate	Verdoppelungszeit t (ca.) in Jahren für kumulierte Produktionsmenge
5 %	8,3 Jahre
10 %	7,3 Jahre
15 %	6,6 Jahre
20 %	6,0 Jahre
25 %	5,6 Jahre

Abb. 10.12: Verdoppelungszeit t bei festen Absatzmengen

Es wird wiederum deutlich, dass sich bei niedrigen Mengenwachstumsraten der Zeitraum, in dem sich die kumulierte Menge verdoppelt, deutlich verlängert. Umgekehrt führt ein hohes Marktwachstum zu einer schnelleren Verdoppelung der kumulierten Mengen. Dementsprechend sind die zugehörigen Kostenreduktionen durch Erfahrungswirkungen auch in kürzerer Zeit realisierbar.

Fazit

6.3.2 Kostenplanung und Erfahrungskurve

Wie bereits angedeutet wurde, gehen die Kosten nicht automatisch zurück, sondern nur dann, wenn das Kostensenkungspotenzial erkannt und gezielt ausgenutzt wird. Die Kenntnis potenzieller durchschnittlicher Kosteneinsparungen pro Jahr ermöglicht realistischere Vorgaben für die Planung und Kontrolle der betrieblichen Kosten. Wie können potenzielle jährliche Kosteneinsparungen bestimmt werden?

Planung und Kontrolle

Die Lernrate L, z. B. in einer Höhe von L = 70 %, gibt an, auf welches Niveau sich die Stückkosten bei einer Verdoppelung der kumulierten Produktionsmenge reduzieren. Das in der Lernrate enthaltene Kostensenkungspotenzial ergibt sich aus dem Komplement

Kostensenkungspotenzial

$$\text{Kostensenkungspotenzial} = 1 - \text{Lernrate} = 1 - L$$

In diesem Fall würde das Kostensenkungspotenzial 30 % betragen.

Das Kostensenkungspotenzial führt insgesamt – wie es der Name sagt – zu potenziellen Kosteneinsparungen in der angegebenen Höhe im Unternehmen, die innerhalb der Verdoppelungszeit der kumulierten Produktionsmenge durch entsprechende Maßnahmen im Unternehmen realisiert werden können.

Die pro Jahr zu erzielenden **durchschnittlichen** potenziellen Kosteneinsparungen ergeben sich unter Verwendung des geometrischen Mittels für die Lernrate L über die Verdoppelungszeit t aus folgender Formel:

$$\text{Ø Kosteneinsparungen pro Jahr} = 100\,\% - \sqrt[t]{L}$$

Das geometrische Mittel $\sqrt[t]{L}$ zeigt das durchschnittliche Niveau der Stückkosten, das während der Verdoppelungszeit jeweils im Vergleich zum Niveau der Stückkosten in der Vorperiode erreicht wird. Die durchschnittlichen Kosteneinsparungen pro Jahr ergeben sich folglich aus der Differenz des durchschnittlichen Stückkostenniveaus der betrachteten Periode und der jeweils auf 100 % normierten Stückkosten der Vorperiode.

Beispiel 10.16 soll die Ermittlung der durchschnittlichen Kosteneinsparungen pro Jahr verdeutlichen:

In Abbildung 10.11 wurde oben für ein kumuliertes Ausgangsvolumen $X_{kum} = 100$ und einer jährlichen Absatzmenge $X = 10$ bei einer Mengenwachstumsrate MWR = 5 % die erforderliche Verdoppelungszeit in einer Höhe von $t = 8{,}3$ Jahren ermittelt.

Bei einer Lernrate von L = 70 % ergibt sich für die durchschnittlichen Kosteneinsparungen pro Jahr folgende Rechnung:

$$\text{Ø Kosteneinsparungen pro Jahr} = 100\,\% - \sqrt[8,3]{0{,}7} = 100\,\% - 95{,}8\,\%$$
$$= 4{,}2\,\%$$

In Abbildung 10.13 sind (in Ergänzung der Daten aus Abb. 10.12) die durchschnittlichen Kostensenkungspotenziale pro Jahr für die verschiedenen Verdoppelungszeiten und Mengenwachstumsraten ausgewiesen.

Mengenwachs-tumsrate	Verdoppelungszeit t in Jahren für kumulierte Produktionsmenge	Kostensenkungs-potenziale pro Jahr
5 %	8,3 Jahre	4,2 %
10 %	7,3 Jahre	4,8 %
15 %	6,6 Jahre	5,3 %
20 %	6,0 Jahre	5,8 %
25 %	5,6 Jahre	6,2 %

Abb. 10.13: Kostensenkungspotenziale und Verdoppelungszeit t

> Auf Basis dieser Vorgaben sollte im Unternehmen versucht werden, durch gezielte Maßnahmen das vorhandene Kostensenkungspotenzial möglichst vollständig auszuschöpfen.

6.3.3 Relativer Marktanteil und Erfahrungskurve

Die Erfahrungskurve kann auch als Hilfsmittel zur Beurteilung der Kostenposition eines Unternehmens im Vergleich zu seinen Konkurrenten verwendet werden. Es wurde bereits deutlich gemacht, dass die Kostenposition eines Unternehmens eine Funktion seiner kumulierten Erfahrung ist: je höher die kumulierte Erfahrung, um so niedriger das Niveau der wertschöpfungsbezogenen Stückkosten. Relative Kostenposition

Wenn die Kosten mit der kumulierten Menge zurückgehen, dann müssen Marktanteilssteigerungen zu höheren Kostenvorteilen führen. Um das Ausmaß der gegenüber den Wettbewerbern erreichten Kostenvorteile abschätzen zu können, ist der eigene (absolute) Marktanteil nur beschränkt aussagefähig. Verfügt das eigene Unternehmen z. B. über einen Marktanteil von 30 %, der stärkste Konkurrent gleichzeitig über einen Marktanteil von 25 %, so müsste die potenzielle Wettbewerbsfähigkeit des eigenen Unternehmens zunächst doch etwas zurückhaltend beurteilt werden. Zur Einschätzung der eigenen Wettbewerbsposition im Vergleich zu den Konkurrenten ist deshalb die Relation aus eigenem Marktanteil und Marktanteil des stärksten Konkurrenten (= relativer Marktanteil RMA) wesentlich aussagefähiger: Je höher der eigene relative Marktanteil, um so weiter ist die Kostposition eines Unternehmens auf der Erfahrungskurve fortgeschritten. Relativer Marktanteil

Über die relativen Marktanteile können somit unter Zuhilfenahme der Erfahrungskurve die Kostenunterschiede zwischen den Wettbewerbern ermittelt werden, wenn a) die Lernraten für die spezielle Branche bekannt sind, b) alle Anbieter zu einem annähernd gleichen Zeitpunkt in den Markt eingetreten sind und c) die Verteilung der Marktanteile über die Zeit konstant ist. Dann kann davon ausgegangen werden, dass die erreichten mengenmäßigen Marktanteile das Verhältnis der jeweils erzielten kumulierten Mengen widerspiegeln. Ein doppelt so großer Marktanteil (RMA = 2,0) eines Unternehmens würde demzufolge einer im Vergleich zu seinem stärksten Konkurrenten doppelt so großen kumulierten Menge entsprechen. Bei einer Lernrate von L = 80 % ergäbe sich aufgrund der Verdoppelung der kumulierten Produktionsmenge ein Kosten-Unterschied von 20 % zwischen dem eigenen Unternehmen und dem stärksten Konkurrenten, bzw. die relative Kostenposition des eigenen Unternehmens würde sich auf 80 % der Kostenposition des Wettbewerbers belaufen. Implikationen

RKP und RMA

Abbildung 10.14 zeigt für eine 80 %-Erfahrungskurve und eine 70 %-Erfahrungskurve die Entwicklung der relativen Kostenposition in Abhängigkeit vom jeweiligen relativen Marktanteil.

	RMA	4,00	3,00	2,00	1,00	0,80	0,50	0,30
R K P	L = 80 %	0,64	0,70	0,80	1,00	1,07	1,25	1,47
	L = 70 %	0,49	0,57	0,70	1,00	1,12	1,43	1,86

Abb. 10.14: Relativer Marktanteil (RMA) und relative Kostenposition (RKP)

Bei dieser Darstellung wird der Einfluss des relativen Marktanteils auf die Höhe der jeweiligen Kostenposition, die für das Unternehmen einen potenziellen Wettbewerbsvorteil gegenüber den Konkurrenten darstellt, klar erkennbar.

Rechnerische Ermittlung

Rechnerisch ergeben sich die Werte für die relative Kostenposition aus der Formel

$$RKP = Lernrate^{\frac{\ln RMA}{\ln 2}}$$

Bei starken Erfahrungskurveneffekten wird der relative Marktanteil somit zur entscheidenden Determinante der relativen Kostenposition.

Beispiel 10.17

Dies soll anhand von Beispiel 10.17 mit zwei Unternehmen A und B demonstriert werden, für deren Kostenentwicklung jeweils eine 70 %-Erfahrungskurve gültig sein soll.

Unternehmen A habe einen Marktanteil von 60 %, B verfüge über einen Marktanteil von 40 %. Der relative Marktanteil von A gegenüber B beträgt damit 60/40 = 1,5. Beide Unternehmen haben eine Startserie von $X_0 = 5\,000$ Einheiten erreicht, die Stückkosten der letzten produzierten Einheit betragen jeweils 10,- EUR. Der Gesamtabsatz beträgt in jedem Jahr 10 000 Einheiten.

Abbildung 10.15 zeigt die jährliche Entwicklung der Stückkosten bei einer 70 %-Erfahrungskurve und den jeweiligen zeitlichen Rückstand von B gegenüber A (vgl. Simon [1992], S. 280 f.).

Die Ermittlung der Werte soll für das Jahr 3 beispielhaft demonstriert werden:

Für Unternehmen A ergeben sich die Stückkosten am Ende des dritten Jahres K_3 aus der Gleichung

$$K_3 = K_0 \times L^{\frac{\ln(X_3/X_0)}{\ln 2}} = 10 \times 0,7^{\frac{\ln(23\,000/5\,000)}{\ln 2}} = 4,56$$

Die Stückkosten für Unternehmen B am Ende von Jahr 3 werden analog berechnet.

	Unternehmen A			Unternehmen B		
Jahr t	Menge	kumulierte Menge X_t	Stückkosten (Jahresende)	Menge	kumulierte Menge X_t	Stückkosten (Jahresende)
0	5 000	5 000	10,00	5 000	5 000	10,00
1	6 000	11 000	6,66	4 000	9 000	7,39
2	6 000	17 000	5,33	4 000	13 000	6,12
3	6 000	23 000	4,56	4 000	17 000	5,33
4	6 000	29 000	4,05	4 000	21 000	4,78
5	6 000	35 000	3,67	4 000	25 000	4,37

Vergleich zwischen A und B		
absolute Kostendifferenz (EUR)	relative Kostendifferenz (%)	zeitlicher Rückstand von B zu A (Jahre)
0,00	0,00	0,00
0,73	9,88	0,50
0,79	12,91	1,00
0,77	14,44	1,50
0,73	15,27	2,00
0,70	16,02	2,50

Abb. 10.15: Entwicklung der Stückkosten und zeitlicher Rückstand von B zu A bei einem relativen Marktanteil für A von 1,5

Der zeitliche Rückstand von Unternehmen B auf Unternehmen A ergibt sich aus der Differenz der jeweiligen kumulierten Produktionsmenge X_t, die ins Verhältnis zur jährlichen Ausbringungsmenge von Unternehmen B gesetzt wird:

$$\text{Zeitl. Rückstand im Jahr 3} = \frac{23\,000 - 17\,000}{4\,000} = 1,5 \text{ Jahre}$$

Die in Abbildung 10.15 aufgezeigten Entwicklungen lassen sich wie folgt zusammenfassen:

Fazit

Während die **absolute** Kostendifferenz von Unternehmen A gegenüber B in der ersten Periode ansteigt, dann aber kontinuierlich kleiner wird, verbessert sich die **relative** Kostenposition von A mit jeder Periode. Bereits nach fünf Perioden belaufen sich die Stückkosten von Unternehmen A auf nur noch 84 % der Stückkosten von B, d. h. die relative Kostenposition von A beträgt RKP = 0,84. Während sich die Verbesserung der relativen Kostenposition von A verlangsamt, nimmt der zeitliche Rückstand von Unternehmen B gegenüber A unverändert stark zu.

6.3.4 Preispolitik, Preiskalkulation und Erfahrungskurve

Preispolitik

Das Konzept der Erfahrungskurve bietet durch den degressiven Verlauf der Stückkosten wichtige Zusatzinformationen für die Planung der Preispolitik eines Unternehmens. Die Anwendung der Erfahrungskurve ist dabei sowohl bei der Preisermittlung für Neuprodukte als auch zur Überprüfung der laufenden Preispolitik möglich.

In Branchen mit freiem Wettbewerb lässt sich analog zum Kosten-Erfahrungseffekt ein Preis-Erfahrungseffekt nachweisen. Das heißt, dass mit fortschreitender Verdoppelung der kumulierten Produktionsmenge auch die Preise langfristig auf ein niedrigeres Niveau zurückgehen. Die Entwicklung der Stückpreise erfolgt dabei jedoch nicht parallel zum oben dargestellten degressiven Verlauf der Stückkosten. Vielmehr lassen sich (idealtypisch) vier verschiedene Phasen des Preisverhaltens voneinander unterscheiden, wie sie in Abbildung 10.16 zusammengefasst sind.

Entwicklung

Die vier Phasen weisen folgende Merkmale auf: Zu Beginn liegt der am Markt zu erzielende Preis meist unter den Stückkosten. Das relativ hohe Niveau der Stückkosten beruht auf den Vorleistungen für Forschung und Entwicklung sowie den Ausgaben für die Markteinführung des Produkts (**Entwicklung**).

„Preis-Schirm"

Im weiteren Verlauf wird meist das Preisniveau weiterhin hoch gehalten (**„Preis-Schirm"**). Der Marktführer wird versuchen, potenzielle Konkurrenten solange vom Markteintritt und vom Erwerb von Marktanteilen abzuhalten, bis das neue Produkt eine marktbeherrschende Stellung erreicht hat. Da sich aufgrund der ständig fallenden Stückkosten die Gewinnspanne vergrößert, werden immer mehr Nachahmer versuchen, im Schutze des Preisschirms trotz höherer Stückkosten in den Markt einzudringen und Marktanteile aufzubauen.

„Preiseinbruch"

Entschließt sich nun der Marktführer oder ein Konkurrent, der mittlerweile über hohe Marktanteile eine Führungsrolle übernommen hat, zur Verteidigung oder zum weiteren Ausbau seiner Stellung am Markt, so beginnt ein Preiskampf. Dabei wird – zugunsten größerer künftiger Marktanteile – bewusst auf mögliche höhere gegenwärtige Erträge verzichtet **(Preiseinbruch)**. Der Markt wird in dieser Phase meist um diejenigen Anbieter bereinigt, die bisher auf einem relativ hohen Kostenniveau produziert haben und nicht in der Lage waren, ihre Kosten entsprechend dem Preisrückgang zu senken.

Nach diesem Konzentrationsprozess entstehen wieder stabile Kosten-Preis-Relationen, bei denen sich die Preise in ihrem Verhalten langfristig an den Kostenverlauf des leistungsstärksten Anbieters angleichen **(Stabilität)**. *Stabilität*

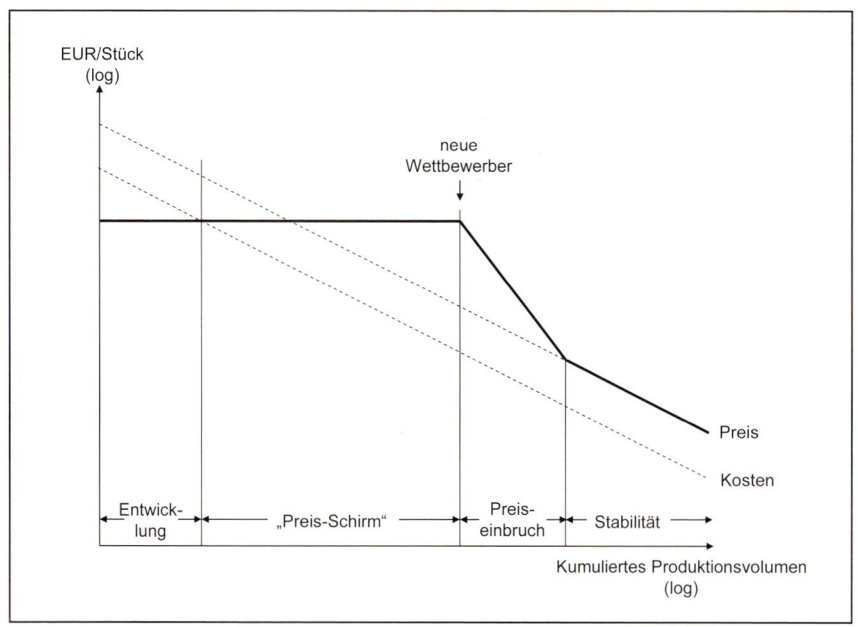

Abb. 10.16: Phasen des Preisverhaltens
(Quelle: Dunst [1983], S. 75)

Bei den Überlegungen zur Preisgestaltung von neuen Produkten über mehrere zukünftige Perioden hinweg (= Preisstrategie) ist, in Abhängigkeit von der Höhe des Einführungspreises, prinzipiell eine Entscheidung zwischen zwei gegenläufigen Optionen zu treffen.

Wenn das neue Produkt zu einem vergleichsweise hohen Preis am Markt eingeführt wird, spricht man von einer **Skimming-Strategie.** Der anfängliche Hochpreis dient der Erzielung hoher kurzfristiger Gewinne und soll einen Preisspielraum nach unten schaffen, der im Zeitablauf sukzessive an den Konsumenten weitergegeben werden soll. *Skimming-Strategie*

Im Gegensatz dazu kann ein Neuprodukt auch zu einem besonders niedrigen Preis am Markt eingeführt werden, falls vorrangig eine rasche Marktdurchdringung angestrebt wird. Mit dieser **Penetrations-Strategie** soll rasch ein großer und von den Konkurrenten nur schwer einholbarer *Penetrations-Strategie*

Erfahrungsvorsprung erreicht werden, der potenzielle Wettbewerber möglichst vom Markteintritt abhält. Langfristig ergeben sich infolge des schnellen Absatzwachstums trotz niedriger Stück-Deckungsbeiträge für das Unternehmen hohe Gesamt-Deckungsbeiträge.

Gewinnwirkun-
gen

Die gegenläufigen Gewinnwirkungen dieser beiden Optionen über die Zeit hinweg veranschaulicht Abbildung 10.17.

Eine besondere Bedeutung spielen Erfahrungskurveneffekte häufig auch bei Preiskalkulationen im Nachfragemonopol. Aufgrund der Nachfragemacht kommt es zur Auflage des Nachfragers, bestimmte Kosten in Abhängigkeit von der Auftragsgröße entsprechend einer Erfahrungskurve reduziert zu veranschlagen.

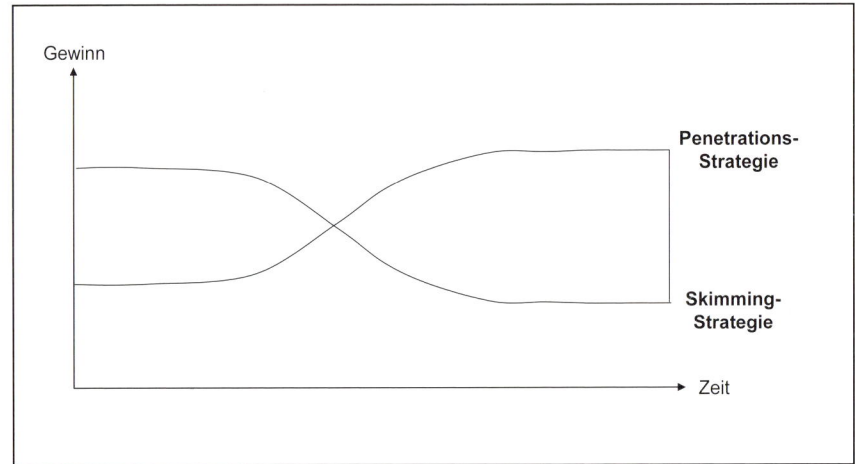

Abb. 10.17: Gewinnwirkung der Skimming- und Penetrations-Strategie

Beispiel 10.18

Beispiel 10.18 soll die Zusammenhänge veranschaulichen: Ein Telekommunikationsunternehmen möchte von einem Lieferanten 10 000 Stück eines Komfort-Mobiltelefons beziehen. Aufgrund der langjährigen Erfahrung des Herstellers wird von einer Lernrate von L = 80 % ausgegangen. Die Kosten des ersten produzierten Mobiltelefons werden auf 250,– EUR geschätzt. Darin sind 50,– EUR zugeliefertes Material enthalten.

Wie hoch sind die Gesamtkosten des Auftrags?

Zunächst müssen die gesamten wertschöpfungsbezogenen Kosten (im Folgenden: K_W) des Auftrags ermittelt werden, die sich unter Ausnutzung einer 80 %-Erfahrungskurve für den Hersteller ergeben:

$$K_w = \frac{K_0 \times X_i^{1-b}}{1 - b}$$

Aus den Ausgangsdaten erhält man

K_0 = 200,– EUR (Wertschöpfungsanteil)
X_i = 10 000 Stück
b = – (ln L/ln 2) = – (ln 0,8/ln 2) = 0,32193

Durch Einsetzen ergibt sich

$$K_w = \frac{200 \times 10\,000^{1-0,32193}}{1 - 0,32193} = 152\,067,17 \text{ EUR}.$$

Werden die wertschöpfungsbezogenen Kosten K_W = 152 067,17 EUR und die Kosten des zugelieferten Materials K_Z addiert, so belaufen sich die Gesamtkosten des Auftrags auf

$$K_{ges} = K_W + K_Z = 152\,067,17 + 500\,000 = 652\,067,17 \text{ EUR}.$$

6.4 Anwendungsgrenzen des Erfahrungskurvenkonzepts

Trotz der prinzipiellen Gültigkeit der Grundaussage des Erfahrungskurvenkonzepts unterliegt die praktische Anwendbarkeit einigen Begrenzungen, die im Folgenden kurz dargestellt und erläutert werden (vgl. ausführlich Bauer [1986]; Baum/Coenenberg/Günther [2004]; Lange [1984]; Wacker [1980]).

Anwendungsgrenzen

Das Konzept der Erfahrungskurve geht von einer **statischen Produktdefinition** aus, d. h. eine Produktdifferenzierung oder Qualitätsunterschiede zwischen den Anbietern werden nicht erfasst. Die Realität zeigt jedoch, dass viele Produkte einer ständigen Anpassung an technische Weiterentwicklungen oder geänderte Kundenwünsche unterliegen. Diese Produktmodifikationen verändern u. U. die kostenmäßige Situation entscheidend. Soll die für ein bestimmtes Produkt bislang gültige Erfahrungskurve in einem solchen Fall weiter fortgeführt werden, müssten die durch das „qualitative Wachstum" der produktbezogenen Wertschöpfung bedingten Mehrkosten, z. B. für eine verbesserte Serienausstattung im PKW, eigentlich abgezogen werden.

Statische Produktdefinition

Eine sachlich und zeitlich verursachungsgemäße **Kostenzurechnung** auf die Produkte ist weiterhin Voraussetzung für die Ermittlung einer Erfahrungskurve. Nachdem die gesamten realen Stückkosten den Erfahrungswirkungen unterliegen, müssten auch die Entwicklungs-, Fertigungs-, Verwaltungs- und Vertriebskosten produktspezifisch verrechnet werden, um die Erfahrungswirkungen zutreffend abbilden zu können.

Verursachungsgemäße Kostenzurechnung

Verbundwirkungen in Form von Sortiments- oder **Synergieeffekten** durch die Übertragung von Lerneffekten bleiben unberücksichtigt. So bewirkt beispielsweise die Mehrfachverwendung bestimmter Komponenten im Rahmen des Sortiments zusätzliche Kostenvorteile. Auch eine synergetische Nutzung von Leistungen betrieblicher Abteilungen zeigt positive Auswirkungen auf die Kostensituation.

Das Erfahrungskurvenkonzept kennt keine **Kapazitätsbeschränkungen**. Eine problemlose Absatz- bzw. Produktionsausweitung wird vorausgesetzt. So wird unterstellt, dass genügend potenzielle Käufer für ein standardisiertes Massenprodukt vorhanden sind. Die Absatzmärkte müssen hohe Wachstumsraten aufweisen, um eine rasche Ausweitung der kumulierten Produktionsmenge zu gewährleisten. Dies setzt in gleicher Weise die Möglichkeiten für eine problemlose Erweiterung der Produktionskapazitäten voraus, unabhängig davon, ob überhaupt die quantitativ und qualitativ erforderlichen Ressourcen beschafft werden können.

Trotz der genannten Anwendungsgrenzen kann das Konzept der Erfahrungskurve zur Untersuchung von Zusammenhängen verwendet werden, die vor allem im Hinblick auf strategische Entscheidungen des Unternehmens wichtige zusätzliche Informationen über die wettbewerbliche Positionierung der Produkte eines Unternehmens liefern.

7 Strategische Fundierung von Preisgrenzen mittels Prozesskostenrechnung

Die Ausführungen in Kapitel 4 haben gezeigt, dass die Prozesskostenrechnung eine Fülle an zusätzlichen Informationen zur Verfügung stellt. Diese lassen sich vor allem im Hinblick auf eine strategieorientierte Fundierung von Preisgrenzen nutzen. Im Einzelnen sind hier drei Effekte zu unterscheiden: Allokationseffekt, Komplexitätseffekt und Degressionseffekt (vgl. grundlegend Coenenberg/Fischer [1991], S. 28 ff.).

7.1 Allokationseffekt

Bei Anwendung einer Prozesskostenrechnung erfolgt die Zuordnung (Allokation) der Gemeinkosten auf die Produkte unabhängig von der Höhe traditionell wertorientierter Zuschlagsbasen (z. B. Material-, Lohneinzelkosten). Statt dessen sollten die Gemeinkosten nach Inanspruchnahme betrieblicher Ressourcen auf die einzelnen Produkte verteilt werden. Der Aufwand, der z. B. für die Beschaffung und Lagerung von Fertigungsmaterial erforderlich ist, wird ja nicht durch die wertmäßige Höhe der Stückpreise bestimmt, sondern durch die Kosten der zur Abwicklung erforderlichen Prozesse. Mit anderen Worten: Hohe oder niedrige Werte der Zuschlagsbasen führen bei Anwendung einer Prozesskostenrechnung folglich nicht zu proportionalen Verrechnungen von Gemeinkosten. Das Ausmaß möglicher Kostenverzerrungen infolge einer proportionalen Verrechnung der Gemeinkosten verdeutlicht das in Abbildung 10.18 dargestellte Beispiel zur Kalkulation von drei Speicherkarten.

Beispiel 10.19

Die Speicherkarte A müsste mit zusätzlichen Gemeinkosten in Höhe von 2,50 EUR belastet werden, um die tatsächliche Inanspruchnahme der betrieblichen Ressourcen im Materialbereich zutreffend widerzuspiegeln. Bei den Speicherkarten B und C ergeben sich durch die Zuschlagskalkulation Fehlverrechnungen bei den Gemeinkosten in Höhe von 4,– EUR bzw. 16,75 EUR.

	Material-einzel-kosten	Materialgemein-kosten		Allokations-effekt (Gemeinko.-Differenz)
		Zuschlag 25 %	Prozess-kosten-satz	
Speicherkarte A	38,-	9,50	12,-	2,50
Speicherkarte B	64,-	16,-	12,-	-4,-
Speicherkarte C	115,-	28,75	12,-	-16,75

Abb. 10.18: Allokationseffekt in der Gemeinkostenverrechnung

7.2 Komplexitätseffekt

Komplexitäts-effekt

Die Prozesskostenrechnung ermöglicht insbesondere, die Komplexität und den Variantenreichtum der Produkte als kostenbestimmenden Faktor in der Kalkulation verursachungsgerecht nachzubilden (vgl. Fischer [1993], S. 31 ff.).

Ursache

Diese Forderung nach einer verursachungsgerechten Verrechnung der Komplexitätskosten ist darin begründet, dass bei der Herstellung von komplexeren Produktvarianten gegenüber einfachen Produktvarianten ein deutlich höherer Bedarf an gemeinkostenverursachenden Aktivitäten, z. B. für Materialdisposition, Fertigungssteuerung und Qualitätsprüfung, erforderlich ist.

Fehlsteuerungen der Zuschlags-kalkulation

Die Zuschlagskalkulation verrechnet die Komplexitätskosten proportional in Abhängigkeit von der Höhe der jeweiligen Zuschlagsbasis. Wie Abbildung 10.19 zeigt, werden Produkte mit niedriger (hoher) Komplexität folglich zu teuer (zu billig) am Markt angeboten, so dass sich gravierende Fehlsteuerungen im Produkt-Mix ergeben können:

Während die Produkte mit niedriger Komplexität aufgrund ihres hohen Preises kaum nachgefragt werden, steigt der Absatz von Produkten mit höherer Komplexität und vermeintlich größeren Gewinnspannen.

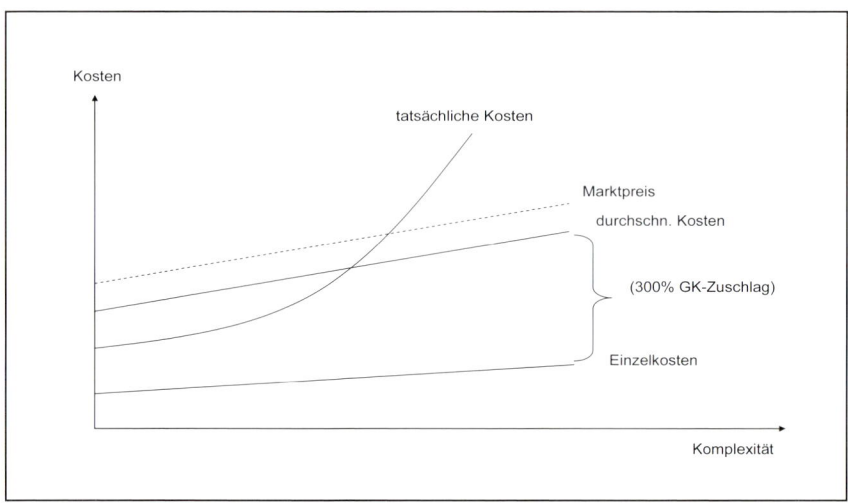

Abb. 10.19: Komplexitätseffekt in der Prozesskostenrechnung

Vorteile der Prozesskostenrechnung

Die Anwendung der Prozesskostenrechnung führt dazu, dass Produkte mit niedriger Komplexität oder geringerer Wertschöpfung (Standardprodukte) im Vergleich zur Zuschlagskalkulation billiger angeboten werden können. Umgekehrt verteuern sich die Produkte mit hoher Komplexität oder umfangreicherer Wertschöpfung (Spezialprodukte) gegenüber der Zuschlagskalkulation, da die Prozesskostenrechnung die stärkere Inanspruchnahme der betrieblichen Ressourcen in Form höherer Gemeinkostenverrechnungen zeigt. Diese zusätzlichen Informationen tragen dazu bei, verlustträchtige Strategien zu vermeiden. Produkte sollten nur bis zu dem Komplexitätsgrad angeboten werden, bei dem die Inanspruchnahme betrieblicher Ressourcen durch den Marktpreis zumindest noch abgedeckt werden kann.

7.3 Degressionseffekt

Degressionseffekt

Bei der Zuschlagskalkulation wird aufgrund der proportionalen Gemeinkostenzuordnung jeweils ein konstanter Gemeinkostensatz pro Stück verrechnet. Die Prozesskosten **pro Stück** für die interne Abwicklung von Materialbestellungen, Fertigungslosen, Kundenaufträgen etc. verringern sich jedoch mit steigenden Stückzahlen (vgl. Abb. 10.20).

Die Vertriebsgemeinkosten (VGK) entstehen durch die Bearbeitung eines Kundenauftrags (Abwicklung, Auslagerung, Ausgangskontrolle, Versand, Buchung). Diese Kosten sind jedoch i. d. R. nicht von der Höhe der Bestellmenge abhängig. Im Beispiel verursacht die Abwicklung eines Kundenauftrags Prozesskosten in Höhe von 800,– EUR. Dieser Betrag fällt sowohl bei einem Auftrag von 1 Stück wie auch bei einer Auftragsmenge von 10 oder 20 Stück an. Bei Anwendung der Zuschlagskalkulation werden die Vertriebsgemeinkosten als pauschaler Zuschlagssatz von z. B. 20 % auf die wertmäßige Höhe der Herstellkosten (HK) verrechnet. Dies führt dazu, dass bei proportionaler Verrechnung der Gemeinkosten Aufträge mit niedrigen Stückzahlen zu gering belastet werden, obwohl gerade deren Abwicklung die betrieblichen Ressourcen vergleichsweise stärker beansprucht. In gleicher Weise würden die Kosten von Aufträgen mit großen Stückzahlen durch die proportionale Zurechnung zu hoch ausgewiesen. Die Anwendung der Prozesskostenrechnung anstelle der Zuschlagskalkulation ergibt neue Werte für die Produktkosten (vgl. Abb. 10.20). Produkte, die in geringen (großen) Mengen nachgefragt werden, müssen höhere (niedrigere) Kosten tragen.

	Zuschlagskalkulation (Zuschlagssatz = 20%)			Prozesskostenrechnung (Prozesskosten = 800)		
Stück	HK	VGK	Stückk.	HK	VGK	Stückk.
1	400	80	480	400	800	1 200
5	2 000	400	480	2 000	800	560
10	4 000	800	480	4 000	800	480
15	6 000	1 200	480	6 000	800	453
20	8 000	1 600	480	8 000	800	440

Abb. 10.20: Entstehung des Degressionseffekts durch prozessorientierte Verrechnung der Vertriebsgemeinkosten

Aus der Anwendung der Prozesskostenrechnung ergeben sich bei entsprechender Auftragsgröße neue Kalkulationsspielräume. Das Erreichen der „kritischen Masse" – im Beispiel 10 Stück – ist als Forderung an den Vertrieb zu verstehen, bei der Auftragsakquisition nach Möglichkeit bestimmte Mindestauftragsgrößen zu realisieren. Die interne Bearbeitung größerer Aufträge ist für das eigene Unternehmen unter Wirtschaftlichkeitsaspekten vorteilhafter:

Jeder Auftrag muss – unabhängig von der Stückzahl – bestätigt, eingeplant, disponiert und fakturiert werden. Da die Kosten hierfür pro Auftrag nur einmal anfallen, bietet das Überschreiten der „kritischen Masse" (im Beispiel bei Auftragsgrößen ab 10 Stück) gegenüber der Zuschlagskalkulation zusätzliche Kosten- und damit Wettbewerbsvorteile gegenüber den Konkurrenten. Diesen Zusammenhang verdeutlicht Abbildung 10.21.

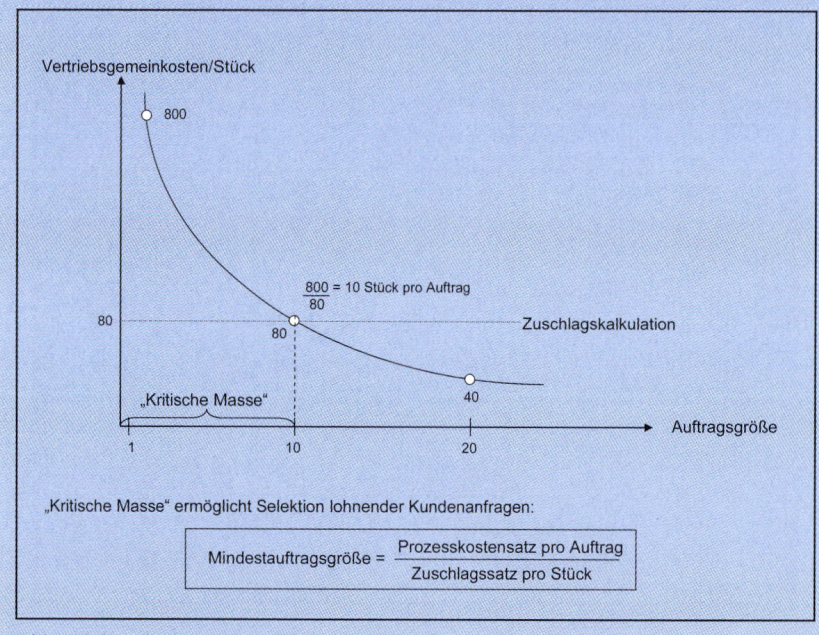

Abb. 10.21: Degressionseffekt und Mindestauftragsgröße

8   Kontrollfragen

1) Was versteht man allgemein unter Preisgrenzen?
2) Wodurch lassen sich Preisuntergrenzen und Preisobergrenzen gegeneinander abgrenzen?
3) Systematisieren Sie verschiedene Arten von Preisuntergrenzen!
4) Warum entspricht die Preisuntergrenze bei Unterbeschäftigung den variablen Kosten des Zusatzauftrags?
5) Wie sind Erlösschmälerungen bei anderen Produkten in der Preisuntergrenze eines Zusatzauftrags zu berücksichtigen?
6) Sollen variable Kosten der verbrauchten betrieblichen Ressourcen zu Anschaffungskosten oder zu Tagespreisen bewertet werden?

7) Definieren Sie allgemein die Preisuntergrenze bei Vorliegen einer Kapazitätsrestriktion im Unternehmen!

8) Wie ist die Preisuntergrenze zu berechnen, wenn bei Vorliegen eines Engpasses für die Annahme eines Zusatzauftrags mehrere Produkte aus dem aktuellen Produktionsprogramm verdrängt werden müssen?

9) Wie ist die Preisuntergrenze zu bestimmen, wenn mehrere Kapazitätsrestriktionen im Unternehmen zu berücksichtigen sind?

10) Wie verändert sich die Preisuntergrenze, wenn die vorhandenen betrieblichen Kapazitäten durch einen Zusatzauftrag proportional beansprucht werden?

11) Wie ist bei der Kalkulation der Preisuntergrenze zu verfahren, wenn die vorhandenen betrieblichen Kapazitäten durch einen Zusatzauftrag in unterschiedlichem Ausmaß beansprucht werden?

12) Welche Auswirkungen können sich aus der Durchführung einer Sensitivitätsanalyse auf die Kalkulation von Preisuntergrenzen für Zusatzaufträge ergeben?

13) Erläutern Sie, wie dauerhafte Rückgänge der Verkaufspreise auf die Zusammensetzung des optimalen Produktionsprogramms wirken können!

14) Wie ist die Preisuntergrenze langfristig zu bestimmen?

15) Welche Kosten müssen zusätzlich in der Preisuntergrenze berücksichtigt werden, wenn eine quantitative Anpassung der Produktionskapazitäten im Unternehmen durchgeführt wird?

16) Wie wirken steigende Absatzmengen auf die Höhe der Preisuntergrenze eines Zusatzauftrags?

17) Wie berechnet sich die Preisobergrenze bei Unterbeschäftigung oder bei Vorliegen von mehreren Engpässen im Unternehmen?

18) Wie lautet die grundlegende Aussage der Erfahrungskurve?

19) Bezieht sich die Grundaussage der Erfahrungskurve auf die gesamten Stückkosten eines Produkts?

20) Auf welchen statischen und dynamischen Skaleneffekten können betriebliche Erfahrungswirkungen beruhen?

21) Gibt es einen Unterschied zwischen einer betrieblichen Lernkurve und der Erfahrungskurve des gleichen Unternehmens? Erläutern Sie kurz die Bestimmung von Grenzkosten mit Hilfe der Erfahrungskurve!

22) Wie wird die Höhe der durch die Erfahrungskurve nutzbaren Kostensenkungspotenziale durch das Marktwachstum beeinflusst?

23) Wie beeinflusst die jährliche Marktwachstumsrate die erforderliche Zeit für eine Verdoppelung der kumulierten Produktionsmenge?

24) Welcher grundsätzliche Zusammenhang besteht zwischen der Höhe der Lernrate und den betrieblichen Kostensenkungspotenzialen?

25) Wie beeinflusst der relative Marktanteil eines Unternehmens dessen relative Kostenposition?

26) Was ist unter einem „Preis-Schirm" zu verstehen?

27) Welches unternehmerische Verhalten kennzeichnet eine „Skimming-

Strategie"?" Welche Unterschiede im preislichen Verhalten eines Unternehmens bestehen zwischen der „Skimming-Strategie" und der „Penetrations-Strategie"?

28) Skizzieren Sie die wesentlichen Anwendungsgrenzen des Erfahrungskurvenkonzepts!

29) Inwiefern trägt die Prozesskostenrechnung zur Vermeidung des Allokationseffekts bei?

30) Welche Bedeutung hat der Komplexitätseffekt in der Produktkalkulation?

31) Welche Zusatzinformationen können mit Hilfe des Degressionseffekts in der Produktkalkulation gewonnen werden?

9   Abkürzungsverzeichnis

α, β	Parameter
λ	Parameter
ΔF	abbaufähige Fixkosten bei Stilllegung ohne Berücksichtigung von kalkulatorischen Abschreibungen und kalkulatorischen Zinsen bzw. zusätzliche ausgabenwirksame Fixkosten
ΔF_t	abbaubare Fixkosten bei Stilllegung in der Periode t
Δp_k	Preissenkung des k-ten Produkts
ΔPUG_i	Veränderung der Preisuntergrenze von Produktart i
ΔX_i	Veränderung der Produktionsmenge des Produkts i
A_0	Investitionsausgabe
B_j	Kapazität des j-ten Engpassfaktors
b	Degressionsfaktor
b_j	Belegungskoeffizient der j-ten Restriktion für einen Zusatzauftrag,
b_{ji}, b_{jk}, b_{jz}	Belegungskoeffizient der j-ten Restriktion des Produkts i bzw. des verdrängten Produkts k bzw. des zusätzlich hergestellten Produkts z (Zusatzauftrag)
CIM	Computer Integrated Manufacturing
d_i, d_k	Stück-Deckungsbeitrag des i-ten Produkts bzw. des verdrängten-Produkts k
E	Ergebnis
G	Gewinn; Zielfunktion (primales Problem)
i	Kalkulationszinsfuß
K	Kosten; Zielfunktion (duales Problem); Gesamtkosten der Produktion
k (i, n)	Annuitätenfaktor bzw. Wiedergewinnungsfaktor
K_f	fixe Kosten
K_{ges}	Gesamtkosten des Auftrags
K_i	Stückkosten der jeweils letzten Produktionseinheit (= Grenzkosten)
k_v	variable Kosten für einen Zusatzauftrag

k_{vi}, k_{vk}, k_{vz}	variable Stückkosten des i-ten Produkts bzw. des verdrängten Produkts k bzw. des zusätzlich hergestellten Produkts z (Zusatzauftrag)
k_{vt}	variable Stückkosten in der Periode t
K_w	fixe Wiederanlaufkosten; wertschöpfungsbezogene Kosten
k_w	zeitabhängige Wiederanlaufkosten
K_Z	Kosten des zugelieferten Materials
L	Lernrate
L_n	Liquidationserlös nach n Perioden
L_0	Summe der Liquidationserlöse im Kalkulationszeitpunkt
MWR	Mengenwachstumsrate
n	Restnutzungsdauer eines Teilbereichs, Nutzungsdauer einer Investition; Anzahl der Verdoppelungen
P_i	Produkt i
p_i, p_k	Preis des i-ten Produkts bzw. des verdrängten Produkts k
p_t	Preis in der Periode t
POG	Preisobergrenze
PUG	Preisuntergrenze
PUG_i	Preisuntergrenze von Produktart i
PUG_z	Preisuntergrenze des Zusatzauftrags z
q	Diskontierungsfaktor
RKP	relative Kostenposition
RMA	relativer Marktanteil
S_j	Schlupfvariable (primales Problem)
T	Zeitindex; Verdoppelungszeit
t_i	Opportunitätsverlust von Produkt i
VGK	Vertriebsgemeinkosten
w_j	auf den Faktor j bezogene Opportunitätskosten
w_{ji}, w_{jk}	inputbezogene Opportunitätskosten bzgl. des Faktors j für das Produkt i bzw. das verdrängte Produkt k
X_0	Auflagenhöhe der Nullserie
x_i, x_z	Produktionsmenge des Produkts i bzw. des Zusatzauftrags z
x_k	Menge des verdrängten Produkts k bzw. des Produkts k, bei dem der Preis gesenkt wurde
X_{kum}	kumuliertes Ausgangsvolumen
X_n	kumulierte Produktionsmenge nach der n-ten Verdoppelung
x_t	Produktionsmenge in der Periode t
X_t	kumulierte Absatzmenge nach Periode t
z	Stilllegungsdauer (in Monaten)
z	kritische Stillstandsdauer

10 Literaturhinweise

Bauer, H. H. (1986): Das Erfahrungskurvenkonzept – Möglichkeiten und Problematik der Ableitung strategischer Handlungsalternativen, in: Wirtschaftswissenschaftliches Studium 1986, S. 1-10.

Baum, H.-G./Coenenberg, A. G./Günther, T. (2007): Strategisches Controlling, 4. Aufl., Stuttgart 2007.

Coenenberg, A. G. (1970): Die Bedeutung fertigungswirtschaftlicher Lernvorgänge für Kostentheorie, Kostenrechnung und Bilanz, in: Kostenrechnungspraxis 1970, S. 111-116.

Coenenberg, A.G./Fischer T. M. (1991): Prozeßkostenrechnung: Strategische Neuorientierung in der Kostenrechnung, in: DBW 1991, S. 21-38.

Dunst, K. (1983): Portfolio-Management, 2. Aufl., Berlin/New York 1983.

Fischer, T. M. (1993): Variantenvielfalt und Komplexität als betriebliche Kostenbestimmungsfaktoren?, in: Kostenrechnungspraxis 1993, S. 27-31.

Henderson, B. D. (1984): Die Erfahrungskurve in der Unternehmensstrategie, 2. Aufl., Frankfurt am Main/New York 1984.

Kilger, W. (1982): Bestimmung von Preisuntergrenzen (Teil I und II), in: Das Wirtschaftsstudium 1982, S. 162-171 und S. 219-222.

Kilger, W. (1987): Einführung in die Kostenrechnung, 3. Aufl., Wiesbaden 1987.

Kilger, W./Pampel, J. R./Vikas, K. (2007): Flexible Plankostenrechnung und Deckungsbeitragsrechnung, 12. Aufl., Wiesbaden 2002.

Lange, B. (1984): Die Erfahrungskurve: Eine kritische Beurteilung, in: Zeitschrift für betriebswirtschaftliche Forschung 1984, S. 229-245.

Ossadnik, W. (2003): Controlling, 3. Aufl., München 2003.

Raffée, H. (1974): Preisuntergrenzen, in: Wirtschaftswissenschaftliches Studium 1974, S. 145-151.

Reichmann, T. (1976): Die Planung von Preisgrenzen im Beschaffungsbereich der Unternehmung, in: Coenenberg, A. G. (Hrsg.) (1976): Unternehmensrechnung – Betriebliche Planungs- und Kontrollrechnungen auf der Basis von Kosten und Leistungen, München 1976, S. 153-164.

Simon, H. (1992): Preismanagement: Analyse – Strategie – Umsetzung, 2. Aufl., Wiesbaden 1992.

Wacker, P.-A. (1980): Die Erfahrungskurve in der Unternehmensplanung – Analyse und empirische Überprüfung, München 1980.

Kapitel 11
Ergebnisabweichungsanalyse

1 Einführung

Bei der Durchsprache des Jahresabschlusses stellt der Vorstand der Rentabel AG fest, dass die angekündigten Ergebnisprognosen deutlich verfehlt wurden.

Der Leiter der Controllingabteilung, Herr G. Winn, wird gebeten die Ursachen der Ergebnisabweichung zu ermitteln. Herr G. Winn beschließt, bis zur nächsten Vorstandssitzung die eingetretene Ergebnisabweichung in Umsatz- und Kostenabweichungen der betrachteten Periode aufzuspalten. Er greift zum Telefon, um zunächst im Vertrieb nachzufragen, welche Preis- und Mengendifferenzen gegenüber dem Absatzplan vorliegen. Danach ruft er die Leiter der Produktionswerke der Rentabel AG an und erkundigt sich nach Preis- und Mengenabweichungen bei den im abgelaufenen Geschäftsjahr verrechneten variablen und fixen Kosten.

Im Folgenden wird ein mehrstufiges Konzept zur Kontrolle (und Steuerung) des Betriebsergebnisses erläutert, das sowohl eine Analyse der Kosten- als auch der Umsatzabweichungen zulässt. Es handelt sich um eine Anwendung der kumulativen Abweichungsanalysemethode, die in Kapitel 6 beschrieben wurde. *Kumulative Abweichungsverrechnung*

Abweichungsanalysen des Betriebsergebnisses dienen der Ermittlung von Ursachen für die Abweichung zwischen dem budgetierten Plan- und dem effektiven Ist-Ergebnis. Das Ergebnis ergibt sich aus der Differenz von Umsatz und Kosten der betrachteten Periode. Folglich stellen auch die Umsatz- und die Kostenabweichung Bestandteile der Ergebnis (Gewinn-)abweichung dar. Sowohl der Erlös als auch die Kosten werden durch Mengen- und Preiskomponenten bestimmt, bei denen Abweichungen zwischen Ist- und Planwerten auftreten können. Die erste Hauptvariable der Ergebnisanalyse bilden die Preis- und Mengendifferenzen zwischen dem effektiv erreichten und dem geplanten Umsatz einer

Periode (Umsatzabweichung). Da das Ergebnis außer der Umsatzabweichung auch noch Preis- bzw. Mengendifferenzen in den Kosten enthalten kann, stellen die Abweichungen bei den für die Ist- und Plan-Produktionsmenge verrechneten variablen und fixen Kosten die zweite Hauptvariable der Ergebnisabweichung dar (Kostenabweichung).

Systematisierung Diese beiden Hauptabweichungen, Umsatz- bzw. Kostenabweichung, lassen sich als Basis für ein differenziertes System der Abweichungsanalyse verwenden. In Abbildung 11.1 ist der prinzipielle Aufbau eines solchen Systems, das verschiedene Analysestufen mit zunehmendem Detaillierungsgrad beinhaltet, dargestellt.

Der linke Ast von Abbildung 11.1 zeigt Abweichungen, die durch Differenzen zwischen tatsächlichen und geplanten Verkaufspreisen bzw. Unterschiede zwischen effektiven und geplanten Absatzmengen in einer Periode verursacht worden sind. Der rechte Ast beinhaltet die verschiedenen Komponenten der Kostenabweichung für den betrachteten Zeitraum. Das Schema enthält nicht sämtliche, in der Praxis denkbaren Abweichungsursachen, z. B. Rabatt- oder Skontoabweichungen. Da in der betrieblichen Praxis zum Ausgleich von Produktions- und Absatzschwankungen durchaus geplante Lagerveränderungen auftreten können, beziehen sich die einzelnen Äste des Schemas nicht zwingend auf identische Produktions- und Absatzvolumen. Die Beeinflussung der Ergebnisanalyse durch ungeplante Lagerveränderungen ist aus Gründen der Übersichtlichkeit nicht in dem Schema enthalten.

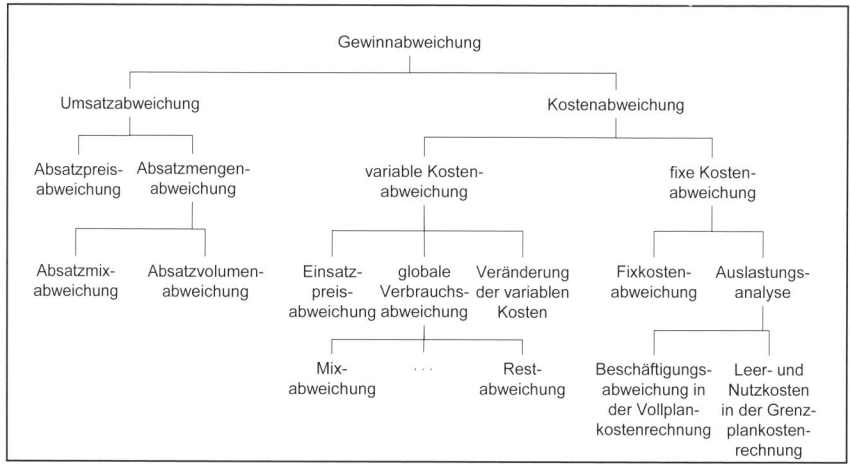

Abb. 11.1: Grundsystematik der Abweichungsanalyse

Beispiel 11.1 Damit die betriebswirtschaftlichen Auswirkungen der einzelnen Abweichungsursachen getrennt untersucht und ausgewertet werden können, sind im Text Beispielrechnungen durchgeführt, die auf den in Tabelle 11.1 dargestellten Ausgangsdaten aufbauen (alle Angaben, soweit nicht anders angegeben, in TEUR).

Im Einzelnen werden folgende Abkürzungen verwendet:

p_{ij} = Ist-Stückverkaufspreis des Produkts j

p_{pj} = Plan-Stückverkaufspreis des Produkts j

k_{vij} = variable Ist-Stückkosten des Produkts j

k_{vpj} = variable Plan-Stückkosten des Produkts j

db_{ij} = Ist-Stückdeckungsbeitrag des Produkts j

db_{pj} = Plan-Stückdeckungsbeitrag des Produkts j

x_{ij} = Ist-Absatzmenge des Produkts j

x_{pj} = Plan-Absatzmenge des Produkts j

x_i = Ist-Absatzvolumen

x_p = Plan-Absatzvolumen

ma_{ij} = Ist-Mixanteil des Produkts j an der Absatzmenge

ma_{pj} = Plan-Mixanteil des Produkts j an der Absatzmenge

für alle j = 1, ..., n.

	Produkt A		Produkt B		Gesamt	
	Ist	Plan	Ist	Plan	Ist	Plan
Absatzvolumen	110	120	50	30	160	150
Umsatzerlöse	660 (p_{iA} = 6,- EUR)	600 (p_{pA} = 5,- EUR)	425 (p_{iB} = 8,50 EUR)	300 (p_{pB} = 10,- EUR)	1 085	900
- variable Kosten	550 (k_{viA} = 5,- EUR)	480 (k_{vpA} = 4,- EUR)	200 (k_{viB} = 4,- EUR)	90 (k_{vpB} = 3,- EUR)	750	570
= Deckungsbeitrag	110 (db_{iA} = 1,- EUR)	120 (db_{pA} = 1,- EUR)	225 (db_{iB} = 4,50 EUR)	210 (db_{pB} = 7,- EUR)	335	330
- Fixkosten der Fertigung	170	150	130	120	300	270
- sonstige Fixkosten					30	30
= Ergebnis					5	30

Tab. 11.1: Ausgangsdaten der Beispielrechnungen

Bei den Beispielrechnungen im Text wird zur Vermeidung von Fehlinterpretationen bei den ermittelten Einzelabweichungen jeweils zusätzlich angegeben, ob die Abweichungen in ihrer Ergebniswirkung günstig (G) oder ungünstig (U) zu beurteilen sind.

Die negative **Ergebnisabweichung** von 25 000,– EUR wird im Folgenden anhand einer möglichen Vorgehensweise zur Aufspaltung nach verschiedenen Bestimmungsfaktoren aufgegliedert. Dabei kann die Ergebnisabweichung wie folgt ermittelt werden:

> Ergebnisabweichung   = Ist-Ergebnis – Plan-Ergebnis
> = Ist-Umsatz – Ist-Kosten – (Plan-Umsatz – Plan-Kosten)
> = Ist-Umsatz – Plan-Umsatz – (Ist-Kosten – Plan-Kosten)
> = Umsatzabweichung – Kostenabweichung

Zunächst werden nun die Umsatzabweichung (Abschnitt 2) und anschließend Teile der Kostenabweichung (Abschnitt 3) anhand des Beispiels erläutert.

2   Umsatzabweichung

Bestandteile

Die Umsatzabweichung zeigt die Gesamtabweichung zwischen Ist- und Plan-Umsatz. Sie ergibt sich aus der Summe von Absatzpreisabweichung (Abschnitt 2.1 dieses Kapitels) und Absatzmengenabweichung (Abschnitt 2.2 dieses Kapitels). In der Differenz zwischen Ist- und Plan-Umsatz werden allerdings die darin enthaltenen Absatzpreis- bzw. Absatzmengenabweichungen als Abweichungsursachen noch nicht explizit ausgewiesen. Die Ermittlung der in der Umsatzabweichung enthaltenen Teilabweichungen vollzieht sich analog zu der in Kapitel 6 beschriebenen kumulativen Vorgehensweise. Die einzelnen Umsatzbestimmungsfaktoren können auch hier in einer für die spezifische Analyse am zweckmäßigsten erscheinenden Reihenfolge untersucht werden. Eine mögliche Vorgehensweise zur Aufspaltung der Umsatzabweichung wird in Abbildung 11.2 dargestellt.

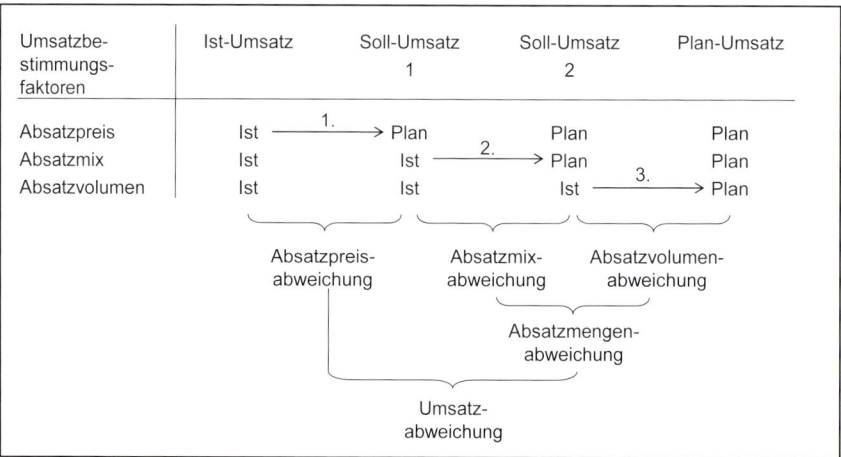

Abb. 11.2: Vorgehensweise zur Aufspaltung der Umsatzabweichung

Die verschiedenen Umsatzniveaus können formal in folgender Weise dargestellt werden:

Ist-Umsatz (Ist-Preis, Ist-Mix, Ist-Menge):　　　　　　　　　　　　　

$$= \sum_{j=1}^{n} p_{ij} \times ma_{ij} \times \sum_{j=1}^{n} x_{ij} = \sum_{j=1}^{n} p_{ij} \times ma_{ij} \times x_i = \sum_{j=1}^{n} p_{ij} \times x_{ij}$$

Soll-Umsatz 1 (Plan-Preis, Ist-Mix, Ist-Menge):

$$= \sum_{j=1}^{n} p_{pj} \times ma_{ij} \times \sum_{j=1}^{n} x_{ij} = \sum_{j=1}^{n} p_{ij} \times ma_{ij} \times x_i = \sum_{j=1}^{n} p_{pj} \times x_{ij}$$

Soll-Umsatz 2 (Plan-Preis, Plan-Mix, Ist-Menge):

$$= \sum_{j=1}^{n} p_{pj} \times ma_{pj} \times \sum_{j=1}^{n} x_{ij} = \sum_{j=1}^{n} p_{ij} \times ma_{pj} \times x_i$$

Plan-Umsatz (Plan-Preis, Plan-Mix, Plan-Menge):

$$= \sum_{j=1}^{n} p_{pj} \times ma_{pj} \times \sum_{j=1}^{n} x_{pj} = \sum_{j=1}^{n} p_{ij} \times ma_{pj} \times x_p = \sum_{j=1}^{n} p_{pj} \times x_{pj}$$

Für die effektiv erreichte Absatzmenge x_i und die geplante Absatzmenge x_p gelten dabei die folgenden Zusammenhänge:

$$x_i = \sum_{j=1}^{n} x_{ij} \qquad\qquad x_p = \sum_{j=1}^{n} x_{pj}$$

Die Umsatzabweichung ergibt sich also aus der Differenz des realisierten und des geplanten Umsatzes:　　　　　　　　　　　　　　　　

Umsatzabweichung = Ist-Umsatz − Plan-Umsatz

$$= \sum_{j=1}^{n} p_{ij} \times x_{ij} - \sum_{j=1}^{n} p_{pj} \times x_{pj}$$

Anhand des vorgegebenen Zahlenbeispiels ergibt sich folgende Umsatzabweichung:

Beispiel 11.2

$$
\begin{aligned}
\text{Umsatzabweichung} &= 6 \times 110\,000 + 8{,}50 \times 50\,000 - (5 \times 120\,000 + 10 \times 30\,000) \\
&= 1\,085\,000 - 900\,000 = 185\,000 \text{ (G)}
\end{aligned}
$$

Der Ist-Umsatz liegt über dem Plan-Umsatz, so dass sich eine für das Ergebnis positive Umsatzabweichung von 185 000,– EUR ergibt, die sich aus den unterschiedlichen Umsatzabweichungen der beiden Produkte A und B wie folgt zusammensetzt:

	p_{ij}	$\times$	x_{ij}	-	p_{pj}	$\times$	xp_j		
A	6	$\times$	110 000	-	5	$\times$	120 000	=	60 000 (G)
B	8,50	$\times$	50 000	-	10	$\times$	30 000	=	125 000 (G)
Gesamt:									185 000 (G)

Produkt B hat mehr als doppelt soviel Anteil (125 000,– EUR) an der positiven Umsatzabweichung als Produkt A (60 000,– EUR).

Aufspaltung

Für die betriebswirtschaftliche Analyse sind diese Aussagen allerdings noch etwas unbefriedigend, da die Ursachen, die zum Entstehen der Umsatzabweichung(en) geführt haben, noch nicht erkennbar sind.

Eine Differenz zwischen den tatsächlich realisierten und den geplanten Verkaufspreisen wirkt sich ebenso auf das Ergebnis aus wie eine Abweichung zwischen der Ist-Absatzmenge und dem geplanten Absatz. Damit fundierte Maßnahmen zur betrieblichen Steuerung eingeleitet werden können, ist es sinnvoll, in der weiteren Analyse Preis- und Mengenkomponenten in Form der Absatzpreisabweichung einerseits bzw. der Absatzmengenabweichung andererseits getrennt zu ermitteln und auszuwerten.

Die Umsatzabweichung kann durch einfache Umformung in die beiden zuletzt genannten Teilabweichungen zerlegt werden:

Umsatzabweichung = Ist-Umsatz – Plan-Umsatz
= Ist-Umsatz – Soll-Umsatz 1 + Soll-Umsatz 1 – Plan-Umsatz
= Absatzpreisabweichung + Absatzmengenabweichung

Die Ermittlung und Auswertung von Absatzpreisabweichung und Absatzmengenabweichung wird im Folgenden ausführlich dargestellt.

2.1 Absatzpreisabweichung

Absatzpreisabweichung

Mit der **Absatzpreisabweichung** kann berechnet werden, wie sich Unterschiede zwischen tatsächlich erzielten und geplanten Preisen für die tatsächlich verkauften Produkte auf den Umsatz der betrachteten Periode auswirken:

Absatzpreisabweichung = Ist-Umsatz – Soll-Umsatz 1

$$= \sum_{j=1}^{n} p_{ij} \times x_{ij} - \sum_{j=1}^{n} p_{pj} \times x_{ij}$$

$$= \sum_{j=1}^{n} (p_{ij} - p_{pj}) \times x_{ij}$$

Anhand des vorgegebenen Zahlenbeispiels ergibt sich folgende Absatz-preisabweichung:

Absatzpreis-abweichung	= 6 × 110 000 + 8,50 × 50 000 – (5 × 110 000 + 10 × 50 000)
	= 1 085 000 – 1 050 000 = 35 000 (G)

Beispiel 11.3

Der Ist-Umsatz liegt über dem Soll-Umsatz 1, so dass sich eine für das Ergebnis positive Absatzpreisabweichung von 35 000,– EUR ergibt, die sich aus den unterschiedlichen Teilabweichungen der beiden Produkte A und B wie folgt zusammensetzt:

	$(p_{ij} - p_{pj})$	×	x_{ij}		
A	(6 - 5)	×	110 000	=	110 000 (G)
B	(8,50 - 10)	×	50 000	=	75 000 (G)
Gesamt:					35 000 (G)

Im Unternehmen entsteht durch die Preissteigerung bei Produkt A eine Umsatzsteigerung von 110 000,– EUR. Da jedoch der Ist-Preis von Produkt B bei einem Absatz von 50 000 St. um 1,50 EUR/St. unter dem Plan-Preis liegt, ergibt sich insgesamt nur noch eine positive Absatzpreisabweichung in Höhe von 35 000,– EUR.

2.2 Absatzmengenabweichung

Die **Absatzmengenabweichung** erklärt den Unterschied zwischen den effektiven Ist-Absatzmengen bewertet zu Plan-Preisen (Soll-Umsatz 1) und dem ursprünglich budgetierten Plan-Umsatz, der auf den zu Plan-Preisen bewerteten geplanten Verkaufsmengen beruht. Es gilt somit:

Absatzmengen-abweichung

Absatzmengenabweichung = Soll-Umsatz 1 – Plan-Umsatz

$$= \sum_{j=1}^{n} p_{pj} \times x_{ij} - \sum_{j=1}^{n} p_{pj} \times x_{pj}$$

$$= \sum_{j=1}^{n} p_{ij} \times \left(x_{ij} - x_{pj} \right)$$

Anhand des vorgegebenen Zahlenbeispiels ergibt sich folgende Absatz-mengenabweichung:

Beispiel 11.4

Absatzmen-genabwei-chung	$= 5 \times 110\,000 + 10 \times 50\,000 - (5 \times 120\,000 + 10 \times$ $30\,000)$
	$= 1\,050\,000 - 900\,000 = 150\,000 \ (\text{G})$

Der Soll-Umsatz 1 liegt über dem Plan-Umsatz, so dass sich eine für das Ergebnis positive Absatzmengenabweichung von 150 000,– EUR ergibt, die sich aus den unterschiedlichen Teilabweichungen der bei-den Produkte A und B wie folgt zusammensetzt:

	p_{pj}	$\times$	$(x_{ij} - x_{pj})$		
A	5	$\times$	$(110\,000 - 120\,000)$	=	50 000 (U)
B	10	$\times$	$(50\,000 - 30\,000)$	=	200 000 (G)
Gesamt:					150 000 (G)

Im Unternehmen entsteht zunächst durch die reduzierte Absatzmenge von Produkt A ein Umsatzrückgang von 50 000,– EUR. Da jedoch die Absatzmenge bei Produkt B gegenüber Plan von 30 000 auf 50 000 St. gesteigert werden kann und sich damit auch der Umsatz um 200 000,– EUR erhöht, ergibt sich insgesamt eine positive Ab-satzmengenabweichung in Höhe von 150 000,– EUR.

Mit den Daten aus dem Beispiel ergibt sich für die Umsatzabwei-chung folgende Rechnung, die zur Verdeutlichung der Zusammen-hänge dient:

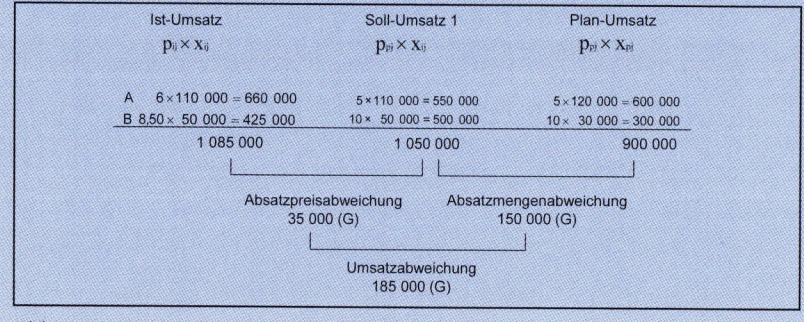

Abb. 11.3: Aufspaltung der Umsatzabweichung

Wenn der Gesamtumsatz eines Unternehmens aus einzeln budgetierten Teilumsätzen der verschiedenen Produkte besteht, lassen sich für relativ homogene Sortimente auch die durch Strukturveränderungen hervorgerufenen Ergebnisabweichungen als Mixabweichungen feststellen. Die Mixabweichungen können auch bei identischen Ist- und Plan-Gesamtabsatzmengen vorkommen.

Diese Effekte lassen sich durch eine Zerlegung der Absatzmengenabweichung in eine Absatzmix- und eine Absatzvolumenabweichung analysieren.

2.2.1 Absatzmixabweichung

Die **Absatzmixabweichung** zeigt jenen Teil der Absatzmengenabweichung, der sich aus einer veränderten Mengenstruktur beim realisierten Absatzvolumen ergibt. Zu diesem Zweck werden die mengenmäßigen Mixabweichungen der n verschiedenen Produkte mit den budgetierten Einzelpreisen p_{pj} multipliziert.

Absatzmixabweichung = Soll-Umsatz 1 – Soll-Umsatz 2

$$= \sum_{j=1}^{n} p_{pj} \times ma_{ij} \times x_i - \sum_{j=1}^{n} p_{pj} \times ma_{pj} \times x_i$$

$$= \sum_{j=1}^{n} p_{pj} \times (ma_{ij} - ma_{pj}) \times x_i$$

Die Absatzmixabweichung wird positiv (und damit für das Unternehmen günstig), wenn a) anteilig mehr Produkte verkauft werden, die einen höheren Plan-Preis erreichen bzw. b) anteilig weniger Produkte abgesetzt werden, die einen niedrigeren Plan-Preis aufweisen.

Umgekehrt ergibt sich eine negative (und damit für das Unternehmen ungünstige) Absatzmixabweichung, wenn a) weniger Produkte mit einem höheren Plan-Preis und b) mehr Produkte mit einem niedrigeren Plan-Preis verkauft werden.

Im Fallbeispiel ergeben sich für die Produkte A und B folgende Mixanteile:

Absatzmix-abweichung *(Randnotiz)*

Beispiel 11.5 *(Randnotiz)*

- Tatsächlicher Absatzmix:

  Produkt A: $\quad ma_{iA} = \dfrac{x_{iA}}{x_i} = \dfrac{110\,000}{160\,000} = 0{,}6875$

  Produkt B: $\quad ma_{iB} = \dfrac{x_{iB}}{x_i} = \dfrac{50\,000}{160\,000} = 0{,}3125$

• Geplanter Absatzmix:

$$\text{Produkt A:} \quad ma_{pA} = \frac{x_{pA}}{x_p} = \frac{120\,000}{150\,000} = 0{,}8$$

$$\text{Produkt B:} \quad ma_{pB} = \frac{x_{pB}}{x_p} = \frac{30\,000}{150\,000} = 0{,}2$$

Daraus ergibt sich für die Absatzmixabweichung:

Absatzmixabweichung = 5 × 0,6875 × 160 000 + 10 × 0,3125 ×
160 000 – (5 × 0,8 × 160 000 + 10 × 0,2 × 160 000)
$$= 1\,050\,000 - 960\,000 = 90\,000\ (G)$$

Der Soll-Umsatz 1 liegt über dem Soll-Umsatz 2, so dass sich eine
für das Ergebnis positive Absatzmixabweichung von 90 000,– EUR
ergibt, die sich aus den unterschiedlichen Teilabweichungen der beiden Produkte A und B wie folgt zusammensetzt:

	P_{Pj}	×	$(ma_{ij} - ma_{pj})$	×	x_i		
A	5	×	(0,6875 – 0,8)	×	160 000	=	- 90 000 (U)
B	10	×	(0,3125 – 0,2)	×	160 000	=	180 000 (G)
Gesamt:							90 000 (G)

Die positive Absatzmixabweichung in Höhe von 90 000,– EUR hat
zwei Ursachen:
   Zum einen bleibt der Absatz von Produkt A, das einen niedrigeren
Plan-Preis pro Stück aufweist, um 10 000 St. hinter der Planung zurück (-90 000,– EUR), zum anderen kann der Absatz bei Produkt B,
das einen höheren Plan-Preis pro Stück aufweist, um 20 000 St. gegenüber der Planung gesteigert werden (180 000,– EUR).

2.2.2 Absatzvolumenabweichung

Absatzvolumen-
abweichung

Die **Absatzvolumenabweichung** zeigt, wie sich eine Zu- oder Abnahme
des gesamten Absatzvolumens bei konstanter Struktur des Produktmixes
auf das Ergebnis der betrachteten Periode ausgewirkt hat. Für die Ermittlung der Absatzvolumenabweichung werden die budgetierten Preise
der n verschiedenen Produkte p mit dem Plan-Produktmixanteil und der
Differenz aus realisiertem und geplantem Absatzvolumen multipliziert.
Als Summe der n Teilabweichungen erhält man dann die gesamte Absatzvolumenabweichung.
   Die formale Ableitung kann mit folgenden Schritten vorgenommen
werden:

Absatzvolumenabweichung = Soll-Umsatz 2 – Plan-Umsatz

$$= \sum_{j=1}^{n} p_{pj} \times ma_{pj} \times x_i - \sum_{j=1}^{n} p_{pj} \times ma_{pj} \times x_p$$

$$= \sum_{j=1}^{n} p_{pj} \times ma_{pj} \times (x_i - x_p)$$

Im Beispiel ergibt sich für die Absatzvolumenabweichung:

Beispiel 11.6

> Absatzvolumenabweichung = $5 \times 0,8 \times 160\ 000 + 10 \times 0,2 \times 160\ 000$
> $- (5 \times 0,8 \times 150\ 000 + 10 \times 0,2 \times$
> $150\ 000)$
> $= 960\ 000 - 900\ 000 = 60\ 000$ (G)
>
> Für Produkt A und B ergeben sich folgende Teilwerte:
>
> | | P_{Pj} | $\times$ | ma_{ij} | $\times$ | $(x_j - x_p)$ | | |
> |---|---|---|---|---|---|---|---|
> | A | 5 | $\times$ | 0,8 | $\times$ | $(160\ 000 - 150\ 000)$ | = | 40 000 (G) |
> | B | 10 | $\times$ | 0,2 | $\times$ | $(160\ 000 - 150\ 000)$ | = | 20 000 (G) |
> | Gesamt: | | | | | | | 60 000 (G) |
>
> Da im Beispiel das Ist-Absatzvolumen mit 160 000 St. über dem Plan-Absatzvolumen von 150 000 St. liegt, ergibt sich insgesamt eine Ergebnisverbesserung von 60 000,– EUR, die sich im Verhältnis 2 zu 1 auf Produkt A und B aufteilt.
> Die Bestandteile bzw. Ursachen der Umsatzabweichung können damit wie in Abbildung 11.4 zusammengefasst werden:

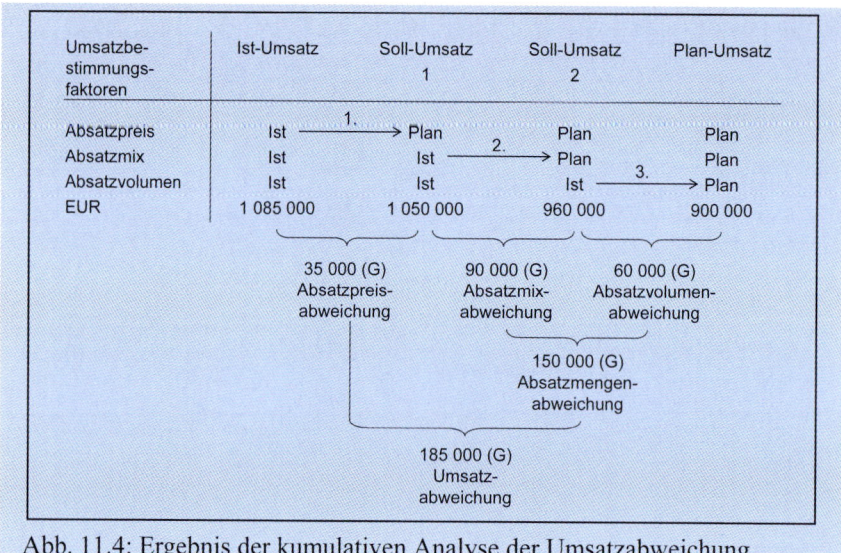

Abb. 11.4: Ergebnis der kumulativen Analyse der Umsatzabweichung

2.2.3 Deckungsbeitrags-Absatzmengenabweichung

Deckungs-
beitrags-
Absatzmengen-
abweichung

Die Gruppe der Absatzmengenabweichungen soll – da dies vor allem in der amerikanischen Literatur stark verbreitet ist (vgl. z. B. Horngren/ Foster/Datar [2006]; Kaplan/Atkinson [1998]) – nicht nur auf Basis der Umsätze sondern ergänzend auch auf Basis der Deckungsbeiträge der betrachteten Periode untersucht und ausgewertet werden.

Diese Sonderform der Absatzmengenabweichung zeigt an Stelle der Beeinflussung des Umsatzes die Reduzierung bzw. Erhöhung des geplanten Deckungsbeitrags infolge einer Veränderung der Absatzmengen. Die Ermittlung und Interpretation vollzieht sich analog zur Umsatz-Absatzmengenabweichung:

Deckungsbeitrags-Absatzmengenabweichung

$$= \sum_{j=1}^{n} db_{pj} \times x_{ij} - \sum_{j=1}^{n} db_{pj} \times x_{pj}$$

$$= \sum_{j=1}^{n} db_{pj} \times (x_{ij} - x_{pj})$$

Im Beispiel ergeben sich für die Deckungsbeitrags-Absatzmengenabweichung bei Produkt A und B folgende Werte:

	db_{pi}	×	$(x_{ij} - x_{pk})$		
A:	1	×	$(110\,000 - 120\,000)$	=	-10 000 (U)
B:	7	×	$(50\,000 - 30\,000)$	=	140 000 (G)
Gesamt:					130 000 (U)

Im Unternehmen entsteht zunächst durch die reduzierte Absatzmenge von Produkt A ein Ergebnisrückgang von 10 000,– EUR. Da jedoch die Absatzmenge von Produkt B gegenüber Plan von 30 000 auf 50 000 St. gesteigert werden kann und sich damit auch der Deckungsbeitrag um 140 000,– EUR erhöht, ergibt sich insgesamt eine positive Deckungsbeitrags-Absatzmengenabweichung und damit eine Steigerung des Ergebnisses von 130 000,– EUR.

Gründe für festgestellte Abweichungen zwischen Ist- und Plan-Deckungsbeitrag können – wie gezeigt wurde – beim Absatzvolumen liegen. Wenn der Deckungsbeitrag eines Unternehmens aus verschiedenen, einzeln budgetierten Teildeckungsbeiträgen besteht, lassen sich für relativ homogene Sortimente auch die durch Strukturveränderungen hervorgerufenen Ergebnisabweichungen als Mixabweichungen feststellen. Diese Mixabweichungen können auch bei identischem Ist- und Plan-Absatzvolumen vorkommen.

Diese Effekte lassen sich durch eine Zerlegung der Absatzmengenabweichung in eine Absatzmix- und eine Absatzvolumenabweichung analysieren.

2.2.3.1 Deckungsbeitrags-Absatzmixabweichung

Die Absatzmixabweichung zeigt jenen Teil der Absatzmengenabweichung, der sich aus einer veränderten Struktur zwischen den tatsächlich abgesetzten und vorab geplanten Sortimentsanteilen ergibt. Zu diesem Zweck werden die mengenmäßigen Mixabweichungen der n verschiedenen Produkte mit den budgetierten Deckungsbeiträgen db_{pj} multipliziert.

Deckungsbeitrags-Absatzmixabweichung

$$= \sum_{j=1}^{n} db_{pj} \times ma_{ij} \times x_i - \sum_{j=1}^{n} db_{pj} \times ma_{pj} \times x_i$$

$$= \sum_{j=1}^{n} db_{pj} \times (ma_{ij} - ma_{pj}) \times x_i$$

Die Absatzmixabweichung wird positiv (und damit für das Unternehmen günstig), wenn a) anteilig mehr Produkte verkauft werden, die einen höheren Plan-Deckungsbeitrag erreichen oder b) anteilig weniger Produkte abgesetzt werden, die einen niedrigeren Plan-Deckungsbeitrag aufweisen.

Umgekehrt ergibt sich eine negative (und damit für das Unternehmen ungünstige) Absatzmixabweichung, wenn a) weniger Produkte mit einem höheren Plan-Deckungsbeitrag pro Stück und b) mehr Produkte mit einem niedrigeren Plan-Deckungsbeitrag pro Stück verkauft werden.

Im Beispiel ergeben sich für die Produkte A und B folgende Absatzmixabweichungen:

Beispiel 11.8

	db_{Pj}	×	$(ma_{ij} - ma_{pj})$	×	x_i		
A	1	×	$(0{,}6875 - 0{,}8)$	×	160 000	=	18 000 (U)
B	7	×	$(0{,}3125 - 0{,}2)$	×	160 000	=	126 000 (G)
Gesamt:							108 000 (G)

Die positive Absatzmixabweichung in Höhe von 108 000,– EUR hat zwei Ursachen: Zum einen bleibt der Absatz von Produkt A, das einen niedrigeren Plan-Deckungsbeitrag pro Stück aufweist, um 10 000 St. hinter der Planung zurück (–18 000,– EUR), zum anderen kann der Absatz bei Produkt B, das einen höheren Plan-Deckungsbeitrag pro Stück aufweist, um 20 000 St. gegenüber der Planung gesteigert werden (126 000,– EUR).

2.2.3.2   Deckungsbeitrags-Absatzvolumenabweichung

Deckungsbeitrags-Absatzvolumenabweichung

Für die Ermittlung der Absatzvolumenabweichung werden die budgetierten Deckungsbeiträge db_{Pj} mit dem Plan-Produktmixanteil und der Differenz zwischen realisiertem und geplantem Absatzvolumen gewichtet. Als Summe der Teilabweichungen erhält man die Absatzvolumenabweichung, die aussagt, wie sich die Veränderung der Gesamtabsatzmenge bei konstanter Struktur der Sortimentsdeckungsbeiträge auf das Ergebnis der betrachteten Periode ausgewirkt hat.

Die Absatzvolumenabweichung auf Deckungsbeitragsbasis wird mit folgender Formel berechnet:

Deckungsbeitrags-Absatzvolumenabweichung

$$= \sum_{j=1}^{n} db_{pj} \times ma_{pj} \times x_i - \sum_{j=1}^{n} db_{pj} \times ma_{pj} \times x_p$$

$$= \sum_{j=1}^{n} db_{pj} \times ma_{pj} \times (x_i - x_p)$$

Damit ergeben sich für die Absatzvolumenabwcichung bei Produkt A und B im Beispiel folgende Werte:

Beispiel 11.9

	db_{Pj}	$\times$	ma_{pj}	$\times$	$(x_i - x_p)$		
A	1	$\times$	0,8	$\times$	(160 000 – 150 000)	=	8 000 (G)
B	7	$\times$	0,2	$\times$	(160 000 – 150 000)	=	14 000 (G)
Gesamt:							22 000 (G)

Da im Beispiel das Ist-Absatzvolumen mit 160 000 St. über dem geplanten Absatzvolumen von 150 000 St. liegt, ergibt sich insgesamt eine Ergebnisverbesserung von 22 000,– EUR, die sich in etwa im Verhältnis 1 zu 2 auf Produkt A und B aufteilt.

Die Ursachen der ermittelten Deckungsbeitragsabweichung von 5 000,– EUR lassen sich abschließend wie folgt zusammenfassen:

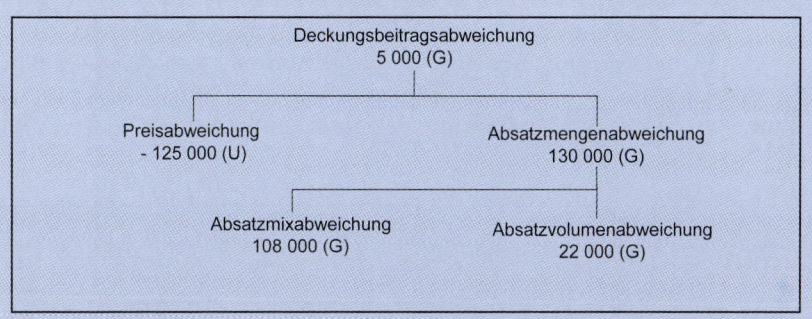

Abb. 11.5: Aufspaltung der Deckungsbeitragsabweichung

Die in der Übersicht ausgewiesene Deckungsbeitrags-Preisabweichung in Höhe von -125 000,– EUR ergibt sich analog zur bereits ermittelten Absatzpreisabweichung (vgl. oben Abschnitt 2.1) aus der folgenden Formel:

Deckungsbeitrags-Preisabweichung $= \sum_{j=1}^{n} (db_{ij} - db_{pj}) \times x_{ij}$

Deckungsbeitrags-Preisabweichung

Beispiel 11.10

Da sich der Deckungsbeitrag pro Stück aus der Differenz von Verkaufspreis und variablen Stückkosten ergibt, enthält die Deckungsbeitrags-Preisabweichung evtl. aufgetretene Veränderungen (Verteuerungen bzw. Verbilligungen) zwischen den Ist- und Planwerten der beiden Größen:

	$(db_{ij} - db_{pj})$	×	x_{ij}		
A	$(1 - 1)$	×	110 000	=	0 (U)
B	$(4,5 - 7)$	×	50 000	=	125 000 (U)
Gesamt:					125 000 (U)

Die Deckungsbeitrags-Preisabweichung geht im Beispiel voll zu Lasten von Produkt B, bei dem sich sowohl die Absatzpreise als auch die variablen Kosten verschlechtert haben.

3   Kostenabweichung

Kostenabweichung
Nach der bislang ermittelten Umsatzabweichung, die zur Analyse des Absatzbereichs beiträgt, stellt die Kostenabweichung als zweite Hauptvariable diejenige Komponente der Ergebnisabweichung dar, die verstärkt die übrigen Unternehmensbereiche (Beschaffung, Produktion, Verwaltung) betrifft. Zur Systematisierung der Kostenabweichungsanalyse wird für die einzelnen Bereiche eine getrennte Ermittlung von Abweichungen der variablen und der fixen Kosten vorgeschlagen.

Systematisierung
Eine Systematik zur Einteilung der Kostenabweichung ist in Abbildung 11.6 zusammengefasst.

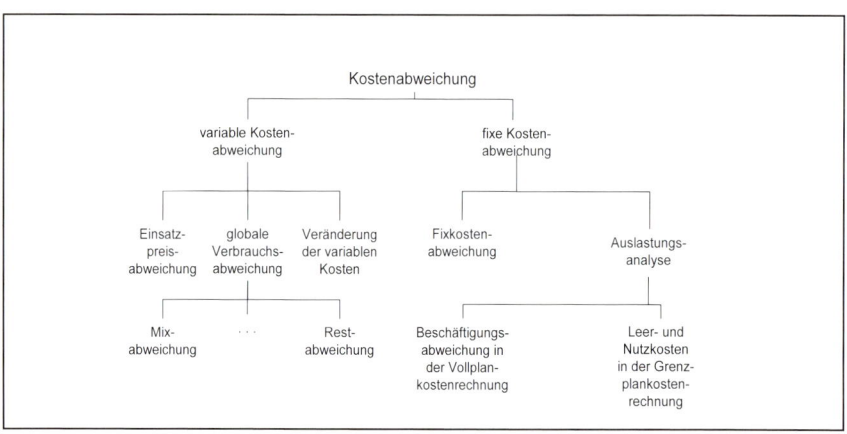

Abb. 11.6: Systematik der Kostenabweichung

Im Folgenden wird die Abweichung der variablen Kosten als die näher zu analysierende Kostenabweichung betrachtet, um später eine Analyse der Besonderheiten der Abweichung der fixen Kosten anzuschließen. Aus Vereinfachungsgründen wird dabei bei der Kostenabweichung nur Produkt A betrachtet bzw. konkretisiert (für Produkt B gelten die Aussagen analog). Aus demselben Grund wird aus der Gesamtheit der variablen Kosten die Kostenart Material eingehender untersucht.

3.1 Variable Kostenabweichung

Bei der Ermittlung der variablen Kostenabweichung (im Folgenden kurz: Kostenabweichung) stellt sich zunächst das Problem der Festlegung einer geeigneten Bezugsgröße, da Produktions- und Absatzmengen der verschiedenen Produkte in einer Periode nicht zwangsläufig identisch sein müssen. Deshalb sollte auf die Absatzmenge als Bezugsgröße für die Ermittlung der Kostenabweichung verzichtet werden: Stattdessen sollten an Stelle der Absatzmenge besser die Einsatzvolumina (für die jeweilige Absatzleistung) als Bezugsgrößen Verwendung finden, damit die für das betriebliche Controlling gewünschten Abweichungen so früh wie möglich ermittelt werden können.

Zur Verfeinerung der Analyse werden – analog zur Vorgehensweise bei der Ermittlung der Umsatzabweichung – auch bei den Kosten die beiden Komponenten Preis pro Einheit des Einsatzguts (z. B. EUR/St., EUR/kg, EUR/l, EUR/Std.) und Menge des Einsatzguts (St., kg, l, Std.) getrennt betrachtet.

Für die Berechnung der Kostenabweichung bestehen je nach Informationsbedürfnis verschiedene Möglichkeiten, die im Folgenden dargestellt sind. Dabei gelten für alle Formeln die nachstehenden Abkürzungen:

p_{ik} = Ist-Preis des Einsatzfaktors k
p_{pk} = Plan-Preis des Einsatzfaktors k
x_i = Ist-Gesamt-Input-Menge
x_s = Soll-Gesamt-Input-Menge
x_p = Plan-Gesamt-Input-Menge
x_{ik} = Ist-Einsatz des Faktors k der Ist-Beschäftigung (Ist-Verbrauch)
x_{sk} = Planeinsatz des Faktors k der Ist-Beschäftigung (Soll-Verbrauch)
x_{pk} = Planeinsatz des Faktors k der Plan-Beschäftigung (Plan-Verbrauch)
ma_{ik} = Ist-Mixanteil des Einsatzfaktors k
ma_{pk} = Plan-Mixanteil des Einsatzfaktors k

für alle k = 1, ..., m.

Der Einsatz des Faktors k errechnet sich dabei aus dem Produkt aus Einsatzfaktor k pro Stück und der Beschäftigungsmenge (Output-Menge).

Die Kostenabweichung zeigt die Gesamtabweichung zwischen Ist- und Plan-Kosten. Sie ergibt sich aus der Summe von Veränderung der variablen Kosten (Abschnitt 3.1.1) Einsatzpreisabweichung (Abschnitt 3.1.2) und der globalen Verbrauchsabweichung (Abschnitt 3.1.3). In der Differenz zwischen Ist- und Plan-Kosten werden allerdings die darin enthaltenen Preis- und Verbrauchsabweichungen noch nicht explizit als Abweichungsursachen ausgewiesen. Eine mögliche Vorgehensweise zur weiteren Aufspaltung der Kostenabweichung wird in Abbildung 11.7 dargestellt.

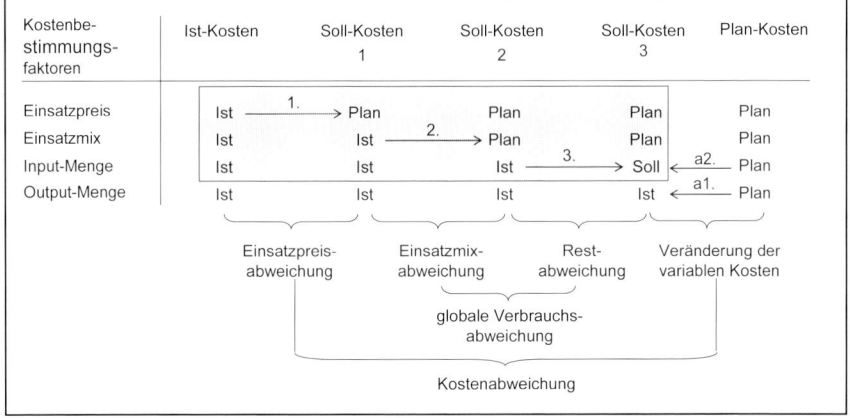

Abb. 11.7: Vorgehensweise zur Aufspaltung der Kostenabweichung

Die verschiedenen Kostenniveaus können formal in folgender Weise dargestellt werden:

Ist-Kosten (Ist-Preis, Ist-Mix, Ist-Input-Menge):

$$\sum_{k=1}^{m} p_{ik} \times ma_{ik} \times \sum_{k=1}^{m} x_{ik} = \sum_{k=1}^{m} p_{ik} \times ma_{ik} \times x_{i} = \sum_{k=1}^{m} p_{ik} \times x_{ik}$$

Soll-Kosten 1 (Plan-Preis, Ist-Mix, Ist-Input-Menge):

$$\sum_{k=1}^{m} p_{pk} \times ma_{ik} \times \sum_{k=1}^{m} x_{ik} = \sum_{k=1}^{m} p_{pk} \times ma_{ik} \times x_{i} = \sum_{k=1}^{m} p_{pk} \times x_{ik}$$

Soll-Kosten 2 (Plan-Preis, Plan-Mix, Ist-Input-Menge):

$$\sum_{k=1}^{m} p_{pk} \times ma_{pk} \times \sum_{k=1}^{m} x_{ik} = \sum_{k=1}^{m} p_{pk} \times ma_{pk} \times x_{i}$$

Soll-Kosten 3 (Plan-Preis, Plan-Mix, Soll-Input-Menge):

$$\sum_{k=1}^{m} p_{pk} \times ma_{pk} \times \sum_{k=1}^{m} x_{sk} = \sum_{k=1}^{m} p_{pk} \times ma_{pk} \times x_{s} = \sum_{k=1}^{m} p_{pk} \times x_{sk}$$

Plan-Kosten (Plan-Preis, Plan-Mix, Plan-Input-Menge):

$$\sum_{k=1}^{m} p_{pk} \times ma_{pk} \times \sum_{k=1}^{m} x_{pk} = \sum_{k=1}^{m} p_{pk} \times ma_{pk} \times x_p = \sum_{k=1}^{m} p_{pk} \times x_{pk}$$

Für die effektiv verbrauchte Gesamt-Input-Menge x_i, die zu erreichende Soll-Gesamt-Input-Menge x_s und die geplante Gesamt-Input-Menge x_p gelten dabei die folgenden Zusammenhänge:

$$x_i = \sum_{k=1}^{m} x_{ik} , x_s = \sum_{k=1}^{m} x_{sk} \quad \text{und} \quad x_p = \sum_{k=1}^{m} x_{pk}$$

Die **Kostenabweichung** ergibt sich also aus der Differenz der realisierten und der geplanten Kosten.

Kostenabweichung   = Ist-Kosten – Plan-Kosten

$$= \sum_{k=1}^{m} p_{ik} \times x_{ik} - \sum_{k=1}^{m} p_{pk} \times x_{pk}$$

Die Ermittlung und Interpretation der Kostenabweichung soll anhand der Materialeinzelkosten für das Produkt A aus dem Zahlenbeispiel gezeigt werden.

Beispiel 11.11

Die variablen Stückkosten für das Produkt A wurden mit 4,– EUR geplant. Darin sind Materialeinzelkosten in Höhe von 3,– EUR enthalten, die sich aus folgender Verbrauchsstruktur von drei Materialien F, G und H ergeben, die jeweils in 1 St. von Produkt A enthalten sind:

Einzelmaterial k	Bedarf pro 1 St. Output	Ist-Preis/St. p_{ik}	Plan-Preis/St. p_{pk}
F	5 St.	0,40 EUR	0,30 EUR
G	3 St.	0,35 EUR	0,40 EUR
H	2 St.	0,20 EUR	0,15 EUR

Die Ist- und die Plan-Output-Menge von Produkt A betragen wie im obigen Beispiel 110 000 bzw. 120 000 St.
   Entsprechend der dargestellten Verbrauchsstruktur ergeben sich

zur Herstellung der Output-Menge von Produkt A folgende Ist-, Soll-
und Plan-Verbrauchsmengen für die drei Materialien:

Einzel-material k	Ist-Verbrauch x_{ik}	Soll-Verbrauch x_{sk}	Planverbrauch x_{pk}
F	542 800 St.	5 x 110 000 = 550 000 St.	5 x 120 000 = 600 000 St.
G	377 600 St.	3 x 110 000 = 330 000 St.	3 x 120 000 = 360 000 St.
H	259 600 St.	2 x 110 000 = 220 000 St.	2 x 120 000 = 240 000 St.
Gesamt-Input-Menge	1 180 000 St.	1 100 000 St.	1 200 000 St.

Anhand des konkretisierten Zahlenbeispiels ergibt sich nun folgende
(Material-)Kostenabweichung:

$$
\begin{aligned}
\text{Kostenabweichung} &= 0,40 \times 542\,800 + 0,35 \times 377\,600 + 0,20 \times \\
&\quad 259\,600 - (0,30 \times 600\,000 + 0,40 \times 360\,000 + \\
&\quad 0,15 \times 240\,000) \\
&= 401\,200 - 360\,000 = 41\,200\ (\text{U})
\end{aligned}
$$

Die Ist-Kosten liegen über den Plan-Kosten, so dass sich eine für das
Ergebnis negative Kostenabweichung von 41 200,– EUR ergibt, die
sich aus den unterschiedlichen Kostenabweichungen der Einsatzfaktoren F, G und H wie folgt zusammensetzt:

	p_{ik}	×	x_{ik}	–	p_{pk}	×	x_{pk}		
F:	0,40	×	542 800	–	0,30	×	600 000	=	37 120 (U)
G:	0,35	×	377 600	–	0,40	×	360 000	=	-11 840 (G)
H:	0,20	×	259 600	–	0,15	×	240 000	=	15 920 (U)
Gesamt:									41 200 (U)

Man sieht, dass der Einsatzfaktor F den größten Anteil (37 120,–
EUR) an der ungünstigen Kostenabweichung hat. Bei Einsatzfaktor
G liegt eine für das Ergebnis günstige Kostenabweichung (-11 840,–
EUR) vor.

Für die betriebswirtschaftliche Analyse ist diese Aussage allerdings noch etwas unbefriedigend, da die Ursachen, die zum Entstehen der Kostenabweichung geführt haben, noch nicht erkennbar sind.

Damit gezielte Maßnahmen zur betrieblichen Steuerung eingeleitet werden können, ist es sinnvoll, in der Analyse die Einsatzpreisabweichung und die globale Verbrauchsabweichung der Kosten getrennt zu ermitteln und auszuwerten, nachdem die Veränderung der variablen Kosten als Korrekturgröße zur Eliminierung von Unterschieden in der Output-Menge abgezogen wurde.

Die Kostenabweichung kann durch einfache Umformung in die genannten Teilabweichungen zerlegt werden:

Teilabweichungen

Kostenabweichung =
= Ist-Kosten − Plan-Kosten
= Ist-Kosten − Soll-Kosten 1 + Soll-Kosten 1 − Plan-Kosten
= (Ist-Kosten − Soll-Kosten 1) + Soll-Kosten 1 − Soll-Kosten 3
   + Soll-Kosten 3 − Plan-Kosten
= (Ist-Kosten − Soll-Kosten 1)   (= Einsatzpreisabweichung)
   + (Soll-Kosten 1 − Soll-Kosten 3)   (= globale Verbrauchsabweichung)
   + (Soll-Kosten 3 − Plan-Kosten)   (= Veränderung der variablen Kosten)

Die Ermittlung und Auswertung von Einsatzpreisabweichung, globaler Verbrauchsabweichung und der Veränderung der variablen Kosten wird im Folgenden ausführlich dargestellt.

3.1.1 Veränderung der variablen Kosten

Der Bezug zu den ursprünglich geplanten Kosten, die den Planverbrauch der Einsatzfaktoren für die eigentlich geplante Ausbringungsmenge enthalten, lässt sich über die sog. Veränderung der variablen Kosten herstellen. Bei dieser Abweichung werden die flexibel budgetierten Kosten des Planeinsatzes für die Ist-Leistung (Soll-Verbrauch) mit denjenigen des Planeinsatzes für die Planleistung verglichen. Damit ergibt sich die **Veränderung der variablen Kosten** aus der Formel:

Veränderung der variablen Kosten

Veränderung der variablen Kosten = Soll-Kosten 3 − Plan-Kosten

$$= \sum_{k=1}^{m} p_{pk} \times x_{sk} - \sum_{k=1}^{m} p_{pk} \times x_{pk}$$

$$= \sum_{k=1}^{m} p_{pk} \times (x_{sk} - x_{pk})$$

Beispiel 11.12

Im Beispiel ergibt sich folgende Veränderung der variablen Kosten:

$$
\begin{aligned}
\text{Veränderung der} &= 0{,}30 \times 550\,00 + 0{,}40 \times 330\,000 + 0{,}15 \times 220\,000 \\
\text{variablen Kosten} &\quad - (0{,}30 \times 600\,000 + 0{,}40 \times 360\,000 + 0{,}15 \times \\
&\qquad 240\,000) \\
&= 330\,000 - 360\,000 \\
&= -30\,000
\end{aligned}
$$

Diese setzt sich aus den unterschiedlichen Veränderungen der variablen Kosten der Einsatzfaktoren F, G und H wie folgt zusammen:

	p_{Dk}	$\times$	x_{sk}	$-$	p_{Dk}	$\times$	x_{Dk}	
F:	0,30	$\times$	550 000	$-$	0,30	$\times$	600 000	= -15 000 (G)
G:	0,40	$\times$	330 000	$-$	0,40	$\times$	360 000	= -12 000 (G)
H:	0,15	$\times$	220 000	$-$	0,15	$\times$	240 000	= - 3 000 (G)
Gesamt:								-30 000 (G)

Man sieht, dass der Einsatzfaktor F den größten Anteil (-15 000,- EUR) an der Abweichung hat.

Die Veränderung der variablen Kosten wird hier nur aus Gründen der Vollständigkeit und Systematik erwähnt. Sie ist für die betriebliche Abweichungsanalyse im allgemeinen von geringer Relevanz, da sie keine Ansatzpunkte für die Kontrolle der Wirtschaftlichkeit des be-trieblichen Leistungsprozesses bietet. Die Veränderung der variablen Kosten ist eher als Indikator für die Qualität der betrieblichen Planung zu klassifizieren.

3.1.2 Einsatzpreisabweichung

Einsatzpreis-
abweichung

Die **Einsatzpreisabweichung** wird aus der Differenz zwischen den effektiven Ist-Kosten der betreffenden Kos tenart und den mit Plan-Preisen bewerteten Ist-Einsatzmengen (Soll-Kosten 1) ermittelt:

$$\text{Einsatzpreisabweichung} = \text{Ist-Kosten} - \text{Soll-Kosten 1}$$

$$= \sum_{k=1}^{m} p_{ik} \times x_{ik} - \sum_{k=1}^{m} p_{pk} \times x_{ik}$$

$$= \sum_{k=1}^{m} (p_{ik} - p_{pk}) \times x_{ik}$$

Anhand des vorangegangenen Beispiels ergibt sich folgende Einsatz-preisabweichung:

Einsatzpreisabweichung

$= 0{,}40 \times 542\,800 + 0{,}35 \times 377\,600 + 0{,}20 \times 259\,600 - (0{,}30 \times$
$\quad 542\,800 + 0{,}40 \times 377\,600 + 0{,}15 \times 259\,600)$

$= 401\,200 - 352\,820 = 48\,380 \text{ (U)}$

Aufgeteilt auf die drei Einsatzfaktoren ergibt sich:

	$(p_{ik} - p_{pk})$	$\times$	x_{ik}		
F:	$(0{,}40 - 0{,}30)$	$\times$	$542\,800$	$=$	$54\,280$ (U)
G:	$(0{,}35 - 0{,}40)$	$\times$	$377\,600$	$=$	$18\,880$ (G)
H:	$(0{,}20 - 0{,}15)$	$\times$	$259\,600$	$=$	$12\,980$ (U)
Gesamt:					$48\,380$ (U)

Bei Material G lag der Ist-Preis unter dem Plan-Preis. Die daraus re-sultierende Einsparung in Höhe von -18 880,– EUR wurde jedoch durch die Verteuerungen der Materialien F und H überkompensiert, so dass aus der Einsatzpreisabweichung insgesamt eine Ergebnis-verschlechterung von 48 380,– EUR resultiert.

3.1.3 Globale Verbrauchsabweichung

Als nächster Schritt bei der Analyse der Kostenabweichung soll die glo-bale Verbrauchsabweichung näher analysiert werden.

Die **globale Verbrauchsabweichung** wird als Unterschied zwischen den flexibel budgetierten Kosten des Ist-Faktoreinsatzes für die Ist-Aus-bringung (Soll-Kosten 1) und den flexibel budgetierten Kosten des Plan-Faktoreinsatzes für die Ist-Ausbringung (hier: Soll-Kosten 3) ermittelt.

Globale Verbrauchs-abweichung

Globale Verbrauchsabweichung = Soll-Kosten 1 – Soll-Kosten 3

$$= \sum_{k-1}^{m} p_{pk} \times x_{ik} \quad \sum_{k=1}^{m} p_{pk} \times x_{sk}$$

$$= \sum_{k=1}^{m} p_{pk} \times (x_{ik} \quad x_{sk})$$

Eine negative globale Verbrauchsabweichung (Ist-Faktoreinsatz kleiner als Plan-Faktoreinsatz) ist ceteris paribus für das Unternehmen vorteilhaft, eine positive Verbrauchsabweichung (Ist-Faktoreinsatz größer als Plan-Faktoreinsatz) ist für das Unternehmen ungünstig zu beurteilen.

Die Ermittlung und Interpretation der globalen Verbrauchsabweichung soll am Beispiel der Materialeinzelkosten für das im obigen Beispiel bereits analysierte Produkt A beispielhaft dargestellt werden. In gleicher Weise könnten natürlich auch Abweichungen für Lohneinzelkosten berechnet und ausgewertet werden (vgl. hierzu Horngren/Foster/Datar [2006], S. 225 ff.).

Beispiel 11.14

$$\text{Globale Verbrauchsabweichung} = 0{,}30 \times 542\,800 + 0{,}40 \times 377\,600 + 0{,}15 \times 259\,600 - (0{,}30 \times 550\,000 + 0{,}40 \times 330\,000 + 0{,}15 \times 220\,000)$$
$$= 352\,820 - 330\,000 = 22\,820\,(U)$$

Die globale Verbrauchsabweichung beträgt also bei den Materialeinzelkosten 22 820,– EUR, d. h. für die Herstellung von Produkt A wurden mehr Einsatzfaktoren als geplant verbraucht. Sie teilt sich folgendermaßen auf:

	p_{pk}	×	$(x_{ik} - x_{sk})$		
F:	0,30	×	(542 800 – 550 000)	=	-2 160 (G)
G:	0,40	×	(377 600 – 330 000)	=	19 040 (U)
H:	0,15	×	(259 600 – 220 000)	=	5 940 (U)
Gesamt:					22 820 (U)

Der Mehrverbrauch von 22 820,– EUR ist zum größten Teil auf Einsatzfaktor G zurückzuführen (19 040,– EUR). Bei Faktor F gibt es sogar eine leichte Einsparung (-2 160,– EUR).

In dem bereits eingeführten Beispiel lässt sich die Kostenabweichung der Materialeinzelkosten wie in Beispiel 11.15 gezeigt ermitteln (Stückzahl in Tsd.).

Für detailliertere Analysen kann die globale Verbrauchsabweichung jetzt noch weiter in eine Mixabweichung der verwendeten Einsatzfaktoren und in eine Restabweichung aufgespalten werden. Die Restabweichung enthält dabei die übrigen, nicht mehr gesondert untersuchten Kostenbestimmungsfaktoren (Ausbeute, Fertigungsintensität etc.).

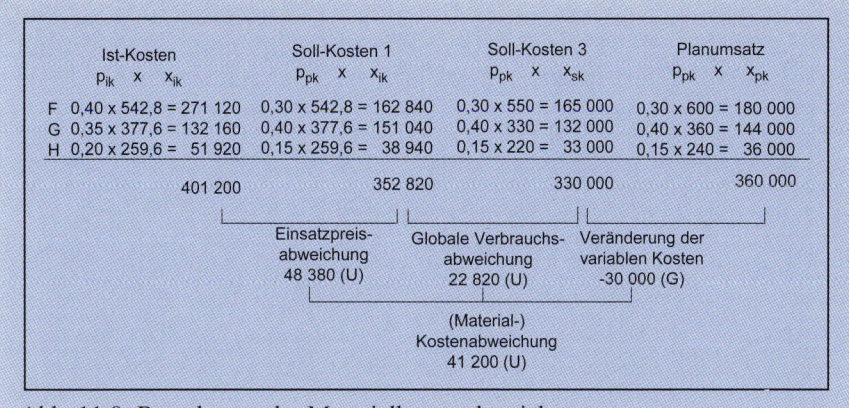

Abb. 11.8: Berechnung der Materialkostenabweichung

3.1.3.1   Einsatzmixabweichung

Der Einsatzmix beschreibt im Allgemeinen die Zusammensetzung der für ein Fertigprodukt benötigten Einsatzmaterialien bzw. Löhne. Die **Einsatzmixabweichung** zeigt für m verschiedene Einsatzfaktoren die Auswirkungen veränderter Strukturen im Verbrauch der jeweiligen Einsatzfaktoren. Deshalb werden die pro Einheit budgetierten Preise mit den Mixabweichungen der jeweiligen Einsatzmaterialien gewichtet, wie die folgende Formel zeigt:

Einsatzmix-abweichung

Einsatzmixabweichung = Soll-Kosten 1 – Soll-Kosten 2

$$= \sum_{k=1}^{m} p_{pk} \times ma_{ik} \times x_i - \sum_{k=1}^{m} p_{pk} \times ma_{pk} \times x_i$$

$$= \sum_{k=1}^{m} p_{pk} \times (ma_{ik} - ma_{pk}) \times x_i$$

Im Fallbeispiel ergeben sich für die Einsatzfaktoren F, G und H folgende Mixanteile:

■   Tatsächlicher Einsatzmix:

$$\text{Material F:} \quad ma_{iF} = \frac{542\,800}{1\,180\,000} = 0,46$$

$$\text{Material G:} \quad ma_{iG} = \frac{377\,600}{1\,180\,000} = 0,32$$

$$\text{Material H:} \quad ma_{iH} = \frac{259\,600}{1\,180\,000} = 0,22$$

▪ Geplanter Einsatzmix:

$$\text{Material F:} \quad ma_{pF} = \frac{600\,000}{1\,200\,000} = 0{,}5$$

$$\text{Material G:} \quad ma_{pG} = \frac{360\,000}{1\,200\,000} = 0{,}3$$

$$\text{Material H:} \quad ma_{pH} = \frac{240\,000}{1\,200\,000} = 0{,}2$$

Daraus ergibt sich für die Einsatzmixabweichung:

Einsatzmixabweichung

$$= 0{,}30 \times 0{,}46 \times 1\,180\,000 + 0{,}40 \times 0{,}32 \times 1\,180\,000 + 0{,}15 \times 0{,}22$$
$$\times 1\,180\,000 - (0{,}30 \times 0{,}5 \times 1\,180\,000 + 0{,}40 \times 0{,}3 \times 1\,180\,000 +$$
$$0{,}15 \times 0{,}2 \times 1\,180\,000)$$
$$= 352\,820 - 354\,000 = -1\,180\,(G)$$

Die Soll-Kosten 1 liegen unter den Soll-Kosten 2, so dass sich eine für das Ergebnis positive Einsatzmixabweichung von 1 180,– EUR ergibt, die sich aus den unterschiedlichen Teilabweichungen der Einsatzfaktoren F, G und H wie folgt zusammensetzt:

	p_{pk}	$\times$	$(ma_{ik}-ma_{pk})$	$\times$	x_i		
F:	0,30	$\times$	(0,46 – 0,5)	$\times$	1 180 000	=	-14 160 (G)
G:	0,40	$\times$	(0,32 – 0,3)	$\times$	1 180 000	=	9 440 (U)
H:	0,15	$\times$	(0,22 – 0,2)	$\times$	1 180 000	=	3 540 (U)
Gesamt:							-1 180 (G)

Die Einsatzmixabweichung wird insgesamt negativ und führt damit zu einer Ergebnisverbesserung in Höhe von 1 180,– EUR, da Material F weniger eingesetzt wurde. Dem gegenüber steht ein Mehreinsatz der Faktoren G und H, deren gewichteter Preis jedoch geringer ist als der gewichtete Preis von F.

3.1.3.2   Restabweichung

Restabweichung
Der nach Abspaltung der Mixabweichung noch verbleibende Rest der globalen Verbrauchsabweichung wird als Restabweichung oder echte Verbrauchsabweichung bezeichnet. Der Begriff Restabweichung ist dabei zutreffender, da nicht alle Kostenbestimmungsfaktoren in Form einer eigenen Spezialabweichung analysiert werden können. Die Restabweichung (echte Verbrauchsabweichung) gilt als Ausdruck der tatsächlichen Wirtschaftlichkeit bzw. Unwirtschaftlichkeit im betrieblichen Ablauf. In der amerikanischen Literatur findet sich für die Restabweichung der Be-

griff der „Yield Variance" (vgl. Horngren/Foster/Datar [2006] und Kaplan/Atkinson [1998]). Diese Bezeichnung verstärkt nochmals die Interpretation der Restabweichung als eigentlichen Maßstab für die Wirtschaftlichkeit der betrieblichen Abläufe, die an eine entsprechende Ausbeute (engl. „yield") der Einsatzfaktoren gekoppelt ist.

Die Formel zur Bestimmung der **Restabweichung** (echte Verbrauchsabweichung) lautet:

Restabweichung = Soll-Kosten 2 – Soll-Kosten 3

$$= \sum_{k=1}^{m} p_{pk} \times ma_{pk} \times x_i - \sum_{k=1}^{m} p_{pk} \times ma_{pk} \times x_s$$

$$= \sum_{k=1}^{m} p_{pk} \times ma_{pk} \times (x_i - x_s)$$

Diese Abweichung wird für jede der vorhandenen (m verschiedenen) Einzelmaterial- bzw. Einzellohnarten ermittelt.

Eine Restabweichung mit negativem Vorzeichen ist für das Unternehmen als vorteilhaft anzusehen, da dann bezüglich der geplanten Struktur des Gesamtverbrauchs an Einsatzfaktoren eine Einsparung zu verzeichnen ist (Ist-Verbrauch x_i < Soll-Verbrauch x_s).

Eine Restabweichung mit positivem Vorzeichen ist für das Unternehmen als ungünstig anzusehen, da dann bezüglich der geplanten Struktur des Gesamtverbrauchs an Einsatzfaktoren ein Mehrverbrauch zu verzeichnen ist (Ist-Verbrauch x_i > Soll-Verbrauch x_s).

Im Beispiel ergibt sich für die Restabweichung:

Beispiel 11.17

Restabweichung
= 0,30 × 0,5 × 1 180 000 + 0,40 × 0,3 × 1 180 000 + 0,15 × 0,2 ×
  1 180 000 – (0,30 × 0,5 × 1 100 000 + 0,40 × 0,3 × 1 100 000 +
  0,15 × 0,2 × 1 100 000)
= 354 000 – 330 000 = 24 000 (U)

Für die Einsatzfaktoren F, G und H ergeben sich folgende Teilwerte:

	p_{pk}	×	ma_{pk}	×	$(x_i - x_s)$		
F:	0,30	×	0,5	×	(1 180 000–1 100 000)	=	12 000 (U)
G:	0,40	×	0,3	×	(1 180 000–1 100 000)	=	9 600 (U)
H:	0,15	×	0,2	×	(1 180 000–1 100 000)	=	2 400 (U)
Gesamt:							24 000 (U)

> Die Herstellung von Produkt A ist durch einen generell zu hohen Verbrauch gekennzeichnet. Insgesamt ergibt sich aus der Verbrauchsstruktur der drei Einsatzfaktoren eine Ergebnisverschlechterung von 24 000,– EUR, deren Ursache z. B. in zu geringer Ausbeute, Schwund und weiteren, hier nicht näher analysierten Kostenbestimmungsfaktoren zu suchen ist.

Zusammenfassung

Die stufenweise Abspaltung der einzelnen Teilabweichungen im Rahmen der kumulativen Abweichungsanalyse für den Materialverbrauch bei Produkt A ist abschließend noch einmal in der folgenden Abbildung 11.9 zusammengefasst:

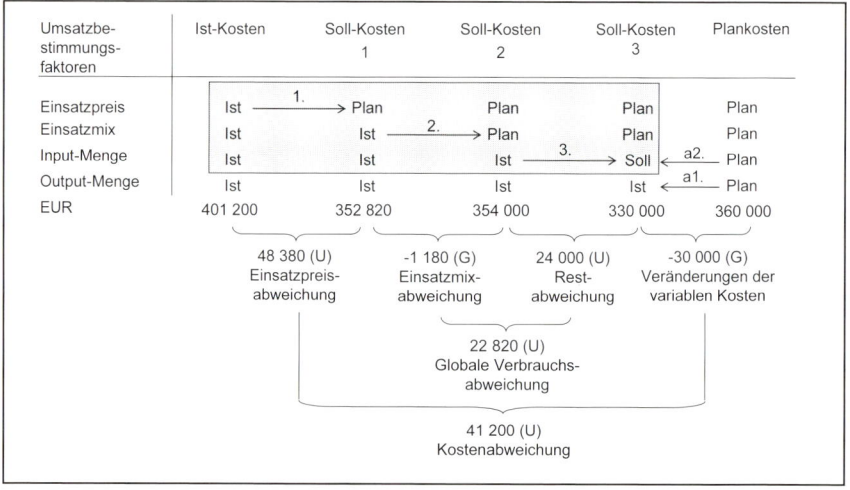

Abb. 11.9: Ergebnis der kumulativen Analyse der Materialkosten von Produkt A

3.2 Fixe Kostenabweichung

Fixe Kostenabweichung

Der Block der fixen Kosten kann nach verschiedenen Aspekten auf Abweichungen hin untersucht werden. Zum einen lässt sich eine ergebniswirksame Abweichung der fixen Kosten (Fixkostenabweichung) feststellen und zum anderen kann eine Auslastungsanalyse auf Basis einer Vollplankostenrechnung (Beschäftigungsabweichung) bzw. einer Grenzplankostenrechnung (Leer- und Nutzkosten) durchgeführt werden.

Dabei werden die nachstehend aufgeführten Abkürzungen verwendet:

K_{fij} = Ist-Fixkosten des Produkts j
K_{fpj} = Plan-Fixkosten des Produkts j
K_L = Leerkosten
K_{Li} = Ist-Leerkosten
K_N = Nutzkosten

K_{Ni} = Ist-Nutzkosten
p_{fij} = fixer Ist-Kostensatz des Produkts j
p_{fpj} = fixer Plan-Kostensatz des Produkts j
b_{ij} = Ist-Beschäftigung bei der Herstellung des Produkts j
b_{pj} = Planbeschäftigung bei der Herstellung des Produkts j

für alle j = 1, ..., n.

Wenn die Planbeschäftigung b_{pj} entsprechend der maximalen Kapazität, d. h. b_{pj} = 100 %, der betrachteten Kostenstelle festgelegt wird (**Kapazitätsplanung**), dann entsprechen die Leerkosten genau der Beschäftigungsabweichung (vgl. ausführlich bei Haberstock [2004], S. 367 ff.; Vormbaum/Rautenberg [1985], S. 253 f.). Im Folgenden wird zunächst von einer Kapazitätsplanung ausgegangen. *Kapazitätsplanung*

> Die Beispielrechnungen im Text beschränken sich aus Gründen der Übersichtlichkeit wiederum auf die Angaben für Produkt A (im Folgenden also j = A). Für die Fertigung wurden hier produktspezifische Fixkosten in Höhe von K_{fpA} = 150 000,– EUR geplant. Bei voller Kapazitätsauslastung können 120 000 St. von Produkt A hergestellt werden, wobei jeweils 1 Std. Fertigungszeit erforderlich ist.
>
> Damit ergibt sich der fixe Plan-Kostensatz p_{fpA}, der pro Fertigungsstunde von Produkt A verrechnet werden kann, zu
>
> $$p_{fpA} = \frac{150\,000}{120\,000} = 1{,}25\,\text{EUR} / \text{Std.}$$

Beispiel 11.18

Fixer Plan-Kostensatz

3.2.1 Fixkostenabweichung

Zunächst kann eine **Fixkostenabweichung** zwischen den effektiv in einer Periode angefallenen Ist-Fixkosten und den hierfür vorab budgetierten Plan-Fixkosten ermittelt werden. *Fixkostenabweichung*

$$
\begin{aligned}
\text{Fixkostenabweichung} \;&=\; \text{Ist-Fixkosten} - \text{Plan-Fixkosten} \\
&=\; K_{fiA} - K_{fpA}
\end{aligned}
$$

Diese Abweichung ist ergebniswirksam, da sie die Differenz zwischen den verrechneten effektiven und den verrechneten budgetierten fixen Kosten enthält.

Beispiel 11.19

> Im Beispiel ergibt sich für Produkt A folgende Fixkostenabweichung:
>
> Fixkostenabweichung = 170 000 – 150 000
> = 20 000 (U)

Trotz ihrer Ergebniswirkung ist diese Abweichung in der Praxis (und auch in der Literatur) selten zu finden, da meist kein Unterschied zwischen ursprünglich budgetierten und später effektiv verrechneten fixen Kosten gemacht wird (vgl. Fickert [1988], S. 56). Entweder entsprechen dann die Ist-Fixkosten aufgrund unveränderter Kapazitäten den Plan-Fixkosten oder die planmäßigen Änderungen der Kapazitäten werden durch eine Neubestimmung der Plan-Kosten berücksichtigt. Fixkostenabweichungen treten damit nur in jenen Fällen auf, in denen planmäßige Kapazitätsänderungen im Ist anders durchgeführt werden als ursprünglich geplant oder bei ungeplanten Kapazitätsänderungen.

In der Praxis steht vielmehr die auf die jeweilige Produktionshöhe der betrachteten Periode bezogene Analyse der budgetierten Fixkosten im Vordergrund. Darauf soll im Folgenden näher eingegangen werden.

3.2.2 Beschäftigungsabweichung in der Vollplan-Kostenrechnung

Die Beschäftigungsabweichung in der Vollplankostenrechnung beruht darauf, dass bei der Verteilung der fixen Kosten auf die Produkte die verrechneten Kosten nicht mehr den flexibel budgetierten Kosten entsprechen müssen, wie dies für die bisher betrachteten variablen Kosten kennzeichnend ist. Bei der Vollplankostenrechnung wird die Ausbringungsmenge der betreffenden Kostenstelle zum vollen Kostensatz bewertet. Dieser beinhaltet auch proportionalisierte Fixkosten. Damit können Unter- oder Überdeckungen zum ursprünglichen Planbudget der betrachteten Kostenstelle auftreten. Wenn die effektive Produktionshöhe die geplante überschreitet, werden zu viel fixe Kosten auf die Produkte verrechnet. Falls die effektive Produktionshöhe die geplante unterschreitet, werden zu wenig fixe Kosten auf die Produkte verrechnet.

Beschäftigungs-abweichung

Diese Verrechnungsunterschiede zwischen den ursprünglich budgetierten Fixkosten und den verrechneten Fixkosten zeigt die sog. **Beschäftigungsabweichung**. Diese wird als Differenz der ursprünglich geplanten fixen Kosten und den proportionalisierten (verrechneten) fixen Kosten bei der Ist-Produktionshöhe des Ist-Ergebnisses ermittelt:

$$\text{Beschäftigungsabweichung} = b_{pA} \times p_{fpA} - b_{iA} \times p_{fpA}$$
$$= (b_{pA} - b_{iA}) \times p_{fpA}$$

Für die geplante Produktionsmenge von A in Höhe von 120 000 St. wurden 120 000 St. × 1 Std./St. = 120 000 Std. bereitgestellt. Tatsächlich wurden für die Ist-Produktionsmenge in Höhe von 110 000 St. nur 110 000 Std. benötigt. Damit kann die Beschäftigungsabweichung wie folgt berechnet werden:

$$\text{Beschäftigungsabweichung} = (120\,000 - 110\,000\,) \times 1{,}25$$
$$= 12\,500{,-}\;\text{EUR}$$

Bedeutung

Die Beschäftigungsabweichung tritt nur in der Vollplankostenrechnung auf. Sie beruht auf der Proportionalisierung der fixen Kosten bezüglich der Planbeschäftigung b_{pj}. Wenn nun die Ist-Beschäftigung b_{ij} die Planbeschäftigung b_{pj} unterschreitet, werden zu wenig fixe Kosten auf die Produkte verrechnet. Die sich daraus ergebende positive Beschäftigungsabweichung (im Beispiel 12 500,– EUR) zeigt folglich an, wie viel fixe Kosten tatsächlich zu wenig verrechnet worden sind, im Gegensatz zum Erreichen der Planbeschäftigung b_{pj} bei der das gesamte Volumen der Plan-Kostensätze p_{fpj} vollständig abgedeckt worden wäre. Die Beschäftigungsabweichung hat jedoch im Gegensatz zur oben ermittelten Fixkostenabweichung keinen Einfluss auf die Höhe des Ergebnisses, da sie nicht als Unterschied zwischen den effektiven Ist-Fixkosten und den vorab budgetierten Plan-Fixkosten einer Kostenstelle definiert ist, sondern lediglich auf die Verrechnung der budgetierten Fixkosten Bezug nimmt. Werden einem Cost Center auf Basis der geplanten Vollkosten die Produkte abgenommen, d. h. Verrechnungspreise gleich Vollkosten, so hat die Beschäftigungsabweichung jedoch sehr wohl Ergebniswirkung. Sie spiegelt dann die mangelnde Effektivität des Cost Centers (vgl. Kapitel 6) wider.

3.2.3　Leer- und Nutzkosten in der Grenzplankostenrechnung

Leer- und Nutzkosten

Bei der Grenzplankostenrechnung tritt die Beschäftigungsabweichung nicht auf, da die Fixkosten nicht in die Planverrechnungssätze der betrachteten Kostenstelle einbezogen werden. Darauf wurde bereits in Kapitel 6 hingewiesen. Dennoch braucht in der Grenzplankostenrechnung nicht auf eine Analyse der Fixkosten verzichtet werden.

Üblicherweise wird der Fixkostenblock einer Kostenstelle in zwei Komponenten zerlegt, die Leer- und die Nutzkosten. Dabei gilt der Zusammenhang:

$$\text{Fixkosten} = \text{Leerkosten} + \text{Nutzkosten}$$

Nutzkosten

1) Nutzkosten der Kostenstelle

Die Nutzkosten sind der Teil der Fixkosten, der durch die tatsächlich beanspruchte Kapazität im Verhältnis zur geplanten Kapazität ausgenutzt wird. Die Formel zur Ermittlung der **Nutzkosten** lautet:

Nutzkosten = Fixkosten × Auslastungsgrad

$$= K_{fpA} \times \frac{b_{iA}}{b_{pA}}$$

Beispiel 11.21

Die Nutzkosten bei den Fixkosten der Fertigung von Produkt A betragen:

$$\text{Nutzkosten} = 150\,000 \times \left(\frac{110\,000}{120\,000}\right) = 137\,500, \ \text{EUR}$$

Leerkosten

2) Leerkosten der Kostenstelle

Die Leerkosten sind der Teil der Fixkosten, der durch die tatsächlich beanspruchte Kapazität im Verhältnis zur geplanten Kapazität nicht genutzt wird.

Die Formel zur Ermittlung der **Leerkosten** lautet:

Leerkosten = Fixkosten – Nutzkosten

$$= K_{fpA} - K_{fpA} \times \frac{b_{iA}}{b_{pA}}$$

$$= K_{fpA} \times \left(1 - \frac{b_{iA}}{b_{pA}}\right)$$

Beispiel 11.22

Die geplanten Fixkosten der Fertigung betrugen K_{fpA} = 150 000,– EUR. Die Planbeschäftigung lag bei 120 000 Std., während die Ist-Beschäftigung nur 110 000 Std. betrug. Damit ergeben sich folgende Leerkosten:

$$\text{Leerkosten} = 150\,000 \times \left(1 - \frac{110\,000}{120\,000}\right) = 12\,500,\!-\text{EUR}$$

Bedeutung

Bei der Grenzplankostenrechnung übernimmt der Ausweis der ermittelten Leer- und Nutzkosten der betrachteten Kostenstelle die Hinweisfunktion, die in der Vollplankostenrechnung der Beschäftigungsabweichung zugeschrieben wird. Allerdings soll nochmals der inhaltliche Unterschied zwischen beiden Rechnungen herausgestellt werden.

Die separat zu ermittelnden Leerkosten geben in der Grenzplankostenrechnung einen Hinweis auf ungenutzte Kapazitäten, während die (bei

Kapazitätsplanung betragsgleiche) Beschäftigungsabweichung der Vollplankostenrechnung lediglich auf Verrechnungsdifferenzen der proportionalisierten Fixkosten beruht. Hier erfolgt keine explizite Betrachtung
der Leer- und Nutzkosten.

Für die Auswertung der Leerkosten bzw. der Beschäftigungsabweichung im Rahmen des betrieblichen Controlling können folgende Aspekte herangezogen werden (vgl. Haberstock [2004], S. 371 f.):

- Üblicherweise ist der Leiter einer Kostenstelle nicht für Beschäfti-
gungsabweichungen bzw. Leerkosten verantwortlich zu machen. Der
Beschäftigungsgrad, d. h. das Verhältnis von effektiver zu geplanter
Auslastung, ist eher von der Durchsetzungsfähigkeit des Vertriebs am
Markt abhängig.
- Fallen über einen längeren Zeitraum hinweg Beschäftigungsabwei-
chungen bzw. Leerkosten an, so ist dies als Auslöser für die Einleitung
entsprechender kapazitätsorientierter Anpassungsprozesse zu sehen.

In Abbildung 11.10 sind nochmals die Zusammenhänge der Fixkostenanalyse in der Grenzplankostenrechnung dargestellt.

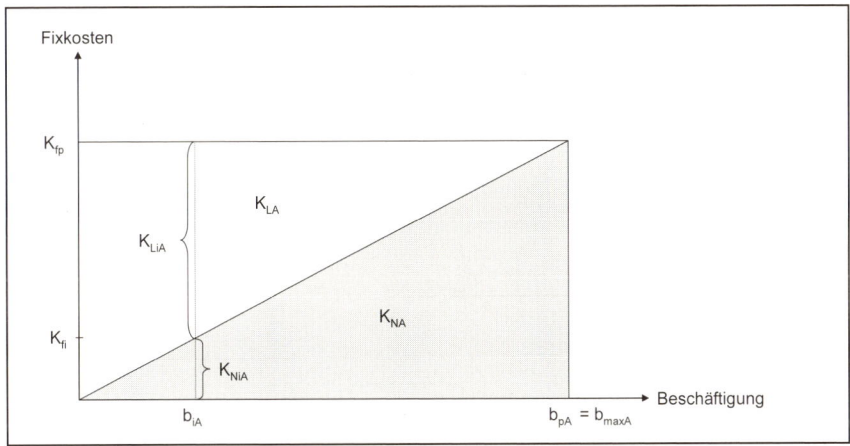

Abb. 11.10: Fixkostenanalyse in der Grenzplankostenrechnung

3.2.4 Besonderheiten der Engpassplanung

Bei einer Kapazitätsplanung sind Leerkosten und Beschäftigungsabweichung, wie bereits erwähnt, gleich. Im Fall der **Engpassplanung,** d. h. b_{pj}
< 100 %, werden die fixen Kosten auf eine kleinere Stückzahl (Engpass)
verteilt als bei der Kapazitätsplanung. Wird die Beschäftigungsabweichung in der Vollplankostenrechnung ermittelt, so ergibt sich bei einer
gegenüber Plan höheren (niedrigeren) Ist-Beschäftigung eine negative

Engpassplanung

(positive) Beschäftigungsabweichung, da entsprechend mehr (weniger) anteilige Fixkosten verrechnet werden.

Beispiel 11.23

Beispielhaft kann man im Fall von Produkt A bei gegebener, maximaler Kapazität von 120 000 Std. von 100 000 Std. als Engpass ausgehen. Dadurch ergibt sich ein fixer Plan-Kostensatz von

$$p_{fpA} = \frac{150\,000}{100\,000} = 1{,}50\ EUR\ /\ Std.$$

Bei einer Ist-Beschäftigung von 110 000 Std. ergibt sich:

$$\begin{aligned}Beschäftigungsabweichung &= (100\,000 - 110\,000) \times 1{,}50\\ &= \text{-}15\,000{,}\text{--}\ EUR\end{aligned}$$

In der Grenzplankostenrechnung besteht kein Unterschied zwischen Engpass- und Kapazitätsplanung, da die Fixkosten nicht auf die Produkte verrechnet werden, sondern en bloc in die Kostenträgerrechnung eingestellt werden. Die Leerkosten können also genauso ermittelt werden wie im Fall der Kapazitätsplanung. Das heißt für das abgewandelte Beispiel:

$$Leerkosten = 150\,000 \times \left(1 - \frac{110\,000}{120\,000}\right) = 12\,500{,}\text{--}\,EUR$$

Beschäftigungs-abweichung vs. Leerkosten

Abbildung 11.11 zeigt für den Fall der Engpassplanung den Unterschied zwischen der Beschäftigungsabweichung und den Leerkosten.

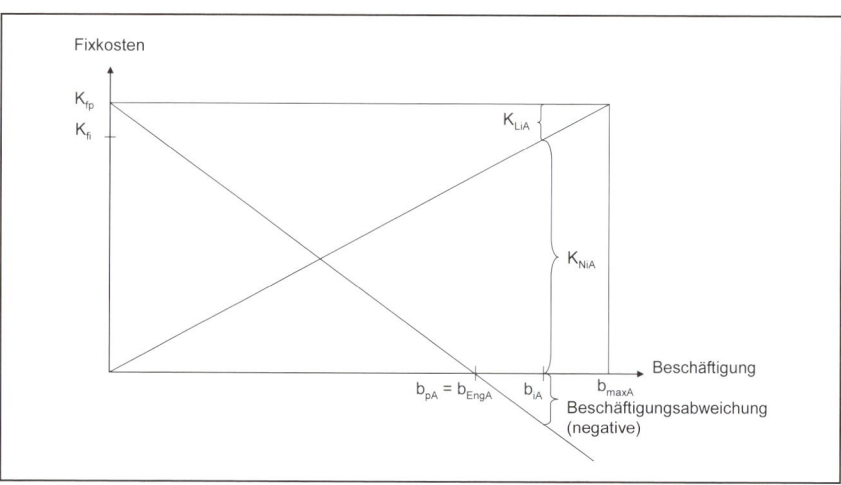

Abb. 11.11: Beschäftigungsabweichung und Leerkosten bei Engpassplanung

4 Anhang: Alternative Formen der Mix- und Mengenabweichungen

Es kann auch eine andere Darstellungsform für die Absatzmixabweichung gewählt werden. Zu diesem Zweck werden die mengenmäßigen Mixabweichungen der n verschiedenen Produkte mit den Abweichungen der budgetierten Einzelpreise p zum gewichteten durchschnittlichen Plan-Preis des Sortiments $\emptyset p_p$ multipliziert (Gleichung 2):

Alternative Darstellungsformen

$$\text{Absatzmixabweichung} = \sum_{j=1}^{n} p_{pj} \times (ma_{ij} - ma_{pj}) \times x_i \text{ (Gleichung 1)}$$

$$= \sum_{j=1}^{n} \left(p_{pj} - \emptyset p_p\right) \times \left(ma_{ij} - ma_{pj}\right) \times x_i \text{ (Gleichung 2)}$$

Mit der Beziehung (vgl. Peles [1986], S. 326)

$$\sum_j P_j \times M_j = \sum_j P' \times M_j + \sum_j (P_j - P') \times M_j \quad \text{(Gleichung 3)}$$

kann gezeigt werden, dass beide Darstellungsformen der Absatzmixabweichung immer zu gleichen Gesamtergebnissen führen, wenn auch die ermittelten produktspezifischen Teil-Absatzmixabweichungen betragsmäßig differieren.

Beweis
Die oben ermittelte Formel für die Mixabweichung

$$\sum_{j=1}^{n} p_{pj} \times (ma_{ij} - ma_{pj}) \times x_i \quad \text{(Gleichung 1)}$$

wird vereinfacht zu

$$\sum_{j=1}^{n} p_{pj} \times M_j \text{ (Gleichung 1')} \text{ mit } M_j = (ma_{ij} - ma_{pj}) \times x_i$$

Mit Hilfe von Gleichung 3 wird Gleichung 1' umgeformt zu

$$\sum_{j=1}^{n} \emptyset p_p \times M_j + \sum_{j=1}^{n} (p_{pj} - \emptyset p_p) \times M_j \quad \text{(Gleichung 4)}$$

Die Ausdrücke $\sum_{j=1}^{n} p_{pj} \times M_j$ (Gleichung 1') und $\sum_{j=1}^{n} (p_{pj} - p_p) \times M_j$

(2. Summand in Gleichung 4) sind genau dann identisch, wenn der 1. Summand in Gleichung 4

$\sum_{j=1}^{n} \varnothing p_p \times M_j = 0$ ist.

Es gilt:

$$\sum_{j=1}^{n} \varnothing p_p \times M_j = \sum_{j=1}^{n} \varnothing p_p \times (ma_{ij} - ma_{pj}) \times x_i$$

$$= \varnothing p_p \times \sum_{j=1}^{n} (ma_{ij} - ma_{pj}) \times x_i$$

$$= \varnothing p_p \times \left[\sum_{j=1}^{n} ma_{ij} - \sum_{j=1}^{n} ma_{pj} \right] \times x_i$$

Da $\sum_{j=1}^{n} ma_{ij} = 1 = \sum_{j=1}^{n} ma_{pj}$ erhält der Inhalt der eckigen Klammer und damit auch der 1. Summand von Gleichung 4 den Wert 0; q.e.d.!

Noch eine andere Darstellungsform der Absatzmixabweichung ist denkbar, indem Gleichung 1 weiter umgeformt wird:

Absatzmixabweichung = Soll-Umsatz 1 – Soll-Umsatz 2

$$= \sum_{j=1}^{n} p_{pj} \times ma_{ij} \times \sum_{j=1}^{n} x_{ij} - \underbrace{\sum_{j=1}^{n} p_{pj} \times ma_{pj}}_{\varnothing p_p} \times \sum_{j=1}^{n} x_{ij}$$

$$= \sum_{j=1}^{n} \left(p_{pj} - \varnothing p_p \right) \times x_{ij}$$

Vergleich

Stellt man die beiden Möglichkeiten zur Berechnung der Absatzmixabweichung einander gegenüber,

$$\sum_{j=1}^{n} \left(p_{pj} - \varnothing p_p \right) \times \left(ma_{ij} - ma_{pj} \right) \times x_i \quad \text{(Alternative 1)}$$

$$\sum_{j=1}^{n} \left(p_{pj} - \varnothing p_p \right) \times x_{ij} \quad \text{(Alternative 2)}$$

so scheint die Bevorzugung von Alternative 1 gegenüber Alternative 2 aufgrund des höheren Aussagegehalts gerechtfertigt zu sein.

Die Absatzmixabweichung wird positiv (und damit für das Unternehmen günstig), wenn a) anteilig mehr Produkte verkauft werden, die einen höheren Preis als den durchschnittlich geplanten Sortimentspreis erreichen oder b) anteilig weniger Produkte abgesetzt werden, die einen niedrigeren Stückpreis als den durchschnittlich geplanten Sortimentspreis aufweisen.

Umgekehrt ergeben sich negative (und damit für das Unternehmen ungünstige) Absatzmixabweichungen, wenn a) weniger Produkte mit einem überdurchschnittlichen Preis pro Stück und b) mehr Produkte mit einem unterdurchschnittlichen Preis pro Stück verkauft werden.

Im Folgenden soll die Berechnung der Absatzmixabweichungen auf Basis der geänderten Formel für das Beispiel gezeigt werden:

Beispiel 11.24

Produkt A:

	$(p_{pA} - p_p)$	×	$(ma_{iA} - ma_{pA})$	×	x_i	
A	$(5 - 6)$	×	$(0{,}6875 - 0{,}8)$	×	$160\,000$	
B	1	×	$0{,}1125$	×	$160\,000$	$= 18\,000$ (G)

Produkt B:

	$(p_{pB} - p_p)$	×	$(ma_{iB} - ma_{pB})$	×	x_i	
A	$(10 - 6)$	×	$(0{,}3125 - 0{,}2)$	×	$160\,000$	
B	4	×	$0{,}1125$	×	$160\,000$	$= 72\,000$ (G)

| Gesamt: | $18\,000$ | + | $72\,000$ | | $= 90\,000$ (G) |

Die positive Absatzmixabweichung in Höhe von 90 000,– EUR hat zwei Ursachen:

Zum einen bleibt der Absatz von Produkt A, das einen unterdurchschnittlichen Plan-Preis pro Stück aufweist, um 10 000 St. hinter der Planung zurück (18 000,– EUR), zum anderen kann der Absatz bei Produkt B, das einen überdurchschnittlichen Plan-Preis pro Stück aufweist, um 20 000 St. gegenüber der Planung gesteigert werden (72 000,– EUR). Es ist erkennbar, dass die gleiche Gesamt-Absatzmixabweichung auf die beiden Produkte anders umgelegt wird.

Absatzvolumenabweichung

Analog zur oben dargestellten zweiten Möglichkeit zur Berechnung der Absatzmixabweichung kann die formale Ableitung der Absatzvolumenabweichung angepasst werden. Für die Ermittlung der Absatzvolumenabweichung werden die budgetierten Preise der n verschiedenen Produkte P_{pj} durch den gewichteten durchschnittlichen Plan-Sortimentspreis $Øp_p$

ersetzt. Es entsteht so ein Soll-Wert, mit dem die Mengendifferenzen aus den n verschiedenen Teilumsätzen gewichtet werden. Die Verwendung des durchschnittlichen Plan-Preises pro Stück $\varnothing p_p$ dient dazu, die Veränderung des Ergebnisses zu zeigen, die sich bei einer Abweichung der Ist-Absatzmenge von der Plan-Absatzmenge ergibt:

Absatzvolumenabweichung:

$$= \underbrace{\sum_{j=1}^{n} p_{pj} \times ma_{pj}}_{\varnothing p_p} \times \sum_{j=1}^{n} x_{ij} - \underbrace{\sum_{j=1}^{n} p_{pj} \times ma_{pj}}_{\varnothing p_p} \times \sum_{j=1}^{n} x_{pj}$$

$$= \sum_{j=1}^{n} \left(\varnothing p_p \times x_{ij} - \varnothing p_p \times x_{pj} \right)$$

$$= \sum_{j=1}^{n} \varnothing p_p \times \left(x_{ij} - x_{pj} \right)$$

Der durchschnittliche Plan-Preis pro Stück $\varnothing p_p$ ergibt sich im Beispiel auch als Quotient von geplantem Gesamtumsatz und Gesamtabsatz zu

$$\varnothing p_p = \frac{900\,000}{150\,000} = 6,- \text{EUR / Std.}$$

Im Beispiel ergeben sich für die Absatzvolumenabweichung bei Produkt A und B folgende Werte:

Beispiel 11.25

	$(x_{ij} - x_{pj})$	×	$\varnothing p_p$		
A	(110 000 -120 000)	×	6	=	- 60 000 (U)
B	(50 000 - 30 000)	×	6	=	120 000 (G)
Gesamt:					60 000 (G)

Da im Beispiel die Ist-Absatzmenge mit 160 000 St. über der Plan-Absatzmenge von 150 000 St. liegt, ergibt sich insgesamt eine Ergebnisverbesserung von 60 000,– EUR. Der Absatzrückgang von Produkt A (-60 000,– EUR) wird durch eine Erhöhung der Absatzmenge bei Produkt B (120 000,– EUR) überkompensiert. Das veränderte Ergebnis der Teilabweichung für Produkt A und Produkt B erscheint aussagekräftiger, da eine Mengenunter- bzw. – überschreitung zu einer negativen bzw. positiven Absatzvolumenabweichung führt.

Genauso wie für die Absatzmix- und die Absatzmengenabweichung können auch für die Mix- und die Restabweichung der Kosten andere Formeln angewendet werden.

5   Kontrollfragen

1) Erläutern Sie wichtige Bestandteile der Analyse von Ergebnisabweichungen!

2) Wie ist die Umsatzabweichung definiert?

3) Welche Teilabweichung der Umsatzabweichung enthält bei kumulativer Verrechnung die Sekundärabweichung?

4) Wie kann die Absatzvolumenabweichung weiter aufgespalten werden?

5) Wie ist eine positive (negative) Absatzmixabweichung zu interpretieren?

6) Skizzieren Sie die erforderlichen Schritte bei der formalen Ableitung der Absatzvolumenabweichung!

7) Kann die Absatzvolumenabweichung auch auf der Basis von Deckungsbeiträgen anstatt auf der Basis von Umsätzen untersucht und ausgewertet werden?

8) Wie können Kostenabweichungen grundsätzlich systematisiert werden?

9) In welche Teilabweichungen kann die Einzelkostenabweichung aufgespalten werden?

10) Welche Teilabweichung der Einzelkostenabweichung enthält bei kumulativer Abweichungsanalyse die Sekundärabweichung?

11) Beurteilen Sie den Aussagegehalt der Restabweichung!

12) Wie können Gemeinkostenabweichungen systematisiert werden?

13) Zeigen Sie, wie die Fixkostenabweichung in der Plan-Kostenrechnung auf Vollkostenbasis bestimmt werden kann!

14) Worin besteht der Zusammenhang zwischen Leerkosten und Nutzkosten?

15) Wie beurteilen Sie den Aussagegehalt der Beschäftigungsabweichung und der Leerkosten im Rahmen des betrieblichen Controlling?

16) Nach welchen Aspekten können die fixen Kosten auf Abweichungen hin untersucht werden?

17) Gibt es einen Unterschied in der Grenzplankostenrechnung zwischen Engpass- und Kapazitätsplanung?

18) Definieren Sie die Begriffe Plan-Kosten, verrechnete Plan-Kosten, Soll-Kosten, Ist-Kosten, Nutzkosten und Leerkosten!

6 Abkürzungsverzeichnis

$\varnothing p_p$	durchschnittlicher Plan-Preis des Sortiments
b_{Engj}	(vorgegebener) Engpass der Kapazität
b_{ij}	Ist-Beschäftigung bei der Herstellung des Produkts j
b_{maxj}	maximale Kapazität
b_{pj}	Planbeschäftigung bei der Herstellung des Produkts j
db_{ij}	Ist-Stückdeckungsbeitrag des Produkts j
db_{pj}	Plan-Stückdeckungsbeitrag des Produkts j
G	hinsichtlich des Betriebsergebnisses günstige Beurteilung der Abweichung
K_{fij}	Ist-Fixkosten des Produkts j
K_{fp}	Plan-Fixkosten
K_{fpj}	Plan-Fixkosten des Produkts j
K_L	Leerkosten
K_{Lij}	Ist-Leerkosten des Produkts j
K_{Lj}	Leerkosten des Produkts j
K_{Nij}	Ist-Nutzkosten des Produkts j
K_{Nj}	Nutzkosten des Produkts j
k_{vij}	variable Ist-Stückkosten des Produkts j
k_{vpj}	variable Plan-Stückkosten des Produkts j
m	Gesamtanzahl der betrachteten Einsatzfaktoren
ma_{ij}	Ist-Mixanteil des Produkts j an der Absatzmenge
ma_{ik}	Ist-Mixanteil des Einsatzfaktors k an einer Einheit des Produkts
ma_{pj}	Plan-Mixanteil des Produkts j an der Absatzmenge
ma_{pk}	Plan-Mixanteil des Einsatzfaktors k an einer Einheit des Produkts
n	Gesamtanzahl der betrachteten Produkte
p_{fij}	fixer Ist-Kostensatz des Produkts j
p_{fpj}	fixer Plan-Kostensatz des Produkts j
p_{ij}	Ist-Stückverkaufspreis des Produkts j
p_{ik}	Ist-Preis des Einsatzfaktors k
p_{pj}	Plan-Stückverkaufspreis des Produkts j
p_{pk}	Plan-Preis des Einsatzfaktors k
U	hinsichtlich des Betriebsergebnisses ungünstige Beurteilung der Abweichung
x_i	Ist-Absatzvolumen bzw. Ist-Gesamt-Input-Menge der Einsatzfaktoren
x_{ij}	Ist-Absatzmenge des Produkts j
x_{ik}	Ist-Einsatz des Faktors k der Ist-Beschäftigung (Ist-Verbrauch)
x_p	Plan-Absatzvolumen bzw. Plan-Gesamt-Input-Menge der Einsatzfaktoren
x_{pj}	Plan-Absatzmenge des Produkts j
x_{pk}	Planeinsatz des Faktors k der Planbeschäftigung (Plan-verbrauch)
x_s	Soll-Gesamt-Input-Menge der Einsatzfaktoren
x_{sk}	Planeinsatz des Faktors k der Ist-Beschäftigung (Soll-Verbrauch)

7 Literaturhinweise

Fickert, R. (1988): Analyse von Erfolgsabweichungen, in: Die Unternehmung 1988, S. 41-61.

Haberstock, L. (2004): Kostenrechung II – (Grenz-) Plan-Kostenrechnung mit Fragen, Aufgaben und Lösungen, 9. Aufl., Hamburg 2004.

Horngren, C. T./Foster, G./Datar, S. M. (2006): Cost Accounting – A Managerial Emphasis, 12. Aufl., Englewood Cliffs 2006.

Kaplan, R. S./Atkinson, A. A. (1998): Advanced Management Accounting, 3. Aufl., Englewood Cliffs 1998.

Peles, Y. C. (1986): A Note on Yield Variance, in: The Accounting Review 1986, S. 325-329.

Vormbaum, H./Rautenberg, H. G. (1985): Kostenrechnung III für Studium und Praxis – Plan-Kostenrechnung, Baden-Baden/Bad Homburg vor der Höhe 1985.

Kapitel 12
Kostenkontrolle für Projekte

1   Einführung

Raphaela Reuter leitet seit einigen Jahren das F&E-Controlling der Schuster Electronics GmbH. Zu ihren Aufgaben zählt insbesondere das Controlling aller parallel laufenden F&E-Projekte. Sie stellt fest, dass in letzter Zeit die budgetierten Kosten bzw. Plan-Kosten und die tatsächlich anfallenden Kosten immer mehr auseinanderlaufen sowie Probleme bei der termingerechten Leistungserstellung auftreten. Mit dem bestehenden Instrument der Budgetanalyse lassen sich diese Problemstellungen nicht mehr bewältigen, da eine differenzierte Ursachenanalyse nicht möglich ist. So wird bei der Budgetanalyse zwar der Kostenaspekt berücksichtigt, Informationen zu den bereits erbrachten Leistungen, die den Kosten gegenüberstehen, finden sich dabei aber nicht wieder. So ist die Chefcontrollerin auf der Suche nach besseren Methoden der Kostenkontrolle für Projekte.

Die starke Zunahme finanzieller Vorleistungen bei der Entwicklung neuer Produkte und die gleichzeitige Verkürzung der marktlichen Produktlebenszyklen stellen nicht zuletzt auch an das betriebliche Rechnungswesen neue Anforderungen. Zum einen nimmt die Bedeutung vorgelagerter (Forschung und Entwicklung) und nachgelagerter (Vertrieb/Service) Wertschöpfungsstufen zu Lasten der Bedeutung der Fertigung immer mehr zu. Zum anderen muss sich die traditionell auf die Produktion materieller Güter ausgerichtete Denkweise des Rechnungswesens darüber hinaus an die spezifischen Probleme der Erstellung immaterieller Güter anpassen. Speziell Forschungs- und Entwicklungsprojekte stehen hier aufgrund ihrer existentiellen Schlüsselrolle für das Unternehmen seit einigen Jahren verstärkt im Mittelpunkt des Interesses.

Nach einer Projektmanagementstudie der Deutschen Gesellschaft für Projektmanagement und der PA Consulting Group von 2006 werden immerhin 37 % der Projekte als nicht erfolgreich eingeschätzt (vgl. GPM

Projekterfolgs-quote

Deutsche Gesellschaft für Projektmanagement e. V. und PA Consulting Group [2006], S. 37). Bei Forschungs- und Entwicklungsprojekten nimmt die Unsicherheit noch zu. Dies macht eine umfassende Projektkontrolle notwendig. Die Projektleitung muss sich durch geeignete Instrumente bzw. Maßnahmen laufend davon überzeugen können, dass die durch die Planung festgelegten Soll-Größen eingehalten werden.

Operative Pro-
jektkontrolle

In Abbildung 12.1 wird dargestellt, welche Aufgaben das **operative Projektcontrolling** umfasst und welche Instrumente zur Erfüllung dieser Aufgaben zu Verfügung stehen.

	Was?	**Woher?**
INPUT	Geplante Projekte	Operative Projektplanung (Gantt, Netzplantechnik etc.)
AUFGABEN	Leistungskontrolle	Prognosen, Methoden der Leistungsmessung, Kennzahlen
	Terminkontrolle	Time-to-Competition, Termin-Trenddiagramm, Portfoliotechnik, Kennzahlen
	Kostenkontrolle	Cost-to-Competition, Kosten-Trend-diagramme, Earned Value Analyse, Portfoliotechnik, Kennzahlen
	Erfahrungssicherung	Befragungen, Know-how-Datenbank, Kennzahlen
	Berichtswesen	Kennzahlen, Projektmanagement-software, Führungsinformationssysteme
	Was?	**Wohin?**
OUTPUT	Planabweichungen, Maßnahmen	Strategische und operative Projektplanung

Abb. 12.1: Überblick über das operative Projektcontrolling
(Quelle: in Erweiterung von Fiedler [2003], S. 139)

Im Anschluss an die Projektplanung (z. B. mit Hilfe der Netzplantechnik und Gantt Diagrammen) spielen die Kostenkontrolle, die Leistungskontrolle, Terminkontrolle sowie die Erfahrungssicherung und das Berichtswesen eine zentrale Rolle im operativen Projektcontrolling. Im Bereich der Kostenkontrolle kommt der Abweichungsanalyse und dabei insbesondere der Earned Value Analyse eine zentrale Steuerungsfunktion für das Entwicklungsmanagement zu. Da die Projektsteuerung immer die Elemente Leistungen, Termine und Kosten (magisches Dreieck) umfassen sollte, muss sich auch die Abweichungsanalyse auf diese Objekte beziehen. Diese integrierte Betrachtung ist notwendig, da Kostenüberschreitungen vielfältige Ursachen haben können.

In diesem Kapitel sollen nun kosten- und zeitabhängige Projektcontrolling-Aufgaben mit möglichen Instrumenten erörtert werden. Dazu zählen die Budgetanalyse, die Earned Value Analyse, die Netzplantechnik, Gantt Diagramme und Trendanalysen. Bei den kostenorientierten Instrumenten wird gezeigt, dass sich das Gedankengut der Systeme einer starren und flexiblen Plankostenrechnung (vgl. Kapitel 6) für das Controlling im Entwicklungsbereich nutzbar machen lässt.

2 Zeitorientierte Instrumente des Projektcontrollings

Bevor die Controllinginstrumente der Kostenkontrolle wie die Earned Value Analyse und die Budgetanalyse erörtert werden, sollen zu Beginn verschiedene Instrumente vorgestellt werden, die sich mit der zeitlichen Planung und Steuerung von Projekten beschäftigen. Dazu zählen die Balkendiagrammtechnik Gantt, die Netzplantechnik sowie die Meilenstein-Trendanalyse.

2.1 Balkendiagrammtechnik Gantt

Die Terminplanung von Projekten kann mit Hilfe von Balkendiagrammen erfolgen. Dabei werden die Projektvorgänge in Form von Balken auf einer Zeitachse entsprechend ihrer Dauer dargestellt.

Die einfachste Balkendiagrammtechnik wird nach ihrem Entwickler Henry Lawrence Gantt als **Gantt-Technik** bezeichnet. Wie Abbildung 12.2 zeigt, werden die Projektvorgänge entsprechend ihrer Dauer mit Hilfe von Balken dargestellt.

Auf diese Weise wird die zeitliche Abfolge der Arbeitsschritte deutlich gemacht. Es werden jedoch **keine Abhängigkeiten** zwischen den einzelnen Vorgängen ersichtlich. Da die Konsequenzen von Terminüberschreitungen eines Vorgangs auf die anderen Vorgänge bzw. auf das Gesamtprojekt nicht ersichtlich sind, kommt es häufig zu Fehlschlüssen bezüglich der Notwendigkeit von Gegenmaßnahmen. Weitere Nachteile dieser Technik sind die fehlende Erkennbarkeit von Pufferzeiten sowie die Unübersichtlichkeit bei vielen Vorgängen (vgl. Olfert/Steinbuch [2003], S. 160 f.).

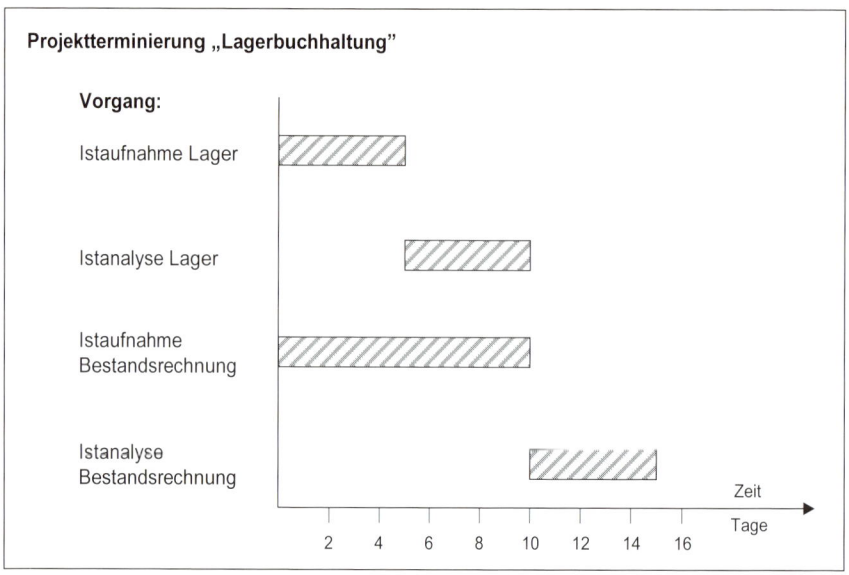

Abb. 12.2: Gantt-Diagramm am Beispiel der Lagerbuchhaltung
        (Quelle: Olfert/Steinbuch [2003], S. 161)

2.2 Netzplantechnik

Ein weiteres Verfahren der Terminplanung und Steuerung von Abläufen
ist die **Netzplantechnik**. Bei dieser Technik werden im Gegensatz zum
Gantt Diagramm die Reihenfolge und Abhängigkeiten von Projektvor-
gängen berücksichtigt.

Ein Netzplan ist die graphische Darstellung der Projektvorgänge und
Reihenfolgenbedingungen, die unabhängig vom zeitlichen Ablauf ist. Im
Falle von Terminverschiebungen muss der Netzplan daher nicht verändert werden. Das Gantt Diagramm müsste jedoch zumindest teilweise neu
gezeichnet werden.

Es gibt drei verschiedene Darstellungsmöglichkeiten von Netzplänen,
die im Folgenden erläutert werden (vgl. Schwarze [1994], S. 23 ff.):

Vorgangspfeil-
netz

Beim Vorgangspfeilnetz werden keine Ereignisse, sondern nur die
Vorgänge betrachtet, die durch Pfeile dargestellt und nach ihrer Reihenfolge im Projektablauf durch Knoten miteinander verknüpft werden. In
der Regel werden die Knoten in Form von Kreisen dargestellt. In der Abbildung 12.3 wird ein Beispiel für ein Vorgangspfeilnetz vorgestellt.

Vorgangskno-
tennetz

Eine weitere Möglichkeit eines vorgangsorientierten Netzes ist das sogenannte **Vorgangsknotennetz**. Die Vorgänge werden mit Hilfe von
Knoten dargestellt und unter Berücksichtigung ihrer Abfolge durch Pfeile
verknüpft. In der Regel werden die Vorgangsknoten als Rechtecke dargestellt, wie in der Abbildung 12.4 ersichtlich wird.

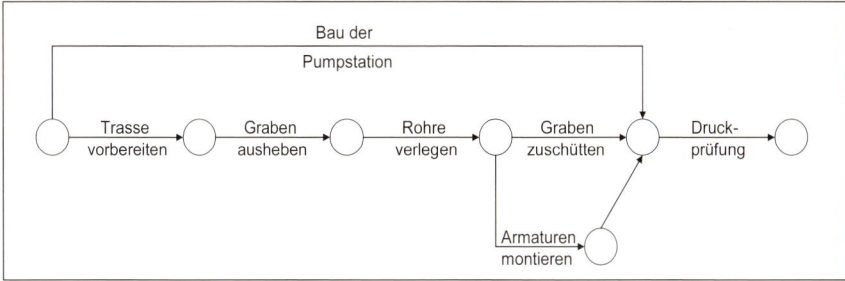

Abb. 12.3: Vorgangspfeilnetz
(Quelle: Schwarze [1994], S. 24)

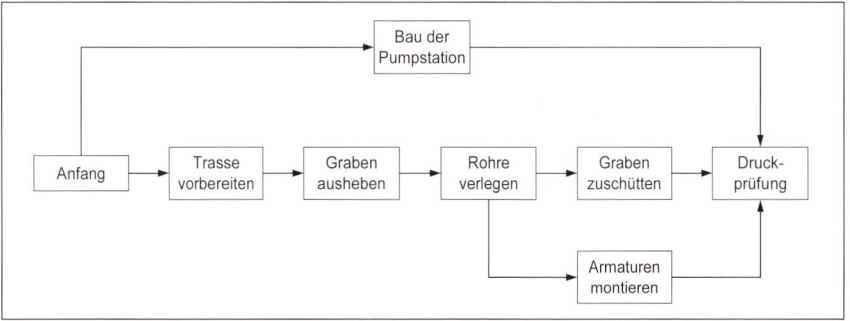

Abb. 12.4: Vorgangsknotennetz
(Quelle: Schwarze [1994], S. 24)

Die dritte Variante eines Netzplans ist das **Ereignisknotennetz**, indem Ereignisse durch Knoten beschrieben werden und mit Pfeilen entsprechend dem Projektablauf verbunden werden.

    Wie in der Abbildung 12.5 ersichtlich ist, enthalten Ereignisknotennetze keine Informationen über die Projektvorgänge. Diese Netzplandarstellung wird häufig als Übersichtsnetz eingesetzt. Darüber hinaus spielen sie auch für Projekte bei denen in der Planung noch nicht alle Vorgänge feststehen, wie zum Beispiel in der Forschung und Entwicklung, eine bedeutende Rolle (vgl. Schwarze [1994], S. 25).

Ereignisknoten-
netz

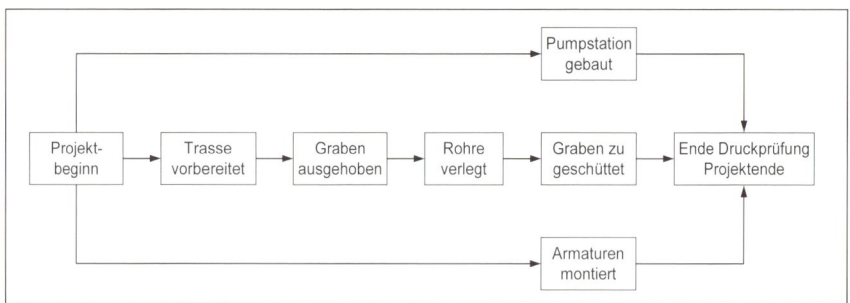

Abb. 12.5: Ereignisknotennetz
        (Quelle: Schwarze [1994], S. 25)

2.3   Meilenstein-Trendanalyse

Meilenstein,
Meilenstein-
Trendanalyse

Bei der **Meilenstein-Trendanalyse** handelt es sich um ein Instrument der Terminsteuerung von Projekten. Um dieses Instrument anwenden zu können, müssen vorab Meilensteine definiert sein und ein Meilenstein-plan zur Verfügung stehen. Bei einem **Meilenstein** handelt es sich um ein definiertes und termingebundenes Sachergebnis, das die Fertigstellung einer Projektphase kennzeichnet (vgl. Madauss [1990], S. 200).

Mit Hilfe der Meilenstein-Trendanalyse können mögliche **Zeitverzö-gerungen prognostiziert** werden, bevor sie eintreten. Damit können rechtzeitig Gegenmaßnahmen ergriffen werden. Zu diesem Zweck geben die Meilensteinverantwortlichen zu bestimmten Zeitpunkten Prognosen über die Erreichung der zukünftigen Meilensteine ab. Diese werden in einem Meilensteintrend-Diagramm dargestellt.

Wie die Abbildung 12.6 zeigt, werden die Meilensteintermine bzw. Berichtstermine auf der Vertikalen und Horizontalen des Dreiecks einge-tragen.

Zu jedem Berichtstermin geben die Meilensteinverantwortlichen ihre Schätzungen bezüglich der Einhaltung der noch bevorstehenden Meilensteine ab. Auf diese Weise lässt sich schon sehr früh die zeitliche Entwicklung des Projektes erkennen. Die geraden Linien stehen für Termineinhaltung, aufsteigende Linien für Terminverzögerungen und absteigende Linien für frühzeitige Planerreichung. Aus dem Meilenstein-Trenddiagramm in der Abbildung 12.6 lässt sich erkennen, dass sich Probleme bezüglich der Einhaltung des Meilensteines „Pilotprojekt abgeschlossen, Genehmigung Gesamteinführung erteilt" abzeichnen. Um den Projektendtermin nicht zu gefährden, sollten daher Gegenmaßnahmen ergriffen werden (vgl. Gätjens-Reuter [2003], S. 182).

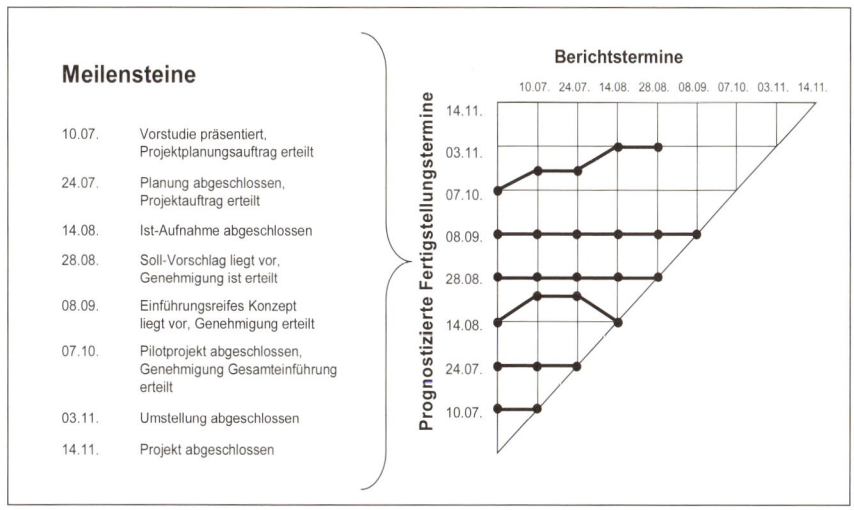

Abb. 12.6: Meilenstein-Trenddiagramm (Quelle: Gätjens-Reuter [2003], S. 182)

3 Kostenorientierte Instrumente des Projektcontrollings

3.1 Isolierte Budgetanalyse

Das grundlegende Problem der Abweichungsanalyse im Entwicklungsbereich ist das Problem der Output-Messung.

Um das Problem der Leistungsmessung zu umgehen, wird in der Praxis vielfach eine einfache Projektkostenkontrolle in Form der **Budgetkontrolle** eingesetzt. Hier erfolgt der Plan-Ist-Vergleich durch eine Gegenüberstellung der bis zum Berichtszeitpunkt angefallenen Ist-Kosten (IK) mit den für diesen Termin geplanten **Budgetkosten (BK)** oder auch **Plankosten (PK)**. Budgetkosten und Plankosten werden in diesem Kapitel als Synonyme verwendet. Die Differenz zwischen beiden Größen wird als negative (Ist-Kosten kleiner als Budgetkosten, d. h. Einsparung) oder positive (Ist-Kosten größer als Budgetkosten, d. h. Überziehung) **Gesamtabweichung (GA)** ausgewiesen (vgl. Coenenberg/Raffel [1988], S. 199 ff.):

$$GA = IK - BK$$

Die Gliederungstiefe der Abweichungsanalyse hängt davon ab, welche Form und Detaillierung das Kostenbudget aufweist, d. h., ob es sich um ein globales Projektbudget handelt, das die Gesamtkosten summarisch schätzt und auf die Projektdauer verteilt, oder ob der Kostenverbrauch detailliert nach Kostenarten und Projektkostenstellen geplant wurde. Die

Budgetkontrolle, Gesamtabweichung

Abweichungsanalyse kann entlang den Ebenen der **Projektstrukturplanung (PSP)** bis auf die Ebene einzelner Arbeitspakete heruntergebrochen werden.

Preisabweichung Die so ermittelte Gesamtabweichung (GA) ist, wie in der gewöhnlichen Plankostenrechnung, zunächst um die Bestandteile zu bereinigen, die nicht dem Projektleiter anzulasten sind. Dabei handelt es sich zum einen um die Abweichung, die sich durch die Differenz zwischen Plan- und Ist-Preisen ergibt (Preisabwertung). Aufgrund des hohen Personalkostenanteils im Entwicklungsbereich ist sie zum großen Teil auf die nicht erwartete Inflation bei Lohn- und Gehaltskosten zurückzuführen. Nicht darunter fällt jedoch die Abweichung, die sich aus der Verwendung qualitativ anderer als der geplanten Arbeitskräfte ergibt (z. B. höhere Gehälter durch die Verwendung höher qualifizierter interner oder externer Arbeitskräfte).

Change-order-Kosten Die zweite zu bereinigende Abweichungsursache sind Abweichungen, die durch Veränderungen der geforderten Produktleistung seitens des Auftraggebers, sog. **Change-order-Kosten**, entstanden sind. Hier sind die Budgetkosten als Bezugsgröße für das Projekt-Controlling entsprechend anzupassen.

Voraussetzungen Voraussetzung für die Durchführung jeder Abweichungsanalyse ist die Übereinstimmung von Planungs- und Kontrolleinheiten. Die Erfassung der Ist-Kosten muss daher zumindest die gleiche Gliederungstiefe aufweisen wie die zugrundeliegende Planung der Budgetkosten. Wurde beispielsweise das Arbeitspaket als Planungsebene gewählt, so sind die Ist-Kosten ebenfalls auf Arbeitspaketebene zu ermitteln.

Diese an sich einfache Forderung stößt jedoch immer wieder auf Schwierigkeiten. Die Möglichkeit der kostenträgerweisen Kostenerfassung ist durch die Vergabe von Auftragsnummern bereits im Rahmen der Planung zu gewährleisten. Der Nummernschlüssel kann sich dabei am Schlüssel des Projektstrukturplans orientieren, oder es wird, vor allem bei tiefer Gliederung, eine fortlaufende Nummerierung der Aufträge durchgeführt. Die Zuordnung zum korrespondierenden Projektstrukturplan-Element erfolgt dann über eine Zuordnungstabelle.

Anwendungs-bereich In der Regel steht bei einer Überwachung der Kosten das Verhältnis von Kostenanfall zu dem bis zum betrachteten Zeitpunkt geleisteten Output im Mittelpunkt der Betrachtung. Nur für den Fall, dass die Kosten in begrenzten Zeiträumen anfallen sollen, kann der Budgetkontrolle ein gewisser Informationswert zugesprochen werden. Das Gleiche gilt für den Fall, dass aus der Analyse des Kostenartenverbrauchs auf eine falsche Verwendung von Ressourcen geschlossen werden kann.

Informationswert Darüber hinaus ist der Informationswert der Budgetabweichungsanalyse für die Projektsteuerung sehr beschränkt. Ihr entscheidender Nachteil liegt darin, dass die verstrichene Kalenderzeit als Ausgangspunkt der Kostenkontrolle herangezogen wird. Damit wird unterstellt, dass der Ist-Leistungsstand sich immer entsprechend dem geplanten Leistungsstand entwickelt. Unter dieser Prämisse wäre die Kostenabweichung als Mehr- oder Minderverbrauch bei gegebenem Leistungsstand sinnvoll interpretierbar. In der Regel ist diese Voraussetzung jedoch nicht erfüllt. Entwicklungskosten pro Zeiteinheit sind in erster Linie kapazitätsabhängige und nicht outputabhängige Kosten. Leistungs- und Zeitverzögerungen werden daher bei einer solchen retrospektiven Betrachtungsweise erst mit großer zeitlicher Verzögerung bei einem rein budgetorientierten Berichtswesen aufgedeckt.

Ein weiterer wesentlicher Nachteil der reinen Budgetanalyse entspringt der Tatsache, dass eine ermittelte Soll-Ist-Differenz nicht eindeutig interpretierbar ist. Eine negative Gesamtabweichung und damit eine Budgetunterschreitung kann sowohl implizieren, dass das Projekt wesentlich effizienter als geplant voranschreitet, als auch, dass Schwierigkeiten zu einem Zeitverzug geführt haben. Mit anderen Worten, es kann nicht ermittelt werden, ob der Budgetverbrauch dem Leistungsfortschritt entspricht.

Interpretierbarkeit

3.2 Integrierte Kosten- und Leistungsanalyse (Earned Value Analyse)

Die mangelnde Interpretierbarkeit der festgestellten Abweichungen im Rahmen der Budgetkontrolle entspricht im Grunde der bekannten Problematik der starren Plankostenrechnung. Auch dort ist eine Abweichung nur unter der Voraussetzung interpretierbar, dass die Ist-Beschäftigung gleich der Planbeschäftigung ist, d. h., dass die Ist-Bezugsgröße pro Zeiteinheit gleich der Plan-Bezugsgröße pro Zeiteinheit ist. Unter dieser Prämisse kann man die Kosten (K) statt als Funktion des Outputs (X) auch als Funktion der Zeit (t) darstellen:

$$K = f_1(X) = f_2(t)$$

Bezeichnet man den Fortschritt in der Leistungserstellung als Output des Entwicklungsprozesses, so ist die oben dargestellte Budgetanalyse im Grunde nichts anderes als eine starre Plankostenrechnung mit dem Problem der nicht analysierbaren Vermischung von Kosten- und Zeitkomponenten innerhalb der gemeldeten Abweichung.

3.2.1 Aufspaltung der Gesamtabweichung

Ziel für das Projekt-Controlling muss es daher sein, ähnlich wie bei der flexiblen Plankostenrechnung durch die Einführung so genannter **Soll-Kosten** die Gesamtabweichung in eine Zeit- und eine Kostenkomponente aufzuspalten. Bei den Soll-Kosten handelt es sich um die Kosten, die für eine gegebene Leistung planmäßig anfallen sollen. Man spricht dabei

Soll-Kosten, Earned Value

auch von dem sogenannten **Earned Value** (vgl. Fiedler [2003], S. 157). Deshalb wird die integrierte Kosten- und Leistungsanalyse oft auch als „Earned Value Analyse" bezeichnet.

Abweichungsursachen

Durch die Gegenüberstellung von Budget-, Soll- und Ist-Kosten wird eine differenzierte Analyse der Abweichungsursachen ermöglicht. Gleichzeitig lassen sich mit diesem Verfahren wichtige Fragen beantworten:

- Wie hoch sind die tatsächlichen Kosten der erbrachten Leistung **(Ist-Kosten)**?
- Wie hoch dürften laut Plan die Kosten der bisher erbrachten Leistung sein **(Soll-Kosten)**?
- Wie hoch dürften die Kosten bezogen auf die geplante Leistung sein **(Budgetkosten)**?

Im Überblick sind die Gemeinsamkeiten und Unterschiede dieser drei Kostenkategorien in der Abbildung 12.7 zusammengestellt.

	Ist-Kosten	Soll-Kosten	Budgetkosten
Wertniveau	effektiv	geplant	
Projektstatus	realisiert		geplant

Abb. 12.7: Gegenüberstellung von Ist-, Soll- und Budgetkosten

Durch arithmetische Umformung lässt sich die Gesamtabweichung (GA) unter Einbeziehung der Soll-Kosten (SK) wie folgt aufspalten:

$$GA = IK - BK$$
$$GA = IK - SK + SK - BK$$
$$GA = \underbrace{(IK - SK)}_{\text{Kostenkomponente}} + \underbrace{(SK - BK)}_{\text{Zeitkomponente}}$$

Kosten- und
Leistungsvarianz

Die Kostenvarianz und Leistungsvarianz lässt sich auch graphisch darstellen wie die Abbildung 12.8 zeigt.

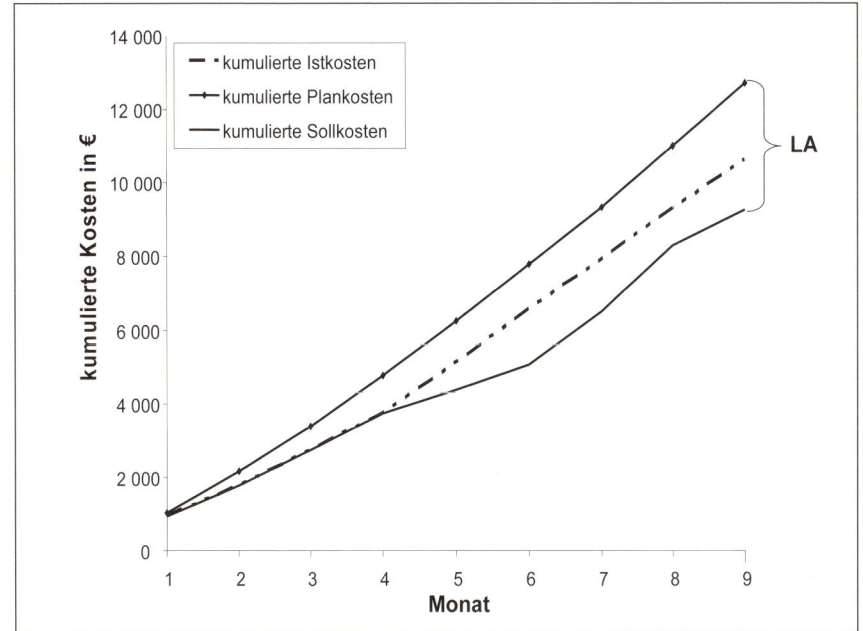

Abb. 12.8: Kosten- und Leistungsvarianz als Teil der Gesamtkostenabweichung
(Quelle: Fiedler [2003], S. 159)

Die Kostenkomponente **(Kostenvarianz)** zeigt an, ob – bezogen auf den realisierten Projektstand – mehr oder weniger Kosten als geplant angefallen sind (Realisationsfehler). Sie ist damit ein Maßstab für die Wirtschaftlichkeit der Projektdurchführung. Die Zeitkomponente **(Leistungsvarianz)** erklärt den Teil der Gesamtabweichung, der durch einen von der Planung abweichenden Projektfortschritt, d. h. ein gegenüber der Planung schnelleres oder langsameres Fortschreiten des Projekts, bedingt wird (Planungsfehler). Da definitionsgemäß nach Abschluss des Projekts die Soll-Kosten gleich den Budgetkosten bzw. Plankosten sind, ist diese Aufspaltung natürlich nur während des Projektablaufs sinnvoll.

Vor Beginn der Abweichungsanalyse muss, wie bei der isolierten Budgetanalyse, die Gesamtabweichung zunächst um die exogen bedingten Abweichungen (z. B. Preis- oder Lohnabweichungen) bereinigt werden. Im Folgenden wird, falls nicht gegenteilig angemerkt, von der bereits um exogene Einflussfaktoren bereinigten Gesamtabweichung ausgegangen. Korrekturen

Mit Hilfe der Abweichungsanalyse lassen sich wichtige **Kennzahlen** im Rahmen der Earned Value Analyse berechnen (in Anlehnung an die Übersicht bei Fiedler [2003], S. 158): Kennzahlen der Earned Value Analyse

- höherer Anteil der Personalkosten,
- Ist-Kosten kumuliert IK_{kum} (ACWP: Actual Cost of Work Performed): Ist-Kosten pro Leistungseinheit x Ist-Leistung,

- Soll-Kosten kumuliert SK$_{kum}$ (BCWP: Budgeted Cost of Work Performed): Plankosten pro Leistungseinheit x Ist-Leistung,
- Budget-Kosten kumuliert BK$_{kum}$ (BCWS: Budgeted Cost of Work Scheduled): Plan-Kosten pro Leistungseinheit x Planleistung,
- Budget-Kosten BK (BAC: Budget at Completion): Plan-Kosten pro Leistungseinheit x Projektdauer,
- Leistungsvarianz absolut LV (SV: Scheduled Variance): Soll-Kosten – Plan-Kosten,
- Kostenvarianz absolut KV: (CV: Cost Variance): Ist-Kosten – Soll-Kosten,
- Leistungsindex LI (SPI: Scheduled Performance Index): Soll-Kosten / Plan-Kosten x 100 sowie
- Kostenindex KI (CPI: Cost Performance Index): Ist-Kosten / Soll-Kosten x 100.

3.2.2 Messung des Projektfortschritts

Maßstab des Projektfort-schritts

Die integrierte Kosten- und Leistungsanalyse strebt eine Aufspaltung der Gesamtabweichung in Kosten- und Zeitkomponenten an. Hierzu wurden die Soll-Kosten als zusätzliche Größe neben den Ist- und Plankosten eingeführt. Da die Soll-Kosten geplante Kosten für den realisierten Projektstand darstellen, benötigt man zu ihrer Ermittlung einen Maßstab für den Fortschritt in der Leistungserstellung.

Projektfortschritt

Im Zusammenhang mit der Leistungsüberwachung ist es wichtig vorab einige Begriffe zu definieren. Der **Projektfortschritt** wird als „Maßangaben über den Stand des Projektes (Projektstatus) hinsichtlich der Zielerreichung zu einem bestimmten Projektzeitpunkt (Stichtag) im Vergleich zur Planung" (Motzel [2001], S.690) definiert.

Fertigstellungs-grad

Ein weiterer wichtiger Begriff ist der **Fertigstellungsgrad** bzw. **Fortschrittsgrad (FGR)**. Nach DIN 66901 ist der Fertigstellungsgrad das „Verhältnis der zu einem Stichtag erbrachten Leistung zur Gesamtleistung eines Vorgangs oder eines Projektes" (DIN-Norm [2002], S. 131).

Fertigstellungs-wert

Der Fertigungsstellungswert **(FW)** ist der Arbeitswert und entspricht den Soll-Kosten.

Eine direkte Messung des erreichten Projektfortschritts stößt in der Praxis aus mehreren Gründen auf Schwierigkeiten.

Das Projektziel in der Entwicklung ist keine einheitliche Größe, sondern besteht aus einer Mehrzahl von i. d. R. miteinander konkurrierenden Kriterien (Qualität, Leistungsumfang, Zeit, Kosten). Dies veranschaulicht die Abbildung 12.9.

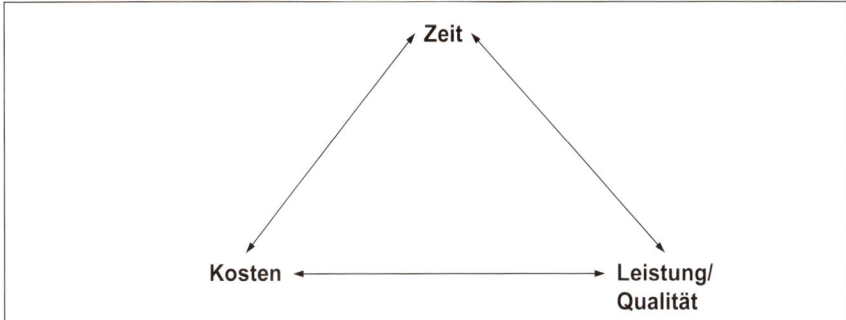

Abb. 12.9: Ziele von F&E-Projekten als magisches Dreieck
(Quelle: Fiedler [2003], S. 159)

In welchem Ausmaß vor allem die technischen Ziele (Leistungsumfang, Qualität) erfüllt werden, kann oft erst nach Ende des Projekts ermittelt werden. Dies führt dazu, dass eine Fortschrittsmessung anhand der Zielkriterien häufig nicht möglich ist.

In der Praxis werden verschiedene Methoden zur Ermittlung des Leistungsfortschrittes angewendet, die in der Abbildung 12.10 vorgestellt werden.

\multicolumn{4}{c}{**Messtechniken für den Fertigstellungsgrad**}			
Nr.	**Technik / Verfahren**	**Fortschrittsgrad = x (%)**	**Beispiele**
1	Statusschritte	x = 0, x1, x2, x3, 100	Entwicklung/Konstruktion, Fertigung/Montage, Bauausführung
2	50 – 50	x = 0, 50, 100 begonnen x = 50	Aktivitäten mit umfangreichen Vorarbeiten
3	0 – 100	x = 0, 100	Aktivitäten von kurzer Dauer, Ereignisse z. B. Abnahmen
4	Mengen-Proportionalität	$x = \dfrac{\text{fertige Menge}}{\text{Plan-Menge}}$	Zeichnungserstellung, technische Berechnungen, Materiallieferungen, Fremdleistungen
5	Sekundär-Proportionalität	x = FGR der „führenden" Betrachtungseinheit	Qualitätssicherung, Montage-Overhead, baubegleitende Prüfarbeiten/Dokumentation
6	Schätzung	x = subjektiv eingeschätzte Maßangabe	Nicht empfohlen! (Überall einsetzbar, wenn andere Methoden nicht möglich sind)
7	Zeitproportionalität	$x = \dfrac{\text{abgelaufene Zeitdauer}}{\text{geplante Zeitdauer}}$	Projektleitung, Projektmanagement, Bauleitung, Geräteeinsatz

Abb. 12.10: Messtechniken für den Fertigstellungsgrad
(Quelle: Schreckeneder [2005], S. 152)

Statusschritt-
Technik

50-50 Technik

0-100 Technik

Mengen-Propor-
tionalität

Sekundär-Pro-
portionalität

Schätzung

Zeit-Proportio-
nalität

Die **Statusschritt-Technik** erfordert die Definition einzelner Ereignisse bzw. Arbeitspakete (auch Gates oder Meilensteine genannt), die mit ihrem Zielerreichungsgrad bewertet werden. Beispielsweise kann dem Arbeitspaket „Workshop durchgeführt" ein Fortschrittsgrad von 30% zugeordnet werden. Dies bedeutet, dass nach Durchführung des Workshops ein Fertigungsgrad-Zuwachs von 30% erfolgt ist.

Eine weitere Möglichkeit ist die sogenannte **50-50-Technik**. Bei dieser Methode wird Projekten mit hohem Vorleistungsaufwand bereits zu Beginn ein Fortschrittsgrad von 50% zugerechnet. Dabei sollte die Zeitdauer der Betrachtungseinheit (Arbeitspaket) maximal drei Berichtsperioden umfassen.

Bei der **0-100-Technik** wird für die Arbeitspakete kein Fortschrittsgradzuwachs definiert. Erst nach Abschluss des Arbeitsschrittes wird 100% der Leistung angerechnet. Diese Technik sollt nur bei tief gegliederten Projekten mit kurzen Betrachtungszeiträumen angewendet werden.

Die **Mengen**-Proportionalität ist abgesehen von der Statusschritt-Technik die objektivste Methode. Die Voraussetzungen zu ihrer Anwendung sind die Existenz messbarer und zählbarer Einheiten bei der Bearbeitung des Arbeitspakets sowie das Vorliegen einer zeit- und mengenbezogenen Leistungsplanung. Der Fertigstellungsgrad ergibt sich aus dem Verhältnis einer Mengeneinheit zur Gesamtmenge (z. B. MS Outlook in der Software-Entwicklung, Geschosszahlen in Bauprojekten).

Weiterhin gibt es die Möglichkeit der **Sekundär-Proportionalität**. Dabei besteht bezüglich der Leistungserbringung eine Abhängigkeit des Arbeitspaketes von einer anderen Betrachtungseinheit. Für die unabhängige Betrachtungseinheit wird nach einer der oben beschriebenen Methoden der Fortschrittsgrad ermittelt. Daraus ergibt sich auf Grund der festen Relation zwischen abhängiger und unabhängiger Betrachtungseinheit der Fortschrittsgrad der abhängigen Einheit.

Sollten die oben beschriebenen Methoden nicht anwendbar sein, ist eine **Schätzung** des Ist-Fortschrittsgrades z. B. durch den Projektleiter möglich, die jedoch von subjektiver Natur ist. Bei einer Vielzahl von Projekten stellte man fest, dass sich die Urteile der Beteiligten über den Stand des Projekts oft als krasse Fehlurteile erwiesen. Viele Projektleiter scheinen sich entsprechend dem 90 %-Syndrom zu verhalten, bei dem über weite Teile der Laufzeit das Projekt als bereits zu 90 % fertiggestellt gemeldet wird. Unter Berücksichtigung dieser ernüchternden Erfahrung sollte von Schätzungen abgesehen werden.

Bei sehr grober Leistungsbeschreibung und schwieriger Ergebnisbewertung gibt es die Möglichkeit der **Zeit-Proportionalität**. „Als Ersatz für den nicht bestimmbaren Fortschrittsgrad fungiert das Verhältnis von abgelaufener Zeitdauer zur geplanten Gesamtdauer der Betrachtungseinheit." (Motzel [2001], S. 707).

Bei der Anwendung der beschriebenen Methoden sollte berücksichtigt werden, dass die Aussagekraft der einzelnen Messtechniken sehr unterschiedlich ist. Die Methode der Zeitproportionalität sowie Schätzungen sollten nur dann eingesetzt werden, wenn die Anwendung der ersten fünf beschriebenen Messtechniken nicht möglich ist (vgl. Schreckeneder [2005], S. 152 ff.).

Eine mengen- und zeitunabhängige Bestimmung des Realisierungsgrades wird durch die Einführung der Restkosten ermöglicht. Unter Restkosten sind jene Kosten zu verstehen, die noch bis zum Abschluss des Arbeitspakets anfallen. Unter Berücksichtigung der Restkosten lässt sich der Realisierungsgrad folgendermaßen definieren:

Restkosten orientierter Realisierungsgrad

$$RG = \frac{BK - RK}{BK}$$

Die Interpretation dieser Formel bereitet keine Schwierigkeiten: Am Anfang einer Arbeitsaufgabe sind die Budgetkosten (BK) und die Restkosten (RK) gleich. Folglich ergibt sich ein Realisierungsgrad von Null. Nach Beendigung der Arbeitsaufgabe belaufen sich die Restkosten auf Null, woraus sich unmittelbar ein Realisierungsgrad von 100 % ergibt. Wie leicht zu sehen ist, ändert sich der Realisierungsgrad bei gegebenen Budgetkosten nur bei einer Änderung der Restkosten. Ein Anstieg der Restkosten führt in diesem Fall automatisch zu einer Verringerung des Realisierungsgrades. Dieser Ansatz enthält allerdings die implizite Prämisse, dass der Realisierungsgrad bezüglich der Kosten proportionalisiert werden. Bei kleinen Arbeitspaketen und konstantem Personaleinsatz innerhalb eines Arbeitspakets scheint der Fehler der Proportionalisierung der Kosten bzw. Leistung in Bezug auf den Zeitfortschritt vernachlässigbar.

Setzt man für den Realisierungsgrad des Arbeitspakets i die Formel

Gesamtbudget-Restkosten

$$RG_i = \frac{BK_i - RK_i}{BK_i}$$

so lassen sich die **(kumulierten) Soll-Kosten für das Gesamtprojekt** über alle Arbeitspakete zum Zeitpunkt t nun wie folgt berechnen:

$$\sum_{i=1}^{n}(RG_{i,t} \times BK_i) = \frac{BK_i - RK_{i,t}}{BK_i} \times BK_i$$

$$SK_{kum.,t} = \sum_{i=1}^{n}(BK_i - RK_{i,t}) = \sum_{i=1}^{n}BK_i - \sum_{i=1}^{n}RK_{i,t}$$

$$SK_{kum.,t} = BK - RK_t = Gesamtbudget - Restkosten_t$$

Die **Soll-Kosten für eine Periode** ergeben sich dann wie folgt:

$$SK_{Periode} = SK_{kum.,t} - SK_{kum.,t-1}$$

$$SK_{Periode} - (BK - RK_t) - (BK - RK_{t-1})$$

$$SK_{Periode} = RK_{t-1} - RK_t$$

Kritik

Auch dieser Ansatz kann natürlich nicht den Anspruch erheben, den Projektstand ganz realistisch wiederzugeben. Die Tatsache, dass diese Art der Leistungsmessung auch nur ein Hilfsmittel ist, wird z. B. daraus deutlich, dass die Qualität der abgeschlossenen Arbeit in den Fortschrittskennziffern nur unzureichend reflektiert wird. Ein Projekt kann in Bezug auf die Zahl der abgeschlossenen Arbeitspakete durchaus im Plan sein, die Qualität und damit auch der echte Leistungsstand können dennoch unterhalb des Plans sein. Ergänzende Informationen der Qualitätssicherung sind deshalb zur richtigen Interpretation der Ergebnisse notwendig.

Eine weitere Schwierigkeit tritt auf wenn große Teile des Projektes zugekauft werden. Dieses Problem wird in der Abbildung 12.11 dargestellt. Wie zu erkennen ist, machen zugekaufte Leistungen zu Beginn des Projektes einen Großteil der Projektkosten aus. Aus der Perspektive der Restkosten könnte man den Eindruck gewinnen, dass das Projekt bereits fast vollendet ist. In der Realität ist die restliche Projektdauer aber weitaus länger. Unter diesem Aspekt ist die Restkostenorientierung kritisch zu betrachten.

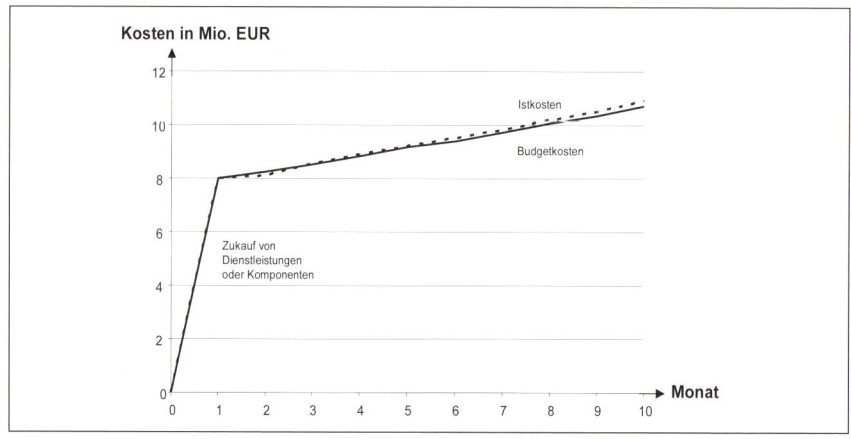

Abb. 12.11: Realisierungsgrad bei zugekauften Leistungen

Problemkreise
des F&E-Con-
trollings

Da mit den Soll-Kosten zukunftsbezogene Größen in die Analyse miteinbezogen werden, kann der Ansatz der integrierten Kosten- und Leistungsanalyse dem Entscheidungsträger wichtige Hinweise zu verschiedenen **Problemkreisen** innerhalb des F&E-Controlling geben. Diese sind in der Abbildung 12.12 schematisch dargestellt.

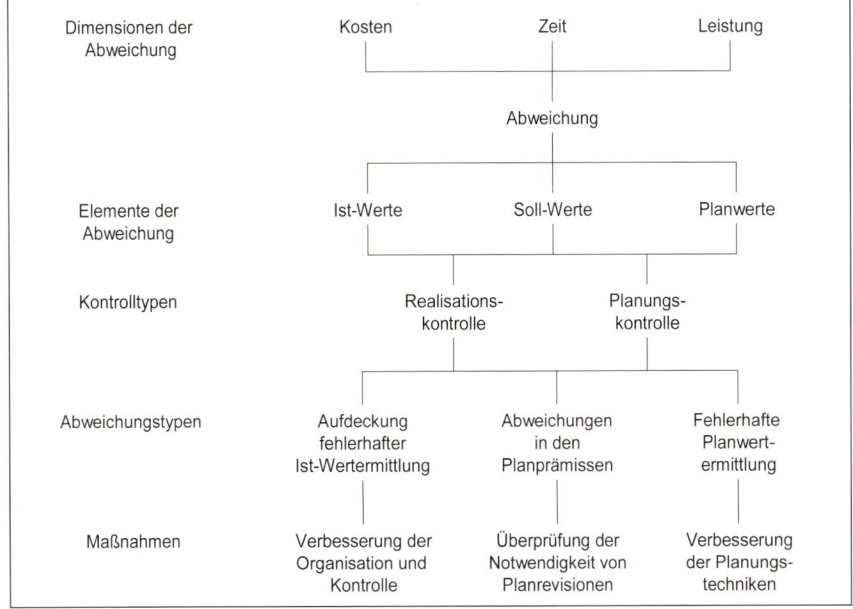

Abb. 12.12: Problemkreise des F&E-Controlling
        (Quelle: in Anlehnung an Brockhoff [1999])

3.2.3 Beispiel zur Integrierten Kosten- und Leistungsanalyse

Das beschriebene System einer integrierten Kosten- und Leistungsanalyse wird nachfolgend anhand eines Beispiels erläutert. Es handelt sich hierbei um ein Entwicklungsprojekt mit einer Laufzeit von 39 Monaten und einem Gesamtbudget von 17 070 TEUR. Der Status nach 12 Monaten soll untersucht werden. Die Verteilung der Budgetkosten bzw. Plan-Kosten ergibt sich aus der aktuellen Projektplanung, die Ist-Kosten ergeben sich aus der Aggregation der für die einzelnen Arbeitspakete angefallenen Kosten. Auf dieser Ebene werden vom verantwortlichen Bearbeiter auch die Restkosten je Arbeitspaket angegeben, die aggregiert über alle Arbeitspakete in der Abbildung 12.13 wiedergegeben sind.

Die kumulierten Soll-Kosten ergeben sich aus der oben beschriebenen Formel. Für den ersten Monat errechnen sie sich beispielsweise folgendermaßen:

Gesamtbudget	17 070 TEUR
Restkosten	− 16 860 TEUR
Soll-Kosten kumuliert	210 TEUR

Monat	Ist-Kosten	Ist-Kosten kumuliert	Budget-kosten	Budgetkosten kumuliert	Restkosten	Soll-Kosten kumuliert
1	210	210	230	230	−16 860	210
2	210	420	250	480	−16 660	410
3	210	630	280	760	−16 450	620
4	220	850	310	1 070	−16 240	830
5	220	1 070	330	1 400	−16 020	1 050
6	310	1 380	345	1 745	−15 740	1 330
7	320	1 700	345	2 090	−15 390	1 680
8	310	2 010	350	2 440	−15 260	1 810
9	310	2 320	365	2 805	−15 130	1 940
10	400	2 720	370	3 175	−14 950	2 120
11	350	3 070	385	3 560	−14 450	2 620
12	370	3 440	400	3 960	−14 000	3 070

Abb. 12.13: Daten des Anwendungsbeispiels

Daraus lassen sich nun folgende Schlussfolgerungen ziehen. Da die Soll-Kosten kleiner als die Budgetkosten sind, folgt, dass der Projektfortschritt im ersten Monat geringer als geplant ist. Da die Soll-Kosten aber den Ist-Kosten entsprechen, folgt in gleicher Weise, dass der Ist-Kostenanfall genau dem langsameren Projektfortschritt entspricht. Demnach besteht die Abweichung nur in einem zeitmäßigen Unterschied d. h. einem Leistungsrückstand. Die graphische Darstellung der Daten aus Abbildung 12.13 ist in Abbildung 12.14 zu sehen.

Aus der Darstellung in der Abbildung 12.14 lassen sich nun mehrere Dinge deutlich ablesen:

- Von Projektbeginn an bleibt der Fortschritt hinter dem geplanten Ablauf zurück, die Ist-Kostenkurve verläuft zunächst jedoch weitgehend parallel zur Soll-Kostenkurve. Eine mögliche Ursache hierfür wären z. B. Kapazitätsengpässe.
- Zwischen Monat 7 und 10 laufen die Ist-Kostenkurve und die Soll-Kostenkurve scharf auseinander, d. h. die gegebenen Kapazitäten erreichen nicht das geplante Leistungsmaß, bzw. der Leistungsfortschritt ist teurer als geplant.
- Zum gegenwärtigen Zeitpunkt liegt das Projekt in Bezug auf den Leistungsstatus deutlich hinter den Erwartungen zurück.
- Der erreichte Leistungsstandard ist teurer als geplant.
- Die Probleme des Projektes sind durch die Earned Value Analyse von Projektbeginn an sichtbar.

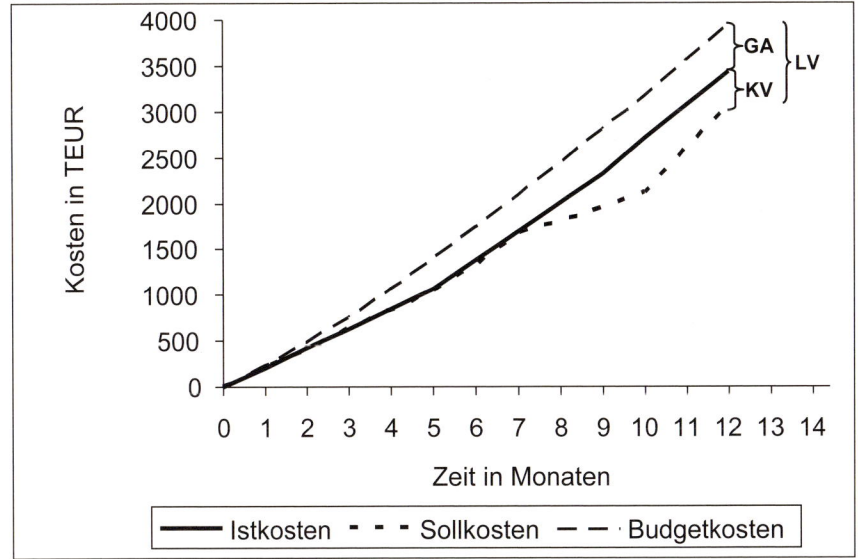

Abb. 12.14: Entwicklung der Soll-, Ist- und Budgetkosten über die Zeit

Sind die Soll-, Ist- und Budgetkosten bestimmt, so lassen sich die in der Abbildung 12.14 gezeigten Abweichungen auch analytisch (absolut und in Prozent) bestimmen sowie Kosten- und Leistungsindizes feststellen. Die **Kostenvarianz (KV)** wird wie folgt definiert: Folgerungen
Kennzahlen

$$KV(EUR) = IK - SK$$

$$KV(\%) = \frac{KV(EUR)}{SK}$$

Die Leistungsvarianz **(LV)** ergibt sich aus folgender Formel:

$$LV(EUR) = SK - BK$$

$$LV(\%) = \frac{LV(EUR)}{BK}$$

Die Kennzahlen können für eine einzelne Periode, mit kumulierten Werten für das Projekt im Zeitablauf oder auch für einzelne Arbeitspakete ausgewiesen werden.

Ein positiver Wert der Kostenvarianz signalisiert eine Unwirtschaftlichkeit im Projektfortschritt, ein negativer Wert der Leistungsvarianz weist auf einen Leistungsrückstand hin.

Für das Beispielprojekt ergibt sich damit anhand der Kennzahlen die in den Abbildung 12.15 und Abbildung 12.16 dargestellte **Projektgeschichte**.

Monat	KV IK – SK	KV kumuliert	KV % KV / SK	KV % kumuliert	KI kumuliert IK / SK
1	0	0	0 %	0 %	100 %
2	10	10	5 %	2 %	102 %
3	0	10	0 %	2 %	102 %
4	10	20	5 %	2 %	102 %
5	0	20	0 %	2 %	102 %
6	30	50	11 %	4 %	104 %
7	−30	20	−9 %	1 %	101 %
8	180	200	138 %	11 %	111 %
9	180	380	138 %	20 %	120 %
10	220	600	122 %	28 %	128 %
11	−150	450	−30 %	17 %	117 %
12	−80	370	−18 %	12 %	112 %

Abb. 12.15: Entwicklung der Kostenvarianz (KV) und des Kostenindexes (KI)

Monat	LV SK – BK	LV kumuliert	LV % LV / BK	LV % kumuliert	LI kumuliert SK / BK
1	−20	−20	−9 %	−9 %	91 %
2	−50	−70	−20 %	−15 %	85 %
3	−70	−140	−25 %	−18 %	82 %
4	−100	−240	−32 %	−22 %	78 %
5	−110	−350	−33 %	−25 %	75 %
6	−65	−415	−19 %	−24 %	76 %
7	5	−410	1 %	−20 %	80 %
8	−220	−630	−63 %	−26 %	74 %
9	−235	−865	−64 %	−31 %	69 %
10	−190	−1 055	−51 %	−33 %	67 %
11	115	−940	30 %	−26 %	74 %
12	50	−890	13 %	−22 %	78 %

Abb. 12.16: Entwicklung von Leistungsvarianz (LV) und Leistungsindexes (LI)

Aus dem Vergleich der Budgetabweichung mit der Kosten- und Leistungsabweichung ist sehr gut zu sehen, dass die reine Budgetanalyse durch die in ihr enthaltene Saldierung der Kosten- und Leistungsvarianz zu Fehlinformationen führt. Erst die Aufsplittung der Gesamtabweichung in die Einzelabweichungen führt zu sinnvollen Aussagen.

Beispiel aus dem Monat 12:

Kostenabweichung (kum.)	IK − SK = 3 440 − 3 070 = 370
+Leistungsabweichung (kum.)	SK − BK = 3 070 − 3 960 = −890
=Gesamtabweichung:	IK − BK = 3 440 − 3 960 = −520

Die positive Kostenvarianz KV = 370 signalisiert, dass der Projektfortschritt teurer ist, als ursprünglich geplant (Realisationsfehler). Unwirtschaftlichkeiten in der Realisierung des Projekts haben dazu geführt, dass die Ist-Kosten über den Soll-Kosten liegen.

Realisationsfehler

Die negative Leistungsvarianz LV = −890 weist auf zeitliche Verzögerungen im Projektfortschritt hin. Die Leistungsunterschreitungen, z. B. infolge von Kapazitätsengpässen, haben dazu geführt, dass die Soll-Kosten hinter den Budgetkosten zurückgeblieben sind. In der Budgetanalyse würde jedoch eine Kostenüberschreitung von 520 TEUR ausgewiesen werden.

Verzögerter Projektfortschritt

Diese Analyseergebnisse lassen sich auch sehr einfach zu aussagefähigen Management-Graphiken zusammenfassen. In der Abbildung 12.17 wird beispielhaft die Kostenvarianz dargestellt.

Projektfieberkurven

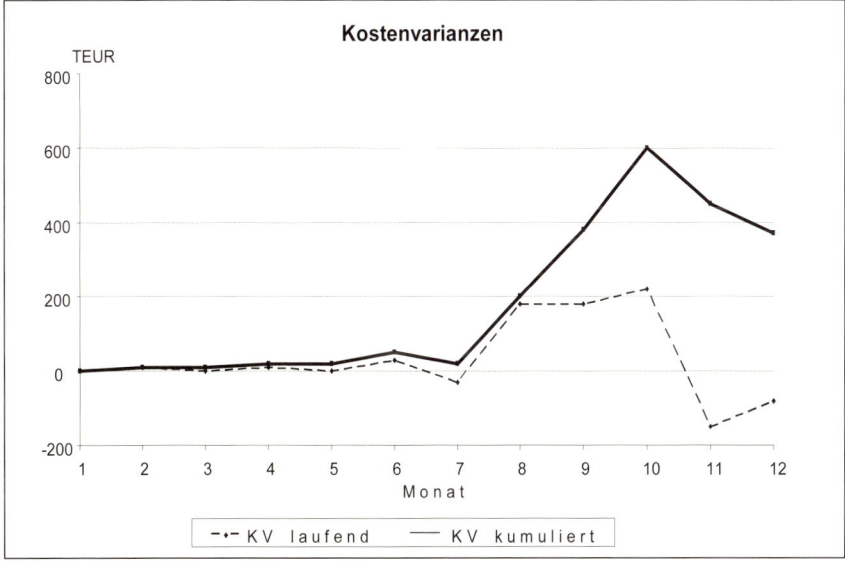

Abb. 12.17: Projektfieberkurve der Kostenvarianz

Wie zu erkennen ist, steigt diese ab dem 7. Monat deutlich an und nimmt im Monat 12 einen Wert von 370 an.

Entsprechende Projektfieberkurven sind auch für die Leistungsvarianz möglich. Die Graphiken lassen sich auch noch so ausgestalten, dass man

Korridore bestimmt, innerhalb derer sich das Projekt bewegen darf, ohne dass – gemäß dem Prinzip des „Management by Exception" – ein Eingreifen der Projektleitung notwendig wird.

Ein weiterer wichtiger Aspekt sind Projekt Forecasts, um die zukünftige Kostenentwicklung und Projektdauer abschätzen zu können, wie in der Abbildung 12.18 dargestellt wird.

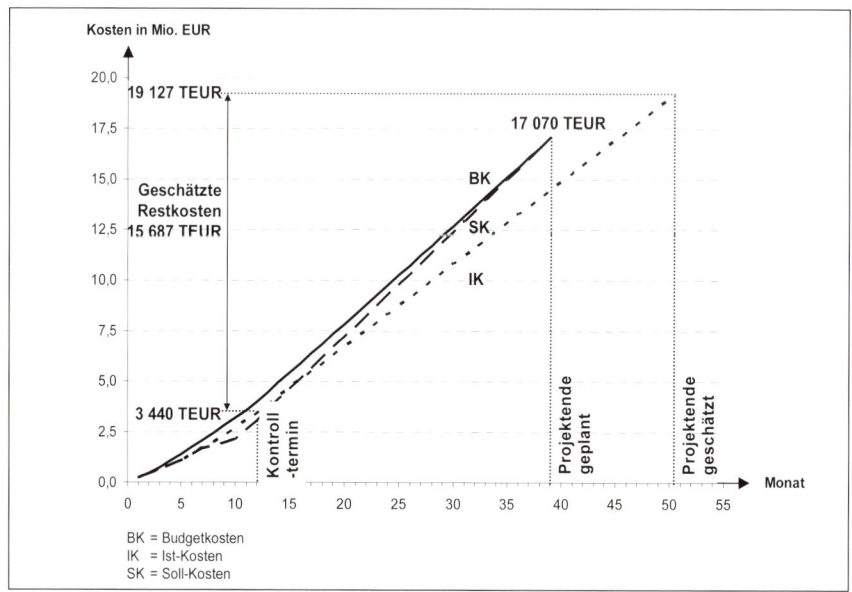

Abb. 12.18: Projekt-Forecast der Kostenentwicklung und Projektdauer

Der geschätzte Restaufwand errechnet sich aus den geschätzten Gesamtkosten abzüglich der Ist-Kosten zum Kontrolltermin. Zur Berechnung der geschätzten Gesamtprojektlaufzeit wird die ursprünglich geplante Projektlaufzeit durch den Leistungsindex (Termintreue) geteilt. Mit Hilfe dieser zusätzlichen Informationen lassen sich Forecasts durchführen. Wie in der Abbildung 12.18 erkennbar, ist das Projektende nach 39 Monaten geplant. Tatsächlich werden voraussichtlich ca. 50 Monate benötigt. Ebenso ist eine Kostenüberschreitung absehbar. Waren ursprünglich 17 070 TEUR geplant, muss man jetzt bereits mit 19 127 TEUR rechnen. Dies macht die Notwendigkeit der Gegensteuerung deutlich.

3.2.4 Kritische Beurteilung

Vorteile

Die Earned Value Analyse weist gegenüber der Budgetkontrolle, der Gantt Technik sowie der Meilenstein-Trendanalyse mehrere Vorteile auf. Während letztere jeweils nur eine Zielgröße (Kosten oder Zeit) berücksichtigen, erfolgt in der Earned Value Analyse die gleichzeitige Betrachtung von Kosten und Leistung (vgl. Stelzer/Büttner/Kahnt [2007], S. 254). Dies ermöglicht die Aufspaltung in eine Kosten- und eine Zeitkomponente und schafft damit die Voraussetzung für eine sinnvolle Interpretation und Ursachenanalyse der aufgetretenen Abweichungen. Das Verfahren erfüllt damit im Wesentlichen die Forderung nach Eindeutigkeit und Interpretierbarkeit, da es Fehlinterpretationen minimiert und eine Ursachenanalyse ermöglicht. Durch die Berücksichtigung von Restkosten im Rahmen der Bestimmung des Fertigstellungsgrades wird die rein retrospektive Betrachtung durch eine prospektive Analyse ersetzt, die ein wesentlich früheres Erkennen von Abweichungen zulässt.

Die Meinungen unter Praktikern über die Einfachheit und damit die Anwendbarkeit des Systems sind geteilt. Das Problem der eventuellen Unhandlichkeit ist vor allem eine Frage der Planungsdetaillierung. Bei Vorhandensein eines professionell geführten Projektmanagements ist das Verfahren ohne großen zusätzlichen Aufwand anwendbar und stiftet im Verhältnis zum Aufwand erheblichen Nutzen. Für Unternehmen, die nach US-GAAP bilanzieren, muss dem Umsatzausweis die Earned Value Analyse zugrunde gelegt werden (revenue recognition nach percentage of completion) (vgl. Stelzer/Büttner/Kahnt [2007], S. 256). *Praktikabilität*

Der Schwachpunkt des Verfahrens liegt in erster Linie bei der Bestimmung des Fertigstellungsgrades, der Ungenauigkeiten unterworfen ist. Solange aber Maßgrößen zur direkten Ermittlung des Projektfortschritts fehlen, scheint die Anwendung der oben beschriebenen Hilfsgrößen angemessen. *Nachteil*

Ein weiterer Nachteil ist, dass die Earned Value Methode Qualitätsaspekte nicht explizit berücksichtigt. Daher besteht die Gefahr, dass der tatsächliche Projektfortschritt zu optimistisch eingeschätzt wird (vgl. Stelzer/Büttner/Kahnt [2007], S. 256). Diese Problematik trifft jedoch auch für andere Instrumente des operativen Projektcontrollings zu.

Insgesamt gesehen steht der Projektleitung mit diesem Verfahren ein wichtiges Hilfsmittel für die Steuerung und Kontrolle von F&E-Projekten zur Verfügung. *Fazit*

4   Kontrollfragen

1) Begründen Sie kurz die Notwendigkeit einer Kostenkontrolle sowie einer Terminplanung und -kontrolle für Unternehmensprojekte, z. B. im Entwicklungsbereich!
2) Wie ist die Netzplantechnik aufgebaut und wofür eignet sie sich?
3) Was versteht man unter einem Gantt Diagramm?
4) Wie ist die Meilenstein-Trendanalyse aufgebaut und wofür eignet sie sich?

5) Wie ist eine isolierte Budgetanalyse aufgebaut?

6) Wie beurteilen Sie den Informationswert der Budgetanalyse?

7) Wie ist die Earned Value Analyse aufgebaut?

8) Welche Ansatzpunkte bieten sich, um eine projektbezogene Gesamtabweichung in aussagefähige Teilabweichungen aufzuspalten?

9) Welche Informationen beinhaltet die sog. Kostenvarianz, welche die sog. Leistungsvarianz?

10) Wie können die Soll-Kosten für den realisierten Status eines Projekts bestimmt werden?

11) Erläutern Sie alternative Vorgehensweisen zur Bestimmung des Fortschrittsgrades eines Projekts!

12) Welche Vorteile bietet die Berücksichtigung von Restkosten bei der Bestimmung des Realisierungsgrades eines Projekts?

13) Wie wird die Sekundärabweichung im Rahmen der integrierten Kosten- und Leistungsanalyse verrechnet?

14) Was ist unter einem Kosten- bzw. Leistungsindex im Rahmen des Projekt-Controllings zu verstehen?

15) Warum kann eine negative Gesamtabweichung nicht gleichzeitig als Indikator für eine hohe Wirtschaftlichkeit des Projektfortschritts interpretiert werden?

16) Wie beurteilen Sie die Einsatzmöglichkeiten einer integrierten Kosten- und Leistungsanalyse in der Unternehmenspraxis?

5   Abkürzungsverzeichnis

BK	Budgetkosten
BK_i	budgetierte Gesamtkosten des Arbeitspakets i
FGR	Fortschrittsgrad
GA	Gesamtabweichung
IK	Ist-Kosten
KI	Kostenindex
KV	Kostenvarianz
LI	Leistungsindex
LV	Leistungsvarianz
PK	Plan-Kosten
PSP	Projektstrukturplan
RG	Realisierungsgrad
RG_i	Realisierungsgrad des Arbeitspakets i
RK	Restkosten
RK_i	Restkosten des Arbeitspakets i
SK	Soll-Kosten
t	Zeit

6 Literaturhinweise

Brockhoff, K. (1999): Forschung und Entwicklung – Planung und Kontrolle, 5. Aufl., München 1999.

Coenenberg, A. G./Raffel, A. (1988): Integrierte Kosten- und Leistungsanalyse für das Controlling von Forschungs- und Entwicklungsprojekten, in: Kostenrechnungspraxis 1988, S. 199-207.

DIN-Norm (2000): Kosten im Hochbau Flächen Rauminhalte, Beuth Verlag 2000.

Fiedler, R. (2003): Controlling von Projekten, Projektplanung, Projektsteuerung und Projektkontrolle, Wiesbaden 2003.

Gätjens-Reuter, M. (2003): Praxishandbuch Projektmanagement, Wiesbaden 2003.

GPM, Deutsche Gesellschaft für Projektmanagement e. V. und PA Consulting Group (2006): Ergebnisse der Projektmanagement Studie „Konsequente Berücksichtigung weicher Faktoren".

Madauss, B. (2000): Handbuch Projektmanagement, 6. Aufl., Stuttgart 2000.

Motzel, E. (2001): Leistungsbewertung und Projektfortschritt, in: Deutsche Gesellschaft für Projektmanagement (2001), Projektmanagement Fachband Band 2, RKW Verlag.

Olfert, K./Steinbuch, P.A. (2003): Organisation, 13. Auflage, Ludwigshafen 2003.

Raffel, A. (1988): Abweichungsinduzierte Entscheidungsfindung zur Steuerung von Software-Entwicklungsprojekten, Frankfurt am Main 1988.

Schwarze, J. (1994): Netzplantechnik: Eine Einführung in das Projektmanagement, 7. Auflage, Berlin 1994.

Schreckeneder, B. C. (2005): Projektcontrolling, Projekte überwachen, steuern und präsentieren, München 2005.

Stelzer, D./Büttner, M./Kahnt, M. (2007): Erfahrungen mit der Earned-Value-Analyse in deutschen IT-Projekten, in: Controlling und Management, 51. Jg., 2007, Heft 4, S. 251-25.

Kapitel 13
Verfahren der Kostenschätzung

1 Einführung

Frau G. Nau arbeitet seit wenigen Wochen in der Abteilung „Rechnungswesen" des Druckmaschinenherstellers Planet. Eines Tages bekommt sie von der Abteilung „Kunden und Vertrieb" die Bitte, schnell mal eine Angebotskalkulation für eine Druckmaschine für einen Verlag zu erstellen. Da der Verlag besondere Anforderungen an die Maschine hat, wird das Unternehmen Planet die bereits im Angebot befindlichen Maschinen technisch anpassen müssen.

Frau G. Nau weiß nun nicht genau, wie sie das Angebot erstellen soll. Sie weiß: Wenn sie versucht, genau die Kosten für die neue Maschine zu bestimmen, inkl. Absprache mit Ingenieuren, Einkäufer, Marketingabteilung usw., dann wird das mehrere Tage dauern und der Verlag wird den Auftrag an ein anderes Unternehmen vergeben. Denn der Verlag möchte den Auftrag so bald wie möglich vergeben, um eigene Kunden bedienen zu können.

Anderseits befürchtet Frau G. Nau, sich zu verschätzen. Ein zu hoher Kostenansatz führt zum Verlust des Auftrags. Ein zu niedriger Kostenansatz fördert zwar den Erhalt des Auftrages, dieser würde aber nicht kostendeckend sein und damit dem Erfolg des Unternehmens Planet schaden.

Ein wachsender Wettbewerbsdruck insbesondere bei kleinen und mittelständigen Unternehmen führt zu der Notwendigkeit, schnell und gleichzeitig kostengünstig auf Angebotsanfragen zu reagieren. Ein Dilemma stellt dabei die Tatsache dar, dass Angebote meist unentgeltlich geleistet werden, die Erfolgsraten jedoch sehr niedrig sind. Tönshoff/Brunkhorst/Tracht [1995] sprechen beispielsweise von einer Erfolgsrate von 10 % (vgl. Tönshoff/Brunkhorst/Tracht [1995], S. 42).

Für eine frühzeitige Kostenschätzung spricht auch die Tatsache, dass in der Konstruktions- und Designphase die Kostenbeeinflussbarkeit am höchsten ist, während diese mit fortschreitendem Produktlebenszyklus

Erstellung von Angeboten

Kostenbeeinflussbarkeit und -quantifizierung

abnimmt. Ein weiteres Dilemma wird durch die gleichzeitig mit dem Lebenszyklus wachsende Möglichkeit der Kostenquantifizierung generiert (vgl. VDI [1987], S. 5).

Serien- und Einzelfertigung

Für eine Kalkulation im Sinne einer Kostenträgerstückrechnung (wie in Kapitel 4 beschrieben) benötigt ein Unternehmen detaillierte Angaben zum Produkt (Konstruktionszeichnung, Stückliste, aktuelle Einkaufspreise usw.) sowie zum Produktionsprozess (Arbeitsplan, Maschinenbelegung usw.). Während sich dies bei einer Serienfertigung durch bereits vorhandenes, umfassendes Datenmaterial (beispielsweise Angebotspreise) relativ einfach gestaltet, fehlt dies bei einer (auftragsbezogener) Einzelfertigung oder bei einer Kleinserienfertigung (vgl. Tönshoff/ Brunkhorst/Tracht [1995], S. 42).

Definition: Kostenschätzverfahren

Um diese Schwierigkeiten zu reduzieren und um oben genannten Dilemmata Rechnung zu tragen, kommen **Kostenschätzverfahren,** auch **Kostennäherungsverfahren** genannt, zur Anwendung. Dabei handelt es sich um „[...] Kalkulationsverfahren, die früher und mit geringerem Arbeits- und Zeitaufwand als herkömmliche Kalkulationsverfahren und meist ohne Berücksichtigung eines konkreten Mengen- und Zeitgerüsts des zu kalkulierenden Erzeugnisses durchgeführt werden können." (Günther/Schuh [1998], S. 381 f.).

Im Folgenden wird ein Überblick gängiger Kostenschätzverfahren vorgestellt (Abschnitt 2). Danach werden die einzelnen Verfahren im Detail erläutert und beispielhaft angewandt (Abschnitt 3). Im Abschluss werden die Verfahren kritisch gewürdigt und eine Hilfestellung zur Auswahl eines geeigneten Verfahrens geliefert.

2   Systematisierung der Kostenschätzverfahren

Vorkalkulation

In Kapitel 4 wurden bereits die verschiedenen Kalkulationsarten (Vor- und Nachkalkulation) anhand des Verhältnisses zwischen Zeitpunkt der Berechnung der Kosten und Zeitpunkt der Leistungserstellung charakterisiert (vgl. dazu auch ausführlich Mellerowicz [1980], S. 189 ff.). Die Vorkalkulation bildet den Rahmen zur Nutzung von Kostenschätzverfahren. Auch für Zwischenkalkulationen von Projekten über einen längeren Zeithorizont und mit einem hohen Budget kann auf Schätzungen zurückgegriffen werden.

Systematisierung der Kostenschätzverfahren

Je nach der Genauigkeit der vorhandenen Daten und der somit erzielbaren Kostenschätzung sowie nach dem Zeitaufwand bei der Erstellung, lassen sich verschiedene Kostenschätzverfahren anwenden, die in Abbildung 13.1 strukturiert dargestellt werden. Die Systematisierung erfolgt hierbei anhand der Eigenschaften der in die Schätzung einfließenden Daten, so dass zwischen quantitativen, qualitativen Verfahren und dem hybriden Instrument des Computer Integrated Manufacturing (CIM) unterschieden wird.

Eine Kostenschätzung kann über rein qualitative Verfahren (Abschnitt 3), über rein quantitative Verfahren (Abschnitt 4) und mittels einer rechnergestützten Kombination beider Herangehensweisen im Computer Integrated Manufacturing erfolgen (Abschnitt 5).

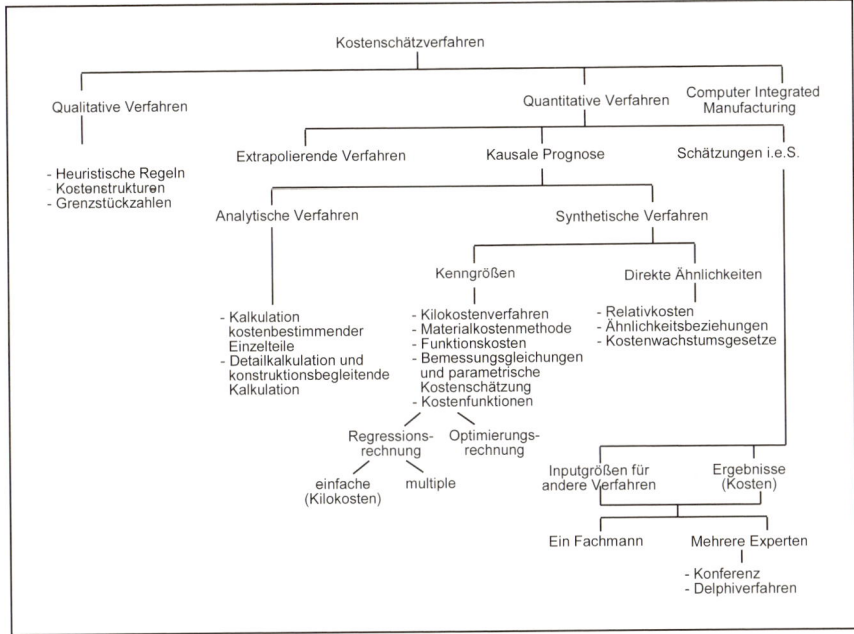

Abb. 13.1: Überblick und Systematisierung der Kostenschätzverfahren
(Quelle: in Anlehnung an Günther/Schuh [1998], S. 382)

3 Qualitative Verfahren

Qualitative Verfahren der Kostenschätzung geben im Ergebnis nicht an, was ein Erzeugnis voraussichtlich kosten wird, sondern zeigen auf Basis betrieblicher oder überbetrieblicher Erfahrungen auf, welche Kostenauswirkungen bestimmte Fertigungsbesonderheiten (z. B. die Wahl verschiedener Fügeverfahren von Karosserieteilen in der Automobilindustrie) haben. Qualitative Verfahren stellen Hinweise dar, wie Produkte kostengünstig hergestellt werden können (vgl. Günther/Schuh [1998], S. 382).

Qualitative Verfahren

So geben beispielsweise **heuristische Regeln** meist branchenübergreifende Hinweise zu besonders kostenintensiven oder -schonenden Teilen und Produktionsverfahren (z. B. „Unklare Aufgabenstellung ergibt hohe Konstruktionskosten; Zahnräder können bis Qualität 7 kostengünstig gefräst werden, höhere Qualität wird wesentlich teurer", vgl. VDI [1987], S. 27).

Heuristische Regeln

Kostenstrukturen   **Kostenstrukturen** beruhen auf der hierarchischen Zerlegung von Produkten in Bau- und Einzelteilen sowie in Kostenblöcke wie Material- und Fertigungskosten zur erfahrungsbasierten Definition von Kostenschwerpunkten.

Beispiel 13.1:
Analyse der Kostenstruktur

Ein anschauliches Beispiel für eine Werkzeugmaschine liefert Gröner [1991], S. 51 (vgl. Abbildung 13.2).

Für die verschiedenen „Zerlegungsebenen" des Erzeugnisses und des Fertigungsprozesses wird jeweils der größte Kostenblock weiter zerlegt. So stellen von den Produktgesamtkosten die Investitionskosten den größten Block dar. Davon sind die Herstellkosten für die Funktion „Antrieb" der größte Bestandteil, usw.

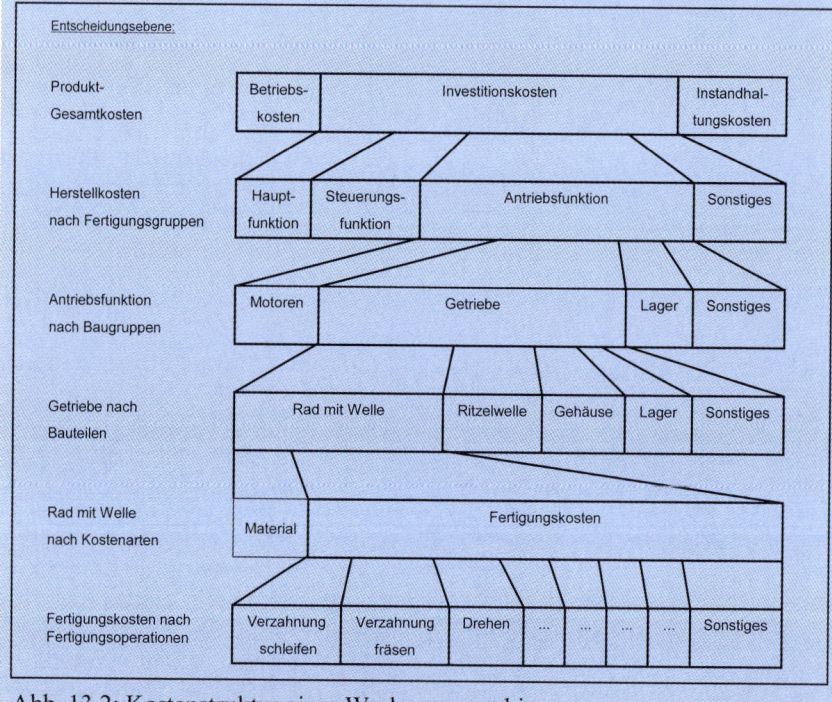

Abb. 13.2: Kostenstruktur einer Werkzeugmaschine
(Quelle: Gröner [1991], S. 51)

Grenzstück-
zahlen

Zum Vergleich unterschiedlicher Fertigungsverfahren und Materialien eignet sich das Verfahren der **Grenzstückzahlen**, das aufzeigt, ab welcher produzierten Stückzahl das eine bzw. das andere Fertigungsverfahren kostengünstiger ist.

Im graphisch dargestellten Beispiel (vgl. Abbildung 13.3) werden die Grenzstückzahlen von drei Varianten eines Lagerbocks vorgestellt. Dieser kann in drei verschiedenen Varianten konstruiert werden: als Guss- und Schweißausführung sowie aus Vollmaterial. Das Ergebnis einer einmaligen Kalkulation von allen Varianten und von allen Losgrößen von 1 bis 20 ergibt u. a., dass die Gussausführung ab einer Grenzstückzahl von 11 Lagerböcken pro Los günstiger als die Schweißausführung und ab 14 auch günstiger als die Variante mit Vollmaterial ist.

Beispiel 13.2: Grenzstückzahlen

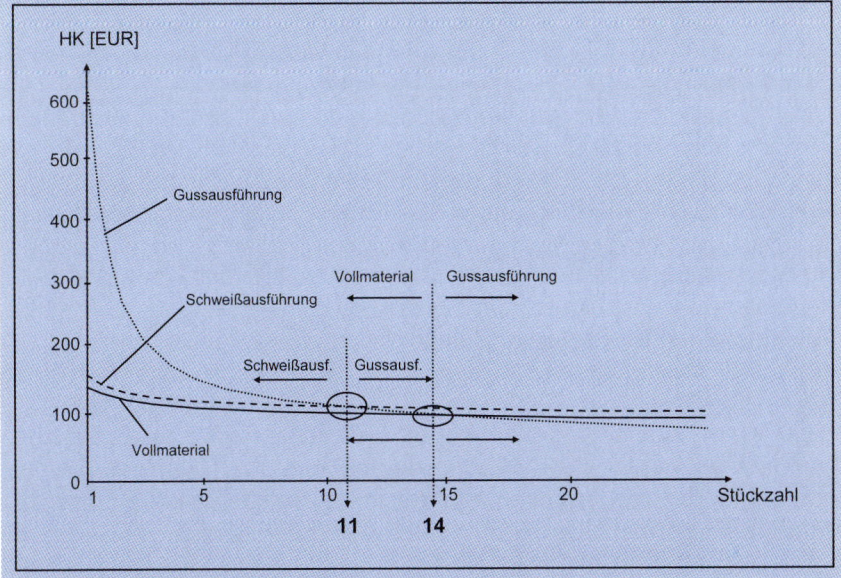

Abb. 13.3: Grenzstückzahlen von Lagerbockvarianten
(Quelle: Ehrlenspiel/Kiewert/Lindemann [1998], S. 520)

Das Verfahren der Grenzstückzahlen lässt sich trotz der hier im Beispiel vorgestellten quantitativen Grundlage den qualitativen Verfahren zuordnen, weil nach der einmaligen Berechnung der Grenzwerte das Unternehmen auf die entstandenen Grenzwerte (im Beispiel 11 bzw. 14 Stück) ohne weitere Analysen zurückgreift.

Die vorgestellten qualitativen Verfahren liefern Hinweise zur kostengünstigen Gestaltung von Erzeugnissen und können schnell angewandt werden, da sie meist auf im Unternehmen bereits vorhandenem Erfahrungswissen beruhen. Jedoch empfiehlt sich deren Anwendung nur in Kombination mit quantitativen Verfahren, da sie per se nicht die monetären Werte liefern, die für eine Kalkulation notwendig sind.

4   Quantitative Verfahren

Definition:
Quantitative
Verfahren

Quantitative Verfahren stellen einen Zusammenhang zwischen Herstellungsverfahren sowie verwendeten Materialien auf der einen Seite und Höhe der zu erwartenden Kosten auf der anderen Seite her. Dabei gilt es grundsätzlich zwischen extrapolierenden Verfahren, Schätzungen i. e. S. und kausalen Prognosen zu unterscheiden, wobei die Vielfalt der Methoden vor allem den kausalen Prognosen zuzuordnen ist, die ausführlich dargestellt werden sollen.

Extrapolierende
Verfahren

Extrapolierende Verfahren beruhen auf der Annahme, dass sich die Kosten eines Erzeugnisses in Abhängigkeit von der Zeit ändern. Vereinfacht könnte so beispielsweise angenommen werden, dass eine hergestellte Maschine jedes Jahr 2 % mehr als im Vorjahr kostet.

Beurteilung

Der Einfachheit des Verfahrens steht ein hoher Ungenauigkeitsgrad gegenüber. Der einzige Kostenfaktor, der sich tatsächlich in Abhängigkeit zur Zeit verändert, ist der Teil, der durch die Teuerungsrate von Material und Personal (Inflation) bestimmt ist. Weitere Veränderungen an Produkt oder Prozessen bleiben bei extrapolierenden Verfahren unberücksichtigt. Das Verfahren geht damit – mit Ausnahme der Inflation - von ansonsten konstanten Kostenstrukturen und Selbstkosten aus.

Schätzungen im
engeren Sinne

Schätzungen im engerem Sinne beruhen auf der subjektiven Beurteilung durch Individuen oder Gruppen aus dem Unternehmen oder durch externe Experten.

Konferenzver-
fahren

Expertisen können sowohl von einem als auch von mehreren Fachleuten eingeholt werden. Geeignete Verfahren sind u. a. das Konferenzverfahren oder das sog. Delphi-Verfahren. Beim **Konferenzverfahren** diskutieren Experten in einer Gruppe zukünftige Kostentrends.

Delphi-Methode

Bei der **Delphi-Methode** handelt es sich um eine von der Research and Development (RAND) Corporation entwickelte mehrstufige schriftliche Befragung von Experten. Im Nachgang zur Befragung werden das aggregierte Ergebnis und dessen Begründung in weiteren Runden diskutiert und zu einem für alle plausiblen Endergebnis geführt. Mit der Delphi-Methode wird versucht, das Problem der Meinungsführerschaft, das Konferenzverfahren mit sich bringen, zu umgehen.

Beurteilung der
Schätzungen im
engeren Sinne

Obwohl der Aufwand gerade bei Zuhilfenahme externer Experten, wie Berater oder technischer Kalkulatoren nicht unerheblich ist, ist der Grad der Genauigkeit bei Schätzungen im engeren Sinne sehr gering. Die Nachvollziehbarkeit ist selten gegeben und kann durch ein späteres Ausscheiden der Experten aus dem Unternehmen weiter erschwert werden. Schätzungen im engeren Sinne sollten daher unterstützend zur Absicherung bereits mit anderen Verfahren erlangter Ergebnisse oder zur Schätzung von Inputgrößen für andere im Folgenden vorgestellten Verfahren dienen. In der Praxis stellen Schätzungen im engerem Sinne jedoch das am häufigsten genutzte Verfahren dar (vgl. Tönshoff/Brunkhorst/Tracht [1995], S. 43).

Kausale Prognosen schätzen die Kosten eines Produktes auf der Grundlage logischer Ursache-Wirkungs-Beziehungen (vgl. Günther/Schuh [1998], S. 383). Dabei gilt es zwischen **analytischen** (Abschnitt 4.1) und **synthetischen Verfahren** (Abschnitt 4.2) zu unterscheiden.

Während die ersteren auf Mengen- und Zeitangaben zum Erzeugnis und dessen Fertigung beruhen, verzichten synthetische Verfahren auf produktionstechnische Daten und greifen dafür auf Ähnlichkeitsbeziehungen zu bereits gefertigten und kalkulierten Erzeugnissen zurück.

Kausale Prognosen

Analytische und synthetische Verfahren

4.1 Analytische Verfahren

Zu den analytischen Verfahren zählen die Kalkulation kostenbestimmender Einzelteile und die Detailkalkulation.

4.1.1 Kalkulation kostenbestimmender Einzelteile

Bei der **Kalkulation kostenbestimmender Einzelteile**, auch **Kostenschwerpunktanalyse** genannt, erfolgt eine Unterteilung der Einzelteile eines Produktes nach dem Prinzip der ABC-Analyse (vgl. dazu Kapitel 14.4). Dabei sind A-Teile die Teile deren Anteil an den Gesamtkosten im Verhältnis zum Anteil an der Teilezahl im Fertigerzeugnis die größte Bedeutung haben. A-Teile werden detailliert kalkuliert, da deren Hebelwirkung für die Gesamtkosten am stärksten ist. Für die übrigen Teile werden Zuschlagssätze berechnet, die wiederum auf bekannten Kostenstrukturen beruhen.

Bei der Kostenschwerpunktanalyse handelt es sich um ein Verfahren mit relativ hohem Genauigkeitsgrad, das jedoch einen großen Dateninput erfordert. Besonders günstig ist dieses Verfahren, wenn nur ein stark kostenbestimmendes Bauteil vorliegt (vgl. Günther/Schuh [1998], S. 383).

Kalkulation kostenbestimmender Einzelteile

Beurteilung

Abbildung 13.4 zeigt die Bestimmung der Kostenschwerpunkte am Beispiel eines Turbinengetriebes. Es lässt sich erkennen, dass Gussgehäuse, Rad und Ritzelwelle zusammen 75 % der Herstellkosten der Teile verursachen, obwohl sie – absolut betrachtet – nur einen kleinen Anteil der benötigten Teile darstellen.

Beispiel 13.3: Kalkulation kostenbstimmender Einzelteile

Teil	EUR	Anteil der HK
Gussgehäuse (GG)	23 160	28 %
Rad (31 CrMoV 9)	21 560	26 %
Ritzelwelle (15 CrNi 6)	17 400	21 %

Radwelle (C 45 N)	11 550	**14 %**
2 Radlager	4 110	**5 %**
2 Ritzellager	3 320	**4 %**
2 Dichtungen + 2 Deckel	1 340	**1,6 %**
Rohrleitungen	360	**0,4 %**
Herstellkosten der Teile	**82 800**	**100 %**
Montage	**9 040**	
Probelauf	**4 920**	
Fertigungsrisiko	**8 210**	
Gesamte HK des Getriebes	**104 970**	

Abb. 13.4: Kalkulation kostenbestimmender Einzelteile eines Getriebes
(Quelle: Ehrlenspiel/Kiewert/Lindemann [1998], S. 79)

4.1.2 Detailkalkulation und konstruktionsbegleitende Kalkulation

Detail-
kalkulation
Beurteilung

Bei einer **Detailkalkulation** wird das Erzeugnis in seine Einzelteile und Baugruppen zerlegt und jeweils einzeln kalkuliert. Dabei bedient sich das Unternehmen eines Rückgriffs auf vorhandene Nachkalkulationen, die dann an das neu zu kalkulierende Erzeugnis angepasst werden. Das Verfahren der Kalkulation selbst gleicht dem einer Nachkalkulation, wie bereits in Kapitel 4 beschrieben. Bei einer Detailkalkulation wird der Vorteil der hohen Genauigkeit durch den Nachteil der mangelnden Datenverfügbarkeit zunichte gemacht. Diese Form der Kostenschätzung ist beispielsweise für neue Modelle bei der Kfz-Herstellung denkbar, bei deren Entwicklung auf bestehende Kalkulationen für ähnliche Modelle mit ähnlichen Teilen und vergleichbaren Fertigungsprozessen zurückgegriffen werden kann.

Konstruktions-
begleitende Kal-
kulation

Eine Detailkalkulation wie oben beschrieben wird durchgeführt, bevor die Produktion begonnen hat. Wenn das Fertigungsverfahren, insb. im Rahmen einer Einzelfertigung, angelaufen ist, greift als analytisches Verfahren die **konstruktionsbegleitende Kalkulation** (auch **mitlaufende Kalkulation** genannt, vgl. Bronner [1996], S. 181 ff.). Diese Kalkulationsform ermöglicht es, taggenaue Kostendaten abrufbar zu machen und damit eine ständige, projektbegleitende Kostenüberwachung zu gewährleisten. Vorhandene Ist-Daten werden dabei mit Plan- bzw. Erfahrungswerten für die noch nicht erreichten Projektmeilensteine kombiniert.

Die konstruktionsbegleitende Kalkulation kann am Besten mittels moderner betriebswirtschaftlicher Software, die z. B. als Grundlage für das Computer Integrated Manufacturing dient, umgesetzt werden (vgl. Günther/Schuh [1998], S. 387; zum Computer Integrated Manufacturing vgl. ausführlicher Abschnitt 5 dieses Kapitels).

4.2 Synthetische Verfahren

Synthetische Verfahren zur Kostenschätzung besitzen den Vorteil eines im Verhältnis zu den analytischen Verfahren geringeren Aufwandes, da die erforderliche Menge und Qualität der Daten geringer ist.

4.2.1 Kenngrößenbasierte Verfahren

Bei den synthetischen Verfahren lassen sich die **kenngrößenbasierten Verfahren** von den Verfahren unterscheiden, die auf **direkten Ähnlichkeiten** beruhen. Zu der ersten Kategorie lassen sich Kilokostenverfahren, Materialkostenmethode, Funktionskosten, Bemessungsgleichungen und Kostenfunktionen zählen.
Kenngrößenbasierte Verfahren

4.2.1.1 Kilokostenverfahren

Das **Kilokostenverfahren** unterstellt, dass sich die Kosten eines Erzeugnisses proportional zum Gewicht des Erzeugnisses entwickeln. D. h., die Kosten werden in Abhängigkeit einer einzigen Einflussgröße – des Gewichts – berechnet.
Kilokostenverfahren

Grundlage für die Anwendung ist die Berechnung des **Gewichtskostensatzes** HK_g auf Basis von Daten aus der Nachkalkulation vergleichbarer Erzeugnisse. Durch Multiplikation von HK_g mit dem Gewicht des neu zu kalkulierenden Erzeugnisses erhält das Unternehmen die geschätzten Kosten für das neue Produkt:
Berechnung

$$HK_{neu} = HK_g \times G_{neu} \qquad \text{wobei } HK_g = \frac{HK_{alt}}{G_{alt}}$$

mit

HK_{neu} = zu schätzende Herstellkosten des neu zu kalkulierenden Erzeugnisses
HK_g = Gewichtskostensatz [EUR/kg]
HK_{alt} = Kosten des Vergleichserzeugnisses laut Nachkalkulation
G_{neu} = Gewicht des neu zu kalkulierenden Erzeugnisses
G_{alt} = Gewicht des Vergleichserzeugnisses

Dieses Verfahren bietet sich besonders für die Kalkulation gleichartiger Produkte an, wenn keine wesentliche Extrapolation über den Bereich, in dem der lineare Zusammenhang besteht, hinaus notwendig ist, und bei Produkten mit einem hohen Materialkostenanteil (vgl. Ehrlenspiel/Kiewert/Lindemann [1998], S. 457). Letzteres lässt sich daran erkennen, dass mit dem Kilokostenverfahren lediglich die Herstellkosten geschätzt werden, Verwaltungs- und Vertriebskosten müssen separat geschätzt werden. Das Kilokostenverfahren eignet sich beispielsweise für den Anlagenbau oder den Schiffsbau.

Beispiel 13.4:
Gewichtskos-
tenansatz

So stellen Ehrlenspiel/Kiewert/Lindemann [1998] die Möglichkeit dar, den Gewichtskostensatz nicht als eine Konstante, sondern beispielsweise als degressiv bezüglich des Gewichtes zu betrachten (vgl. Ehrlenspiel/Kiewert/Lindemann [1998], S. 457). Ein Unternehmen stellt z. B. Schweißteile her. Der Gewichtskostensatz ist nicht konstant. Viel mehr kosten leichtere Schweißteile relativ mehr als große. Die Gewichtskostenkurve hat somit einen fallenden Verlauf (vgl. Ehrlenspiel/Kiewert/Lindemann [1998], S. 520 f.).

Zur Ermittlung des Gewichtskostensatzes kann – ausgehend von den Herstellkosten, die aus Nachkalkulationen aus der Vergangenheit erfasst worden sind (vgl. die Punktewolke aus Abbildung 13.5) – ein Mittelwert gebildet und zur Kostenschätzung herangezogen werden.

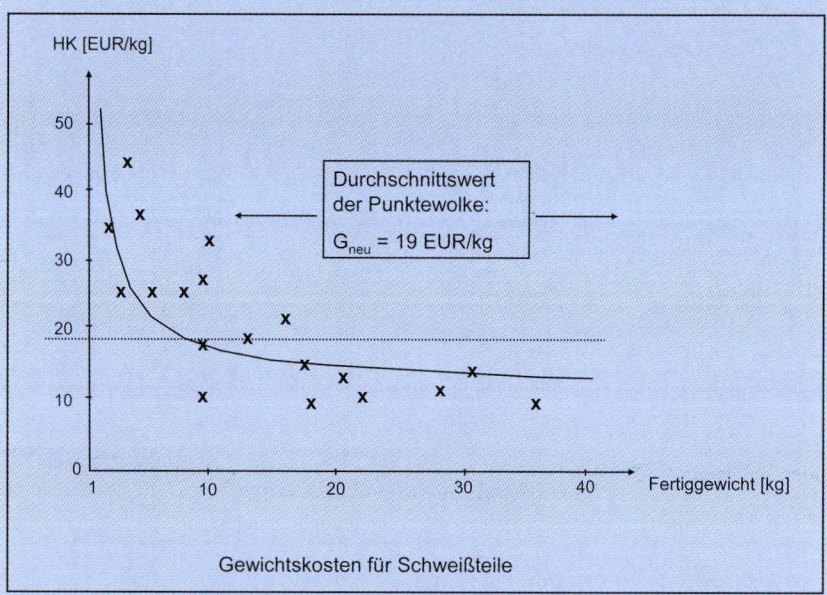

Abb. 13.5: Gewichtskosten für Schweißteile
(Quelle: in Ergänzung von Ehrlenspiel/Kiewert/Lindemann [1998], S. 521)

Angenommen, das Gewicht der Schweißkonstruktion sei 6,9 kg und der Gewichtskostensatz betrage 19 EUR/kg. Die geschätzten Herstellkosten lassen sich demnach wie folgt ermitteln:

$$HK_{neu} = HK_g \times G_{neu} = 6{,}9 \times 19 = 131 \ EUR.$$

Die Kilokostenmethode gründet auf einer einfachen Berechnung und verlangt eine kleine Datenbasis. Die Genauigkeit dieser Methode ist jedoch in den seltensten Fällen hoch. Grundsätzlich sollte im Vorfeld der Anwendung mittels Daten aus Nachkalkulationen der unterstellte lineare Zusammenhang zwischen Gewicht und Kosten z. B. mittels Streupunktdiagramme überprüft werden. Bei Erkennen anderer Zusammenhänge sollten diese modelliert werden. Beurteilung

Neben dem Gewicht werden auch andere Maßgrößen nach dem gleichen Prinzip, wie z. B. die Kubikmeter umbauter Raum oder Quadratmeter Wohnfläche in der Bauindustrie, die geschätzten Manntage bei Engineering oder Beratungsleistungen, die Tragkraft für die Kalkulation von Kränen oder Hebebühnen und die Feldstärke bei Magnetresonanztomographen, angewendet (vgl. u. a. Günther/Schuh [1998], S. 383). Auch der Leistungsbedarf, die Ansaugleistung, die Filterfläche oder die Trocknerfläche sind derartige Kosteneinflussfaktoren (vgl. Ehrlenspiel/Kiewert/Lindemann [1998], S. 459). Ehrlenspiel/Kiewert/Lindemann [1998], S. 459 sprechen dabei von „Kurzkalkulation über leistungsbestimmende Größen". So zeigt beispielsweise Goetze [1978], S. 131 am Beispiel einer Werkzeugmaschine, wie sich die Kosten eines Elektromotors im Verhältnis zu der Polpaaranzahl verändern. Kurzkalkulation über weitere, leistungsbestimmende Größen

4.2.1.2 Materialkostenmethode

Die **Materialkostenmethode** unterstellt die Existenz eines konstanten Verhältnisses zwischen Material- und Fertigungskosten als Komponenten der Herstellkosten eines Erzeugnisses. Materialkostenmethode

Wenn die Relation zwischen Material- und Fertigungskosten bekannt ist, reicht es aus, die eine oder die andere Größe für das neu zu kalkulierende Produkt zu kennen oder hinreichend genau zu schätzen, um die Herstellkosten berechnen zu können. Üblicherweise ist es einfacher, die Material- statt die Fertigungskosten eines neuen Auftrages zu ermitteln, weil dazu auf Konstruktionsskizzen oder auf Stücklisten sowie auf Einkaufspreise für die verschiedenen Teile zurückgegriffen werden kann, statt schwer vorauszuplanende Arbeitspläne zu benötigen.

Damit lassen sich die Herstellkosten aus

$$HK_{neu} = \frac{MK_{neu}}{m} \ mit \ m = \frac{MK_{alt}}{HK_{alt}}$$

berechnen, wobei der Materialkostensatz *m* den aus Erfahrungswerten vergangener Erzeugnisse bekannten Materialkostenanteil darstellt. Dabei stellen MK_{neu} die Materialkosten des neu zu kalkulierenden Erzeugnisses dar, während MK_{alt} die Materialkosten eines vergleichbaren Vorgängererzeugnisses wiedergibt.

Beispiel 13.5:
Materialkostenmethode

> Wie aus dem Beispiel der Abbildung 13.6 erkennbar, „[…] ist bei gleichartigen Konstruktionen und bei vergleichbarer Produktionsleistung die Relation zwischen Materialkosten, Fertigungslöhnen und Gemeinkosten in gewissen Grenzen als konstant anzusehen." (Bronner [1996], S. 94).
>
>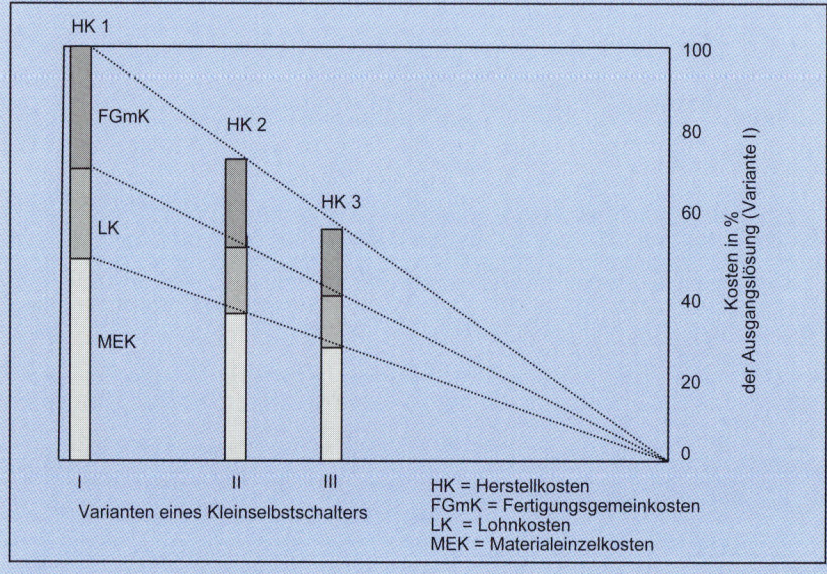
>
> Abb. 13.6: Kostenaufteilung für drei Varianten eines Kleinselbstschalters (Quelle: Bronner [1996], S. 94)

VDI-Richtlinie 2225

Die Materialkostenmethode wird in der VDI-Richtlinie 2225 beschrieben (vgl. ausführlich VDI [1997a], S. 5 ff.). Im Tabellenwerk dieser Richtlinie werden Referenzwerte für den prozentualen Materialkostenanteil für Erzeugnisse aus den Bereichen Großmaschinenbau und Starkstromtechnik sowie für Feinwerk-, Fernmelde-, Regelungs- und Messtechnik vorgestellt. Demnach haben PKW-Benzinmotoren einen Materialkostenanteil von 69 %, Staubsauger von 80 % und Präzisionsuhren von 31 % (vgl. dazu und zum Beispiele-Katalog VDI [1998], S. 36 f.).

Beurteilung

Auch im Fall der Materialkostenmethode, wie bereits beim Kilokostenverfahren, ist es für die Genauigkeit der erzielbaren Ergebnisse von Vorteil, wenn der Anteil der Materialkosten an den gesamten Kosten beson-

ders hoch ist. Diese Methode lässt sich jedoch nicht nur im Verarbeitenden Gewerbe anwenden, sondern kann auch auf die Bedürfnisse von
Dienstleistungsunternehmen angepasst werden, in dem statt des Material-
kostenanteils der Personalkostenanteil zu Grunde gelegt wird.

Beispiel 13.6

Ein Unternehmen, welches z. B. Staubsauger herstellt, muss für eine
neue Variante eine Kostenschätzung durchführen. Bekannt ist auf
Grund von Preislisten der Zulieferer, dass das für die neue Ausführung notwendige Material 70 EUR kostet. Unterstellt das Unternehmen den vom VDI vorgegebenen Materialkostenanteil von 80 %, berechnen sich die Herstellkosten wie folgt:

$$HK_{neu} = \frac{MK_{neu}}{m} = \frac{70}{0{,}8} = 87{,}50 \, €$$

4.2.1.3 Funktionskosten

Im Vergleich zu den bisher vorgestellten Kostenschätzmethoden, bei denen das Augenmerk auf Baugruppen oder Einzelteilen und deren Eigenschaften – wie beispielsweise dem Gewicht – liegt, impliziert die Methode der Funktionskosten eine Konzentration auf die Funktionen, die ein
Erzeugnis erfüllen muss.

Funktions-
kosten

Bei der Umsetzung dieser Methode ist eine **Funktionsanalyse** notwendig, aus der erkennbar wird, welche Funktionen vom Erzeugnis erfüllt
werden müssen. Des Weiteren soll daraus hervorgehen, welche Baugruppen und Einzelteile zu welcher Funktionserfüllung beitragen. „Dabei
müssen die Kosten für Bauteile, die mehrere Teilfunktionen erfüllen [...],
mit einer Schätzung funktionsgerecht aufgeteilt werden." (Ehrlenspiel/
Kiewert/Lindemann [1998], S. 79).

Funktions-
analyse

Beispiel 13.7:
Funktions-
kostenanalyse

Das Ergebnis einer Funktionsanalyse soll am Beispiel eines Turbinengetriebes erläutert werden (vgl. Abbildung 13.7). Die Kosten der
an der Funktionserfüllung beteiligten Teile (Gussgehäuse, Rad, Ritzelwelle usw.) werden den Teilfunktionen (Drehmoment vergrößern,
Drehmoment leiten, Räder lagern, Getriebe abdichten, Räder und
Lager schmieren) zugeordnet. Die Aufteilung der Kosten von Teilen,
die mehrere Teilfunktionen erfüllen, erfolgt auf Basis einer funkti-
onsgerechten Schätzung. Im Beispiel ist zu erkennen, dass die Teil-
funktion des Turbinengetriebes „Drehmoment vergrößern" (TF1) von
Rad und Ritzelwelle erfüllt wird. Das Rad dient wiederum allein der
Vergrößerung des Drehmoments. TF1 verursacht mit 33 740 EUR
knapp über 40 % der gesamten Herstellkosten in Höhe von 82 800
EUR.

Teil	Kosten [EUR]	Anteile					Kosten [EUR]				
		TF1	TF2	TF3	TF4	TF5	TF1	TF2	TF3	TF4	TF5
		Drehm. vergröß.	Drehm. leiten	Räder lagern	Getr. dicht.	Getr. schm.	Drehm. vergröß.	Drehm. leiten	Räder lagern	Getr. dicht.	Getr. schm.
Gussgehäuse	23 160			60 %	40 %				13 896	9 264	
Rad	21 560	100 %					21 560				
Ritzelwelle	17 400	70 %	15 %	15 %			12 180	2 610	2 610		
Radwelle	11 550		50 %	50 %				5 775	5 775		
2 Radlager	4 110			100 %					4 110		
2 Ritzellager	3 320			100 %					3 320		
2 Dichtungen 2 Deckel	1 340				100 %					1 340	
Rohrleitungen	360					100 %					360
Summe	**82 800**						33 740	8 385	29 711	10 604	360
Kostenanteil							40,7 %	10,1 %	35,9 %	12,8 %	0,4 %

Abb. 13.7: Funktionskostenstruktur am Beispiel eines Turbinengetriebes
(Quelle: Ehrlenspiel/Kiewert/Lindemann [1998], S. 80)

Auf der Grundlage dieser Aufstellung wird das Unternehmen für künftige ähnliche Erzeugnisse Kostenschätzungen anhand der jeweiligen Funktionskosten durchführen können.

Beurteilung
Die Funktionskosten sind besonders methodisch interessant, da sie den Grundgedanken des Target Costing (vgl. Kapitel 14) widerspiegeln und gut mit einem Quality Function Deployment (vgl. Kapitel 16) in Verbindung zu setzen sind. Damit ergeben sich Schnittstellen sowohl zum Kosten- als auch zum Qualitätsmanagement. Eine Gegenüberstellung von Kosten einer Funktion und Wert einer Funktion aus Kundensicht wird ermöglicht. Weitere Kosteneinflussgrößen, wie z. B. die Dimension, werden jedoch vernachlässigt.

Die Funktionskostenmethode ist besonders gut geeignet bei Veränderungen bestehender Lösungen, wenn bereits Kosten von Teilen und Funktionen weitestgehend als Erfahrungswerte vorhanden sind.

4.2.1.4 Bemessungsgleichungen

Bemessungsgleichungen
Bemessungsgleichungen beruhen auf der Intention, den Zusammenhang zwischen den wesentlichen technischen Merkmalen eines Erzeugnisses und deren Kosten in einer Gleichung abzubilden.

Berechnung
Eine Bemessungsgleichung setzt sich aus einer **Kosten-** und einer **Beanspruchungsgleichung** zusammen. Die Kostengleichung bildet den Zusammenhang zwischen technischen Merkmalen und Kosten ab. Die Beanspruchungsgleichung stellt die Erfüllung von technischen Funktionen oder Kriterien dar. Erst das Zusammenwirken beider Gleichungen zeigt den Weg zur Entwicklung wirtschaftlich und technisch optimaler Produkte auf. Dafür muss mindestens ein technisches Kriterium der Be-

messungsgleichung gleichzeitig Kosteneinflussgröße sein (vgl. VDI [1997a], S. 3 ff.). Die Kostenschätzung mittels Bemessungsgleichungen soll anhand eines einfachen Beispiels aufgezeigt werden (vgl. im Folgenden VDI [1997b], S. 3 ff.).

Es wird ein Biegeträger der Abmaße w × b × h (Spannweite × Breite × Höhe) betrachtet, der eine Last F tragen soll und dessen Biegefähigkeit von der Einspannziffer z (und somit von der Art der Einspannung) bestimmt ist. Die Beanspruchungsgleichung könnte sich beispielsweise auf die Biegespannung σ beziehen und wie folgt definiert sein:

$$\sigma = \frac{F \times w \times 6}{z \times b \times h^2}$$

Im einfachsten Fall sollen nun lediglich die Materialkosten bestimmt werden. Diese seien durch das Bruttomaterialvolumen und den spezifischen Materialkosten M bestimmt. Wäre nun beispielsweise das Material warm gewalzter Flachstahl (U St 57-2) mit Werkstoffkosten pro cm^3 von 0,0042 EUR, dann können die Materialkosten für den Biegeträger definiert werden als:

$$M = v \times w \times b \times h \times 0,0042 \times (1+g)$$

wobei v das Verhältnis zwischen der Gesamtlänge des Trägers und der Spannweite w darstellt und g der unternehmensspezifische Werkstoffgemeinkostenzuschlag ist. Im Ergebnis lässt sich die Beanspruchungsgleichung durch einfaches Einsetzen bestimmen, beispielsweise – wie unten präsentiert – durch Umstellen der Beanspruchungsgleichung nach b und nachfolgendem Einsetzen in die Kostengleichung. Dies ergibt:

$$M = v \times w \times h \times 0,0042 \times (1+g) \times \frac{F \times w \times 6}{z \times h^2 \times \sigma} = \frac{v \times s^2 \times 0,0252 \times (1+g)}{z \times h \times \sigma}$$

Das Eintragen von Werten zu einem bestimmten Träger führt zur Schätzung der Kosten unter Berücksichtigung des technischen Erfordernisses der Tragfähigkeit. Erweiterungen zur Bestimmung der gesamten Herstellkosten als Summe aus Material- und Fertigungskosten sowie der Einbezug mehrerer Beanspruchungsgleichungen sind möglich.

Beispiel 13.8:
Bemessungs-
gleichungen

Bemessungsgleichungen streben einen hohen Genauigkeitsgrad der Kostenschätzung an. Das Aufstellen von Kosten- und Beanspruchungsgleichung kann sich jedoch aus diesem Grund als sehr komplex erweisen.

Beurteilung

Dies kann zu Schwierigkeiten in der Anwendung führen, insb. bei technisch komplexen Produkten. Ist einmal die Bemessungsgleichung bekannt, kann diese für die Kostenschätzung ähnlicher Folgeerzeugnisse verwendet werden.

Parametrische
Kostenschätzung

Wenn mehrere Kosten- und Beanspruchungsgleichungen in ein komplexes Mehrgleichungsmodell münden, dann wird von **parametrischer Kostenschätzung** gesprochen. Deren Lösung ist jedoch meist nur mittels Einsatz zusätzlicher Software-Systeme zu erlangen (vgl. Günther/Schuh [1998], S. 387).

4.2.1.5 Kostenfunktionen

Kostenfunktion

Kostenfunktionen bilden mathematisch-statistisch den Zusammenhang zwischen einer oder mehreren Kostenbestimmungsgrößen (die unabhängigen Variablen) und den Kosten selbst (die abhängige Variable) ab. Hinter den in der Literatur verwendeten Begriffen „**Parametermethode**", „**Methode der Einflussgrößenrechnung**" und „**Kurzkalkulationsformeln**" verbirgt sich die gleiche Vorgehensweise.

Um zu einer Kostenfunktion zu gelangen, die im Nachgang für die Schätzung von Kosten herangezogen werden kann, bieten sich u. a. die Regressionsanalyse und die Optimierungsrechnung an.

Einfache Regressionsanalyse

Die **Regressionsanalyse** bietet die Möglichkeit, additiv verknüpfte Glieder abzubilden. **Einfache** Regressionsfunktionen stellen die Kosten in Abhängigkeit eines einzigen kostenbestimmenden Faktors dar. Darauf soll an dieser Stelle nicht weiter eingegangen werden, da einfache Regressionen dem bereits vorgestellten Prinzip des Kilokostenverfahrens entsprechen. Somit soll hier auf **multiple** Kostenfunktionen näher eingegangen werden.

Multiple Regressionsanalyse

Formal stellt sich eine multiple lineare Regression im Rahmen einer Kostenschätzung wie folgt dar:

$$HK_{neu} = a + b_1 \times x_1 + b_2 \times x_2 + ... b_n \times x_n$$

wobei b_i mit i = 1 bis n die Kosten pro Einheit der Kosteneinflussgröße (z. B. EUR pro Meter verwendeter Kupferlackdraht) und x_i mit i = 1 bis n den Wert der Kosteneinflussgröße (z. B. in Meter verwendeter Kupferlackdraht) darstellt.

Kleinste-Quadrate-Methode

Die Schätzung der Regressionsgleichung – ob einfach oder multipel – erfolgt mittels der **Kleinste-Quadrate-Methode** (auch Kleinste-Quadrate-Schätzung genannt; vgl. ausführlich Backhaus et al. [2006], S. 58 ff.). Diese Methode ermöglicht die Bestimmung des Regressionskoeffizienten b_i ausgehend von einer „Punktewolke", in der auf Basis von ex-post-Erhebungen aus der Vergangenheit die Punkte Kombinationen aus Herstellkosten und Wert der Kosteneinflussgrößen darstellen. Ziel der Regression ist die Minimierung der Summe der quadrierten Residuen, d. h. der Differenz zwischen Beobachtungswert und ermittelter Schätzwert. Bei der multiplen Regressionsrechung bedarf es zur Erreichung dieses Minimierungsziels das Lösen eines linearen Gleichungssystems, das mit Standard-Statistiksoftware wie z. B. SPSS oder EViews möglich ist.

Das Regressionsverfahren kann allerdings lediglich unter Erfüllung bestimmter Voraussetzungen durchgeführt werden. Um einen ausreichenden Grad an Genauigkeit zu erlangen ist eine Mindestanzahl an Beobachtungen und die Normalverteilung der Zielgröße – d. h. der Kosten – zu gewährleisten (vgl. Gröner [1991], S. 54). In der Praxis reichen dann normalerweise drei bis fünf Einflussgrößen, um gute Schätzungen zu bekommen (vgl. Günther/Schuh [1998], S. 385). Diese Anforderungen schränken jedoch die Anwendbarkeit insb. bei Einzel- und Kleinserienfertigung ein. Bei einer ausreichenden Anzahl an Erfahrungswerten liefert die Regressionsgleichung jedoch auch bei besonders komplexen Erzeugnissen Ergebnisse mit einem hohen Genauigkeitsgrad (vgl. Bronner [1996], S. 101). *Voraussetzungen*

Die **Optimierungsrechnungen** stellen – wie die Regressionsrechnungen – einen Zusammenhang zwischen Kosten und kostenbestimmenden Faktoren her. Im Gegensatz zur Regressionsanalyse ermöglichen sie jedoch auch die Abbildung multiplikativer Zusammenhänge, z. B. nach folgender Formel: *Optimierungs-rechnung*

$$HK_{neu} = a + b_1 x_1^{b_2} b_3^{x_2} + b_4 \log x_3$$

Dabei können „[...] die Stückzahlen multiplikativ, einzelne Arbeitsschritte additiv und Lernraten exponentiell eingehen." (Günther/Schuh [1998], S. 385). Ausgangspunkt dafür sind die angenommenen oder aus Vergangenheitswerten ermittelten Kostenzusammenhänge. Die Optimierung findet dann mittels eines iterativen Prozesses statt: Die Parameter a, b_i mit i = 1 bis n werden so lange variiert, bis die betragsmäßige Differenz zwischen den mit der Formel geschätzten Kosten und den tatsächlichen Kosten nicht weiter verringert werden kann. Wie die notwendige Parameteränderung im iterativen Optimierungsprozess erfolgt, ist von der gewählten Optimierungsstrategie abhängig. So unterscheidet Gröner [1991], S. 59 f. zwischen deterministischen (Gradientsuchstrategie und direkte Suchstrategie) und den stochastischen Verfahren (Monte-Carlo-Verfahren und Evolutionsstrategie). *Berechnung*

Das Optimierungsverfahren bietet gegenüber der Regressionsrechnung den Vorteil, dass weiterreichende Abbildungsmöglichkeiten über die Darstellung multiplikativer Zusammenhänge zur Verfügung stehen. Dies birgt jedoch den Nachteil einer höheren Komplexität und der Abhängigkeit der Genauigkeit der Ergebnisse vom gewählten Formelansatz – hier die Formel zur Definition von HK_{neu}, weswegen der Regressionsansatz in der Praxis dem Optimierungsverfahren vorgezogen wird. *Beurteilung*

Als Beispiel für eine Kostenfunktion sei hier die Kostenfunktion für eine Welle-Nabe-Verbindung an Welle und Zahnrad mittels eines zylindrischen Pressverbands aufgestellt. Auf Grundlage von Daten aus der Vergangenheit konnte ein Unternehmen bereits folgende Kalkulationsformel ermitteln:

$$HK_{neu} = 102,4 \times \left[0,117 + 0,128 \times \left(\frac{d}{50} \right)^{2,4} + \frac{\left(0,723 + 0,012 \times \left(\frac{d}{50} \right)^{2,0} \right)}{LG} \right]$$

Dabei stellt LG die Fertigungslosgröße und d den Fügedurchmesser dar, der hier in einem 1:1-Verhältnis zur Fügelänge angenommen wird.

Wenn das Unternehmen nun eine Fertigungslosgröße von LG = 3 und einen Fügedurchmesser von d = 150 mm plant, dann ergeben sich durch Einsetzten Kosten in Höhe von 223 EUR (vgl. zu diesem Beispiel Ehrlenspiel/ Kiewert/Lindemann [1998], S. 462 ff.).

Ein weiteres Beispiel einer Optimierungsrechnung zur Kostenschätzung liefert die Softwareentwicklung mit dem **CoCoMo-Verfahren**, Abkürzung für Constructive Cost Model. Anhand genau definierter Kriterien kann zwischen einfachen, mittelschweren und komplexen Projekten unterschieden werden. Der Entwicklungsaufwand in Personenmonaten (PM) wird dann wie folgt geschätzt (vgl. Boehm [1981], S. 57 und 75):

Einfach: PM   = $2,4 \ KDSI^{1,05}$
Mittelschwer: PM   = $3,0 \ KDSI^{1,12}$
Komplex: PM   = $3,6 \ KDSI^{1,20}$

wobei KDSI für 1.000 Code-Zeilen steht (K = 1.000, DSI = delivered source instructions).

Die Entwicklungszeit T wird dann wie folgt geschätzt:

Einfach: T   = $2,5 \ PM^{0,38}$
Mittelschwer: T   = $2,5 \ PM^{0,35}$
Komplex: T   = $2,5 \ PM^{0,32}$

Die verwendeten Funktionen beruhen auf langjährigen und branchenübergreifenden Erfahrungen in der Softwareentwicklung und wurden bereits in den achtziger Jahren von Barry W. Boehm, Software-Entwickler bei Boeing, aufgestellt. Grundlage hierfür ist eine Optimierungsrechnung, wie an den im Ergebnis dargestellten multiplikativen Zusammenhängen erkennbar ist.

CoCoMo "[...] avoids estimating labour costs in dollars because of the large variations between organizations in what is included in labour costs [...] and because man-months are a more stable quantity than dollars, given current inflation rates and international money fluctuations. In order to convert CoCoMo man-month estimates into dollar estimates, the best compromise between simplicity and accuracy is to apply a different average dollar per man-month figure for each phase, to account for inflation and the differences in salary level of the people required for each phase." (Boehm [1981], S. 61).

Zu diesem Verfahren lässt sich anmerken, dass es lediglich zu einer hinreichend guten Schätzung führt, wenn im Vorfeld die für das Projekt eingeplanten KDSI bekannt bzw. mit einem hohen Grad an Sicherheit bestimmt werden können. Des Weiteren setzt dieses Verfahren die Kenntnis von durchschnittlichen Kosten pro Zeiteinheit und pro Mitarbeiter voraus.

Die formelbasierte Kostenschätzung kann – insb. über rechnertechnische Instrumente – mit Unterstützung von **Fuzzy-Logik** erfolgen. „Fuzzy" ist der Englische Begriff für „Unschärfe". Fuzzy-Logik dient der Abbildung von Unschärfen, d. h. der Lösung von Problemen, bei denen keine mathematisch-statistisch genaue Angabe von Ausgangsdaten vorhanden ist. Diese Unschärfen können **linguistischer** („hohe" oder „niedrige" Kosten), *arithmetischer* (so können beispielsweise unscharfe Kostenwerte für Teilsysteme addiert werden) oder **relationaler** Natur (z. B. mittels Wenn-Dann-Regeln) sein (vgl. Endebrock [2000], S. 61 f.). Damit lässt sich erkennen, dass diese vormals aus der Elektrotechnik stammende Vorgehensweise sich für Kostenschätzungen zu einer frühen Entwicklungsphase gut eignet. Es können bereits verbale Beschreibungen eines Konstruktionsvorhabens verarbeitet und in Funktionen umgewandelt werden. Grundlage ist auch hier die geeignete Verarbeitung von Daten aus vergangenen Nachkalkulationen und von unstrukturiertem Erfahrungswissen. Trotz der Vorteile der Verarbeitung unscharfer Informationen birgt das Verfahren den Nachteil hoher Komplexität.

Fuzzy Logik

Ein Instrument, das in Zukunft als Unterstützung zur Bestimmung von Kosten auf der Basis eines mathematisch-statistischen Zusammenhangs dienen dürfte, sind **neuronale Netze** (vgl. überblickshaft Ehrlenspiel/ Kiewert/ Lindemann [1998], S. 466). Sie bilden die biologische Struktur von Hirn und Nervensystem von Lebewesen ab und versuchen dessen „Lernfähigkeit" nachzubilden. Künstliche neuronale Netze entstehen rechnergestützt über einen automatischen „Lernprozess" aus Vergangenheitsdaten. Sie passen sich somit laufend an sich verändernde Rahmenbedingungen an.

Neuronale Netze

Einflussfaktoren werden so lange eingespeist, bis die netzinternen, für den Anwender unsichtbaren Gewichtungen und Umwandlungen über sog.

„versteckte Neuronen" so nahe wie möglich an die realistischen Werte führen (vgl. Ehrlenspiel/Kiewert/Lindemann [1998], S. 466 f.). Das „trainierte" neuronale Netz wird dann eingesetzt, indem es zu vorgegebenen Inputdaten Kalkulationsergebnisse ermittelt.

Beispiel 13.11:
Neuronales Netz

Ein graphisch dargestelltes Beispiel der Vorgehensweise kann aus Abbildung 13.8 entnommen werden.

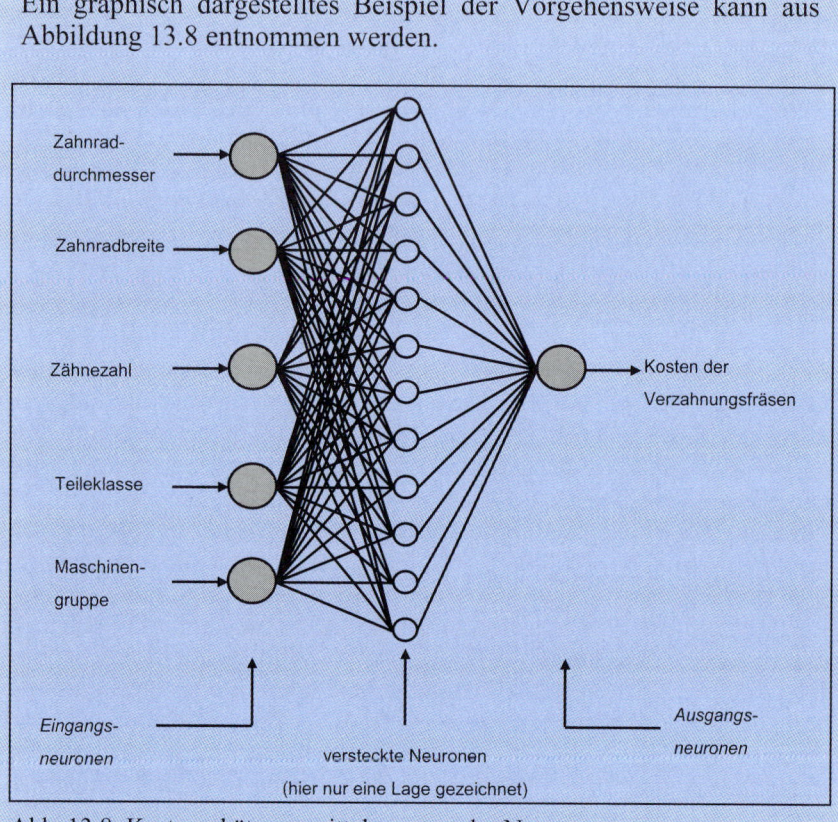

Abb. 13.8: Kostenschätzung mittels neuronaler Netze
(Quelle: nach Ehrlenspiel/Kiewert/Lindemann [1998], S. 467)

Beurteilung

Neuronale Netze ermöglichen die Abbildung komplexer Ursache-Wirkungs-Zusammenhänge mit verhältnismäßig geringem zeitlichem Aufwand bei der Anwendung. Es können, im Gegensatz zur herkömmlichen Regressionsanalyse, auch ordinal oder nominal skalierte Daten abgebildet werden (vgl. Endebrock [2000], S. 45). Zu beachten bleibt jedoch, dass – im Gegensatz z. B. zur traditionellen Optimierungs- oder Regressionsrechnung – die kostenbestimmenden Zusammenhänge verborgen bleiben, somit auch Scheinkorrelationen unentdeckt bleiben und Beeinflussungsmöglichkeiten im Sinne kostengünstigerer Konstruktion auf analytischem Weg ausgeschlossen sind (vgl. Rehkugler [1996], S. 575).

4.2.2 Direkte Ähnlichkeiten

Die beschriebenen synthetischen Verfahren zur Kostenschätzung basieren auf Kenngrößen, wie beispielsweise den Gewichtskosten, dem Materialkostenanteil oder den Kosten pro Funktion. Diese werden aus aggregierten Daten mehrerer Nachkalkulationen und somit mehrerer Erzeugnisse ermittelt.

Bei Rückgriff auf Relativkosten oder auf Ähnlichkeitsbeziehungen wird wiederum direkt ausgehend von einer einzigen bestehenden Vor- oder Nachkalkulation eine Kostenschätzung durchgeführt. Daher wird von Verfahren **direkter Ähnlichkeiten** gesprochen. Die Verfahren werden teilweise unten dem Begriff der **Differenzkalkulation** subsumiert (vgl. Günther/Schuh [1998], S. 385). *Direkte Ähnlichkeiten*

4.2.2.1 Relativkosten

Relativkosten stellen das Kostenverhältnis alternativer Konstruktionslösungen dar. Die Relativkostenzahl wird laut VDI [1997a], S. 3 wie folgt definiert: *Relativkosten*

$$k_v^* = \frac{\text{Kosten des Vergleichsmaterials}}{\text{Kosten des Bezugmaterials}}$$

Das Bezugsmaterial gilt dabei als Referenz für die Kostenschätzung. Die Materialkosten MK ergeben sich dann wie folgt:

$$\text{MK}_{neu} = \left(V \times k_v^* \times k_{v0}\right) \times \left(1 + g\right)$$

V stellt dabei das Volumen des neuen Werkstoffs dar, k_{v0} sind die Kosten des Bezugsmaterials pro Volumeneinheit. Der Term ($V \times k_v^* \times k_{v0}$) stellt die Werkstoffkosten dar, die, multipliziert mit dem unternehmensspezifischen Gemeinkostenzuschlagsfaktor für das Material (1+g), zu den gesamten, geschätzten Materialkosten führen.

Voraussetzung für die Anwendung der Relativkosten ist eine große Ähnlichkeit der verwendeten Materialien oder Teile zum Bezugswerkstoff (vgl. Bronner [1996], S. 95). Bei der Methode der Relativkosten kann nicht nur das Material, sondern u. a. auch Fertigungsverfahren, Einzelteile oder Baugruppen sowie Funktionen variiert werden. Als Bezugsgröße wird häufig die kostengünstigste Lösung gewählt. *Voraussetzungen*

Ein eindeutiger Vorteil der Anwendung von Relativkostenkatalogen ist die Tatsache, dass sich Relativkosten im Zeitverlauf weniger ändern als Absolutkosten. Relativkosten können auf der Grundlage betriebsinterner Erfahrungen bestimmt werden. Der Aufwand der Aufstellung von Relativkostenkatalogen ist meist für ein Unternehmen unverhältnismäßig *Beurteilung* hoch. Daher werden oft Orientierungsgrößen aus vorgegebenen Relativ-kostenkatalogen (vgl. VDI [1998], S. 5 ff.) entnommen.

Beispiel 13.12:
Relativkosten

Der VDI [1998] bietet ein gutes Beispiel dafür, das im Folgenden kurz vorgestellt wird. Die volumenbezogenen Kosten des Materials werden in EUR/cm^3 ausgedrückt und an warm gewalztem Rundstahl von 35 bis 100 mm Durchmesser, U St 37-2, DIN 17100, Maßnorm DIN 1013, bei Lieferung von 1000 kg ab Werk festgemacht (vgl. VDI [1997a], S. 13; Werte umgerechnet in EUR).

Üblicherweise sind nicht die **volumenbezogenen** Werkstoffkosten, sondern die **gewichtsbezogenen** Werkstoffkosten bekannt. Um zu den volumenbezogenen Werkstoffkosten k_{vo} zu gelangen, ist eine Umrechnung mittels der spezifischen Dichte d_0 des Bezugsmaterials nötig. Die spezifische Dichte vom Bezugsmaterial U St 37-2 beträgt 7.85 x 10^3 kg/m^3. Werden die gewichtsbezogenen Werkstoffkosten k_{G0} mit 1,02 EUR/kg angenommen, so ergeben sich die volumenbezogenen Kosten wie folgt:

$$k_{v0} = k_{G0} \times d_0$$

$$k_{v0} = 0,52 \times 7,85 \times 10^{-3} \text{ EUR} / \text{cm}^3 = 4,08 \times 10^{-3} \text{EUR} / \text{cm}^3$$

Nun soll die Schätzung von Materialkosten auf dieser Grundlage vorgestellt werden (vgl. VDI [1997a], S. 6 f.; VDI [1998], S. 5 ff.). Es sollen die Materialkosten eines Getriebes geschätzt werden. Dazu ist u. a. ein Deckel notwendig, der aus dem Werkstoff St 37-2K+G besteht und ein Volumen von 80 cm^3 aufweist. Der Gemeinkostenzuschlagssatz für den Werkstoff ist 10 %.

Die Relativkosten k_v^* können für den Werkstoff St 37-2K+G aus dem Katalog des VDI [1998], S. 7 entnommen werden und betragen 1,6. Damit bestimmen sich die Materialkosten für den Deckel des Getriebes wie folgt:

$$MK_{neu} = \left(V \times k_v^* \times k_{v0}\right) \times \left(1 + g\right) = 80 \times 1,6 \times 4,08 \times 10^{-3} \times 1,1 = 0,57 \text{ EUR.}$$

4.2.2.2 Ähnlichkeitsbeziehungen und weitere Kostengesetz-mäßigkeiten

Ähnlichkeitsbe-ziehungen

Die Kostenschätzung auf der Basis von **Ähnlichkeitsbeziehungen** (auch als **Wachstumsgesetze** bekannt) beruht auf Ähnlichkeit im geometrischen Sinne. D. h., konstante Größenverhältnisse bei zwei oder mehreren Endprodukten werden bei der Kalkulation berücksichtigt. Im einfachsten Fall könnte beispielsweise davon ausgegangen werden, dass die doppelte Länge eines herzustellenden Teils zu doppelten Kosten führt. Ausgangswerte (d. h. die Herstellkosten des Vergleicherzeugnisses, die Kostenstruktur, die Größen und Größenverhältnisse) werden aus der Nachkalkulation eines Vergleichsobjektes entnommen. Bei der IT-unterstützten Suche nach ähnlichen Objekten wird von der sog. **Suchkalkulation** gesprochen (vgl. dazu ausführlich Kiewert [1990], S. 360 ff.).

Ausgehend vom Vergleichsobjekt werden **geometrisch ähnliche** Objekte und **geometrisch halbähnliche** Objekte unterschieden. Im ersten Fall „wachsen" die Objekte in allen ihren Abmessungen (Länge, Breite usw.) mit einem konstanten Maßstab (beispielsweise doppelte Länge, doppelte Breite, usw.). Bei geometrisch halbähnlichen Objekten besteht eine grundsätzliche Ähnlichkeit zwischen dem Vergleichsobjekt und dem neu zu kalkulierenden Objekt, jedoch ändern sich einzelne Abmessungen mit unterschiedlichen Maßstäben (z. B. doppelte Länge bei konstanter Breite). In diesem Fall werden bei der Herstellkostenschätzung die verschiedenen Merkmalsentwicklungen berücksichtigt und in die Berechnung einbezogen.

Ähnlichkeitsbeziehungen sind Ergebnisse von Erfahrungswerten und können entweder betriebsintern ermittelt oder der Literatur entnommen werden.

Geometrisch ähnliche oder halbähnliche Objekte

> **Beispiel 13.13:** *Wachstumsgesetze*
>
> Um beispielhaft derartige Ähnlichkeitsbeziehungen vorzustellen, werden im Folgenden drei Wachstumsgesetze laut Bronner [1996] zitiert:
>
> - „Die Materialkosten ähnlicher Teile steigen etwa proportional zum Volumen bzw. zur 3. Potenz des Längenverhältnisses."
> - „Die Fertigungskosten ähnlicher Teile steigen etwa proportional zur Oberfläche bzw. zur 2. Potenz des Längenverhältnisses."
> - „Die Rüstkosten ähnlicher Teile steigen etwa proportional zur Wurzel aus den Längenverhältnissen [...]." (Bronner [1996], S. 29).

Ähnlichkeitsbeziehungen können sowohl auf der Basis von Kostenbestandteilen wie Fertigungs- und Materialkosten sowie Abmessungs- und Losgrößenänderungen (**summarische Ähnlichkeitsbeziehungen**) als auch auf Basis verschiedener Schritte des Fertigungsverfahrens (**differenzierte Ähnlichkeitsbeziehungen**) abgebildet werden. Die folgenden zwei Beispiele zeigen den Unterschied der beiden Ansätze.

Summarische und differenzierte Ähnlichkeitsbeziehungen

> **Beispiel 13.14:** *Summarische Ähnlichkeitsbeziehung*
>
> Zuerst eine summarische Ähnlichkeitsbeziehung, in Anlehnung an die oben vorgestellten Wachstumsgesetze nach Bronner [1996]:
>
> $$\left(HK_j\right)_{LG} = \left(HK_i\right)_1 \times \left[\frac{ek_{i1} \times \lambda^{0,5}}{LG} + fke_{i1} \times \lambda^2 + mk_{i1} \times \lambda^3 \right]$$

mit

λ = Maßstabsfaktor = L_j / L_i = Längenmaßstab der Baugröße j relativ zur Baugröße i

LG = Losgröße

$(HK_j)_{LG}$ = Herstellkosten pro Einheit der Baugröße j und Losgröße LG (in EUR)

$(HK_i)_1$ = Herstellkosten pro Einheit der Baugröße i und Losgröße 1 (in EUR)

ek_{i1} = Anteil einmaliger Kosten (z. B. Rüstkosten) an $(HK_i)_1$ ($0 \leq ek_{ip} \leq 1$)

fke_{i1} = Anteil der Fertigungskosten an $(HK_i)_1$ ($0 \leq fke_{i1} \leq 1$)

mk_{i1} = Anteil der Materialkosten an $(HK_i)_1$ ($0 \leq mk_{i1} \leq 1$).

Beispiel 13.15:
Differenzierte
Ähnlichkeitsbe-
ziehungen

Eine differenzierte Ähnlichkeitsbeziehung könnte (hier am Beispiel zylinderförmiger Teile) folgende Gestalt annehmen (vgl. Pahl/Rieg [1982], S. 64):

$$HK_{neu} = HK_G \times a_4 \times \varphi_D^2 \times \varphi_L \times \varphi_{k_v} + a_3 \times \varphi_D^2 \times \varphi_i \times \frac{1}{\varphi_s} \times \frac{1}{\varphi_{Vor}} + a_2 \times \varphi_L \times \varphi_A + a_1 \times \varphi_L + \frac{a_0}{\varphi_{LG}}$$

mit

$\varphi_D^2 \times \varphi_L \times \varphi_{Kv}$ = Änderung der Materialkosten

$\varphi_D^2 \times \varphi_i \times 1/\varphi_s \times 1/\varphi_{Vor}$ = Ähnlichkeitsbeziehung für Plandrehen

$\varphi_L \times \varphi_A$ = Ähnlichkeitsbeziehung für Fräsen

φ_L = Ähnlichkeitsbeziehung für Schweißen

$a_1, a_2, ..., a_p$ = Herstellkostenanteile mit $0 < a_1, a_2, ..., a_q < 1$ und $\Sigma a_i = 1$, die aus dem Grundentwurf ermittelt werden

a_0 = Fixkostenanteil an den Herstellkosten ($0 \leq a0 \leq 1$)

HK_G = Herstellkosten Grundentwurf (in EUR)

L = Länge des Objektes (in mm)

LG = Losgröße

D = Außendurchmesser (in mm)

k_v = Materialpreis pro Volumeneinheit (in EUR)

i = Schnittzahl

Vor = Vorschub (in mm / Sekunde)

s = Schnittgeschwindigkeit (in mm / Sekunde)

A = Anzahl der Fräsbahnen

Die Anwendung von Ähnlichkeitsgesetzen sei nun an einem numerischen Beispiel erläutert (vgl. Bronner [1996], S. 31).

Beispiel 13.16:
Ähnlichkeitsbeziehung

> Eine Getriebebaureihe wird so konstruiert, dass das Verhältnis der Längenabmessungen zwischen den Varianten i und i+1 stets 1,12 beträgt. Für die kleinste Größe des Getriebes wurde bereits eine detaillierte Kalkulation erstellt, aus der sich 100 EUR Materialkosten, 100 EUR Fertigungskosten sowie 1 786 EUR Rüstkosten ergeben. Die weiteren vier Varianten sollen anhand von Wachstumsgesetzen kalkuliert werden. Es gelten die drei nach Bronner [1996] oben genannten Wachstumsgesetze. Die Rüstkosten seien beim kleinsten und beim größten Getriebe auf 50 Stück umzulegen, für die restlichen Getriebearten auf 100 Stück.
>
> Wie zu erwarten und aus Abbildung 13.9 erkennbar, wachsen die Kosten für das Getriebe mit dessen Größe.

Benennung	Wachstumsfaktor	Varianten-Nummer n				
		1	2	3	4	5
Längenfaktor	λ	1,00	1,12	1,25	1,40	1,57
Materialkosten in EUR	λ^3	100	140	197	277	389
Fertigungskosten in EUR	λ^2	100	125	157	197	247
Rüstkosten in EUR / Stk	$\lambda^{0,5}$	$\frac{1\,786}{50} = 36$	$\frac{1\,890}{100} = 19$	$\frac{2\,000}{100} = 20$	$\frac{2\,116}{100} = 21$	$\frac{2\,240}{50} = 45$
Summe = HK in EUR / Stk		236	284	374	495	681

Abb. 13.9: Kosten einer Getriebereihe auf Grundlage von Wachstumsgesetzen
(Quelle: in Anlehnung an Bronner [1996], S. 31)

Neben den oben vorgestellten Wachstumsgesetzen existieren weitere Kostengesetzmäßigkeiten und -tendenzen, die einer Angebots- und Auftragskalkulation als Grundlage dienen können. Darunter zu zählen sind Mengen-, Leistungs- und Toleranzgesetze (vgl. Bronner [1996], S. 32 ff.).

Mengengesetze

Mengengesetze berücksichtigen die Auswirkungen der hergestellten Stückzahl auf die Kosten. So spielt die Losgröße – über die Verteilung von fixen Losgrößenkosten – und die Erfahrungskurve (vgl. Kapitel 10 dieses Buches) mit den damit berücksichtigten Lerneffekten eine Rolle.

Bei den **Leistungsgesetzen** wird die „Leistung" als hergestellte Stückzahl pro Zeiteinheit verstanden. Hiermit werden economies of scale und economies of scope sowie die Auslastung in die Kostenschätzung einbezogen.

Toleranzgesetze beschreiben die Wirkung der Veränderung zulässiger Maßabweichungen auf die entstehenden Fertigungskosten. Dabei besagt beispielsweise das sog. „allgemeine Toleranzgesetz", dass innerhalb der vordefinierten Toleranzgrenze die „[...] Einengung der Toleranz auf die Hälfte eine Verdoppelung der Kosten für die toleranzbestimmenden Arbeitsvorgänge" (Bronner [1996], S. 53) verursacht. Dieses Gesetz gilt insb. bei den Fertigungsprozessen, bei denen die Toleranz gering ist.

Der Einsatz von Kostengesetzmäßigkeiten ist besonders für die Kalkulation von größeren oder kleineren Folgeentwürfen zu einem Grundentwurf geeignet. Vorteilhaft ist, dass Ähnlichkeitsbeziehungen oft überbetrieblich gelten und kaum aktualisiert werden müssen. Als nachteilig erweist sich jedoch, dass Ähnlichkeitsbeziehungen selten in der Konstruktionspraxis vorliegen und des Weiteren – bei Bedarf nach einer unternehmensindividuellen Bestimmung von Ähnlichkeitsbeziehungen – der einmalige Aufwand sehr hoch ist (vgl. Ehrlenspiel/Kiewert/Lindemann [1998], S. 469; Günther/Schuh [1998], S. 386).

5   Computer Integrated Manufacturing

Computer Integrated Manufacturing, kurz **CIM** genannt, stellt die rechnergestützte Zusammenführung aller betriebswirtschaftlichen und technischen Daten eines Unternehmens dar (vgl. Scheer [1998], S. 354). CIM lässt sich auf Dr. Joseph Harrington während seiner Teilnahme an einem Projekt der amerikanischen Luftwaffe zurückführen, das Mitte der siebziger Jahre des 20. Jahrhunderts begann, die Datenintegration zwischen verschiedenen technischen Abteilungen zu fördern. Heute steht bei CIM die komplette Integration der DV-Systeme eines Betriebes im Vordergrund.

CIM kann als Grundlage für Kostenschätzungen genutzt werden, da es ermöglicht, mittels betrieblicher Datenverarbeitung Erzeugnisse modellhaft abzubilden, in dem Daten wie technische Merkmale und Kosten hinterlegt werden. Diese Daten bleiben langfristig im Unternehmen erhalten und werden stets aktualisiert. CIM dient daher u. a. der automatisierten Angebots- und Projektkalkulationserstellung, in dem technische und administrative Bereiche bei der Erstellung der Kalkulationsgrundlagen (Stücklisten, Preislisten, Arbeitspläne usw.) kooperieren (vgl. Günther/Schuh [1998], S. 387).

CIM ermöglicht bei der Kalkulation eine Kombination qualitativer Verfahren, wie beispielsweise Kostenstrukturen, mit quantitativen Verfahren, wie z. B. Kostenfunktionen. Die Dateneingabe erfolgt einmalig, der Zugriff ist hingegen jederzeit möglich. Eine Doppelerfassung wird vermieden. Alle betroffenen Mitarbeiter greifen auf die gleichen Daten zurück und gelangen somit zu konsistenten Ergebnissen.

Hybride Kostenschätzmethode

Obwohl bei entsprechendem Dateninput hohe Ergebnisgenauigkeit erlangt werden kann, sollte beachtet werden, dass die einmaligen Implementierungskosten für das Unternehmen sehr hoch sein können. Auch sollte nicht vernachlässigt werden, dass teilweise die Nachvollziehbarkeit der ausgegebenen Daten nicht in ausreichendem Maße für alle Prozessbeteiligten gegeben ist.

Beurteilung

6 Kritische Würdigung der Kostenschätzverfahren

Bei der Bewertung der im Abschnitt 3 dieses Kapitel vorgestellten Kostenschätzverfahren lässt sich grundsätzlich feststellen, dass jedes der Instrumente auf einem trade off zwischen der Genauigkeit der Schätzung und dem Aufwand bei der notwendigen Datenerhebung beruht (vgl. auch VDI [1997a], S. 2). Dies lässt sich graphisch anhand der Positionierung entlang einer gedanklichen Winkelhalbierenden aufzeigen (vgl. Abbildung 13.10).

Trade-off zwischen Aufwand und Genauigkeit

Gekennzeichnet ist der Bereich, der die „idealen" Kostenschätzmethoden darstellt: Ein hoher Genauigkeitsgrad, gepaart mit einem geringen Aufwand. Keines der Verfahren aus Abschnitt 3 liegt in diesem Bereich, jedes stellt einen Kompromiss dar. Es lässt sich demzufolge keine allgemeingültige Lösung aufzeigen, sondern lediglich auf eine fallweise, unternehmens- sowie branchenspezifische Lösung hindeuten. So sind situative Gegebenheiten wie beispielsweise die Häufigkeit einer Angebots- und Auftragskalkulation, die Art und Menge der vorhandenen Daten, die Art des Produktes und des Produktionsverfahrens sowie die Möglichkeiten des Einsatzes von EDV zu berücksichtigen (vgl. beispielsweise Günther/Schuh [1998], S. 388). Bei Bedarf an einer Kostenschätzung sollten die Unternehmen des Weiteren berücksichtigen, dass sich die oben genannten situativen Gegebenheiten im Laufe der Produktentwicklung wandeln. Mit ihnen ändern auch die Verfahren, die es idealerweise anzuwenden gilt.

Berücksichtigung des Stands der Produktentwicklung

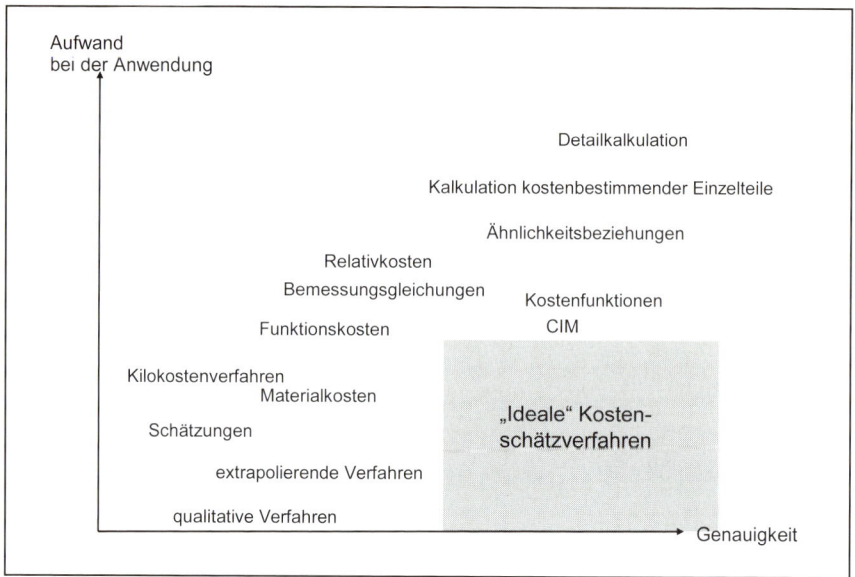

Abb. 13.10: Vergleich der Kostenschätzverfahren hinsichtlich Genauigkeit und
           Aufwand bei der Anwendung
           (Quelle: In Anlehnung an Günther/Schuh [1998], S. 386)

Um eine Validierung der Ergebnisse der Kostenschätzverfahren zu ermöglichen, ist die parallele Anwendung verschiedener Verfahren zur
Kostenschätzung empfehlenswert. Um verfahrensübergreifend den be-
gangenen Schätzfehler zu reduzieren, ist es möglich die einzelnen Teile
und Baugruppen, Arbeitsschritte oder Fertigungsgänge der Enderzeug-
nisse separat zu schätzen. Zufällige Fehler (= Standardabweichung der
Näherungswerte vom Ist-Wert) mitteln sich so bei mehreren Einzelschät-
zungen heraus, solange keine systematischen oder methodischen Fehler
bei der Kostenermittlung begangen werden (vgl. Günther/Schuh [1998],
S. 388).

7   Kontrollfragen

1) Aus welchen Gründen kommt der Kostenschätzung in Betrieben eine
   besondere Bedeutung zu?
2) Welches Dilemma wird versucht mit der Anwendung von Kostenschätzverfahren zu lösen?
3) Nennen und beschreiben Sie drei qualitative Verfahren zur Kostenschätzung!
4) Auf welchen Annahmen beruhen extrapolierende Verfahren zur Kostenschätzung?

5) Beschreiben Sie, welche Verfahren zur Kostenschätzung im engeren Sinne Ihnen bekannt sind!

6) Unterscheiden Sie analytische von synthetischen Kostenschätzverfahren!

7) Welche Rolle spielt die ABC-Analyse bei der Kalkulation kostenbestimmender Einzelteile?

8) Was unterscheidet eine Detailkalkulation von einer konstruktionsbegleitenden Kalkulation?

9) Wie können Herstellkosten auf Basis des Kilokostenverfahrens geschätzt werden?

10) Auf welchen Annahmen beruht die Materialkostenmethode? Wie lassen sich damit Kosten schätzen? Woher können Richtwerte für den Materialkostenanteil von Erzeugnisse entnommen werden?

11) Beschreiben Sie das schrittweise Vorgehen beim Funktionskostenverfahren!

12) Erläutern Sie die Bestandteile einer Bemessungsgleichung zur näherungsweisen Bestimmung von Kosten!

13) Was unterscheidet eine Regressions- von einer Optimierungsrechnung?

14) Welche Vor- und Nachteile bietet die Anwendung von neuronalen Netzen zur Kostenschätzung?

15) Wie lassen sich Kosten mittels Zuhilfenahme von Relativkostenkatalogen schätzen?

16) Welcher Unterschied besteht zwischen geometrisch ähnlichen und geometrisch halbähnlichen Objekten?

17) Nennen Sie drei Wachstumsgesetze!

18) Welche Kostengesetzmäßigkeiten können auf der Basis von Menge, Leistung und Toleranz gebildet werden?

19) Erläutern Sie, was unter CIM verstanden wird!

20) Beurteilen Sie die Ihnen bekannten Kostenschätzverfahren hinsichtlich des Aufwands bei der Anwendung und der Genauigkeit der Ergebnisse! Welches Kostenschätzverfahren können Sie demzufolge empfehlen?

8 Abkürzungsverzeichnis

λ	Maßstabsfaktor bei Ähnlichkeitsbeziehungen
$(HK_i)_1$	Herstellkosten pro Einheit der Baugröße i und Losgröße 1
$(HK_j)_{LG}$	Herstellkosten pro Einheit der Baugröße j und Losgröße LG
A	Anzahl der Fräsbahnen eines zu kalkulierenden zylindrischen Teils
a	konstanter Kostenbestandteil
a_0	Fixkostenanteil an den Herstellkosten
a_i	Herstellkostenanteile
b	Breite eines Kalkulationsobjektes
b_i	Kosten pro Einheit der Kosteneinflussgröße i
CIM	Computer Integrated Manufacturing

d	Außendurchmesser eines zu kalkulierenden zylindrischen Körpers
d	Fügedurchmesser
d_0	spezifische Dichte des Bezugsmaterials
ek_{i1}	Anteil einmaliger Kosten an $(HKi)_1$
F	Last, die von einem Kalkulationsobjekt getragen werden soll
$FGmK$	Fertigungsgemeinkosten
fke_{i1}	Anteil der Fertigungskosten an $(HKi)_1$
g	Gemeinkostenzuschlagsfaktor für ein Material
G_{alt}	Gewicht des Vergleichserzeugnisses
G_{neu}	Gewicht des neu zu kalkulierenden Erzeugnisses
h	Höhe eines Kalkulationsobjektes
HK	Herstellkosten
HK_{alt}	Kosten des Vergleichserzeugnisses lt. Nachkalkulation
HK_g	Gewichtskostensatz
HK_G	Herstellkosten Grundentwurf
HK_{neu}	Herstellkosten des neu zu kalkulierenden Erzeugnisses
i	Schnittzahl
φ_i	Verhältnis Folgeentwurf / Grundentwurf einer Kosteneinflußgröße
$KDSI$	1 000 Code-Zeilen (1 000 delivered source instructions)
k_{G0}	gewichtsbezogenen Werkstoffkosten
k_v	Materialpreis pro Volumeneinheit
$k_v{}^*$	Relativkostenzahl
k_{vo}	volumenbezogenen Werkstoffkosten
L	Länge eines Kalkulationsobjektes
LG	Fertigungslosgröße
LK	Lohnkosten
m	Materialkostensatz
MEK	Materialeinzelkosten
MK_{alt}	Materialkosten des Vergleichserzeugnisses lt. Nachkalkulation
mk_{ip}	Anteil der Materialkosten an $(HK_i)_p$
MK_{neu}	Materialkosten des neu zu kalkulierenden Erzeugnisses
PM	Personenmonate
s	Schnittgeschwindigkeit
T	Entwicklungszeit
v	Verhältnis zwischen Gesamtlänge eines zu kalkulierenden Trägers und seiner Spannweite
V	Volumen des neu zu kalkulierenden Werkstoffs
Vor	Vorschub eines zu kalkulierenden zylindrischen Teils
w	Spannweite eines Kalkulationsobjektes
x_i	Wert der Kosteneinflussgröße
z	Einspannziffer
σ	Biegespannung

9 Literaturhinweise

Backhaus, K. et al. (2006): Multivariate Analysemethoden - Eine anwendungsorientierte Einführung, 11. Aufl., Berlin, Heidelberg 2006.

Boehm, B. W. (1981): Software engineering economics, London et al. 1981.

Bronner, A. (1996): Angebots- und Projektkalkulation – Leitfaden für technische Betriebe, Berlin et al. 1996.

Ehrlenspiel, K./Kiewert, A./Lindemann, U. (1998): Kostengünstig entwickeln und konstruieren - Kostenmanagement bei integrierter Produktentwicklung, 2. Aufl., Berlin, Heidelberg 1998.

Endebrock, K. (2000): Ein Kosteninformationsmodell für die frühzeitige Kostenbeurteilung in der Produktentwicklung. Dissertation, Aachen 2000.

Goetze, H. (1978): Kostenplanung technischer Systeme am Beispiel der Werkzeugmaschine. Dissertation, Berlin 1978.

Gröner, L. (1991): Entwicklungsbegleitende Vorkalkulation, Berlin, Heidelberg 1991.

Günther, T./Schuh, H. (1998): Näherungsverfahren für zukünftige Produkt- und Auftragskosten, in: Kostenrechnungspraxis, 1998, S. 381-389.

Kiewert, A. (1990): Kostenfrüherkennung in der Konstruktion durch Koppelung von CAD und Kostenrechnung, in: (Hrsg.): Rechnungswesen und EDV. 11. Saarbrücker Arbeitstagung 1990. Wandel der Kalkulationsobjekte, Physica, Heidelberg 1990, S. 350-378.

Mellerowicz, K. (1980): Kosten und Kostenrechnung. Band 2 – Verfahren, Berlin 1980.

Pahl, G./Rieg, F. (1982): Kostenwachstumsgesetze nach Ähnlichkeitsbeziehungen für Baureihen, in: Vdi-Gesellschaft Konstruktion Und Entwicklung (Hrsg.): Konstrukteure senken Herstellkosten – Methoden und Hilfen (VDI-Berichte Nr. 457), Düsseldorf 1982, S. 61-69.

Rehkugler, H. (1996): Neuronale Netze in der Ökonomie, in: Wirtschaftswissenschaftliches Studium, 1996, S. 572-576.

Scheer, A.-W. (1998): Wirtschaftsinformatik – Referenzmodelle für industrielle Geschäftsprozesse, Berlin, Heidelberg 1998.

Tönshoff, H. K./Brunkhorst, U./Tracht, K. (1995): Angebotsplanung in der Einzelfertigung, in: CIM Management, 1995, S. 42-45.

Verein Deutscher Ingenieure (VDI) (1987): Wirtschaftliche Entscheidungen beim Konstruieren - Methoden und Hilfen. VDI 2235, 1987.

Verein Deutscher Ingenieure (VDI) (1997a): Konstruktionsmethodik – Technisch-wirtschaftliches Konstruieren – Vereinfachte Kostenermittlung. VDI 2225, Blatt 1, 1997a.

Verein Deutscher Ingenieure (VDI) (1997b): Konstruktionsmethodik – Technisch-wirtschaftliches Konstruiercn – Bcmcssungslchrc. VDI 2225, Blatt 4, 1997b.

Verein Deutscher Ingenieure (VDI) (1998): Konstruktionsmethodik – Technisch-wirtschaftliches Konstruieren – Tabellenwerk. VDI 2225, Blatt 2, 1998.

Kapitel 14
Target Costing

1   Einführung

Im Vorstand eines Automobilunternehmens wird beschlossen, das bisherige Produktspektrum durch ein Solarmobil zu ergänzen. Die Leiterin der Controllingabteilung, Frau K. Osten, weist darauf hin, dass ein Großteil der Herstellkosten bereits in den frühen Phasen des Produktlebenszyklusses festgelegt wird. Da die Beeinflussbarkeit der Herstellkosten im Zeitablauf sinkt, ist es notwendig, bereits in der Entwicklungs- und Konstruktionsphase die von den Kunden als relevant erachteten Produkteigenschaften zu berücksichtigen.

Frau K. Osten erläutert im Vorstand, warum insgesamt für das Solarmobil ein Kostenniveau erreicht werden muss, das der Differenz von Verkaufspreis abzüglich der von den Kapitalgebern geforderten Mindestrendite auf das eingesetzte Kapital entspricht. Allen Beteiligten ist bewusst, dass eine Koordination aller im Unternehmen anfallenden Wertschöpfungsprozesse hierfür erforderlich ist.

Im Rahmen dieses Kapitels werden zunächst die Gründe für den Einsatz von Kostenmanagementkonzepten dargelegt, bevor die generelle Vorgehensweise des Target Costing aufgezeigt wird. Diese unterscheidet sich von der traditionellen Kosten-Plus-Gewinnzuschlagsvorgehensweise in erster Linie dadurch, dass nicht progressiv, sondern retrograd vorgegangen wird. Die entscheidende Frage, die man sich stellen muss, ist nicht „Wieviel wird ein Produkt kosten?", sondern „Was darf es kosten?".

Ausgangspunkt des Target Costing bildet der am Markt erzielbare Preis, von dem eine Zielrendite abgezogen wird. Daraus entstehen die „allowable costs", die mit Hilfe der Kostenspaltung komponentenweise verfeinert werden. Diese Kosten werden den „drifting costs", den für ein Neuprodukt geschätzten Kosten, gegenübergestellt. Eine eventuell daraus resultierende Kostenlücke kann mit weiteren Instrumenten des Kostenmanagements reduziert werden, z. B. mit dem Konzept des Benchmarking, der Wertgestaltung sowie der Integration von Zulieferern.

Das Resultat des Target Costing ist ein Produktkonzept, das nicht nur die maximal zulässigen Zielkosten beinhaltet, sondern auch die vom Markt erwünschten Leistungsmerkmale im Kalkül berücksichtigt, so dass die Gefahr von Fehlentwicklungen von Neuprodukten verringert werden kann.

Das vorliegende Kapitel erläutert die dargelegte Thematik anhand folgender Überlegungen:

- Wie sieht die Vorgehensweise und die Durchführung des Target Costing aus?
- Welche Probleme entstehen bei der Anwendbarkeit des Target Costing in der Unternehmenspraxis?
- Welche Konzepte können herangezogen werden, um die Produktkosten zu reduzieren?

2   Gründe für den Einsatz von Kostenmanagement-Instrumenten

Frühzeitige Kostenplanung

Bereits Anfang der siebziger Jahre wurde in einer Studie von British-Aerospace nachgewiesen, dass ca. 80-90 % der Herstellkosten vor Beginn der eigentlichen Produktion des ersten Stücks festgelegt werden (vgl. im Folgenden Coenenberg/Fischer/Schmitz [1994], S. 1 ff.). Aus diesem Sachverhalt wurde – zunächst vor allem in japanischen Unternehmen – der Schluss gezogen, dass Kostenziele für die späteren Herstellkosten eines Produkts schon in der Entwicklungs- und Konstruktionsphase zu setzen seien. Wie Abbildung 14.1 veranschaulicht, sinkt während des Produktlebenszyklusses die Beeinflussbarkeit der Kosten fortlaufend und nimmt gleichzeitig die Festlegung der Kosten zu. Zwar fallen die Kosten überwiegend in der Produktionsphase und den nachfolgenden Lebenszyklusphasen an, dann ist aber die Festlegung der Kosten bereits größtenteils abgeschlossen (ca. 85 %) und ihre Beeinflussbarkeit entsprechend gering.

Da die etablierten betrieblichen Kostenrechnungssysteme, unabhängig von der Verrechnungssystematik (Voll- oder Teilkostenrechnung), vielfach erst in der Produktionsphase mit der Steuerung und Kontrolle der betrieblichen Kosten, d. h. mit der Ermittlung der Herstell- oder Selbstkosten von Produkten, beginnen, sind zusätzliche Instrumente nötig, um Kostenziele bereits in den frühen Lebenszyklusphasen vorzugeben.

Konzept des Kostenmanagements

Hier setzen zwei, in jüngster Zeit stark diskutierte Konzepte des Kostenmanagements an. Mit Hilfe des sog. Target Costing werden die Zielkosten eines Produkts schon am Beginn seines Entstehungszyklusses bestimmt. Um unter Beachtung dieser Soll-Vorgaben eine bestimmte Mindestrendite für den gesamten Produktlebenszyklus zu erreichen, sind zusätzlich alle während des Produktlebenszyklusses anfallenden Ein- und Auszahlungen („Life Cycle Costing") zu analysieren (vgl. Kapitel 15). Eine solche langfristige und marktliche Orientierung fehlt in den traditionellen Kostenrechnungssystemen.

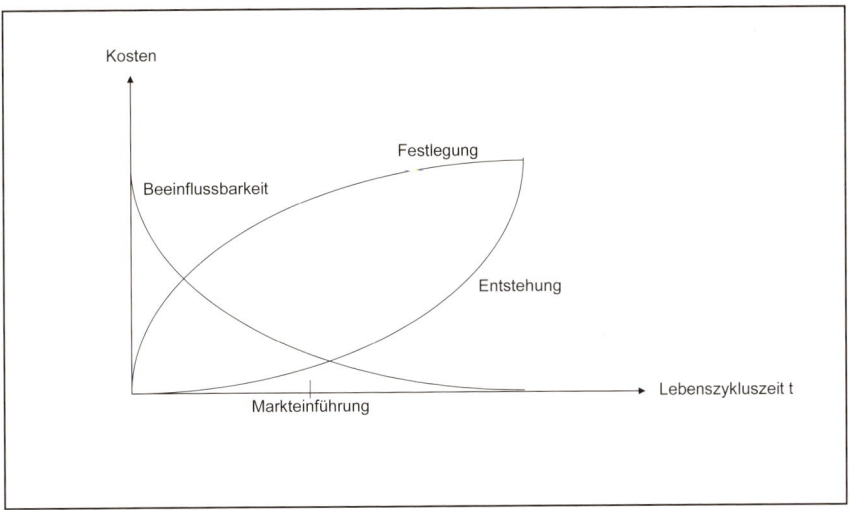

Abb. 14.1: Festlegung, Entstehung und Beeinflussbarkeit der Kosten im Produktlebenszyklus

Im Folgenden werden anhand eines Praxisfalls Einsatzmöglichkeiten des Kostenmanagements verdeutlicht. Der Fall entstand in Zusammenarbeit mit einem großen deutschen Konzern aus dem Bereich der Medizintechnik bei der Einführung eines neuen Geräts der medizinischen Diagnostik (Magnetresonanz). Das Gerät sollte laut Planung in einer Kleinserie aufgelegt werden (insgesamt ca. 1 000 Stück). Es handelt sich um ein Produkt der „oberen Mittelklasse", das sowohl für große Arztpraxen als auch kleine Krankenhäuser konzipiert wurde. Die grundlegende Technologie zur Entwicklung und Produktion dieses Produkts war im Unternehmen vorhanden. Die im Folgenden verwendeten Beispiele gehen auf die in Zusammenarbeit mit dem Unternehmen erhobenen Daten zurück.

Beispielfall

3 Grundlagen

Das Konzept des **Target Costing** (jap.: „Mokuhyou Genkakeisan") ist ein in japanischen Unternehmen entwickeltes Konzept des Kostenmanagements, das dort in die langfristige Gesamtplanung des Unternehmens eingebunden ist. Target Costing wird hauptsächlich in Industriezweigen

Target Costing

angewendet, die komplexe, hoch technisierte Produkte entwickeln und herstellen, z. B. Automobilbau, Elektronikindustrie, Werkzeugmaschinenbau. Darüber hinaus ist Target Costing auch in der Massenfertigung sinnvoll, da gerade durch die geringe Anzahl von Modellwechseln alle in der Produktentwicklung getroffenen Entscheidungen nachhaltige Auswirkungen auf die langfristige Entwicklung des Unternehmenserfolgs haben (vgl. Franz [1993], S. 126 und das Beispiel von Tanaka [2000], S. 49 ff.).

Merkmale   Die grundlegenden Merkmale des Target Costing sind:

- konsequente Markt- und Kundenorientierung,
- Beeinflussung der Kosten schwerpunktmäßig in der Entwicklungs- und Konstruktionsphase und
- ganzheitliche Betrachtung eines Produkttyps während des gesamten Lebenszyklusses.

3.1 Schematische Vorgehensweise des Target Costing

Vorgehensweise   Der idealisierte Ablauf des Target Costing besteht aus folgenden Schritten (vgl. Abb. 14.2):

- In Abhängigkeit von der geplanten Positionierung eines Produkts sind mit Hilfe der Marktforschung ein potenzieller Marktpreis sowie die hiermit korrespondierenden Stückzahlen für das neue Produkt zu ermitteln. Dabei soll auch herausgefunden werden, wie wichtig einzelne Produktfunktionen für den Konsumenten sind.
- Der prognostizierte Umsatz abzüglich der geforderten Rendite, die im Target Costing meistens durch die Umsatzrendite bestimmt wird, bestimmt die sog. „allowable costs". Die „allowable costs" enthalten alle Kosten, die während der gesamten Produktlebensdauer mit den um die geplante Rendite gekürzten Verkaufserlösen noch gedeckt werden können. Sie werden als Gesamtkosten für die erwartete Stückzahl der Produkte über den Lebenszyklus hinweg vorgegeben. Hiromoto beschreibt die „allowable costs" als realistisch nicht erreichbar, Sakurai hält sie zumindest für erreichbar, jedoch nur unter großen Anstrengungen (vgl. Hiromoto [1988], S. 24; Sakurai [1990], S. 253). Insgesamt lassen sich die „allowable costs" als „schärfste" Kostenziele qualifizieren. Ihre Erreichbarkeit bildet gleichzeitig die Eintrittsbarriere für den späteren Zugang in die angestrebten Märkte.
- Zur Operationalisierung der „allowable costs" für das Produkt als Ganzes ist eine Differenzierung dieses Kostenblocks nach den einzelnen Funktionen und Komponenten notwendig (Kostenspaltung).
- Aus der Kostenprognose für die Komponenten wird unter Berücksichtigung der im Unternehmen momentan verfügbaren Lösungstechnolo-

gien schrittweise eine Kostenschätzung für das Neuprodukt abgeleitet (sog. „drifting costs").

- Solange die geschätzten Kosten („drifting costs") über den als maximal zulässig erachteten Kosten („allowable costs") liegen, muss versucht werden, die „drifting costs" durch geeignete und ggf. wiederholt durchzuführende Maßnahmen der Kostenreduzierung an die „allowable costs" anzugleichen.

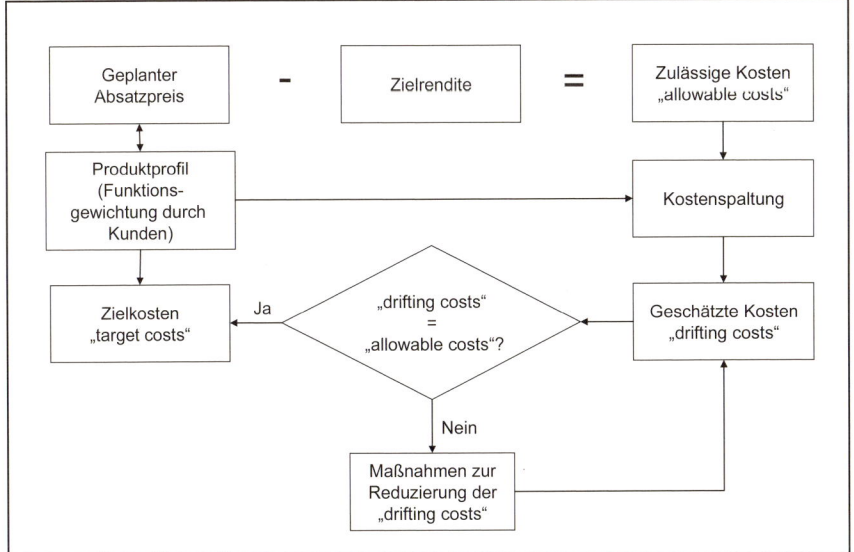

Abb. 14.2: Vorgehensweise des Target Costing (schematisch)

Als Ergebnis sollte ein Produktkonzept vorliegen, das über die von den Kunden gewünschten Leistungsmerkmale verfügt und gleichzeitig zu den Kosten hergestellt werden kann, die unter den marktlichen und wettbewerblichen Gegebenheiten maximal entstehen dürfen (sog. „target costs"). Mit den Zielkosten verfügt das Unternehmen über eine erste Steuerungsgröße für die Planung und Koordinierung aller Aktivitäten, die während des Produktlebenszyklusses anfallen werden.

3.2 Durchführung des Target Costing

Die Durchführung eines Target Costing-Prozesses wird nachfolgend anhand von acht Schritten erläutert:

1) Bestimmung der Funktions-/Eigenschaftsstruktur des Produkts,
2) Ermittlung der Preis-Absatz-Funktion,
3) Ermittlung der „allowable costs",

4) Entwicklung eines Rohentwurfs für das Produkt,
5) Kostenschätzung der Produktkomponenten,
6) Gewichtung der Produktkomponenten,
7) Berechnung eines komponentenspezifischen Zielkostenindexes,
8) Erstellung eines Zielkostenkontrolldiagramms.

Die Schritte 1 und 2 dienen der Erarbeitung des marktorientierten Produktprofils, die Schritte 3 bis 8 der komponentenspezifischen Kostenspaltung.

1) Bestimmung der Funktions-/Eigenschaftsstruktur des Produkts
Um die konkreten Anforderungen an das Produkt oder an seine Eigenschaften zu ermitteln, sind im Anschluss an die grundlegende Positionierung des Produkts etwa Expertenbefragungen oder Befragungen von Referenzkunden durchzuführen. Dies ist allerdings nur sinnvoll bei Lösungen für bereits bestehende Kundenprobleme, da der Kunde bei der Beurteilung von Lösungen von Problemen, die sich ihm derzeit noch nicht stellen, wohl überfordert ist (vgl. Büschken [1994], S. 85).

Conjoint Measurement

Als Methode der Kundenbefragung wird im Allgemeinen das **Conjoint Measurement** empfohlen. Seine Besonderheit liegt darin, dass die Probanden aus der relevanten Zielgruppe nicht isoliert nach einer Funktionsausprägung befragt werden, sondern mit einer Kombination von verschiedenen Funktionsausprägungen konfrontiert werden (multivariate Methode) (vgl. im Folgenden Simon [1992], S. 116 ff. und allgemein zum Conjoint Measurement z. B. Green/Srinivasan [1978], S. 103 ff. und Green/Srinivasan [1990], S. 3 ff.). Den Befragten werden technisch und wirtschaftlich realisierbare Funktionskombinationen vorgelegt, die durch positive und negative Bewertungen der einzelnen Funktionen in eine Rangfolge gebracht werden sollen. Aus dieser Rangfolge lassen sich für jeden Befragten sog. Teilnutzenwerte zu den einzelnen Funktionen bestimmen. Die Summe der **Teilnutzenwerte** spiegelt den **Gesamtnutzen** des Produkts wider.

Teilnutzenwerte

Die jeweiligen Gesamtbeurteilungen der Eigenschaftsausprägungen können durch die Bildung von Mittelwerten bestimmt werden. Für eine Funktion (z. B. „Raumbedarf") werden also die Teilnutzenwerte einer Ausprägung (z. B. „40 m^2") über alle Befragten addiert und durch die Anzahl der einbezogenen Werte dividiert. Diese Vorgehensweise birgt jedoch ein gewisses Risiko in sich. Anhand der über alle Befragten gemittelten Teilnutzenwerte der Produktfunktionen kann ein sog. „Mehrheitstrugschluss" auftreten. Dieser Effekt entsteht z. B. dann, wenn eine Hälfte der Befragten der Funktionsausprägung „Raumbedarf 40 m^2" einen niedrigen Teilnutzenwert zuordnet und die andere Hälfte einen sehr hohen Teilnutzenwert. In diesem Fall stimmt der Mittelwert mit dem Urteil keines einzigen Befragten überein. Dadurch kann es zu Fehlsteuerungen kommen. Sollten die vorliegenden Teilnutzenwerte eine solche stark polarisierende Streuung zwischen den Befragten aufweisen, ist eine Segmentierung des Markts sinnvoll.

Beispiel 14.1

Die Produkteigenschaften und -funktionen sowie deren mögliche Ausprägungen lauten im Beispiel:

Funktionen	Ausprägungen
▪ Raumbedarf	$(40, 50, 60 \text{ m}^2)$
▪ Patientendurchsatz	(5, 4, 3 Patienten/Stunde)
▪ Bildqualität	(hohe, mittlere, ausreichende Auflösung)
▪ Montagezeit	(10, 14, 18 Tage)
▪ Zuverlässigkeit	(2 000, 1 800, 1 600 Stunden MTbF)
▪ Bedienbarkeit	(leichte, mittlere, ausreichende Bedienbarkeit)
▪ Preis	(900, 1 100, 1 350 TEUR)

Aus den über alle Befragten gemittelten Teilnutzenwerten für die relevanten Eigenschaften eines Produkts kann abgeleitet werden, wie wichtig die einzelnen Produktfunktionen für die Befragten sind. Dazu wird für jede Funktion die Differenz des maximalen und minimalen Teilnutzenwerts gebildet. Diese Differenz heißt Nutzenbereich der betreffenden Produktfunktion. Er ist ein Indikator für den relativen Einfluss einer Produkteigenschaft auf die Bewertung des gesamten Produkts. Die gemittelten Nutzenwerte zu den einzelnen Funktionsausprägungen und die dazugehörigen Teilnutzenbereiche betragen im Beispiel:

Nutzenbereich

	Teilnutzenwerte	Nutzenbereich
▪ Raumbedarf	(0,5; 0,3; 0,0)	$(0,5 - 0,0) = 0,50$
▪ Patientendurchsatz	(0,8; 0,6; 0,0)	$(0,8 - 0,0) = 0,80$
▪ Bildqualität	(0,93; 0,53; 0,0)	$(0,93 - 0,0) = 0,93$
▪ Montagezeit	(0,2; 0,15; 0,0)	$(0,2 - 0,0) = 0,20$
▪ Zuverlässigkeit	(0,9; 0,72; 0,0)	$(0,9 - 0,0) = 0,90$
▪ Bedienbarkeit	(0,5; 0,3; 0,0)	$(0,5 - 0,0) = 0,50$
▪ Preis	(0,9; 0,5; 0,0)	$(0,9 - 0,0) = 0,90$

Es wird deutlich, dass bei Funktionen mit großen Nutzenbereichen (z. B. „Bildqualität", „Zuverlässigkeit" oder „Preis") unterschiedliche Konfigurationen zu stark unterschiedlichen Teilnutzenwerten führen und somit der Gesamtnutzen des Produkts erheblich beeinflusst wird.

Beispiel 14.1 (Fortsetzung)

　　Wird der Preis als Funktion in das Produktprofil aufgenommen oder zu jedem Produktprofil die **Preisbereitschaft** erfragt, so besteht die Mög-

Preisbereitschaft

lichkeit, die direkte Preisbereitschaft für eine Ausprägungsänderung bei den einzelnen Funktionen zu ermitteln. Folglich kann jede Änderung von Ausprägungen der einzelnen Funktionen mit einer Preisänderung bewertet werden. Dies unterstützt die Auswahl einer optimalen Produktkonfiguration. Die Preisbereitschaft für die Änderung einer Funktionsausprägung ergibt sich aus den Teilnutzenwerten der Funktion „Preis" (vgl. Abb. 14.3).

Beispiel 14.1
(Fortsetzung)

Im Beispiel wird eine Preisänderung von 900 TEUR auf 1 100 TEUR mit einem Nutzenabschlag von 0,4 bewertet. Unterstellt man eine lineare Teilnutzenfunktion des Preises, so entspricht die Änderung eines Nutzenanteils von 0,1 einer Erlösänderung von 50 TEUR. Bezogen auf das Beispiel in Abbildung 14.3 bedeutet eine Reduzierung der Bildqualität von „hohe" auf „mittlere" Auflösung, dass die Preisbereitschaft um 200 TEUR sinkt.

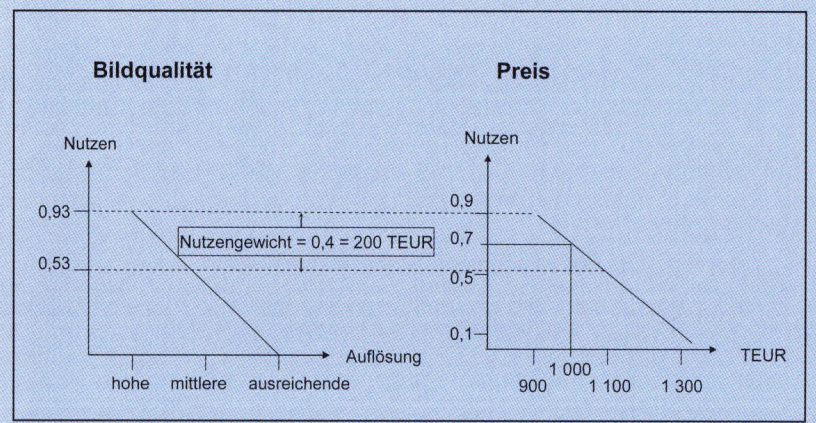

Abb. 14.3: Preisbereitschaft und Änderung einer Funktionsausprägung

Kostenwirkung

Damit die optimale Produktkonfiguration ermittelt werden kann, müssen zu jeder Änderung einer Funktionsausprägung auch die damit korrespondierenden Kostenveränderungen erfasst werden (vgl. z. B. Bauer/Herrmann/Mengen [1994], S. 81 ff.). Der Sinn dieser Vorgehensweise besteht darin, Preisbereitschaftsänderungen durch die korrespondierenden Kostenänderungen zu relativieren. Für den Fall einer Neuproduktentwicklung ist diese Vorgehensweise jedoch problematisch, da die Kostenstrukturen erst durch den Prozess des Target Costing gestaltet werden sollen und somit eine Prognose der notwendigen Kosten für eine Funktionsausprägungsänderung kaum möglich ist. Hier erscheint stattdessen eine eher qualitative Argumentation bezüglich der unterschiedlichen Ressourcenbeanspruchung angebracht.

Die verschiedenen Produktkonfigurationen werden mit ihren Teilnutzenwerten einander gegenübergestellt. Zusätzlich wird als weiteres Entscheidungskriterium die voraussichtliche Kostenwirkung einer Funktionsausprägungsänderung – ausgehend von der Minimalausprägung dieser Funktion – qualitativ berücksichtigt (vgl. Abb. 14.4).

Beispiel 14.1
(Fortsetzung)

Funktion	Modell 1		Modell 2		Modell 3	
	Teilnut-zenwert	Kosten-wirkung	Teilnut-zenwert	Kosten-wirkung	Teilnut-zenwert	Kosten-wirkung
Raumbe-darf	0,50	++	0,30	+	0,00	0
Patienten-durchsatz	0,80	++	0,60	+	0,00	0
Bild qualität	0,93	++	0,93	++	0,53	+
Montage-zeit	0,20	++	0,15	+	0,00	0
Zuverläs-sigkeit	0,90	++	0,72	+	0,72	+
Bedien-barkeit	0,50	++	0,30	+	0,00	0
Σ	3,83	++	3,00	+	1,25	0

++: starke Kostenzunahme; +: mittlere Kostenzunahme; o: keine Kostenzunahme ggü. dem Mindeststandard

Abb. 14.4: Teilnutzenwerte und Kostenwirkungen verschiedener Diagnosegeräte

Abbildung 14.4 fasst die Teilnutzenwerte und Kostenwirkungen von drei möglichen Diagnosegeräten zusammen: Modell 1 kann als „High-end-Modell" gelten, Modell 3 dagegen als „Low-end-Modell", Modell 2 nimmt eine Zwischenposition ein. Die Unterschiede in der Preisbereitschaft bei den einzelnen Modellen ergeben sich aus der gemittelten linearen **Teilnutzenfunktion des Preises** (vgl. Abb. 14.3; die Funktion ist ableitbar aus den Werten auf der Abszisse und aus der Steigung der Teilnutzenfunktion des Preises). Die Funktion lautet (n = Teilnutzen):

Teilnutzenfunktion

Beispiel 14.1
(Fortsetzung)

$$p(n) = 1\,350 - 500 \times n$$

Vergleich der Modelle (M):

M 1 vs. M 2 (Nutzendifferenz 0,83) $\Rightarrow$ Preisdifferenz: **-415 TEUR**
M 2 vs. M 3 (Nutzendifferenz 1,75) $\Rightarrow$ Preisdifferenz: **-875 TEUR**
M 1 vs. M 3 (Nutzendifferenz 2,58) $\Rightarrow$ Preisdifferenz: **1 290 TEUR**

Diese Änderungen in der Preisbereitschaft sind durch die damit korrespondierenden Kostenwirkungen zu relativieren. Über die jeweils optimalen Funktionsausprägungen erhält das Modell 1 den höchsten Gesamtnutzen (3,83), der jedoch zu einer starken Kostenzunahme (++) führt. Eine Berücksichtigung dieser sich gegenseitig beeinflussenden Faktoren führte im hier behandelten Fall zur Auswahl des Modells 2 (mit einem Gesamtnutzen von 3,00). Modell 2 erfordert zwar Preiszugeständnisse gegenüber dem Modell 1 in Höhe von 415 TEUR, es kann jedoch zu niedrigeren Kosten gefertigt werden (+). Die gesamten einzusparenden Kosten des Modells 2 gegenüber dem Modell 1 müssten somit mindestens 415 TEUR betragen. In diesem Zusammenhang muss sichergestellt sein, dass dieser Betrag auch mit den entscheidungsrelevanten Kosten übereinstimmt. Es müssen also mindestens 415 TEUR pro Stück an Kosten tatsächlich einsparbar sein. Bezogen auf das Modell 3, das zwar noch kostengünstiger zu fertigen wäre (o), beträgt die Preisdifferenz 875 TEUR. Hier wäre eine mindestens ebenso große Kostenersparnis notwendig, um dieses Modell dem Modell 2 gleichwertig oder überlegen erscheinen zu lassen.

Preis-Absatz-
Funktion

2) Ermittlung der Preis-Absatz-Funktion

Der Teilnutzenwert der abgefragten Preisausprägungen wurde im Anwendungsfall bei der Auswahl der Modellkonfiguration nicht berücksichtigt. Die Festlegung des Preises soll durch eine Preis-Absatz-Funktion erfolgen, die mögliche Preis-/Mengenkombinationen aufzeigt. Der Preis als Funktion kann auch zur Simulation einer Preis-Absatz-Funktion benutzt werden (vgl. Simon [1992], S. 121 ff.). Hierzu wird folgendes prinzipielles Vorgehen gewählt: Für jeden einzelnen Befragten wird geprüft, bei welchem Preis der Gesamtnutzenwert (incl. des Teilnutzenwerts der Funktion Preis) des ausgewählten Produkts dazu führt, dass der Befragte ein anderes Produkt wählt. Diese Vorgehensweise bedingt, dass die Teilnutzenwerte jedes einzelnen Befragten und nicht die gemittelten Teilnutzenwerte angewandt werden. Es wird hierbei unterstellt, dass ein Kunde dann ein anderes Produkt wählt, wenn der Gesamtnutzenwert des betrachteten Produkts kleiner wird als ein anderes angebotenes Produkt. Voraussetzung ist, dass die im Panel enthaltenen Produktkonfigurationen die Wettbewerbssituation widerspiegeln, damit die potenzielle Migration zu Konkurrenzprodukten simuliert werden kann (vgl. Büschken [1994], S. 82). Eine Aggregation dieser individuellen Preis-Absatz-Funktionen führt zu einer Preis-Absatz-Funktion, die den gesamten Absatz des Produkts in Abhängigkeit von wettbewerbsorientiert gebildeten Preisen darstellt. Die erhaltene aggregierte Preis-Absatz-Funktion stellt dann ein repräsentatives Abbild des gesamten Markts dar. Durch Multiplikation mit dem Marktvolumen in Abhängigkeit von der Größe der Stichprobe (Extremfall: Vollerhebung) kann die Preis-Absatz-Funktion für den gesamten Markt gebildet werden.

Beispiel 14.1
(Fortsetzung)

Für das ausgewählte Modell 2 des Diagnosegeräts wurde die folgende lineare Preis-Absatz-Funktion für den relevanten Preisbereich von 900 TEUR bis 1 350 TEUR bestimmt:

$$y(p) = 2\,000 - p$$

mit: y = Menge
       p = Preis

Zur Maximierung des Ergebnisses wird die umsatzmaximale Preis-/ Mengenkombination benötigt, die sich wie folgt berechnet:

$$U(p) = p \times y = p \times (2\,000 - p) = 2\,000 \times p - p^2$$

Das Maximum der Preis-Absatz-Funktion liegt bei dem Preis, für den die 1. Ableitung der Umsatzfunktion den Wert 0 annimmt:

$$U'(p) = 2\,000 - 2 \times p = 0 \Leftrightarrow p = 1\,000 \text{ TEUR}$$

Die zum Preis von 1 000 TEUR gehörige Menge kann mit der Preis-Absatz-Funktion bestimmt werden:

$$y\,(1\,000) = 2\,000 - 1\,000 = 1\,000 \text{ Stück}$$

Gesamtnutzen
des Produkts

Die ausgewählte Produktkonfiguration und der zugehörige umsatzmaximale Preis führen zu folgendem Gesamtnutzen des Produkts (hier: Modell 2, vgl. auch Abb. 14.4):
   Ein Vergleich des Modells 2 mit den anderen beiden Modellen zeigt, dass der zusätzliche Nutzen, der sich aus der Funktion Preis ergeben darf, damit kein Wechsel zu den potenziellen Konkurrenzprodukten (Modell 1 und 3) stattfindet, beim Modell 1 höchstens -0,13 (= 3,70 – 3,83) und beim Modell 3 höchstens 2,45 (= 3,70 – 1,25) betragen darf.

Beispiel 14.1
(Fortsetzung)

	Teilnutzenwerte
▪ Raumbedarf	0,30
▪ Patientendurchsatz	0,60
▪ Bildqualität	0,93
▪ Montagezeit	0,15
▪ Zuverlässigkeit	0,72
▪ Bedienbarkeit	0,30
▪ Preis	0,70
Gesamtnutzen des Produkts	3,70

Ein negativer Nutzenwert bedeutet hier, dass der Preis so hoch liegen muss, dass er das Nutzenpotenzial der anderen Funktionen schmälert, damit Modell 2 weiterhin vorteilhaft bleibt. In absoluten Preisen ausgedrückt bedeutet dies, dass kein potenzieller Käufer des Modells 2 zu den anderen beiden Modellen wechselt, solange der Preis von Modell 1 nicht unter 1 415 TEUR liegt und der Preis für Modell 3 noch über 125 TEUR liegt (vgl. obige Formel zur Bestimmung des Preises in Abhängigkeit vom Teilnutzenwert).

Allowable costs
i. w. S.

3) Ermittlung der „allowable costs"
Mit Hilfe der vorliegenden umsatzmaximalen Preis-/Mengenkombination können die maximal zulässigen Kosten (**„allowable costs i. w. S."**) anhand der folgenden Rechnung bestimmt werden (die Umsatzrendite wurde für dieses Beispiel auf 10 % festgelegt):

Beispiel 14.1
(Fortsetzung)

Umsatzerlöse (1 000 Stück × 1 000 TEUR/Stück)	1 000 000 TEUR
– Zielrendite (10 %)	100 000 TEUR
= „allowable costs i. w. S."	900 000 TEUR

Die „allowable costs i. w. S." enthalten alle Kosten, die während der gesamten Produktlebensdauer auf Grund der Markt- und Wettbewerbssituation entstehen dürfen, um die angestrebte Rendite zu erreichen. Da es sich bei den „allowable costs i. w. S." noch um eine stark aggregierte, wenig aussagekräftige Größe handelt, müssen sie im Unternehmen weiter differenziert werden. Zur Spaltung der gesamten „allowable costs" kann eine funktionsorientierte Vorgehensweise gewählt werden. Als Unternehmensfunktionen können z. B. Entwicklung, Herstellung, Marketing/ Vertrieb, ggf. Montage/Installation und Verwaltung unterschieden werden, die jeweils produktbezogen zu bewerten sind. Für die Funktionen Entwicklung, Marketing/Vertrieb und Verwaltung wird es im Allgemeinen zweckmäßig sein, die Kostenbudgets aus Erfahrungswerten zu bestimmen. Natürlich ist es auch hier opportun, Kostenbudgets nach Kostenmanagement-Gesichtspunkten vorzugeben. Im vorliegenden Fall wird das Target Costing auf die Herstellkosten (einschl. Montagekosten) beschränkt (vgl. Abb. 14.5).

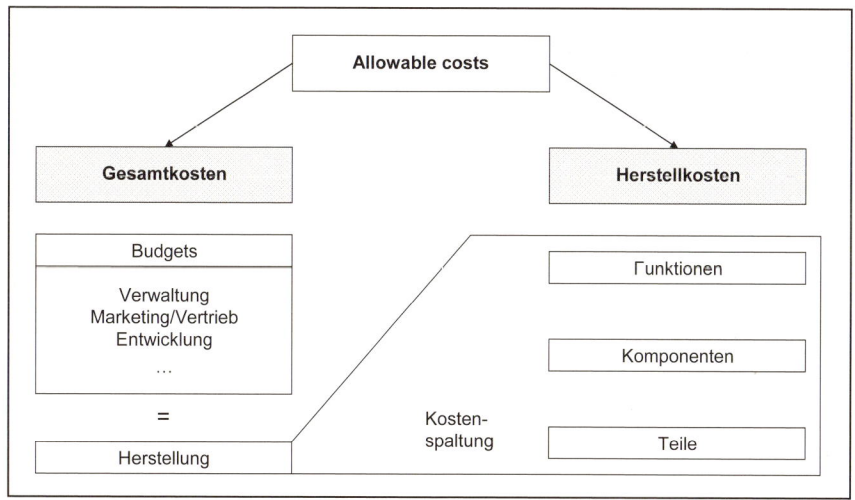

Abb. 14.5: Übergang von den gesamten „allowable costs" zu den gespaltenen „allowable costs"

Subtrahiert man bestimmte Gemeinkostenbereiche (z. B. F&E, Marketing/Vertrieb, Verwaltung) in Form von Budgets von den „allowable costs i. w. S.", erhält man die **„allowable costs i. e. S."** für die Herstellung. Im Beispiel betragen die prognostizierten Gemeinkosten 400 000 TEUR: Allowable costs i. e. S.

„allowable costs i. w. S."	900 000 TEUR
– Kosten der GK-Bereiche	400 000 TEUR
= „allowable costs i. e. S."	500 000 TEUR

Beispiel 14.1 (Fortsetzung)

4) Entwicklung eines Rohentwurfs für das Produkt
Nachdem die „allowable costs", das Anforderungsprofil und dessen interne Gewichtung vorliegen, muss ein Rohentwurf des Produkts erarbeitet werden, der den o. g. Zielvorgaben bezüglich der Funktions-/Eigenschaftsstruktur genügt. Dieser Entwurf zeigt dann die für die Funktionserfüllung des Produkts notwendigen Komponenten an.   Produktentwurf

5) Kostenschätzung der Produktkomponenten
Für die in Schritt 4 ermittelten Komponenten werden jetzt Herstellkosten (auf Vollkostenbasis) aus der vorhandenen Kostenrechnung abgeleitet. Grundlage der Schätzung ist der jeweils vorhandene Technologiestand.   Kostenschätzung

Zu Beginn des Projekts können vereinfacht die Kosten der Komponenten eines evtl. vorhandenen Vorprodukts zur Kostenschätzung verwendet werden. Dabei ist der prozentuale Anteil jeder Komponente an den Gesamtkosten des Produkts zu ermitteln. Dieser Schritt zeigt jeweils die **„drifting costs"** bezogen auf eine Produkteinheit. Die Daten aus dem Fallbeispiel lauten:

Beispiel 14.1
(Fortsetzung)

	„drifting costs"	Kostenanteile
• Magnet	310 TEUR	31 %
• Electronic Cabinet	270 TEUR	27 %
• Patientenliege	30 TEUR	3 %
• System Components	120 TEUR	12 %
• Gradientenspule	40 TEUR	4 %
• HF-Kabine	70 TEUR	7 %
• Montage/Installation	160 TEUR	16 %
Gesamtkosten des Produkts	**1 000 TEUR**	**100 %**

Nutzenanteil

6) Gewichtung der Produktkomponenten

Den Funktionen und ihren Gewichten (Schritt 1) werden die Komponenten (Schritt 4), welche die Funktionen realisieren sollen, in einer Matrix gegenübergestellt (vgl. Abb. 14.6).

Funktionen / Komponenten	Raum-bedarf	Patienten-durchsatz	Bild-qualität	Montage-zeit	Zuver-lässigkeit	Bedien-barkeit	Nutzen-anteil der Kompo-nente
Magnet	6 %	13 %	21 %		4 %		44 %
Electronic Cabinet		6 %	7 %		8 %	5 %	26 %
Patientenliege					4 %	1 %	5 %
System Components			1 %		4 %	4 %	9 %
Gradientenspule		1 %	2 %		4 %		7 %
HF-Kabine	4 %						4 %
Montage/ Installation				5 %			5 %
Nutzenanteil der Funktion	10 %	20 %	31 %	5 %	24 %	10 %	100 %

Abb. 14.6: Komponenten-/Funktionen-Matrix

Die prozentualen Angaben in der Matrix zeigen an, durch welche Komponenten die jeweilige Funktion realisiert wird. Die Angaben sollen durch ein Team geschätzt werden, das sich aus Mitarbeitern verschiedener Funktionsbereiche (Controlling, F&E, Produktion etc.) zusammensetzt. Die Höhe der prozentualen Angaben einer Komponente richtet sich nach dem relativen Anteil der Komponente an der Realisierung der betrachteten Funktion. Zusätzlich wird die Gewichtung, die diese Funktion aus Kundensicht erhalten hat, berücksichtigt, indem sie mit diesem Anteil multipliziert wird. Werden pro Komponente die so entstandenen Produkte aus Anteil der Komponente an der Realisierung einer Funktion und Gewichtung dieser Funktion aufaddiert, so erhält man den der Komponente vom Kunden beigemessenen Anteil an der Nutzen-Stiftung des Gesamtprodukts.

Idealerweise soll die Inanspruchnahme betrieblicher Ressourcen bei der Realisierung einer Produktfunktion dem kundenbezogenen Nutzenanteil dieser Funktion entsprechen. Damit dies überprüft werden kann, müssen aus dem Produktprofil diejenigen Funktionen eliminiert werden, die keine betrieblichen Ressourcen binden. Im vorliegenden Beispiel handelt es sich um die Funktion „Preis".

Der auf den Produktpreis entfallende Teilnutzenwert von 0,70 ist von dem Gesamtnutzenwert des ausgewählten Diagnosegeräts zu subtrahieren: 3,70 – 0,70 = 3,00. Der so ermittelte (Netto-) Produktnutzen wird auf 100 % normiert. Daraus ergeben sich folgende Nutzenanteile für die einzelnen Produktfunktionen:

Beispiel 14.1
(Fortsetzung)

	Teilnutzen-werte	Nutzenan-teile
• Raumbedarf (50 m^2)	0,30	10 %
• Patientendurchsatz (4 Patienten/Stunde)	0,60	20 %
• Bildqualität (hohe Auflösung)	0,93	31 %
• Montagezeit (14 Tage)	0,15	5 %
• Zuverlässigkeit (1 800 h MTbF)	0,72	24 %
• Bedienbarkeit (mittlere Bedienbarkeit)	0,30	10 %
Gesamtnutzen des Produkts (ohne Preis)	**3,00**	**100 %**

Die Kostenspaltung ist nach diesem Schritt auf der Komponentenebene abgeschlossen. Jeder Komponente sind kundenorientierte „allowable costs i. e. S." zugewiesen. Nun werden die Kosten der Komponenten ihrerseits aufgespalten. Dazu werden die festgelegten Zielkosten für eine Komponente in die Kosten der darin enthaltenen Einzelteile zerlegt. Dabei wäre es wünschenswert, bis zur Einzelteilebene eine konsequente Kundenorientierung zu gewährleisten. Dies ist allerdings häufig – so auch im vorliegenden Fall – aus Wirtschaftlichkeitsgründen nicht realisierbar.

Zielkostenindex

7) Berechnung eines komponentenspezifischen Zielkostenindexes
Der **Zielkostenindex** errechnet sich wie folgt:

$$\text{Zielkostenindex} = \frac{\%\ \text{Nutzenanteil (Schritt 6)}}{\%\ \text{Kostenanteil (Schritt 5)}}$$

Der Zielkostenindex zeigt an, inwieweit die Idealforderung, die der Kostenspaltung zugrunde liegt, erfüllt ist. Die Idealforderung lautet (wie bereits erwähnt): Der Ressourceneinsatz für eine Komponente soll genau der Gewichtung dieser Komponente durch den Kunden entsprechen. Folglich werden jeder Funktion mit zunehmender Wertschätzung durch den Kunden auch höhere Zielkosten zugestanden. Für das Beispiel ergeben sich die folgenden Zielkostenindizes:

Beispiel 14.1
(Fortsetzung)

	Nutzen-anteil in %	Kosten-anteil in %	Zielkosten-index
▪ Magnet	44	31	1,42
▪ Electronic Cabinet	26	27	0,96
▪ Patientenliege	5	3	1,67
▪ System Components	9	12	0,75
▪ Gradientenspule	7	4	1,75
▪ HF-Kabine	4	7	0,57
▪ Montage/Installation	5	16	0,31

Zielkostenkon-
trolldiagramm

8) Erstellung eines Zielkostenkontrolldiagramms
Die in Schritt 7 erhobene Forderung, dass die Zielkostenindizes den Wert 1 besitzen sollen, ist für die praktische Umsetzung zu streng. Deshalb wird häufig als Toleranzbereich eine „Zielkostenzone" definiert, in der sich die einzelnen Komponenten befinden müssen (vgl. Abb. 14.7). Auf der Abszisse (x-Achse) werden die prozentualen Nutzenanteile der Komponenten (aus Schritt 6) und auf der Ordinate (y-Achse) die zugehörigen prozentualen Kostenanteile (aus Schritt 5) abgetragen. Die Winkelhalbierende zeigt die Idealforderung des Zielkostenindexes von 1 an. Tanaka definiert die Zielkostenzone mit den beiden Funktionen $y = (x^2 + q^2)^{0,5}$ und $y = (x^2 - q^2)^{0,5}$ (vgl. Tanaka [2000], S. 49 ff.).
    Der Wert des Entscheidungsparameters q, der bei beiden Funktionen den Schnittpunkt mit der Abszisse oder Ordinate repräsentiert und somit die Breite der Zielkostenzone bestimmt, soll nach folgenden Kriterien festgelegt werden (vgl. Seidenschwarz [1993], S. 182):

• Je näher die Zielkosten für das Gesamtprodukt bei den vom Markt erlaubten Kosten festgelegt werden, umso enger sollte auch die Zielkostenzone sein, d. h. q niedriger gewählt werden.

• Je höher das Erfahrungspotenzial bei der Zielkostenerreichung im Unternehmen ist, umso enger kann die Zielkostenzone definiert werden.

Mit zunehmender Bedeutung einer Komponente nimmt der Toleranzbereich stetig ab. Umgekehrt wird bei Komponenten mit geringerer Wertigkeit eine größere Bandbreite in der Zielkostenzone für zulässig gehalten. Anhand ihres jeweiligen Nutzenanteils (x-Wert) und Kostenanteils (y-Wert) werden die einzelnen Komponenten in das Diagramm eingetragen (vgl. beispielhaft Abb. 14.7).

Beispiel 14.1
(Fortsetzung)

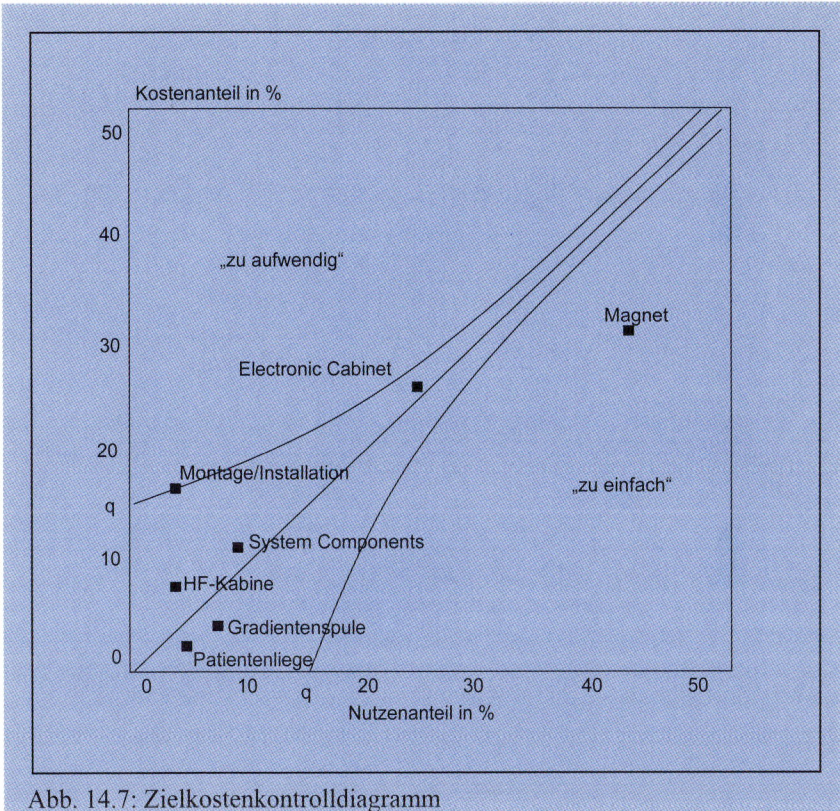

Abb. 14.7: Zielkostenkontrolldiagramm

Ein Zielkostenindex von kleiner als 1 bedeutet, dass die Komponente oberhalb der Zielkostenindexfunktion liegt. Damit ist sie gemäß der Idealforderung „zu aufwendig". Wenn die Komponente dabei jedoch innerhalb des Toleranzbereichs liegt, wird die Abweichung noch als wirtschaftlich vertretbar angesehen. Umgekehrt bedeutet ein Zielkostenindex größer als 1, dass die Komponente unterhalb der Zielkostenindexfunktion

Interpretation

liegt. Hier muss überprüft werden, ob die durch die Komponente realisierten Produktfunktionen noch den Anforderungen des Kunden entsprechen oder ob die Komponente zu einfach ist (vgl. zu dieser Problematik Fischer/Schmitz [1994a], S. 67).

Befinden sich Komponenten außerhalb der Zielkostenzone, so ist zu fragen, inwieweit Kostensenkungspotenziale vorhanden sind und/oder eine Verbesserung der Funktionserfüllung zu erreichen ist. Dazu müssen für die einzelnen Komponenten nicht nur die relativen Kostenanteile sondern auch die absoluten Kostenwerte in der Analyse berücksichtigt werden. Der Aussagegehalt des Zielkostenkontrolldiagramms in der bisher dargestellten Form ist diesbezüglich beschränkt, da nur die relativen Nutzenanteile und die im Zeitpunkt der Betrachtung realisierten Anteile der „drifting costs" einander gegenübergestellt werden.

Erweitertes Ziel-kostendiagramm

Um das **Zielkostenkontrolldiagramm** zu einem umfassenderen Analyscinstrument zu machen, sind im Einzelnen folgende Schritte erforderlich (vgl. ausführlich Fischer/Schmitz [1994b], S. 427 ff.):

- Die relativen Kostenanteile der Komponenten („drifting costs") werden wieder in absolute Werte überführt.
- Die absoluten „drifting costs" pro Komponente werden zu den „allowable costs i. e. S." pro Stück ins Verhältnis gesetzt.
- Die neugebildeten relativen Kostenanteile (Anteile der „drifting costs" pro Komponente an den gesamten „allowable costs i. e. S." des Produkts) werden in das Zielkostenkontrolldiagramm eingetragen.

Für die Berechnung der neu zu bildenden Kostenanteile müssen zunächst die „allowable costs i. e. S." pro Stück ermittelt werden:

$$\frac{\text{allowable costs i. e. S.}}{\text{Stückzahl}} = \frac{500\,000}{1\,000} = 500\;\text{TEUR}\,/\,\text{Stück}$$

Abbildung 14.8 zeigt die Kostenanteile auf Basis der „drifting costs" oder „allowable costs i. e. S." zusammen mit den Nutzenanteilen der einzelnen Produktkomponenten.

Komponente	(1) Nutzen- anteil in %	(2) Kosten- anteil auf Basis DC in % (■)	(3) DC-Kosten- anteil in TEUR	(4) Nutzen- konfor- mer Kos- tenan- teil auf Basis AC in TEUR	(5) DC- Kosten- anteil auf Basis AC in % (♦)	(6) Kosten- redukti- onsbe- darf (3)-(4)
Magnet	44	31	310	220	62	90
Electronic Cabinet	26	27	270	130	54	140
Patienten-liege	5	3	30	25	6	5
System Components	9	12	120	45	24	75
Gradienten-spule	7	4	40	35	8	5
HF-Kabine	4	7	70	20	14	50
Montage/ Installation	5	16	160	25	32	135
Σ	100	100	1 000	500	200	500

Abb. 14.8: Absolute und relative Kostenanteile der Komponenten auf Basis der „drifting costs" (DC) und „allowable costs i. e. S." (AC)

Bei der Interpretation des erweiterten **Zielkostenkontrolldiagramms** ist folgendes zu berücksichtigen:

- Die Ausgangspunkte (■) der Kostenpfeile entsprechen den anteiligen „drifting costs".
- Die Endpunkte der Kostenpfeile (♦) zeigen für die einzelnen Komponenten die absoluten Anteile der „drifting costs" auf Basis der „allowable costs i. e. S." an.
- Die Winkelhalbierende als Ideallinie der Nutzen-/Kostenrelationen repräsentiert nun für die Kostenanteile nicht mehr die „drifting costs" pro Stück sondern die „allowable costs i. e. S." pro Stück (im Beispiel 500 TEUR).
- Alle Komponenten, deren Kostenpfeile vollständig unterhalb der „Ideallinie" liegen, haben niedrigere „drifting costs" (in TEUR) als „allowable costs i. e. S." (in TEUR). Hier ist ggf. zu überprüfen, ob die betreffende Komponente aus Kundensicht „zu einfach" ist. Im vorliegenden Beispiel ist dies bei keiner Komponente der Fall.
- Komponenten, deren Nutzen-/Kostenverhältnis auf Basis der „drifting costs" innerhalb der Zielkostenzone positioniert sind, können mit ihren absoluten Anteilen der „drifting costs" auf Basis der „allowable costs i. e. S." nun oberhalb der Zielkostenzone liegen (hier z. B. Electronic Cabinet). Dies deutet auf den Sachverhalt hin, der als Schwäche des ursprünglichen Zielkostenkontrolldiagramms auf-

gezeigt wurde: Obwohl z. B. bei der Komponente Electronic Cabinet die relativen „drifting costs" mit 27 % nur unwesentlich von dem geforderten Nutzenanteil in Höhe von 26 % abweichen, besteht im Verhältnis zu den anteiligen „allowable costs i. e. S." noch ein enormer Kostenreduktionsbedarf (140 TEUR).

- Komponenten, die auf Basis der „drifting costs" unterhalb der „Ideallinie" positioniert wurden und nun auf Basis der „allowable costs i. e. S." mit dem Endpunkt eines Pfeils (♦) oberhalb der „Ideallinie" liegen (hier z. B. Magnet) lassen erkennen, dass die absoluten „drifting costs" dieser Komponente im Vergleich mit den zugehörigen Absolutwerten der „allowable costs i. e. S." zu hoch liegen, obwohl das relative Kostengewicht dieser Komponente (in % der „drifting costs") im Vergleich mit dem Nutzenanteil bereits eine vermeintlich kostengünstige, d. h. „zu einfache Lösung" signalisiert hat.

- Wird auf der y-Achse („Kostenanteil in %") bei den Kostenpfeilen der Komponenten die Differenz zwischen dem Schnittpunkt mit der Ideallinie (oder dem zugehörigen Punkt auf der Ideallinie) und dem Endpunkt des Pfeils (♦) ermittelt, so zeigt dies exakt den notwendigen Kostenreduktionsbedarf dieser Komponente – bezogen auf die „allowable costs i. e. S." – an. Betrachtet man z. B. die Komponente Magnet, so entspricht der Ordinatenabschnitt einem Wert von 62 – 44 = 18 %. Bezogen auf die „allowable costs i. e. S." pro Stück in Höhe von 500 TEUR ergibt sich hieraus ein Kostenreduktionsbedarf von 18 % × 500 = 90 TEUR. Das gleiche Ergebnis liefert auch die Differenz der auf die Komponente Magnet anteilig entfallenden „drifting costs" und „allowable costs i. e. S.": 310 – 220 = 90 TEUR (Spalte 6 in Abb. 14.8).

Die auf der Basis der „drifting costs" oder „allowable costs i. e. S." ermittelten absoluten und relativen Kostenanteile für die einzelnen Produktkomponenten wurden in Abb. 14.9 zusammen mit den zugehörigen Nutzenanteilen in das Zielkostenkontrolldiagramm eingetragen (erweitertes Zielkostenkontrolldiagramm).

Folgt man der Prämisse, dass die Kosten einer Produktkomponente dem durch diese Komponente geschaffenen anteiligen Kundennutzen entsprechen sollen, dann müssen idealerweise die Endpunkte der oben analysierten Kostenpfeile genau auf der Winkelhalbierenden im Zielkostenkontrolldiagramm liegen. Dies wird in praxi nicht immer der Fall sein, so dass eine Interpretation der im Zielkostenkontrolldiagramm dokumentierten Abstände zur sog. „Ideallinie", auf der sich die komponentenspezifischen Nutzen- und Kostenanteile entsprechen, angebracht erscheint.

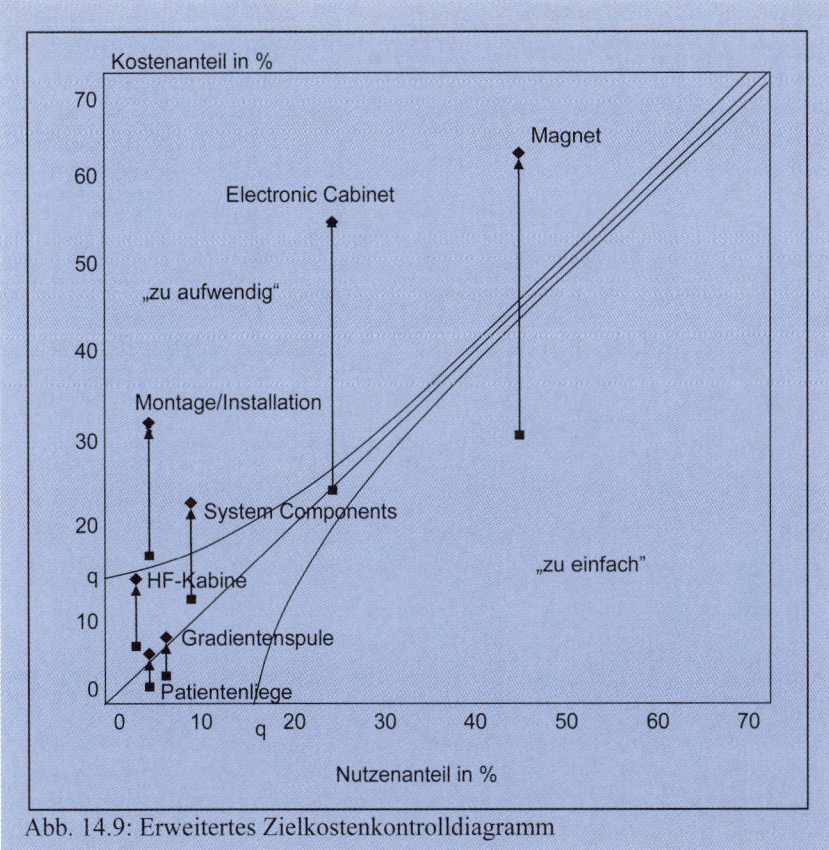

Abb. 14.9: Erweitertes Zielkostenkontrolldiagramm

Die zu untersuchende **Gesamtabweichung** (GA) ergibt sich aus der Differenz zwischen den relativen „drifting costs" einer Komponente in % von den gesamten produktbezogenen „allowable costs i. e. S." (Spalte 5 in Abb. 14.8) und den relativen „drifting costs" einer Komponente in % von den gesamten produktbezogenen „drifting costs" (Spalte 2 in Abb. 14.8): *(Analyse der Gesamtabweichung)*

$$GA = dc(AC) - dc(DC)$$

mit:

dc(AC) = relative „drifting costs" einer Komponente (dc) in % von den gesamten produktbezogenen „allowable costs i. e. S." (AC).

dc(DC) = relative „drifting costs" einer Komponente (dc) in % von den gesamten produktbezogenen „drifting costs" (DC).

Die Gesamtabweichung an sich ist schwierig zu interpretieren, da in ihr Kostenteile verrechnet werden, die unterschiedliche Basen haben, näm- *(Aufspaltung)*

lich die im Kontrollzeitpunkt realisierten „drifting costs" und die angestrebten „allowable costs i. e. S.". Durch die Einbeziehung der komponentenspezifischen „allowable costs i. e. S." in % von den gesamten produktbezogenen „allowable costs i. e. S." (Spalte 4 in Abb. 14.8), die den
Nutzenanteilen entsprechen (Spalte 1 in Abb. 14.8), lässt sich die Gesamtabweichung in zwei Teilabweichungen aufspalten, die sich als Kosten-
oder Nutzenabweichung interpretieren lassen.

$$GA = dc(AC) - ac(AC) + ac(AC) - dc(DC)$$
$$= [dc(AC) - ac(AC)] + [ac(AC) - dc(DC)]$$

$$\Downarrow \qquad\qquad \Downarrow$$

Kosten-   Nutzen-
abweichung   abweichung

mit:

ac(AC)   =   relative "allowable costs i. e. S." einer Komponente (ac) in
          % von den gesamten produktbezogenen „allowable costs
          i. e. S." (AC).

Vereinfacht gesprochen, repräsentiert die Kostenabweichung die Effizienz und die Nutzenabweichung die Effektivität der realisierten Produktkonfiguration. Am Beispiel der Komponente Magnet lässt sich die
Gesamtabweichung folgendermaßen in die beiden Teilabweichungen
aufspalten:

$$GA \quad = \quad [dc(AC) - ac(AC)] \quad + \quad [ac(AC) - dc(DC)]$$
$$31\,\% \quad = \quad (62\,\% - 44\,\%) \quad + \quad (44\,\% - 31\,\%)$$
$$18\,\% \quad + \quad 13\,\%$$

$$\Downarrow \qquad\qquad\qquad \Downarrow$$

Kostenabweichung   Nutzenabweichung

Für die Komponente Magnet zeigt sich, dass ihr Beitrag zum gesamten
Produktnutzen noch um 13 % zu gering ist (positive Nutzenabweichung).
Gleichzeitig sind die zum gegenwärtigen Zeitpunkt benötigten Kosten
jedoch um 18 %, bezogen auf die gesamten „allowable costs i. e. S.",
oder um 90 TEUR zu hoch, d. h. die Komponente Magnet ist noch zu
teuer (positive Kostenabweichung). Abbildung 14.10 zeigt zusammenfassend alle Kosten- und Nutzenabweichungen pro Komponente.

Komponente	(1) DC-Kostenanteil auf Basis AC in % (♦)	(2) Kostenanteil auf Basis DC in % (■)	(3) Gesamtabweichung (1)-(2)	(4) Nutzenanteil in %	(5) Kostenabweichung (1)-(4)	(6) Nutzenabweichung (4)-(2)
Magnet	62	31	31	44	18	13
Electronic Cabinet	54	27	27	26	28	-1
Patientenliege	6	3	3	5	1	2
System Components	24	12	12	9	15	-3
Gradientenspule	8	4	4	7	1	3
HF-Kabine	14	7	7	4	10	-3
Montage/ Installation	32	16	16	5	27	-11
Σ	200	100	100	100	100	0

Abb. 14.10: Aufspaltung der Gesamtabweichung in Kosten- und Nutzenabweichung

Wie lassen sich negative oder positive Kosten- und Nutzenabweichungen grundsätzlich interpretieren?

- **Negative Kostenabweichung**: Die betreffende Komponente ist in Relation zu dem auf sie entfallenden Anteil an den „allowable costs i. e. S." kostengünstig gestaltet (vgl. Abb. 14.10: keine Komponente).
- **Positive Kostenabweichung**: Die betreffende Komponente ist in Relation zu dem auf sie entfallenden Anteil an den „allowable costs i. e. S." zu teuer (vgl. Abb. 14.10: alle Komponenten).
- **Negative Nutzenabweichung**: Die betreffende Komponente ist in Relation zu dem auf sie entfallenden Anteil am gesamten Produktnutzen zu aufwendig realisiert („Over-Engineering") (vgl. Abb. 14.10: Electronic Cabinet, System Components, HF-Kabine, Montage/Installation).
- **Positive Nutzenabweichung**: Die betreffende Komponente ist in Relation zu dem auf sie entfallenden Anteil am gesamten Produktnutzen evtl. zu einfach realisiert. Unter Umständen liegt jedoch eine „intelligente Problemlösung" vor, d. h., der angestrebte Teilnutzen wird auch bei relativ niedrigem Kostenanteil voll erfüllt (vgl. Abb. 14.10: Magnet, Patientenliege, Gradientenspule).

Da der Produktnutzen auf 100 % normiert ist, beträgt die Summe der negativen und positiven Nutzenabweichungen stets Null. Folglich führen negative Nutzenabweichungen bei bestimmten Produktkomponenten zu positiven Nutzenabweichungen bei anderen Komponenten (et vice versa).

Kostenreduk-
tionsbedarf

Die Summe der Kostenabweichungen entspricht dem insgesamt notwendigen **Kostenreduktionsbedarf**. Dieser ergibt sich aus der Differenz von „drifting costs" und „allowable costs i. e. S." und beträgt im Beispiel 1 000 – 500 = 500 TEUR oder 200 – 100 = 100 %. Die „allowable costs i. e. S." werden momentan um 100 % überschritten, d. h. die Kosten pro Diagnosegerät müssen halbiert werden. Bei allen Komponenten müssen die Kosten gesenkt werden. Hierzu trägt auch der Abbau von negativen Nutzenabweichungen bei (hier: Electronic Cabinet, System Components, HF-Kabine, Montage/Installation).

Eine weitere Variante der Auswertung des Zielkostenkontrolldiagramms erhält man, wenn die Prämisse konstanter Nutzenteilgewichte der einzelnen Komponenten aufgegeben wird. In diesem Fall verschieben sich die Nutzen-/Kostenanteile der Komponenten nicht nur in vertikaler Richtung wie im oben diskutierten Beispiel, sondern zusätzlich in horizontaler Richtung. Bei Zunahme (Abnahme) des komponentenspezifischen Nutzenteilgewichtes ergibt sich graphisch bei den in Abbildung 14.9 pro Komponente ausgewiesenen Pfeilen eine Verschiebung des Endpunkts (♦) nach rechts (nach links). Eine Verschiebung innerhalb des Nutzengefüges der Produktkomponenten kann auftreten, wenn die bisher vorhandenen Produktfunktionen durch den Kunden neu gewichtet werden oder aber völlig neue, zusätzliche Produktfunktionen gefordert werden, z. B. unter dem Aspekt der Umweltverträglichkeit eines Produkts (vgl. ausführlich Fischer/Schmitz [1994b], S. 431 f.).

4 Anwendbarkeit des Target Costing in der Unternehmenspraxis

Anwendbarkeit

Die Anwendbarkeit des Target Costing in der Unternehmenspraxis soll exemplarisch anhand der folgenden Problemfelder analysiert und beurteilt werden:

- Auswirkungen der Umsatzprognose,
- Beurteilung der verwendeten Rentabilitätsmaße,
- Festlegung von Produktstandardkosten.

4.1 Auswirkungen der Umsatzprognose

Statisches Kon-
zept

Für die Aussagefähigkeit des Target Costing ist u. a. die Genauigkeit der Umsatzprognose entscheidend. Das System des Target Costing stellt ein weitgehend statisches Konzept dar, d. h. es wird implizit davon ausgegangen, dass sich nachträglich keinerlei Veränderungen hinsichtlich einmal festgelegter Gesamt-Zielkosten ergeben. Das schließt natürlich nicht aus, dass die „target costs" pro Stück zu Beginn der Produkteinführung höher sind als die durchschnittlichen „target costs" pro Stück. Dies wird durch spätere niedrigere „target costs" ausgeglichen, die durch den Erfolg von Rationalisierungen oder Erfahrungseffekten entstehen können.

Die Umsatzprognose bezieht sich auf zwei Größen, nämlich Marktpreis und Stückzahl. Wenn mindestens eine dieser Größen falsch prognostiziert wurde, treten Fehlsteuerungen auf.

Schwächen der Umsatzprognose

Das Ausmaß der Fehlsteuerung durch einen falsch prognostizierten Marktpreis (bei korrekt prognostiziertem Stückpreis) verdeutlicht das folgende Beispiel:

Beispiel 14.2

Umsatzprognose 1: 1 000 Stück à 1 000 TEUR = 1 000 000 TEUR
Umsatzprognose 2: 1 000 Stück à 800 TEUR = 800 000 TEUR
Umsatzrendite: 10 % (geforderte)

```
     „allowable costs"        „allowable costs"
   Umsatzprognose 1         Umsatzprognose 2
          ↓                       ↓
      900 000                 720 000                        Differenz der „allowable
      -------        -        -------      = 180 TEUR   ←    costs"/Stück
       1 000                   1 000
          ↑                       ↑
     Stückzahl 1              Stückzahl 2
```

Wie die Differenz der stückbezogenen „allowable costs" zeigt, ist das Zielkostenmanagement durch die einmal (im Zeitpunkt des Entwicklungsbeginns) festgelegte Umsatzprognose determiniert. Eine spätere Anpassung an neuere Umsatzprognosen kann zu Problemen führen, z. B. dann, wenn die Entwicklungs- und Konstruktionsarbeiten auf Grundlage der früher vorgegebenen „allowable costs" bereits begonnen haben.

Die Auswirkungen einer falschen Stückzahlprognose (bei korrekter Marktpreisprognose) demonstriert das folgende Beispiel:

Beispiel 14.3

Umsatzprognose 1: 1 000 Stück à 1 000 TEUR = 1 000 000 TEUR
Umsatzprognose 2: 800 Stück à 1 000 TEUR = 800 000 TEUR
Umsatzrendite: 10 % (geforderte)

$$\underset{\substack{\uparrow \\ \text{Stückzahl 1}}}{\frac{\underset{\text{Umsatzprognose 1}}{900\ 000}}{1\ 000}} - \underset{\substack{\uparrow \\ \text{Stückzahl 2}}}{\frac{\underset{\text{Umsatzprognose 2}}{720\ 000}}{800}} = 0\ \text{TEUR} \leftarrow \begin{array}{c}\text{Differenz der „allowable}\\\text{costs"/Stück}\end{array}$$

„allowable costs"   „allowable costs"

Wie leicht zu erkennen ist, bleiben die „allowable costs" pro Stück gleich. Trotzdem impliziert die Umsatzprognose 2 zusätzliche Anstrengungen für das Unternehmen im Vergleich zur Umsatzprognose 1. Denn der Gesamtkostenblock der „allowable costs" hat sich wie auch im Beispielsfall um 180 000 TEUR verringert. Folglich muss die Summe der Kostenblöcke um 180 000 TEUR niedriger ausfallen, damit die „allowable costs" erreicht werden. Die Erreichung der „allowable costs" wird jedoch hier zusätzlich erschwert durch die gesunkenen Stückzahlen, da Erfahrungspotenziale wegfallen und sich der Anteil der Fixkosten an den Stückkosten erhöht.

Die beiden Beispiele zeigen, dass eine alleinige Betrachtung der „allowable costs" pro Stück zu Fehlschlüssen führen kann, da gleichlautende „allowable costs" pro Stück nicht automatisch die Notwendigkeit von Kostensenkungen ausschließen.

Die angestrebten Zielkosten müssen, wenn sie einmal erreicht sind, für den Zeitraum der Herstellung des Produkts im Unternehmen eingehalten werden (sog. „cost maintenance"). Hier kommt dem vorhandenen betrieblichen Kostenrechnungssystem die wichtige Aufgabe zu, Daten für die Kontrolle der Einhaltung von Zielkosten bereitzustellen. Wird für ein Neuprodukt die Serienfertigung begonnen, dann müssen Vorgaben für die Reduktion der Produktionskosten gemacht werden. Ansatzpunkte dafür liefert z. B. das Konzept der Erfahrungskurve. Die hierbei erforderliche periodenübergreifende Perspektive eröffnet z. B. das in Kapitel 15 beschriebene Konzept des Product Life Cycle Costing.

4.2   Beurteilung der verwendeten Rentabilitätsmaße

RoA vs.
Umsatzrendite

Das herkömmliche System des Target Costing verwendet die Umsatzrendite als zentrales Rentabilitätsmaß. Es erscheint jedoch angebracht, diese durch die Kapitalrendite „Return on Assets" (RoA) zu ergänzen. Die Kapitalrendite (RoA) ist sowohl von der Umsatzrendite als auch von der Häufigkeit des Kapitalumschlags abhängig:

$$RoA = \frac{Ergebnis}{Umsatz} \times \frac{Umsatz}{Kapital} \quad \left(RoA = Umsatzrendite \times Kapitalumschlag\right)$$

Wird der Kapitalumschlag vernachlässigt, kann dies zu Fehlallokationen des betriebsnotwendigen Kapitals führen. Folglich muss die schwerpunktmäßig auf die Umsatzrendite gestützte Rentabilitätsbetrachtung des Target Costing erweitert werden.

Problematisch am RoA ist allerdings, dass er ein statisches Maß ist. Für strategische Entscheidungen ist jedoch eher die langfristige als die kurzfristige Rentabilität relevant. Diese Problematik kann durch eine Gesamtbetrachtung der mit dem Projekt verbundenen Zahlungsströme aufgehoben werden (vgl. Kapitel 15). Daher erscheint es sinnvoll, die Überlegungen um kapitalmarktorientierte Aspekte zu erweitern (vgl. Fischer/Schmitz [1998], S. 204). So kann anstatt der Umsatzrendite oder des RoA auch eine wertorientierte Überrendite als Zielrendite Verwendung finden. Bei Einsatz des Return on Capital Employed (RoCE) (vgl. hierzu ausführlich Kapitel 19) als Beispiel einer Überrendite lässt sich folgender Zusammenhang zur Umsatzrendite im Kontext der Wertorientierung ableiten:

$$Umsatzrendite = \frac{EBIT}{Umsatz}$$

$$RoCE = \frac{EBIT}{Capital\ Employed}$$

$$RoCE = \frac{EBIT}{Umsatz} \times \frac{Umsatz}{Capital\ Employed}$$

$$RoCE = Umsatzrendite \times Kapitalumschlag$$

$$Wertbeitrag = \left(\frac{EBIT}{Capital\ Employed} - WACC\right) \times Capital\ Employed$$

Ein positiver Wertbeitrag wird dann erreicht, wenn der RoCE betragsmäßig größer ist als der Kapitalkostensatz (WACC) (vgl. hierzu ausführlich Kapitel 20). Als Wert für den mindestens zu erreichenden RoCE ist somit der Kapitalkostensatz anzusetzen. Die Zielumsatzrendite ergibt sich dann entsprechend der obigen Formeln anhand der Division des WACC durch den Kapitalumschlag. Dieser Zusammenhang wird durch nachfolgendes Beispiel verdeutlicht: *Zielrendite*

	Bereich A	Bereich B
WACC = Minimum-RoCE	8,0 %	10,0 %
Kapitalumschlag $= \dfrac{\text{Umsatz}}{\text{Capital Employed}}$	$\dfrac{10\,000}{8\,000} = 1,25$	$\dfrac{15\,000}{2\,250} = 6,7$
Ziel-Umsatzrendite $= \text{WACC / Kapitalumschlag}$	6,4 %	1,5 %

Trotz der angeführten Kritikpunkte an der Umsatzrendite wird diese vor allem in japanischen Unternehmen als alleiniger Erfolgsmaßstab verwendet. Der zur Verzinsung des eingesetzten Kapitals erforderliche Kapitalumschlag muss dann durch andere Managementwerkzeuge erreicht werden. Grundsätzlich ist es möglich, den Kapitalumschlag durch Verringerung beliebiger Positionen der Aktiva (sog. „Asset Management") zu erreichen, d. h. durch Reduzierung des Anlagevermögens, der Vorräte oder der Forderungen (vgl. Franz [1993], S. 128). Eine besondere Bedeutung kommt dabei dem Bestandsmanagement, z. B. durch Just-in-Time-Maßnahmen, zu.

Methodische Defizite des Target Costing

Auf folgende methodische Defizite des Target Costing sei hingewiesen:

Absatzveränderungen, die sich durch Substitutionseffekte zwischen dem Neuprodukt und anderen Produkten des Unternehmens ergeben (Kannibalisierung), werden im Konzept des Target Costing nicht erfasst. Die hieraus resultierenden Erlösschmälerungen verringern ceteris paribus den Erfolg und damit auch die Rendite des Unternehmens. Ebenfalls vernachlässigt werden solche Erlösschmälerungen, die sich ergeben, wenn es bei der Einführung des neuen Produkts aufgrund von Kapazitätsengpässen zu einer Verdrängung anderer Produkte aus dem Produktionsprogramm kommt. Die hierdurch entgehenden Deckungsbeiträge verringern ebenfalls den Erfolg und damit auch die Rendite des Unternehmens, falls sie nicht durch zusätzliche Kostenreduktionen aufgefangen werden. Eine explizite Berücksichtigung dieser entgehenden Deckungsbeiträge im Target Costing in Form von Opportunitätskosten wäre z. B. durch einen höheren Renditeabschlag bei der Ermittlung der „allowable costs" möglich.

4.3   Festlegung von Produktstandardkosten

Definitionsgemäß gelten die „target costs" dann als erreicht, wenn die vom Markt vorgegebenen „allowable costs" mit den im Unternehmen vorliegenden „drifting costs" übereinstimmen.

Um dieses Ziel zu erreichen, sind im Unternehmen vielfache Reduzierungen der vorhandenen „drifting costs" erforderlich, die idealtypisch auf drei Wegen durch die Anwendung der in Abschnitt 5 anzusprechenden Konzepte erreicht werden können:

Reduzierung der „drifting costs"

- Herstellung eines bereits vorhandenen („alten") Produkts mit neuen, wirtschaftlicheren Prozesstechnologien,
- Herstellung eines Neuprodukts (Nachfolgeprodukt), das aufgrund seiner Konstruktionsmerkmale auch mit den vorhandenen (alten) Prozesstechnologien wirtschaftlicher hergestellt werden kann,
- Herstellung eines Neuprodukts (Nachfolgeprodukt) unter gleichzeitiger Verwendung neuer Prozesstechnologien im Unternehmen.

Diese Zusammenhänge systematisiert Abbildung 14.11.

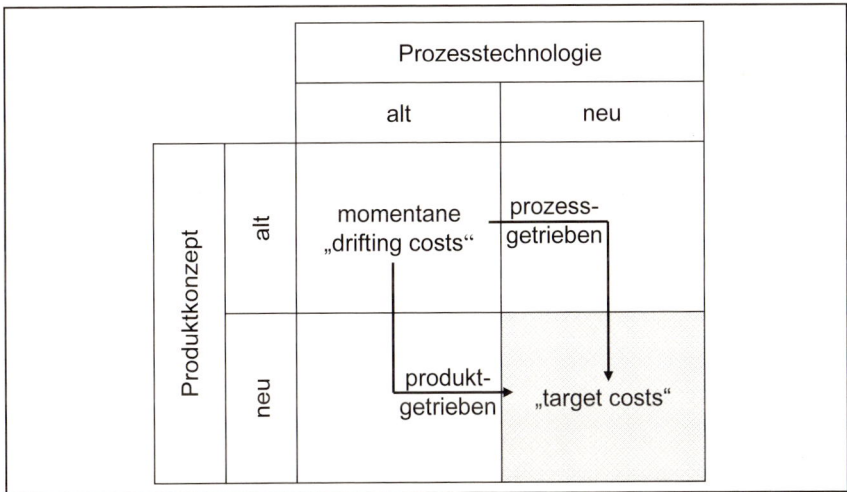

Abb. 14.11: Produkt-Prozess-Matrix der Zielkosten

Ausgangspunkt für die Bestimmung der „drifting costs" sind die für das betreffende Produkt im Unternehmen vorliegenden Standardkosten. Wenn im Unternehmen künftig neuartige Prozesstechnologien zur Herstellung der Produkte eingesetzt werden, können sich jedoch bei der Ableitung von Produktstandardkosten Schwierigkeiten ergeben. Falls nämlich in der betrieblichen Kostenrechnung noch keine Daten für die neuen Prozesstechnologien vorhanden sind, ist die Schätzung der „drifting

Schätzung der „drifting costs"

costs" für die Herstellung des Produkts durch hohe Unsicherheit gekennzeichnet. Im Vergleich hierzu ist es leichter, die „drifting costs" für ein solches neues Produkt zu schätzen, das mit Technologien hergestellt werden kann, über die im Unternehmen bereits Erfahrungen vorliegen. Hier können die Kosten der einzelnen Aktivitäten mit Erfahrungswerten aus der betrieblichen Kostenrechnung besser abgeschätzt und bewertet werden.

Identifikation
von Kosten-
treibern

Somit ist sorgfältig zu untersuchen, welche Kostenbestandteile produkt- oder prozesstechnologieabhängig sind. Hierzu müssen produkt- und prozesstechnologieabhängige Kostentreiber identifiziert und in geeigneter Weise bewertet werden:

- Produktabhängige Kostentreiber sind z. B. Bestell-, Lagerungs-, Montage-, Prüf- und Entsorgungsvorgänge;
- Prozesstechnologieabhängige Kostentreiber sind z. B. Rüst-, Transport-, Instandhaltungs- und Wartungsvorgänge.

Die identifizierten produkt- und prozesstechnologieabhängigen Kostentreiber können während des Marktzyklusses auch als Bezugsgrößen in der Kalkulation verwendet werden. Als Methoden einer verfeinerten Bezugsgrößenkalkulation bieten sich die Prozesskostenrechnung (vgl. Kapitel 4) oder auch die Grenzplankostenrechnung (vgl. Kapitel 6) an.

In der Kostenstellenrechnung dienen die „target costs" als Plankosten, da sie sowohl variable als auch fixe Bestandteile der Gemeinkosten enthalten. Entsprechend können als Instrument der Kostenkontrolle Abweichungsanalysen in Abhängigkeit von den einzelnen Kostenbestimmungsfaktoren durchgeführt werden (vgl. Kapitel 11).

4.4   Implementierung im Unternehmen

Zum Einsatz von Instrumenten des Kostenmanagements und speziell des Target Costing existieren zwei neuere Studien (Franz/Kajüter [2002]; Kajüter [2005]), deren Ergebnisse an dieser Stelle kurz zusammengefasst werden sollen, um einen Überblick über die Implementierung des Kostenmanagements in deutschen Unternehmen zu geben. Den genannten Studien zufolge werden Kostenmanagement-Instrumente von nahezu allen deutschen Unternehmen angewandt. Die weiteste Verbreitung findet dabei das Benchmarking mit 90 %, gefolgt vom Target Costing mit 55 %. Die Prozesskostenrechnung wird immerhin von 46 % der Unternehmen verwendet. Von den Unternehmen, die bisher kein Target Costing verwenden, planen ca. 13 % den künftigen Einsatz. Als Gründe für den Einsatz von Kostenmanagement-Instrumenten wurden in absteigender Relevanz folgende Kriterien genannt: Kostensenkung, Erhöhung der Kostentransparenz, Identifikation der Kostentreiber, Stärkung des Kostenbewusstseins und Optimierung der Kostenstruktur. Als weniger wichtige Ziele der Einführung wurden die Förderung degressiver und die Vermeidung progressiver Kostenverläufe erachtet. Als Gründe für den Nicht-Einsatz des Target Costing wurden von einem Großteil der befragten Unternehmen die fehlende Eignung für das Unternehmen (40,0 %) sowie der hohe Aufwand (25,0 %) genannt. Immerhin 17,5 % der Befragten war das Konzept nicht bekannt. Bezüglich der Einsatzform des Target Costing konnte zudem festgestellt werden, dass dieses bei 52,6 % der Unternehmen laufend Verwendung findet und bei 40,0 % der Unternehmen jedoch nur fallweise zum Einsatz kommt. In 7,0 % der Unternehmen wird das Target Costing lediglich im Rahmen einer Pilotstudie eingesetzt. Zudem wird das Target Costing unter allen Kostenmanagement-Instrumenten bezüglich seiner Leistungsfähigkeit im Unternehmen am besten beurteilt (3,89 Punkte von 5 möglichen Punkten).

Damit wird deutlich, dass das Target Costing auch in der Unternehmenspraxis eine hohe Relevanz besitzt. Dies trifft nicht nur für Unternehmen mit einer Kostenführerschaftsstrategie, sondern auch für Unternehmen mit einer Differenzierungsstrategie zu.

5 Ausgewählte Konzepte zur Reduzierung von Produktkosten

Falls eine Lücke zwischen den angestrebten „allowable costs" und den bei Anwendung vorhandener Technologien erreichbaren „drifting costs" besteht, muss diese geschlossen oder soweit wie möglich verringert werden. Hierzu können verschiedene Konzepte eingesetzt werden, die in diesem Abschnitt beschrieben werden. Um den erreichten Fortschritt in der Reduzierung der absoluten Höhe der Kosten und auch im Verhältnis der Kosten der einzelnen Komponenten zueinander planen und kontrollieren zu können, sind die Schritte 3, 4, 5, 7 und 8 der Kostenspaltung regelmäßig zu wiederholen. D. h., mittels des erstellten Rohkonzepts oder Prototyps sind die anfallenden Kosten pro Produkteinheit komponentenspezifisch mit Daten aus der betrieblichen Kostenrechnung zu schätzen. Eine vollständige Wiederholung aller zur Kostenspaltung gehörenden Schritte ist nur dann notwendig, wenn sich sowohl die Umsatzprognose oder die geforderte Umsatzrendite als auch das Profil der Produktanforderungen und die Gewichtung der produktspezifischen Leistungsmerkmale ändern. Verschiebt sich jedoch nur die Umsatzprognose oder die Umsatzrendite, so hat dies Auswirkungen nur auf die absolute Höhe der Kostenziele. Ändert sich nur das Anforderungsprofil, so hat dies Wirkungen nur auf die relative Gewichtung der einzelnen Komponenten zueinander.

Konzepte zur Kostenreduzierung

5.1   Benchmarking

Benchmarking

Das **Benchmarking** ist ein zyklischer Prozess mit dem Ziel, Produkte, Dienstleistungen und Prozesse oder Methoden, die zur Erfüllung betrieblicher Funktionen bei den besten Wettbewerbern oder anderen führenden Unternehmen eingesetzt werden, mit den Praktiken im eigenen Unternehmen zu vergleichen (vgl. hierzu und im Folgenden auch Fischer/Becker/Gerke [2003], S. 684 ff.). Damit soll evtl. notwendiger Handlungsbedarf aufgezeigt werden.

Ausgangspunkt des Benchmarking ist die Konkurrentenanalyse. Benchmarking beschränkt sich aber nicht auf den Vergleich mit den Konkurrenten, sondern versucht, Prozesse und Methoden zur Ausführung von betrieblichen Funktionen in allen Branchen, in denen „beste" prozessuale Strukturen vorherrschen, zu analysieren. Prägnante Praxisbeispiele für den Vergleich mit „Nicht-Konkurrenten" bietet das amerikanische Unternehmen Xerox:

- Vergleich mit American Express bei der Fakturierung,
- Vergleich mit Sony bezüglich der Kapitalumschlagshäufigkeit,
- Vergleich mit L.L. Bean (Versandhandelsunternehmen) in der Funktion Logistik/Vertrieb.

Die Vorgehensweise des Benchmarking lässt sich in drei Phasen (Vorbereitung, Analyse, Umsetzung) einteilen, die nachfolgend detailliert dargestellt werden (vgl. zur Methode allgemein Camp [1989]).

5.1.1   Vorbereitungsphase

5.1.1.1 Auswahl des Objekts für das Benchmarking

Analyse eigener Schwächen

Bei der Objektauswahl orientiert man sich daran, wo im eigenen Unternehmen die größten Schwierigkeiten liegen oder wo ein Rückstand zur Konkurrenz vermutet oder wahrgenommen wird und durch zusätzliche Informationen über Methoden und Prozessabläufe eine Verbesserung möglich erscheint.

Dies trifft im Fallbeispiel für die Komponente Montage/Installation zu, die aufgrund eines nicht optimierten Ablaufs langwierig (12 Wochen) und teuer ist (16,67 % gegenüber dem Zielwert von 5 % aus der Kostenspaltung).

5.1.1.2 Festlegung von Leistungsbeurteilungsmaßgrößen

Finanzielle und nicht-finanzielle Maßgrößen

Es sollten sowohl finanzielle als auch nicht-finanzielle Maßgrößen benutzt werden. Nicht-finanzielle Maßgrößen haben den Vorteil, dass sie

Unterschiede zwischen den betrachteten Prozessabläufen auf der Kostentreiberebene messbar machen. In diesem Zusammenhang bietet sich bspw. das so genannte Half-Life-Konzept an, das die Verbesserung der Performance eines Prozesses abbildet. Dies geschieht durch Halbwertszeiten, die angeben, in welchem konstanten Zeitraum sich das jeweilige Fehlerniveau halbiert (vgl. Kapitel 16 (Qualitätskosten)).

Im Fallbeispiel dienen als finanzielle Maßgröße die Kosten der Montage/Installation, die durch das Target Costing auf 5 % des Gesamtprodukts festgelegt sind. Als nichtfinanzielle Maßgröße kann die zeitliche Dauer der Montage/Installation angeführt werden. Sie ist deshalb von großer Bedeutung, da sie den Ausfall von Einnahmen wegen fehlender Umsatzerlöse beim Kunden bestimmt. Denn erst nach Ablauf des Zeitraums für Montage/Installation kann mit der Behandlung der Patienten begonnen werden.

5.1.1.3 Bestimmung des Vergleichsunternehmens und Ablauferfassung

Grundsätzlich kommen zuerst die direkten Konkurrenten in Frage, besonders wenn es sich um ein Benchmarking der Kosten im Produktionsbereich handelt. Darüber hinaus müssen alle in der Durchführung bestimmter Prozesse führenden Unternehmen unabhängig von der Branche mit ins Kalkül einbezogen werden. Es muss aber nicht unbedingt ein fremdes Unternehmen als Vergleichsunternehmen benutzt werden, sondern man kann in einem divisionalisierten Unternehmen auch eine andere Division auswählen. Es können auch mehrere Unternehmen ausgewählt und aus der Kombination verschiedener Abläufe ein eigener optimierter Ablauf entwickelt werden.

Vergleichsunternehmen

Im Fallbeispiel bietet sich als Vergleichsunternehmen z. B. die vorhandene Computertomographie-Division des Unternehmens an, die ähnliche Abläufe bewältigen muss und diese durch längere Erfahrung mittlerweile gut organisiert hat.

5.1.2 Analysephase

5.1.2.1 Ermittlung der Leistungslücken

Anhand der Leistungsbeurteilungsmaßgrößen muss festgestellt werden, in welchen Bereichen des untersuchten Objekts das eigene Unternehmen besser, gleich gut oder schlechter als das Vergleichsunternehmen ist. Von besonderem Interesse sind die Bereiche, in denen das eigene Unternehmen schlechter ist als das Vergleichsunternehmen.

Vergleich mit dem eigenen Unternehmen

Im hier zugrunde liegenden Beispiel ergab sich im Vergleich zur Division Computertomographie u. a. eine doppelte Montage-/Installationsdauer.

5.1.2.2 Ursachen für die ermittelten Leistungslücken

Ursachen für Leistungsunterschiede

Hier müssen die Abläufe und Prozesse des Vergleichsunternehmens analysiert und mit den eigenen verglichen werden. Es sind Ansatzpunkte aufzuzeigen, wie die eigenen Prozessabläufe und Methoden durch Adaption und kreative Innovation effektiver und effizienter gestaltet werden können.

Besonders auffällig war im betrachteten Fall z. B. bei der Komponente Montage/Installation die fehlende Abstimmung verschiedener Prozesse wie Baumaßnahmen beim Kunden, Eintreffen der Komponenten und Ankunft des Montageteams. Es ging viel Zeit u. a. dadurch verloren, dass bereits die Montageteams eingetroffen waren, obwohl noch nicht alle Komponenten geliefert und die Baumaßnahmen noch nicht abgeschlossen waren.

5.1.3 Umsetzungsphase

Umsetzung

Die in der Analysephase ermittelten Verbesserungspotenziale müssen in neue Leistungsstandards umgesetzt werden. Hierfür sind Aktionspläne notwendig, welche die Übernahme und Einführung neuer Praktiken regeln. Außerdem sind die Verantwortlichen für die durchzuführende Implementierung zu bestimmen. Die Kontrolle der Implementierung wird ermöglicht durch die Festlegung von Meilensteinen und Entwicklungspfaden.

Im vorliegenden Fall wurden ein Zeit- und ein Kostenziel für die Montage/Installation vorgegeben. Daraufhin wurden Netzpläne für den eigentlichen Ablauf der Montage/Installation sowie Anweisungen zur zentralen Steuerung von Baumaßnahmen und der Zusteuerung von Komponenten und Montageteams erstellt. Das Resultat dieser Maßnahmen waren ein um zwei Drittel verkürzter Zeitaufwand und eine Kostenreduktion in Höhe von gut fünf Sechsteln. Die Montageteams, bestehend aus hoch bezahlten Technikern, sind nur noch für die Inbetriebnahme des Geräts verantwortlich. Der Aufbau der Anlage wird durch die transportierende Spedition erledigt. Der Magnet als größte Buy-Komponente wird direkt vom Zulieferer an den Kunden geliefert, so dass ein direkter Einbau möglich ist. Zusätzlich gingen Vorschläge zur montagefreundlichen Entwicklung des Geräts vom Benchmarking-Team an die Entwickler und Konstrukteure, die diese Vorschläge bei ihrem Vorgehen berücksichtigten und somit eine weitere Zeit- und Kostenreduktion ermöglichten.

5.2 Wertgestaltung

Der Begriff **Wertgestaltung** wird häufig synonym gebraucht mit der Bezeichnung **Wertanalyse**. Doch gibt es einen prägnanten Unterschied zwischen diesen Konzepten. Die Wertgestaltung setzt bereits in der Entwicklungs- und Konstruktionsphase eines neu zu schaffenden Produkts an. Dagegen befasst sich die Wertanalyse nur mit schon existierenden Produkten. Da beide Konzepte die gleiche prinzipielle Vorgehensweise haben, kann man beide Konzepte als Wertanalyse i. w. S. bezeichnen.

Wertanalyse vs. Wertgestaltung

Die **Wertanalyse i. w. S.** und somit auch die Wertgestaltung ist definiert als „das systematische analytische Durchdringen von Funktionsstrukturen mit dem Ziel einer abgestimmten Beeinflussung von deren Elementen (Kosten, Nutzen) in Richtung einer Wertsteigerung" (Kern/Schröder [1978], S. 375). Diese Definition macht deutlich, dass sich die Wertanalyse nicht nur auf die Senkung von Kosten bei vorgegebenen Funktionen oder Eigenschaften von Produkten beschränkt, sondern auch eine Veränderung dieser zur Steigerung des Werts mit einbezieht. Der Grundgedanke bei der Durchführung der Wertanalyse sollte jedoch immer lauten: „Nicht so gut wie möglich", sondern „Nur so gut wie nötig" (Buksch/Rost [1985], S. 358). Die idealtypische Durchführung der Wertanalyse i. w. S. erfolgt in sechs Teilschritten:

Wertanalyse i. w. S.

1) Vorbereitende Maßnahmen (Wertanalyse-Objekt auswählen, quantitative Zielwerte festlegen, Arbeitsgruppe bilden, Ablauf planen),
2) Analysieren der Objektsituation (Informationen über das Wertanalyse-Objekt beschaffen, dieses beschreiben, die Funktionen darstellen, die Funktionskosten ermitteln und auf die kostentragenden Komponenten zuordnen),
3) Beschreiben des Soll-Zustands unter Auswertung der Informationen aus 2) (Soll-Funktionen festlegen, Kostenziele für Soll-Funktionen festlegen),
4) Entwickeln von Lösungsmöglichkeiten (vorhandene Lösungsmöglichkeiten sammeln und neue Ideen entwickeln),
5) Festlegen der Lösungen (Bewertungskriterien für die Lösungen festlegen, einzelne Lösungsmöglichkeiten bewerten, Lösungen auswählen),
6) Verwirklichen der Lösungen (Realisierung im Detail planen, Realisierung überwachen, Projekt abschließen).

Der oben beschriebene Ablauf des Target Costing enthält mit der Kostenspaltung für die Kosten des Gesamtprodukts bereits die Schritte 1. bis 3. der Wertgestaltung. Die markt- und kundenorientierte Kostenspaltung geht jedoch über die Punkte 1 bis 3 der Wertgestaltung insoweit hinaus, als sie Funktionskosten (-ziele) und Komponentenkosten (-ziele) an ihrem jeweiligen Beitrag zur Realisierung des gesamten Kundennutzens misst. Wenn das Target Costing nicht bei einem Investitionsgut (wie hier im Fallbeispiel), sondern bei einem Konsum- oder Luxusgut angewendet wird, ist ergänzend eine Aufteilung der Produktfunktionen in Gebrauchsfunktionen, die zur technischen, wirtschaftlichen Nutzung erforderlich sind, und Geltungsfunktionen, z. B. Image oder Prestige, notwendig.

5.3   Integration von Zulieferern

Make-or-buy-Entscheidung

Nachdem in der Kostenspaltung die „allowable costs" für die einzelnen Komponenten und für die Einzelteile der Komponenten festgelegt wurden, ist zu entscheiden, welche Komponenten oder Einzelteile selbst hergestellt und welche zugekauft werden sollen. Wichtig ist eine frühzeitige und vollständige Festlegung speziell derjenigen Komponenten und Teile, die zugekauft werden können. Damit werden unnötige Kapazitätsengpässe beim Entwicklungs- und Konstruktionsfortschritt des Gesamtprodukts vermieden oder zumindest reduziert.

ABC-Analyse

Zur zeitlichen Steuerung des Entscheidungsprozesses kann wie folgt vorgegangen werden: Alle für einen Zukauf in Frage kommenden Teile werden anhand einer **ABC-Analyse** in A-Teile (hohe Bedeutung), B-Teile (mittlere Bedeutung) und C-Teile (geringe Bedeutung) untergliedert. Für die einzelnen Teilekategorien werden Zeitpunkte nach dem Projektbeginn festgesetzt, zu denen die endgültige Entscheidung für oder gegen Zukauf getroffen sein muss.

Die ABC-Analyse wird in Abbildung 14.12 verdeutlicht.

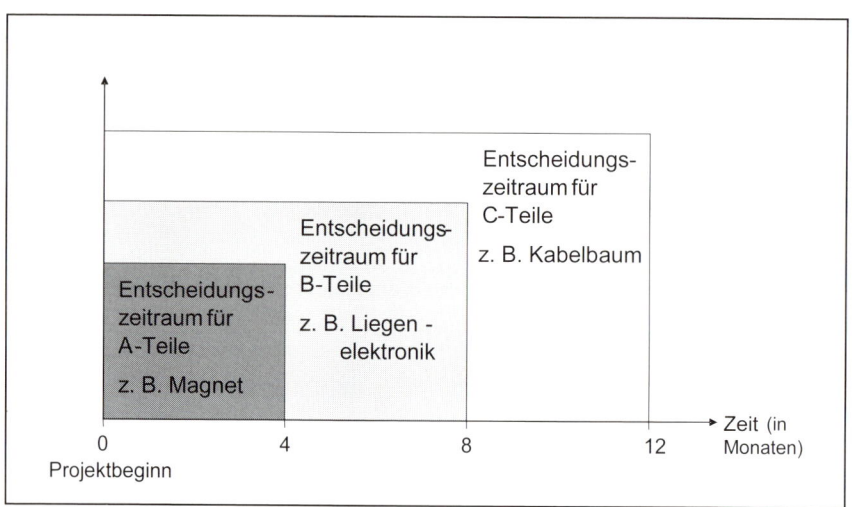

Abb. 14.12: Zeitliche Steuerung der Zukaufentscheidungen für A-, B- oder C-Teile

Die Klassifizierung in A-, B- oder C-Teile soll sich am Entwicklungs- und Konstruktionsaufwand orientieren, der zur Erreichung der benötigten Kostenreduktion im Unternehmen voraussichtlich entstehen wird und der durch die zugewiesenen „allowable costs" begrenzt ist.

Der Reduktionsbedarf für die Komponente Magnet kann z. B. anhand der nachfolgend skizzierten Vorgehensweise ermittelt werden (vgl. auch Abb. 14.8):

Kosten Projektbeginn (auf Basis Vorprodukt)		„target costs" zur Produkt-einführung						Kostenre-duktions-bedarf
↓		↓						↓
310	-	500	×	0,44	=			90
		↑		↑				
		Gesamtkosten pro Stück		zugewiesener Anteil aus Zielkosten-spaltung				

Je früher die Entscheidung für oder gegen einen Zukauf eines Teils fällt, um so länger bleibt Zeit, die angestrebten „allowable costs" zu erreichen.

Dem Zulieferer kann durch die Vorgabe von Zielkosten eine Mitverantwortung für deren Erreichung übertragen werden. Dazu erhält er das Anforderungsprofil für das von ihm zu fertigende Teil. Die Preisgrenze für sein Produkt entspricht den „allowable costs" beim bestellenden Unternehmen für dieses Teil. Dieses Vorgehen setzt eine langfristige und auf Vertrauen basierende Anbindung des Zulieferers voraus, damit dabei die spezifischen Bedürfnisse von Zulieferer und Abnehmer – nämlich Sicherheit hinsichtlich Abnahmemenge und -preis beim Zulieferer und Sicherheit bezüglich Qualitäts-, Mengen- und Termintreue beim Abnehmer – befriedigt werden. Wenn es sich um komplexe Komponenten oder Teile handelt, ist es zweckmäßig, das Zulieferunternehmen in den gesamten Prozeß des Target Costing mit einzubeziehen.

Die Anwendung des Target Costing über das gesamte Wertschöpfungssystem veranschaulicht Abbildung 14.13.

Lieferanten-einbindung

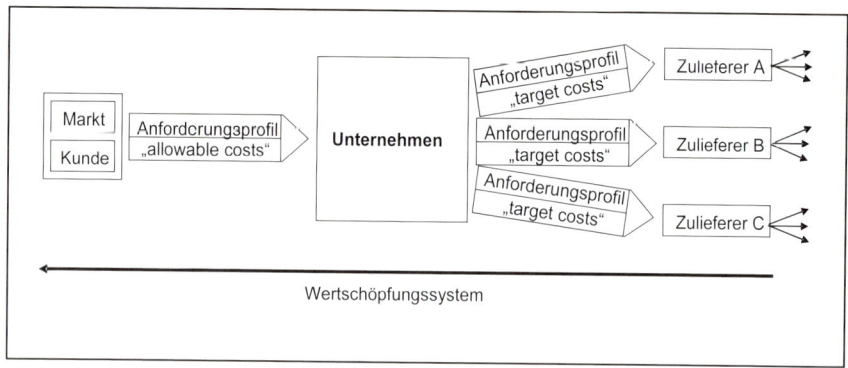

Abb. 14.13: Anwendung des Target Costing im Wertschöpfungssystem

6   Kontrollfragen

1) Worin liegt im Gegensatz zur traditionellen Kostenrechnung der aktive Aspekt des Kostenmanagements?

2) Welches sind die Ansatzpunkte des Kostenmanagements und wie lassen sich diese untergliedern?

3) Was bedeutet der Begriff des Target Costing? Wie lauten seine grundlegenden Merkmale?

4) Wie lautet die Definition der allowable costs und ihre Bedeutung für das Kostenmanagement?

5) Wie lauten die acht Schritte zur Durchführung eines Target Costing-Projekts?

6) Wie funktioniert die Methode zur Ermittlung der Funktions-/Eigenschaftsstruktur eines Produkts und die Bewertung von Änderungen der Funktionsausprägungen? Warum ist es in diesem Zusammenhang sinnvoll von einer linearen Teilnutzenfunktion des Preises auszugehen?

7) Wie lässt sich schematisch der Teilnutzenwert des Preises ermitteln?

8) Was ist unter dem Begriff Zielkostenindex zu verstehen?

9) Wie ist ein Zielkostenkontrolldiagramm aufgebaut? Welche Aussage haben die drei möglichen Werte des Zielkostenindexes? Warum ist das Zielkostenkontrolldiagramm in dieser Form nur beschränkt aussagefähig?

10) Inwieweit kann ein erweitertes Zielkostenkontrolldiagramm die in Frage 9 angesprochenen Probleme lösen?

11) Ist es möglich aus dem erweiterten Zielkostenkontrolldiagramm den evtl. notwendigen Kostenreduktionsbedarf einer Komponente abzulesen? Wie wäre dieser ggf. feststellbar?

12) Welche Aussage ist mit Hilfe der Kosten- oder Nutzenabweichung möglich?

13) Was bedeuten die Begriffe negative Kostenabweichung und positive Nutzenabweichung?

14) Welche Schwierigkeiten können sich bei der Anwendung von Target Costing hinsichtlich der Umsatzprognose ergeben?

15) Wie kann eine Verknüpfung von Umsatzrendite und Wertbeitrag im Target Costing erreicht werden?

16) Wie lautet das Funktionsprinzip des Benchmarking? Durch welche Phasen ist das Benchmarking gekennzeichnet und wie lauten die Abläufe innerhalb dieser Phasen?

17) Was ist unter dem Begriff der Wertgestaltung zu verstehen?

18) Welche Vorteile für ein Unternehmen beinhaltet die Möglichkeit der Integration von Zulieferern?

7 Abkürzungsverzeichnis

AC	gesamte produktbezogene „allowable costs i. e. S."
DC	gesamte produktbezogene „drifting costs"
ac(AC)	relative „allowable costs i. e. S." einer Komponente (ac) in % von den gesamten produktbezogenen „allowable costs i. e. S." (AC)
dc(AC)	relative „drifting costs" einer Komponente (dc) in % von den gesamten produktbezogenen „allowable costs i. e. S." (AC)
dc(DC)	relative „drifting costs" einer Komponente (dc) in % von den gesamten produktbezogenen „drifting costs" (DC)
GA	Gesamtabweichung
GK	Gemeinkosten
HF-Kabine	Hochfrequenz-Kabine
MTbF	Mean Time between Failure
n	Teilnutzen
p	Preis
q	Entscheidungsparameter für Toleranzzone
RoCE	Return on Capital Employed
RoA	Return on Assets
U(p)	Umsatzfunktion
y	Menge
y(p)	Preis-Absatz-Funktion

8   Literaturhinweise

Bauer, H. H./Herrmann, A./Mengen, A. (1994): Eine Methode zur gewinnmaxi-
    malen Produktgestaltung auf der Basis des Conjoint Measurements, in:
    Zeitschrift für Betriebswirtschaft 1994, S. 81-94.

Büschken, J. (1994): Conjoint-Analyse – Methodische Grundlagen und Anwen-
    dungen in der Marktforschungspraxis, in: Tomczak, T./Reinecke, S.
    (Hrsg.) (1994): Marktforschung, St. Gallen 1994, S. 72-89.

Buksch, R./Rost, P. (1985): Einsatz der Wertanalyse zur Gestaltung erfolgrei-
    cher Produkte, in: Zeitschrift für betriebswirtschaftliche Forschung 1985,
    S. 350-361.

Camp, R. C. (1989): Benchmarking – The Search for Industry Best Practices that
    Lead to Superior Performance, Milwaukee 1989.

Coenenberg, A. G./Fischer, T. M./Schmitz, J. (1994): Target Costing und Pro-
    duct Life Cycle Costing als Instrumente des Kostenmanagements, in:
    Zeitschrift für Planung 1994, S. 1-38.

Fischer, T. M./Becker, S./Gerke, S. (2003): Benchmarking, in: DBW 2003,
    Heft 6, S. 684-701.

Fischer, T. M./Schmitz, J. (1994a): Marktorientierte Kosten- und Qualitätsziele
    gleichzeitig erreichen, in: io Management Zeitschrift 1994, Heft 10,
    S. 63-68.

Fischer, T. M./Schmitz, J. (1994b): Informationsgehalt und Interpretationsmög-
    lichkeiten des Zielkostenkontrolldiagramms im Target Costing, in: Kos-
    tenrechnungspraxis 1994, S. 427-433.

Fischer, T. M./Schmitz, J. (1998): Kapitalmarktorientierung im Zielkostenmana-
    gement, in: Möller, H.-P./Schmidt, F. (Hrsg.): Rechnungswesen als In-
    strument für Führungsentscheidungen, Stuttgart 1998, S. 203-230.

Franz, K.-P. (1993): Target Costing – Konzept und kritische Bereiche, in: Con-
    trolling 1993, S. 124-130.

Franz, K.-P./Kajüter, P. (2002): Kostenmanagement in Deutschland: Empirische
    Befunde zur Praxis des Kostenmanagements in deutschen Unternehmen,
    in: Franz, K.-P./Kajüter, P. (Hrsg.): Kostenmanagement: Wertsteigerung
    durch systematische Kostensteuerung, 2. Aufl., Stuttgart 2002,
    S. 569-585.

Green, P. E./Srinivasan, V. (1978): Conjoint Analysis in Consumer Research:
    Issues and Outlook, in: Journal of Consumer Research 1978, 5. Jg., Heft
    9, S. 103-123.

Green, P. E./Srinivasan, V. (1990): Conjoint Analysis in Marketing Research:
    New Developments with Implications for Research and Practice, in: Jour-
    nal of Marketing 1990, Heft 10, S. 3-19.

Hiromoto, T. (1988): Another Hidden Edge – Japanese Management Account-
    ing, in: Harvard Business Review 1988, Heft 4, S. 22-26.

Kajüter, P. (2005): Kostenmanagement in der deutschen Unternehmenspraxis:
    Empirische Befunde einer branchenübergreifenden Feldstudie, in: ZfB
    2005, Heft 2, S. 79-100.

Kern, W./Schröder, H.-H. (1978): Konzept, Methode und Probleme der Wertanalyse (I), in: Das Wirtschaftsstudium 1978, S. 375-381.

Sakurai, M. (1992): Target Costing and How to Use It, in: Brinker, B. J. (Hrsg.) (1992): Emerging Practices in Cost Management, Boston 1992, S. O3-1 – O3-12.

Seidenschwarz, W. (1993): Target Costing, München 1993.

Simon, H. (1992): Preismanagement: Analyse – Strategie – Umsetzung, 2. Aufl., Wiesbaden 1992.

Tanaka, M. (2000): Cost Planning and Control Systems in the Design Phase of a New Product, in: Monden, Y./Sakurai, M. (Hrsg.) (2000): Japanese Management Accounting – A World Class Approach to Profit Management, Cambridge 2000, S. 49-71.

Kapitel 15
Life Cycle Costing

1 Einführung

Die Liftikus AG ist ein weltweit führendes Unternehmen im Bereich Fördertechnik. Neben der Entwicklung, Herstellung und Installation von Lasten- und Personenaufzügen gewinnt der Bereich der Anlagenmodernisierung und -wartung sowohl unter Profitabilitätsgesichtspunkten als auch im Zuge zunehmender Kundenorientierung stetig an Bedeutung.

Der Vorstand der Liftikus AG beauftragt Herrn B. Rater mit der Durchführung einer Lebenszykluskostenanalyse, um die aus einer Forcierung des After-Sales-Serviceangebots entstehenden produktbezogenen Erfolgspotenziale und -risiken für das Anlagengeschäft des Unternehmens monetär zu bewerten.

Aufgrund der hohen Wettbewerbsintensität empfiehlt Herr B. Rater darüber hinaus zu analysieren, wie sich die Profitabilität der Kunden der Liftikus AG entwickelt hat. Hierbei soll insbesondere untersucht werden, wie kundenbezogene Deckungsbeiträge berechnet werden können. Ferner sind aus Sicht von Herrn B. Rater die durch die Kunden generierten Wertbeiträge (sog. Customer Equity) für eine umfassende Unternehmenssteuerung von besonderer Relevanz.

Mit dem Wandel von der Industrie- zu einer Dienstleistungs- und Wissensgesellschaft sowie der fortschreitenden Globalisierung wird es für Unternehmen zunehmend bedeutsamer, nachhaltige Wettbewerbsvorteile gegenüber Konkurrenten zu generieren. Entscheidende Ansatzpunkte zur Schaffung von Wettbewerbsvorteilen liegen in den Bereichen des Innovation Capital und des Customer Capital als Teilkategorien des Intellectual Capital eines Unternehmens. Diese Entwicklung führt dazu, dass die Kosten für Forschung und Entwicklung neuer Produkte sowie für die Bindung bestehender und Akquisition neuer Kunden beträchtlich anstei- *Relevanz des Life Cycle Costing*

gen. Aus diesem Grund ist es aus Produzentensicht von zentraler Relevanz, neben traditionellen periodenbezogenen Erfolgsrechnungen die
Wirtschaftlichkeit von Produkten und Kundenbeziehungen anhand einer
periodenübergreifenden, produkt- oder kundenlebenszyklusbezogenen
Erfolgsrechnung zu beurteilen. Aus Kundensicht ist insbesondere bei
langlebigen Investitionsgütern wie Haushaltsgeräten oder Automobilen
neben den Anschaffungskosten auch die Höhe der Folgekosten, wie z. B.
Reparatur- oder Bereitschaftskosten, in die Kaufentscheidung mit einzubeziehen. Kundenorientierte Unternehmen sind darauf bedacht, den aktuellen und potenziellen Kunden die Vorteilhaftigkeit und den Nutzen eines
Produkts unter Berücksichtigung aller im Laufe des Produktlebenszyklusses anfallenden Kosten zu kommunizieren. Im Rahmen dieses Kapitels wird unter anderem den folgenden Fragestellungen nachgegangen:

Fragestellungen

1) Welche produktspezifischen (zahlungswirksamen) Kosten und Erlöse
   müssen bei einer lebenszyklusbezogenen Betrachtung miteinbezogen
   werden?
2) Inwiefern haben die neben den Anschaffungskosten im Laufe der
   Nutzung eines Produkts entstehenden Folgekosten Auswirkungen auf
   die Kaufentscheidung von Kunden?
3) Welchen Beitrag leisten bestimmte Produkte, Produktgruppen, Kunden oder Kundengruppen zum Unternehmenswert?
4) Welche Einflussfaktoren sind ausschlaggebend für die Beurteilung
   der Vorteilhaftigkeit einer Kundenbeziehung?
5) Sind umsatzstarke Kunden gleichzeitig auch profitable Kunden?
6) Welche Auswirkungen haben kundenspezifische Akquisitions-, Bin-
   dungs- und Entwicklungskosten auf den Kundenwert?
7) Inwiefern können nicht-monetäre Faktoren, wie Kundenzufriedenheit, Kundenloyalität und Weiterempfehlungen an potentielle Neukunden, in die Analyse der Vorteilhaftigkeit der Kundenbeziehung
   integriert werden?

Kapitelstruktur und -inhalte

Die folgenden Ausführungen zum Life Cycle Costing beginnen in Abschnitt 2 mit einer Darstellung der Ansatzpunkte dieses Konzepts unter
Bezugnahme auf die Verbindung zum Target Costing. Abschnitt 3 wid-
met sich der Anwendung des Life Cycle Costing auf Produktebene. In
diesem Zusammenhang wird das sogenannte Product Life Cycle Costing
sowohl aus Produzentensicht als auch aus der Sichtweise von Kunden
vorgestellt und diskutiert. Im anschließenden Abschnitt 4 wird der Frage
nachgegangen, wie mittels des Customer Life Cycle Costing die Profitabilität von Kundenbeziehungen in einer statischen und dynamischen Betrachtungsweise ermittelt werden kann. Weiterhin wird auf die Relevanz
und Methodik des Customer Equity eingegangen, welches eine Verknüpfung des Kundenwerts mit dem Unternehmenswert erlaubt.

2 Ansatzpunkte des Life Cycle Costing

Ursprünglich wurde das Konzept des sog. „Life Cycle Costing" zur Planung von Großprojekten, wie z. B. für die Planung von Kraftwerken oder Gebäuden, verwendet. Mittlerweile wird mit diesem Konzept, wie schon an der anschließend um den Begriff „Product" erweiterten Bezeichnung erkennbar wird (vgl. Abschnitt 3), auch die Wirtschaftlichkeit von Produkten analysiert und die Alternativenauswahl bei der Anschaffung großer Investitionsgüter entschieden.

Das Zusammenspiel von Target Costing und Life Cycle Costing als Instrumente des Kostenmanagements veranschaulicht Abbildung 15.1.

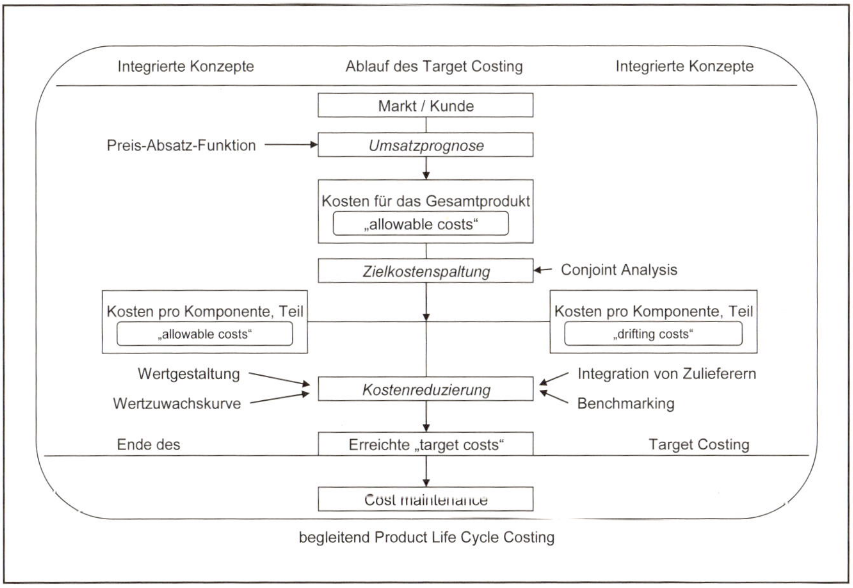

Life Cycle Costing

```
   Integrierte Konzepte        Ablauf des Target Costing        Integrierte Konzepte

                               ┌─────────────────────┐
                               │     Markt / Kunde   │
                               └─────────────────────┘
   Preis-Absatz-Funktion ────► │    Umsatzprognose   │
                               └─────────────────────┘
                               ┌─────────────────────┐
                               │ Kosten für das Gesamtprodukt │
                               │    „allowable costs" │
                               └─────────────────────┘
                               │  Zielkostenspaltung │ ◄─── Conjoint Analysis
                               └─────────────────────┘
   ┌───────────────────────┐                              ┌───────────────────────┐
   │ Kosten pro Komponente, Teil │                        │ Kosten pro Komponente, Teil │
   │   „allowable costs"   │                              │    „drifting costs"   │
   └───────────────────────┘                              └───────────────────────┘
        Wertgestaltung                                    Integration von Zulieferern
                              ┌──────────────────┐
        Wertzuwachskurve ───► │ Kostenreduzierung │ ◄──── Benchmarking
                              └──────────────────┘
        Ende des              │ Erreichte „target costs" │      Target Costing
                              └──────────────────┘
                              ┌──────────────────┐
                              │ Cost maintenance │
                              └──────────────────┘

              begleitend Product Life Cycle Costing
```

Abb. 15.1: Product Life Cycle Costing und Target Costing als Instrumente des Kostenmanagements

Der beschriebene Ablauf des Target Costing und des Life Cycle Costing muss als zyklischer Prozess verstanden werden. Die gesetzten Kostenziele müssen ständig überprüft und in Frage gestellt werden. Damit ist eine kontinuierliche Markt- und Kundenorientierung gegeben, die dazu beiträgt, die Wettbewerbsfähigkeit des Unternehmens nachhaltig zu sichern.

In allen Lebenszyklusphasen steht das Erreichen der aus dem Markt abgeleiteten „allowable costs" im Vordergrund. Hierzu sind Alternativenvergleiche für Investitionsentscheidungen und Entscheidungen darüber anzustellen, ob die Vermarktung eines bestimmten Produkts fortgesetzt oder abgebrochen werden soll. Werden innerhalb des Produktentwicklungsprozesses die Zielkosten zur Herstellung des Produkts erreicht, bleibt als Aufgabe für die Marktphase die Einhaltung oder weitere Verbesserung der einmal erreichten Zielkosten (cost maintenance).

Je nachdem, ob die Produzenten- oder Kundenperspektive gewählt wird, treten bei der Anwendung des Life Cycle Costing unterschiedliche Fragestellungen in den Vordergrund.

3 Product Life Cycle Costing

Das Product Life Cycle Costing versucht, sämtliche Anschaffungs- und Folgekosten eines Produkts über den Zeitraum seiner Nutzung zu erfassen und zu minimieren. Die Bezeichnung „Kosten" in dem Begriff „Life Cycle Costing" ist aber aus betriebswirtschaftlicher Sicht unpräzise. Denn gerade die Totalbetrachtung eines Produktlebenszyklusses bietet die Möglichkeit, ohne die den Kosten immanente Periodisierung auszukommen. Die hier verwendeten Rechengrößen sind vielmehr Ein- und Auszahlungen.

3.1 Product Life Cycle Costing aus Produzentensicht

Integrierter Produktlebenszyklus

Für den Produzenten ist die Gesamtheit aller hergestellten Produkte eines Typs über den gesamten Zyklus relevant, d. h. er orientiert sich am Konzept des marktbezogenen Produktlebenszyklusses. Dieser kann noch durch einen Entstehungszyklus und einen Nachsorgezyklus ergänzt werden (sog. integrierter **Produktlebenszyklus**, vgl. Abb. 15.2). Die gezeigten Phasen laufen zwar in der Einzelbetrachtung jedes Produkts nacheinander ab, doch über den gesamten Lebenszyklus aller Produkte hinweg betrachtet überlagern sie sich.

Mit dem Product Life Cycle Costing lässt sich untersuchen, ob durch eine Kostenerhöhung in den Phasen vor der Produkteinführung Kostensenkungen in späteren Lebenszyklusphasen erzielt werden können. Als Faustregel wird diesbezüglich genannt, dass eine Kostenerhöhung um eine Geldeinheit für Produktkonzeption, -konstruktion und -entwicklung später acht bis zehn Geldeinheiten im Produktions- und Vertriebsbereich erspart.

Über den gesamten Produktlebenszyklus hinweg können auch gesetzliche Regelungen Kosten verursachen: Das Gesetz über das Inverkehrbringen, die Rücknahme und die umweltverträgliche Entsorgung von Elektro- und Elektronikgeräten (ElektroG) beispielsweise dehnt die Produktverantwortung der Hersteller, vor allem im Bereich der Entsorgung von Altgeräten aus. Die Produzenten sind seit 24. März 2006 zur kostenfreien Rücknahme von Elektro- und Elektronikgeräten aus privaten Haushalten, zur Abholung und zur umweltverträglichen Entsorgung verpflichtet. Eine ähnliche Regelung für die Rücknahme und Entsorgung von Altfahrzeugen (Altautoverordnung) ist bereits seit 1. April 1998 in Kraft. Je nach Produktart können für die Produzenten lediglich geringe (z. B. bei Waschmaschinen dank des hohen Schrottpreises des Stahlgehäuses) oder sehr hohe Entsorgungskosten (z. B. bei Leuchtstoffröhren aufgrund der enthaltenen Giftstoffe zwischen 20-60 % des Gerätepreises) anfallen (vgl. Liebrich [2006], S. 21).

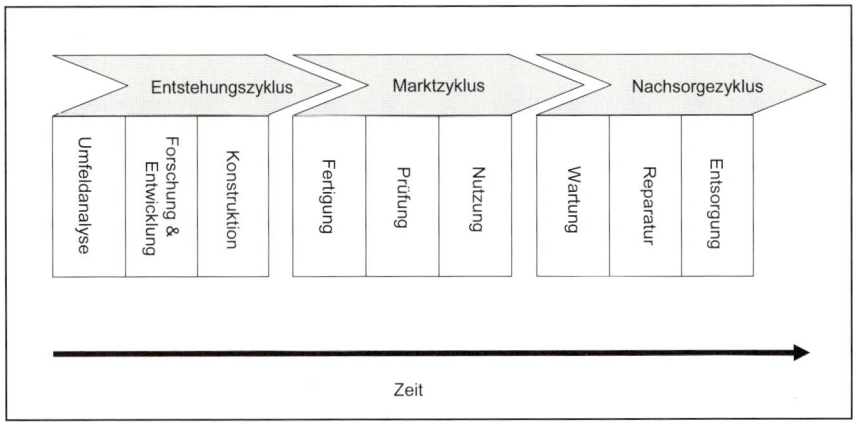

Abb. 15.2: Integrierter Produktlebenszyklus aus Produzentensicht

In Hinblick auf die Bewertung bietet sich für eine Totalbetrachtung oder einen Alternativenvergleich z. B. die Kapitalwertmethode an. In den ersten Lebenszyklusphasen ist auch die Berechnung der Amortisationsdauer als einfacher Risikoindikator sinnvoll. Mit ihr kann beurteilt werden, ab wann die Investitionsauszahlungen durch spätere Einzahlungen gedeckt sind (zu einem Überblick möglicher Bewertungsmethoden vgl. Götze [2000], S. 278 ff.).

Bewertungs-
methoden

Beispiel 15.1

Einen Überblick über die Einsatzmöglichkeiten veranschaulicht das im Target Costing angesprochene Zahlenbeispiel (Kapitel 14, Abschnitt 3.2) in Tabelle 15.1. Der hier dargestellten Zahlungsreihe liegt ein Planungshorizont von 10 Jahren zugrunde (Marktzyklus Jahre 4 bis 8). Bei einem Kalkulationszinssatz von $i = 12\,\%$ ergibt sich ein Kapitalwert von 36,5 Mio. EUR. Der interne Zinssatz beträgt $r = 24,8\,\%$, die statische Amortisationsdauer als einfacher Risikoindikator beträgt 5,4 Jahre, d. h. im Mai des Jahres 6 haben sich die Anfangsauszahlungen wieder amortisiert.

Die dynamische Amortisationsdauer beträgt 5,9 Jahre, reicht also bis ca. November des Jahres 6. Die Bestimmung der Amortisationsdauern sowie der internen Verzinsung erfolgte durch lineare Interpolation.

Kalkulationszins i = 12 %	1	2	3	4	5	6	7	8	9	10	Summe
Einzahlungen (E$_t$)											
Anlagenverkauf				150,00	200,00	300,00	250,00	100,00			1 000,00
Auszahlungen (A$_t$)											
Herstellung				75,00	100,00	150,00	125,00	50,00			500,00
Entwicklung	11,00	14,00	18,00	14,00	27,00	21,00	6,00				111,00
Verwaltung	15,00	15,00	15,00	23,00	23,00	23,00	23,00	23,00	18,00	18,00	196,00
Marketing/Vertrieb				20,00	14,00	18,00	14,00	8,00			74,00
Entsorgung									10,00	9,00	19,00
(E$_t$ – A$_t$) nominal	-26,00	-29,00	-33,00	18,00	36,00	88,00	82,00	19,00	-28,00	-27,00	100,00
nominal kumuliert	-26,00	-55,00	-88,00	-70,00	-34,00	54,00	136,00	155,00	127,00	100,00	100,00
(E$_t$ – A$_t$) diskontiert	-26,00	-25,89	-26,31	12,81	22,88	49,93	41,54	8,59	-11,31	-9,74	36,50
diskontiert kumuliert	-26,00	-51,89	-78,20	-65,39	-42,51	7,42	48,96	57,55	46,24	36,50	36,50

Tab. 15.1: Anwendungsbeispiel für das Product Life Cycle Costing aus Produzentensicht

Aus Produzentensicht ist es sinnvoll, den Kunden so lange wie möglich an das Unternehmen zu binden, indem bspw. mit dem Produkt einhergehende Serviceleistungen angeboten werden. So ist es bei herkömmlichen Tintenstrahldruckern oftmals der Fall, dass der Kauf einer Nachfüllpatrone beinahe schon an den ursprünglichen Verkaufspreis des Geräts heranreicht. Für den Produzenten ist es daher essenziell, auch ein Kostenmanagement zwischen den einzelnen Produktlebenszyklusphasen durchzuführen, damit eine marktgerechte Preisgestaltung des Produkts selbst sowie der Servicekomponenten möglich ist.

3.2 Product Life Cycle Costing aus Kundensicht

Kundensicht

Aus Kundensicht ist im Allgemeinen die Entscheidung für oder gegen den Kauf eines einzelnen Produkts relevant. Der Kunde muss bezüglich seiner Aus- und Einzahlungen folgende Überlegungen anstellen:

1) Welche Ein- und Auszahlungen (z. B. für Anschaffung, Betrieb, Wartung und Entsorgung) entstehen?
2) Wann und in welcher Höhe fallen diese Zahlungen an?
3) Wie lange dauert der Lebenszyklus für dieses Produkt und die damit verbundenen Ein- und Auszahlungen?
4) Mit welchem Zinssatz sind die Zahlungen zu diskontieren?

Durch eine betriebswirtschaftlich fundierte Beantwortung dieser Fragen könnte jeder Kunde mit den Methoden der Investitionsrechnung die für ihn optimale Produktalternative auswählen.

Die geschilderten Überlegungen des Kunden muss der Produzent in sein Kalkül miteinbeziehen, d. h. es sind bei der Entwicklung/ Konstruktion des Produkts eben nicht nur die Kosten beim Produzenten relevant, sondern auch die Kosten, die während der Nutzung beim Kunden entstehen, z. B. Kosten für Reparaturen, Wartung, Instandhaltung und Entsorgung. Diese Kosten kennzeichnen einen eigenständig zu analysierenden Konsumentenzyklus, der mit dem Kauf eines Produkts beginnt und mit dessen Verkauf, Stilllegung und/oder Entsorgung endet (vgl. Ewert/Wagenhofer [2005], S. 473).

Besonders bedeutsam ist in diesem Zusammenhang, die gesamten Zahlungen in Anschaffungszahlungen und in evtl. notwendige Folgezahlungen zu unterteilen (vgl. dazu Günther/Kriegbaum [1997a], S. 990). Das empfiehlt sich immer dann, wenn der Kunde bestimmte Präferenzen hinsichtlich der Höhe von Anschaffungspreis (-auszahlung) oder Folgeauszahlungen besitzt. Für den Produzenten ergibt sich hieraus die Aufgabe einer lebenszyklusbezogenen Optimierung der Preisstruktur zur Ausnutzung der kundenbezogenen Rendite. Im Konsumgütersektor ergibt sich für den Anbieter daraus häufig die Möglichkeit zur Realisierung einer – psychologisch bedingten – höheren Rendite. Diese Möglichkeit ist im Investitionsgüterbereich i. A. nicht gegeben, da davon auszugehen ist, dass Methoden der Investitionsrechnung angewendet werden (vgl. Simon [1992], S. 599 f.). Den Trade-off zwischen der Anschaffungsauszahlung und den Folgeauszahlungen eines Produkts aus Kundensicht stellt Abbildung 15.3 dar.

Anschaffungs- und Folgezahlungen

Bereits bei einfachen Gebrauchsgegenständen kann für den Kunden eine Lebenszyklusbetrachtung notwendig sein, die eine Berechnung von Barwerten erfordert. So besteht z. B. beim Kauf einer Lampe die Wahl zwischen einer Glühbirne mit einem Stromverbrauch von 75 Watt/h zu 2,40 EUR und einer Energiesparlampe mit einem Stromverbrauch von 15 Watt/h zu 30,90 EUR (vgl. hierzu das Beispiel bei Günther/Kriegbaum [1997b], S. 1160 ff.). Während die Glühbirne lediglich eine Brenndauer von 1 000 Stunden aufweist, kann eine Energiesparlampe bis zu 10 000 Stunden durchgehend brennen. Ausgehend von diesen Daten ist zu beurteilen, welche der beiden Leuchten vorteilhaft ist. In vorliegendem Fall weist die Glühbirne hohe Betriebsausgaben, aber niedrige Anschaffungszahlungen und Entsorgungsaufwendungen auf. Für die Energiesparlampe gilt der umgekehrte Zusammenhang. Die genauen Ergebnisse sind in Abhängigkeit von sich ändernden Strompreisen und unter Einbeziehung evtl. Entsorgungskosten für verbrannte Leuchten zu kalkulieren. Somit wird deutlich, dass alle über den Lebenszyklus des Produkts anfallenden Zahlungen in die Vorteilhaftigkeitsbetrachtung einzubeziehen sind.

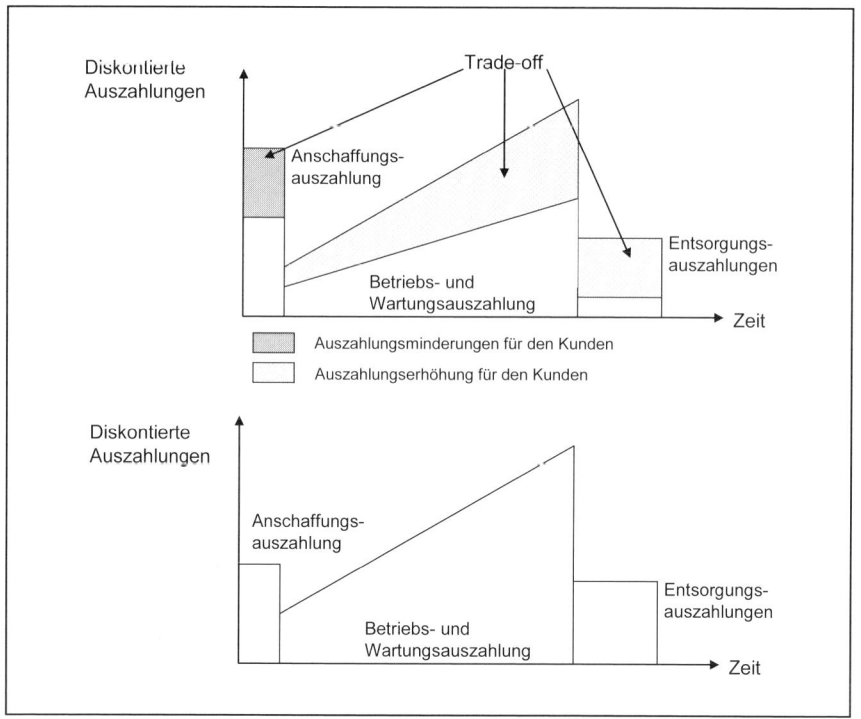

Abb. 15.3: Trade-off zwischen Anschaffungsauszahlung und Folgeauszahlungen
(Quelle: Götze [2000], S. 274)

Darüber hinaus ist zu beachten, dass die Lebenszyklusbetrachtungen in Abhängigkeit der Art der Produkte angestellt werden sollten (vgl. Günther/Kriegbaum [1997a], S. 902). So ist bei Lebensmitteln etc. der Lebenszyklus sehr kurz, so dass meist nur die Anschaffungszahlungen für die Kaufentscheidung Relevanz besitzen. Anders ist dies bei langfristigen Anschaffungen wie z. B. einem Kraftfahrzeug, in dessen Nutzungsdauer die Investitionskosten nur einen kleinen Teil der insgesamt anfallenden Auszahlungen inkl. Betriebskosten (z. B. Benzin, Versicherung, Kfz-Steuer) und Wartungskosten (z. B. Inspektion, Reparatur in Vertragswerkstätten) ausmachen. Die Unsicherheit bzgl. zukünftiger Auszahlungen kann vom Kunden dabei durch Garantieverlängerungen und vorher festgelegte Kundendienstintervalle reduziert werden, so dass eine einfachere Abschätzung des Barwerts der Ein- und Auszahlungen möglich ist. Dabei gilt, dass mit steigender Lebenserwartung der Produkte der Anteil der Investitionsausgaben an den Gesamtkosten sinkt (vgl. dazu Abb. 15.4), gleichzeitig aber auch die Unsicherheit hinsichtlich der künftigen Liquiditätswirkungen steigt , so dass eine Absicherung der Kunden (aber auch der Produzenten) durch Verträge (z. B. Garantieverträge) an Bedeutung gewinnt.

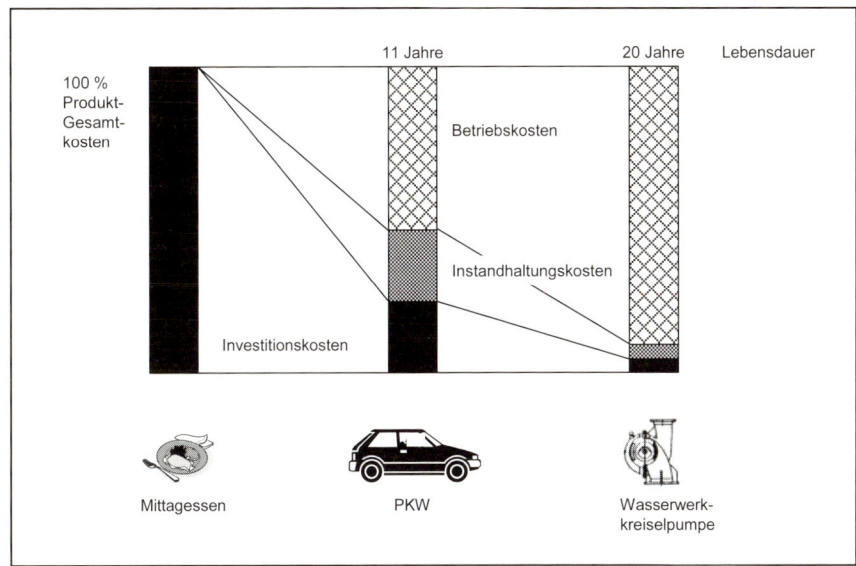

Abb. 15.4: Entwicklung der Kostenanteile im Produktlebenszyklus

3.3 Kritische Würdigung

Der grundlegende Vorteil des Product Life Cycle Costing liegt in der ganzheitlichen Sichtweise. Die Lebenszyklusperspektive ermöglicht eine Analyse aller Ein- und Auszahlungen, die von der Entwicklung der ersten Einheit bis zur Entsorgung der letzten Einheit eines Produkts entstehen (können). Ein weiterer Vorteil des Konzepts liegt in der Verdeutlichung impliziter Entscheidungsinterdependenzen. Zum einen stellt es die Bedeutung von Entscheidungen im Entstehungszyklus für spätere Auszahlungen und zum anderen Interdependenzen zwischen einzelnen Auszahlungen (z. B. zwischen Auszahlungen für Entwicklung und Herstellung) heraus. Die ganzheitliche Sichtweise bringt den weiteren Vorteil mit sich, dass alle mit dem Projekt verbundenen Zahlungsvorgänge dem Projekt eindeutig zugerechnet, für dieses prognostiziert und analysiert werden können. Dadurch wird vermieden, dass trotz einer Teiloptimierung in einzelnen Phasen des Projekts das Gesamtoptimum u. U. nicht erreicht wird.

Kritische Würdigung

4 Customer Life Cycle Costing

Ein besonderer Anwendungsbereich des Life Cycle Costing wird in der Betrachtung des Kundenlebenszyklusses (sog. Customer Life Cycle) deutlich. Diese Betrachtungsweise ist auf die besondere Relevanz der

Customer Life Cycle

Stakeholdergruppe „Kunden" für die nachhaltige Wettbewerbsfähigkeit des Unternehmens (vgl. bspw. Schmöller [2001], S. 5) zurückzuführen. Zur Überprüfung der Vorteilhaftigkeit von Kundenbeziehungen kann eine statische, einperiodige Betrachtung sowie eine dynamische, mehrperiodige Betrachtung erfolgen. Während die einperiodige Betrachtung vor allem zur operativen Steuerung der Kundenbeziehungen herangezogen werden kann, findet die dynamische Betrachtung (periodenübergreifend für einzelne Kunden oder einzelkundenübergreifend) vor allem in Hinblick auf das taktische und strategische Kundenmanagement Anwendung.

Im Folgenden werden die statische Betrachtung anhand von Kundendeckungsbeiträgen und die dynamische Betrachtung anhand des Customer Lifetime Value oder des Customer Equity separat analysiert.

4.1 Analyse von Kundendeckungsbeiträgen

Analyse von Kunden-deckungs-beiträgen

In der statischen Betrachtung kann auf die Analyse von Kundendeckungsbeiträgen zurückgegriffen werden (vgl. hierzu grundlegend Cornelsen [2000], S. 107 ff.). Diese hat den Vorteil, dass schnell eine Entscheidung hinsichtlich der Vorteilhaftigkeit der Kundenbeziehung getroffen werden kann (vgl. Dhar/Glazer [2003], S. 87). Die kundenbezogene Definition von Deckungsbeiträgen stellt sich dabei wie folgt dar:

Kundenbezogene Erlöse
– Kundenbezogene Kosten
─────────────────────────
= Kunden-Deckungsbeitrag (zur Deckung kundenfixer Kosten)

Vorgehensweise

Diese Vorgehensweise kann pro Kunde oder für den gesamten Kundenstamm erfolgen, wobei eine Aufteilung auf die Kosten pro Kunde oftmals erhöhte Anforderungen an die Kosten- und Erlösrechnung im Unternehmen stellt. Ausgehend von der in Kapitel 5 dargestellten Deckungsbeitragsrechnung auf Basis von Produkten kann nun auch eine Fortführung dieser Rechnung auf Basis von Kunden vorgenommen werden. Dabei werden dem Produkt-Deckungsbeitrag I, d. h. dem Netto-Umsatz abzüglich aller variablen Kosten, die Kunden-Einzelkosten sowie Kunden-Gemeinkosten gegenübergestellt (vgl. hierzu Abbildung 15.5). Hieraus wird somit ein Kunden-Deckungsbeitrag I und II gewonnen, der Aufschluss darüber geben kann, inwieweit eine Deckung der kundenfixen Kosten erfolgt. Nur wenn dieser Betrag positiv ist, werden zumindest die variablen Kosten der Gewinnung, Bedienung und Bindung der Kunden gedeckt.

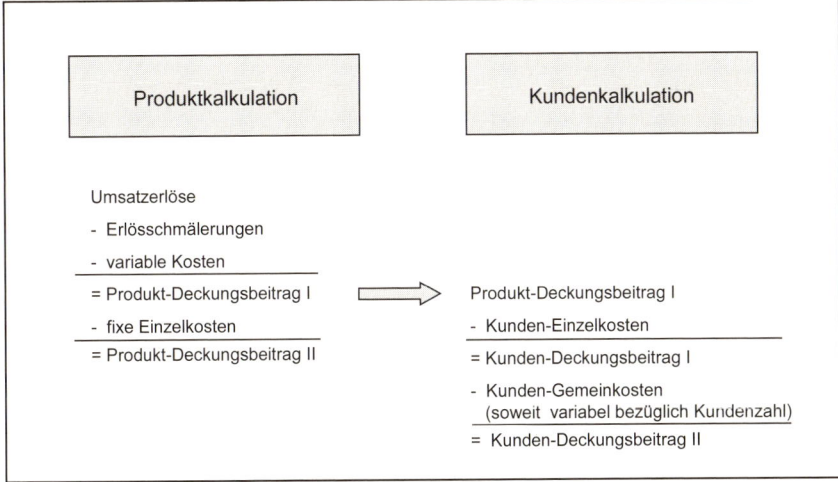

Abb. 15.5: Produkt- vs. Kundenkalkulation
        (Quelle: Schirmeister/Kreuz [2003], S. 338)

Die Ermittlung der Kundendeckungsbeiträge kann in die Erfolgsrechnung des Unternehmens integriert werden. Dazu werden die einzelnen Erfolgskomponenten entsprechend der Bezugsebene „Kunden" oder „Produkt" zugeordnet (vgl. dazu Abb. 15.6).

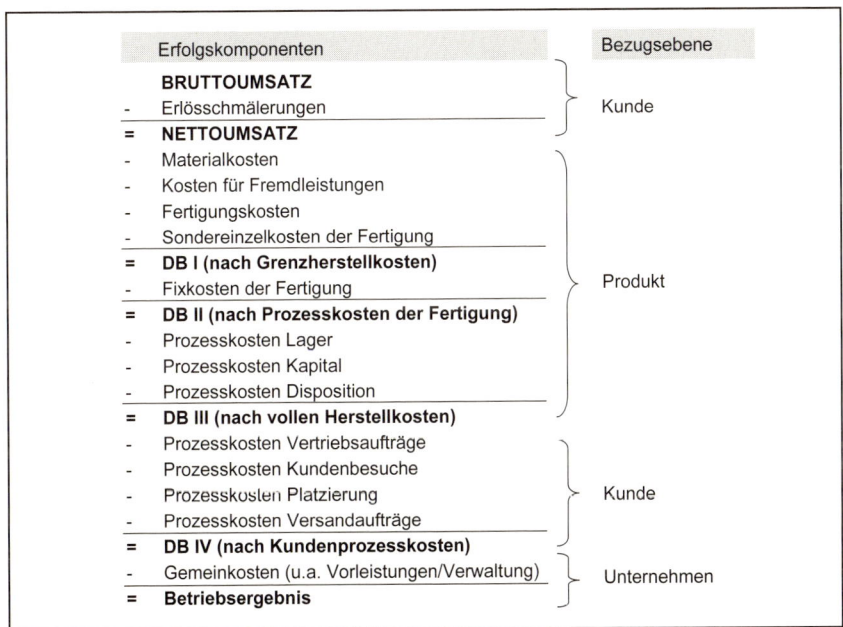

Abb. 15.6: Deckungsbeitragsschema zur Kundenerfolgsrechnung
        (Quelle: in Anlehnung an Bundschuh [2005], S. 206)

Die Erlöse pro Kunde können auf Basis der Ausgangsrechnungen bestimmt werden. Die Ermittlung der Kosten erfordert eine weitergehende Differenzierung der Kostenrechnung (vgl. im Folgenden Götze [2000], S. 284 f.). In Abbildung 15.7 ist ein Schema zur Identifikation und Systematisierung der kundenspezifischen Kosten dargestellt.

Hierbei wird deutlich, dass ausgehend von den Produkten (d. h. absatzorientiert) eine Bestimmung kundenspezifischer Kosten, die entweder auf einen Auftrag oder direkt auf einen Kunden entfallen, vorgenommen werden kann (vgl. ähnlich auch Mayer/Kaufmann [2000], S. 316; Homburg/Krohmer [2006], S. 1224 ff.). Kundenbezogene Kosten fallen v. a. in den Bereichen Entwicklung, Einkauf, Produktion, Logistik und Kundendienst an (vgl. Weber/Lissautzki [2006], S. 280). Die Kosten des Produktes selbst, wie bspw. Materialkosten etc., sowie allgemeine Kosten der Segmente und des Unternehmens fließen jedoch nicht mit ein.

Zurechenbarkeit der Kosten auf Kunden

Allerdings stellt sich auch hier oftmals das Problem der kundenspezifischen Kostenzurechnung. Diese Zurechnung ist notwendig, da – ähnlich wie in der Kostenträgerstückrechnung – nur so eine Analyse der Vorteilhaftigkeit einzelner Kunden oder Kundengruppen erfolgen kann. Wie bereits für die Produktkalkulation ist eine Verrechnung anhand der Zuschlagskalkulation oder der Prozesskostenrechnung möglich.

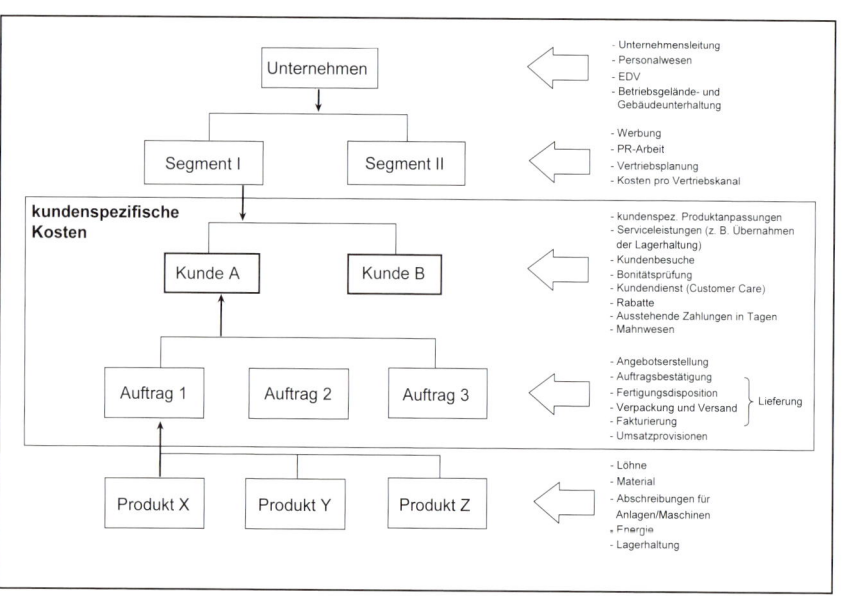

Abb. 15.7: Absatzorientierte Bezugsobjekthierarchie für die Kostenzurechnung (Quelle: Knöbel [1995], S. 8)

Ein Beispiel für die Zurechnung von Vertriebsgemeinkosten auf Kundenaufträge anhand dieser beiden Methoden wird in Tabelle 15.2 aufgezeigt.

	Zuschlagskalkulation			Prozesskostenkalkulation		
	einheitlicher Zuschlagssatz: 15 %			konstante Vertriebskosten je Auftrag: 600 EUR		
Stück/ Auftrag	Herstell- kosten	Vertriebs- GK (%)	Σ (EUR/Stück)	Herstell- kosten	Vertriebs- GK Prozesskostensatz	Σ (EUR/Stück)
1	2 000	300	2 300	2 000	600	2 600
10	20 000	3 000	2 300	20 000	600	2 060
50	100 000	15 000	2 300	100 000	600	2 012
100	200 000	30 000	2 300	200 000	600	2 006

Tab. 15.2: Zurechnung von Vertriebsgemeinkosten anhand der Zuschlagskalkulation und Prozesskostenrechnung
(Quelle: in Anlehnung an Kajüter [2002], S. 273)

Es wird deutlich, dass die Stückkosten im Falle der Zuschlagskalkulation unabhängig von der Auftragsgröße verrechnet werden, während die Stückkosten nach der Prozesskostenrechnung mit der Auftragsgröße abnehmen, da ein konstanter Prozesskostensatz je Auftrag gewählt wird. Die Prozesskostenrechnung liefert die brauchbareren Ergebnisse, da hier eine verursachungsgerechte Zuordnung der Kosten zu den Aufträgen und damit wieder zu den einzelnen Kunden erfolgt (vgl. Homburg/Krohmer [2006], S. 1227 f.).

Die Analyse von Kundendeckungsbeiträgen kann somit einen Beitrag zum besseren Verständnis der aktuellen Ergebnissituation und der künftigen Erfolgspotenziale pro Kunde sowie für den gesamten Kundenstamm liefern. Allerdings sind mit der statischen Betrachtung auch einige Nachteile verbunden, die im Folgenden kurz dargestellt werden (vgl. ähnlich Schmöller [2001], S. 150):

Kritische Würdigung der Kundendeckungsbeiträge

1) Einperiodige Größen müssen um mehrperiodige Größen ergänzt werden. Durch eine einperiodige Betrachtung können lediglich operative Entscheidungen fundiert werden. Um auch Rückschlüsse auf mögliche Trends bzgl. der Entwicklung der Kundenumsätze und -kosten ziehen zu können, sind mehrere Perioden einzubeziehen.

2) Vergangenheitsbezogene Aussagen müssen um zukunftsbezogene Aussagen ergänzt werden. Dies ist notwendig, um auf künftige Erfolgspotenziale durch die Kundenbeziehungen schließen zu können. Eine Extrapolation vergangener Daten in die Zukunft kann hingegen zu Fehlentscheidungen führen (vgl. auch Dhar/Glazer [2003], S. 87).

3) In der statischen Betrachtung erfolgt keine Berücksichtigung des kundenspezifischen Risikos. Da jedoch die kundenbezogenen Erlöse

und Kosten immer einem Risiko (z. B. hinsichtlich der Bonität des Kunden) unterliegen, ist dieses zwingend in das Kalkül einzubeziehen (vgl. Weber/Lissautzki [2006], S. 280).

4) Auch nicht-monetäre Faktoren sind zu berücksichtigen. Gerade in Bezug auf die Kundendeckungsbeiträge ist eine hohe Abhängigkeit von immateriellen, meist nicht monetär messbaren Faktoren, wie bspw. der Kundenzufriedenheit oder dem Weiterempfehlungswert des Kunden, zu verzeichnen. In der statischen Betrachtung finden diese Größen keinen Eingang in die Analyse, so dass ein großes Erklärungspotenzial der Entwicklung von Kundenbeziehungen außer Acht gelassen wird.

Ausgehend von den genannten Nachteilen der statischen Betrachtung hat sich eine dynamische Sichtweise herausgebildet, die nachfolgend dargestellt wird.

4.2   Ermittlung von Customer Lifetime Values

Customer Lifetime Value

In der dynamischen Betrachtung werden über die gesamte Zeit der Kundenbeziehung die Ein- und Auszahlungen zwischen Kunde und Unternehmen betrachtet und zu einem sogenannten „Customer Lifetime Value" (CLV) (oft auch nur als Kundenwert bezeichnet) aggregiert (zu einem Überblick über periodenübergreifende Kundenlebenszyklusrechnungen vgl. Cornelsen [2000], S. 133 ff.). Der Customer Lifetime Value stellt die auf den heutigen Zeitpunkt diskontierten Cashflows aus einer spezifischen Kundenbeziehung dar und lässt Rückschlüsse auf die Vorteilhaftigkeit des Kunden gegenüber dem Unternehmen zu: Ist der Customer Lifetime Value positiv (*negativ*), so wird durch die betrachtete Kundenbeziehung ein positiver (*negativer*) Wertbeitrag für das Unternehmen generiert. Folglich ist das Unternehmen vor allem an der Akquise und Aufrechterhaltung von Kundenbeziehungen mit positivem Customer Lifetime Value interessiert.

4.2.1 Monetäre Bewertung

In einer rein monetären Bewertung berechnet sich der Customer Lifetime Value durch:

$$\text{CLV} = \text{Akquisitionsausgaben}_0 + \sum_{t=1}^{n} \frac{\text{Kundenspezifischer Cashflow}_t}{(1+k)^t}$$

Die Akquisitionsausgaben umfassen dabei vor allem die zahlungswirksamen Marketingkosten etc. Die kundenspezifischen Cashflows können über zahlungswirksame Erlöse und Kosten (analog zu Abschnitt 3.1) bestimmt werden. Zur Ermittlung künftiger Cashflows sollten Annahmen hinsichtlich der geplanten Marketing-Aktivitäten des Unternehmens sowie der Entwicklung der Wettbewerber und der Umweltbedingungen getroffen werden (vgl. hierzu die vorgeschlagenen Modelle bei Berger u. a. [2002], S. 45 ff. bzw. das Vorgehen bei Fischer/von der Decken [2001], S. 315 f.).

Bestimmungsfaktoren des CLV

Der Parameter „k" stellt den auf den einzelnen Kunden angepassten, risikoorientierten Kapitalkostensatz dar. Das inhärente Risiko der Kundenbeziehung kann auf verschiedenen Gründen basieren (vgl. dazu Weber/Lissautzki [2006], S. 280): So kann ein Bonitätsrisiko bestehen, das dazu führt, dass der Kunde den vereinbarten Kaufpreis nicht bezahlen kann und damit die Kundenbeziehung abgebrochen werden muss (vgl. dazu ausführlich Fischer/Schmöller [2006], S. 483 ff.). Darüber hinaus ist auch das sogenannte Churn-Risiko zu beachten, das die Gefahr einer vom Kunden ausgehenden Abwanderung zu einem anderen Anbieter umfasst. Zudem ist das Planungsrisiko in Bezug auf die Prognose kundenspezifischer Cashflows in den Kapitalkostensatz einzubeziehen. Der kundenspezifische Kapitalkostensatz lässt sich folglich dadurch ermitteln, dass auf den Kapitalkostensatz des Unternehmens ein kundenspezifischer Risikozuschlag (oder -abschlag) vorgenommen wird (vgl. Link/Hildebrand [1993], S. 49; Schmöller [2001], S. 159). Dazu müssen zunächst alle relevanten Risikofaktoren identifiziert und bewertet werden. In der nachfolgenden Tabelle 15.3 wird am Beispiel des Versandhandels dargestellt, wie kundenbezogene Risikozu- und -abschläge in Abhängigkeit von der jeweiligen Ausprägung der Risikoindikatoren zunächst einzelkundenübergreifend festgelegt werden können.

Bestimmung des risikoadjustierten Kapitalkostensatzes

Im betrachteten Beispiel werden Kunden mit überdurchschnittlichem oder unterdurchschnittlichem Risiko mit Risikoprämien bzw. -abschlägen auf den Kapitalkostensatz zwischen + 2,5 % und - 2,5 % bewertet.

Darauf basierend kann in einem zweiten Schritt für einen Kunden der individuelle Risikozuschlag bzw. -abschlag mittels Identifikation der kundenspezifischen Ausprägungen von relevanten Risikoindikatoren ermittelt werden (vgl. Tab. 15.4).

Der daraus resultierende Risikozu- oder -abschlag wird dann dem Kapitalkostensatz des Unternehmens zugerechnet bzw. hiervon abgezogen (vgl. Fischer/von der Decken [2001], S. 318; zur Bestimmung des Kapitalkostensatzes im Unternehmen vgl. Kapitel 19). Beträgt der Kapitalkostensatz des Unternehmens bspw. 11 % und ist entsprechend der Berechnung in Tab. 15.4 ein Risikozuschlag von 1 % vorzunehmen, so beträgt folglich der kundenspezifische Kapitalkostensatz: 11 % + 1 % = 12 %.

Kundenbezogene Risikoindikatoren (Beispiele)	unterdurchschnittlich riskanter Kunde		durchschnittlich riskanter Kunde		überdurchschnittlich riskanter Kunde	
	Ausprägung	Abschlag	Ausprägung	Zu-/ Abschlag	Ausprägung	Zuschlag
Bestellhäufigkeit	wöchentlich	- 0,5 %	monatlich	0 %	jährlich	+ 0,5 %
Bestellwert (kumuliert)	3 000 EUR	- 0,5 %	1 000 EUR	0 %	100 EUR	+ 0,5 %
Zahlungs-verhalten	< 10 Tage	- 0,5 %	10-30 Tage	0 %	> 30 Tage	+ 0,5 %
Auftrags-erteilung	online	- 0,5 %	telefonisch	0 %	brieflich	+ 0,5 %
Dauer der Geschäfts-beziehung	> 3 Jahre	- 0,5 %	1-3 Jahre	0 %	< 1 Jahr	+ 0,5 %
Risikozu-/ -abschlag		- 2,5 %		0 %		+ 2,5 %

Tab. 15.3: Beispielhafte Bestimmung des kundenbezogenen Risikos
(Quelle: Link/Hildebrand [1993], S. 49)

	Kundenbezogenes Risiko (Beispiel)	
	Ausprägung	Zuschlag/ Abschlag
Risikoindikatoren		
Bestellhäufigkeit	wöchentlich	- 0,5 %
Bestellwert (kumuliert)	1 000 EUR	0,0 %
Zahlungsverhalten	>30 Tage	+ 0,5 %
Auftragserteilung	brieflich	+ 0,5 %
Dauer der Geschäftsbeziehung	6 Monate	+ 0,5 %
Risikozu-/abschlag		+ 1,0 %

Tab. 15.4: Beispielhafte Bestimmung des kundenbezogenen Risikos

Alternativ kann auch eine kapitalmarkttheoretische Bestimmung des kundenspezifischen Kapitalkostensatzes erfolgen, indem in Analogie zum Capital Asset Pricing Modell (CAPM) ein Beta-Faktor nicht in Bezug auf ein Unternehmen, sondern in Bezug auf ein Portfolio von Kunden ermittelt wird (vgl. dazu ausführlich Dhar/Glazer [2003], S. 88 ff.; Ryals [2003], S. 169).

Die Absatzmenge multipliziert mit der Marge liefert den Reingewinn der Kundenbeziehung. Hiervon sind in Periode t_0 zudem die Akquisitionsausgaben des Kunden sowie in den späteren Perioden die zusätzlichen Bindungsausgaben abzuziehen. Dies führt zum Nominalwert der Kundenbeziehung in jeder Periode. Durch die Diskontierung der Nominalwerte jeder Periode mit dem Kapitalkostensatz von 12 % auf den Zeitpunkt t_0 können schließlich die Barwerte der einzelnen Perioden und in Summe der Customer Lifetime Value der Kundenbeziehung bestimmt werden. Im Beispiel 15.2 beträgt er 644 EUR. Da die angegebenen Daten meist einer Schätzung unterliegen, können auch verschiedene weitere Szenarien durchgeführt werden. So führt bspw. die Steigerung der Absatzmenge pro Periode um 50 Stück zu einer Erhöhung des Customer Lifetime Value auf 683 EUR. Die Verbesserung der Marge um 0,1 pro Periode kann zu einer Erhöhung des Customer Lifetime Value auf 918 EUR beitragen. Steigen hingegen die Akquisitionsausgaben für den Kunden um 50 EUR, so erfolgt dadurch eine Senkung des Customer Lifetime Value auf 594 EUR.

Beispiel 15.2

Tab. 15.5 veranschaulicht die Berechnung des Customer Lifetime Value unter Zugrundelegung einer Dauer der Kundenbeziehung von drei Jahren und eines kundenspezifischen Kapitalkostensatzes von 12 %.

Annahmen:
- Dauer der Kundenbeziehung: t = 3 Jahre
- Kundenspez. Kapitalkostensatz: k = 12 %

Periode	Akquisitions-ausgaben (EUR)	Absatz-menge (St.)	Marge (EUR)	Bindungs-ausgaben (EUR)	Nominal-wert (EUR)	Barwert (EUR)
0	100	-	-	-	(100)	(100)
1	-	1 000	0,3	100	200	179
2	-	1 250	0,3	50	325	259
3	-	1 200	0,4	50	430	306
Summe		3 450			855	644

CLV_0 der Kundenbeziehung

Szenarios: - bei Steigerung der Absatzmenge um 50 in jeder Periode ergibt sich: CLV_0 = 683 EUR
- eine Verbesserung der Marge um 0,1 in jeder Periode führt zu: CLV_0 = 918 EUR
- ein Anstieg der Akquisitionsausgaben um 50 bewirkt: CLV_0 = 594 EUR

Tab. 15.5: Beispiel zur Berechnung des Customer Lifetime Value

Ziel ist es, den Customer Lifetime Value durch die gezielte Beeinflussung seiner Bestimmungsparameter so zu verändern, dass der CLV pro Kunde sowie über alle Kunden positiv wird. Bestimmungsparameter des Customer Lifetime Value sind wie bereits angesprochen bspw.

Beeinflussung des Customer Lifetime Value

1) Akquisitionsausgaben für die Kundengewinnung,
2) Kundenspezifische Einnahmen, d. h. Produktmarge x Absatzmenge,
3) Laufende Ausgaben für Kundenbindung und -entwicklung,
4) Kapitalkostensatz, angepasst an kundenspezifische Risiken,
5) Dauer der Geschäftsbeziehung.

Bisher wurden damit nur monetäre Faktoren in die Bewertung einbezogen. Allerdings können auch nicht-monetäre Faktoren wichtige Bestimmungsfaktoren einer Kundenbeziehung darstellen, so dass diese im Folgenden in das bestehende Modell integriert werden.

4.2.2 Nicht-monetäre Bewertung

Bei der kritischen Würdigung der statischen Betrachtung des Kundenwerts wurde bereits darauf hingewiesen, dass nicht nur ein Einbezug quantifizierbarer, monetärer Bestimmungsfaktoren erfolgen sollte, sondern vor allem auch die Berücksichtigung nicht-monetärer Faktoren wie z. B. die Kundenzufriedenheit, die Kundenloyalität oder die Summe der vom Kunden getätigten Empfehlungen gegenüber potenziellen Neukunden. Auch die Phase des Produktlebenszyklusses kann einen entscheidenden Einfluss auf die Entwicklung der Kundenbeziehung nehmen: So werden in der Wachstumsphase des Product Life Cycle die Akquisitionskosten pro Kunde relativ hoch sein, da hier noch Ausgaben für Brandmarketing etc. notwendig sind (Hogan u. a. [2003], S. 33). Folglich wird hier die Verbindung zum bisher untersuchten Produktlebenszyklus deutlich. Somit sollte bei der Ermittlung des Customer Lifetime Value auch solchen nicht monetären Einflussfaktoren Rechnung getragen werden. In der Forschung wird seit einigen Jahren vor allem der Referenzwert (oder Weiterempfehlungswert) der Kunden als ein besonders relevanter Bestimmungsfaktor des Kundenwerts in die Berechnung integriert.

Der Referenzwert des Kunden enthält dabei das vorhandene Referenzpotenzial sowie das mögliche Referenzvolumen. Durch die Zusammenführung des Referenzwerts und der Berücksichtigung der Kundenprofitabilität kann auf einen umfassenden Kundenwert geschlossen werden (vgl. Abb. 15.8). Wird anschließend noch die Dauer der Kundenbeziehung in die Berechnung einbezogen, resultiert ein nachhaltiger Kundenwert, der auf die Beständigkeit der Kundenbeziehung schließen lässt.

Das Referenzpotenzial wird durch die Häufigkeit, Stärke und Richtung der möglichen Weiterempfehlungen beeinflusst (vgl. hierzu und im Folgenden Cornelsen [2000], S. 200 ff.). Diese Faktoren wiederum hängen von der Interaktionshäufigkeit des Referenzgebers mit seinem sozialen Netz (z. B. Kollegen, Freunde, Bekannte etc.) zusammen. Auch dessen Meinungsführerschaft sowie Zufriedenheit mit dem Produkt bestimmen maßgeblich das Potenzial zur Äußerung positiver oder negativer Kaufempfehlungen. Durch das Referenzvolumen wird demgegenüber der mögliche Wert einer Weiterempfehlung festgelegt. Dieses wird als Produkt aus Referenzrate, also dem Anteil der Käufe aufgrund von Weiterempfehlungen im Vergleich zu anderen Informationskanälen, und monetär bewertetem Kaufvolumen berechnet.

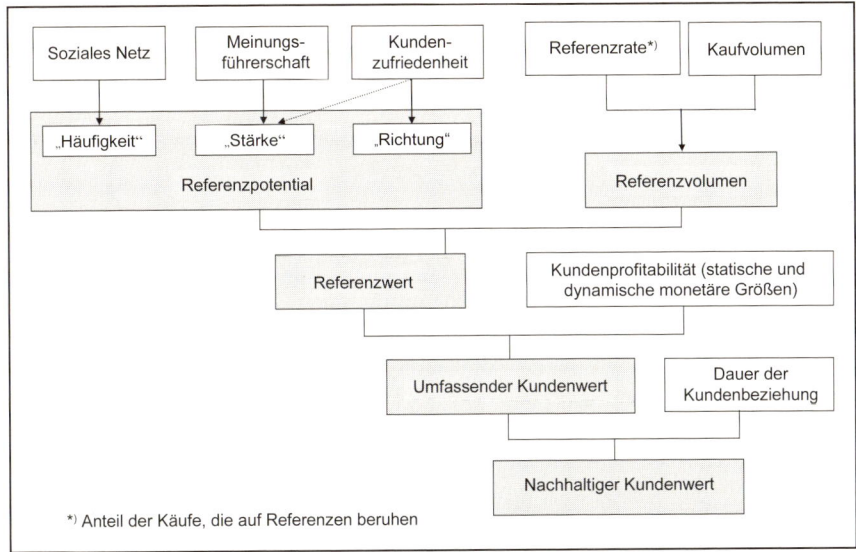

Abb. 15.8: Integration des Referenzwerts in den Kundenwert
            (Quelle: Cornelsen [2000], S. 244)

Der Referenzwert eines Kunden ergibt sich damit durch (vgl. Cornelsen [2000], S. 255):

$$R = [\Sigma\,(p_i \times g_i) \times MF \times KZ] \times [RR \times KV]$$

mit:

R   =   umsatzbezogener Referenzwert (Jahresbasis)
p_i =   Anzahl der Personen im Personenkreis i, mit denen der Referenzgeber themenbezogene Gespräche führt
g_i =   Gewichtungsindex der Gesprächsintensitäten im Personenkreis i, in dem der Referenzgeber themenbezogene Gespräche führt (0 bis 1)
MF   =   Meinungsführerindex (0 bis 1)
KZ   =   Zufriedenheitsindex (-2, -1, +1, +2)
RR   =   durchschnittliche Netto-Referenzrate (%)
KV   =   durchschnittliches Kaufvolumen in EUR/Jahr (Anschaffungspreis/Jahre der Nutzung)

Der Kundenwert unter Berücksichtigung des Referenzwerts wird dann als Summe aus Kundenprofitabilität (gemessen z. B. durch den CLV) und Weiterempfehlungswert berechnet. Neben dem Weiterempfehlungswert können zusätzlich bspw. auch das Informationspotenzial oder das Loyalitätspotenzial eines Kunden betrachtet werden (vgl. dazu Tomczak/Rudolf-Sipötz [2006], S. 132 ff.; zur Bestimmung bspw. eines Kundenbindungswerts vgl. Dwyer [1997], S. 9 f.).

Zur Verdeutlichung des Customer Lifetime Value unter Einbezug des Referenzwerts soll im Folgenden auf ein Beispiel (vgl. Cornelsen [2000], S. 256) aus dem Automobilsektor zurückgegriffen werden. Folgende Daten sind verfügbar:

1) Soziales Netz ($p_i \times g_i$): Der Kunde gibt an, in folgenden Personenkreisen Referenzgespräche zu führen: 14 Verwandte, 10 Bekannte, 20 Arbeitskollegen, 0 Vereinskollegen. Der Gewichtungsindex der Gesprächintensitäten liege für Verwandte bei 1 (häufige Gespräche), für Bekannte bei 0,25 (seltene Gespräche), für Arbeitskollegen bei 0,5 („manchmalige" Gespräche) und für Vereinskollegen bei 0 (keine Gespräche).

2) Meinungsführerschaft (MF): Von 23 zu vergebenden Meinungsführerpunkten erreicht der Kunde 14, d. h. einen Meinungsführergewichtungsfaktor von 14 / 23 = 0,61.

3) Zufriedenheit des Kunden (KZ): Der Kunde ist „eher zufrieden", was einem Kundenzufriedenheitsindex von „1" entspricht.

4) Netto-Referenzrate (RR): Allgemein betrage der Einfluss der Referenzen auf eine Kaufentscheidung 18 % bei durchschnittlich 14 Personen, mit denen man über das Produkt spricht. Daraus lässt sich eine Netto-Referenzrate von 18 % / 14 = 1,29 % errechnen.

5) Kaufvolumen (KV): Das Kaufvolumen betrage durchschnittlich 13 200 EUR pro Jahr.

6) Kundenprofitabilität: Die Kundenprofitabilität betrage 10 000 EUR pro Jahr.

Aus diesen Daten kann nun der Referenzwert pro Kunde und pro Jahr folgendermaßen ermittelt werden:

$$
\begin{aligned}
R &= [\Sigma\,(p_i \times g_i) \times MF \times KZ] \times [RR \times KV] = \\
&= [(14 \times 1 + 10 \times 0,25 + 20 \times 0,5 + 0 \times 0) \times 0,61 \times 1] \times \\
&\quad [1,29\,\% \times 13\,200] \\
&= [26,5 \times 0,61 \times 1] \times 170,28 \\
&= 16,17 \times 170,28 \\
&= 2\,753 \text{ EUR}
\end{aligned}
$$

Der Referenzwert bzw. Weiterempfehlungswert des Kunden kann folglich mit 2 753 EUR beziffert werden. Der umfassende Kundenwert beträgt unter Berücksichtigung einer Kundenprofitabilität von 10 000 EUR pro Jahr:

Kundenwert = Kundenprofitabilität + Referenzwert
         = 10 000 EUR + 2 753 EUR
         = 12 753 EUR

7) Der umfassende Kundenwert beträgt somit 12 753 EUR pro Jahr. Soll der nachhaltige Kundenwert über den gesamten Kundenlebenszyklus berechnet werden, so sind die jährlichen Kundenwerte mit dem kundenangepassten Kapitalkostensatz auf den Betrachtungszeitpunkt abzudiskontieren.

4.3 Customer Equity

Die periodenübergreifende Aggregation der Customer Lifetime Values von allen aktuellen und potenziellen Kunden wird als „Customer Equity" (auch Kundenkapital) bezeichnet (vgl. Weber/Lissautzki [2006], S. 278). Somit erfolgt eine einzelkundenübergreifende Rechnung (vgl. Abb. 15.9), die Erklärungspotenziale im Hinblick auf den Unternehmenswert bietet.

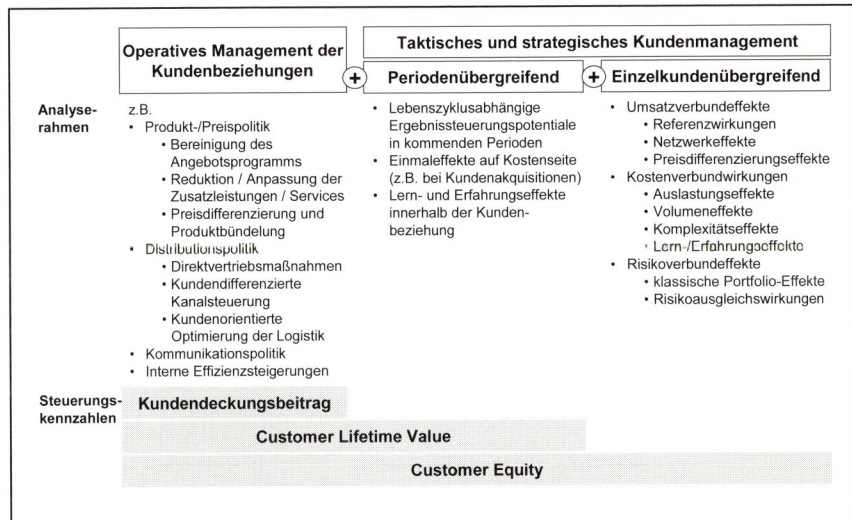

Abb. 15.9: Methoden der kundenorientierten Steuerung
(Quelle: Weber/Lissautzki [2006], S. 282)

Das Customer Equity (CE) wird durch Aggregation der einzelnen CLVs der existierenden Kunden i (CLV$_i$) sowie der CLVs aller potenziellen Neukunden j (NCLV$_j$) ermittelt (vgl. Hogan u. a. [2002], S. 30):   Berechnung

$$CE = \sum_{i=1}^{n} CLV_i + \sum_{j=1}^{m} NCLV_j$$

Eine Verknüpfung zum Unternehmenswert kann dadurch hergestellt werden, dass die Berechnung des Unternehmenswerts in den Kontext des Intellectual Capital gestellt wird. Der Unternehmenswert lässt sich definieren als (vgl. Coenenberg [2005], S. 1132):

$$UW = V_0 + \sum_{t=1}^{n-1} \frac{RG_t}{(1 + WACC)^t} + \frac{\overline{RG}}{WACC - g} \times \frac{1}{(1 + WACC)^n}$$

$$\underbrace{\qquad}_{\substack{\text{Anfangs-}\\\text{vermögen}}} \underbrace{\qquad}_{\substack{\text{Kurzfristiger}\\\text{Geschäftswert}}} \underbrace{\qquad\qquad\qquad}_{\substack{\text{Langfristiger}\\\text{Geschäftswert}}}$$

Verknüpfung von Unternehmenswert und Customer Equity

Das Anfangsvermögen V_0 umfasst dabei die bilanziell erfassten Vermögenswerte eines Unternehmens. Der kurzfristige Geschäftswert hingegen wird durch die bilanziell nicht erfassten, immateriellen Vermögenswerte bestimmt. Meist ist hier nicht bilanzierungsfähiges, selbsterstelltes Vermögen, z. B. Patente, enthalten. Der langfristige Geschäftswert repräsentiert das sogenannte „Intellectual Capital" eines Unternehmens. Es geht hier nicht nur um die bereits vorhandenen Ressourcen, sondern auch darum, inwieweit diese zur künftigen Wertsteigerung des Unternehmens beitragen können. Beispiele für Intellectual Capital-Kategorien sind das Human Capital und auch das Customer Capital (vgl. hierzu AK „Immaterielle Werte im Rechnungswesen" [2001], S. 990 f.). Mit dem Customer Capital werden immaterielle Werte im Absatzbereich erfasst, wie z. B. Kundenloyalität, Marken oder Image. Folglich führt eine Erhöhung des Customer Equity, das eine Monetarisierung des Customer Capital darstellt, dazu, dass auch ceteris paribus das Intellectual Capital, d. h. der langfristige Geschäftswert, eines Unternehmens - und damit auch der Unternehmenswert insgesamt - steigt. Damit lässt sich eine direkte Verknüpfung zwischen Customer Capital, Customer Equity und Unternehmenswert herstellen.

4.4 Beurteilung des Customer Life Cycle Costing

Beurteilung des Customer Lifetime Value

Bei einer kritischen Beurteilung der vorgestellten (dynamischen) kundenbezogenen Kapitalwerte ist zunächst auf die Eignung zur strategischen Entscheidungsfindung hinzuweisen (vgl. hierzu und im Folgenden

Schmöller [2001], S. 184 ff.). Darüber hinaus liefert dieses Verfahren eine Möglichkeit, den Fokus von den Produkten auf den Kunden zu lenken, und damit in Hinblick auf die Wettbewerbsfähigkeit von Unternehmen adäquate Entscheidungen zu treffen. Es erfolgt eine strukturierte Auseinandersetzung nicht nur mit den monetären Bestimmungsfaktoren des Customer Lifetime Value, wie z. B. den Akquisitions- und Bindungsausgaben für bestimmte Kunden oder Kundengruppen, sondern auch der Einbezug nicht monetärer Einflussfaktoren auf die Profitabilität der Kundenbeziehungen, wie bspw. des Weiterempfehlungswerts. Der Customer Lifetime Value kann somit nicht nur zur Planung, sondern auch zur Kontrolle kundenbezogener Ziele eingesetzt werden.

Demgegenüber sind Nachteile dieses Konzepts vor allem in Hinblick auf die Prognosefähigkeit künftiger Cashflows sowic der Dauer der Kundenbeziehung zu verzeichnen (vgl. Fischer/von der Decken [2001], S. 320; Belz [2005], S. 327 f.). Darüber hinaus ist oftmals eine sachliche und zeitliche Schlüsselung z. B. in Bezug auf die Werbeausgaben erforderlich, was zu einer nicht verursachungsgerechten Zurechnung der Kosten auf Kunden und damit zu ungenauen Ergebnissen führen kann. Zudem wird die fehlende Einbindung des Customer Lifetime Value in die (wertorientierte) Gesamtsteuerung des Unternehmens bemängelt. Zur Anwendung kundenbezogener Bewertungskalküle in der Unternehmenspraxis liegen empirische Befunde vor, die im Folgenden kurz erläutert werden.

Die Kundenorientierung stellt die zweitwichtigste Zielsetzung (nach der Ergebnisorientierung) deutscher Unternehmen dar, wie eine im Jahre 2005 durchgeführte empirische Studie der Unternehmensziele zeigt (vgl. Fischer/Rödl [2007], S. 9). Folglich sollte auch der Einsatz adäquater Controllinginstrumente mit Fokus auf die Stakeholdergruppe „Kunden" zu erwarten sein. Diesbezüglich zeigt sich in der Praxis jedoch ein differenziertes Bild: Während statische Konzepte, wie die ABC-Analyse (64 %) oder allgemeine Kundenbefragungen (48 %), von vielen Unternehmen regelmäßig durchgeführt werden, werden Berechnungen des Customer Lifetime Values oder sonstige Lebenszykluskonzepte kaum standardmäßig für die Gesamtsteuerung des Unternehmens eingesetzt (vgl. Tomczak/Sipötz [2006], S. 149). Demgegenüber wird deutlich, dass die dynamischen Methoden der Kundenbewertung grundsätzlich als sehr sinnvoll erachtet werden, aufgrund ihrer Komplexität jedoch keine Anwendung finden (vgl. Tomczak/Sipötz [2006], S. 150).

Auch eine Studie in der Elektroindustrie kommt zu ähnlichen Ergebnissen: So werden statische Konzepte, z. B. kundenbezogene Kosten- und Erlösrechnungen (84 %) sowie ABC-Analysen (81 %), sehr häufig angewendet, während die Vcrbreitung der Kundenkapitalwertmethoden bei lediglich ca. 13 % der Unternehmen liegt (vgl. Schmöller [2001], S. 227, S. 248 und S. 250). Von den ca. 87 % Nicht-Anwendern der dynamischen Verfahren erachten aber immerhin 45 % den Einsatz solcher Konzepte

Customer Life Cycle Costing in der Praxis

zur Bestimmung der Vorteilhaftigkeit von Kundenbeziehungen für sinn-voll. In Unternehmen, die den Customer Lifetime Value berechnen, wer-den von einem Großteil auch die nicht-monetären Kundenpotenziale, wie z. B. das Referenzpotenzial oder das Cross-Buying-Potenzial, in die Be-rechnung integriert (vgl. Schmöller [2001], S. 252). Meist erfolgt hier jedoch lediglich eine nicht monetäre Bewertung. Lediglich das Cross-Buying-Potenzial wird von ca. 20 % der Unternehmen auch monetär be-wertet.

Aus diesen Ergebnissen wird deutlich, dass trotz der offenkundigen Vorteilhaftigkeit dynamischer Methoden der Kundenbewertung bisher kein adäquater Einsatz in deutschen Unternehmen vorliegt. Es ist jedoch zu erwarten, dass zukünftig die Ermittlung von Customer Lifetime Va-lues und des Customer Equity bei der finanziellen Bewertung von kun-denbezogenen Erfolgspotenzialen zunehmen wird.

5   Kontrollfragen

1) Welcher Zusammenhang besteht zwischen Target Costing und Life Cycle Costing?

2) Worin liegt der Unterschied in der Betrachtung von Produktlebenszyk-len aus Produzenten- bzw. Kundensicht?

3) Wie lauten die drei Zyklen des Produktlebenszyklusses aus Produzen-tensicht und in welche Teilphasen sind diese Zyklen zu unterteilen?

4) Welche Auswirkungen hat das Gesetz über das Inverkehrbringen, die Rücknahme und die umweltverträgliche Entsorgung von Elektro- und Elektronikgeräten (ElektroG) für das Life Cycle Costing?

5) Erläutern Sie die Notwendigkeit einer Betrachtung des Customer Life Cycle!

6) Welche Methoden bestehen zur Analyse des Customer Life Cycle?

7) Erläutern Sie die Vorgehensweise bei der Ermittlung von Kundende-ckungsbeiträgen. Welche Vor- und Nachteile sind damit verbunden?

8) Erläutern Sie die Vorgehensweise bei der Analyse von Customer Life-time Values. Welche Vor- und Nachteile sind damit verbunden?

9) Wie ermittelt sich das Customer Equity und welche Schlüsse lässt dieses in Bezug auf den Unternehmenswert zu?

6   Abkürzungsverzeichnis

A_t	Auszahlung in Periode t
CE	Customer Equity
CLV	Customer Lifetime Value
E_t	Einzahlung in Periode t

g_i	Gewichtungsindex der Gesprächsintensitäten im Personenkreis
k	Einzelkundenspezifischer risikoadjustierter Kapitalkostensatz
KV	durchschnittliches Kaufvolumen in EUR/Jahr
KZ	Zufriedenheitsindex
MF	Meinungsführerindex
NCLV	Customer Lifetime Value der Neukunden
p_i	Anzahl der Personen im Personenkreis i, mit denen der Referenzgeber themenbezogene Gespräche führt
r	interner Zinssatz
R	umsatzbezogener Referenzwert (Jahresbasis)
RR	durchschnittliche Netto-Referenzrate (%)
t	Periode

7 Literaturhinweise

AK „Immaterielle Werte im Rechnungswesen" (2001): Kategorisierung und bilanzielle Erfassung immaterieller Werte, in: Der Betrieb 2001, S. 989-995.

Belz, C. (2005): Customer Value: Kundenbewertung und Kundenvorteile, in: Controlling 2005, S. 327-333.

Berger, P. D./Bolton, R. N./Bowman, D./Briggs, E./Kumar, V./Parasuraman, A./Creed, T. (2002): Marketing Actions and the Value of Customer Assets: A Framework for Customer Asset Management, in: Journal of Service Research 2002, S. 39-54.

Bundschuh, B. J. (2005): Wertorientiertes Absatzkanalmanagement in der Konsumgüterindustrie, Wiesbaden 2005.

Coenenberg, A. G. (2005): Jahresabschluss und Jahresabschlussanalyse, 20. Aufl., Stuttgart 2005.

Cornelsen, J. (2000): Kundenwertanalysen im Beziehungsmarketing, Nürnberg 2000.

Dhar, R./Glazer, R. (2003): Hedging Customers, in: Harvard Business Review 2003, Heft 5, S. 86-92.

Dwyer, F. R. (1997): Customer Lifetime Valuation to Support Marketing Decision Making, in: Journal of Direct Marketing, S. 6-13.

Ewert, R./Wagenhofer, A. (2005): Interne Unternehmensrechnung, 6. Aufl., Berlin u. a. 2005.

Fischer, T. M./Rödl, K. (2007): Unternehmensziele und Anreizsysteme – Theoretische Grundlagen und empirische Befunde aus deutschen Unternehmen, in: Controlling, S. 5-14.

Fischer, T. M./Schmöller, P. (2006): Kundenwert als Entscheidungskalkül für die Beendigung von Kundenbeziehungen, in: Günter, B./Helm, S. (Hrsg.): Kundenwert, 3. Aufl., Wiesbaden 2006, S. 483-507.

Fischer, T. M./von der Decken, T. (2001): Kundenprofitabilitätsrechnung in Dienstleistungsgeschäften – Konzeption und Umsetzung am Beispiel des Car Rental Business, in: Zeitschrift für betriebswirtschaftliche Forschung 2001, S. 294-323.

Götze, M. (2000): Lebenszykluskosten, in: Fischer, T. M. (Hrsg.): Kostencontrolling, Stuttgart 2000, S. 265-290.

Günther, T./Kriegbaum, C. (1997a): Life Cycle Costing, in: WISU, S. 990-912.

Günther, T./Kriegbaum, C. (1997b): Die Fallstudie aus der Betriebswirtschaftslehre – „Life Cycle Costing": Vergleich „Energiesparlampe versus Glühlampe", in: WISU, S. 1160-1162.

Hogan, J. E./Lehmann, D. R./Merino, M./Srivastava, R. K./Thomas, J. S./Verhoef, P. C. (2002): Linking Customer Assets to Financial Performance, in: Journal of Service Research, S. 26-38.

Homburg, C./Krohmer, H. (2006): Marketingmanagement, 2. Aufl., Wiesbaden 2006.

Kajüter, P. (2002): Prozesskostenmanagement, in: Franz, K.-P./Kajüter, P. (Hrsg.): Kostenmanagement, 2. Aufl., Stuttgart 2002, S. 249-278.

Knöbel, U. (1995): Was kostet ein Kunde? Kundenorientiertes Prozesskostenmanagement, in: Kostenrechungspraxis, S. 7-13.

Liebrich, S. (2006): Probleme bei Rückgabe von Elektroschrott, in: Süddeutsche Zeitung Nr. 67 vom 21.03.2006, S. 21.

Link, J./Hildebrand, V. G. (1993): Database-Marketing und Computer aided selling: Strategische Wettbewerbsvorteile durch neue informationstechnologische Systemkonzeptionen, München 1993.

Mayer, R./Kaufmann, L. (2000): Prozeßkostenrechnung II: Einordnung, Aufbau, Anwendungen, in: Fischer, T. M. (Hrsg.): Kosten-Controlling, Stuttgart 2000, S. 291-322.

Ryals, L. (2003): Making Customers Pay: Measuring and Managing Customer Risk and Return, in: Journal of Strategic Marketing, S. 165-175.

Schirmeister, R./Kreuz, C. (2003): Der investitionsrechnerische Kundenwert, in: Günter, B./Helm, S. (Hrsg.): Kundenwert, 3. Aufl., Wiesbaden 2006, S. 311-333.

Simon, H. (2007): Preismanagement: Analyse – Strategie – Umsetzung, 3. Aufl., Wiesbaden 2007

Schmöller, P. (2001): Kunden-Controlling: Theoretische Fundierung und empirische Erkenntnisse, Wiesbaden 2001.

Tomczak, T./Rudolf-Sipötz, E. (2003): Bestimmungsfaktoren des Kundenwerts: Ergebnisse einer branchenübergreifenden Studie, in: Günter, B./Helm, S. (Hrsg.): Kundenwert, 3. Aufl., Wiesbaden 2006, S. 127-155.

Weber, J./Lissautzki, M. (2006): Erfolgsorientierte Unternehmenssteuerung mit Kundenwerten, in: Controlling, S. 277-282.

Kapitel 16
Analyse von Qualitätskosten und Steuerung von Qualität

1 Einführung

Frau P. Rezision arbeitet in der Controlling-Abteilung der Schuster Electronics GmbH, einem Hersteller von Elektronikkomponenten. Bisher sind ihre Aufgaben beschränkt auf die Anwendung traditioneller Kosten- und Leistungsrechnungssysteme. Sie beobachtet jedoch aufmerksam das Geschehen in den anderen Abteilungen und merkt zugleich, dass die Kosten des Unternehmens bei gleich bleibender Absatzmenge explosionsartig steigen. Sie glaubt, dass das Unternehmen zu nachlässig mit der Produkt- und Servicequalität umgeht.

Zum einen würde sie gerne der Geschäftsführung aufzeigen können, welche Wirkung die mangelhafte Qualität auf die Kosten hat. Zum anderen möchte sie für die Frage der Geschäftsführung gewappnet sein, wie denn diese Qualitätsprobleme zu lösen wären: Welche Instrumente zur Analyse von Qualitätsproblemen gibt es? Mit welchen Methoden können diese Probleme beseitigt werden? Welche Methode eignet sich für welchen Bereich des Unternehmens und für welche Phase des Produktlebenszyklus? Fragen über Fragen.

Während in den sechziger und siebziger Jahren Unternehmen noch auf die ausschließliche Erlangung einer Kostenführerschaftsposition ausgerichtet waren, entwickelte sich seit den achtziger Jahren die Erkenntnis, dass auch der Faktor **Qualität** den Wettbewerb und somit den Erfolg bestimmt. Qualität als Erfolgsfaktor

Qualität wird definiert als der „Grad, in dem ein Satz inhärenter Merkmale Anforderungen erfüllt" (DIN EN ISO [2005], S. 18 sowie ähnlich in DIN EN ISO [2007], S. 4). In dieser Definition lassen sich zwei Dimensionen erkennen: die interne und die externe Sicht. Die **interne** Sicht beschreibt das Erreichen bestimmter technischer Qualitätsstandards, Definition

so dass sich entsprechend Qualität als objektiv messbar (z. B. anhand von Rückweisquoten oder anhand des Anteils an fehlerhaften Produkten an der Gesamtproduktion) darstellt. Diese Sicht muss jedoch um eine **externe** Betrachtung ergänzt werden. Zentral ist dabei die Qualitäts**wahrnehmung** durch den (potentiellen) Kunden, so dass nur eine subjektive Beurteilung möglich ist (vgl. Baum/Coenenberg/Günther [2007], S. 114 ff.).

Argumente für eine Qualitätsführerschaftsstrategie

Die Bedeutung des Wettbewerbsfaktors Qualität ist auf die Erkenntnis zurück zu führen, dass eine alleinige Kostenführerschaftsstrategie – wie sie vermehrt in europäischen Betrieben bis weit in die achtziger Jahre verfolgt worden ist – zu renditeschädigenden Preiskämpfen für gesamte Branchen führt. Des Weiteren bergen Qualitätsführerschaftsstrategien den Vorteil, dass sie vom Wettbewerb schwer imitierbar sind und damit eine Alleinstellungsposition im Markt erlauben (vgl. Meyer [1988], S. 73 f.).

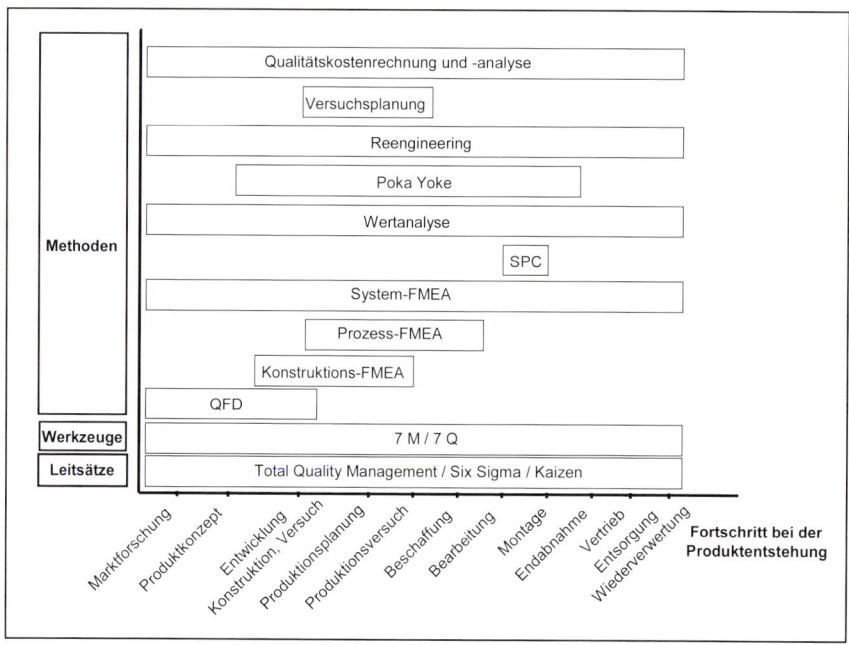

Abb. 16.1: Systematisierung der Qualitätsmethoden

Neben den marktlichen Gründen für die Einhaltung von Qualitätsmaßstäben bestehen auch rechtliche Motive. So sieht das Produkthaftungsgesetz vor, dass Hersteller für Personen- und Sachschäden haften, die durch die Fehlerhaftigkeit eines Produktes hervorgerufen werden. Diese Haftungspflicht erstreckt sich nicht nur auf den Endhersteller, sondern trifft ebenfalls Zulieferer und verschiedene Vertriebsunternehmen, wie z. B. Importeure aus nicht EU-Ländern.

In den nachfolgenden Abschnitten werden verschiedene Leitsätze, Werkzeuge und Methoden vorgestellt, die zur Messung und Steuerung der Qualität dienen und somit gleichzeitig eine Veränderung von Kosten- und Erlöspositionen herbeiführen (vgl. dazu Abschnitt 2). Abbildung 16.1 systematisiert die behandelten Konzepte anhand deren Einsatz während den verschiedenen Produktentstehungsphasen.

2 Wirkung von Qualität

Die Profit Impact of Market Strategy (**PIMS**)-Studien haben über viele Jahre als erste die Wirkung des strategischen Erfolgsfaktors Qualität untersucht (vgl. Buzzell/Gale [1989]). Dabei konnten folgende Ergebnisse gewonnen werden: PIMS-Studien

Eine Erhöhung der relativen Qualität (d. h. die Qualität im Vergleich zum Wettbewerb, z. B. anhand von Rankings) ist mit höheren relativen Marktanteilen im selben Jahr verbunden,

Eine Erhöhung der relativen Qualität führt auch in den Folgejahren zu höheren Marktanteilen (Nachhaltigkeitseffekt),

Höhere relative Qualität ist mit höheren relativen Preisen korreliert,
Höhere relative Qualität führt nicht zu höheren relativen Kosten.

Als Konsequenz hieraus konnte gezeigt werden, dass höhere relative Qualität auch zu höheren Unsatzrenditen (Return on Sales, kurz RoS) und Kapitalrenditen (Return on Investment, kurz RoI) führt (vgl. detailliert Baum/Coenenberg/Günther [2007], S. 119 ff.). Bei diesem Zusammenhang lässt sich jedoch eine Einschränkung erkennen. Sehr große relative Qualitätsvorteile heben sich von denen, die einen 40 bis 60 %-igen Qualitätsvorteil haben, kaum ab, was darauf schließen lässt, dass ein extrem hoher Qualitätsvorteil von den Kunden kaum wahrgenommen oder nicht geschätzt wird. Hier liegt vermutlich tlw. „**overengineering**" vor, d. h. die Bereitstellung von Produkten mit einem Qualitätsniveau, das höher ist, als das vom Kunde gewünschte (vgl. Meyer [1988], S. 78).

Die Ergebnisse der PIMS-Studien werden von neueren Untersuchungen weitestgehend bestätigt. So zeigen z. B. Hendricks/Singhal [1997], S. 1258 ff. oder Hendricks/Singhal [2001], S. 359 ff. anhand von 10-Jahres-Vergleichen für den Zeitraum von sechs Jahren vor und drei Jahren nach Gewinn eines Quality Awards, dass sich das operative Ergebnis, die Umsätze und die Mitarbeiterzahl im Vergleich zu einer Kontrollgruppe erheblich besser entwickelt haben. Die positive Erfolgswirkung von Qualitätsmaßnahmen wird u. a. auch von Easton/Jarrell [1998], S. 253 ff., von Rust/Moorman/Dickson [2002], S. 7 ff. oder von Wildemann [2005], S. 21 ff. bestätigt. Weitere Studien über Qualitätswirkung

3   Qualitätskostenrechnung und -analyse

Qualität und betriebliches Rechnungswesen

In Abschnitt 2 wurde die Bedeutung des Wettbewerbsfaktors Qualität erläutert. Somit ist es angebracht, die Kosten- und Erlöswirkung von Qualitätsveränderungen messbar zu machen, um Qualität steuern zu können. Dass sich das Gebiet des Rechnungswesens mit der Thematik beschäftigen sollte, gilt spätestens seit der Entwicklung des sog. Strategic Management Accounting durch Simmonds [1989] und Bromwich [1990], als Strategisches Controlling in den deutschen Sprachgebrauch eingegangen, als unumstritten. Er fordert die Bereitstellung von „[...] managementbezogenen Kostenrechnungsinformationen bezogen auf die Geschäftsstrategie [...]" (Simmonds [1989], S. 266). Damit zählen auch sämtliche dem strategischen Erfolgsfaktor Qualität dienliche Daten und deren Aufbereitung zum Aufgabengebiet des betrieblichen Rechnungswesens. Ein wesentliches Instrument dafür stellt die **Qualitätskostenrechnung** dar, weil die traditionelle Kosten- und Leistungsrechnung keine Informationen zu qualitätsgetriebenen Kosten liefert.

Definition

Die Qualitätskostenrechung ist ein „Informationssystem, das aufgrund der periodischen Erfassung, Aufschlüsselung und Analyse von [Qualitätskosten] eine wirtschaftliche Qualitätslenkung ermöglicht" (Hahner [1981], S. 11). Grundlage für die Anwendung der Qualitätskostenrechnung ist zuerst die Unterscheidung zwischen **qualitätsbezogenen** und **qualitätsneutralen** Kosten. Während z. B. Ausschuss der ersten Kategorie zugeordnet werden kann, stellen z. B. die Kosten für die Erstellung des Jahresabschlusses qualitätsneutrale Kosten dar.

Dreiteilung der Qualitätskosten

Im Rahmen der qualitätsbezogenen Kosten gilt es im Weiteren, verschiedene Kostenarten zu erkennen. Die traditionelle Unterteilung ist auf Masser zurückzuführen und unterscheidet **Fehlerverhütungskosten**, **Prüfkosten** und **Fehlerkosten** (vgl. Masser [1957], S. 5).

Zu den Fehlerverhütungskosten zählen z. B. die Kosten für Schulungen zur Qualitätssicherung, für die Leitung des Qualitätswesens oder Lieferantenbeurteilung. Prüfkosten entstehen durch sämtliche Wareneingangs- und -ausgangskontrollen sowie durch Qualitätsaudits oder Laboruntersuchungen. Innerbetriebliche Fehlerkosten sind z. B. die Kosten für Ausschuss, Nacharbeit, Sortierprüfung oder für qualitätsbedingte Ausfallzeiten, während außerbetriebliche Fehlerkosten u. a. aus Gewährleistungs- oder Produkthaftungsansprüche entstehen.

Kritik an der Dreiteilung

Diese Unterteilung – obwohl lange Zeit in Theorie und Praxis vorherrschend – kann aus drei Gründen kritisiert werden (vgl. Wildemann [1992], S. 762):

1) Die Qualitätskosten enthalten u. a. Aufwendungen, die anfallen, um die Fähigkeit zur Erzeugung von fehlerfreien Produkten und Dienstleistungen zu schaffen, zu erhalten und zu verbessern. Diese Kosten sind eher als Investitionen interpretierbar und werden unberechtig-

terweise undifferenziert zusammen mit den Kosten für die Beseitigung der Folgen von unzureichender Qualität erfasst,

2) Bei der Bildung des Kostenblocks der Prüfkosten werden gleichzeitig Kosten für die Einhaltung von Qualitätsstandards (wie z. B. Kosten für Qualitätsaudits) als auch Kosten für die Beseitigung von Qualitätsunzulänglichkeiten (wie z. B. die Vollprüfung eines Loses nach einem fehlerhaften Prozess) erfasst,

3) Das kostenoptimale Qualitätsniveau liegt unter 100 %. Daher kann geschlussfolgert werden, dass aus Kostengesichtspunkten Teile mit Fehlern verkauft werden sollten. Hierbei werden jedoch Opportunitätskosten für verlorene Kunden bzw. nicht gewonnene Kunden nicht betrachtet.

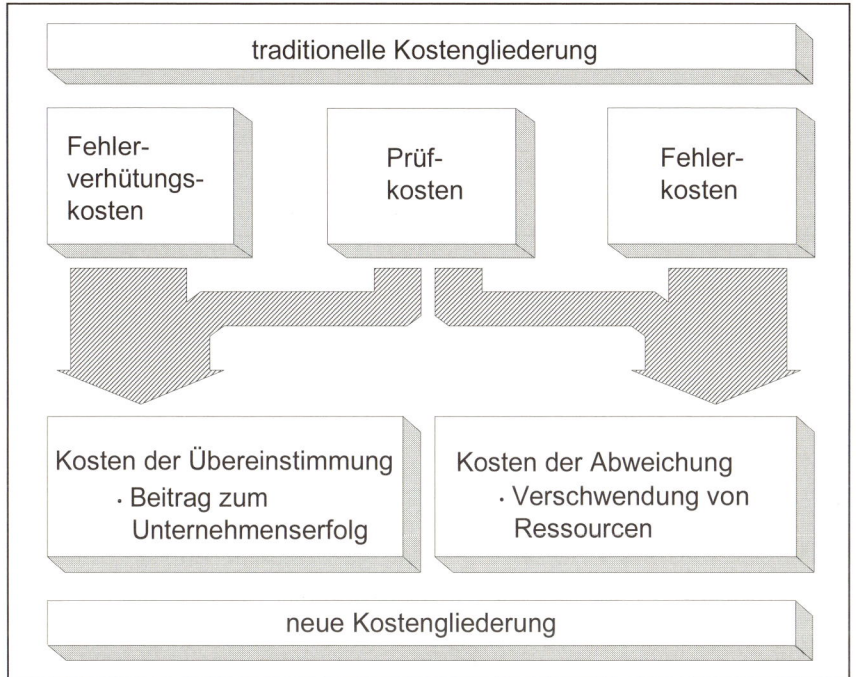

Abb. 16.2: Neuordnung der Qualitätskostenarten
(Quelle: Wildemann [1992], S. 763)

Um dieser Kritik entgegen zu wirken, schlägt Crosby [1990] und daran anlehnend Wildemann [1992] das Ersetzten der Dreiteilung mit der Zweiteilung in **Kosten der Übereinstimmung** (auch **Konformitätskosten** genannt) und **Kosten der Abweichung** (auch **Fehlleistungsaufwand** oder **Nichtkonformitätskosten** genannt) vor (vgl. Crosby [1990], S. 92; Wildemann [1992], S. 762). Die Überleitung von der traditionellen Qualitätskostengliederung in diese neue Struktur wird in Abbildung 16.2 ver-

Zweiteilung der Qualitätskosten

anschaulicht. Durch diese Neuordnung werden die Kosten, die wie eine Investition zum langfristigen Unternehmenserfolg beitragen, getrennt von den Kosten, die für korrektive Maßnahmen entstehen. Somit verschiebt sich ebenfalls die kostenoptimale Qualität auf das 100 %-Niveau, wie aus der Gegenüberstellung der Kostengliederungen in Abbildung 16.3 erkennbar ist.

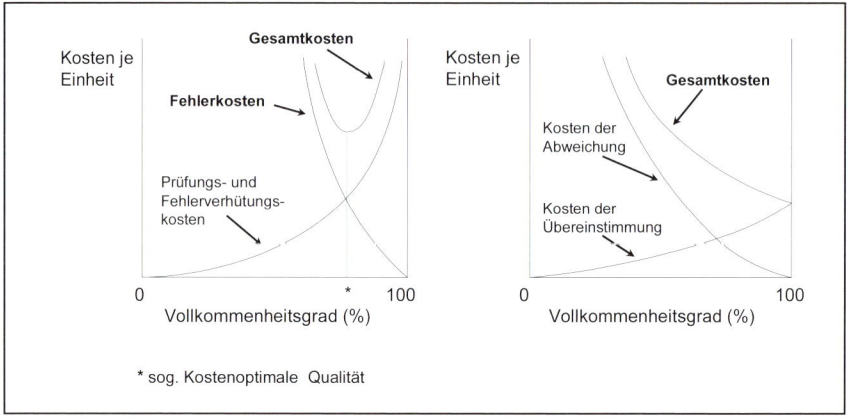

Abb. 16.3: Optimierung der Qualitätskosten und Qualitätskostenarten
(Quelle: Wildemann [1992], S. 764)

Opportunitäts-kosten

Anzumerken ist, dass der Kostenbegriff, der bei der Qualitätskostenrechnung zu Grunde gelegt wird, breiter ist als der nach Schmalenbach (vgl. dazu ausführlich Kapitel 1 dieses Buches). Grund hierfür ist der Einbezug von **Opportunitätskosten** (zur Definition vgl. Kapitel 2 dieses Buches). Dazu zählen z. B. die entgangenen Deckungsbeiträge durch den Imageverlust aus qualitätsbedingten Rückrufaktionen.

Kostenstellen und Kostenträger in der Qualitäts-kostenrechnung: Umsetzung

Nachdem die verschiedenen Kostenarten strukturiert und erfasst worden sind, ist es im Sinne der Steuerung der Qualität wichtig, diese auf Kostenstellen und insbesondere auf **Kostenträger** umzulegen. Da Abweichungskosten Einzelkosten sind, während die Kosten der Übereinstimmung Gemeinkostencharakter aufweisen, ist die Zurechnung von Abweichungskosten auf Produkte einfach realisierbar. Problematisch erscheint dabei jedoch die Zurechnung dieser Kosten auf die eigentlich verursachenden Teile und Baugruppen. Durch die in der betrieblichen Praxis vorherrschende Dominanz der Höhe der Abweichungskosten gegenüber den Übereinstimmungskosten ist wiederum eine produktbezogene Zurechnung der Übereinstimmungskosten nicht unbedingt notwendig (vgl. Wildemann [2005], S. 766 f.).

Die Qualitätskostenrechnung kann die traditionelle Kosten- und Leistungsrechnung nicht ersetzen, sondern soll diese durch die Bereitstellung qualitätsrelevanter Informationen ergänzen. Das Anwendungsgebiet der Qualitätskostenrechnung erstreckt sich nicht nur auf das Verarbeitende

Gewerbe. Die Erfassung qualitätsrelevanter Kosten ist auch für die Steuerung der Qualität im Dienstleistungssektor sinnvoll.

Die Zweiteilung der Qualitätskostenarten ist jedoch auch nicht unumstritten. So stellt Fischer fest (vgl. Fischer [2000], S. 559 ff.):

1) Das Qualitätskostenrechnungssystem ist insbesondere auf die direkte Leistungserstellung im Produktionsbereich fokussiert und vernachlässigt daher die marktliche Perspektive,
2) Die Kosten zur Sicherstellung der Qualität bei Zulieferern und in den Prozessen nach der direkten Leistungserstellung sind als **qualitätsbezogene Transaktionskosten** auszuweisen,
3) Die Qualitätskostenrechnung als Partialkostenrechnungssytem entspricht nicht der hohen Bedeutung der Analyse und Steuerung von Qualität für den Unternehmenserfolg und sollte daher als integraler Bestandteil der vorhandenen Kostenrechnungssysteme implementiert werden.

Weiterentwicklung der Qualitätskostenrechnung

Als Lösung wird zwar die Zweiteilung der Qualitätskosten beibehalten, jedoch werden die Kategorien der Kosten der Übereinstimmung und der Kosten der Abweichung breiter gefasst und in einem weiter angelegten Konzept der **Qualitätskostenanalyse** eingebettet. Die „Übereinstimmungskosten beinhalten […] den gesamten bewerteten Verzehr betrieblicher Ressourcen, um die Qualitätsanforderungen der Stakeholder im Wertesystem vom Zulieferer bis zum Endkunden sicherzustellen […]. Im Unterschied hierzu umfassen die Abweichungskosten alle Erfolgsminderungen, die im Wertschöpfungssystem während oder nach der Leistungserstellung aufgrund von Über- oder Unterschreitungen vorgegebener Qualitätsanforderungen entstanden sind" (Fischer [2000], S. 562).

Die zulässigen herstellungsbezogenen Übereinstimmungskosten werden demnach durch Minderung des Verkaufspreises um Zielrendite, Transaktionskosten und Übereinstimmungskosten der indirekten Leistungsbereiche ermittelt. Um eine nutzenkonforme Verteilung der zulässigen Übereinstimmungskosten der Leistungserstellung zu gewährleisten, bietet sich die Conjoint-Analyse an (vgl. dazu ausführlich Abschnitt 17.6).

Dem gegenüber stehen die Minimierung der Kosten der Abweichung. Dazu bietet sich die Anwendung des Half-Life-Konzeptes an, mit dem definiert werden kann, wann ein Zielwert für die Verringerung der im Unternehmen ermittelten Ursachen für die Qualitätsabweichungen erreicht werden kann (vgl. zu diesem Konzept ausführlich Abschnitt 17.5).

Die Qualitätskostenanalyse erfasst ebenfalls die qualitätsbezogenen Transaktionskosten an der Schnittstelle zum Beschaffungs- und zum Absatzbereich. Als geeignetes Instrument dazu erweist sich die Prozesskostenrechnung, die in Kapitel 4 behandelt wird.

Die Durchdringung der Qualitätskostenrechnung in der Praxis deutscher Unternehmen ist sehr heterogen (vgl. Hauff/Patzchke [1995],

Beurteilung

S. 1034). Es bestehen insbesondere Branchenunterschiede (bei Automo-
bilherstellern und -zulieferern erfassen zwei Drittel der Unternehmen ihre
qualitätsrelevanten Kosten im Vergleich zur Hälfte im Maschinen- und
Anlagenbau) und Größenunterschiede (kleine Unternehmen erfassen
deutlich seltener ihre Qualitätskosten als mittelgroße bis große Unternehmen). Insgesamt lässt sich seit Ende der achtziger Jahre jedoch ein
wachsender Einsatz der Qualitätskostenrechnung erkennen.

Unternehmen nehmen vermehrt die Potentiale der Qualitätskostenrechnung war. Sie ermöglicht die Planung, Steuerung und Kontrolle der
qualitätsrelevanten Kosten sowie die Identifizierung von Qualitäts-
schwachstellen in den betrieblichen Prozessen. Des Weiteren ermöglicht
die Qualitätskostenrechnung die Messung von Erfolg und Wirtschaftlichkeit von Qualitätsverbesserungsmaßnahmen. Insbesondere die Weiterentwicklung der Qualitätskostenrechnung zu einer unternehmensübergreifenden Erfassung und Analyse der Qualitätskosten, wie sie von
Fischer [2000] vorgeschlagen wird, unterstützt die Verbreitung und Ver-
festigung des Qualitätsdenkens im Unternehmen und bietet eine rechen-
technische Grundlage für die Implementierung von umfassenden Quali-
tätsleitsätzen wie das Total Quality Management (vgl. dazu Abschnitt 5.1). Nichtsdestoweniger stellt der hohe Implementierungsaufwand häufig ein Hindernis bei der Umsetzung der Qualitätskostenrechnung dar.

4   Instrumente zur Steuerung der Qualität

Wie Qualitätsprobleme erkannt und beseitigt werden, ist Gegenstand des
vorliegenden Abschnitts.

4.1   Managementwerkzeuge zur Qualitätssicherung

Definition   Um Qualitätsprobleme zu erkennen, zu erfassen und zu systematisieren
liegen nicht immer quantitative Daten vor, die es ermöglichen, Methoden
wie z. B. die statistische Prozesskontrolle oder die Wertanalyse (vgl. dazu
ausführlich die Abschnitte 4.5 und 4.6) verwenden zu können. Vielmehr
ist es notwendig, insbesondere in frühen Entwicklungs- und Konzepti-
onsphasen, qualitative Daten systematisch zu nutzen. Dazu dienen Werkzeuge, die in der Literatur als sog. sieben „**Managementwerkzeuge der
Qualitätssicherung**" eingehen und die verkürzt als M7 bezeichnet werden. Bei den M7 handelt es sich um Visualisierungstechniken, die zur
Unterstützung der Problemerkennung und -lösung in oft interdisziplinär
besetzten Teams helfen (vgl. hier und im Folgenden Gogoll [1994a],
S. 516 ff.; Gogoll [1994b], S. 370 ff.; Kamiske/Brauer [1995], S. 99 ff.).

Die Managementwerkzeuge zur Qualitätssicherung wurden erstmals in der unten erläuterten Zusammenstellung 1978 in Japan von einem Ausschuss der Japanese Union of Scientists and Engineers (JUSE) unter der Leitung von Prof. Yoshinobu Nayatani vorgestellt. Dabei wurden aus einer Vielzahl einschlägiger Techniken sieben ausgewählt und anhand der Phasen der Problemidentifikation und -analyse, der Lösungssuche und -bewertung sowie der Maßnahmenableitung strukturiert.

Ursprung

1) Affinitätsdiagramm zur Problemidentifikation und -analyse

Das **Affinitätsdiagramm (affinity diagram)** strukturiert Fakten, Schätzungen und Meinungen der Gruppenmitglieder in Bezug zu einer klar formulierten Fragestellung. Die Ideen werden auf Basis ihrer Affinität, d. h. ihres gegenseitigen Zusammenhangs oder ihrer Ähnlichkeit, zu Oberbegriffen zugeordnet. Es bilden sich somit verschiedene Cluster, die daraufhin vom Teams bewertet werden. Ein Beispiel für ein Affinitätsdiagramm ist Abbildung 16.4 festgehalten.

Affinitäts-diagramm

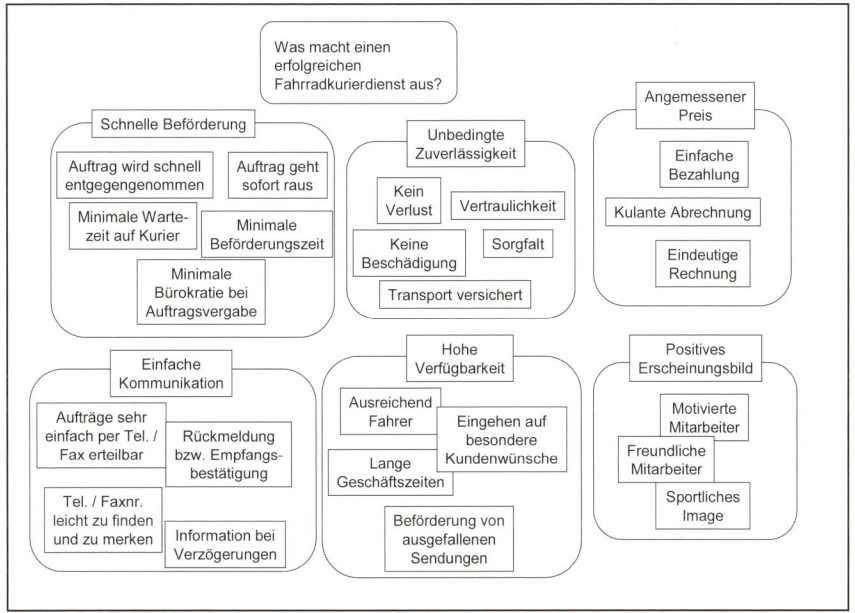

Abb. 16.4: Affinitätsdiagramm am Beispiel eines Fahrradkurierdienstes
(Quelle: Gogoll [1994a], S. 516)

2) Relationendiagramm zur Problemidentifikation und -analyse

Das **Relationendiagramm (interrelationship diagram)** geht von einem zentralen Problem aus und stellt die Wechselwirkungen zwischen verschiedenen Aspekten der Fragestellung dar. Die Beziehungen müssen mittels Pfeilen dargestellt werden, die lediglich in die Haupteinflussrichtung weisen dürfen. Wechselwirkungen im Sinne beidseitiger Ursache-

Relationen-diagramm

Wirkungs-Beziehungen lassen sich nicht abbilden. Um die verschiedenen dargestellten Aspekte bzgl. ihrer Bedeutung im Wechselwirkungsgeflecht zu bewerten, wir die Anzahl der ausgehenden und eingehenden Pfeile pro Aspekt festgehalten. Ein Beispiel für ein Relationendiagramm wird in Abbildung 16.5 dargestellt.

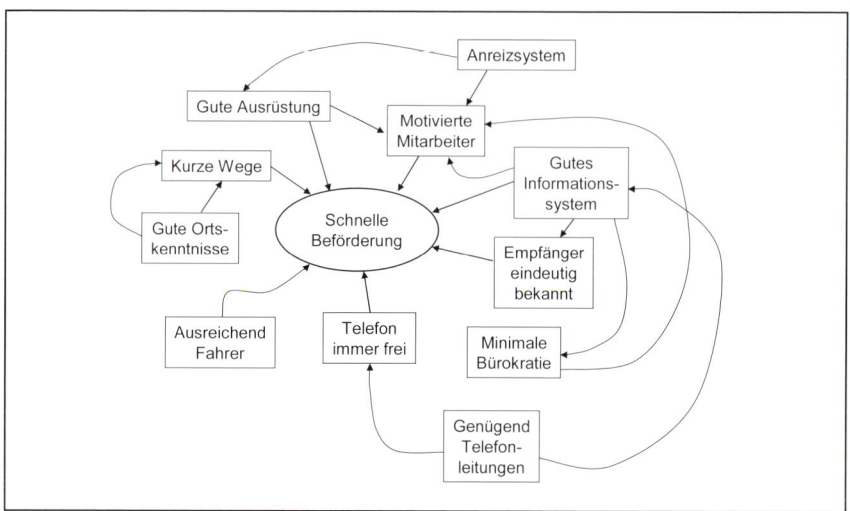

Abb. 16.5: Relationendiagramm am Beispiel eines Fahrradkurierdienstes
          (Quelle: Gogoll [1994a], S. 517)

3) Baumdiagramm zur Lösungssuche und -bewertung

Baumdiagramm

Das **Baumdiagramm (tree diagramm)** verfolgt das Ziel, die Ursachen eines bestimmten Problems zu strukturieren. Bei der Erstellung wird im Team gearbeitet und stufenweise vorgegangen. Für jede der zunächst erkannten Ursachen gilt es wieder Ursachen zu erkennen, usw., so dass ein zunehmender Detaillierungsgrad erlangt wird. Aus den verschiedenen Ursachen können Maßnahmen zur Problembehebung erarbeitet und bewertet werden.

4) Matrixdiagramm zur Lösungssuche und -bewertung

Matrixdiagramm

Um die Wechselwirkungen zwischen verschiedenen Ursachen und verschiedenen Wirkungen eines Qualitätsproblems darzustellen und zu bewerten, kann ein **Matrixdiagramm (matrix diagram)** verwendet werden. Die Bewertungen dieser Wechselwirkungen werden anhand einer vorab festzulegenden Symbolik in die Zellen der Matrix eingetragen. Zu unterscheiden sind eine **L-Matrix**, in der zwei Dimensionen gegenüber gestellt werden, eine **T-Matrix**, die aus der Kombination zweier L-Matrizen entsteht und die somit eine dritte Dimension beinhaltet, und eine **X-Matrix**, die eine Verbindung aus vier L-Matrizen darstellt. Das Instrument des Matrixdiagramms findet u. A. Anwendung im Quality Function Deployment (vgl. dazu ausführlich Abschnitt 4.3), bei dem eine L-

Matrix die kundenwichtigen Merkmale eines Produktes den technischen Merkmalen gegenüber stellt.

5) Matrix-Daten-Analyse zur Lösungssuche und -bewertung

Bei der **Matrix-Daten-Analyse** (**matrix-data analysis**, auch **Portfolio-Analyse**) handelt es sich um das einzige Management-Werkzeug der Qualitätssicherung, das als Grundlage numerische Daten benutzt. Mehrere Betrachtungsobjekte, z. B. Unternehmen oder Produkte, werden in einem Achsenkreuz dargestellt. Entwicklungen aus der Vergangenheit und Prognosen sowie Ziele für die zukünftige Positionierung können anschaulich dargestellt werden.

Matrix-Daten-Analyse

6) Problem-Entscheidungs-Plan zur Maßnahmenableitung

Der **Problem-Entscheidungs-Plan** (**problem decision program chart**) dient der Festlegung von Maßnahmen, um Probleme bei der Umsetzung einer Lösung zu beseitigen bzw. um Gegenmaßnahmen vorzubereiten. Das Verfahren stützt den Grundgedanken der Fehlermöglichkeits- und Einflussanalyse (vgl. Abschnitt 4.4). Abbildung 16.6 stellt ein Beispiel für die graphische Darstellungsweise eines Problem-Entscheidungs-Plans dar.

Problem-Entscheidungs-Plan

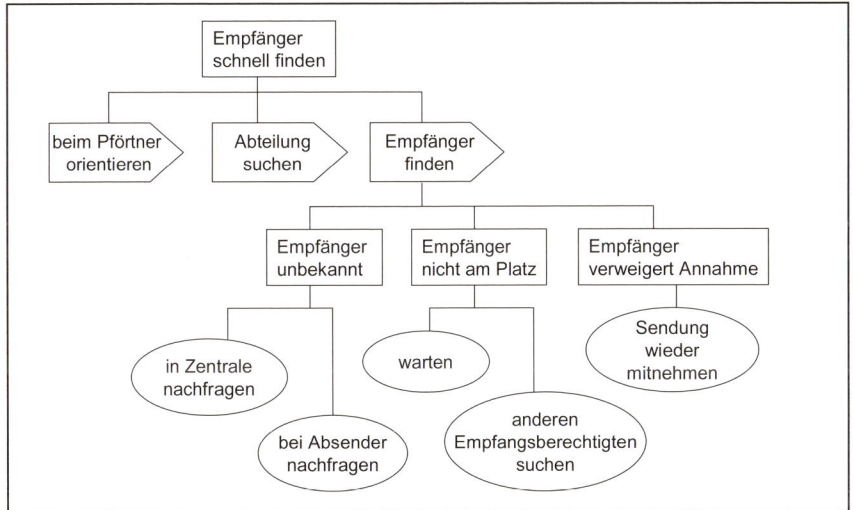

Abb. 16.6: Problem-Entscheidungs-Plan eines Fahrradkurierdienstes (Beispiel)
(Quelle: Gogoll [1994a], S. 518)

7) Netzplan zur Maßnahmenableitung

Liegen ein bestimmtes Ziel und die grundsätzlichen Maßnahmen zu dessen Erreichung fest, ist es zur besseren Überschaubarkeit sinnvoll, diese in eine zeitliche Reihenfolge zu setzten und zeitliche sowie technische Abhängigkeitsbeziehungen zwischen den Einzelmaßnahmen graphisch

Netzplan

darzustellen. Dies erfolgt mittels eines **Netzplans** (**arrow diagram**, **activity network diagram**). Darin werden Vorgänge und Ereignisse dargestellt. Die maximale und minimale Dauer der Vorgänge sowie der früheste und späteste Anfangs- und Endtermin eines Vorgangs können ebenfalls festgehalten werden (für weitere Details über die Netzplantechnik vgl. Kapitel 12 dieses Buches).

4.2 Qualitätswerkzeuge

Definition und Ursprung

Die sog. „**Qualitätswerkzeuge**" (auch als **tools of quality**, **elementare Werkzeuge der Qualitätssicherung** oder **sieben Qualitätswerkzeuge**, kurz Q7 tituliert) sind einfache Instrumente, deren Beherrschung die Grundlage für die Anwendung komplexer Instrumente ist (vgl. hier und im Folgenden Ebeling [1994], S. 297 ff.; Kamiske/Brauer [1995], S. 164 ff.). Die Qualitätswerkzeuge, die meist auf mathematisch-statistischen Grundlagen beruhen, dienen der visuellen Erfassung und Lösung von Problemen. Sie wurden von dem japanischen „Qualitätsguru" Kaoru Ishikawa zusammengestellt. Mit der Ausnahme des Ursache-Wirkungs-Diagramms handelt es sich nicht um neue, sondern um bereits bekannte Instrumente, deren Wirkungsgrad jedoch durch die in sich strukturierte Anwendung gegenüber der üblichen ad-hoc-Nutzung deutlich gesteigert wurde. So lassen sich die Q7 daran unterscheiden, ob sie primär der Fehlererfassung oder der Fehleranalyse dienen.

1) Fehlersammelliste zur Fehlererfassung

Fehlersammelliste

Die **Fehlersammelliste** ist ein Werkzeug zur rationellen Erfassung und übersichtlichen Darstellung von Fehlern nach Art und Anzahl. Es wird eine Tabelle aufgebaut, in der verschiedene mögliche (bekannte oder vorhersehbare) Fehler aufgelistet und z. B. mittels Strichlisten gezählt werden. Unter den Fehlerarten sollten stets „sonstige Fehler" erfasst werden, um neue, unbekannte und nicht vorhergesehene Fehler auswerten zu können. Sobald ein Fehler erkannt wird, wird dieser in der Fehlersammelliste gekennzeichnet.

2) Histogramm zur Fehlererfassung

Histogramm

Ebenfalls zur Erfassung von Fehlern an Prozessen oder Produkten eignen nen sich **Histogramme**, auch als **Säulendiagramme** oder **Treppenpolygone** bekannt. Sie stellen die Häufigkeitsverteilung von in Klassen verteilten Daten graphisch dar. Histogramme bestehen aus Säulen, die in einem Koordinatensystem eingetragen werden. Auf der Abszisse werden die Bezeichnungen der einzelnen Klassen abgetragen (z. B. Werte zwischen 0 und 1, zwischen 1 und 2 usw.), auf der Ordinate die Anzahl der Fälle oder der prozentuale Anteil der Ergebnisse in der jeweiligen Klasse.

Somit ergibt sich eine zur jeweiligen Klassenhäufigkeit proportionale Säulenfläche, falls die gleiche Klassenbreite vorliegt.

3) Qualitätsregelkarte zur Fehlererfassung

Die **Qualitätsregelkarte** (**control chart**) erfasst auf statistischer Basis Fehler als Abweichungen von einem bestimmten Mittelwert bzw. als Überschreiten bestimmter Eingriffsgrenzen. Sie bildet die instrumentelle Grundlage für die Statistische Prozessregelung, die in Abschnitt 4.5 beschrieben ist. Eine Qualitätsregelkarte basiert auf der Eintragung von Ergebnissen eines Fertigungsprozesses oder eines Produktes in ein Koordinatensystem.

Qualitätsregelkarte

4) Korrelationsdiagramm zur Fehleranalyse

Ein **Korrelationsdiagramm**, auch **Streudiagramm** genannt, ist die graphische Darstellung der Beziehung zweier Faktoren mittels eines Koordinatensystems. Die durch Eintragung der Werte aus Stichproben entstehende Punktewolke dient der Erkennung von Stärke und Vorzeichen eines (linearen) Zusammenhangs zwischen zwei Variablen. So kann z. B. der Zusammenhang zwischen dem zeitlichen Abstand zur letzten Wartung einer Fertigungsmaschine und der Abweichung eines Merkmals von seinem Sollwert untersucht werden.

Korrelationsdiagramm

5) Pareto-Diagramm zur Fehlernanalyse

Das **Pareto-Diagramm** bildet die Grundlage für die **ABC-Analyse** (ausführlich behandelt im Kapitel 14 Abschnitt 4.3 dieses Buches). Es basiert auf der Erkenntnis, dass lediglich 20 bis 30 % der Fehlerarten für 70 bis 80 % aller Fehler verantwortlich sind. Diese 20 bis 30 % stellen die sog. A-Fehler dar. Werden diese ermittelt und beseitigt, kann die Qualität effizient und effektiv verbessert werden, d. h. es findet eine Priorisierung der zu beseitigenden Fehler statt.

Pareto-Diagramm

6) Brainstorming zur Fehleranalyse

Das **Brainstorming** ist eine gruppenorientierte Ideenfindungsmethode. Ist ein Qualitätsproblem erkannt und explizit formuliert, werden zwei Schritte durchlaufen. Zunächst findet eine kreative Phase statt, in der alle Gruppenmitglieder zur Generierung von Ideen und Assoziationen zur Fragestellung animiert werden. Hierbei wird nicht Wert auf die Qualität, sondern auf die Quantität der entwickelten Vorschläge gelegt. Kritik ist zunächst verboten. Erst in im zweiten Schritt, der Bewertungsphase, findet eine Strukturierung und Evaluierung der Vorschläge statt.

Brainstorming

7) Ursache-Wirkungs-Diagramm zur Fehleranalyse

Das **Ursache-Wirkungs-Diagramm**, auch als **Fischgrätendiagramm** oder, in Anlehnung an dessen Erfinder, als **Ishikawa-Diagramm** bekannt, analysiert eine Problemstellung anhand der Trennung zwischen

Ursache-Wirkungs-Diagramm

Wirkung und Ursache. Die Ursachen werden in Ursachengruppen und Einzelursachen gegliedert und graphisch mit der Wirkung verbunden.

Zunächst werden zu einer bestimmten Wirkung Hauptursachen festgelegt. Häufig werden dabei als Ursachengruppen die sog. 5 M (Mensch, Maschine, Methode, Material und Milieu) verwendet. Danach werden Einzelursachen ermittelt und den Ursachengruppen zugeordnet. Das Ergebnis wird aus Abbildung 16.7 ersichtlich. Die Einzelursachen werden dann anhand ihrer vermuteten Bedeutung für die Wirkung gewichtet. Darauf basierend werden Lösungsalternativen generiert und Handlungsentscheidungen zur Problembeseitigung generiert.

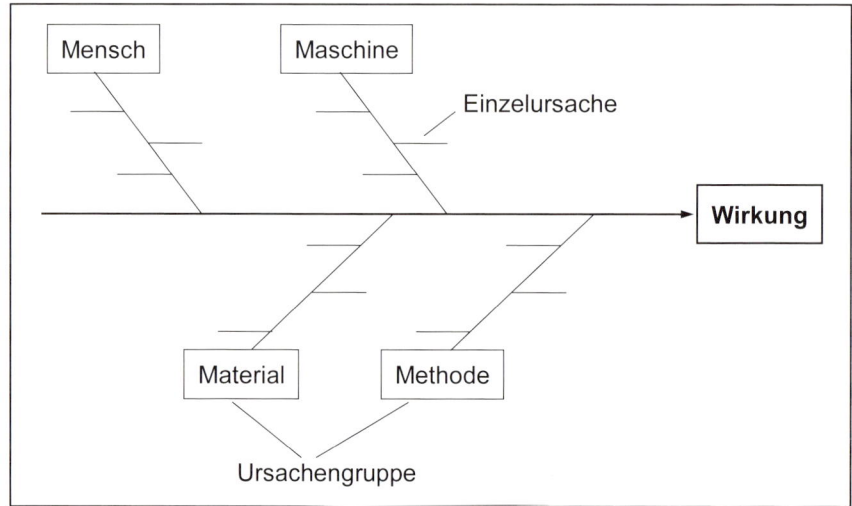

Abb. 16.7: Struktur eines Ursache-Wirkungs-Diagramms
(Quelle: Ebeling [1994], S. 316)

Im Unterschied zum in Abschnitt 4.1. beschriebenen Baumdiagramm der M7, dem eine strikt sequentielle Vorgehensweise zu Grunde liegt (vgl. Gogoll [1994a], S. 517), steht beim Ishikawa-Diagramm die kreative Ursachenfindung im Vordergrund.

4.3   Quality Function Deployment

Definition

Quality Function Deployment (QFD) ist ein umfassende Methode zur Qualitätsplanung. Sie dient der kundenorientierten Steuerung des Produktentstehungsprozesses zur gleichzeitigen Optimierung von Qualitäts-, Zeit- und Kostenzielen.

Ursprung

QFD wurde das erste Mal Ende der sechziger Jahre auf der Schiffswerft Mitsubishi Heavy Industries im japanischen Kobe eingesetzt.

Nachdem die Toyota Motor Company Ltd. Anfang der siebziger Jahre die Methode weiterentwickelte, verbreitet sich QFD erst in Japan und danach in den USA und in Europa (vgl. Kamiske/Brauer [1995], S. 189).

Ziel von QFD ist es, die „Sprache der Kunden in die Sprache der Technik zu übersetzten", d. h. geeignete technische Merkmale für die Erfüllung der Kundenwünsche zu identifizieren. Voraussetzung dafür ist die Bildung interdisziplinärer Teams, in denen Marketing-, Entwicklungs- und Rechnungswesenverantwortliche vertreten sind. Das Instrument, das die systematische Vorgehensweise des QFD fördern soll, ist das **House of Quality** (HoQ), dessen Struktur in Abbildung 16.8 erkennbar ist. Die Vorgehensweise soll im Detail anhand des Beispiels aus Abbildung 16.9 erläutert werden (vgl. dazu Hauser/Clausing [1988], S. 59 ff.).

House of Quality

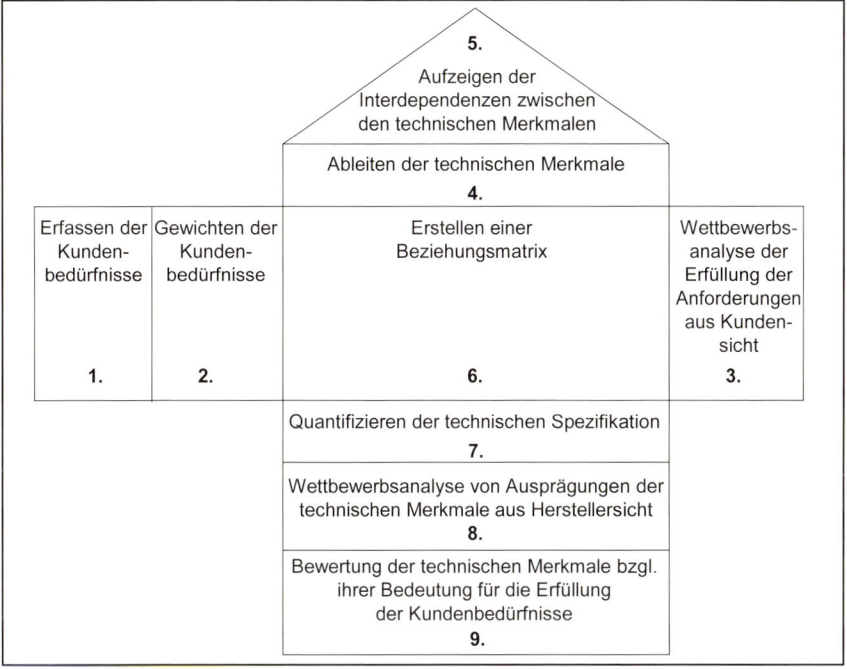

Abb. 16.8: Vorgehensweise bei der Erstellung eines House of Quality

Das HoQ soll den Entwicklungsprozess einer Autotür systematisieren. Zunächst gilt es, die Kundenbedürfnisse zu erfassen und Oberbegriffen zuzuordnen (Schritt 1). So beziehen sich einige der Kundenanforderungen auf das leichte Öffnen und Schließen der Tür, weil z. B. kein Zuschlagen am Berg gewünscht wird. Ebenfalls sollte die Isolierung sicherstellen, dass die Tür bei Regen dicht ist und keine Fahrgeräusche durchdringen.

Diese Kundenwünsche bekommen über die Gewichtung seitens der

Beispiel 16.1: QFD

Kunden eine relative Bedeutung zugewiesen – im Beispiel anhand einer prozentualen Messung wie in der Conjoint-Analyse (vgl. Abschnitt 6.3 aus Kapitel 17). Bei Vollständigkeit der Kundenwünsche ergibt die Summe der relativen Bedeutungen 100 % (Schritt 2).

Wie bereits eingangs zu diesem Kapitel erwähnt, ist die Qualität erst dann ein Wettbewerbsvorteil, wenn das Unternehmen besser ist als die Konkurrenz und dies durch den Kunden wahrnehmbar ist. Deswegen wird im nächsten Schritt der Wettbewerb bzgl. der Erfüllung der Kundenanforderungen analysiert. Im Beispiel werden die (potentiellen) Kunden gebeten, bzgl. der einzelnen kundenwichtigen Merkmale die aktuelle Leistung des Unternehmens mit der von zwei anderen Wettbewerbern A und B zu vergleichen und im Rahmen einer Fünfer-Skala zu positionieren. So ist z. B. die Wagentür des betrachteten Unternehmens bzgl. der Leichtigkeit, mit der die Tür von außen zu schließen ist, am schlechtesten aufgestellt, während A und B deutliche bessere Qualität in diesem Bereich aufweisen, jedoch auch noch unausgeschöpfte Potentiale haben (Schritt 3).

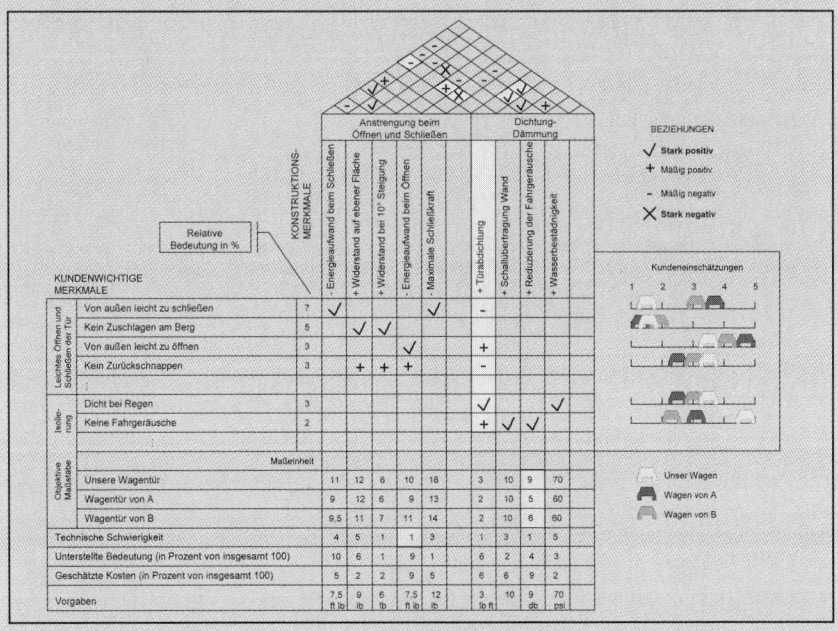

Abb. 16.9: Ein House of Quality am Beispiel einer Autotür
(Quelle: Hauser/Clausing [1988], S. 68)

Die Erfassung von kundenwichtigen Merkmalen, von deren Gewichtung und von der Einschätzung des Wettbewerbs ist Aufgabe der Marketing-Abteilung, die somit aufzeigt, was zu tun ist. Dies geschieht idealerweise mittels Kundenbefragungen; alternativ kann auf

Daten aus der Marktforschung oder von spezialisierten Institutionen zurückgegriffen werden. Die technische Entwicklung soll nun wiederum aufzeigen, wie die Wünsche erfüllt werden können. So werden technische Konstruktionsmerkmale aufgestellt, die eines oder mehrere kundenwichtige Merkmale beeinflussen (Schritt 4). Eines dieser technischen Konstruktionsmerkmale ist im Beispiel die Türabdichtung, die verbessert werden könnte. Ein Weiteres ist der Energieaufwand beim Türschließen, der verringert werden sollte. Die Vorzeichen geben dabei die Optimierungsrichtung an.

Die Umsetzung bestimmter Konstruktionsmerkmale beeinflusst jedoch u. U. die Realisation eines anderen technischen Merkmals positiv oder negativ. Dies wird im Dach der HoQ dargestellt (Schritt 5). Die Verstärkung der Türabdichtung besitzt einen stark negativen Einfluss auf die Reduktion der maximal notwendigen Schließkraft, wirkt sich mäßig negativ auf den Energieaufwand beim Türschließen und stark positiv auf die Reduktion von Fahrgeräuschen und die Wasserbeständigkeit aus.

Die Konstruktionseigenschaften beeinflussen oft mehrere kundenwichtige Merkmale gleichzeitig. Diese Beziehungen und deren Intensität werden in der sog. Beziehungsmatrix der HoQ dargestellt (Schritt 6). So beeinflusst eine Verstärkung der Türabdichtung die Dichtheit bei Regen stark positiv, das leichte Öffnen der Tür von außen und die Fahrgeräuschundurchlässigkeit leicht positiv, während das leichte Schließen von außen und das Zurückschnappen der Tür mäßig negativ beeinflusst werden. Durch diese Gegenüberstellungen können die Entwickler Vor- und Nachteile verschiedener Lösungen gegeneinander abwägen.

Nun werden für jedes Konstruktionsmerkmal objektive Messgrößen erarbeitet (Schritt 7). D. h., es findet eine Quantifizierung der technischen Spezifikationen statt. So wird z. B. das Fahrgeräusch im decibel (db) gemessen. Der aktuelle Wert beträgt im Beispiel 9 db.

Es folgt ein kritischer Wettbewerbsvergleich aus technischer Sicht, bei dem nicht der Kunde, wie in Schritt 3, sondern die Techniker des Unternehmens anhand der Konstruktionsmerkmale und der im vorherigen Schritt bestimmten objektiven Maßstäbe den Wettbewerb beurteilen (Schritt 8). Am Beispiel der Fahrgeräusche werden somit bei der Wagentür von A 5 db und bei der Wagentür B 6 von db gemessen. Falls die Kundeneinschätzungen des Wettbewerbs nicht mit den technischen Maßstäben übereinstimmen, dann sind entweder die technischen Werte nicht korrekt oder auf die Kundenbewertung wirkt ein besonders positives oder ein besonders negatives Image.

Die Ingenieure bewerten des Weiteren – im Beispiel anhand einer Fünfer-Skala – die technische Umsetzungsschwierigkeit. So stellt die Erhöhung der Wasserbeständigkeit eine besonders große Herausforderung dar, während die Reduktion des Energieaufwandes beim Türöffnen recht einfach technisch umsetzbar ist.

Zum Schluss ist es wichtig, die technische Bedeutung der einzelnen Konstruktionsmerkmale für die Erfüllung der Kundenanforderungen zu quantifizieren (Schritt 9). Dazu werden pro Konstruktionsmerkmal Prozentwerte angegeben, so dass in der Summe die 100 % erreicht wird (Kundennutzenanteile). Diese Bewertung kann auch mittels einer Berechnung erfolgen. Dazu wird die Gewichtung der Kundenanforderungen mit einer numerisch festzulegenden Bewertung der Beziehungen zwischen Kundenanforderungen und technischen Konstruktionsmerkmalen multipliziert und spaltenweise aufsummiert (ähnlich wie die Komponentenmethode des Target Costing aus Kapitel 14). Diese Bewertung in Kundennutzenanteilen ist ein guter Ausgangspunkt zur Bestimmung des Vorgehens im Entwicklungsprozess. Dennoch sollten die Techniker auch die ebenfalls in der HoQ erfassten technischen Schwierigkeiten, die Wechselwirkungen zwischen den Konstruktionsmerkmalen und Positionierung im Wettbewerb berücksichtigen.

In das HoQ können auch weitere relevanten Informationen eingetragen werden, wie die im Beispiel angefügten geschätzten Kosten (oder die target costs) und die technischen Zielvorgaben für die Entwicklung.

Die im Beispiel vorgestellte HoQ übersetzt die kundenwichtigen Merkmale in Konstruktionsmerkmale. Erstere stellen die Frage, *was* erreicht werden soll, die Konstruktionsmerkmale beschreiben, *wie* dies erreicht werden soll. Danach ist es notwendig zu erkennen, wie die Konstruktionsmerkmale (das neue „*Was*") in Teilemerkmale (das neue „*Wie*") umgesetzt werden können. Dafür kann eine neue HoQ erstellt werden. Dieses Vorgehen, d. h. die Transformation der „Was-Fragen" in „Wie-Fragen" von einer Stufe in die nächste, kann bis zur Bestimmung der entscheidenden Betriebsabläufe und der darauf basierenden Produktionserfordernisse herunter gebrochen werden (vgl. Hauser/Clausing [1988], S. 70 sowie Abbildung 16.10).

Das HoQ sollte nicht als starres Gebilde wahrgenommen werden, sondern es kann von den interdisziplinären Teams ausgebaut und gestaltet werden. Es ist empfehlenswert, so früh wie möglich in die Entwicklung eine Kostenbetrachtung einzubeziehen, um die Entwicklung qualitätsmäßig hervorragender, aber kosten- und daher preismäßig nicht realisierbarer Produkte zu vermeiden. Eine mögliche Erweiterung der HoQ besteht in der Verbindung mit dem Target Costing (vgl. dazu ausführlich Kapitel 14 dieses Buches).

QFD und Target Costing   Für die Zielkostenspaltung im Target Costing werden vor allem die Ergebnisse der zweiten Stufe des QFD zur Teileentwicklung benötigt. Hier werden den technischen Produktmerkmalen die zu ihrer Realisation notwendigen Teile gegenüber gestellt. Durch dieses HoQ und insbesondere durch die Beziehungsmatrix liegen Daten vor, die mit denen der Komponenten-/Funktionen-Matrix im Target Costing vergleichbar sind. Es besteht jedoch der Unterschied, dass die Kundenanforderungen nicht direkt in Produktkomponenten überführt wurden, sondern eine zusätzliche Analyse der technischen Konstruktionsmerkmale durchgeführt worden ist. Ist diese Funktions-/Komponenten-Matrix aus der QFD gegeben, können die vorab definierten allowable costs anhand der ermittelten technischen Erfordernisse (als Kundenbedürfnisse der Grundform des Target Costing interpretierbar) auf die Teile eines zu entwickelnden Produktes aufgespalten werden. Zusätzlich sind in dem HoQ die drifting costs (wie im vorausgehenden Beispiel mittels der geschätzten Kosten geschehen) der einzelnen Teile einzutragen und den allowable costs gegenüber zu stellen. Daraus leitet sich Handlungsbedarf für die Entwicklung ab, um zielkostenadäquate qualitative Produkte für die Kunden zu generieren (vgl. Fischer/Schmitz [1994], S. 66 f.).

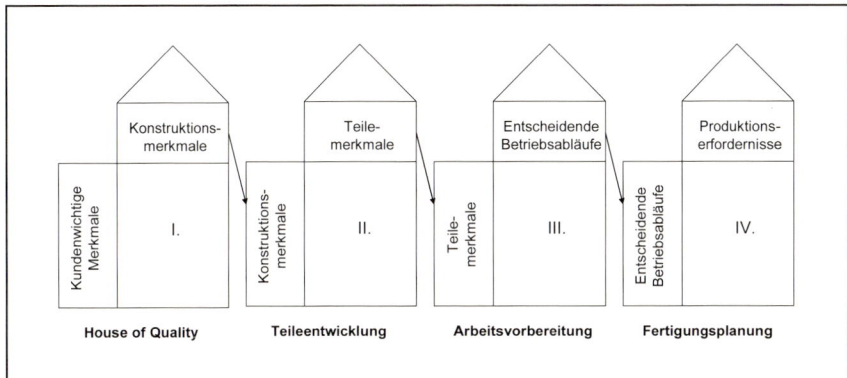

Abb. 16.10: Stufen des House of Quality
          (Quelle: Hauser/Clausing [1988], S. 69)

Stufen des
House of Quality

Aus der Erweiterungsmöglichkeit des QFD mittels Target Costing lässt sich bereits einer der Vorteile dieses Qualitätssicherungskonzeptes für die Entwicklung festmachen. QFD kann ergänzt werden durch beliebige, als relevant festgestellte Informationen. Des Weiteren fördert es die interdisziplinäre Arbeit bei der Produktentwicklung und gewährleistet dabei ein strukturiertes, nachvollziehbares Vorgehen. Als Folge sinkt die Anzahl der Konstruktionsveränderungen nach dem Produktionsbeginn drastisch, was zu einer deutlichen Reduktion der Anlaufkosten führt (vgl. Hauser/-Clausing [1988], S. 58 f.). Overengineering wird ebenfalls verhindert. Diese Effekte erstrecken sich auch auf weitere Entwicklungsprojekte, weil durch die schriftliche Dokumentation in dem HoQ die Weitergabe von Erfahrungswissen im Unternehmen gefördert wird. Nicht zu vernachlässigen ist, dass QFD nicht nur für materielle Güter angewandt werden kann, sondern durchaus auch bei der Lösung von Problemen aus dem

Beurteilung

Entwicklungsbereich nützlich sein kann. Der relativ hohe Aufwand bei der Erstellung eines HoQ wird jedoch von dem geringeren Aufwand in der späten Phase der Entwicklung und in der Anlaufphase kompensiert.

QFD liefert jedoch keine eindeutige Lösung zur Entwicklung eines bestimmten Produktes. Die Auswahl einer Gestaltungsvariante kann lediglich über einen Kommunikations- und Entscheidungsprozess im Team verlaufen. Dies führt zu einem subjektivem Vorgehen. Bei besonders komplexen Fragestellungen sinkt die Übersichtlichkeit sehr deutlich. Ebenfalls kann eine strikte Orientierung an dem HoQ die Kreativität der Entwickler und deren Fähigkeit zur Erfüllung von bis dato noch nicht manifestierten, jedoch latent vorhandene oder weckbare Bedürfnisse hemmen.

4.4   Fehlermöglichkeits- und -einflussanalyse (FMEA)

Definition

FMEA steht für **Failure Mode and Effects Analysis** oder für **Fehlermöglichkeits- und -einflussanalyse**. Wie die Bezeichnung suggeriert, handelt es sich dabei um eine Methode, um systematisch potentielle Fehler und die daraus entstehenden Risiken und Folgen frühzeitig zu entdecken und zu vermeiden.

Ursprung

FMEA fand erstmals in den sechziger Jahren in der amerikanischen Raumfahrt im Rahmen des Apollo-Programms Anwendung. Von dort verbreitete sich die FMEA in vielen Branchen und gelangte insbesondere über die Verwendung in der Automobilindustrie Ende der siebziger Jahre nach Europa (vgl. Kamiske/Brauer [1995], S. 47).

Formen von
FMEA

FMEA findet vornehmlich in den Phasen von Entwicklung, Planung und Konstruktion statt. Dabei wird, je nach Zeitpunkt der Anwendung, zwischen **Konstruktions-FMEA** (auch **Entwicklungs-FMEA** genannt) für die Entwicklungs- und Konstruktionsphase und der **Prozess-FMEA** für die Produktionsplanungs- und -anlaufphase unterschieden. Hinzu kommt die **System-FMEA** (auch **Produkt-FMEA** genannt), die sich erst in den letzten Jahren zur Beurteilung von Gesamtsystemen mit ihren Wechselwirkungen zwischen den jeweiligen Einzelsystemen etabliert hat (vgl. Kamiske/Brauer [1995], S. 48).

FMEA-
Formblatt

Die systematische Risikoanalyse, Risikobewertung und die darauf folgende Erfassung der Optimierungsschritte erfolgt auf der Grundlage eines sog. FMEA-Formblattes, dessen grundsätzliche Struktur anhand von Abbildung 16.11 beleuchtet wird.

Vorgehensweise

Im Kopfbereich des Formblattes werden die Stammdaten festgehalten, die das behandelte System eingrenzen. Darunter wird zuerst die **Risikoanalyse** durchgeführt. Hier werden die möglichen Fehler sowie deren potentielle Folgen und Fehlerursachen festgehalten. Dies führt im nächsten Schritt zu einer **Risikobewertung**. Dabei werden zunächst verschiedene Maßnahmen erfasst, um die Entdeckung des Fehlers zu unterstützen, dessen Auftreten zu vermeiden und um dessen Auswirkungen bei Eintritt zu verringern. Dabei wird der momentane Zustand erfasst, d. h. die Maßnahmen, die bisher in den internen Prüfvorschriften oder in branchenweiten Industriestandards festgeschrieben sind. Daraufhin muss jede mögliche Fehlerursache anhand einer **Risikoprioritätszahl** (RPZ) bewertet werden, um sie in eine Risiko-Rangfolge bringen zu können. Je größer die RPZ ist, um so vorrangiger muss daran gearbeitet werden, dieses Risiko durch Qualitätsmaßnahmen zu verringern. Die RPZ wird wie folgt ermittelt:

$$\text{RPZ} = \text{Wahrsch. des Auftretens} \times \text{Bedeutung} \times \text{Wahrsch. der Entdeckung}$$
$$\text{RPZ} = \qquad \text{A} \qquad \times \qquad \text{B} \qquad \times \qquad \text{E}$$

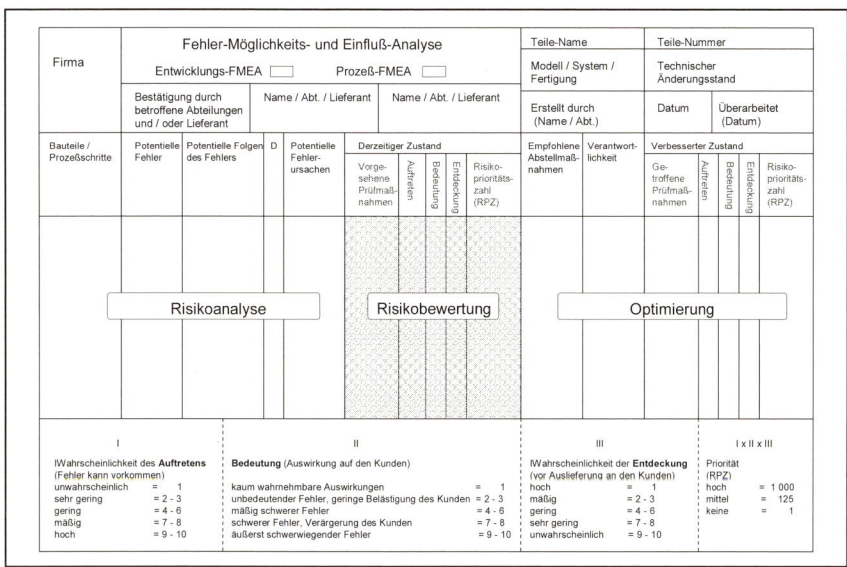

Abb. 16.11: Struktur eines FMEA-Formblattes

Die Wahrscheinlichkeit des Auftretens eines Fehlers wird mittels einer von 1 (Auftreten unwahrscheinlich) bis 10 (Wahrscheinlichkeit des Auftretens hoch) reichenden Skala beurteilt. Die Bedeutung wird anhand der Auswirkungen auf den Kunden festgemacht und reicht ebenfalls von der 1 bei für den Kunden kaum bedeutende Fehler bis zur 10 bei äußerst schwerwiegenden Fehlern, die z. B. die Sicherheit des Kunden gefährden können. Die Wahrscheinlichkeit der Entdeckung eines Fehlers vor der Auslieferung an den Kunden mittels der derzeit verwendeten Prüfmechanismen wird von 1 (hohe Entdeckungswahrscheinlichkeit) bis 10 (Entdeckung unwahrscheinlich) eingestuft.

Ist geklärt, welches Risiko durch ein Fehlerursache entsteht, befasst sich der letzte Bereich des FMEA-Formblattes mit der **Optimierung**. Mit dem Ziel, die RPZ zu reduzieren, werden Lösungsvorschläge erarbeitet, wobei diese Abstellmaßnahmen vorrangig auf die Verringerung der Wahrscheinlichkeit des Auftretens des Fehlers bzw. der Fehlerursache ausgerichtet sein sollten. Die vorgeschlagenen Verbesserungsmaßnahmen sollten sich auf eine Konzeptverbesserung und auf spezifische Qualitätssicherungsmaßnahmen bei besonders hoher Auftrittswahrscheinlichkeit oder bei einer großen Bedeutung für den Kunden konzentrieren. Bei einer niedrigen Entdeckungswahrscheinlichkeiten ist die Verstärkung der Prüfvorgänge angebracht.

Daraufhin werden die erfolgsversprechendsten Maßnahmen ausgewählt und durchgeführt. Die Ergebnisbeurteilung erfolgt mittels erneuter Berechung der RPZ und Vergleich mit der RPZ aus dem Ausgangszustand. An dieser Stelle ist auch eine Gegenüberstellung der erreichten Verbesserung mit dem dazu benötigten Aufwand möglich.

Beurteilung   Grundlage für die in jedem FMEA-Formblatt zu treffenden Einschätzungen sind zum einen Erfahrungen und Daten aus der Vergangenheit und zum anderen die Ergebnisse aus dem kreativen Potential des Teams. Dabei bedarf es einer ständigen Aktualisierung der Daten, um zu vermeiden, dass unnötige Risiken in die Serienfertigung mitgenommen werden (vgl. Franke [1989], S. 18 f.). Vorteilhaft bei der FMEA ist in erster Linie der präventive Charakter. Fehler können dadurch systematisch vermieden werden, bevor diese überhaupt auftreten können. Die erreichten Verbesserungen können anhand einer einfachen Kennzahl, der RPZ, gemessen werden, wodurch eine Motivationswirkung für die Beteiligten ausgeht. Auch wird der Austausch zwischen verschiedenen Bereichen, die an der Entwicklung beteiligt sind, gefördert. Der Wissenstransfer im Betrieb wird durch die schriftliche Dokumentation im FMEA-Formblatt gewährleistet.

Nachteilig am FMEA-Konzept ist der relativ hohe Implementierungsaufwand, der jedoch durch das Wiederkehren bestimmter Teile bzw. Problemstellungen in verschiedenen Entwicklungen ein wenig reduziert werden kann. Des Weiteren lässt sich anmerken, dass die als zentral geltende RPZ sehr subjektiv in der Bestimmung ist. Problematisch ist ebenfalls die geringe Übersichtlichkeit eines FMEA, insbesondere bei komplexen Fragestellungen. FMEA gehört heute zu einer recht verbreiteten Qualitätssteuerungs-Methode, insbesondere in Branchen wie die Automobilindustrie (vgl. Franke [1989], S. 80).

4.5   Statistische Prozessregelung

Definition   Die **Statistische Prozessregelung** oder **Statistical Process Control** (SPC) ist eine mathematisch-statistische Methode, um einen bereits bestehenden und optimierten Prozess durch Beobachtung und entsprechenden korrektiven Eingriff im optimalen Zustand zu halten (vgl. hier um im

Folgenden Kamiske/Brauer [1995], S. 172 ff. und 221 ff.; Horváth/Urban [1990], S. 56 ff.).

SPC wurde vom Amerikanischen Physiker, Statistiker und Ingenieur Walter Andrew Shewhart Anfang der dreißiger Jahre des letzten Jahrhunderts entwickelt, als er Mitarbeiter in den Bell Telephone Laboratories, Inc. war (vgl. ausführlich zu SPC Shewhart [1931], S. 121 ff.). Ursprung

Zentrales Werkzeug zur Umsetzung von SPC ist die **Qualitätsregel-karte**, in der die Prozessergebnisse eingetragen werden. Diese Werte schwanken mit einer bestimmten Standardabweichung s um einen im Vorlauf bestimmten Mittelwert $\overline{x}$. Mittelwert und Standardabweichung bestimmen sich dabei wie folgt: Qualitäts-regelkarte

$$\overline{x} = \frac{1}{n} \sum_{i=1}^{n} x_i \qquad s = \sqrt{\frac{\sum_{i=1}^{n} \left(x_i - \overline{x} \right)^2}{n-1}}$$

n stellt dabei die Stichprobengröße dar, x_i die Ausprägung der i-ten Ziehung in einer Stichprobe und i die lfd. Nummer der Ziehung innerhalb einer Stichprobe. Ausgehend davon können Warn- und Eingriffsgrenzen bestimmt werden. Üblicherweise werden die obere und untere Warngrenze als Grenzen des 95 %-Zufallsstreubereiches (± 2s), obere und untere Eingriffsgrenze als Grenzen des 99,73 %-Zufallsstreubereiches (± 3s) gewählt. Daraus ließe sich interpretieren, dass mit einer Wahrscheinlichkeit von 99,73 % der Wert der Stichprobe innerhalb des Zufallstreubereiches liegt.

Sind mittels Vorlaufstichprobe der Mittelwert und die Grenzen bestimmt, so kann die Qualitätsregelkarte eingesetzt werden. Qualitätsregelkarten ermöglichen es zu beurteilen, ob ein Prozess als „beherrscht" und „fähig" definiert werden kann. In einem beherrschten Prozess (auch: stabilen Prozess) ändern sich die Parameter der Verteilung $\overline{x}$ und s nicht oder nur in bekannter Weise, d. h., es treten nur zufallsbedingte Abweichungen auf. Die Unterscheidung zwischen **systematischen** und **zufälligen Abweichungen** erfolgt dabei durch Zuhilfenahme der Qualitätsregelkarte. Systematische Anweichungen sind daran zu erkennen, dass Ergebnissen von einer oder mehreren Stichproben außerhalb der Eingriffsgrenzen liegen, die den Bereich in dem sich die Werte bei ausschließlich zufälliger Streuung um den erwünschten Wert positionieren würden. Systematische Abweichungen sind auf wenige Haupteinflüsse zurück zu führen, sie treten unregelmäßig auf und sind schwer vorhersehbar. Z. B. stellen Abweichungen vom Sollwert auf Grund von Werkzeugabnutzung die Grundlage für eine systematische Streuung dar. Zufällige Abweichungen stellen wiederum die konstante Summe von vielen kleinen Einzeleinflüssen dar, die ständig auftreten und somit vorhersehbar sind. Sie werden i. d. R. von den sog. 5 M verursacht, d. h. von Mensch, Maschine, Material, Methode und Messvorgang. Prozessbeherr-schung bzw. Prozessstabilität

Bereits rein graphisch lässt sich mittels Qualitätsregelkarte der zeitliche Verlauf des Prozesses begutachten. Mögliche Entwicklungen lassen sich aus Abbildung 16.12 entnehmen. Liegt z. B. ein Trend oder ein sog. Run vor, dann kann davon ausgegangen werden, dass dieses Verhalten systematisch ist und daher eine mangelnde Prozessbeherrschung vorliegt. Selbst bei Werten, die allesamt sehr nahe am Mittelwert liegen ist zu prüfen, ob die Eingriffsgrenzen falsch berechnet worden sind. Ein Prozess bedarf einer besonderen Beobachtung, wenn er zu nahe an die Eingriffsgrenzen gerät und/oder dabei die Warngrenzen überschreitet. Sind die Eingriffsgrenzen auch nur einmalig überschritten, dann ist der Prozess nicht mehr beherrscht. In diesem Fall muss die entsprechende Stichprobe aussortiert und die Ursachen für die Abweichung müssen analysiert werden.

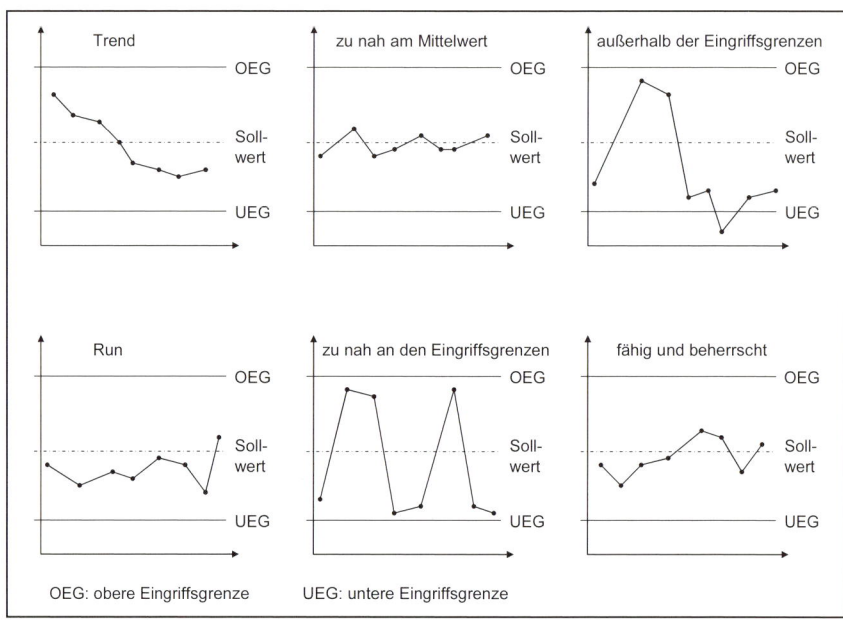

Abb. 16.12: Interpretation der Qualitätsregelkarte
(Quelle: Kamiske/Brauer [1995], S. 175)

Die Analyse der **Prozessfähigkeit**, d. h. das Einhalten bestimmter vordefinierter Toleranzgrenzen bzgl. eines Qualitätsmerkmals als Ausmaß für die Prozessstreuung, erfolgt anhand statistischer Kenngrößen. Voraussetzung ist die Erfüllung der Annahme der Normalverteilung der Merkmalsausprägungen. Dies ist bei vielen Fertigungsprozessen erfüllt, da sich vielfältige Zufallseinflüsse häufig additiv zusammenfügen. So greift der zentrale Grenzwertsatz der Statistik, der besagt, dass die Summe einer großen Anzahl an Zufallsvariablen annähernd normalverteilt ist (vgl. dazu ausführlich Hartung/Elpelt/Klösener [1995], S. 121 f.).

Um diese Messung durchzuführen ist zunächst zu gewährleisten, dass die Messgeräte die geforderte Genauigkeit, Wiederholbarkeit und Vergleichbarkeit der Messungen gewährleisten können. Darauf hin wird zunächst die **Maschinenfähigkeit**, d. h. die kurzzeitige Merkmalsstreuung, die von der Maschine ausgeht, geprüft. Rahmenbedingungen müssen bei der Messung stabil gehalten werden, d. h. die Prüfung findet unter möglichst optimalen Bedingungen statt. Die Maschinenfähigkeit wird anhand zweier Kennzahlen gemessen, c_m und c_{mk}. c_m berücksichtigt die Streuung der Erzeugnisse der Maschinen, während c_{mk} zusätzlich noch die Lage des Mittelwertes und somit die Langzeit-Merkmalsstreuung heranzieht:

$$c_m = \frac{OTG - UTG}{6s} \qquad c_{mk} = \frac{\min\left(OTG - \overline{x}; \overline{x} - UTG\right)}{3s}$$

Dabei stellen OTG und UTG die jeweilige Ober- bzw. Untergrenze des Toleranzbereiches dar, $\overline{x}$ den Mittelwert und s die Standardabweichung der Stichprobe.

Die Mindestanforderung für die Maschinenfähigkeit ist in der Praxis $c_{mk} = 1,33$. Wird dieser Grenzwert eingehalten, so kann davon ausgegangen werden, dass die Maschine, zumindest ohne Umfeldeinflüsse, qualitätsfähig für die Erfüllung der gestellten Fertigungsaufgabe ist.

Analog wird daraufhin die eigentliche **Prozessfähigkeit** bestimmt, d. h. das Maß für die langfristige Merkmalsstreuung, die von den 5 M verursacht wird. Konkret:

$$c_p = \frac{OTG - UTG}{6s} \qquad c_{pk} = \frac{\min\left(OTG - \overline{x}; \overline{x} - UTG\right)}{3s}$$

Aus der Praxis ergibt sich oft die Forderung nach c_{pk}-Werten größer 1,67, obwohl ein Prozess mit c_p und c_{pk} größer oder gleich 1,33 bereits als qualitätsfähig zu bezeichnen ist. Die Vorgehensweise von SPC soll anhand des folgenden Beispiel weiter geklärt werden.

Es sei ein Prozess betrachtet, bei dem der Verschnitt von kleinen Plastikscheiben vorgenommen wird. Diese sollen 5 mm lang sein. Toleriert werden jedoch alle Werte, die zwischen 4,5 und 5,5 mm liegen. Im Rahmen der SPC wurde eine Stichprobe gezogen, die folgende Werte ergab (vereinfachend wird hier eine einzige, sehr kleine Stichprobe verwendet; Normalverteilung wird angenommen):

Lfd. Nummer i	Länge in mm x_i
1	4,97
2	5,23
3	4,69
4	5,07
5	5,12
6	4,89
7	4,89
8	5,06
9	4,99
10	5,17
Summe	**50.08**

Der Stichprobenmittelwert und die Standardabweichung ergeben sich aus:

$$\bar{x} = \frac{1}{n}\sum x_i = \frac{1}{10} \times 50,08 = 5,008$$

$$s = \sqrt{\frac{\sum_{i=1}^{n}(x_i - \bar{x})^2}{n-1}} \sqrt{\frac{0,226}{9}} = 0,158 .$$

Daraus lassen sich zuerst die Eingriffsgrenzen festlegen, anhand derer die Beherrschung des Prozesses, d. h. die Stabilität der Prozessparameter, festgestellt werden kann:

$$OEG = 5,008 + 3 \times 0,158 = 5,482$$

$$UEG = 5,008 - 3 \times 0,158 = 4,534 .$$

Alle Werte der Stichprobe liegen zwischen diesen Eingriffsgrenzen, was dafür spricht, dass der Prozess beherrscht wird. Nun gilt es im Weiteren, die Prozessfähigkeit, d. h. den Ausmaß der Prozessstreuung, zu überprüfen, wobei auf die eingangs angegebenen Toleranzgrenzen zurückgegriffen wird:

$$c_p = \frac{5,5 - 4,5}{6 \times 0,158} = 1,055$$

$$c_{pk} = \frac{\min\left(5,5 - 5,008 ; 5,008 - 4,5\right)}{3 \times 0,158} = 1,04 .$$

Üblicherweise werden c_p- und c_{pk}-Werte größer als 1,33 gefordert. Dies wird hier nicht erreicht, da der Soll-Wert von 5 mm im Mittel nicht erreicht wird und die Werte ziemlich stark streuen. Beim be-

> trachteten Prozess kann somit Prozessbeherrschung, aber unzurei-
> chende Prozessfähigkeit festgestellt werden. Als Konsequenz wird
> im Unternehmen z. B. auf eine bessere Einstellung der Maschine ge-
> achtet werden müssen.

Wie eingangs in diesem Abschnitt erwähnt, ist es mittels SPC möglich, *Beurteilung*
bereits optimierte Prozesse zu beobachten und anhand der Erfassung auf
der Qualitätsregelkarte und der Berechnung der Prozessfähigkeitsindizes
geeignete Korrekturmaßnahmen einzuleiten. Dabei werden keine unmittelbaren Prozessveränderungen angestrebt, da i. d. R. nur kleine Abweichungen korrigiert werden können, weil die Prüfung während der laufenden Fertigung stattfindet. SPC ermöglicht den Aufbau eines **Regelkreis-
laufs**, der aus den Ergebnissen des Fertigungsprozesses eine Stichprobe
zieht, diese mittels Qualitätsregelkarte und Prozessfähigkeitsindizes aus-
wertet, so dass auf dessen Grundlage ausgleichend auf den Prozess ein-
gewirkt wird. Die Veränderungen bilden im weiteren Fertigungsverlauf
neue Stichproben, die wieder ausgewertet werden, usw.

Vorteilhaft bei diesem in der Praxis sehr verbreiteten Verfahren ist die
kontinuierliche, systematische Kontrolle der Prozesse. Anhand von technischen Größen kann die Qualität messbar gemacht werden. Die graphische Darstellung in der Qualitätsregelkarte unterstützt visuell das bessere
Verständnis des Prozesses und des Verfahrens selbst.

Als nachteilig erweist sich jedoch, dass technische Merkmale alleine
meist nicht ausreichen, um die Qualität aus Kundensicht in ihrer Ganz-
heitlichkeit zu beschreiben. Auch die Verbindung zu Kosten- und Erlös-
größen wird nicht hergestellt. Der Erhebungsaufwand ist sehr hoch, kann
jedoch durch Einsatz von IT deutlich verringert werden. Des Weiteren
lässt sich die Tatsache als Nachteil feststellen, dass mit SPC nur bereits
optimierte, stabile, normalverteilte Prozesse gesteuert werden können.
Dies rührt aus der implizierten Stabilität der Prozessparameter $\bar{x}$ und s.
Auch finden sich in SPC keine Hinweise auf sinnvolle Korrekturmaßnahmen beim Erkennen von Abweichungen.

4.6 Wertanalyse

Eine weitere Methode, das auf das Zusammenwirken der Faktoren Kosten *Definition*
und Qualität fokussiert, ist die **Wertanalyse,** auch als **Value Engineering** bekannt. Sie ist eine produktunabhängige Methode zur Problemerkennung und -lösung, deren Ziel es ist, einen bestimmten Nutzen für den
Kunden zu erreichen, indem die Kosten gesenkt werden bei mindestens
gleich bleibender Qualität. Diese Methode wurde in den vierziger und
fünfziger Jahren in den USA entwickelt und findet hauptsächlich im Produktionsbereich von Unternehmen mit Massenfertigung Anwendung.

Dennoch ist die Wertanalyse weit vielfältiger einsetzbar, wie z. B. bei Kleinserien- und Einzelfertigung sowie im Vertrieb oder in der Marktforschung. Die Sonderform der **Gemeinkostenwertanalyse** (vgl. dazu ausführlich Roever [1980]) konzentriert sich auf den Verwaltungsbereich und den Vertrieb.

Vorgehensweise   Der beste Zeitpunkt für den Einsatz einer Wertanalyse ist der Produktentstehungsprozess, in dem die Beeinflussbarkeit der Kosten eines Produktes noch am höchsten ist. Die Vorgehensweise im fünf- bis sechsköpfigen, interdisziplinär besetzten Team beruht auf fünf Phasen (vgl. Hoffmann [1993], S. 73 ff.):

1) **Informations-Phase**: Erkennen der wichtigsten Produktfunktionen aus Kundensicht und Kostenerfassung,
2) **Schöpferische Phase**: Erarbeitung von Alternativen zur Erfüllung der kundenwichtigen Funktionen, mit dem Ziel, kostengünstigere Wege zu identifizieren,
3) **Bewertungs-Phase**: Kritische Überprüfung der generierten Ideen auf Kosten und Kundenwunscherfüllung sowie auf technische Machbarkeit,
4) **Planungs-Phase**: Die ausgewählten Alternativen werden detailliert geplant; die zusätzlich erforderliche Zeit wird quantifiziert,
5) **Vorschlags-Phase**: Auswahl einer der Alternativen mit genauer Bewertung, inklusive Kalkulation der Kosten und somit der Ersparnisse im Vergleich zur Ausgangslösung.

Beurteilung   Vorteilhaft erscheint die Verbindung zur Kostenrechnung und insbesondere zum Target Costing (vgl. dazu Kapitel 14), da nach den gerade notwendigen Kosten gesucht wird, um ein bestimmtes Qualitätsniveau zu erhalten.

Hoffmann [1993] konnte Einsparungen von mindestens 10 % in der Praxis feststellen (vgl. Hoffmann [1993], S. 185 f.). Des Weiteren ist das geforderte strukturierte Vorgehen für kurzfristige und mittelfristige Kostensenkungen geeignet. Anzumerken ist jedoch, dass diese Methode keine strategische Neuverteilung von Mitteln vornimmt und daher die langfristige Qualitätsausrichtung des Unternehmens nicht beeinflussen kann.

4.7   Weitere Methoden zur Steuerung der Qualität

Aus Theorie und Praxis lassen sich verschiedene weitere, mehr oder minder etablierte Methoden zur Steuerung der Qualität ausfindig machen. Unter den gängigsten sind Kaizen, der Kontinuierliche Verbesserungsprozess, Poka Yoke, Reengineering sowie die Versuchsplanung zu nennen.

Kaizen   **Kaizen** ist ein japanischer Begriff, der die grundsätzliche Verhaltensweise aller Betriebsangehörigen zur kontinuierlichen Verbesserung aller

Prozesses im Sinne einer allumfassenden Kundenorientierung beschreibt. Dieser evolutionäre Prozess wird im Deutschen mit **Kontinuierlichem Verbesserungsprozess** übersetzt.

Poka Yoke ist ebenfalls ein japanischer Ausdruck. Es handelt sich dabei um ein Prinzip auf Grund dessen technische Vorkehrungen genutzt werden, um Fehler in den Prozessen unmöglich zu machen. So werden z. B. Sensoren eingesetzt, die zu große oder zu kleine Teile aus einer Taktstrasse eliminieren.

Poka Yoke

Reengineering advisiert revolutionäre Verbesserungen im Unternehmen mittels eines grundsätzlichen Überdenkens sämtlicher aufbau- und ablauforganisatorischer Eigenschaften des Unternehmens, nach dem Prinzip „reinvent your company".

Reengineering

Die **Versuchsplanung**, auch als **Design of Experiments** bekannt, versucht die Qualität zu optimieren, indem bereits bei der Entwicklung der Produktionsprozess so eingestellt wird, dass der Prozess später unempfindlich gegenüber dem Einfluss von Störgrößen aus dem Umfeld ist. Dabei werden die Zusammenhänge zwischen den verschiedenen Steuerungsgrößen, Störgrößen und Qualitätsmerkmalen über experimentelle Versuche simuliert.

Versuchsplanung

5 Qualitätsmanagement

Das **Qualitätsmanagement** wird lt. DIN EN ISO 9000 [2005] definiert als „aufeinander abgestimmte Tätigkeiten zum Leiten und Lenken einer Organisation bezüglich Qualität" (DIN EN ISO [2005], S. 21). Einerseits fallen die in Abschnitt 4 beschriebenen Methoden zur Steuerung der Qualität in das Aufgabengebiet der Qualitätsmanagement, anderseits jedoch auch die Festlegung der Qualitätspolitik, der Qualitätsziele, der Qualitätsplanung und der Qualitätsverbesserung.

Definition nach DIN

Wie das Qualitätsmanagement ausgestaltet wird, ist abhängig von der Haltung der Unternehmensleitung gegenüber den Qualitätszielen. In den letzten Jahrzehnten konnte ein Übergang von der bis dato praktizierten **Qualitätssicherung** als ex post Prüfung von Prozessergebnissen, hin zu einer ex ante Qualitätsgewährleistung festgestellt werden. Diese Entwicklung ist insbesondere der Etablierung des Total Quality Managements (Abschnitt 5.1) und der Six Sigma-Philosophie (Abschnitt 5.2) zu verdanken.

Vergleich mit Qualitätssicherung

5.1 Total Quality Management

Das Konzept des **Total Quality Managements** (TQM) entstand Mitte der achtziger Jahre und beschreibt ein umfassendes qualitätsorientiertes

Definition

Führungsmodell (vgl. dazu weiterführend Töpfer [1995]). Von den Zulieferern über die Mitarbeiter bis hin zum Kunden werden sämtliche Bereiche erfasst und integriert. Die Qualität ist dabei Führungsaufgabe, was in der Folge die strikte Einbindung der Qualitätsziele in die gesamten Unternehmenspolitik und deren Verknüpfung mit der Unternehmenskultur erfordert (vgl. Kamiske/Brauer [1995], S. 243 ff.; Kamiske/Malorny [1994], S. 1 ff.).

Beurteilung   Den großen Verdienst des TQM stellt der Wechsel von der reaktiven Haltung der Qualitätssicherungskonzept zu einem proaktiven Handeln. Ist die Qualitätssicherung lediglich auf Ergebnisse bestimmter Bereiche konzentriert, so ist das TQM ein prozessorientiertes Konzept für das gesamte Unternehmen. Es lässt sich jedoch festhalten, dass TQM keine Priorisierung der Aufgabenfelder für eine Qualitätsoptimierung vornimmt. Dieser Kritikpunkt wird vom Six-Sigma-Konzept aufgegriffen.

5.2 Six Sigma

Definition   Der Ausdruck **Six Sigma** (**Sechs Sigma**) findet seine Wurzeln in der statistischen Standardabweichung, die für eine normalverteilte Grundgesamtheit mit dem griechischen Buchstaben σ (Sigma) gekennzeichnet wird. Six Sigma bedeutet, dass im Bereich $\pm 6\sigma$ um den Mittelwert μ einer Grundgesamtheit 99,99966 % der Prozessergebnisse liegen. Übertragen auf den Bereich des Qualitätsmanagements bedeutet dies, dass eine Qualitätsfähigkeit der Prozesse gefordert wird, mittels derer nahezu fehlerfreie Produkte erlangt werden. Dies bedeutet, dass 3,4 Fehler pro eine Million Fehlermöglichkeiten zugelassen werden. Die deutsche Industrie erreicht heute jedoch „erst" ein 3,8 σ-Niveau, was 10 724 Fehler pro Million Fehlermöglichkeiten widerspiegelt (vgl. Töpfer [2004], S. 44 ff.). Das Zulassen von niedrigen σ-Niveaus wird als nicht ausreichend erachtet, um nahezu fehlerfreie Produkte herzustellen, da diese meist Erzeugnisse aus mehreren, u. U. fehlerhaften, Bauteilen bestehen und in ebenfalls u. U. fehlerhaften Prozessschritten gefertigt werden.

DMAIC-Zyklus   Die Umsetzung eines Six-Sigma-Projektes sollte anhand des **DMAIC**-Zyklus erfolgen:

1) **Define**: Identifikation von Zielkunden; Auswahl der für den Kunden wesentliche Prozesse; Definition der qualitätsrelevanten Eigenschaften aus Kundensicht,

2) **Measure**: Messung des Prozesses mittels sog. Key Performance Indicators, die die qualitätsrelevanten Eigenschaften aus Kundensicht widerspiegeln; Erfassung der Prozessgrößen cp und cpk, die bereits aus der Statistischen Prozessregelung (vgl. dazu ausführlich Abschnitt 4.5) bekannt sind,

3) **Analyze**: Ermittlung der Ursachen für die im Vorschritt bestimmte Streuung,
4) **Improve**: Entwicklung, Auswahl und Umsetzung von Verbesserungsmaßnahmen, bis mindestens ein cp-Wert von 2 erreicht, was für eine geringe Streuung der Prozessergebnisse um den Mittelwert spricht. Wie aus Abbildung 16.13 erkennbar, kennzeichnet wiederum ein Cpk-Wert, der die Lage des ermittelten Mittelwertes innerhalb des Toleranzbereiches kennzeichnet, von 1,5 eine gerade noch tolerierbare Veränderung der Prozesslage,
5) **Control**: Überführung der Verbesserungsmaßnahmen in den (Fertigungs-)prozess und Konsolidierung der Ergebnisse.

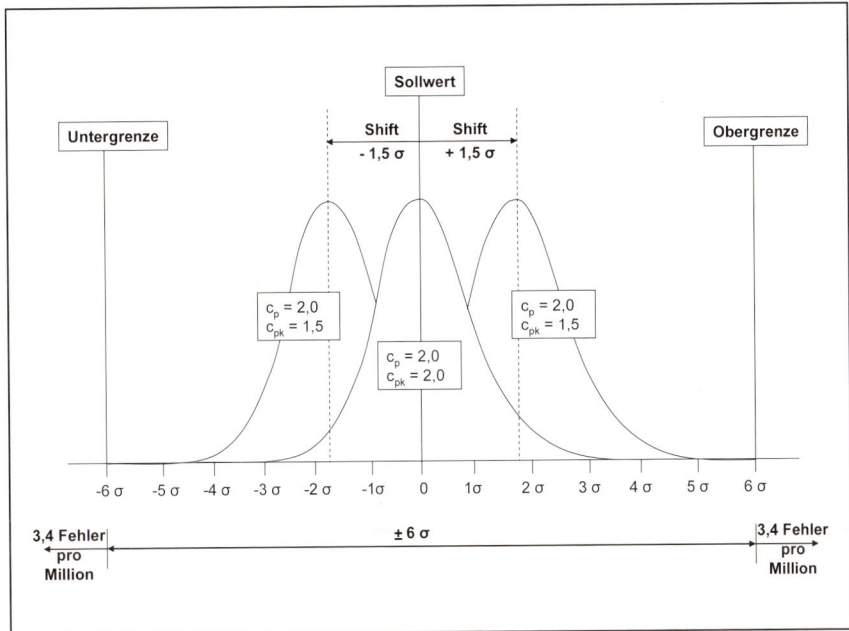

Abb. 16.13: Das Six-Sigma-Konzept
            (Quelle: Töpfer [2004], S. 58)

Das Six-Sigma-Konzept wurde 1987 von dem US-amerikanischen Unternehmen Motorola entwickelt. Vorläufer des Konzeptes wurden bereits in den siebziger Jahren im japanischen Schiffsbau erstmalig angewandt. Großen Zuspruch gewann Six Sigma jedoch erst durch die Erfolge, die das amerikanische Unternehmen General Electric damit feiert: während die Kosten für das Six Sigma-Projekt kaum wuchsen, stiegen die direkten Einsparungen (d. h. alle buchbaren Werte für einen Ein-Jahres-Horizont) von 170 Mio. $ im Jahr 1996 auf 3,5 Mrd. $ im Jahr 2000.   *Ursprung*

    Das Six-Sigma-Konzept ist durch die Vorab-Festlegung von notwendigen Prozessgrößen ein wirkungsvolles Instrument zur unternehmens-   *Beurteilung* weiten Verbreitung des Qualitätsdenkens und -handelns. Es stellt des Weiteren, wie bei General Electric ersichtlich, eine direkte Verbindung zwischen Qualitätsverbesserungen und Einsparungen dar. Aus diesen Einsparungen können indirekt die Kosten der Abweichungen abgeleitet werden, die bei der Qualitätskostenrechnung eine wesentliche Rolle spielen. Daher lässt sich auch zahlengestützt zeigen, wieso der Sprung von einer 99 %-igen Qualität zum 6σ-Niveau lohnenswerte Kosteneinsparungen verursacht. Töpfer [2004] spricht gar bei diesem „Sprung" von einer Kosteneinsparung von mindestens 20 % der Gesamtkosten bzw. des Jahresumsatzes und begründet dies mit einer Verringerung der aus der Qualitätskostenrechnung bekannten Kosten der Abweichung, insbesondere weil auf die Infrastruktur für die Fehlerbeseitigung verzichtet werden kann (vgl. Töpfer [2004], S. 95). Zu berücksichtigen bleibt jedoch, dass die Umsetzung von Six Sigma im Unternehmen entsprechend qualifizierte und ausgebildete Mitarbeiter erfordert, die Six Sigma Projekte auswählen und leiten.

6   Zusammenfassung

Das vorliegende Kapitel beschreibt vielfältige Werkzeuge und Methoden zur Steuerung der Qualität und zur Bewertung der geplanten oder erreichten Qualitätsänderungen.

Anwendungs-
empfehlung

    Die Fragestellung zur geeigneten Methode lässt sich nicht allgemeingültig beantworten, sondern ist abhängig von verschiedenen Faktoren, wie die Branche des Unternehmens, die Komplexität des Qualitätsproblems, die Phase des Produktentstehungsprozesses, die zur Verfügung stehenden Ressourcen und die Unternehmenskultur.

7   Kontrollfragen

1) Definieren Sie den Begriff der Qualität! Gehen Sie dabei auf die verschiedenen Facetten des Begriffes ein!

2) Aus welchen Gründen empfiehlt sich u. a. Qualitätssteuerung im Unternehmen?

3) Was wird unter einer Qualitätskostenrechnung verstanden? Beschreiben Sie die Gründe und die Folgen des Übergangs von einer Dreiteilung der Qualitätskostenarten zu einer Zweiteilung!

4) Beschreiben Sie die sieben Managementwerkzeuge zur Qualitätssicherung!

5) Beschreiben Sie die sieben Qualitätswerkzeuge!

6) Was wird unter dem Begriff des Quality Function Deployment verstanden? Welche Rolle spielt dabei das House of Quality?

7) Beschreiben Sie den grundsätzlichen Aufbau des House of Quality!

8) Was ist unter FMEA zu verstehen? Welche Formen von FMEA kennen Sie? Erläutern Sie die grundsätzliche Vorgehensweise der FMEA anhand der Beschreibung eines FMEA-Formblattes!

9) Welches Ziel verfolgt die SPC? Welche Rolle spielt dabei die Qualitätsregelkarte? Welche Prozessfähigkeitsgrößen kennen Sie und was sagen diese aus?

10) Wozu dient eine Wertanalyse? Welche grundlegenden Phasen werden bei der Umsetzung durchlaufen?

11) In welcher Beziehung stehen das Qualitätsmanagement, das Total Quality Management und Six Sigma zueinander? Beschreiben Sie diese drei kurz und gehen Sie bei Six Sigma insbesondere auf den DMAIC-Prozess ein!

12) Wie können die Ihnen bekannten Instrumente zur Qualitätssteuerung entlang des Produktentstehungsprozesses systematisiert werden?

8   Abkürzungsverzeichnis

A	Wahrscheinlichkeit des Auftretens
B	Bedeutung
c_m	Streuungsindex für die Maschine
c_{mk}	Lage-/Niveauindex für die Maschine
c_p	Streuungsindex für den Prozess
c_{pk}	Lage-/Niveauindex für den Prozess
db	Decibel
DIN	Deutsches Institut für Normung
DMAIC	Define, Measure, Analyse, Improve, Control
E	Wahrscheinlichkeit der Entdeckung
EN	Europäische Norm
HoQ	House of Quality
i	Laufende Nummer
ISO	International Standard Organisation
M7	Sieben Managementtechniken zur Qualitätssicherung
OTG	Obere Toleranzgrenze
PIMS	Profit Impact of Market Strategy
Q7	Sieben Qualitätswerkzeuge
QFD	Quality Function Deployment
RoI	Return on Equity
RoS	Return on Sales
RPZ	Risikoprioritätzahl
s	Standardabweichung einer Stichprobe
SPC	Statistical Process Control
TQM	Total Quality Management
UTG	Untere Toleranzgrenze

$\overline{x}$ Mittelwert einer Stichprobe
x_i Länge eines Gegenstandes
μ Mittelwert der Grundgesamtheit
σ Standardabweichung der Grundgesamtheit

9 Literaturhinweise

Baum, H.-G./Coenenberg, A. G./Günther, T. (2007): Strategisches Controlling, 4. Aufl., Stuttgart 2007.

Bromwich, M. (1990): The case for Strategic Management Accounting: The role of accounting information for strategy in competitive markets, in: Accounting, Organizations and Society, 1990, S. 27-46.

Buzzell, R. D./Gale, B. T. (1989): Das PIMS-Programm: Strategien und Unternehmenserfolg, Wiesbaden 1989.

Crosby, P. B. (1990): Qualität ist machbar, Hamburg 1990.

DIN EN ISO (2005): Qualitätsmanagementsysteme. Grundlagen und Begriffe (ISO 9000: 2005), o. Ort 2005.

DIN EN ISO (2007): Begriffe zum Qualitätsmanagement – Teil 11: Ergänzung zu DIN EN ISO 9000: 2005 (DIN 55350-11 – Entwurf), o. Ort 2007.

Easton, G. S./Jarrell, S. L. (1998): The effects of Total Quality Management on corporate performance – An empirical investigation, in: Journal of Business, 1998, S. 253-307.

Ebeling, J. (1994): Die sieben elementaren Werkzeuge der Qualität, in: Kamiske, G. F. (Hrsg.): Die Hohe Schule des Total Quality Mangement, Springer, Berlin, Heidelberg 1994, S. 297-328.

Fischer, T. M. (2000): Qualitätskosten, in: Fischer, T. M. (Hrsg.): Kosten-Controlling, Neue Methoden und Inhalte, , Stuttgart 2000, S. 555-589.

Fischer, T. M./Schmitz, J. (1994): Marktorientierte Kosten- und Qualitätszeile gleichzeitig erreichen, in: IO Management Zeitschrift, 1994, S. 63-68.

Franke, W. D. (1989): FMEA – Fehlermöglichkeits- und -einflussanalyse in der industriellen Praxis, Landsberg am Lech 1989.

Gogoll, A. (1994a): Die sieben Management-Werkzeuge, in: Qualität und Zuverlässigkeit, 1994a, S. 516-521.

Gogoll, A. (1994b): Management-Werkzeuge der Qualität, in: Kamiske, G. F. (Hrsg.): Die Hohe Schule des Total Quality Management, Springer, Berlin, Heidelberg, New York 1994b, S. 370-383.

Hahner, A. (1981): Qualitätskostenrechnung als Informationssystem zur Qualitätslenkung. Dissertation, München 1981.

Hartung, J./Elpelt, B./Klösener, K.-H. (1995): Statistik – Lehr- und Handbuch der angewandten Statistik, 10. Aufl., München, Wien 1995.

Hauff, W./Patzchke, C. (1995): Qualitätskostenrechnung noch in den Kinderschuhen, in: Qualität und Zuverlässigkeit, 1995, S. 1033-1039.

Hauser, J. R./Clausing, D. (1988): Wenn die Stimme des Kunden bis in die Produktion vordringen soll, in: Harvard Manager, 1988, S. 57-70.

Hendricks, K. B./Singhal, V. R. (1997): Does implementing an effective TQM program actually improve operating performance? Empirical evidence from firms that have won quality awards, in: Management Science, 1997, S. 1258-1274.

Hendricks, K. B./Singhal, V. R. (2001): Firm characteristics, total quality management, and financial performance, in: Journal of Operations Management, 2001, S. 269-285.

Hoffmann, H. J. (1993): Wertanalyse - Die Antwort auf Kaizen, München 1993.

Horváth, P./Urban, G. (1990): Qualitätscontrolling, Stuttgart 1990.

Kamiske, G. F./Malorny, C. (1994): TQM - Ein bestechendes Führungsmodell mit hohen Anforderungen und großen Chancen, in: Kamiske, G. F. (Hrsg.): Die Hohe Schule des Total Quality Management, Springer, Berlin, Heidelberg 1994, S. 1-18.

Kamiske, G. F./Brauer, J.-P. (1995): Qualitätsmanagement von A bis Z – Erläuterung moderner Begriffe des Qualitätsmanagement, 2. Aufl., München, Wien 1995.

Masser, W. J. (1957): The quality manager and quality costs, in: industrial quality control, 1957, S. 5-8.

Meyer, J. (1988): Qualität als strategische Wettbewerbswaffe, in: Simon, H. (Hrsg.): Wettbewerbsvorteile und Wettbewerbsfähigkeit, Stuttgart 1988, S. 73-88.

Roever, M. (1980): Gemeinkosten-Wertanalyse – Eine erfolgreiche Antwort auf die Gemeinkosten-Problematik, in: Zeitschrift für Betriebswirtschaft, 1980, S. 686-690.

Rust, R. T./Moorman, C./Dickson, P. R. (2002): Getting return on quality: Revenue expansion, cost reduction, or both?, in: Journal of Marketing, 2002, S. 7-24.

Shewhart, W. A. (1931): The economic control of quality of manufactured product, New York 1931.

Simmonds, K. (1989): Strategisches Management Accounting, in: Controlling, 1989, S. 264-269.

Töpfer, A. (1995): Total Quality Management - Anforderungen und Umsetzung im Unternehmen, 4. Aufl., Neuwied et al. 1995.

Töpfer, A. (2004): Six Sigma als Projektmanagement für höhere Kundenzufriedenheit und bessere Unternehmensergebnisse, in: Töpfer, A. (Hrsg.): Six Sigma – Konzeption und Erfolgsbeispiele für praktizierte Null-Fehler-Qualität, Springer, Berlin, Heidelberg 2004, S. 44-97.

Wildemann, H. (1992): Kosten- und Leistungsbeurteilung von Qualitätssicherungssystemen, in: Zeitschrift für Betriebswirtschaft, 1992, S. 761-782.

Wildemann, H. (2005): Zahlt sich Qualität aus? Renditewirksamkeit eines Qualitätsmanagements, in: Qualität und Zuverlässigkeit, 2005, S. 21-25.

Kapitel 17
Kostenanalyse zur Steuerung der Zeit

1 Einführung

Herr G. Schwindt ist Controller des Elektronikherstellers Blitz AG. Bei der Erstellung von Marktanalysen für den Vorstand erkennt er, dass die asiatische Konkurrenz immer weiter Marktanteile hinzugewinnt zu Lasten der Wettbewerbsposition der Blitz AG. Herr Schwindt kommt ins Grübeln: Die Kosten des eigenen Unternehmens sind niedriger, die Qualität ist vergleichbar und in einigen Sparten sogar besser. Er hält Rücksprache mit der Marketing-Abteilung und erfährt, dass die meisten Abnehmer, die zur asiatischen Konkurrenz abwandern, dies mit zu langen und unzuverlässigen Liefer- sowie mit zu langen Servicezeiten bei Garantiefällen bei der Blitz AG begründen. Des Weiteren wird bemängelt, dass die neuesten Technologien von den asiatischen Konkurrenten bereits einige Monate vorher auf den Markt gebracht werden, als dies bei der Blitz AG der Fall sei.

Herr Schwindt weiß nun, dass die Schwierigkeiten seines Unternehmens auf dem Markt mit der Dauer einiger Prozesse zu begründen sind. Dass „Zeit" so wichtig sei, hatte er bisher nicht gedacht. Aber was nun? Herr Schwindt sucht nun nach Instrumenten, die ihm dabei helfen können, die „Zeit" im Betrieb zu steuern.

In einem unternehmerischen Wettbewerb, in dem die Unterschiede in den Funktionalitäten von Produkten und Dienstleistungen verschiedener Anbieter geringer werden, ist es für Betriebe oftmals nur möglich, solche komparativen Wettbewerbsvorteile zu erlangen, die nicht auf das Erzeugnis selbst, sondern auf dessen Bereitstellung wirken. So nimmt – neben dem Erfolgsfaktor Qualität, der in Kapitel 16 beschrieben worden ist – die Bedeutung der **Zeit** zu, die das Produkt vom Unternehmen zum Kunden braucht.

Wettbewerbsfaktor Zeit

Einleitend wird im Folgenden auf die Grundlagen des betrieblichen Zeitmanagements eingegangen (Abschnitt 2). Danach wird aufgezeigt, welche Instrumente zur Verfügung stehen, um im Sinne des betrieblichen Zeitmanagements die Prozesse zu analysieren und Verbesserungspotenziale zu erkennen (Abschnitt 3). Im Anschluss werden Instrumente vorgestellt, die zur Steuerung der Zeit dienlich sind (Abschnitt 4 und 5). Die Verbesserungsmaßnahmen, die aus der Analyse der Prozesse sowie aus verschiedenen Instrumenten generiert werden, können mittels des Konzeptes der Zeitkostenrechnung bzgl. ihrer Kosten- und Erlöswirkung beurteilt werden, wie in Abschnitt 6 dargestellt. Schließlich findet eine kritische Beurteilung zeitbasierter Wettbewerbsstrategien in Abschnitt 7 statt.

2 Grundlagen des betrieblichen Zeit-managements

Der Abschnitt legt die Grundlagen für die Auseinandersetzung mit dem betrieblichen Zeitmanagement und verdeutlicht dabei die Notwendigkeit der Beschäftigung mit dem Wettbewerbsfaktor Zeit aus dem Blickwinkel des Rechnungswesens. Im Abschnitt 2.1 wird daher auf die Erkennung von sog. betrieblichen Response-Zeiten und deren Optimierungspotenziale eingegangen, während die Kosten- und Erlöswirkung von Veränderungen an den Response-Zeiten Gegenstand von Abschnitt 2.2 sind.

2.1 Betriebliche Response-Zeiten als Zielgrößen des Zeitmanagements

Response-Zeit

Die Intention zeitbasierter Wettbewerbsstrategien ist die Steuerung der betrieblichen **Response-Zeiten**. Die Response-Zeiten des Unternehmens sind dabei als Reaktionszeiten auf Impulse zu verstehen, die entweder innerhalb des Unternehmens entstehen oder aus dem Unternehmensumfeld stammen. Solche Impulse können z. B. von neuen Basistechnologien ausgehen, die in Produktinnovationen Anwendung finden sollen. Ebenso ist der Eingang eines Kundenauftrags ein Impuls, der sukzessive die Aktivitäten Auftragsabwicklung, Fertigung und Versand auslöst (vgl. Bitzer [1992], S. 76; zum Zeitwettbewerb vgl. ausführlich Baum/Coenenberg/Günther [2007], S. 138 ff.).

Extern relevante Response-Zeiten und systeminterne Durchlaufzeiten

Die betrieblichen Response-Zeiten sind in Abbildung 17.1 systematisiert. Zu erkennen ist die Unterscheidung zwischen extern relevanten Response-Zeiten und systeminternen Durchlaufzeiten. Während den ersten eine besondere Bedeutung durch ihre Wirkung auf die Interaktion mit dem Markt und insb. mit den Kunden zukommt, wirken sich die system-internen Durchlaufzeiten nur indirekt auf die Kundenwahrnehmung aus.

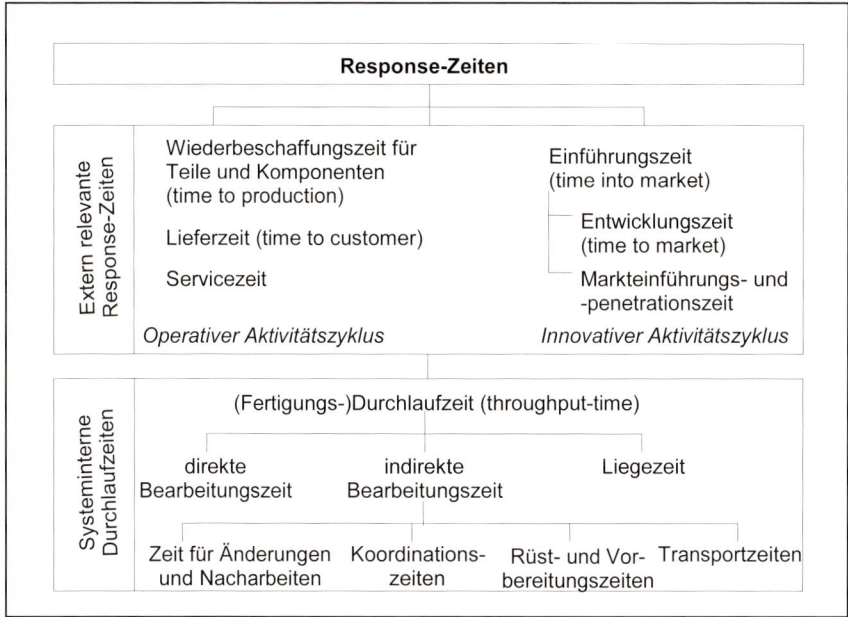

Abb. 17.1: Überblick betrieblicher Response-Zeiten
(Quelle: Bitzer [1992], S. 77 und Günther/Fischer [2000a], S. 597)

Auf die extern relevanten Response-Zeiten kann über die Änderung von systeminternen Durchlaufzeiten Einfluss genommen werden. Die (Ferti-gungs-)Durchlaufzeit stellt dabei den Zeitraum zwischen Eingang des Rohmaterials und Fertigstellung des Enderzeugnisses dar. Diese kann sich sowohl auf die Entwicklung neuer Produkte als auch auf die operati-ve Herstellung der üblichen Erzeugnisse beziehen.

Die wertschöpfende Durchlaufzeit bzw. Lieferzeit entspricht der direk-ten Bearbeitungszeit. Verschiedene Untersuchungen stellen jedoch fest, dass diese lediglich 0,05 bis 10 % der gesamten Durchlaufzeit darstellt (vgl. zusammenfassend Bitzer [1992], S. 81; Stalk/Hout [1992], S. 96; im Detail vgl. bspw. Gerlach/Bobenhausen [1986], S. 86; Helfrich [1990], S. 88; Aue-Uhlhausen [1994], S. 61 f.). Die verbleibende Zeit zwischen Ein-gang des Rohmaterials in den Produktionsbereich und Fertigstellung des Enderzeugnisses stellen Liegezeiten oder indirekte Bearbeitungszeiten dar. Der äußerst geringe Anteil der wertschöpfenden Aktivitäten lässt sich ebenso im innovativen Aktivitätszyklus beobachten, wo die unpro-duktiven Liegezeiten von Informationen bis zu 90 % der Entwicklungs-dauer betragen (vgl. Nippa/Schnopp [1990], S. 128).

Liegezeiten sowie Zeiten für Schleifen, Koordinationszeiten, Rüst- und Vorbereitungszeiten sowie Transportzeiten lassen sich durch entspre-

Wertschöpfende und nicht wert-schöpfende Durchlaufzeit: empirische Ergebnisse

chende Prozessgestaltung deutlich reduzieren. So zeigt bspw. Wildemann [1995] anhand einer empirischen Untersuchung bei 170 Unternehmen, dass im Mittel im operativen Aktivitätszyklus gar eine Halbierung der benötigten Zeit erreichbar ist. Auch im innovativen Aktivitätszyklus kann eine Reduktion der Zeit von im Durchschnitt 40 % erlangt werden (vgl. Wildemann [1995], S. 89).

Mittelwert und Varianz der Response-Zeiten

Beschleunigung von Prozessen ist jedoch per se nicht ausreichend, um den Kundennutzen zu steigern. Erkennbar ist dies bspw. an der Response-Zeit „Lieferzeit". Dabei reicht es nicht aus, **schnell** zu liefern; notwendig ist eine **termintreue** Lieferung. Daher verfolgt das betriebliche Zeitmanagement gleichzeitig zwei Ziele (vgl. Günther/Fischer [2000a], S. 598):

- Verkürzung des **Mittelwertes** der Response-Zeit,
- Reduktion der **Varianz** der Response-Zeit.

2.2 Kosten- und Erlöswirkung von Response-Zeit-Veränderungen

Im Rahmen des betrieblichen Zeitwettbewerbs ist die Bewertung und Abbildung der Kosten- und Erlöswirkungen von Änderungen in den in Abschnitt 2.1 vorgestellten Response-Zeiten Aufgabe des Rechnungswesens.

Response-Zeiten-Veränderungen und Rentabilität

Um auf die Zeiten für Entwicklung, Vermarktung und Herstellung Einfluss zu nehmen, existieren verschiedene Maßnahmen. Deren Umsetzung im Betrieb ist jedoch i. d. R. mit erheblichen Investitionen verbunden und verursacht Veränderungen bei verschiedenen Kosten- und Erlöspositionen. Vor der Umsetzung zeitbeeinflussender Maßnahmen ist daher die Frage zu klären, in welchem Umfang eine Zeitverkürzung und eine Varianzreduktion noch ökonomisch sinnvoll sind. Abbildung 17.2 verdeutlicht den Zusammenhang zwischen Einwirkungen auf die betrieblichen Response-Zeiten und Rentabilität der dafür durchzuführenden Maßnahmen.

Kosten-wirkungen

Veränderungen in den betrieblichen Response-Zeiten besitzen sowohl positive als auch negative kostenseitige Auswirkungen. So lässt sich bspw. durch eine Durchlaufzeitreduzierung eine Kostenreduktion erlangen, u. a. weil kürzere Durchlaufzeiten zu kürzeren Planungshorizonten und damit zu geringeren Prognoseunsicherheiten führen. Damit sinken u. a. ceteris paribus die Lager- und Sicherheitsbestände, die Anzahl der Fehlteile und die Nacharbeitsfehler (vgl. Wildemann [1992], S. 15). Dennoch erfordert die Reduktion betrieblicher Reaktionszeiten meist eine Investition in veränderte Prozesse. Dies geht mit der Anschaffung neuer, schnellerer und gleichzeitig präziserer Technologien einher, die zu erhöhten Abschreibungen führen.

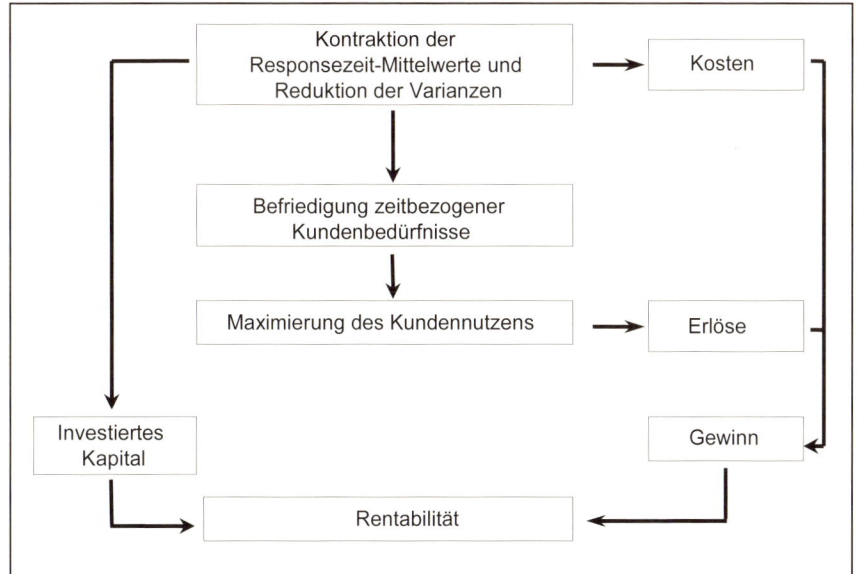

Abb. 17.2: Ökonomische Wirkungen der Variation der Response-Zeit
(Quelle: Günther [1998], S. 179)

Veränderungen in den betrieblichen Response-Zeiten beeinflussen eben- **Erlöswirkungen**
falls die Erlöse des Unternehmens. Diese Beeinflussung resultiert insb.
aus der **Preisprämie**, die Kunden für eine schnellere Leistung zu zahlen
reit sind. Dieser Zusammenhang wird als die **Zeitelastizität des Preises**
beschrieben (vgl. Stalk/Hout [1992], S. 110; Bitzer [1992], S. 71;
Kirschbaum [1995], S. 278) und verdeutlicht, dass Kunden bereits sind,
einen hohen Preis zu zahlen, wenn sie dafür das gewünschte Produkt kurz
nach der Kaufentscheidung bekommen. Wenn wiederum der Kunde lange
auf das gewünschte Erzeugnis warten muss oder bereit ist, lange zu warten, dann ist es wahrscheinlicher, dass er nach Alternativangeboten mit
geringerem Preis sucht (vgl. Stalk/Hout [1992], S. 110; weiterführend
Baum/Coenenberg/Günther [2007], S. 161 ff.).

Die Erlöswirkung von Änderungen in den Response-Zeiten bezieht
sich jedoch nicht nur auf die Preise, die für schnellere und termintreue
Lieferungen verlangt werden können, sondern auch auf die Menge, die
abgesetzt werden kann. So zeigt eine Studie auf Grundlage der Profit Impact of Market Strategy (PIMS) Daten, dass eine Verkürzung der Lieferzeit um 50 % zu einer durchschnittlichen Marktanteilssteigerung von
2,5 % geführt hat (vgl. Meyer [1994], S. 85).

Um die gegenläufigen Kosten- und Erlöswirkungen von Änderungen
an den betrieblichen Response-Zeiten monetär zu beschreiben, entwickelten Günther und Fischer [2000a] das Konzept der **Zeitkostenrechnung**.
Dieses wird ausführlich im Abschnitt 6 vorgestellt.

3 Prozessanalyse

Zerlegung der Prozesse

Die **Prozessanalyse** beruht auf der gedanklichen Zerlegung der betrieblichen Prozesse in ihre Bestandteile, um Transparenz über die Abläufe zu schaffen und somit Schwachstellen und Potenziale für Verbesserungen zu erkennen. Dabei ist ein **Prozess** eine auf die Erbringung eines Leistungsoutputs gerichtete Kette von Aktivitäten (vgl. Horváth/Mayer [1993], S. 16). Die Ist-Zustands-Analyse beruht auf der Erkennung der wesentlichen **Geschäftsprozesse** im Unternehmen. Diese lassen sich in **Teilprozesse** untergliedern, während die Teilprozesse selbst wiederum in **Aktivitäten** zerlegt werden können. Die Prozessanalyse geht mit einer Definition von Messpunkten einher, deren Erhebung im Wesentlichen vor Ort (i. d. R. IT-gestützt), mittels Fragebögen oder Interviews durchgeführt werden kann (vgl. Hamprecht [1995], S. 113).

Detaillierungsgrad

Aus Wirtschaftlichkeitsgründen ist es empfehlenswert, zuerst eine Grobanalyse aller Geschäftsprozesse durchzuführen. Diese ermöglicht das Erkennen zeitlicher Prozessengpässe. Erst danach werden bei Prozessen, bei denen die größten Optimierungspotenziale vermutet werden, detailliertere Prozessanalysen bis auf die Ebene der einzelnen Aktivitäten durchgeführt (Hamprecht [1995], S. 114; Bitzer [1992], S. 109).

Das Ergebnis der Prozessanalyse ist i. d. R. die Darstellung der Prozesse. Dies kann durch Auflistung, aber auch graphisch erfolgen. Dazu geeignet sind u. a. Prozessgitter, Ablaufdiagramme, Netzpläne sowie ereignisgesteuerte Prozessketten.

Prozessablauf			Abteilung				
Laufende Nr.	Teilprozess-Bezeichnung		a	b	c	d	e
1	Teilprozess 16	a					
2	Teilprozess 23	d					
3	Teilprozess 18	b					
4	Teilprozess 17	a					
5	Teilprozess 19	c					
6	Teilprozess 20	e					
7	Teilprozess 24	d					

Abb. 17.3: Struktur eines Prozessgitters
(Quelle: Bergsmann/Grabek/Brenner [2005], S. 55)

Prozessgitter

Prozessgitter ermöglichen die Beschreibung eines Prozesses in Tabellenform. Dabei wird die Ablaufreihenfolge der einzelnen Prozessschritte inkl. der zu durchlaufenden Abteilungen, der notwendigen Inputs und erwarteten Outputs und der Verantwortlichen dargestellt. Bereits bei einer einfachen Struktur, wie der aus Abbildung 17.3, lassen sich Schwachstellen erkennen, bspw. das zweimalige Durchlaufen der Abteilung „a". Prozessübergreifende Optimierungspotenziale bleiben bei Nutzung von Prozessgittern jedoch unentdeckt. Der Aufwand bei der Generierung und Pflege ist als sehr hoch einzustufen.

Ablaufdiagramme (auch als **Flussdiagramme** oder **flowcharts** bezeichnet), ursprünglich zur Darstellung von Programmabläufen in der Informatik eingesetzt, stellen den Prozess anhand bestimmter, vordefinierter graphischer Elemente dar. So werden bspw. mittels Ovalen Start- und Endpunkte gekennzeichnet. Rechtecke stellen durchzuführende Operationen dar, während Rauten Verzweigungen im Sinne alternativer Möglichkeiten zur Weiterführung der Prozesse repräsentieren.

Ablaufdiagramm

Das Beispiel aus Abbildung 17.4 zeigt das Ablaufdiagramm für den Geschäftsprozess der Beurteilung eines Kundenauftrages für eine Versicherungspolice. U. a. ist daraus ersichtlich, dass eine hohe Rate an Unterbrechungen des Prozesses zu verzeichnen ist, wie an den Work-in-Process (WIP)-Dreiecken, die als Liegezeiten des Auftrages zu interpretieren sind, erkennbar ist. Die räumliche Trennung zwischen den verschiedenen Funktionen (hier über mehrere Etagen eines Geschäftsgebäudes) stellt weitere nicht wertschöpfende Zeit dar. Auch lässt sich Zeitverzug über die fehlerhafte Erstellung der Police erkennen.

Beispiel 17.1
Ablauf-
diagramm

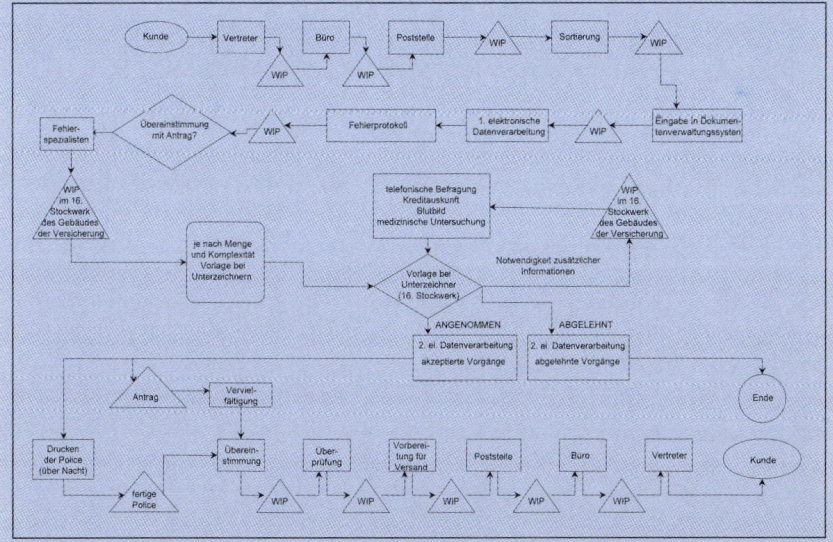

Abb. 17.4: Ablaufdiagramm eines Kundenauftrages bei einer Versicherung (Quelle: in Anlehnung an Blackburn [1992], S. 98)

Die Nachteile von Ablaufdiagrammen liegen u. a. in dem fehlenden Bezug zu Zeiteinheiten sowie in einem hohen Aufwand bei der weiteren Pflege und Nutzung für Analysen.

Netzplantechnik:
der kritische
Pfad

Ein weiteres Instrument zum Erkennen zeitlicher Optimierungspotenziale ist die **Netzplantechnik** (vgl. auch Kapitel 12 Abschnitt 2.2). Unter dem Begriff sind sämtliche Verfahren einzuordnen, die mittels graphischer Darstellung die Planung, Steuerung und Kontrolle von Prozessen ermöglichen. Dabei werden je nach Verfahren Zeit, Kosten und Kapazitätsbeanspruchung dargestellt. Mittels Berücksichtigung der frühesten und spätesten Anfangs- und Endzeitpunkte der Vorgänge sowie der notwendigen Pufferzeiten lässt sich mittels Netzplantechnik der kritische Pfad ermitteln. Dieser stellt die Verkettung der Vorgänge dar, dessen zeitliche Verschiebung zu einer Verschiebung des Endzeitpunktes des gesamten Prozesses führt. Nur durch Beeinflussung der Dauer der Vorgänge des **kritischen Pfades** lässt sich die Dauer des gesamten Prozesses beeinflussen. Unter den verschiedenen Formen von Netzplänen seien hier beispielhaft die Critical Path Method (kurz CPM) genannt, die für die Berechnung die aus Vorlaufdaten häufigste Dauer eines Prozessschrittes verwendet, sowie die Program Evaluation and Review Technique (kurz PERT), die die Wahrscheinlichkeitsverteilung der Dauer der Vorgänge berücksichtigt. Vorteilhaft bei der Netzplantechnik ist die Möglichkeit der Einbeziehung von Kosten- und Zeitgrößen, die die Optimierungschancen der Prozesse messbar macht. Die bereits bei den Ablaufdiagrammen genannten Nachteile bzgl. Aufwand bei der weiteren Pflege und Nutzung für Analysen bleiben dennoch erhalten.

Ereignis-
gesteuerte
Prozesskette

Die **ereignisgesteuerten Prozessketten** (EPK) wurden von August-Wilhelm Scheer entworfen (vgl. Scheer [1998]). Eine EPK ist ein gerichteter Graph mit **Funktionen**, dargestellt durch abgerundete Rechtecke (bspw. „Prüfung Lagerbestand"), durch **Ereignisse**, dargestellt durch Sechsecke (bspw. „Bestand ausreichend") und durch **Verknüpfungsoperatoren** zwischen Funktionen und Zuständen, dargestellt durch Kreise. Verknüpfungsoperatoren sind UND (Symbol $\wedge$), inklusives ODER (Symbol $\vee$) und exklusives ODER (Symbol XOR). EPK verbinden unmissverständlich die Sprache der Fachbereiche mit jener der Informationstechnologie und schaffen somit bessere Voraussetzungen für eine IT-gestützte Pflege und Verarbeitung der erfassten Prozessabläufe (vgl. Bergsmann/Grabek/Brenner [2005], S. 57). Auf der graphischen Ebene erfolgt jedoch keine Verbindung mit Zeit- und Kostengrößen.

Beispiel 17.2:
EPK

Abbildung 17.5 bildet am einfachen Beispiel eine EPK ab. Dargestellt ist der Teilprozess der Auftragsprüfung. Sobald die Anfrage eingetroffen ist, werden parallel die Lagerbestände und die Fertigungskapazität geprüft. Bei der Prüfung des Lagerbestandes können sich zwei alternative Ereignisse ergeben, und zwar „Bestand nicht ausreichend" oder (im Sinne eines exklusiven ODER) „Bestand ausreichend", usw.

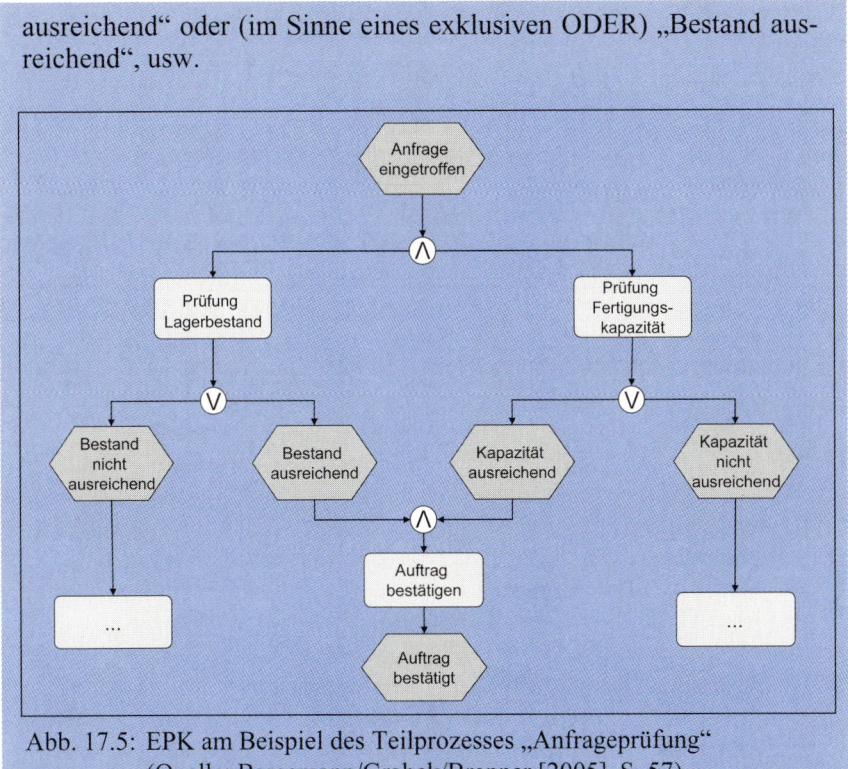

Abb. 17.5: EPK am Beispiel des Teilprozesses „Anfrageprüfung"
(Quelle: Bergsmann/Grabek/Brenner [2005], S. 57)

Funktionen, Ereignisse und Verknüpfungsoperatoren können erweitert werden um **Attribute**, die bestimmte relevante Eigenschaften hervorheben. So können bei den Funktionen Kosten- und Zeitangaben hinzugefügt werden. Bei den Startereignissen kann die Häufigkeit des Prozessablaufs hinterlegt werden, während auf den Kanten zwischen Ereignissen und Funktionen Wartezeiten gekennzeichnet werden können. Schließlich können bei den Verknüpfungsoperatoren Wahrscheinlichkeiten bzw. Wahrscheinlichkeitsverteilungen für den Eintritt der nachfolgenden Ereignisse angezeigt werden (vgl. Grob/Volck [1995], S. 607 f.)

EPK sind das gängige Instrument zur graphischen Darstellung der Prozesssicht des ebenfalls von Scheer entwickeltes **ARIS-Konzepts** (vgl. Scheer [1998]). ARIS steht für Architektur integrierter Informationssysteme und beruht auf der Beschreibung von Prozessen mittels Zerlegung in verschiedene Sichten und gleichzeitige Nutzung verschiedener Beschreibungsebenen. Bei den Sichten wird unterschieden in:

Erweiterungsmöglichkeiten der EPK

ARIS-Konzept

- **Prozesssicht**, die sich auf den Ablauf der Aktivitäten und deren Zusammenwirken konzentriert,
- **Funktionssicht**, die die Funktionen sowie ihre Teilfunktionen beschreibt und die Anordnungsbeziehungen zwischen Funktionen deutlich macht,
- **Organisationssicht**, die die Aufbauorganisation der Unternehmung darstellt,
- **Datensicht**, mittels derer die für jeden Prozess relevanten Daten sowie deren Beziehungen festgehalten werden.

Jede dieser Sichten wird aus drei verschiedenen Beschreibungsebenen betrachtet, denen jeweils verschieden Beschreibungsmethoden zugeordnet sind:

- das **Fachkonzept**, in dem Prozesse mittels Instrument wie Organigramme, Funktionsbäume oder EPK dokumentiert werden,
- das **Datenverarbeitungskonzept**, in dem das Fachkonzept in die Begriffswelt der betrieblichen Datenverarbeitung übertragen wird,
- das **Konzept der Implementierung**, in dem die Definition der verwendeten Hard- und Softwarekomponenten erfolgt.

Weitere Instrumente zur Prozessanalyse Weitere Instrumente zur Abbildung und Analyse von Prozessen und somit zur Erkennung von zeitlichen Optimierungspotenzialen sind **Struktogramme**, die Prozesse in Form von Algorithmen beschreiben (vgl. ausführlich Grob/Reepmeyer [1990], S. 82 ff.), **Petri-Netze**, die mittels gerichteter Graphen Zustandsänderungen an einem Prozess darstellen (vgl. ausführlich Baumgarten [1990]), und **Objektmodelle**, die mittels Abstraktion auf Objekte, Klassen, Verhalten und Relationen Prozessstrukturen aufzeigen (vgl. ausführlich Ferstl/Sinz [1993]).

Softwarelösungen zur Prozessanalyse Zur Prozessanalyse stehen heute verschiedene Softwareprogramme zur Verfügung. Beispielhaft erwähnt sein das ARIS-Toolset von Scheer, AENEIS von der Atos Software AG, Prometheus Process Designer der ibo Software GmbH oder der Prozessmanager von Horváth & Partners (vgl. überblickshaft Bergsmann/Grabek/Brenner [2005], S. 62 ff.).

Prozessrestrukturierung Die Prozessdarstellung ist Grundlage für verschiedene mögliche Prozessrestrukturierungsmaßnahmen, wie bspw. die Parallelisierung von Prozessschritten, der Übergang von Eigenfertigung zu Fremdbezug (make-or-buy-Entscheidung) in Verbindung mit einer just-in-time-Beschaffung oder die Verbesserung der innerbetrieblichen Transportorganisation. Ebenfalls kann es Grundlage für schrittweise Veränderungen im Rahmen eines kontinuierlichen Verbesserungsprozesses (KVP) sein. Wie derartige Veränderungen gesteuert und bewertet werden können, ist Gegenstand der nächsten beiden Abschnitte.

4 Wertzuwachskurve

Ein Instrument zur Kostenanalyse mit dem Ziel der Beeinflussung der betrieblichen Response-Zeiten ist die **Wertzuwachskurve**. Sie ist eine graphische Darstellungsweise der erbrachten Wertschöpfung im Verhältnis zur Zeit und ermöglicht daher das Erkennen von Verbesserungspotenzialen (vgl. Fischer [1993b], S. 367). Die Wertzuwachskurve stellt einen unmittelbaren Zusammenhang zwischen der Durchlaufzeit (oder einer anderen beliebigen Response-Zeit-Größe) und der Herstell- oder Selbstkosten her.

Definition

Graphisch wird der Kostenanfall bei der Herstellung eines Produkts auf der Ordinate kumuliert und im Verhältnis zur Durchlaufzeit, die auf der Abszisse abgetragen wird, gesetzt. Die Fläche unterhalb der Wertzuwachskurve entspricht dem durchschnittlich gebundenen Kapital während der Durchlaufzeit der Produkte, d. h. die Fläche ist der Maßstab für die Kosten der Kapitalbindung (vgl. Fischer [1993a], S. 154). Die Kosten für die Kapitalbindung lassen sich wie folgt berechnen:

Kosten der Kapitalbindung = Dauer der Kapitalbindung × kalk. Zinsen

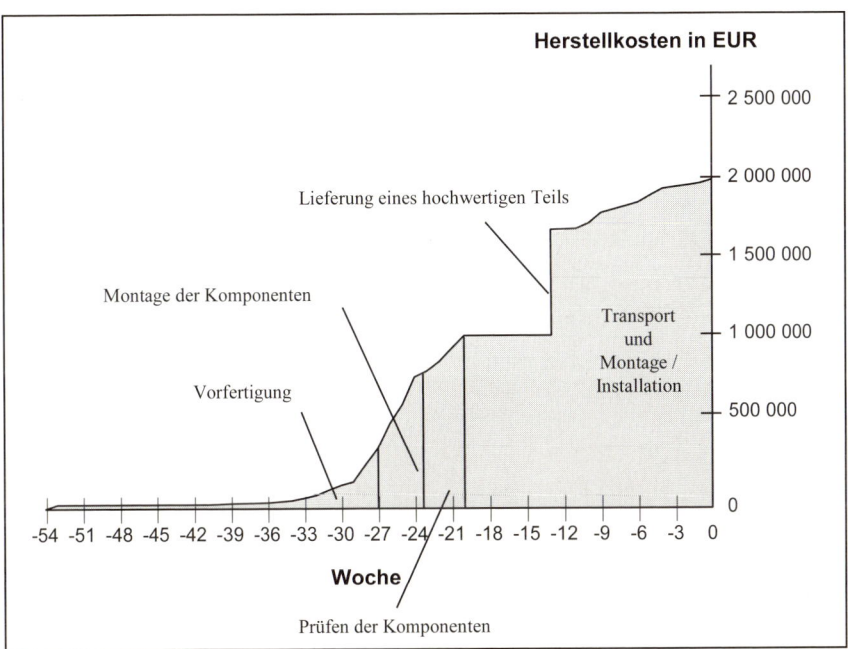

Abb. 17.6: Wertzuwachskurve am Beispiel einer Maschine: Ausgangslage

Vorgehensweise

Folgende Daten sind für die Generierung der Wertzuwachskurve notwendig (vgl. Fischer [1993b], S. 368):

- für eigens erstellte Teile Daten zu den Herstellungskosten und zur Durchlaufzeit (**Wertzuwachsprofile**) sowie zum Zeitpunkt, zu dem die Teile im Herstellungsprozess benötigt werden,
- für alle Zukaufteile lt. Stückliste Daten zu Anschaffungskosten inkl. -nebenkosten sowie zum Zeitpunkt, zu dem die Teile im Herstellungsprozess benötigt werden,
- für die einzelnen Prozessschritte Daten zu benötigten Vorlaufzeiten.

Schwachstellen-erkennung

Der hauptsächliche Nutzen der Wertzuwachskurve liegt darin, dass sie evtl. vorhandene Schwachstellen in den Prozessen des Unternehmens transparent macht. Damit sind z. B. alle Zeitabschnitte gemeint, in denen das Produkt bzw. seine Komponenten oder Teile im Unternehmen gelagert, transportiert, sortiert etc. und damit nicht bearbeitet werden. In diesen Zeiten verläuft die Wertzuwachskurve **parallel zur Achse** der Herstellungszeit. Es kann jedoch nicht nur in den Zeitabschnitten, in denen die Wertzuwachskurve parallel zur Zeitachse verläuft, sondern auch dann, wenn sie nur eine schwache Steigung aufweist, vermutet werden, dass noch eliminierungsfähige Ineffizienzen in den betrieblichen Abläufen vorhanden sind. Folgendes Beispiel soll die Struktur und die mögliche Entwicklung einer Wertzuwachskurve verdeutlichen.

Beispiel 17.3: Wertzuwachskurve

Die anfängliche Gestalt der Wertzuwachskurve für die Herstellung eines Systems der Medizintechnik wird in Abbildung 17.6 aufgezeigt. Die Herstellkosten betragen 2 Mio. EUR, während die Zeit von der Vorfertigung bis zur Auslieferung und Installation der Maschine beim Kunden 54 Wochen beträgt. Besonders markant ist die lange Vorfertigung, der eine sehr geringe Wertschöpfung gegenüber steht, wie unschwer an dem flachen Anstieg der Kurve erkennbar ist. Ebenfalls bemerkenswert ist der starke Herstellkostenanstieg ab der 12. Woche Abbildung 17.7 zeigt dann eine veränderte Wertzuwachskurve. Neben einer Reduzierung der Durchlaufzeit um 21 Wochen ist eine Senkung der Herstellkosten von ca. 1 Mio. EUR zu verzeichnen. Darüber hinaus ist eine Veränderung des Steigungsverhaltens zu erkennen. Durch einen späteren, aber steileren Anstieg der Wertschöpfung werden die Kapitalbindung und damit die Kapitalbindungskosten verringert.

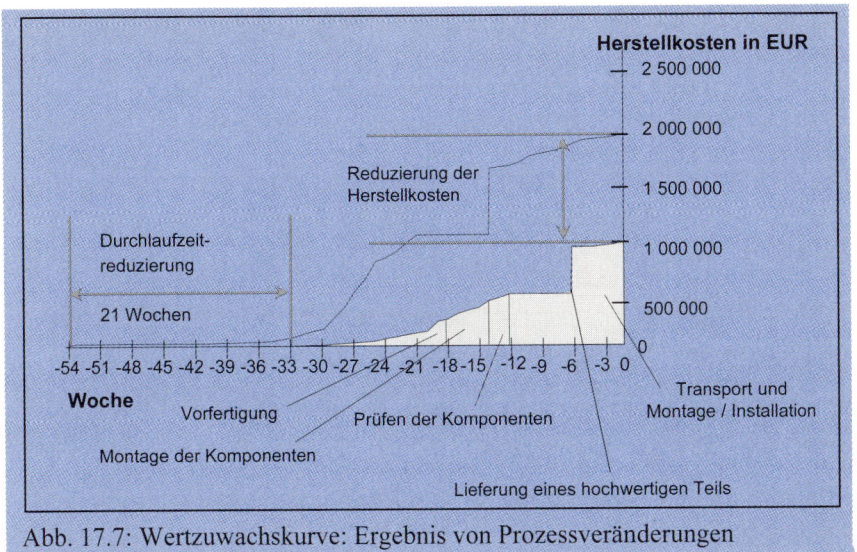

Abb. 17.7: Wertzuwachskurve: Ergebnis von Prozessveränderungen

Erkennbar wird somit, dass mittels entsprechender Prozessveränderungen die Wertzuwachskurve komprimiert werden soll. Grundsätzlich stehen dazu die drei in Abbildung 17.8 verdeutlichten Möglichkeiten zur Verfügung. *Komprimierung der Wertzuwachskurve*

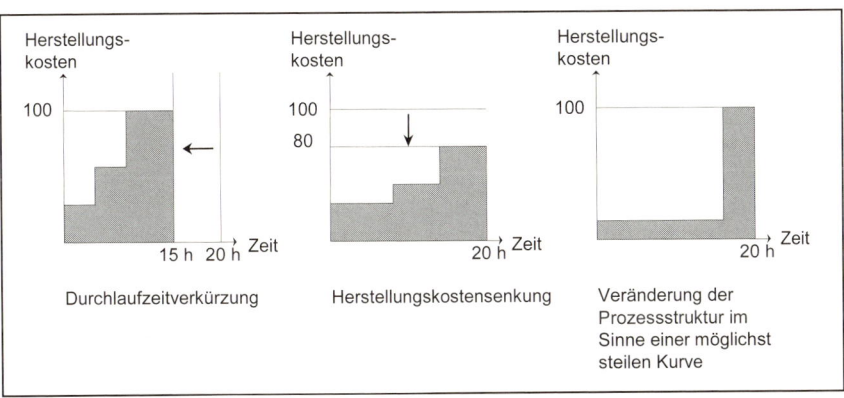

Abb. 17.8: Kompressionsmöglichkeiten einer Wertzuwachskurve
          (Quelle:in Anlehnung an Fischer [1993a], S. 156)

Die Wertzuwachskurve kann nicht nur im Fertigungsbereich im Verarbeitenden Gewerbe angewandt werden, sondern eignet sich auch für den Einbezug unterstützender Funktionen wie Einkauf, Vertrieb oder Verwaltung. Die Wertzuwachskurve deckt dann die Kapitalbindung über den gesamten Cash-to-Cash- oder Cash-Conversion-Zyklus ab. Gleichermaßen können Prozesse im Dienstleistungssektor auf ihre Wertschöpfungsintensität untersucht werden (vgl. Fischer [1993b], S. 367). *Anwendungsgebiete*

Beurteilung   Abschließend sollen Vorteile und Grenzen der Wertzuwachskurve dargestellt werden (vgl. dazu Fischer [1993b], S. 370; Fischer [1993a], S. 156). Die Wertzuwachskurve ermöglich die Visualisierung des Leistungserstellungsprozesses und zeigt somit Ansatzpunkte für eine wertschöpfungsintensivere Gestaltung der Prozesse auf. Die Wirkung von Response-Zeiten-Änderungen auf die Kosten wird dargestellt und gemessen. Vorteilhaft ist des Weiteren die Flexibilität in der Anwendung (verschiedene Wertschöpfungsstufen und -bereiche) sowie die Einfachheit des Konzeptes. Zu beachten ist jedoch, dass die Wertzuwachskurve lediglich ein Hilfsinstrument zur Erkennung von Potenzialen zur Kosten- und Zeiteinsparung ist. Bspw. können nicht grundsätzlich sämtliche Lagerungsvorgänge eliminiert werden, wie es u. U. die Wertzuwachskurve suggerieren könnte, denn dies könnte im Widerspruch zu der von Kunden erwarteten ständigen Lieferbereitschaft stehen. Die Aussagefähigkeit der Wertzuwachskurve ist des Weiteren dadurch geschmälert, dass sie sich lediglich auf ein Erzeugnis von u. U. mehreren Hunderten oder Tausenden eines Unternehmens konzentriert. Während der Umsetzungsaufwand als gering einzustufen ist, kann jedoch die notwendige Informationsbeschaffung sehr aufwendig sein. Nicht zuletzt sollte kritisch angemerkt werden, dass die Wertzuwachskurve die Gesamtwirtschaftlichkeit von Prozessveränderungen nicht erfasst, denn sie stellt lediglich die möglichen Kosteneinsparungen dar, die bspw. aus einer Durchlaufzeitverkürzung entstehen können, nicht jedoch die Kosten, die für deren Erlangung notwendig sind (zu Kosten der Beschleunigung und Kosteneinsparpotenzialen vgl. ausführlich die Zeitkostenrechnung in Abschnitt 6).

5   Half Life-Konzept

Definition   Bei der Umsetzung zeitorientierter Wettbewerbsstrategien ist es von Interesse zu prognostizieren, in welchem Zeitraum eine angestrebte Verbesserung, wie bspw. eine Reduktion der Durchlaufzeit, realisiert werden kann. Ein geeignetes Konzept dazu ist das sog. **Half Life-Konzept**. Es dient der laufenden Planung und Kontrolle des Verbesserungsbedarfs.

Das Half Life-Konzept beruht auf einer Analogie zum physikalischen Zerfallsgesetz. Dieses besagt, dass innerhalb einer konstanten Zeitspanne (die **Halbwertszeit** oder **Half Life** oder **Half Life Time**) die Radioaktivität um die Hälfte sinkt. Beispielsweise beträgt die Halbwertszeit bei Uranium 238 4,468 Mrd. Jahre, d. h. alle 4,468 Mrd. Jahre halbiert sich die Anzahl der vorhandenen Uranium-Atome und damit einhergehend die von ihnen ausgesandte Radioaktivität.

Dieses physikalische Gesetz kann auf betriebswirtschaftliche Gegebenheiten übertragen werden, sobald sich eine bestimmte Maßgröße eines Prozesses innerhalb einer bestimmten Zeitspanne halbiert. Beispiele für derartige Maßgrößen können dabei nicht nur Response-Zeiten sein, sondern auch Qualitätsverbesserungen, gemessen bspw. an Fehllieferungen, Nacharbeiten oder Kundenreklamationen.

„A half life curve measures the time it takes to achieve a 50 % improvement in a specified performance measure" (Garvin [1993], S. 89). Gesucht ist somit die Halbwertszeit t_H, in der sich der zu verbessernde Leistungsparameter Y_t auf 50 % seines Ausgangswerts Y_{t0} verringert hat.

Zur Ermittlung der Half Life-Funktion eines Prozesses sind die folgenden Schritte durchzuführen (vgl. Fischer/Schmitz [1994], S. 197 ff.):

Vorgehensweise

1) Festlegung des zu untersuchenden Leistungsparameters,
2) Bestimmung der Maßgröße für den Prozess,
3) Ermittlung des Wertes des Maßgröße zum Ausgangszeitpunkt (Y_{t0}),
4) Bestimmung eines oder mehrerer weiterer Messwerte (Y_t) zu einem späteren Zeitpunkt,
5) Bestimmung der Half Life-Funktion,
6) Ermittlung der Halbwertszeit (t_H).

Das **Basismodell** des Half Life-Konzepts soll nun anhand eines Beispiels erläutert werden.

Im Januar ($t_0 = 1$) beträgt die Durchlaufzeit eines Herstellungsprozesses bei einem Unternehmen 1 000 Stunden. Um wettbewerbsfähiger zu werden, setzt sich das Unternehmen das Ziel, eine Beschleunigung der Prozesse in der Fertigung zu erreichen. Nach der schrittweisen Verbesserung verschiedener Teilprozesse schafft das Unternehmen die Senkung der Durchlaufzeit auf 125 Stunden im Juli ($t = 7$).

In Anlehnung an die Schritte zur Ermittlung der individuellen Half Life-Funktion kann festgehalten werden, dass der betrachtete Leistungsparameter die Durchlaufzeit des Fertigungsprozesses ist. Maßgröße für den Prozess ist die Durchlaufzeit in Stunden. Y_{t0} beträgt 1 000 Stunden, Y_t mit ($t = 7$ Monate) beträgt 125 Stunden. Nun soll die Half Life-Funktion bestimmt werden.

Im Basismodell findet eine **Niveau-Halbierung** statt. D. h., das aktuelle Niveau des untersuchten betrieblichen Leistungsparameters Y_t in Abhängigkeit von der Anzahl der durchlaufenen Verbesserungs- oder Halbwertszyklen i bestimmt sich als:

$$Y_t = \left(\frac{1}{2}\right)^i \times Y_{t_0}$$

$$mit \quad i = \frac{t - t_0}{t_H}.$$

Beispiel 17.4:
Basismodell des Half Life-Konzepts

Durch Einsetzen ergibt sich $Y_t = \left(\dfrac{1}{2}\right)^{\frac{t-t_0}{t_H}} \times Y_{t_0}$.

Dies ist die Half Life-Funktion für das Basis-Modell. Durch Umstellung nach t_H mit Hilfe der Rechengesetze für Logarithmen lässt sich die Formel für die Bestimmung der Halbwertszeit herleiten und auf das Beispiel anwenden:

$$t_H = \frac{(t-t_0)\times \ln\dfrac{1}{2}}{\ln Y_t - \ln Y_{t_0}} = \frac{(7-1)\times \ln\dfrac{1}{2}}{\ln 125 - \ln 1\,000} = 2 \text{ Monate}$$

D. h. anhand der zwei Datenpunkte zu $t_0 = 1$ und $t = 7$ lässt sich feststellen, dass alle zwei Monate eine Halbierung der Durchlaufzeit ausgehend von 1 000 Stunden im Monat Januar erreicht wird. Somit lässt sich berechnen, wie viele Halbwertszyklen bereits realisiert worden sind:

$$i = \frac{t-t_0}{t_H} = \frac{7-1}{2} = 3 \text{ Halbwertszyklen}$$

Auf Grund der Halbwertszeit und der Half Life-Funktion ist es ebenfalls möglich, Prognosen über die zukünftigen Werte der Prozessmaßgröße zu treffen. So kann gezeigt werden, dass bei weiterer Umsetzung von kontinuierlichen Prozessverbesserungen die Durchlaufzeit für den Monat November ($t = 11$) auf

$$Y_{11} = \left(\frac{1}{2}\right)^{\frac{11-1}{2}} \times 1\,000 = 31 \text{ Minuten}$$

geschätzt wird.

Graphische Darstellung

Wie Abbildung 17.9 zeigt, ist das Half Life-Konzept sowohl in linearer als auch in logarithmischer Skalierung darstellbar. In der logarithmischen Darstellung wird durch eine stärkere (schwächere) Steigung der Regressionsgeraden eine kürzere (längere) Halbwertszeit des jeweils untersuchten Prozesses sofort ersichtlich.

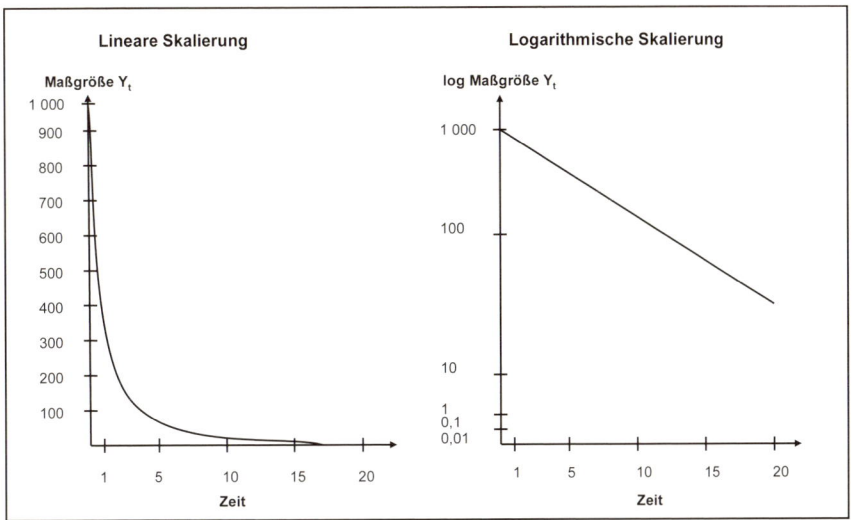

Abb. 17.9: Lineare und logarithmische Darstellung des Half Life-Konzepts

Die beschriebene Vorgehensweise ist anzuwenden, solange das aktuelle Niveau des untersuchten Leistungsparameters einen Wert von $Y_t \neq 0$ aufweist. Wird jedoch bspw. im Rahmen einer sog. „Nullfehler-Philosophie" (vgl. dazu Kapitel 16) der Minimalwert $Y_t = 0$ angestrebt, so gilt dies grundsätzlich im Rahmen des Half Life-Konzeptes als nicht erreichbar. Das angestrebte minimale Niveau könnte lediglich in einem unendlichen Zeithorizont erreicht werden, also in der Praxis gar nicht. Diese Problemstellung kann dadurch umgangen werden, dass ein Toleranzwert $\varepsilon = Y_{min}$ definiert wird:

Einführung eines Toleranzwertes

- für diskrete Y_t (z. B. Kundenreklamationen oder Spätlieferungen) mit $\varepsilon = 1$,
- für stetige Y_t (z. B. Ausschuss an Metern Stoff oder Durchlaufzeit) mit $0 < \varepsilon < 1$.

Für Leistungsparameter, die per Definition einen Wert $Y_t = 0$ nicht erreichen können (z. B. Durchlaufzeit bei der Fertigung, wie in Beispiel 17.6 beschrieben), ist es sinnvoll, eine Funktion mit einem entsprechenden minimalen Zielwert $Y_{min} \neq 0$ zu modellieren. Durch eine Parallelverschiebung um den minimal erreichbaren Zielwert würde sich folgende Modifikation der Half Life-Funktion aus dem Basismodell ergeben (für $t \neq t_0$):

$$Y_t = \left(\frac{1}{2}\right)^{\frac{t-t_0}{t_H}} \times Y_{t_0} + Y_{min}\,.$$

Modifizierter
Ansatz nach
Schneiderman

Neben dem beschriebenen Basismodell des Half Life-Konzepts wird von Schneiderman ein modifizierter Ansatz vorgeschlagen. Dieser beinhaltet, dass sich nicht das absolute Niveau eines betrieblichen Leistungsparameters Y_{t0}, sondern der Verbesserungsbedarf des betreffenden Leistungsparameters, der als Differenz zum angestrebten minimalen Zielwert Y_{min} definiert wird (vgl. Schneiderman [1988], S. 53), innerhalb der konstanten Halbwertszeit t_H halbiert (**Verbesserungsbedarf-Halbierung**). Die mathematische Formulierung des Half Life-Konzepts des Basismodells ist somit zu ändern, wie in folgendem Beispiel hergeleitet.

Beispiel 17.5:
Modifizierter
Ansatz des Half
Life-Konzepts

Ein Unternehmen stellt im Januar ($t_0 = 1$) fest, dass die Durchlaufzeit in der Fertigung $Y_{t0} = 1\,000$ Minuten beträgt. Als höchstens zulässig im Vergleich zum Wettbewerb werden jedoch $Y_{min} = 10$ Minuten erachtet. Im Juli ($t = 7$) ist die Durchlaufzeit bereits auf $Y_t = 134$ Minuten gesunken.

Der noch ausstehende Verbesserungsbedarf ergibt sich aus:

$$Y_t - Y_{min} = (Y_{t0} - Y_{min}) \times \left(\frac{1}{2}\right)^i$$

$$mit \qquad i = \frac{t - t_0}{t_H} .$$

Die Ermittlung der Formel für t_H erfolgt analog zum Basismodell. Für das Beispiel ergibt sich somit:

$$t_H = \frac{(t - t_0) \times \ln\frac{1}{2}}{\ln(Y_t - Y_{min}) - \ln(Y_{t_0} - Y_{min})} = \frac{(7-1) \times \ln\frac{1}{2}}{\ln(134 - 10) - \ln(1\,000 - 10)} \approx 2 \text{ Monate}$$

Die Prognose der Durchlaufzeit für November ($t = 11$) lässt sich durch Umstellung der Half Life-Funktion wie folgt ermitteln:

$$Y_t = \left(\frac{1}{2}\right)^{\frac{t - t_0}{t_H}} \times \left(Y_{t_0} - Y_{min}\right) + Y_{min} = \left(\frac{1}{2}\right)^{\frac{11-7}{2}} \times (134 - 10) + 10 \approx 41 \text{ Minuten.}$$

Einführung einer
Toleranzzone

Auch in diesem modifizierten Ansatz kann der angestrebte Zielwert Y_{min} nur in unendlicher Zeit, d. h. in der Praxis gar nicht realisiert werden. Als Ausweg müsste wiederum eine Toleranzzone $\varepsilon = Y_t - Y_{min}$ definiert werden, mit

- $\varepsilon = 1$ für diskretes Y_t (z. B. Anzahl der Fehllieferungen oder der Rücksendungen),
- $0 < \varepsilon < 1$ für stetiges Y_t (z. B. Prozessausbeuten, Durchlaufzeiten).

Schneiderman [1988] stellt empirisch fest, dass die Halbwertszeit mit zunehmender Komplexität und mit zunehmenden Abstimmungsbedarf wächst. So beträgt die durchschnittliche Halbwertszeit bei Verbesserungsprojekten, die lediglich eine Funktion und eine Organisationseinheit betreffen („uni-functional projects") 3 Monate; bei funktionsübergreifenden Projekten („cross-functional projects") beträgt sie 9 Monate; bei unternehmensübergreifenden Projekten („multi-entity projects") 18 Monate.

Eine vergleichende Darstellung der beschriebenen unterschiedlichen Modellierungen des Half Life-Konzepts zeigt Abbildung 17.10. Darin ist Y_{min} sowohl als minimal erreichbares Niveau als auch als angestrebter Zielwert zu betrachten.

Gegenüberstellung der beiden Half Life-Ansätze

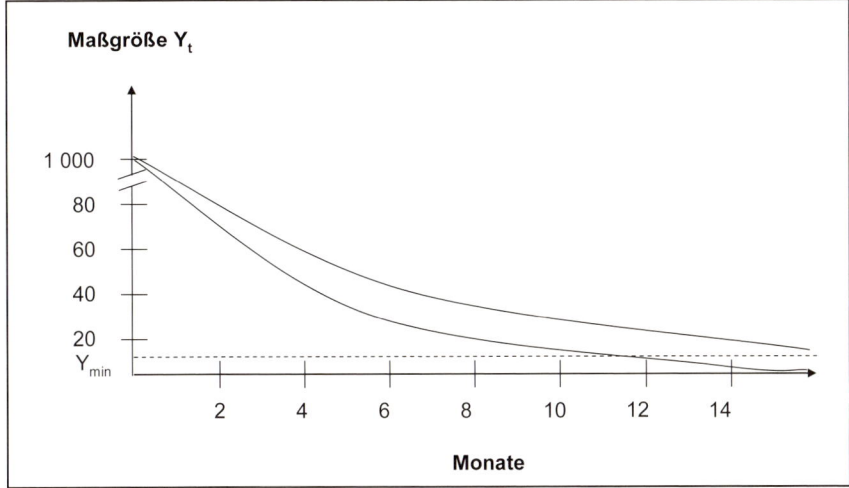

Abb. 17.10: Vergleich alternativer Modelle des Half Life-Konzepts

Das Half Life-Konzept ist bereits in Unternehmen verschiedener Branchen zur Planung und Steuerung von kontinuierlichen Qualitätsverbesserungsprogrammen eingesetzt worden, bspw. bei Analog Devices, Eastman Kodak, Rank Xerox, IBM oder Japan Steel Works.

Das Half Life-Konzept bietet sich für die Verbindung mit dem **Erfahrungskurven-Effekt** (vgl. dazu Kapitel 10.5) an (vgl. Fischer/Schmitz [1994], S. 201 ff.). Beide Konzepte beschreiben quantitativ das Phänomen des Lernens in Organisationen („Organizational learning"). Der grundlegende Unterschied lässt sich jedoch in der Erklärung von Lernfortschritten festmachen: Während das Konzept der Erfahrungskurve Lernfortschritte in Abhängigkeit vom über die Zeit **kumulierten Produktionsvolumen** erklärt, geht das Half Life-Konzept von der Prämisse aus, dass Lernfortschritte als abhängige Variable ausschließlich der Zeit zu sehen sind.

Verbindung Half Life-Konzept - Erfahrungskurven-Effekt

Als Gemeinsamkeit der beiden Konzepte ist zu sehen, dass sich die ausgewiesenen Kosten- bzw. Zeitersparnisse nicht „automatisch" ergeben, sondern durch entsprechende Maßnahmen innerhalb der betrieblichen Strukturen und Abläufe realisiert werden müssen.

Beiden Konzepten ist des Weiteren gemein, dass die Aussagefähigkeit der gewonnenen Ergebnisse daran geknüpft ist, dass die organisatorischen Strukturen innerhalb des Unternehmens stabil bleiben. Falls nachhaltige Änderungen der betrieblichen Abläufe erforderlich sind, z. B. im Rahmen von Restrukturierungsmaßnahmen, verändern sich auch die mit den beiden Konzepten jeweils erfassten operativen Steuerungsgrößen (Zeit-, Kosten- und Qualitätsparameter), so dass die Halbwertszeiten- bzw. Erfahrungsraten neu festgelegt werden müssen. Die Einsatzfähigkeit beschränkt sich somit auf Prozesse, die nur kontinuierlichen Verbesserungen, d. h. sukzessiven Verbesserungen in kleinen Schritten, unterliegen.

Da sich die Erfahrungskurve auf die Bestimmung von Kostensenkungspotenzialen beschränkt, kann sie als Instrument zur Begleitung von Kostenführerschaftsstrategien gesehen werden. Demgegenüber kann das Half Life-Konzept auch zur Unterstützung von zeit- und qualitätsbezogenen Differenzierungsstrategien eingesetzt werden.

Beurteilung   Neben dem Vorteil der Verbindbarkeit mit dem Erfahrungskurven-Effekt, ist beim Half Life-Konzept die Eignung zur Generierung und Verfolgung von unternehmensinternen oder externen Benchmarks (vgl. dazu ausführlich Kapitel 14 Abschnitt 4.1) zu erwähnen. Das Halbwertszeit-Konzept ist darüber hinaus bereits mehrfach empirisch bestätigt und die positive Erfolgswirkung von kürzeren Halbwertszeiten nachgewiesen worden (vgl. Schneiderman [1988], S. 52; Stata [1989], S. 72; Fischer/Schmitz [1997], S. 393 ff.). Das Konzept bietet sich für die Planung und Steuerung von kontinuierlichen Prozessverbesserungen nicht nur im Verarbeitenden Gewerbe an, sondern auch in unterstützenden Funktionsbereichen und in Dienstleistungsunternehmen wie Banken und Versicherungen.

Ein Nachteil des Half Life-Konzeptes – neben dem bereits erwähnten Fokus auf stabile Prozessstrukturen – ist die Orientierung an jeweils nur einem Leistungsparameter. Interdependenzen zwischen verschiedenen Maßgrößen, wie z. B. zwischen Durchlaufzeit und Fehlerraten, die sich in Folge kontinuierlicher Verbesserungen ergeben können, werden nicht berücksichtigt. Da die Halbwertszeit durch ein einziges Wertepaar (t, Y_t) bestimmbar ist, ist es des Weiteren erforderlich, die ermittelte Half Life-Funktion durch eine Regressionsrechnung auf der Basis einer großen Stichprobe zu bestätigen, um Fehlsteuerungen im Unternehmen zu vermeiden.

6 Zeitkostenrechnung

Der Erfolgsfaktor Zeit rückt immer weiter in den Vordergrund des Wettbewerbs. Dass sich das Gebiet des Rechnungswesens mit der Thematik beschäftigen sollte, gilt spätestens seit der Entwicklung des sog. Strategic Management Accounting durch Simmonds [1989] und Bromwich [1990] als unumstritten. Simmonds [1989] fordert die Bereitstellung von „[...] managementbezogenen Kostenrechnungsinformationen bezogen auf die Geschäftsstrategie [...]" (Simmonds [1989], S. 266). Damit zählen auch sämtliche, dem strategischen Erfolgsfaktor Zeit dienliche Daten und deren Aufbereitung zum Aufgabengebiet des betrieblichen Rechnungswesens.

Erfolgsfaktor Zeit und betriebliches Rechnungswesen

Die traditionelle Kosten- und Leistungsrechnung betrachtet Kosten als Funktion der produzierten Mengen und erfasst angefallene Kosten am Ort ihrer Entstehung, ohne jedoch darzustellen, ob und im welchem Maße die Dauer und die Termintreue der betrieblichen Prozesse die Kosten selbst beeinflussen (vgl. Günther [1998], S. 181). Diese Lücke wurde durch das Konzept der Zeitkostenrechnung von Günther und Fischer geschlossen (vgl. Günther [1998], S. 171 ff., Günther/Fischer [2000b], S. 269 ff.; Günther/Fischer [2000a], S. 591 ff.; Fischer [2000], S. 150 ff.). Ziel der Zeitkostenrechnung ist es, den Anteil der zeitgetriebenen Kosten an den Gesamtkosten zu bestimmen und diesen nach **Zeitkostenarten** (zu deren Bestimmung vgl. Abschnitt 6.2) aufzuschlüsseln (vgl. Fischer [2000], S. 151).

Ziel der Zeitkostenrechnung

6.1 Zeitrelevante und zeitneutrale Kosten

Zur Bestimmung von Zeitkostenarten ist es zuerst notwendig, den Anteil der zeitgetriebenen Kosten an den Gesamtkosten zu ermitteln. So werden zeitrelevante Kosten von zeitneutralen Kosten abgegrenzt, wie schematisch in Abbildung 17.11 dargestellt.

Definition

Als **zeitneutrale Kosten** werden jene Kosten definiert, die nicht von der Dauer betrieblicher Response-Zeiten beeinflusst werden (dargestellt mit dem konstanten Term a in der Kostenfunktion von Abbildung 17.11). Darunter zählen bspw. die Kosten für die Anmeldung eines Patents oder die Versicherungen für Fertigungsgebäude.

Als **zeitrelevanten Kosten** werden im Gegensatz dazu jene Kosten definiert, die sich als Funktion betrieblicher Response-Zeiten ergeben (f(t) in Abbildung 17.11). Beispiel dazu sind zeitbabhängige Fertigungslöhne oder Kapitalbindungskosten.

Innerhalb der zeitrelevanten Kosten finden sich zum einen Kostenarten, die einen eindeutigen funktionalen Zusammenhang zu den betrieblichen Response-Zeiten aufweisen, so dass zeitgetriebene Kostenänderungen monetär exakt bewertbar sind (K = f(t) bekannt). Zum anderen exis-

Unterteilung der zeitrelevanten Kosten

tieren aber auch Kostenkategorien, bei denen die Zeitrelevanz grundsätzlich vermutet wird, diese aber von speziellen Umständen abhängt. Für derartige Kostenarten lässt sich kein eindeutiger Zeittreiber identifizieren, so dass zeitinduzierte Kostenänderungen monetär nicht genau zu quantifizieren sind (K = f(t) unbekannt).

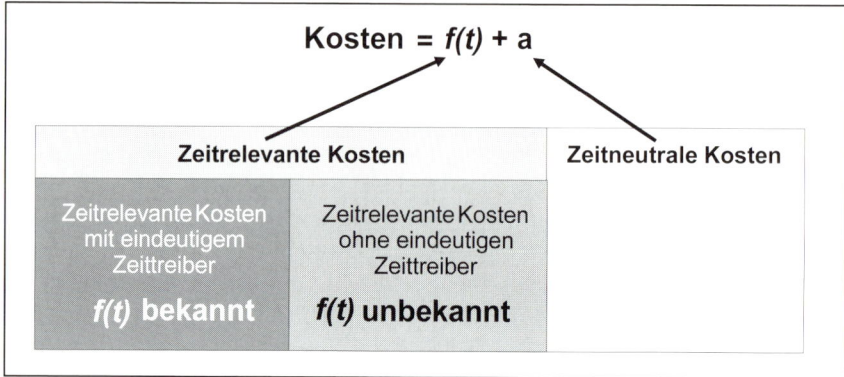

Abb. 17.11: Abgrenzung zeitrelevanter und -neutraler Kostenarten
(Quelle: Fischer [2000], S. 152)

Beispiel 17.6:
Zeitrelevante
und zeitneutrale
Kosten

Gelingt es z. B., den Lagerbestand in Folge einer kürzeren Fertigungsdurchlaufzeit zu reduzieren, so ist die dadurch bedingte Senkung der Kapitalbindungskosten exakt erfassbar.

Ein weiterer Effekt, der von niedrigeren Beständen ausgeht, ist eine Verringerung des Lagerhandling-Aufwands. Verkleinert sich z. B. die Zahl der notwendigen Ein- und Auslagervorgänge, so führt das bspw. auch zu einer Reduktion des bei diesen Vorgängen verursachten Materialverschleißes bzw. -verlustes. Diese durch die Verkürzung der Durchlaufzeit bedingte Senkung der Bestandswagnisse ist zwar intuitiv erkennbar, jedoch monetär nicht exakt erfassbar.

Einbezug von
Opportunitäts-
kosten

Anzumerken ist des Weiteren, dass der Kostenbegriff, der bei dem Konzept der Zeitkostenrechnung zu Grunde gelegt wird, breiter ist als der wertmäßige Kostenbegriff nach Schmalenbach (vgl. dazu ausführlich Kapitel 1). Grund hierfür ist der Einbezug von **Opportunitätskosten** (zur Definition vgl. Kapitel 2). Dazu zählen bspw. die entgangenen Deckungsbeiträge durch den Verlust eines Kunden auf Grund von Lieferzeitüberschreitungen. Zur Wahrnehmung von Aufgaben der Kostenträgerstückrechnung (Kalkulation) und der Kostenstellenrechnung wird die Zeitkostenrechnung um die Opportunitätskosten bereinigt. Aufgrund der erheblichen Schwierigkeiten bei deren Quantifizierung sind diese den zeitrelevanten Kosten ohne eindeutigen Zeittreiber zuzuordnen (vgl. Fischer [2000], S. 152).

6.2 Zeitkostenarten

In Abhängigkeit von dem Ziel der Zeitstrategie, nämlich der Verkürzung des Mittelwertes der Response-Zeit oder der Reduktion der Varianz der Response-Zeit, lassen sich die zeitrelevanten Kosten in verschiedene Zeitkostenarten gliedern (Abbildung 17.12). Zum einen ergeben sich Kostenwirkungen, wenn die Varianz einer Response-Zeit, wie bspw. der Durchlaufzeit, reduziert wird – in der Abbbildung von ca. 20 Tagen auf ca. 2 Tage. Dies ist an der Reduktion der Spannweite der Sägezahnkurve erkennbar; die Entfernungen der Extrema zum Mittelwert reduzieren sich. In diesem Zusammenhang lassen sich Kosten für die Einhaltung dieser reduzierten Varianz (**Zeiteinhaltungskosten**) und Kosten im Falle einer Abweichung von der vorgegebenen Varianz (**Zeitabweichungskosten**) unterscheiden.

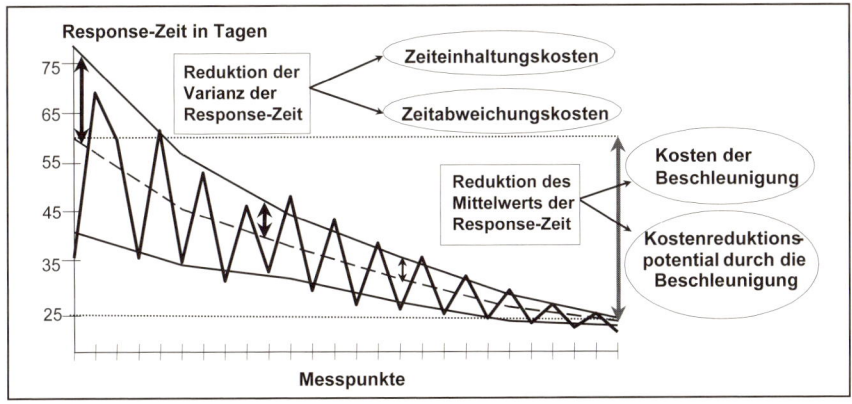

Abb. 17.12: Ableitung von Zeitkostenarten
(Quelle: Fischer [2000], S. 153)

Betrachtet man zum anderen den Mittelwert der Response-Zeit, wird dieser im Beispiel von durchschnittlich 60 Tagen auf durchschnittlich 25 Tage reduziert. Diese führt sowohl zu Kosten für das Erlangen dieser kürzeren Durchlaufzeit (**Kosten der Beschleunigung**) als auch zu einer Reduktion der Kosten (**Kostenreduktionspotenziale infolge der Beschleunigung**).

Die verschiedenen Zeitkostenarten sind in Abbildung 17.13 zusammengefasst. Anhand dieser Systematisierung sollen die verschiedenen Zeitkostenarten nun näher erläutert und mit Beispielen hinterlegt werden (vgl. im Folgenden Fischer [2000], S. 155 ff.).

Zeitrelevante Kosten		
Kosten der Beschleunigung	Kostenreduktions-potenziale durch die Beschleunigung	**bzgl. Response-Zeit-Mittelwert**
Zeiteinhaltungskosten	Zeitüberschreitungskosten	**bzgl. Response-Zeit-Varianz**

Abb. 17.13: Klassifikation zeitrelevanter Kosten
(Quelle: in Anlehnung an Fischer [2000], S. 154)

6.2.1 Reduktion des Mittelwertes der Response-Zeit

Abbildung 17.14 liefert einleitend einen Überblick über Beispiele für Kosten der Beschleunigung und Kostenreduktionspotenziale durch die Beschleunigung.

6.2.1.1 Kosten der Beschleunigung

Einmalige Kosten der Beschleunigung

Sollen im innovativen oder operativen Aktivitätsbereich Beschleunigungen herbeigeführt werden, dann entstehen ceteris paribus zunächst einmal höhere Kosten. Dazu zählen sowohl einmalige Implementierungskosten als auch laufende Zusatzkosten.

Zur ersten Kategorie lassen sich bspw. Kosten für externe Berater zur Unterstützung in der Neugestaltung der Wertschöpfung, Kosten für Benchmarking sowie Kosten für die Schulung der Mitarbeiter zum Umgang mit veränderten – schnelleren – Prozessen zuordnen.

Laufende Kosten der Beschleunigung

Laufende Zusatzkosten werden u. a. durch die Notwendigkeit zur Anschaffung neuer Maschinen, Anlagen oder Systeme der Informations- und Kommunikationstechnologie verursacht. Dies führt zu laufenden Abschreibungen wegen Abnutzung (oder, falls die Anlagen nicht angeschafft werden, sondern geleast oder gemietet werden, zu Leasing- oder Mietkosten), zu Wartungskosten und zu Betriebsstoffkosten wie die Kosten für die Energie zum Betreiben der Anlagen. Um die Durchlaufzeit und damit einhergehend die Liegezeiten im operativen Aktivitätszyklus zu reduzieren, kann es des Weiteren sinnvoll sein, die Losgrößen in der Fertigung zu reduzieren. Dies führt jedoch zu häufigeren Rüstvorgängen. Werden die Losgrößen für den Vertrieb verkleinert, so steigt auch die Anzahl der durchzuführenden Transportvorgänge und somit die externen Logistikkosten. Nicht zuletzt zu beachten ist u. a., dass schnellere Prozesse fehleranfälliger sein können, so dass zusätzliche Qualitätssicherungsmaßnahmen, wie Poka-Yoke-Techniken oder Statistical Process Control (vgl. zu beiden Kapitel 16) notwendig werden können.

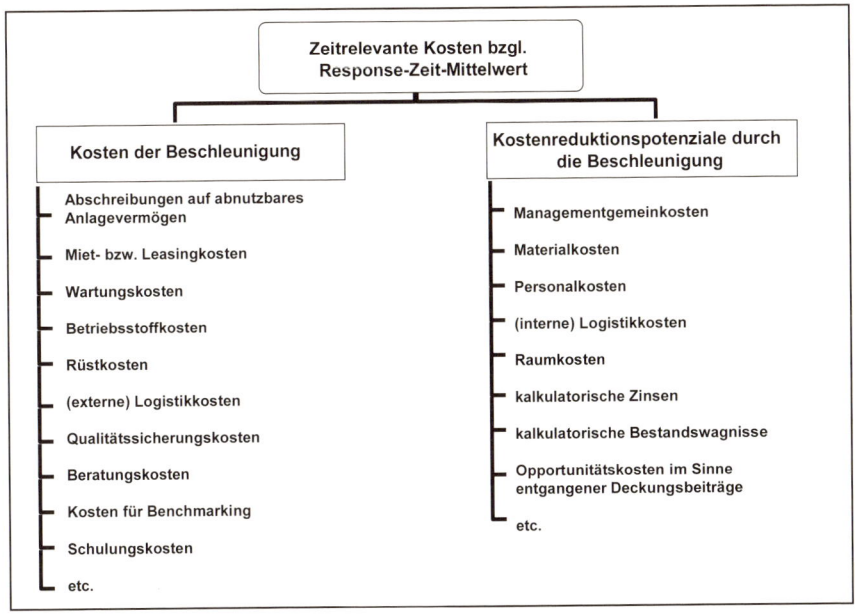

Abb. 17.14: Kosten der Beschleunigung und Kostensenkungspotenziale durch die Beschleunigung
(Quelle: in Anlehnung an Fischer [2000], S. 159)

6.2.1.2 Kostenreduktionspotenziale durch die Beschleunigung

Eine Reduktion der Response-Zeiten führt jedoch nicht nur zu höheren Kosten zur Gewährleistung schnellerer Prozesse, sondern auch zu Kostenreduktionspotenzialen. Diese Einsparungen haben meist einen laufenden Charakter.

Arten von Kostenreduktionspotenzialen aus der Beschleunigung

So setzt bspw. eine auf Schnelligkeit und Flexibilität ausgerichtete Unternehmensstruktur eine flache, bereichsübergreifende Organisationsform mit kurzen Entscheidungswegen voraus. Die mit Koordination, Abstimmungswegen und Selbststeuerung verbundenen Managementgemeinkosten fallen bedeutend geringer aus als in Unternehmen mit steilen Hierarchien. Dies betrifft z. B. nicht nur den internen Bereich der Produktionsplanung und der Arbeitsvorbereitung, sondern wirkt sich auf Schnittstellen zum Umfeld des Unternehmens aus, wie bspw. in der Beschaffungsplanung und -durchführung.

Material- und Personalkostenersparnisse ergeben sich u. a. dann, wenn innerhalb des Wertschöpfungsprozesses prozesshemmende, v. A. redundante Tätigkeiten (wie z. B. doppelte Qualitätskontrolle beim Lieferanten im Warenausgang und beim Abnehmer im Wareneingang, vermeidbare

Nacharbeiten), eliminiert werden. Eine Umstrukturierung der internen Logistikvorgänge, wie bspw. die Anordnung der Produktionsmittel nach der Reihenfolge der Arbeitsgänge, bewirkt eine Minimierung der innerbetrieblichen Transportwege und -zeiten und führt somit zu einer Senkung der Logistikkosten. Müssen durch die Prozessbeschleunigungen weniger Vorräte gehalten werden, so sinken üblicherweise die Raumkosten. Auch Kapitalbindungskosten in Form von kalkulatorischen Zinsen sowie kalkulatorische Bestandswagnisse verringern sich demzufolge, da weniger Umlaufvermögen gebunden ist und die Wahrscheinlichkeit für Materialverschleiß und -verlust durch die geringere Aufbewahrungszeit sinkt.

Nicht zuletzt reduzieren sich bei einer Beschleunigung der Prozesse die Opportunitätskosten. So verringern bspw. kürzere Fertigungsdurchlaufzeiten eines Produzenten den Prognosehorizont und damit die Unsicherheit beim Abschätzen der zukünftigen Nachfrage. Als Folge verringert sich das Risiko, Nachfrage nicht bedienen zu können und deswegen Deckungsbeiträge zu verlieren.

6.2.2 Reduktion der Varianz der Response-Zeit

Abbildung 17.5 liefert einleitend einen Überblick über Beispiele für Zeiteinhaltungskosten und Zeitabweichungskosten. Mögliche Ursachen für die Streuung der Response-Zeit sind bspw. Nacharbeit, Störungen an den Maschinen oder nicht rechtzeitiges Eintreffen von Beschaffungsteilen.

6.2.2.1 Zeiteinhaltungskosten

In der Kategorie der Zeiteinhaltungskosten lassen sich die Kosten zur Prävention einer Abweichung von den festgelegten oder erwarteten Response-Zeiten von den Kosten zur Beseitigung von bereits eingetretenen Abweichungen unterscheiden.

Präventive Zeiteinhaltungskosten

Zu den präventiven Zeiteinhaltungskosten zählen in erster Linie Kosten, die oftmals ähnlich zu den Kosten für die Beschleunigung sind, wie bspw. Beratungskosten, Kosten für Benchmarking oder für Schulungen. Um zu vermeiden, dass wegen Ausfall oder Kapazitätsüberschreitung Liefertermine nicht eingehalten werden, kann es sinnvoll sein, zusätzliche Maschinen anzuschaffen oder eine größere Maschine durch mehrere kleinere zu ersetzen. Dies führt ebenfalls u. a. zu höheren kalkulatorischen Abschreibungen, zu höheren kalkulatorischen Zinsen sowie zu zusätzlichen Energie-, Wartungs- und Instandhaltungskosten. Auch zählen Qualitätssicherungsmaßnahmen zur Fehlerverhütung wie Poka-Yoke-Techniken oder Statistical Process Control und eine häufigere Instandhaltung von Maschinen zur Minderung des Ausfallrisikos zu kostenverursachenden Präventivmaßnahmen.

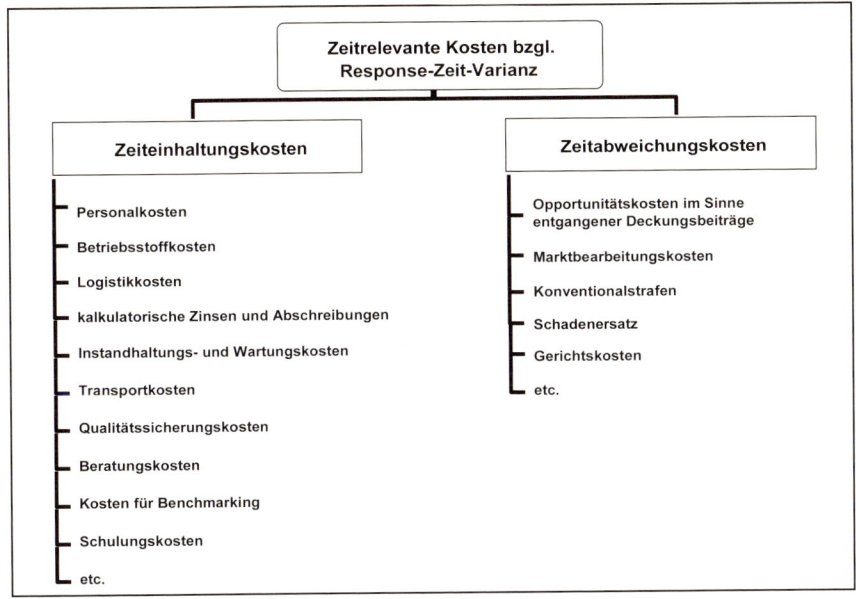

Abb. 17.15: Zeiteinhaltungs- und Zeitabweichungskosten
         (Quelle: in Anlehnung an Fischer [2000], S. 163)

Oft können jedoch lediglich reaktive Maßnahmen durchgeführt werden, wenn die grundsätzliche Streuung der Response-Zeiten nicht gemindert werden kann. Dies ist oft mit Überstunden oder zusätzlichen Schichten verbunden, was mit erhöhten Material-, Personal- und Betriebsstoffkosten verbunden ist. Auch kann es notwendig sein, schnellere und teurere Transportmittel zu verwenden, um bestimmte Liefertermine einzuhalten.

Palliative Zeit-einhaltungs-kosten

6.2.2.2   Zeitabweichungskosten

Bei den Zeitabweichungskosten lassen sich sowohl Zeitüberschreitungs- als auch Zeitunterschreitungskosten identifizieren.

Der Großteil der Kosten entsteht aus Zeitüberschreitungen. Einen wesentlichen Punkt im Rahmen der Zeitüberschreitungskosten stellen die Opportunitätskosten im Sinne entgangener Deckungsbeiträge dar. Unternehmen mit geringer Termintreue laufen zum einen Gefahr, bisherige Kunden aufgrund nicht eingehaltener Termine an Konkurrenten zu verlieren. Zum anderen verhindert der schlechte Lieferservicegrad u. U. auch, dass potenzielle Neukunden akquiriert werden.

Zeitüberschrei-tungskosten

Zeitabweichungen, die der Absatzmarkt indirekt über entgangenen Deckungsbeiträge „bestraft", können zusätzlich auch direkt auf Grund vertraglicher oder gesetzlicher Ansprüche z. T. sehr hohe Kosten generieren. Dazu gehören bspw. Konventionalstrafen, Schadenersatzansprüche oder Gerichtskosten. Zusätzlich sind erhöhte Marktbearbeitungskosten aufzu-

wenden, um den Imageschaden aus der Nicht-Einhaltung von festgelegten Response-Zeiten zu reduzieren.

**Zeitunterschrei-
tungskosten**

Zeitunterschreitungskosten entstehen wiederum bspw. dann, wenn
durch die vorzeitige Fertigstellung von Produkten erhöhte Kapitalbindungskosten zu tragen sind.

6.3 Implementierung der Zeitkostenrechnung

Dieser Abschnitt beschäftigt sich mit der Umsetzung der Zeitkostenrechnung im Betrieb.

6.3.1 Erfassung der Kosten

Wie in Abschnitt 6.2 vorgestellt, basiert die Zeitkostenrechnung auf einer
detaillierten Gliederung in die Kostenarten Kosten der Beschleunigung,
Kostenreduktionspotenziale durch die Beschleunigung, Zeiteinhaltungs-
und Zeitüberschreitungskosten.

Zeitschlüssel

Zum Zweck der Erfassung der Zeitkosten können die entstandenen
Kosten auf Kostenartenkonten und Kostenstellen verbucht werden. Zusätzlich muss jede Buchung mit einem sog. **Zeitschlüssel** versehen werden, der die Kosten nach dem Schema aus Abbildung 17.16 einer der
Zeitkostenarten eindeutig zuordnet.

Diese Vorgehensweise birgt den Vorteil eines hohen Detaillierungs-
grades. Um diesen zu erlangen, ist jedoch ein hoher Erfassungsaufwand
sowie ein hoher personeller Aufwand mit entsprechend qualifizierten
Mitarbeitern nötig.

Zeitrelevante Kosten mit eindeutigem Zeittreiber		Zeitrelevante Kosten ohne eindeutigen Zeittreiber		Zeitneutrale Kosten	
Zeitschlüssel 1: Kosten der Beschleunigung	Zeitschlüssel 2: Kostenreduktionspotenziale durch die Beschleunigung	Zeitschlüssel 3: Kosten der Beschleunigung	Zeitschlüssel 4: Kostenreduktionspotenziale durch die Beschleunigung	Zeitschlüssel 5: zeitneutrale Kosten bzgl. Response-Zeit-Mittelwert	**bzgl. Response-Zeit-Mittelwert**
Zeitschlüssel 6: Zeiteinhaltungskosten	Zeitschlüssel 7: Zeitüberschreitungskosten	Zeitschlüssel 8: Zeiteinhaltungskosten	Zeitschlüssel 9: Zeitüberschreitungskosten	Zeitschlüssel 10: zeitneutrale Kosten bzgl. Response-Zeit-Varianz	**bzgl. Response-Zeit-Varianz**

Abb. 17.16: Umsetzung der Zeitkostenrechnung mittels Zeitschlüsseln
(Quelle: in Anlehnung an Fischer [2000], S. 166)

Eine Alternative zur Verschlüsselung ist die **nachträgliche Klassifikati-** Nachträgliche
Klassifikation
on der Kostenarten, die jedoch im Nachgang in Anbetracht der Vielzahl
von Buchungen zu Zuordnungsproblemen führen kann. Diese Vorgehensweise scheint nur dann geeignet, wenn untersucht werden soll, ob die
Umsetzung von zeitbezogenen Strategien für das Unternehmen überhaupt
von Kostenrelevanz ist bzw. das Unternehmen im wesentlichen Umfang
zeitgetriebene Kosten verursacht oder zur Analyse der Wirkung einzelner
Maßnahmen (vgl. Fischer [2000], S. 166).

In der Erfassung der Zeitkostenarten muss des Weiteren – sowohl für Wirkung ver-
schiedener Zeit-
horizonten
die ex ante Buchung über Zeitschlüssel als auch für die ex post Kontie-
rung – beachtet werden, dass bestimmte Kosten zwar grundsätzlich Zeitrelevanz aufweisen, also theoretisch bspw. mit einer kürzeren Durchlaufzeit sinken, faktisch diese Kosten aber im Rahmen eines bestimmten
Zeithorizonts nicht abbaubar sind. Der Gedanke der unterschiedlichen
zeitlichen Abbaubarkeit der Kosten wurde bereits von Riebel in seiner
Einzelkostenrechnung umgesetzt (vgl. dazu Kapitel 5). Die Übertragung
dieses Gedankens auf das Konzept der Zeitkostenrechnung wird in Abbildung 17.17 visualisiert.

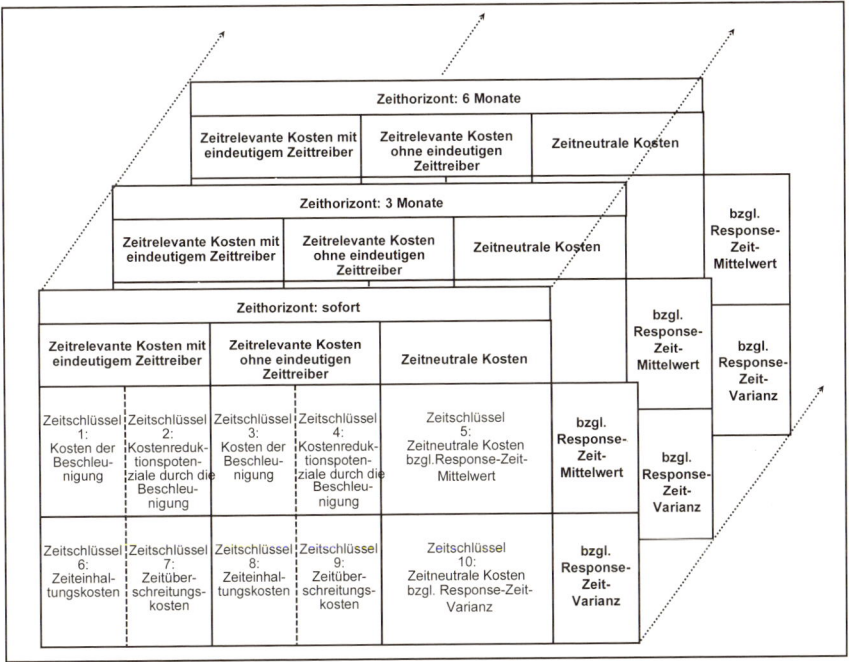

Abb. 17.17: Zeitkostenschlüssel in Abhängigkeit von diversen Zeithorizonten
(Quelle: in Anlehnung an Fischer [2000], S. 169)

Beispiel 17.7:
Zeitkosten und
Zeithorizonte

Zum Beispiel sind Personalkosten, die in Folge einer Beschleunigung der Durchlaufzeit sofort eingespart werden könnten, auf Grund vertraglicher oder gesetzlicher Kündigungsfristen erst mit einer gewissen zeitlichen Verzögerung tatsächlich abbaubar. In Abbildung 17.17 würden dann diese Personalkosten in der ersten Tafel als zeitneutral eingestuft werden, da die Zeitverkürzung in der Durchlaufzeit zu keiner sofortigen Kostenwirkung führt. Erst in einer späteren Tafel (in der zweiten im Fall einer dreimonatigen Kündigungsfrist) würden diese zu den Kostenreduktionspotenzialen durch die Beschleunigung gezählt werden können.

6.3.2 Einsatzbereiche

Zeitkostenrech-
nung und traditi-
onelle Kosten-
rechnung

Anzumerken ist zuerst, dass die Zeitkostenrechnung kein Ersatz der traditionellen Kosten- und Leistungsrechnung sein, sondern diese lediglich ergänzen soll (vgl. Fischer [2000], S. 151). Denkbar ist dabei deren Anwendung lediglich für bestimmte, selektierte Bereiche. „So könnte sich ein Automobilzulieferer auf den Logistikbereich (Zielgröße Lieferzeit), ein Telekommunikationsunternehmen auf den Absatzbereich (Zielgröße Antwortzeit) und ein Pharmaunternehmen mit eigenständiger Forschung auf den Entwicklungsbereich (Zielgröße time-to-market) beschränken." (Fischer [2000], S. 171).

Reichweite der
Umsetzung

Daher sollte fallweise entschieden werden, ob statt eines unternehmensübergreifenden Einsatzes nicht u. U. ein situativer oder lernstimulierender Einsatz angebracht ist (vgl. Fischer [2000], S. 171 f.). In die Abwägung sollten sowohl die Potenziale der Zeitkostenrechnung zur Beurteilung von zeitbasierten Wettbewerbsstrategien und zur Stärkung des Bewusstseins über den Wettbewerbsfaktor Zeit im Unternehmen, als auch der hohe Implementierungsaufwand (notwendiges Know how, Mitarbeiter, informationstechnische Infrastruktur) einfließen.

Partielles vs.
vollständiges
Kostenrech-
nungssystem

Das bis hier vorgestellte Zeitkostenrechnungskonzept beschränkt sich auf eine Kostenartenrechnung und über die Verwendung von Zeitschlüsseln ggf. auf eine Kostenstellenrechnung (**partielles Zeitkostenrechnungssystem**).

Es stellt sich die Frage, ob auch die Kostenträgerrechnung, insbesondere die Kostenträgerstückrechnung, zeitorientiert ausgestaltet werden soll (**vollständiges Zeitkostenrechnungssystem**). Sinnvoll wäre dies, um die Auswirkung zeitbezogener Maßnahmen auf die Produkt- oder Auftragskosten darstellen zu können.

Erlösrechnung
und Conjoint
Measurement

Ebenfalls denkbar für ein vollständiges Kostenrechnungssystem ist die Erfassung der Erlöswirkung von Änderungen der Response-Zeiten. Dies kann mittels **Conjoint Measurement** (auch unter dem Begriff der Conjoint Analyse bekannt) erfolgen. Dabei werden Zahlungsbereitschaften für Produktvarianten ermittelt oder verschiedene Produktvarianten durch (potenzielle) Kunden in einer Präferenz-Reihenfolge gebracht. Bei Einbezug des Preises als Produktmerkmal lassen sich Preiszahlungsbereitschaften für die Hinzunahme bestimmter Eigenschaften, wie bspw. einer besonders kurzen Lieferzeit, quantifizieren. In Verbindung mit einer Entscheidungsregel bzgl. des Kaufverhaltens (z. B. Kaufentscheidung auf Grundlage einer Nutzenmaximierung) ist es daher möglich, die Änderung der Marktanteile und daher der Erlöse in Zusammenhang mit einer Änderung der betrieblichen Response-Zeiten einzuschätzen.

Wie sich verschiedene Response-Zeiten auf Kosten und Erlöse eines Unternehmens auswirken, soll an folgendem Beispiel erläutert werden (vgl. Fischer [2000], S. 187 ff.).

Ein Automobilhersteller A bietet ein bestimmtes PKW-Modell an, dessen technischen Produktmerkmale (z. B. PS-Stärke des Motors, ABS usw.) fest umrissen sind. Die mögliche Varianten l dieses Produktes unterscheiden sich lediglich in den Ausprägungen der Produktmerkmale Lieferzeit und Preis. Das Unternehmen A kann sein PKW-Modell entweder mit einer zwei- oder einer sechsmonatigen Lieferzeit anbieten. Als Preis sind die Ausprägungen 25 000 EUR und 30 000 EUR möglich. Werden die zwei Ausprägungen des Produktmerkmals Lieferzeit mit den zwei Ausprägungen des Produktmerkmals Preis kombiniert, so entstehen insgesamt vier mögliche Varianten l eines bestimmten PKW-Modells A, wie aus Abbildung 17.18 erkennbar.

Beispiel 17.8:
Zeitkosten- und -erlösrechnung

Produktvariante l des PKW-Modells A	Ausprägung beim Produktmerkmal Lieferzeit	Ausprägung beim Produktmerkmal Preis
$l = 1$	2 Monate	25 000 EUR
$l = 2$	2 Monate	30 000 EUR
$l = 3$	6 Monate	25 000 EUR
$l = 4$	6 Monate	30 000 EUR

Abb. 17.18: Produktmerkmale in Abhängigkeit der Lieferzeit und des Preises (Quelle: in Anlehnung an Fischer [2000], S. 188)

Gesucht ist nun die gewinnoptimale Lieferzeit-Preis-Kombination des Produktes A aus Sicht des anbietenden Unternehmens, welche als einzige angeboten werden soll.

Aufbauend auf den mittels einer Conjoint-Analyse ermittelten Teilnutzenfunktionen für verschiedene Produktmerkmale lässt sich für jede befragte Testperson i (i = 1, ..., n; im Beispiel: n = 3) und jede Produktvariante A_l des PKW-Modells A ein individueller Gesamtnutzenwert Z errechnen. In analoger Vorgehensweise kann auch für die am Markt vorhandenen Konkurrenzprodukte B und C ermittelt werden. Ein mögliches Ergebnis lässt sich aus Abb. 17.19 entnehmen. So zieht bspw. Testperson 1 den höchsten Nutzen aus dem PKW-Modell A_1 mit einer Lieferzeit von 2 Monaten und einem Preis von 25 000 EUR.

Gesamtnutzen Z	A_1	A_2	A_3	A_4	B	C
Testperson i = 1	0,80	0,60	0,60	0,40	0,70	0,60
Testperson i = 2	0,90	0,60	0,75	0,45	0,70	0,55
Testperson i = 3	0,95	0,60	0,85	0,50	0,50	0,65

Abb. 17.19: Individuelle Gesamtnutzenwerte der sechs Varianten auf dem Markt (Quelle: Fischer [2000], S. 189)

Um die Erlöswirkung der unterschiedlichen Preis-Zeit-Kombinationen für Unternehmen A zu ermitteln, ist es notwendig, den Umsatz mit den jeweiligen Varianten zu prognostizieren. Dafür müssen die Marktanteile MA mit den Produktalternativen geschätzt werden. Diese entstehen aus der Unterstellung bestimmter Entscheidungsregeln. Bei Rückgriff auf die sog. Bradley-Terry-Luce-Regel entspricht bspw. die individuelle Auswahlwahrscheinlichkeit eines Konsumenten i für ein bestimmtes Produkt dem Quotienten aus dessen Gesamtnutzen Z und der Summe der Gesamtnutzen aller Produkte am Markt. Der geschätzte Marktanteil ergibt sich somit aus dem arithmetischen Mittel der Auswahlwahrscheinlichkeiten, wie aus folgender Formel erkennbar:

$$MA_{A_1} = \frac{1}{n} \cdot \sum_{i=1}^{n} \frac{Z_{A_1}^i}{Z_{A_1}^i + Z_B^i + Z_C^i}$$

Es sei nun ein Marktvolumen von 10 000 PKW angenommen. Abbildung 17.20 zeigt das Ergebnis der Umsatzschätzung für die einzelnen Varianten auf Grundlage einer Bewertung der Response-Zeit Lieferzeit.

Variante *l* des PKW-Modells *A*	*l* = 1	*l* = 2	*l* = 3	*l* = 4
Marktanteil *MA*	41,73 %	32,77 %	37,19 %	26,77 %
Preis *p* (in EUR)	25 000	30 000	25 000	30 000
Umsatz *U* (in Mio. EUR)	104,33	98,31	92,98	80,31

Abb. 17.20: Umsatzprognose der Produktvarianten
(Quelle: in Anlehnung an Fischer [2000], S. 192)

Bei reiner Umsatzmaximierung müsste sich das Unternehmen für die Herstellung von Variante 1 (zwei Monate Lieferzeit, 25 000 EUR) entscheiden. Es zeigt sich, dass die Variante mit den höchsten Teilnutzenwerten aus Kundensicht logischerweise den höchsten Marktanteil generieren würde. Zu beachten ist jedoch, dass das Erreichen einer geringen Lieferzeit u. U. zu höheren Kosten als eine Lieferung innerhalb von sechs Monaten verursachen kann.

Nun soll die prognostizierte Erlöswirkung den Beschleunigungskosten aus der Erlangung niedrigerer Lieferzeiten (Mittelwert-Reduktion) auf Basis der Daten der Zeitkostenartenrechnung gegenübergestellt werden. Kostenreduktionspotenziale würden mit negativem Vorzeichen in die Kosten der Varianten einfließen. Auf die Ausbringungsmenge bezogen kann es sich dabei sowohl um fixe (K_f) als auch um variable Kosten (k_v) handeln, so dass sich die lieferzeitabhängigen Kosten der Varianten A_l wie folgt bestimmen:

$$K_{A_l} = K_{f,A_l} + k_{v,A_l} \cdot MA_{A_l} \cdot MV$$

Um zu einer optimalen Variantenauswahl zu gelangen ist es schließlich notwendig, die geschätzten Erlöswirkungen den ermittelten Kostenwirkungen gegenüberzustellen:

$$G_{A_l} = U_{A_l} - K_{A_l} = \left(p_{A_l} - k_{v,A_l}\right) \cdot MA_{A_l} \cdot MV - K_{f,A_l}$$

Dabei ist jedoch zu berücksichtigen, dass die hier genutzte Zielgröße G weder den Gewinn noch den Deckungsbeitrag der Produktalternative A_l darstellt, da alle zeitneutralen Kosten nicht in die Betrachtung einbezogen werden. Abbildung 17.21 zeigt die Anwendung am Beispiel.

Variante l des PKW-Modells A	$l = 1$	$l = 2$	$l = 3$	$l = 4$
Marktanteil MA	41,73 %	32,77 %	37,19 %	26,77 %
Preis p in EUR	25 000	30 000	25 000	30 000
var. Stückkosten k_v in EUR	6 000	6 000	3 000	3 000
Fixkosten K_f (in Mio. EUR)	50,00	50,00	20,00	20,00
Umsatz U (in Mio. EUR)	104,33	98,31	92,98	80,31
Kosten K (in Mio. EUR)	75,04	69,66	31,16	28,03
Entscheidungs-wert G (in Mio. EUR)	29,29	28,65	**61,82**	52,28

Abb. 17.21: Ermittlung der Entscheidungswerte für die Produktvarianten
(Quelle: in Anlehnung an Fischer [2000], S. 194)

Der höchste Entscheidungswert liegt bei Alternative 3 vor. D. h., im Gegensatz zu einer reinen kundenorientierten Betrachtung, die ein Vorziehen der Alternative 1 zur Folge haben würde, ist hier aus zeit-orientierter Sicht die für das Unternehmen „ideale" Lieferzeit-Preis-Kombination die mit sechsmonatiger Lieferzeit und 25 000 EUR Preis.

Beurteilung   Die Entscheidung zwischen der Umsetzung eines partiellen und der eines vollständigen Zeitkostenrechnungssystems sollte unternehmensindividu-ell in Abhängigkeit der verfolgten Ziele und der finanziellen Möglichkei-ten getroffen werden. Allgemein lässt sich dennoch festhalten, dass eine partielle Zeitkostenrechnung den Aufwand in der Systemerstellung be-schränkt und zugleich wesentliche Impulse zur Bewertung zeitbezogener Wettbewerbsstrategien liefert (vgl. Günther [1998], S. 195).

Die Zeitkostenrechung ermöglicht die Herstellung einer Verbindung zwischen Zeit und Kosten. Kritisch anzumerken ist, dass im Konzept selbst keine Erlöswirkung Berücksichtigung findet. Dieses Problem kann jedoch durch eine Verknüpfung zur Conjoint-Analyse behoben werden.

7 Kritische Betrachtung zeitbasierter Wettbewerbsstrategien

Die Umsetzung zeitbasierter Strategien mutiert durch den Druck des Wettbewerbs immer mehr zu einer wahrgenommenen Notwendigkeit. Allzu oft wird jedoch Zeitwettbewerb pauschal mit Beschleunigung gleichgesetzt. Instrumente wie die Zeitkostenrechnung sollten jedoch gerade zu einer kritischen Gegenüberstellung von Kosten und Nutzen einer derartigen Strategie animieren. „Die Zielsetzung des Zeitmanagements besteht somit nicht in einer generellen Zeitminimierung, sondern vielmehr in einer **Zeitoptimierung** im Hinblick auf den Unternehmenserfolg" (Fischer [2000], S. 198).

Zeitoptimierung

Im innovativen Aktivitätszyklus wurde bereits erkannt, dass exzessive Beschleunigung in den sog. **Teufelskreis des Innovationswettlaufs** führen kann.

Teufelskreis des Innovationswettlaufs

In Anbetracht von sich stets verkürzenden Marktzyklen resultiert für die Unternehmen im Markt ein hoher wettbewerbsbedingter Druck, ihre Entwicklungsaktivitäten zu beschleunigen, um so früh wie möglich eine starke Wettbewerbsposition zu erreichen und auf diese Weise die Rendite aus den F&E-Investitionen zu maximieren. Eine Erhöhung der Innovationsrate ist die Folge. Die schnelleren Entwicklungen und häufigeren Markteinführungen neuer Produkte bewirken wiederum eine vorzeitige Substitution und ein rascheres Veralten von Produkten (vgl. von Braun [1991], S. 51 ff.). Insofern ist wiederum die Verkürzung der Marktzyklen die logische Folge des Innovationswettlaufs. Somit entsteht ein Teufelskreis des Innovationswettlaufs, in dem jede weitere Investition in eine Beschleunigung des Entwicklungsprozesses einen immer geringeren Nutzen generiert.

Die Gefahr, die von sich verkürzenden Marktzyklen ausgeht, wird als **Beschleunigungsfalle** definiert (vgl. dazu von Braun [1991], S. 58 ff.). Mit diesem Modell wurde gezeigt, dass bei einem Unternehmen, das jährlich ein neues Produkt auf dem Markt platziert und damit ein altes substituiert, die Umsetzung von Beschleunigungsmaßnahmen im Entwicklungsbereich zuerst zu Umsatzsteigerungen führt. Der Grund für diesen Umsatzanstieg liegt darin, dass der zusätzliche Jahresumsatz durch ein neues Produkt mit einem kürzeren Marktzyklus höher ist als der wegfallende Jahresumsatz eines ausscheidenden alten Produktes mit einem längeren Marktzyklus. Der Gesamtumsatz des Unternehmens fällt jedoch schrittweise dann auf ein Niveau ab, das deutlich unterhalb des Ausgangswertes vor der Intensivierung der Entwicklungstätigkeit liegt, sobald die Beschleunigungsmaßnahmen nicht mehr für das Unternehmen realisierbar sind – sei es technisch oder finanziell. Dies ist dadurch bedingt, dass sich nach einer gewissen Zeit nur noch Produkte mit einem kürzeren Marktzyklus und einem vergleichsweise geringeren Lebenszyklusumsatz im Produktspektrum des Unternehmens befinden.

Beschleunigungsfalle

Leapfrogging

Weiter verstärkt wird die Problematik durch das sog. **Leapfrogging** der Kunden (vgl. dazu Weiss/John [1989]). Durch die Vorankündigungen über die Entwicklung innovativer Produkte entscheiden sich die Kunden u. U. bewusst gegen den Kauf der aktuell auf den Markt neu angebotenen Erzeugnisse und verschieben den Kauf auf einen zukünftigen Zeitpunkt. Die Konsumenten überspringen eine Technologiestufe und warten auf die nächste, verbesserte Produktgeneration. Die dadurch entstehenden Umsatzeinbußen sind somit auf betriebsinterne **Kannibalisierungseffekte** zurück zu führen.

Ausweg
Verlangsam-
ungskartell

Einen möglichen Ausweg aus dem Dilemma des selbst zerstörerischen Innovationswettlaufs könnten sog. **Verlangsamungskartelle** sein, bei denen sich alle Wettbewerber einer Branche darauf verständigen, das Innovationstempo zu beschränken.

Ausweg
Entschleunigung

Die im innovativen Bereich hier vorgestellten Kehrseiten der Beschleunigung können zum Teil auch auf den operativen Aktivitätszyklus übertragen werden, insb. wenn eine Verringerungen der Response-Zeiten mit Qualitätseinbußen bei Prozessen und somit bei Produkten einhergeht.

Unternehmen sollten daher u. U. über **Entschleunigung** nachdenken. Darunter wird „die bewusste Verlangsamung der auf allen Stufen der Wertschöpfung stattfindenden Prozesse verstanden, die eine Verlangsamung der Stoff-, Energie- und Informationsströme bedeutet" (vgl. ausführlich zum Konzept der Entschleunigung sowie zum Konzept der **Zeitzieloptimierung** Günther/Lehmann-Waffenschmidt [2003]; Günther/Günther [2005]).

8   Kontrollfragen

1) Erläutern Sie den Unterschied zwischen extern relevanten Response-Zeiten und systeminternen Durchlaufzeiten!

2) Wie unterscheiden sich wertschöpfende und nicht wertschöpfende Zeiten bei der Durchlaufzeit?

3) Wie beeinflussen die Reduktion der Response-Zeit-Mittelwerte und die Kontraktion der Varianzen die Rentabilität?

4) Wie wird eine Prozessanalyse durchgeführt?

5) Welche graphischen Darstellungsformen von Prozessen kennen Sie? Erläutern Sie die verschiedenen Instrumente!

6) Was stellt eine Wertzuwachskurve dar? Welche Daten werden für deren Aufstellung benötigt?

7) Welche Komprimierungsmöglichkeiten bestehen für eine Wertzuwachskurve und welche Maßnahmen können dazu führen?

8) Welche Vor- und Nachteile sind mit dem Konzept der Wertzuwachskurve verbunden?

9) Was wird unter dem Half Life-Konzept verstanden? Welche grundsätz-

lichen Schritte sind zur Bestimmung der Half Life-Funktion eines Prozesses notwendig?

10) Beschreiben Sie den Unterschied zwischen dem Basismodell des Half Life-Konzepts und dem modifizierten Ansatz nach Schneiderman!

11) Wie lässt sich das Half Life-Konzept mit dem Erfahrungskurven-Effekt in Verbindung setzen? Was sind die Unterschiede der beiden Ansätze?

12) Welche Vor- und Nachteile sind mit dem Half Life-Konzept verbunden?

13) Nennen Sie das Hauptziel der Zeitkostenrechnung!

14) Wodurch unterscheiden sich zeitrelevante von zeitneutralen Kosten?

15) Leiten Sie die verschiedenen Zeitkostenarten her! Nennen Sie für jede einige Beispiele!

16) Wie kann die Zeitkostenstellen- und Zeitkostenträgerrechnung gestaltet werden? Unterscheiden Sie dabei zwischen partieller und vollständiger Zeitkostenrechnung!

17) Welche Risiken gehen von der exzessiven Umsetzung zeitbasierter Wettbewerbsstrategien aus? Welche möglichen Auswege gibt es?

9 Abkürzungsverzeichnis

ARIS	Architektur integrierter Informationssysteme
DV	Datenverarbeitung
EPK	Ereignisgesteuerte Prozesskette
F&E	Forschung und Entwicklung
G	Entscheidungswert
K	Kosten
K_f	Fixkosten
k_v	Variable Stückkosten
KVP	Kontinuierlicher Verbesserungsprozess
MA	Marktanteil
p	Preis
PIMS	Profit Impact of Market Strategy
t	Zeitpunkt
tH	Halbwertszeit
t_0	Ausgangszeitpunkt
U	Umsatz
WIP	Work-in-Process
Y_{min}	Minimale Messgrößenniveau bzw. Zielwert
Yt	Messwert zum Zeitpunkt
Y_{t0}	Messwert zum Ausgangszeitpunkt eines Verbesserungsprozesses
Z	Gesamtnutzen
ε	Toleranzniveau

10 Literaturhinweise

Aue-Uhlhausen, H. (1994): Zeitverbrauchscontrolling für die Auftragsabwicklung, in: Zeitschrift für wirtschaftliche Fertigung und Automatisierung, 1994, S. 61-63.

Baum, H.-G./Coenenberg, A. G./Günther, T. (2007): Strategisches Controlling, 4. Aufl., Stuttgart 2007.

Baumgarten, B. (1990): Petri-Netze – Grundlagen und Anwendungen, Mannheim et al. 1990.

Bergsmann, S./Grabek, A./Brenner, M. (2005): Transparenz durch Prozessanalyse und -modellierung, in: Horváth & Partners (Hrsg.): Prozessmanagement umsetzten – Durch nachhaltige Performance Umsatz steigern und Kosten senken, Schäffer Poeschel, Barcelona, Berlin, Boston et al. 2005, S. 47-68.

Bitzer, M. R. (1992): Zeitbasierte Wettbewerbsstrategien – Die Beschleunigung von Wertschöpfungsprozessen in der Unternehmung. Dissertation., Gießen 1992.

Blackburn, J. D. (1992): Time-based competition: White-collar activities, in: Business Horizons, 1992, S. 96-101.

Bromwich, M. (1990): The case for Strategic Management Accounting: The role of accounting information for strategy in competitive markets, in: Accounting, Organizations and Society, 1990, S. 27-46.

Ferstl, O. K./Sinz, E. J. (1993): Der Modellierungsansatz des Semantischen Objektmodells (SOM). Bamberger Beiträge zur Wirtschaftsinformatik, Bamberg 1993.

Fischer, J. (2000): Zeitwettbewerb – Grundlagen, strategische Ausrichtung und ökonomische Bewertung zeitbasierter Wettbewerbsstrategien. Dissertation., München 2000.

Fischer, T. M. (1993a): Kostenmanagement strategischer Erfolgsfaktoren, München 1993a.

Fischer, T. M. (1993b): Die Wertzuwachskurve als Instrument der Produktkostenplanung, in: Wirtschaftswissenschaftliches Studium, 1993b, S. 367-370.

Fischer, T. M./Schmitz, J. (1994): Ansätze zur Messung von kontinuierlichen Prozessverbesserungen, Aufbau und Anwendung des Half-Life-Konzeptes im Unternehmen, in: Controlling, 1994, S. 196-203.

Fischer, T. M./Schmitz, J. (1997): Messung von Prozessverbesserungen mit dem Half-Life-Konzept, Empirische Ergebnisse aus der Elektronikindustrie, in: Zeitschrift für betriebswirtschaftliche Forschung, 1997, S. 384-406.

Garvin, D. A. (1993): Building a learning organization, in: Harvard Business Review, 1993, S. 78-91.

Gerlach, H./Bobenhausen, F. (1986): Durchlaufzeit-Analyse bei Einzel- und Kleinserien-Fertigung, in: Fortschrittliche Betriebsführung und Industrial Engineering, 1986, S. 83-87.

Grob, H. L./Reepmeyer, J.-A. (1990): Einführung in die EDV, 3. Aufl., München 1990.

Grob, H. L./Volck, S. (1995): Abbildung von Geschäftsprozessen mit ereignisgesteuerten Prozessketten, in: Wirtschaftswissenschaftliches Studium, 1995, S. 604-608.

Günther, E./Lehmann-Waffenschmidt, M. (2003): Entschleunigung als Win Win Strategie für Nachhaltiges Wirtschaften, in: Umweltwirtschaftsforum, 2003, S. 26-31.

Günther, E./Günther, T. (2005): Entschleunigung als Beitrag zur Generationengerechtigkeit- eine Analyse der ökonomischen, ökologischen und sozialen Konsequenzen, in: Tremmel, J./Ulshöfer, G. (Hrsg.): Unternehmensleitbild Generationengerechtigkeit, Frankfurt am Main 2005, S. 157-187.

Günther, T. (1998): Konzeption einer Zeitkostenrechnung als Schnittstelle von Kostenrechnung und Wettbewerbsstrategie, in: Möller, H. P./Schmidt, F. (Hrsg.): Rechnungswesen als Instrument für Führungsentscheidungen, Stuttgart 1998, S. 171-202.

Günther, T./Fischer, J. (2000a): Zeitkosten, in: Fischer, T. (Hrsg.): Kosten-Controlling – Neue Methoden und Inhalte, Schäffer-Poeschel, Stuttgart 2000a, S. 591-624.

Günther, T./Fischer, J. (2000b): Zeitkostenrechnung, in: Götze, U./Mikus, B./ Bloech, J. (Hrsg.): Management und Zeit, Physica, Heidelberg 2000b, S. 269-296.

Hamprecht, M. (1995): Grundlagen eines betrieblichen Zeitmanagements, in: Zeitschrift für Planung, 1995, S. 111-126.

Helfrich, C. (1990): Neue Denkansätze in der Logistik, in: IO Management Zeitschrift, 1990, S. 87-90.

Horváth, P./Mayer, R. (1993): Prozesskostenrechnung – Konzeption und Entwicklungen, in: Kostenrechnungspraxis; Sonderheft 2, 1993, S. 15-28.

Kirschbaum, V. (1995): Unternehmenserfolg durch Zeitwettbewerb – Strategie, Implementation und Erfolgsfaktoren, München 1995.

Meyer, J. (1994): Zeit als neuer Erfolgsfaktor? Empirische Forschungsergebnisse zu Lean Management, in: Riekhof, H.-C. (Hrsg.): Praxis der Strategieentwicklung: Konzepte – Erfahrungen – Fallstudien, Stuttgart 1994, S. 73-88.

Nippa, M./Schnopp, R. (1990): Ein praxiserprobtes Konzept zur Gestaltung der Entwicklungszeit, in: Reichwald, R./Schmelzer, H. J. (Hrsg.): Durchlaufzeiten in der Entwicklung: Praxis des industriellen F&E-Managements, München 1990, S. 115-155.

Scheer, A.-W. (1998): Wirtschaftsinformatik – Referenzmodelle für industrielle Geschäftsprozesse, Berlin, Heidelberg 1998.

Schneiderman, A. M. (1988): Setting quality goals, in: Quality Progress, 1988, S. 51-57.

Simmonds, K. (1989): Strategisches Management Accounting, in: Controlling, 1989, S. 264-269.

Stalk, G./Hout, T. M. (1992): Zeitwettbewerb – Schnelligkeit entscheidet auf den Märkten der Zukunft, Frankfurt am Main, New York 1992.

Stata, R. (1989): Organizational learning. The key to management innovation, in: Sloan Management Review, 1989, S. 63-74.

von Braun, C.-F. (1991): Die Beschleunigungsfalle, in: Zeitschrift für Planung, 1991, S. 51-70.

Weiss, A./John, G. (1989): Leapfrogging-behavior and the purchase of industrial innovations – Theory and evidence, in: Technical Paper of the Marketing Science Institute, Report No. 89-110, Cambridge 1989.

Wildemann, H. (1992): Zeitmanagement – Strategien zur Steigerung der Wettbewerbsfähigkeit, Frankfurt am Main 1992.

Wildemann, H. (1995): Durchlaufzeit-Halbe – Leitfaden zur Verkürzung von Durchlaufzeiten in Administration, Produktion und Zulieferung, 3. Aufl., München 1995.

Dritter Teil: Kosteninformationen zur Unternehmenssteuerung

Kapitel 18
Verrechnungspreise

1 Einführung

Der Automobilhersteller „Drive AG", dessen Montage sich im Inland befindet, erwägt den Aufbau des Komponentenwerks „Motoren GmbH" für die Fertigung von Motoren im Ausland. Dabei stellt sich für das Management der „Drive AG" die Frage, ob das Komponentenwerk nur für die dort anfallenden Kosten oder aber für die zukünftig realisierten Ergebnisse wirtschaftliche Verantwortung tragen soll, m. a. W., ob dieses als „Cost Center" oder als „Profit Center" eingerichtet werden soll.

Daneben ergibt sich die Frage, wie die von der „Motoren GmbH" an die „Drive AG" gelieferten Komponenten mit Hilfe von Konzernverrechnungspreisen bewertet werden können. Bei deren Ermittlung geht es darum zu entscheiden, ob kostenorientierte Verrechnungspreise auf Voll- oder auf Teilkostenbasis verwendet werden sollen. Da zusätzlich das Angebot eines externen Motorenherstellers vorliegt, bestünde auch die Möglichkeit, die Lieferungen auf Basis marktorientierter Verrechnungspreise abzurechnen.

Herr Pricing als Leiter der Konzernzentrale überlegt, welche Auswirkungen sich a) auf das Ergebnis des Konzerns sowie b) auf die Teilergebnisse des Liefer- bzw. Abnehmerunternehmens im Konzern jeweils ergeben würden.

Die wissenschaftliche Auseinandersetzung mit dem Themenkomplex der Verrechnungspreise hat für die Betriebswirtschaftslehre eine sehr lange Tradition. Selbst wenn Schmalenbach schon 1903 in seiner Habilitationsschrift das Problem der zutreffenden Preise für Lieferungen und Leistungen zwischen verschiedenen Bereichen innerhalb eines Unternehmens diskutierte, handelt es sich hierbei nach wie vor um eine aktuelle betriebswirtschaftliche Fragestellung.

Im Rahmen dieses Kapitels soll zunächst den grundlegenden Fragen nachgegangen werden, was unter Verrechnungspreisen zu verstehen ist und worin die Ziele und Aufgaben von Verrechnungspreisen in Unternehmen bestehen. Hierbei sind die Verrechnungspreise vor dem Hintergrund der folgenden Fragestellungen zu betrachten:

- Wie können die in divisionalisierten Unternehmen oder Unternehmensnetzwerken gelieferten Produkte bzw. geleisteten Dienste bei arbeitsteiliger Leistungserstellung zu „gerechten" Preisen bewertet werden?
- Welche Möglichkeiten bestehen zur Verrechnung der Ressourcenverbräuche von einem Leistungsersteller an die Empfänger der erbrachten Leistungen?
- Welche steuerlichen Implikationen ergeben sich durch Ergebnisverlagerungen zwischen verschiedenen Geschäftsbereichen bzw. Geschäftsgebieten eines Unternehmens?

Allerdings ergeben sich diese Fragestellungen weniger aus Entwicklungstendenzen im Rechnungswesen als vielmehr aus der Existenz bestimmter Organisationsstrukturen. Deshalb sind Verrechnungspreise immer im Zusammenhang mit der jeweils vorherrschenden Organisationsform zu diskutieren. Im Rahmen dieses Kapitels wird daher auf die Geschäftsbereichsorganisation als eine für den Einsatz von Verrechnungspreisen besonders geeignete Organisationsform näher eingegangen. Auf dieser Basis soll die konkrete Bestimmung von Verrechnungspreisen näher thematisiert werden. In diesem Kontext wird ein fundierter Überblick über die marktpreisorientierten, kostenorientierten und sonstigen Verfahren zur Ermittlung von Verrechnungspreisen sowie die jeweiligen Voraussetzungen für deren Anwendung gegeben. Ferner wird der Frage nachgegangen, welche Besonderheiten bei dem Einsatz von Verrechnungspreisen in Konzernunternehmen zu beachten sind. Schließlich werden die beschriebenen Funktionen und Bestimmungsansätze von Verrechnungspreisen auf empirischer Basis hinsichtlich ihrer praktischen Relevanz evaluiert.

2   Begriffsabgrenzung

Verrechnungs-
preise

Der Begriff „Verrechnungspreise" gilt in der betriebswirtschaftlichen Literatur als nicht genau definiert, so dass eine große Anzahl von Definitionen und Erklärungsversuchen existiert. Oft findet man Kritik an der Begriffswahl „Verrechnungspreis", da hier keine Preise im eigentlichen Sinne vorliegen; deshalb werden auch andere Begriffe, wie Verrechnungswerte, Bereichsabgabepreise, Lenk- oder Lenkungspreise oder Knappheitspreise, vorgeschlagen. Für Schmalenbach ([1909], S. 167) ist der Verrechnungspreis ein „eigenartiger Preis", der sich durch die Bewertung der gegenseitigen Leistungen ergibt, wenn einzelne Teile eines Unternehmens „in einen rechnerischen Verkehr treten". Daran hat sich bis heute nichts Wesentliches geändert, denn betriebliche Verrechnungspreise sind immer dann anzusetzen, wenn unternehmensinterne Lieferungen und Leistungen transferiert werden. Dabei können drei Fälle auftreten:

- Lieferungen zwischen einzelnen Kostenstellen,
- Lieferungen zwischen Werken, Unternehmensbereichen oder Geschäftseinheiten,
- Lieferungen zwischen rechtlich selbständigen Konzernunternehmen.

Bei letzteren handelt es sich um Konzernverrechnungspreise, die zivil- und steuerrechtliche Relevanz aufweisen, da sie effektiv zwischen zwei Unternehmen beglichen werden müssen. Zur gesonderten Betrachtung der steuerlichen Einflüsse unterscheidet man auch zwischen Verrechnungs- und Transferpreisen (vgl. Pfaff/Stefani [2006], S. 518). Verrechnungspreise stellen hierbei länderübergreifende Verkaufspreise zwischen rechtlich und/oder wirtschaftlich selbständigen Konzerngesellschaften für die interne Erfassung des Transfers von Gütern oder Dienstleistungen bzw. die Nutzung gemeinsamer Ressourcen und Märkte dar. Unter dem Begriff „Transferpreise" sind dagegen verrechnete Preise zwischen nicht rechtlich selbständigen Profit Centern eines Konzernunternehmens zu verstehen. Transferpreise haben keine steuerlichen Implikationen, da sie nur zum Transfer von Ergebnissen zwischen verschiedenen Profit Centern eines Konzernunternehmens dienen und somit nicht das Gesamtergebnis und die Steuerbelastung einer Gesellschaft beeinflussen. Bei Verrechnungspreisen hingegen führt ihre i. d. R. länderübergreifende Wirksamkeit zu einer steuerlichen Relevanz, da es durch ihre Gestaltung zu Gewinnverschiebungen zwischen verschiedenen Konzernunternehmen und damit zu einer Veränderung der Steuerbelastung kommen kann. Der Begriff Verrechnungspreis schließt demnach den Begriff Transferpreis mit ein, so dass im Folgenden generell von Verrechnungspreisen gesprochen wird.

Verrechnungs- und Transferpreise

3 Aufgaben und Ziele von Verrechnungspreisen

Der Verrechnungspreis kann als eine „Instrumentvariable im Dienste verschiedenster Zielsetzungen" (Gschwend [1987], S. 69) gesehen werden, da der Wertansatz von den jeweils im Vordergrund stehenden Aufgaben abhängt:

1) Abrechnungs- und Planungsfunktion,
2) Lenkungsfunktion,
3) Erfolgszuweisungsfunktion.

Aufgaben

Abrechnungs-
funktion

1) Abrechnungs- und Planungsfunktion

Die **Abrechnungsfunktion** von Verrechnungspreisen wird oft als selbstverständlich hingenommen. Gemeint ist dabei vor allem die Ermittlung von Inventurwerten für die handels- und steuerrechtliche Bilanzierung (vgl. Coenenberg [1973], S. 374), die jedes Kostenrechnungssystem und somit auch jedes Verrechnungspreissystem ermöglichen muss. Darüber hinaus sollen Betriebsabrechnung und Kalkulation vereinfacht und die Ermittlung von Preisgrenzen erleichtert werden.

Planungs-
funktion

Im Rahmen der **Planungsfunktion** müssen Verrechnungspreise, sofern sie für bestimmte Zeiträume bekannt sind, Daten für die Kostenkalkulation der betrieblichen Leistungserstellung liefern, Preiskalkulationen für neu auf den Markt kommende Produkte ermöglichen sowie Entscheidungsgrundlagen für die Wahl zwischen Fremdbezug und Eigenfertigung bis hin zur Gewinnverlagerung zwischen Konzernunternehmen bereitstellen.

Lenkungs-
funktion

2) Lenkungsfunktion

Die zentrale Aufgabe, nämlich die Erreichung eines Gesamtoptimums für das Unternehmen, lässt sich aus dem betriebswirtschaftlichen Ziel der Gewinnmaximierung ableiten. Als Lenkpreise sollen Verrechnungspreise kurzfristig knappe Produktionsfaktoren, d. h. vor allem die vorhandenen Kapazitäten und die personelle Betriebsbereitschaft, aber auch Investitionsmittel, einer optimalen Nutzung zuführen und langfristig die selbständigen Teilbereiche im Hinblick auf das Gesamtunternehmensziel steuern. Ziel der Verrechnungspreise muss also sein, den Marktmechanismus auf das einzelne Unternehmen zu übertragen (pretiale Lenkung nach Schmalenbach).

Pretiale
Lenkung

EXKURS: Pretiale Lenkung nach Schmalenbach

Der Begriff der pretialen Lenkung geht auf Schmalenbach ([1948a und 1948b]) zurück, der in seinen Ausführungen als Einleitung zur Lenkungsproblematik eine „optimale Geltungszahl" definiert als „die Zahl, die wir bei verschiedenen Gütern ansetzen müssen, um angesichts der Vielheit der Güter die richtigen Entscheidungen treffen zu können. Richtige Entscheidung ist diejenige Zahl, die den höchsten Grad der Wirtschaftlichkeit verspricht" (Schmalenbach [1948a], S. 14). Die optimale Geltungszahl wird, in starker Anlehnung an die Preistheorie, durch den Schnittpunkt von Grenzkosten- und Grenznutzenkurve wiedergegeben, wobei der Lenkpreis der pretialen Geltungszahl entsprechen muss. Schmalenbach versteht unter Lenkpreis einen Verrechnungspreis, „der den besonderen Zweck hat, die Maßnahmen eines Betriebes oder einer Dienststelle, insbesondere alle vor kommenden Wahlvorgänge, mit dem Ziele optimaler Wirtschaft zu beeinflussen" (Schmalenbach [1948b], S. 9). Dabei soll den einzelnen Un-ternehmenseinheiten Entscheidungsfreiheit gewährt werden, um diese dann an ihren Teilbereichserfolgen zu messen. Mit Hilfe des Prinzips der pretialen Lenkung soll durch die Implantierung eines der gesamtwirtschaftlichen Marktpreisbildung für Güter und Dienstleistungen ähnlichen Prozesses erreicht werden, dass die dezentralen Teilbereiche durch Optimierung ihres Gewinns das Gesamtergebnis des Unternehmens optimieren.

3) Erfolgszuweisungsfunktion

Neben der Lenkungsfunktion stellt die Erfolgszuweisungsfunktion die zweite Hauptaufgabe der Verrechnungspreise dar (vgl. Abb. 18.1). Innerhalb eines organisatorischen Rahmens, der durch selbständige Teilbereiche (Sparten, Divisionen, Geschäftsbereiche, Profit Center etc.) gekennzeichnet ist, soll durch die Wahl eines geeigneten Verrechnungspreises die Erfolgszuweisung, d. h. die Spaltung des Gesamtunternehmenserfolgs in einzelne Teilergebnisse, gewährleistet sein. Die Zuordnung des Teilerfolgs auf die Divisionen soll deren Selbständigkeit fördern und zu höherer Motivation aufgrund größerer Einflussmöglichkeiten führen. Letztendlich soll der Gewinn der einzelnen Bereiche deren Ergebnisbeitrag zum Gesamtergebnis darstellen. Wenn die Erfolgszuweisung über den reinen Motivationsaspekt hinausgehen soll, können das Gehalt der Führungsebene und auch eventuell Zulagen für alle Mitarbeiter des Bereichs an das Teilergebnis gekoppelt sein. Häufig ist auch ein an den Erfolgsausweis gekoppeltes Prämiensystem vorhanden, das allerdings ein funktionierendes Kontrollrechnungssystem bedingt. Für die Divisionen sollen trotz eventuell fehlender Marktbeziehungen sinnvolle Entscheidungen auf der Beschaffungs- wie der Absatzseite getroffen werden können, wobei bei nicht vorhandenen Marktpreisen oft nur unbefriedigende Ersatzlösungen möglich sind.

Mit der Erfolgszuweisungsfunktion ist die Aufgabe der **Wirtschaftlichkeitskontrolle** verbunden, die dadurch vereinfacht wird, dass die feststellbaren Abweichungen zwischen Soll und Ist ausschließlich auf Mengenabweichungen beruhen müssen, wenn die Bewertung von Soll- und Ist-Mengen der Güter mit festen Verrechnungspreisen erfolgt.

Ziel der Lenkungsfunktion ist die Erreichung eines Gesamtoptimums für das Unternehmen. Die Erfolgszuweisungsfunktion führt über die Möglichkeit eigener Entscheidungen durch die Teilbereiche zu Teiloptima. Wenn zwischen den Bereichen Interdependenzen bestehen, kann dies durchaus zu Zielantinomien führen.

Erfolgs-zuweisungs-funktion

Wirtschaftlich-keitskontrolle

Zielantinomien

Zielerreichung bei der Bestimmung von Verrechnungspreisen		
Lösung Funktion	zentral	dezentral
Lenkungsfunktion	Erreichung des Gesamtoptimums	Erreichung der Bereichsoptima, nicht jedoch des Gesamtoptimums
Erfolgszuweisungs-funktion	Bereichserfolg nicht messbar → geringe Motivation	Bereichserfolg messbar → hohe Motivation

Abb. 18.1: Zielerreichung bei der Bestimmung von Verrechnungspreisen

Situation ohne Interdependenzen

Für den Fall, dass keine Verflechtungen vorliegen, sind die Entscheidungen der verschiedenen Geschäftsbereiche voneinander unabhängig. Es besteht auch kein Koordinationsproblem, da eine Gewinnmaximierung in den Teilbereichen automatisch zum Gesamtoptimum führt, allerdings besteht auch keine Möglichkeit der Realisierung von Synergievorteilen.

$$\Sigma \text{ Teiloptima} = \text{Gesamtoptimum}$$

Situation mit Interdependenzen

Falls Interdependenzen vorhanden sind, können sich Verflechtungen zwischen den Geschäftsbereichen auf drei Ebenen ergeben:

1) Es liegen Lieferungs- und/oder Leistungsverflechtungen vor, d. h., die Bereiche sind sequentiell verknüpft.
2) Die Divisionen konkurrieren um gemeinsame knappe Ressourcen (Kapital, EDV-Service etc.).
3) Die Divisionen konkurrieren um gemeinsame Absatzmärkte.

In allen drei Situationen könnte ein unkoordiniertes Handeln der Divisionen dazu führen, dass eine individuelle Gewinnmaximierung nicht zum potenziellen Gesamtoptimum führt, da mögliche Verbundvorteile nicht genutzt werden.

$$\Sigma \text{ Teiloptima} < \text{potenzielles Gesamtoptimum}$$

Nachfolgendes Beispiel 18.1 verdeutlicht, dass bei einer bestimmten Kosten- und Preisstruktur durchaus Unterschiede zwischen der Summe der Teiloptima und dem Gesamtoptimum vorliegen können (vgl. Abb. 18.2).

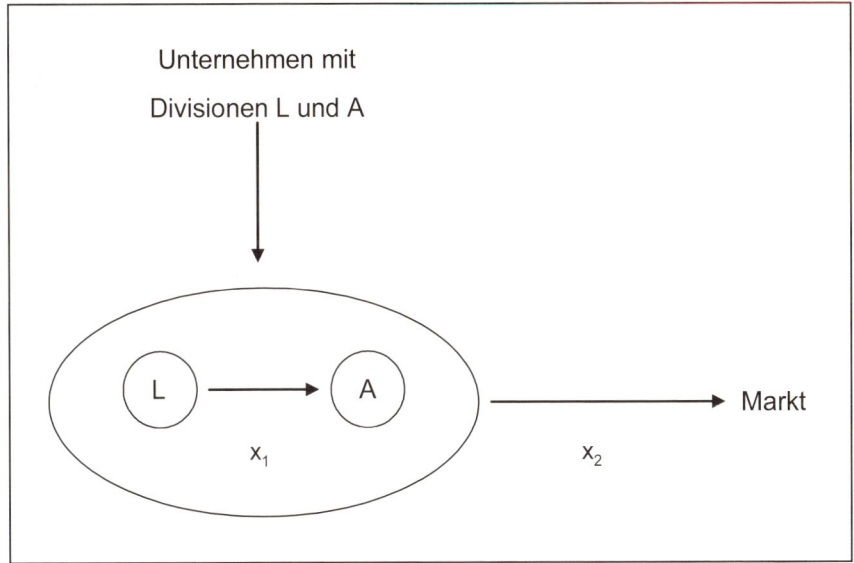

Abb. 18.2: Lieferbeziehungen der Divisionen L und A

Beispiel 18.1

Je Mengeneinheit x_2 wird eine Mengeneinheit x_1 benötigt.

Kosten der Lieferdivision $K_L = 1\,000 + 50\,x_1$

Kosten der Abnehmerdivision $K_A = 1\,000 + 30\,x_2$

Marktpreis$_{Endprodukt}$ (Absatzmenge) $p = f(x_2)$ sei gegeben

$x_1 = x_2$	K_L	K_A	$p\,(x_2)$	$E\,(x_2)$
100	6 000	4 000	200	20 000
200	11 000	7 000	180	36 000
300	16 000	10 000	150	45 000
400	21 000	13 000	140	56 000
500	26 000	16 000	120	60 000

1) Dezentrale Lösung
Annahme: L produziert ausschließlich für innerbetriebliche Zwecke und hat keinen Zugang zum Markt. Für x_1 wird von L autonom ein Verrechnungspreis von 80,– EUR je Einheit festgesetzt.

1a) Entscheidungen der Lieferdivision L
Kurzfristig stellt L jede beliebige Absatzmenge bereit, da der Deckungsbeitrag in jedem Falle positiv ist:

Deckungsbeitrag pro Stück $= p - k_v = 80 - 50 > 0$

Langfristig sollte das Ziel der Division L das Erreichen der Break-even-Menge x_0 sein:

$$x_0 = \frac{K_f}{DB} = \frac{1\,000}{80-50} = 33{,}33 \text{ Einheiten}$$

1b) Entscheidung der Abnehmerdivision A

x_2	$E\,(x_2)$	$K_A{}^{a)}$	$G\,(x_2)$
100	20 000	12 000	8 000
200	**36 000**	**23 000**	**13 000**
300	45 000	34 000	11 000
400	56 000	45 000	11 000
500	60 000	56 000	4 000

zu $^{a)}$: incl. Materialkosten für x_1

Bei dieser Konstellation wird sich A für die Produktion von 200 Einheiten entscheiden. Somit stellt sich die Ergebnissituation wie folgt dar:

Entscheidung für 200 Einheiten:

Ergebnis von L	5 000
Ergebnis von A	13 000
Gesamtergebnis	18 000

2) Zentrale Lösung

Die zentrale Lösung wird ermittelt, wie wenn es sich um ein Unternehmen mit zwei Produktionsabteilungen handeln würde:

x_2	$E\,(x_2)$	$\Sigma\,K_L, K_A$	$G\,(x_2)$
100	20 000	10 000	10 000
200	36 000	18 000	18 000
300	45 000	26 000	19 000
400	**56 000**	**34 000**	**22 000**
500	60 000	42 000	18 000

Die zentrale Lösung führt bei einer Ausbringungsmenge von 400 Mengeneinheiten zu einem Gesamtoptimum von 22 000 EUR. Somit entgeht dem Unternehmen bei dezentraler Optimierung ein Gewinn von 4 000 EUR.

Fazit

Die dezentral getroffene Entscheidung führt nicht zum potenziellen Gesamtoptimum für das Unternehmen. Da die Kosten, die ausschließlich in der Division A anfallen, nicht beeinflussbar sind, hängt die Entscheidung der Division A zur Produktion von 200 Einheiten von der Wahl des Verrechnungspreises ab.

Bei der Differenz zwischen der Summe der Teiloptima und dem Gesamtoptimum handelt es sich um **Synergievorteile,** die durch eine gesamtbetriebliche Koordination zu sichern sind:

- Größenvorteile durch Marktmacht,
- niedrigere Produktionskosten infolge technologischer Größenvorteile,
- niedrigere Absatz- und Vertriebskosten,
- niedrigere Kapitalkosten,
- Sicherheit und Qualität der Belieferung,
- Geheimhaltung bei patentierten Produkten.

Das Ziel „Erreichung des potenziellen Gesamtoptimums" kann durch das Postulat „Dezentralisation soweit wie möglich, Zentralisation soweit wie nötig" ausgedrückt werden. In Frage kommende Transferpreise sind somit immer darauf zu überprüfen, wie sie die Lenkungs- bzw. die Erfolgszuweisungsfunktion verwirklichen.

4 Geschäftsbereichsorganisation als relevante Organisationsstruktur

Zu den weitreichendsten Entscheidungen der Unternehmensführung gehört die Wahl der Organisationsform eines Unternehmens, durch die den verschiedenen Unternehmensteilen ein verbindlicher Rahmen gegeben werden soll.

Nach Bühner ([1999], S. 125 ff.) entstehen Organisationseinheiten durch die Zusammenfassung von Teilaufgaben des Unternehmens und die Zuordnung von Menschen und Sachmitteln. Dabei können entweder merkmalsgleiche Teilaufgaben zusammengefasst (Zentralisation) oder getrennt (Dezentralisation) werden. Unter Geschäftsbereichsorganisation, für die oft synonym die Begriffe Spartenorganisation, Profit Center-Organisation (vgl. hierzu Frese [1990], S. 139 ff.), divisionale Organisation, Divisionalisierung etc. verwendet werden, versteht man eine Organisationsform, bei der eine Zentralisation nach Objektgesichtspunkten, d. h. nach Produkten, Kunden oder Regionen, vorgenommen wird und jeder Divisionsleiter innerhalb des Unternehmens für das Ergebnis seines Bereichs verantwortlich ist. Bei einer Geschäftsbereichsorganisation nach Produkten ist das Unternehmen in Teilbereiche zerlegt, die den gesamten betrieblichen Leistungserstellungsprozess von der Beschaffung über die Produktion bis zum Absatz des ihnen zugeordneten Produkts umfassen (vgl. Abb. 18.3).

Geschäfts-
bereichs-
organisation

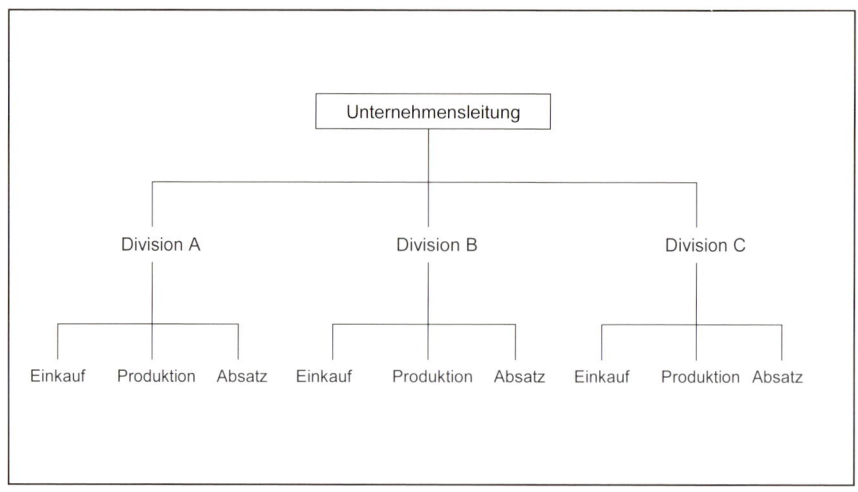

Abb. 18.3: Geschäftsbereichsorganisation

Voraussetzungen

Als Voraussetzungen für eine divisionale Organisationsstruktur gelten ein gewisser Geschäftsumfang (bei einer Unterteilung der Unternehmen nach Größenklassen ist eindeutig eine Tendenz in Richtung divisionalisierter Organisationsstruktur mit zunehmender Unternehmensgröße zu erkennen; vgl. hierzu Küpper/Winckler/Zhang [1990], S. 437), ein bestimmter Grad an Diversifikation sowie eine relative Unabhängigkeit der Bereiche. Die Geschäftsbereiche können juristisch selbständig und unselbständig sein, wichtig ist ihre wirtschaftliche Autonomie, d. h., sie müssen wie ein eigenes Unternehmen entscheiden und handeln können. Auch sollte die Verantwortlichkeit bezüglich des von den Geschäftsbereichen erzielten Erfolgs sichergestellt sein. Die Zentralbereiche müssen allerdings über geeignete Steuerungsmechanismen verfügen, um die Zusammenarbeit der Geschäftsbereiche effektiv gestalten zu können.

Ziele

Die mit der Einführung einer divisionalen Organisation verfolgten Ziele können wie folgt untergliedert werden:

Unternehmens-erfolgs-maximierung

▪ Unternehmenserfolgsmaximierung
Die Koordinationsaufgaben der Zentrale nehmen zu, so dass das Tagesgeschäft an erfolgsverantwortliche Divisionsleiter abgegeben wird, um strategische und langfristige Aufgaben besser wahrnehmen zu können. Durch die Konzentration auf ein Tätigkeitsgebiet werden in den Divisionen spezifische Qualifikationen besser genutzt.

Anpassungs-fähigkeit

▪ Anpassungsfähigkeit an Umfeldbedingungen
Durch die Verlagerung von Kompetenzen auf die Divisionen und deren bessere Überschaubarkeit können Entscheidungen schneller getroffen werden, wodurch sowohl die strategische als auch die strukturelle Anpassungsfähigkeit steigt.

- Motivationseffekt

  Die den Bereichen gewährte Entscheidungsautonomie für das operative Geschäft sowie die Beteiligung an der Zielformulierung führen zu Motivationseffekten bei den Teilbereichsleitern. Die Bereiche sind selbständige „Unternehmen im Unternehmen" und tragen somit die Verantwortung für ihr Geschäft. Durch die Leitung einer Division werden Manager mit den für das Unternehmen wichtigen Erfolgskriterien vertraut gemacht.

- Erfolgszurechnung

  Aufgrund der Aufteilung in Profit Center kann eine Beurteilung der Bereiche am Spartenergebnis erfolgen. Für Abteilungen, deren direkter Erfolg aufgrund ihrer Stellung im Unternehmen schwer zu messen ist (z. B. Stabsabteilungen), müssen andere Wege zur Erfolgsmessung gefunden werden.

- Gewinnverlagerung

  Das oft in der Literatur behandelte Ziel der Gewinnverlagerung zur Minimierung der gesamten Steuerbelastung oder zur Verbesserung des Erfolgsausweises rechtlich selbständiger Teilbereiche soll hier nicht Gegenstand der Diskussion sein. Vielmehr stehen Überlegungen zur Wahl von Verrechnungspreisen zwischen rechtlich unselbständigen Abteilungen im Vordergrund. Im späteren Verlauf des Kapitels wird der Problematik der Verrechnungspreise in internationalen Konzernen ein Abschnitt gewidmet.

Sofern sich diese Ziele verwirklichen lassen, stellen sie zugleich die **Vorteile** der Geschäftsbereichsorganisation dar.

Allerdings muss auch beachtet werden, dass der Übergang zur divisionalen Organisationsform in der Regel Mehrarbeit mit sich bringt, da in den verschiedenen Sparten oft die gleichen Funktionen eingerichtet werden (Verrichtungsdezentralisation) und dies meist gleichbedeutend mit einer Stellenvermehrung und erhöhten Personalkosten ist. Darüber hinaus ist die Gefahr von Synergieverlusten latent vorhanden.

Je nach dem Umfang der Verantwortlichkeit können folgende Organisationseinheiten, auch Responsibility Center genannt, unterschieden werden: Cost Center, Expense Center, Revenue Center, Profit Center und Investment Center (vgl. Weilenmann [1989], S. 938, vgl. zum Profit Center-Konzept Frese [1990], S. 139 ff.; Anthony/Govindarajan [2003]).

1) Cost Center

Cost Center sind organisatorische Unternehmensteilbereiche, bei denen sich das Kontrollsystem ausschließlich auf die verursachten Kosten bezieht. Abrechnungstechnisch sind Kostenstellen Cost Center, aber auch Produktionsstätten ohne direkten Zugang zum Absatzmarkt fallen darunter. Die Verantwortlichen sind hier nur für die Effizienz der Leistungser-

(Marginalien:) Motivation · Erfolgs-zurechnung · Gewinn-verlagerung · Probleme · Responsibility Center · Cost Center

stellung verantwortlich, die mit der Standardkostenrechnung und der Abweichungsanalyse überprüft werden kann (vgl. Kapitel 6 und 11).

Expense Center

2) Expense Center

Die Leitung eines Expense Center ist lediglich für die angefallenen Ausgaben verantwortlich. Dies kann darauf zurückgeführt werden, dass Ausgaben leichter zu ermitteln sind als Kosten. Als Instrument zur Leistungsbemessung dient die Budgetkontrolle, wobei zu bemerken ist, dass eine Budgetunterschreitung nicht unbedingt erstrebenswert ist, da sie auch durch eine schlechte Erfüllung der Aufgaben bedingt sein kann.

Revenue Center

3) Revenue Center

Revenue Center sind dadurch gekennzeichnet, dass deren Leitung nur für die Erlösseite verantwortlich ist, da die Kosten zwar bei ihnen letztendlich in voller Höhe entstanden, nicht jedoch in ihrem Bereich verursacht worden sind.

Profit Center

4) Profit Center

Zur Beurteilung der Leistung eines Profit Center werden sowohl die zuordenbaren Kosten als auch die Erlöse, d. h. sowohl Input als auch Output, herangezogen. Die genaue Definition ist abhängig vom Gewinnbegriff, der entweder historisch- oder tageswertorientiert, mit oder ohne außerbetriebliche Erfolge sowie vor oder nach Steuern definiert sein kann. Der Deckungsbeitrag eignet sich weniger zur Beurteilung, da er kurzfristig konzipiert ist. Der Cashflow orientiert sich an periodenübergreifenden Mittelzu- bzw. -abflüssen (vgl. Weilenmann [1989], S. 939).

Investment Center

5) Investment Center

Investment Center sind Bereiche mit Renditeverantwortung, d. h., auch Investitions- und Desinvestitionsentscheidungen können vom Bereichsleiter getroffen werden. Entscheidungen, die das langfristige Fremdkapital und das Eigenkapital betreffen, sind aber weiterhin bei der Unternehmensleitung angesiedelt (vgl. Abb. 18.4).

Service Center

Eine Verselbständigung bezüglich aller geschäftsnotwendigen Bereiche würde wiederum dem Prinzip der Wirtschaftlichkeit widersprechen. Deshalb sind die Geschäftsbereiche durch Zentralbereiche zu ergänzen, die für die die Gesamtheit der Bereiche betreffenden Entscheidungen zuständig sind und die keine für den außerbetrieblichen Absatz bestimmten Leistungen erbringen. Hierzu zählen die Bereiche Finanzen, Controlling, Personal und Öffentlichkeitsarbeit. Eine Bündelung dieser Aufgaben führt zur Nutzung von Größendegressionseffekten und Spezialisierungsvorteilen. Diese Zentralbereiche, die Dienstleistungen für alle oder mehrere Geschäftsbereiche erbringen, sind **Service Center,** die im allgemeinen als Cost Center geführt werden. Eine derartige Ergänzung der Geschäftsbereiche entspricht dem Postulat „Dezentralisation soweit wie möglich, Zentralisation soweit wie nötig".

Organisationsformen	Instrumente zur Leistungsmessung
1. Cost Center Kostenorientierte Bereiche	Standardkostenrechnung; Analyse der Kostenabweichungen
2. Expense Center Ausgabenorientierte Bereiche	Budgetkontrolle
3. Revenue Center Ertragsorientierte Bereiche	Analyse der Erlösabweichungen
4. Profit Center Bereiche mit Ergebnisverantwortung	Gewinn (Kosten- und Erlösabweichungen)
5. Investment Center Bereiche mit Renditeverantwortung	Rendite; Residualergebnis

Abb. 18.4: Organisationsformen und Instrumente zur Leistungsmessung

Die Einführung einer Geschäftsbereichsorganisation impliziert zum einen die Schaffung kleiner Einheiten (Dekonzentration), mit deren Hilfe die gesamte Steuerung des Systems verbessert werden soll. Andererseits bedeutet Dezentralisation auch Delegation von Entscheidungskompetenzen und -verantwortung, durch die den kleineren Teileinheiten mehr Verantwortung bei ihrer Aufgabenerfüllung übertragen wird, was zu einer weiteren Verselbständigung führt.

Eine nach Dezentralisationsgesichtspunkten ausgerichtete Organisationsform bedingt aber die **Koordination** der Teilbereiche, um das Ziel der Lenkung sinnvoll zu erfüllen. Allgemein formuliert sollen durch die Koordination Handlungen von Menschen innerhalb einer Organisation aufeinander abgestimmt werden, wobei nur in Verbindung stehende Bereiche zu koordinieren sind. Ob ein dezentralisiertes System der zunehmenden Komplexität den Anforderungen an die Unternehmensleitung Rechnung tragen kann, ist umstritten. Die Koordination der Entscheidungen kann über Verhaltensnormen erfolgen, bei denen explizite und implizite Verhaltensnormen unterschieden werden.

Koordination der Teilbereiche

Explizite Normen stellen Regelungen dar, die für jeden Fall die Entscheidungsmodalitäten bestimmen. Allerdings werden somit die wichtigen Entscheidungen von der Zentrale getroffen, was dem Konzept der Dezentralisation widerspricht. Die Autonomie der Einheiten wird stark eingeschränkt, allerdings lassen sich dadurch höhere Verbundvorteile realisieren (vgl. Abb. 18.5). Da das Konzept der Divisionalisierung davon ausgeht, dass der Grad an Motivation und damit der Beitrag jeder Sparte zum Unternehmensganzen mit der Autonomie der Sparte und des Spar-

Explizite Verhaltensnormen

tenmanagements wächst, sollte der Beitrag der Divisionen zum Gesamter-
folg verursachungsgerecht zugerechnet werden.

Dieses Ziel versucht, **implizite Verhaltensnormen,** d. h. allgemeine
Ziele, an denen Entscheidungen zu orientieren sind, zu erreichen. Ein
mögliches Instrumentarium zur impliziten Koordination der Entscheidungen im Hinblick auf das Gesamtoptimum sind die Verrechnungspreise
für Leistungs- und Lieferungstransfers und gemeinsame knappe Ressourcen, mittels derer die Erfolgszielsetzung der Sparten im Sinne des Ge-
samtunternehmensziels beeinflusst wird.

Aus obigen Ausführungen lässt sich unschwer die These ableiten, dass
Verrechnungspreise kein Problem des internen Rechnungswesens, sondern vielmehr ein organisationspolitisches Problem sind (vgl. Albach
[1974], S. 228 ff.).

Der Vorschlag, Verrechnungspreise im einzelnen durch die Zentrale
festzulegen, widerspricht der Idee der Dezentralisation durch die Rück-
verlagerung der Entscheidungskompetenz. Allerdings können auch Kombinationen von expliziten und impliziten Normen sinnvoll sein.

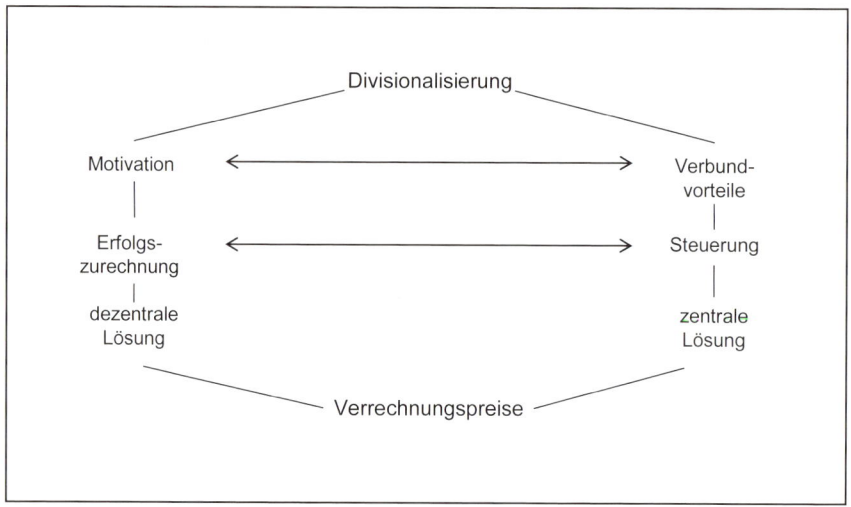

Abb. 18.5: Zentrale und dezentrale Lösung

5   Bestimmung der Verrechnungspreise

Nun stellt sich die Frage nach der Ermittlung der Transferpreise zur optimalen Zielerreichung. Hier sollen nach der Darstellung theoretischer
Verrechnungspreismodelle marktpreis- und kostenorientierte Verrechnungspreise unterschieden werden. Den nicht eindeutig zuordenbaren
Verrechnungspreisarten sei der Abschnitt „Sonstige Verrechnungspreise"
gewidmet.

5.1 Marktpreisorientierte Verrechnungspreise

Ausgehend von der Idee der Divisionalisierung, nämlich der Verselbstän- *Marktpreise*
digung der Abteilungen und der so gegebenen Möglichkeit, autonome
Entscheidungen zu treffen, bietet sich die Wahl von Marktpreisen als
Verrechnungspreise an. Die einzelne Division verhält sich somit wie ein
selbständig am Markt agierendes Unternehmen, das Angebot bzw. Nachfrage an den gegebenen Preisen orientiert und sich als Mengenanpasser
verhält. Durch die Verwendung von Marktpreisen wird der Marktmechanismus in geradezu idealer Weise auf das Unternehmen übertragen.

> In Fortführung von Beispiel 18.1 sei angenommen: ***Beispiel 18.2***
> – Marktpreis p_1 = 80,– EUR
> – Kapazität L   = 400 Stück
>
> Wenn L und A unbeschränkten Marktzugang haben, führen zentrale
> und dezentrale Lösung zum selben Ergebnis:
>
> | | |
> |---|---:|
> | Ergebnis Division L (= 400 × (80 – 50) – 1 000) | 11 000 |
> | + Ergebnis Division A (= 200 × (180 – 110) – 1 000) | 13 000 |
> | = Gesamtergebnis | 24 000 |
>
> Bei dieser Lösung ist es prinzipiell gleichgültig, ob L und A intern
> oder extern liefern bzw. beschaffen, sofern dadurch keine Verbund-
> vorteile verloren gehen. Durch die Übertragung des Marktpreises
> wird Äquivalenz zwischen interner und externer Lieferung herge-
> stellt.

Für die Realisierbarkeit dieser Übertragung muss allerdings ein **voll-** *Voraussetzungen*
kommener Markt vorherrschen, woran folgende Voraussetzungen ge-
knüpft sind:

1) Beide Divisionen (Liefer- und Abnehmerdivision) haben Zugang
    zum Markt.
2) Es existiert ein externer Markt mit einem im relevanten Markt ein-
    heitlichen Marktpreis für die gehandelten Zwischengüter, die die in-
    ternen Zwischengüter voll substituieren können.
3) Die Marktkapazitäten sind sowohl auf der Absatz- wie auch auf der
    Beschaffungsseite unbeschränkt.
4) Der Verrechnungspreis muss rechnerisch erfassbare Verbundvorteile,
    die bei externer Lieferung bzw. externem Bezug entfallen, berück-
    sichtigen. Darüber hinaus bestehen keine nicht rechnerisch erfassba-
    ren Verbundvorteile (wie z. B. mindere Qualität, Unsicherheit der
    Belieferung, Gefahr des Geheimnisverlusts etc.).

5) Der Verrechnungspreis muss Marktpreisschwankungen angepasst werden. Allerdings sind kurzfristig gültige Kampfpreise auf externen Märkten für die Verrechnungspreisbildung ungeeignet.

Vorteile

Der Hauptvorteil des Marktpreises als Verrechnungspreis ist, dass sowohl der Gewinn des Gesamtunternehmens optimiert wird als auch die Teilerfolge als von der jeweiligen Division erwirtschaftet betrachtet werden können. Die gewünschte Autonomie der Bereiche und die damit verbundene Kontrollierbarkeit der eigenen Erfolge wird gewährleistet. Darüber hinaus zeichnet sich der Marktpreis durch seine Objektivität und damit die geringe Manipulierbarkeit aus.

Anwendungsbereich

Generell kann gesagt werden, dass Marktpreise dann anwendbar sind, wenn sie die ökonomischen Konsequenzen alternativer (externer) Geschäfte der Divisionen ausdrücken, d. h., sie sind entgangener Erlös bei Verzicht auf ein externes Geschäft.

Wenn beide Divisionen einen unbeschränkten Zugang zum Markt haben, ist die Entscheidung für interne(n) versus externe(n) Lieferung bzw. Bezug für die Optimierung des Gesamtergebnisses nicht von Bedeutung. Allerdings ist zu beachten, ob Verbundvorteile nur bei interner Lieferung realisiert werden können.

Im Folgenden wird anhand der fünf Voraussetzungen, ausgehend von einem Eingangsbeispiel, bei dem für beide Divisionen der unbeschränkte Marktzugang gegeben ist, untersucht, warum die oben genannten Voraussetzungen unabdingbar sind.

Beispiel 18.3

Ausgangspunkt für die Beispiele ist die in Abb. 18.6 veranschaulichte Situation.

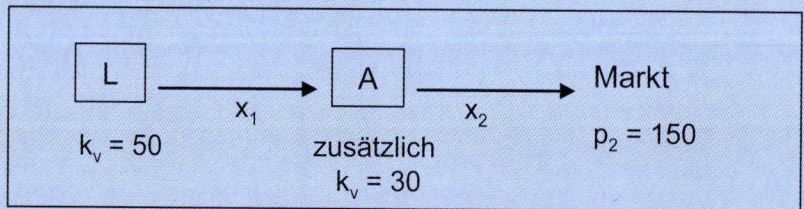

Abb. 18.6: Ausgangssituation des Beispiels

Für die Produktion von x_1 entstehen bei L variable Kosten in Höhe von 50 EUR. A benötigt für die Produktion einer Einheit von x_2 eine Einheit des Vorprodukts x_1. Bei A fallen zusätzlich variable Kosten in Höhe von 30 EUR an. Der Marktpreis für x_2 sei ein Datum und liege bei 150 EUR.

1) Beide Divisionen (Liefer- und Abnehmerdivision) haben Zugang zum Markt. Freier Marktzugang

Ist dieser Tatbestand erfüllt, so bleibt keine bessere Möglichkeit der Verrechnungspreisbestimmung als der Marktpreis: Wählt man einen höheren Betrag, so ist die kaufende Division benachteiligt, bei einem Transferpreis unter dem Marktpreis ist der liefernde Bereich schlechter gestellt.

a) Die Lieferdivision hat keinen Marktzugang, die Abnehmerdivision hat Zugang zum Markt. Kein Marktzugang für L

Da jede Division ihren Gewinn maximieren will, wird es nur zu einer Lösung, d. h. zur Produktion des Endprodukts kommen, wenn sich der Marktpreis des Zwischenprodukts und somit dessen Verrechnungspreis zwischen den variablen Kosten der Lieferdivision und dem Marktpreis für das Endprodukt abzüglich der variablen Kosten der Abnehmerdivision bewegt (vgl. Abb. 18.7).

	L	A
Variable Kosten k_v	50	30
Marktzugang$_{Zwischenprodukt}$	nein	ja
Kapazität	beliebig	beliebig
Preis$_{Endprodukt}$ (extern)		150
Preis$_{Zwischenprodukt}$ (extern)	–	130

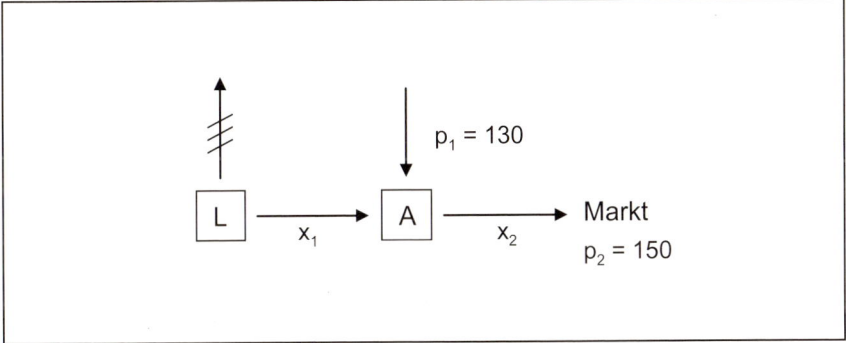

Abb. 18.7: Lieferdivision L hat keinen Marktzugang (für 1a))

Alternative	keine	keine
Entscheidungsregel	$p \geq 50$	$p \leq 150 - 30$
Stückdeckungsbeitrag bei Preis$_{Zwischenprodukt}$ als Verrechnungspreis	80	-10
Konsequenz	Nichtproduktion bei A $\Rightarrow$ L produziert nicht $\Rightarrow$ kein Gesamtoptimum	

Im Beispiel wird L zu jedem Preis p > 50 liefern, da dann ein positiver Deckungsbeitrag erzielt werden kann. A wird x_1 nur beziehen, wenn der Preis unter 120 liegt. Bei einem Preis von 130 würde das Unternehmen auf die Produktion von x_2 verzichten, obwohl insgesamt ein Deckungsbeitrag von 70 erzielt werden könnte. Jeder Preis p mit $50 \leq p \leq 120$ würde der Lenkungsfunktion gerecht werden, d. h. zum Gesamtoptimum führen und andererseits auch eine zutreffende Erfolgszuweisung auf die beiden Divisionen ermöglichen.

Kein Marktzugang für A

b) *Die Lieferdivision hat Zugang zum Markt, die Abnehmerdivision hat keinen Marktzugang.*

	L	A
Variable Kosten k_v	50	30
Marktzugang_Zwischenprodukt	ja	nein
Kapazität	beliebig	beliebig
Preis_Endprodukt (extern)		150
Preis_Zwischenprodukt (extern)	80	–
Alternative	keine	keine
Entscheidungsregel	$p \geq 80$	$p \leq 150 - 30$
Stückdeckungsbeitrag bei Preis_Zwischenprodukt als Verrechnungspreis	30	40
Konsequenz	Gesamtoptimum erreicht	

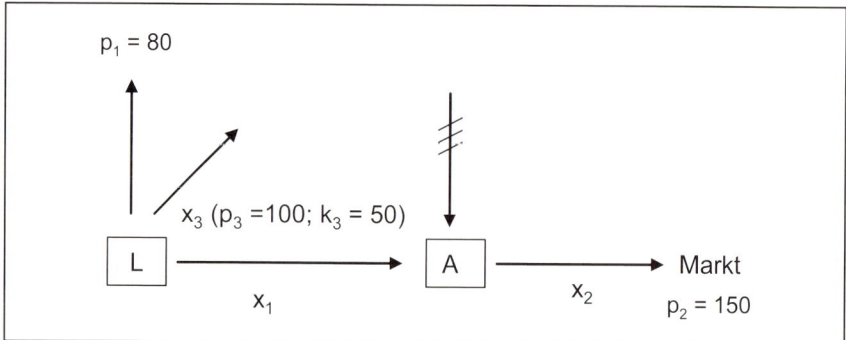

Abb. 18.8: Abnehmerdivision hat keinen Marktzugang (für 1b) und 1c))

In diesem Fall (vgl. Abb. 18.8) führt jeder Marktpreis, der die variablen Kosten der Lieferdivision übersteigt, zum Gesamtoptimum. Allerdings ist der Ergebnisbeitrag der einzelnen Divisionen noch zu untersuchen: Liegt der Verrechnungspreis zwischen den variablen Kosten der Lieferdivision bzw. dem höheren Marktpreis für das Zwischenprodukt und dem Marktpreis für das Endprodukt abzüglich der variablen Kosten der Abnehmerdivision (im Beispiel für den Preis $80 \leq p \leq 120$), so gilt, dass eine Produktion durch die Abnehmerdivision zur Erhöhung des Gesamtoptimums führt.

c) *Die Lieferdivision hat Zugang zum Markt und zusätzlich die Möglichkeit, dieselbe Menge eines anderen Produkts mit einem höheren Deckungsbeitrag herzustellen. Die Abnehmerdivision hat keinen Marktzugang auf der Beschaffungsseite.* Alternative für L

	L	A
Variable Kosten k_v	50	30
Marktzugang$_{Zwischenprodukt}$	ja	nein
Kapazität	beliebig	beliebig
Preis$_{Endprodukt}$ (extern)	–	150
Preis$_{Zwischenprodukt}$ (extern)	80	–
Alternative	$p_3 = 100$; $k_3 = 50$	keine
Entscheidungsregel	$p \geq 100$	$p \leq 150 - 30$
Stückdeckungsbeitrag bei Preis$_{Zwischenprodukt}$ als Verrechnungspreis	30	40
Konsequenz	Alternativ-$DB_L = 50$ $\Rightarrow$ L produziert nicht $\Rightarrow$ A kann nicht produzieren $\Rightarrow$ kein Gesamtoptimum	

DB_L = Deckungsbeitrag der Lieferdivision

L wird zur Optimierung seines Bereichsergebnisses ausschließlich das alternative Produkt herstellen, da der Deckungsbeitrag beim alternativen Produkt mit 50 um 20 höher liegt. Das Gesamtoptimum wäre nur dann erreicht, falls der Verrechnungspreis für das von L gelieferte Produkt größer als der Marktpreis des Alternativprodukts, aber noch kleiner als die Differenz zwischen dem Marktpreis für das Endprodukt und den variablen Kosten der Abnehmerdivision ist. Im Beispiel würde jeder Preis p mit $100 \leq p \leq 120$ die Lenkungsfunktion erfüllen und zudem eine Aufspaltung des Erfolgs ermöglichen.

Die dargestellten Situationen (vgl. Abb. 18.8) zeigen, dass der Marktpreis als Verrechnungspreis nur dann unkorrigiert übernommen werden kann, wenn die Voraussetzung eines Marktzugangs bei beiden Divisionen erfüllt ist. Selbst wenn in der Liefer- bzw. Abnehmerdivision Engpässe bestehen, hat dies keinen Einfluss auf die Anwendbarkeit des Marktpreises, wenn die anderen Bedingungen erfüllt sind, da auf den Markt zurückgegriffen werden kann.

2) *Es existiert ein externer Markt mit einem im relevanten Markt einheitlichen Marktpreis für die gehandelten Zwischengüter, die die internen Zwischengüter voll substituieren können.* Einheitlicher Marktpreis

Bei einem einheitlichen Marktpreis werden sowohl die Liefer- wie auch die Abnehmerdivision ihren Gewinn maximieren, wodurch auch das Gesamtoptimum für das Unternehmen erreicht wird. Die beiden Abteilungen können wie unabhängige Unternehmen handeln, die an ihrem Teilerfolg gemessen werden können.

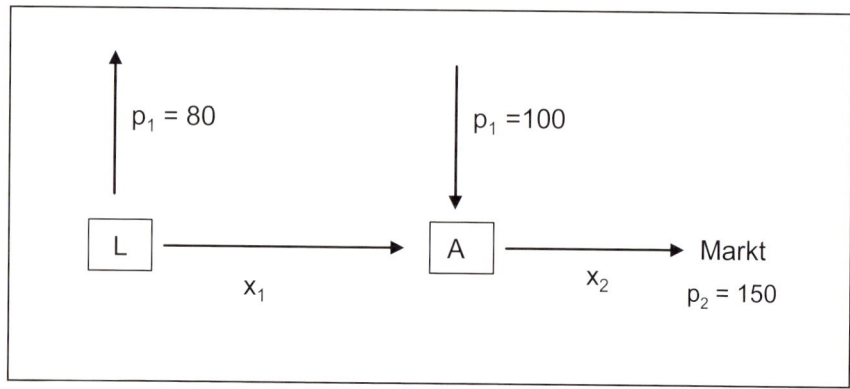

Abb. 18.9: Kein einheitlicher Marktpreis

Nun ist zu zeigen, welche Konsequenzen sich für den Verrechnungspreis ergeben, wenn die Bedingungen eines einheitlichen Marktpreises nicht erfüllt sind (vgl. Abb. 18.9).

Kein einheitlicher Marktpreis

a) Freie Kapazitäten bei L und A.

	L	A
Variable Kosten k_v	50	30
Marktzugang$_{Zwischenprodukt}$	ja	nein
Kapazität	beliebig	beliebig
Preis$_{Endprodukt}$ (extern)		150
Preis$_{Zwischenprodukt}$ (extern)	80	100
Alternative	$p_3 = 100$; $k_3 = 50$	keine
Entscheidungsregel	$p \geq 80$	$p \leq 100$
Stückdeckungsbeitrag bei Preis$_{Zwischenprodukt}$ als Verrechnungspreis	$30 \leq x \leq 50^{a)}$	$20 \leq x \leq 40^{a)}$
Konsequenz	Gesamtoptimum erreicht	

zu a): abhängig vom Verrechnungspreis $80 \leq p \leq 100$

Für den Fall freier Kapazitäten bei L und A ist jeder Preis zwischen dem Marktpreis der Lieferdivision und dem der Abnehmerdivision (im Beispiel: $80 \leq p \leq 100$) für die Koordination der Bereiche anwendbar.

b) Kapazitätsbeschränkung und Abnehmeralternative bei L.

Kapazitätsbeschränkung bei L

	L	A
Variable Kosten k_v	50	30
Marktzugang$_{Zwischenprodukt}$	ja	ja
Kapazität	beschränkt	beliebig
Preis$_{Endprodukt}$ (extern)		150
Preis$_{Zwischenprodukt}$ (extern)	80	100
Alternative	$p_4 = 90$; $k_4 = 50$	keine
Entscheidungsregel	$p \geq 90$	$p \leq 100$
Stückdeckungsbeitrag bei Preis$_{Zwischenprodukt}$ als Verrechnungspreis	$30 \leq x \leq 50$	$20 \leq x \leq 40$
Konsequenz	Alternativ $DB_L = 40$ Gesamtopt. für $90 \leq p \leq 100$	

Hat die Lieferdivision beschränkte Kapazitäten, so wird sie nicht liefern, wenn durch die interne Lieferung ein niedrigerer Deckungsbeitrag als beim Alternativprodukt erwirtschaftet wird. Diese Aktion kann allerdings zur Suboptimierung des Gesamtgewinns führen.

Liegt der Preis für x_1 bei $p = 80$ und kann L z. B. ein Alternativprodukt x_4 zu variablen Kosten $k_4 = 50$ in gleicher Anzahl wie x_1 herstellen und zum Preis $p_4 = 90$ verkaufen, so wird sich L für x_4 entscheiden. A muss dann das Vorprodukt für 100 vom Markt beziehen, so dass der Gesamtdeckungsbeitrag bei 60 (40 + 20) liegt. Würde L x_1 an A liefern, so wäre das Gesamtoptimum von 70 erreicht.

c) Kapazitätsbeschränkung und Lieferalternative bei A.

Kapazitätsbeschränkung bei A

	L	A
Variable Kosten k_v	50	30
Marktzugang$_{Zwischenprodukt}$	ja	ja
Kapazität	beliebig	beschränkt
Preis$_{Endprodukt}$ (extern)		150
Preis$_{Zwischenprodukt}$ (extern)	80	100
Alternative	keine	$p_5 = 60$; $k_5 = 30$
Entscheidungsregel	$p \geq 80$	$p \leq 90$
Stückdeckungsbeitrag bei Preis$_{Zwischenprodukt}$ als Verrechnungspreis	$30 \leq x \leq 50$	$20 \leq x \leq 40$
Konsequenz	Alternativ $DB_A = 30$ Gesamtopt. für $80 \leq p \leq 90$	

DB_A = Deckungsbeitrag der Abnehmerdivision

Hat die Abnehmerdivision beschränkte Kapazitäten, so wird auch sie eine attraktivere Alternativproduktion vorziehen.

Liegt der Preis für x_1 bei $p = 100$ und kann A statt des Produkts x_2 ein Produkt x_5 für variable Kosten von $k_5 = 30$ zum Preis $p_5 = 60$ veräußern, so wird A auf den Bezug des Vorprodukts verzichten. Der Gesamtdeckungsbeitrag liegt dann bei 60 (30 + 30) im Gegensatz zum Gesamtoptimum von 70.

Unbeschränkte
Markt-
kapazitäten

3) *Die Marktkapazitäten sind sowohl auf der Absatz- wie auch auf der Beschaffungsseite unbeschränkt.*

Wenn sowohl der Absatzmarkt für die Produkte der Lieferdivision unbeschränkt aufnahmefähig ist als auch die Abnehmerdivision in ihrer Bedarfsdeckung keine Einschränkungen erfährt, können die Bereiche autonome Entscheidungen treffen, die bei Erfüllung aller vorgenannten bzw. nachstehenden Bedingungen zum Gesamtoptimum führen.

Liegen Restriktionen vor, so muss versucht werden, die gesamte Produktionskapazität der Bereiche auf eine Weise auszuschöpfen, dass das Unternehmensoptimum erreicht wird.

Beschränkte
Marktaufnahme-
fähigkeit für L

a) *Die Marktaufnahmefähigkeit für die Lieferdivision ist beschränkt.*

Bei einem Verrechnungspreis über dem Marktpreis wird die Lieferdivision die interne Lieferung vorziehen, im umgekehrten Fall die Lieferung an den Markt. Die Abnehmerdivision wird sich für den Bezug entscheiden, wenn der Verrechnungspreis kleiner gleich dem Marktpreis ist und sie keine lohnendere Alternative zur Verfügung hat (vgl. Abb. 18.10).

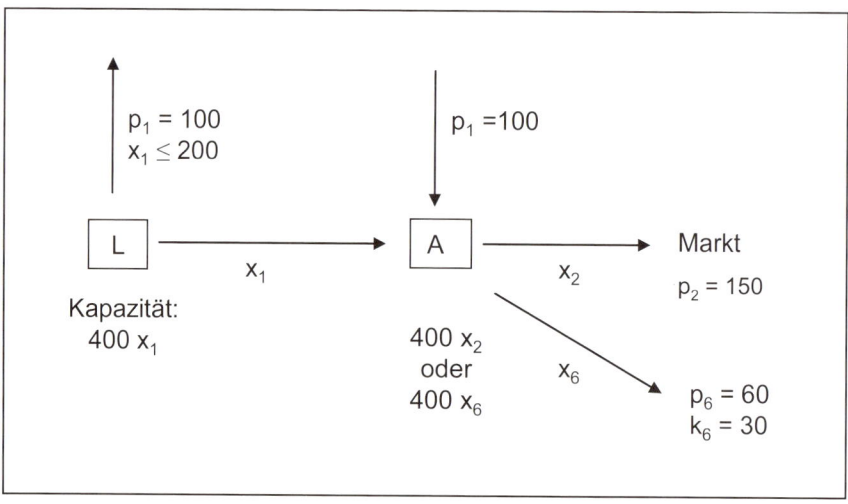

Abb. 18.10: Marktaufnahmefähigkeit für L ist beschränkt

	L	A
Variable Kosten k_v	50	30
Marktzugang$_{\text{Zwischenprodukt}}$	$x_1 \leq 200$	ja
Kapazität	$400\ x_1$	$400\ x_2$ oder $400\ x_6$
Preis$_{\text{Endprodukt}}$ (extern)		150
Preis$_{\text{Zwischenprodukt}}$ (extern)	100	100
Alternative	keine	$p_6 = 60$; $k_6 = 30$
Entscheidungsregel	$p \geq 50$	$p \leq 90$
Stückdeckungsbeitrag bei Preis$_{\text{Zwischenprodukt}}$ als		
Verrechnungspreis	50	20
Konsequenz	Alternativ $DB_A = 30$ $\Rightarrow$ keine Abnahme von x_1 Gesamtopt. für $50 \leq p \leq 90$	

L kann 400 Einheiten x_1 produzieren, der Markt kann jedoch nur 200 aufnehmen. A kann 400 Einheiten von x_2 oder die gleiche Menge eines Alternativprodukts x_6 mit variablen Kosten $k_6 = 30$ und einem Marktpreis von $p_6 = 60$ herstellen.

Die zentrale Lösung sieht folgendermaßen aus:
L liefert 200 Einheiten von x_1 an den Markt und 200 Einheiten von x_1 an A; A liefert 200 Einheiten von x_2 und 200 Einheiten von x_6 an den Markt. Das Gesamtoptimum liegt dann bei einem Deckungsbeitrag von 30 000 (200 × 50 von L durch Marktlieferungen, 200 × 70 durch interne Lieferung und Produktion von x_2 und 200 × 30 durch die Produktion von x_6).

Dieses Ergebnis wird durch jeden Verrechnungspreis p mit $50 \leq p \leq 90$ erfüllt. Jeder Preis größer als 50 macht eine interne Lieferung durch L lohnend, jeder Verrechnungspreis kleiner als 90 veranlasst A zur Produktion von x_2. Wählt man den Marktpreis als Verrechnungspreis, so wird A ausschließlich x_6 produzieren und L folglich nur 200 Einheiten am Markt absetzen können. Der Gesamtdeckungsbeitrag liegt dann bei 22 000 (200 × 50 bei L und 400 × 30 bei A).

b) Die Bedarfsdeckungsmöglichkeiten für die Abnehmerdivision sind beschränkt.
Bei einem Verrechnungspreis unter dem Marktpreis wird die Abnehmerdivision den internen Bezug wählen, im umgekehrten Falle die Beschaffung am Markt. Für die Lieferdivision rechnet sich die interne Lieferung, wenn der Verrechnungspreis größer gleich dem Marktpreis ist und keine attraktive Wahlmöglichkeit zur Verfügung steht (vgl. Abb. 18.11).

Beschränkte Bedarfsdeckungsmöglichkeiten für A

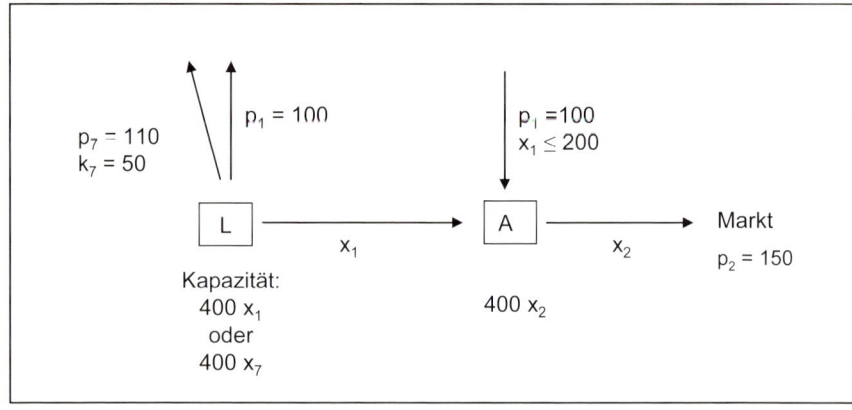

Abb. 18.11: Bedarfsdeckungsmöglichkeiten für A sind beschränkt

	L	A
Variable Kosten k_v	50	30
Marktzugang$_{Zwischenprodukt}$	ja	$x_1 \leq 200$
Kapazität	400 x_1 oder 400 x_7	400 x_2
Preis$_{Endprodukt}$ (extern)		150
Preis$_{Zwischenprodukt}$ (extern)	100	100
Alternative	$p_7 = 110$; $k_7 = 50$	keine
Entscheidungsregel	$p \geq 100$	$p \leq 100$ bzw. $p \leq 120$
Stückdeckungsbeitrag bei Preis$_{Zwischenprodukt}$ als Verrechnungspreis	50	20
Konsequenz	Alternativ $DB_L = 60$ $\Rightarrow$ keine Lieferung an A $\Rightarrow$ A kann nur 200 x_2 produzieren Deckungsbeitrag für 200 x_2 entgeht Gesamtopt. für $110 \leq p \leq 120$	

L kann 400 Einheiten von x_1 bzw. alternativ von x_7 (bei variablen Kosten $k_7 = 50$ und einem Preis $p_7 = 110$) fertigen. A kann 400 Einheiten von x_2 produzieren, vom externen Markt allerdings nur 200 x_1 beziehen.

Eine zentrale Lösung führt zu folgendem Ergebnis:
L produziert 200 Einheiten von x_7 und liefert darüber hinaus 200 Einheiten von x_1 an A, mit denen A bei zusätzlichem Bezug von 200 Einheiten des Vorprodukts vom Markt 400 Einheiten von x_2 herstellt. Das Gesamtoptimum liegt bei einem Deckungsbeitrag von 30 000 (200 × 60 durch Produktion von x_7, 200 × 70 durch interne Lieferung und Produktion von x_2 und 200 × 20 durch Bezug vom Markt und Produktion von x_2).

Dieses Ergebnis wird durch jeden Verrechnungspreis p mit $110 \leq p \leq 120$ erreicht. Jeder Preis unter 110 macht eine Produktion von x_1 durch L nicht sinnvoll, jeder Preis über 120 führt bei A zu eincm Verlust. Der Marktpreis als Verrechnungspreis führt zu einem Ergebnis von 28 000 (400×60 bei L und 200×20 bei A).

4) *Der Verrechnungspreis muss rechnerisch erfassbare Verbundvorteile, die bei externer Lieferung bzw. externem Bezug entfallen, berücksichtigen.*

Rechnerisch erfassbare Verbundvorteile müssen in den Verrechnungspreis einfließen, um die Koordinationsfunktion zu gewährleisten. Darüber hinaus bestehen keine nicht rechnerisch erfassbaren Verbundvorteile (wie z. B. geringere Qualität, Unsicherheit der Belieferung, Gefahr des Geheimnisverlusts etc.).

Wenn die Lieferdivision intern Leistungen erbringen kann, entfallen bei ihr sämtliche Absatzkosten. Andererseits kann die Abnehmerdivision Beschaffungsnebenkosten sparen, die z. B. für die Informationsgewinnung oder Transportgebühren anfallen.

Der richtige Verrechnungspreis wird wie folgt ermittelt:

Marktpreis
- bei interner Lieferung entfallende Absatznebenkosten
  (Verkaufsförderung, Kreditrisiko, etc.) von L
+ bei internem Bezug entfallende Beschaffungsnebenkosten von A
= marktpreisorientierter Verrechnungspreis

Zur Entscheidung für eine interne Lieferung führt – wiederum bei Existenz aller übrigen Voraussetzungen – jeder Preis zwischen dem marktpreisorientierten Verrechnungspreis und dem Marktpreis (vgl. Abb. 18.12).

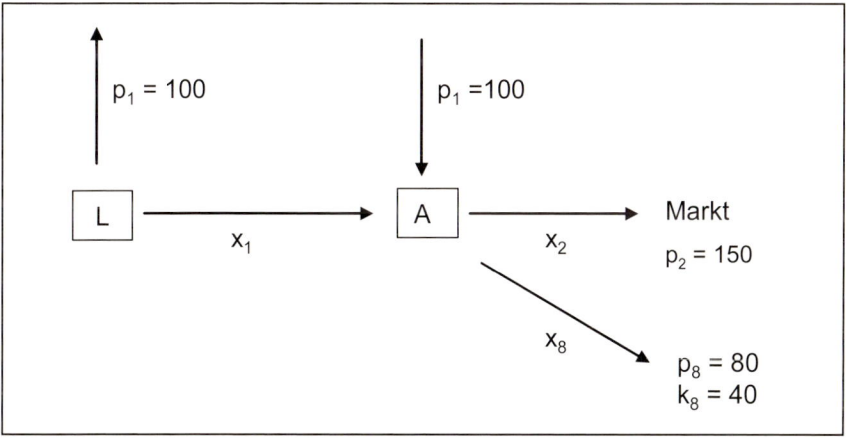

Abb. 18.12: Ermittlung des marktpreisorientierten Verrechnungspreises

	L	A
Variable Kosten k_v	30 (= 50 – 20)	30
Marktzugang$_{Zwischenprodukt}$	ja	ja
Kapazität	beliebig	beliebig
Preis$_{Endprodukt}$ (extern)		150
Preis$_{Zwischenprodukt}$ (extern)	100	100
Alternative	keine	keine
Entscheidungsregel	$p \geq 100 - 20$	$p \leq 100$
Stückdeckungsbeitrag bei Preis$_{Zwischenprodukt}$ als Verrechnungspreis	70	20
Konsequenz	entspricht zentralem Optimum	

In den variablen Kosten von L sind bei interner Lieferung entfallende Absatznebenkosten in Höhe von 20 enthalten.

Für das hier betrachtete Beispiel wird das Ergebnis bei interner Lieferung, d. h. einem Verrechnungspreis p mit $80 \leq p \leq 100$, optimiert (150 – 30 – 30 = 90 Deckungsbeitrag pro Einheit).

Steht der Abnehmerdivision noch eine weitere Alternative zur Verfügung, so muss der Verrechnungspreis so gewählt werden, dass die Summe der Deckungsbeiträge von L und A maximiert wird:

	L	A
Variable Kosten k_v	30 (= 50 – 20)	30
Marktzugang$_{Zwischenprodukt}$	ja	ja
Kapazität	beliebig	beliebig
Preis$_{Endprodukt}$ (extern)		150
Preis$_{Zwischenprodukt}$ (extern)	100	100
Alternative	keine	$p_8 = 80$; $k_8 = 40$
Entscheidungsregel	$p \geq 100 - 20$	$p \leq 80$
Stückdeckungsbeitrag bei Preis$_{Zwischenprodukt}$ als Verrechnungspreis	70	20
Konsequenz	Alternativ-DB$_A$ = 40 $\Rightarrow$ Gesamtopt. nur für $p = 80$ = Marktpreis – entfallende Kosten	

Im Beispiel gilt: Solange A alternativ keinen Deckungsbeitrag über 40 erzielen kann, sollte ein Verrechnungspreis zwischen 80 und 100 gewählt werden. Für jede höhere Chance sollte aus betriebswirtschaftlicher Sicht bei Fehlen nicht messbarer Verbundvorteile eine interne Lieferung unterbleiben.

Für diese Situationen können die Bereichsergebnisse als Indikator für die Erfolgszuweisung gewählt werden.

Kurz hinzuweisen ist auf die Möglichkeit, dass die Abnehmerdivision sich nur auf den Handel beschränkt, d. h., dass das Produkt ohne Weiterverarbeitung am externen Markt veräußert wird. Hier würdc bei einer Orientierung an den Marktpreisen ausschließlich der Lieferdivision der Vorteil einer internen Lieferung zugeordnet. Um dies zu vermeiden und eine zutreffende Erfolgszuweisung zu gewährleisten, wird eine Aufteilung des Verbundvorteils empfohlen.

5) Der Verrechnungspreis muss an Marktpreisänderungen angepasst werden.

Marktpreis-
änderungen

Ein einmal festgestellter Marktpreis wird ohne Änderungen nur in Ausnahmefällen in künftigen Perioden der jeweils gültige Maßstab für die Bestimmung marktpreisorientierter Verrechnungspreise sein. Auftretende Marktpreisänderungen führen zu Anpassungen der Verrechnungspreise.

Zu beachten ist jedoch das Prinzip der Wirtschaftlichkeit, das durchbrochen würde, wenn jede Marktpreisänderung sofort zu einem neuen Verrechnungspreis führen würde. Einerseits stünde der Aufwand für die Erfassung in keinem Verhältnis zu dem zu erzielenden Ergebnis, andererseits lassen stetig sich ändernde Verrechnungspreise keine sinnvolle Planung für die Liefer- bzw. die Abnehmerdivision zu, da für jeden Preis erneut eine Entscheidung über die interne Lieferung zu treffen wäre.

Schließlich ist festzustellen, dass der Marktpreis bei Geltung der genannten Voraussetzungen als Verrechnungspreis immer zur optimalen Lösung führt. Das bedeutet nicht immer, dass eine Entscheidung für eine interne Lieferung fallen wird, sondern dass das Optimum des Gesamtunternehmens erreicht wird.

1) Lenkung und Erfolgszurechnung durch Marktpreise

Funktions-
erfüllung

Bei einer Erfüllung der obenstehenden Kriterien stellen marktorientierte Verrechnungspreise ein geeignetes Hilfsmittel zur Koordination der Teilbereiche eines divisionalisierten Unternehmens dar. Darüber hinaus repräsentieren sie einen Maßstab zur zutreffenden Erfolgszuweisung und folglich zur Beurteilung der Divisionen an ihrem Ergebnis.

2) Probleme der Umsetzung in der Praxis

Probleme

Dieser schon fast idealtypischen Form eines Verrechnungspreissystems stehen in der Unternehmenspraxis mitunter gravierende Restriktionen gegenüber: Die Voraussetzungen des vollkommenen Markts werden wohl in den seltensten Fällen erfüllt sein, da die hergestellten Zwischenprodukte nicht immer substituierbar sind, die wirtschaftliche Autonomie durch Liefer- und Bezugszwänge meistens beschnitten ist und sich eine atomistische Wettbewerbsstruktur in cinem Unternehmen nicht aufrecht erhalten lässt. Bei Unterbeschäftigung kann der Marktpreis seine Lenkungsfunktion nicht mehr optimal erfüllen und ist auch für die Abrechnungsfunktion ungeeignet, da er nicht realisierte Gewinnbestandteile enthält, die nach dem Realisationsprinzip nicht in die externe Rechnungslegung einbezogen werden dürfen (vgl. Gschwend [1987], S. 82).

Eindeutigkeit des Transferpreises
Die Eindeutigkeit des Transferpreises ist dann nicht gewährleistet, wenn unterschiedliche Güter mit unterschiedlichen Preisen das Transfergut substituieren können oder wenn Rabatte, Boni und Skonti gewährt werden. Insbesondere sind folgende vier Aspekte nennenswert:

- Es können mehrere Güter mit unterschiedlichen Preisen und spezifischen Produkteigenschaften als Substitute für das interne Zwischenprodukt in Betracht kommen, d. h., es existiert kein einheitlicher Marktpreis.
- Oft ist der Marktpreis nur scheinbar einheitlich: Je nach Abnehmer und Abnehmerbedingungen bestehen unterschiedliche Konditionen je nach vereinbarter Menge oder Zahlungsfrist (Rabatte, Boni, Skonti etc.).
- Der Marktpreis kann vom Angebots- und Nachfragevolumen, also auch von den Dispositionen der betroffenen Divisionen, abhängig sein: Entscheidet sich die Lieferdivision für Transfers an den externen Markt, kann der Marktpreis sinken. Entscheidet sich die Abnehmerdivision für den Bezug vom externen Markt, kann der Preis steigen. Allerdings wird nur ein Monopolist bzw. ein Oligopolist die Möglichkeit haben, durch seine Menge den Preis zu beeinflussen. Polypolisten verhalten sich grundsätzlich als Mengenanpasser. Kann ein Einfluss ausgeübt werden, so müssen die Kosten- bzw. die Absatzfunktionen der Divisionen bekannt sein, um auf Basis dieser Informationen den globaloptimalen Transferpreis zu bestimmen (vgl. unten das Hirshleifer-Modell in Kapitel 5.2.3). Kennt die Zentrale diese Informationen aber, dann ist fraglich, warum man dann noch einen dezentralen Entscheidungsprozess zur Bestimmung optimaler externer und interner Lieferungen benötigt.

Rechnerisch nicht erfassbare Verbundvorteile
- Liegen Verbundvorteile bei intern koordiniertem Handeln der Divisionen vor, die sich nicht durch rechnerische Korrekturen vom Marktpreis berücksichtigen lassen, dann besteht folgendes Problem: Der Marktpreis erzeugt eine ökonomische Indifferenz zwischen internem und externem Geschäft, obwohl die Existenz potenzieller Verbundvorteile eine Präferenz für interne Geschäfte aus der Sicht des Gesamtunternehmens indiziert. Bei vollständiger Autonomie und Transferpreisbildung in Höhe des Marktpreises besteht aber die Gefahr, dass die Divisionen externe Geschäfte wählen, wodurch dem Gesamtunternehmen folglich die bei internem Geschäft realisierbaren Verbundvorteile verloren gehen würden. Man stößt hier wieder auf den potenziellen Zielkonflikt zwischen der optimalen Motivation durch höchstmögliche Autonomie der Geschäftsbereiche einerseits und der Zielsetzung der Sicherung möglicher Verbundvorteile andererseits.

Um die Verbundvorteile zu sichern, wird auf vielfältige Weise versucht, eine Präferenz zugunsten interner Geschäfte zu erreichen. Albach ([1974], S. 234 ff.) schlägt hierzu drei Lösungsmöglichkeiten vor:

3) Änderung der Verrechnungspreise

Kosten-orientierte Preise

Eine Möglichkeit im Falle großer Verbundvorteile könnte z. B. darin bestehen, von Marktpreisen abweichend auf kostenorientierte Preise überzugehen. Der Lieferdivision wird auf diese Weise eine Erstattung der entstandenen Selbstkosten plus einem angemessenen Gewinnaufschlag garantiert. Die Abnehmerdivision hat die Vorteile, langfristig in der Belieferung gesichert und von Marktpreisschwankungen weitgehend unabhängig zu sein. Allerdings wird im Falle der sonstigen Voraussetzungen für die Bildung von marktpreisorientierten Transferpreisen die Durchführung des Kostenpreisprinzips nur mit Einschränkungen der Autonomie der Geschäftsbereiche realisierbar sein.

4) Änderung des Kontrollsystems

Erfolgs-beurteilung anhand eines Indikatoren-systems

Eine weitere Möglichkeit besteht darin, den Erfolgsbeurteilungsmaßstab des Kontrollsystems so zu ändern, dass die aus internen Lieferungen resultierenden Verbundvorteile allen Beteiligten spartenanteilig zugerechnet werden. Dies erfordert, dass die auf der Basis der Marktpreise als Transferpreise errechneten Spartengewinne durch ein System von Indikatoren ergänzt werden, die den Beitrag der einzelnen Sparte zur Erzielung von Verbundeffekten messen. Hierfür können folgende Indikatoren in Betracht kommen:

- Anteil der internen Lieferungen an den Gesamtlieferungen,
- das Verhältnis von freigesetzten Mitteln zu in Anspruch genommenen Mitteln,
- das Verhältnis der an andere Sparten abgegebenen Mitarbeiter zur Zahl der von anderen Sparten erhaltenen Mitarbeiter,
- die Zahl der für andere Sparten entwickelten Produkte und Verfahren,
- das Auftragsvolumen von Kundenaufträgen, die die Sparte hereingeholt hat, an deren Erfüllung aber auch andere Sparten beteiligt waren,
- der Anteil der Produktionskapazitäten, die für die Belieferung anderer Sparten in Anspruch genommen wurden.

5) Einschränkungen in der Autonomie der Geschäftsbereiche

Autonomie-begrenzung

Änderungen in der Autonomie der Stellen müssen auf einer Abwägung von Motivationseffekt (der mit der Dezentralisierung verbunden ist) und Verbundeffekt (der ein gewisses Maß an Zentralisierung voraussetzt) beruhen. Dominiert der Motivationseffekt eindeutig, so muss ein Höchstmaß an Autonomie gewahrt bleiben, auch wenn dadurch Verbundeffekte entfallen. Dominieren die Verbundeffekte eindeutig, dann ist eine zentrale Unternehmensführung geboten.

Meistbegünsti-
gungsklauseln

Dementsprechend wird man unterschiedliche Grade an Einschränkungen der Divisionsautonomie einführen müssen.

Einschränkungen der Divisionsautonomie in relativ schwacher Form kommen praktisch vielfach in Form so genannter Meistbegünstigungsklauseln sowie internem Liefer- oder Bezugszwang vor. Meistbegünstigungsklauseln besagen, dass der Abnehmerdivision der niedrigste aller in einer Periode gewährten Preise eingeräumt wird. Weiterreichende Einschränkungen liegen vor, wenn die Geschäftsbereiche einer zentralen Zielerarbeitung und Zielkontrolle unterliegen, an der diese Geschäftsbereiche entsprechend beteiligt sind. Dieses ist ein System partiell dezentraler Unternehmensführung, wie es vielfach in der Praxis verwirklicht wird.

Trotz der vorhandenen Probleme werden Marktpreise als Bezugsgröße bei der Verrechnungspreisbildung gewählt. Dahinter dürfte die Überlegung stehen, dass diese langfristig eine zutreffende Erfolgszuweisung ermöglichen und darüber hinaus die Wettbewerbsfähigkeit der einzelnen Divisionen gewährleisten. Auf jeden Fall sollte der Marktpreis die Obergrenze für die Verrechnungspreisermittlung darstellen.

5.2 Kostenorientierte Verrechnungspreise

Basis für diese Verrechnungspreisarten stellen die wertmäßigen Kosten dar. Diese können zeitlich in Ist-, Soll- und Plankosten sowie nach Art der Verrechnung in Teil- und Vollkosten eingeteilt werden.

Anwendungs-
bereich

Anwendung finden die kostenorientierten Verrechnungspreise für Güter, die am Markt nicht bewertet werden. Diese sind häufig in funktional gegliederten Unternehmen zu finden oder wenn der Transferumsatz so gering ist, dass eine korrekte Marktpreisfindung zu aufwendig wäre (zur Anwendung von Verrechnungspreisen in der Praxis vgl. Abschnitt 7 dieses Kapitels).

Aber auch Unternehmen mit einer Profit Center-Organisation können sich aufgrund der oben dargestellten Nachteile von marktpreisorientierten Verrechnungspreisen zu ihrer Verwendung gezwungen sehen.

Vorteile

Vorteile kostenorientierter Verrechnungspreise im allgemeinen sind ihre leichte Feststellbarkeit und der geringe Verwaltungsaufwand, da die notwendigen Daten aus dem Rechnungswesen abgeleitet werden können. Auch findet keine Zurechnung nicht realisierter Gewinne statt, solange keine kostenorientierten Verrechnungspreise mit Gewinnaufschlag verwendet werden. Die Bandbreite reicht von den variablen Kosten als Minimum bis zu den Vollkosten plus Gewinnaufschlag als Maximum.

5.2.1 Vollkostenorientierte Preise

Ausgehend von der Idee, dass langfristig alle Kosten gedeckt sein müssen, werden die Vollkosten für die Verrechnungspreisermittlung herangezogen. Dies führt außerdem dazu, dass der Abnehmer so dasteht, wie wenn er das Zwischenprodukt selbst erstellt hätte, worin der Hauptvorteil dieser Vorgehensweise zu sehen ist.

Vollkostenpreise

Ein Problem bei Vollkosten liegt in der meist nicht realisierbaren verursachungsgerechten Zurechnung der Gemeinkosten bei mehreren Produkten im Rahmen einer differenzierten Zuschlagskalkulation (vgl. hierzu die Ausführungen in Kapitel 4). Ist eine leistungsproportionale Fixkostenverrechnung nicht möglich, bedeutet dies für die abnehmenden Bereiche, dass sie mit fixen Kosten belastet werden, für die sie nicht verantwortlich sind. Effizientes Verhalten wird nicht belohnt und Ineffizienzen werden nicht bestraft.

Probleme

Als Verkaufspreis für das Endprodukt der Abnehmerdivision wird im Folgenden $p_A = 150$ angenommen; ansonsten gelten die Ausgangsdaten des o. g. Beispiels. Bei einer Planbeschäftigung von $x_L = 400$ Stück ergibt sich folgender Vollkostenverrechnungspreis p:

$$p = 50 + \frac{1\,000}{400} = 52{,}50$$

Beispiel 18.4

Ergebnis der Division L:

Umsatz	21 000	(400 Einheiten zu p = 52,20)
- Variable Kosten	20 000	
- Fixe Kosten	1 000	
= Ergebnis	0	(entspricht einer Kostenerstattung)

Ergebnis der Division A:

Umsatz	60 000	(400 Einheiten zu 150)
- Materialkosten	21 000	(400 Einheiten zu p = 52,20)
- Kosten von A	13 000	(1 000 Fixkosten, 12 000 (= 400 x 30) var. Kosten)
= Ergebnis	26 000	
= Gesamtergebnis	26 000	

Der entscheidendste Ablehnungsgrund für die Verrechnungspreisermittlung auf Grundlage der Selbstkosten ist allerdings die Tatsache, dass kein Gewinn ermittelt werden kann, da bestenfalls die Kosten gedeckt werden können, so dass sich dieses Verfahren nur für funktional organisierte Cost

Center eignet. So stehen denn auch eher kostenrechnerische Funktionen im Vordergrund, wie z. B. Preisprüfung und Bestandsbewertung, für die die Vollkosten eine Informationsbasis darstellen.

5.2.2 Vollkosten plus Zuschlag

Vollkosten plus Zuschlag

Um Verrechnungspreise auf Vollkostenbasis mit der Profit Center-Konzeption kompatibler zu gestalten, bietet es sich an, die Vollkosten mit einem variierbaren Zuschlag zu versehen, der es dem abgebenden Bereich erlaubt, Transferleistungen mit Gewinn abzuschließen oder eine Mindestverzinsung für die bei der Produktion eingesetzten Investitionen zu erhalten. Die Vollkosten-plus-Zuschlag-Variante ist eine bedeutende Alternative, die dann zum Einsatz kommt, wenn ein Bereich trotz fehlender Marktpreise für interne Lieferungen und Leistungen als eigenverantwortliche Division geführt werden soll.

Nachteil

Der entscheidende Nachteil, der letztendlich zu einer Ablehnung dieser Vorgehensweise führen muss, ist die Notwendigkeit einer zentralen Festlegung des Zuschlags. Dies führt dazu, dass die Profit Center nur noch für ihre Kosten verantwortlich sind und daher lediglich als Cost Center gelten können.

Beispiel 18.5

Bei einem Gewinnaufschlag von 20 % ergibt sich ein vollkostenorientierter Verrechnungspreis von $p = 52,50 + 10,50 = 63$.

Ergebnis der Division L:

Umsatz	25 200	(400 Einheiten zu $p = 63$)
- Variable Kosten	20 000	
- Fixe Kosten	1 000	
= Ergebnis	4 200	(20 % Gewinn)

Ergebnis der Division A:

Umsatz	60 000	
- Materialkosten	25 200	(400 Einheiten zu $p = 63$)
- Kosten von A	13 000	
= Ergebnis	21 800	
= Gesamtergebnis	26 000	

Ist-Kosten vs. Standardkosten

Unabhängig davon, ob Vollkosten ohne oder mit Gewinnaufschlag verwendet werden, stellt sich die Frage, ob Ist- oder Standardkosten angesetzt werden. Ist-Kosten haben den Nachteil, dass in der Lieferdivision auftretende Unwirtschaftlichkeiten durch Kostenerstattung der Abnehmerdivision angelastet werden. Standardkosten haben deshalb insofern einen Vorteil, dass die Lieferdivision zur Wirtschaftlichkeit angehalten wird, weil Verbrauchs- und Preisabweichungen bei ihr als Ergebnisänderung erfasst werden. Abweichungen von der Standardbeschäftigung führen bei Unterbeschäftigung zu Ergebnisminderungen, bei Überbeschäftigung zu Ergebnisverbesserungen bei der Lieferdivision. Das erscheint insoweit als Nachteil, als diese Beschäftigungsabweichungen durch die Abnehmerdivision verursacht wurden. Hat die Lieferdivision dagegen die Möglichkeit, Beschäftigungsschwankungen durch externe Geschäfte auszugleichen, ist die Zurechnung von Beschäftigungsabweichungen bei der Lieferdivision als Anreiz zur Vollbeschäftigung vorhanden und insofern als vernünftig anzusehen.

5.2.3 Grenzkostenorientierte Preise

Wenn für das Zwischenprodukt kein Markt existiert, ist der Transferpreis zu Grenzkosten der Lieferdivision anzusetzen. Diese Aussage wird wie folgt abgeleitet:

Grenzkostenpreise

Das zu maximierende Gesamtergebnis ergibt sich als Differenz des Gesamterlöses und der Gesamtkosten. Unter Annahme linearer Erlösfunktionen ergibt sich das Optimum formal-analytisch für den Fall, dass der Preis den Grenzkosten entspricht (1. Ableitung der Gesamtergebnisfunktion gleich Null setzen und nach p auflösen). Solange der Preis größer ist als die Kosten einer zusätzlichen Mengeneinheit (Grenzkosten), lohnt sich deren Produktion und Absatz. Ziel ist also die Ermittlung der Grenzkosten.

Die Gesamtkosten des Unternehmens setzen sich aus den Kosten der Liefer- und denen der Abnehmerdivision zusammen. Für die Ermittlung des Verrechnungspreises können allerdings nur die Kosten der Lieferdivision interessieren, da auf deren Basis die Transferpreisermittlung erfolgt. Die fixen Kosten sind für die kurzfristige Maximierung des Ergebnisses nicht relevant, da sie nur eine Verschiebung der Kostenkurve, nicht jedoch eine Veränderung der Lage des Optimums bewirken.

Für den Einsatz von Grenzkosten zur Transferpreisermittlung spricht die Tatsache, dass bei der Abnehmerdivision eine reale Entscheidungsgrundlage geschaffen werden soll: Durch Abnahme über den Grenzkosten wären die Grenzkosten des gesamten Unternehmens höher als die Summe der Grenzkosten der einzelnen Bereiche. Um der Lenkungsfunktion gerecht zu werden, müssen aber gleiche Ausgangsdaten vorliegen.

Als Lenkpreise können Grenzkosten dann angesetzt werden, wenn folgende Voraussetzungen erfüllt sind:

Lenkungsfunktion

1) Produkte können nicht oder nur in geringem Umfang am externen Markt abgesetzt werden

Wenn Zwischenprodukte sehr individuell angefertigt werden und nur auf einen bestimmten Fertigungstypus zugeschnitten sind, gibt es keinen oder nur einen begrenzt aufnahmefähigen Markt.

2) In der Lieferdivision liegen keine Beschäftigungsengpässe vor

Bei einer Kapazitätsbeschränkung wird die Lieferdivision nur an internen Lieferungen interessiert sein, die mindestens den Marktpreis oder den Deckungsbeitrag einer Alternative erzielen. Ein grenzkostenorientierter Verrechnungspreis bietet sich nicht an.

Unter diesen Voraussetzungen und der Annahme der Ergebnismaximierung gilt, dass eine interne Lieferung vorgenommen wird, wenn mindestens die Grenzkosten erreicht werden. Ein interner Bezug rechnet sich dann, wenn der für das Endprodukt zu erzielende Preis mindestens der Summe aus dem Transferpreis und den Grenzkosten der Abnehmerdivision entspricht, d. h., der Abnehmer erzielt einen positiven Deckungsbeitrag. Unter den gegebenen Voraussetzungen erfüllen Grenzkostenpreise die Lenkungsfunktion optimal. Innerhalb der allgemeinen Kostenrechnungsfunktion bilden Grenzkostenpreise die Basis für Bestandsbewertungen sowie für dispositive Entscheidungen (vgl. Gschwend [1987], S. 89). Für die Kalkulation geben sie die echten Mehrkosten für einen zusätzlichen internen Auftrag an. Bei Make-or-buy-Entscheidungen führen Grenzkosten zu der Entscheidung, die die Zentrale oder ein funktional gegliedertes Unternehmen bei unvollkommenem externen Markt treffen müsste.

Erfolgsermittlungsfunktion

Diesen Vorteilen bezüglich der Lenkungsfunktion stehen Nachteile bei der Erfolgsermittlungsfunktion entgegen. Eine Lieferung zu Grenzkosten führt bei der Lieferdivision immer zu einem Verlust in Höhe der fixen Kosten. Die Abnehmerdivision kann hingegen einen Gewinn ausweisen, der nur zum Teil durch ihre Leistungen erzielt wurde.

Beispiel 18.6

Die Ergebnisaufteilung bei Grenzkostenpreisen verdeutlicht folgendes Beispiel, bei dem die Ausgangsdaten unverändert sind:

A wird sich bei einer Bezugsmöglichkeit zu Grenzkosten für die Menge entscheiden, mit der sie ihr Ergebnis maximieren kann. Im Beispiel sind dies 400 Einheiten. Daraus ergibt sich für die beiden Sparten folgende Situation:

Ergebnis der Division L:

Umsatz	20 000	(400 Einheiten zu $k_v = 50$)
- Variable Kosten	20 000	
- Fixe Kosten	1 000	
= Ergebnis	- 1 000	(= fixe Kosten)

Ergebnis der Division A:		
Umsatz	60 000	
- Materialkosten	20 000	(400 Einheiten zu $k_v = 50$)
- Kosten von A	13 000	
= Ergebnis	27 000	
= Gesamtergebnis	26 000	

In diesen Fällen sollten andere Verrechnungspreise angesetzt oder das lieferende mit dem abnehmenden Profit Center zusammengefasst werden. Das größte Problem besteht in der Erfassung aller relevanten Größen. Da die Profit Center nur ihre eigenen Erlös- und Kostenfunktionen kennen, muss eine zentrale Stelle die Ermittlung der Verrechnungspreise übernehmen. Diese Vorgehensweise widerspricht aber der Idee von eigenständigen Verantwortungsbereichen im Unternehmen.

Lösungsansätze

Bei der Umsetzung in die Praxis (vgl. Kaplan/Atkinson [1998]) können folgende Probleme auftreten:

Probleme

- Im Unternehmen muss eine Grenzplankostenrechnung eingerichtet sein.
- Bei nicht konstanten Grenzkosten, z. B. bei S-förmigen Kostenkurven, ergeben sich Ermittlungsprobleme bei der Bestimmung der Verrechnungspreise. Daher werden meist lineare Kostenkurven unterstellt, bei denen die Grenzkosten mit den variablen Kosten identisch sind.
- Die Beurteilung des liefernden Bereichs anhand der variablen Kosten kann zu deren Überschätzung führen, um kurzfristig den eigenen Erfolgsausweis zu erhöhen.
- Die Nichterfüllung der Erfolgszuweisungsfunktion kann zu Fehlsteuerungen führen:
- Die Lieferdivision wird den Einsatz eines kapitalintensiveren Verfahrens mit einem höheren Fixkostenanteil, jedoch niedrigeren variablen Kosten ablehnen, da dieses ihren Verlustausweis (Fixkostenblock) erhöht. Dies erklärt sich aus der Tatsache, dass für kurzfristige Zwecke aufgestellte Daten für langfristige Entscheidungen benutzt werden.
- Darüber hinaus führt die Wahl von Grenzkostenpreisen zu einem ständigen Verlustausweis bei der Lieferdivision. In der Theorie der kurzfristigen Anpassung gibt es zwar keinen Unterschied zwischen gewinnmaximierendem und verlustminimierendem Verhalten, praktisch dürften hier aber doch durch die Erzeugung von Unzufriedenheit unterschiedliche Verhaltensimpulse ausgehen.
- Auch bei der Abnehmerdivision können sich Fehlsteuerungen ergeben, denn deren Materialkosten sind bei der Verrechnung der internen Lieferung zu Grenzkosten „ein Gemisch von normalen Marktpreisen für von außen bezogene Produkte und weit niedrigeren kurzfristigen variablen Kosten, die als Verrechnungspreis für intern bezogene Produkte

dienen" (Poensgen [1973], S. 511). Der abnehmende Geschäftsbereich ist der Verantwortlichkeit für die Deckung von Fixkosten eines Teils seiner Inputgüter enthoben, zum anderen wird der Materialanteil unrichtig ausgewiesen. Eine Primärkostenrechnung kann hier Abhilfe schaffen.

Zur Lösung dieser Probleme sind zwei Alternativen zu unterscheiden:

- Die Lieferdivision produziert ausschließlich intern gelieferte Produkte ohne externen Markt.
- Eine solche Division hat keine Absatzautonomie, ihr kann somit auch keine Gewinnverantwortlichkeit zugebilligt werden. Es fehlt folglich die Grundlage, diese Lieferdivision als eigenen Geschäftsbereich zu führen. Produziert die Lieferdivision nur für die Abnehmerdivision, dann sollten beide zu einem einheitlichen Geschäftsbereich zusammengefasst werden. Bedient sie mehrere Abnehmerdivisionen, dann liegt es nahe, die Lieferdivision als Service Center zu führen, dem als Cost Center lediglich Kostenverantwortlichkeit obliegt.
- Der liefernde Geschäftsbereich produziert auch für den externen Markt und die Abnehmerdivision bezieht ebenfalls Produkte von anderen Quellen. In diesem Fall sind die Voraussetzungen für die Führung der Liefer- und Abnehmerdivision als selbständige Geschäftsbereiche gegeben.

Abweichende Verrechnungspreise

Da die Verrechnung der internen Produkte zu Grenzkosten zu unbefriedigenden Ergebnissen führt, verbleibt als Lösungsmöglichkeit nur, einen vom (effizienten) Grenzkostenpreis abweichenden Verrechnungspreis zu setzen. Dieser sollte die beiden Hauptaufgaben von Verrechnungspreisen erfüllen:

- Die im Grenzkostenpreis gegebene Steuerungsinformation sollte aufrecht erhalten bleiben.
- Der Verrechnungspreis sollte zu einer „gerechten", d. h. von beiden Seiten akzeptierten, Gewinnzurechnung führen.

Das führt zu drei weiteren Typen grenzkostenorientierter Verrechnungspreise, die in den folgenden Abschnitten behandelt werden.

Für die Bestimmung der Verrechnungspreise auf Basis der Grenzkosten wurden innerhalb der wirtschaftswissenschaftlichen Theorie Modelle entwickelt. Diese gehen i. d. R. von einem zweistufigen Produktionsprozess aus, der keine Lagerung ermöglicht. Die Erlös- und Kostenfunktionen sind den autonom entscheidenden und das Ziel der Gewinnmaximierung verfolgenden Divisionsleitern bekannt.

Unter der zusätzlichen Annahme, dass kein externer Markt existiert, leitet Hirshleifer den optimalen Verrechnungspreis von der Zielfunktion des Gesamtunternehmens ab:

$$G = p_A \times x_A - K_A(x_A) - K_L(x_L) \text{ mit } x_A = x_L$$

mit:

p_A	=	Preis, den die Abnehmerdivision am externen Markt erzielt
p_L	=	Verrechnungspreis
x_A	=	Absatzmenge der Abnehmerdivision
x_L	=	Absatzmenge der Lieferdivision
K_A	=	Gesamtkosten der Abnehmerdivision
K_L	=	Gesamtkosten der Lieferdivision
G	=	Gewinn des Gesamtunternehmens
GE_L	=	Grenzerlöse der Lieferdivision
GE_A	=	Grenzerlöse der Abnehmerdivision
GK_L	=	Grenzkosten der Lieferdivision
GK_A	=	Grenzkosten der Abnehmerdivision
E_L	=	Erlöse der Lieferdivision
E_A	=	Erlöse der Abnehmerdivision

Durch Ableiten und Nullsetzen dieser Funktion ergibt sich die gewinnmaximale Menge, bei der der Grenzerlös den Grenzkosten entspricht.

$$p_A = GK_A(x_A) + GK_L(x_A)$$

Der Verrechnungspreis ist nun so festzulegen, dass die auf dieser Grundlage getroffenen Entscheidungen der Bereiche den Gesamtunternehmensgewinn maximieren. Für die Bereiche gelten folgende Zielfunktionen:

Lieferdivision L: $G_L = p_L \times x_L - K_L(x_L)$
Abnehmerdivision A: $G_A = p_A \times x_A - K_A(x_A) - p_L \times x_L$

Die Zielsetzung der Gewinnmaximierung führt zu einem Verrechnungspreis p_L, der den Grenzkosten der Lieferdivision entspricht. Somit gelten folgende Optimalitätsbedingungen:

Lieferdivision L: $GE_L(x_L) = GK_L(x_L)$
Abnehmerdivision A: $GE_A(x_A) = GK_A(x_A) + GK_L(x_L)$

Unter der Voraussetzung, dass die Funktion $K_L(x_L)$ streng konvex und die Funktion $E_A(x_A) - K_A(x_A)$ streng konkav ist, werden die Optimalitätsbedingungen dann und nur dann erfüllt, wenn die gesamtoptimalen Mengen gewählt werden. Abb. 18.13 verdeutlicht, dass nur ein einheitlicher Verrechnungspreis zum Ausgleich von Angebot und Nachfrage führt.

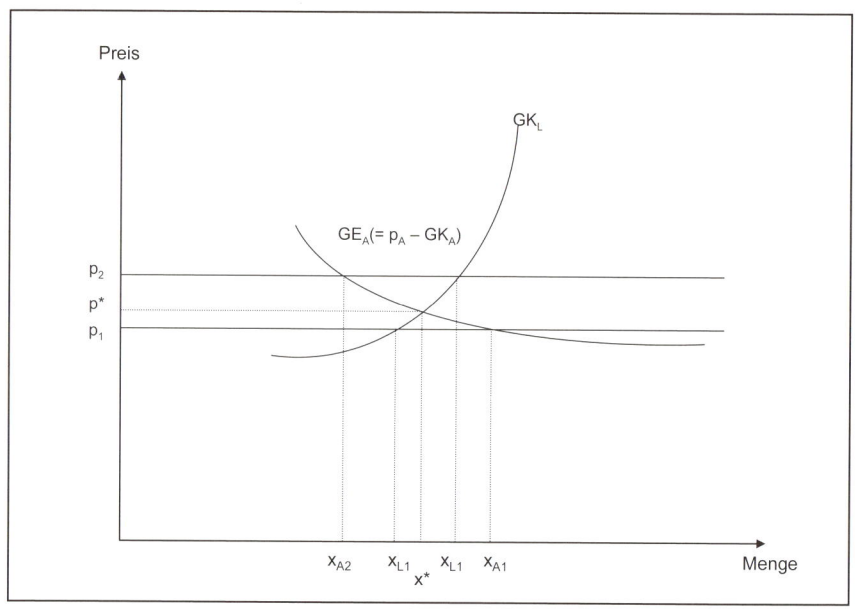

Abb. 18.13: Hirshleifer-Modell

Ronen/
McKinney-
Modell
Ronen und McKinney ([1970], S. 103 ff.) erweitern das Modell dahingehend, dass die Bereiche als monopolistische Anbieter bzw. Nachfrager auftreten können und somit zwei Verrechnungspreise festgelegt werden. Die Nettogrenzerlösfunktion der Abnehmerdivision A wird ermittelt, indem diese angibt, wie viele Produkte sie bei verschiedenen Preisen beziehen würde. Über die Funktion der durchschnittlichen Erlöse erhält man die Nachfragefunktion von A. Die Lieferdivision L zeigt auf, wie viele Produkte sie bei verschiedenen Preisen an A liefern würde. Mit Hilfe der so ermittelbaren Grenzkostenfunktion erhält man über die variable Durchschnittskostenfunktion die Angebotsfunktion von L.

Bei Gültigkeit der oben genannten Prämissen erfüllen Verrechnungspreise auf Basis der Grenzkosten die Lenkungsfunktion. Die diesen Ansatz erweiternden Modelle (vgl. v. a. Ronen/McKinney [1970], S. 99 ff.) kommen zu dem Ergebnis, dass auch bei Existenz eines externen Markts und bei Vorliegen übereinstimmender Kauf- und Verkaufspreise die Grenzkosten die Lenkungsfunktion am besten erfüllen.

Allerdings muss die Gesamtlösung bekannt sein, um die Entscheidungen der Divisionen zu ermöglichen. Da die Bereiche meist um Ressourcen und teilweise auch um Märkte konkurrieren, stellt sich die Anwendung in der Praxis oft problematisch dar.

5.2.4 Variable Kosten plus Zuschlag

Aufgrund der Kritik an den Grenzkosten wird vorgeschlagen (vgl. Gschwend [1987], S. 90), durch einen Zuschlag die vernachlässigten Fixkosten und einen Gewinnanteil zu berücksichtigen. Aufgrund der unterschiedlichen Verhandlungsstärke – die liefernde Division kann unter Umständen auch am externen unvollkommenen Markt absetzen, der abnehmende Bereich hat keine Alternative, oder umgekehrt – obliegt es der Unternehmensführung, die Höhe des Zuschlags unter Berücksichtigung der Beschäftigungsauslastung festzulegen.

Variable Kosten plus Zuschlag

Bei dieser Variante werden weder die Lenkungs- noch die Erfolgszuweisungsfunktion erfüllt. Die Grenzkosten werden für die Abnehmerdivision durch den verrechneten Zuschlag intransparent. Da der Ergebniszuschlag zentral festgelegt werden muss, ist die Ergebnisverantwortlichkeit der Divisionen nicht gewährleistet.

Beispiel 18.7

Bei einem Aufschlag von 25 % auf die variablen Kosten ergibt sich in dem eingeführten Beispiel ein Verrechnungspreis von $p = 50 + 12{,}50 = 62{,}50$.

Ergebnis der Division L:

Umsatz	25 000	(400 Einheiten zu $p = 62{,}50$)
- Variable Kosten	20 000	
- Fixe Kosten	1 000	
= Ergebnis	4 000	

Ergebnis der Division A:

Umsatz	60 000	
- Materialkosten	25 000	(400 Einheiten zu $p = 62{,}50$)
- Kosten von A	13 000	
= Ergebnis	22 000	
= Gesamtergebnis	26 000	

5.2.5 Variable Kosten und periodische Abrechnung (Two-Step-Pricing)

Eine den Zielsetzungen der Verrechnungspreise entsprechende und das Problem der Fixkostenzurechnung berücksichtigende Lösung könnte aus folgendem Verfahren bestehen (vgl. Anthony/Govindarajan [2003]; Kaplan/Atkinson [1998]; Poensgen [1973], S. 511 ff.): Zunächst werden die gelieferten Produkte zu variablen Kosten abgerechnet. Dies gewährleistet, dass die Steuerungsinformation der Grenzkosten erhalten bleibt. Zusätzlich wird die Abnehmerdivision periodisch (z. B. monatlich) mit einem

Two-Step-Pricing

Globalbetrag zur Abdeckung von Fixkosten und einem Ergebnisbeitrag des zuliefernden Geschäftsbereichs belastet, dessen Festlegung folgenden Anforderungen genügen sollte:

- Es soll sich um einen nicht mengenabhängigen, pauschalen Belastungsbetrag handeln, damit nicht der liefernde Bereich das Risiko der Absatzentscheidungen des abnehmenden Bereichs trägt.
- Das dem Globalbetrag zugrunde liegende Mengengerüst sollte dem Anteil der Kapazität der Lieferdivision entsprechen, der für die Belieferung des abnehmenden und zu belastenden Bereichs eingerichtet wurde. Daraus folgt, dass der Globalbetrag nicht von der tatsächlichen in Anspruch genommenen Kapazität von Jahr zu Jahr abhängig sein kann. Er sollte zum Investitionszeitpunkt festgelegt werden. Neufestlegungen sollten jeweils an den Zeitpunkten erfolgen, an denen die Kapazität ab- oder aufgebaut wird.
- Die wertmäßige Höhe des Globalbetrags sollte nicht von den jeweiligen Ist-Fixkosten abhängig sein, da dies die bekannten negativen Folgen des Kostenerstattungsdenkens mit sich bringen würde. Sie sollte sich an den für die jeweilige Periode budgetierten Fixkosten zuzüglich einer Mindestrendite auf das für den anderen Bereich zusätzlich nötige Kapital orientieren. Eine Obergrenze bilden die im Falle der Selbstherstellung durch den abnehmenden Bereich anfallenden Kosten der Eigenfertigung.

Beispiel 18.8

Das dargestellte Verfahren soll anhand des bekannten Beispiels erläutert werden.

Während der Abrechnungsperiode wird von einem Verrechnungspreis in Höhe der variablen Kosten $p = 50$ ausgegangen. Der zu tragende Fixkostenanteil beträgt 80 % (400 bei einer Kapazität von 500) von 1 000, zudem ist eine 10 %ige Rendite auf das investierte Kapital von 1 000, d. h. 100, zu erstatten. Der zu verrechnende Globalbetrag beläuft sich somit auf 900.

Ergebnis der Division L:

Umsatz	20 000	(400 Einheiten zu $p = 50$)
+ Globalbetrag	900	
- Variable Kosten	20 000	
- Fixe Kosten	1 000	
= Ergebnis	- 100	

Ergebnis der Division A:		
Umsatz	60 000	
- Materialkosten	20 000	(400 Einheiten zu p = 50)
- Globalbetrag	900	
- Kosten von A	13 000	
= Ergebnis	26 100	
= Gesamtergebnis	26 000	

Die oben unter Punkt 2) erhobene Forderung hat aber zugleich den Nachteil, dass bei Unterbeschäftigung der Abnehmerdivision die Lieferdivision die anteiligen Fixkosten gleichwohl vergütet erhält und somit kein Anreiz zu eigenen externen Auslastungsänderungen gesetzt wird.

Nachteil

5.2.6 Variable Kosten und Gewinnaufteilung

Für Fälle, in denen keines der bisher dargestellten Verfahren als optimal beurteilt wird, kann eine Gewinnaufteilung (vgl. Anthony/Govindarajan [2003]) in der Weise vorgenommen werden, dass

Gewinnaufteilung

- das Produkt zu variablen Kosten an die Abnehmerdivision geliefert wird und
- nach dem Verkauf durch diese der erzielte Gewinn (Verkaufspreis abzüglich der variablen Kosten der Lieferdivision und der Kosten der Abnehmerdivision) auf die beiden Bereiche aufgeteilt wird.

Diese Vorgehensweise ist bei instabiler Nachfragesituation sinnvoll, da so der abnehmende Bereich nicht alleine das Risiko trägt. Probleme können sich allerdings bei der Kalkulation und der angemessenen Aufteilung ergeben.

Bei entsprechender Anwendung des obigen Beispiels ergibt sich folgende Situation:

Beispiel 18.9

Ergebnis der Division L:		
Umsatz	20 000	(400 Einheiten zu p = 50)
- Variable Kosten	20 000	
- Fixe Kosten	1 000	
= Ergebnis	-1 000	
Ergebnisanteil	13 500	(50 % von 27 000)

Ergebnis der Division A:		
Umsatz	60 000	
- Materialkosten	20 000	(400 Einheiten zu p = 50)
- Kosten von A	13 000	
= Ergebnis	27 000	
Ergebnisanteil	13 500	(50 % von 27 000)
= Gesamtergebnis	26 000	

5.3   Sonstige Verrechnungspreise

5.3.1 Knappheitspreise

Systematisierung

Da Preise – zumindest aus theoretischer Sicht – immer das Verhältnis von Angebot und Nachfrage widerspiegeln, d. h. die Knappheit ausdrücken sollten, kann man den Knappheitspreis als den allgemeinen Fall der Verrechnungspreisbildung betrachten. Eine Systematisierung zeigt das folgende Schaubild 18.14.

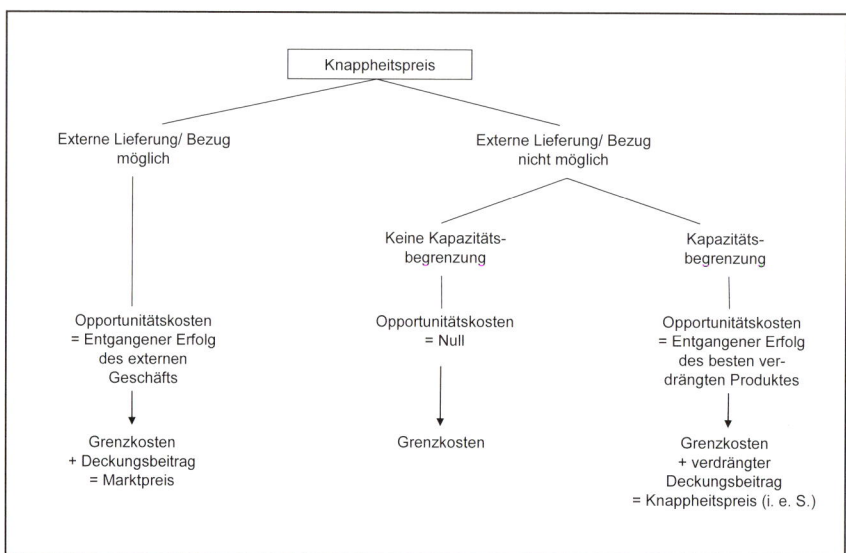

Abb. 18.14: Systematisierung der Knappheitspreise

Knappheitspreis

Unter einem Knappheitspreis versteht man einen Verrechnungspreis, der die Opportunitätskosten der Entscheidung gerade für dieses Produkt zum Ausdruck bringen soll. Ist die Alternative die Lieferung an den Markt, so bemisst sich der Verrechnungspreis am entgangenen Erfolg des externen Geschäfts, der durch den Marktpreis charakterisiert wird. Stellt die Lieferung nach außen keine Alternative dar und sind die Kapazitäten nicht beschränkt, so bemisst sich der Knappheitspreis entsprechend der Bestimmung von Preisuntergrenzen (vgl. Kapitel 10). Liegen allerdings Restriktionen vor, so errechnen sich die Opportunitätskosten anhand des entgangenen Erfolgs des verdrängten Produkts. Der Verrechnungspreis setzt sich dann aus den Grenzkosten und dem verdrängten Deckungsbeitrag zusammen (Knappheitspreis i. e. S.).

Werden Opportunitätskosten hinzugerechnet, so tritt zum Kostenelement ein Marktelement, wodurch die Knappheitspreise zu einer Art Kombination von kosten- und marktorientierter Wertbasis werden.

Knappheitspreise im engeren Sinne sind an die Voraussetzung der Nichtexistenz eines Markts sowie die begrenzte Verfügbarkeit der zu transferierenden Zwischenprodukte gebunden. Nach der Anzahl der vorliegenden Engpässe können sie folgendermaßen untergliedert werden:

- Bei nur einem Engpass garantiert die Verwendung des Knappheitspreises die Wahl der Alternative mit gleichem oder höherem Nutzen. Der Verrechnungspreis wird gebildet aus den Grenzkosten und dem entgangenen Deckungsbeitrag der besten Alternative.
- Bei zwei oder mehreren Engpässen ist die Aufstellung eines linearen Programms zur Errechnung des Knappheitspreises erforderlich. Dieses liefert sogenannte Schattenpreise, die sowohl dezentrale als auch gewinnoptimale Entscheidungen ermöglichen.

Der Lenkungsfunktion genügen die Knappheitspreise in vollem Umfang, zumal das Optimierungsproblem für alle Bereiche gelöst wird. Doch dem steht der Nachteil gegenüber, dass der Gewinn immer demjenigen Bereich zugeordnet wird, in dem die Restriktionen wirksam werden. Treten im liefernden und im abnehmenden Bereich Engpässe auf, so wird beiden ein Teil des Gewinns zugerechnet. Von leistungsbedingter Gewinnallokation kann allerdings keine Rede sein.

Funktionserfüllung

Beispiel 18.10

Zwei Unternehmen L und A haben die in Abb. 18.15 dargestellten Lieferungsbeziehungen.

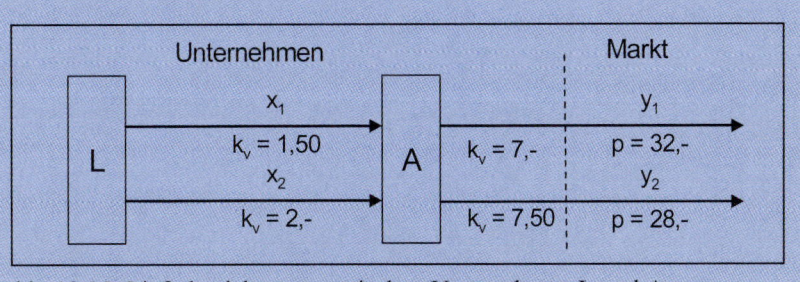

Abb. 18.15: Lieferbeziehungen zwischen Unternehmen L und A

Für die Produkte x_1 und x_2 bzw. y_1 und y_2 gilt folgende Bedarfsmatrix:

	y_1	y_2	Kapazität
x_1	6	3	360 000 (Alternative 1)
x_2	2	3	Keine Restriktion
Absatzmöglichkeiten	keine Restriktion	$y_2 \leq 100\ 000$ (Alternative 2)	

Alternative 1 (Restriktion $x_1 \leq 360\ 000$)

Keine Restriktionen auf der Absatzseite

Aus Sicht des Gesamtunternehmens ergibt sich zunächst folgende Deckungsbeitragsrechnung der Produkte y_1 und y_2:

	y_1	y_2
Preis	32	28
– Materialkosten	13	10,50
Vorprodukt x_1 : $k_v = 1,50$		
y_1 : 6 × 1,50 = 9		
y_2 : 3 × 1,50 = 4,50		
Vorprodukt x_2 : $k_v = 2$		
y_1 : 2 × 2 = 4		
y_2 : 3 × 2 = 6		
– Grenzkosten der Weiterverarbeitung	7	7,50
Deckungsbeitrag	12	10

Ohne Restriktion wäre y_1 das attraktivere Produkt. Mit der Restriktion $x_1 \leq 360\ 000$ muss vom engpassbezogenen Deckungsbeitrag ausgegangen werden:

	y_1	y_2
Deckungsbeitrag	12	10
Engpassbelastung	6 (Einheiten)	3 (Einheiten)
Engpassbezogener Deckungsbeitrag	2	3,33

Mit Restriktion ist also y_2 attraktiver. Um diese Information im Verrechnungspreis zum Ausdruck zu bringen, wird der engpassbezogene Deckungsbeitrag des besten verdrängten Produkts den Grenzkosten zugeschlagen. Dies ist der Betrag von 3,33 EUR für y_2, denn wenn die Kapazität von x_1 um eine Einheit erweitert würde, könnte mit der vermehrten

Ausbringung von y_2 gerade ein Beitrag von 3,33 EUR erzielt werden. Es ergeben sich folgende Transferpreise:

x_1:   Grenzkosten   1,50
         + Opportunitätskosten   3,33
         Transferpreis   4,83

x_2:   Grenzkosten   2, –
         + Opportunitätskosten   0
         Transferpreis   2, –

Aus Sicht der Division A ergibt sich bei diesen Transferpreisen folgende produktbezogene Deckungsbeitragsrechnung:

Division A	y_1	y_2
Preis	32	28
– Materialkosten		
x_1 (Preis = 4,83)	29	14,50
x_2 (Preis = 2, –)	4	6
– Grenzkosten der Weiterverarbeitung	7	7,50
Deckungsbeitrag	-8	0

Division A wäre nicht interessiert, Produkt y_1 zu fertigen. Folglich würde ausschließlich y_2 hergestellt, und es ergäbe sich folgende Ergebnisrechnung:

	Menge	Deckungsbeitrag je Einheit	Deckungsbeitrag gesamt
Division L	360 000 x_1	3,33	1 200 000
	360 000 x_2	0	0
Division A	120 000 y_2	0	0
Gesamt			1 200 000

Das Gesamtergebnis wird ausschließlich der Lieferdivision zugerechnet, weil nur dort Restriktionen wirksam sind.

Alternative 2 (Restriktion $y_2 \leq 100\,000$)
Im Folgenden sei von einer zusätzlichen Restriktion ausgegangen:

$$y_2 \leq 100\,000$$

Da drei Einheiten von x_1 benötigt werden, um eine Einheit von y_2 herzustellen, ist der Bedarf an x_1 300 000.

Beschränkter Absatz am externen Markt

Da $x_1 \leq 360\,000$ Einheiten ist, bleiben also noch 60 000 x_1 für die Produktion von y_1 übrig. Damit können 10 000 Stück von y_1 hergestellt werden. Die Opportunitätskosten fallen von 3,33 EUR auf 2,– EUR, denn eine marginale Veränderung der Kapazität von x_1 geht nun zugunsten von y_1 statt von y_2. Damit werden von x_1 360 000 und von x_2 320 000 $(3 \times 100\,000 + 2 \times 10\,000)$ Einheiten sowie von y_1 10 000 und von y_2 100 000 Stück produziert. Es ergeben sich folgende Transferpreise:

x_1:	Grenzkosten	1,50
	+ Opportunitätskosten	2, –
	Transferpreis	3,50

x_2:	Grenzkosten	2, –
	+ Opportunitätskosten	0
	Transferpreis	2, –

Die produktbezogene Deckungsbeitragsrechnung der Division A hat dann folgendes Aussehen:

Division A	y_1	y_2
Preis	32	28
– Materialkosten		
x_1 (Preis = 4,83)	21	10,50
x_2 (Preis = 2,-)	4	6
– Grenzkosten der Weiterverarbeitung	7	7,50
Deckungsbeitrag	0	4

Division A würde also bis zur Absatzgrenze y_2 herstellen und dann auf y_1 übergehen. Es ergeben sich folgende Ergebniszuordnungen:

	Menge	Deckungsbeitrag je Einheit	Deckungsbeitrag gesamt
Division L	360 000 x_1	2	720 000
	320 000 x_2	0	0
Division A	10 000 y_1	0	0
	100 000 y_2	4	400 000
Gesamt			1 120 000

Wie aus der Tabelle ersichtlich ist, werden die Deckungsbeiträge bei den beiden Engpässen erzielt.

Bei der Umsetzung in die Praxis ergeben sich folgende Probleme:

1) Schwierigkeiten der dezentralen Ermittlung

Dezentrale
Ermittlung

Der Verrechnungspreis wird aus der letzten, gerade noch oder gerade nicht mehr zum Zuge kommenden Verwendung der Abnehmerdivision(en) abgeleitet. Kennt man diese Grenzverwendung, dann kennt man aber auch das optimale Programm. Eine dezentrale Programmoptimierung ist dann nicht mehr erforderlich. Die Bestimmung des Verrechnungspreises setzt die Programmoptimierung voraus, die aber aufgrund der Steuerungsinformation des Verrechnungspreises erst bestimmt werden soll. Dies wird noch deutlicher im Falle mehrerer Engpässe: Hier setzt die Transferpreisbestimmung die Lösung eines linearen Programms voraus. Aufgrund dieser Tatsache kann die kurzfristige Produktionssteuerung als überflüssig gelten. Ihre Ermittlung setzt bereits die Lösung des Planungsproblems voraus.

2) Fehlsteuerung durch nicht leistungsbedingte Erfolgszuordnung

Die Zuordnung der Gewinne nach der Knappheitssituation der beteiligten Divisionen kann Anreize zur künstlichen Verknappung von Kapazitäten setzen, was aus der Sicht des Gesamtunternehmens zu suboptimalen Ergebnissen führen kann. Außerdem scheint diese Form der Gewinnaufteilung willkürlich. Dies wird besonders deutlich, wenn im Beispiel noch zusätzlich die Alternative 3 eingeführt wird.

Nicht leistungsbedingte Erfolgszuordnung

Alternative 3

Für den Fall, dass $y_2 = 119\,990$, ergibt sich für die Division A ein Erfolg von 479 960 (119 990 × 4).

Durch die Ausdehnung der Absatzgrenze des profitablen Produkts y_2 steigt der zugerechnete Erfolg von 400 000 (Fall 2) auf 479 960 (Fall 3). Würde die Absatzhöchstgrenze um 10 Einheiten weiter ausgedehnt, so würde der zugerechnete Erfolg auf 0 (Fall 1) sinken.

Das bedeutet, dass Knappheitspreise als Mittel der Ergebniszuordnung nicht sinnvoll angewendet werden können. So wird z. B. die Entscheidung der Lieferdivision für den Ersatz eines bisher genutzten Rohstoffs negativ beeinflusst, wenn der Ersatzrohstoff aufgrund geringerer Durchflusszeiten zur Milderung von Engpässen führt.

Eine Lösungsmöglichkeit kann durch die Einschränkung der Autonomie der Bereiche greifen, wie sie bereits diskutiert wurde.

Veränderungen der Absatzreaktion

5.3.2 Verrechnungspreise durch Verhandlungen

Der Preisfindung durch Verhandlungen liegt die Idee zugrunde, durch den Ausgleich von Grenzkosten und Grenznutzen der beteiligten Bereiche eine Näherungslösung an den Marktpreis zu schaffen.
Für die Anwendung dieses Verfahrens sind die vollständige Information der Bereiche, deren Unabhängigkeit bezüglich der Lieferungen, das Vorhandensein eines Markts als Orientierungshilfe und die Einrichtung einer Schiedsstelle im Konfliktfall erforderlich.

Verhandlungspreise

Voraussetzungen

Verhandlungen garantieren die Autonomie der Bereiche und somit deren Ergebnisverantwortlichkeit und zeichnen sich durch eine große Flexibilität je nach Beschäftigungslage aus.

Schiedsstelle

Als Nachteil wirkt der Umstand, dass unternehmensintern ein bilaterales Monopol geschaffen wird. Dies kann zu dysfunktionalen Ergebnissen führen, wenn aufgrund monopolistischen Verhaltens, wie künstlicher Verknappung der Ressourcen, aus Ressortegoismus oder durch besseres Verhandlungsgeschick ein Profit Center das andere übervorteilt (vgl. Kaplan/Atkinson [1998]). Dieses Konfliktpotenzial zwingt zur Einrichtung einer Koordinationsstelle, die bei Nichteinigung die Verrechnungspreise festsetzen muss.

Funktions-erfüllung

Untersucht man die Verhandlungspreise bezüglich ihrer Erfüllung der Lenkungs- und Erfolgszuweisungsfunktion, so ergibt sich aufgrund des von vornherein ungewissen Ausgangs, dass keine der Aufgaben richtig erfüllt wird.

5.3.3 Gewinnpooling

Gewinnpooling, Dual Pricing System

Zur Gruppe der pragmatisch orientierten, mehrfunktionalen Verrechnungspreise gehört das Gewinnpooling oder in ähnlicher Form das Dual Pricing System (vgl. Horngren/Foster/Datar [2006]), das sowohl die Lenkungs- als auch die Erfolgsermittlungsfunktion durch folgende Vorgehensweise erfüllen will:

- Die Lieferdivision erhält die durchschnittlichen langfristigen Selbstkosten (Standardkosten auf Planbeschäftigungsbasis) und eine angemessene Rendite gutgeschrieben. Diese Vorgehensweise bietet der Lieferdivision eine gute Entscheidungsbasis für die Abwägung interner und externer Lieferung.
- Die Abnehmerdivision zahlt je Produkteinheit die Grenzkosten und wird periodisch mit einem Globalzuschlag für Fixkosten und Gewinn belastet. So erhält die Division einerseits die nötigen Steuerungsinformationen zur Programmoptimierung, und andererseits wird sie zu realistischen Kapazitätsplanungen motiviert, da eine geringere Auslastung der Lieferdivision nicht zu Ersparnissen führt.

Differenzen müssten einem Konto bei der Zentrale gutgeschrieben bzw. belastet werden (deshalb die Bezeichnung des Gewinnpoolings, das natürlich auch ein Verlustpooling sein kann).

Anwendungs-bereiche in der Praxis

Nach Darstellung einer Reihe möglicher Verrechnungspreise stellt sich die Frage, wie in der Praxis im Einzelfall entschieden werden soll. Anthony/Welsch/Reece ([1985], S. 551 ff.) schlagen vor, bei Existenz eines Markts den Marktpreis anzusetzen, bei Nichtvorhandensein eines Markts die Vollkosten zuzüglich eines Gewinnzuschlags und unter besonderen Bedingungen Verhandlungspreise zu wählen.

5.4 Ansätze zur Bestimmung zielkongruenter Verrechnungspreise unter Einschluss von Investitionsentscheidungen

Die bisherigen Überlegungen zur Bestimmung von Verrechnungs- oder Lenkpreisen sind hauptsächlich auf die Koordination von Produktionsmengenentscheidungen gerichtet. Dabei bleiben durchzuführende oder zu unterlassende Investitionsentscheidungen außer Betracht. Neuerdings werden innerbetriebliche Verrechnungspreise jedoch häufig im Zusammenhang mit der zielkongruenten Vereinbarung der Interessen der verschiedenen Unternehmensbereiche mit denen des Gesamtunternehmens unter Einschluss von Investitionsentscheidungen diskutiert (vgl. Baldenius/Reichelstein [1998], S. 236 ff.; Pfeiffer [2002], S. 1269 ff.). Neben der generellen Frage des innerbetrieblichen Transfers von (Zwischen)-Produkten wird zusätzlich die Schaffung von Anreizen für transferspezifische Investitionen untersucht. Den Ausgangspunkt stellt ein zweistufiger Produktionsprozess dar. In der Innovationsphase werden hierbei innerhalb der Unternehmensbereiche bestimmte Investitionen getätigt, die zu einer Optimierung der Erlös- bzw. Kostenstruktur des Prozesses führen. Die Produktionsmengenentscheidung wird in der Produktionsphase getroffen.

Verrechnungspreise für Investitionsentscheidungen

Das zu lösende Problem besteht darin, dass weder die Investitionsausgaben noch der induzierte Erfolg verursachungsgerecht aufgeteilt werden können. Dies führt zu einem Hold-Up-Problem (vgl. Williamson [1985]; Hart/Moore [1988], S. 755 ff.), d. h. jeder Bereich reduziert seine Investitionen in der Befürchtung, die ganze Investitionslast alleine tragen zu müssen, am Erfolg jedoch nur partiell beteiligt zu werden. Dadurch wird allgemein die Investitionstätigkeit verringert.

Problembereiche

Beispielhaft dargestellt könnte der verkaufende Bereich so die Möglichkeit besitzen, die variablen Stückkosten seines Produktes durch frühzeitige Investitionen in eine fortschrittlichere Produktionstechnologie zu senken, was jedoch auch den operativen Gewinn der verkaufenden Einheit infolge der Abschreibungen auf die getätigten Investitionen mindern würde. Das sich ergebende Risiko könnte im Rahmen der Wahl eines geeigneten Verrechnungspreisverfahrens teilweise auf den Abnehmerbereich übergewälzt werden. Hier kann es zu potenziellen Fehlsteuerungen kommen, da der Verrechnungspreis erst ex-post feststeht, wohingegen das anzuwendende Verfahren zu seiner Bestimmung bereits ex-ante ausgewählt wird. Die durch diese spezifische Investitionstätigkeit erreichten Kostenminderungen könnten also bei Verwendung bestimmter Verrechnungspreisverfahren nicht dem investierenden Bereich alleine als Erfolg zugerechnet, sondern auf die beteiligten Einheiten aufgeteilt werden. Dies lässt die Investition für den verkaufenden Bereich unter Umständen nicht mehr lukrativ erscheinen. Diese Art der Fehlsteuerung wird durch eine asymmetrische Informationsverteilung zusätzlich begünstigt (vgl. Ewert/Wagenhofer [2005], S. 635 f.). Dem Verkäuferbereich müsste also ein entsprechender Anreiz zur Durchführung der Investition gewährt werden. Dies kann wiederum ex-ante über die Wahl eines geeigneten Verrechnungspreisverfahrens geschehen.

Zusammenfassend kann also festgehalten werden, dass über verschiedene Verfahren zur Bestimmung von Verrechnungspreisen der gesamte Erfolg des innerbetrieblichen Transfers ex-post den einzelnen Unternehmensbereichen zugeteilt wird. Daraus kann gefolgert werden, dass je nach verwendetem Verfahren auch ex-ante unterschiedliche Anreize für Produktionsmengen- und Investitionsentscheidungen gesetzt werden können.

Vor diesem Hintergrund haben Baldenius/Reichelstein ([1998], S. 236 ff.) sowie Pfeiffer ([2002], S. 1269 ff.) verschiedene Verrechnungspreisverfahren bezüglich ihrer Leistungsfähigkeit verglichen, wobei in den Untersuchungen verhandlungsorientierte den kostenorientierten Verfahren gegenübergestellt wurden. Während in den früheren Studien im Rahmen der kostenorientierten Verrechnungspreise nur so genannte ein- bzw. zweiteilige innerbetriebliche Monopolpreise analysiert wurden, behandelt Pfeiffer in seinen Untersuchungen zusätzlich nach der Kosten-Plus-Methode ermittelte Verrechnungspreise. Hierbei wird davon ausgegangen, dass der Verrechnungspreis von der Konzernzentrale als Summe von Stückkosten und einem angemessenen Gewinnzuschlag vorgegeben wird, der hauptsächlich der Motivation des verkaufenden Bereiches dient.

Die Untersuchungen kommen zu dem Ergebnis, dass unter der Annahme vollkommener Information und ohne Berücksichtigung möglicher Engpassfaktoren stets eine Verteilung von Verhandlungsmacht ausfindig gemacht werden kann, bei der sich verhandelte Verrechnungspreise den anderen Verfahren – namentlich den innerbetrieblichen Monopolpreisen sowie den Kosten-Plus-Preisen – gegenüber als überlegen erweisen. Hervorzuheben ist, dass die Untersuchungen eindeutige Charakteristika dafür liefern, in welchem Fall ein bestimmtes Verfahren zur Bestimmung von Verrechnungspreisen vorteilhafter anzuwenden ist.

Vergleich verschiedener Verrechnungspreisverfahren

6 Verrechnungspreise in Konzernunternehmen

6.1 Begriffsinhalt und Bestimmungsansätze von Konzernverrechnungspreisen

Durch die Internationalisierung der Konzerne gewann die Verrechnungspreisproblematik auch und gerade für den Transfer von Gütern zwischen Unternehmen mit Sitz in verschiedenen Ländern an Bedeutung. Der Unterschied zwischen divisionalisierten Unternehmenseinheiten und Konzernunternehmen besteht darin, dass erstere nur wirtschaftlich selbständig sind, letztere jedoch sowohl wirtschaftlich als auch rechtlich selbstständige Unternehmen darstellen. Somit kann für die Betrachtung der Verrechnungspreisproblematik ein Konzern als Spezialform eines divisionalisierten Unternehmens betrachtet werden.

Konzern als Spezialform eines divisionalisierten Unternehmens

Konzernverrechnungspreise zeichnen sich dadurch aus, dass sie zwischen rechtlich selbständigen Unternehmen geleistet und somit effektiv geschuldet werden. Während Verrechnungspreise zwischen rechtlich unselbständigen Unternehmen nur die Lenkungs- und Erfolgszuweisungsfunktion zu erfüllen haben, können bei Konzernverrechnungspreisen weitere Zielsetzungen relevant sein:

Konzernverrechnungspreise

Bedeutsam sind z. B. die Verlagerung von Gewinnen in Niedrigsteuerländer sowie die Umgehung von staatlichen Kontrollen oder anderen wirtschaftlichen Restriktionen.

1) Betriebswirtschaftliche Ansätze zur Bestimmung von Konzernverrechnungspreisen

In starker Analogie zu Verrechnungspreisen in divisionalisierten Unternehmen werden marktpreis-, nutzen- und kostenorientierte Verrechnungspreise unterschieden (vgl. Kellers/Lederle [1984], S. 164).

Als idealer Transferpreis gilt auch hier der **Marktpreis,** da er die Lenkungs-, Bewertungs- und Erfolgszuweisungsfunktion voll erfüllt. Falls keine Marktpreise vorliegen, so werden zwei alternative Ermittlungsmethoden vorgeschlagen:

Marktpreis

Die **Kosten-plus-Methode** geht von den Standard-, Herstell- oder Selbstkosten bzw. den variablen Kosten zuzüglich festgelegter Soll-Deckungsbeiträge und angemessener Zuschläge aus.

Kosten-plus-Methode

Die **Marktpreis-minus-Methode** zieht von den am Markt vorhandenen Preisen (falls ähnliche Leistungen verfügbar sind) eine für die abnehmende Gesellschaft erforderliche Marge ab und erhält so den Verrechnungspreis. Allerdings besteht auch hier das Problem der Festlegung der Marge.

Marktpreis-minus-Methode

2) Steuerrechtliche Ansätze zur Bestimmung von Konzernverrechnungspreisen

„Dealing at arm's length principle"

Bei der Bestimmung von Konzernverrechnungspreisen ist zu beachten, dass der Entscheidungsspielraum durch rechtliche Regelungen eingeengt ist. So beinhaltet § 1 AStG das „dealing at arm's length principle", wonach Verrechnungspreise innerhalb eines Konzerns mit Preisen gegenüber Konzernfremden vergleichbar sein müssen.

Transaktionsbasierte Methoden

Der OECD-Bericht (vgl. OECD [1987]) und ihm folgend die bundesdeutschen Verwaltungsanweisungen bzw. in den USA die Section 482 des Internal Revenue Code (vgl. zur Behandlung in den USA Anthony/Govindarajan [2003]; Weiss [1997], S. 252 ff.) schlagen zur Bestimmung des Fremdpreises drei Verfahren (sog. transaktionsbasierte Methoden) vor, die hier in Bezug auf Warenlieferungen kurz vorgestellt werden (vgl. zur Verrechnungspreis-Problematik in internationalen Konzernen u. a. Djanani/Brähler [2003], S. 305 ff.; Popkes [1989]).

Preisvergleichsmethode

Bei der **Preisvergleichsmethode** muss der Verrechnungspreis mit Preisen vergleichbar sein, die fremde Dritte am Markt ausgehandelt hätten. Dies bedingt, dass es sich um gleichartige Güter in vergleichbarer Menge und Handelsstufe mit ähnlichen Liefer- und Zahlungsbedingungen sowie gleichem Absatzmarkt handeln muss. Einem äußeren Vergleich liegen Marktnotierungen zugrunde, ein interner Vergleich bezieht sich auf andere Verträge des Unternehmens.

Wiederverkaufspreismethode

Die **Wiederverkaufspreismethode** geht von dem Preis aus, den der Empfänger im Ausland von einem Dritten erhält, und subtrahiert davon einen angemessenen Gewinnaufschlag sowie noch anfallende Kosten (vgl. Kellers/Lederle [1984], S. 169). Diese Methode führt zu den sachgerechtesten Ergebnissen bei Handelsgeschäften (vgl. Popkes [1989], S. 175).

Kostenaufschlagsmethode

Die **Kostenaufschlagsmethode,** die dann zur Anwendung kommt, wenn keine Marktbeziehungen vorliegen und die Wiederverkaufspreismethode nicht angewandt werden kann, ist ein kostenorientiertes Verfahren, bei dem zu den Selbstkosten ein angemessener Gewinnzuschlag hinzugerechnet wird.

Diese drei dargestellten Vorgehensweisen bilden keine Rangfolge, sondern stehen gleichberechtigt nebeneinander.

Gewinnbasierte Methoden

Neben den transaktionsbezogenen Methoden können auch gewinnbasierte Verfahren zur Anwendung kommen. Da auch diese dem Fremdvergleichsmaßstab gerecht werden müssen, ist ein Bezug zu den Geschäftsvorfällen eines Unternehmen nachzuweisen (vgl. OECD [1996], Tz. 3.1 und 3.50). Unter den geschäftsvorfallbezogenen Verfahren sind die funktionsorientierte Gewinnzerlegung und die transaktionsbezogene Nettomargenmethode zu subsumieren (vgl. Djanani/Brähler [2003], S. 340).

Funktionsorientierte Gewinnzerlegung

Zur Bestimmung der Konzerverrechnungspreise im Rahmen der funktionsorientierten Gewinnzerlegung wird der aus einem Geschäftsvorfall zu erwartende Gewinn **ex ante** auf die verbundenen Unternehmen aufgeteilt (vgl. Djanani/Brähler [2003], S. 341). Die Allokation kann dabei nach Risikogesichtspunkten, dem Anteil der Leistungserbringung des jeweiligen Unternehmens oder dessen Funktion im Leistungserstellungsprozess erfolgen. Die Einsatzbereiche dieses Verfahrens erstrecken sich vor allem auf Konzernbeziehungen, die aufgrund ihrer engen Verflechtung keine transaktionsbasierte Verrechnungspreisermittlung zulassen. Auch wenn keine vergleichbaren Geschäftsvorfälle auf externen Märkten verfügbar sind, kann die funktionsorientierte Gewinnzerlegung Anwendung finden. Ein Beispiel hierfür stellt die konzerninterne Nutzenüberlassung von immateriellen Wirtschaftsgütern dar (vgl. dazu Abschnitt 7.1 in diesem Kapitel).

Konzernverrechnungspreise werden nach der transaktionsbezogenen Nettomargenmethode dadurch bestimmt, dass ein Vergleich der bei einem Geschäft zwischen verbundenen Unternehmen erzielten Nettogewinnspanne mit der Nettogewinnspanne fremder Dritter bei einem vergleichbaren Geschäft erfolgt. Als Basis der Nettogewinnmarge können beispielsweise Umsatz, Kosten oder eine Kapitalgröße dienen. Dieses Verfahren ähnelt der Kostenaufschlagsmethode, bezieht sich auf ein einzelnes Geschäft und verwendet somit keinen branchenüblichen, summarischen Gewinnaufschlag (vgl. Djanani/Brähler [2003], S. 341 f.).

Transaktionskostenbezogene Nettomargenmethode

Nicht auf Geschäftsvorfälle bezogene Verfahren der Verrechnungspreisermittlung, die sog. globalen Gewinnaufteilungsmethoden, werden von der OECD als ungeeignet bezeichnet, da sie nicht dem Fremdvergleichsgrundsatz entsprechen. Einzig in den USA besteht die Möglichkeit zur Anwendung der Gewinnvergleichsmethode, die sich auf den Vergleich von Renditekennzahlen und Gewinnen vergleichbarer Unternehmen stützt und daraus näherungsweise Verrechnungspreise zwischen verbundenen Unternehmen zu ermitteln versucht (vgl. dazu ausführlich Djanani/Brähler [2003], S. 342).

Verbot globaler Gewinnaufteilungsmethoden

Abbildung 18.16 stellt einen Überblick über die Arten der Verrechnungspreisermittlung unter Berücksichtigung steuerlich zulässiger Verfahren (fett gekennzeichnet) dar.

3) Advance Pricing Agreements als Instrument zur Abstimmung von betriebswirtschaftlicher und steuerrechtlicher Ermittlung von Konzernverrechnungspreisen

Advance Pricing Agreements

Wie bereits aufgezeigt wurde, existieren methodische Unterschiede zwischen der betriebswirtschaftlich sinnvollen und steuerrechtlich gebotenen Ermittlung von Verrechnungspreisen. Damit es nicht zu Konflikten zwischen der Finanzbehörde im Rahmen der Betriebsprüfung und dem Steuerpflichtigen kommt, können vorab sog. „Advance Pricing Agreements" getroffen werden. Diese stellen verbindliche Vorwegauskünfte der Finanzbehörde gegenüber dem Steuerpflichtigen dar, die einen Kriterienkatalog für die Bestimmung der anzusetzenden Verrechnungspreise beinhalten. Gegenstand dieser Vereinbarung sind die Methoden der Verrech-

nungspreisermittlung sowie mögliche Vergleichswerte und kritische An-
nahmen (vgl. Djanani/Brähler [2003], S. 342 f.; OECD [1996],
Tz. 4.124). Der resultierende Vorteil einer erhöhten Planungssicherheit
seitens des Unternehmens wird jedoch durch die Nachteile eines hohen
Zeit- und Kostenaufwands, der Fülle der zu dokumentierenden internen
Informationen gegenüber den Finanzbehörden sowie der lediglich unila-
teralen Gültigkeit der Abkommen konterkariert (vgl. hierzu ausführlich
Djanani/Brähler [2003], S. 342 f.).

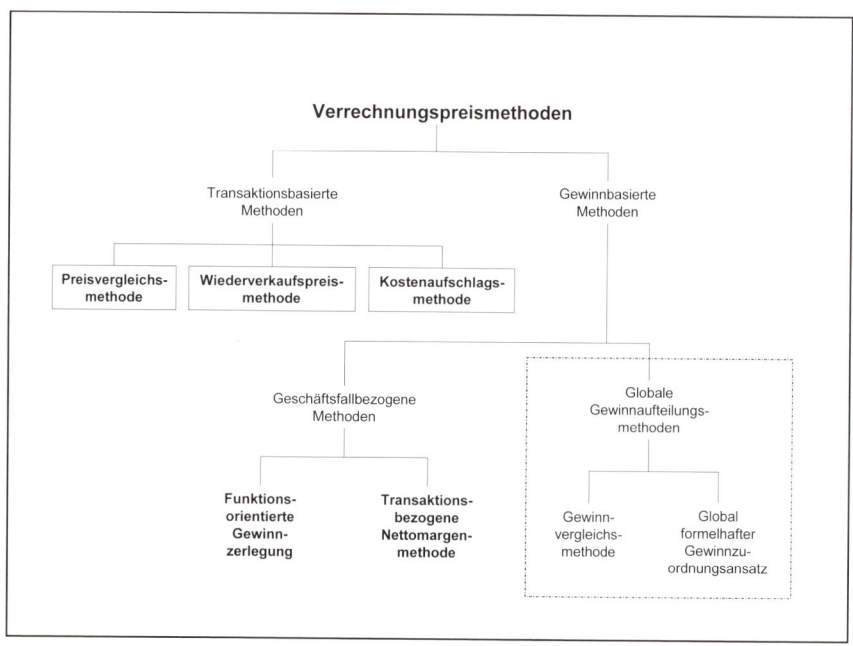

Abb. 18.16: Methoden der Verrechnungspreisermittlung
            (Quelle: Djanani/Brähler [2003], S. 340)

6.2 Ausgewählte Anwendungsbereiche von Konzern-verrechnungspreisen

Der Ermittlung von Verrechnungspreisen kommt vor allem im Rahmen
von konzerninternen Lieferungs- und Leistungsbeziehungen ein besonderes Augenmerk zu. Im Folgenden werden einige besonders wichtige Anwendungsbereiche herausgegriffen, denen anschließend die bevorzugte
Methode der Verrechungspreisbestimmung zugeordnet wird (vgl. hierzu
und im Folgenden Djanani/Brähler [2003], S. 345 ff.).

1) Lieferung von Gütern und Waren

Die Lieferung von Gütern und Waren stellt aufgrund des hohen Transaktionsvolumens den bedeutendsten Anwendungsbereich für Verrechnungspreise dar. Die Ermittlung eines Fremdvergleichspreises gemäß der Preisvergleichsmethode fällt in der Regel leicht, solange sich auf dem Markt vergleichbare Transaktionen identifizieren lassen. Kann jedoch kein Fremdvergleichspreis bestimmt werden (z. B. aufgrund nicht vergleichbarer Güter, Absatzmärkte oder Lieferkonditionen), so sollte die Wiederverkaufspreismethode als maßgebliches Verfahren Anwendung finden.

Lieferung von Gütern und Waren

2) Dienstleistungen

Im Rahmen konzerninterner Leistungsbeziehungen kann zwischen gesellschaftlich veranlassten und betrieblich bedingten Dienstleistungen unterschieden werden. Da gesellschaftlich veranlasste Dienstleistungen dem Fremdvergleichsprinzip entgegenstehen, dürfen diese grundsätzlich nicht verrechnet werden. Entsprechend werden hierfür auch keine Verrechnungspreise gebildet. Beispiele stellen Entgelte für die Konzernführung, die Nutzung des Konzernnamens, die rechtliche Organisation etc. dar. Demgegenüber besteht die Möglichkeit der Verrechnung betrieblich bedingter Dienstleistungen, die sich dadurch auszeichnen, dass für dieselbe Leistungserbringung zwischen externen Dritten ein Entgelt bezahlt worden wäre. Darüber hinaus muss die betrachtete Leistung tatsächlich erbracht, eindeutig abgrenzbar und messbar sowie im Interesse des empfangenen Unternehmens sein. Als Beispiele sind die Übernahme von Buchhaltungsleistungen, die Aus- und Weiterbildung von Mitarbeitern sowie die Bereitstellung sonstiger marktüblicher Dienstleistungen zu nennen. Der Verrechnungspreis für betriebsbedingte Dienstleistungen kann über die Preisvergleichmethode bestimmt werden. Auch eine reine Kostenumlage kann hierfür zur Anwendung kommen.

Dienstleistungen

3) Immaterielle Wirtschaftsgüter

Bei der konzerninternen Überlassung immaterieller Wirtschaftsgüter, z. B. der Nutzung von Patenten, ist der Verrechnungspreis auf Grundlage des Fremdvergleichs zu ermitteln. Daher sollte die Preisvergleichsmethode zur Verrechnungspreisbestimmung herangezogen werden. Stehen keine vergleichbaren Marktpreise zur Verfügung, so erfolgt der Ansatz von Nutzungsentgelten auf Basis einer sachgerechten Bemessungsgrundlage (vgl. Djanani/Brähler [2003], S. 347). Für die Nutzungsüberlassung von Lizenzen und Know how kann dabei zusätzlich auf eine Zentralkartei des Bundesministeriums für Finanzen zurückgegriffen werden, welche verkehrsübliche Gewinnspannen festlegt.

Immaterielle Wirtschaftsgüter

Finanzierungs-
leistungen

4) Finanzierungsleistungen

Finanzierungsleistungen, z. B. eine Darlehensvergabe des Mutter- an das Tochterunternehmen, sind nur dann mit einem Verrechnungspreis zu bewerten, falls es sich hierbei nicht um eine verdeckte Einlage des Mutterunternehmens handelt. Von einer verdeckten Einlage kann dann gesprochen werden, wenn eine Rückzahlung der Finanzierungsleistung unwahrscheinlich ist oder eine ungewöhnliche schuldrechtliche Vertragsgestaltung vorliegt (vgl. Djanani/Brähler [2003], S. 348). Ist dies nicht der Fall, so wird der Verrechnungspreis der Finanzierungsleistung anhand des Fremdvergleichspreises bestimmt. Dieser spiegelt den Zinssatz wider, den ein fremder Dritter für die Gewährung des Darlehens gefordert hätte.

7   Verrechnungspreise in der Praxis

Abschließend soll aufgezeigt werden, welche Formen der Verrechnungspreisbildung in der Praxis vorherrschen. Eine Untersuchung von 49 Unternehmen aus neun verschiedenen Branchen (vgl. Scholdei [1990]) ergab, dass vollkostenorientierte Verrechnungspreise – unabhängig von der Organisationsstruktur – vorherrschen (vgl. Abb. 18.17).

Marktpreise spielen insbesondere bei divisionaler Organisationsstruktur eine besondere Rolle. Grenzkostenpreise, Knappheitspreise und Sonderformen wie Gewinnpooling und doppelte Verrechnungspreise sind in der Praxis nicht bedeutsam.

Empirische
Untersuchungen

Die weiter oben beschriebene Dominanz marktpreis- und vollkostenorientierter Verrechnungspreise wird in einer Reihe von empirischen Erhebungen, die sich auf verschiedene Länder beziehen, bestätigt (vgl. z. B. Gschwend [1987], S. 108 ff.; Weilenmann [1989]). Im Folgenden wird auf die bislang aktuellste empirische Untersuchung der „Arten und Funktionen von Verrechnungspreisen" näher eingegangen (vgl. Pfaff/Stefani [2006], S. 517-524), wobei zum Zweck einer gesonderten Betrachtung steuerlicher Aspekte eine Unterscheidung in Verrechnungspreise und Transferpreise erfolgte. Diese Studie war als Befragung von 167 schweizerischen Unternehmen mit Ausnahme von Finanzdienstleistern (insb. Banken und Versicherungen) konzipiert. 61 der angeschriebenen Unternehmen haben einen verwertbaren Fragebogen zurück gesandt, was einer Rücklaufquote von 37 % entspricht. Die Branchen Industriegüter/Technologie/Fahrzeugbau und Handel machen in dieser Stichprobe den größten Anteil aus. Abbildung 18.18 gibt einen Überblick über die Häufigkeit der verwendeten Verrechnungspreisarten.

Organisationsform / Verrechnungspreisart	funktional	divisional	Matrix	Σ
Grenzkosten	1	0	0	1
Grenzkosten plus getrennte Fixkostenumlage/Monat	1	1	2	4
Vollkosten	8	9	7	24
Vollkosten plus Gewinnaufschlag	4	5	3	12
Zwischensumme kostenorientierte Verrechnungspreise	14	15	12	41 (57 %)
externe Marktpreise unkorrigiert	4	7	1	12
externe Marktpreise minus entfallende Beschaffungsnebenkosten	5	2	3	10
eigene Listenpreise minus entfallende Beschaffungsnebenkosten	0	1	0	1
eigene Listenpreise minus Kosten des eigenen Vertriebs	0	1	0	1
Marktpreise mit Sonderkonditionen	0	4	1	5
Zwischensumme marktpreisorientierte Verrechnungspreise	9	15	5	29 (40 %)
Knappheitspreise	0	0	0	0
Gewinnpooling	0	1	1	2
doppelte Verrechnungspreise	0	0	0	0
Zwischensumme sonstige Verrechnungspreise	0	1	1	2 (3 %)

Organisationsform und Verrechnungspreisart

Abb. 18.17: Zusammenhang von Organisationsform und Art des Verrechnungspreises

Am häufigsten werden von den Unternehmen als Verrechnungspreise Vollkosten zuzüglich eines Gewinnzuschlags, marktorientierte Preise und Marktpreise verwendet. Diese Ergebnisse decken sich weitgehend mit denen einer internationalen Studie von Ernst & Young (2005), in der eine Dominanz der Kostenaufschlagsmethode sowie der Preisvergleichsmethode festgestellt wurde. Außerdem bestätigen die Resultate die Angabe der aus steuerlichen Interessen der Länder entstandenen OECD-Richtlinie 1995/1996, dass im internationalen Lieferungs- und Leistungsverkehr die Marktpreis- oder Preisvergleichsmethode, Wiederverkaufspreismethode und Kostenaufschlagsmethode vorrangig anzuwenden sind.

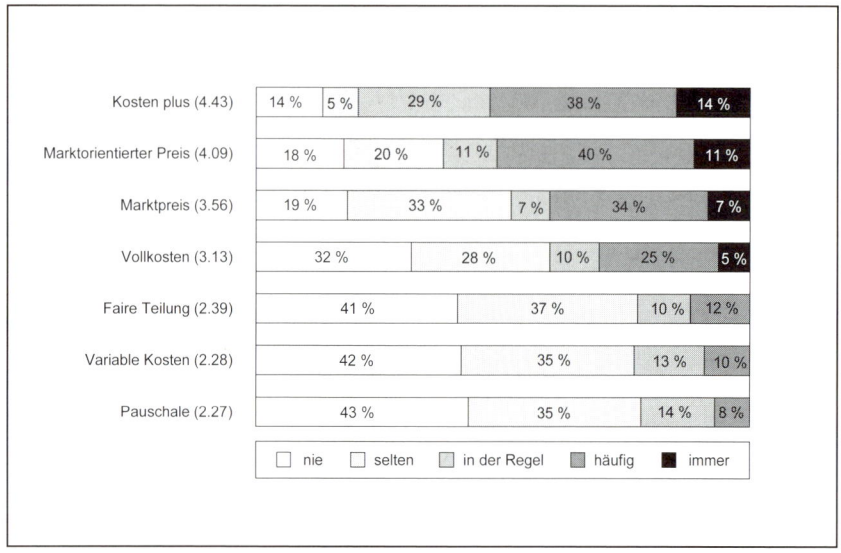

Abb. 18.18: Arten von Verrechnungspreisen und deren Anwendung
(Quelle: Pfaff/Stefani [2006], S. 521)

Verrechnungs-preisarten in der Unternehmens-praxis

Aus Abbildung 18.18 lässt sich außerdem erkennen, dass variable Kosten bzw. Grenzkosten, pauschal bestimmte Verrechnungssätze und Verrechnungspreise, durch die eine faire Verteilung des Gewinns auf die an seiner Erwirtschaftung beteiligten Konzernunternehmen erreicht werden soll, in der Praxis eine eher geringe Bedeutung aufweisen. Hinsichtlich des Verfahrens der fairen Gewinnaufteilung ist dieses Resultat überraschend, da diese Methode explizit in der schon erwähnten OECD-Richtlinie erwähnt wird. Außerdem ergab die Studie für die Methode der Verrechnungspreisbildung durch Verhandlungen eine eingeschränkte praktische Bedeutung.

Die Häufigkeit der von den Unternehmen eingesetzten Methoden zur Festlegung von Transferpreisen zeigt Abbildung 18.19.

Transferpreisar-ten in der Unter-nehmenspraxis

Es zeigt sich, dass bei Vernachlässigung von Steuereinflüssen eine ähnliche Abstufung wie bei den Verrechnungspreisen vorliegt: Die marktorientierten Preise, Vollkosten plus Gewinnzuschlag und Marktpreise behalten ihre Bedeutsamkeit, während nunmehr die reinen Vollkosten vermehrt zur Festlegung von Transferpreisen verwendet werden. Die sich daraus ergebende Vermutung, dass die eher unternehmens- oder länderübergreifend und damit stärker extern verwandten Verrechnungspreise auch für die Erfüllung interner Unternehmensfunktionen eine bedeutsame Rolle spielen, kann zudem durch weitere Ergebnisse der Studie bestätigt werden. Dieses Resultat geht konform mit einer Studie von Ernst & Young (2003), nach der 80 % der einbezogenen Mutterunternehmen in 22 Ländern denselben Preis für interne und externe Ziele gebrauchen. Ferner ist den Ergebnissen der Studie folgend die Festlegung von Transferpreisen über Verhandlungen wenig verbreitet.

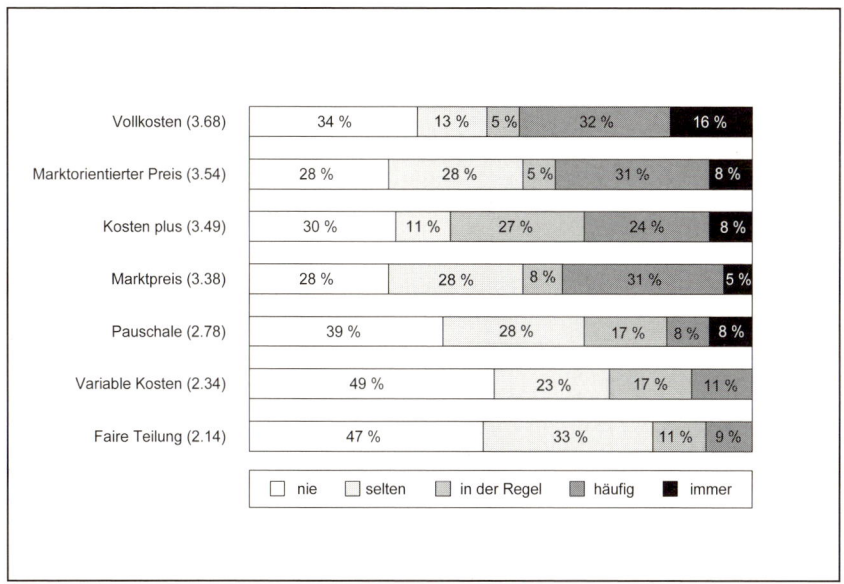

Abb. 18.19: Arten von Transferpreisen und deren Anwendung
　　　　　　(Quelle: Pfaff/Stefani [2006], S. 522)

Nachfolgend fasst Abbildung 18.20 die Bedeutsamkeit einzelner Funktionen von Verrechnungspreisen zusammen.

Es zeigt sich, dass die bedeutsamste Funktion von Verrechnungspreisen in der Steueroptimierung liegt. In diesem Kontext haben nahezu 50 % der befragten Unternehmen dieser Funktion eine große oder sehr große Bedeutung zugeordnet. Wichtigkeit erlangen Verrechnungspreise auch als Grundlage der Segmentberichterstattung, als Methode zur Gewinnabgrenzung zwischen einzelnen Konzerngesellschaften sowie als Instrument der Preisrechtfertigung. In letzterem Fall stellen Verrechnungspreise für Zwischenprodukte einen Bestandteil der Selbstkosten von externen Endprodukten dar, die u. a. bei öffentlicher Auftragsfertigung und entgeltregulierten Unternehmen (z. B. in der Energie- und Telekommunikationsbranche) eine relevante Basis der Preisfindung bilden. Abbildung 18.21 zeigt die in der Studie ermittelte Wichtigkeit einzelner Funktionen von Transferpreisen.

Verrechnungspreisfunktionen in der Unternehmenspraxis

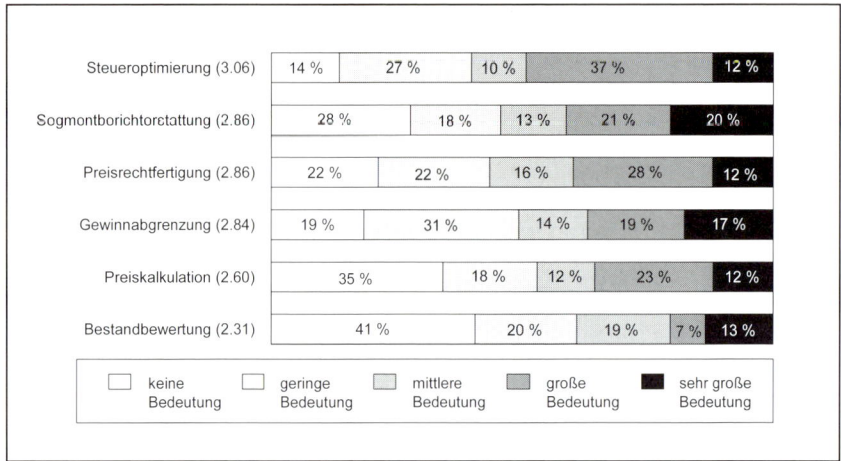

Abb. 18.20: Funktionen von Verrechnungspreisen und deren Bedeutung
(Quelle: Pfaff/Stefani [2006], S. 519)

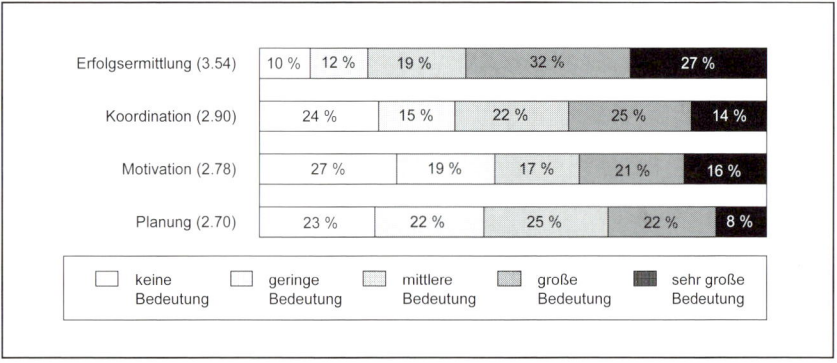

Abb. 18.21: Funktionen von Transferpreisen und deren Bedeutung
(Quelle: Pfaff/Stefani [2006], S. 520)

Transferpreis-
funktionen in der
Unternehmens-
praxis

Transferpreise dienen demnach primär der innerbetrieblichen Erfolgser-
mittlung bzw. Erfolgszuweisung, während die Funktionen der Koordination bzw. Lenkung, Motivation und Planung eine deutlich geringere Bedeutung aufweisen. Dies ist vor dem Hintergrund überraschend, dass der
Lenkungsfunktion in der Theorie stets eine hohe Bedeutsamkeit zugesprochen wird. Zur Einordnung dieser Ergebnisse sei auf die vorab bereits erwähnten engen Interdependenzen zwischen Lenkungs- und Erfolgszuweisungsfunktion verwiesen.

Gesamtergebnis
der Studie

Insgesamt wird durch die Untersuchung von Pfaff/Stefani die bereits
beschriebene Dominanz markt- und vollkostenorientierter Preise für die
(schweizerische) Unternehmenspraxis bestätigt, was vor dem Hintergrund
der OECD-Vorgaben zu erwarten war. Ferner zeigt sich, dass eine Mehrzahl der befragten Unternehmen die steuerlich konformen Methoden auch

für die Bestimmung von steuerlich irrelevanten Transferpreisen verwendet.

8   Kontrollfragen

1) Was versteht man unter Verrechnungspreisen und unter welchen Voraussetzungen sind derartige Preise im Unternehmen relevant?

2) Welche Hauptaufgaben sind von Verrechnungspreisen zu erfüllen? In welcher Beziehung stehen diese Aufgaben zueinander?

3) Warum kann sich bei der Aufsummierung der optimalen Teilbereichsergebnisse ein geringerer als der aus Gesamtunternehmenssicht erreichbare Zielrealisationsgrad ergeben?

4) Was besagt der Grundsatz: „Dezentralisation soweit wie möglich, Zentralisation soweit wie nötig"?

5) Was versteht man unter einer Geschäftsbereichsorganisation und welche Voraussetzungen müssen für eine erfolgreiche Implementierung im Unternehmen gegeben sein?

6) Welche Ziele werden üblicherweise mit der Einführung einer divisionalen Organisationsstruktur verfolgt?

7) Wie lassen sich die in einem divisionalisierten Unternehmen eingerichteten Organisationseinheiten entsprechend dem Umfang der Verantwortlichkeit der Teilbereichsleiter unterscheiden?

8) Was versteht man unter expliziten und impliziten Verhaltensnormen zur Koordinierung von Entscheidungen im Unternehmen?

9) Unter welchen Voraussetzungen erfüllen Marktpreise sowohl die Lenkungsfunktion als auch die Erfolgsermittlungsfunktion?

10) Welche Probleme können sich bei der praktischen Anwendung marktpreisorientierter Verrechnungspreise ergeben und welche Lösungsansätze werden hierfür vorgeschlagen?

11) Nennen Sie die verschiedenen Varianten kostenorientierter Verrechnungspreise und deren Anwendungsbereiche!

12) Erfüllen Grenzkostenpreise sowohl die Lenkungsfunktion als auch die Erfolgsermittlungsfunktion?

13) Welche Probleme ergeben sich beim praktischen Einsatz grenzkostenorientierter Verrechnungspreise?

14) Beschreiben Sie die Vorgehensweise beim Two-Step-Pricing und die Voraussetzungen für dessen erfolgreichen Einsatz in der Praxis!

15) Erfüllen Knappheitspreise die Lenkungsfunktion und die Erfolgsermittlungsfunktion?

16) Können Verrechnungspreise durch Verhandlungen die Anforderungen an ein effizientes Verrechnungspreissystem erfüllen?

17) Welche speziellen Charakteristika und Funktionen sind für Konzernverrechnungspreise kennzeichnend?

18) Was versteht man unter dem „dealing at arm's length"-Prinzip, und
welche steuerlichen Ermittlungsmethoden sollen dessen Einhaltung gewährleisten?

9   Abkürzungsverzeichnis

A	Abnehmerdivision
AStG	Außensteuergesetz
DB	Deckungsbeitrag
DB_A	Deckungsbeitrag der Abnehmerdivision
DB_L	Deckungsbeitrag der Lieferdivision
E_A	Erlöse der Abnehmerdivision
E_L	Erlöse der Lieferdivision
G	Gewinn des Gesamtunternehmens
GE_A	Grenzerlöse der Abnehmerdivision
GE_L	Grenzerlöse der Lieferdivision
GK_A	Grenzkosten der Abnehmerdivision
GK_L	Grenzkosten der Lieferdivision
K_A	Gesamtkosten der Abnehmerdivision
K_f	fixe Kosten
K_L	Gesamtkosten der Lieferdivision
K_p	geplante Kosten in Abhängigkeit von der Absatzmenge
k_f	variable Kosten
L	Lieferdivision
P_A	Preis, den die Abnehmerdivision am externen Markt erzielt
P_L	Verrechnungspreis
VP	Verrechnungspreise
x_0	Break-even-Menge
x_A	Absatzmenge der Abnehmerdivision
x_i	Vorprodukte
x_L	Absatzmenge der Lieferdivision
y_i	Endprodukte

10   Literaturhinweise

Albach, H. (1974): Innerbetriebliche Lenkpreise als Instrument dezentraler Unternehmensführung, in: Zeitschrift für betriebswirtschaftliche Forschung 1974, S. 216-242.

Anthony, R. N./Govindarajan, V. (2003): Management Control Systems, 12. Aufl., Chicago u. a. 2003.

Anthony, R. N./Welsch, G. A./Reece, J. S. (1985): Fundamentals of Management Accounting, 4. Aufl., Homewood 1985.

Baldenius, T./Reichelstein, S. (1998): Alternative Verfahren zur Bestimmung innerbetrieblicher Verrechnungspreise, in: Zeitschrift für betriebswirtschaftliche Forschung 1998, S. 236-259.

Bühner, R. (1999): Betriebswirtschaftliche Organisationslehre, 10. Aufl., München 2004.

Coenenberg, A. G. (1973): Verrechnungspreise zur Steuerung divisionalisierter Unternehmen, in: Wirtschaftswissenschaftliches Studium 1973, S. 197-382.

Djanani, C./Brähler, G. (2003): Internationales Steuerrecht: Grundlagen für Studium und Steuerberaterprüfung, Wiesbaden 2003.

Ernst & Young (2003): Transfer Pricing 2003 Global Survey – Practices, Perceptions and Trends in 22 Countries Plus Tax Authority Approaches in 44 Countries, 2003.

Ernst & Young (2005): 2005-2006 Global Transfer Pricing Surveys – Global Transfer Pricing Trends, Practices and Analysis, 2005.

Ewert, R./Wagenhofer, A. (2005): Interne Unternehmensrechnung, 6. Aufl., Berlin u. a. 2005.

Frese, E. (1990): Das Profit-Center-Konzept im Spannungsfeld von Organisation und Rechnungswesen, in: Ahlert, D./Franz, K.-P./Göppl, H. (Hrsg.) (1990): Finanz- und Rechnungswesen als Führungsinstrument, Wiesbaden 1990, S. 193-155.

Gschwend, W. (1987): Die Zielproblematik des Verrechnungspreises, Diss., St. Gallen 1987.

Hart, O./Moore, J. (1988): Incomplete Contracts and Renegotiation, in: Econometrica, 1988, S. 755-786.

Hirshleifer, J. (1956): On the Economics of Transfer Pricing, in: Journal of Business 1956, S. 172-184.

Horngren, C. T./Foster, G./Datar, S. M. (2006): Cost Accounting – A Managerial Emphasis, 12. Aufl., Englewood Cliffs 2006.

Kaplan, R. S./Atkinson, A. A. (1998): Advanced Management Accounting, 3. Aufl., Englewood Cliffs 1998.

Kellers, R./Lederle, A. (1984): Preisbildung zwischen Konzerngesellschaften, in: Zeitschrift für betriebswirtschaftliche Forschung 1984, S. 163-171.

Küpper, H.-U./Winckler, B./Zhang, S. (1990): Planungsverfahren und Planungsinstrumente als Instrumente des Controlling, in: Die Betriebswirtschaft 1990, S. 435-458.

OECD (Hrsg.) (1987): Verrechnungspreise und multinationale Unternehmen – Drei steuerliche Sonderprobleme – Berichte des Steuerausschusses der OECD 1984, übersetzt vom Bundesministerium für Finanzen, Köln 1987.

OECD (Hrsg.) (1996): OECD-Bericht 1995/1996: Verrechnungspreisgrundsätze für multinationale Unternehmen und Steuerverwaltungen, Köln 1996.

Pfaff, D./Stefani, U. (2006): Verrechnungspreise in der Unternehmenspraxis – Eine Bestandsaufnahme zu Zwecken und Methoden, in: Controlling 2006, S. 517-524.

Pfeiffer, T. (2002): Kostenbasierte oder verhandlungsorientierte Verrechnungspreise? Weiterführende Überlegungen zur Leistungsfähigkeit der Verfahren, in: Zeitschrift für Betriebswirtschaft 2002, S. 1269-1296.

Poensgen, O. H. (1973): Geschäftsbereichsorganisation, Opladen 1986.

Popkes, W. B. J. (1989): Internationale Prüfung der Angemessenheit steuerlicher Verrechnungspreise, Bielefeld 1989.

Ronen, J./McKinney, G. (1970): Transfer Pricing for Divisional Autonomy, in: Journal of Accounting Research 1970, S. 99-112.

Schmalenbach, E. (1909): Über Verrechnungspreise, in: Zeitschrift für handelswissenschaftliche Forschung 1909, S. 165-185.

Schmalenbach, E. (1948a): Pretiale Wirtschaftslenkung, Band 1: Die optimale Geltungszahl, Bremen-Horn 1948.

Schmalenbach, E. (1948b): Pretiale Wirtschaftslenkung, Band 2: Pretiale Lenkung des Betriebes, Bremen-Horn 1948.

Scholdei, D. (1990): Verrechnungspreise zur Steuerung divisionaler Unternehmen, unveröffentlichte Diplomarbeit, Augsburg 1990.

Weilenmann, P. (1989): Dezentrale Führung: Leistungsbeurteilung und Verrechnungspreise, in: Zeitschrift für Betriebswirtschaft 1989, S. 932-956.

Weiss, W. (1997): Herausforderungen durch die endgültigen US-Verrechnungspreisrichtlinien – insbesondere deren Dokumentationspflichten, in: Die Betriebswirtschaft 1997, S. 252-264.

Williamson, O. (1985): The Economic Institutions of Capitalism, New York 1985.

Kapitel 19
Rentabilitäts- und Cashflow-Kennzahlen zur Performance-messung und -steuerung

1 Einführung

Frau Cash arbeitet seit einigen Wochen in der Controllingabteilung der „Rentabel AG".

Sie weiß, dass die leistungsabhängige Vergütung des Managements der „Rentabel AG" bisher an die Höhe der Dividende bzw. des Bilanzgewinns gekoppelt war. Frau Cash erhält nun den Auftrag zu prüfen, welche Umsatz- oder Kapitalrentabilitäten als Alternativen eingesetzt werden könnten. Aufgrund ihrer Ausbildung weiß sie ebenfalls, dass Kennzahlen verschiedene Bedingungen erfüllen müssen, um sicherzustellen, dass die Einkommen der Mitarbeiter nur dann steigen (sinken), wenn sich die Performance der „Rentabel AG" verbessert (verschlechtert) hat. Frau Cash ist sich bewusst, dass ihre Empfehlungen zur Ausgestaltung des betrieblichen Anreizsystems weitreichende Auswirkungen auf die Motivation des Managements haben können.

Darüber hinaus möchte der Vorstand der „Rentabel AG", dass die Liquiditätsposition des Unternehmens verbessert wird. Diesbezüglich sollen auch Maßnahmen zur Steigerung des Cashflows durch geeignete Kennzahlen in die laufende Berichterstattung des Unternehmens integriert werden.

Die wohl wichtigste Aufgabe der Unternehmensleitung ist die nachhaltige Sicherung der Wettbewerbsfähigkeit und des Erfolgs der Unternehmung. Zur Erfüllung dieser Aufgabe ist es für Verantwortliche von entscheidender Bedeutung, Kennzahlen zur Verfügung zu haben, um die Performance der verschiedenen Geschäftsbereiche umfassend zu messen und auch zu steuern. In diesem Zusammenhang muss bei der Auswahl der Performance-Kennzahlen auch beachtet werden, dass möglichst solche verwendet werden, die für die Verantwortlichen einen Anreiz schaffen, im Sinne der Eigentümer und Kapitalgeber zu handeln. Vor diesem Hintergrund sind Antworten auf folgende Fragen bedeutsam:

- Welche Informationen müssen Steuerungsgrößen beinhalten bzw. welche Anforderungen müssen diese erfüllen?
- Welche Kennzahlenarten gibt es?
- Wie sind die unterschiedlichen Kennzahlen definiert?
- Inwieweit können Anreizsysteme die Prinzipal-Agenten-Problematik lösen?
- Wie müssen Anreizsysteme ausgestaltet sein?
- Inwieweit können Rentabilitäts- und Cashflow-Kennzahlen in Anreizsystemen verwendet werden?

Kapitelstruktur und -inhalte

Die nachfolgenden Abschnitte zeigen Lösungsansätze für die genannten Fragestellungen. Dabei beschäftigt sich Abschnitt 2 mit den grundsätzlichen Problemen, welche aufgrund der divisionalisierten Struktur von Unternehmen auftreten können, und zeigt Instrumente für deren Lösung. Im Anschluss setzt sich Abschnitt 3 mit den grundlegenden Anforderungen, welche Steuerungsgrößen erfüllen sollten, auseinander. Die Zusammenhänge zwischen Unternehmenszielen und den Steuerungsinstrumenten werden im folgenden 4. Abschnitt erläutert. Abschnitt 5 und 6 stellen dann verschiedene Kennzahlen für die erfolgs- und rentabilitätsorientierte Messung und Steuerung der Performance von Geschäftsbereichen vor. Abschnitt 7 setzt sich damit auseinander, inwieweit Anreizsysteme als Instrumente zur Steuerung von Geschäftsbereichen genützt werden können. Hierbei wird zum einen grundsätzlich erklärt, weshalb Anreizsysteme zur Lösung personeller Koordinationsprobleme eingesetzt werden können. Zum anderen wird konkret auf die Elemente von Anreizsystemen und deren Gestaltung eingegangen. Im 8. Abschnitt wird die Anreizverträglichkeit erfolgs- und liquiditätsorientierter Bemessungsgrundlagen untersucht und diskutiert.

2 Aufgaben von Instrumenten zur Steuerung von Geschäftsbereichen

Koordinationsbedarf in divisionalisierter Organisationsstruktur

Arbeitsteilige Aufgabenerfüllung erfordert vielfache Steuerungsinformationen innerhalb des Unternehmens. Dies gilt im Hinblick auf eine ergebnisorientierte Planung und Kontrolle um so mehr, je mehr Entscheidungen delegiert sind. Denn die unabhängig voneinander dezentral gefällten Entscheidungen müssen auf das Unternehmensganze ausgerichtet werden. Es besteht bei dezentraler Unternehmensführung ein erhöhter Koordinationsbedarf. Der mit dezentralisierter Unternehmensführung verbundene verstärkte Koordinationsbedarf zeigt sich in zwei potenziellen Konflikten, die fast zwangsläufig mit einer divisionalisierten Organisationsstruktur einhergehen:

1) Konflikte zwischen Divisionen

Konflikte zwischen Divisionen

Solche Konflikte können sich immer dann ergeben, wenn

- Leistungstransfers zwischen Divisionen stattfinden und/oder
- Divisionen um gemeinsame knappe Faktoren (z. B. Investitionsmittel, Marktvolumen) konkurrieren.

Zur Schlichtung dieser Konflikte und zur Ausrichtung der Teilentscheidungen auf das gesamtbetriebliche Optimum bedarf es eines Systems effizienter Transferpreise. Dies wurde bereits in Kapitel 18 behandelt.

2) Konflikte zwischen Divisionen und Zentrale

Konflikte zwischen Divisionen und Zentrale

Diese Konflikte, die ebenfalls ein Charakteristikum divisionaler Organisationsform darstellen, äußern sich in potenziellen Konflikten zwischen den übergreifenden unternehmensstrategischen Aufgaben, die der zentralen Unternehmensführung vorbehalten sind, und den geschäftsstrategischen Aufgaben und deren Umsetzung, die auf die Geschäftsbereiche delegiert sind. Abbildung 19.1 deutet die unterschiedlichen Aufgabenstellungen von Unternehmensstrategie und Geschäftsstrategie an.

Aufgaben des Rechnungswesens in divisionalisierten Unternehmen

„Durch diese Institutionalisierung getrennter Entscheidungsbefugnisse wird der daraus resultierende Zielkonflikt geradezu zum Zentralproblem der Geschäftsbereichsstruktur. Vergleichbar ist er etwa dem „Ressortegoismus" bei funktionaler Organisationsstruktur. Für eine erfolgreiche Führung divisional aufgebauter Unternehmen ist deshalb die Lösung des Problems entscheidend: Wie soll die Rechnungslegung eines Geschäftsbereichs gegenüber der Unternehmensleitung gestaltet werden, damit die Geschäftsbereichsleitung motiviert wird, im Interesse des Unternehmensziels zu handeln?" (Poensgen [1973], S. 35 f.).

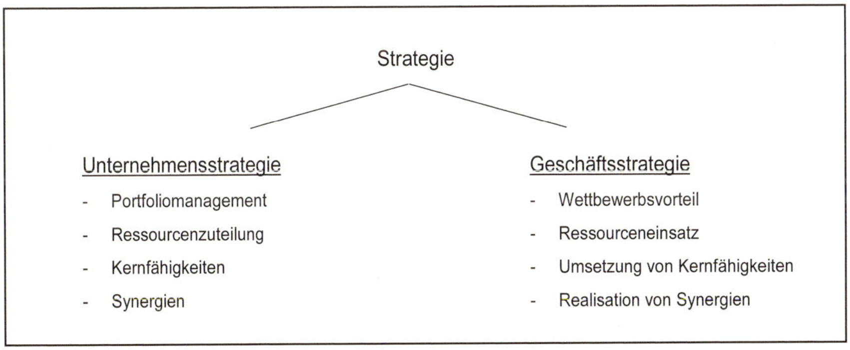

Abb. 19.1: Aufgaben von Unternehmens- und Geschäftsstrategie

Damit wird offenbar, dass der Planungs- und Kontrollrechnung neben entscheidungsbezogenen Informationsaufgaben auch Motivationsaufgaben, d. h. Aufgaben der Verhaltenssteuerung, zukommen. Im Einzelnen sind folgende Aufgabenbereiche zu nennen:

Informationen für die Unternehmensleitung

1) Bereitstellung von Informationen als Entscheidungsgrundlage für die Unternehmensführung

Die Unternehmensleitung benötigt Informationen zur Unterstützung der ihr vorbehaltenen strategischen Entscheidungen, insbesondere größerer Investitions- bzw. Desinvestitionsentscheidungen, etwa für die Gestaltung der Unternehmensinfrastruktur oder für das Portfoliomanagement. Im Allgemeinen wird man nicht verlangen können, dass das bereichsbezogene Planungs- und Kontrollsystem diese Informationen unmittelbar liefert. Es muss dann aber gewährleistet sein, dass Auslöseinformationen, d. h. Informationen, die die Durchführung von Spezialstudien für die zu treffenden strategischen Entscheidungen auslösen, vermittelt werden. Darüber hinaus sollen Informationen geliefert werden, die zeigen, ob korrigierende Maßnahmen der Unternehmensleitung (Management by Exception) erforderlich sind.

Informationen für die Bereichsleiter

2) Bereitstellung von Informationen als Entscheidungsgrundlage für die Divisionsleiter (Selbstinformation)

Die von den Bereichsleitern benötigten Informationen hängen von der im Unternehmen verwirklichten Organisationsform ab. Bei der in Geschäftsbereichsorganisationen vorherrschenden Unterteilung in Investment Center werden diese Informationen die gesamte Wertschöpfungskette der Geschäftseinheiten der jeweiligen Bereiche abbilden müssen.

Informationen zur Beurteilung der Bereichsleiter

3) Bereitstellung von Informationen zur Beurteilung der Divisionsleiter

In divisionalisierten Unternehmen liegt die Verantwortung für die Geschäftsstrategie und die Verantwortung für das operative Geschäft bei den Teilbereichsleitern. Steuerungsinstrumente im Unternehmen sollen Maßgrößen für deren Leistung liefern, die zum einen die Beurteilung durch die Unternehmensleitung ermöglichen und zum anderen für die Divisionsleiter selbst als Orientierungshilfe dienen. Im Rahmen eines Soll-Ist-Vergleichs können Informationen bezüglich Planabweichungen geliefert werden, die als wichtige Steuerungshinweise nötig sind. Diese Steuerungsgrößen zur Leistungsmessung sind zugleich Grundlage für die monetären und nicht monetären Incentive-Systeme.

Die vorstehenden Ausführungen haben deutlich gemacht, dass sich die Steuerungsinformationen sowohl auf die strategische als auch auf die operative Ebene beziehen. Dementsprechend wird konzeptionell zwischen strategischer und operativer Planung und Kontrolle unterschieden. Dies ist in Abb. 19.2 dargestellt.

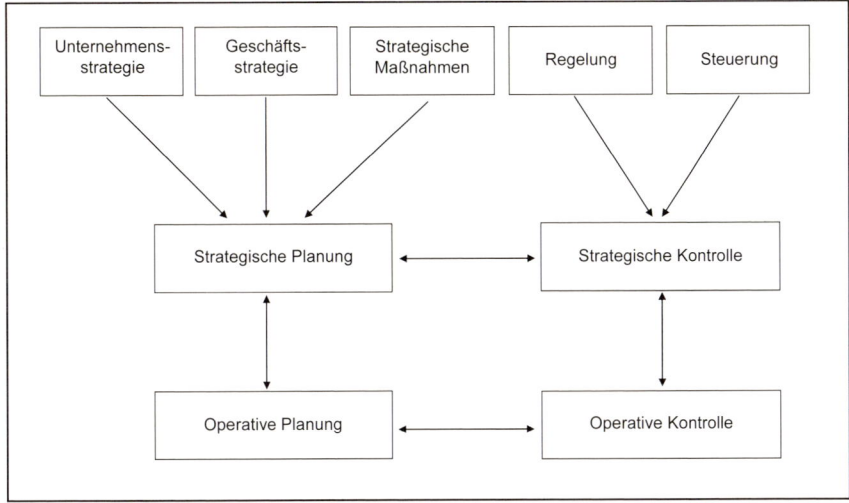

Abb. 19.2: Zusammenhang von strategischer und operativer Ebene

Die strategische Planung und Kontrolle bezieht sich auf die Unternehmens- und Geschäftsstrategie sowie auf strategische Maßnahmen. Innerhalb der Unternehmensstrategie werden die Geschäftsfelder festgelegt, in denen das Unternehmen in Zukunft tätig werden will, und Synergieeffekte, insbesondere bei Liquiditätstransfers und materiellen Verflechtungen zwischen den Geschäftsbereichen, aufgezeigt. Ziel der Geschäftsstrategie ist die verstärkte Nutzung der Unternehmensstärken im Vergleich zum Wettbewerber. Hierzu sind die Funktionsbereiche sowie unterstützende Aktivitäten zu untersuchen, was mit Hilfe der von Porter entwickelten Wertkette (vgl. Porter [1996], S. 62) erfolgen kann (vgl. Abb. 19.3).

Die Steuerungsfunktion auf der strategischen Ebene wird von der strategischen Kontrolle übernommen. Strategische Kontrolle beinhaltet Regelung und Steuerung, wobei die Steuerung den Vorteil gegenüber der Regelung besitzt, den potenziellen Störungen entgegenzuwirken, bevor diese sich nachteilig auf den Realisationsprozess ausgewirkt haben, Regelungen dagegen versuchen, die Störungen auszugleichen, nachdem sie eingetreten sind.

Hauptaufgabe der operativen Ebene ist die Steuerung des Realgüterprozesses durch eine möglichst effiziente Umsetzung der strategischen Ziele. Die operative Planung betrifft alle Funktionsbereiche des Unternehmens. Damit sich die einzelnen Einheiten selbst steuern können, müssen den Entscheidungsträgern rechtzeitig verdichtete Informationen zur Verfügung gestellt werden. Außerdem müssen Instrumente bereitgestellt werden, die bei Abweichungen eingesetzt werden können, sowie persönliche Hilfestellungen bei Abweichungen, die über den Zuständigkeitsbereich der einzelnen Entscheidungsträger hinausgehen. Dies bedeutet, dass die Durchführungsplanung, die zum einen aus der operativen Planung und damit aus Maßnahmenplänen zur Durchführung der strategischen Pläne, zum anderen aus der Jahresplanung und damit aus der Steuerung des Unternehmensbereichs durch Soll-Ist-Vergleiche besteht, grundsätzlich der Unternehmensbereichsleitung übertragen werden kann.

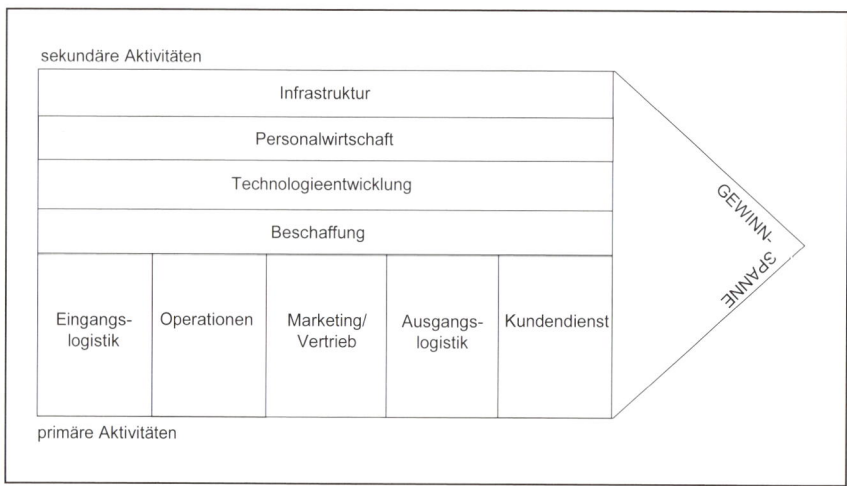

Abb. 19.3: Wertschöpfungskette

Management-
Holding Struktur

Eine Trennung der strategischen und der operativen Aufgaben ist besonders bei der Management-Holding-Struktur ausgeprägt, bei der die Konzernleitung die strategische Verantwortung für den Gesamtkonzern und die Konzernunternehmen neben der Verantwortung für die Geschäftsstrategie die operative Verantwortung besitzen. Aufgabe der obersten Unternehmensleitung ist es daher, mit den einzelnen Geschäftsbereichen differenzierte und realistische Ergebnisziele zu vereinbaren, die in Summation der gewünschten Rendite für das Gesamtunternehmen entsprechen, sowie die Realisierung dieser Renditeziele zu steuern.

3 Anforderungen an Steuerungsgrößen

Zwecke von
Steuerungs-
größen

Die Anforderungen an Instrumente zur Steuerung von Geschäftsbereichen leiten sich aus den Zwecken der Steuerungsgrößen ab. Die Zwecke von Steuerungsgrößen sind, wie angeführt:

- die Fundierung von Entscheidungen der Zentrale sowie der Geschäftsbereiche selbst (= Planungsfunktion) sowie
- die Verhaltenssteuerung der Geschäftsbereiche in Hinblick auf das Unternehmensziel (= Kontrollfunktion, Leistungsbeurteilung).

Die zentrale Anforderung, die sich aus der Entscheidungsfunktion des Steuerungssystems ableitet, ist die Entscheidungsrelevanz. D. h., die Planungsinformationen haben die ökonomischen Konsequenzen von zur Auswahl stehenden Handlungsalternativen abzubilden. Sie sind deshalb zukunftsbezogen, mehrperiodig und haben Risiko bzw. Unsicherheit künftiger Entwicklungen in geeigneter Form zu berücksichtigen.

Bei der Zukunftsorientierung ist wichtig, dass sowohl Interdependenzen zwischen verschiedenen Perioden als auch der Zeitwert des Geldes in die Berechnung mit einzubeziehen sind.

Bei der Risikoorientierung sind sowohl unternehmensinterne als auch extern begründete Risiken zu beachten.

Die für Informationen zur Verhaltenssteuerung maßgebende Kontrollrelevanz muss dagegen im besonderen Maße den möglichen Konflikten zwischen Geschäftsbereichen und zentraler Unternehmensleitung Rechnung tragen. Wie noch darzulegen sein wird, sind die hier maßgebenden Anforderungen die Anreizverträglichkeit und die Kommunikationsfähigkeit. Für das gesamte Steuerungssystem gilt es ferner, dem Grundsatz der Wirtschaftlichkeit Rechnung zu tragen. Eine schematische Übersicht über die Anforderungen gibt Abbildung 19.4.

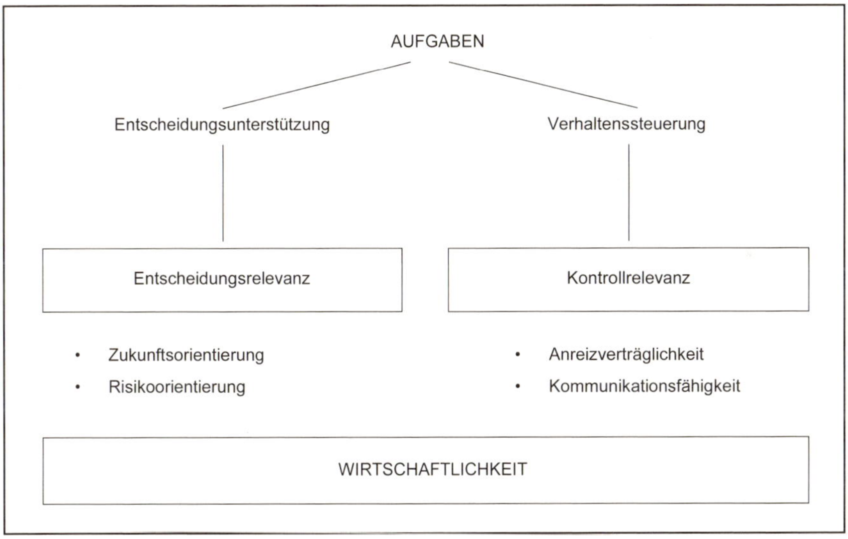

Entscheidungs-relevanz

Zukunftsorien-tierung

Risikoorientie-rung

Kontrollrelevanz

Abb. 19.4: Anforderungen an Steuerungsgrößen

Im Folgenden sollen die unter dem Oberbegriff „Kontrollrelevanz" zusammengefassten Anforderungen an Steuerungsinformationen erörtert werden.

In Abschnitt 2 wurde dargelegt, dass sich durch die unterschiedlichen Aufgaben von zentraler Unternehmensleitung und Geschäftsbereichsleitung zwangsläufig Konflikte ergeben. Die Steuerungsinformationen haben, wenn sie wirkungsvoll sein sollen, diesen Konfliktpotenzialen Rechnung zu tragen. Dies führt zu Anforderungen an das Steuerungssystem, die sich aus den Ursachen der Konflikte ableiten.

Jedes Delegationsverhältnis in Unternehmen lässt sich als eine Prinzipal-Agent-Beziehung charakterisieren. So ist der Vorstand Agent des Prinzipals Eigentümer und zugleich Prinzipal des Agenten Geschäftsbereichsleitung, die ihrerseits Prinzipal nachgeordneter Verantwortungseinheiten ist. Dies ist in der folgenden Abbildung 19.5 dargestellt.

Die ökonomische Analyse solcher Prinzipal-Agent-Beziehungen ist Gegenstand der Agency-Theorie. Ein besonderes Charakteristikum derartiger Auftragsbeziehungen ist es, dass der Agent (die Geschäftsbereichsleitung) eigene Ziele verfolgt, die den Zielen des Prinzipals (Vorstand bzw. Eigentümer) entgegenstehen können (opportunistisches Handeln), und dass die Geschäftsbereichsleitung wegen ihrer Geschäfts- und Marktnähe über Informationen verfügt, die dem Vorstand bzw. den Eigentümern nicht ohne weiteres zugänglich sind (asymmetrische Information). Daraus resultiert für die zentrale Unternehmensleitung bzw. den Eigentümer das Risiko, dass die Geschäftsbereichsleitung Informationen über ihre Handlungsmöglichkeiten und die Risiken gegenüber der zentralen Unternehmensleitung verbirgt (hidden information), und für den Vorstand unerkennbar Aktionen im eigenen Interesse ergreift, die dem Interesse der zentralen Unternehmensleitung bzw. des Eigentümers widersprechen (hidden action).

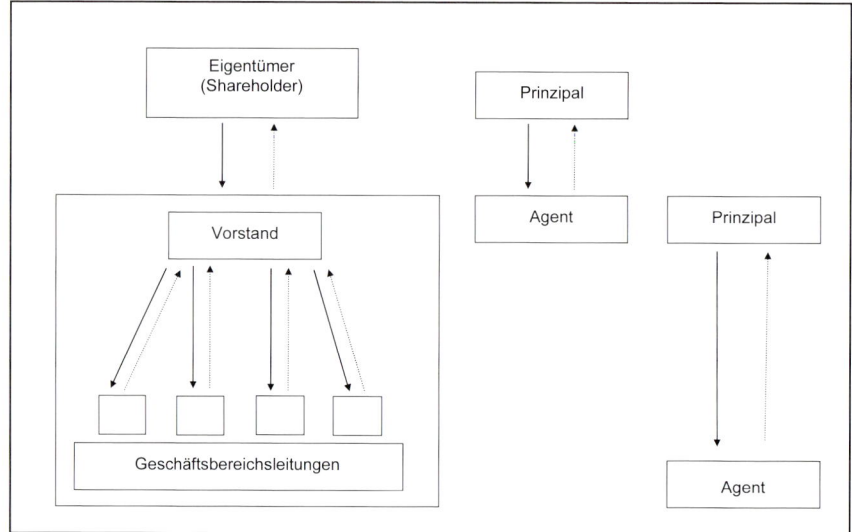

Abb. 19.5: Delegationsverhältnisse als Prinzipal-Agent-Beziehungen

Damit das Steuerungssystem trotz dieser Risiken aus dem Prinzipal-Agent-Verhältnis seinen Aufgaben als entscheidungsorientiertes Informationssystem und als verhaltensteuerndes Leistungsbeurteilungssystem genügen kann, muss es den nachfolgend erläuterten Anforderungen genügen (vgl. Coenenberg [1995], S. 2077 ff.).

Anforderungen an ein Steuerungssystem

3.1 Anreizverträglichkeit

Mit dem zentralen Kriterium der Anreizverträglichkeit (vgl. Schneider [1997], S. 490 ff.) werden zwei Zwecke verfolgt.

Anreizverträglichkeit

Zum einen müssen das Beurteilungskriterium und die es beeinflussenden Faktoren die Zielstruktur des Unternehmens widerspiegeln. Diese Forderung ergibt sich aus der Notwendigkeit, die Teilentscheidungen der Geschäftsbereiche im Hinblick auf das Gesamtunternehmensziel zu koordinieren. Die Verantwortlichen sollen durch das Steuerungssystem zur (gesamt-)unternehmenszielkonformen Nutzung ihrer jeweiligen Handlungsspielräume angeleitet werden. Das setzt Kongruenz der Ziele des Gesamtunternehmens und der als Profit Center geführten Teileinheiten voraus.

Zielkongruenz hat zwei Aspekte. Zum einen bedeutet Zielkongruenz, dass ein höheres (niedrigeres) Erfolgsniveau des Profit Centers einen gestiegenen (gesunkenen) Beitrag zum Gesamtergebnis spiegeln muss.

Zielkongruenz

Es muss also ein strenger **Zielbezug** herrschen. Daraus folgt zwangsläufig, dass ein hierzu geeignetes Planungs- und Kontrollsystem aus den obersten Zielen des Unternehmens abzuleiten ist. Es muss erkennbar sein, in welcher Weise für die Zukunft geplante Handlungen sowie tatsächliches Vorgehen und Geschehen die Erreichung der obersten Ziele beeinflussen.

Zielbezug

Betrachtet man in der Delegationskette des Unternehmens als den obersten Prinzipal den Eigentümer (Shareholder), dann folgt aus dem Grundsatz der Zielkongruenz konsequent die Ausrichtung des Steuerungssystems am Shareholder Value (vgl. Kapitel 20).

Zum anderen sollen die sich aus dem Principal-Agent-Verhältnis zwischen Zentrale und Profit Center ergebenden Probleme durch Sicherstellung der Informationsehrlichkeit zumindest gemildert werden. Insbesondere muss der Zusammenhang zwischen individuellem Verhalten der Mitarbeiter und dem Beurteilungskriterium im Steuerungssystem erkennbar sein und als gerecht empfunden werden. Dieser Zusammenhang von Steuerungsgröße und Entscheidungen der Division wird auch als **Entscheidungsbezug** bezeichnet.

Entscheidungsbezug

Das erfordert zugleich **Maßgenauigkeit**, d. h. Ermessensunabhängigkeit der Rechen- bzw. Zielgrößen (= Objektivität). Die Zielgrößen müssen so definiert werden, dass sie die tatsächlichen wirtschaftlichen Verhältnisse widerspiegeln, frei von Ermessensspielräumen sind und nicht zu

Maßgenauigkeit

Sachverhaltsgestaltungen Anlass geben. Gleiche Sachverhalte sind identisch abzubilden und veränderte Tatbestände müssen sich in veränderten Maßgrößen zeigen.

3.2   Kommunikationsfähigkeit

Kommunikati-
onsfähigkeit

Da das Rechnungssystem auf Menschen ausgerichtet ist, muss es auf die spezifischen Eigenschaften des Menschen im Hinblick auf die Kommunikationsfähigkeit der Ergebnisse Rücksicht nehmen. Das Erfordernis der Kommunikationsfähigkeit beinhaltet zwei Unterpostulate – die Analysefähigkeit und die Verständlichkeit.

Analysefähigkeit

Um der **Analysefähigkeit** zu genügen, muss die Planungs- und Kontrollrechnung so aufgebaut sein, dass sie die Ursachen eines eventuell geänderten Zielwerts bzw. einer Abweichung von der Zielvorgabe erkennen lässt und die Interdependenzen zwischen den einzelnen Einflussfaktoren offenlegt. Darüber hinaus sollen Konsequenzen zukünftigen Handelns abschätzbar werden. Das Beurteilungskriterium des Rechnungssystems an sich ist für die Steuerung der Einzelentscheidungen innerhalb einer Division unoperational. Es muss deshalb durch Aufstellung von Mittel-Zweck-Relationen in Unterziele im Sinne von Treibergrößen des zu erreichenden obersten Ziels zerlegt werden. Neben dieser internen Funktion besitzt die Analysefähigkeit jedoch auch eine nach außen gerichtete Aufgabe: Sie kann nämlich nicht nur die Vergleichbarkeit mit anderen Profit Centers des gleichen Konzernkreises fördern, sondern ermöglicht u. U. auch ein konzernexternes Benchmarking mit Konkurrenten oder branchenfremdem „best practice".

Verständlichkeit

Das Kriterium der Verständlichkeit erfordert eine nachvollziehbare, möglichst einfach gehaltene Ausgestaltung des Systems, damit die Ergebnisse und somit auch die zu ergreifenden Konsequenzen allgemein als verbindlich akzeptiert werden und an nachgeordnete Hierarchieebenen weitergegeben werden können. Insbesondere bei internationaler Ausrichtung des Unternehmens ist die Verständlichkeit durch Verwendung einheitlicher und allgemein geläufiger Begriffe für Rechengrößen und -mechanismen von außerordentlicher Bedeutung.

3.3   Wirtschaftlichkeit

Wirtschaftlich-
keit

Die Planungs- und Kontrollrechnung darf kein Selbstzweck sein, sondern muss dem grundlegenden Erfordernis der **Wirtschaftlichkeit** genügen. Dabei gilt es, den zusätzlichen Nutzen aus dem Ausbau der Planungs- und Kontrollrechnung ins Verhältnis zu den zusätzlichen Kosten, z. B. für Implementierung und Pflege, zu setzen. Will das Rechnungssystem Unwirtschaftlichkeiten glaubhaft in anderen Bereichen des Unternehmens aufdecken, sollte es zuerst selbst möglichst effizient gestaltet sein.

3.4 Anforderungsprofil für Steuerungsgrößen

Damit beide Aufgaben eines Steuerungssystems, die Entscheidungsunterstützung und die Verhaltenssteuerung, erfüllt werden können, sollten Steuerungsgrößen die oben dargestellten Anforderungen erfüllen. Zusammenfassend stellt Tabelle 19.1 ein Anforderungsprofil für Steuerungsgrößen dar.

Anforderungen an Steuerungsgrößen			

Entscheidungs-relevanz	Zukunftsorientierung		• zukunftsbezogene Informationen
			• Berücksichtigung
			  - von Periodeninterdependenzen
			  - des Zeitwertes des Geldes

	Risikoorientierung		• Berücksichtigung
			  - unternehmensinterner Risiken
			  - extern begründeter Risiken

Kontrollrelevanz	Anreiz-verträg-lichkeit	Zielkon-gruenz	• Steuerungsgröße spiegelt die Zielstruktur des Gesamtunternehmens wider
		Maß-genauig-keit	• Manipulationsresistenz • Keine Ermessens- oder Interpretationsspielräume
	Kommu-nikations-fähigkeit	Analyse-fähigkeit	• Identifikation der wesentlichen Einflussgrößen • Aussagekräftige Ursachenanalyse möglich
		Verständ-lichkeit	• Einfache und nachvollziehbare Ausgestaltung • Eindeutige Begriffsdefinitionen
Wirtschaftlichkeit			• Nutzen des Systems übersteigt dessen Kosten

Tab. 19.1: Anforderungsprofil für Steuerungsgrößen
         (Quelle: Schultze/Hirsch [2005], S. 32)

4 Unternehmensziele und Steuerungsinstrumente

Die Unternehmensziele geben die Ausrichtung von Steuerungsinstrumenten vor. Die Definition der Unternehmensziele geht deshalb der Konzeption eines Steuerungssystems voraus.

Wie in Kapitel 1 im Einzelnen ausgeführt, können die betriebswirtschaftlichen Ziele des Unternehmens nach den angewandten Maßgrößen und der zeitlichen Reichweite drei Ebenen zugeordnet werden: Vorrangiges Ziel muss die Aufrechterhaltung der Zahlungsbereitschaft des Unternehmens zu jedem Zeitpunkt, d. h. die **Liquidität** sein, ohne die ein Unternehmen nicht fortbestehen kann. Als weitere Zielgröße kommt der

Liquidität,
Erfolg,
Erfolgspotenzial

Erfolg hinzu, denn jedes unternehmerische Handeln wird nur dann aufrechterhalten werden, wenn von der Realisierung eines positiven Erfolgs ausgegangen werden kann. Die vorgenannten, auf der operativen Ebene der Geschäftstätigkeit anzusiedelnden Ziele sind aus mittel- und langfristiger Sicht um das strategische Ziel der Generierung und Umsetzung von **Erfolgspotenzialen** zu ergänzen. Alle drei Zielgrößen stehen in wechselseitiger Beziehung zueinander. Einerseits besteht die Vorsteuerungsrelation „Erfolgspotenzial → Erfolg → Liquidität", andererseits besteht auch eine Rückwirkung, da Erfolgs- und Erfolgspotenzialgenerierung zwingend Liquidität voraussetzt (vgl. Gälweiler [2005]).

Wert, Wertbeitrag, Shareholder Value

Die zunehmende Kapitalmarktorientierung vieler Unternehmen hat in den letzten Jahren als oberstes Unternehmensziel die Unternehmenswertmaximierung aus Sicht der Unternehmenseigner (= Shareholder-Value-Orientierung) in den Vordergrund gerückt; aus der Sicht eines einzelnen Projekts oder einer einzelnen Periode tritt an die Stelle des Unternehmenswertes der Wertbeitrag des Projekts oder der Periode. In welcher Relation steht diese Zielgröße „Wert" (bzw. „Wertbeitrag") zu den Zielgrößen Erfolgspotenzial, Erfolg und Liquidität? Die Fokussierung der gesamten Unternehmensziele auf die Zielgröße „Wert" erfordert eine Transformation der dreidimensionalen Zielbeschreibung in eine einzige Dimension. Dies ist in Abbildung 19.6 als Phasenkonzept der „Wert"-Generierung veranschaulicht.

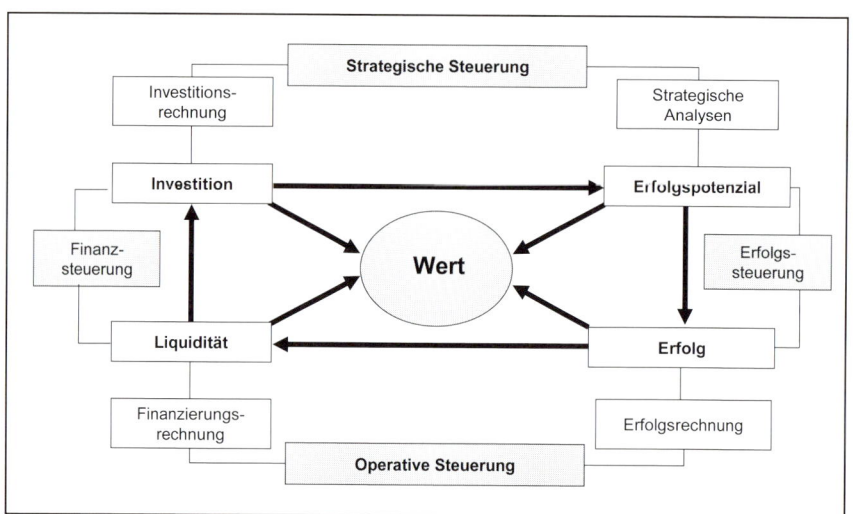

Abb. 19.6: Phasenkonzept der „Wert"-Generierung

Phasenkonzept der „Wert"-Generierung

Das Phasenkonzept der „Wert"-Generierung spiegelt die Vor- und Rücksteuerungsdimension der Zielgrößen Erfolgspotenzial, Erfolg und Liquidität wider. Verfügbare **Liquidität** ermöglicht **Investitionen** in Sachkapital, intellektuelles Kapital und in Märkte. Aus den daraus generierbaren

Erfolgspotenzialen entstehen bei entsprechend effizienter Umsetzung **Erfolge**, die schließlich wieder zur Liquidität beitragen. Der Unternehmenswert ist das Resultat aller im Phasenkonzept wirkenden Komponenten; er hat somit eine strategische und operative Dimension. Die strategische Dimension des Unternehmenswertes wird durch die Investitionen und die Erfolgspotenziale, die operative Dimension durch Erfolg und Liquidität bestimmt.

Entsprechend der Orientierung dieses Lehrbuches werden im Folgenden die operativen Steuerungsinstrumente für Geschäftsbereiche behandelt. Bezüglich der strategischen Steuerungsinstrumente wird auf die Literatur verwiesen (Baum/Coenenberg/Günther [2007]).

5 Kennzahlen für die erfolgs- und rentabilitätsorientierte Steuerung

Zunächst werden die Erfolgskonzeptionen im Hinblick auf die Steuerungseigenschaft diskutiert (Abschnitt 5.1). Danach werden Rentabilitätsmaße für die Steuerung von Geschäftsbereichen erörtert (Abschnitt 5.2).

5.1 Erfolg

Der Erfolg eines Unternehmens bzw. einer Division entsteht aus der Differenz aller Leistungen/Erträge und Kosten/Aufwendungen, die im Hinblick auf die Quellen des Zustandekommens und ihre Struktur weiter untergliedert werden können. Der Erfolg kann alternativ auch – wenn man von erfolgsunwirksamen Vermögenswertänderungen absieht (nach US-GAAP sog. „other comprehensive income") – aus einem Vermögensvergleich definiert werden:

Definition

	Vermögensendwert
–	Vermögensanfangswert
+	Ausschüttungen
–	Einlagen
=	Erfolg (Gewinn/Verlust)

Diese Definition macht deutlich, dass voneinander abweichende Erfolgskonzeptionen entstehen, wenn man den zugrunde liegenden Vermögensbegriff unterschiedlich festlegt.

5.1.1   Erfolgskonzeptionen

Unternehmens-
erhaltungs-
konzeption

Jede Vermögensbewertung ist mit einer bestimmten **Unternehmenser-
haltungskonzeption** verbunden (vgl. ausführlich Coenenberg [2005],
S. 1183 ff.).

Nach der **Konzeption der wirtschaftlichen Unternehmenserhaltung**
wird das Unternehmen selbst als Erfolgspotenzial interpretiert, dessen
Gegenwartswert zu erhalten ist. Deshalb gelten nur die Beträge, die über
die notwendige **Erfolgspotenzialerhaltung** hinausgehen, als Gewinn
(= ökonomischer Gewinn). Bei der **Substanzerhaltung** wird davon ausgegangen, dass der mengenmäßige Reinvermögensbestand des Unternehmens, der als Indikator für dessen wirtschaftliche Leistungsfähigkeit
angesehen wird, zugrunde zu legen ist. Als Gewinn gilt entsprechend der
Betrag, der über die für die Erhaltung des mengenmäßigen Vermögens-
bestands notwendigen Erträge hinaus erwirtschaftet wird (= gütermäßiger
Gewinnbegriff). Eine weitere Ausprägung der Unternehmenserhaltung,
die als die am kurzfristigsten orientierte gelten kann, ist die **Geldkapital-
erhaltung**. Als Gewinn gilt hier der Betrag, der über die Erhaltung des
ursprünglichen Kapitals hinausgeht. Diese Überlegungen münden in folgende Alternativen der Gewinndefinition.

5.1.1.1 Gewinn auf Basis des Gesamtwerts
(Ökonomischer Gewinn)

Ökonomischer
Gewinn

Für den ökonomischen Gewinn wird das Vermögen mit dem „Gesamtwert", d. h. mit dem Barwert aller künftigen, aus dem Vermögensbestand
resultierenden und zu bewertenden Nettoeinzahlungen (den sog. „Free
Cashflows"), angesetzt. Diese Vorgehensweise sei anhand eines Beispiels
veranschaulicht:

Beispiel 19.1

Zunächst wird ein zeitlich begrenzt tätiges Unternehmen betrachtet,
dem anschließend ein auf Dauer geplantes Unternehmen gegenübergestellt wird.

Den Berechnungen des Zukunftserfolgswerts (= Kapitalwert der zukünftigen Nettoeinnahmen) liegt ein Kalkulationszinsfuss i von 10 %
zugrunde.

In Fall 1 ist das Erfolgskapital zum Ende der Nutzungsdauer auf-
gezehrt. Ursache dafür sind die jährlichen Entnahmen, die den unter
der Voraussetzung der Erhaltung der wirtschaftlichen Leistungsfähigkeit entnahmefähigen Betrag übersteigen. Wäre dagegen nur der
ökonomische Gewinn entnommen worden, so wäre das Erfolgskapital
erhalten geblieben. Dies ist in Fall 2 dargestellt: Zu Beginn der 4. Periode ist das ursprüngliche Erfolgskapital in Höhe von 531 180,– EUR
als Finanzanlage verfügbar, die bei Anlage zum Kalkulationszinsfuss
auch in der Zukunft jährlich den ökonomischen Gewinn von 53 118,–
EUR erbringt.

1) Zeitlich begrenztes Unternehmen

Fall 1:

Ende der Periode	Nettoeinnahmen = Entnahmen $e_t = E_t$	Zukunfts-erfolgswert Z_t	Änderungen des Zukunfts-erfolgswerts $W_t = Z_t - Z_{t-1}$	Ökonomischer Gewinn $G_t = W_t + E_t$
0	-	531 180	-	-
1	200 000	384 298	-146 882	53 118
2	150 000	272 727	-111 571	38 429
3	300 000	0	-272 727	27 273

mit:

e_t	=	Nettoeinnahmen im Zeitpunkt t
E_t	=	Entnahmen im Zeitpunkt t
Z_t	=	Zukunftserfolgswert im Zeitpunkt t
W_t	=	Änderungen des Zukunftserfolgswerts
G_t	=	ökonomischer Gewinn

Fall 2:

Ende der Periode	Nettoeinnahmen = Entnahmen $e_t = E_t$	Zukunfts-erfolgswert Z_t	Änderungen des Zukunfts-erfolgswerts $W_t = Z_t - Z_{t-1}$	Ökonomischer Gewinn $G_t = W_t + E_t$
0	-	531 180	-	-
1	200 000	531 180	0	53 118
2	150 000	531 180	0	53 118
3	300 000	531 180	0	53 118

2) Auf Dauer geplantes Unternehmen

Für ein auf Dauer geplantes Unternehmen lässt sich der ökonomische Gewinn wie folgt errechnen:

Fall 1:

$$E_1 = E_2 = ... = E = \text{Nettoeinnahmen} = \text{Entnahmen}$$

$$Z_1 = Z_2 = \frac{E}{i}$$

$$G_1 - E + Z_2 - Z_1 = E = i \times \frac{E}{i} = i \times Z_1$$

Fall 2:

Hier erfolgt eine explizite Planung für E_1, E_2, ..., E_n. Am Ende des Planungszeitraums soll Z gerade erhalten bleiben.

$$Z = \sum_{t=1}^{n} \frac{E_t}{(1+i)^t} + \frac{Z}{(1+i)^n}$$

$$G = i \times Z = \sum_{t=1}^{n} \frac{E_t}{(1+i)^t} \times \frac{i \times q^n}{q^n - 1}$$

= Barwert der Zahlungen im Planungszeitraum × Wiedergewinnungsfaktor

Somit stellt der ökonomische Gewinn die Annuität aller Periodenüberschüsse im Planungszeitraum dar.

Die Kritik an diesem Konzept leitet sich aus seiner ausschließlichen **Zukunftsorientierung** ab. Im ökonomischen Gewinn spiegeln sich untrennbar vermischt die Konsequenzen von Entscheidungen und Prognosen wider. Damit wird dieses Konzept gegenüber ergebnisbeeinflussenden Interpretationen des rechenschaftslegenden Bereichs außerordentlich anfällig. Es kommt hinzu, dass es zur Fundierung künftiger Entscheidungen deshalb fraglich ist, weil der ökonomische Gewinnbegriff streng genommen die Kenntnis aller dieser Maßnahmen voraussetzt. Als operatives Steuerungsinstrument erscheint der ökonomische Gewinn deshalb wenig tauglich. Allerdings gewinnt er als Ausdruck der strategischen Effizienz unter dem Gesichtspunkt einer Geschäftswertmaximierung zunehmend Bedeutung (vgl. Abschnitt 2.2 in Kapitel 20).

5.1.1.2 Gewinn auf Basis historischer Kosten (Gewinn gem. GoB)

Der Jahresüberschuss, der aus dem Jahresabschluss eines Unternehmens zu entnehmen ist, stellt die Differenz aller der vergangenen Periode zuzuordnenden Erträge und Aufwendungen dar, die innerhalb und außerhalb der betrieblichen Tätigkeit angefallen sind. Der historische Bezug resultiert aus dem pagatorischen Prinzip, das besagt, dass Aufwendungen nur in der Höhe erfasst werden, in der sie tatsächlich zu Ausgaben geführt haben (z. B. Löhne und Gehälter, Abschreibungen) oder führen werden (z. B. Rückstellungen).

Kritik

Pagatorischer
Gewinn

Die Ermittlung des Gewinns auf Basis der historischen Kosten berücksichtigt keine inflationären Entwicklungen, die zur Erhaltung der langfristigen Existenzsicherung von Relevanz sind. Zudem handelt es sich um eine Größe, die auf Werten mit verschiedenen Bezugszeiten basiert: So werden Abschreibungen aufgrund des Anschaffungswertprinzips über die gesamte Nutzungsdauer eines Vermögensgegenstands in Abhängigkeit der Anschaffungskosten zum Kaufzeitpunkt verteilt, wohingegen z. B. Personalaufwendungen der jährlichen Teuerungsrate unterliegen. Eine sinnvolle Periodenabgrenzung ist so nicht mehr möglich, wodurch die Wertbasis an Aussagekraft verliert. Der zugrundeliegende Grundsatz der Gelderhaltung ermöglicht keine Kontrolle der Vermögenserhaltung. Kritik

Andererseits hat der pagatorische Gewinnbegriff den Vorteil, dass dessen Verwendung in der internen Steuerung von Geschäftsbereichen zur Harmonisierung interner wie externer Rechnungslegungsdaten führt. Die Rechnungslegung der Geschäftsbereiche gegenüber der zentralen Unternehmensleitung erfolgt so, als ob diese eigenständige Unternehmen wären. Das erhöht deren unternehmerische Verantwortung und Eigenständigkeit und verbessert die Wirtschaftlichkeit der Berichterstattung. Andererseits gewinnt das interne Controlling aus Sicht des Kapitalmarkts an Kommunikationsfähigkeit und Glaubwürdigkeit.

5.1.1.3 Gewinn auf Basis von Wiederbeschaffungskosten

Die Bewertung mit Wiederbeschaffungskosten scheint am ehesten als Maßstab für die Erfolgswirksamkeit unternehmerischer Dispositionen geeignet. Sie setzt an der Kritik der beiden anderen Konzepte an, die entweder auf reinen Prognosedaten basieren oder ein Wertgemisch historischer Größen darstellen. Substanzieller
Gewinn

Der Gewinn lässt sich in diesem Zusammenhang in zwei Bestandteile aufspalten:

1) Echter Umsatz- bzw. Leistungsgewinn, d. h. Differenz der Erträge und Aufwendungen zu Wiederbeschaffungskosten.
2) Bestandsgewinn (auch als Schein- oder Dispositionsgewinn bezeichnet), d. h. die Wiederbeschaffungspreissteigerungen des ruhenden (nicht verbrauchten) Vermögens während einer Periode. Der Bestandsgewinn ist der Teil des Gewinns, der zurückgelegt werden müsste (Rücklage für Substanzerhaltung), um Bestände in Zukunft zu den höheren Kosten wiederbeschaffen zu können und damit die Fortführung des Unternehmens in c. p. gleichem Leistungsumfang zu gewährleisten.

Bei einer Bewertung auf Basis der Wiederbeschaffungskosten wird der ausschüttbare Gewinn bestimmt, der eine Erhaltung der Substanz des Kritik

Unternehmens einbezieht und eine aktuelle Verbrauchsbewertung zugrunde legt.

Andererseits ist der substanzielle Gewinnbegriff mit den Grundsätzen der Jahresabschlusserstellung nicht vereinbar. Die Folge ist, dass in der internen Steuerung mit anderen Daten gearbeitet wird als in der externen Rechnungslegung. Dies reduziert die Wirtschaftlichkeit der Berichterstattung. Auch besteht keine bzw. eine eingeschränkte Kommunikationsfähigkeit von Daten aus dem internen Controlling an den Kapitalmarkt.

5.1.2 Erfolgsspaltung

Erfolgsspaltung Auf der Gesamtunternehmensebene kann das Ergebnis nach den Kriterien „Regelmäßigkeit" und „Betriebszugehörigkeit" aufgespalten werden. Nach dem Kriterium „Regelmäßigkeit" gliedert es sich in ein ordentliches und ein außerordentliches Ergebnis, nach dem Kriterium der Betriebszugehörigkeit unterscheidet man das Betriebsergebnis und das Finanzergebnis. Das Ergebnis misst dabei die Differenz aller Erträge und Aufwendungen, einschließlich der betrieblichen Steuern.

Für die Leistungsbeurteilung der Divisionen kann der Teil des Erfolgs, der als ordentlicher Betriebserfolg anfällt, herangezogen werden. Dieser fällt i. d. R. in den Verantwortungsbereich der Divisionen und kann zur Steuerung verwendet werden. Zur Analyse gesamter Unternehmen besteht insofern ein Unterschied, als der Finanzerfolg aus Gesamtunternehmenssicht auch Teil der Geschäftspolitik sein kann. Da das Finanzmanagement im Allgemeinen zentral organisiert ist, können den Bereichen weder Erfolge noch Misserfolge aus Finanzanlagen zugerechnet werden.

5.1.3 Erfolgsmaßstab

Bei einer erfolgsorientierten Steuerung ergibt sich die Frage nach dem Maßstab für die Bewertung eines bestimmten Erfolgs.

Generell stehen für die Beurteilung und Steuerung drei Möglichkeiten zur Disposition:

1) Zeitvergleich
Durch die Analyse der Entwicklung eines Bereichs über mehrere Perioden hinweg kann auf die Leistungsfähigkeit der Division geschlossen werden, wobei die Entwicklung des Umfelds einzubeziehen ist. Eine Betrachtung über einen Zeithorizont hinweg ist auch für die Bereinigung und Erklärung einzelner herausragender Ergebnisse von Bedeutung.

3) Divisionenvergleich

Es wäre vereinfachend, aus einem Branchenvergleich auf die Leistungsfähigkeit einer Division schließen zu wollen. Branchendurchschnitte sind Mittelwerte, die kaum aussagefähig sind. Geeigneter ist der Vergleich mit dem stärksten Wettbewerber in der Branche (externes Benchmarking). In großen Unternehmen bieten sich auch Vergleiche zwischen einzelnen Divisionen an (internes Benchmarking).

4) Soll-Ist-Vergleich

Wird ein Bereich nicht im Zeitablauf oder mit anderen Unternehmen seiner Branche verglichen, so kann als Steuerungsinstrument ein Soll-Ist-Vergleich eingesetzt werden. Hierfür wird durch Zielvereinbarungen (Management by Objectives) in Zusammenarbeit mit den Bereichen eine anzustrebende Zielgröße festgelegt, an der die erreichten Ergebnisse gemessen werden.

Das macht deutlich, dass die periodenbezogene Steuerung in eine längerfristige Planungs- und Kontrollrechnung einzubetten ist. Sollgrößen – ermittelt auf der Grundlage zu deckender Kapitalkosten – spielen insbesondere auch in der Konzeption zur wertorientierten Steuerung eine bedeutsame Rolle (vgl. Abschnitt 2.2 in Kapitel 20).

5.2 Rentabilität

Unter einer Rentabilitätsgröße versteht man eine Beziehungszahl, bei der eine Ergebnisgröße zu einer dieses Ergebnis maßgebend bestimmenden Einflussgröße in Relation gesetzt wird. Wegen der in vielen Unternehmen relevanten Größen „gebundenes Kapital" bzw. „gebundenes Vermögen" spielt insbesondere die Kapital- oder Vermögensrentabilität als Steuerungsgröße für Geschäftsbereiche eine besondere Rolle.

Die Grundformel für die Rentabilität der Geschäftsbereiche lautet folglich:

Kapital-/ Vermögens- rentabilität

$$Rentabilität = \frac{\text{Ergebnis des Geschäftsbereichs}}{\text{Vermögen bzw. Kapital des Geschäftsbereichs}}$$

5.2.1 Datenbasis

Bei der Ermittlung der Ergebnisgrößen kann von der Vorgehensweise in Abschnitt 5.1 ausgegangen werden.

Für den Ansatz der Vermögens- und Kapitalpositionen als maßgebliche Einflussgrößen muss in einem ersten Schritt die grundsätzliche Ermittlungsweise mit Hilfe folgender Fragen geklärt werden:

1) Wird der Brutto- oder der (durchschnittliche) Nettowert des Vermögens zugrunde gelegt?
2) Bilden Anfangs-, End- oder Durchschnittswert die Basis?
3) Soll vom Anschaffungswert oder aufgrund der Inflationswirkungen vom Wiederbeschaffungswert des Vermögens ausgegangen werden?
4) Soll die Rendite auf Basis des Gesamtvermögens oder nur von Vermögensteilen ermittelt werden?

Brutto- oder Nettowert des Vermögens

1) Wird der Brutto- oder der (durchschnittliche) Nettowert des Vermögens zugrunde gelegt?

Im Schrifttum und in der Praxis findet sich häufig die Forderung, das in die Renditeberechnung einzubeziehende und somit dem Gewinnbegriff zugrunde zu legende Vermögen mit dem Bruttowert, d. h. dem ursprünglichen Wert ohne Berücksichtigung von Abschreibungen, anzusetzen. Als Begründung hierfür wird ins Feld geführt, dass die Berücksichtigung von Abschreibungen den Nenner des Renditeausdrucks ständig verkleinere und damit zu Rentabilitätssteigerungen führe, die der Wirklichkeit nicht entsprächen. Diese Argumentation sei an folgendem Beispiel verdeutlicht:

Beispiel 19.2

Betrachtet sei eine Anlage mit Anschaffungskosten in Höhe von 2 500 TEUR. Die Nutzungsdauer, die einer linearen Abschreibung zugrunde gelegt wird, beträgt fünf Jahre. Der jährliche Gewinn vor Abschreibung beträgt 700 TEUR. Die Renditen bei Nettowerten (= Nettorendite) und bei Bruttowerten (= Bruttorendite) des Vermögens ergeben sich aus Tabelle 19.2.

Kritik an der Bruttomethode

Die Bruttomethode hat scheinbar gegenüber der Nettomethode Vorzüge; denn letztere steigt, obwohl die Ertragskraft offenbar nicht größer geworden ist. Ihr sind aber folgende Punkte entgegenzuhalten:

- Reparaturkosten nehmen im Zeitablauf zu, wodurch die steigende Tendenz zumindest abgeschwächt wird.
- Erlöse nehmen mit zunehmendem Alter tendenziell ab, weil neue Anlagen mit geringeren Stückkosten am Markt auf die Preise drücken.
- Erlöse sinken wegen Produktalterung.
- Anlagen werden im Beispiel nur jeweils isoliert betrachtet, tatsächlich können Abschreibungen reinvestiert werden und tragen so ihrerseits zum Erlös bei.

	Beginn des Jahres 1	Ende des Jahres				
		1	2	3	4	5
Gewinn vor Abschreibung	-	700	700	700	700	700
Bruttowert	2 500	2 500	2 500	2 500	2 500	2 500
Kumulierte Abschreibung	-	500	1 000	1 500	2 000	2 500
Nettobuchwert	2 500	2 000	1 500	1 000	500	0
Nettogewinn nach Abschreibung	-	200	200	200	200	200
Bruttorendite	-	8,0 %	8,0 %	8,0 %	8,0 %	8,0 %
Nettorendite	-	10,0 %	13,33 %	20,0 %	40,0 %	∞

Tab. 19.2: Rentabilität bei Brutto- bzw. Nettowert des Vermögens

Das zuletzt genannte Argument soll genauer betrachtet werden. Im Beispiel soll eine Rendite der reinvestierten Abschreibungsbeträge von 10 % unterstellt werden. Dann ändert sich das Beispiel, wie in der folgenden Tabelle 19.3 A gezeigt wird.

Beispiel 19.3

	Beginn des Jahres 1	Ende des Jahres				
		1	2	3	4	5
A Verzinsung/Abschreibung (10 % der kum. Abschreibung)	-	-	50	100	150	200
Gesamtgewinn	-	200	250	300	350	400
Investiertes Kapital (inkl. Abschreibung)	2500	2 500	2 500	2 500	2 500	2 500
Rendite	-	8,0 %	10,0 %	12,0 %	14,0 %	16,0 %
B Zinseszinsabschreibung a) (10 %)	-	409	450	495	545	600
b) Verzinsung der Abschreibung	-		41	86	136	191
Gewinn	-	291	291	291	291	291
Rendite	-	11,6 %	11,6 %	11,6 %	11,6%	11,6 %

Tab. 19.3: Rentabilität bei Reinvestition der Abschreibung (A) bzw. bei Zinseszinsabschreibung (B)

Zinseszins-abschreibung

Dieses Beispiel zeigt, dass der Nettovermögenswert bei Berücksichtigung der wieder angelegten Abschreibungsgegenwerte nun zwar konstant geblieben ist, dass die Rentabilität aber dennoch – wenn auch in abgeschwächter Form – von Jahr zu Jahr steigt. Die Ursache dafür liegt darin, dass mit zunehmendem Alter der Anlage immer mehr Abschreibungen reinvestiert werden und sich nun zinsbringend bemerkbar machen. Die letzten Jahre der Nutzungszeit partizipieren also in stärkerem Maße an der Wiederanlage von Abschreibungsgegenwerten. Will man diesen Effekt vermeiden und zu einer gleichmäßigen Verteilung der Wiederanlagegegewinne auf die Nutzungsperioden des abzuschreibenden Anlagegegenstands kommen, dann muss man die Abschreibungen in den ersten (letzten) Nutzungsdauerjahren niedriger (höher) bemessen. Unter Berücksichtigung von Zinsen und Zinseszinsen ist dann diejenige Abschreibungsquote zu suchen, die zu einer von Jahr zu Jahr gleich hohen Erfolgszuteilung führt. Mit Hilfe dieser Zinseszinsabschreibung wird zugleich eine von Jahr zu Jahr konstante Rentabilität ausgewiesen (vgl. Tabelle 19.3 B). Dieses schon von Schmalenbach ([1962], S. 136 ff.) vorgeschlagene Verfahren der progressiven Abschreibung unter Berücksichtigung von Zinseszinsen (auch Annuitätenabschreibung genannt) hat sich in der Praxis zunächst nicht durchsetzen können. Ein neuer Ansatz ist die Kennzahl CFRoI der Boston Consulting Group, die in ihrer modifizierten Form ebenfalls eine Annuitätenabschreibung enthält (vgl. dazu noch ausführlich Abschnitt 2.2.2 in Kapitel 20).

Vermögens-struktur einer Division

Ehe nun allerdings die Frage beantwortet werden kann, ob Berechnungen auf der Basis des Nettobuchwerts in der Praxis zu verzerrten Ergebnissen führen, muss geprüft werden, ob die in den Beispielen dargestellten Verhältnisse der Realität der Praxis entsprechen. Dies trifft in etwa zu, falls in Unternehmen oder einer Division nur wenige Vermögensgegenstände oder gar eine Großanlage vorhanden sind. Findet zudem noch ein Entzug der Abschreibungsgegenwerte durch die Zentrale statt, weil deren Verwendung in den Kompetenzbereich der obersten Unternehmensführung fällt, so empfiehlt es sich, den Bruttowert des Vermögens zugrunde zu legen.

Division mit großem Anlagebestand

Das in den Beispielen angesprochene Problem entfällt weitgehend für Unternehmen oder Divisionen mit großem, teilbarem und in der Altersstruktur gestreutem Anlagebestand. Dort nähert sich die Rentabilität bei sonst gleichen Bedingungen durch die Reinvestition der Abschreibungen einem konstanten Wert. Einer Bemessung des Vermögens unter Berücksichtigung buchmäßig vorgenommener Abschreibungen steht hier nichts im Wege.

Anfangs-, End- oder Durch-schnittswert des Vermögens

2) Bilden Anfangs-, End- oder Durchschnittswert die Basis?
Bei kurzen Kontrollperioden (bis zu einem Quartal) sollte man vom Anfangsvermögen ausgehen, da zu Recht unterstellt werden kann, dass das im Laufe der Periode hinzugekommene Vermögen noch nicht am Er-

tragsbildungsprozess beteiligt war. Bei längeren Kontrollperioden hingegen erscheint es empfehlenswert, vom durchschnittlichen Vermögensbestand der Kontrollperiode auszugehen. Der Endwert kommt als Bezugsgröße nicht in Betracht, da er auch Teile enthält, die erst kurzfristig im Unternehmen sind und noch keine Verzinsung erwirtschaften konnten.

3) *Soll vom Anschaffungswert oder aufgrund der Inflationswirkungen vom Wiederbeschaffungswert des Vermögens ausgegangen werden?* Für die Bewertung des Vermögens auf Anschaffungswertbasis kann unmittelbar an die für die externe Bilanzierung ohnehin benötigten Daten angeknüpft werden. Dies realisiert die mehrfach erwähnten Vorteile einer Harmonisierung von interner Steuerung mit den Daten der externen Rechnungslegung, fördert die Kommunikationsfähigkeit und die Wirtschaftlichkeit der Rechnungslegung. Allerdings führt die Bewertung zum Anschaffungswert bei Geldentwertungen insbesondere deshalb zu Verzerrungen von Rentabilitätskennzahlen, weil sich Preissteigerungen mit unterschiedlicher zeitlicher Verzögerung in den einzelnen Komponenten (Gewinn und Vermögen) bemerkbar machen:

Anschaffungs- oder Wiederbeschaffungswert des Vermögens

- Steigende Preise schlagen relativ kurzfristig auf die Gewinne (preisbedingte Umsatzerhöhungen) durch, aber erst mit einer relativ großen zeitlichen Verzögerung im Wert des langfristig gebundenen Vermögens, da die Anlagen in Mehrjahresintervallen wiederbeschafft werden und dann erst die Teuerung zutage tritt. Die Folge sind steigende Rentabilitätszahlen, die ihre Ursache allein in inflationärer Preisentwicklung haben.
- Umgekehrt führen eine stagnierende Preisentwicklung bzw. eine Abschwächung der Preissteigerung unmittelbar zu verminderten Gewinnen, während der Wert des langfristig gebundenen Vermögens zunächst noch wegen der notwendigen Wiederbeschaffungen auf erhöhtem Preisniveau steigt. Die Folge ist eine sinkende Renditeentwicklung.
- Schließlich führt die Bewertung des Vermögens auf Anschaffungswertbasis zur Verzerrung der Rendite verschiedener Divisionen, wenn Unterschiede in der Altersstruktur des langfristigen Vermögens der verglichenen Divisionen bestehen, da die Anschaffungskosten des Vermögens der Division bei ungleicher Altersstruktur auf unterschiedlichen Preisniveaus beruhen.

Die angeführten Kritikpunkte lassen es als vorteilhaft erscheinen, das Vermögen in der Rentabilitätsberechnung – zumindest bei starker Geldwertveränderung – mit Wiederbeschaffungspreisen (bzw. Tagespreisen oder Indexwerten) anzusetzen. Mit einer Harmonisierung von internem und externem Rechnungswesen lässt sich dies allerdings nur dann und soweit verwirklichen, wie in der externen Rechnungslegung das Vermögen mit aktuellen Werten angesetzt werden darf (vgl. Coenenberg [2005], 3. Kapitel).

Gesamtvermö-
gen oder
Vermögensteile
*4)   Soll die Rendite auf Basis des Gesamtvermögens oder nur von Ver-
      mögensteilen ermittelt werden?*

Zunächst stellt sich die Frage, ob die Rentabilität auf der Basis des investierten Vermögens (Aktiva) oder auf der Basis des verfügbaren Kapitals
(Passiva) zu berechnen ist. Dafür ist die Zielsetzung der Rechnung ausschlaggebend: Für die Bewertung von Divisionen können sinnvollerweise
nur die von den Bereichen genutzten Aktiva dienen. Die Eigenkapitalgeber (tatsächliche und potenzielle) hingegen sind direkt weniger an den
Investitionen des Unternehmens (Mittelverwendung) als vielmehr am von
ihnen investierten Eigenkapital (Mittelherkunft) interessiert. Für die Bewertung von Divisionen wird eine Berechnung des investierten Kapitals
der Divisionen vorgeschlagen (vgl. Anthony/Reece [1995], S. 300 ff.).
Das investierte Kapital setzt sich dann aus den Finanzschulden und dem
Eigenkapital (Mittelherkunft) oder den langfristigen Anlagen und dem
Net Working Capital (Umlaufvermögen minus kurzfristigen unverzinslichen Verbindlichkeiten) (Mittelverwendung) zusammen. Eine weitere Frage ist, ob die Rentabilität auf der Basis einer Vollkosten- und
Vollvermögensrechnung oder einer Teilkosten- und Teilvermögensrech-
nung zu ermitteln ist. Diese Frage wird in Abschnitt 5.2.3 erörtert.

5.2.2   Rentabilitätskennzahlen

Aus der Vielzahl der Rentabilitätskennzahlen seien die wichtigsten herausgegriffen:

Eigenkapital-
rentabilität
•   Eigenkapitalrentabilität (EKR)

$$EKR = \frac{Ergebnis}{Eigenkapital}$$

Die Eigenkapitalrentabilität ist auf die Perspektive der Eigentümer gerichtet. Zur Steuerung von Geschäftsbereichen lässt sie sich nur einbeziehen, wenn die Geschäftsbereiche selbständig bilanzierende Unternehmen
mit Verantwortung für die Kapitalstruktur sind. Andernfalls wäre eine
Zuordnung von Fremd- und Eigenkapital auf die Geschäftsbereiche nur
mittels einer künstlichen Zuordnungsregel möglich. Der Steuerungscha-
rakter der Kennzahl würde dann verfälscht.

Gesamtkapital-
rentabilität
•   Gesamtkapitalrentabilität (GKR)

$$GKR_{nach\,Steuern} = \frac{Ergebnis + Zinsaufwand}{Gesamtkapital}$$

Aus Sicht aller Kapitalgeber ist das Gesamtergebnis die relevante Maßgröße. Dieses wird ermittelt, indem zum den Eigenkapitalgebern zustehenden Ergebnis der Periode die den Gläubigern zugekommenen oder zukommenden Zinsen addiert werden. Diese Größe ist dann dem eingesetzten Gesamtkapital gegenüberzustellen. Alternativ kann auch eine Berechnung vor Steuern erfolgen.

$$GKR_{vor\,Steuern} = \frac{Ergebnis + Zinsaufwand + Steueraufwand\ (EBIT)}{Gesamtkapital}$$

Die Abkürzung EBIT steht dabei für „Earnings Before Interest and Taxes". Diese Vorgehensweise ist vor allem für Analysen sinnvoll, bei denen auf den Einfluss steuerlicher Effekte verzichten werden soll. Vor allem bei internationalen Vergleichen von Unternehmen kann dies aufgrund unterschiedlicher Steuerpolitiken von Relevanz sein.

Zwischen Eigen- und Gesamtkapitalrentabilität besteht über den Verschuldungsgrad und das Verhältnis von Risiko und Rendite ein Zusammenhang, der in der Literatur als Leverage-Effekt bekannt ist. Es gilt:

Leverage-Effekt

$$GK = EK + FK \text{ und } BG = GKR \times GK$$

$$G = BG - k_{FK} \times FK$$

$$G = GKR \times GK - k_{FK} \times FK$$

$$\frac{G}{EK} = \frac{GKR \times (EK + FK) - k_{FK} \times FK}{EK}$$

$$\frac{G}{EK} = \frac{GKR \times EK + GKR \times FK - k_{FK} \times FK}{EK}$$

$$\frac{G}{EK} = EKR = GKR + \frac{FK}{EK} \times (GKR - k_{FK})$$

mit:

BG	=	Bruttoergebnis
G	=	Ergebnis nach Zinsen
GK	=	Gesamtkapital
EK	=	Eigenkapital
FK	=	Fremdkapital
GKR	=	Gesamtkapitalrentabilität
EKR	=	Eigenkapitalrentabilität
k_{FK}	=	Fremdkapitalzinssatz

Die Funktion der Eigenkapitalrendite zeigt, dass diese bei zunehmender Verschuldung für jeden Fremdkapitalzins $k_{FK} < GKR$ zunimmt. Allerdings geht mit der steigenden Rendite auch ein Risikozuwachs einher, der dazu führen kann, dass die Zinsforderungen der Gläubiger ab einem bestimmten Punkt aufgrund des veränderten Verschuldungsgrades des Unternehmens drastisch steigen.

1) Umsatzrentabilität (UR)

$$UR = \frac{Ergebnis}{Umsatzerlöse}$$

Unabhängig vom eingesetzten Vermögen oder Kapital kann der Jahresüberschuss mit dem zugrunde liegenden Umsatz ins Verhältnis gesetzt werden. Allerdings muss eine Interpretation der Größe unter Einbezug des zugrunde liegenden Stammgeschäfts betrachtet werden. So werden in einem Industrieunternehmen z. B. Dienstleistungen, Miet- und Leasingeinnahmen nicht als Umsätze, sondern als sonstige betriebliche Erträge ausgewiesen. In der Position „Sonstige betriebliche Erträge" werden jedoch auch andere Erträge verbucht, so dass umsatzähnliche Erträge nur schwer abgespalten werden können. Die Umsatzrentabilität, die auch bei der Aufgliederung von Kennzahlen in Kennzahlensystemen zur Analyse dient, wird anschließend in Abschnitt 5.2.3 dieses Kapitels diskutiert werden.

2) Return on Investment (RoI), Return on Assets (RoA)

$$RoI \,/\, RoA = \frac{Ergebnis + Zinsaufwand * (1 - s)}{Total\,Assets}$$

Im Unterschied zur Gesamtkapitalrentabilität wird für den Return on Investment bzw. Return on Assets das Tax-Shield auf den Zinsaufwand in der Berechnung berücksichtigt. Der Zähler wird damit durch Periodenergebnis plus anteiliger Zinsaufwand ermittelt. Dies geht auf die Überlegung zurück, dass in Unternehmen der anfallende Zinsaufwand steuerlich abzugsfähig ist. Folglich ist der Jahresüberschuss oder -fehlbetrag um die zugehörige Steuergutschrift zu korrigieren. Im Nenner wird meist nicht vom eingesetzten Kapital (Passiva), sondern von den Total Assets (Aktiva) ausgegangen. Dabei wird gelegentlich auch das gesamte Vermögen abzüglich der kurzfristigen Verbindlichkeiten (wie beim RoNA – siehe unten) als investiertes Kapital eingesetzt.

3) Return on Capital Employed (RoCE), Return on Net Assets (RoNA)

$$\text{RoCE} = \frac{\text{Ergebnis vor Zinsaufwand}}{\text{Gebundenes Kapital}}$$

$$\text{RoNA} = \frac{\text{Ergebnis vor Zinsaufwand}}{\text{Gebundenes Vermögen}}$$

Eine Variante von Kapitalrenditekennzahlen sind der Return on Capital Employed (RoCE) und der Return on Net Assets (RoNA). Im Gegensatz zur Gesamtkapitalrentabilität beziehen sie sich nicht auf die gesamte Bilanzsumme, sondern stets nur auf das gebundene Kapital (RoCE) bzw. das gebundene Vermögen (RoNA). Das gebundene Kapital ergibt sich aus der Summe von Eigenkapital und Finanzschulden, also von der Passivseite her, das gebundene Vermögen aus Anlage- und Netto-Umlaufvermögen, also von der Aktivseite her. Da jeweils die nicht zinstragenden Kapital- bzw. Vermögensteile im Nenner der Rentabilitätskennzahl eliminiert werden, führen beide Betrachtungsweisen zum gleichen Ergebnis, wie das vereinfachte Schema in der folgenden Abbildung 19.7 verdeutlicht.

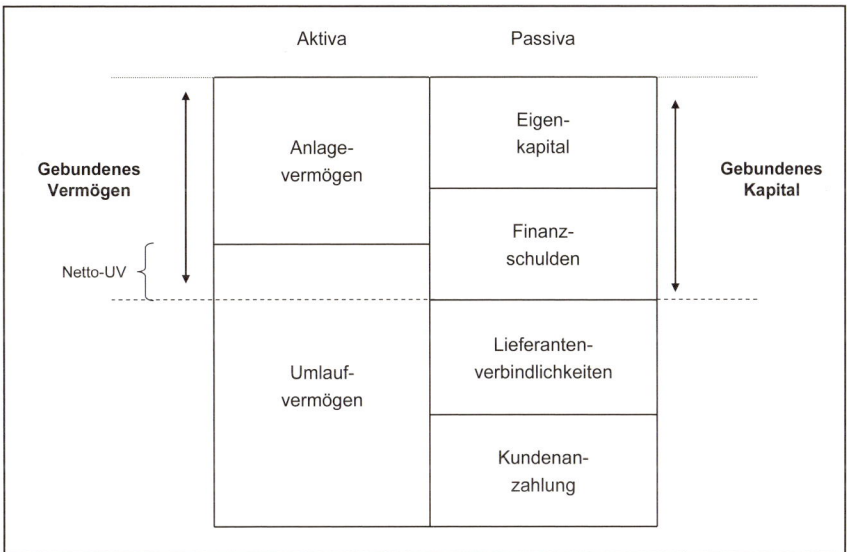

Abb. 19.7: Gebundenes Vermögen, gebundenes Kapital

Die Aktivbetrachtung ist allerdings für eine Rentabilitätsmessung auf Geschäftsbereichsebene vorzuziehen, weil die Entscheidungen bezüglich der Finanzierung aus Eigen- und Fremdkapital üblicherweise nicht auf Geschäftsbereichsebene, sondern zentral erfolgen.

5.2.3 Kennzahlensysteme

Kennzahlen-
systeme

Für sich alleine betrachtet sind Kapitalrenditen wenig aussagefähige Größen, da in ihnen die unterschiedlichsten Faktoren untrennbar vermischt zusammenwirken. Es gilt deshalb, den Zielwert „Rendite" so in Zweck-Mittel-Relationen aufzugliedern, dass eine aussagekräftige Ursachenforschung sowie die Früherkennung von Fehlentwicklungen ermöglicht wird.

Aufgliederung

Eine allgemeine Aufgliederung ergibt sich wie folgt:

$$\text{Kapitalrendite} = \frac{\text{Ergebnis}}{\text{Kapital (bzw. Vermögen)}} \times \frac{\text{Umsatz}}{\text{Umsatz}}$$

$$= \frac{\text{Ergebnis}}{\text{Umsatz}} \times \frac{\text{Umsatz}}{\text{Kapital (bzw. Vermögen)}}$$

$$= \text{Umsatzrendite} \times \text{Kapital (bzw. Vermögens--) umschlag}$$

Diese Form der Aufgliederung einer Kapitalrendite und die Weiterentwicklung zu einem Kennzahlensystem gewährt Aufschluss über die Ursachen von Veränderungen oder Abweichungen zu den entsprechenden Kennzahlen von Wettbewerbsunternehmen bzw. -bereichen. Das sei an einem vereinfachten Beispiel für die Analyse der Gesamtkapitalrentabilität dreier Unternehmen A, B und C veranschaulicht (vgl. Tabelle 19.4).

Beispiel 19.4

	Unternehmen A	Unternehmen B	Unternehmen C
Ergebnis vor Steuern und Zinsen	10 Mio.	12 Mio.	8 Mio.
Gesamtkapital	50 Mio.	120 Mio.	80 Mio.
Gesamtkapitalrentabilität	20 %	10 %	10 %
Umsatz	100 Mio.	120 Mio.	160 Mio.
Umsatzrentabilität	10 %	10 %	5 %
Kapitalumschlag	2	1	2

Tab. 19.4: Beispiel zur Analyse der Gesamtkapitalrentabilität

Bei ausschließlicher Betrachtung der erzielten Ergebnisse vor Steuern und Zinsen wäre Unternehmen B als das ertragsstärkste Unternehmen einzustufen.

Die Betrachtung der Gesamtkapitalrentabilität zeigt indessen, dass Unternehmen A deutlich in der Ertragskraft vor B und C rangiert. Die Ursachen für die ungünstigere Position von B und C im Vergleich zu A liegen allerdings sehr unterschiedlich. B besitzt die gleiche Umsatzrentabilität wie A, hat aber nur den halben Kapitalumschlag.

C hat dagegen denselben Kapitalumschlag wie A, besitzt aber nur die halbe Umsatzrentabilität. Die Ansatzpunkte zur Verbesserung der Gesamtkapitalrentabilität und für tiefer gehende Analysen liegen für die Unternehmen B und C folglich auf unterschiedlichen Ebenen. Das wird durch Abbildung 19.8 illustriert.

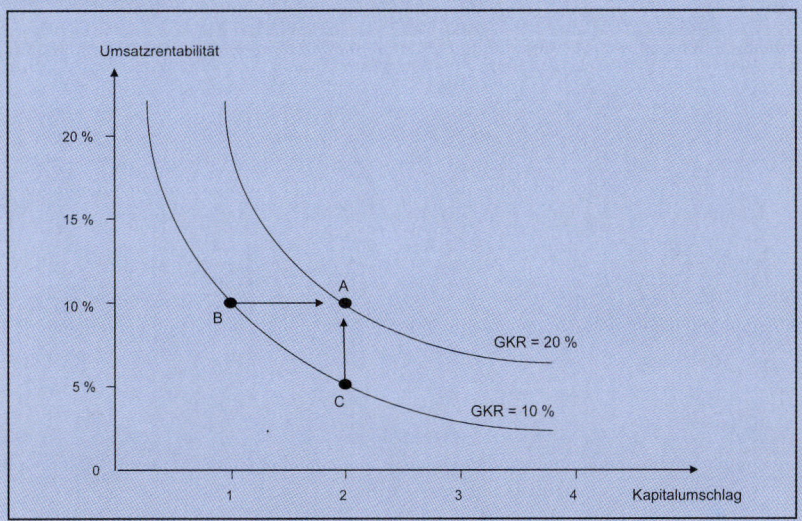

Abb. 19.8: Grafische Analyse der Gesamtkapitalrentabilität

Die Iso-Rentabilitätskurven stellen Kombinationen von Kapitalumschlag und Umsatzrentabilität dar, die zum jeweils gleichen Niveau der Gesamtkapitalrentabilität führen. Das Beispiel macht deutlich: Für Unternehmen B ist eine Verbesserung des Kapitalumschlags vorrangig. Das heißt, für Unternehmen B sind zur Verbesserung der Kapitalrendite insbesondere Maßnahmen des Vermögensmanagements erforderlich. Bei Unternehmen C dagegen ist vor allem eine Erhöhung der Umsatzrentabilität anzustreben. Hier stehen Maßnahmen des Ertrags- und Aufwands- oder Kostenmanagements im Vordergrund.

Die Aufgliederung einer Kapitalrendite in Umsatzrendite und Kapitalumschlag lässt sich weiter verfeinern, so dass ein Kennzahlensystem entsteht, das bis zu den einzelnen Treibern der Kapitalrendite reicht. Gebündelt lassen sich die Treibergrößen den Bereichen

1) Ertragsmanagement
2) Aufwands-/Kostenmanagement
3) Vermögens-/Finanzmanagement

zuordnen. Ein Kennzahlensystem zur Analyse von Kapitalrenditen (sog. DuPont-Schema) ist in Abbildung 19.9 wiedergegeben.

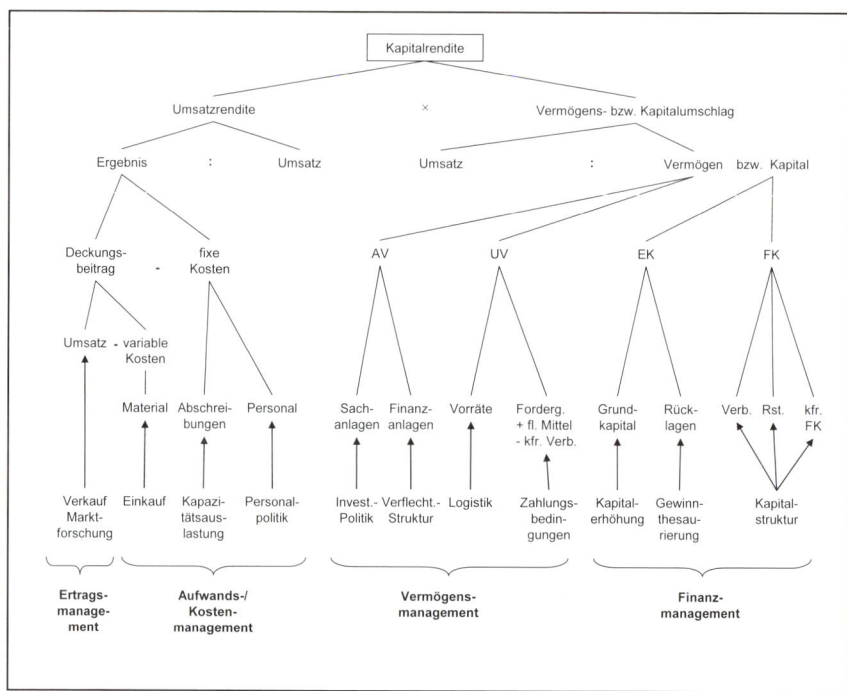

Abb. 19.9: Kennzahlensystem

Das Kennzahlensystem ermöglicht zwei Betrachtungsrichtungen:

"top down"-
Betrachtung

1) Die analytische Betrachtung
Um die Ursachen einer Rentabilitätsänderung und die dadurch notwendig gewordenen Maßnahmen zu erforschen, müssen stufenweise "from top to down" die verschiedenen Einflussfaktoren der Rendite und deren Änderungs- oder Beeinflussungsmöglichkeiten untersucht werden.

"bottom up"-
Betrachtung

5) Die synthetische Betrachtung
Zur Abschätzung der Auswirkungen einer getroffenen oder zu treffenden Entscheidung, durch die nur ein oder wenige Einflussfaktoren der Rendite geändert werden, betrachtet man, ausgehend von der geänderten Größe, "bottom up" die nachfolgenden Größen und so letztendlich die Gesamtrendite. Auf diese Weise wird es möglich, alle Teilentscheidun-

gen in Bezug auf das oberste Beurteilungskriterium (hier: die Gesamtkapitalrendite) zu planen, zu steuern und zu kontrollieren. Bei der Ableitung von Maßnahmen müssen natürlich die Interdependenzen beachtet werden. So erhöht eine Senkung der Vorratsbestände c. p. den Return on Investment, sie kann ihn aber senken, wenn mangelnde Lieferbereitschaft zu Wettbewerbsnachteilen führt.

In Literatur und Praxis sind weitere Aufgliederungen des Return on Investment entwickelt worden. Abbildung 19.10 zeigt das Gliederungskonzept, das vom Zentralverband der Elektrotechnischen Industrie (ZVEI) vorgeschlagen wurde. Es geht von der Eigenkapitalrentabilität als oberster Kennzahl aus. Auf Spartenebene ist häufig der Sektor III nicht relevant, da er auf Kapitalstrukturkennzahlen zurückgreift.

ZVEI-Kennzahlensystem

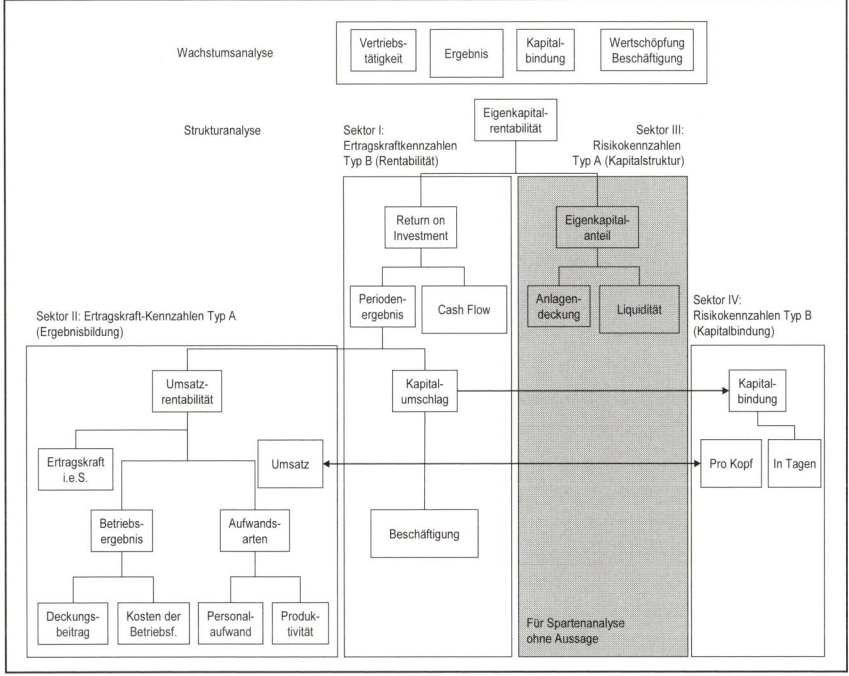

Abb. 19.10: ZVEI-Kennzahlensystem

5.2.4 Voll- oder Teilrentabilität als Steuerungsgröße

Analog der aus der Kostenrechnung bekannten Fragestellung „Vollkostenrechnung versus Teilkostenrechnung" ergibt sich die Frage, ob das Gesamtergebnis und das Gesamtvermögen oder nur ein Teilergebnis und ein Teil des Vermögens in die Analyse und Planung einzubeziehen sind. Bezüglich der Erlöse ergeben sich hier kaum Probleme, da bei divisiona-

Voll- vs. Teilrentabilität

lisierter Unternehmensstruktur die in einer Division erzielten Erlöse i. A. auch voll dieser Division zurechenbar sind. Bezüglich der zu berücksichtigenden Kosten und des investierten Vermögens hingegen bieten sich zumindest die drei folgenden Lösungsmöglichkeiten an (vgl. u. a. Poensgen [1973], S. 280 ff.):

Kontrollierbare Kosten- und Vermögenspositionen

1) Es werden ausschließlich die von der Division kontrollierbaren Kosten- und Vermögenspositionen in die Rentabilität einbezogen, d. h. nur diejenigen Kosten- und Vermögensposten, deren Existenz bzw. Nichtexistenz ausschließlich von autonomen Entscheidungen des Divisionsmanagements abhängen. Die sich ergebende Rendite hat vor allem Aussagewert für die Entscheidungen in der Division und eignet sich als Kriterium für die Beurteilung der Leistungsfähigkeit der Geschäftsbereichsleitung.

Zurechenbare Kosten- und Vermögenspositionen

2) Es werden sämtliche willkürfrei und verursachungsgerecht der Division zurechenbaren Kosten und Vermögensposten in die Rechnung einbezogen. Neben den durch die Division kontrollierbaren Kosten- und Vermögenspositionen werden also auch alle direkt der Division zurechenbaren, aber von Entscheidungen der zentralen Unternehmensführung abhängigen Kosten- und Vermögenspositionen berücksichtigt. In dieser Berechnung sind somit sämtliche Kosten enthalten, die im Falle einer Aufgabe der Division als Kapitalbindung entfallen können. Die sich ergebende Rendite gibt Auskunft über die Förderungswürdigkeit der Division und eignet sich deshalb als Informationsgrundlage für die Entscheidungen der obersten Unternehmensführung (bezüglich Wachstum oder Schrumpfung der Geschäftsbereiche).

Vollrentabilität

3) Schließlich besteht die Möglichkeit zur Ermittlung einer so genannten Vollrentabilität, in der neben den verursachungsgemäß zurechenbaren Kosten- und Vermögenspositionen auch die Werte der gemeinsam genutzten Ressourcen und deren Kosten (z. B. Forschungsabteilung, zentrale Verwaltung) mit Hilfe von Schlüsselgrößen auf die Geschäftsbereiche zugerechnet werden. Soweit es sich bei diesen Vermögenspositionen und Kosten um echte Divisionsgemeindispositionen handelt, kann deren Schlüsselung nur willkürlich sein. Der Aussagegehalt einer solchen Voll-Rentabilitätsrechnung ist deshalb gering einzuschätzen.

Sinnvoll erscheint es, die Möglichkeiten 1) und 2) zu kombinieren:

1) Lösung 1 führt zum Return on Controllable Assets (RoCA) der Sparte, der i. A. mit dem RoNA identisch ist.
2) Lösung 2 führt zur Gesamtkapitalrentabilität oder zum RoI, also zur Betrachtung des Gesamtinvestments in die Sparte aus der Sicht der Zentrale.

Bezieht man zusätzlich noch die Umsatzrendite (UR) und die Eigenkapitalrendite (EKR) in die Betrachtung ein, so ergibt sich ein mehrschichtiges System der Rentabilitätsbetrachtung, wie Abbildung 19.11 veranschaulicht.

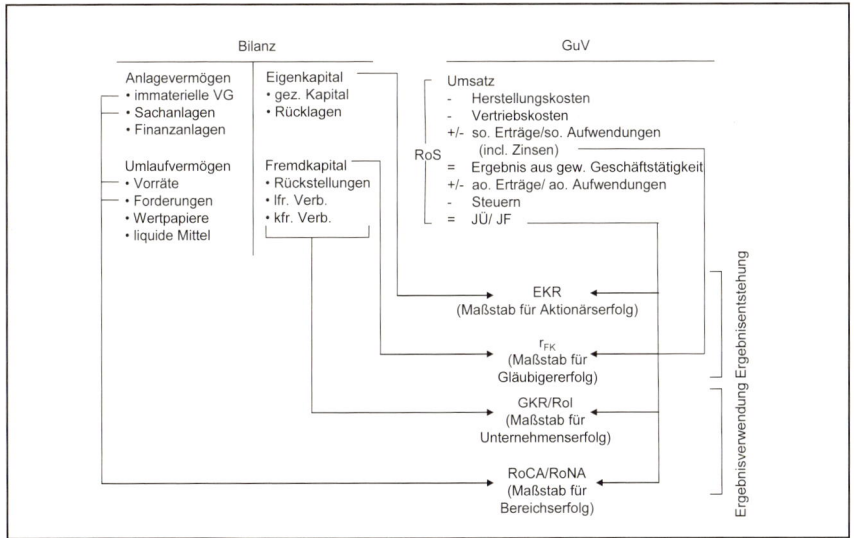

Abb. 19.11: Steuerungsebenen der Rentabilität

Natürlich bestehen vielfältige Möglichkeiten zur Abgrenzung von Rentabilitätskennzahlen. Das Beispiel in Tabelle 19.5 zeigt, wie sich das Rentabilitätskonzept mit einer stufenweisen Fixkostendeckungsrechnung (vgl. Kap. 5) verknüpfen lässt.

Deckungs-beitrags-rentabilität

Die Berechnungen ergeben sich dabei folgendermaßen:

Zeile 3:   Umsatz minus variable Kosten (1-2)
Zeile 5:   DB 1 minus zurechenbare fixe Kosten (3-4)
Zeile 6:   DB 2 minus nicht zurechenbare fixe Kosten (5-6)
Zeile 7:   Verhältnis vom DB 1 zum Umsatz (3/1)
Zeile 8:   Verhältnis vom DB 1 zu den variablen Kosten (3/2)
Zeile 9:   Verhältnis vom DB 2 zum Umsatz (5/1)
Zeile 11:   Verhältnis vom Umsatz zum investierten Kapital (1/10)
Zeile 12:   Verhältnis vom DB 1 zum investierten Kapital (3/10)
Zeile 13:   Verhältnis vom DB 2 zum investierten Kapital (5/10)
Zeile 14:   Verhältnis vom DB 3 zum investierten Kapital (6/10)

		Sparte A	Sparte B	Nicht zure- chenbar	Gesamt - unter - nehmen
1	Umsatz	2 000	4 000	-	6 000
2	Variable Kosten	1 000	1 600	-	2 600
3	Deckungsbeitrag 1 (DB 1)	1 000	2 400	-	3 400
4	Spartenspezifische fixe Kosten	800	1 400	-	2 200
5	Deckungsbeitrag 2 (DB 2)	200	1 000	-	1 200
6	Deckungsbeitrag 3 (DB 3)			1 000	200
7	Deckungsgrad 1 (DB 1 / Umsatz)	50 %	60 %	-	57 %
8	Kostenwirtschaftlichkeit (DB 1 / var. Kosten)	1	1,5	-	1,3
9	Deckungsgrad 2 (DB 2 / Umsatz)	10 %	25 %	-	20%
10	Gebundenes Kapital	500	2 000	1 500	4 000
11	Kapitalumschlag (Umsatz / inv. Kapital)	4	2	-	1,5
12	DB-Rentabilit ät 1 (DB 1 / inv. Kapital)	200 %	120 %	-	83 % [a]
13	DB-Rentabilit ät 2 (DB 2 / inv. Kapital)	40 %	50 %	-	30 % [a]
14	DB-Rentabilit ät 3 (DB 3 / inv. Kapital)			-	5 %

Tab. 19.5: Kombinierte Return on Investment/Deckungsbeitrags-Rechnung

5.2.5 Anwendungen der Renditekennzahlen

Renditekenn-
zahlen und
Branchen

Die Steuerung (Planung und Kontrolle) von Geschäftsbereichen auf der Grundlage von GKR-, RoI-, RoNA- oder RoCE-Konzepten ist in der Unternehmenspraxis sehr verbreitet. Deshalb sollen die folgenden typischen Anwendungsmöglichkeiten näher betrachtet werden.

1) Branchenvergleich
Für einen Branchenvergleich ist die Untergliederung der Kapitalrendite nach den Komponenten Umsatzrendite und Vermögens-/Kapitalumschlag besonders wichtig, da diese Parameter stark branchenabhängig sind. In Tabelle 19.6 werden auf der Grundlage der Bilanzstatistik der

Deutschen Bundesbank (vgl. Deutsche Bundesbank [2006]) branchenbezogene Renditekennzahlen, hier die Umsatzrendite und die Gesamtkapitalrentabilität, gezeigt. Mit Hilfe der drei Größen Umsatz, EBIT und Bilanzsumme werden die Umsatzrendite, der Kapitalumschlag und die Gesamtkapitalrentabilität (v. St.) berechnet.

Werte in Mrd EUR	verarbeitendes Gewerbe	Ernährungs- gewerbe	Textil- und Beklei- dungs- gewerbe	Herstellung von chemi- schen Er- zeugnissen
Umsatz	1 631,3	166,0	29,7	153,2
EBIT	84,1	8,3	1,5	13,1
Bilanzsumme	1 215,9	82,3	17,0	198,8
Umsatzrendite	5,2 %	5,0 %	5,1 %	8,6 %
Kapitalumschlag	1,34	2,02	1,75	0,77
Gesamtkapitalren- tabilität	6,9 %	10,1 %	8,8 %	6,6 %

Werte in Mrd EUR	Maschinenbau	Fahrzeugbau	Baugewerbe	Handel und Reparatur von Kraftfahr- zeugen
Umsatz	177,2	313,8	176,0	187,0
EBIT	10,1	5,2	10,6	6,4
Bilanzsumme	130,3	240,2	120,9	71,4
Umsatzrendite	5,7 %	1,7 %	6,0 %	3,4 %
Kapitalumschlag	1,36	1,31	1,46	2,62
Gesamtkapitalren- tabilität	7,8 %	2,2 %	8,8 %	9,0 %

Werte in Mrd EUR	Großhandel	Einzelhandel	Verkehr (ohne Eisenbah- nen)	Unterneh- mensnahe Dienstleistun- gen
Umsatz	751,0	431,5	136,4	269,6
EBIT	22,7	18,0	6,9	25,8
Bilanzsumme	228,9	158,3	91,0	168,2
Umsatzrendite	3,0 %	4,2 %	5,1 %	9,6 %
Kapitalumschlag	3,28	2,73	1,50	1,60
Gesamtkapitalren- tabilität	9,9 %	11,4 %	7,6 %	15,3 %

Tab. 19.6: Branchenbezogene Renditekennzahlen

Die Daten lassen unterschiedliche Charakteristika bezüglich Vermögens-
bindung und Ertragskraft der Branche deutlich werden. Eine grafische
Veranschaulichung gibt Abbildung 19.12.

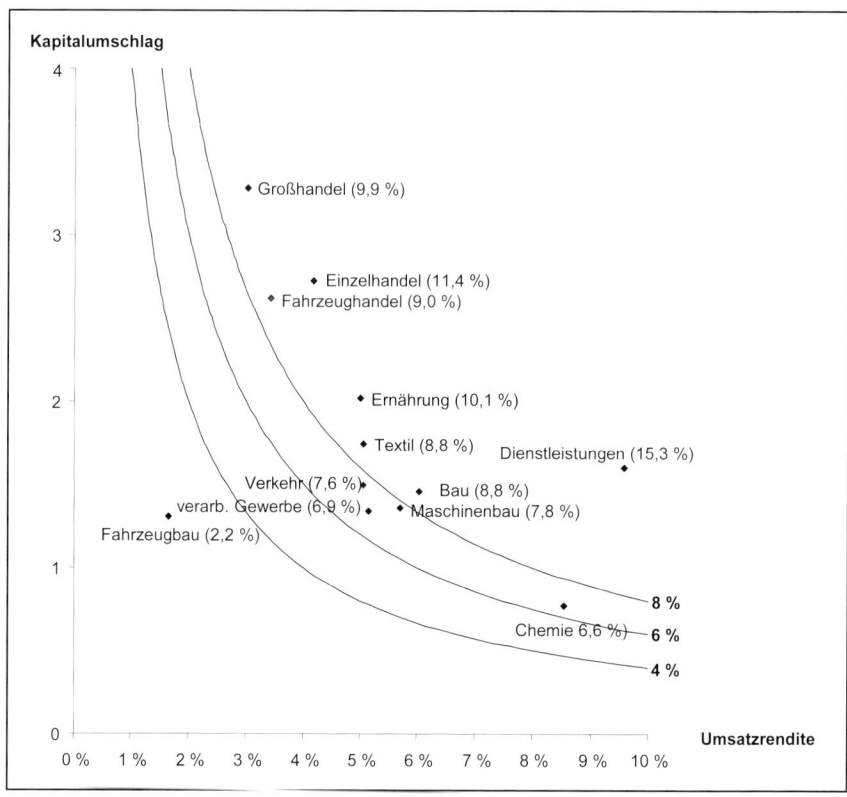

Abb. 19.12: Zerlegung der Branchen-GKR

2) Soll-Ist-Vergleich

Für die Durchführung eines Soll-Ist-Vergleichs muss in einem ersten
Schritt die angestrebte Kapitalrendite festgelegt werden. Diese lässt sich
aus den folgenden Komponenten ermitteln:

- Kapitalkostensatz (Fremd- und Eigenkapitalkosten, vgl. insbesondere
  Abschnitt 2.2 in Kapitel 20),
- Kapitalrendite des Gesamtunternehmens,
- Kapitalrendite exzellenter Wettbewerber.

Die Differenz der geplanten und der tatsächlich erreichten Kapitalrendite
kann in eine Vermögensabweichung und eine Erfolgsabweichung aufgegliedert werden. Dies sei an folgendem Beispiel verdeutlicht:

Beispiel 19.5

	Soll	Ist	Abweichung
Kapitalrendite	15,0 %	10,87 %	- 4,13 %
Investiertes Kapital	80 000	100 000	20 000
Ergebnis	12 000	10 870	- 1 130

Die Gesamtabweichung der Rendite in Höhe von - 4,13 % wird in eine Ergebnis- und eine Vermögensabweichung aufgegliedert.
   Die Vermögensabweichung wird wie folgt errechnet:
Das geplante Ergebnis auf das geplante investierte Kapital

$$\frac{12\,000}{80\,000} \times 100 = 15\,\%$$

abzüglich des geplanten Ergebnisses auf das tatsächlich investierte Kapital

$$\frac{12\,000}{100\,000} \times 100 = 12\,\%$$

ergibt eine negative Vermögensabweichung von 3 %.

Die Erfolgsabweichung ermittelt man folgendermaßen:
Das Verhältnis des geplanten Ergebnisses zum tatsächlich investierten Kapital

Erfolgs-
abweichung

$$\frac{12\,000}{100\,000} \times 100 = 12\,\%$$

abzüglich des tatsächlichen Ergebnisses zum tatsächlich eingesetzten Kapital

$$\frac{10\,870}{100\,000} \times 100 = 10,87\,\%$$

ergibt eine negative Ergebnisabweichung in Höhe von 1,13 %.

Nach der Ermittlung dieser Vermögens- und Erfolgsabweichungen sollten diese weiter analysiert werden, um deren Ursachen festzustellen (vgl. Kap. 11 zur detaillierten Ergebnisabweichungsanalyse). Bei der Erfolgsabweichung sollte untersucht werden, inwieweit diese auf Änderungen der Beschäftigungslage, der Sortimentsgestaltung, der Marktpreise, der variablen und der fixen Kosten zurückzuführen ist.

Bei der Festlegung der Verantwortung der Bereiche für die erzielte Kapitalrendite muss zwischen den „Financial" und den „Operating Managers" unterschieden werden. Da letztere meistenteils keinen Einfluss auf die Passivseite der Bilanz haben, sollte für deren Beurteilung von Ergebnissen vor Steuern und Zinsen ausgegangen werden. „Financial Managers" hingegen sind für die gezahlten Zinsen und auch die Steuerbemessungsgrundlage verantwortlich, wenn sie z. B. über Tochterunternehmen einer Holding selbständig Zugang zum Kapitalmarkt haben und als rechtlich selbständige Unternehmen den Steuergesetzen unterliegen. Deshalb scheint hier eine Betrachtung von Ergebnissen nach Steuern und Zinsen in Form einer Eigenkapitalrentabilität geboten (vgl. Anderson/Needles/Caldwell [1989], S. 535 ff.).

Mindestpreis-
bestimmung

3) Zielrentabilität als Basis für Preisentscheidungen

Insbesondere bei der Planung neuer Produkte oder bei Einführung bestehender Produkte auf neuen Märkten wird man sich bei rentabilitätsorientierter Planung für Preisentscheidungen oder bei Preiswürdigkeitsbeurteilungen an der erstrebten Zielrendite orientieren. Der Mindestpreis lässt sich dann wie folgt bestimmen, wobei die Annahme gilt, dass sich das zusätzlich benötigte Umlaufvermögen auf Basis der bisherigen Relation Umlaufvermögen zu Umsatz planen lässt:

$$G = r \times (AV + UV)$$

$$G = r \times (AV + \frac{UV}{U} \times U)$$

$$U - K = r \times AV + r \times \frac{UV}{U} \times p \times x$$

$$p \times x - r \times \frac{UV}{U} \times p \times x = r \times AV + K$$

$$p \times (x - r \times \frac{UV}{U} \times x) = r \times AV + K$$

$$p = \frac{r \times AV + K}{x \times (1 - r \times \frac{UV}{U})}$$

mit:

AV	=	Anlagevermögen
G	=	Gewinn
K	=	(Selbst-)Kosten
p	=	(Mindest-)Preis
r	=	Zielrendite
U	=	Umsatz
UV	=	Umlaufvermögen
x	=	Volumen

Wenn die Höhe des Umlaufvermögens bekannt ist, lässt sich die Formel weiter umformen zu:

$$p = \frac{r \times AV + K}{x - \dfrac{r \times UV}{p}}$$

$$p \times x - r \times UV = r \times AV + K$$

$$p = \frac{r \times (AV + UV) + K}{x}$$

Dies sei anhand eines Beispiels verdeutlicht (Zahlenangaben in TEUR):

Kosten der umgesetzten Leistungen (inkl. F&E)	1 872
Verwaltungskosten	410
Vertriebskosten	517
Selbstkosten	2 799

Beispiel 19.6

Die Zielrendite auf das investierte Kapital sei 20 %.

Anlagevermögen	1 969
produzierte und abgesetzte Menge	3 Mio. St.
Relation Umlaufvermögen / Umsatz	85 %

Bei Zugrundelegen dieser Zahlen kommt man zu folgendem Ergebnis:

$$p = \frac{0,2 \times 1\,969 + 2\,799}{3\,000 \times (1 - 0,2 \times 0,85)} = \frac{3\,192,8}{2\,490} = 1{,}282 \ (EUR \ / \ St.)$$

Umsatz (3. Mio. St. 1,282 EUR / St.)	3 846
Kosten der umgesetzten Leistungen (inkl. F&E)	1 872
Verwaltungskosten	410
Vertriebskosten	517

Nettoerfolg	1 048
Investiertes Kapital:	
Anlagevermögen	1 969
Umlaufvermögen (0,85 × 3 846)	3 269
Gesamtvermögen	5 238
20 % Rendite auf das investierte Kapital	1 048

5.2.6   Schwächen der Kapitalrenditen

Kapitalrendite vs. kalkulatorischer Gewinn

Das Bewerten mit Rentabilitätskennzahlen kann – wie aus der Investitionsrechnung hinreichend bekannt ist – immer dann zu Problemen führen, wenn auf der Basis der Kennzahlen Alternativen verglichen werden. Sind die zu vergleichenden Alternativen mit unterschiedlichem Vermögens- und Kapitalvolumen ausgestattet, so impliziert die Kapitalrendite die Prämisse, dass die errechnete Kennzahl auch für die Differenzinvestition gilt. Soweit diese Prämisse nicht gegeben ist, kommt es zu Fehlbewertungen aufgrund der herkömmlichen Kapitalrenditen. Das gilt sowohl aus der Sicht der Beurteilung und Steuerung von Divisionen durch die Zentrale als auch für die Investitionsbeurteilung und -steuerung von Projekten in den Geschäftsbereichen. Aus dieser Problemstellung hat sich in der Literatur zur Profit Center-Rechnung die Kontroverse ergeben, ob als Beurteilungsmaßstab eine Kapitalrendite oder das kalkulatorische Ergebnis (residual income) zu verwenden sei (vgl. Poensgen [1973] S. 260 ff.; Kaplan/Atkinson [1998] S. 661 ff.; Anthony/Govindarajan [2003] S. 299 ff.).

Diese Diskussion wird im Rahmen der wertorientierten Steuerungssysteme wieder aufgegriffen (vgl. Abschnitt 2.3 in Kapitel 20).

1)   Erfolgsbeurteilung

Erfolgs- beurteilung

Im Folgenden wird eine **Erfolgsbeurteilung** durch die Zentrale (= Divisionenvergleich) anhand der Maßgrößen „Kapitalrendite" (vor Zinsen) sowie „kalkulatorisches Ergebnis" (residual income) verglichen (vgl. Tabelle 19.7).

Gemessen am Bruttoergebnis erscheint die Division B erfolgreicher, nach der Kapitalrendite hingegen erscheint Division A erfolgreicher. Bei Entscheidung für die Division A muss allerdings über die Differenzinvestition entschieden werden, um eine Vergleichbarkeit zu gewährleisten. Ansonsten wird davon ausgegangen, dass durch die Differenzinvestition in Höhe von 4 000 ebenfalls eine Rendite von 20 % erwirtschaftet werden kann. Dieser Anforderung wird im Beispiel durch die Einbeziehung der Kapitalkosten Rechnung getragen. Hier zeigt sich, dass je nach der Höhe der angesetzten Kapitalkosten die Beurteilung der Divisionen und die Entscheidung über die Zuteilung von Investitionsmitteln – gemessen am Kriterium des maximalen Überschusses über die Kapitalkosten (kalkulatorisches Ergebnis) – unterschiedlich ausfallen wird. Dasselbe ergibt sich, wenn statt des Abzugs kalkulatorischer Zinsen durch explizite Einbeziehung der Differenzinvestition ein vergleichbares Ergebnis errechnet wird.

	Sparte A		Sparte B
I. Kapital / Vermögen	1 000		5 000
Ergebnis	200	<	**750**
Kapitalrendite	**20 %**	>	15 %
II.Kapitalkosten 12 %			
(a) Ergebnis	200		750
- kalk. Zinsen	120		600
= kalk. Ergebnis	80	<	**150**
(b) Ergebnis	200		750
+ Zinsen auf Diff.-Inv.	480[a)		---
= vergleichbares Ergebnis	680	<	**750**
Kapitalkosten 18 %	200		750
(a) Ergebnis	180		900
- kalk. Zinsen	**20**	>	- 150
= kalk. Ergebnis			
(b) Ergebnis	200[b)		750
+ Zinsen auf Diff.-Inv.	720		---
= vergleichbares Ergebnis	**920**	>	750

zu [a)] 12 % von (5 000 - 1 000) = 12 % von 4 000 = 480
zu [b)] 18 % von (5 000 - 1 000) = 18 % von 4 000 = 720

Tab. 19.7: Kapitalrendite versus kalkulatorisches Ergebnis

So kann gezeigt werden, dass der Renditevergleich zwischen den Divisionen zu Fehlurteilen führen kann. Im relativen Vergleich ist das kalkulatorische Ergebnis aussagefähiger. Es macht auch keinen Sinn, mit einer Nettorendite (definiert als Ergebnis nach Kapitalkosten/Kapital) zu arbeiten, da hier nur eine Nullpunktverschiebung gegenüber der Bruttorendite vorliegt. Die Divisionsbeurteilung mittels einer Kapitalrendite sollte also stets anhand einer divisionsbezogenen Planrendite erfolgen.

2) Investitionssteuerung

Investitions-steuerung

Unter der Zielsetzung der **Investitionssteuerung** durch die Sparte ergibt sich folgende Betrachtungsweise:

Wird eine Sparte nicht an einer vereinbarten Zielrendite oder einem budgetierten Zielergebnis, sondern an der tatsächlich erreichten Rendite im Vergleich zu allen anderen Sparten gemessen, so wird ihr die Zielsetzung der Maximierung der Kapitalrendite, im Folgenden beispielhaft die GKR, auferlegt. Übertragen auf die Investitionsprojektsteuerung kann dies zu gravierenden Fehlsteuerungen (Missmotivationen) führen. Das soll anhand folgender Überlegungen veranschaulicht werden:

mit:

GKR$_0$ = vor Realisierung des Projekts erzielter Sparten-GKR
ΔR = Projekt-GKR
k = Kapitalkostensatz, d. h. ökonomischer Kalkulationszinsfuß

Fall 1: GKR$_0$ > ΔR > k
Bei einer Beurteilung nach der Gesamtkapitalrentabilität unterbleibt die Investition, weil die bisherige Rendite nicht erreicht werden kann, obwohl das Projekt – gemessen am Kapitalkostensatz – rentabel ist.

Fall 2: GKR$_0$ < ΔR < k
Hier liegt der umgekehrte Fall vor. Das Projekt wird realisiert, da die bisherige Rendite gesteigert wird, obwohl das Projekt – gemessen am Kapitalkostensatz – unrentabel ist.

Verhaltens-
wirkung

Wie eine Beurteilung anhand der Gesamtkapitalrentabilität zu Fehlmotivationen führen kann, sei mit Hilfe des folgenden Beispiels gezeigt:

Beispiel 19.7

Divisionsergebnis: 50
Eingesetztes Kapital: 1 000
Bisherige GKR: 15 %

Zeitlich versetzt bieten sich folgende Projekte an:

Fall 1:
Projekt A in t$_1$:
1) Ergebnis   100
2) erforderl. Kapital   500
3) GKR   20 %

Projekt B in t$_2$:
1) Ergebnis   300
2) erforderl. Kapital   1 000
3) GKR   30 %

Die Gesamtkapitalrentabilität steigt durch die Realisierung beider Investitionen von 15 % auf 16,67 % in t$_1$ [(150 + 100) / (1 000 + 500)] und auf 22 % in t$_2$ [(150 + 100 + 300) / (1 000 + 500 + 1 000)]. Somit werden beide Projekte verwirklicht.

Fall 2: (A und B gegenüber Fall 1 zeitlich vertauscht)
Projekt B in t$_1$:
1) Ergebnis   300
2) erforderl. Kapital   1 000
3) GKR   30 %

Projekt A in t_2:
1) Ergebnis   100
2) erforderl. Kapital   500
3) GKR   20 %

Die Gesamtkapitalrentabilität steigt von 15 % auf 22,5 % in t_1 [(150 + 300) / (1 000 + 1 000)] und sinkt in t_2 auf 22 % [(150 + 300 + 100) / (1 000 + 1 000 + 500)]. Somit wird nur Projekt B verwirklicht, da Projekt A die GKR verschlechtern würde.

Dieses Beispiel kann auch auf verschiedene Divisionen bezogen werden:

Wenn die Kapitalkosten des Unternehmens 10 % betragen, die Gesamtkapitalrentabilität in Bereich 1 15 % und in Bereich 2 22,5 %, so müsste dasselbe Projekt A bei Zugrundelegen derselben Entscheidungskriterien einmal angenommen und einmal abgelehnt werden.

Zusammenfassend sind in Abbildung 19.13 die Vor- und Nachteile der beiden diskutierten Verfahren dargestellt.

Vergleich

	Kapitalrendite	kalkulatorisches Ergebnis
Vorteile	• Vergleichbarkeit • Größendeflationierung • projektbezogen richtige Entscheidungen durch Vergleich mit Kapitalkosten	• richtige Entscheidung, wenn kalkulatorische Zinsen = entscheidungsbezogene Kapitalkosten • für unterschiedliche Investitionen können unterschiedliche Zinssätze angenommen werden
Nachteile	• Fehlsteuerung bei Erfolgsbeurteilung aufgrund der Wiederanlageprämisse	• direkte Vergleichbarkeit fehlt

Abb. 19.13: Vor- und Nachteile von Kapitalrendite und kalkulatorischem Ergebnis

Unabhängig davon, ob die Leistungsfähigkeit der Divisionen anhand einer Kapitalrendite bzw. des kalkulatorischen Ergebnisses gemessen wird, gilt bezüglich der lang- bzw. kurzfristigen Erfolgsmaximierung folgendes:

Lang- vs. kurzfristige Erfolgsmaximierung

Die Maßgrößen sind statische, jeweils auf eine Periode bezogene Größen. Die in den Divisionen getroffenen Entscheidungen beziehen sich in ihren Auswirkungen aber nicht jeweils nur auf eine Periode, sondern führen im Allgemeinen zu ökonomischen Konsequenzen für mehrere Folgeperioden. Diese künftigen Auswirkungen getroffener Maßnahmen spiegeln sich in der Kapitalrendite bzw. im kalkulatorischen Ergebnis aber nur unzureichend wider.

Dies ist auf zwei Ursachen zurückzuführen:

1) Das Rechnungswesen eröffnet zwangsläufig gewisse Ermessensspielräume bei der Bewertung. Bilanzpolitische Überlegungen fließen deshalb zwangsläufig je nach Interessenlage in die Kapitalrendite ein. Ein besonders wichtiger Punkt ist dabei natürlich die Gestaltung der Umlagen und der Verrechnungspreise. Dieses Problem kann durch eindeutige Standards der Rechnungslegung, d. h. durch Befolgung des Kriteriums der Maßgenauigkeit, gelöst werden.

2) Durch die Objektivierungsanforderungen des Rechnungswesens erfasst dieses nur Vermögensgegenstände und Schulden sowie ausschließlich schon getätigte oder begründete Transaktionen. Reine Zukunftswerte, unterlassene Aktionen und Opportunitäten können im Rechnungswesen keinen Niederschlag finden.

Fehlsteuerungen Das kann aus Sicht der kurzfristigen Maximierung der Kapitelrendite zu folgenden Fehlsteuerungen führen:

- Aufwandskürzungen, die die langfristige Ertragskraft mindern (sog. strategische Kosten für Forschung und Entwicklung, Mitarbeiterentwicklung, Aufbau von Kundenbeziehungen),
- Ertragsmehrungen, die zu Lasten künftiger Erträge oder Aufwendungen gehen (Preispolitik auf kurze Sicht, Qualitätsminderungen, Verkauf profitabler Produktlinien),
- Kürzung der Investitionsbasis (Unterlassen aktivierungsfähiger Investitionen, die auf Dauer positive Ergebnisse versprechen, Verkauf vorübergehend still liegender Anlagen).

Diese insbesondere im ersten Punkt angesprochene Problematik von Aufwandskürzungen ist in der Literatur und Praxis auf verschiedene Weise aufgegriffen worden:

Operative und strategische Kosten Ein in der Praxis gelegentlich zu findender Lösungsansatz besteht darin, in der internen Erfolgsrechnung zwischen operativen und strategischen Aufwendungen/Kosten zu unterscheiden, so dass ein Ergebnis vor und nach strategischen Kosten gezeigt wird. Dieser Vorschlag ist erwägenswert, da er die Transparenz der Rechnung erhöht. Die grundsätzliche Problematik wird damit jedoch nicht gelöst. Das Ergebnis vor strategischen Kosten hat keine Aussagekraft, das Ergebnis nach strategischen Kosten widerspricht der Anreizverträglichkeit.

Kalkulatorische Leistungen Ein anderer in der Literatur unterbreiteter Vorschlag besteht darin, die mit den „strategischen" Kosten verbundenen Ertragserwartungen in der internen Erfolgsrechnung als kalkulatorische Leistungen zu erfassen und diese im Rahmen des Wirtschaftsergebnisses durch Einstellung in eine Sonderposition „Ertragspotenziale aus selbsterstellten immateriellen Anlagen" transparent zu machen (vgl. Schneider [1997], S. 493 und S. 500 f.). Auch dieser Vorschlag erscheint problematisch, da er dem Ermessen des Profit Center Managers ein hohes Gewicht einräumt und damit der Anforderung der Maßgenauigkeit (Objektivität) widerspricht.

In dieselbe Richtung zielen die im Rahmen der wertorientierten Steuerung mittels des Economic Value Added vorgeschlagenen „Adjustments" zum Beispiel für FuE-Kosten, Restrukturierungskosten u. ä. (vgl. Abschnitt 2.2.1 in Kapitel 20). Der Nachteil dieser Vorschläge ist, dass die Steuerungsgrößen der internen Steuerung sich von den Erfolgsmaßstäben der externen Berichterstattung zunehmend unterscheiden.

Ein anderer Weg besteht in der Ergänzung des auf finanzielle Größen ausgerichteten Rechnungswesens um nicht-finanzielle Kennzahlen, beispielsweise mit Hilfe einer „Balanced Scorecard" (vgl. Abschnitt 2.3.4 in Kapitel 20). *Balanced Scorecard*

Schließlich bietet sich eine Integration der Erfolgs-/Rendite-Steuerung in ein umfassendes strategisches, operatives und finanzielles Steuerungssystem an (vgl. Abschnitt 2.3.3 in Kapitel 20). *Integratives Steuerungssystem*

6 Kennzahlen für die liquiditätsorientierte Steuerung

6.1 Cashflow-Analyse und Cashflow-Steuerung

Entsprechend der Vor- und Nachsteuerungsfunktion von Erfolg und Liquidität muss die Erfolgssteuerung durch eine Liquiditätssteuerung ergänzt werden. Zentrale Größen der Liquiditätssteuerung auf Geschäftsbereichsebene sind, entsprechend der Verantwortungsabgrenzung eines Investment Center, der Cashflow aus laufender Geschäftätigkeit (auch operativer Cashflow genannt) und der Cashflow aus der Investitionstätigkeit. Der Saldo aus beiden Cashflow-Größen ist der sog. Free Cashflow (oder Geldsaldo, Liquiditätssaldo), also der Überschuss oder die Unterdeckung aus der Innenfinanzierung des Geschäftsbereichs. Der Finanzierungs-Cashflow ist auf Geschäftsbereichsebene ausnahmsweise nur dann von Bedeutung, wenn die Geschäftsbereiche auch die Verantwortung für die Finanzierungsentscheidungen haben. *Cashflow-größen*

Das Instrument zur Ermittlung der Geschäftsbereichs-Cashflows ist die spartenbezogene Finanzierungs- oder Kapitalflussrechnung, die ihrerseits in eine gesamtunternehmensbezogene Finanzierungsrechnung einzubetten ist (vgl. Mansch/von Wysocki [1996]). Die Finanzierungsrechnung ist dreigliedrig aufgebaut (vgl. im Detail Coenenberg [2005], 12. Kapitel I.3.b), wie das folgende Schema zeigt: *Finanzierungs-/Kapitalflussrechnung*

	Operativer Cashflow
+/–	Investitions-Cashflow
=	Free Cashflow (Geldsaldo)
+/–	Finanzierungs-Cashflow
=	Veränderung des Finanzmittelfonds

Zahlungs-orientierung

Um zahlungsorientierte Cashflow-Größen zu erhalten, wird der Finanzmittelfonds eng, nämlich im Sinne von Zahlungsmitteln und Zahlungsmitteläquivalenten abgegrenzt. Operativer Cashflow, Investitions- und Finanzierungs-Cashflow spiegeln auf diese Weise die aus den laufenden Geschäften, der Investitionstätigkeit sowie der Außenfinanzierung resultierenden Ein- und Auszahlungen (vgl. 1. Kapitel, Abschnitt 3.2) wider. Nur so gibt die Kapitalflussrechnung die für eine Liquiditätssteuerung notwendigen Informationen über Ein- und Auszahlungen.

Brutto-Cashflow

Für die Liquiditätsbeurteilung und -steuerung der laufenden Geschäftstätigkeit ist die Zusammensetzung des operativen Cashflows aus den beiden folgenden Bestandteilen von Bedeutung (vgl. Coenenberg [2005], 15. Kapitel C.II.2.; Coenenberg/Alvarez/Meyer [2001], S. 480 ff.):

	Brutto-Cashflow
+/–	Veränderung des Nettoumlaufvermögens
=	Operativer Cashflow

Direkte/indirekte Ermittlung

Der Brutto-Cashflow, auch ertragsnaher oder Ertrags-Cashflow genannt, entspricht dem zahlungsnahen Teil des Periodenerfolgs. Er lässt sich aus den Daten der Erfolgsrechnung a) direkt oder b) indirekt ermitteln:

a) Direkte Ermittlung

	Einnahmenwirksame Erträge
–	Ausgabenwirksame Aufwendungen
=	Brutto-Cashflow

b) Indirekte Ermittlung

	Ergebnis
+	Ausgabenunwirksame Aufwendungen
–	Einnahmenunwirksame Erträge
=	Brutto-Cashflow

In Abhängigkeit vom Ausmaß, in dem zahlungsunwirksame Erfolgskomponenten bereinigt werden, führt die indirekte Cashflow-Ermittlung zu unterschiedlichen Cashflow-Größen. Die einfachste Form lautet:

Vereinfachter Cashflow

	Ergebnis
+	Abschreibungen (– Zuschreibungen)
+	Ergebniswirksame Erhöhungen (– Verminderungen) von langfristigen Rückstellungen
=	Vereinfachter Cashflow

Die zweite Komponente des Operativen Cashflow ist die Veränderung des Netto-Umlaufvermögens. Damit werden einerseits die zahlungsnahen Erfolgskomponenten der Periode um die noch nicht in der betrachteten Periode zahlungswirksam gewordenen Bestandteile bereinigt. So ist beispielsweise der Umsatz einer Periode als zahlungsnaher Ertrag insoweit noch nicht zahlungswirksam geworden, wie sich die Forderungen aus Lieferungen und Leistungen der Periode erhöht haben. Eine Erhöhung der Forderungen aus Lieferungen und Leistungen ist deshalb als Abzugsposition, eine Verminderung als Additionsposition im Operativen Cashflow zu berücksichtigen. Andererseits werden Zahlungsvorgänge der betrachteten Periode erfasst, die zahlungsnahe Erfolgskomponenten vor- oder nachgelagerter Positionen betreffen. So führt eine Erhöhung von Kundenanzahlungen zur Erhöhung des Operativen Cashflows, obwohl der zugrunde liegende Ertrag noch nicht realisiert ist.

Insgesamt besteht das Netto-Umlaufvermögen wesentlich aus folgenden Positionen:

Netto-Cashflow

Netto-Umlaufvermögen

	Vorräte
+	Forderungen aus LuL
–	Verbindlichkeiten aus LuL
–	Erhaltene Anzahlungen
=	Netto-Umlaufvermögen

Die Summe aus Brutto-Cashflow und Änderung des Netto-Umlaufvermögens wird zur Unterscheidung auch als Netto-Cashflow aus laufender Geschäftstätigkeit bezeichnet. Die Notwendigkeit der Trennung des operativen (Netto-) Cashflows in den Brutto-Cashflow einerseits und die Veränderung des Netto-Umlaufvermögens andererseits resultiert aus der unterschiedlichen Qualität beider Cashflow-Komponenten. Der Brutto-Cashflow spiegelt eher die nachhaltige Finanzierungskraft des laufenden Geschäfts, während die Änderungen des Netto-Umlaufvermögens i. A. Cashflow-Wirkungen aus einmaligen Maßnahmen darstellen. Ein vereinfachtes Beispiel von vier Unternehmen A, B, C und D soll als Veranschaulichung dienen:

Cashflow-Analyse

Beispiel 19.8

Kapitalflussrechnung (in Mio. EUR)	A	B	C	D
Brutto-Cashflow	20	10	20	10
Veränderung des Netto-Umlaufvermögens	0	10	-10	0
(1) Cashflow aus laufender Geschäftstätigkeit	20	20	10	10
(2) Cashflow aus Investitionstätigkeit	-15	-15	-15	-5
(3) Cashflow aus Finanzierungstätigkeit	5	5	15	5
(4) Veränderung der liquiden Mittel	10	10	10	10

Alle vier Beispielsunternehmen weisen eine Erhöhung der liquiden Mittel um 10 Mio. EUR auf. Wie die Kapitalflussrechnungen zeigen, sind die dahinter liegenden Ursachen höchst unterschiedlich. A investiert 15 Mio. EUR bei einem Cashflow aus laufender Geschäftstätigkeit von 20 Mio. EUR. Zusammen mit der Außenfinanzierung von 5 Mio. EUR führt dies zur Erhöhung der liquiden Mittel um 10 Mio. EUR. Die Situation von B ist nur vordergründig mit der von A vergleichbar. Im Unterschied zu A ist der Cashflow aus laufender Geschäftstätigkeit bei B nur zur Hälfte auf einen nachhaltigen Cashflow zurückzuführen. In Höhe von 10 Mio. EUR wurde die Mittelbindung im Netto-Umlaufvermögen verringert, so dass sich dadurch erst das Niveau von 20 Mio. EUR beim Cashflow aus laufender Geschäftstätigkeit ergibt. Die Minderung der Mittelbindung im Netto-Umlaufvermögen ist allerdings ein Einmaleffekt, der sich in diesem Umfang kaum auf Dauer wiederholen lässt. Die Liquiditätsposition von B ist deshalb als schwächer einzuschätzen als die von A. C ist in Hinblick auf den nachhaltigen Cashflow mit A vergleichbar, hat allerdings eine Verschlechterung der Mittelbindung im Netto-Umlaufvermögen realisiert, die durch eine zusätzliche Außenfinanzierung kompensiert wurde. Hier ist die entscheidende Frage, ob die zusätzliche Mittelbindung im Netto-Umlaufvermögen auf strukturellen Schwächen (z. B. Ansteigen der Vorräte wegen nicht marktgerechter Produkte, Anstieg des Kundenziels wegen Qualitätsmängeln) beruht und sich deshalb in einem sinkenden nachhaltigen Cashflow niederschlagen wird. D schließlich hat einen niedrigeren nachhaltigen Cashflow als A realisiert. Die liquiditätsmäßige Kompensation wurde durch eine konsolidierte Investitionspolitik erreicht. Möglicherweise wurden aber auch Investitionsauszahlungen durch unbare Investitionen (z. B. Leasing) ersetzt.

6.2 Cashflow-Kennzahlen

Neben der Analyse der (spartenbezogenen) Finanzierungsrechnung können Cashflow-Kennzahlen für die liquiditätsorientierte Steuerung eingesetzt werden. Die Kennzahl

$$\text{Investitionsdeckung} = \frac{\text{Operativer Cashflow}}{\text{Investitionen}}$$

gibt an, inwieweit die Investitionen aus der Periode durch den erwirtschafteten Cashflow gedeckt sind. Kennzahlenwerte von über 1 deuten
auf eine hohe Innenfinanzierungskraft hin, vorausgesetzt, dass die Investitionen nicht vernachlässigt wurden.

Um dies zu prüfen, wird zusätzlich als Kennzahl die

$$\text{Wachstumsquote} = \frac{\text{Investitionen}}{\text{Abschreibungen}}$$

betrachtet. Für das Gesamtunternehmen wäre sicherlich erstrebenswert,
dass sowohl die Investitionsdeckung als auch die Wachstumsquote deutlich über 1 liegen.

   Auf die einzelne Sparte bezogen lassen sich bei der aus der Portfolio-
betrachtung oft üblichen Segmentierung von Geschäftsfeldern in Nach-
wuchs-, Star- und Cash-Geschäftsfelder Normgrößen für diese beiden
Kennzahlen, wie in Abbildung 19.14 dargestellt, ableiten.

Portfolio-position \ Kennzahlen	Wachstumsquote	Investitions-deckung
Nachwuchsgeschäft	>> 100 %	<< 100 %
Stargeschäft	> 100 %	< 100 %
Cashgeschäft	≤ 100 %	>> 100 %

Abb. 19.14: Investitionsdeckung, Wachstumsquote und Portfolioposition

Cashflow-Kennzahlen

Investitions-deckung

Wachstumsquote

Dynamischer
Verschuldungs-
grad, Tilgungs-
dauer

Im Falle einer Geschäftsbereichsorganisation mit dezentraler Verantwortung auch für das Finanzmanagement ist als Kennzahl der dynamische Verschuldungsgrad von Bedeutung. Diese Kennzahl ist wie folgt definiert:

$$\text{Dynamischer Verschuldungsgrad} - \frac{\text{Netto} - \text{Finanzschulden}}{\text{Operativer Cashflow}}$$

Die Netto-Finanzschulden entsprechen den um die Zahlungsmittel- und Zahlungsmitteläquivalente bereinigten Finanzschulden. Die Kennzahl misst die Anzahl der Jahre, die bei konstantem Operativen Cashflow benötigt würde, um die Netto-Finanzschulden zu tilgen. Die Kennzahl wird deshalb auch als „Tilgungsdauer" bezeichnet.

6.3 Integrierte Rentabilitäts- und Cashflow-Steuerung

Integrierte Er-
folgs- und Li-
quiditätssteuer-
ung

Der Steuerungszusammenhang von Erfolg und Liquidität legt es nahe, die Rentabilitätsbetrachtung zur Erfolgssteuerung und die Cashflowbetrachtung zur Liquiditätssteuerung in ihrem Zusammenwirken zu analysieren. Eine Möglichkeit dazu besteht darin, die Ausprägungen des Free Cashflow mit den Ausprägungen des RoI (oder RoNA, RoCE) abzugleichen. Das ist vor allem auch aus der Sicht der zentralen Geschäftsleitung relevant, weil sich so Steuerungssignale für das Portfoliomanagement ableiten lassen. Abbildung 19.15 zeigt einen Ansatzpunkt für eine integrative Analyse bzw. Steuerung von Erfolg und Liquidität. Auf der Ordinate wird der Erfolg durch die Differenz der Sparten-Kapitalrendite zu einer der Sparte vorgegebenen Mindestrendite, also die Überrendite (ÜR) abgebildet. Auf der Abszisse wird die Innenfinanzierungskraft durch den Free Cashflow (FCF) der Sparte gemessen, also durch die Differenz von Operativem Cashflow und Investitions-Cashflow.

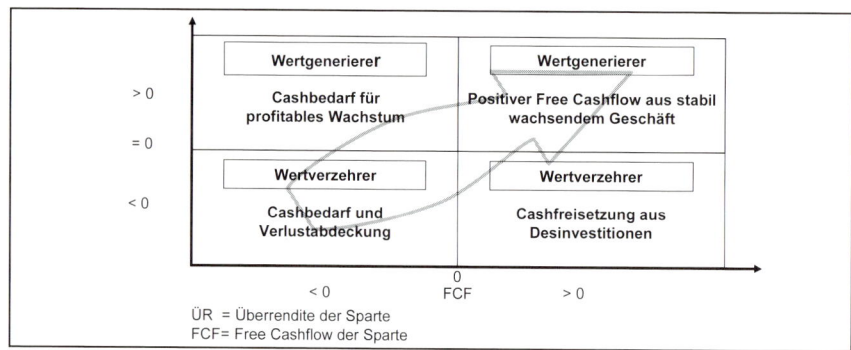

Abb. 19.15: Integrierte Erfolgs- und Liquiditätssteuerung

Geschäftsbereiche mit einer die Mindestrendite übersteigenden Rendite können als „Wert"generierer, im Falle einer die Mindestrendite unterschreitenden Rendite als „Wert"verzehrer bezeichnet werden (vgl. die Ausführungen zur wertorientierten Steuerung in Kapitel 20). Geschäftsbereiche mit positivem Free Cashflow sind Cashgenerierer, Geschäftsbereiche mit negativem Free Cashflow Cashverzehrer. Das Portfoliomanagement eines Unternehmens ist auf die profitablen Bereiche (= Wertgenerierer) gerichtet, die aus stabilem Wachstum zugleich Free Cashflow generieren, der zur weiteren Investition, Schuldentilgung und Ausschüttung zur Verfügung steht. Dazu bedarf es erheblicher Wachstumsanstrengungen, so dass auch bei hoch profitablen, d. h. wertgenerierenden Geschäften negative Free Cashflows vorkommen können.

Portfolioanalyse

Verlustreiche Sparten (= Wertverzehrer) verbrauchen Free Cashflow oder können durch Desinvestition zur Cashfreisetzung beitragen.

7 Anreizsysteme als Instrumente zur Steuerung von Geschäftsbereichen

Anreizsysteme stellen ein bedeutendes Instrument der Unternehmensführung zur Lösung personeller Koordinationsprobleme dar (vgl. Ewert/Wagenhofer [2005], S. 411). Dabei basieren Anreizsysteme auf der Erkenntnis, dass das Verhalten der Entscheidungsträger im Unternehmen „aus der Interaktion der zu steuernden Person mit spezifischen Situationsbedingungen, den Anreizen, resultiert" (Hofmann [2002], Sp. 69). Mit Hilfe von Anreizsystemen sollen sowohl Eintrittsanreize für potenzielle, neue Mitarbeiter als auch Bleibe- und Leistungsanreize für aktuelle Mitarbeiter gesetzt werden (vgl. March/Simon [1993]). Die nachfolgenden Ausführungen zielen insbesondere auf Anreizsysteme ab, mit denen das Verhalten von bereits dem Unternehmen zugehörigen Mitarbeitern beeinflusst werden soll.

7.1 Begriffsabgrenzung und Funktionen von Anreizsystemen

Betriebliche Anreizsysteme werden grundlegend als „Summe aller bewusst gestalteten Arbeitsbedingungen, die bestimmte Verhaltensweisen (durch positive Anreize, Belohnungen etc.) verstärken, die Wahrscheinlichkeit des Auftretens anderer dagegen mindern (negative Anreize, Sanktionen)" (Wild [1973], S. 47) definiert.

Definition

Bei der organisationstheoretischen Betrachtung von Anreizsystemen hat sich, wie oben schon ausgeführt wurde, die Agency-Theorie durchgesetzt.

Prinzipal-Agent-Theorie

Prämissen der Prinzipal-Agenten-Theorie

Diese beruht auf verschiedenen Prämissen (vgl. z. B. Picot/Dietl/Franck [1999], S. 85 ff.; Küpper [2005], S. 67):

1) Individuelle Nutzenmaximierung der Akteure
Hieraus resultiert ein Zielkonflikt, wenn das Eigeninteresse des Agenten von dem des Prinzipals abweicht. Diese Interessendivergenz kann auf unterschiedliche Ursachen, wie z. B. das Streben nach Karriere, Reputation oder nach nicht-finanziellen Nebeneinkünften (fringe benefits), zurückzuführen sein.

2) Individuelle Risikoeinstellungen der Akteure
Die Risikoeinstellungen von Prinzipal und Agent unterscheiden sich i. d. R.: meistens wird für den Prinzipal eine risikoneutrale und für den Agenten eine risikoaverse Einstellung angenommen (vgl. Ebers/Gotsch [2002], S. 211).

3) Arbeitsleid des Agenten
Der Agent empfindet bei der Ausübung seiner Tätigkeit für den Prinzipal Arbeitsleid. In Folge wird der Agent „nur insoweit im Sinne des Prinzipals tätig […], wie dies unvermeidlich ist und seinem eigenen Nutzen entspricht" (Küpper [2005], S. 67).

4) Informationsvorsprung des Agenten (asymmetrische Informationsverteilung)
Im Allgemeinen wird von einem Informationsvorsprung des Agenten bzgl. der von ihm zu treffenden Entscheidungen ausgegangen, da er sein eigenes Anstrengungsniveau kennt und die mit seinen Entscheidungen verbundenen Ergebnisse besser prognostizieren kann. Zudem besitzt der Agent einen Informationsvorsprung gegenüber dem Prinzipal im Hinblick auf sein Verhalten und seine Eigenschaften.

Formen von Informationsasymmetrien

Im Folgenden werden drei typische Formen von Informationsasymmetrien unterschieden, die als „hidden characteristics", „hidden information" und „hidden action" bezeichnet werden. In der Literatur wird mit „hidden intention" eine weitere Form von Informationsasymmetrie genannt, die jedoch aufgrund der skizzierten Abgrenzungsprobleme bislang in Agency-Modelle kaum Eingang gefunden hat (vgl. Küpper [2005], S. 69 f.).

Typ Vergleichs- kriterium	Hidden characteristics	Hidden information	Hidden action
Entstehungs- zeitpunkt	vor Vertragsabschluss	nach Vertragsabschluss vor Entscheidung	nach Vertragsabschluss nach Entscheidung
Entstehungs- ursache	ex-ante verborgene Eigenschaften des Agenten	nicht beobachtbarer Informationsstand des Agenten	nicht beobachtbare Aktivitäten des Agenten
Problem	Eingehen der Vertragsbeziehung	Ergebnisbeurteilung	Verhaltens- /(Leistungs-) beurteilung
Resultierende Gefahr	adverse selection	moral hazard	moral hazard shirking
Lösungsansätze	signalling screening self selection	Anreizsysteme Kontrollsysteme self selection	Anreizsysteme Kontrollsysteme

Abb. 19.16: Formen von Informationsasymmetrien
(Quelle: Küpper [2005], S. 68)

Die hier abgebildeten Formen von Informationsasymmetrien und die mit ihnen verbundenen Risiken können nicht überschneidungsfrei abgegrenzt werden und treten in der Realität häufig gemeinsam auf.

Im Fall der „hidden characteristics" sind dem Prinzipal die Eigenschaften (z. B. Begabung und Qualifikation) des Agenten vor Vertragsabschluss unbekannt. Daraus resultiert die Gefahr der „adverse selection". Unter „adverse selection" wird die Auswahl von im Hinblick auf die für den Prinzipal zu erstellende Leistung ungeeigneter Kandidaten verstanden. Bestehen für die potenziellen Agenten in einem (Arbeits-)Markt mit heterogenen Preis-Qualitäts-Relationen Ausweichmöglichkeiten, verbleiben die schlechteren Agenten im (Arbeits-)Markt, während die besseren Agenten den (Arbeits-)Markt verlassen (vgl. Spremann [1996], S. 699). Sowohl Prinzipal als auch Agent können durch entsprechende Maßnahmen das Risiko einer „adverse selection" minimieren. So kann der Prinzipal verschiedene Maßnahmen ergreifen, um seinen Informationsstand hinsichtlich der potenziellen Agenten zu verbessern. Im Rahmen des „screening" werden Tests (z. B. Einstellungs- oder Qualitätstests) durchgeführt oder externe Informationen (z. B. Referenzen) über den potenziellen Agenten eingeholt. Bei der „self selection" bietet der Prinzipal dem Agenten verschiedene Verträge, die sich z. B. hinsichtlich der fixen und variablen Entlohnungsbestandteile unterscheiden, zur Auswahl an. An-

Hidden
characteristics

hand der vom Agenten gewählten Alternative kann der Prinzipal Rückschlüsse auf die Eigenschaften (z. B. die Risikoeinstellung) des Agenten ziehen. Jedoch ist es auch für einen überdurchschnittlich qualifizierten Agenten sinnvoll, aktiv zur Verbesserung des Informationsstandes des Prinzipals beizutragen. Solange der Prinzipal die Fähigkeiten des Agenten nicht kennt, „muss er sie als durchschnittlich einschätzen und ihm ein entsprechendes Vertragsangebot unterbreiten" (Küpper [2005], S. 68). Deshalb ist es für den Agenten zweckmäßig, dem Prinzipal durch ein sog. „signalling" freiwillig Informationen (z. B. Zeugnisse, Referenzen) zukommen zu lassen, die seine Qualifikation belegen (vgl. Küpper [2005], S. 68).

Hidden information

In der „hidden information"-Situation verfügt der Agent nach Vertragsabschluss und vor dem Zeitpunkt seiner Entscheidung(en) über einen besseren Informationsstand als der Prinzipal. So kann der Agent Entscheidungsalternativen besser beurteilen oder die Wahrscheinlichkeitsverteilungen der Umweltzustände bzw. der erzielbaren Beträge besser abschätzen. Dieser Informationsvorsprung des Agenten entsteht erst nach Vertragsabschluss und ist mit den im Rahmen seiner Tätigkeit gemachten Erfahrungen sowie seiner Informationssuche während der Entscheidungsvorbereitung zu begründen. Da der Agent seinen individuellen Nutzen maximiert, wird er sich nur dann um Informationen bemühen, wenn es der eigenen Zielerreichung dient. Auch wird der Agent dem Prinzipal nur solche Informationen zur Verfügung stellen, die seiner eigenen Zielerreichung dienlich sind. Aus diesem Grund kann der Prinzipal nicht von einer aktiven Informationssuche und einer wahrheitsgemäßen Berichterstattung des Agenten ausgehen. Stattdessen muss der Prinzipal das vom Agenten erzielte Ergebnis bewerten, ohne zu wissen, ob ein besseres Ergebnis hätte erzielt werden können. Hieraus resultiert die Gefahr des „moral hazard": der Agent kann aufgrund opportunistischer Motive Entscheidungen treffen, die seinen eigenen Nutzen maximieren, für den Prinzipal jedoch ungünstig sind. Folglich muss der Prinzipal Anreize setzen, die den Agenten zunächst zu einer intensiven Informationssuche sowie anschließend zu einer wahrheitsgemäßen Berichterstattung bewegen. Dies kann insbesondere mit geeigneten Anreiz- und Kontrollsystemen erreicht werden. Darüber hinaus kann im Sinne einer „self selection" auf den Informationsstand des Agenten durch dessen Auswahl eines Vertrages geschlossen werden (vgl. Küpper [2005], S. 69).

Hidden action

Schließlich kann der Prinzipal in der „hidden action"-Situation die Ergebnisse, aber nicht die Handlungen, d. h. das Aktivitätsniveau des Agenten beobachten. Diese Informationsasymmetrie entsteht folglich nach Vertragsabschluss und nach dem Entscheidungszeitpunkt des Agenten. Neben der im Rahmen der „hidden information"-Situation beschriebenen Gefahr des „moral hazard" besteht zudem das Risiko des „shirking". Hiermit wird die Gefahr bezeichnet, „dass sich der Agent um seine Arbeit drückt" (Küpper [2005], S. 69). Durch den Einsatz geeigneter Anreiz-

und Kontrollsysteme kann den Gefahren des „moral hazard" und des „shirking" begegnet werden (vgl. Küpper [2005], S. 69).

In der Literatur werden verschiedene Funktionen von Anreizsystemen unterschieden. Einheitlich wird die Verhaltenssteuerung als Zweck von Anreizsystemen genannt, weshalb diese im Folgenden als übergeordnete Funktion von Anreizsystemen betrachtet wird. Verhaltenssteuerung

Das Verhalten der Agenten (z. B. Mitarbeiter oder Unternehmensleitung) soll im Sinne der Prinzipale (z. B. Unternehmensleitung oder Eigenkapitalgeber) positiv beeinflusst werden.

Hierfür bedarf es erstens der Koordination zwischen den von Agent und Prinzipal jeweils verfolgten individuellen Ziele (Koordinationsfunktion). Dieser personelle Koordinationsbedarf entsteht, falls die individuellen Ziele der Mitarbeiter von den Unternehmenszielen abweichen. Mit Hilfe von (Leistungs-) Anreizen soll das Verhalten der Mitarbeiter auf die Unternehmensziele ausgerichtet werden (vgl. Hofmann [2002], Sp. 69; Ewert/Wagenhofer [2005], S. 411 ff.). Koordinationsfunktion

Zweitens ist eine Aktivierung der individuellen Motive der Mitarbeiter sowie eine positive Beeinflussung der kognitiven Komponenten notwendig (Aktivierungsfunktion). Dies soll zu einer aktuell wirkenden Motivation, die als Leistungsbereitschaft bezeichnet wird, führen (vgl. Becker [1995], Sp. 39). Aktivierungsfunktion

Drittens wird mit Hilfe von Anreizsystemen das mit der Unternehmenstätigkeit verbundene Risiko zwischen Prinzipal und Agent aufgeteilt. Hierdurch erfolgt ebenfalls eine Beeinflussung des Verhaltens des Agenten. Risikoallokation

Um die beschriebenen Funktionen erfüllen zu können, müssen Anreizsysteme die Anforderungen der Anreizverträglichkeit, Kommunikationsfähigkeit und Wirtschaftlichkeit erfüllen (vgl. hierzu ausführlich Abschnitt 3). Anforderungen an Anreizsysteme

7.2 Elemente von Anreizsystemen

Ein Anreizsystem besteht aus drei Elementen, die nachfolgend kurz erläutert werden (vgl. Laux/Liermann [2005], S. 505 ff.):

1) Anreiz
2) Bemessungsgrundlage und
3) Belohnungsfunktion.

1) Anreiz
Der Anreiz enthält Belohnungen (positive Folgen) oder Sanktionen (negative Folgen) der erbrachten Leistung. Anreize können materieller oder immaterieller Natur sein. Immaterielle Anreize umfassen bspw. Anerkennung, Aufstiegschancen, Macht, Statusverbesserung, Handlungsautonomie u. ä. Materielle Anreize werden in regelmäßige (z. B. Gehaltserhö-

hung oder -kürzung) und fallweise gewährte, meist finanzielle Leistungen (z. B. Prämien oder Boni) unterschieden (vgl. Hofmann [2002], Sp. 71; Friedl [2003], S. 505 f.).

2) Bemessungsgrundlage

Da Anreizsysteme wie zuvor beschrieben der personellen Koordination dienen, sollte die Bemessungsgrundlage in engem Zusammenhang mit den Unternehmenszielen stehen. Für börsennotierte Unternehmen stellt z. B. die Steigerung des Marktwertes eine Bemessungsgrundlage dar, die mit der Zielsetzung einer anteilseignerorientierten Unternehmensführung (Shareholder Value Konzept) verbunden ist.

3) Belohnungsfunktion

Mit Hilfe der Belohnungsfunktion erfolgt eine Verknüpfung der Belohnung bzw. Sanktion mit der Bemessungsgrundlage. Die Struktur der Belohnungsfunktion, welche sich aus der funktionalen Verknüpfung der beiden Elemente ergibt, bestimmt darüber hinaus den zeitlichen Verlauf der Belohnung bzw. Sanktion (vgl. AK „Finanzierungsrechnung" [2005], S. 146 ff.).

Bei der Definition des funktionalen Zusammenhangs zwischen Belohnung bzw. Sanktion und der Bemessungsgrundlage besitzt das Unternehmen einen großen Gestaltungsspielraum. Wie Abb. 19.17 zeigt, kommen grundsätzlich Belohnungsfunktionen mit linearem, degressivem und progressivem Verlauf in Betracht. In der Unternehmenspraxis wird zumeist ein linearer Verlauf der Belohnungsfunktion bevorzugt: im Rahmen einer empirischen Studie gaben 87,5 % der Unternehmen an, dass sich die Belohnung proportional zur Bemessungsgrundlage verändert (vgl. Fischer/Rödl [2007], S. 11).

Als Vorteile eines linearen Verlaufs der Belohnungsfunktion sind neben der Einfachheit die Reduzierung von Anreizen zur periodenübergreifenden Verschiebung von Geschäftsvorfällen für die Agenten zu nennen. Zurückzuführen ist dies auf die konstante Erhöhung der Belohnung bei Steigerung der Bemessungsgrundlage unabhängig vom jeweiligen Entlohnungsniveau (vgl. AK „Finanzierungsrechnung" [2005], S. 146 f.). Dagegen bestehen bei degressivem bzw. progressivem Verlauf Anreize für eine periodenübergreifende Verschiebung von Geschäftsvorfällen: „Bei degressivem Verlauf bewirkt (ohne Berücksichtigung von Zinseffekten) eine möglichst starke Glättung der Performance über die Zeit eine höhere Gesamtvergütung, bei progressivem Verlauf eine möglichst große Volatilität" (AK „Finanzierungsrechnung" [2005], S. 147). Zusammenfassend bleibt festzuhalten, dass der Verlauf der Belohnungsfunktion sowohl die Motivation der Agenten als auch das Vergütungsrisiko beeinflusst.

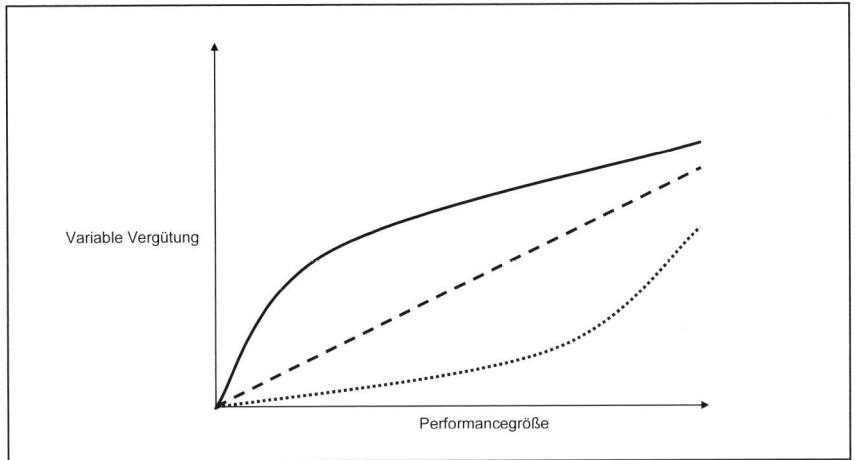

Abb. 19.17: Alternative Verläufe der Belohnungsfunktion
(Quelle: AK „Finanzierungsrechnung" [2005], S. 147)

Durch Belohnungsfunktionen mit geknickt linearen Verläufen kann das vom Agenten zu tragende Risiko sowohl nach unten (Verlustrisiko) als auch nach oben (Gewinnrisiko) beschränkt werden (vgl. hierzu AK „Finanzierungsrechnung" [2005], S. 147 ff.).

In Abb. 19.18 ist zunächst der einfachste Fall einer variablen Vergütung in Form eines konstanten Bonus bei Realisierung einer bestimmten vorgegebenen Zielgröße dargestellt. Bei einem derartigen Verlauf der Belohnungsfunktion besteht für den Agenten kein Anreiz mehr, sich für die Maximierung der Spitzenkennzahl des Unternehmens einzusetzen, sofern diese Zielgröße einmal überschritten wurde. Als Variante ist in Abb. 19.18 eine zweite Belohnungsfunktion eingezeichnet, die sowohl eine Untergrenze als auch eine Obergrenze (caps) aufweist. Zwischen diesen Grenzen verläuft die Belohnungsfunktion linear. Damit der Agent eine Belohnung erhält, muss die Untergrenze überschritten werden, „die eine vorgegebene Zielgröße oder im Fall von Aktienoptionen der Basispreis sein" (AK „Finanzierungsrechnung" [2005], S. 148) kann. Als Untergrenzen kommen verschiedene Größen in Betracht. So können Vorjahreswerte oder externe Benchmarks als Untergrenzen verwendet werden. Dies ist häufig bci in dcr Unternchmenspraxis eingesetzten Anreizsystemen vorgesehen: so gaben 85,3 % der Unternehmen in einer empirischen Studie an, eine Untergrenze in ihren Anreizsystemen zu verwenden. In fast ebenso vielen Fällen (80,4 %) ist die Belohnung der Mitarbeiter nach oben beschränkt (vgl. Fischer/Rödl [2007], S. 11).

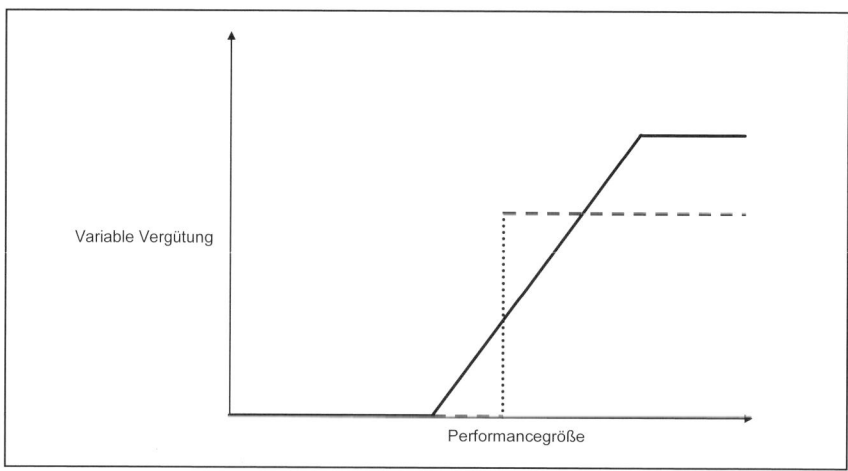

Abb. 19.18: Funktionaler Verlauf der Belohnungsfunktion
          (Quelle: AK „Finanzierungsrechnung" [2005], S. 148)

Obergrenzen, z. B. in Form eines Prozentsatzes der fixen Entlohnung, werden eingerichtet, um Ausreißer und einen dadurch ausgelösten Erklärungsbedarf gegenüber anderen Mitarbeitern zu vermeiden. Wenn schon das Verlustrisiko bei der Managementvergütung begrenzt ist, erscheint es angemessen, auch die Gewinnchancen zu begrenzen (vgl. AK „Finanzierungsrechnung" [2005], S. 149).

Tabelle 19.8 gibt einen Überblick über Adressatenkreis und wesentliche Strukturmerkmale von Anreizsystemen.

Gestaltungsparameter	Mögliche Ausprägungen
Kreis der einbezogenen Mitarbeiter und Hierarchieebenen	klein bis groß
Voraussetzungen für Teilnahme am (wertorientierten) Vergütungssystem	optional oder zwingend Hierarchie des Managements Eigeninvestments: ja oder nein
Festlegung der Vergütung	einheitlich für Gruppen von Mitarbeitern oder individuell
Anteil variabler Vergütung an der Gesamtvergütung	niedrig bis hoch
Art der finanziellen Vergütung	Geldleistungen (zum Beispiel Gehaltszahlungen, Bonus), geldwerte Leistungen (zum Beispiel Pensionszusage, Versicherungsleistung), Bezug von Unternehmensanteilen (Aktien, Aktienoptionen)

Festlegung der Vergütung	objektive Messung oder subjektive Beurteilung
Umfang der Performancegröße	unternehmensweit, bereichsspezifisch, projektspezifisch
Anzahl und Gewichtung der Performancegröße	eine oder mehrere Performancegrößen geringe bis hohe Gewichtung
Typ der Performancegröße	interne (zum Beispiel Kennzahl aus dem Rechnungswesen oder Controlling) oder externe Performancegröße (zum Beispiel Marktpreis des Unternehmens) absolute oder relative Kennzahl finanzielle oder nichtfinanzielle Kennzahl Ergebnis- oder Cashflow-basierte Kennzahl kurzfristige oder langfristige Performancegröße konzernweite oder bereichsspezifische Performancegröße
Basis für die Ermittlung der Vergütung	absolute Performancegröße, Änderung der Performancegröße („Delta"), Performancegröße relativ zu (interner oder externer) Benchmark (z. B. Index)
Anstieg (Hebel) der Vergütungsfunktion	gering bis hoch linear, degressiv, progressiv
Unter- und Obergrenzen (Floors, Caps)	absolute oder relative Grenzen Untergrenzen: keine, Null, Verlustbeteiligung, Zielgröße Obergrenzen: keine, Prozentsatz der durchschnittlichen variablen oder festen Vergütung
Auszahlung der Vergütung	Auszahlung nach Ende der Periode verzögerte Auszahlung (zum Beispiel Bonusbank), Ratenauszahlung, Auszahlung nach Ablauf einer bestimmten Frist (Mindestbindung), Verlängerungsregeln, Verfügungsbeschränkungen, Ausübungszeiträume, Regeln bei Ausscheiden des Managers

Tab. 19.8:   Gestaltungsparameter für (wertorientierte) Anreizsysteme
(Quelle: AK „Finanzierungsrechnung" [2005], S. 151)

7.3 Anforderungen an Bemessungsgrundlagen

Damit die zuvor beschriebenen Funktionen von Anreizsystemen erfüllt werden, hat die Bemessungsgrundlage analog den für Steuerungsgrößen geltenden Anforderungen (vgl. oben Abschnitt 3.1) den Kriterien der Anreizverträglichkeit zu genügen. Diese sind einerseits die Zielkongruenz und die beiden Unterkriterien **Zielbezug** und **Entscheidungsbezug**, andererseits die Maßgenauigkeit, die insbesondere die **Manipulationsresistenz** der Bemessungsgrundlage erfordert.

1) Zielbezug
Die Bemessungsgrundlage hat einen Zielbezug aufzuweisen. Diese Anforderung ist als erfüllt anzusehen, sofern eine Steigerung (Reduzierung) der Belohnung eintritt, falls durch die Handlungen des Agenten die Erfüllung des Unternehmensziels erhöht (verringert) wird.

2) Entscheidungsbezug
Zudem muss die Bemessungsgrundlage einen Bezug zu den Entscheidungen des Agenten besitzen, d. h. von diesem beeinflusst werden können. Diese Anforderung wird auf die verhaltenswissenschaftlich gut begründete Hypothese zurück geführt, „dass eine Anreizwirkung lediglich zu erwarten ist, wenn der Agent die Prämienerhöhung durch seine eigenen Entscheidungen verursacht" (Küpper [2005], S. 246).

3) Manipulationsresistenz
Schließlich sollte die Ausprägung der Bemessungsgrundlage bzw. ihrer Komponenten in intersubjektiv überprüfbarer Weise ermittelt werden.

Neben diesen aus der Anreizverträglichkeit resultierenden zentralen Kriterien gelten für die Bemessungsgrundlage eines Anreizsystems auch die aus dem Kriterium der Kommunikationsfähigkeit resultierenden Anforderungen der Analysefähigkeit und Verständlichkeit. Letzteres ist im besondere auch für die Akzeptanz des Anreizsystems bedeutsam (vgl. oben Abschnitt 3.2).

8 Anreizverträglichkeit erfolgs- und liquiditätsorientierter Bemessungsgrundlagen

Nachfolgend werden erfolgs- und liquiditätsorientierte Kennzahlen zusammenfassend als Bemessungsgrundlagen jeweils anhand der drei zuvor dargestellten wesentlichen Kriterien Zielbezug, Entscheidungsbezug und Manipulationsresistenz auf ihre Anreizverträglichkeit zur Motivation der Agenten beurteilt.

8.1 Erfolgsorientierte Bemessungsgrundlagen

Bei Verwendung von buchhalterischen Ergebnisgrößen als Bemessungsgrundlagen in Anreizsystemen besteht die Gefahr der Überinvestition, falls auf der Grundlage der Ergebnisgrößen der Kapitalwert von Investitionen als Entscheidungskriterium verwendet würde. In diesem Fall besteht ein Anreiz, das Investitionsvolumen der Periode in einer für die Anteilseigner ungünstigen Form zu erhöhen. Der Anreiz zur Überinvestition aus Sicht des Agenten resultiert aus der Tatsache, dass „die Summe der abgezinsten Abschreibungen für alle positiven Zinssätze kleiner als die Anschaffungsauszahlung" (Küpper [2005], S. 248) ist. In Folge übersteigt der Barwert der buchhalterischen Ergebnisse den Kapitalwert des Investitionsprojekts. Je mehr die Abschreibungen in späteren Perioden anfallen, umso größer wird diese Differenz und der Anreiz zur Überinvestition. Im Ergebnis ist die Anforderung des Zielbezugs nicht erfüllt, da der Agent eine andere Zielgröße als die Unternehmensleitung im Rahmen der wertorientierten Unternehmensführung maximiert (vgl. Küpper [2005], S. 248).

Einperiodige buchhalterische Ergebnisgrößen

Wird das buchhalterische Ergebnis als Performance-Maß der Periode verwendet, besteht im Gegenteil die Gefahr der Unterinvestition in Bezug auf alle sog. „strategischen Kosten" (vgl. oben Abschnitt 5.2.6).

Schließlich bestehen aufgrund der in den Rechnungslegungsnormen sowie der im Rahmen der Kostenrechnung vorhandenen Bewertungsmöglichkeiten vielfältige Möglichkeiten, die buchhalterischen Ergebnisgrößen zu beeinflussen. Es wäre hier deshalb besonders wichtig, dass die Unternehmensleitung präzise Standards zur Ergebnisermittlung setzt. Für eine Reihe von Unternehmen war dies in den 1990er Jahren eine zusätzliche Motivation, von den weniger eindeutigen HGB-Regeln auf die detaillierteren internationalen Bilanzierungsstandards überzugehen.

Bei Verwendung des RoI bzw. RoA als Bemessungsgrundlage im Einperiodenfall besteht sogar ein verstärkter Anreiz zur Unterinvestition. Die Agenten (Bereichsmanager) optimieren das Verhältnis von Gewinn und eingesetztem Kapital vor allem durch Reduktion des eingesetzten Kapitals. Dabei kann der Fall eintreten, dass Investitionen, deren interne Renditen zwar über den Kapitalkosten, jedoch unter der bisherigen Rendite liegen, nicht durchgeführt werden, da dies zu einer Verschlechterung der durchschnittlichen Rendite führen würde (vgl. Abschnitt 5.2.6 in diesem Kapitel). Des Weiteren besteht die Gefahr, dass aufgrund der kurzfristigen Optimierung der Kapitalrendite strategische Investitionen unterlassen werden und somit zukünftige Ertragspotenziale reduziert werden. Im Ergebnis ist bei Verwendung von Kapitalrenditen – wie oben schon ausgeführt (vgl. Abschnitt 5.2.6 in diesem Kapitel) – die Anforderung des Zielbezugs nicht erfüllt.

Kapitalrenditen

Dagegen ist der Entscheidungsbezug gewährleistet, sofern beim Agenten die Verantwortung bzgl. Auswahl und Durchführung von Investitionsprojekten liegt.

Bezüglich der Manipulationsresistenz gelten die Ausführungen zu den einperiodigen buchhalterischen Ergebnisgrößen in gleicher Weise.

8.2 Liquiditätsorientierte Bemessungsgrundlagen

Bei Verwendung von zahlungsorientierten Bemessungsgrundlagen, die verschiedene Ausprägungen von Cashflows umfassen, verringern sich die zuvor festgestellten Manipulationsmöglichkeiten aufgrund von Ansatz- und Bewertungswahlrechten. Cashflows können vergleichsweise einfach (empirisch) beobachtet und überprüft werden. Allerdings können Cashflows durch Sachverhaltsgestaltung erheblich beeinflusst werden (vgl. Coenenberg/Meyer [2003], S. 365 ff.). Außerdem werden Cashflow-Kennzahlen häufig unter Verwendung von Periodenergebnissen definiert, so dass sich Unschärfen in der (buchhalterischen) Ergebnismessung korrespondierend im Cashflow auswirken.

Die Anforderung des Entscheidungsbezugs kann als erfüllt betrachtet werden, sofern die verwendete Cashflowgröße von den Entscheidungen des Agenten abhängt.

Der Zielbezug ist jedoch i. d. R. nicht gegeben, weil bei periodenübergreifenden Wirkungen, die im Normalfall vorliegen, Prinzipal und Agent bei ihrer jeweiligen Barwertberechnung sowohl einen identischen Diskontierungssatz als auch denselben Planungszeitraum, d. h. die Anzahl der betrachteten Perioden, verwenden müssten. Hiervon kann nicht ausgegangen werden, da der Agent häufig eine vom Prinzipal abweichende Zeitpräferenz und Risikoeinstellung besitzt. Letztere führt zu einem unterschiedlichen Risikozuschlag, der wiederum in den Diskontierungszinssatz einfließt. Im Ergebnis sind auch bei Verwendung zahlungsorientierter Bemessungsgrundlagen nicht alle Anforderungen erfüllt (vgl. hierzu Küpper [2005], S. 248 f.).

9 Kontrollfragen

1) Wie lassen sich die betriebswirtschaftlichen Ziele eines Unternehmens untergliedern? Nennen Sie für jede Zielebene einige konkrete Einzelziele!

2) Welche verschiedenen Unternehmenserhaltungskonzeptionen lassen sich unterscheiden und wie lassen sich die darauf beruhenden Gewinnbegriffe definieren?

3) Nach welchen Kriterien erfolgt die Erfolgsspaltung und -zurechnung im Rahmen der Geschäftsbereichsbeurteilung?

4) Welche Möglichkeiten sind für die Beurteilung und Steuerung von Geschäftsbereichen anhand der Spartenergebnisse denkbar?

5) Vergleichen Sie die Brutto- und die Nettomethode im Rahmen der Rentabilitätsanalyse von Geschäftsbereichen!

6) Nennen Sie die wichtigsten Rentabilitätskennzahlen und die Vorgehensweisen zu deren Ermittlung!

7) Welche Ansätze zur Berechnung von Voll- oder Teilrentabilitäten sind denkbar? Nehmen Sie kritisch zu den verschiedenen Methoden Stellung!

8) Auf welche Weise können rentabilitätsorientierte Planungen in die Bestimmung von Mindestpreisen für neue Produkte einfließen?

9) Gehen Sie auf die wesentlichen Kritikpunkte an der Kapitalrendite- im Hinblick auf die Funktionen der Spartenerfolgsbeurteilung durch die Zentrale und die Investitionsbeurteilung durch die Sparte ein!

10) Welche Fehlmaßnahmen können sich aufgrund der Kurzfristigkeit und der Statik der Kapitalrendite-Konzepte ergeben?

11) Definieren Sie die Begriffe Operativer Cashflow, Investitions-Cashflow und Finanzierungs-Cashflow!

12) Was versteht man unter dem Free Cashflow?

13) Aus welchen beiden Bestandteilen besteht der Operative Cashflow?

14) Wie ermittelt sich der sog. „Vereinfachte Cashflow"?

15) Wie wirkt die Erhöhung erhaltener Anzahlungen von Kunden auf den Operativen Cashflow?

16) Was versteht man unter den folgenden Kennzahlen: Investitionsdeckung, Wachstumsquote, dynamischer Verschuldungsgrad?

17) Wie lässt sich die Kombination der Kennzahlen Free Cashflow und Return on Investment für das Portfoliomanagement nutzbar machen?

18) Welche Ziele verfolgt ein Anreizsystem?

19) Wie lassen sich Anreizsysteme definieren?

20) Welche Elemente besitzt ein Anreizsystem?

21) Welche Anforderungen hat die Bemessungsgrundlage eines Anreizsystems zu erfüllen?

22) Welche Arten von Bemessungsgrundlagen können unterschieden werden? Wie sind diese zu beurteilen?

10   Abkürzungsverzeichnis

ΔR	Projekt- Gesamtrentabilität
AK	Arbeitskreis
AV	Anlagevermögen
BG	Bruttoergebnis

c. p.	ceteris paribus
CFRoI	Cashflow Return on Investment
DB	Deckungsbeitrag
Diff.-Inv.	Differenzinvestition
DVFA	Deutsche Vereinigung für Finanzanalyse
EBIT	Earnings before Interest and Taxes
EK	Eigenkapital
EKR	Eigenkapitalrentabilität
E_t	Entnahmen im Zeitpunkt t
e_t	Nettoeinnahmen im Zeitpunkt t
FCF	Free Cashflow
FK	Fremdkapital
fl.	flüssig
FuE	Forschung und Entwicklung
G	Gewinn
GAAP	Generally Accepted Accounting Principles
gez.	gezeichnet
GK	Gesamtkapital
GKR	Gesamtkapitalrentabilität
Gt	ökonomischer Gewinn
i	Kalkulationszinssatz, Fremdkapitalzinssatz
JF	Jahresfehlbetrag
JÜ	Jahresüberschuss
K	(Selbst-)Kosten
k	Kapitalkosten, ökonomischer Kalkulationszinsfuß
kalk.	kalkulatorisch
kFK	Fremdkapitalzinssatz
KFK	Kurzfristiges Fremdkapital
kfr.	kurzfristig
LFK	Langfristiges Fremdkapital
lfr.	langfristig
n	Periode
p	(Mindest-)Preis
q	Diskontierungsfaktor
r	Planrendite, Zielrendite
RiK	Rendite des investierten Kapitals
RoA	Return on Assets
RoCA	Return on Controllable Assets
RoCE	Return on Capital Employed
RoE	Return on Equity
RoI	Return on Investment
RoNA	Return on Net Assets
RoS	Return on Sales
Rst.	Rückstellung
UR	Umsatzrentabilität
s	Steuersatz
SG	Schmalenbach-Gesellschaft

so.	sonstige
U	Umsatz
ÜR	Überrendite
UR	Umsatzrentabilität
UV	Umlaufvermögen
Verb.	Verbindlichkeit
Verw.	Verwaltung
VG	Vermögensgegenstand
W	Vermögenswachstum
W_t	Änderungen des Zukunftserfolgswerts
x	Volumen
Z_t	Zukunftserfolgswert im Zeitpunkt t
ZVEI	Zentralverband der Elektrotechnischen Industrie

11 Literaturhinweise

AK „Finanzierungsrechnung" der Schmalenbach-Gesellschaft für Betriebswirtschaft e.V. (2005): Wertorientierte Unternehmenssteuerung in Theorie und Praxis, zfbf-Sonderheft Nr. 53, hrsg. von Gebhardt, G./Mansch, H., Düsseldorf 2005.

Anderson, H. R./Needles, B. E./Caldwell, J. C. (1989): Managerial Accounting, Boston 1989.

Anthony, R. N./Govindarajan, V. (2003): Management Control Systems, 11. Aufl., Chicago u. a. 2003.

Anthony, R.N./Reece, J.S. (1995): Accounting Principles, 7. Aufl., Chicago u.a. 1995.

Baum, H.-G./Coenenberg, A. G./Günther, T. (2007): Strategisches Controlling, 4. Aufl., Stuttgart 2007.

Becker, F. G. (1995): Anreizsysteme als Führungsinstrument, in: Kieser, A./Reber, G./Wunderer, R. (Hrsg.): Handwörterbuch Führung (HWFüh), 2. Aufl., Stuttgart 1995, Sp. 34-44.

Coenenberg, A. G. (1995): Einheitlichkeit oder Differenzierung von internem und externem Rechnungswesen: Die Anforderungen der internen Steuerung, in: Der Betrieb 1995, S. 2077-2083.

Coenenberg, A. G. (2005): Jahresabschluss und Jahresabschlussanalyse, 20. Aufl., Stuttgart 2005.

Coenenberg, A. G./Alvarez, M./Meyer, M. A. (2001): Cashflow, in: Handwörterbuch des Bank- und Finanzwesens, hrsg. von Gerke W./Steiner, M., Stuttgart 2001, Sp. 480-496.

Coenenberg, A. G./Meyer, M. A. (2003): Kapitalflussrechnung als Objekt der Bilanzpolitik, in: Wollmert, P. ct al. (Hrsg.) (2003): Wirtschaftsprüfung und Unternehmensüberwachung, Festschrift für Prof. Dr. Dr. h.c. Wolfgang Lück, Düsseldorf 2003, S. 335-383.

Deutsche Bundesbank (2006): Monatsbericht Juni, Frankfurt a. M. 2006.

Ebers, M./Gotsch, W. (2002): Institutionenökonomische Theorien der Organisation, in: Kieser, A. (Hrsg.): Organisationstheorien, Stuttgart 2002, S. 199-251.

Ewert, R./Wagenhofer, A. (2005): Interne Unternehmensrechnung, 6. Aufl., Berlin u. a. 2005.

Fischer, T. M./Rödl, K. (2007): Unternehmensziele und Anreizsysteme – Theoretische Grundlagen und empirische Befunde aus deutschen Unternehmen, in: Controlling 2007, S. 5-14.

Friedl, B. (2003): Controlling, Stuttgart 2003.

Gälweiler, A. (2005): Strategische Unternehmensführung, 3. Aufl., Frankfurt a. M./New York 2005.

Hofmann, C. (2002): Anreizsysteme, in: Küpper, H.-U./Wagenhofer, A. (Hrsg.): Handwörterbuch Unternehmensrechnung und Controlling, 4. Aufl., Stuttgart 2002, Sp. 69-79.

Kaplan, R. S./Atkinson, A. A. (1998): Advanced Management Accounting, 2. Aufl., Englewood Cliffs 1998.

Küpper, H.-U. (2005): Controlling – Konzeption, Aufgaben, Instrumente, 4. Aufl., Stuttgart 2005.

Laux, H./Liermann, F. (2005): Grundlagen der Organisation – Die Steuerung von Entscheidungen als Grundproblem der Betriebswirtschaftslehre, 6. Aufl., Berlin u. a. 2005.

Mansch, H./v.Wysocki, K. (1996) (Hrsg.): Finanzierungsrechnung im Konzern, Düsseldorf 1996.

March, J. G./Simon, H. A. (1993): Organizations, 2. Aufl., Cambridge, Mass., 1993.

Picot, A./Dietl, H./Franck, E. (1999): Organisation – Eine ökonomische Perspektive, 2. Aufl., Stuttgart 1999.

Poensgen, O. H. (1973): Geschäftsbereichsorganisation, Opladen 1973.

Porter, M. E. (1996): Wettbewerbsvorteile – Spitzenleistungen erreichen und behaupten, 4. Aufl., Frankfurt am Main 1996.

Schmalenbach, E. (1962): Die Dynamische Bilanz, 13. Aufl., Köln/Opladen 1962.

Schneider, D. (1997): Betriebswirtschaftslehre, Band 2, 2. Aufl., München 1997.

Schultze, W./Hirsch, C. (2005): Unternehmenswertsteigerung durch wertorientiertes Controlling, München 2005.

Spremann, K. (1996): Wirtschaft, Investition und Finanzierung, 5. Aufl., München und Wien 1996.

Wild, J. (1973): Organisation und Hierarchie, in: Zeitschrift für Organisation 1973, S. 45-54.

Kapitel 20
Wertorientierte Kennzahlen zur Performancemessung und -steuerung

1 Einführung

Aufgrund von starkem Wachstum möchte die „Rentabel AG" zusätzliches Kapital akquirieren. Um den neuen Investoren zu kommunizieren, inwieweit deren Renditeforderungen durch die laufenden Projekte erwirtschaftet werden, wird die Controllingabteilung beauftragt, Konzepte zur Messung von Wertbeiträgen, d. h. Überrenditen oberhalb der von den Kapitalgebern geforderten Kapitalkostensätze, in das Steuerungssystem der „Rentabel AG" zu integrieren. Der Leiter der Controllingabteilung sowie dessen Mitarbeiter überlegen nun, welche Kennzahlen für eine wertorientierte Unternehmenssteuerung herangezogen werden können, in welchem Zusammenhang diese stehen und wie sie ermittelt werden.

Da Frau Cash bereits ihre Fertigkeiten bei der Analyse von Bemessungsgrundlagen für Anreizsysteme unter Beweis gestellt hat, überträgt der Controllingleiter ihr eine weitere Aufgabe. Sie soll prüfen, ob sich auch wertorientierte Kennzahlen für die leistungsabhängige Vergütung des Managements einsetzen lassen. Darüber hinaus soll Frau Cash auch analysieren, wie eventuell unterschiedliche Zeitpräferenzen zwischen Managern und Eigentümern des Unternehmens im Entlohnungssystem der „Rentabel AG" berücksichtigt werden können.

In den vergangenen zwei Jahrzehnten haben internationale Kapitalmärkte für die Finanzierung von Unternehmen deutlich an Bedeutung gewonnen.

Aufgrund dieser Entwicklung orientieren sich heutzutage immer mehr Unternehmen an Konzepten des Wertmanagements. Dabei sind folgende Fragen relevant:

Fragestellungen

- Sind wertorientierte Kennzahlen als Bemessungsgrundlage bei Anreizsystemen einsetzbar?
- Welche Möglichkeiten bestehen Unterschiede in den Zeitpräferenzen
  der Kapitalgeber und der Mitarbeiter des Unternehmens aufeinander
  abzustimmen?

Kapitelstruktur und -inhalte

Dieses Kapitel besitzt einen ähnlichen Aufbau wie das vorausgehende
Kapitel, da es sich ebenfalls mit dem Thema der Performancemessung
und -steuerung sowie mit der Problematik des anreizkompatiblen Verhaltens der Mitarbeiter beschäftigt, jedoch auf Basis wertorientierter
Kennzahlen. Aufgrund der vergleichbaren Themenstellung wird häufig
auf bereits diskutierte Grundlagen bzw. Sachverhalte verwiesen.

Abschnitt 2 befasst sich mit verschiedenen Konzepten wertorientierter
Kennzahlen zur Steuerung, Planung und Kontrolle von Geschäftsbereichen. Abschnitt 3 untersucht, inwieweit wertorientierte Kennzahlen als
Bemessungsgrundlage für Anreizsysteme eingesetzt werden können.
Zusätzlich werden die Systematik und Vorteilhaftigkeit kapitalwertorien-
tierter Bemessungsgrundlagen sowie die Anwendung von Bonusbanken
diskutiert.

2 Kennzahlen für die wertorientierte Steuerung

Wertorientierte Unternehmens-führung

Die wertorientierte Unternehmensführung entstand im Wesentlichen aus
einer Kritik am traditionellen Rechnungswesen (vgl. Rappaport [1986],
S. 19 ff.). Dieses sei nicht geeignet, unternehmerische Entscheidungen im
Sinne der Kapitalgeber zu treffen, denn es sei vergangenheitsorientiert
und manipulierbar, vernachlässige Risiken und Kapitalbindung etc. Aus
dieser Kritik entwickelten sich verschiedene wertorientierte Steuerungs-
konzepte, die im Folgenden dargestellt und bezüglich ihrer Eignung hinsichtlich der Planungs- und Kontrollfunktion diskutiert werden (vgl. Coe-
nenberg/Mattner/Schultze [2002], S. 33 ff.).

Total Shareholder Return

Aus Sicht der Anteilseigner besteht der Unternehmenserfolg aus Kurs-
steigerungen, Dividenden, Bezugsrechten etc., dem so genannten „Total
Shareholder Return (TSR)“. Mithilfe von internen Steuerungskennzahlen
soll diese extern erzielbare Wertsteigerung abgebildet werden. Wertorientierte Kennzahlen dienen einerseits zur Erfolgsbeurteilung bezüglich
des Kriteriums Unternehmenswertsteigerung im Rahmen der Kontrollfunktion, sollen aber auch als Ex-ante-Entscheidungskriterium zur Allokation von Ressourcen dienen (vgl. Strack/Villis [2001], S. 68).

Wertorientierte Planung und Kontrolle

Das zeigt die Notwendigkeit, die wertorientierten Kennzahlen hinsichtlich ihrer unterschiedlichen Aufgaben und Aussagekraft zur Erfüllung der Planungs- und Kontrollfunktion zu differenzieren. Um den Unternehmenswert zu steigern, müssen zum einen ex ante diejenigen Entscheidungsalternativen ausgewählt werden, die wertsteigernd wirken, und

zum anderen muss ex post kontrollierbar sein, ob die geplanten Wertsteigerungen auch tatsächlich realisiert werden konnten. Ein wertorientiertes Steuerungssystem muss deshalb geeignet sein, die Planung und Kontrolle von Wertsteigerungspotenzialen zu ermöglichen und dabei gleichzeitig hinreichend Anreize bieten, die Mitarbeiter zu wertsteigerndem Handeln anzuhalten.

2.1 Kennzahlen für die wertorientierte Planung

Die Grundlage für die wertorientierte Planung und Entscheidungsfindung ist die Investitionsrechnung und die Diskontierung von Cashflows. Vorreiter der wertorientierten Unternehmensführung war die Shareholder Value-Analyse nach Rappaport [1986], deren wesentlicher Beitrag in der Identifikation von „Werttreibern" des Unternehmenswertes besteht. Das Konzept schlägt eine Brücke zwischen Unternehmenszielen und Unternehmensstrategie, indem es die Unternehmensbewertung mit Instrumenten der strategischen Planung, vor allem den von Porter entwickelten Analysemethoden für Branchenstruktur und Unternehmensposition, verbindet.

Discounted Cashflow (DCF)

Die Analyse trägt dazu bei, die nachhaltigen Ursachen des Erfolges zu bestimmen. Es gilt zu untersuchen, inwiefern das Unternehmen sich in einer einmaligen Position befindet, um spezifische Marktunvollkommenheiten zu kreieren oder auszunützen. Es müssen zum einen die Wettbewerbsvorteile identifiziert werden, die eine Rendite über den Kapitalkosten ermöglichen, und zum anderen muss die Intensität des Wettbewerbs eingeschätzt werden, die diese Vorteile ggf. erodieren lässt. Aufgrund dessen gilt es, den Zeitpunkt zu bestimmen, ab dem kein echtes Wachstum mehr möglich ist, da nur noch die Kapitalkosten verdient werden können. Das zur Identifikation der beiden grundlegenden Formen von Wettbewerbsvorteilen entwickelte Instrument der Wertkette gibt Aufschluss über die Höhe des geschaffenen Kundenwertes und die Struktur und Höhe der dafür nötigen Kosten (vgl. Porter [2000], S. 66, 184 ff.). Zusammen mit einer Wettbewerbsanalyse liefert dies, wie in Abbildung 20.1 dargestellt, die für die Shareholder Value-Analyse benötigten Werttreiber (vgl. Rappaport [1986], S. 87).

Shareholder Value-Analyse

Discounted Cashflow-Modelle sind für eine wertorientierte Planung konzeptionell adäquat, auch wenn sie einen hohen Prognoseaufwand mit sich bringen. Daher werden sie meist nur bei großen Investitionsvorhaben eingesetzt. Sie erfordern die Abschätzung zukünftig zu erwartender Cashflows aus anstehenden Handlungsalternativen. Ein Kontrollsystem auf dieser Basis erfordert Planungen und Aufzeichnungen der erwarteten und realisierten Zahlungsströme. Häufig fehlen jedoch solche Rechenwerke.

DCF als Planungsgröße

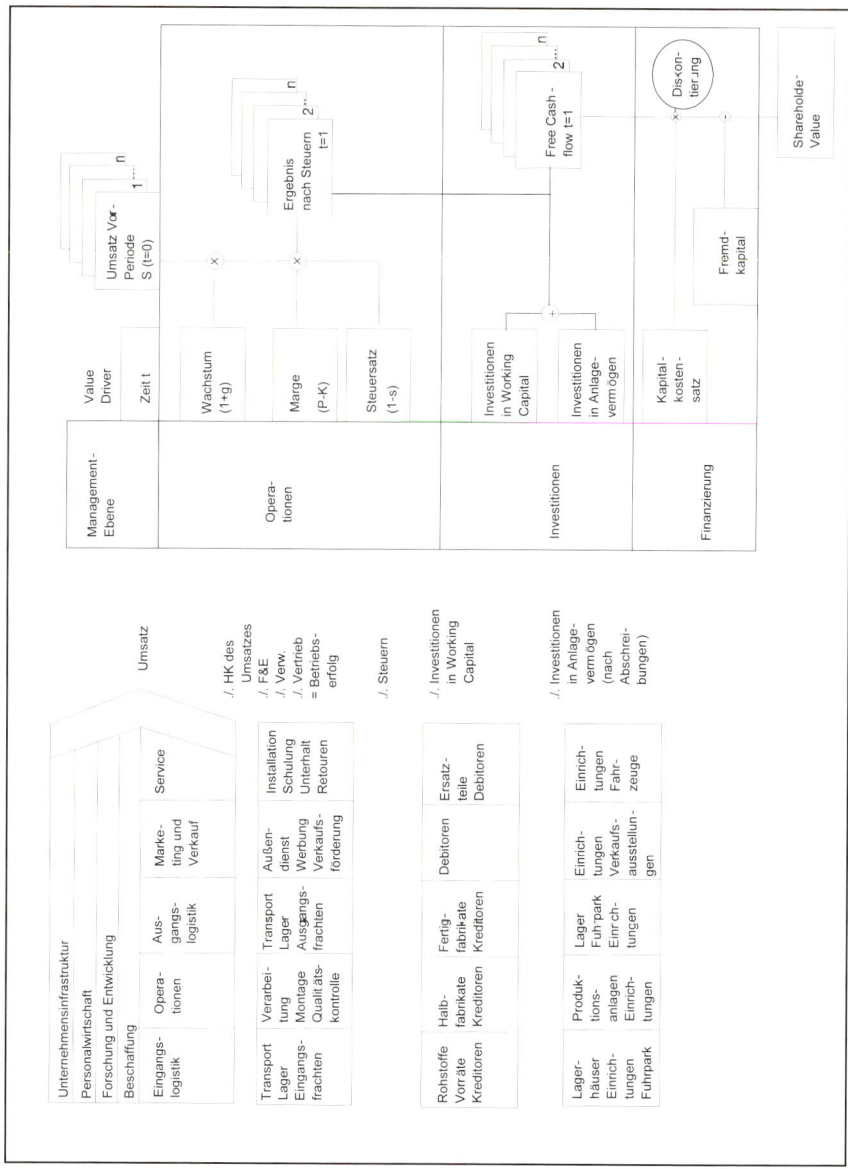

Abb. 20.1: Verbindung der Wettbewerbsvorteile mit der Shareholder Value-
Analyse

2.2   Kennzahlen für die wertorientierte Kontrolle

Wertorientierte
Kennzahlen

Aus dem erwirtschafteten Cashflow einer einzigen Periode lässt sich die damit erzielte Wertsteigerung nicht ablesen. Ein Kontrollsystem müsste deshalb erwartete und erzielte Cashflows miteinander vergleichen und

Verschiebungen geplanter Cashflows einbeziehen. Damit würde das Kontrollsystem jedoch anfällig für Manipulationen durch Planrevisionen. Zudem erfordert eine solche Nachrechnung einen hohen Aufwand, da die Plan-Cashflows aller Projekte zusammenzufassen und fortzuführen wären. Die Kriterien der Anreizverträglichkeit, Kommunikationsfähigkeit und Wirtschaftlichkeit würden verletzt. In der Praxis haben sich deshalb Residualgewinnmodelle durchgesetzt (vgl. Pellens/Tomaszewski/Weber [2000], S. 1825 ff.), welche die Messung von Wertsteigerungspotenzialen mithilfe bilanzieller Werte, d. h. periodisierter Größen bewerkstelligen. Auf diese wird im Folgenden näher eingegangen.

Zu den bekanntesten wertorientierten Kennzahlen zählen der Economic Value Added (EVA®; Anmerkung: Hierbei handelt es sich um ein eingetragenes Warenzeichen.) der Finanzberatung Stern/Stewart (vgl. Stewart [1991]), der Economic Profit (EP) von McKinsey (vgl. Copeland/Koller/Murrin [2002]) sowie der Cash Value Added (CVA) der Boston Consulting Group (vgl. Stelter [1999], S. 233 ff.). Sie lassen sich der Gruppe der sog. Residualergebnismodelle zuordnen, bei denen das Periodenergebnis den Kosten für das eingesetzte Kapital gegenübergestellt wird. Erst das die Kapitalkosten übersteigende Ergebnis, also ein positiver Residualgewinn, wird als echter Wertbeitrag angesehen. Der CVA unterscheidet sich von den beiden anderen lediglich durch eine stärkere Zahlungsorientierung. EVA, EP und CVA dienen als Maße für die Überschussgenerierung einer einzelnen Berichtsperiode und sollen die Frage beantworten, ob die angestrebte Rendite erwirtschaftet wurde. Die Kennzahlen ΔEVA bzw. ΔCVA werden dagegen als Maßgröße für die zusätzlich geschaffene Wertsteigerung einer Periode verwendet.

Im Folgenden wird auf die in der Praxis am häufigsten verwendeten Konzepte, nämlich den Economic Value Added (EVA) und den Cash Value Added (CVA), näher eingegangen.

2.2.1 Economic Value Added

Im Marktwert eines Unternehmens werden die Erwartungen der Investoren widergespiegelt, inwieweit das Unternehmen zukünftige Zahlungsüberschüsse für seine Kapitalgeber erwirtschaften kann. Dies zeigt sich auch in der „klassischen" DCF-Methode zur Bestimmung des Marktwertes (MW) von Unternehmen, bei der die Summe aller mit dem Gesamtkapitalkostensatz des Unternehmens k diskontierten Free Cashflows (FCF) berechnet wird (vgl. z. B. Copeland/Koller/Murrin [2002], S. 83; vgl. grundlegend Rappaport [1986] sowie zur Definition von Cashflows Abschnitt 6.1 in Kapitel 19):

Zusammenhang zwischen EVA und DCF

$$MW = \sum_{t}^{\infty} \frac{FCF_t}{(1+k)^t}$$

Der Free Cashflow FCF_t repräsentiert hier die (erwarteten) Nettozahlungen, die in Periode t an die Eigen- und Fremdkapitalgeber fließen (sog. „Entity-Konzept"; vgl. Pfaff/Bärtl [1999], S. 90). Dabei handelt es sich um einen Zahlungsmittelüberschuss, der aus der eigentlichen betrieblichen Tätigkeit eines Unternehmens stammt und um sämtliche zahlungswirksamen Investitionen in das Anlage- und Netto-Umlaufvermögen korrigiert wurde. Ziel des marktwertorientierten Controlling ist es, Strategien mit einem positiven Wertbeitrag zu realisieren. Als Maß für die Veränderung des Unternehmenswertes im Zeitpunkt Null aufgrund der Durchführung eines Investitionsprojektes lässt sich der Kapitalwert interpretieren, der sich aus der Differenz des Barwertes der prognostizierten Free Cashflows und des zum Zeitpunkt Null investierten Vermögens, hier als Kapitalbindung KB_0 bezeichnet, ergibt (sog. Marktwertzuwachs (MWZ); vgl. ähnlich Pfaff/Bärtl [1999], S. 91):

$$MWZ = \sum_{t}^{\infty} \frac{FCF_t}{(1+k)^t} - KB_0$$

Problematisch erscheint am DCF-Ansatz, dass sich die Wertermittlung auf die vollständige „Lebensdauer" (Totalperiode) eines Projektes oder Unternehmens bezieht. Dies erschwert zumindest die laufende, periodenbezogene Kontrolle von zu realisierenden Wertsteigerungspotenzialen.

Für die praktische Durchführung wertorientierter Planung und Kontrolle erscheint es jedoch opportun, dass ein Mess- und Steuerungsinstrument verfügbar ist, mit dem sich fortlaufend, d. h. regelmäßig und bezogen auf einzelne Geschäftsperioden, Veränderungen des Unternehmenswertes identifizieren und beeinflussen lassen.

Diese Überlegungen werden in dem Konzept des EVA („Economic Value-Added") aufgegriffen. Der EVA einer Periode t ergibt sich aus der Differenz des Periodenergebnisses vor Zinsen und nach Steuern (sog. „Net Operating Profit after Taxes" (NOPAT)) und den Kapitalkosten auf das zu Periodenbeginn vorhandene (d. h. für die Erwirtschaftung des NOPAT eingesetzte) investierte Vermögen (KB) des Unternehmens. Es gilt (vgl. Stewart [1991], S. 137):

$$EVA_t = NOPAT_t - k \times KB_{t-1}$$

Die Idee zur Verwendung von sog. Residualgewinnkonzepten wie dem EVA lässt sich bereits in das 19. Jahrhundert zurückverfolgen (vgl. Young/O´Byrne [2001], S. 5 ff.). In jüngerer Zeit wird dieses Konzept von verschiedenen großen Konzernen, z. B. AT&T, Coca-Cola Co., Dt. Telekom, Haniel, Metro und Siemens als Steuerungsgröße im Konzern eingesetzt (vgl. z. B. Fehr [1998], S. 31). Der EVA kann nicht nur aus der Differenz von NOPAT und Kapitalkosten, sondern auch anhand des sog.

„value spread" ermittelt werden, d. h. als Überrendite, die sich als Diffe-
renzbetrag von realisierter Rendite und Kapitalkostensatz, multipliziert
mit dem Wert des vorhandenen investierten Vermögens, ergibt (vgl. Stewart [1991], S. 136):

$$EVA_t = (\text{realisierte Rendite}_t \, (\%) - \text{Kapitalkostensatz}_t \, (\%)) \times \text{Kapitalbindung}_{t-1}$$

Ein Unternehmen erhöht (verringert) den EVA und ist damit wertschaf-
fend (wertvernichtend), solange die realisierte Rendite größer (kleiner) ist
als der Kapitalkostensatz für das eingesetzte Fremd- und Eigenkapital.
Die Definitionsgleichung des EVA lässt sich unter Nutzung des Zusammenhangs

$$\text{realisierte Rendite}_t = \frac{NOPAT_t}{\text{Kapitalbindung}_{t-1}}$$

umformen zu

$$EVA_t = NOPAT_t - \text{Kapitalkostensatz}_t \times \text{Kapitalbindung}_{t-1},$$

woraus die Betragsgleichheit der beiden Bewertungskonzepte des EVA
erkennbar wird.

Der EVA ist ein einperiodiges Performancemaß. Diskontiert man die
EVAs über die Projektlaufzeit mit dem Gesamtkapitalkostensatz des Un-
ternehmens k, so erhält man den Marktwertzuwachs (vgl. Stewart [1991],
S. 174):

$$MWZ = \sum_{t}^{\infty} \frac{EVA_t}{(1+k)^t}$$

Über den MWZ, der den Barwert aller zukünftigen EVAs enthält und
sich als periodenübergreifende Maßgröße interpretieren lässt, erreicht
man die Verbindung zum Marktwert des Unternehmens auf Basis von
FCFs.

Im Einzelnen ist erforderlich, dass beiden Methoden ein identischer
Planungshorizont zugrunde gelegt wird und die Voraussetzungen des sog.
Preinreich-Lücke-Theorems erfüllt sind (vgl. Lücke [1955], S. 310 ff.,
Pfaff/Bärtl [1999], S. 97, Volkart/Labhart/Suter [1998] sowie das Beispiel von Stewart [1991], S. 322 f.). Dieses Theorem besagt, dass ein
anhand von Einnahmen und Ausgaben berechneter Kapitalwert demjenigen aus periodisierten Erträgen und Aufwendungen entspricht. Dies gilt
deshalb, da durch den Ansatz der kalkulatorischen Zinsen auf die Differenz der beiden Rechnungsgrößen bei der Diskontierung mit dem Kapi-

*Preinreich-
Lücke-Theorem*

talkostensatz k genau der Unterschied der Rechengrößen eliminiert wird, wenn die kalkulatorischen Zinsen z auf einem Zinssatz beruhen, der dem Kapitalkostensatz k entspricht. Die Berechnung der Kapitalkosten erfolgt dabei auf Basis des gebundenen Kapitals KB der Vorperiode. „Die Bedeutung der kalkulatorischen Zinsen liegt in der Ausgleichsfunktion. Ist sie erfüllt, dann ist es unwesentlich, ob man die Investitionsrechnungen mit Ausgaben oder mit Kosten durchführt" (Lücke [1955], S. 315). Damit lassen sich Investitionsbeurteilungen grundsätzlich statt auf der Basis von Einzahlungsüberschüssen (z. B. Free Cashflows) mit Ertragsüberschüssen in Form von Residualergebnissen (z. B. EVAs) durchführen (zu einem formalen Beweis vgl. Mengele [1999], S. 138 ff.). Damit würde der Marktwertzuwachs als Summe diskontierter zukünftiger EVAs dem Barwert der Free Cashflows abzüglich des zu Beginn investierten Vermögens (KB_0) entsprechen:

$$\text{Barwert FCF} - KB_0 = \text{Barwert EVA}$$

$$\sum_{t=0}^{T} \frac{FCF_t}{(1+k)^t} - KB_0 = \sum_{t=1}^{T} \frac{NOPAT_t - z_t}{(1+k)^t}$$

$$\sum_{t=0}^{T} \frac{FCF_t}{(1+k)^t} - KB_0 = \sum_{t=1}^{T} \frac{EVA_t}{(1+k)^t}$$

$$\text{mit } z_t = k \times KB_{t-1} = k \times \left(KB_0 + \sum_{s=0}^{t-1} (NOPAT_s - FCF_s) \right)$$

Anhand eines Beispiels werden die vorstehenden Überlegungen nochmals verdeutlicht.

Beispiel 20.1

Am Ende der Periode t_0 erfolgt eine Investition in Höhe von 2 500 TEUR. Als Nutzungsdauer sind fünf Jahre geplant. Der Kapitalkostensatz des Unternehmens beträgt 10 %. Das Periodenergebnis nach Steuern (NOPAT) aufgrund der Investition liegt in t_1 bei 100 TEUR, in den Perioden $t_2 - t_5$ bei 500 TEUR. Die Kapitalbindung der Periode resultiert aus der Höhe des in t_0 investierten Kapitals abzüglich kumulierter Abschreibungen (vgl. Tabelle 20.1).

(in TEUR)	t_0	t_1	t_2	t_3	t_4	t_5
Investitionszahlung	- 2 500					
NOPAT	0	100	500	500	500	500
+ Abschreibungen	0	500	500	500	500	500
= FCF	- 2 500	+ 600	+ 1 000	+ 1 000	+ 1 000	+ 1 000
Barwert FCF	927					
NOPAT	0	100	500	500	500	500
Kapitalbindung zu Beginn der Periode	0	2 500	2 000	1 500	1 000	500
- Kapitalkosten (10 %)	0	- 250	- 200	- 150	- 100	- 50
= EVA	0	- 150	300	350	400	450
Barwert EVA	927					

Tab. 20.1:   Äquivalenz des Barwerts von Zahlungsüberschüssen und Residualgewinnen

- Die Free Cashflows (FCFs) sind Ausgangspunkt für die Bewertung des Unternehmens auf Basis von Zahlungsüberschüssen nach Ersatz- und Erweiterungsinvestitionen (vgl. Bühner [1996], S. 335). Die Übersicht in Tabelle 20.1 zeigt für die einzelnen Perioden die zugehörigen Free Cashflows. Der Barwert der Free Cashflows beträgt 927.
- Die Bewertung des Unternehmens über den Ansatz des Economic Value Added berücksichtigt neben den Perioden-EVAs auch den Wert des investierten Vermögens zum Bewertungszeitpunkt. Dieser beträgt in $t_0 = 0$. Damit ergeben sich die in Tabelle 20.1 aufgezeigten Wertansätze für den EVA. Die Summe der diskontierten künftigen EVAs beläuft sich auf MVA = 927 und entspricht damit dem auf Basis der FCFs ermittelten Barwert.

Wie das Beispiel verdeutlicht, ist aus Sicht der Planung unerheblich, ob der Barwert auf Basis von Cashflows oder Wertbeiträgen berechnet wird. Der betragsmäßige Unterschied zwischen den periodenbezogenen FCFs bzw. EVAs hebt sich durch die Festlegung der zu verzinsenden Kapitalbindung auf. Falls die Kapitalbindung am Anfang und Ende des Investitionsprojektes jeweils einen Wert von Null annimmt, besteht (wie in Tabelle 20.1 zu sehen) eine Äquivalenz zwischen dem Barwert der Free Cashflows und dem Barwert der EVAs. Allerdings weist Lücke [1955] daraufhin, dass diese Äquivalenz nur für Totalrechnungen gegeben ist, nicht jedoch für Periodenrechnungen. In einzelnen Perioden sind damit durchaus Abweichungen zwischen dem periodenbezogenen Barwert der Cash-flows und dem Barwert der Residualergebnisse möglich.

Komponenten des EVA

Im Folgenden werden die grundlegenden Bestandteile des EVA und deren Ermittlung anhand von publizierten Jahresabschlussinformationen erläutert. Zur Berechnung des EVA sind die drei Komponenten Kapitalkostensatz, NOPAT und investiertes Vermögen (als Kenngröße der Kapitalbindung) unternehmensspezifisch zu bewerten. Im Folgenden wird diskutiert, wie diese Größen in der betrieblichen Praxis ermittelt werden können.

Kapitalkostensatz

Als Kapitalkostensatz wird im Folgenden der gewichtete Durchschnitt von Eigen- und Fremdkapitalkostensatz verwendet, wobei Eigen- und Fremdkapital als Bestandteile des Gesamtkapitals anhand ihres Marktwertes gewichtet werden (vgl. Bühner [1996], S. 337; zur Abgrenzung des sog. „Entity Ansatzes" vom „Equity Ansatz" vgl. Günther [1997], S. 104 f.).

Eigenkapitalkostensatz

Der **Eigenkapitalkostensatz** repräsentiert die Rendite, die der Anteilseigner erzielen würde, wenn er sein Geld in eine Alternativanlage mit gleichem Risiko und gleichartiger Struktur des Zahlungsstromes investieren würde (vgl. Busse von Colbe [1997], S. 278). Die Renditeerwartungen der Eigentümer sind um so höher, je größer das Risiko der Investition ist. Der Eigenkapitalkostensatz lässt sich auf Basis des „Capital Asset Pricing Model" (CAPM) bestimmen. Dabei besteht die Zielsetzung des CAPM darin, für jede Kapitalanlage eine risikoangepasste Renditeanforderung vorzugeben. Diese ergibt sich aus dem risikolosen Zinssatz r_f und einem Risikozuschlag. Für Anwendungen in der Praxis wird r_f häufig durch den Zinssatz langfristiger festverzinslicher Wertpapiere, z. B. zehnjähriger Bundesanleihen, approximiert. Das Risiko einer Kapitalanlage bewertet sich nach seiner Beziehung zum Marktportefeuille (vgl. grundlegend Sharpe [1964], S. 425 ff.). Dabei wird der sog. Marktpreis des Risikos aus der Differenz zwischen der erwarteten Rendite aller risikobehafteten Anlagen r_M und dem risikolosen Zinssatz r_f ermittelt. Für den Aktienmarkt wird in der Praxis r_M durch die Rendite eines möglichst umfassenden Aktienportefeuilles (z. B. DAX, Dow Jones) approximiert. Multipliziert man den Marktpreis des Risikos mit dem Risikomaß einer Aktie β_i, das als systematisches Risiko bezeichnet wird und die Volatilität der Anlage i gegenüber dem Marktportefeuille anzeigt, so ergibt sich hieraus das marktspezifische Risiko. Da das unternehmensspezifische Risiko einer Investition vom Anleger durch Diversifikation zu reduzieren ist, beeinflusst nur die Höhe des systematischen, nicht diversifizierbaren Risikos die risikoadäquaten Renditeerwartungen r_i der Anteilseigner, wobei gewöhnlich ein linearer Zusammenhang unterstellt wird:

$$\text{Eigenkapitalkostensatz} = r_i = r_f + (r_M - r_f) \times \beta_i$$

mit:

r_i = erwartete Rendite einer Kapitalanlage i;
r_f = risikofreier Zinssatz;
r_M = erwartete Rendite des Marktportefeuilles;
$ß_i$ = systematisches Risiko.

Im **Fremdkapitalkostensatz** sollte der gewichtete Durchschnitt der Kapitalkosten aller Bestandteile des Fremdkapitals enthalten sein, die während des Planungshorizonts im Unternehmen gebunden sind (vgl. Copeland/Koller/Murrin [2002], S. 259 ff.). Im Einzelnen gelten für die Ermittlung der Fremdkapitalkosten folgende Empfehlungen: Die Kosten von Finanzschulden (Anleihen, Verbindlichkeiten gegenüber Kreditinstituten, Schuldscheindarlehen und sonstige Darlehen) resultieren aus dem während der Laufzeit vertraglich vereinbarten Zinssatz. Neben dem Zinsaufwand sind ggf. noch Disagios, evtl. Währungsverluste und Nebenkosten (Notargebühren, Bankprovisionen etc.) zu berücksichtigen (vgl. Herter [1994], S. 90).

Fremdkapital-kostensatz

Bei kurzfristigen Rückstellungen (z. B. Kulanz- oder Steuerrückstellungen) sowie bei den von Kunden erhaltenen Anzahlungen wird der Ansatz zusätzlicher Fremdkapitalkosten nicht einheitlich beurteilt (befürwortend vgl. Schwetzler [1996], S. 456 ff.; kritisch vgl. Schneider [1992], S. 368).

Als Gesamtkapitalkosten kommen entsprechend die „weighted average cost of capital (WACC)" zum Ansatz, die ein gewichtetes Mittel aus den Eigen- (r_{Ek}) und Fremdkapitalkosten (r_{Fk}) des Unternehmens darstellen und den Steuervorteil $(1 - s)$ der Fremdfinanzierung beinhalten (vgl. im Detail Schultze [2003], S. 321 ff.):

Berechnung des Gesamtkapital-kostensatzes

$$r_{WACC} = r_{EK} \times \frac{EK}{GK} + r_{FK} \times (1 - s) \times \frac{FK}{GK}$$

Die Berechnung des Gesamtkapitalkostensatzes nach Steuern auf Basis des CAPM unter Berücksichtigung der Kapitalstruktur wird beispielhaft für den Henkel-Konzern in Tabelle 20.2 dargestellt.

Insgesamt ergibt sich dabei für den Henkel-Konzern ein Gesamtkapitalkostensatz in Höhe von 11 % (bis 2005) bzw. 10 % (ab 2006). Zur Ermittlung der Fremdkapitalkosten wird vereinfachend der marginale langfristige Zinssatz für Industrieanleihen abzüglich des darauf entfallenden Steuervorteils auf Unternehmensebene verwendet (vgl. Henkel (Hrsg.) [2006], S. 21).

	bis 2005 (einschl.)	ab 2006
Risikoloser Zinssatz	5,5 %	4,0 %
Marktprämie	4,1 %	4,5 %
Beta-Faktor	0,72	0,90
Eigenkapitalkostensatz nach Steuern	**8,5 %**	**8,1%**
Fremdkapitalkostensatz vor Steuern	6,0 %	5,1 %
Tax Shield (35 % / 30 % ab 2006)	-2,1 %	-1,5 %
Fremdkapitalkostensatz nach Steuern	**3,9 %**	**3,6 %**
Anteil Eigenkapital[1)	65 %	75 %
Anteil Fremdkapital[1)	35 %	25 %
Gesamtkapitalkostensatz nach Steuern	**7 %**	**7 %**
Steuersatz	35 %	30 %
Gesamtkapitalkostensatz vor Steuern	**11 %**	**10 %**

[1) zu Marktwerten

Tab. 20.2: Ermittlung des Kapitalkostensatzes

Die beschriebene Vorgehensweise zur Ermittlung des Kapitalkostensatzes stellt aus verschiedenen Gründen nur eine vereinfachende Näherungslösung dar. Folgende Aspekte sind ergänzend zu berücksichtigen
(vgl. im einzelnen Drukarczyk [1993], S. 251 ff. sowie Schneider [1998],
S. 1476 ff.):

- Da mit dem CAPM nur das systematische Marktrisiko bewertet wird,
  stellen die ermittelten Eigenkapitalkosten nur eine Näherungslösung
  dar. Die Basisannahmen des CAPM (quadratische Risikonutzenfunk-
  tion der Anleger, Normalverteilung der Renditen) werden trotz gewisser Vorbehalte aus Praktikabilitätsgründen akzeptiert.
- Neben dieser modellimmanenten Kritik ist zusätzlich zu berücksichtigen, dass die Höhe des Beta-Faktors und der Risikoprämie stark von
  der Messmethodik (z. B. Länge des Untersuchungszeitraums, verwendete Ersatzgröße für das Marktportefeuille) abhängt.
- Zur Ermittlung der Gewichte von Eigen- und Fremdkapitalkostensatz
  müsste der Marktwert des Gesamtkapitals bekannt sein. Genau diesen
  gilt es jedoch zu ermitteln. Zur Lösung des sog. Zirkularitätsproblems
  wird häufig eine Zielkapitalstruktur vorgegeben, deren Erreichung jedoch an eine detaillierte Finanzplanung gebunden ist.
- Bei einem gespaltenen Körperschaftsteuersatz für thesaurierte und
  ausgeschüttete Gewinne wäre eine detaillierte Planung bezüglich zukünftiger Ausschüttungen erforderlich, um den Gesamtkapitalkostensatz nach Steuern zutreffend zu ermitteln.

NOPAT und
investiertes
Vermögen

Neben dem Kapitalkostensatz sind zur Ermittlung des EVA als weitere
Variablen noch die Ergebnisgröße NOPAT und das in der betrachteten

Periode vorhandene investierte Vermögen zu bestimmen. Grundlage zur Berechnung dieser Größen sind Informationen aus den Jahresabschlüssen der Unternehmen, wobei bilanzpolitisch motivierte Verzerrungen soweit als möglich eliminiert werden.

Das in Höhe der Kapitalkosten „zu verzinsende" investierte Vermögen ergibt sich durch entsprechende Anpassungen der Positionen des bilanziellen Vermögens (vgl. Tabelle 20.3; vgl. zu den Rechenschemata für investiertes Vermögen und NOPAT z. B. Günther [1997], S. 234 f.; Dierks/Patel [1997], S. 53 ff.; Young/O´Byrne [2001], S. 54).

Das Schema in Tabelle 20.3 verdeutlicht auch die grundsätzliche Vorgehensweise zur Bestimmung des NOPAT („Net Operating Profit after Taxes"). Der in der GuV-Rechnung ausgewiesene Jahresüberschuss wird zunächst „vor Steuern" ausgewiesen. Unter der Prämisse einer vollständigen Eigenfinanzierung werden die Zinsaufwendungen addiert, wobei die hieraus zusätzlich entstehenden Steuern (sog. „Tax-Shield") korrigiert werden. Der sog. EBIT („Earnings before Interest and Taxes") wird anschließend um verschiedene „Adjustments" korrigiert, aus denen schließlich – nach Abzug von Steuern – der NOPAT resultiert.

Investiertes Vermögen	NOPAT
Umlaufvermögen	Jahresüberschuss
- kurzfristige (unverzinsl.) Verbindlichkeiten	+ Steuern
= **Working Capital**	=**Jahresüberschuss (vor Steuern)**
+ Anlagevermögen	+ Zinsaufwand (1 - Steuersatz)
= **Netto-Vermögen**	=**Ergebnis vor Zinsen und Steuern (EBIT)**
	+/- Adjustments (incl. Steueranpassungen)
+/- Adjustments (incl. Steueranpassungen)	= **Net Operating Profit Before Taxes (NOPBT)**
	- Steuern (pauschal)
= **Investiertes Vermögen**	=**Net Operating Profit After Taxes (NOPAT)**

Tab. 20.3: Ermittlung von investiertem Vermögen und NOPAT

Wie bereits angedeutet wurde, können für eine zutreffende Ermittlung des Unternehmenswertes neben der Saldierung von „buchhalterischen" Größen weitere Anpassungen erforderlich sein, um die „wirtschaftliche" Perspektive des (Kapital-)Marktes abzubilden. Die Überleitung vom „Accounting Model" zum „Economic Model" des Unternehmens (man spricht hier von „conversions" oder „adjustments"), mit der die Einflüsse bilanzpolitischer Maßnahmen, aber auch Inkompatibilitäten zu einem zahlungsstromorientierten Bewertungskalkül eliminiert werden sollen, lässt sich in vier Stufen zusammenfassen (vgl. Hostettler [2002], S. 97 ff.; ähnlich O'Hanlon/Peasnell [1998], S. 430 ff.):

1) Operating Conversion,
2) Funding Conversion,
3) Shareholder Conversion,
4) Tax Conversion.

1) Operating Conversion

Ziel der „Operating Conversion" ist der Ausweis von Erfolgs- und Vermögensgrößen, die zur Erwirtschaftung des betrieblichen Ergebnisses zur Verfügung stehen. Folglich sind die Rechnungslegungsdaten um nicht-betriebliche Komponenten zu korrigieren. In der GuV-Rechnung wären daher mittels der sog. Erfolgsspaltung außergewöhnliche Aufwands- und Ertragskomponenten zu eliminieren (vgl. hierzu Coenenberg [2005], S. 1049 ff.). In gleicher Weise sind vom Bilanzvermögen die aktivierten, jedoch (noch) nicht-betrieblich gebundenen Komponenten, z. B. Anlagen im Bau, zu subtrahieren (vgl. Hostettler [2002], S. 99 ff.).

2) Funding Conversion

Im Mittelpunkt der „Funding Conversion" steht die vollständige Erfassung aller Finanzierungsmittel. Neben den bereits in der Bilanz ausgewiesenen Finanzpositionen, z. B. verzinsliches Fremdkapital und Pensionsrückstellungen, sind folglich insbesondere die Leasing- und Mietverpflichtungen offen zu legen (vgl. Hostettler [2002], S. 100).

Operating
Leasing
Die Aktivierung von Miet- und Operating Leasing-Objekten ist beim Mieter bzw. Leasingnehmer nicht gestattet. Durch ein Adjustment bei der Ermittlung von investiertem Vermögen und NOPAT wird Operating Leasing beim Leasingnehmer wie ein Kauf behandelt. Ziel dieser Maßnahme ist die Verhinderung verdeckter Fremdfinanzierung durch Leasing zu Konditionen, die ungünstiger sind als die günstigsten Finanzierungskonditionen auf Konzernebene. Hierzu wird der Barwert der Leasingverpflichtungen, also die mit dem Fremdkapitalkostensatz vor Steuern diskontierten zukünftigen Leasingraten, im investiertem Vermögen aktiviert. Gleichzeitig werden die Finanzierungskosten aus den Leasingraten durch Hinzurechnung zum EBIT eliminiert. Im NOPAT wirkt somit nur der Tilgungsanteil (Nicht-Zinsanteil) der Raten, der sich analog zum Kauf als Abschreibung interpretieren lässt.

Unechtes
Factoring
Im Rahmen des unechten Factoring („Recourse Factoring") werden Forderungen aus Lieferung und Leistung zwar durch einen Factor übernommen, anders als beim echten Factoring verbleibt aber das Delkredererisiko, d. h. das Risiko des Forderungsausfalls, beim abtretenden Unter-

nehmen. Wirtschaftlich betrachtet handelt es sich beim Recourse Factoring also um ein Kreditgeschäft. Das Adjustment dient der Offenlegung solcher verdeckten Kreditgeschäfte und der damit verbundenen Kreditrisiken. Hierzu wird die Veräußerung der Forderung zurückgenommen, indem sie bis Zahlungseingang im Geschäftsvermögen aktiviert und der als Aufwand verbuchte Abschlag auf die veräußerte Forderung dem Geschäftsergebnis hinzugerechnet wird.

Werden vom Unternehmen Kreditbürgschaften und -garantien vergeben, um beispielsweise im Rahmen der Absatzfinanzierung einem Abnehmer die günstige Kreditaufnahme zu ermöglichen, entstehen hieraus zusätzliche Risiken für den Garanten. Diese sind durch ein geeignetes Adjustment zu berücksichtigen. Hierzu wird der im Obligo stehende Betrag im investierten Vermögen aktiviert, während im NOPAT eine Gutschrift in Höhe des mit dem Fremdkapitalzins verzinsten Obligo-Betrags erfolgt. Im EVA wirkt somit nur die Differenz aus den jeweiligen Kapitalkosten (n. St.) und den Fremdkapitalzinsen (n. St.). Diese Vorgehensweise bewirkt, dass in Form von Kreditbürgschaften und -garantien übernommene Risiken, die nicht entsprechend kompensiert werden (d. h. zumindest in Höhe der auf den Obligo-Betrag bezogenen Differenz von Kapitalkosten und Fremdkapitalzinsen), zu einer Verminderung des EVA führen.

Kreditbürg-
schaften

3) Shareholder Conversion

Inhalt der sog. „Shareholder Conversion" ist die Aktivierung von Aufwendungen, die zur nachhaltigen Erzielung des betrieblichen Ergebnisses erforderlich sind, obwohl sie im bilanziellen Vermögen gewöhnlich nicht enthalten sind (sog. „strategische" Kosten oder Aufwendungen). Hierzu gehören z. B. nicht aktivierungspflichtige FuE-Aufwendungen, Aufwendungen für Restrukturierungen oder „marktwertbildende" Vorlaufkosten (z. B. Anlaufverluste von Neuprodukteinführungen).

4) Tax Conversion

In der abschließenden „Tax Conversion" (vgl. Hostettler [2002], S. 102 f.) werden analog zur Abgrenzung latenter Steuern für die vorgenommenen Vermögensanpassungen die zugehörigen Steuerbe- und -entlastungen vorgenommen. So führt z. B. die nachträgliche Aktivierung von FuE-Aufwendungen aufgrund der Besteuerung des höheren Ergebnisses bei einem Steuersatz von s nur zu einer Zunahme des Geschäftsvermögens in Höhe von (1-s). Nach den Steueranpassungen der jeweils vorgenommenen Adjustments ist abschließend die tatsächliche (nicht anrechenbare) Steuerbelastung für den entstandenen „Net Operating Profit Before Taxes" und damit die Berechnung des NOPAT vorzunehmen.

Auf Grundlage einer an den US-GAAP orientierten Rechnungslegung wurden bislang mehr als 120 verschiedene „Adjustments" identifiziert, von denen jeweils ca. zehn für ein spezifisches Unternehmen relevant sind (vgl. Stern et al. [1995], S. 41). Hier stellt sich häufig ein Auswahl-problem bezüglich Inhalt und Anzahl der unternehmensspezifisch fest-zulegenden „Adjustments". Diese zielen auf eine möglichst anreizkom-patible Anpassung der Rechnungslegungsdaten, z. B. durch Aktivierung von sog. strategischen Kosten, wie z. B. Anlaufverluste und originäre immaterielle Wirtschaftsgüter. Unter diesem Blickwinkel lässt sich auch die Aktivierung von Entwicklungsaufwendungen in der IFRS-Rech-nungslegung gem. IAS 38.57 als anreizkompatible Bilanzverlängerung interpretieren. Eine zu große Anzahl von „Adjustments" kann jedoch die Verständlichkeit und Wirtschaftlichkeit der Performancemessung beein-trächtigen und ggf. sogar das Manipulationsrisiko bei der Ermittlung der wertorientierten Kennzahlen erhöhen. Im Einzelfall ist es jeweils zu prü-fen, inwieweit durch den Verzicht auf zusätzliche „Adjustments" gewisse Abstriche in der Anreizkompatibilität akzeptiert werden können.

Economic Value Added (EVA) und Überrendite

Die Grundidee einer Bewertung nach dem EVA-Konzept stellt die Tat-sache dar, dass der Barwert eines Projekts, das genau seine Kapitalkosten erwirtschaftet, genau dem Wert der Anfangsinvestition entspricht, d. h. einen Kapitalwert von Null aufweist. Ein Unternehmen, das ausschließ-lich Projekte mit Kapitalwert von Null durchführt, kann lediglich soviel wert sein, wie die Summe der zum Bewertungszeitpunkt t_0 gebundenen Investitionen KB_0. Um den Unternehmenswert zu steigern, müssen In-vestitionen durchgeführt werden, deren Gegenwartswert die ursprüngli-chen Investitionsausgaben übersteigt. Der Wertbeitrag (EVA) einer sol-chen Investition, bezogen auf eine Periode, ergibt sich deshalb aus der Überrendite, also der Differenz aus Rendite der Investition (r) und Kapi-talkosten (k), multipliziert mit dem investierten Kapital (KB_0) (vgl. Ste-wart [1991], S. 136 f.; Eidel [1999], S. 70 ff.):

$$EVA_t = (r - k) \times KB_0$$

Geschäftswert-beitrag (GWB)

Das EVA-Konzept ist in Deutschland zuerst von Siemens praktisch um-gesetzt worden. Es wird dort unter der Bezeichnung Geschäftswertbeitrag (GWB) zur Steuerung und Vergütung des Managements verwendet. Die-se Bezeichnung hat neben dem Begriff Economic Value Added Verbrei-tung gefunden.

Market Value Added (MVA)

Der Barwert der zukünftigen Wertbeiträge entspricht dem Kapitalwert der Investition, der bezogen auf einen Unternehmensbereich oder ein Gesamtunternehmen auch „Market Value Added" (MVA) genannt wird (vgl. Stewart [1991], S. 153; vgl. auch Crasselt/Pellens/Schremper [2000], S. 74; Pfaff/Bärtl [1999], S. 93). Der Gesamtunternehmenswert (vor Finanzierung) GK_0 entspricht deshalb dem Wert des Vermögens KB_0 plus dem Barwert der künftigen Wertbeiträge. Das ist in der folgen-den Gleichung dargestellt und in Abbildung 20.2 (vgl. Cras-selt/Pellens/Schremper [2000], S. 75) veranschaulicht:

$$KB_0 + MVA_0 = KB_0 + \sum_{t=1}^{\infty} \frac{EVA_t}{(1+k)^t}$$

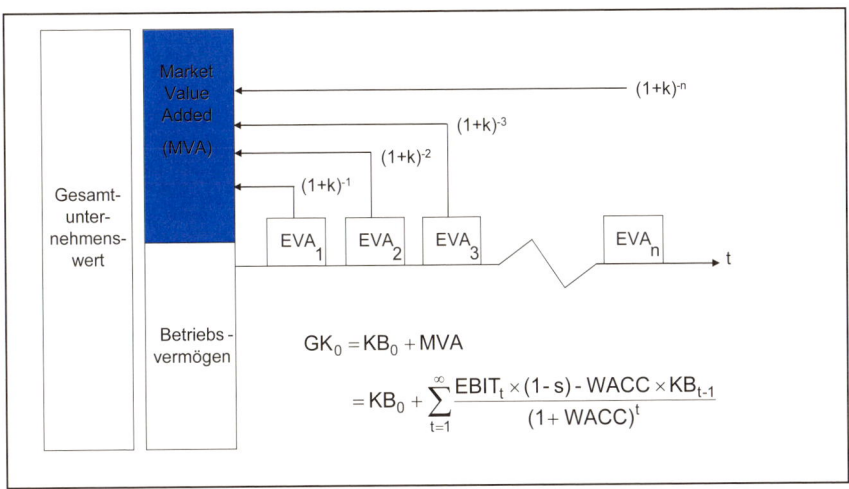

Abb. 20.2: Economic Value Added

Bei der praktischen Ermittlung der EVAs ist danach zu unterscheiden, ob man bei der Bewertung von einer Berechnung vor oder nach (Fremdka-pital-)Zinsen ausgehen will. Für die wertorientierte Unternehmensfüh-rung eignet sich i. d. R. die Vorgehensweise vor Zinsen (Bruttomethode) besser, da auf Geschäftsbereichsebene die Steuerung anhand von Ergeb-nissen vor Zinsen (sog. EBIT) den Vorteil hat, dass sie auf Geschäftsbe-reichsebene unabhängig von Finanzierungseinflüssen ist, auf die opera-tive Einheiten i. d. R. keinen Einfluss haben. Dabei wird die Überschuss-größe EVA finanzierungsunabhängig, d. h. unter der Prämisse der reinen Eigenfinanzierung, berechnet.

Die Nichtberücksichtigung der Finanzierung in den EVAs führt, ge-mäß dem WACC-Ansatz der DCF-Methoden, zum Ansatz fiktiver Steu-ern auf das Ergebnis vor Zinsen und Steuern (EBIT). Hiervon sind die Kapitalkosten abzuziehen, für deren Berechnung die Kapitalbindung (KB) anzusetzen ist. Diese setzt sich aus dem gesamten betriebsnotwen-digen Vermögen sowie aus den aus Anpassungen der Ergebnisgröße re-sultierenden Erhöhungen / Minderungen zusammen. Hieraus resultiert folgende Bewertungsgleichung für den Gesamtunternehmenswert, d. h. für den Bruttowert des Unternehmens aus Sicht der Eigentümer und Fremdkapitalgeber, auch „Enterprise Value" genannt:

Brutto-Unter-nehmenswert, Enterprise Value

$$GK_0 = KB_0 + \sum_{t=1}^{\infty} \frac{EBIT_t(1-s) - r_{wacc} \times KB_{t-1}}{(1+r_{wacc})^t}$$

$$= KB_0 + \sum_{t=1}^{\infty} \frac{EVA_t(1-s)}{(1+r_{wacc})^t} = KB_0 + MVA$$

Netto-Unterneh-
menswert,
Shareholder
Value

Um den Unternehmenswert aus Sicht der Eigentümer (shareholder value) zu erhalten, ist hiervon der Wert des Fremdkapitals (FK) abzuziehen. Dies ließe sich auch unmittelbar bei der Anwendung des Nettoansatzes über eine Berechnung nach (Fremdkapital-)Zinsen erreichen, bei dem das Ergebnis (EBT) nach Abzug von Zinsen auf das Fremdkapital, vermindert um kalkulatorische Zinsen auf das gebundene Eigenkapital EK, mit den Eigenkapitalkosten diskontiert wird (vgl. Eidel [1999], S. 71):

$$EK_0 = EK^B_0 + \sum_{t=1}^{\infty} \frac{EBT_t(1-s) - (r_{EK} \times EK_{t-1})}{(1+r_{EK})^t}$$

Der Nettoansatz ist aber weniger häufig anzutreffen, da hierbei Zinsen und Steuern auf Geschäftsbereichsebene zu ermitteln wären, was für ausschließlich operative Einheiten wenig praktikabel ist.

2.2.2 Cash Value Added

Cash Value
Added (CVA)

Auch der Cash Value Added (CVA) basiert auf einem Residualergebnis. Allerdings beruht es im Gegensatz zum EVA – wie auch in der Bezeichnung zum Ausdruck kommt – auf einem Cashflow-Ansatz. Der aus den Cashflows ermittelten Rendite des investierten Kapitals – Cashflow Return on Investment (CFRoI) genannt – wird der Kapitalkostensatz (r_{WACC}) gegenübergestellt. Die sich ergebende Differenz – „Spread", Überrendite oder Residualrendite genannt – wird mit dem zum Wiederbeschaffungswert bewerteten investierten Vermögen, der sog. Bruttoinvestitionsbasis, multipliziert:

$$CVA_t = (CFRoI - r_{wacc}) \times BIB_0$$

Cashflow Return
on Investment
(CFRoI)

Von der Boston Consulting Group (BCG) sind zwei Varianten des CFRoI und damit des CVA vorgeschlagen worden. Diese sollen im Folgenden dargestellt werden.

CFRoI als inter-
ne Verzinsung

Die erste von BCG vorgestellte Variante des CFRoI beruht auf der Ermittlung der internen Verzinsung eines produktbezogenen Cashflow-

Profils. Man spricht deshalb auch vom dynamischen CFRoI. Üblicherweise werden Kapitalrenditen (r) mittels einfacher Division einer Überschussgröße durch den dafür benötigten Kapitaleinsatz ermittelt. Eine solche Berechnung basiert auf der Zinsrechnung und unterstellt für die Zukunft gleich bleibende Verhältnisse, wie aus der Formel für eine ewige Rente bekannt ist:

$$r = \frac{\text{Überschuss}}{\text{Kapital}} \Leftrightarrow \text{Kapital} = \frac{\text{Überschuss}}{r}$$

Denn bei einem Rückfluss von z. B. 100 und einem Kapitaleinsatz von 1 000 beträgt die Verzinsung natürlich nur dann 10 %, wenn auch in Zukunft diese Zahlungen fließen sowie die Rückzahlung des Kapitaleinsatzes gewährleistet ist. Diese Pauschalannahme konstanter ewig anfallender Zahlungen versucht die dynamische Variante des CFRoI-Konzepts zu verfeinern, indem es die Dauer der Zahlungen und den Rückfluss des nicht abgeschriebenen Kapitals spezifiziert. Der Cashflow der Periode wird nicht durch den Kapitaleinsatz dividiert, sondern es wird der interne Zinsfuß eines Cashflow-Profils ermittelt. Dabei wird angenommen, dass der realisierte Cashflow (CF) der Periode über die verbleibende Nutzungsdauer der eingesetzten Vermögensgegenstände weiterhin anfällt und am Ende dieser Nutzungsdauer (n) die nicht abgeschriebenen Aktiva (NAA) liquidiert werden. Diese Zahlungsreihe wird gleich dem investierten Vermögen zu historischen Anschaffungskosten vor Abschreibungen – der Bruttoinvestitionsbasis (BIB) – gesetzt. Aus diesem Profil wird der interne Zins gemäß nachfolgender Gleichung ermittelt.

$$0 = -\text{BIB} + \frac{\text{BCF}}{1 + \text{CFRoI}} + \frac{\text{BCF}}{(1 + \text{CFRoI})^2} + \frac{\text{BCF} + \text{NNA}}{(1 + \text{CFRoI})^n}$$

Das zugrunde liegende Cashflow-Profil ist in Abbildung 20.3 veranschaulicht.

Der resultierende Wert des CFRoI sollte über der geforderten Mindestverzinsung (Kapitalkostensatz) liegen. Die Berechnung unterliegt der bekannten Prämisse der internen Zinssatzmethode einer Wiederanlage zum internen Zinssatz. Daraus resultieren Probleme bzgl. der Barwertkompatibilität, d. h. der Übereinstimmung des Barwerts der CVAs mit dem Kapitalwert der Investition auf Basis von Discounted Cashflows. Dies wird anhand des in Tabelle 20.4 gezeigten Beispiels näher erläutert.

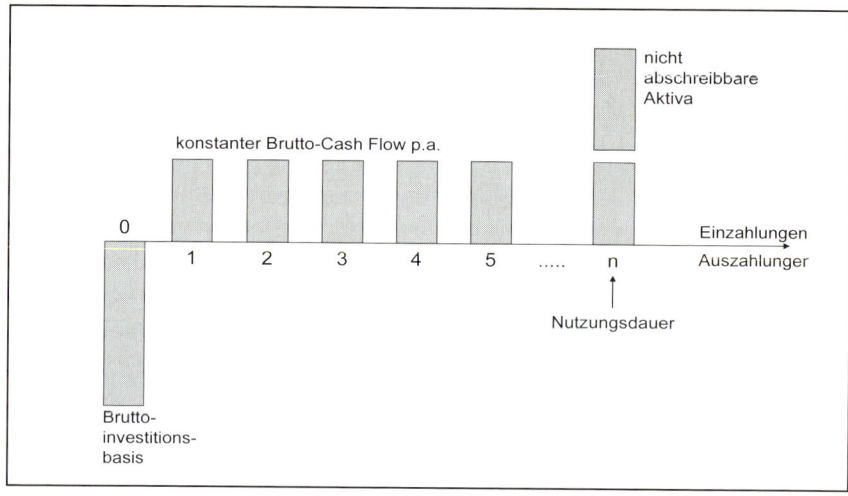

Abb. 20.3: Cashflow-Profil zur Berechnung des CFRoI

Beispiel 20.2
Dynamischer
CFRoI

	t = 1	t = 2
CF	600,00	600,00
Kapitalbindung	1 000,00	1 000,00
CFRoI	13,07 %	13,07 %
Kapitalkostensatz	10 %	10 %
CVA	30,7	30,7
Barwert CVA = 52,19	27,34	24,85
Barwert CF = 1 041,32	545,45	495,87

Tab. 20.4: CFRoI und CVA nach der dynamischen Methode

Für eine Investition in Höhe von 1 000 mit Rückflüssen über 2 Perioden i. H. v. jeweils 600 errechnet sich ein interner Zins von 13,07 %. Bei einem Kapitalkostensatz von 10 % ergibt ein „Spread" von 3,07 % und bei einer BIB = 1 000 einen CVA von 30,07. Bei 10 % beträgt der Barwert dieser CVAs 52,19. Der Kapitalwert des Cashflow-Profils beträgt hingegen 41,32 (= 1 041,32 − 1 000).

Diese Abweichung ist durch die dem internen Zinsfuß zugrunde liegende Wiederanlageproblematik der Cashflows zum internen Zins begründet. Nur im speziellen Fall der Gleichheit von internem Zinssatz und Kapitalkostensatz lässt sich eine Übereinstimmung des Barwerts der CVAs mit dem Kapitalwert der Cashflows erreichen (vgl. Crasselt/Pellens/Schremper [2000], S. 205 f.). Dagegen erzielt die im Folgenden dargestellte Variante des CFRoI grundsätzlich Barwertkompatibilität (Pfaff/Bärtl [1999], S. 95 f.).

In neueren Publikationen der BCG wird auf eine Variante des CFRoI abgestellt, bei der der Cashflow nach ökonomischen Abschreibungen durch den Kapitaleinsatz dividiert wird (vgl. Stelter [1999], S. 237 f.):

Modifizierter CFRoI

$$CFRoI = \frac{CF - \ddot{o}k.\ Abschr.}{BIB}$$

$$... \Rightarrow CVA = (CFRoI - r_{WACC}) \times BIB$$

$$= (CF - \ddot{o}k.\ Abschr.) - r_{WACC} \times BIB$$

Für die Ermittlung der ökonomischen Abschreibungen nach BCG werden einerseits wirtschaftliche, nicht bilanzielle Nutzungsdauern veranschlagt, andererseits wird die unter Berücksichtigung von Zinseffekten notwendige konstante Ansparung ermittelt, die sicherstellt, dass am Ende der Nutzungsdauer der ursprüngliche Investitionsbetrag wieder zur Verfügung steht (vgl. Stelter [1999], S. 235; daher ist anstatt der Bruttoinvestitionsbasis auch lediglich die abschreibbare Bruttoinvestitionsbasis BIB_a zu verwenden). Dies geschieht durch Division der abschreibbaren Bruttoinvestitionsbasis BIB_a mit dem Endwertfaktor, d. h. dem Faktor für die Berechnung des Endwerts einer konstanten Zahlungsreihe:

Ökonomische Abschreibung

$$\ddot{o}k.\ Abschr. = \frac{BIB_a}{EWF}$$

$$EWF = \sum_{t=1}^{n} (1 + r_{WACC})^{n-t} = \frac{(1 + r_{WACC})^n - 1}{r_{WACC}}$$

Die ökonomische Abschreibung entspricht dem Betrag, der über die Laufzeit einschließlich Verzinsung der aus der Abschreibung finanzierten Anlagen wiederum genau BIB_a ergibt. Damit wird effektiv in Summe jedoch weniger als der investierte Betrag abgeschrieben. Gleichzeitig wird jedoch für die Ermittlung der Kapitalkosten grundsätzlich auf die Bruttoinvestitionsbasis abgestellt, d. h. eine nicht durch Abschreibungen verringerte Kapitalbindung. Beide Effekte heben sich gegenseitig auf. Zur Veranschaulichung wird das obige Beispiel in Tabelle 20.5 weitergeführt:

	t = 1	t = 2
CF	600,00	600,00
Ök. Abschreibung$_{BCG}$	476,19	476,19
= Überschuss	123,81	123,81
Kapitalbindung	1 000,00	1 000,00
Kapitalkosten	100,00	100,00
CVA	23,81	23,81
CFRoI	12,38 %	12,38 %
Barwert CVA = 41,32	21,65	19,68
Barwert CF = 1 041,32	545,45	495,87

Tab. 20.5: CFRoI und CVA mit ökonomischer Abschreibung

Bei einer Investitionsbasis von 1 000, Rückflüssen über zwei Perioden und einem Kalkulationszinsfuß von 10 % ergibt sich ein Endwertfaktor von 2,1 und damit eine ökonomische Abschreibung von 476,19. Diese wird für beide Perioden beibehalten. Zusätzlich werden Kapitalkosten in Höhe von 100 veranschlagt. In Summe werden damit 576,19 von den Cashflows abgesetzt, sodass der CVA in beiden Perioden 23,81 beträgt.

Der CFRoI beträgt in beiden Perioden 12,38 %. Der Barwert der CVA beträgt 41,32 und entspricht dem Kapitalwert der Cashflows. Die Barwertkompatibilität ist gewährleistet. Bei dieser Vorgehensweise fällt jedoch auf, dass in Summe weniger als die Anschaffungskosten abgeschrieben werden: die Summe der Abschreibungen beträgt 952,38 und ist somit geringer als die Bruttoinvestitionsbasis in Höhe von 1 000 (vgl. Crasselt/Pellens/Schremper [2000], S. 205 f.).

Berechnet man die ökonomische Abschreibung, wie häufiger in der Literatur zu finden, mithilfe des Rentenbarwertfaktors als Annuität der Bruttoinvestitionsbasis, wobei die Annuität in Abschreibungs- und Zinsanteil zu teilen ist, ergibt sich anfänglich dieselbe Abschreibung wie im BCG-Konzept. Sie verändert sich jedoch in den folgenden Perioden durch eine unterschiedliche Zusammensetzung von Zins- und Abschreibungsanteil. Die Abschreibung nimmt zu (progressive Abschreibung), der Zinsanteil nimmt gleichzeitig ab, weil die Kapitalbindung im Zeitablauf abnimmt. Die Summe von Abschreibung und Zinsen bleibt gleich (vgl. dazu das Beispiel in Kapitel 19 Tabelle 19.3 B). Dabei wird insgesamt jedoch genau der Investitionsbetrag abgeschrieben.

Für das Beispiel aus Tabelle 20.5 ergibt sich bei einer Investitionsbasis von 1 000, Rückflüssen über 2 Perioden und einem Kalkulationszinsfuß von 10 % ein Rentenbarwertfaktor (RBF) von 1,735 und damit eine Annuität von 576,19. Diese setzt sich in der ersten Periode aus Kapitalkosten von 100 (10 % × 1 000) und einer Abschreibung von 476,19 zusammen. In der zweiten Periode betragen die Kapitalkosten nur 52,38 (10 % × (1 000 − 476,19)) und die Abschreibung 523,81, sodass insgesamt 1 000 abgeschrieben werden. Die Summe beider beträgt konstant 576,19 und der CVA damit in beiden Perioden 23,81 (vgl. Tabelle 20.6).

	t = 1	t = 2
CF	600,00	600,00
Ök. Abschreibung$_{RBF}$	476,19	523,81
= Überschuss	123,81	76,19
Kapitalbindung	1 000,00	523,81
Kapitalkosten	100,00	52,38
CVA	23,81	23,81
CFRoI	12,38 %	14,55 %
Barwert CVA = 41,32	21,65	19,68

Tab. 20.6: Ökonomische Abschreibung mit Rentenbarwertfaktor (Annuitäten-Abschreibung)

Berechnet man den CFRoI ((CF − ök. Abschr.)/BIB), so erhält man 12,38 % bzw. 14,55 %. Die Werte unterscheiden sich voneinander, da die Kapitalbindung abnimmt.

Für Periode t = 1 resultieren dieselben Beträge für Abschreibungen und Kapitalkosten wie beim BCG-Konzept. Für Periode t = 2 werden beim BCG-Konzept diese Werte jedoch weitergeführt. Nur ihre Summe entspricht der Summe aus Abschreibung und Kapitalkosten, berechnet auf Grundlage des Rentenbarwertfaktors, nicht ihre Aufteilung (vgl. Tabelle 20.5).

> Durch eine Beibehaltung der anfänglichen Kapitalbindung von
> 1 000 und die daraus resultierenden höheren Kapitalkosten von 47,62
> werden die geringeren Abschreibungen genau ausgeglichen. Der
> Sinn der Vorgehensweise nach BCG scheint in der vereinfachten
> Berechnung zu liegen. Angesichts der identischen Ergebnisse ist die
> Vereinfachung als unbedenklich einzuschätzen.

2.3 Wertorientierte Steuerung

Im Rahmen der wertorientierten Steuerung ist zunächst zu beurteilen,
welche Unterschiede bei der Verwendung von relativen (Rentabilitäten)
oder absoluten Wertkennzahlen (Residualgewinne) im Unternehmen auftreten. Danach erfolgt eine Beurteilung der Residualgewinne als Steuerungsgrößen. Schließlich wird darauf eingegangen, wie Wertkennzahlen
weiter verfeinert werden können, um eine zielkonforme Steuerung im
Unternehmen zu erreichen.

2.3.1 Rentabilität vs. Residualgewinn

Ein positiver Residualgewinn ist gleichbedeutend mit einer Kapitalrenta-
bilität, die die Kapitalkosten überschreitet. Insofern stellt sich genauso
wie bei der RoI-Steuerung (vgl. Abschnitt 5.2.5 in Kapitel 19) die Frage,
ob die wertorientierte Steuerung mittels einer „Über"-Rendite oder eines
Residualgewinns vorgenommen werden soll. Diese Problematik wird im
Folgenden diskutiert. Die Fragestellung ergibt sich dabei prinzipiell unabhängig davon, ob als Rcsidualgewinnkonzept der EVA oder CVA
zugrunde gelegt wird.

Wertorientierte
Rentabilität

Der „Spread" zwischen der Rendite der Investition (CFRoI) und den
Kapitalkosten (k) ist eine Variante der Kapitalrendite, die man als wertorientierte Rentabilität bezeichnen kann (vgl. Coenenberg [2001],
S. 600). Ohne die Gewichtung mit dem Brutto-Vermögen genügt sie allein nicht als Beurteilungsmaßstab, da sie als Verhältniszahl den absoluten Wert des Wachstums vernachlässigt. Eine im Zeitablauf gefallene
Rendite muss kein Anzeichen von Wertvernichtung sein, denn solange
Projekte durchgeführt werden, deren Rendite über den Kapitalkosten
liegen, wird zusätzlicher Wert geschaffen. Die folgende Abbildung 20.4
stellt die drei denkbaren Möglichkeiten zur Schaffung von Unternehmenswert idealtypisch dar.

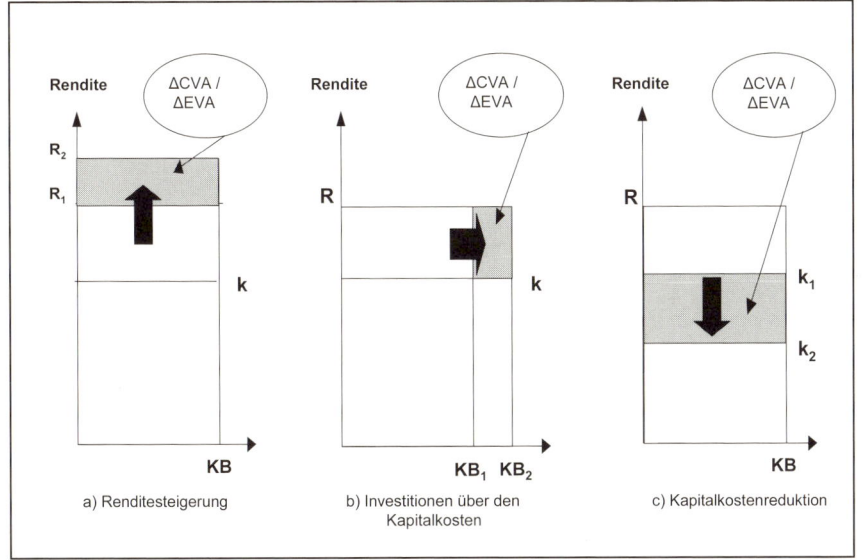

Abb. 20.4: Wertsteigerungsmöglichkeiten

Beispiel 20.5

Ein typisches Beispiel für ein solches Entscheidungsproblem stellt folgende Fragestellung dar: Ein Geschäftsbereich erwirtschaftet mit seinem bestehenden Geschäft ein Ergebnis von 400 bei investiertem Vermögen von 1 000 und damit einen Gesamtkapitalrentabilität von 40 %. Ihm bietet sich nun eine Investitionsgelegenheit, bei der er weitere 200 auf zusätzlich zu investierendes Vermögen von 1 000 verdienen würde. Dies würde die Gesamtkapitalrentabilität des Geschäftsbereichs jedoch auf 30 % senken. Im Falle einer Leistungsbeurteilung der Geschäftsbereiche allein anhand der Gesamtkapitalrentabilität wäre der Bereich nicht bereit, die gemessen an den Kapitalkosten profitable, wertgenerierende Investition zu übernehmen. Die Gesamtkapitalrentabilität ist folglich keine anreizverträgliche Erfolgskennzahl (vgl. Tabelle 20.7).

Geht man hingegen davon aus, dass der zu erzielende Kapitalkostensatz 10 % beträgt, dann lohnt sich prinzipiell jede Investition, die mindestens diese 10 % erwirtschaftet, denn sie schafft einen positiven Kapitalwert. Deshalb wird für den Geschäftsbereich die Überrendite ermittelt und mit dem eingesetzten Kapital multipliziert, was den absoluten Wertbeitrag liefert:

$$(30\% - 10\%) \times 2\,000 = 400$$

Im Vergleich zur Ausgangssituation hat sich der Übergewinn um 100 erhöht, was als Anzeichen für Wertschaffung gedeutet werden kann. Ein Manager, der nach diesem Kriterium beurteilt wird, würde die Investition durchführen, obwohl die Rentabilität des Geschäfts zurückgeht.

Der Wertbeitrag (EVA oder CVA) ist folglich eine anreizverträgliche Beurteilungsgröße für den Geschäftsbereichserfolg.

	Bestehendes Geschäft	Investitionsprojekt	Auswirkung
Ergebnis	400	200	600
Investition	1 000	1 000	2 000
GKR	40%	20%	**30%** ↓
Kapitalkostensatz	10%	10%	10%
Kapitalkosten	100	100	200
Wertbeitrag	300	100	**400** ↑

Tab. 20.7: Zielkonflikt von absoluten und relativen Zielgrößen

Das vorstehende Beispiel gemäß Tabelle 20.7 stellt eine Kombination der in 20.4 dargestellten Wertsteigerungsmöglichkeiten a) und b) dar und zeigt, dass eine Wertsteigerung auch bei insgesamt sinkender Rendite möglich ist (vgl. Abbildung 20.5).

Wertsteigerung
bei sinkender
Rendite

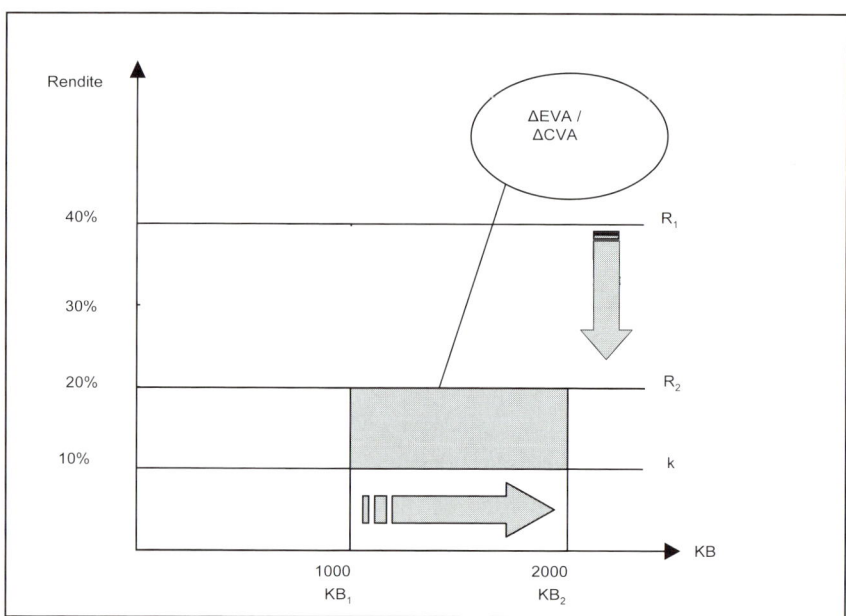

Abb. 20.5: Wertsteigerung durch Investition über den Kapitalkosten

2.3.2 Beurteilung von Residualgewinnen als Steuerungsgrößen

Um wertsteigerndes Handeln zu fördern, müssen Anreizsysteme existieren, welche die Durchführung von wertsteigernden Projekten fördern. Anhand von wertorientierten Erfolgskennzahlen soll gemessen werden, ob in der abgelaufenen Berichtsperiode Wertsteigerungen erzielt wurden. Jedoch lässt sich dies aus den oben vorgestellten Kennzahlen nicht immer unmittelbar ableiten. Ein positiver Perioden-EVA oder CVA beantwortet die Frage, ob in der Berichtsperiode mehr als die Kapitalkosten verdient wurde. Er ist nicht mit einer Wertsteigerung gleichzusetzen, insbesondere nicht betragsmäßig.

EVA/CVA ≠ Wertbeitrag

Dies lässt sich am einfachen Beispiel einer ewigen Rente erkennen: Eine Investition von 1 000 führe zu ewigen Rückflüssen von 120 pro Periode. Der Barwert dieser Zahlungsreihe bei einem Zinssatz von 10 % beträgt 1 200. Die Unternehmenswertsteigerung beträgt im Zeitpunkt der Durchführung der Investition 200. In den folgenden Perioden muss auf Dauer ein positiver EVA i. H. v. 20 erwirtschaftet werden, dessen Barwert von 200 der Wertsteigerung (Market Value Added) in t = 0 entspricht. Durch den periodischen EVA von 20 wird die in t = 0 durch die Investition initiierte Wertsteigerung schrittweise realisiert, aber keine erneute Wertsteigerung generiert. Deshalb wird in der Praxis als Maß für die neu geschaffene Wertsteigerung der ΔEVA/ΔCVA verwendet, der Auskunft darüber geben soll, wie viel Wertschaffung neu hinzu gekommen ist (vgl. Strack/Villis [2001], S. 70).

ΔEVA/ΔCVA = Wertbeitrag

Die Durchführung von wertsteigernden Investitionen kann mit Anlaufverlusten verbunden sein, die zu anfänglich erhöhten negativen Residualgewinnen führen, obwohl die gesamte Investition wertsteigernd wirkt (vgl. Wagenhofer [1999], S. 195 f.). Auch der ΔEVA/ΔCVA könnte dann negativ werden. Wird ein Manager an diesen Kriterien gemessen, so wird er eine solche Investition nicht durchführen. Ziel der Steuerung mit Residualgewinnen muss es folglich sein, dass bei einer grundsätzlich lohnenswerten Investition nur positive, steigende Residualgewinne auftreten.

Anlaufverluste

Stern/Stewart versuchen dieses Problem durch Adjustierungen zu umgehen, indem alle Aufwendungen mit Investitionscharakter aktiviert und linear abgeschrieben werden. Dies kann aber das Problem nicht vollständig beheben, da hierbei schwerlich sämtliche denkbaren Anlaufverlustarten erfasst werden können und lineare Abschreibungen für einen Ausgleich nur bedingt geeignet sind (vgl. auch Pfaff/Bärtl [1999], S. 101 f.).

Adjustments

Zusammenfassend lässt sich festhalten, dass der Vorteil des Residualgewinnkonzeptes im Wesentlichen in seiner leichten Anwendbarkeit und guten Kommunizierbarkeit, auch für „non-financials", besteht. Ein weiterer Vorteil besteht in der Bewusstmachung der Werttreiber sowie dem Einbezug der Kapitalkosten und deren Treiber, die in einer traditionellen Erfolgsrechnung nicht Bestandteil der Maßgrößen sind. Die Anreizverträglichkeit lässt sich jedoch nur durch umfangreiche Adjustierungen herstellen, die ihrerseits im Widerspruch zum Wirtschaftlichkeits- und Kommunikationsprinzip stehen.

Grundsätzlich lässt sich festhalten, dass ein Residualgewinn nicht die Unternehmenswertsteigerung misst, sondern die Erwirtschaftung der Überschüsse, die bereits bei Durchführung der Investition zu einer Wertsteigerung geführt haben. Es geht hier folglich primär um die Kontrolle der Erbringung des ursprünglich Erwarteten und erlaubt keine Rückschlüsse auf die Ressourcenallokation. Solche Rückschlüsse lassen nur die dynamischen Planungskonzepte zu. Die für das Controlling, d. h. die Steuerung durch Planung und Kontrolle verfügbaren ergebnis- und cashflow-orientierten Werkzeuge sind in Tabelle 20.8 zusammengefasst.

Planung	Ertragswert Discounted EVA (MVA/DEVA)	Discounted Cash Flow (DCF) Discounted CVA (DCVA)
Kontrolle	EVA ΔEVA	CVA ΔCVA
Zweck / Zielgröße	Periodisierte Größen (ergebnisbasiert)	Zahlungsorientierte Größen (cashbasiert)

Tab. 20.8: Einsatzbereiche unterschiedlicher Wertkennzahlen

2.3.3 Analyse von Werttreibern und Kostentreibern

Um eine Analyse von Wert- und Kostentreibern vornehmen zu können, wird zunächst auf die Problematik unterschiedlicher Rechensysteme als Basis für die Ermittlung der Wertkennzahlen eingegangen. Unterschiedliche Rechensysteme können sich aufgrund der Divergenz von internem Rechnungswesen und externem Rechnungswesen oder auch aufgrund von unterschiedlichen Rechnungslegungsstandards im externen Rechnungswesen ergeben. Nach diesem theoretischen Unterbau wird schließlich eine differenzierte Analyse möglicher Werttreiber und Kostentreiber vorgenommen.

2.3.3.1 Integration der Rechensysteme

Der klassische Zielkonflikt im Rahmen des Ergebnismanagements – ob die mit einer eventuellen Veränderung der Kostensituation einhergehende Veränderung der Ertragssituation im Saldo (zeitpunkt- und zeitraumbezogen) positiv oder negativ wirkt – bleibt auch bei einer wertorientierten Betrachtung erhalten. Aufgabe der entscheidungsorientierten Kostenrechnung ist es, die für die Beantwortung dieser Frage notwendige Transparenz zu schaffen, d. h. die für eine betriebswirtschaftlich sinnvolle Entscheidung notwendigen Kosteninformationen (relevanten Kosten) zu ermitteln. So wie in der entscheidungsorientierten Kostenrechnung in Abhängigkeit der Entscheidungssituation unterschiedliche Verfahren (z. B. Deckungsbeitragsrechnung oder Opportunitätskosten) Anwendung finden, müssen im Rahmen einer entscheidungswertorientierten Kostenrechnung die oben dargestellten Überlegungen eines wertorientierten Steuerungskonzeptes jeweils situationsspezifisch integriert werden.

Differenzierung der Rechensysteme

Beispielsweise müsste für eine zweckmäßige Entscheidungsfindung die Bewertungsbasis des zu verzinsenden Vermögens in Abhängigkeit von der Entscheidungssituation angepasst werden. Die Entscheidung über eine Neuinvestition erfolgt auf Basis von Anschaffungskosten – in der Planung von Ersatzinvestitionen gegebenenfalls inflationiert –, die Entscheidung über eine Stilllegung dagegen auf Basis von Liquidationserlösen. Die schwierige Objektivierbarkeit der Entscheidungssituation lässt solche flexiblen Rechensysteme aufgrund ihrer Manipulationsmöglichkeiten durch die Manager für die Kontrollfunktion aber ungeeignet erscheinen, obwohl eine differenzierte Betrachtung für das Kostenmanagement angebracht wäre.

In der Praxis wird zugunsten der Kommunizierbarkeit, Objektivität und Wirtschaftlichkeit der Kennzahlen daher meist auf eine Differenzierung der Rechensysteme verzichtet.

Harmonisierung der Rechensysteme

Im Folgenden soll untersucht werden, inwieweit die Bestimmung der Wertkennzahlen von unterschiedlichen Rechensystemen abhängt. Durch die Harmonisierung der internen und externen Rechensysteme ist dabei vor allem die Unterscheidung in unterschiedliche Systeme des externen Rechnungswesens von Bedeutung. So sind in Deutschland vor allem die Rechnungslegungsstandards HGB und IFRS als Ausgangspunkt für die Ermittlung der Wertkennzahlen von Relevanz. Es wird dabei zwischen ergebnisorientierten und Cashflow-basierten Wertkennzahlen unterschieden.

Wertkennzahlen in unterschiedlichen Rechnungslegungssystemen

Für ergebnisorientierte Wertkennzahlen kann sowohl die Ergebnisgröße im Zähler als auch die Vermögens- bzw. Kapitalgröße im Nenner durch die divergierenden Rechnungslegungsstandards beeinflusst sein (vgl. hierzu im Folgenden Franz/Winkler [2005], S. 97 ff.). Auswirkungen auf die Ergebnisgröße ergeben sich dadurch, dass nach IFRS c. p. höhere Abschreibungen anfallen könnten als nach HGB. Dies ist auf die Pflicht zur Aktivierung von bestimmten immateriellen Vermögenswerten

Ergebnisorientierte Wertkennzahlen

und Leasingobjekten nach IFRS zurückzuführen, die planmäßig über die Nutzungsdauer abzuschreiben sind. Ein gegenläufiger Effekt könnte jedoch durch die i. d. R. längeren Nutzungsdauern nach IFRS eintreten. Darüber hinaus kann es zu einer Verschiebung von Ergebnisbeiträgen in andere Perioden kommen, da nach IFRS eine frühere Umsatzrealisation z. B. in Bezug auf langfristige Fertigungsaufträge möglich ist. Ein allgemeingültiger Effekt auf die Ergebnisgröße und damit auf die ergebnisorientierte Wertkennzahl kann jedoch nicht ausgemacht werden.

Auswirkungen auf die Vermögens- bzw. Kapitalgröße der ergebnisorientierten Wertkennzahlen resultieren aus dem Unterschied der investororientierten IFRS zu den vom Vorsichtsprinzip geprägten HGB. So besteht z. B. nach IAS 16.31 das Wahlrecht, Maschinen und maschinelle Anlagen zum Fair Value zu bilanzieren. Die Aufwertung wird gem. IAS 16.39 durch die erfolgsneutrale Bildung einer sog. Neubewertungsrücklage erfasst und führt dann zu einem Ansatz oberhalb der historischen Anschaffungs- und Herstellungskosten (AHK). Folglich steigt das Vermögen nach IFRS gegenüber den auf die AHK beschränkten HGB-Werten. Dies führt nach IFRS zu einer Erhöhung der Kapitalkosten auf das gebundene Vermögen und damit c. p. zu einer Verminderung des EVA.

Cashflow-basierte Wertkennzahlen

Im Hinblick auf Cashflow-basierte Wertkennzahlen sind kaum Unterschiede zwischen den Standards zu verzeichnen, da die Zahlungsströme im Unternehmen kaum durch Rechnungslegungsstandards beeinflusst werden (Franz/Winkler [2005], S. 131). Allerdings kann hierbei die zugrunde liegende Vermögens- oder Kapitalgröße – wie bereits für die ergebnisorientierten Wertkennzahlen aufgezeigt – einem Einfluss durch bilanzielle Regelungen unterliegen. Beim CVA als spezifischer cash-basierter Kennzahl werden jedoch bspw. die historischen Anschaffungs- und Herstellungskosten als Basis für die Ermittlung der Brutto-Investitionsbasis herangezogen, so dass hier kaum ein Unterschied zur Bestimmung des CVA nach den Regelungen des HGB vorliegt (Franz/Winkler [2005], S. 130).

Folglich unterliegen ergebnisorientierte Wertkennzahlen einem größeren Einfluss durch Rechnungslegungsstandards als cash-basierte Größen.

Nach der Analyse der Ermittlung von Wertkennzahlen in unterschiedlichen Rechensystemen sollen nun Ansatzpunkte zu deren Beeinflussung durch Wert- und Kostentreiber identifiziert werden.

2.3.3.2   Ermittlung von Wert- und Kostentreibern

Ansätze zur Ermittlung von Wert- und Kostentreibern

Erster Ansatz zur Ermittlung von Werttreibern und Kostentreibern ist die Definitionsgleichung des Übergewinns. Dabei ist es prinzipiell gleichgültig, ob der Übergewinn als EVA oder CVA ermittelt wird. Wegen des stärkeren Bezugs zu den Daten der Ertrags-/Aufwands- bzw. Leistungs-/Kostenrechnung wird im Folgenden vom Modell des Economic Value Added ausgegangen. Die Definitionsgleichung des EVA lässt vier Bereiche zur Identifizierung von Wert- bzw. Kostentreibern, wie in Abbildung 20.6 dargestellt, erkennen.

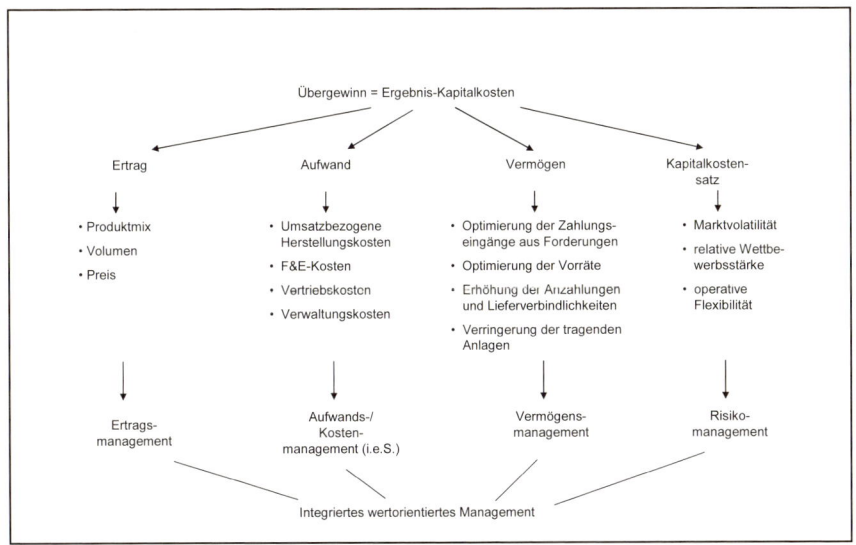

Abb. 20.6: Ansatzpunkte für wertsteigernde Maßnahmen

Wie Abbildung 20.6 verdeutlicht, bieten sich Hebel zur Wertsteigerung einerseits im Ergebnismanagement (Ertragsmanagement, Aufwandsmanagement) sowie andererseits in einer aktiven Beeinflussung von Kapitalkosten, entweder über Maßnahmen des Vermögens- oder des Risikomanagements. Klassische Ergebnisverbesserungsprogramme konzentrieren sich auf das Ertrags- und Kostenmanagement. Unter der wertorientierten Perspektive werden aber auch die Kapitalkosten zum wichtigen Bestandteil des Wert- und Kostenmanagements.

Zur Senkung des Kapitalkostensatzes erlaubt das Risikomanagement auf der Gesamtunternehmensebene sowohl eine Optimierung der Kapitalstruktur als auch ein strategisches Portfoliomanagement, um die Erwartungshaltung der Kapitalgeber zu beeinflussen. Da sich das Gesamtrisiko aus den Risiken der einzelnen Geschäftsbereiche zusammensetzt, ist eine Betrachtung der Kapitalkosten aber prinzipiell auch auf der Geschäftsbereichsebene möglich. Das Risiko ist umso größer, je höher die Volatilität der bedienten Märkte, je geringer die Wettbewerbsstärke und je geringer die operative Flexibilität, gemessen an den relativen Fixkosten zu variablen Kosten, ist. Ein typischer Hebel zur Steigerung der operativen Flexibilität ist beispielsweise das Outsourcing.

Die Optimierung der Vermögenswerte ist Aufgabe der Geschäftsbereichsebene. Hier ist primär über eine Optimierung des Vermögens sowie hohe Kundenanzahlungen und Lieferantenverbindlichkeiten eine Wertsteigerung möglich.

Interdependen-
zen von
Werttreibern

Wird die Übergewinn-Formel in der Form

Übergewinn = (Vermögensrendite – Kapitalkostensatz) × Vermögen

betrachtet, so werden die Interdependenzen in diesen einzelnen Zielsetzungen deutlicher.

Gelingt es einem Unternehmen beispielsweise sein Geschäftsvolumen
(bei einer Erhöhung des Vermögens) unter Beibehaltung der Rentierlich-
keit auszubauen (profitables Wachstum), so wird es einen höheren Wertbeitrag erzielen, dessen Entstehung eine isolierte Vermögensminimierung
unter Umständen verhindert hätte. Daher ist, wie bei einer integrierten
Betrachtung von Kosten und Nutzen im klassischen Kostenmanagement,
auch beim wertorientierten Kostenmanagement nur eine integrierte Entscheidungsfindung vorteilhaft.

Wertorientiertes
Kennzahlen-
system

Die dargestellte Treiberanalyse lässt sich in die bekannten Kennzahlensysteme (vgl. Abschnitt 5.2.3 in Kapitel 19) integrieren und beliebig
verfeinern. Auf diese Weise sind die Wirkungen einzelner Treibergrößen
auf den Übergewinn unmittelbar erkennbar. Bei einer solchen Analyse
sind nicht nur finanzielle, sondern auch nicht-finanzielle Treibergrößen
zu identifizieren, um ihre Auswirkung auf das Wertziel zu ermitteln. Abbildung 20.7 zeigt einen solchen erweiterten wertorientierten Kennzahlenbaum.

Beispiel 20.6

Im Beispiel würde eine Steigerung der Prozessausbeute von 70 % auf
75 % zu einer Wertsteigerung von –37 auf +11 führen. Durch eine
Halbierung der Vorräte (mit Tilgung von Fremdkapital) wäre beispielsweise (unter Berücksichtigung eines gestiegenen Kapitalkostensatzes auf 8,4 %) eine weitere Wertsteigerung von etwa 21 zu erreichen. Entsprechend lässt sich die Analyse für die anderen dargestellten Einflussgrößen fortsetzen.

Grundmodell
der Balanced
Scorecard

Die Ermittlung von Werttreibern mittels eines Wertkennzahlensystems ist
in dem Sinne eindimensional, als durch systematische Disaggregation des
finanziellen Oberziels finanzielle wie nichtfinanzielle Werttreiber abgeleitet werden. Einen etwas breiteren, mehrdimensionalen Ansatz bietet
die Balanced Scorecard, in der verschiedene Zieldimensionen gleichzeitig
nebeneinander untersucht und im Hinblick auf ihre Interdependenzen
geprüft werden (vgl. Kaplan/Norton [1992], S. 71 ff.). Das Grundprinzip
der Balanced Scorecard ist in Abbildung 20.8 veranschaulicht.

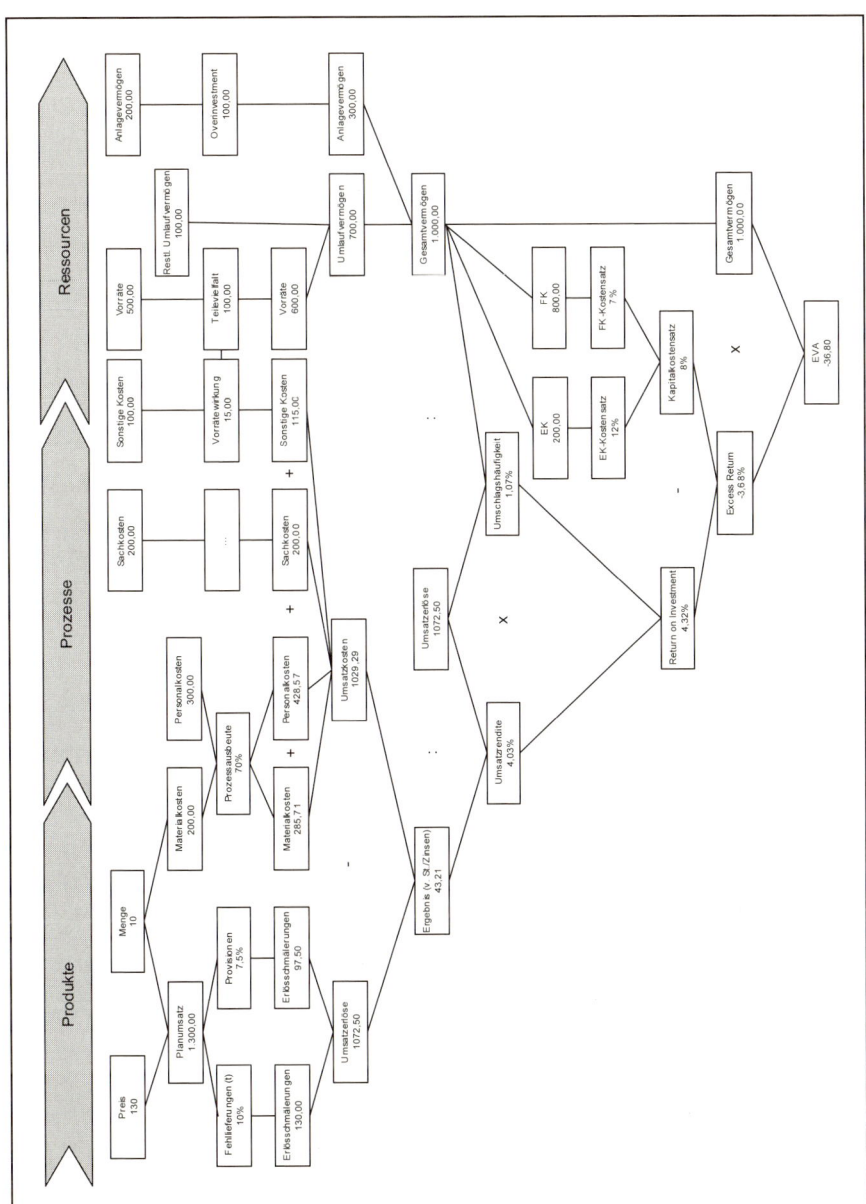

Abb. 20.7: Wertorientierter Kennzahlenbaum

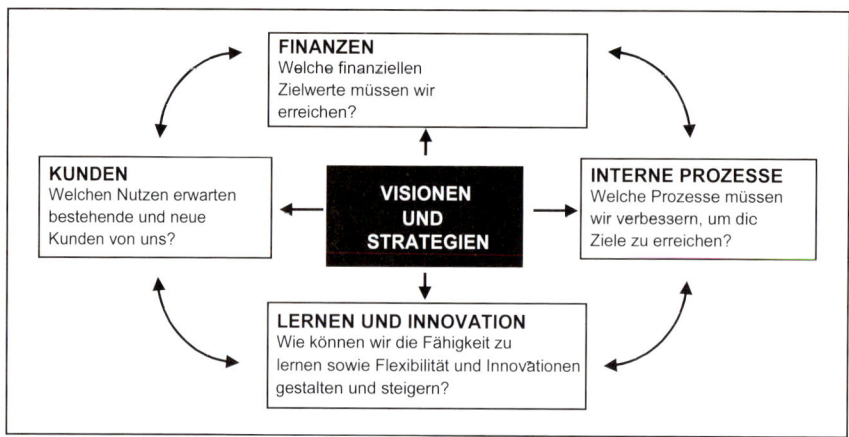

Abb. 20.8: Grundmodell der Balanced Scorecard

Wertorientierte
Balanced
Scorecard

Eine wertorientierte Analyse kann daher sinnvoll durch eine Balanced Scorecard ergänzt werden, um Treibergrößen induktiv zu ermitteln. Die Scorecard spannt den Suchraum auf, um Kennzahlen systematisch festzulegen und als Grundlage der Steuerung zu verwenden. Die verschiedenen Zielperspektiven sind auf ihre ursächlichen Wirkungen zu untersuchen. Dabei gilt es insgesamt, die Wirkung der Zielperspektiven auf die oberste Zielsetzung der Unternehmenswertleistung hin zu prüfen. Ein Ansatz zu einer solchen wertorientierten Balanced Scorecard zeigt Abbildung 20.9.

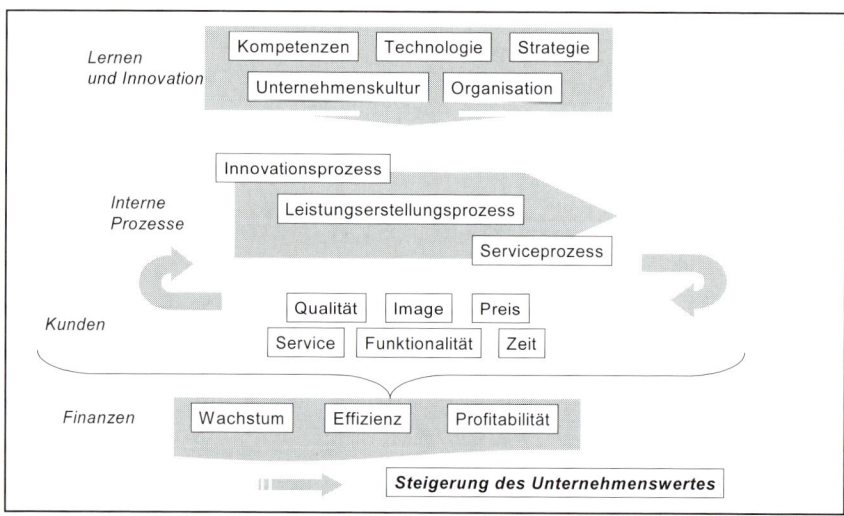

Abb. 20.9: Wertorientierte Balanced Scorecard

2.3.4 Mitarbeiter- und kundenorientierte Wertkennzahlen

Die Ausführungen zur Balanced Scorecard haben deutlich gemacht, dass insbesondere Mitarbeiter (Lernen und Innovation) und Kunden wichtige Treibergrößen der Wertsteigerung sind. Es liegt deshalb nahe, für Unternehmen bzw. Geschäftsbereiche, in denen Mitarbeiterorientierung (z. B. Software-Unternehmen) oder Kundenorientierung (z. B. Markenartikel-Unternehmen) kritischere Erfolgsfaktoren sind als der Kapitaleinsatz, zur Steuerung Kennzahlen zu verwenden, die dieser Fokussierung Rechnung tragen. Die Boston Consulting Group hat unter der Bezeichnung „RAVE" Kennzahlensysteme zur Ergänzung der wertorientierten Steuerungsgrößen (CVA, EVA) vorgestellt (vgl. z. B. Strack/Villis [2001], S. 67 ff.); Strack/Hansen/Dörr [2001], S. 63 ff.; zur Erweiterung dieser zunächst auf Mitarbeiter und Kunden beschränkten Konzepte im Hinblick auf Zulieferer und Kern-Vermögenskapazitäten vgl. Fischer/Vielmeyer [2002], S. 285 ff.).

Auf die Grundidee soll hier am Beispiel der Steuerungsgröße „Economic Value Added" (EVA) eingegangen werden. Die Messung der Wertbeiträge für spezifische Werttreiber folgt dabei den nachstehend beschriebenen allgemeinen Zusammenhängen (vgl. Fischer/Vielmeyer [2002], S. 291 ff.).

Ausgangspunkt für die Wertsteuerungsgröße ist die Grundgleichung des EVA (auf eine Steuerberücksichtigung wird der Einfachheit halber verzichtet):

$$EVA = EBIT - WACC \times KB$$

mit:

EBIT	=	Earnings before Interest and Taxes
WACC	=	durchschnittlicher Kapitalkostensatz
KB	=	gebundenes Kapital bzw. Vermögen

Diese Definition des EVA kann nun entsprechend des zu untersuchenden Stakeholders (X) angepasst werden, indem die EBIT um stakeholderbezogene Kosten (XC) erhöht werden. Daraus resultiert das stakeholderspezifische Ergebnis (EBITXC). Werden hiervon die Kapitalkosten abgezogen, ergibt sich der stakeholderspezifische Wertbeitrag (XVA). Werden zudem XVA und XC subtrahiert, resultiert der EVA des Unternehmens. Diese allgemeine Vorgehensweise soll nun für die Stakeholdergruppen „Mitarbeiter" und „Kunden" aufgezeigt werden.

Bezogen auf die Stakeholdergruppe der Mitarbeiter folgt durch die Aufgliederung des EBIT in seine Einzelkomponenten und die Umgliederung der Gleichung für den EVA:

Mitarbeiter- und kundenorientierte Werttreiber

Mitarbeiterorientierter EVA

$$EVA = EBIT - WACC \times KB$$

$$EVA = U - M - P - A - WACC \times KB$$

mit:

U = Umsatz
M = Materialkosten
P = Personalkosten
A = Abschreibungen

Durch Aufgliederung der Personalkosten und Erweiterung der rechten Seite der Gleichung um die Größe „Anzahl der Mitarbeiter" (= MA), ergibt sich für den EVA die folgende Gleichung:

$$EVA = \left[\frac{U - M - A - WACC \times KB}{MA} - \frac{P}{MA} \right] \times MA$$

$$EVA = \left[\text{Wertgenerierung je Kopf} - \text{Pers.kosten je Kopf} \right] \times \text{Anzahl der MA}$$

Die Wertgenerierung je Kopf ist dabei der Überschuss des Ergebnisses vor Personalkosten über die Kapitalkosten, also der Wertbeitrag der Mitarbeiter, der für die Vergütung der Mitarbeiter und für die Steigerung des Unternehmenswertes erwirtschaftet wird. Die so umformulierte Gleichung für den EVA zeigt, dass die Wertgenerierung auf drei mitarbeiterbezogene Werttreibergrößen zurückgeführt werden kann:

1) die Wertgenerierung je Kopf, d. h. die wertorientierte Mitarbeiterproduktivität
2) die Personalkosten je Kopf
3) die Gesamtzahl der Mitarbeiter

Damit sind zugleich die Hebel zur Wertsteigerung offen gelegt: die Steigerung der Produktivität, die Optimierung der Personalkosten, die Rekrutierung neuer Mitarbeiter in Bereichen mit hoher wertorientierter Mitarbeiterproduktivität bzw. die Reduzierung der Zahl der Mitarbeiter in Bereichen mit mangelnder wertorientierter Mitarbeiterproduktivität.

Kunden-orientierter EVA   In ähnlicher Weise lässt sich die EVA-Grundgleichung zu einer kundenorientierten Wertsteuerungsgröße umformen:

$$EVA = EBIT - WACC \times KB$$

$$= U^* - M^* - P^* - A^* - MVK - WACC \times KB$$

$$= \left[\frac{U*-M*-P*-A*WACC \times KB}{K} - \frac{MVK}{K} \right] \times K$$

$$EVA = \left[\text{Wertgen. je Kunde} - \text{Marketing} - / \text{Vertriebskosten je Kunde} \right]$$
$$\times \text{ Anzahl der Kunden}$$

mit:
M*   =   Materialkosten (ohne MVK)
P*   =   Personalkosten (ohne MVK)
A*   =   Abschreibungen (ohne MVK)
MVK =   Marketing- und Vertriebskosten
K   =   Anzahl der Kunden

Positiv ist an dem Konzept der stakeholderbezogenen Wertkennzahlen anzumerken, dass die Relevanz der Mitarbeiter und Kunden hervorgehoben wird und die Beziehungen zu diesen Stakeholdern somit als immaterielle Werttreiber gewürdigt werden. Darüber hinaus besteht eine Konsistenz zu der verwendeten finanziellen Spitzenkennzahl (z. B. EVA oder CVA) im Unternehmen (vgl. Fischer/Vielmeyer [2002], S. 299). Die Kritik an den genannten stakeholderspezifischen Wertbeiträgen richtet sich vor allem auf die Monokausalität des Erklärungsansatzes (vgl. Fischer/Vielmeyer [2002], S. 300). So ist es fraglich, ob der Wertbeitrag eines Unternehmens immer einer spezifischen Stakeholdergruppe zugeordnet werden kann. Strack/Villis ([2001], S. 70) sehen bspw. das Einsatzgebiet der Workonomics (d. h. des mitarbeiterspezifischen Wertbeitrags) vor allem in Unternehmen mit hoher Personalintensität. In Unternehmen können jedoch mehrere Werttreiber von Relevanz sein, so dass die Beschränkung auf einen einzigen u. U. wenig aussagekräftig ist. Darüber hinaus ist kaum eine gezielte Steuerung einzelner Mitarbeiter oder Kunden möglich, da lediglich ein Durchschnittswert pro Mitarbeiter bzw. pro Kunde berechnet wird (vgl. Gaitanides [2003], S. 312). So wäre es für den Wertbeitrag pro Mitarbeiter/Kunde sogar zuträglich, Mitarbeiter zu entlassen bzw. Kunden nicht zu bedienen, da der Wertbeitrag pro Einheit der Bezugsgröße entsprechend steigen würde. Dies ist allerdings zu kurz gedacht: Vielmehr müssten z. B. die profitabelsten Kunden identifiziert und gehalten werden, während nur die unprofitablen Kunden nicht bedient werden sollten. Eine Analyse der Profitabilität bestimmter Kundengruppen ist jedoch mit den hier gezeigten Wertkennzahlen nicht möglich. Hinweise zur Analyse von einzelnen Kunden bzw. Kundengruppen werden im Rahmen des Customer Life Cycle Costing (Kapitel 15, Abschnitt 4) gegeben.

Kritische
Würdigung

2.4   Wertsteigerung durch Maßnahmen des Kosten-managements

Im Folgenden werden Maßnahmen zur Wertsteigerung durch Kostenmanagement aufgezeigt. Dabei wird zunächst das Kostenmanagement um wertorientierte Aspekte erweitert. Zudem erfolgt eine wertorientierte Anpassung des Produktlebenszyklusses, der grundlegend bereits in Kapitel 15 vorgestellt wurde.

2.4.1   Wertorientierte Erweiterung des Kostenmanagements

Integration von Kosten- und Wertmanagement

Nach der Auswahl der zentralen Werttreiber ist es einerseits Aufgabe des Kostenmanagements, die betreffenden Treibergrößen informatorisch zu erfassen, Verbesserungen zu planen und zu kontrollieren. Andererseits lassen sich die Verfahren der proaktiven Kostengestaltung wie beispielsweise das Target Costing (vgl. Kapitel 14), die Prozesskostenrechnung (vgl. Kapitel 4) oder das Qualitätskostenmanagement (vgl. Kapitel 16) um die wertorientierten Aspekte erweitern.

Eine kapitalmarktorientierte Vorgehensweise wird zunächst auf Projektebene über eine Risikoanalyse einen geeigneten Kapitalkostensatz ermitteln. Die Anwendung des Kapitalkostensatzes des Gesamtunternehmens würde die spezifischen (und damit entscheidungsrelevanten) Risiken des jeweiligen Projektes nicht zutreffend erfassen (vgl. Fischer/Schmitz [1998], S. 206 ff.).

Product Life Cycle Costing

Ferner ist – soweit nicht ohnehin bereits vorgesehen – die Projektplanung um eine explizite Investitions- und Vermögensplanung im Sinne einer anbieterorientierten Produktlebenszyklusrechnung (Product Life Cycle Costing) zu erweitern (vgl. Kapitel 15). Hierfür sind die cashfloworientierten Verfahren grundsätzlich ebenso wie die Verfahren mit periodisierten Größen für die Planung geeignet. Dabei sollte die Kompatibilität von Planungsrechnung und Kontrollrechnung sichergestellt sein. Wird die Kontrolle mittels des CVA durchgeführt, bietet sich auch für die Planungsrechnung ein cashfloworientierter Ansatz in Form des Discounted CVA (DCVA) an. Ist der EVA das für die Kontrollrechnung relevante Maß, sollte die Planungsrechnung auf der Grundlage eines Discounted EVA-Ansatzes (DEVA) durchgeführt werden. Sowohl der CVA- wie der EVA-Ansatz beruhen in Bezug auf die Abschreibungen auf einem periodisierenden Ansatz. Sie sind für die periodische Kontrollrechnung, die zugleich Grundlage für ein Anreizsystem ist, einem rein zahlungsorientierten Konzept in Gestalt des Discounted Free Cashflows (DCF) überlegen. Dieser Aspekt wird in folgendem Abschnitt beispielhaft verdeutlicht.

2.4.2 Wertorientierte Produktlebenszyklusrechnung

Abschließend sei anhand eines Beispiels das wertorientierte Product Life Cycle Costing unter Berücksichtigung von Anreizwirkungen dargestellt.

Product Life Cycle Costing mit EVA, CVA, FCF

Beispiel 20.7

Es wird untersucht, welche Wirkungen sich durch Anwendung des EVA, CVA bzw. FCF auf die periodischen Kontrollgrößen und auf darauf basierende Anreizwirkungen ergeben. Die Ausgangssituation der geplanten Projekt-Cashflows ist aus Tabelle 20.9 ersichtlich.

Phase	Entwicklungs-phase		Marktphase				Nachsorge-phase	
Periode	0	1	2	3	4	5	6	7
Auszahlungen								
Investitionen AV	0	40	0	0	0	0	0	0
Investitionen UV	10	10	0	0	0	0	0	0
Verwaltung	4	5	6	7	7	7	7	7
Entwicklung	8	20	10	5	0	0	0	0
Herstellung	0	0	20	30	28	25	0	0
Marketing	0	13	8	6	6	6	0	0
Entsorgung	0	0	0	0	0	3	5	5
Summe	22	88	44	48	41	41	11	9
Einzahlungen								
Umsatz-einzahlungen	0	0	75	95	100	95	0	0
Desinvestitionen	0	0	0	0	0	0	20	0
Summe	0	0	75	95	100	95	20	0
Free Cashflow	-22	-88	31	47	59	54	9	-9
Barwert (DCF)		**16,91**						

Tab. 20.9: Plan-Cashflows einer Produktlebenszyklusrechnung

Der projektspezifische Kapitalkostensatz von 15 % ermittelt sich aus den gewichteten Kapitalkosten, ergänzt um kunden- (r_{kde}) und industriespezifische (r_{ind}) Risikozuschläge. Auf Projektebene erfolgt meist eine Betrachtung vor Steuern, sodass kein Steuervorteil des Fremdkapitals zum Ansatz kommt. Es ergeben sich beispielsweise:

$$r_{prj} = r_{EK} \times \frac{EK}{GK} + r_{FK} \times \frac{FK}{GK} + r_{kde} + r_{ind}$$

$$r_{prj} = 16\,\% \times 0{,}30 + 8\,\% \times 0{,}7 + 2\,\% + 2{,}6\,\% = 15\,\%$$

FCF

Unter Anwendung des Kalkulationszinssatzes von 15 % ergibt sich ein positiver Barwert der Cashflows (DCF) von 16,91, sodass die Produkteinführung ökonomischen Wert schafft. Über eine Kontrolle der Plan-Ist-Abweichungen der Cashflows könnte die Kontrollfunktion über die Projektlaufzeit erfüllt werden. Aufgrund der hohen Schwankungsbreite der absoluten Cashflows eignen sich diese aber nicht als Basis für eine (einfacher zu handhabende) Anreizzahlung. Bei einem Plan-Ist-Vergleich neigt einerseits der Agent zu einer zu pessimistischen Schätzung der Zielwerte und andererseits ist die Erfassung und Fortschreibung sämtlicher Plan- und Ist-Werte über alle Projekte organisatorisch sehr aufwendig.

EVA, CVA

Ein Residualgewinnkonzept könnte dies besser erfüllen. In Tabelle 20.10 sind daher die buchhaltungsnahen Residualgewinne unter Annahme a) einer linearen (= EVA) sowie b) einer ökonomischen Abschreibung (= CVA) dargestellt.

Dabei wird bezüglich der übrigen Ausgangsgrößen Erträge/Aufwendungen im Beispiel kein Unterschied gemacht. Die resultierenden Werte eignen sich besser als Basis für Anreizzahlungen. In der Lebenszyklusbetrachtung trägt die ökonomische Abschreibung jedoch nur geringfügig zur Glättung bei, da die Marktphase als Abschreibungsphase nur für einen Teil der Schwankungsbreite verantwortlich ist. Auch eine Tragfähigkeitsabschreibung würde hier nicht greifen, da sie nur die Marktphase betreffen könnte.

EVA mit Adjustments

Eine bessere Lösung bietet die Anwendung von Anpassungen (Adjustments), welche beispielsweise die hohen Anfangsauszahlungen für Entwicklung und Marketing aktivieren und über die Marktphase als Abschreibungen verteilen. Derartige Anpassungen werden, wie oben ausgeführt, von Stern/Stewart für den EVA empfohlen. Eine solche Rechnung ist in Tabelle 20.11 zusammengefasst. Es ist einerseits die deutliche Glättung der Zielwerte ersichtlich, zum anderen sind die wesentlichen Fehlanreize (z. B. die Reduzierung von Entwicklungsausgaben zur Ergebnisverbesserung) eliminiert.

Phase	Entwicklungs-phase		Marktphase				Nachsorge-phase	
Periode	0	1	2	3	4	5	6	7
a) EVA mit linearen Abschreibungen auf das AV								
Erträge/Umsatz	0	0	75	95	100	95	0	0
Sonst. Aufw.	12	38	44	48	41	41	11	9
Abschreibungen	0	0	10	10	10	10	0	0
Erg. vor Zinsen	-12	-38	21	37	49	44	-11	-9
Kapitalkosten (k)	0	1,5	9,0	7,5	6,0	4,5	3,0	0
EVA	-12,0	-39,5	12,0	29,5	43,0	39,5	-14,0	-9,0
Barwert (DEVA)		**16,91**						
b) CVA mit ökonomischen Abschreibungen auf das AV								
Erträge/Umsatz	0	0	75	95	100	95	0	0
Sonst. Aufw.	12	38	44	48	41	41	11	9
Brutto-Cashflow	-12	-38	31	47	59	54	-11	-9
ök. Ab. (mit k)	0	0	14	14	14	14	0	0
Kap.kosten (UV)	0	1,5	3,0	3,0	3,0	3,0	3,0	0
CVA	-12,0	-39,5	14,0	30,0	42,0	37,0	-14,0	-9,0
Barwert (DCVA)		**16,91**						

Tab. 20.10: Plan-EVA/-CVA einer Produktlebenszyklusrechnung

Phase	Entwicklungs-phase		Marktphase				Nachsorge-phase	
Periode	0	1	2	3	4	5	6	7
Erträge/Umsatz	0	0	75	95	100	95	0	0
Sonst. Aufw.	4	5	26	37	35	35	11	9
Abschreibungen	0	0	10	10	10	10	0	0
kalk. Abschreib.	0	0	14,8	18,4	21,4	27,4	0	0
Erg. v. Zins. (adj.)	-4,0	-5,0	24,2	29,6	33,6	22,6	-11,0	-9,0
Kapitalkosten	0	2,7	15,1	14,1	11,5	7,7	3,0	0
EVA (adj.)	-4,0	-7,7	9,1	15,4	22,1	14,9	-14,0	-9,0
BW (DEVA adj.)		**16,91**						

Tab. 20.11: Angepasste Plan-EVAs einer Produktlebenszyklusrechnung

Aus agency-theoretischer Sicht ist anzunehmen, dass Manager für ihre persönliche periodische Vergütung wegen höherer Zeitpräferenz, Risikoaversion (fehlende Möglichkeit zur Diversifikation des Risikos im Gegensatz zum Investor) und Nutzenpräferenz einen höheren Kalkulationszinsfuß anwenden als die WACC (vgl. Pfaff/Bärtl [1999], S. 98 f.). Tabelle 20.12 vergleicht die Anreizwirkung der einzelnen dargestellten Erfolgsmaße für den Agenten, wenn dieser eine entsprechend höhere Zeitpräferenz als das Unternehmen besitzt (im Beispiel 30 % als Kalkulationszins). Während für das Unternehmen das Projekt unabhängig von der Zielgrößenberechnung immer einen positiven Wert (16,91) erwirtschaftet, wird sich das Management nur im Fall der Vergütung in Abhängigkeit der angepassten EVA für die Produktentwicklung entscheiden.

Phase	Entwicklungs-phase		Marktphase				Nachsorgephase	
Periode	0	1	2	3	4	5	6	7
Free Cashflow	-22	-88	31	47	59	54	9	-9
Barwert (DCF)		**-14,32**						
EVA (lin. Abschr.)	-12,0	-39,5	12,0	29,5	43,0	39,5	-14,0	-9,0
Barwert (DEVA)		**-0,50**						
CVA (ök. Abschr.)	-12,0	-39,5	14,0	30,0	42,0	37,0	-14,0	-9,0
Barwert (DCVA)		**-0,13**						
EVA (adj.)	-4,0	-7,7	9,1	15,4	22,1	14,9	-14,0	-9,0
BW (DEVA adj.)		**9,89**						

Tab. 20.12: Entscheidung bei höherer Zeitpräferenz des Managements

3 Anreizverträglichkeit wertorientierter Kennzahlen als Bemessungsgrundlage

Im 7. Abschnitt des 19. Kapitels wurde bereits erläutert, welch wichtige Funktion Anreizsysteme bei der Steuerung von Geschäftsbereichen einnehmen. Hierbei wurden auch die grundlegenden Begriffe und Funktionen von Anreizsystemen erklärt sowie auf deren Elemente eingegangen. Wichtiges Begutachtungskriterium, ob Anreizsysteme verträglich mit der Zielstruktur eines Unternehmens sind, ist die Erfüllung der Anforderungen, die an Bemessungsgrundlagen gestellt werden. Neben den wertorientierten Kennzahlen können auch erfolgs- und liquiditätsorientierte Kennzahlen (Abschnitt 8 des 19. Kapitels) als Bemessungsgrundlage verwendet werden. Aktienbezogene Bemessungsgrundlagen stellen eine weitere Möglichkeit zur Anreizsetzung für Agenten dar. Diese Möglichkeit ist in der Unternehmenspraxis zur Entlohnung des Managements weit verbreitet. Im Folgenden wird näher auf die residualgewinn- und die kapitalwertorientierten Bemessungsgrundlagen eingegangen.

3.1 Residualgewinnorientierte Bemessungsgrundlagen

Der Residualgewinn wird in der Unternehmenspraxis häufig als wertorientiertes Performancemaß verwendet (für einen Überblick über verschiedene Residualgewinnkonzepte vgl. dieses Kapitel). Eine von KPMG durchgeführte empirischen Studie ergab, dass die in den DAX100-Unternehmen mit 61 % am häufigsten verwendete Spitzenkennzahl „ein auf dem Gesamtkapitalansatz basierender Wertbeitrag (Residualgewinn) in absoluten Geldeinheiten" (Aders/Hebertinger [2003], S. 6) ist. Das Hauptargument für eine Anwendung des Residualgewinns als wertorientierte Steuerungsgröße stellt die Kompatibilität mit dem Kapitalwert unter den Bedingungen des Preinreich-Lücke-Theorems dar.

Im Folgenden wird nun geprüft, ob der Residualgewinn als Bemessungsgrundlage von Anreizsystemen geeignet ist. Allgemein kann gegenüber residualgewinnorientierten Kennzahlen ähnliche Kritik geäußert werden wie gegenüber erfolgsorientierten. Der Grund dafür ist darin begründet, dass Residualgewinngrößen auf Renditen bzw. Cashflow-Kennzahlen basieren. Da aber in den Residualgewinnkonzepten Kapitalkosten mit einbezogen werden, ist die Problematik der Überinvestition geheilt.

Der Zielbezug ist gegeben, wenn sich der Barwert der an den Agenten gezahlten Prämien gleichgerichtet zum Kapitalwert der aus dem Investitionsprojekt erwirtschafteten Zahlungsüberschüsse entwickelt (vgl. Küpper [2005], S. 251). So müssen u. a. Prinzipal und Agent identische Zeitpräferenzen besitzen: zum einen ist die Verwendung eines identischen Diskontierungssatzes von Prinzipal und Agent erforderlich und zum anderen müssen die Planungen beider auf demselben Zeithorizont beruhen. In der Realität muss von unterschiedlichen Planungshorizonten und verschiedenen Diskontierungssätzen ausgegangen werden. Im Normalfall weisen die Agenten (Mitarbeiter) eine kurzfristigere Denkweise als die Prinzipale (Eigentümer) auf, die durch höhere Diskontierungssätze gekennzeichnet ist (vgl. Witzemann/Currle [2004], S. 632). Mit Hilfe des Einsatzes sog. Bonusbanken (vgl. hierzu Abschnitt 3.3) wird in der Unternehmenspraxis versucht, eine längerfristige Denkweise bei den Mitarbeitern zu erreichen (vgl. Witzemann/Currle [2004], S. 631 f.).

Die Anforderung des Entscheidungsbezugs ist erfüllt, weil die Höhe der Bemessungsgrundlage von den Handlungen des Agenten beeinflusst wird. Bei den Residualgewinnkonzepten kann auch durch die Anwendung von Adjustments verhindert werden, dass von den Agenten nicht beeinflussbare Größen Einzug in die Bemessungsgrundlage finden. Werden jedoch zu viele Adjustments zugelassen, kann sich dies negativ auf

Weite Verbreitung in der Unternehmenspraxis

Kritische Würdigung

die Verständlichkeit und die Manipulationsresistenz der residualgewinnorientierten Kennzahlen auswirken.

Bei Verknüpfung der Residualgewinngrößen mit dem Konzept der Bonusbanken sind auch Verstöße gegen die Manipulationsresistenz weniger
gravierend, da sich Ergebnismanipulationen über einen längeren Zeitraum ausgleichen.

3.2 Kapitalwertorientierte Bemessungsgrundlagen

Überblick

Mit dem Kapitalwert der Investitionsprojekte und der kapitaltheoretischen Prämienannuität werden im Folgenden zwei kapitalwertorientierte
Bemessungsgrundlagen evaluiert (eine weitere, an dieser Stelle jedoch
nicht diskutierte, kapitalwertorientierte Bemessungsgrundlage ist der
ökonomische Gewinn nach Zinsen, vgl. hierzu Küpper [2005], S. 258 f.).

Kapitalwert von
Investitions-
projekten

Da die Belohnung des Agenten unmittelbar an den Kapitalwert der Investitionsprojekte gebunden ist, wird der Zielbezug bei Verwendung des
Kapitalwerts von Investitionsprojekten als Bemessungsgrundlage von
Anreizsystemen vollständig erfüllt. Auch der Entscheidungsbezug ist
gegeben, sofern der zu entlohnende Agent für die Auswahl der Investitionsprojekte verantwortlich ist. Allerdings bietet diese Bemessungsgrundlage einen großen Manipulationsspielraum, weil in die Berechnung
des Kapitalwerts überwiegend Planwerte einfließen (vgl. Küpper [2005],
S. 258).

Kapital-
theoretische
Prämienannuität

Um diesen großen Manipulationsspielraum einzuschränken, wurde von
Kah ein modifiziertes kapitaltheoretisches Anreizsystem entwickelt, des-
sen Grundgedanken im Folgenden kurz dargestellt werden (vgl. hierzu
Kah [1994], S. 136 ff.).

Erstens wird die Prämie des Managers sowohl an den Kapitalwert des
Investitionsprojektes als auch an die realisierten Zahlungsüberschüsse
gebunden. Zweitens wird die Prämie als Annuität gleichmäßig auf die
Nutzungsdauer der Investitionsprojekte verteilt. Drittens weist der Manager im Sinne einer rollierenden Investitionsplanung alle geplanten und
realisierten Cashflows der von ihm durchgeführten Investitionsprojekte
während der Projektdauer aus.

Dem Manager wird bereits in der Periode t_0 ein Teil seiner zukünftigen
Prämie ausbezahlt. Durch den frühen Zeitpunkt der Prämiengewährung
sollen die Anstrengungen zur Suche nach Investitionsalternativen sowie
Informationen [zur Verbesserung bereits begonnener Projekte, Anm. d.
Verf.] gefördert und belohnt werden (vgl. Küpper [2005], S. 259).

Abbildung 20.10 enthält ein Beispiel zur kapitaltheoretischen Prämienannuität. In diesem ergibt sich für den Kapitalwert des Investitionsprojekts von $K_0 = 1\,032$ eine Prämie von 155, die 15 % des Kapitalwertes entspricht. Bei einem zugrunde gelegten Zinssatz von 10 % ergibt sich eine Prämienannuität von 44, d. h. dem Manager wird in jeder Periode während der Projektlaufzeit eine Prämie in Höhe von 44 ausbezahlt.

Wiedergewinnungsfaktor (WGF) = 0,31547   (i = 10 %, 4 Jahre)

$$a = \frac{155 \times 0,31547}{(1 + 0,1)^t} = 44,4$$

	t_0	t_1	t_2	t_3
Auszahlung A_0	-1 000			
Überschüsse $Ü_t$		500	1 000	1 000
Kapitalwert K_0	1 032			
Prämie: 15 % auf K_0	155			
Prämienannuität a	44	44	44	44
Gezahlte Prämie P	44			
Guthaben		44	44	44

Abb. 20.10: Ausgangsbeispiel für die kapitaltheoretische Prämienannuität
(Quelle: Kah [1994], S. 141)

Bei Änderungen der Parameter des projektbezogenen Kapitalwerts ist die Prämie anzupassen (der Verbleib des Managers während der gesamten Projektdauer wird unterstellt), weil diese noch nicht komplett an den Manager ausbezahlt wurde. Dies führt zu einer Reduzierung des Manipulationsrisikos durch den Manager. Im Beispiel tritt eine Änderung des Cashflows in Periode t_2 ein. Dieser beträgt nur noch 500 (anstelle der geplanten 1 000). Bei einem gleich bleibenden Überschuss von 1 000 für Periode t_3 verringert sich der Kapitalwert auf 619. In Folge verringert sich auch die zu zahlende Prämie: diese beträgt nur noch 93, weshalb eine Prämienanpassung für die beiden noch ausstehenden Perioden zu erfolgen hat. Die negative Prämienabweichung in Höhe von -62 (= 93 – 155) ist als Annuität a' auf die noch verbleibenden Perioden t_2 und t_3 zu verteilen. Im Ergebnis beträgt die an den Agenten zu zahlende Prämie nur noch 5 (vgl. Abbildung 20.11).

$$a' = -62 \cdot (1+0{,}10)^2 \times \frac{(1+0{,}10)^2 \cdot 0{,}10}{(1+0{,}10)^2 - 1} \times \frac{1}{(1+0{,}10)} = -39$$

	t_0	t_1	t_2	t_3
Auszahlung A_0	-1 000			
Überschüsse $Ü_t$		500	500	1 000
Kapitalwert K_0	619			
Prämie: 15% auf K_0	93			
Prämien alt	155			
Prämienabweichung	-62			
Annuität der Abweichung			-39	-39
Guthaben			44 – 39 = 5	5
Gezahlte Prämie P	44	44	5	

Abb. 20.11: Prämienanpassung in Periode t = 2
(Quelle: Kah [1994], S. 142)

Aufgrund von Rationalisierungsmaßnahmen kann in Periode t_3 abschließend ein Überschuss von 1 500 statt 1 000 realisiert werden (vgl. Abbildung 20.12). Der Manager erhält nun eine Prämie von 80, die sich durch Aufzinsung der Differenz zwischen den gezahlten Prämien und den Beträgen, die ihm aufgrund bereits realisierter Zahlungsüberschüsse noch zustehen, ergibt (vgl. Küpper [2005], S. 260).

$$\text{Aufzinsung } \Delta P = (149 - 93) \times 1{,}1^3 = 74{,}536$$

	t_0	t_1	t_2	t_3
Auszahlung A_0	-1 000			
Überschüsse $Ü_t$		500	500	1 500
Kapitalwert K_0	995			
Prämie: 15 % auf K_0	149			
Prämien alt	93			
Prämienabweichung	56			
Aufzinsung der Abweichung				75
Guthaben				5+75=80
Gezahlte Prämie P	44	44	5	80

Abb. 20.12: Prämienanpassung nach Projektabschluss
(Quelle: Kah [1994], S. 143)

Die kapitaltheoretische Prämienannuität erfüllt alle drei Anforderungen, die an die Bemessungsgrundlage eines Anreizsystems gestellt werden. Die Beurteilung des Ziel- und Entscheidungsbezugs ist identisch mit der des Kapitalwerts der Investitionsprojekte. So ist der Zielbezug gegeben, weil die Belohnung des Agenten unmittelbar an den Kapitalwert des Investitionsprojektes gekoppelt ist. Auch der Entscheidungsbezug ist erfüllt, sofern der zu entlohnende Agent für die Auswahl der Investitionsprojekte verantwortlich ist.

Da die Prämie jetzt auf Basis von realisierten Größen ermittelt wird und bei Änderungen angepasst wird, gilt die Anforderung der Manipulationsresistenz nun weitestgehend als erfüllt. Jedoch birgt die vorgezogene Auszahlung noch nicht realisierter Überschüsse aus Sicht des Prinzipals Risiken, weil die Prämie nur angepasst werden kann, sofern der betroffene Mitarbeiter noch im Unternehmen beschäftigt ist.

Der Einsatz von Prämienguthaben und deren Anpassung ist Inhalt von sog. Bonusbanken, auf deren Anwendungsmöglichkeiten im Folgenden näher eingegangen wird.

Kritische Würdigung

3.3 Anwendung von Bonusbanken

Um die unterschiedlichen Zeitpräferenzen von Prinzipal und Agent anzugleichen und somit auch das Kriterium des Zielbezugs erfüllen zu können, werden in der Unternehmenspraxis sog. Bonusbanken eingesetzt (vgl. hierzu Günther/Plaschke [2004], Witzemann/Currle [2004], AK „Wertorientierte Führung in mittelständischen Unternehmen" [2006] S. 2074 f.). Die Anwendung einer Bonusbank ist prinzipiell für alle Arten von Bemessungsgrundlagen möglich. Nach einer Studie von Aders und Hebertinger setzen 29 % der betrachteten DAX100-Unternehmen eine Bonusbank ein (vgl. Aders/Hebertinger [2003], S. 38).

Kennzeichnend für den Einsatz einer Bonusbank ist die fortlaufende Verbuchung erworbener positiver oder negativer finanzieller Prämienansprüche auf dem persönlichen Konto eines Mitarbeiters. Handelt es sich dabei um einen positiven Bonus, so wird dieser nur anteilig in der Entstehungsperiode an den betreffenden Mitarbeiter ausbezahlt. Im Rahmen einer empirischen Studie gaben 12,1 % der Unternehmen an, eine verzögerte Ausschüttung der Boni vorzunehmen (vgl. Fischer/Rödl [2007], S. 11 f.). Dagegen werden negative Boni sofort mit dem aktuellen Kontostand verrechnet. Gegebenenfalls wird ein negativer Bonus auf zukünftige Perioden vorgetragen. Zumeist wird den Mitarbeitern ein fiktives Startguthaben eingeräumt, das mit erworbenen positiven Prämienansprüchen in der Auszahlungsperiode wieder verrechnet wird. Begründet wird die Gewährung des fiktiven Startguthabens damit, „dass der Mitarbeiter hierdurch die Möglichkeit bekommt, unabhängig von seinen Zeitpräferenzen kapitalwerterhöhende Projekte mit anfangs negativen [Bemes-

Anwendungsbereich

Grundstruktur

sungsgrundlagen, Anm. d. Verf.] zu realisieren" (Witzemann/Currle [2004], S. 632). Um die Kompatibilität der z. B. auf Basis von Residualgewinnen gewährten Boni mit dem Kapitalwertkriterium sicherzustellen, hat eine Verzinsung der einbehaltenen Boni und des fiktiven Startguthabens mit dem Kalkulationszinssatz zu erfolgen. Abbildung 20.13 gibt die Grundstruktur einer Bonusbank wieder.

Ziele

Mit dem Einsatz einer Bonusbank werden aus Unternehmenssicht insbesondere drei Zielsetzungen verfolgt:

1) Reduktion der Volatilität der Bonuszahlungen,
2) Anreiz zum Verbleib im Unternehmen,
3) Förderung der langfristigen Denkweise der Mitarbeiter.

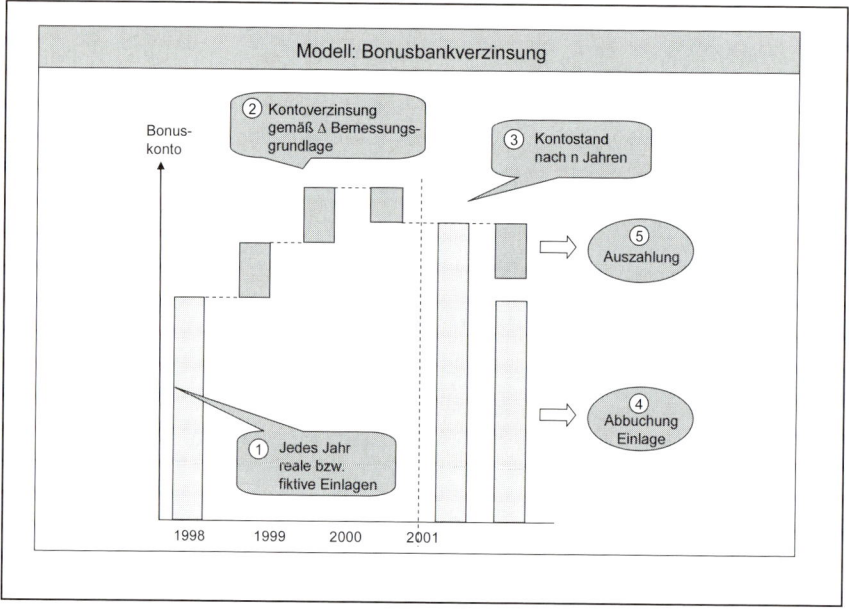

Abb. 20.13: Grundstruktur einer Bonusbank
           (Modifiziert aus: Plaschke [2003], S. 236)

Beispiel 20.9

Ein Beispiel soll die Wirkungsweise von Bonusbanken verdeutlichen (vgl. hierzu Witzemann/Currle [2004], S. 635 ff.). Als Bemessungsgrundlage wird der EVA verwendet. Ausgehend von zuvor festgelegten Zielwerten für den EVA kann der EVA-basierte Bonus berechnet werden. Der ermittelte Bonus wird zunächst vollständig auf persönliche Bonuskonten der jeweiligen Mitarbeiter eingestellt. Hierbei wird von einer dreiteiligen, linearen Tranchenauszahlung ausgegangen, d. h. der jährlich gutgeschriebene Bonus wird in drei gleich große

Tranchen aufgeteilt und über drei Perioden an die betreffenden Mitarbeiter ausgezahlt. Die Bonusbeiträge werden mit einem WACC in Höhe von 10 % verzinst. Somit beträgt die Bonusbankauszahlung (Y) in Periode t:

$$Y_t = \frac{1}{3}\left(B_{t-2} + B_{t-2} \times WACC_t + B_{t-1} + 2 \times B_{t-1} \times WACC_t + B_t\right)$$

Ein etwaiger Malus wird in Form eines Verlustvortrags mit zukünftigen Boni verrechnet. Somit muss der Mitarbeiter im Falle einer negativen Zielerreichung nicht unmittelbar in der betreffenden Periode eine Zahlung an das Unternehmen leisten, wodurch evtl. seine existenzielle Absicherung gefährdet sein könnte. Abbildung 20.14 und Abbildung 20.15 enthalten beispielhaft die Veränderungen des Bonusbankkontos eines Bereichsmanagers über einen Zeitraum von fünf Perioden.

in T€	t_0	t_1	t_2	t_3	t_4			Barwert
EVA-Zielgröße/Mitarbeiter	9 000	9 000	9 000	9 000	9 000			
Zielerreichung	75 %	-100 %	125 %	- 50 %	100 %			
Errechneter EVA-Bonus/Mitarbeiter	6 750	- 9 000	11 250	- 4 500	9 000			9 665
Kontobewegungen								
EVA Bonus (t_0)	2 250	2 250	2 250					
Zins (t_0)		450	225					
EVA Bonus (t_1)		- 3 000	- 3 000	- 3 000				
Zins (t_1)			- 600	- 300				
EVA Bonus (t_2)			3 750	3 750	3 750			
Zins (t_2)				750	375			
EVA Bonus (t_3)				- 1 500	- 1 500	- 1 500		
Zins (t_3)					- 300	- 150		
EVA Bonus (t_4)					3 000	3 000	3 000	
Zins (t_4)						600	300	
Auszahlung Bonusbank	2 250	- 300	2 625	- 300	5 325	1 950	3300	9 665
Bonusbankkontostand	4 500	- 3750	4 500	750	4 500	3000	-	

Abb. 20.14: Kontobewegungen einer EVA-basierten Bonusbank
(Quelle: Modifiziert aus Witzemann/Currle [2004], S. 636)

Erläuterungen der Kontobewegungen in t_2:
a) letztes Drittel der anteiligen Bonuszahlung aus dem Jahr t_0:
   6 750 / 3 = 2 250
b) Verzinsung (10 %) auf restlichen Bonusanspruch:
   2 250 × 0,1 = 225

c) zweites Drittel der anteiligen Verlustbeteiligung aus dem Jahr t_1:
    - 9 000 / 3 = - 3 000

d) Verzinsung (10 %) auf Bestand der Verlustbeteiligung:
    - 6 000 × 0,1 = - 600

e) erstes Drittel der anteiligen Bonuszahlung für das Jahr t_2:
    11 250 / 3 = 3 750

Aufgrund der jährlichen Saldierung der Kontobewegungen kann es zu Unterdeckungen kommen. Im Jahr t_1 stehen dem Mitarbeiter Bonuszahlungen von 2 250 + 450 = 2 700 zu. Da jedoch im Berichtsjahr t_1 eine anteilige Verlustbeteiligung von 3 000 entsteht, resultiert hieraus eine Unterdeckung (sog. „Verlustvortrag") in Höhe von 2 700 – 3 000 = - 300.

in T€	t_0	t_1	t_2	t_3	t_4	Barwert
EVA-Zielgröße/Mitarbeiter	9 000	9 000	9 000	9 000	9 000	
Zielerreichung	75 %	-100 %	125 %	- 50 %	100 %	
Errechneter EVA-Bonus/Mitarbeiter	6 750	- 9 000	11 250	- 4 500	9 000	9 665
BONUSBANK						
Anfangsbestand Bonusbank	-	4 500	- 4 050	4 500	450	
Verzinsung Bonusbank	-	450	- 405	450	45	
Einstellung Bonusbank	6 750	- 9 000	11 250	- 4 500	9 000	
Bonusbank vor Auszahlung	6 750	- 4 050	6 795	450	9 495	
Auszahlung Bonusbank	2 250	-	2 295[1]	-	4 995	6 871
Endbestand Bonusbank	4 500	- 4 050	4 500	450	4 500	2 794

} = 9 665

[1] = 1/3 ($Bonus_{t_0}$ + $Bonus_{t_0}$ × $WACC_{t_2}$ + $Bonus_{t_1}$ + 2 × $Bonus_{t_1}$ × $WACC_{t_2}$ + $Bonus_{t_2}$) + $Verlustvortrag_{t_1}$ × (1+ $WACC_{t_2}$)

= 1/3 (6 750 + 6 750 × 0,1 - 9 000 - 2 × 9 000 × 0,1 + 11 250) - 300 × 1,1 =

= 2 625 - 330 = 2295

Abb. 20.15: Ermittlung der Auszahlungen einer Bonusbank mit Verlustvortrag
        (Quelle: Modifiziert aus Witzemann/Currle [2004], S. 637)

4 Kontrollfragen

1) Was versteht man unter Total Shareholder Return?
2) Beschreiben Sie das Shareholder Value Konzept nach Rappaport!
3) Eignet sich der Discounted Cashflow Ansatz für eine wertorientierte Kontrolle? Was versteht man unter dem Economic Value Added?
4) Was ist die Grundaussage des Preinreich-Lücke-Theorems?
5) Lässt sich der Economic Value Added auch zur Unternehmensbewertung einsetzen?
6) Auf welche Weise wird der Cash Value Added ermittelt?
7) Soll die wertorientierte Steuerung mittels einer Überrenditekennzahl oder mittels eines Residualergebniskonzeptes vorgenommen werden?
8) Auf welche Weise lassen sich Werttreiber und Kostentreiber identifizieren?
9) Welchen Beitrag zur Identifikation von Wert- und Kostentreibern kann die Balanced Scorecard leisten?
10) Wie lassen sich die wertorientierten Steuerungskennzahlen Economic Value Added und Cash Value Added im Rahmen des Kostenmanagements einsetzen?
11) Welche Arten von Bemessungsgrundlagen können unterschieden werden? Wie sind diese zu beurteilen?
12) Wie funktioniert die Anwendung von Bonusbanksystemen?

5 Abkürzungsverzeichnis

β_i	systematisches Risiko
a	Prämienannuität
A	Abschreibungen
adj.	adjustiert
AHK	Anschaffungs- und Herstellkosten
AK	Arbeitskreis
B	Bonus
BCF	Brutto Cashflow
BCG	Boston Consulting Group
BIB	Bruttoinvestitionsbasis
BIBa	abschreibbare Bruttoinvestitionsbasis
c. p.	ceteris paribus
CAPM	Capital Asset Pricing Model
CF	Cashflow
CFRoI	Cashflow Return on Investment
CVA	Cash Value Added
DCF	Discounted Cashflow
DCVA	Discounted Cash Value Added
DEVA	Discounted Economic Value Added

EBIT	Earnings before Interest and Taxes
EBT	Earnings before Taxes
EK	Eigenkapital
EP	Economic Profit
EVA	Economic Value Added
EWF	Endwertfaktor
FCF	Free Cashflow
FK	Fremdkapital
FuE	Forschung und Entwicklung
GK	Gesamtkapital
GKR	Gesamtkapitalrentabilität
GuV	Gewinn- und Verlustrechnung
GWB	Geschäftswertbeitrag
HGB	Handelsgesetzbuch
IFRS	International Financial Reporting Standards
K	Anzahl der Kunden
k	Kapitalkosten, ökonomischer Kalkulationszinsfuß
KB	Kapitalbasis, Kapitalbindung
M	Materialkosten
MA	Anzahl der Mitarbeiter
MVA	Market Value Added
MVK	Marketing- und Vertriebskosten
MW	Marktwert
MWZ	Marktwertzuwachs
n	Nutzungsdauer
n. St.	nach Steuern
NAA	nicht abgeschriebene Aktiva
NOPAT	Net Operating Profit after Taxes
NOPBT	Net Operating Profit before Taxes
ök.	ökonomisch
P	Personalkosten
r	Kapitalrendite
r_{EK}	Eigenkapitalkostensatz
r_f	risikofreier Zinssatz
r_{FK}	Fremdkapitalkostensatz
r_i	erwartete Rendite einer Kapitalanlage i
r_{ind}	industriespezifischer Risikozuschlag
r_{kde}	kundenspezifischer Risikozuschlag
r_M	erwartete Rendite des Marktportfeuilles
r_{prj}	projektspezifische Kapitalkostensatz
r_{WACC}	gewichteter durchschnittlicher Kapitalkostensatz
RBF	Rentenbarwertfaktor
RoI	Return on Investment
s	Steuersatz
t	Periode
TSR	Total Shareholder Return
U	Umsatz
WACC	weighted average cost of capital

WGF   Wiedergewinnungsfaktor
Y   Bonusbankauszahlung
z   kalkulatorische Zinsen

6 Literaturhinweise

Aders, C./Hebertinger, M. (2003): Value Based Management - Shareholder Va-
  lue-Konzepte – Eine Untersuchung der DAX100-Unternehmen, in: Ball-
  wieser, W./Wesner, P./KPMG (Hrsg.): Value Based Management, Frankfurt am Main 2003.

AK „Wertorientierte Führung in mittelständischen Unternehmen" der Schmalenbach-Gesellschaft für Betriebswirtschaft e.V. (2006): Gestaltung wertorientierter Vergütungssysteme für mittelständische Unternehmen, in: Der
  Betriebs-Berater 2006, S. 2066-76.

Bühner, R. (1996): Kapitalmarktorientierte Unternehmenssteuerung - Aktionärs-
  orientierte Unternehmensführung, in: Wirtschaftswissenschaftliches Studium 1996, S. 334–338.

Busse von Colbe, W. (1997): Was ist und was bedeutet Shareholder Value aus
  betriebswirtschaftlicher Sicht?, in: Zeitschrift für Unternehmens- und Ge-
  sellschaftsrecht 1997, S. 271–290.

Coenenberg, A. G. (2001): Segmentberichterstattung als Instrument der Bilanzanalyse, in: Der Schweizer Treuhänder 2001, S. 593-606.

Coenenberg, A. G. (2005): Jahresabschluss und Jahresabschlussanalyse, 20.
  Aufl., Stuttgart 2005.

Coenenberg, A. G./Mattner, G. R./Schultze W. (2002): Kostenmanagement im
  Rahmen der wertorientierten Unternehmensführung, in: Franz, K.-
  P./Kajüter P. (Hrsg.): Kostenmanagement, 2. Aufl., Stuttgart 2002, S. 33-
  46.

Copeland, T. E./Koller, T./Murrin, J. (2002): Unternehmenswert,
  3. Aufl., Frankfurt a. M. 2002.

Crasselt, N./Pellens, B./Schremper, R. (2000): Konvergenz wertorientierter
  Kennzahlen, in: WISU 2000, S. 72-78 und S. 205-208.

Dierks, P. A./Patel, A. (1997): What is EVA, and how can it help your company?
  In: Management Accounting 1997, Heft 5, S. 52-58.

Drukarczyk, J. (1993): Theorie und Politik der Finanzierung. 2. Aufl., München
  1993.

Eidel, U. (1999): Moderne Verfahren der Unternehmensbewertung und Perfor-
  mance-Messung, Berlin 1999.

Fehr, B. (1998): Wie das EVA-Konzept die Shareholder-Value-Bewegung an-
  treibt, in: Frankfurter Allgemeine Zeitung vom 03.06.1998, S. 31.

Fischer, T. M./Rödl, C. (2007): Unternehmensziele und Anreizsysteme – Theoretische Grundlagen und empirische Befunde aus deutschen Unternehmen, in: Controlling 2007, S. 5-14.

Fischer, T. M./Schmitz, J. (1998): Kapitalmarktorientiertes Zielkostenmanagement, in: Möller, H. P./Schmidt, F. (Hrsg.): Rechnungswesen als Instrument für Führungsentscheidungen, Festschrift für Adolf G. Coenenberg zum 60. Geburtstag, Stuttgart 1998, S. 203-230.

Fischer, T. M./Vielmeyer, U. (2002): Messung der Wertbeiträge von Zuliefererbeziehungen und Kern-Vermögenskapazitäten, in: Zeitschrift für Planung 2002, S. 285-302.

Franz, K.-P./Winkler, C. (2005): Unternehmenssteuerung nach IFRS: Grundlagen und Praxisbeispiele, München 2005.

Gaitanides, M. (2003): Process Value: Zum Wertbeitrag intra- und interorganisatorischer Prozesse, in: Hoffmann, W. H. (Hrsg.): Die Gestaltung der Organisationsdynamik: Konfiguration und Evolution, Stuttgart 2003, S. 309-326.

Günther, T. (1997): Unternehmenswertorientiertes Controlling, München 1997.

Günther, T./Plaschke, F. J. (2004): Gestaltung unternehmensinterner wertorientierter Management-Incentive-Systeme, in: Betriebsberater 2004, S. 1211-1219.

Henkel (Hrsg.) (2006): Geschäftsbericht 2005, Düsseldorf 2006.

Herter, R. N. (1994): Unternehmenswertorientiertes Management - Strategische Erfolgsbeurteilung von dezentralen Organisationseinheiten auf der Basis der Wertsteigerungsanalyse, München 1994.

Hostettler, S. (2002): Economic Value Added (EVA), 5. Aufl., Bern u. a. 2002.

Kah, A. (1994): Profitcenter-Steuerung, Stuttgart 1994.

Kaplan, R. S./Norton, D. P. (1992): The Balanced Scorecard – Measures That Drive Performance, in: Harvard Business Review 1992, Heft 1, S. 71-79.

Küpper, H.-U. (1998): Marktwertorientierung – Neue und realisierbare Ausrichtung für die interne Unternehmensrechnung? In: Betriebswirtschaftliche Forschung und Praxis 1998, S. 517-539.

Küpper, H.-U. (2005): Controlling   Konzeption, Aufgaben, Instrumente, 4. Aufl., Stuttgart 2005.

Lücke, W. (1955): Investitionsrechnungen auf der Basis von Ausgaben oder Kosten?, in: Zeitschrift für handelswissenschaftliche Forschung 1955, S. 310-324.

Mengele, A. (1999): Shareholder-Return und Shareholder-Risk als unternehmensinterne Steuerungsgrößen: Wertsteigerungs- und risikoorientierte Unternehmensführung auf Basis des Shareholder-Value-Konzepts, Stuttgart 1999.

O'Hanlon, J./Peasnell, K. (1998): Wall Street's Contribution to Management Accounting: The Stern Stewart EVA Financial Management System, in: Management Accounting Research 1998, S. 421-444.

Pellens, B./Tomaszewski, C./Weber, N. (2000): Wertorientierte Unternehmensführung in Deutschland, in: Der Betrieb 2000, S. 1825-1833.

Pfaff, D./Bärtl, O. (1999): Wertorientierte Unternehmenssteuerung – Ein kritischer Vergleich ausgewählter Konzepte, in: Gebhard, G./Pellens, B. (Hrsg.): Rechnungswesen und Kapitalmarkt, zfbf Sonderheft 41, Frankfurt a. M. 1999, S. 85-115.

Plaschke, F. J. (2003): Wertorientierte Management-Incentive-Systeme auf Basis interner Wertkennzahlen, Wiesbaden 2003.

Porter, M. E. (2000): Wettbewerbsvorteile, Frankfurt a. M./New York 2000.

Rappaport, A. (1986): Creating Shareholder Value, New York/London 1986.

Schneider, D. (1992): Investition, Finanzierung und Besteuerung, 7. Aufl., Wiesbaden 1992.

Schneider, D. (1998): Marktwertorientierte Unternehmensrechnung: Pegasus mit Klumpfuß, in: Der Betrieb 1998, S. 1473-1478.

Schultze, W. (2003): Methoden der Unternehmensbewertung, 2. Aufl., Düsseldorf 2003.

Schwetzler, B. (1996): Die Kapitalkosten von kurzfristigen Rückstellungen, in: Betriebswirtschaftliche Forschung und Praxis 1996, S. 442-466.

Sharpe, W. F. (1964): Capital Asset Prices - A Theory of Market Equilibrium under Conditions of Risk, in: Journal of Finance 1964, S. 425-442.

Stelter, D. (1999): Wertorientierte Anreizsysteme, in: Bühler, W./Siegert, T. (Hrsg.): Unternehmenssteuerung und Anreizsysteme, Stuttgart 1999, S. 207-241.

Stern, J. M./Stewart, G. B./Chew, D. H. (1995): The EVA Financial Management System. In: Journal of Applied Corporate Finance 1995, Nr. 2, S. 32-46.

Stewart, G. B. III (1991): The Quest for Value, New York 1991.

Strack, R./Hansen, J./Dörr, T. (2001): Wertmanagement: Implementierung und Erweiterung um das Human und Customer Capital, in: Kostenrechungspraxis 2001, Sonderheft 1, S. 63-73.

Strack, R./Villis, U. (2001): RAVE: Die nächste Generation im Shareholder Value Management, in: Zeitschrift für Betriebswirtschaft 2001, S. 67-84.

Volkart, R./Labhart, P./Suter, R. (1998): Unternehmensbewertung auf „EVA"-Basis – Neue Möglichkeiten der Informationsvertiefung. Arbeitspapier des Instituts für schweizerisches Bankwesen der Universität Zürich, Zürich 1998.

Wagenhofer, A. (1999): Anreizkompatible Gestaltung des Rechnungswesens, in: Bühler, W./Siegert, T. (Hrsg.): Unternehmenssteuerung und Anreizsysteme, Stuttgart 1999, S. 183-205.

Witzemann, T./Currle, M. (2004): Bonusbanken – Unternehmenswertsteigerung und Managementvergütung langfristig verbinden, in: Controlling 2004, S. 631-638.

Young, S. D./O´Byrne, S. F. (2001): EVA and Value-based Management, New York 2001.

Kapitel 21
Integrierte Planungs- und Budgetierungssysteme

1   Einführung

Um die Mitarbeiter zu unternehmerischem Denken und Handeln zu motivieren, möchte die „Rentabel AG" die Zuweisung von Finanzmitteln für die einzelnen Geschäftsbereiche künftig durch ein dezentrales Budgetierungs-
system vornehmen. Der Leiter der Controlling-Abteilung G. Winn wird aufgefordert, dem Vorstand hierfür geeignete Budgetierungskonzepte auf der
nächsten Sitzung vorzustellen. Gleichzeitig sollen die Budgets der operativen
Planung stärker mit den strategischen Zielen verzahnt werden. Insofern benötigt die „Rentabel AG" ein integriertes Planungssystem, in das die Budgetierungsprozesse eingebunden werden. Zur Erhöhung der Mitarbeitermotiva-
tion wird Herr G. Winn um Erläuterungen gebeten, durch welche Controllinginstrumente Anreize für eine wahrheitsgemäße Berichterstattung der Geschäftsbereiche an die Unternehmenszentrale gegeben werden könnten.

Das übergeordnete Ziel eines Unternehmens sollte – zumindest in einem
marktwirtschaftlichen Umfeld – die langfristige Sicherung der betrieblichen Erfolge sein. Für das Rechnungswesen und Controlling ergibt sich
hieraus die Aufgabe, durch geeignete operative Größen (z. B. Betriebsergebnis, Produktions- und Absatzmengen) das Ziel der langfristigen Existenzsicherung zu planen und zu kontrollieren. Ferner ist zu fragen, wie
diese operativen Größen in der Unternehmensplanung integriert abgebildet werden können. Aufbauend auf diesen grundsätzlichen Problemstellungen ist der Frage nachzugehen, welche betrieblichen Ressourcen eingesetzt werden können, um die Ziele des Unternehmens bzw. seiner Geschäftsbereiche zu realisieren. Diese Leitfrage führt zur Implementierung
von Budgetierungssystemen. Zunächst werden die Inhalte und Funktio-

nen von Budgets näher vorgestellt. Im Anschluss daran wird ein fundierter und würdigender Überblick über die gegenwärtig in Theorie und Praxis diskutierten Verfahren der Budgetierung gegeben. Im Einzelnen werden eher traditionellere Verfahren der periodischen Budgetierung, aperiodische Verfahren zur Gemeinkostenbudgetierung sowie neuere Ansätze der Budgetierung thematisiert. Die Wirksamkeit der Budgetierung für Zwecke der Unternehmenssteuerung setzt jedoch eine Partizipation der Geschäftsbereiche im Sinne von unverfälschter Informationsweitergabe voraus. Aus diesem Umstand ergibt sich die Fragestellung, durch welche Instrumente sich eine wahrheitsgemäße Berichterstattung der Geschäftsbereiche erreichen lässt. Zur Behandlung dieser Leitfrage wird das Themenfeld der Anreizsysteme angesprochen, wobei der Fokus auf Ansätzen speziell zur Verhinderung von Informationsmanipulationen liegt. Zum einen werden hierbei das Weitzman-Schema und das Schema nach Osband und Reichelstein als Beispiele für individuelle Anreizsysteme thematisiert. Zum anderen werden das Profit Sharing und das Groves-Schema als Exemplare für kollektive Anreizsysteme vorgestellt.

2   Zusammenhang von Erfolgspotenzial, Erfolg und Liquidität

Interdependenz der Steuerungsebenen

Das Globalziel der langfristigen Existenzsicherung muss das vorrangige Ziel der Unternehmenspolitik darstellen. Dieses hängt in erster Linie von den Erfolgspotenzialen des Unternehmens ab, die als Deckungsgrad zwischen den Stärken und Schwächen des Unternehmens und den Chancen und Risiken des Umfelds konkretisiert werden können.

Erfolg und Liquidität, d. h. die Erzielung positiver Ergebnisse sowie die Sicherung der Liquidität, sind die operativen Zielgrößen im Unternehmen. Das Erfolgsziel leitet sich einerseits aus der Notwendigkeit der Deckung von Eigen- und Fremdkapitalbedarfen ab. Wird in diesem Sinne Wert generiert, so ist damit die Finanzierungsbereitschaft des Kapitalmarkts gewährt und insoweit auch das Liquiditätsziel mit betroffen. Darüber hinaus stellt das Liquiditätsziel auf die langfristige Sicherung der Zahlungsbereitschaft des Unternehmens ab, um eine Überschuldung und Zahlungsunfähigkeit zu vermeiden. Dieser Zusammenhang zwischen Erfolgs- und Liquiditätsziel im Hinblick auf die Wertgenerierung ist anhand der Instrumente des Rechnungswesens in Abbildung 21.1 verdeutlicht.

Finanzierung und Investition einerseits (Bilanz) sowie Ressourceneinsatz für Geschäftsprozesse und Ertragsrealisation andererseits (Ergebnisrechnung) sind mit den Finanz- und Kapitalmärkten wie ein System kommunizierender Röhren verknüpft. Das System ist solange im Gleichgewicht, wie eine die Kapitalkosten mindestens deckende Rendite erzielt und der Finanzierungsspielraum für neue Investitionen gesichert ist. Zu berücksichtigen sind hier zudem die Kapitalflussrechnung, die Einblick in die Liquiditätslage des Unternehmens gibt, sowie die Segmentberichterstattung, die Rückschlüsse auf die erfolgs- und finanzwirtschaftliche Entwicklung der Geschäftsbereiche eines Unternehmens ermöglicht.

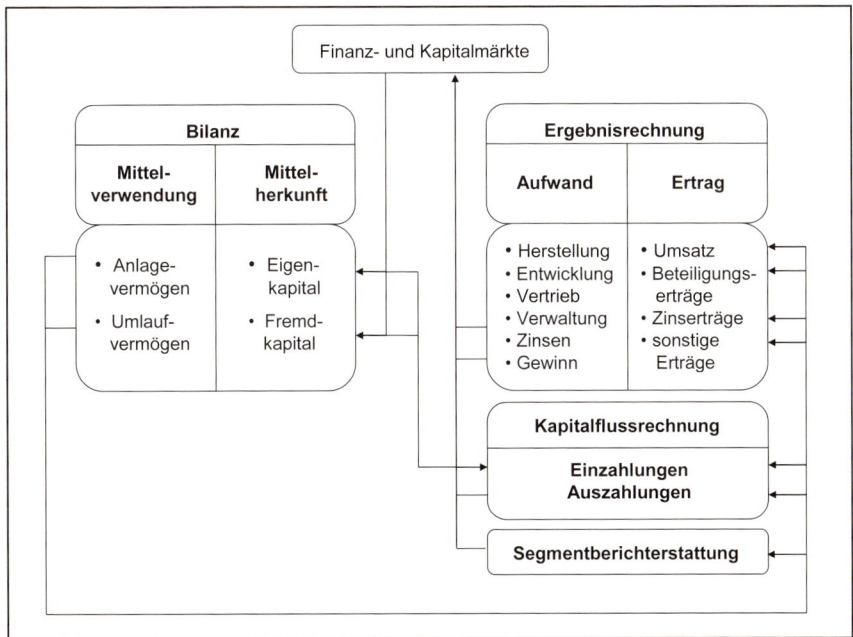

Abb. 21.1: Erfolgs- und finanzwirtschaftlicher Kreislauf

Die Erfolgspotenzialziele führen zu Ergebniszielen, die ihrerseits Auswirkungen auf die Liquiditätsziele haben. Umgekehrt führen vorgegebene Liquiditätsziele zu bestimmten Anforderungen an die Erfolgsziele, die sich ihrerseits auf die Erfolgspotenzialziele auswirken.

Wegen dieser Interdependenz zwischen den Steuerungsebenen Erfolgspotenzial, Erfolg und Liquidität müssen diese miteinander verknüpft und integrativ gesteuert werden.

Da die drei Führungsebenen Erfolgspotenzial, Erfolg und Liquidität interdependent sind, muss ein Zielbereich als Ausgangspunkt der Planung angenommen werden. Die Abstimmung erfolgt dann iterativ. Welcher Bereich den Ausgangspunkt bildet, ist zum Teil Ausdruck der Grundhaltung in der Unternehmensführung: So neigen konservativere Unternehmen eher dazu, von der finanzwirtschaftlichen Ebene auszugehen, progressivere Unternehmen rücken strategische Überlegungen in den Vordergrund.

Eine Abstimmung der verschiedenen Unternehmensziele kann über die Feststellung des finanziellen Spielraums und die Ermittlung einer Gleichgewichtsrendite erfolgen.

Finanzieller Spielraum

Die Erfassung des finanziellen Spielraums des Unternehmens dient als strategisches Instrument zur Festlegung der allgemeinen Investitions- und Finanzierungspolitik. Dabei stellt der finanzielle Spielraum die freie Verfügbarkeit über finanzielle Mittel für noch nicht getätigte Investitionen dar und wird durch ein Abwägen der unternehmerischen Zielvariablen – Wachstum, Risiko und Rendite – bestimmt. Die drei Größen bedingen einander gegenseitig, da höhere Rendite- und Wachstumschancen meistens mit einem höheren Risiko verbunden sind.

Gleichgewichtsrendite

Eine Möglichkeit zur Abstimmung der Steuerungsebenen ist die Festlegung einer Gleichgewichtsrendite, die als Mindestrendite vom Unternehmen bzw. den Bereichen zu erwirtschaften ist. Die Gleichgewichtsrendite, deren Aufgabe es sein muss, die Zielkonflikte auszugleichen, kann definiert werden als die aus den langfristigen Planungen der Unternehmen abgeleitete Mindestverzinsung. Die Gleichgewichtsrendite als Steuerungsfaktor für die einzelnen Geschäftsbereiche ist insbesondere im Hinblick auf das Rendite ziel des Gesamtunternehmens von Bedeutung. Die zentrale Unternehmensleitung muss das Investitionsportfolio so gestalten, dass die erzielten Renditen der einzelnen Geschäftsbereiche zur gewünschten Gesamtrendite des Unternehmens führen und die Bilanzstrukturvorgaben erfüllt werden.

Die erforderliche Rendite muss mindestens der Höhe der von den Kapitalgebern geforderten Verzinsung ihres eingesetzten Kapitals (Eigen- und Fremdkapital) entsprechen. Für die Beurteilung von Investitionen genügt diese Ausrichtung allerdings nicht. Zum einen muss jede Investition mit einer Alternativinvestition verglichen werden, soweit eine solche zur Verfügung steht. Zum anderen müssen Mindestrenditen für die Geschäftsfelder individuell festgelegt werden, da die Bereiche oft auf verschiedenen Gebieten tätig sind und unterschiedlichem Risiko unterliegen.

Außerdem ist den Opportunitäten der Märkte durch Benchmarking Rechnung zu tragen.

Als Steuerungsinstrument kann die Gleichgewichtsrendite deshalb nur als Ausgangspunkt herangezogen werden. Unter Berücksichtigung der bereichsspezifischen Situationen müssen dann die bereichsspezifischen Renditenormen festgelegt werden, an denen dann die Divisionen zu messen sind.

Ableitung von Renditezielen

Renditeziele ergeben sich in einer Art Gegenstromverfahren auf zweierlei Weise: Einerseits leitet sich das Renditeziel aus der gedanklichen Zerlegung strategischer Pläne in operative Zielgrößen ab. Andererseits stellt sich das Mindestrenditeniveau aus der Notwendigkeit der Alimentierung einer bestimmten Liquiditäts- und Finanzierungsstruktur und der damit verbundenen Kapitalkostensätze dar. Der sich so ergebende Steuerungszusammenhang zwischen den drei Zielebenen ist in Abbildung 21.2 veranschaulicht.

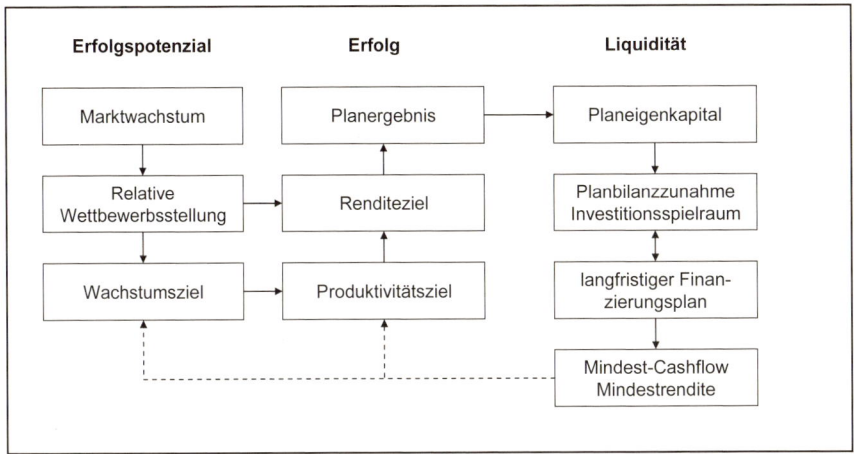

Abb. 21.2: Zusammenhang zwischen strategischer, operativer und finanzwirtschaftlicher Planung

Das Niveau der Mindestrendite hängt dabei von den Erwartungen der Kapitalgeber ab. Diese sind von zwei Seiten her zu quantifizieren:

1) Man versucht, die Erwartungen der Kapitalgeber z. B. aus statistischen Daten über Risiko-Rendite-Zusammenhänge abzuleiten. Die Ermittlung der Kapitalkostensätze im Rahmen der wertorientierten Steuerung entspricht diesem Ansatz.
2) Man definiert die Erwartungen der Kapitalgeber durch die Bonitätskriterien, die als Anforderung an die Bilanzstruktur formuliert sind. Diese ergeben sich aus den Anforderungen von Rating-Agenturen, die die Bonität von Unternehmen bewerten.

Nachdem die Kapitalkostenbetrachtung in den Ausführungen zur wertorientierten Steuerung ausführlich diskutiert worden ist (vgl. Abschnitt 2.2.1 in Kapitel 20), soll im Folgenden der Einfluss von Bonitätsregeln in den Vordergrund gerückt werden. Folgende Bonitätsregeln seien beispielhaft angenommen: *Bonitätsregeln*

1) Eigenkapital ≥ 1/3 × Gesamtkapital
2) langfristiges Kapital ≥ langfristiges Vermögen
3) Effektivverschuldung ≤ 3,5 × Cashflow

Auf der Grundlage dieser drei Kennzahlen lassen sich strategische und operative Planung einerseits und bilanzielle Finanzplanung andererseits miteinander verzahnen. Das zeigt die Abbildung 21.3 anhand eines Zahlenbeispiels.

Beispiel 21.1

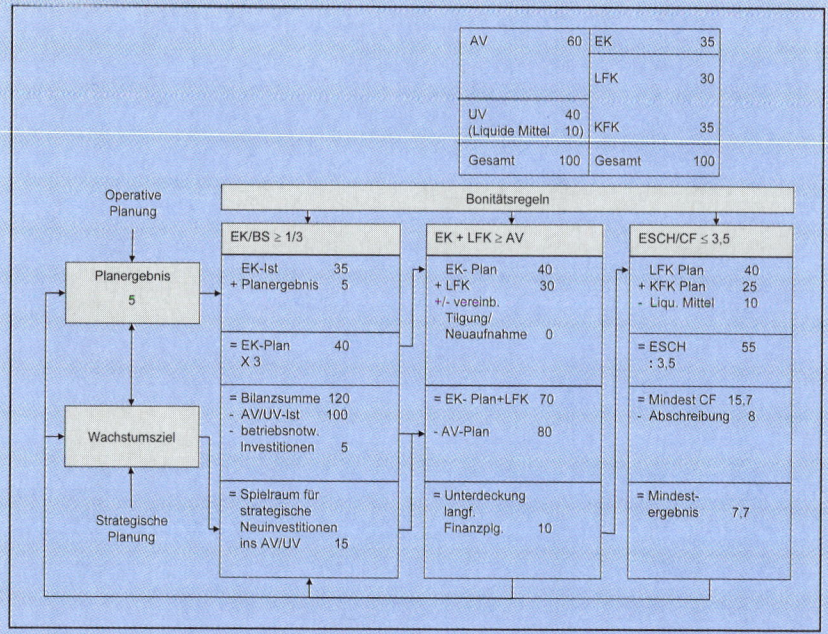

Abb. 21.3: Abstimmung von strategischer, operativer und finanzwirtschaftlicher Planung

Integration von strategischer, operativer und finanzwirtschaftlicher Steuerung

Durch das aus der operativen Planung stammende Planergebnis 5 ergibt sich ein Plan-Eigenkapital von 40, aus dem über die Bonitätsregel (1) eine maximale Bilanzsumme von 120 folgt. Zieht man das vorhandene Vermögen und zusätzlich die betriebsnotwendigen Investitionen zur Aufrechterhaltung des laufenden Geschäfts ab, so bleibt ein durch die Finanzrestriktion gesetzter Spielraum für strategische Neuinvestitionen in Höhe von 15. Würden diese Investitionen entsprechend den Vorgaben aus der strategischen Planung durchgeführt, wäre in der Folge Bonitätsregel (2) verletzt.

Die sich abzeichnende Unterdeckung des Anlagevermögens durch langfristiges Kapital könnte z. B. durch zusätzliche Fremdkapitalaufnahme beseitigt werden, ohne die Regel (1) zu verletzen. Allerdings steigt dadurch die Effektivverschuldung, die sich aus der Summe aus langfristigem und kurzfristigem Fremdkapital abzüglich der liquiden Mittel (Kasse, Bankguthaben etc.) ergibt. Um die Bonitätsregel (3) einzuhalten, muss künftig ein Cashflow von mindestens 15,7 erwirtschaftet werden.

Aus diesem leitet sich nach Abzug der aus der Plan-Gewinn- und Verlustrechnung stammenden Abschreibungen von 8 ein künftiges Mindestergebnis in Höhe von 7,7 ab. Diese notwendige Ergebnissteigerung gegenüber dem aktuellen Planergebnis von 5 muss entweder bereits aus den strategischen Neuinvestitionen fließen oder durch geeignete Maßnahmen im Rahmen des operativen Managements. So zeigt bereits dieses gegenüber der Realität stark vereinfachte Beispiel noch einmal den engen Zusammenhang zwischen den Zielgrößen Erfolgspotenzial, Erfolg und Liquidität und den damit verbundenen Steuerungsebenen sowie die Notwendigkeit eines integrierten, iterativ aufgebauten Planungs- bzw. Budgetierungssystems.

3 Budgetierung als Instrument zur Steuerung von Geschäftsbereichen

In vielen Unternehmen stellt die Budgetierung ein wichtiges Führungsinstrument dar: „Die Budgetierung kann wohl als „der Klassiker" zur Prognose, Koordination und Motivation in größeren Unternehmen betrachtet werden." (Weber/Linder [2003], S. 8).

Trotz der verbreiteten Anwendung von Budgets in der Unternehmenspraxis hat sich kein einheitliches Verständnis des Begriffs und der mit der Budgetierung verbundenen Funktionen herausgebildet (vgl. Ewert/ Wagenhofer [2005], S. 414; Weber/Linder [2003], S. 8). Aus diesem Grund sollen zunächst die Inhalte und Funktionen von Budgets bzw. der Budgetierung aufgezeigt werden, bevor die traditionelle Budgetierung erläutert wird. Danach werden mit „Better Budgeting", „Beyond Budgeting" und „Advanced Budgeting" Alternativen zur traditionellen Budgetierung vorgestellt. Diese unterscheiden sich durch „die Radikalität, mit der jeweils der Budgetierungs-Prozess verändert wird." (Gleich/Greiner/Hofmann [2006], S. 287).

Bedeutung

3.1 Inhalte und Funktionen von Budgets

Im Folgenden wird als Budget „ein formalzielorientierter, in wertmäßigen Größen formulierter Plan, der einer Entscheidungseinheit für eine bestimmte Zeitperiode mit einem bestimmten Verbindlichkeitsgrad vorgegeben wird" (Göpfert [1993], Sp. 589 f.) bezeichnet. Dabei können verschiedene Arten von Budgets, wie z. B. Beschaffungs-, Absatz-, Investitions-, Kosten- oder Verwaltungsbudgets, unterschieden werden.

Definition von Budget

<table>
<tr><td>

Definition von Budgetierung

</td><td>

Die Budgetierung umfasst den gesamten Prozess der „Aufstellung, Vorgabe und Kontrolle von Budgets" (Göpfert [1993], Sp. 591).

</td></tr>
</table>

Definition von Budgetierung

    Die Budgetierung umfasst den gesamten Prozess der „Aufstellung, Vorgabe und Kontrolle von Budgets" (Göpfert [1993], Sp. 591).

Funktionen

Mit Budgets werden folgende Funktionen erfüllt (vgl. hierzu Küpper [2005], S. 337 f. und Weber/Linder [2003], S. 8 f.):

1) Motivationsfunktion
2) Prognosefunktion
3) Allokationsfunktion
4) Vorgabefunktion
5) Initiierungsfunktion
6) Kontrollfunktion
7) Koordinationsfunktion

Motivationsfunktion

1) Motivationsfunktion
Die Steuerung der Geschäftsbereiche mit Hilfe von Budgets beruht im Wesentlichen auf der Prämisse, dass Mitarbeiter durch Budgets in stärkerem Maße motiviert werden können, sich für die Erreichung der Unternehmensziele einzusetzen als durch Maßnahmenpläne.

Prognosefunktion

2) Prognosefunktion
Um die begrenzten finanziellen Ressourcen des Unternehmens optimal zu verwenden, wird vor Vergabe der einzelnen Budgets versucht, die zukünftige Umweltsituation zu prognostizieren. Durch die Prognose zukünftiger Entwicklungen wird die mit der Entscheidungssituation verbundene Unsicherheit reduziert, was zu einer Erhöhung der Entscheidungsqualität beiträgt.

Allokationsfunktion

3) Allokationsfunktion
Auf Grundlage dieser Prognosen werden die verfügbaren finanziellen und nicht-finanziellen Ressourcen auf die Geschäftsbereiche aufgeteilt. Damit ist Budgets oder der Budgetierung auch eine Allokationsfunktion zuzusprechen.

Vorgabefunktion

4) Vorgabefunktion
Dabei werden den Geschäftsbereichen durch die Budgetgrößen zugleich Ziele vorgegeben, die diese erreichen sollen.

Initiierungsfunktion

5) Initiierungsfunktion
Um diese durch Budgets gesetzten Ziele zu erreichen, sind in den einzelnen Geschäftsbereichen entsprechende Maßnahmen durchzuführen. Somit erfüllen Budgets oder die Budgetierung auch eine Initiierungsfunktion, weil durch deren Vorgabe Handlungen von Mitarbeitern ausgelöst werden.

6) Kontrollfunktion

Im Anschluss an die Durchführung der Maßnahmen werden für jeden Geschäftsbereich die realisierten mit den vorgegebenen Budgetgrößen verglichen; aus der Abweichungsanalyse entsteht die Kontrollfunktion.

Kontroll-
funktion

7) Koordinationsfunktion

Schließlich kommt Budgets oder der Budgetierung eine Koordinationsfunktion zu. Mit Hilfe von Budgets erfolgt sowohl eine sachliche als auch personelle Koordination der Teileinheiten und deren Handlungen im Unternehmen. Bei der Bestimmung der Budgets sind die zwischen den Teileinheiten und deren Entscheidungen bestehenden Interdependenzen zu berücksichtigen.

Koordinations-
funktion

3.2 Periodische Budgetierung

Die Budgetierung von Unternehmen umfasst strategische und operative Aspekte. Zur strategischen Budgetierung gehören Planungen und Analysen bezüglich der Produktsegmente, z. B. hinsichtlich Marktvolumina, Marktwachstumsraten, (relative) Marktanteile oder (Rest-)Dauer von Produktlebenszyklen. Diese Informationen stellen wichtige Rahmenbedingungen für das operative Absatzbudget dar. Strategische Aspekte für das Produktionsbudget sind z. B. die Standortwahl oder die Verfügbarkeit von Produkt- oder Prozesstechnologien.

Die gesamte operative Budgetierung des Unternehmens kann anhand eines Systems von Budgets, dem sog. Master Budget, dargestellt werden (vgl. hierzu Ewert/Wagenhofer [2005]).

Master Budget

Zumeist stellt das Absatzbudget, das sich aus der Absatzprognose und den Absatzpreisen ergibt, den Ausgangspunkt für das Master Budget dar. Hieraus ergibt sich unter Beachtung geplanter Lagerbestandsveränderungen das Produktionsbudget. Dieses wiederum kann in diverse Budgets für einzelne Kostenarten (z. B. Materialkostenbudget) und die materialbezogenen Beschaffungswerte, deren Planung wieder die Berücksichtigung der angestrebten Lagerbestandsveränderungen erfordert, aufgeteilt werden. Diese Budgets werden um weitere Spezialbudgets, insbesondere dem Forschungs- und Entwicklungsbudget und dem Vertriebs- und Verwaltungskostenbudget, ergänzt. Im Ergebnis bilden diese Budgets, welche die operativen Tätigkeiten des Unternehmens abbilden, das sog. Operating Budget. Dessen Ergebnis stellt das Erfolgsbudget dar.

Sequentielle
Planung
des Master
Budgets

Der Finanzplan, der die in der betrachteten Planperiode erwarteten Zahlungsüberschüsse zeitlich differenziert umfasst, ist eine weitere Komponente des Master Budgets. Zur Erstellung des Finanzplans werden Informationen des Operating Budgets und des Investitionsbudgets benötigt. Schließlich stellt die Planbilanz das Ergebnis der Budgetierung dar (vgl. Abbildung 21.4).

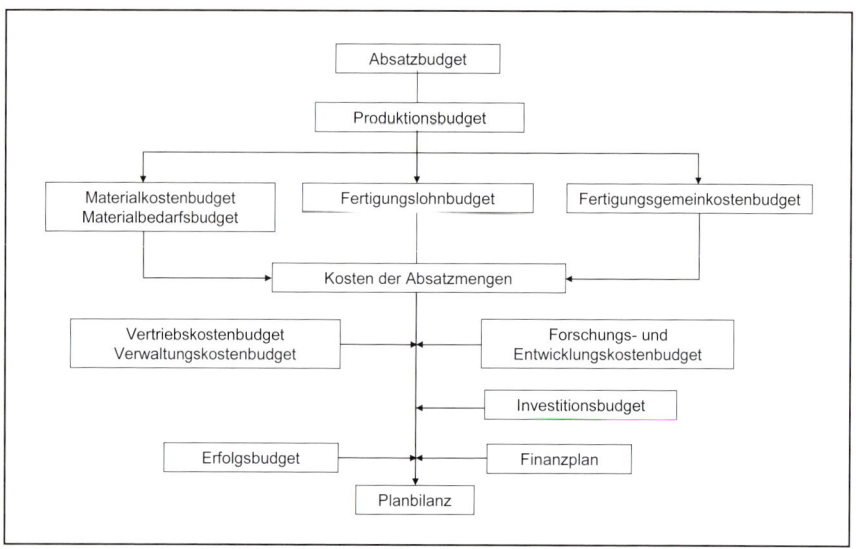

Abb. 21.4: Budgets im Planungsprozess
(Quelle: Ewert/Wagenhofer [2005], S. 419)

Beispiel 21.2

Im Folgenden soll der Prozess zur Ableitung des Erfolgsbudgets anhand einer Zweiprodukt-Unternehmung beispielhaft verdeutlicht werden (in Anlehnung an Ewert/Wagenhofer [2005], S. 419-423).

In den folgenden Tabellen kennzeichnen kursive Zahlen diejenigen Größen, die im jeweiligen Budgetierungsschritt neu ermittelt werden.

Den Ausgangspunkt des Master Budgets stellt das Absatzbudget entsprechend Tabelle 21.1 dar, das eine Schätzung von Absatzpreisen und Absatzmengen der zwei Produkte für die Folgeperiode erfordert. Die geschätzten Umsatzerlöse für die folgende Periode ergeben sich als Produkt von geschätztem Absatzpreis und geschätzter Absatzmenge.

Produkt	1	2
Preis	300	380
Absatzmenge	14 000	16 000
Umsatzerlöse	*4 200 000*	*6 080 000*

Tab. 21.1: Absatzbudget

Aus dem Absatzbudget lässt sich unter Berücksichtigung von Anfangs- und gewünschten Endbeständen das Produktionsbudget in Form der Produktionsmengen für die zwei Produkte ableiten (vgl. Tabelle 21.2). Die gewünschten Endbestände erfordern hierbei eine über die Folgeperiode hinausgehende Absatz- und Produktionsplanung.

Produkt	1	2
Absatzmenge	14 000	16 000
./. Anfangsbestand	2 000	3 000
+ gewünschter Endbestand	5 000	4 000
= *Produktionsmengen*	*17 000*	*17 000*

Tab. 21.2: Produktionsbudget

Auf Basis der geplanten Produktions- und Absatzmengen kann das Materialkostenbudget gebildet werden, wobei für die Produkte zwei verschiedene Materialien verwendet werden. Hierfür sind produktspezifische Verbrauchskoeffizienten, die die für die Produktion einer Einheit des entsprechenden Endproduktes nötigen Einheiten am jeweiligen Material angeben, sowie die Beschaffungspreise für die Einsatzstoffe erforderlich. Der Bedarf der jeweiligen Materialien für die Absatz- bzw. Produktionsmengen der Endprodukte entspricht der mit den spezifischen Verbrauchskoeffizienten gewichteten Summe dieser Mengengrößen. Der Bedarf an Einsatzstoff 1 für die Absatzmengen beider Endprodukte ergibt sich so bspw. aus $14\,000 \times 3 + 16\,000 \times 5 = 122\,000$.

Die Materialeinzelkosten der Einsatzstoffe ergeben sich aus dem Produkt von errechneter Bedarfsgröße und Beschaffungspreis des Materials, also im Beispiel $122\,000 \times 25 = 3\,050\,000$. Tabelle 21.3 fasst die so erhaltenen Ergebnisse zusammen.

Input (Material)	1	2
Verbrauchskoeffizient Produkt 1	3	2
Verbrauchskoeffizient Produkt 2	5	3
Beschaffungspreise	25	14
Bedarf für Absatzmengen	*122 000*	*76 000*
Kosten der Absatzmengen	*3 050 000*	*1 064 000*
Bedarf für Produktionsmengen	*136 000*	*85 000*
Kosten der Produktionsmengen	*3 400 000*	*1 190 000*

Tab. 21.3: Materialkostenbudget

Der Bedarf an Materialien für die Produktionsmengen ist aufgrund von Lagerbestandsveränderungen nicht identisch mit den entsprechenden Beschaffungsmengen. Ähnlich zur Herleitung des Produktionsbudgets ergibt sich das Materialbedarfsbudget nach Tabelle 21.4, wobei sich der Materialkostenbedarf als Produkt von Materialmengenbedarf mit dem Beschaffungspreis des entsprechenden Einsatzstoffes bildet. Der Materialkostenbedarf geht zudem als Auszahlung für die Materialbeschaffung in den (hier nicht weiter betrachteten) Finanzplan der Folgeperiode ein.

Input	1	2
Bedarf für Produktionsmengen	136 000	85 000
./. Anfangsbestand	13 000	12 000
+ gewünschter Endbestand	14 000	14 000
= Materialmengenbedarf	137 000	87 000
Materialkostenbedarf	3 425 000	1 218 000

Tab. 21.4: Materialbedarfsbudget

Neben der Verwendung von Materialien sind für die Produktion der zwei Endprodukte jeweils spezielle Arbeitsschritte zu verrichten. Im Folgenden wird angenommen, dass für die Fertigung der zwei Endprodukte zwei spezielle Arbeitsschritte auszuführen sind. Die Kosten für diese direkt den Produkten zurechenbaren Tätigkeiten (Fertigungslöhne) werden regelmäßig auch über Verbrauchskoeffizienten erfasst, die hier jedoch den Zeitbedarf angeben, der zur Erzeugung einer Einheit eines Endprodukts benötigt wird. In Analogie zur Herleitung des Materialkostenbudgets ergibt sich der für die Absatzmengen beider Endprodukte benötigte Zeitbedarf aus 14 000 × 2 + 16 000 × 1 = 44 000. Die Fertigungslohnkosten der Absatzmengen ergeben sich aus dem Produkt von errechneter Zeitbedarfsgröße und Fertigungslohn pro Zeiteinheit, also im Beispiel 44 000 × 13 = 572 000. Das Fertigungslohnbudget ergibt sich damit gemäß Tabelle 21.5.

Input (Arbeitsschritt)	1	2
Verbrauchskoeffizient Produkt 1	2	2
Verbrauchskoeffizient Produkt 2	1	3
Fertigungslohn pro Zeiteinheit	13	16
Bedarf für Absatzmengen	44 000	76 000
Kosten der Absatzmengen	572 000	1 216 000
Bedarf für Produktionsmengen	51 000	85 000
Kosten der Produktionsmengen	663 000	1 360 000

Tab. 21.5: Fertigungslohnbudget

Für das Fertigungsgemeinkostenbudget werden drei Kostenarten als fixe Fertigungsgemeinkosten gemäß Tabelle 21.6 erfasst.

Abschreibungen auf Maschinen (fix)	600 000
+ Abschreibungen auf Gebäude (fix)	500 000
+ Wartungs- und Instandhaltungskosten (fix)	180 000
= *Fertigungsgemeinkostenbudget*	*1 280 000*

Tab. 21.6: Fertigungsgemeinkostenbudget

Anhand der bisherigen Daten lassen sich die Kosten der Absatzmengen als Summe des absatzmengenbezogenen, über alle Endprodukte aggregierten Materialkosten- und Fertigungslohnbudgets und dem Fertigungsgemeinkostenbudget bestimmen. Das Materialkostenbudget für die Absatzmengen der Endprodukte ergibt sich bspw. aus 3 050 000 + 1 064 000 = 4 114 000. Die Darstellung der Tabelle 21.7 folgt dabei der Gliederung des Gesamtkostenverfahrens für Kostenarten, wobei auch eine vergleichbare Darstellung für das Umsatzkostenverfahren mit produktspezifischen Kostensätzen möglich wäre.

Materialkostenbudget für Absatzmengen	*4 114 000*
+ *Fertigungslohnbudget für Absatzmengen*	*1 788 000*
+ *Fertigungsgemeinkostenbudget*	*1 280 000*
= *Kosten der Absatzmengen*	*7 182 000*

Tab. 21.7: Kosten der Absatzmengen

Für die restlichen Teilbudgets des Master Budgets (Vertriebs-, Verwaltungs- sowie Forschungs- und Entwicklungskostenbudget) werden pauschale Werte entsprechend Tabelle 21.8 gesetzt.

Vertriebskostenbudget	300 000
Verwaltungskostenbudget	150 000
Forschungs- und Entwicklungsbudget	400 000

Tab. 21.8: Weitere Budgets

Auf der Grundlage der bisherigen Budgets lässt sich abschließend das Erfolgsbudget entsprechend Tabelle 21.9 aufstellen, wobei sich die Erlöse der Absatzmengen als Summe der geschätzten Umsatzerlöse der Endprodukte (vgl. Tabelle 21.1) ergeben.

Aus der hier dargestellten operativen Budgetplanung kann anschließend eine Finanzplanung abgeleitet werden, wodurch sämtliche Teilbereiche des Unternehmens im Budgetierungs- und Planungsprozess integriert werden.

Erlöse der Absatzmengen	*10 280 000*
./. Kosten der Absatzmengen	7 182 000
./. Vertriebskosten	300 000
./. Verwaltungskosten	150 000
./. Forschungs- und Entwicklungskosten	400 000
= *Gewinnbudget*	*2 248 000*

Tab. 21.9: Erfolgsbudget

Berücksichtigung sachlicher Interdependenzen

Die soeben beschriebene und exemplarisch dargestellte sequentielle Abfolge der Erstellung des Master Budgets kann bei Vorliegen eines sachlichen Koordinationsbedarfs zwischen den einzelnen Teilbudgets nicht beibehalten werden. Vielmehr ist schon während der Erstellung der einzelnen Teilbudgets ein Informationsaustausch notwendig. So ist z. B. für die Absatzplanung und folglich auch für die Bestimmung des Absatzbudgets eine Kenntnis der Produktkosten notwendig. Produktionsengpässe können entweder im Absatzbudget (Korrektur der Absatzmenge) oder im Investitionsbudget (Aufbau von zusätzlicher Produktionskapazität) berücksichtigt werden. In der Realität ist von einem sachlichen Koordinationsbedarf auszugehen, so dass eine sequentielle Planung des Master Budgets nicht sinnvoll erscheint.

Partizipationsgrade in der Budgetierung

Aufgrund der vorhandenen Informationsasymmetrien zwischen Prinzipal (Unternehmenszentrale) und Agent (Bereichsmanager) erscheint es aus Sicht der Unternehmenszentrale sinnvoll, Informationen von den besser informierten Bereichsmanagern anzufordern und diese in die Budgetierung einfließen zu lassen. Hierdurch partizipieren die Bereichsmanager bei der Budgetierung (vgl. hierzu Ewert/Wagenhofer [2005], S. 434 f.).

Üblicherweise werden drei Partizipationsgrade in der Budgetierung unterschieden:

1) Top down-Budgetierung,
2) Bottom up-Budgetierung,
3) Budgetierung im Gegenstromverfahren.

Top down-Budgetierung

1) Top down-Budgetierung

Im Rahmen der Top down-Budgetierung, die auch als retrograde Budgetierung bezeichnet wird, bestimmt die Unternehmenszentrale die Rahmendaten. Diese entstammen der strategischen Planung. Aufgabe der untergeordneten Ebenen im Unternehmen ist es dann, diese Rahmendaten zu detaillieren. Da die Bereichsmanager keinen Einfluss auf die Rahmendaten ausüben können, findet keine Partizipation von diesen statt. Dies ist als nachteilig zu bewerten, weil zum einen die (besseren) Informationen der unteren Unternehmensebenen in der Budgetierung nicht genutzt werden und zugleich der Informationsbedarf der Zentrale für die Bestimmung der Budgets als sehr hoch einzuschätzen ist. Vorteilhaft erscheint jedoch die Ausrichtung der Budgets an den Zielen der Unternehmenszentrale.

2) Bottom up-Budgetierung

Im Unterschied zur Top down-Budgetierung ist die Bottom up-Budgetierung von einem maximalen Partizipationsgrad der Bereichsmanager gekennzeichnet. Dieser ist darauf zurückzuführen, dass die Erstellung der (Detail-)Budgets auf den untergeordneten Ebenen im Unternehmen erfolgt und anschließend auf unterschiedlichen Hierarchieebenen zusammengefasst und an die Unternehmenszentrale weitergeleitet wird. Hierdurch wird sichergestellt, dass die (besseren) Informationen der Bereichsmanager in die Budgetierung einfließen. Jedoch entsteht bei der Zusammenfassung der Detailbudgets auf der nächst höheren Hierarchiestufe ein nicht zu unterschätzender Koordinationsbedarf. Ferner können Anreize für die Bereichsmanager zu einer nicht wahrheitsgemäßen Berichterstattung bestehen. In Folge können falsche Berichte zu einer aus Unternehmenssicht suboptimalen Ressourcenallokation führen.

Bottom up-Budgetierung

3) Budgetierung im Gegenstromverfahren

Da sowohl die Top down-Budgetierung als auch die Bottom up-Budgetierung erstrebenswerte Vorteile aufweisen, wird im Rahmen der Budgetierung im Gegenstromverfahren versucht, diese miteinander zu vereinen. Deshalb wird ein iteratives Verfahren angewendet, bei dem sich Top down- und Bottom up-Phasen abwechseln. Somit partizipieren die Bereichsmanager an der Budgetierung, jedoch mit einem geringeren Einfluss als im Bottom up-Verfahren.

Gegenstromverfahren

In jüngerer Vergangenheit ist die traditionelle Budgetierung verstärkt in die Kritik geraten (vgl. hierzu z. B. Weber/Linder [2003], S. 11 ff.; Gleich/Kopp/Leyk [2003], S. 315 f. und Greiner [2006], S. 275 ff.). Vier wesentliche Kritikpunkte an der traditionellen Budgetierung bilden zugleich den Ausgangspunkt von alternativen Ansätzen der Budgetierung:

Kritik an der traditionellen Budgetierung

- Der mit der Budgetierung verbundene Aufwand wird als zu hoch eingestuft.
- Gleichzeitig wird der durch die Budgetierung generierte Nutzen angezweifelt. Im Ergebnis ist die Wirtschaftlichkeit dieses Steuerungsinstruments stark in Frage gestellt.
- Die traditionelle Budgetierung wird als zu inflexibel und zu wenig marktorientiert eingeschätzt.
- Eine Verknüpfung der Budgetierung mit den strategischen Zielen des Unternehmens findet in zu geringem Maße statt.

3.3 Aperiodische Budgetierungsverfahren

Neben den bereits behandelten Ansätzen der (periodischen) Budgetierung existieren noch Varianten, die insb. auf eine aperiodische Beeinflussung der Gemeinkosten von Unternehmen ausgerichtet sind. Im Folgenden sollen hierzu die Gemeinkostenwertanalyse und das Zero Base Budgeting näher vorgestellt werden.

3.3.1 Gemeinkostenwertanalyse

Grundlegende Kennzeichnung

Die Gemeinkostenwertanalyse (GWA) bzw. Overhead Value Analysis (OVA) stellt ein von McKinsey entwickeltes Verfahren zur Reduzierung von Kosten im Gemeinkostenbereich dar. In Deutschland wird diese Methode seit Mitte der 70er Jahre insb. in größeren Unternehmen angewendet (vgl. Roever [1980], S. 688). Das Ziel der Gemeinkostensenkung wird zum einen durch eine Steigerung der Effektivität verfolgt, indem sämtliche bisherigen Prozesse der Gemeinkostenbereiche im Hinblick auf ihren Beitrag zur Erfüllung übergeordneter Zielsetzungen neu zu begründen und nicht wirklich erforderliche Leistungen zu streichen sind. Zum anderen soll für die effektiven Leistungen eine Verbesserung ihrer Effizienz erreicht werden. Hierbei ist zu prüfen, ob diese Leistungen derzeit zu den geringstmöglichen Kosten erstellt werden oder ob kostengünstigere Alternativen existieren (vgl. Huber [1987], S. 45).

Eigene Projektorganisation

Die Durchführung einer GWA setzt die vorherige Errichtung einer eigenen Projektorganisation mit mehreren Funktionsträgern voraus. Typische Funktionsträger einer GWA stellen

1) Lenkungsausschuss,
2) Projektleitung,
3) Analyseteams und
4) Leiter der Untersuchungseinheiten dar.

Lenkungsausschuss

1) Lenkungsausschuss
Der Lenkungsausschuss setzt sich aus hochrangigen Vertretern des Unternehmens wie etwa Mitgliedern der Geschäftsführung zusammen und besitzt eine projekt- und unternehmungsorientierte Aufgabe. Im Rahmen der projektorientierten Aufgabe ist er für die fachliche, zeitliche und personelle Führung des Gesamtprojekts verantwortlich. Im Hinblick auf die unternehmungsorientierte Aufgabe ist der Lenkungsausschuss für die unternehmensinterne Vertretung der GWA und die diesbezügliche Kommunikation mit der Belegschaft zuständig (vgl. Huber [1987], S. 223).

2) Projektleitung

Die Projektleitung einer GWA besteht aus Mitarbeitern, die vollzeitig im Projekt tätig sind. Sie ist für die operative Leitung des Projekts zuständig (vgl. Huber [1987], S. 224). Konkrete Aufgaben stellen hierbei die Aufgaben- und Zeitplanung der GWA, die Schulung der Analyseteams und das Herstellen von Beziehungen zwischen den Analyseteams dar (vgl. Friedl [2003], S. 320).

3) Analyseteams

Die Analyseteams bilden sich im Regelfall aus zwei vollzeitig im Projekt tätigen Personen, die betriebserfahrene Führungskräfte, Nachwuchsführungskräfte oder auch externe Berater sein können. Die Aufgabe der Analyseteams besteht in der operativen Durchführung des Projektablaufs. Die Teammitglieder dienen hierbei als Instruktoren für die Leiter der Untersuchungseinheiten, gewährleisten die fachlich und zeitlich angemessene Realisierung der GWA und dokumentieren sämtliche Arbeitsschritte (vgl. Huber [1987], S. 225 f.).

4) Leiter der Untersuchungseinheiten

Die Leiter der Untersuchungseinheiten stellen die eigentlichen Hauptträger der GWA dar. Untersuchungseinheiten sind dabei regelmäßig identisch mit den Organisationsbereichen eines Unternehmens, die die im Rahmen der GWA untersuchten Leistungen erstellen oder nutzen (vgl. Küpper [2005], S. 351). Die Leiter dieser Einheiten sollen in Teams die gegenwärtigen Leistungen analysieren, Vorschläge zur Kostenreduktion erarbeiten und die im späteren Verlauf einer GWA genehmigten Maßnahmen umsetzen (vgl. Friedl [2003], S. 321).

Die Durchführung der GWA lässt sich in folgende Phasen unterteilen:

1) Vorbereitungsphase;
2) Analysephase, unterteilt in die vier Schritte:
   2a) Strukturierung von Leistungen und Kosten;
   2b) Entwicklung von Einsparungsideen;
   2c) Bewertung der Ideen;
   2d) Konkretisierung realisierbarer Ideen;
3) Realisierungsphase.

1) Vorbereitungsphase

Im Rahmen der Vorbereitungsphase geht es um die Schaffung der Projektorganisation, die Planung des Projekts und die Schulung der Projektbeteiligten (vgl. Roever [1982], S. 251).

2) Analysephase

Strukturierung von Leistungen und Kosten

Im ersten Schritt der Analysephase sind von den Leitern der Untersuchungseinheiten sämtliche von ihrem Bereich erzeugten Leistungen und die Empfänger dieser Leistungen anzugeben. Für diese Leistungen sind im Anschluss deren Kosten zu schätzen. Hierzu werden die Tätigkeiten, die die Mitarbeiter eines betrachteten Bereichs ausüben, den Leistungen dieses Bereichs zugeordnet. Daraufhin sind für diese Tätigkeiten die aufgebrachten Arbeitszeiten durch eine zeitlich befristete Selbstaufschreibung zu erfassen (vgl. Wegmann [1982], S. 129). Diese Arbeitszeiten dienen der Verrechnung der Personalkosten auf die unterschiedlichen Leistungen. Da die Personalkosten im Gemeinkostenbereich den größten Kostenblock darstellen, genügt es für die verhältnismäßig weniger bedeutsamen Sachkosten, diese proportional zu den verrechneten Personalkosten den Leistungen zuzurechnen (vgl. Friedl [2003], S. 323).

Entwicklung von Einsparungsideen

Der zweite Schritt der Analysephase dient der Überprüfung von Effektivität und Effizienz des in Schritt 1 erstellten Leistungskatalogs durch die Leiter der Untersuchungseinheiten gemeinsam mit ihren Leistungsabnehmern. Hierbei wird von jedem Bereichsleiter gefordert, die gegenwärtigen Kosten in seinem Bereich um etwa 40 % zu reduzieren. Durch die Vorgabe eines derart hohen Anspruchsniveaus sollen zum einen auch bislang als unantastbar wahrgenommene Leistungen hinterfragt werden. Zum anderen sollen die Beteiligten zur Entwicklung von möglichst unkonventionellen und kreativen Einsparungsvorschlägen motiviert werden (vgl. Roever [1980], S. 689).

Bewertung der Einsparungsideen

Im Rahmen des dritten Schritts der Analysephase sind die in Schritt 2 entwickelten Einsparungsideen anhand der Kriterien Kosteneinsparungserwartung, Risiko und Realisierbarkeit zu bewerten. Zur Beurteilung des Risikos eines Vorschlags sind dessen mögliche negative Auswirkungen, deren Bedeutung für das Unternehmen und deren Eintrittswahrscheinlichkeiten abzuschätzen. Anschließend sind die Vorschläge in die folgenden Gruppen einzuordnen:

- A-Vorschläge, die zu einer Kosteneinsparung führen, innerhalb von 2 Jahren realisierbar wären und ein akzeptables Risiko beinhalten,
- B-Vorschläge, die zwar zu einer Kosteneinsparung führen, jedoch riskanter sind und daher zunächst zurückgestellt werden, und
- C-Vorschläge, die als nicht realisierbar angesehen werden müssen und daher wahrscheinlich nicht in Betracht kommen.

Konkretisierung von Aktionsprogrammen

Der vierte und letzte Schritt der Analysephase dient dazu, die A-Vorschläge in Form von detailliert festgelegten Aktionsprogrammen zu konkretisieren und hinsichtlich ihrer zeitlichen Realisierung zu planen. Auf Basis dieser konkreten Programme entscheidet der Lenkungsausschuss in letzter Instanz über deren Durchführung. Die bewilligten Aktionsprogramme dienen dann als Grundlage der Budgetanpassung für die untersuchten Gemeinkostenbereiche (vgl. Friedl [2003], S. 325).

3) Realisierungsphase

An die Analysephase schließt sich die Realisierungsphase an, in der die Aktionsprogramme durchgeführt werden (vgl. Jehle [1992], S. 1512). Im Rahmen dieser Phase sind u. a. die identifizierten Kostentreiber in der Unternehmensstruktur abzubauen und der Personalbestand anzupassen.

Realisierungs-
phase

Die GWA erzielt Erfolge in Form von Kostensenkungen um mindestens 10 %, üblicherweise jedoch um 10-20 % (vgl. Roever [1982], S. 251 f.). Trotzdem weist das Verfahren einige Nachteile auf. Da die Einsparungsvorschläge von den Mitarbeitern der untersuchten Bereiche entwickelt werden sollen, haben diese praktisch ihre eigenen Leistungen in Frage zu stellen. Es wäre denkbar, dass die Mitarbeiter ihre Aufgaben unbedingt rechtfertigen wollen, um nicht als Ergebnis der GWA ein niedrigeres Budget oder gar eine Gefährdung ihres derzeitigen Arbeitsplatzes befürchten zu müssen. Es besteht folglich ein generelles Problem hinsichtlich der Objektivität von Ergebnissen aus einer GWA (vgl. Friedl [2003], S. 325). Zudem ist eine GWA sehr aufwendig, da sie die Errichtung einer eigenen Projektorganisation erfordert (vgl. Küpper [2005], S. 353). Außerdem liegt der Fokus der GWA allein auf der Kostenreduktion, wohingegen mögliche Nutzensteigerungen aus Leistungen mit verhältnismäßig geringeren Mehrkosten nicht in die Betrachtung einbezogen werden (vgl. Wegmann [1982], S. 147-149).

Kritische Würdigung

3.3.2 Zero Base Budgeting

Das Zero Base Budgeting (ZBB) bzw. Zero Base Planning (ZBP) wurde Anfang der 60er Jahre bei der amerikanischen Firma Texas Instruments entwickelt. Man versteht darunter „...eine Planungs- und Analyse-Technik mit dem Ziel der Senkung der Gemeinkosten und des wirtschaftlichen Einsatzes der verfügbaren Ressourcen im Gemeinkostenbereich" (Meyer-Piening [1982], S. 257, 259). Hierbei wird gemäß dem Namen des Verfahrens von einer „Null-Basis" ausgegangen, d. h. alle bisherigen Leistungen der zu untersuchenden Gemeinkostenbereiche sind im Hinblick auf ihre Erforderlichkeit für das Unternehmensziel in Frage zu stellen. Das Unternehmen wird damit praktisch abstrahierend von seiner etablierten Aufbau- und Ablauforganisation „auf der grünen Wiese" neu aufgebaut. Damit unterscheidet sich das ZBB grundsätzlich von den herkömmlichen Budgetierungstechniken, die eher auf Budgets vergangener Jahre aufbauen und diese in die Zukunft fortschreiben.

Durch die Anwendung des ZBB sollen zum einen für unzweckmäßig erachtete Strukturen und Leistungen abgebaut werden. Zum anderen sind

Grundlegende
Kennzeichnung

Zweifacher
Fokus

bislang nicht vorhandene Strukturen und Leistungen, die jedoch als nutz-
bringend für das Unternehmen beurteilt werden, in verstärktem Ausmaß
zu planen und zu erbringen (vgl. Meyer-Piening [1982], S. 259). Diese
angestrebte Umverteilung der Mittel von weniger nützlichen zu wichtige-
ren Bereichen unterscheidet das ZBB von der schon dargestellten GWA,
die durch einen alleinigen Kostensenkungsfokus ohne Betrachtung des
Nutzens von Leistungen gekennzeichnet ist.

Stufen des ZBB-Prozesses

Der ZBB-Prozess lässt sich in insgesamt neun Stufen unterteilen, die in
Abbildung 21.5 veranschaulicht werden.

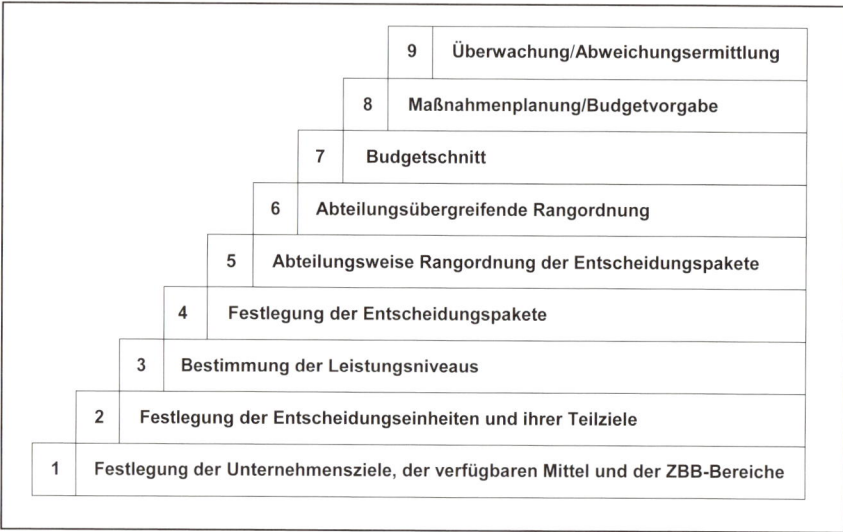

Abb. 21.5: Stufen des ZBB-Prozesses
(Quelle: in Anlehnung an Küpper [2005], S. 354)

Festlegung von Zielen, Mitteln und ZBB-Bereichen

Voraussetzung für ein erfolgreiches ZBB ist eine hinreichend konkreti-
sierte Zielbeschreibung für das Unternehmen in Stufe 1. Hierfür sind die
strategischen und operativen Ziele von der Unternehmensleitung festzulegen und über alle Unternehmensebenen hinweg zu operationalisieren
(vgl. Küpper [2005], S. 354). Auf Basis dieser Zielformulierung sind
weitere vorbereitende Maßnahmen wie die Bestimmung des insgesamt
verfügbaren Budgets, die Abgrenzung der mittels ZBB zu analysierenden
Unternehmensbereiche und die Schulung der Projektbeteiligten vorzunehmen (vgl. Friedl [2003], S. 328).

Abgrenzung von Entscheidungs-einheiten

In Stufe 2 sind die Untersuchungsbereiche in Entscheidungseinheiten
und die Unternehmensziele in Teilziele aufzugliedern (vgl. Küpper
[2005], S. 354). Entscheidungseinheiten sind hierbei als eine Zusammenfassung fachlich verwandter Aktivitäten zu verstehen. Diese sind möglichst so abzugrenzen, dass gegenseitige Überschneidungen vermieden
werden und eine eindeutige Zuordnung der von einer Einheit verursach-

ten Kosten zu den von ihr erbrachten Leistungen möglich ist. Entscheidungseinheiten können bspw. Kostenstellen, Abteilungen, Mitarbeitergruppen, Projekte oder Funktionen sein. Vielfach wird bei ihrer Bildung eine Bezugnahme auf die bestehende Organisationsstruktur vorgenommen, wobei diese nicht zwingend mit der resultierenden Struktur der Untersuchungseinheiten übereinstimmen muss (vgl. Wegmann [1982], S. 168 f.).

Die Stufe 3 dient der Festlegung von Leistungsniveaus für jede Entscheidungseinheit. Ein Leistungsniveau ist dabei als gesamtes quantitatives und qualitatives Arbeitsergebnis einer Entscheidungseinheit definiert. Die Einstufung erfolgt anhand von drei Leistungsniveaus (vgl. Wegmann [1982], S. 174 f.; Meyer-Piening [1978], S. 13 f.):

Festlegung von Leistungsniveaus

- Leistungsniveau 1: Geringstes Leistungsniveau, womit sich gerade noch eine zur Zielerreichung ausreichende Leistung erbringen lässt (Minimalniveau);
- Leistungsniveau 2: Derzeitiges Leistungsniveau (Mediumniveau);
- Leistungsniveau 3: Aus Sicht des verantwortlichen Mitarbeiters wünschenswertes Leistungsniveau (Maximalniveau).

Die beschriebenen Maßnahmen stellen eine Grundlage für die Festlegung von Entscheidungspaketen in Stufe 4 dar. Entscheidungspakete lassen sich als Entscheidungsvorlagen für das Management beschreiben, die die Informationen zu je einem Leistungsniveau einer Entscheidungseinheit verdichten und so eine vergleichende Bewertung von Entscheidungseinheiten ermöglichen. Bei drei Leistungsniveaus sind dementsprechend für eine Entscheidungseinheit drei Entscheidungspakete zu bilden. Im Einzelnen umfasst ein Entscheidungspaket Angaben zu:

Bildung von Entscheidungspaketen

- Teilzielen und Aufgaben einer Entscheidungseinheit je nach Leistungsniveau des Entscheidungspakets,
- Alternativen Verfahren, mit denen die Ziele und Aufgaben des Entscheidungspakets erreicht werden können,
- Vor- und Nachteilen der alternativen Verfahren,
- Zweckmäßigkeit eines Entscheidungspaketes sowie Konsequenzen bei dessen Wegfall,
- Wechselwirkungen mit anderen Entscheidungseinheiten,
- Notwenigen Ressourcen (Personal- und Sachmittel) sowie die dafür zu erbringenden einmaligen und laufenden Kosten (vgl. Burger [1999], S. 352-354; Friedl [2003], S. 331 f.).

Nach Bildung der Entscheidungspakete müssen diese nun in den Stufen 5 und 6 in eine lückenlose Rangordnung entsprechend ihrer Bedeutsamkeit für die Erreichung der Unternehmensziele gebracht werden. Hierbei sind nur Entscheidungspakete zu berücksichtigen, die bei nicht ausreichenden

Rangordnung der Entscheidungspakete

finanziellen Mitteln grundsätzlich entfallen können. Bei der Ordnungs-
bildung haben Entscheidungspakete mit geringerem Leistungsniveau
Vorrang vor Entscheidungspaketen derselben Entscheidungseinheit mit
höherem Leistungsniveau (vgl. Wegmann [1982], S. 179 f.). Organisatorisch beginnt dieser Prozess bei den Entscheidungseinheiten und setzt
sich über alle Führungsebenen bis zur Unternehmensleitung fort.

Setzen des
Budgetschnitts

Sofern die endgültige Rangordnung der Entscheidungspakete vorliegt,
kann die Unternehmensleitung in Stufe 7 durch Feststellung der insgesamt für eine Gemeinkostendeckung verfügbaren Mittel entscheiden,
welchen der Pakete Mittel zugewiesen werden. Gemäß der Rangordnung
wird den Entscheidungspaketen solange der Betrag zugewiesen, der für
ihre Durchführung erforderlich ist, bis die insgesamt verfügbaren Mittel
aufgebraucht sind. Die unterhalb des Budgetschnitts liegenden Pakete
werden somit nicht mehr genehmigt (vgl. Meyer-Piening [1978],
S. 26 f.).

Der Rangordnungsprozess und der Budgetschnitt werden anhand eines
Beispiels in Abbildung 21.6 verdeutlicht.

Beispiel 21.3

(alle Angaben in EUR)

Verfügbare Mittel: 1 400 000		
Entscheidungspakete	Kosten	Kumulierte Kosten
C1	350 000	350 000
B1	250 000	600 000
D1	140 000	740 000
C2	135 000	875.000
E1	128 000	1 003 000
A1	132 000	1 135 000
C3	118 000	1 253 000
B2	88 000	1 341 000
D2	44 000	1 385 000
E2	15 000	1 400 000
F1	20 000	1 420 000	← **Budgetschnitt**
A2	30 000	1 450 000
F2	45 000	1 495 000
B3	13 000	1 508 000
D3	24 000	1 532 000
E3	9 000	1 541 000
F3	17 000	1 558 000
A3	46 000	1 604 000

Abb. 21.6: Beispiel eines Budgetschnitts
(Quelle: in Anlehnung an Friedl [2003], S. 336)

Durchführung
und Kontrolle

Im Beispiel liegt eine Rangordnung von 18 Entscheidungspaketen zu
6 Entscheidungseinheiten (A bis F) vor, wobei die Zahlen 1, 2 und 3
das Minimal-, Medium- und Maximalniveau ausdrücken. C1 z. B. ist

demnach das Entscheidungspaket zu der Entscheidungseinheit C mit dem Leistungsniveau 1 (Minimalniveau). Insgesamt stehen Mittel von 1 400 000 EUR zur Verfügung. Der Budgetschnitt erfolgt anschaulich an der Stelle, wo die kumulierten Kosten der Pakete die Mittelgrenze erstmals genau erreichen (hier: nach Entscheidungspaket E2) oder übersteigen, wobei in letzterem Fall das teilweise überschüssige Paket nicht mehr genehmigt werden könnte. Aus Abbildung 21.6 lassen sich nun folgende Schlussfolgerungen ziehen (vgl. Friedl [2003], S. 336 f.):

- Die Entscheidungseinheit F wird vollständig abgebaut, da das Entscheidungspaket F1 unterhalb des Budgetschnitts liegt.
- Für Entscheidungseinheit A wird das Minimalniveau 1 realisiert.
- Die Entscheidungseinheiten B, D und E bleiben auf dem gegenwärtigen Leistungsniveau 2 bestehen.
- Bei Entscheidungseinheit C kann das Maximalniveau 3 genehmigt werden.

In den letzten Stufen 8 und 9 geht es vorrangig um die Durchführung und Überwachung der bewilligten Entscheidungspakete. Zu diesem Zweck sind die Pakete in Form von sachlichen und personellen Maßnahmenplänen zu konkretisieren und der Belegschaft mitzuteilen. Ferner sind die genehmigten Leistungsniveaus in entsprechende Budgetvorgaben für die Entscheidungseinheiten umzusetzen. Die tatsächliche Realisierung der Maßnahmen ist schließlich im Rahmen eines Gemeinkosten-Controllings durch die Erfassung und Kontrolle kostentreibender Faktoren sowie die Analyse von Abweichungen zu überwachen (vgl. Meyer-Piening [1990], S. 27 ff.).

Die praktische Anwendung des ZBB führte sowohl zu Steigerungen als auch Senkungen der Gemeinkostenbudgets. Bei der Beurteilung des Verfahrens wird es als Vorteil angesehen, dass es nicht wie die GWA nur einseitig auf eine Gemeinkostenreduktion, sondern auch auf eine an den Unternehmenszielen ausgerichtete Umverteilung von Ressourcen und Finanzmitteln ausgelegt ist. Als Nachteil des ZBB wird zum einen der große Aufwand für die Durchführung genannt. Zum anderen besteht ähnlich zur GWA ein generelles Problem hinsichtlich der Objektivität von Ergebnissen, da auch beim ZBB die Vorschläge zur Gemeinkostensenkung und Mittelreallokation von den Mitarbeitern des Unternehmens zu entwickeln sind, die im Anschluss von den damit bewirkten Veränderungen betroffen sind (vgl. Wegmann [1982], S. 193-211; Friedl [2003], S. 337).

Kritische Würdigung

3.4   Neuere Ansätze der Budgetierung

In den letzten Jahren haben sich mit dem Better Budgeting, Beyond Budgeting und Advanced Budgeting neuere Ansätze der Budgetierung herausgebildet. Diese Konzepte sollen im Folgenden vorgestellt werden.

3.4.1   Better Budgeting

Ziele

Im Rahmen des Better Budgeting wird das Steuerungsinstrument der Budgetierung nicht grundsätzlich in Frage gestellt (vgl. hierzu Weber/Linder [2003], S. 14 ff.; Gleich/Kopp/Leyk [2003], S. 316 ff. und Gleich/Greiner/Hofmann [2006], S. 290 f.). Vielmehr zielt dieser Ansatz auf eine Effizienzsteigerung der Budgetierung, die mittels einer Ausrichtung an Marktvorgaben und durch Vereinfachungs- oder Verschlankungsmaßnahmen erreicht werden soll. Zugleich soll durch eine verstärkte analytische Neuplanung die Prognosequalität gesteigert sowie eine stärkere Verknüpfung mit der Unternehmensstrategie erreicht werden.

Charakteristika

Unter dem Schlagwort des Better Budgeting wurden in jüngster Vergangenheit eine Reihe von Vorschlägen unterbreitet, deren Gemeinsamkeiten im Folgenden als Charakteristika des Better Budgeting aufgeführt werden (vgl. Weber/Linder [2003], S. 14 f.; Gleich/Kopp/Leyk [2003], S. 316):

1) Koordination durch Budgets/Pläne
Beibehaltung von Budgets als Koordinationsinstrument, die jedoch an dynamische Umfelder angepasst werden.

2) Dezentralisierung
Durch Vereinfachung des Budgetvereinbarungs- und Verabschiedungsprozesses und dezentralisierte Planung wird der Vorgang der Budgetierung kürzer und flexibler.

3) Fokussierung und Entfeinerung
Fokussierung auf erfolgskritische Prozesse ermöglicht Reduktion der notwendigen Budgets/Vorgaben und schnellere Vorschauinformationen („Forecasts").

4) Analytische Neuplanung
Abkehr von der vergangenheitsorientierten Fortschreibungsplanung durch Verwendung von Verfahren wie bspw. Activity-Based-Budgeting.

5) Relative, benchmarkorientierte Zielvorgaben
Abkehr von internen, absoluten Budgetvorgaben, durch Orientierung an externen Benchmarks.

6) Strategieorientierung
Stärkere Anbindung der Budgetierung an strategische Vorgaben/Ziele bspw. durch Einsatz einer Balanced Scorecard oder strategischer Budgets.

7) Rollierende Prognose
Übergang von einer jahres-/periodenbezogenen Planung zu einer rollierenden Zwölf- oder Achtzehnmonatsvorschau.

8) Selbstkontrolle
Reduktion von Umfang und Häufigkeit der (fremden) Budgetkontrollen und Einführung von Selbstkontrollen.

9) Reduktion dysfunktionaler Effekte
Entkopplung von Planerreichung und Vergütung, um die Prognosegüte der Budgetierung zu verbessern.

10) Stärkere Unterstützung des Planungsprozesses
Durch Verwendung von Planwerkzeugen soll der Planungsprozess beschleunigt und der Aufwand reduziert werden.

Kritisch anzumerken ist, dass der Neuigkeitsgrad des Better Budgeting als eher gering einzuschätzen ist, da die Idee der Entfeinerung von Budgets bereits vor einigen Jahren geäußert wurde. Positiv festzuhalten ist, dass die Kernideen des Better Budgeting durch empirische Untersuchungen gestützt werden. Nachteilig für die Akzeptanz des Better Budgeting in der Unternehmenspraxis könnte jedoch das Fehlen eines einheitlichen Konzepts sein (vgl. Weber/Linder [2003], S. 19 f.). *Kritische Würdigung*

3.4.2 Beyond Budgeting

Im Unterschied zum Better Budgeting wird die Budgetierung im Rahmen des Beyond Budgeting als Steuerungsinstrument grundsätzlich in Frage gestellt (vgl. hierzu Weber/Linder [2003], S. 20 ff.; Gleich/Kopp/Leyk [2003], S. 317 ff. und Gleich/Greiner/Hofmann [2006], S. 293 ff.). Ziel des Beyond Budgeting ist eine verbesserte Unternehmenssteuerung ohne Budgets. *Ziel*
Die Unternehmensführung erfolgt dabei durch dezentrale Strukturen anhand von Grundsätzen und Zielen anstatt durch rigide Regelungen und

Budgets (Verlagerung der Unternehmensführung auf die operative Ebene). Kern anpassungsfähiger Managementprozesse sind relative Zielsetzungen, angepasste Planungen sowie eine am Bedarf ausgerichtete Ressourccnallokation. Dadurch ergibt sich die Notwendigkeit, verstärkt nichtfinanzielle Größen in die Planungs- und Kontrollsysteme zu integrieren und diese an das Anreiz- und Entlohnungssystem zu koppeln.

Grund-prinzipien

Als Ergebnis von Fallstudienuntersuchungen konnten zwölf Grundprinzipien des Beyond Budgeting identifiziert werden, welche in zwei Gruppen unterteilt werden: Prinzipien, welche die Kultur und Struktur des Unternehmens betreffen und Prinzipien, welche auf einen anpassungsfähigen Managementprozess im Unternehmen gerichtet sind.

Unternehmens-kultur und -struktur

Folgende sechs Grundprinzipien zielen auf die Unternehmenskultur und -struktur ab (vgl. Weber/Linder [2003], S. 21 ff.; Gleich/Greiner/-Hofmann [2006], S. 294 ff.):

1) Gemeinsame Werte zur Selbststeuerung
Dezentrale Manager sollen in die Lage versetzt werden, ohne Verzögerung auf Entwicklungen zu reagieren und innerhalb vorgegebener Grenzen eigenständig zu entscheiden.

2) Empowerment dezentraler Manager
Den dezentralen Managern müssen neben ihren Rechten auch die zur Selbststeuerung erforderlichen Ressourcen zur Verfügung gestellt werden.

3) Dezentrale Ergebnisverantwortung
Den dezentralen Managern muss die Verantwortung für ihre Ergebnisse übertragen werden.

4) Netzwerkorganisation
Durch eine netzwerkartige Organisationsstruktur soll eine richtige Zuordnung von Humanressourcen und eine hohe Flexibilität erreicht werden.

5) Marktähnliche Koordination
Die einzelnen Organisationsteile (Profit Center) sollen sich gegenseitig als Kunden oder Dienstleister betrachten, die wettbewerbsfähig auf internen Märkten agieren.

6) Selbstverantwortlichkeit unterstützen
Die dezentralen Manager müssen von der Unternehmensführung mit den notwendigen Tools sowie inhaltlichen Schulungen in die Lage versetzt werden, die Vorteile des Beyond Budgetings voll auszuschöpfen.

Die weiteren Grundprinzipien sind auf einen anpassungsfähigen Managementprozess des Unternehmens gerichtet (vgl. Weber/Linder [2003], S. 21 ff.; Gleich/Greiner/Hofmann [2006], S. 294 ff.): *Anpassungsfähiger Managementprozess*

1) Relative Zielvorgaben

Die Zielvorgaben sollen relativ zum Wettbewerb gesetzt werden, wodurch sie sich ständig an die Umfeldentwicklung anpassen und herausfordernd bleiben.

2) Rollierender Strategieprozess

Die Überarbeitung und Anpassung der Strategie erfolgt in adäquaten Zeitabständen auf Ebene der Geschäftseinheit.

3) Früherkennungssysteme

Durch Früherkennungssysteme können die dezentralen Manager für die rollierende Prognose auf aktualisierte Daten zurückgreifen und ihre Handlungsweisen an die neuen Umweltbedingungen anpassen.

4) Flexible Ressourcenallokation

Abkehr von einer zentralen Ressourcenzuteilung durch unternehmensweite Vorgabe einer Mindestverzinsung bei autonomer Investitionsentscheidung durch die dezentralen Manager.

5) Selbstkontrolle

Obwohl die zentralen Führungskräfte über Abweichungen in den dezentralen Einheiten informiert werden, greifen diese nur auf Anforderung der dezentralen Manager ein.

6) Anreiz und Entlohnung

Anstelle einer direkten Verbindung von Prognose und Entlohnung wird eine am relativen Erfolg der (Unternehmens-)Einheit orientierte Vergütung verwendet.

Es darf bezweifelt werden, ob eine radikale Abkehr von der traditionellen Budgetierung (für jedes Unternehmen) sinnvoll und mittelfristig im Unternehmen durchsetzbar ist, da sich das Steuerungsinstrument der Budgetierung in der Vergangenheit in den Unternehmen durchaus bewährt hat. Auf jeden Fall beinhaltet das Konzept des Beyond Budgeting einige Ideen, deren Umsetzung in der Unternehmenspraxis als Ergänzung zur Budgetierung lohnenswert erscheint (vgl. Gleich/Kopp/Leyk [2003], S. 319). *Kritische Würdigung*

3.4.3 Advanced Budgeting

Advanced
Budgeting als
Kompromiss

Häufig wird auch der Begriff des „Advanced Budgeting" gebraucht. Jedoch wird dieser bislang nicht einheitlich verwendet. Während einige Autoren Advanced Budgeting mit Better Budgeting gleichsetzen (vgl. z. B. Weber/Linder [2003], S. 14), verbinden andere Autoren hiermit eine Mischung aus Better und Beyond Budgeting (vgl. z. B. Gleich/Kopp/-Leyk [2003], S. 319). In dieser letztgenannten Interpretation weist Advanced Budgeting als eigenständiges Konzept folgende sechs Merkmale auf (vgl. Gleich/Greiner/Hofmann [2006], S. 291 ff.):

1) Umsetzung der outputorientierten Planung
Die Planung basiert auf extern orientierten Zielen (sog. Benchmarks), die zumeist von der Unternehmensleitung vorgegeben werden.

2) Stärkere Verknüpfung mit der Unternehmensstrategie
Aus der Unternehmensstrategie werden finanzielle und nichtfinanzielle Ziele abgeleitet, die die Umsetzung von strategischen Zielsetzungen in operative Budgets vereinfachen soll.

3) Anwendung von Globalbudgets
Zur Entfeinerung der Planung werden überwiegend Globalbudgets verwendet. Lediglich für Unternehmensbereiche, die durch eine hohe Komplexität und Dynamik und in Folge durch starke Schwankungen in der Leistungserstellung gekennzeichnet sind, werden Detailbudgets aufgestellt und kontrolliert.

4) Einsatz von rollierender Planung
Traditionelle, d. h. auf das Ende einer Planungsperiode gerichtete Prognosen, werden durch rollierende, periodenübergreifende Prognosen ersetzt.

5) Ganzheitliches Performance Measurement
Es werden Steuerungsinstrumente eingesetzt, die sowohl finanzielle als auch nichtfinanzielle Indikatoren beinhalten.

6) Selbstadjustierende Ziele
Die Festlegung von Zielen erfolgt nicht absolut sondern in Relation zu anderen Parametern (z. B. Marktentwicklung). Hierdurch soll eine „hohe Kompatibilität mit der Marktrealität" (Gleich/Greiner/Hofmann [2006], S. 291) erreicht werden. „So sollten z. B. Vertriebsziele nicht (nur) auf Basis eines absoluten Umsatzes, sondern (auch) eines relativen Marktanteils fixiert werden" (Gleich/Greiner/Hofmann [2006], S. 291).

3.5 Zusammenfassung

Die Budgetierung ist ein in der Unternehmenspraxis weit verbreitetes Instrument zur sachlichen und personellen Koordination von Geschäftsbereichen. Mit der Motivations-, Prognose-, Allokations-, Vorgabe-, Initiierungs-, Kontroll- und Koordinationsfunktion werden zahlreiche Funktionen an Budgets bzw. die Budgetierung geknüpft. Der gesamte Planungsprozess des Unternehmens kann als System von Detailbudgets (Master Budget) dargestellt werden. Bei der Erstellung von Budgets werden drei Partizipationsgrade unterschieden: Top down-Budgetierung, Bottom up-Budgetierung und Budgetierung im Gegenstromverfahren.

In den letzten Jahren ist die traditionelle Budgetierung zunehmend in die Kritik geraten.

Dies hat zur Entwicklung zweier alternativer Konzepte, dem Better und dem Beyond Budgeting geführt. Während die Vertreter des Better Budgeting auf eine Effizienzsteigerung der Budgetierung durch Vereinfachungs- und Verschlankungsmaßnahmen sowie einer Marktorientierung zielen, lehnen die Vertreter des Beyond Budgeting eine Unternehmenssteuerung mit Hilfe von Budgets ab.

Für die Unternehmenspraxis erscheint eine Synthese beider Aspekte bedeutsam, die unter der Bezeichnung „Advanced Budgeting" diskutiert wird.

Im Rahmen eines integrierten Planungs- und Budgetierungssystems können Budgets ihre Funktionen jedoch nur erfüllen, wenn die Geschäftsbereiche der Zentrale ihre Informationen in unverfälschter Form übermitteln. Die zur Verhinderung von Informationsmanipulationen eingesetzten Anreizsysteme werden nachfolgend vorgestellt.

4 Anreizsysteme zur Verhinderung von Informationsmanipulation

Häufig besitzen untergeordnete Hierarchieebenen im Unternehmen einen Informationsvorsprung über ihr jeweiliges Entscheidungsfeld gegenüber der Unternehmensleitung. Diese Beobachtung entspricht einer der Prämissen der Prinzipal-Agenten-Theorie (vgl. hierzu Abschnitt 7.1 im 19. Kapitel). So kann die Einkaufsabteilung i. d. R. künftige Preisentwicklungen oder die Vertriebsabteilung zukünftige Absatzzahlen besser einschätzen. Aus Sicht der Unternehmensleitung ist der Einbezug dieser besseren Informationen der niedrigeren Hierarchieebenen in Budgetierungsprozesse wünschenswert. Jedoch kann nicht immer davon ausgegangen werden, dass die Manager der unteren Hierarchieebenen (Agenten) ihre Informationen wahrheitsgemäß an übergeordnete Ebenen oder das Informationssystem der Unternehmensleitung übermitteln. Sobald Informatio-

Problemstellung

nen nicht einfach und objektiv überprüft werden können, besteht die Gefahr, dass die Manager mit ihren Berichten individuelle Ziele verfolgen und ihren Informationsvorsprung zu Ungunsten des Gesamtunternehmens (Prinzipals) ausnutzen. Zu beachten ist, dass die Informationssuchc, -aufbereitung und -abgabe von individuellen Zielen beeinflusst werden können (vgl. Küpper [2005], S. 221 ff.).

Die Unternehmensleitung kann dieser Gefahr auf zwei Wegen begegnen: Es kann versucht werden, die erhaltenen Informationen bestmöglich zu verifizieren. Diese Lösungsmöglichkeit ist jedoch entweder unwirtschaftlich, d. h. der damit verbundene Aufwand ist zu hoch, oder unmöglich, d. h. die übermittelten Informationen können aufgrund ihrer Beschaffenheit gar nicht erst überprüft werden. Alternativ kann der Manager mit Hilfe eines wahrheitsinduzierenden Anreizsystems entlohnt werden. Diese zweite Lösungsmöglichkeit stellt die aus theoretischer Sicht favorisierte und in der Unternehmenspraxis zunehmend häufiger genutzte Lösungsmöglichkeit dar.

Offenlegungs-
prinzip

In diesem Zusammenhang besitzt das Offenlegungsprinzip (revelation principle) eine hohe Bedeutung. Dieses besagt nämlich, dass jeder Vertrag zwischen Prinzipal und Agent, der zu keiner wahrheitsgemäßen Berichterstattung der Agenten führt, durch einen äquivalenten Vertrag, der eine wahrheitsgemäße Berichterstattung induziert, ausgetauscht werden kann. „'Äquivalent' heißt hier, dass dieser neue Vertrag sowohl bezüglich der Handlungen bzw. Allokationen als auch bezüglich der Zielerreichungen der beteiligten Akteure zum gleichen Ergebnis wie der ursprüngliche Vertrag führt" (Ewert/Wagenhofer [2005], S. 430).

Klassifikation

Die nachfolgend dargestellten Anreizsysteme können in individuelle und kollektive Anreizsysteme unterschieden werden. Dabei sind individuelle Anreizsysteme lediglich zur Koordination unabhängiger Unternehmensbereiche geeignet, während kollektive Anreizsysteme auch zur Koordination abhängiger Unternehmensbereiche eingesetzt werden können (vgl. Trauzettel [1999], S. 175).

Definition
unabhängiger
Unternehmens-
bereiche

Dabei bezeichnet man zwei Unternehmensbereiche als voneinander unabhängig, „wenn die Wahl der Handlungsalternative in dem einen Teilbereich keinen Einfluss auf den Erfolg des anderen Teilbereichs hat" (Laux [1979], S. 128). In diesem Fall kann das Anreizproblem für jeden Unternehmensbereich separat betrachtet werden.

Im Folgenden werden jeweils zwei Beispiele für individuelle und kollektive Anreizsysteme dargestellt.

4.1 Individuelle Anreizsysteme

Begriff

Die beiden nachfolgend dargestellten Anreizsysteme, das Weitzmann-Schema und das Schema nach Osband und Reichelstein, sind zur Koordination der Entscheidungen von unabhängigen Unternehmensbereichen geeignet. Sie werden daher als individuelle Anreizsysteme berechnet.

4.1.1 Weitzman-Schema

Ursprünglich wurde dieses Anreizsystem in der ehemaligen sowjetischen Zentralverwaltungswirtschaft als Instrument zur Koordination von Wirtschaftseinheiten entwickelt. Aus diesem Grund wird häufig der Begriff „Sowjetisches Anreizschema" synonym verwendet. Da ähnliche Koordinations- und Anreizprobleme auch in divisional gegliederten Unternehmen in Marktwirtschaften auftreten, ist eine Anwendung des Weitzman-Schemas dort ebenfalls möglich (vgl. Weitzman [1976], S. 251 ff.; Ewert/Wagenhofer [2005], S. 423 ff. und Küpper [2005], S. 225 ff.).

Der Prinzipal (Unternehmenszentrale) verlangt vom Agent (Bereichsmanager) einen Bericht über das zukünftige Ergebnis seines Bereiches. Zum einfacheren Verständnis wird das Weitzman-Schema in seiner Grundstruktur für den Fall der sicheren Erwartungen beschrieben, wobei mit dem Bereichsergebnis nur eine Zielgröße betrachtet wird.

Hierbei werden folgende Annahmen getroffen:

1) Im Gegensatz zum Prinzipal (Unternehmenszentrale) besitzt der Agent (Bereichsmanager) exakte Kenntnis über die zukünftige Ausprägung des Bereichsergebnisses.
2) Der Agent (Bereichsmanager) kann die Höhe des Bereichsergebnisses nicht beeinflussen.
3) Der abgegebene Bericht des Agenten über das zukünftige Bereichsergebnis beeinflusst dessen Höhe ebenfalls nicht, weil der Prinzipal die in dem Bericht enthaltenen Informationen in diesem Modell nicht weiter verwendet.
4) Das realisierte Bereichsergebnis kann am Periodenende beobachtet werden.
5) Es bestehen keine Abhängigkeiten zwischen den Unternehmensbereichen.

Die Entlohnung des Agenten anhand des Weitzman-Schemas läuft in drei Phasen ab: Zunächst werden vom Prinzipal die fixe Basisentlohnung S sowie die Entlohnungsparameter $\alpha_1, \hat{\alpha}$ und α_2 festgelegt, mit denen die Anreizfunktion konfiguriert wird. Daraufhin berichtet der Agent ein Bereichsergebnis in Höhe von $\hat{x}$ an den Prinzipal in der zweiten Phase. In der abschließenden dritten Phase wird das Bereichsergebnis in Höhe von x realisiert.

Gemäß der Entlohnungsfunktion hängt die Entlohnung des Agenten sowohl von dem berichteten Bereichsergebnis $\hat{x}$ als auch von dem realisierten Bereichsergebnis x ab. Es erfolgt eine Gewichtung des berichteten

Ausgangssituation

Prämissen

Dreistufiges Modell

Entlohnungsfunktion

Ergebnisses $\hat{x}$ mit $\hat{\alpha}$ sowie der positiven oder negativen Abweichung von diesem mit α_1 bzw. α_2:

$$s(x,\hat{x}) = \begin{cases} S + \hat{\alpha} \times \hat{x} + \alpha_1 \times (x - \hat{x}) \text{ falls } x \geq \hat{x} \\ S + \hat{\alpha} \times \hat{x} + \alpha_2 \times (x - \hat{x}) \text{ falls } x \leq \hat{x} \end{cases}$$

Neben-bedingung

Um eine wahrheitsinduzierende Wirkung zu erzeugen, muss folgende Nebenbedingung bzgl. der Gewichtungsparameter erfüllt sein:

$$0 < \alpha_1 < \hat{\alpha} < \alpha_2$$

Ist diese erfüllt, erhält der Agent die höchste Belohnung, wenn das tatsächliche mit dem berichteten Bereichsergebnis übereinstimmt. Hat der Agent ein geringeres Ergebnis berichtet als anschließend von seinem Bereich realisiert wurde, so vergrößert sich seine Entlohnung mit der positiven Steigung $(\hat{\alpha} - \alpha_1)$ bis zum Ergebnis $x = \hat{x}$ (vgl. Abbildung 21.7). Anschließend fällt seine Entlohnung mit der negativen Steigung $(\hat{\alpha} - \alpha_2)$ (vgl. AK „Wertorientierte Führung in mittelständischen Unternehmen" [2006], S. 2074 f.).

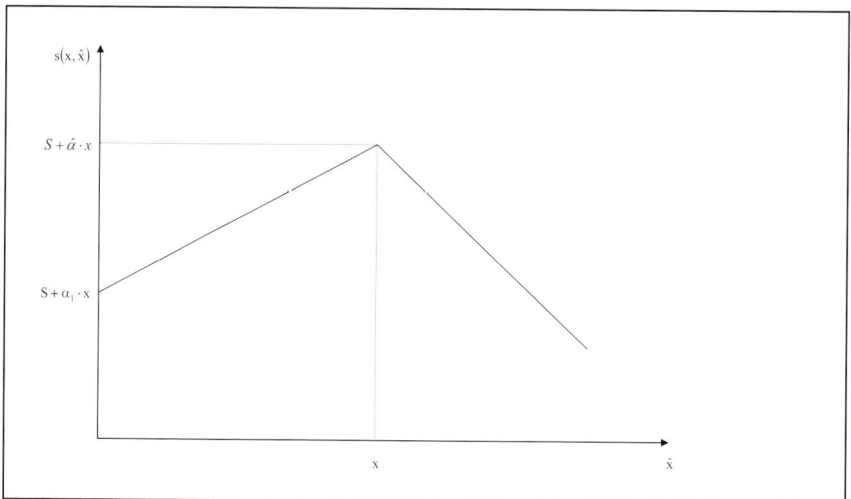

Abb. 21.7: Entlohnungsfunktion in Abhängigkeit von berichtetem Ergebnis $\hat{x}$ und realisiertem Ergebnis x (Quelle: Küpper [2005], S. 226)

Beispiel 21.4

Das zu berichtende Ergebnis des Bereichs A kann aus Sicht der Zentrale vier unterschiedliche Ausprägungen annehmen:

x = 200, 275, 350 oder 400

Von der Zentrale wurde die fixe Basisentlohnung S des Bereichsmanagers auf 50 festgelegt. Ferner wurden folgende Gewichtungsparameter beschlossen:

$$\alpha_1 = 0,1 \quad \hat{\alpha} = 0,2 \quad \alpha_2 = 0,3$$

Somit ergibt sich für den Bereichsmanager folgende Entlohnungsfunktion:

$$s(x, \hat{x}) = \begin{cases} 50 + 0,2 \times \hat{x} + 0,1 \times (x - \hat{x}) & \text{falls } x \geq \hat{x} \\ 50 + 0,2 \times \hat{x} + 0,3 \times (x - \hat{x}) & \text{falls } x \leq \hat{x} \end{cases}$$

Für den Fall eines berichteten Bereichsergebnisses von $\hat{x} = 350$ und eines realisierten Bereichsergebnisses von $x = 275$ ergibt sich die Entlohnung des Bereichsmanagers wie folgt:

$$s(x, \hat{x}) = 50 + 0,2 \times \hat{x} + 0,3 \times (x - \hat{x}) =$$
$$= 50 + 0,2 \times 350 + 0,3 \times (275 - 350) = 97,5$$

Abbildung 21.8 enthält die sich ergebenden Entlohnungen des Bereichsmanagers bei verschiedenen Kombinationen von berichtetem und realisiertem Ergebnis. Die aus Sicht des Bereichsmanagers optimale Berichtspolitik ist durch die hellgrau unterlegten Felder hervorgehoben.

	$\hat{x} = 200$	$\hat{x} = 275$	$\hat{x} = 350$	$\hat{x} = 400$
x = 200	90	82,5	75	70
x = 275	97,5	105	97,5	92,5
x = 350	105	112,5	120	115
x = 400	110	117,5	125	130

Abb. 21.8: Entlohnungen des Managers des Bereichs A in Abhängigkeit der berichteten und realisierten Ergebnisse

Vorteilhaft ist die einfache und damit leicht verständliche Struktur des Weitzman-Schemas. Zugleich besitzt es eine wahrheitsinduzierende Funktion für den Fall der sicheren Erwartungen, da gilt: **Kritische Würdigung**

$$\frac{\partial s(x,\hat{x})}{\partial \hat{x}} = \begin{cases} \hat{\alpha} - \alpha_1 > 0 & \text{für } \hat{x} < x \\ \hat{\alpha} - \alpha_2 < 0 & \text{für } \hat{x} > x \end{cases}$$

Die Anwendung des Weitzman-Schemas für den realistischeren Fall unsicherer Erwartungen ist als problematisch zu betrachten, weil dann zusätzlich zu den Entlohnungsparametern dieses Anreizsystems auch die Ergebnisverteilung den aus Sicht des Agenten optimalen Bericht determiniert. Als weiterer Nachteil wird die fehlende explizite Modellierung des Arbeitsleides des Agenten und der Moral Hazard-Problematik angesehen (vgl. die grundlegenden Ausführungen in Abschnitt 7.1 von Kapitel 19). Schließlich werden nicht-monetäre Anreize außer Acht gelassen (vgl. Küpper [2005], S. 226 f.; Ewert/Wagenhofer [2005], S. 427).

4.1.2 Schema nach Osband und Reichelstein

Im Gegensatz zum Weitzman-Schema basiert das von Osband und Reichelstein entwickelte Anreizsystem explizit auf einem unsicheren Bereichsergebnis x (vgl. hierzu Reichelstein/Osband [1984], S. 257 ff.; Osband/Reichelstein [1985], S. 107 ff.; Ewert/Wagenhofer [2005], S. 428 ff.; Küpper [2005], S. 227 ff.).

Ausgangs-situation

Die Ausgangssituation ist dieselbe wie beim Weitzman-Schema: Der Prinzipal (Unternehmenszentrale) benötigt zur Planung Informationen über die zukünftigen Ausprägungen der Bereichsergebnisse.

Prämissen

Folgende Prämissen sind zu berücksichtigen:

1) Die zukünftige Ausprägung des Bereichsergebnisses ist unsicher.
2) Der Agent (Bereichsmanager) kennt die Ergebnisverteilung besser als der Prinzipal (Unternehmenszentrale).
3) Der Nutzen des Agenten resultiert einzig aus seiner Entlohnung.
4) Das realisierte Bereichsergebnis kann am Periodenende beobachtet werden.
5) Es bestehen keine Abhängigkeiten zwischen den Unternehmensbereichen.

Entlohnungs-funktion

Wiederum hängt die Entlohnung des Agenten von seinem berichteten Bereichsergebnis $\hat{x}$ sowie dem realisierten Bereichsergebnis x ab. Die Entlohnungsfunktion besitzt folgende Struktur:

$$s(x,\hat{x}) = S + l(\hat{x}) + l'(\hat{x}) \times (x - \hat{x})$$

Neben-
bedingung

Um bei einem risikoneutralen Agenten einen Anreiz zur wahrheitsgemäßen Berichterstattung zu setzen, muss folgende Nebenbedingung erfüllt
sein: $l(\cdot)$ muss eine streng monoton steigende und strikt konvexe Funktion
sein, d. h. deren erste und zweite Ableitung ist größer als Null (vgl. für
einen Beweis Ewert/Wagenhofer [2005], S. 428 f.). Eine Funktion, die
diese Bedingungen erfüllt, ist bspw. $l(z) = z^2$.

Die Entlohnung des Agenten nimmt aufgrund der Überlinearität der
Funktion $l(\cdot)$ mit steigendem Erwartungswert der Bereichsergebnisse, der
sich als Erfolgspotenzial interpretieren lässt, überproportional zu. Da sich
der Anteil, mit dem der Agent am Bereichsergebnis beteiligt wird, mit
zunehmender Prognose erhöht, besteht für diesen zugleich der Anreiz,
durch einen verstärkten Arbeitseinsatz ein höheres Bereichsergebnis berichten und erzielen zu können (vgl. Abbildung 21.9).

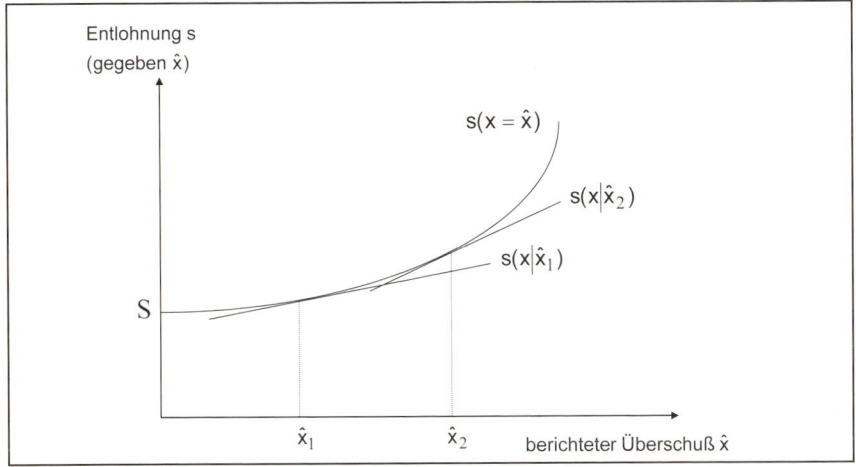

Abb. 21.9: Anreizschema von Osband und Reichelstein
(Quelle: Ewert/Wagenhofer [2005], S. 429)

Anhand des nachfolgenden Beispiels soll die Wirkungsweise des Anreizsystems von Osband und Reichelstein verdeutlicht werden (vgl. hierzu
Küpper [2005], S. 227 ff.).

Beispiel 21.5

Die Unternehmenszentrale muss sich für eines von drei alternativen
Investitionsprojekten, die allein den Unternehmensbereich D betreffen, entscheiden. Der risikoneutrale Manager des Bereichs D verfügt
über eine bessere Kenntnis der möglichen Ergebnisverteilungen als
die Unternehmenszentrale. Aus diesem Grund hat die Unternehmenszentrale einen Bericht über die zu erwartenden Ergebnisse der Investitionsprojekte angefordert.

Dabei wird von folgendem Erwartungswert der Entlohnung s_{vu} ausgegangen, der von dem erwarteten Ergebnis $E(x_v)$ des Investitionspro-

jektes v und dem berichteten Ergebnis $\hat{x}_{vu}$, das für das Investitions-projekt v bei Eintritt des Umweltzustandes u zu erwarten ist, abhängt:

$$s_{vu} = s(E(x_v), \hat{x}_{vu}) = 250 + \hat{x}_{vu}^2 + 2 \times \hat{x}_{vu} \times (E(x_v) - \hat{x}_{vu}) \qquad \forall v, u$$

Aus der Menge der möglichen Ergebnisse $\hat{x}_{vu}$ berichtet der Manager jenes auf ein Investitionsprojekt v bezogene Ergebnis, das den Er-wartungswert seiner Entlohnung maximiert.

Die Maximierung des Erwartungswertes ist mit der Annahme eines risikoneutralen Managers zu begründen. Im Ergebnis ergibt sich fol-gende Entlohnungsfunktion, die sowohl von dem tatsächlichen Er-gebnis x_v als auch dem berichteten Ergebnis x_v abhängt:

$$s_v = s(x_v, \hat{x}_v^*) = 250 + \hat{x}_v^{*2} + 2 \times \hat{x}_v^* \times (x_v - \hat{x}_v^{*2}) = 250 - \hat{x}_v^{*2} + 2 \times \hat{x}_v^* \times x_v$$

Abbildung 21.10 enthält die Entlohnungsfunktionen s_v des Managers für die drei Investitionsprojekte sowie die berichteten Ergebnisse $\hat{x}_v^*$ und die Werte der Entlohnung s_{vu}.

Investitionsprojekt v	Umweltzustände u	mögliche Berichte $\hat{x}_{vu}$	$E(x_v)$	s_{vu}	$\hat{x}_v^*$	s_v
	u=1	50		5 250		
v=1	u=2	75	75	5 875	75	-5 375 + 150 x_1
	u=3	100		5 250		
	u=1	75		9 625		
v=2	u=2	100	100	10 250	100	-9 750 + 200 x_2
	u=3	125		9 625		
	u=1	100		15 250		
v=3	u=2	125	125	15 875	125	-15 375 + 250 x_3
	u=3	150		15 250		

Alle Umweltzustände sind gleichwahrscheinlich. $\quad s_{1u} = 250 - \hat{x}_{1u}^2 + 150 \times x_{1u} \quad \dfrac{\partial s_{1u}}{\partial \hat{x}_{1u}} = -2 \times \hat{x}_{1u}^* + 150 \overset{!}{=} 0$

Abb. 21.10: Beispielrechnung zum Anreizsystem nach Osband und Reichelstein (Quelle: in Anlehnung an Küpper [2005], S. 228)

Kritische Würdigung

Als ein Vorteil des Anreizsystems von Osband und Reichelstein ist der für den Agenten implizit enthaltene Anreiz, sich verstärkt für die Unter-nehmensziele einzusetzen, zu bewerten. Dieser Anreiz resultiert aus der Überlinearität der Funktion l(·).

Jedoch wird wie beim Weitzman-Schema auf eine explizite Modellierung des vom Agenten empfundenen Arbeitsleides sowie der Moral-Hazard-Problematik verzichtet. Zudem werden nicht-monetäre Anreize nicht berücksichtigt. Schließlich kann dieses Anreizsystem lediglich auf unabhängige Unternehmensbereiche angewendet werden. Dies ist als weiterer Nachteil einzustufen.

4.2 Kollektive Anreizsysteme

Kollektive Anreizsysteme sind im Unterschied zu den individuellen Anreizmechanismen auch zur Koordination von abhängigen Unternehmensbereichen geeignet. Aufgrund der unterstellten Abhängigkeiten zwischen den einzelnen Unternehmensbereichen wirken sich die Handlungen bzw. Entscheidungen eines Bereichs auf die anderen Bereiche des Unternehmens aus.

Begriff

Im Folgenden wird die Ressourcenallokation in einem Unternehmen betrachtet, das in eine Unternehmenszentrale und j Unternehmensbereiche aufgeteilt ist. Dabei verfügt die Zentrale (Prinzipal) über eine begrenzte Menge an Finanzmitteln, mit denen Investitionen in den einzelnen Bereichen durchgeführt werden. Das Bereichsergebnis x_j hängt von dem Investitionsvolumen V_j des Bereichs ab.

Ausgangs-
situation

Zur optimalen Verteilung der vorhandenen finanziellen Ressourcen auf die einzelnen Unternehmensbereiche benötigt die Zentrale Informationen über das Ergebnispotenzial der Unternehmensbereiche. Da die Bereichsmanager i. d. R. einen Informationsvorsprung, d. h. eine bessere Kenntnis über das Ergebnispotenzial ihres Bereiches besitzen, haben sie dieses an die Zentrale zu berichten. Diese teilt anschließend auf Basis der berichteten Ergebnispotenziale jedem Bereich ein bestimmtes Investitionsbudget zu, so dass das Unternehmensziel, in diesem Fall die Maximierung des Unternehmensergebnisses, optimal erfüllt wird.

Hängt die Entlohnung des Bereichsmanagers allein von dessen Berichten und realisierten Bereichsgewinnen ab, so besteht die Gefahr, dass diese bewusst Fehlinformationen über das Ergebnispotenzial ihres Bereiches abgeben. Hierdurch soll das Ergebnis ihres Bereiches maximiert werden, auch wenn dieses Verhalten die Ergebnisse der anderen Bereiche schmälert und in Folge auch das Unternehmensergebnis nicht maximiert wird. Aus diesem Grund spricht man auch von einem Versagen individueller Anreizsysteme (vgl. Ewert/Wagenhofer [2005], S. 494 ff.).

Versagen
individueller
Anreizsysteme

Kollektive Anreizsysteme versuchen nun das eigennützige Verhalten der Bereichsmanager für diese unattraktiv werden zu lassen, in dem sie durch die Gestaltung der Entlohnungsfunktion den Bereichsmanagern Anreize zur wahrheitsgemäßen Berichterstattung bietet. Dabei weist die Entlohnungsfunktion folgende Grundstruktur auf:

Grundstruktur
der Entlohnungs-
funktion

$$s_j = S + \alpha_j \times BG_j$$

Wie bei den individuellen Anreizsystemen setzt sich die Entlohnung der Manager aus zwei Komponenten zusammen: Einer fixen Basisentlohnung S und einer variablen Bemessungsgrundlage BGj, an der die Bereichsmanager mit dem Faktor αj partizipieren. Die beiden nachfolgend dargestellten kollektiven Anreizsysteme unterscheiden sich hinsichtlich der Definition der Bemessungsgrundlage.

4.2.1 Profit Sharing

Beim Profit Sharing stellt das Gesamtergebnis x des Unternehmens die Bemessungsgrundlage dar. Dieses umfasst zwei Komponenten: Erstens das Ergebnis aus potenziellen Finanzinvestitionen i x M, das bei einer alternativen Anlage der finanziellen Ressourcen am Kapitalmarkt entsteht, zweitens die Summe der realisierten Ergebnisse aller Unternehmensbereiche bei den ihnen zugeteilten Investitionsbudgets.

Jeder Bereichsmanager erhält einen anhand des Partizipationsfaktors α_j zu bestimmenden Anteil an dem Gesamtergebnis. Im Ergebnis gestaltet sich die Entlohnungsfunktion der Bereichsmanager wie folgt (vgl. Ewert/Wagenhofer [2005], S. 497):

$$s_j = S + \alpha_j \times X = S + \alpha_j \times \left[i \times M + \sum_{j=1}^{J} x_j(v_j) \right]$$

Beispiel 21.6

Ein Unternehmen besteht aus den beiden Bereichen C und D. Die Zentrale hat Finanzmittel in Höhe von 450 TEUR für Investitionen zur Verfügung. Um die Finanzmittel optimal verteilen zu können, fordert die Zentrale von den Bereichsmanagern einen Bericht über die Erfolgspotenziale ihres Bereiches in Abhängigkeit von der Investitionssumme an.

Wahre Berichte

Abbildung 21.11 zeigt die Entlohnungen der Bereichsmanager bei Anwendung des Profit Sharing für den Fall, dass beide Bereichsmanager wahre Berichte an die Zentrale übermitteln.

Unwahrer Bericht C

Aufgrund der erhaltenen Berichte ist es für die Zentrale optimal, dem Bereich A ein Investitionsbudget von 300 TEUR und dem Bereich D ein Investitionsbudget in Höhe von 150 TEUR zuzuweisen. Hierdurch wird das Gesamtergebnis des Unternehmens maximiert und beträgt 135 TEUR. Die Bereichsmanager erhalten neben der fixen Basisentlohnung S einen individuellen Anteil an diesem Gesamt- ergebnis α_j x X.

Bereich C		Bereich D	
Budget	Ergebnis	Budget	Ergebnis
150	50	150	45
300	90	300	80
450	125	450	115
Wahre Berichte: Entlohnung: $S + \alpha_C \times 135$		Entlohnung: $S + \alpha_D \times 135$	

Abb. 21.11: Wahre Berichte im Profit Sharing

Übermittelt der Manager des Bereichs C nun einen falschen Bericht (im Beispiel werden die erwarteten Ergebnisse bei Investitionsbudgets von 150 und 300 um 2 bzw. 10 reduziert) an die Zentrale (vgl. Abbildung 21.12), so kann dieser zu einer Fehlallokation der finanziellen Ressourcen führen. Ein derartiges Verhalten kann z. B. mit einer Verringerung des empfundenen Arbeitsleides des Managers des Bereichs C durch ein niedrigeres Investitionsbudget, das ihm in Folge zugeteilt werden wird, erklärt werden. Im dargestellten Fall würde die Zentrale dem Unternehmensbereich C lediglich 150 TEUR und dem Bereich D 300 TEUR als Investitionsbudget zur Verfügung stellen. In Folge kann lediglich ein Gesamtergebnis von 130 TEUR (Ist-C: 50 und Ist-D: 80) realisiert werden, was zu einer Reduzierung der Entlohnung beider Bereichsmanager führt. Aus diesem Grund besteht für beide Bereichsmanager kein Anreiz, nicht wahrheitsgemäß zu berichten.

Unwahrer Bericht C

Bereich C		Bereich D	
Budget	Ergebnis	Budget	Ergebnis
150	48	150	45
300	80	300	80
450	125	450	115
Unwahrer Bericht C: Entlohnung: $S + \alpha \times 135$		Entlohnung: $S + \alpha_D \times 135$	

Bereich C		Bereich D	
Budget	Ergebnis	Budget	Ergebnis
150	48	150	50
300	80	300	80
450	125	450	115
Unwahrer Bericht C & D: Entlohnung: $S + \alpha_C \times 135$		Entlohnung: $S + \alpha_D \times 135$	

Unwahrer Bericht C und D

Abb. 21.12: Unwahre Berichte im Profit Sharing

> Antizipiert der Manager des Bereichs D den falschen Bericht von C, so ist es für ihn vorteilhaft, selbst unwahr zu berichten, um die ursprüngliche optimale Ressourcenverteilung wiederherzustellen. Hierdurch wird das Gesamtergebnis des Unternehmens und damit auch seine eigene Entlohnung wieder maximiert.

Kritische Würdigung

Als Vorteil des Profit Sharing ist zunächst der starke Anreiz für die Bereichsmanager, sich für das Unternehmensziel einzusetzen, zu nennen. Dieser Anreiz ist in der Beteiligung der Bereichsmanager am realisierten Gesamtergebnis des Unternehmens begründet. Je höher das Gesamtergebnis, desto höher fällt auch die Entlohnung der Bereichsmanager aus. Hierdurch maximieren Zentrale und Bereichsmanager dieselbe Zielgröße, weshalb die Anforderung der Anreizverträglichkeit eindeutig erfüllt ist. Zudem ist dieses Anreizsystem wahrheitsinduzierend, wenn die Bereichsmanager annehmen, dass alle anderen Bereichsmanager wahrheitsgemäß berichten.

Definition Nash-Gleichgewicht

Jedoch sind mit Profit Sharing auch Nachteile verbunden. Sobald die Bereichsmanager eine Falschinformation eines Kollegen vermuten, kann es auch für sie optimal sein, von der Strategie der wahrheitsgemäßen Berichterstattung abzuweichen. In einem solchen Fall kann sich ein weiteres Nash-Gleichgewicht bei einem geringeren Gesamtergebnis des Unternehmens einstellen. Unter einem Nash-Gleichgewicht ist eine Strategiekombination q^* zu verstehen, bei der jeder Spieler eine optimale Strategie q_m^* wählt, wobei die optimalen Strategien aller anderen Spieler gegeben sind, d. h. es gilt (vgl. Holler/Illing [1996], S. 57):

$$w_m\left(q_m^*, q_{-m}^*\right) \geq w_m\left(q_m, q_{-m}^*\right) \text{ für alle m, für alle } q_m \in Q_m$$

Dabei werden mit w_m die Nutzenfunktion des Spielers m und mit q_{-m} die Strategien der Mitspieler bezeichnet.

Die Abhängigkeit der Entlohnung der Bereichsmanager von den Ergebnissen der anderen Unternehmensbereiche wird von den Betroffenen häufig als unfair empfunden. Dies wird als weiterer Nachteil angesehen. Schließlich fehlt wie bei den beiden vorgestellten individuellen Anreizsystemen die explizite Modellierung des Arbeitsleides und der Moral Hazard-Problematik sowie der Einbezug nicht-monetärer Anreize (vgl. Ewert/Wagenhofer [2005], S. 498 ff.).

4.2.2 Groves-Schema

Um eine wahrheitsinduzierende Wirkung auch für den Fall eines unwahren Berichts eines anderen Bereichsmanagers zu erzeugen, wird die Bemessungsgrundlage im Rahmen des Groves-Schemas in der Weise modifiziert, dass jeder Bereichsmanager einen Anteil aus der Summe von seinem realisierten Bereichsergebnis bei zugeteiltem Investitionsbudget

$(x_n(V_n))$ und den von den übrigen Unternehmensbereichen berichteten Ergebnissen $(\sum_{\substack{j=1 \\ j \neq n}}^{J} \hat{x}_j(V_j))$ erhält (vgl. Ewert/Wagenhofer [2005], S. 501):

$$s_n = S + \alpha \times x_n' = S + \alpha \times \left[i \times M + x_n(V_n) + \sum_{\substack{j=1 \\ j \neq n}}^{J} \hat{x}_j(V_j) \right]$$

Aufgrund dieser Entlohnungsfunktion stellt die wahrheitsgemäße Berichterstattung für jeden Bereichsmanager die dominant beste Informationspolitik dar.

<table>
<tr><td colspan="6">Abbildung 21.13 zeigt die Entlohnung der Bereichsmanager für das im Rahmen der Darstellung des Profit Sharing eingeführten Beispiels bei Anwendung des Groves-Schemas in Abhängigkeit von der Berichterstattung.</td></tr>
</table>

Beispiel 21.7

Abbildung 21.13 zeigt die Entlohnung der Bereichsmanager für das im Rahmen der Darstellung des Profit Sharing eingeführten Beispiels bei Anwendung des Groves-Schemas in Abhängigkeit von der Berichterstattung.

	Bereich C		Bereich D	
	Budget	Ergebnis	Budget	Ergebnis
Wahre Berichte:	150	50	150	45
	300	90	300	80
	450	125	450	115
Entlohnung:	S + α × (90 + 45)		S + α × (45 + 90)	

Abb. 21.13: Wahre Berichte im Groves-Schema

Durch die wahrheitsgemäße Berichterstattung der beiden Bereichsmanager wird das Investitionsbudget wie folgt aufgeteilt: 300 TEUR für Bereich C und 150 TEUR für Bereich D. Da die wahren Berichte zugleich mit den später realisierten Bereichsergebnissen identisch sind, ergibt sich wiederum ein Gesamtergebnis in Höhe von 135 TEUR. Da berichtete und realisierte Bereichsergebnisse übereinstimmen, erhält jeder Bereichsmanager neben der fixen Entlohnung S einen Anteil an diesem Gesamtergebnis von α x 135 TEUR.

Wahre Berichte

Unwahrer Berichte

Wird nun von C ein unwahrer Bericht abgegeben, so werden Investitionsbudgets von 150 TEUR (C) und 300 TEUR (D) zugeteilt. Dadurch reduzieren sich die Entlohnungen beider Manager um 5 bzw. 7 TEUR. Somit besteht kein Anreiz zur nicht wahrheitsgemäßen Berichterstattung.

Unwahre Berichte C und D

Im Folgenden werden unwahre Berichte von C und D angenommen. Die Investitionsbudgets betragen 300 TEUR (C) und 150 TEUR (D). Im Unterschied zum Profit Sharing besteht jetzt für D kein Anreiz falsch zu berichten, weil sich seine Entlohnung in diesem Fall nochmals um 3 TEUR verschlechtern, bei C aber um 10 TEUR verbessern würde (vgl. Abbildung 21.14).

Unwahrer Bericht C:

Bereich C		Bereich D	
Budget	Ergebnis	Budget	Ergebnis
150	48	150	45
300	80	300	80
450	125	450	115
Entlohnung: $S + \alpha \times (50 + 80)$		$S + \alpha \times (80 + 48)$	

Unwahrer Bericht C & D:

Bereich C		Bereich D	
Budget	Ergebnis	Budget	Ergebnis
150	48	150	50
300	80	300	80
450	125	450	115
Entlohnung: $S + \alpha \times (90 + 50)$		$S + \alpha \times (45 + 80)$	

Abb. 21.14: Unwahre Berichte im Groves-Schema

Kritische Würdigung

Die wahrheitsgemäße Berichterstattung ist für einen Manager immer die optimale Informationsstrategie. Dies stellt zugleich einen wesentlichen Vorteil des Groves-Schemas dar. Ferner wird die Unabhängigkeit der Entlohnung von den Ist-Ergebnissen der anderen Unternehmensbereiche als vorteilhaft betrachtet. Durch die Koppelung der Entlohnung an das eigene Bereichsergebnis wird ein starker impliziter Anreiz für die Manager gesetzt, sich für dieses und somit auch für das Unternehmensziel einzusetzen, weil die Entlohnung mit dem eigenen Bereichsergebnis steigt.

Als Nachteil ist zu nennen, dass Absprachen zwischen den Bereichsmanagern zu einer Steigerung der Entlohnungen führen können. Zudem fehlt auch in diesem Modell die explizite Modellierung des Arbeitsleides und der Moral-Hazard-Problematik sowie der Einbezug nicht-monetärer Anreize.

Ein weiterer nicht zu unterschätzender Nachteil stellt die in Experimenten zu beobachtende schwere Verständlichkeit dieses Anreizsystems dar (vgl. hierzu Ewert/Wagenhofer [2005], S. 505). Waller und Bishop führten mit 72 BWL-Studenten ein Experiment zum Groves-Schema durch (vgl. hierzu Waller/Bishop [1990], S. 812 ff.). Nach zehn gespielten Budgetierungsrunden ergaben sich auf einer zehnstufigen Skala (0: ‚stimmt nicht' bis 10: ‚stimmt völlig') folgende Mittelwerte der Antworten auf folgende Fragen:

- Ich habe völlig verstanden, was ich tun musste, um meinen Bonus zu maximieren: 6,66 Punkte;
- Mein Ziel war, das zu tun, was am besten für das Unternehmen insgesamt ist: 4,07 Punkte.

4.3 Zusammenfassung

Anreizsysteme stellen ein bedeutendes Instrument zur personellen Koordination in Unternehmen dar. Insbesondere können Anreizsysteme von der Unternehmensleitung zur Vermeidung von Informationsmanipulation durch die Manager eingesetzt werden. Die hierdurch gewonnenen wahrheitsgemäßen, besseren Informationen durch den Agenten kann der Prinzipal (Unternehmenszentrale) in vielfältige Entscheidungsprozesse einfließen lassen, wie sie z. B. im Rahmen eines integrierten Planungs- und Budgetierungssystems auftreten. Zu unterscheiden ist zwischen individuellen Anreizsystemen, die sich zur Koordination unabhängiger Unternehmensbereiche eignen, und kollektiven Anreizsystemen, die zur Koordination von abhängigen Unternehmensbereichen verwendet werden können. Bei den individuellen Anreizsystemen hat das Schema nach Osband und Reichelstein Vorteile gegenüber dem Weitzman-Schema. Bei den kollektiven Anreizsystemen besitzt das Groves-Schema Vorteile gegenüber dem Profit Sharing.

5 Kontrollfragen

1) Erörtern Sie den Zusammenhang zwischen strategischer, operativer und finanzwirtschaftlicher Planung!
2) Was ist unter einem Budget bzw. der Budgetierung zu verstehen?
3) Welcher Zweck wird mit der Gemeinkostenwertanalyse verfolgt und wie ist diese zu beurteilen?
4) In welche Phasen gliedert sich die Gemeinkostenwertanalyse?
5) Auf welcher Grundannahme beruht das Zero Base Budgeting und wie ist diese Methode zu beurteilen?

6) In welchen Stufen geht man beim Zero Base Budgeting vor?

7) Was besagt das Konzept des „Better Budgeting" und wie ist es zu beurteilen?

8) Was besagt das Konzept des „Beyond Budgeting" und wie ist es zu beurteilen?

9) Was besagt das Konzept des „Advanced Budgeting" und wie ist es zu beurteilen?

10) Wie muss eine anreizkompatible Berichterstattung unter Beachtung des Offenlegungsprinzips grundsätzlich ausgestaltet sein?

11) Was versteht man unter einem individuellen Anreizschema?

12) Wie ist ein Anreizschema nach Weitzman ausgestaltet? Wie ist dieses zu beurteilen?

13) Wie ist ein Anreizschema nach Osband und Reichelstein ausgestaltet? Wie ist dieses zu beurteilen?

14) Was versteht man unter einem kollektiven Anreizschema? Wodurch unterscheiden sich kollektive von individuellen Anreizschemata?

15) Wie ist ein Anreizschema nach dem Profit Sharing auszugestalten? Wie ist dieses zu beurteilen?

16) Wie ist ein Anreizschema nach dem Groves-Schema auszugestalten? Wie ist dieses zu beurteilen?

6   Abkürzungsverzeichnis

α	Entlohnungsparameter
$\hat{\alpha}$, α_1, α_2	Entlohnungsparameter des Weitzman-Schemas
α_j	Entlohnungsparameter des Managers von Bereich j
AK	Arbeitskreis
AV	Anlagevermögen
BG	Bemessungsgrundlage
BG_j	Bemessungsgrundlage des Managers von Bereich j
BS	Bilanzsumme
CF	Cashflow
$E(\cdot)$	Erwartungswert
$E(xv)$	Erwartetes Ergebnis des Investitionsprojektes v
EK	Eigenkapital
ESCH	Effektivverschuldung
EUR	Euro
GWA	Gemeinkostenwertanalyse
i	Zinssatz
j	Index für den Unternehmensbereich
J	Anzahl von Unternehmensbereichen
KFK	Kurzfristiges Fremdkapital
$l(\cdot)$	streng monoton steigende und strikt konvexe Funktion

LFK	langfristiges Fremdkapital
m	Index für den Spieler
M	am Kapitalmarkt angelegte Finanzmittel
OVA	Overhead Value Analysis
q^*	optimale Strategie
q_m	Strategie des Spielers m
q_{-m}	Strategien der Gegner von Spieler m
q_m^*	optimale Strategie des Spielers m
q_{-m}^*	optimale Strategien der Gegner von Spieler m
Q_m	Menge aller Strategien des Spielers m
S	fixe Basisentlohnung
$s(\cdot)$	Entlohnungsfunktion
s_j	Entlohnung des Bereichs j
s_n	Entlohnung des Bereichs n nach dem Groves-Schema
s_v	Entlohnung aus Investitionsprojekt v bei Risikoneutralität des Bereichsmanagers
s_{vu}	Entlohnung aus Investitionsprojekt v bei Umweltzustand u
s_{1u}	Entlohnung aus Investitionsprojekt 1 bei gleicher Wahrscheinlichkeit für alle Umweltzustände
TEUR	Tausend Euro
u	Umweltzustand
UV	Umlaufvermögen
v	Investitionsprojekt
V	Investitionsvolumen oder -budget
V_j	Investitionsvolumen oder -budget von Bereich j
V_n	Investitionsvolumen oder –budget von Bereich n im Rahmen des Groves-Schemas
$wm(\cdot)$	Nutzenfunktion des Spielers m
x	realisiertes Bereichsergebnis
X	realisiertes Gesamtergebnis des Unternehmens
$\hat{x}$	berichtetes Bereichsergebnis
xj	realisiertes Ergebnis des Bereichs j
$\hat{x}_j$	berichtetes Ergebnis des Bereichs j
x_n	realisiertes Ergebnis des Bereichs n im Rahmen des Groves-Schemas
x_n'	Bemessungsgrundlage der Entlohnung des Bereichs n im Rahmen des Groves-Schemas
x_v	realisiertes Ergebnis von Investitionsprojekt v
$\hat{x}_v^*$	berichtetes Ergebnis von Investitionsprojekt v bei Risikoneutralität des Bereichsmanagers
$\hat{x}_{vu}$	berichtetes Ergebnis von Investitionsprojekt v bei Umweltzustand u
x_{1u}	realisiertes Ergebnis von Investitionsprojekt 1 bei gleicher Wahrscheinlichkeit für alle Umweltzustände

$\hat{x}_{1u}$ berichtetes Ergebnis von Investitionsprojekt 1 bei gleicher Wahrscheinlichkeit für alle Umweltzustände

$\hat{x}^{*}_{1u}$ optimales berichtetes Ergebnis von Investitionsprojekt 1 bei gleicher Wahrscheinlichkeit für alle Umweltzustände

ZBB   Zero Base Budgeting

ZBP   Zero Base Planning

7 Literaturhinweise

AK „Wertorientierte Führung in mittelständischen Unternehmen" der Schmalenbach-Gesellschaft für Betriebswirtschaft e.V. (2006): Gestaltung wertorientierter Vergütungssysteme für mittelständische Unternehmen, in: Der Betriebs-Berater 2006, S. 2066-2076.

Burger, A. (1999): Kostenmanagement, 3. Aufl., München, Wien 1999.

Ewert, R./Wagenhofer, A. (2005): Interne Unternehmensrechnung, 6. Aufl., Berlin u. a. 2005.

Friedl, B. (2003): Controlling, Stuttgart 2003.

Gleich, R./Greiner, O./Hofmann, S. (2006): Better, Advanced und Beyond Budgeting – Von der Evolution zur Revolution, in: Der Controlling-Berater 2006, S. 273-284.

Gleich R./Kopp J./Leyk J. (2003): Advanced Budgeting: better and beyond, in: Horvath, P./Gleich R. (Hrsg.): Neugestaltung der Unternehmensplanung, Stuttgart 2003, S. 315-329.

Göpfert, E. (1993): Budgetierung, in: Wittmann, W./Kern, W./Köhler, H./Küpper, H.-U./Wysocki, K. v. (Hrsg.): Handwörterbuch der Betriebswirtschaft, 5. Aufl., Stuttgart 1993, Sp. 589-602.

Greiner, O. (2006): Der unerkannte Feind: Wie Budgets die Wettbewerbsfähigkeit von Unternehmen verringern, in: Der Controlling-Berater 2006, S. 273-284.

Holler, M. J./Illing, G. (2005): Einführung in die Spieltheorie, 6. Aufl., Berlin und Heidelberg 2005.

Huber, R. (1987): Methoden der Gemeinkosten-Wertanalyse (GWA) als Element einer Führungsstrategie für die Unternehmensverwaltung, 2. Aufl., Bern, Stuttgart 1987.

Jehle, E. (1992): Gemeinkostenmanagement, in: Männel, W. (Hrsg.), Handbuch Kostenrechnung, Wiesbaden 1992, S. 1506-1523.

Küpper, H.-U. (2005): Controlling – Konzeption, Aufgaben, Instrumente, 4. Aufl., Stuttgart 2005.

Laux, H. (1979): Grundfragen der Organisation – Delegation, Anreiz und Kontrolle, Berlin u. a. 1979.

Meyer-Piening, A. (1978): Zero-Base Budgeting als Planungs- und Führungsinstrument, in: Potthoff, E. (Hrsg.): RKW-Handbuch Führungstechnik und Organisation, Berlin 1978, Kennzahl 2072.

Meyer-Piening, A. (1982): Zero-Base Budgeting, in: Zeitschrift für Organisation 1982, S. 257-266.

Meyer-Piening, A. (1990): Zero Base Planning – Zukunftssicherndes Instrument der Gemeinkostenplanung, Köln 1990.

Osband, K./Reichelstein, S. (1985): Information-Eliciting Compensation Schemes, in: Journal of Public Economics 1985, S. 107-115.

Reichelstein, S./Osband, K. (1984): Incentives in Government Contracts, in: Journal of Public Economics 1984, S. 257-270.

Roever, M. (1980): Gemeinkosten-Wertanalyse – Erfolgreiche Antwort auf die Gemeinkosten-Problematik, in: Zeitschrift für Betriebswirtschaft 1980, S. 686-690.

Roever, M. (1982): Gemeinkosten-Wertanalyse, in: Zeitschrift für Organisation 1982, S. 249-253.

Trauzettel, V. (1999): Dynamische Koordinationsmechanismen für das Controlling – Agencytheoretische Gestaltung von Berichts-, Budgetierungs- und Zielvorgabesystemen, Berlin 1999.

Waller, W. S./Bishop, R. A. (1990): An Experimental Study of Incentive Pay Schemes, Communication and Intrafirm Resource Allocation, in: The Accounting Review 1990, S. 812-836.

Weber, J./Linder, S. (2003): Budgeting, Better Budgeting oder Beyond Budgeting? Konzeptionelle Eignung und Implementierbarkeit, Vallendar 2003.

Wegmann, M. (1982): Gemeinkosten-Management – Möglichkeiten und Grenzen der Steuerung industrieller Verwaltungsbereiche, München 1982.

Weitzman, M. L. (1976): The new Soviet incentive model, in: Bell Journal of Economics 1976, S. 251-257.

Stichwortverzeichnis

G